高等学校规划教材

线性系统理论及其应用

周　军　郭建国　刘莹莹　黄　河　编著

西北工业大学出版社

西　安

【内容简介】 线性系统理论是控制类、系统工程类以及电类、计算机类、机电类等专业的一门最基础的理论课程之一。本书紧密结合理工科专业背景的读者需求，以线性系统为基本研究对象，对线性系统理论做了系统而全面的论述，同时引入了成熟的线性二次型最优控制方法中的线性控制方法、H_2 控制方法和 H_∞ 控制方法，应用于导弹制导系统和姿态控制系统、航天器姿态控制系统、机器人的机械手控制系统中，并利用 MATLAB 仿真方法，分析线性反馈控制系统设计的正确性和有效性。在附录中配置了倒立摆线性反馈稳定控制和卫星姿态稳定控制两部分线性系统实验的内容。

本书体系新颖，内容丰富，重点突出。内容取舍上强调基础性和实用性，论述方式上力求符合理工科专业学生的认识规律，每章都配有不同类型的习题。

本书可作为高等学校理工科专业的大学生和研究生的教材和参考书，也可供科技工作者和工程技术人员学习参考。

图书在版编目(CIP)数据

线性系统理论及其应用 / 周军等编著. — 西安：西北工业大学出版社，2022.9

ISBN 978-7-5612-8422-3

Ⅰ. ①线… Ⅱ. ①周… Ⅲ. ①线性系统理论 Ⅳ. ①O231

中国版本图书馆 CIP 数据核字(2022)第 175988 号

XIANXING XITONG LILUN JI QI YINGYONG

线 性 系 统 理 论 及 其 应 用

周 军 郭建国 刘莹莹 黄 河 编著

责任编辑： 孙 倩 **策划编辑：** 杨 军

责任校对： 李阿盟 **装帧设计：** 李 飞

出版发行： 西北工业大学出版社

通信地址： 西安市友谊西路 127 号 邮编：710072

电 话： (029)88491757，88493844

网 址： www.nwpup.com

印 刷 者： 西安浩轩印务有限公司

开 本： 787 mm×1 092 mm 1/16

印 张： 23.5

字 数： 617 千字

版 次： 2022 年 9 月第 1 版 2022 年 9 月第 1 次印刷

书 号： ISBN 978-7-5612-8422-3

定 价： 78.00 元

前 言

尽管任何实际系统都含有非线性因素，但在一定条件下，许多实际系统可用线性系统模型加以描述，加之在数学上处理线性系统又较为方便，于是线性系统理论在现代控制理论领域中首先得到研究和发展，并成为应用最广、成果最丰富的部分之一，所研究的概念、原理、方法、结论的基础性，为最优控制、数字滤波与估计、过程控制、非线性控制、系统辨识和自适应控制等许多学科分支提供了预备知识。同时，线性系统理论是控制类、系统工程类以及电类、计算机类、机电类等学科专业硕士研究生的一门基础理论课，是控制、信息、系统方面系列理论课程的先行课。

线性系统理论主要研究线性系统的运动规律，揭示系统中固有的结构特性，建立系统的模型、结构、参数与性能之间的定性和定量关系，以及为改善系统性能以满足工程指标要求而采取的各类控制器设计方法。线性系统理论的内容极其丰富，研究的方法体系多种多样。20 世纪 50 年代，基于传递函数法的经典线性系统理论已经完备成熟，用于处理单变量系统极为有效，至今仍在广泛应用中。为适应多变量系统的研究需求，1960 年前后卡尔曼(Kalman)等人将状态空间法引入线性系统理论，标志着现代线性系统理论的建立。1970 年以来罗森布洛克(Rosenbrock)等人将矩阵分式及多项式矩阵描述引入线性系统理论，它将状态空间描述和传递函数描述相结合，建立了多变量线性系统的频域设计方法。此间，线性系统的几何理论及代数理论也得到了相应发展。

为适应理工科专业背景的读者的研究需求，在本书编写中，对于比较抽象的线性系统的几何理论和代数理论未予展开，力图使数学概念从属于系统概念和工程应用。在保持阙志宏主编《线性系统理论》的体系结构和基本特色前提下，笔者借鉴近 20 年来在课程改革和课程教学上的成果和经验，吸纳了 20 多年来教材使用中读者的反馈意见和有关建议，对全书所有章节的内容安排和论述方式进行全方位的完全改写，在五个方面对原书进行有价值的发展和改善。第一，整合和丰富了状态空间描述、状态转移矩阵、动态响应分析、能控性、能观性、稳定性、线性反馈的状态综合和鲁棒控制系统设计内容，每一部分理论内容都适当增加了应用算例，便于学生对理论学习的理解和掌握。第二，目前线性二次型最优控制方法、H_2 控制方法和 H_∞ 控制方法都已经很成熟，而这些方法都是以线性系统为研究对象的，在不同的准则下都是用线性反馈来设计控制器的，因此增加了线性二次型最优控制设计方法，包括线性二次型控制问题、线性二次型控制器的求法、$t\to\infty$ 的线性二次型控制器的求法等设计方法，以及 H_2 控制器和 H_∞ 控制器设计方法。第三，针对学生学完线性系统理论内容后，不会应用到具体实际对象的问题，在线性系统理论内容后面增加了线性系统在导弹制导系统和姿态控制系统设计、航天器姿态控制系统设计、机器人的机械手姿态控制系统设计应用实例，这些应用部分内容通过在线性系统理论课程的串讲，使学生能够充分理解和掌握线性系统理论在具体实际对象和模型中的应用。第四，为充分体现现代分析设计方法——MATLAB 仿真方法，在线性系统分析和设计的优越性，在本书中增添了 MATLAB 在线性系统中的应用，给出线性系统在 STT 导弹姿态控制系统、基于偏置动量轮的航天器姿态控制系统和两连杆机械手极点配置反馈控制系统的数学仿真应用实例，使学生在掌握线性系统理论内容的应用后，能够采用 MATLAB 仿真方法分析线性反馈控制系统设计的正确性和有效性。第五，在附录中配置了两部分线性系统实验的内容。附录一是倒立摆线性反馈稳定控制实验，包括单级倒立摆控制系统的结构组成、单级倒立摆控制系统的动力学模型、动力学模型的线性化和极点配置控制系统设计；附录二是卫星姿态稳定控制实验，包括卫星姿态控制物理仿真系统组成、卫星姿态控制的动力学模型、动力学模型的线性化和卫星线性反馈姿态机动控制系统设计。

在编写本书过程中力求论证严密，论例结合，语言通俗易懂，并注意增强教材的易读性。本书所需要的数学基础是微分方程和矩阵运算的基本知识，所需要的专业基础是自动控制理论的基本知识。

本书的出版得到了西北工业大学高水平研究生课程项目的大力支持，对此表示衷心的感谢！

在编写本书过程中，笔者参阅了相关文献和资料，在此向这些作者表示感谢。

限于水平，书中难免仍有不妥之处，衷心希望读者不吝批评指正。

编著者

2022 年 5 月

目　　录

第一章　线性系统的状态空间描述

为分析研究系统，建立描述系统的数学模型是首要的。经典控制理论中，对单输入-单输出的线性定常系统描述虽然在时间域理论中用高阶微分方程来描述，但主要采用传递函数的建模方法在频域理论内表述系统输入-输出变量间的因果关系，并在此基础上，只限于对系统稳定性的分析，是一种外部描述下的数学建模与分析方法。20 世纪 60 年代以后，卡尔曼将状态空间的概念引入系统建模方法中，才形成了完整的线性系统理论。该理论运用状态空间的系统方程来描述系统输入-状态-输出诸变量间的因果关系，它不但反映了系统的输入-输出外部特性，还揭示了系统内部的结构特性。同时在时间域理论上，这种理论既适用于单输入-单输出系统又适用于多输入-多输出系统，既适用于定常系统又适用于时变系统，既适用于系统分析又适用于系统综合，因此是一套完整的理论。

运用状态空间法研究系统是现代控制理论的重要标志，状态空间方程是现代控制理论最基本的数学模型。本章主要介绍状态空间描述的基本概念以及建立状态空间方程的方法。

第一节　线性系统的定义

一、系统数学描述的类型

所谓的系统是泛指一些互相作用的部分构成的整体，它可能是一个反馈控制系统，也可能是某一控制装置或受控对象。所研究的系统均假定具有若干输入端和输出端。外部环境对系统的作用称为系统输入，以向量 $\boldsymbol{u}=[u_1 \quad u_2 \quad \cdots \quad u_p]^{\mathrm{T}}$ 表示，施于输入端；系统对外部环境的作用称系统输出，以向量 $\boldsymbol{y}=[y_1 \quad y_2 \quad \cdots \quad y_q]^{\mathrm{T}}$ 表示，可在输出端量测：它们均为系统的外部变量。描述系统内部所处的行为状态的变量以向量 $\boldsymbol{x}=[x_1 \quad x_2 \quad \cdots \quad x_n]^{\mathrm{T}}$ 表示，它们为内部变量。

系统数学描述通常可分为下列两种基本类型：第一种类型是系统的外部描述，即：输入-输出描述，这种描述将系统看成是一个“黑箱”，只能接触系统的输入端和输出端，不去表示系统内部的结构及变量，只从输入-输出的因果关系中获悉系统特性。若系统是一个单输入-单输出线性定常系统，其外部描述的数学方程就是一个 n 阶微分方程及对应的传递函数。第二种类型是系统的内部描述，即状态空间描述，这种描述将系统视为由动力学部件和输出部件组成，将系统的动态过程细化为两个过程，即输入引起内部状态的变化，$(x_1,x_2,\cdots,x_n)$ 和 $(u_1,u_2,\cdots,u_p)$ 间的因果关系常用一阶微分方程组或差分方程组表示，称为状态方程；还有内部状态和输入一起引起输出的变化，$(y_1,y_2,\cdots,y_q)$ 和 $(x_1,x_2,\cdots,x_n)$、$(u_1,u_2,\cdots,u_p)$ 间的因果关系是一组代数方程，称为输出方程。外部描述仅描述系统的终端特性，内部描述则既描述系统的内部特性又描述系统的终端特性。图 1 - 1 为系统的两种基本描述的结构示意图。后面的研究可看出，外部描述通常是一种不完全的描述，具有完全不同的内部结构特性的两个系统可能具有相同的外部特性，而内部描述是一种完全的描述，能完全表示系统所有的动态特性。仅当系统具有一定属性的条件时，两种描述才具有等价关系。

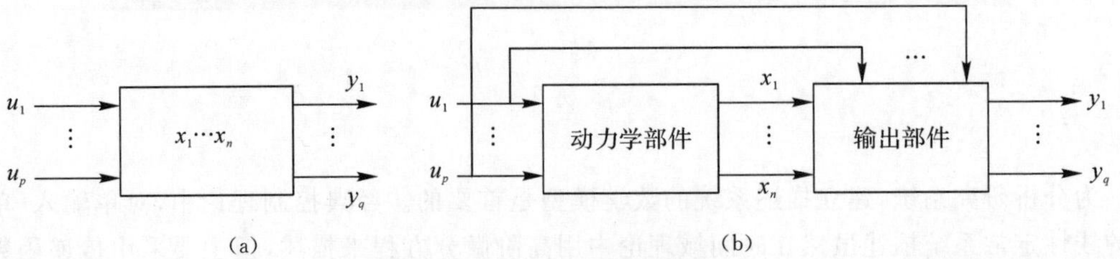

图 1 - 1　系统的两种基本描述

(a)外部描述；(b)内部描述

二、线性系统的性质

无论是外部描述还是内部描述，下列概念是常用的，现给出以下定义以有助于理解系统性质及系统分类。

松弛性　系统在时刻 t_0 称为松弛的，当且仅当输出 $\boldsymbol{y}[t_0,\infty)$ 由输入 $\boldsymbol{u}[t_0,\infty)$ 唯一确定时。

从能量的观点看，在时刻 t_0 不存在存储能量，则称系统在时刻 t_0 是松弛的。其中 $\boldsymbol{u}[t_0,\infty)$ 和 $\boldsymbol{y}[t_0,\infty)$ 分别表示定义在时间区间 $[t_0,\infty)$ 的输入和输出。

例如一个 RLC 网络，若所有电容两端的电压和流过电感的电流在 t_0 时刻均为零（即初始条件为零），则网络称为在 t_0 时刻是松弛的。若网络不是松弛的，则其输出响应不仅由 $\boldsymbol{u}[t_0,\infty)$ 所决定，还与初始条件有关。

在松弛性假定下，系统的输入 - 输出描述为

$$\boldsymbol{y}=H\boldsymbol{u} \tag{1-1}$$

式中：H 是某一算子或函数，例如传递函数就是一种算子。

因果性　若系统在时刻 t 的输出仅取决于时刻 t 及在 t 之前的输入，而与 t 之后的输入无关，则称系统具有因果性。

本书所研究的实际物理系统都具有因果性，并称为因果系统。若系统在 t 时刻的输出尚与 t 之后的输入有关，则称该系统不具有因果性，不具因果性的系统能够预测 t 之后输入并施加于系统而影响其输出。

时不变性(定常性)　一个松弛系统为时不变的（定常的），当且仅当对于任何输入 $\boldsymbol{u}$ 和任何实数 α，有

$$HQ_\alpha\boldsymbol{u}=Q_\alpha H\boldsymbol{u} \tag{1-2}$$

否则称为时变的。式中 Q_α 称为位移算子，$Q_\alpha\boldsymbol{u}$ 表示对于所有 t 有

$$Q_\alpha\boldsymbol{u}=\boldsymbol{u}(t-\alpha) \tag{1-3}$$

意为 $Q_\alpha\boldsymbol{u}$ 的波形与延迟 α 秒的 $\boldsymbol{u}(t)$ 的波形完全相同。式(1 - 2)也可写作

$$HQ_\alpha \boldsymbol{u} = Q_\alpha \boldsymbol{y} \tag{1-4}$$

意为当输入 $\boldsymbol{u}$ 的波形位移 α 秒时，输出 $\boldsymbol{y}$ 的波形也位移 α 秒。

线性时不变(定常)系统数学方程中各项的系数必为常数，只要有一项的系数是时间的函数时，则是时变的。

三、线性系统的定义

一个松弛的系统称为线性的，当且仅当对于任何输入 $\boldsymbol{u}_1$ 和 $\boldsymbol{u}_2$，以及任何实数 α，均有

$$H(\boldsymbol{u}_1+\boldsymbol{u}_2)=H\boldsymbol{u}_1+H\boldsymbol{u}_2 \tag{1-5}$$

$$H(\alpha\boldsymbol{u}_1)=\alpha H\boldsymbol{u}_1 \tag{1-6}$$

否则称为非线性的。式(1-5)称为可加性，式(1-6)称为齐次性。松弛系统具有这两种特性，称该系统满足叠加原理。式(1-5)和式(1-6)可合并表示为

$$H(\alpha_1\boldsymbol{u}_1+\alpha_2\boldsymbol{u}_2)=\alpha_1 H\boldsymbol{u}_1+\alpha_2 H\boldsymbol{u}_2 \tag{1-7}$$

第二节 线性空间和线性变换的基本定理

一、线性空间的定义

当向量集 $\boldsymbol{X}$ 和数域 F 中元素进行的向量加和标量乘满足下面条件，则称 $\boldsymbol{X}$ 为域 F 上的线性空间(或向量空间)，记作 $(\boldsymbol{X},F)$。

(1) 向量加和标量乘具有封闭性和唯一性，即

$$\left.\begin{array}{l}\forall \boldsymbol{x}_1,\boldsymbol{x}_2\in\boldsymbol{X},\exists\, \boldsymbol{x}=\boldsymbol{x}_1+\boldsymbol{x}_2\in\boldsymbol{X}\\ \forall \boldsymbol{x}_1\in\boldsymbol{X}\text{ 和 }\forall\alpha\in F,\exists\,\boldsymbol{x}=\alpha\boldsymbol{x}_1\in\boldsymbol{X}\end{array}\right\} \tag{1-8}$$

(2) 向量加满足交换律和结合律，即

$$\boldsymbol{x}_1+\boldsymbol{x}_2=\boldsymbol{x}_2+\boldsymbol{x}_1 \tag{1-9}$$

$$(\boldsymbol{x}_1+\boldsymbol{x}_2)+\boldsymbol{x}_3=\boldsymbol{x}_1+(\boldsymbol{x}_2+\boldsymbol{x}_3),\quad \forall \boldsymbol{x}_1,\boldsymbol{x}_2,\boldsymbol{x}_3\in\boldsymbol{X} \tag{1-10}$$

(3) $\boldsymbol{X}$ 中具有零向量 $\boldsymbol{0}$，即

$$\boldsymbol{0}+\boldsymbol{x}=\boldsymbol{x},\quad \forall \boldsymbol{x}\in\boldsymbol{X} \tag{1-11}$$

(4) 对于 $\boldsymbol{X}$ 中每一个向量 $\boldsymbol{x}$，总存在一个向量 $\bar{\boldsymbol{x}}$，使得 $\boldsymbol{x}+\bar{\boldsymbol{x}}=\boldsymbol{0}$。

(5) 标量乘满足结合律，即

$$\alpha(\beta\boldsymbol{x})=(\alpha\beta)\boldsymbol{x},\quad \forall\alpha,\quad \beta\in F,\quad \forall \boldsymbol{x}\in\boldsymbol{X} \tag{1-12}$$

(6) 向量加和标量乘联合运算时满足分配律，即

$$\alpha(\boldsymbol{x}_1+\boldsymbol{x}_2)=\alpha\boldsymbol{x}_1+\alpha\boldsymbol{x}_2,\quad \forall\alpha\in F \tag{1-13}$$

$$(\alpha+\beta)\boldsymbol{x}_1=\alpha\boldsymbol{x}_1+\beta\boldsymbol{x}_1,\forall \boldsymbol{x}_1,\quad \boldsymbol{x}_2\in\boldsymbol{X} \tag{1-14}$$

(7) F 中有标量 1，使得

$$1\cdot\boldsymbol{x}=\boldsymbol{x}\cdot 1=\boldsymbol{x},\quad \forall \boldsymbol{x}\in\boldsymbol{X} \tag{1-15}$$

二、线性变换

一个将 $(\boldsymbol{X},F)$ 映射到 $(\boldsymbol{Y},F)$ 上的函数 L，当且仅当满足下式时称为线性变换，记作 $L:\boldsymbol{X}\rightarrow\boldsymbol{Y}$，

或 $\boldsymbol{X}\to L(\boldsymbol{X})$。

$$L(\alpha_1\boldsymbol{x}_1+\alpha_2\boldsymbol{x}_2)=\alpha_1L(\boldsymbol{x}_1)+\alpha_2L(\boldsymbol{x}_2),\ \forall\alpha_1,\alpha_2\in F,\ \forall\boldsymbol{x}_1,\boldsymbol{x}_2\in\boldsymbol{X} \tag{1-16}$$

注意：向量 $L(\boldsymbol{x}_1)$ 和 $L(\boldsymbol{x}_2)$ 是 $\boldsymbol{Y}$ 中元素，要求 $\boldsymbol{Y}$ 与 $\boldsymbol{X}$ 同以 F 为域是为了保证 $\alpha_1L(\boldsymbol{x}_1)$ 和 $\alpha_2L(x_2)$ 有定义。

设 $(\boldsymbol{X},F)$ 和 $(\boldsymbol{Y},F)$ 分别是同一个域 F 上的 n 维和 m 维向量空间。令 $\boldsymbol{x}_1,\boldsymbol{x}_2,\cdots,\boldsymbol{x}_n$ 是 $\boldsymbol{X}$ 中的一组线性无关向量，它们称为 $\boldsymbol{X}$ 空间的基。设 $\boldsymbol{x}$ 是 $\boldsymbol{X}$ 中任一向量，$\boldsymbol{x}=\alpha_1\boldsymbol{x}_1+\alpha_2\boldsymbol{x}_2+\cdots+\alpha_n\boldsymbol{x}_n$。线性变换 $L:(\boldsymbol{X},F)\to(\boldsymbol{Y},F)$ 将 $\boldsymbol{x}$ 映射成 $L(\boldsymbol{x})=\alpha_1L(\boldsymbol{x}_1)+\alpha_2L(\boldsymbol{x}_2)+\cdots+\alpha_nL(\boldsymbol{x}_n)=\alpha_1\boldsymbol{y}_1+\alpha_2\boldsymbol{y}_2+\cdots+\alpha_n\boldsymbol{y}_n$。

这表明对任意的 $\boldsymbol{x}\in\boldsymbol{X}$，$L(\boldsymbol{x})$ 唯一地由 $\alpha_j,j=1,2,\cdots,n$ 确定。

三、线性空间的坐标变换

向量在线性空间中要以线性空间的某组基底来表示。设向量在基底 $\{\boldsymbol{e}_1\quad\boldsymbol{e}_2\quad\cdots\quad\boldsymbol{e}_n\}$ 上的表示为

$$\boldsymbol{x}=[x_1\quad x_2\quad\cdots\quad x_n]^{\mathrm{T}} \tag{1-17}$$

而在另一组基底 $\{\bar{\boldsymbol{e}}_1\quad\bar{\boldsymbol{e}}_2\quad\cdots\quad\bar{\boldsymbol{e}}_n\}$ 上的表示为

$$\bar{\boldsymbol{x}}=[\bar{x}_1\quad\bar{x}_2\quad\cdots\quad\bar{x}_n]^{\mathrm{T}} \tag{1-18}$$

由于 $\boldsymbol{e}_i(i=1,2,\cdots,n)$ 和 $\bar{\boldsymbol{e}}_i(i=1,2,\cdots,n)$ 各自都是 n 维线性空间的 n 个线性无关的向量，故 $\boldsymbol{e}_i$ 均可唯一地表示为 $\{\bar{\boldsymbol{e}}_1\quad\bar{\boldsymbol{e}}_2\quad\cdots\quad\bar{\boldsymbol{e}}_n\}$ 的线性组合，即

$$\left.\begin{aligned}\boldsymbol{e}_1&=p_{11}\bar{\boldsymbol{e}}_1+p_{21}\bar{\boldsymbol{e}}_2+\cdots+p_{n1}\bar{\boldsymbol{e}}_n\\ \boldsymbol{e}_2&=p_{12}\bar{\boldsymbol{e}}_1+p_{22}\bar{\boldsymbol{e}}_2+\cdots+p_{n2}\bar{\boldsymbol{e}}_n\\ &\cdots\cdots\\ \boldsymbol{e}_n&=p_{1n}\bar{\boldsymbol{e}}_1+p_{2n}\bar{\boldsymbol{e}}_2+\cdots+p_{nn}\bar{\boldsymbol{e}}_n\end{aligned}\right\} \tag{1-19}$$

写成矩阵形式有

$$[\boldsymbol{e}_1\quad\boldsymbol{e}_2\quad\cdots\quad\boldsymbol{e}_n]=[\bar{\boldsymbol{e}}_1\quad\bar{\boldsymbol{e}}_2\quad\cdots\quad\bar{\boldsymbol{e}}_n]\boldsymbol{P} \tag{1-20}$$

式中：$\boldsymbol{P}$ 一定为非奇异的，有

$$\boldsymbol{P}=\begin{bmatrix}p_{11}&p_{12}&\cdots&p_{1n}\\p_{21}&p_{22}&\cdots&p_{2n}\\\vdots&\vdots&&\vdots\\p_{n1}&p_{n2}&\cdots&p_{nn}\end{bmatrix} \tag{1-21}$$

线性空间在不同基底上的同一向量有

$$[\bar{\boldsymbol{e}}_1\quad\bar{\boldsymbol{e}}_2\quad\cdots\quad\bar{\boldsymbol{e}}_n]\begin{bmatrix}\bar{x}_1\\\vdots\\\bar{x}_n\end{bmatrix}=[\boldsymbol{e}_1\quad\boldsymbol{e}_2\quad\cdots\quad\boldsymbol{e}_n]\begin{bmatrix}x_1\\\vdots\\x_n\end{bmatrix}=$$

$$[\bar{\boldsymbol{e}}_1\quad\bar{\boldsymbol{e}}_2\quad\cdots\quad\bar{\boldsymbol{e}}_n]\boldsymbol{P}\begin{bmatrix}x_1\\\vdots\\x_n\end{bmatrix} \tag{1-22}$$

故有

$$\bar{x}=Px \tag{1-23}$$

表明坐标变换的实质是换基底。

四、坐标变换的一些应用

坐标变换是线性代数中的非奇异线性变换，这里仅概括指出本书中常用的几种将矩阵 A 化为对角规范型和约当规范型的变换结果。

1. 化 A 阵为对角型

(1)设方阵 A 有 n 个互异实特征值 $\lambda_1,\lambda_2,\cdots,\lambda_n$，引入变换 $x=P\bar{x}$ 可将 A 化为对角阵 Λ，有

$$\Lambda=P^{-1}AP=\begin{bmatrix}\lambda_1 & & & 0\\ & \lambda_2 & & \\ & & \ddots & \\ 0 & & & \lambda_n\end{bmatrix} \tag{1-24}$$

P 阵由 A 的实特征向量 $p_i(i=1,2,\cdots,n)$ 组成

$$P=[p_1\quad p_2\quad \cdots\quad p_n] \tag{1-25}$$

特征向量满足

$$Ap_i=\lambda_i p_i,\quad i=1,2,\cdots,n \tag{1-26}$$

(2)若 A 有 n 个互异实特征值，则下列范德蒙(Vandermode)矩阵 P 可使 A 对角化，有

$$A=\begin{bmatrix}0 & 1 & 0 & \cdots & 0\\ 0 & 0 & 1 & \cdots & 0\\ \vdots & \vdots & \vdots & & \vdots\\ 0 & 0 & 0 & \cdots & 1\\ -a_0 & -a_1 & -a_2 & \cdots & -a_{n-1}\end{bmatrix},\quad P=\begin{bmatrix}1 & 1 & \cdots & 1\\ \lambda_1 & \lambda_2 & \cdots & \lambda_n\\ \lambda_1^2 & \lambda_2^2 & \cdots & \lambda_n^2\\ \vdots & \vdots & & \vdots\\ \lambda_1^{n-1} & \lambda_2^{n-1} & \cdots & \lambda_n^{n-1}\end{bmatrix} \tag{1-27}$$

(3)设 A 有 m 重实特征值($\lambda_1=\lambda_2=\cdots=\lambda_m$)，其余为($n-m$)个互异实特征值，但在求解 $Ap_i=\lambda_i p_i(i=1,2,\cdots,m)$ 时仍有 m 个独立实特征向量 $p_1,p_2,\cdots,p_m$，则仍可使 A 化为对角形。

$$\Lambda=P^{-1}AP=\begin{bmatrix}\lambda_1 & & & & & \\ & \ddots & & & 0 & \\ & & \lambda_1 & & & \\ & & & \lambda_{m+1} & & \\ & 0 & & & \ddots & \\ & & & & & \lambda_n\end{bmatrix} \tag{1-28}$$

$$P=[p_1\quad \cdots\quad p_m\quad p_{m+1}\quad \cdots\quad p_n] \tag{1-29}$$

式中：$p_{m+1},\cdots,p_n$ 是互异实特征值对应的实特征向量。

展开 $Ap_i=\lambda_i p_i(i=1,2,\cdots,m)$ 时，n 个代数方程中若有 m 个 $p_{ij}(j=1,2,\cdots,n)$ 元素可以任意选择，或只有($n-m$)个独立方程，则有 m 个独立实特征向量。

2. 化 $\boldsymbol{A}$ 阵为约当型

(1)设 $\boldsymbol{A}$ 有 m 重实特征值 λ_1，其余为 $(n-m)$ 个互异实特征值，但在求解 $\boldsymbol{A}\boldsymbol{p}_i=\lambda_i\boldsymbol{p}_i$ 时只有一个独立实特征向量 $\boldsymbol{p}_1$，则只能化 $\boldsymbol{A}$ 为约当阵 $\boldsymbol{J}$。

$$\boldsymbol{J}=\begin{bmatrix} \lambda_1 & 1 & & & & & \\ & \lambda_1 & \ddots & & & & \\ & & \ddots & 1 & & & \\ & & & \lambda_1 & & & \\ & & & & \lambda_{m+1} & & \\ & & & & & \ddots & \\ & & & & & & \lambda_n \end{bmatrix} \tag{1-30}$$

$\boldsymbol{J}$ 中虚线示出存在一个约当块。

$$\boldsymbol{P}=[\boldsymbol{p}_1 \quad \boldsymbol{p}_2 \quad \cdots \quad \boldsymbol{p}_m \quad \boldsymbol{p}_{m+1} \quad \cdots \quad \boldsymbol{p}_n] \tag{1-31}$$

式中：$\boldsymbol{p}_2,\cdots,\boldsymbol{p}_m$ 是广义实特征向量，满足

$$[\boldsymbol{p}_1 \quad \boldsymbol{p}_2 \quad \cdots \quad \boldsymbol{p}_m]\begin{bmatrix} \lambda_1 & 1 & & \\ & \lambda_1 & \ddots & \\ & & \ddots & 1 \\ & & & \lambda_1 \end{bmatrix}=\boldsymbol{A}[\boldsymbol{p}_1 \quad \boldsymbol{p}_2 \quad \cdots \quad \boldsymbol{p}_m] \tag{1-32}$$

式中：$\boldsymbol{p}_{m+1},\cdots,\boldsymbol{p}_n$ 是互异实特征值对应的实特征向量。

(2)设 $\boldsymbol{A}$ 具有 m 重实特征值 λ_1，且只有一个独立实特征向量 $\boldsymbol{p}_1$，则使 $\boldsymbol{A}$ 约当化的 $\boldsymbol{P}$ 为

$$\boldsymbol{P}=\left[\boldsymbol{p}_1 \quad \frac{\partial \boldsymbol{p}_1}{\partial \lambda_1} \quad \frac{1}{2!}\frac{\partial^2 \boldsymbol{p}_1}{\partial \lambda_1^2} \quad \cdots \quad \frac{1}{(m-1)!}\frac{\partial^{m-1}\boldsymbol{p}_1}{\partial \lambda_1^{m-1}} \quad \boldsymbol{p}_{m+1} \quad \cdots \quad \boldsymbol{p}_n\right] \tag{1-33}$$

式中

$$\boldsymbol{p}_1=[1 \quad \lambda_1 \quad \lambda_1^2 \quad \cdots \quad \lambda_1^{n-1}]^{\mathrm{T}} \tag{1-34}$$

(3)设 $\boldsymbol{A}$ 具有五重特征值 λ_1，但有 2 个独立实特征向量 $\boldsymbol{p}_1$、$\boldsymbol{p}_2$，其余为 $(n-5)$ 个互异实特征值，$\boldsymbol{A}$ 阵约当化的可能形式是

$$\boldsymbol{J}=\boldsymbol{P}^{-1}\boldsymbol{A}\boldsymbol{P}=\begin{bmatrix} \lambda_1 & 1 & & & & & & \\ & \lambda_1 & 1 & & & & & \\ & & \lambda_1 & & & & & \\ & & & \lambda_1 & 1 & & & \\ & & & & \lambda_1 & & & \\ & & & & & \lambda_6 & & \\ & & & & & & \ddots & \\ & & & & & & & \lambda_n \end{bmatrix} \tag{1-35}$$

$\boldsymbol{J}$ 中虚线示出存在 2 个约当块。

$$\boldsymbol{P}=[\boldsymbol{p}_1 \quad \boldsymbol{p}_{11} \quad \boldsymbol{p}_{12} \quad \boldsymbol{p}_2 \quad \boldsymbol{p}_{21} \quad \boldsymbol{p}_6 \quad \cdots \quad \boldsymbol{p}_n] \tag{1-36}$$

其中 $\boldsymbol{p}_{11}$、$\boldsymbol{p}_{12}$ 和 $\boldsymbol{p}_{21}$ 均为广义实特征向量，分别满足

$$[\boldsymbol{p}_1 \quad \boldsymbol{p}_{11} \quad \boldsymbol{p}_{12}]\begin{bmatrix}\lambda_1 & 1 & \\ & \lambda_1 & 1 \\ & & \lambda_1\end{bmatrix}=\boldsymbol{A}[\boldsymbol{p}_1 \quad \boldsymbol{p}_{11} \quad \boldsymbol{p}_{12}] \tag{1-37}$$

$$[\boldsymbol{p}_2 \quad \boldsymbol{p}_{21}]\begin{bmatrix}\lambda_1 & 1 \\ & \lambda_1\end{bmatrix}=\boldsymbol{A}[\boldsymbol{p}_2 \quad \boldsymbol{p}_{21}]$$

第三节 多输入-多输出系统的状态空间描述

一、状态与状态空间的基本概念

系统的状态空间描述是建立在状态和状态空间概念的基础上的。状态与状态空间概念早在古典力学中得到了广泛应用，当将其引入系统和控制理论中来，使之适于描述系统的运动行为时，这两个概念才有了更一般性的含义。

系统在时间域中的行为或运动信息的集合称为状态。但状态(行为或信息)需用变量来表征，故状态变量可简称为状态。

动力学系统的状态定义为：能够唯一地确定系统时间域行为的一组独立(数目最少的)变量。只要给定 t_0 时刻的这组变量和 $t\geqslant t_0$ 的输入，则系统在 $t\geqslant t_0$ 的任意时刻的行为随之完全确定。

众所周知，一个用 n 阶微分方程描述的系统，当 n 个初始条件 $x(t_0),\dot{x}(t_0),\cdots,x^{(n-1)}(t_0)$ 及 $t\geqslant t_0$ 的输入 $u(t)$ 给定时，可唯一确定方程的解 $x(t)$，故变量 $x(t),\dot{x}(t_0),\cdots,x^{(n-1)}(t)$ 是一组状态变量。对于确定系统的时域行为来说，一组独立的状态变量既是必要的，也是充分的，独立状态变量的个数即系统微分方程的阶次 n。显然，当状态变量个数小于 n 时，便不能完全确定系统状态，变量个数大于 n 则必有不独立变量，对于确定系统状态是多余的。至于 t_0 时刻的状态，表征了 t_0 以前的系统运动的结果，故常称状态是对系统过去、现在和将来行为的描述，通常取参考时刻 t_0 为零。

状态变量的选择不是唯一的。选择与初始条件对应的变量作为状态变量是一种状态变量的选择方法，但也可以选择另外一组独立变量作为状态变量，特别应优先考虑在物理上可量测的量作为状态变量，如机械系统中的转角、位移以及它们的速度，电路系统中的电感电流、电容器两端电压等，这些可量测的状态变量可用于实现反馈控制以改善系统性能。在理论分析研究中，常选择一些在数学上才有意义的量作为状态变量，它们可能是一些物理量的复杂的线性组合，但却可以导出某种典型形式的状态空间方程，以利于建立一般的状态空间分析理论。选择不同的状态变量只是以不同形式描述系统，由于不同的状态变量组之间存在着确定关系，对应的系统描述随之存在对应的确定关系，而系统的特性则是不变的。

本书中将状态变量记为 $x_1(t),x_2(t),\cdots,x_n(t)$。若将 n 个状态变量看作向量 $\boldsymbol{x}(t)$ 的分量，则 n 维列向量 $\boldsymbol{x}(t)=[x_1(t) \quad x_2(t) \quad \cdots \quad x_n(t)]^{\mathrm{T}}$ 称为系统的状态向量。给定 t_0 时的状态向量 $\boldsymbol{x}(t_0)$ 及 $t\geqslant t_0$ 的输入向量 $\boldsymbol{u}(t)$，$\boldsymbol{u}(t)=[u_1(t) \quad u_2(t) \quad \cdots \quad u_p(t)]^{\mathrm{T}}$，则 $t\geqslant t_0$ 的状态向量 $\boldsymbol{x}(t)$ 唯一确定。

以 n 个状态变量为坐标轴所构成的 n 维空间称为状态空间。状态空间中的一点代表系统的一个特定时刻的状态,该点就是状态向量的端点。随着时间推移,系统状态在变化,便构成了状态空间中的一条轨线,即状态向量的矢端轨线。由于状态变量只能取实数值,所以状态空间是建立在实数域上的向量空间。

在上述状态和状态空间概念基础上,可建立系统的状态空间描述。

二、系统的状态空间描述

图 1-1 已给出状态空间描述的结构,输入引起状态的变化是一个动态过程。列写每个状态变量的一阶导数与所有状态变量、输入变量的关系的数学方程称为状态方程。由于 n 阶系统有 n 个独立的状态变量,所以系统状态方程是 n 个联立的一阶微分方程或差分方程。考虑最一般的情况,连续系统状态方程为

$$\left.\begin{aligned} \dot{x}_1 &= f_1(x_1, x_2, \cdots, x_n; u_1, u_2, \cdots, u_p; t) \\ &\cdots\cdots \\ \dot{x}_n &= f_n(x_1, x_2, \cdots, x_n; u_1, u_2, \cdots, u_p; t) \end{aligned}\right\} \tag{1-38}$$

输入和状态一起引起输出的变化是一个代数方程。列写每个输出变量与所有状态变量及输入变量的关系的数学方程称为输出方程,设有 q 个输出变量,故系统输出方程含 q 个联立代数方程。最一般情况下的连续系统输出方程为

$$\left.\begin{aligned} y_1 &= g_1(x_1, x_2, \cdots, x_n; u_1, u_2, \cdots, u_p; t) \\ &\cdots\cdots \\ y_q &= g_q(x_1, x_2, \cdots, x_n; u_1, u_2, \cdots, u_p; t) \end{aligned}\right\} \tag{1-39}$$

为了书写简洁,引入向量及矩阵符号,令

$$\boldsymbol{x} = \begin{bmatrix} x_1 \\ x_2 \\ \vdots \\ x_n \end{bmatrix}, \quad \boldsymbol{u} = \begin{bmatrix} u_1 \\ u_2 \\ \vdots \\ u_p \end{bmatrix}, \quad \boldsymbol{y} = \begin{bmatrix} y_1 \\ y_2 \\ \vdots \\ y_q \end{bmatrix} \tag{1-40}$$

分别为状态向量、控制向量(输入向量)、输出向量。再引入向量函数

$$\boldsymbol{f}(\boldsymbol{x}, \boldsymbol{u}, t) = \begin{bmatrix} f_1(\boldsymbol{x}, \boldsymbol{u}, t) \\ f_2(\boldsymbol{x}, \boldsymbol{u}, t) \\ \vdots \\ f_n(\boldsymbol{x}, \boldsymbol{u}, t) \end{bmatrix}, \quad \boldsymbol{g}(\boldsymbol{x}, \boldsymbol{u}, t) = \begin{bmatrix} g_1(\boldsymbol{x}, \boldsymbol{u}, t) \\ g_2(\boldsymbol{x}, \boldsymbol{u}, t) \\ \vdots \\ g_q(\boldsymbol{x}, \boldsymbol{u}, t) \end{bmatrix} \tag{1-41}$$

则式(1-38)和式(1-39)可简记为

$$\left.\begin{aligned} \dot{\boldsymbol{x}} &= \boldsymbol{f}(\boldsymbol{x}, \boldsymbol{u}, t) \\ \boldsymbol{y} &= \boldsymbol{g}(\boldsymbol{x}, \boldsymbol{u}, t) \end{aligned}\right\} \tag{1-42}$$

式(1-42)为状态方程和输出方程的组合,构成了完整的状态空间描述,称为状态空间方程,又称为动态方程。

只要式(1-42)中向量函数 $\boldsymbol{f}(\cdot)$ 和 $\boldsymbol{g}(\cdot)$ 的某元显含 t,便表明系统是时变的。定常系统不显含 t,故有

$$\left.\begin{aligned} \dot{\boldsymbol{x}} &= \boldsymbol{f}(\boldsymbol{x}, \boldsymbol{u}) \\ \boldsymbol{y} &= \boldsymbol{g}(\boldsymbol{x}, \boldsymbol{u}) \end{aligned}\right\} \tag{1-43}$$

只要式(1-42)中 $\boldsymbol{f}(\cdot)$和 $\boldsymbol{g}(\cdot)$的某元是 $x_1,x_2,\cdots,x_n$ 和 $u_1,u_2,\cdots,u_p$ 的某类非线性函数,便表明系统是非线性的。只有 $\boldsymbol{f}(\cdot)$和 $\boldsymbol{g}(\cdot)$的诸元都是 $x_1,x_2,\cdots,x_n$ 和 $u_1,u_2,\cdots,u_p$ 的线性函数,才表明系统是线性的。

线性系统数学方程中的各项,只含变量及其各阶导数的一次项,不含变量或其导数的高次项,也不含不同变量的乘积项。

三、多输入-多输出线性系统的状态空间描述

对于线性系统,状态空间方程可表示为更明显的一般形式

$$\left.\begin{array}{l}
\dot{x}_1=a_{11}(t)x_1+a_{12}(t)x_2+\cdots+a_{1n}(t)x_n+b_{11}(t)u_1+b_{12}(t)u_2+\cdots+b_{1p}(t)u_p \\
\dot{x}_2=a_{21}(t)x_1+a_{22}(t)x_2+\cdots+a_{2n}(t)x_n+b_{21}(t)u_2+b_{22}(t)u_2+\cdots+b_{2p}(t)u_p \\
\cdots\cdots \\
\dot{x}_n=a_{n1}(t)x_1+a_{n2}(t)x_2+\cdots+a_{nn}(t)x_n+b_{n1}(t)u_1+b_{n2}(t)u_2+\cdots+b_{np}(t)u_p \\
y_1=c_{11}(t)x_1+c_{12}(t)x_2+\cdots+c_{1n}(t)x_n+d_{11}(t)u_1+d_{12}(t)u_2+\cdots+b_{1p}(t)u_p \\
y_2=c_{21}(t)x_1+c_{22}(t)x_2+\cdots+c_{2n}(t)x_n+d_{21}(t)u_2+d_{22}(t)u_2+\cdots+b_{2p}(t)u_p \\
\cdots\cdots \\
y_q=c_{q1}(t)x_1+c_{q2}(t)x_2+\cdots+c_{qn}(t)x_n+b_{q1}(t)u_1+b_{q2}(t)u_2+\cdots+b_{qp}(t)u_p
\end{array}\right\} \tag{1-44}$$

写成向量-矩阵形式为

$$\left.\begin{array}{l}
\dot{\boldsymbol{x}}=\boldsymbol{A}(t)\boldsymbol{x}+\boldsymbol{B}(t)\boldsymbol{u} \\
\boldsymbol{y}=\boldsymbol{C}(t)\boldsymbol{x}+\boldsymbol{D}(t)\boldsymbol{u}
\end{array}\right\} \tag{1-45}$$

式中:$\boldsymbol{A}(t)$、$\boldsymbol{B}(t)$、$\boldsymbol{C}(t)$、$\boldsymbol{D}(t)$分别称为系统矩阵(状态矩)、输入矩阵(控制矩阵)、输出矩阵、耦合阵(前馈矩阵)。诸系数矩阵分别为

$$\boldsymbol{A}(t)=\begin{bmatrix} a_{11}(t) & a_{12}(t) & \cdots & a_{1n}(t) \\ a_{21}(t) & a_{22}(t) & \cdots & a_{12}(t) \\ \vdots & \vdots & & \vdots \\ a_{n1}(t) & a_{n2}(t) & \cdots & a_{nn}(t) \end{bmatrix},\quad \boldsymbol{B}(t)=\begin{bmatrix} b_{11}(t) & b_{12}(t) & \cdots & b_{1p}(t) \\ b_{21}(t) & b_{22}(t) & \cdots & b_{2p}(t) \\ \vdots & \vdots & & \vdots \\ b_{n1}(t) & b_{n2}(t) & \cdots & b_{np}(t) \end{bmatrix}$$

$$\boldsymbol{C}(t)=\begin{bmatrix} c_{11}(t) & c_{12}(t) & \cdots & c_{1n}(t) \\ c_{21}(t) & c_{22}(t) & \cdots & c_{2n}(t) \\ \vdots & \vdots & & \vdots \\ c_{q1}(t) & c_{q2}(t) & \cdots & c_{qn}(t) \end{bmatrix},\quad \boldsymbol{D}(t)=\begin{bmatrix} d_{11}(t) & d_{12}(t) & \cdots & d_{1p}(t) \\ d_{21}(t) & d_{22}(t) & \cdots & d_{2p}(t) \\ \vdots & \vdots & & \vdots \\ d_{q1}(t) & d_{q2}(t) & \cdots & d_{qp}(t) \end{bmatrix}$$

只要诸系数矩阵中有某元是时间函数,便表明系统是时变系统。

只要诸系数矩阵的所有元都是常数,便表明系统是定常系统。线性定常连续系统是现代控制理论的最基本研究对象,其状态空间方程为

$$\left.\begin{array}{l}
\dot{\boldsymbol{x}}=\boldsymbol{A}\boldsymbol{x}+\boldsymbol{B}\boldsymbol{u} \\
\boldsymbol{y}=\boldsymbol{C}\boldsymbol{x}+\boldsymbol{D}\boldsymbol{u}
\end{array}\right\} \tag{1-46}$$

式中:$\boldsymbol{A}$ 为$(n\times n)$阶矩阵;$\boldsymbol{B}$ 为$(n\times p)$阶矩阵;$\boldsymbol{C}$ 为$(q\times n)$阶矩阵;$\boldsymbol{D}$ 为$(q\times p)$阶矩阵。其状

态空间方程可用方块图表示,如图 1-2 所示。

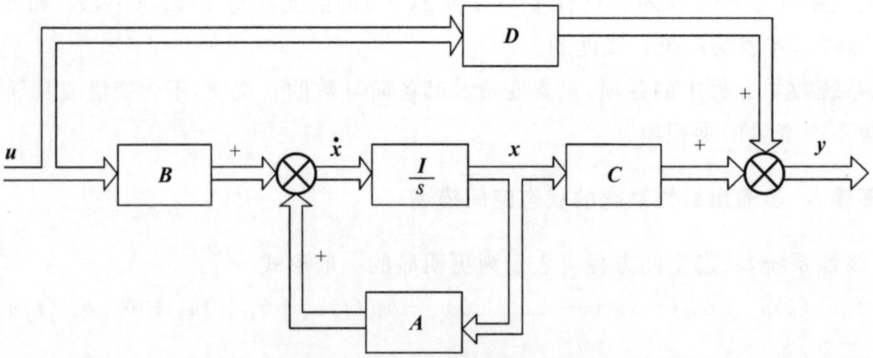

图 1-2　线性定常系统方块图

实际物理系统总是含有非线性因素,但是许多实际系统当 $\boldsymbol{x}$ 和 $\boldsymbol{u}$ 均限制在其工作点或平衡点附近做小偏差运动时,其非线性方程能够足够精确地用线性化方程来描述,从而实现状态空间方程线性化。设式(1-43)所示非线性向量函数 $\boldsymbol{f}(\boldsymbol{x},\boldsymbol{u})$ 和 $\boldsymbol{g}(\boldsymbol{x},\boldsymbol{u})$ 在工作点($\boldsymbol{x}_0,\boldsymbol{u}_0$)邻域展开成泰勒级数并略去二次及其以上各项,有

$$\left.\begin{aligned}\boldsymbol{f}(\boldsymbol{x},\boldsymbol{u})&=\boldsymbol{f}(\boldsymbol{x}_0,\boldsymbol{u}_0)+\left(\frac{\partial \boldsymbol{f}}{\partial \boldsymbol{x}^{\mathrm{T}}}\right)_{\boldsymbol{x}_0,\boldsymbol{u}_0}\cdot\Delta x+\left(\frac{\partial \boldsymbol{f}}{\partial \boldsymbol{u}^{\mathrm{T}}}\right)_{\boldsymbol{x}_0,\boldsymbol{u}_0}\cdot\Delta \boldsymbol{u}\\ \boldsymbol{g}(\boldsymbol{x},\boldsymbol{u})&=\boldsymbol{g}(\boldsymbol{x}_0,\boldsymbol{u}_0)+\left(\frac{\partial \boldsymbol{g}}{\partial \boldsymbol{x}^{\mathrm{T}}}\right)_{\boldsymbol{x}_0,\boldsymbol{u}_0}\cdot\Delta x+\left(\frac{\partial \boldsymbol{g}}{\partial \boldsymbol{u}^{\mathrm{T}}}\right)_{\boldsymbol{x}_0,\boldsymbol{u}_0}\cdot\Delta \boldsymbol{u}\end{aligned}\right\}\tag{1-47}$$

式中 $\Delta\boldsymbol{x}=\boldsymbol{x}-\boldsymbol{x}_0$,$\Delta\boldsymbol{u}=\boldsymbol{u}-\boldsymbol{u}_0$,且有 $\Delta\boldsymbol{y}=\boldsymbol{y}-\boldsymbol{y}_0$,故

$$\dot{\boldsymbol{x}}=\dot{\boldsymbol{x}}_0+\Delta\dot{\boldsymbol{x}},\quad \boldsymbol{y}=\boldsymbol{y}_0+\Delta\boldsymbol{y}\tag{1-48}$$

工作点处满足

$$\dot{\boldsymbol{x}}_0=\boldsymbol{f}(\boldsymbol{x}_0,\boldsymbol{u}_0),\quad \boldsymbol{y}_0=\boldsymbol{g}(\boldsymbol{x}_0,\boldsymbol{u}_0)\tag{1-49}$$

于是可得小扰动线性化状态空间方程为

$$\left.\begin{aligned}\Delta\dot{\boldsymbol{x}}&=\left(\frac{\partial \boldsymbol{f}}{\partial \boldsymbol{x}^{\mathrm{T}}}\right)_{\boldsymbol{x}_0,\boldsymbol{u}_0}\cdot\Delta x+\left(\frac{\partial \boldsymbol{f}}{\partial \boldsymbol{u}^{\mathrm{T}}}\right)_{\boldsymbol{x}_0,\boldsymbol{u}_0}\cdot\Delta\boldsymbol{u}\triangleq\boldsymbol{A}\cdot\Delta\boldsymbol{x}+\boldsymbol{B}\cdot\Delta\boldsymbol{u}\\ \Delta\boldsymbol{y}&=\left(\frac{\partial \boldsymbol{g}}{\partial \boldsymbol{x}^{\mathrm{T}}}\right)_{\boldsymbol{x}_0,\boldsymbol{u}_0}\cdot\Delta x+\left(\frac{\partial \boldsymbol{g}}{\partial \boldsymbol{u}^{\mathrm{T}}}\right)_{\boldsymbol{x}_0,\boldsymbol{u}_0}\cdot\Delta\boldsymbol{u}\triangleq\boldsymbol{C}\cdot\Delta\boldsymbol{x}+\boldsymbol{D}\cdot\Delta\boldsymbol{u}\end{aligned}\right\}\tag{1-50}$$

当非线性系统在工作点附近运动时,式(1-50)所示线性系统可以足够的精度代替式(1-43)中原非线性系统。式(1-50)中诸系数矩阵可由列向量对行向量的求导规则导出,它们分别为

$$\boldsymbol{A}=\left(\frac{\partial \boldsymbol{f}}{\partial \boldsymbol{x}^{\mathrm{T}}}\right)_{\boldsymbol{x}_0,\boldsymbol{u}_0}=\begin{bmatrix}\dfrac{\partial f_1}{\partial x_1} & \cdots & \dfrac{\partial f_1}{\partial x_n}\\ \dfrac{\partial f_2}{\partial x_1} & \cdots & \dfrac{\partial f_2}{\partial x_n}\\ \vdots & & \vdots\\ \dfrac{\partial f_n}{\partial x_1} & \cdots & \dfrac{\partial f_n}{\partial x_n}\end{bmatrix}_{\boldsymbol{x}_0,\boldsymbol{u}_0}\tag{1-51}$$

$$\boldsymbol{B}=\left(\frac{\partial \boldsymbol{f}}{\partial \boldsymbol{u}^{\mathrm{T}}}\right)_{\boldsymbol{x}_0,\boldsymbol{u}_0}=\begin{bmatrix}\frac{\partial f_1}{\partial u_1} & \cdots & \frac{\partial f_n}{\partial u_p}\\ \frac{\partial f_2}{\partial u_1} & \cdots & \frac{\partial f_2}{\partial u_p}\\ \vdots & & \vdots\\ \frac{\partial f_n}{\partial u_1} & \cdots & \frac{\partial f_n}{\partial u_p}\end{bmatrix}_{\boldsymbol{x}_0,\boldsymbol{u}_0} \tag{1-52}$$

$$\boldsymbol{C}=\left(\frac{\partial \boldsymbol{g}}{\partial \boldsymbol{x}^{\mathrm{T}}}\right)_{\boldsymbol{x}_0,\boldsymbol{u}_0}=\begin{bmatrix}\frac{\partial g_1}{\partial x_1} & \cdots & \frac{\partial g_1}{\partial x_n}\\ \frac{\partial g_2}{\partial x_1} & \cdots & \frac{\partial g_2}{\partial x_n}\\ \vdots & & \vdots\\ \frac{\partial g_q}{\partial x_1} & \cdots & \frac{\partial g_q}{\partial x_n}\end{bmatrix}_{\boldsymbol{x}_0,\boldsymbol{u}_0} \tag{1-53}$$

$$\boldsymbol{D}=\left(\frac{\partial \boldsymbol{g}}{\partial \boldsymbol{u}^{\mathrm{T}}}\right)_{\boldsymbol{x}_0,\boldsymbol{u}_0}=\begin{bmatrix}\frac{\partial g_1}{\partial u_1} & \cdots & \frac{\partial g_1}{\partial u_p}\\ \frac{\partial g_2}{\partial u_1} & \cdots & \frac{\partial g_2}{\partial u_p}\\ \vdots & & \vdots\\ \frac{\partial g_q}{\partial u_1} & \cdots & \frac{\partial g_q}{\partial u_p}\end{bmatrix}_{\boldsymbol{x}_0,\boldsymbol{u}_0} \tag{1-54}$$

当工作点变化时，诸系数矩阵各元的数值将更新。

需要指出的是，当所选状态变量不同时，所得状态方程也不同，故状态方程也不是唯一的。为了保证状态方程解的存在和唯一性，即满足初始条件 $\boldsymbol{x}(t_0)$，在 $\boldsymbol{u}(t)\,(t\geqslant t_0)$ 作用下的解 $\boldsymbol{x}(t)$，在 $t\geqslant t_0$ 时存在且只有一个，$\boldsymbol{x}(t)$ 不产生继电式的跳跃现象，也不存在在某时刻变为 ∞，故对函数 $\boldsymbol{f}(\boldsymbol{x},\boldsymbol{u},t)$ 应加以限制。解唯一存在的充分必要条件是应满足利普希茨(Lipschitz)条件：对线性时变系统而言，$\boldsymbol{A}(t)$、$\boldsymbol{B}(t)$ 和 $\boldsymbol{u}(t)$ 的元都是 t 的分段连续函数；对线性定常系统而言，$\boldsymbol{A}$ 和 $\boldsymbol{B}$ 都是元为有限值的常数矩阵；状态方程中不含 $\boldsymbol{u}(t)$ 的导数项。有些实际系统的微分方程是含有输入导数项的，为使导出的状态方程不含输入导数，需适当选取状态变量。

式(1－45)和式(1－46)表示了多输入-多输出线性系统的动态方程，当 $p=1,q=1$ 时，即单输入-单输出线性系统的动态方程为

$$\begin{cases}\dot{\boldsymbol{x}}=\boldsymbol{A}(t)x+\boldsymbol{b}(t)u\\ y=\boldsymbol{c}(t)\boldsymbol{x}+d(t)u\end{cases}\text{或}\begin{cases}\dot{\boldsymbol{x}}=\boldsymbol{A}\boldsymbol{x}+\boldsymbol{b}u\\ y=\boldsymbol{c}\boldsymbol{x}+du\end{cases} \tag{1-55}$$

这时：u 和 y 均为标量；$\boldsymbol{b}$ 为 $(n\times1)$ 维向量；$\boldsymbol{c}$ 为 $(1\times n)$ 维向量；d 为标量。

综合上述内容，系统的状态空间描述的优越性在于：能揭示处于系统内部的状态信息并加以利用；一阶微分方程比高阶微分方程宜于在计算机上求解；采用向量-矩阵形式，当各种变量数目增加时，并不增加数学表达式的复杂性；可适用于单变量或多变量、线性或非线性、定常或时变、确定性或随机性各类系统的描述。

四、等价系统的概念及不变性

设状态空间方程为

$$\dot{\boldsymbol{x}}=\boldsymbol{A}\boldsymbol{x}+\boldsymbol{B}\boldsymbol{u},\quad \boldsymbol{y}=\boldsymbol{C}\boldsymbol{x}+\boldsymbol{D}\boldsymbol{u} \tag{1-56}$$

引入坐标变换矩阵 $\boldsymbol{P}$，且 $\det\boldsymbol{P}\neq 0$，即

$$\bar{\boldsymbol{x}}=\boldsymbol{P}\boldsymbol{x} \tag{1-57}$$

将式(1-57)求导并考虑式(1-56)，有

$$\dot{\bar{\boldsymbol{x}}}=\boldsymbol{P}\dot{\boldsymbol{x}}=\boldsymbol{P}(\boldsymbol{A}\boldsymbol{x}+\boldsymbol{B}\boldsymbol{u})=\boldsymbol{P}\boldsymbol{A}\boldsymbol{P}^{-1}\bar{\boldsymbol{x}}+\boldsymbol{P}\boldsymbol{B}\boldsymbol{u}\stackrel{\triangle}{=}\bar{\boldsymbol{A}}\bar{\boldsymbol{x}}+\bar{\boldsymbol{B}}\boldsymbol{u} \tag{1-58a}$$

$$\boldsymbol{y}=\boldsymbol{C}\boldsymbol{P}^{-1}\bar{\boldsymbol{x}}+\boldsymbol{D}\boldsymbol{u}\stackrel{\triangle}{=}\bar{\boldsymbol{C}}\bar{\boldsymbol{x}}+\bar{\boldsymbol{D}}\boldsymbol{u} \tag{1-58b}$$

故变换后的状态空间描述存在

$$\bar{\boldsymbol{A}}=\boldsymbol{P}\boldsymbol{A}\boldsymbol{P}^{-1},\ \bar{\boldsymbol{B}}=\boldsymbol{P}\boldsymbol{B},\ \bar{\boldsymbol{C}}=\boldsymbol{C}\boldsymbol{P}^{-1},\ \bar{\boldsymbol{D}}=\boldsymbol{D} \tag{1-59}$$

坐标变换前后的两个系统称为代数上等价，具有相同的一些代数特性。

(1)变换前后，系统特征值不变。这是由于

$$\begin{aligned}|s\boldsymbol{I}-\bar{\boldsymbol{A}}|&=|\boldsymbol{P}s\boldsymbol{I}\boldsymbol{P}^{-1}-\boldsymbol{P}\boldsymbol{A}\boldsymbol{P}^{-1}|=|\boldsymbol{P}(s\boldsymbol{I}-\boldsymbol{A})\boldsymbol{P}^{-1}|=|\boldsymbol{P}|\,|s\boldsymbol{I}-\boldsymbol{A}|\,|\boldsymbol{P}^{-1}|=\\&|\boldsymbol{P}|\,|\boldsymbol{P}^{-1}|\,|s\boldsymbol{I}-\boldsymbol{A}|=|\boldsymbol{I}|\,|s\boldsymbol{I}-\boldsymbol{A}|=|s\boldsymbol{I}-\boldsymbol{A}|\end{aligned} \tag{1-60}$$

表明变换前后的系统特征多项式相同，故特征值不变。

(2)坐标变换前后，系统传递函数矩阵不变。这是由于

$$\begin{aligned}\bar{\boldsymbol{G}}(s)=&\bar{\boldsymbol{C}}(s\boldsymbol{I}-\bar{\boldsymbol{A}})^{-1}\bar{\boldsymbol{B}}+\bar{\boldsymbol{D}}=\boldsymbol{C}\boldsymbol{P}^{-1}(s\boldsymbol{I}-\boldsymbol{P}\boldsymbol{A}\boldsymbol{P}^{-1})\boldsymbol{P}\boldsymbol{B}+\boldsymbol{D}=\\&\boldsymbol{C}\boldsymbol{P}^{-1}(\boldsymbol{P}s\boldsymbol{I}\boldsymbol{P}^{-1}-\boldsymbol{P}\boldsymbol{A}\boldsymbol{P}^{-1})\boldsymbol{P}\boldsymbol{B}+\boldsymbol{D}=\\&\boldsymbol{C}\boldsymbol{P}^{-1}[\boldsymbol{P}(s\boldsymbol{I}-\boldsymbol{A})\boldsymbol{P}^{-1}]^{-1}\boldsymbol{P}\boldsymbol{B}+\boldsymbol{D}=\\&\boldsymbol{C}(s\boldsymbol{I}-\boldsymbol{A})^{-1}\boldsymbol{B}+\boldsymbol{D}=\boldsymbol{G}(s)\end{aligned} \tag{1-61}$$

表明状态变量选取不同，其输入-输出特性相同。

若令 $\boldsymbol{x}=\boldsymbol{P}\bar{\boldsymbol{x}}$，则变换后有

$$\bar{\boldsymbol{A}}=\boldsymbol{P}^{-1}\boldsymbol{A}\boldsymbol{P},\quad \bar{\boldsymbol{B}}=\boldsymbol{P}^{-1}\boldsymbol{B},\quad \bar{\boldsymbol{C}}=\boldsymbol{C}\boldsymbol{P},\quad \bar{\boldsymbol{D}}=\boldsymbol{D} \tag{1-62}$$

五、物理系统空间状态方程的建立

依据物理系统所含元件遵循的定律列写出微分方程组，选择可以量测的物理量作为状态变量，便可导出状态方程；根据系统给定的任务，可确定输出量与状态变量间的输出方程。下面通过举例来说明建立系统状态空间方程的步骤。

例 1-1 研究图 1-3 所示电网络，输入变量为 e_1 和 e_2，输出变量为 u_C，试列写该双输入-单输出系统的状态空间方程。

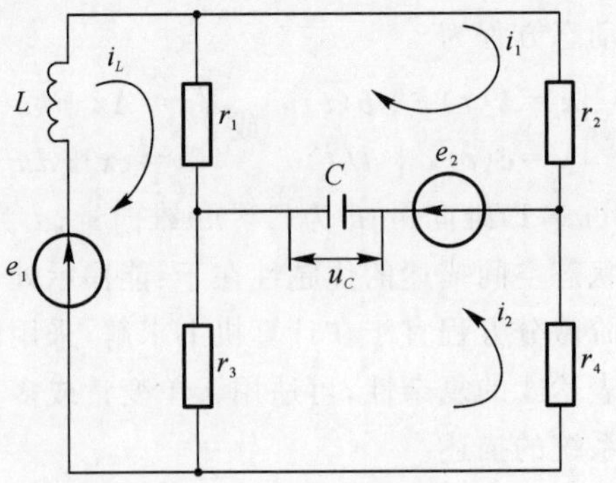

图 1-3 例 1-1 电网络

解　运用回路电流法列出三个回路的方程：

$$\left.\begin{aligned}e_1&=L\frac{\mathrm{d}i_L}{\mathrm{d}t}+i_L(r_1+r_3)-i_1r_1+i_2r_3\\e_2&=u_C-i_Lr_1+i_1(r_1+r_2)\\e_2&=u_C+i_Lr_3+i_2(r_3+r_4)\end{aligned}\right\}\tag{1-63}$$

式中 u_C 满足

$$C\frac{\mathrm{d}u_C}{\mathrm{d}t}=i_1+i_2\tag{1-64}$$

消去中间变量可得网络的二阶微分方程，故网络的独立状态变量为 2 个。由回路方程显见，若选取流过电感的电流 i_L 和电容器端电压 u_C 作为状态变量，既有明确物理意义又便于导出状态方程。电感和电容器都是储能元件，它们未分布在一个回路网孔内，一定是独立的储能元件，独立储能元件的个数即独立状态变量的个数。消去中间变量 i_1,i_2，可整理得到 2 个一阶微分方程

$$\left.\begin{aligned}\frac{\mathrm{d}i_L}{\mathrm{d}t}&=-\frac{R_1}{L}i_L-\frac{R_2}{L}u_C+\frac{R_2}{L}e_2+\frac{1}{L}e_1\\\frac{\mathrm{d}u_C}{\mathrm{d}t}&=\frac{R_2}{C}i_L-\frac{R_3}{L}u_C+\frac{R_3}{C}e_2\end{aligned}\right\}\tag{1-65}$$

式中

$$R_1=\frac{r_1r_2}{r_1+r_2}+\frac{r_3r_4}{r_3+r_4},\quad R_2=\frac{r_1}{r_1+r_2}-\frac{r_3}{r_3+r_4},\quad R_3=\frac{1}{r_1+r_2}+\frac{1}{r_3+r_4}\tag{1-66}$$

写成向量-矩阵形式，有

$$\left.\begin{aligned}\begin{bmatrix}\dot{i}_L\\\dot{u}_C\end{bmatrix}&=\begin{bmatrix}-\frac{R_1}{L}&-\frac{R_2}{L}\\\frac{R_2}{C}&-\frac{R_3}{L}\end{bmatrix}\begin{bmatrix}i_L\\u_C\end{bmatrix}+\begin{bmatrix}\frac{1}{L}&\frac{R_2}{L}\\0&\frac{R_3}{C}\end{bmatrix}\begin{bmatrix}e_1\\e_2\end{bmatrix}\\u_C&=[0\quad 1]\begin{bmatrix}i_L\\u_C\end{bmatrix}\end{aligned}\right\}\tag{1-67}$$

例 1-2　试确定图 1-4(a)(b)(c)所示网络的独立状态变量。图中 u，i 分别为输入电压、输入电流，y 为输出电压，x_i 为电容器端电压或流过电感的电流。

解　并非所有的电网络中的电容端电压和电感电流都是独立的状态变量。据电路定律，图 1-4(a)有 $x_1-x_2-x_3=0$，已知其中任意两个变量，第三个随之确定，故独立状态变量为 x_1、x_3，或 x_1、x_2，或 x_2、x_3。图 1-4(b)及(c)恒有 $x_1=x_2$，独立状态变量只有一个。

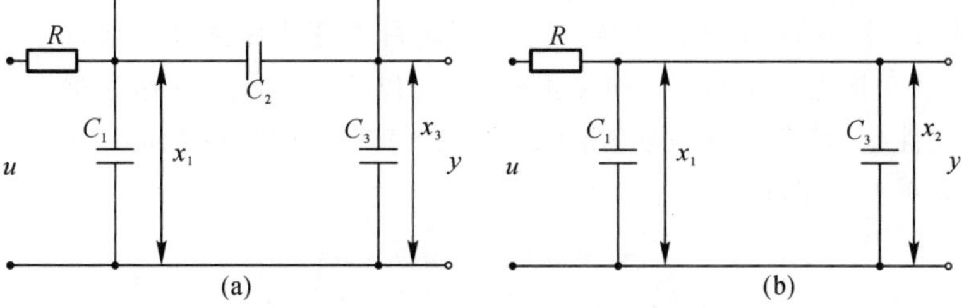

图 1-4　网络独立状态变量的确定

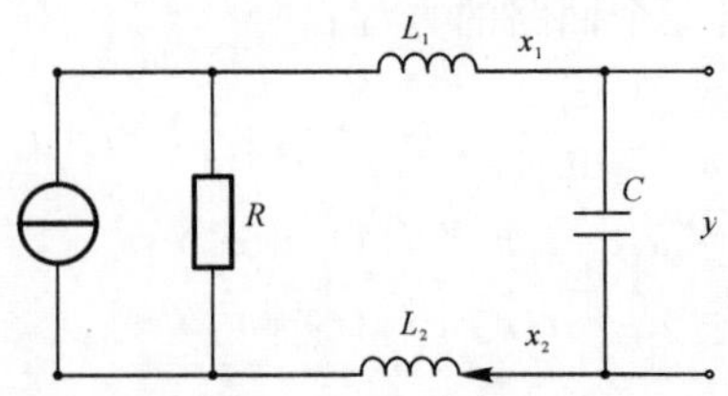

(c)

续图 1-4 网络独立状态变量的确定

例 1-3 设有一倒立摆安装在传动车上，如图 1-5 所示，图中 z 为小车相对参考系的位置，θ 为倒立摆偏离垂直位置的角度；摆杆长度为 l，忽略其质量；m 为摆的质量；给质量为 M 的小车在水平方向施加控制力 u，以便保证倒立摆竖立在垂直位置而不倾倒。假定摆轴、车轮轴、车轮与轨道之间的摩擦均忽略不计。试列出倒立摆装置的线性化状态空间方程。

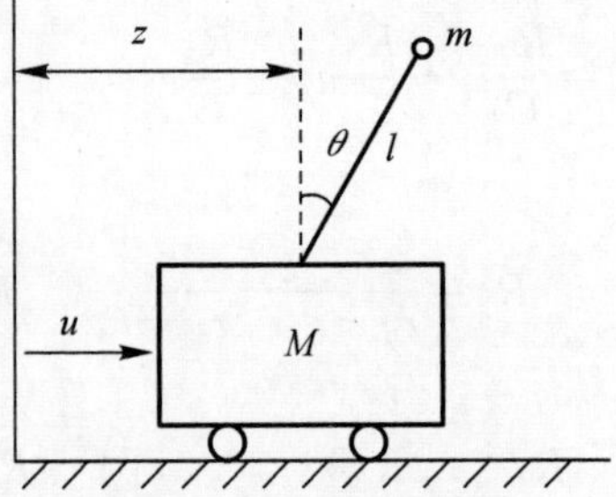

图 1-5 倒立摆装置

解 摆的水平位置为$(z+l\sin\theta)$，在控制力 u 作用下小车与摆一起将产生加速运动。据力学原理，小车与摆在水平直线运动方向的惯性力应与控制力平衡，故有

$$M\frac{\mathrm{d}^2 z}{\mathrm{d}t^2}+m\frac{\mathrm{d}^2}{\mathrm{d}t^2}(z+l\sin\theta)=u \tag{1-68}$$

即

$$(M+m)\ddot{z}+ml\ddot{\theta}\cos\theta-ml\dot{\theta}^2\sin\theta=u \tag{1-69}$$

摆绕摆轴旋转运动的惯性力矩应与重力矩平衡，故有

$$\left[m\frac{\mathrm{d}^2}{\mathrm{d}t^2}(z+l\sin\theta)\right]l\cos\theta=mgl\sin\theta \tag{1-70}$$

式(1-69)和式(1-70)都是非线性方程。由于控制目的在于保持倒立摆直立，只要施加的控制力合适，做出 $\theta,\dot{\theta}$ 接近于零的假定将是正确的，即以 $\theta_0=0,\dot{\theta}_0=0$ 作为工作点，倒立摆相对该工作点进行线性化，其泰勒级数展开的结果等价于令式(1-69)和式(1-70)中 $\sin\theta=\theta$，$\cos\theta=1$，且忽略 $\dot{\theta}^2\theta$ 项，即有

$$\left.\begin{aligned}&(M+m)\ddot{z}+ml\ddot{\theta}=u\\&\ddot{z}+l\ddot{\theta}=g\theta\end{aligned}\right\} \tag{1-71}$$

联立求解可得

$$\left.\begin{aligned}\ddot{z}&=-\frac{mg}{M}\theta+\frac{1}{M}u\\ \ddot{\theta}&=\frac{(M+m)g}{Ml}\theta-\frac{1}{Ml}u\end{aligned}\right\} \tag{1-72}$$

经消元可得倒立摆系统微分方程

$$z^{(4)}-\frac{(M+m)g}{Ml}\ddot{z}=\frac{1}{M}\ddot{u}-\frac{g}{Ml}u \tag{1-73}$$

这是四阶方程，独立状态变量为四个。选择小车位移 z，小车速度 $\dot{z}$，摆杆角位移 θ，摆杆角速度 $\dot{\theta}$。这些易于量测的量作为状态变量，其状态向量 $\boldsymbol{x}$ 定义为

$$\boldsymbol{x}=\begin{bmatrix}z & \dot{z} & \theta & \dot{\theta}\end{bmatrix}^{\mathrm{T}} \tag{1-74}$$

考虑恒等式

$$\dot{z}=\dot{z},\quad \dot{\theta}=\dot{\theta} \tag{1-75}$$

由式(1-72)和式(1-75)可得状态方程

$$\dot{\boldsymbol{x}}=\boldsymbol{A}\boldsymbol{x}+\boldsymbol{b}u \tag{1-76}$$

式中

$$\boldsymbol{A}=\begin{bmatrix}0 & 1 & 0 & 0\\ 0 & 0 & -\frac{mg}{M} & 0\\ 0 & 0 & 0 & 1\\ 0 & 0 & \frac{(M+m)g}{Ml} & 0\end{bmatrix},\quad \boldsymbol{b}=\begin{bmatrix}0\\ \frac{1}{M}\\ 0\\ -\frac{1}{Ml}\end{bmatrix} \tag{1-77}$$

假定小车位移作为输出变量 y，故输出方程为

$$y=\boldsymbol{c}\boldsymbol{x}=z \tag{1-78}$$

式中

$$\boldsymbol{c}=\begin{bmatrix}1 & 0 & 0 & 0\end{bmatrix} \tag{1-79}$$

第四节　状态空间描述与传递函数矩阵

有些实际系统难以利用定律来导出数学方程，需通过实验手段取得输入和输出数据，以适当方法确定输入-输出描述，然后再由输入-输出描述换成状态空间描述。至于由实验数据确定输入-输出描述的方法，涉及系统辨识与估计，已超出本书范围，这里仅讨论已知输入-输出描述如何导出状态空间描述的问题，且限于研究单输入-单输出线性定常系统的情况，以便对两种基本描述的关系有一个比较直观的了解。表征输入-输出描述的最常用的数学方程式是系统微分方程或系统传递函数；传递函数方块图也可看作是一种输入-输出描述，本节将分别研究其导出状态空间方程的方法。探究并揭示出状态空间方程的某些典型结构，为后面章节的讨论做准备。

一、由系统微分方程或传递函数建立状态空间方程

设单输入-单输出线性定常连续系统的微分方程具有下列的一般形式：

$$\begin{aligned}&y^{(n)}+\alpha_{n-1}y^{(n-1)}+\alpha_{n-2}y^{(n-2)}+\cdots+\alpha_1\dot{y}+\alpha_0 y=\\ &\beta_{n-1}u^{(n-1)}+\beta_{n-2}u^{(n-2)}+\cdots+\beta_1\dot{u}+\beta_0 u\end{aligned} \tag{1-80}$$

式中：$y^{(i)}=\dfrac{\mathrm{d}^i y}{\mathrm{d}t^i}$，$u^{(i)}=\dfrac{\mathrm{d}^i u}{\mathrm{d}t^i}$，$u$，$y$ 分别为系统输入和输出变量。其系统传递函数 $G(s)$ 为严格真分式，有

$$G(s)=\frac{y(s)}{u(s)}=\frac{\beta_{n-1}s^{n-1}+\beta_{n-2}s^{n-2}+\cdots+\beta_1 s+\beta_0}{s^n+\alpha_{n-1}s^{n-1}+\alpha_{n-2}s^{n-2}+\cdots+\alpha_1 s+\alpha_0}\triangleq\frac{N(s)}{D(s)} \tag{1-81}$$

显见微分方程中含有输入导数项(即 $G(s)$ 含有零点)。为寻求下列形式的状态空间方程

$$\left.\begin{aligned}\dot{\boldsymbol{x}}&=\boldsymbol{A}\boldsymbol{x}+\boldsymbol{b}u\\ y&=\boldsymbol{c}\boldsymbol{x}+du\end{aligned}\right\} \tag{1-82}$$

必须适当选取状态变量与确定各系数矩阵 $\boldsymbol{A}$、$\boldsymbol{b}$、$\boldsymbol{c}$、d。若选取下列状态变量

$$x_1=y,\quad x_2=\dot{y},\quad \cdots,\quad x_n=y^{(n-1)} \tag{1-83}$$

可求得下列状态方程

$$\left.\begin{aligned}\dot{x}_1&=x_2\\ \dot{x}_2&=x_3\\ &\cdots\cdots\\ \dot{x}_n&=-\alpha_0x_1-\alpha_1x_2-\cdots-\alpha_{n-1}x_n+\beta_{n-1}u^{(n-1)}+\cdots+\beta_1\dot{u}+\beta_0u\end{aligned}\right\} \tag{1-84}$$

上述一阶微分方程组中第 n 个方程右端含有 u 的各阶导数项，若 u 是阶跃或分段连续函数，则 u 的各阶导数项中将出现脉冲函数 $\delta(t)$ 及 $\dot{\delta}(t)$、$\ddot{\delta}(t)$ 等，使状态方程的解出现无穷大的阶跃，从而破坏解的存在性和唯一性。为此必须适当选择状态变量，以使状态方程中不出现 u 的导数项。状态变量选取方法不同，所得状态空间方程便不同。下面介绍的方案是常见选择方法。它们的状态空间方程的结构呈某种规范或标准形式。

1. 能观测规范型的状态空间方程

按如下规则设置一组状态变量：

$$\left.\begin{aligned}x_n&=y\\ x_i&=\dot{x}_{i+1}+\alpha_iy-\beta_iu,\ i=1,2,\cdots,n-1\end{aligned}\right\} \tag{1-85}$$

其展开式为

$$\left.\begin{aligned}x_{n-1}&=\dot{x}_n+\alpha_{n-1}y-\beta_{n-1}u=\dot{y}+\alpha_{n-1}y-\beta_{n-1}u\\ x_{n-2}&=\dot{x}_{n-1}+\alpha_{n-2}y-\beta_{n-2}u=\ddot{y}+\alpha_{n-1}\dot{y}-\beta_{n-1}\dot{u}+\alpha_{n-2}y-\beta_{n-2}u\\ &\cdots\cdots\\ x_2&=\dot{x}_3+\alpha_2y-\beta_2u=y^{(n-2)}+\alpha_{n-1}y^{(n-3)}-\beta_{n-1}u^{(n-3)}+\\ &\quad\alpha_{n-2}y^{(n-4)}-\beta_{n-2}u^{(n-4)}+\cdots+\alpha_2y-\beta_2u\\ x_1&=\dot{x}_2+\alpha_1y-\beta_1u=y^{(n-1)}+\alpha_{n-1}y^{(n-2)}-\beta_{n-1}u^{(n-2)}+\\ &\quad\alpha_{n-2}y^{(n-3)}-\beta_{n-2}u^{(n-3)}+\cdots+\alpha_1y-\beta_1u\end{aligned}\right\} \tag{1-86}$$

故有

$$\dot{x}_1=y^{(n)}+\alpha_{n-1}y^{(n-1)}-\beta_{n-1}u^{(n-1)}+\alpha_{n-2}y^{(n-2)}-\beta_{n-2}u^{(n-2)}+\cdots+\alpha_1\dot{y}-\beta_1\dot{u} \tag{1-87}$$

考虑式(1-80)，得

$$\dot{x}_1=-\alpha_0y+\beta_0u=-\alpha_0x_n+\beta_0u \tag{1-88}$$

故状态方程为

$$\left.\begin{aligned}\dot{x}_1&=-\alpha_0 x_n+\beta_0 u\\ \dot{x}_2&=x_1-\alpha_1 x_n+\beta_1 u\\ &\cdots\cdots\\ \dot{x}_{n-1}&=x_{n-2}-\alpha_{n-2}x_n+\beta_{n-2}u\\ \dot{x}_n&=x_{n-1}-\alpha_{n-1}x_n+\beta_{n-1}u\end{aligned}\right\}\qquad(1-89)$$

输出方程为

$$y=x_n\qquad(1-90)$$

故各系数矩阵为(记下标 o)

$$\boldsymbol{A}_o=\begin{bmatrix}0&0&\cdots&0&-\alpha_0\\1&0&\cdots&0&-\alpha_1\\0&1&\cdots&0&-\alpha_2\\ \vdots&\vdots&&\vdots&\vdots\\0&0&0&1&-\alpha_{n-1}\end{bmatrix},\quad \boldsymbol{b}_o=\begin{bmatrix}\beta_0\\ \beta_1\\ \beta_2\\ \vdots\\ \beta_{n-1}\end{bmatrix},\quad \boldsymbol{c}_o=\begin{bmatrix}0\\0\\0\\ \vdots\\1\end{bmatrix}^{\mathrm{T}},d_o=0\qquad(1-91)$$

请注意 $\boldsymbol{A}_o$,$\boldsymbol{c}_o$ 的形状特征有能观测规范型之称。

2. 能控规范型的状态空间方程

将式(1-81)中 $G(s)$ 分解为两部分串联,并引入中间变量 $z(s)$,如图 1-6 所示。

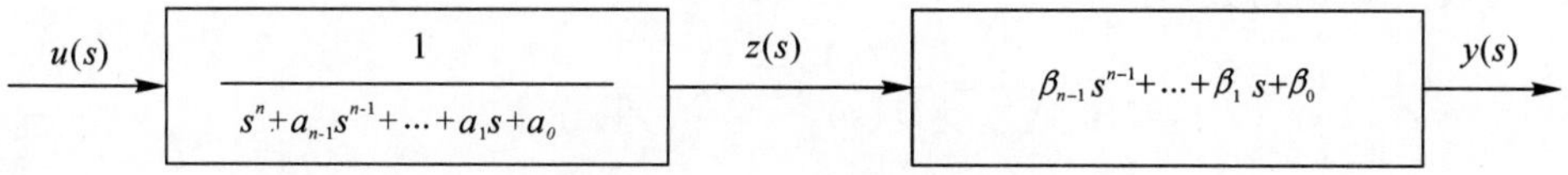

图 1-6　$G(s)$的串联分解

由第一个方块可导出 u 作输入,以 z 作输出的不含输入导数项的微分方程,由第二个方块可将 y 表示为 z 及其各阶导数的线性组合,于是有

$$\left.\begin{aligned}&z^{(n)}+\alpha_{n-1}z^{(n-1)}+\cdots+\alpha_1\dot{z}+\alpha_0 z=u\\ &y=\beta_{n-1}z^{(n-1)}+\cdots+\beta_1\dot{z}+\beta_0 z\end{aligned}\right\}\qquad(1-92)$$

按如下规则设置一组状态变量:

$$x_1=z,\quad x_2=\dot{z},\quad \cdots,\quad x_n=z^{(n-1)}\qquad(1-93)$$

可得状态方程

$$\left.\begin{aligned}\dot{x}_1&=x_2\\ \dot{x}_2&=x_3\\ &\cdots\cdots\\ \dot{x}_n&=z^{(n)}=-\alpha_0 z-\alpha_1\dot{z}-\cdots-\alpha_{n-1}z^{(n-1)}+u=\\ &-\alpha_0 x_1-\alpha_1 x_2-\cdots-\alpha_{n-1}x_n+u\end{aligned}\right\}\qquad(1-94)$$

输出方程为

$$y=\beta_0 x_1+\beta_1 x_2+\cdots+\beta_{n-1}x_n\qquad(1-95)$$

故各系数矩阵为(记下标 c)

$$\boldsymbol{A}_c=\begin{bmatrix}0&1&0&\cdots&0\\0&0&1&\cdots&0\\\vdots&\vdots&\vdots&&\vdots\\0&0&0&\cdots&1\\-\alpha_0&-\alpha_1&-\alpha_2&\cdots&-\alpha_{n-1}\end{bmatrix},\quad \boldsymbol{b}_c=\begin{bmatrix}0\\0\\\vdots\\0\\1\end{bmatrix},\quad \boldsymbol{c}_c=\begin{bmatrix}\beta_0\\\beta_1\\\vdots\\\beta_{n-2}\\\beta_{n-1}\end{bmatrix}^{\mathrm{T}},\quad d_c=0 \tag{1-96}$$

注意 $\boldsymbol{A}_c$，$\boldsymbol{b}_c$ 的形状特征有能控规范型之称。形如 $\boldsymbol{A}_c$ 的矩阵称为友矩阵。

能控与能观测两种规范型的系数矩阵存在下列关系：

$$\boldsymbol{A}_c=\boldsymbol{A}_o^{\mathrm{T}},\quad \boldsymbol{b}_c=\boldsymbol{c}_o^{\mathrm{T}},\quad \boldsymbol{c}_c=\boldsymbol{b}_o^{\mathrm{T}} \tag{1-97}$$

式(1-97)所示关系有对偶关系之称。两种规范型的各系数矩阵均可直接根据微分方程或传递函数中的常系数而列写出来。

3. **A** 为对角型的状态空间方程

当 $G(s)$ 只含相异实极点时，其除了可化为能控或能观测规范型以外，还可化为 **A** 是对角型的状态空间方程。设 $D(s)$ 的因式分解为

$$D(s)=(s-\lambda_1)(s-\lambda_2)\cdots(s-\lambda_n) \tag{1-98}$$

式中，$\lambda_1,\lambda_2,\cdots,\lambda_n$ 为系统的相异实极点，则 $G(s)$ 可展开成部分分式之和，即

$$G(s)=\frac{y(s)}{u(s)}=\frac{N(s)}{D(s)}=\sum_{i=1}^{n}\frac{c_i}{s-\lambda_i} \tag{1-99}$$

式中：c_i 为极点 λ_i 的留数，且

$$c_i=\left[\frac{N(s)}{D(s)}(s-\lambda_i)\right]_{s=\lambda_i}$$

故

$$y(s)=\sum_{i=1}^{n}\frac{c_i}{s-\lambda_i}u(s) \tag{1-100}$$

若按如下规则设置一组状态变量：

$$x_i(s)=\frac{1}{s-\lambda_i}u(s),\quad i=1,2,\cdots,n \tag{1-101}$$

其拉普拉斯反变换为

$$\left.\begin{aligned}\dot{x}_i&=\lambda_i x_i+u\\ y&=\sum_{i=1}^{n}c_i x_i\end{aligned}\right\} \tag{1-102}$$

展开式(1-102)，可得状态空间方程

$$\dot{x}_1=\lambda_1 x_1+u,\quad \dot{x}_2=\lambda_2 x_2+u,\quad \cdots,\quad \dot{x}_n=\lambda_n x_n+u \tag{1-103}$$

$$y=c_1x_1+c_2x_2+\cdots+c_nx_n \tag{1-104}$$

故各系数矩阵为

$$\boldsymbol{A}=\begin{bmatrix}\lambda_1&&&\\&\lambda_2&&\\&&\ddots&\\&&&\lambda_n\end{bmatrix},\quad \boldsymbol{b}=\begin{bmatrix}1\\1\\\vdots\\1\end{bmatrix},\quad \boldsymbol{c}=\begin{bmatrix}c_1\\c_2\\\vdots\\c_n\end{bmatrix}^{\mathrm{T}},\quad d=0 \tag{1-105}$$

4. **A** 为约当型的状态空间方程

当$G(s)$不仅含相异实极点，还含有重实极点时，其除了可化为能控或能观测规范型以外，还可化为 **A** 为约当型的状态空间方程。设$D(s)$的因式分解为

$$D(s)=(s-\lambda_1)^k(s-\lambda_{k+1})\cdots(s-\lambda_n) \tag{1-106}$$

式中，λ_1 为 k 重实极点，$\lambda_{k+1},\cdots,\lambda_n$ 为相异实极点，则$G(s)$可展开成下列部分分式之和：

$$G(s)=\frac{y(s)}{u(s)}=\frac{N(s)}{D(s)}=\frac{c_{11}}{(s-\lambda_1)^k}+\frac{c_{12}}{(s-\lambda_1)^{k-1}}+\cdots+\frac{c_{1k}}{(s-\lambda_1)}+\sum_{i=k+1}^{n}\frac{c_i}{(s-\lambda_i)} \tag{1-107}$$

式中

$$\left.\begin{aligned}c_i&=\left[\frac{N(s)}{D(s)}(s-\lambda_i)\right]_{s=\lambda_i},\quad i=k+1,k+2,\cdots,n\\ c_{1i}&=\left\{\frac{1}{(i-1)!}\frac{d^{i-1}}{d^{i-1}}\left[\frac{N(s)}{D(s)}(s-\lambda_i)^k\right]\right\}_{s=\lambda_1},\quad i=1,2,\cdots,k\end{aligned}\right\} \tag{1-108}$$

若按下列规则设置一组状态变量：

$$\left.\begin{aligned}&x_{11}(s)=\frac{1}{(s-\lambda_1)^k}u(s),x_{12}(s)=\frac{1}{(s-\lambda_1)^{k-1}}u(s),\cdots,x_{1k}(s)=\frac{1}{s-\lambda_1}u(s)\\ &x_i(s)=\frac{1}{s-\lambda_i}u(s),\quad i=k+1,k+2,\cdots,n\end{aligned}\right\} \tag{1-109}$$

则

$$y(s)=\sum_{i=1}^{k}c_{1i}x_{1i}(s)+\sum_{i=k+1}^{n}c_ix_i(s) \tag{1-110}$$

则由式(1-110)可得状态变量间的关系

$$\left.\begin{aligned}&x_{11}(s)=\frac{1}{s-\lambda_1}x_{12}(s),x_{12}(s)=\frac{1}{s-\lambda_1}x_{13}(s),\cdots,\\ &x_{1,k-1}(s)=\frac{1}{s-\lambda_1}x_{1k}(s),x_{1k}(s)=\frac{1}{s-\lambda_1}u(s)\\ &x_{k+1}(s)=\frac{1}{s-\lambda_{k+1}}u(s),\cdots,x_n(s)=\frac{1}{s-\lambda_n}u(s)\end{aligned}\right\} \tag{1-111}$$

取拉普拉斯变换可得状态方程

$$\left.\begin{aligned}&\dot{x}_{11}=\lambda_1x_{11}+x_{12},\dot{x}_{12}=\lambda_1x_{12}+x_{13},\cdots,\dot{x}_{1,k-1}=\lambda_1x_{1,k-1}+x_{1k},\\ &\dot{x}_{1k}=\lambda_1x_{1k}+u,\dot{x}_{k+1}=\lambda_{k+1}x_{k+1}+u,\cdots,\dot{x}_n(s)=\lambda_nx_n+u\end{aligned}\right\} \tag{1-112}$$

输出方程为

$$y=c_{11}x_{11}+c_{12}x_{12}+\cdots+c_{1k}x_{1k}+c_{k+1}x_{k+1}+\cdots+c_nx_n \tag{1-113}$$

故各系数矩阵为

$$A=\begin{bmatrix}\lambda_1 & 1 & & & & & & \\ & \lambda_1 & 1 & & & & & \\ & & \ddots & \ddots & & & & \\ & & & & 1 & & & \\ & & & & \lambda_1 & & & \\ & & & & & \lambda_{k+1} & & \\ & & & & & & \ddots & \\ & & & & & & & \lambda_n\end{bmatrix},\ b=\begin{bmatrix}0\\0\\ \vdots\\1\\1\\ \vdots\\1\end{bmatrix},\ c=\begin{bmatrix}c_{11}\\c_{12}\\ \vdots\\c_{1k}\\c_{k+1}\\ \vdots\\c_n\end{bmatrix},\ d=0 \tag{1-114}$$

若系统传递函数为下列假分式，即

$$G(s)=\frac{y(s)}{u(s)}=\frac{b_n s^n+b_{n-1}s^{n-1}+\cdots+b_1 s+b_0}{s^n+a_{n-1}s^{n-1}+\cdots+a_1 s+a_0} \tag{1-115}$$

则应用综合除法可得

$$G(s)=b_n+\frac{\beta_{n-1}s^{n-1}+\beta_{n-2}s^{n-2}+\cdots+\beta_1 s+\beta_0}{s^n+a_{n-1}s^{n-1}+a_{n-2}s^{n-2}+\cdots+a_1 s+a_0}\triangleq b_n+\frac{N(s)}{D(s)} \tag{1-116}$$

式中，b_n 是直接联系输入和输出变量的前馈系数，故这时有

$$d=b_n \tag{1-117}$$

由综合除法得到下列系数

$$\beta_0=b_0-a_0 b_n,\quad \beta_1=b_1-a_1 b_n,\quad \cdots,\quad \beta_{n-1}=b_{n-1}-a_{n-1}b_n \tag{1-118}$$

由式(1-115)导出的前面四种状态空间方程，其 $\boldsymbol{A}$、$\boldsymbol{b}$、$\boldsymbol{c}$ 的形式仍是不变的，这时矩阵中的元素 $\beta_0,\beta_1,\cdots,\beta_{n-1}$ 应按式(1-118)进行计算，且输出方程中存在 $b_n u$ 项。

例 1-4 已知系统传递函数为

$$G(s)=\frac{6(s+3)}{(s+1)(s+2)(s+5)} \tag{1-119}$$

试求能控规范型、能观测规范型、$\boldsymbol{A}$ 为对角型的状态空间方程。

解

$$G(s)=\frac{6s+18}{s^3+8s^2+17s+10} \tag{1-120}$$

能控规范型状态空间方程可据式(1-96)直接给出

$$\dot{x}=\begin{bmatrix}0 & 1 & 0\\0 & 0 & 1\\-10 & -17 & -8\end{bmatrix}x+\begin{bmatrix}0\\0\\1\end{bmatrix}u,\quad y=[18\quad 6\quad 0]x \tag{1-121}$$

能观测规范型状态方程可据式(1-91)或对偶关系给出

$$\dot{x}=\begin{bmatrix}0 & 0 & -10\\1 & 0 & -17\\0 & 1 & -8\end{bmatrix}x+\begin{bmatrix}18\\6\\0\end{bmatrix}u,\quad y=[0\quad 0\quad 1]x \tag{1-122}$$

$\boldsymbol{A}$ 为对角型的状态空间方程：传递函数实极点为 $\lambda_1=-1,\lambda_2=-2,\lambda_3=-5$。由式(1-99)计算极点 λ_i 的留数，有

$$\left.\begin{aligned}c_1&=[G(s)(s-\lambda_1)]_{s=-1}=\left.\frac{6(s+3)}{(s+2)(s+5)}\right|_{s=-1}=3\\c_2&=[G(s)(s-\lambda_2)]_{s=-2}=\left.\frac{6(s+3)}{(s+1)(s+5)}\right|_{s=-2}=-2\\c_3&=[G(s)(s-\lambda_3)]_{s=-5}=\left.\frac{6(s+3)}{(s+1)(s+2)}\right|_{s=-5}=-1\end{aligned}\right\}\tag{1-123}$$

由式(1-105)直接给出

$$\dot{\boldsymbol{x}}=\begin{bmatrix}-1&&\\&-2&\\&&-5\end{bmatrix}\boldsymbol{x}+\begin{bmatrix}1\\1\\1\end{bmatrix}\boldsymbol{u},\qquad \boldsymbol{y}=[3\quad -2\quad -1]\boldsymbol{x}\tag{1-124}$$

例 1-5 设系统传递函数为

$$G(s)=\frac{s^2+7s+12}{s^2+3s+2}\tag{1-125}$$

试求能控规范型及对角型动态方程。

解 $G(s)$为真分式,需用综合除法化出严格真分式及前馈系数 d:

$$G(s)=1+\frac{4s+10}{s^2+3s+2}\overset{\triangle}{=}1+G'(s),\quad d=1\tag{1-126}$$

能控规范型动态方程为

$$\dot{\boldsymbol{x}}=\begin{bmatrix}0&1\\-2&-3\end{bmatrix}\boldsymbol{x}+\begin{bmatrix}0\\1\end{bmatrix}\boldsymbol{u},\quad \boldsymbol{y}=[10\quad 4]\boldsymbol{x}+\boldsymbol{u}\tag{1-127}$$

由于$\lambda_1=-1,\lambda_2=-2$,有

$$\left.\begin{aligned}c_1&=[G(s)(s-\lambda_1)]|_{s=-1}=\left[\frac{4s+10}{s+2}\right]_{s=-1}=6\\c_2&=[G(s)(s-\lambda_2)]|_{s=-2}=\left[\frac{4s+10}{s+1}\right]_{s=-2}=-2\end{aligned}\right\}\tag{1-128}$$

对角型动态方程为

$$\dot{\boldsymbol{x}}=\begin{bmatrix}-1&\\&-2\end{bmatrix}\boldsymbol{x}+\begin{bmatrix}1\\1\end{bmatrix}\boldsymbol{u},\quad \boldsymbol{y}=[6\quad -2]\boldsymbol{x}+\boldsymbol{u}\tag{1-129}$$

例 1-6 设系统传递函数为

$$G(s)=\frac{s^2+s+1}{(s+2)^3}\tag{1-130}$$

试求 **A** 为约当型的动态方程。

解 将 $G(s)$展开为部分分式之和,设

$$G(s)=\frac{c_{11}}{(s+2)^3}+\frac{c_{12}}{(s+2)^2}+\frac{c_{13}}{s+2}\tag{1-131}$$

式中留数据式(1-108)计算:

$$\left.\begin{aligned}c_{11}&=[G(s)(s+2)^3]|_{s=-2}=(s^2+s+1)|_{s=-2}=3\\c_{12}&=\left.\frac{\mathrm{d}}{\mathrm{d}s}[G(s)(s+2)^3]\right|_{s=-2}=\frac{\mathrm{d}}{\mathrm{d}s}[s^2+s+1]_{s=-2}=(2s+1)\Big|_{s=-2}=-3\\c_{13}&=\left.\frac{1}{2}\frac{\mathrm{d}^2}{\mathrm{d}s^2}[G(s)(s+2)^3]\right|_{s=-2}=\left.\frac{\mathrm{d}^2}{\mathrm{d}s^2}(s^2+s+1)\right|_{s=-2}=1\end{aligned}\right\}\tag{1-132}$$

由式(1-114)可直接写出 $\boldsymbol{A}$ 为约当型的动态方程,为

$$\dot{\boldsymbol{x}}=\begin{bmatrix}-2 & 1 & \\ & -2 & 1 \\ & & -2\end{bmatrix}\boldsymbol{x}+\begin{bmatrix}0\\0\\1\end{bmatrix}\boldsymbol{u},\quad \boldsymbol{y}=[3\quad -3\quad 1]\boldsymbol{x} \tag{1-133}$$

二、由传递函数方框图建立状态空间方程

当系统描述以传递函数方块图给出时,可直接根据方块图导出状态空间方程。每个方块中的传递函数均为典型环节如 $k,\frac{1}{s},\frac{1}{s+c},(s+d),\frac{a_0}{s^2+a_1s+a_0},(s^2+b_1s+b_0)$ 等的简单组合。通常方块中可能含有 $\frac{s+d}{s+c},\frac{s^2+b_1s+b_0}{s^2+a_1s+a_0},\frac{k}{s(s+a)},\frac{a_0}{s^2+a_1s+a_0},\frac{b_1s+b_0}{s^2+a_1s+a_0}$,只要处理成只包含 $\frac{k}{s},\frac{k}{s+c}$ 等一阶环节的组合,并选取各一阶环节的输出作为状态变量,便可确定所需的动态方程。例如

$$\frac{s+d}{s+c}=1+\frac{d-c}{s+c}$$

$$\frac{k}{s(s+a)}=\frac{k}{s}\ \frac{1}{(s+a)}$$

$$\frac{s^2+b_1s+b_0}{s^2+a_1s+a_0}=1+\frac{(b_1-a_1)s+(b_0-a_0)}{s^2+a_1s+a_0}$$

振荡环节 $\frac{a_0}{s^2+a_1s+a_0}$ 的一种等效结构可视为某单位负反馈系统的闭环传递函数 $\Phi(s)$,而该单位负反馈系统的前向传递函数 $G(s)$ 为

$$G(s)=\frac{\Phi(s)}{1-\Phi(s)}=\frac{a_0}{s(s+a_1)} \tag{1-134}$$

该等效结构如图 1-7 所示。

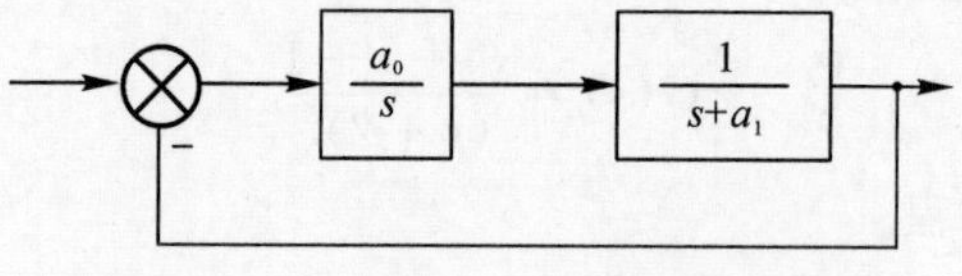

图 1-7 $\frac{a_0}{s^2+a_1s+a_0}$ **的一种等效结构**

$\frac{b_1s+b_0}{s^2+a_1s+a_0}$ 的一种等效结构可根据梅森公式来构造,由于

$$\frac{b_1s+b_0}{s^2+a_1s+a_0}=\frac{b_1s^{-1}+b_0s^{-2}}{1+a_1s^{-1}+a_0s^{-2}} \tag{1-135}$$

其分母表明含两个回路:回路前向部分含两个积分环节(有 s^{-2} 项),回路反馈系数分别为 a_1 和 a_0。其分子表明输入-输出间含两条前向通路,增益分别为 b_1 和 b_0。其等价结构如图 1-8

所示，图中积分环节的输出都是状态变量。这种仅含积分器、比例器、加法器的结构图是状态方程的图解表示，又称状态变量图。对传递函数方块图的各个方块，都通过绘制状态变量图的方法来确定动态方程，也是很方便的，显然这种方法也适用于由系统传递函数导出动态方程的情况。

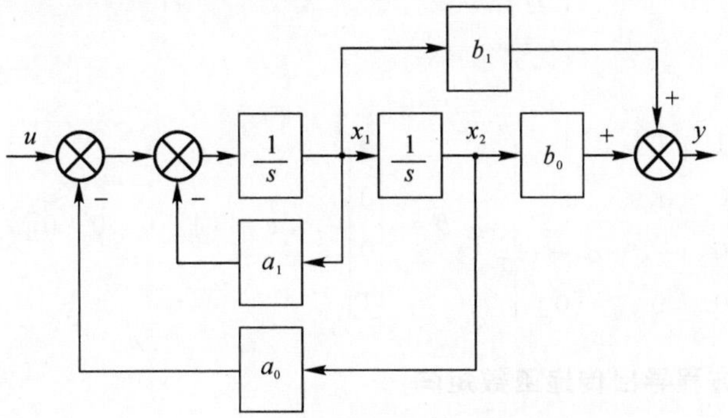

图 1-8　$\dfrac{b_1 s+b_0}{s^2+a_1 s+a_0}$ **的一种等效结构**

例 1-7　已知系统结构图如图 1-9 所示，确定系统状态空间方程。

解　等效结构图如图 1-10 所示，令所有积分环节、惯性环节的输出为状态变量，可任意假定状态变量序号(本例所取序号见图)，由传递关系有

$$\left.\begin{aligned}
&x_1(s)=\frac{1}{s+a_1}x_2(s)\\
&x_2(s)=\frac{a_0}{s}[x_3(s)+x_4(s)-x_1(s)]\\
&x_3(s)=\frac{d-c}{s+c}x_4(s)\\
&x_4(s)=\frac{1}{s}[u(s)-x_1(s)]\\
&y(s)=x_1(s)
\end{aligned}\right\}\tag{1-136}$$

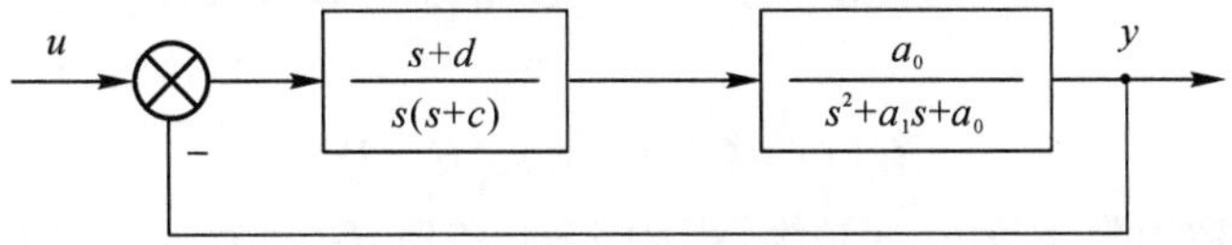

图 1-9　例 1-7 系统结构图

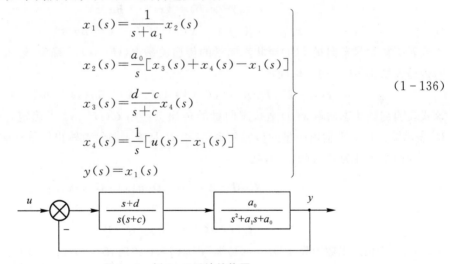

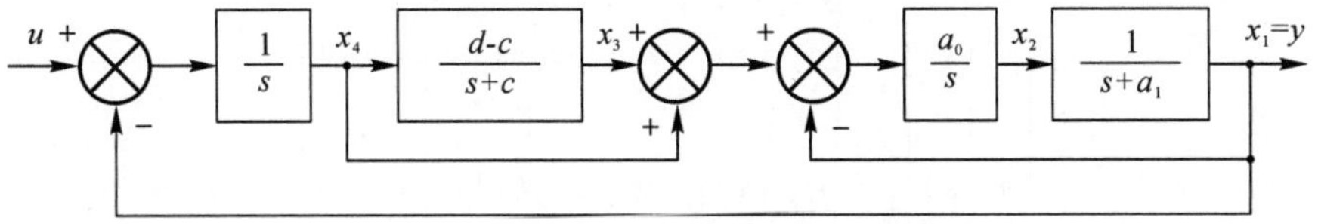

图 1-10　例 1-7 系统等效结构图

经整理并取拉普拉斯变换可得动态方程

$$\left.\begin{aligned}\dot{x}_1&=-a_1x_1+x_2\\ \dot{x}_2&=-a_0x_1+a_0x_3+a_0x_4\\ \dot{x}_3&=-cx_3+(d-c)x_4\\ \dot{x}_4&=-x_1+u\\ y&=x_1\end{aligned}\right\} \tag{1-137}$$

各系数矩阵为

$$\boldsymbol{A}=\begin{bmatrix}-a_1 & 1 & 0 & 0\\ -a_0 & 0 & a_0 & a_0\\ 0 & 0 & -c & d-c\\ -1 & 0 & 0 & 0\end{bmatrix},\quad \boldsymbol{b}=\begin{bmatrix}0\\0\\0\\1\end{bmatrix},\quad \boldsymbol{c}=[1\quad 0\quad 0\quad 0],\quad d=0 \tag{1-138}$$

三、由状态空间方程导出传递函数矩阵

系统以状态空间描述后，研究其输入、状态、输出诸变量间的传递特性，能进一步揭示两种基本描述的关系。

设多输入-多输出线性定常连续系统状态空间方程为

$$\dot{\boldsymbol{x}}=\boldsymbol{A}\boldsymbol{x}+\boldsymbol{B}\boldsymbol{u},\quad \boldsymbol{y}=\boldsymbol{C}\boldsymbol{x}+\boldsymbol{D}\boldsymbol{u} \tag{1-139}$$

对其进行拉普拉斯变换，有

$$s\boldsymbol{x}(s)-\boldsymbol{x}(0)=\boldsymbol{A}\boldsymbol{x}(s)+\boldsymbol{B}\boldsymbol{u}(s) \tag{1-140}$$

故

$$\boldsymbol{x}(s)=(s\boldsymbol{I}-\boldsymbol{A})^{-1}\boldsymbol{x}(0)+(s\boldsymbol{I}-\boldsymbol{A})^{-1}\boldsymbol{B}\boldsymbol{u}(s) \tag{1-141}$$

该式表明初始状态向量 $\boldsymbol{x}(0)$ 至状态向量的传递关系由 $(s\boldsymbol{I}-\boldsymbol{A})^{-1}$ 确定，输入向量至状态向量的传递关系由 $(s\boldsymbol{I}-\boldsymbol{A})^{-1}\boldsymbol{B}$ 确定。

$$\boldsymbol{y}(s)=\boldsymbol{C}(s\boldsymbol{I}-\boldsymbol{A})^{-1}\boldsymbol{x}(0)+\boldsymbol{C}(s\boldsymbol{I}-\boldsymbol{A})^{-1}\boldsymbol{B}\boldsymbol{u}(s)+\boldsymbol{D}\boldsymbol{u}(s) \tag{1-142}$$

该式表明初始状态向量 $\boldsymbol{x}(0)$ 至状态向量的传递关系由 $\boldsymbol{C}(s\boldsymbol{I}-\boldsymbol{A})^{-1}$ 确定，$[\boldsymbol{C}(s\boldsymbol{I}-\boldsymbol{A})^{-1}\boldsymbol{B}+\boldsymbol{D}]$ 表示输入向量至输出向量的传递关系，其中 $\boldsymbol{D}$ 是输入向量对输出向量有前馈传递的部分。

令初始条件为零，$\boldsymbol{x}(0)=0$，则

$$\boldsymbol{y}(s)=[\boldsymbol{C}(s\boldsymbol{I}-\boldsymbol{A})^{-1}\boldsymbol{B}+\boldsymbol{D}]\boldsymbol{u}(s)\triangleq\boldsymbol{G}(s)\boldsymbol{u}(s) \tag{1-143}$$

式中

$$\boldsymbol{G}(s)=\boldsymbol{C}(s\boldsymbol{I}-\boldsymbol{A})^{-1}\boldsymbol{B}+\boldsymbol{D} \tag{1-144}$$

定义 $\boldsymbol{G}(s)$ 为传递函数矩阵，$\boldsymbol{u}$ 为 $(p\times1)$ 维，$\boldsymbol{y}$ 为 $(q\times1)$ 维时，$\boldsymbol{G}(s)$ 为 $(q\times p)$ 维。将式(1-144)展开，有

$$\begin{bmatrix}y_1(s)\\ y_2(s)\\ \vdots\\ y_q(s)\end{bmatrix}=\begin{bmatrix}g_{11}(s) & \cdots & g_{1p}(s)\\ g_{21}(s) & \cdots & g_{2p}(s)\\ \vdots & & \vdots\\ g_{q1}(s) & \cdots & g_{qp}(s)\end{bmatrix}\begin{bmatrix}u_1(s)\\ u_2(s)\\ \vdots\\ u_p(s)\end{bmatrix} \tag{1-145}$$

$g_{ij}(s)(i=1,2,\cdots,q;j=1,2,\cdots,p)$ 表示第 j 个输入变量至第 i 个输出变量之间的传递函数。对于单输入-单输出系统，传递函数矩阵便蜕变为传递函数。

当 $\boldsymbol{G}(s)$ 的所有元素的分母多项式最高幂次大于分子多项式最高幂次时，称 $\boldsymbol{G}(s)$ 为严格

真有理分式矩阵，显然有

$$\lim_{s\to\infty}\boldsymbol{G}(s)=\boldsymbol{0}\quad 及\quad \boldsymbol{D}=\boldsymbol{0} \tag{1-146}$$

只要 $\boldsymbol{G}(s)$ 含有分母多项式最高幂次等于分子多项式最高幂次的元，称 $\boldsymbol{G}(s)$ 为有理分式矩阵，这时，$\boldsymbol{D}\neq\boldsymbol{0}$，且

$$\lim_{s\to\infty}\boldsymbol{G}(s)=非零常数阵=\boldsymbol{D} \tag{1-147}$$

由于式(1-144)中

$$(s\boldsymbol{I}-\boldsymbol{A})^{-1}=\frac{\mathrm{adj}(s\boldsymbol{I}-\boldsymbol{A})}{\det(s\boldsymbol{I}-\boldsymbol{A})} \tag{1-148}$$

$\det(s\boldsymbol{I}-\boldsymbol{A})$ 为矩阵 $\boldsymbol{A}$ 的特征多项式，最高幂次为 n；$\mathrm{adj}(s\boldsymbol{I}-\boldsymbol{A})$ 各元的最高幂次至多为 $(n-1)$，故有

$$\lim_{s\to\infty}(s\boldsymbol{I}-\boldsymbol{A})^{-1}=\boldsymbol{0},\quad \lim_{s\to\infty}\boldsymbol{C}(s\boldsymbol{I}-\boldsymbol{A})^{-1}\boldsymbol{B}=\boldsymbol{0} \tag{1-149}$$

于是式(1-146)和式(1-147)成立。

例 1-8　计算以下系统状态空间描述的传递函数矩阵 $\boldsymbol{G}(s)$：

$$\dot{\boldsymbol{x}}=\boldsymbol{A}\boldsymbol{x}+\boldsymbol{B}\boldsymbol{u}\ ,\quad \boldsymbol{y}=\boldsymbol{C}\boldsymbol{x} \tag{1-150}$$

其中

$$\boldsymbol{A}=\begin{bmatrix}0&1&0\\0&0&1\\-3&-1&-2\end{bmatrix},\quad \boldsymbol{B}=\begin{bmatrix}1&0\\0&1\\1&1\end{bmatrix},\quad \boldsymbol{C}=\begin{bmatrix}1&1&1\end{bmatrix}$$

解　利用基本关系式 $\boldsymbol{G}(s)=\boldsymbol{C}(s\boldsymbol{I}-\boldsymbol{A})^{-1}\boldsymbol{B}$ 可以确定出系统状态空间描述的传递函数矩阵 $\boldsymbol{G}(s)$。

$$|s\boldsymbol{I}-\boldsymbol{A}|=s^3+2s^2+s+3 \tag{1-151}$$

$$\mathrm{adj}(s\boldsymbol{I}-\boldsymbol{A})=\mathrm{adj}\begin{pmatrix}s&-1&0\\0&s&-1\\3&1&s+2\end{pmatrix}=\begin{bmatrix}s^2+2s+1&s+2&1\\-3&s^2+2s&s\\-3s&-s-3&s^2\end{bmatrix} \tag{1-152}$$

则

$$\boldsymbol{G}(s)=\boldsymbol{C}(s\boldsymbol{I}-\boldsymbol{A})^{-1}\boldsymbol{B}=\frac{\boldsymbol{C}\mathrm{adj}(s\boldsymbol{I}-\boldsymbol{A})\boldsymbol{B}}{|s\boldsymbol{I}-\boldsymbol{A}|}=$$

$$\frac{\begin{bmatrix}1&1&1\end{bmatrix}\begin{bmatrix}s^2+2s+1&s+2&1\\-3&s^2+2s&s\\-3s&-s-3&s^2\end{bmatrix}\begin{bmatrix}1&0\\0&1\\1&1\end{bmatrix}}{s^3+2s^2+s+3}=$$

$$\begin{bmatrix}\dfrac{2s^2-1}{s^3+2s^2+s+3}&\dfrac{2s^2+3s}{s^3+2s^2+s+3}\end{bmatrix} \tag{1-153}$$

第五节　组合系统的状态空间描述与传递函数矩阵

由两个或两个以上子系统组成的系统称为组合系统。复杂系统通常是组合系统，其组合

的基本方式有并联、串联和反馈三种。下面以含两个子系统 S_1、S_2 的组合子系统为例，来研究其状态空间方程的建立及传递关系。

设线性定常连续子系统动态方程为

$$\left.\begin{aligned} S_1: \quad & \dot{\boldsymbol{x}}_1=\boldsymbol{A}_1\boldsymbol{x}_1+\boldsymbol{B}_1\boldsymbol{u}_1, \quad \boldsymbol{y}_1=\boldsymbol{C}_1\boldsymbol{x}_1+\boldsymbol{D}_1\boldsymbol{u}_1 \\ S_2: \quad & \dot{\boldsymbol{x}}_2=\boldsymbol{A}_2\boldsymbol{x}_2+\boldsymbol{B}_2\boldsymbol{u}_2, \quad \boldsymbol{y}_2=\boldsymbol{C}_2\boldsymbol{x}_2+\boldsymbol{D}_2\boldsymbol{u}_2 \end{aligned}\right\} \tag{1-154}$$

S_1 和 S_2 的传递函数矩阵分别为$\boldsymbol{G}_1(s)$和$\boldsymbol{G}_2(s)$。以三种方式联结的组合系统结构图如图 1-11 所示，图中给出了组合系统的输入 $\boldsymbol{u}$、输出 $\boldsymbol{y}$ 与两个子系统的输入和输出之间的关系，它们确定了具体组合方式所应满足的条件。图中方块均记为 $S_i(i=1,2)$，它们既可表示为$\boldsymbol{G}_i(s)$，又可展开为状态空间方块图。

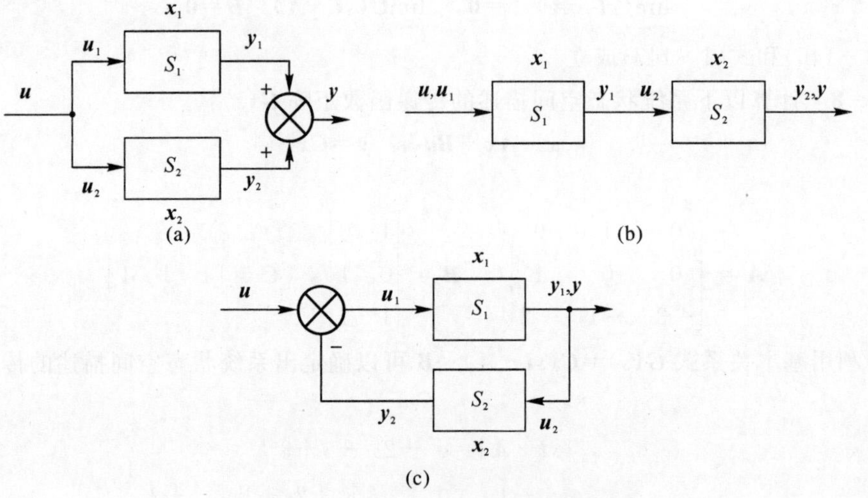

图 1-11　两个子系统的组合联结

(a)并联；(b)串联；(c)反馈

下面来分别研究组合系统的状态空间方程及传递函数矩阵，假定 $\boldsymbol{u}$ 为 p 维向量，$\boldsymbol{y}$ 为 q 维向量，$\boldsymbol{x}_1$ 为 n_1 维向量，$\boldsymbol{x}_2$ 为 n_2 维向量。

一、子系统的并联

并联联结条件为

$$\boldsymbol{u}=\boldsymbol{u}_1=\boldsymbol{u}_2, \quad \boldsymbol{y}=\boldsymbol{y}_1+\boldsymbol{y}_2 \tag{1-155}$$

式(1-155)表明，可并联的两个子系统的输入 $\boldsymbol{u}_1$ 与 $\boldsymbol{u}_2$，两子系统的输出 $\boldsymbol{y}_1$ 与 $\boldsymbol{y}_2$，都必须具有相同维数。

考虑式(1-155)，并联组合系统的动态方程为

$$\left.\begin{aligned} \dot{\boldsymbol{x}}_1&=\boldsymbol{A}_1\boldsymbol{x}_1+\boldsymbol{B}_1\boldsymbol{u}_1 \\ \dot{\boldsymbol{x}}_2&=\boldsymbol{A}_2\boldsymbol{x}_2+\boldsymbol{B}_2\boldsymbol{u}_2 \\ \boldsymbol{y}&=\boldsymbol{C}_1\boldsymbol{x}_1+\boldsymbol{C}_2\boldsymbol{x}_2+(\boldsymbol{D}_1+\boldsymbol{D}_2)\boldsymbol{u} \end{aligned}\right\} \tag{1-156}$$

记$[\boldsymbol{x}_1^{\mathrm{T}} \quad \boldsymbol{x}_2^{\mathrm{T}}]$为组合系统的状态，并将式(1-156)写成分块矩阵形式，可得并联组合系统

标准型的状态空间描述为

$$\left.\begin{aligned}\begin{bmatrix}\dot{\boldsymbol{x}}_1\\ \dot{\boldsymbol{x}}_2\end{bmatrix}&=\begin{bmatrix}\boldsymbol{A}_1 & \\ & \boldsymbol{A}_2\end{bmatrix}\begin{bmatrix}\boldsymbol{x}_1\\ \boldsymbol{x}_2\end{bmatrix}+\begin{bmatrix}\boldsymbol{B}_1\\ \boldsymbol{B}_2\end{bmatrix}\boldsymbol{u}\\ \boldsymbol{y}&=[\boldsymbol{C}_1\quad \boldsymbol{C}_2]\begin{bmatrix}\boldsymbol{x}_1\\ \boldsymbol{x}_2\end{bmatrix}+(\boldsymbol{D}_1+\boldsymbol{D}_2)\boldsymbol{u}\end{aligned}\right\}\tag{1-157}$$

组合系统的各系数矩阵 $\boldsymbol{A}$、$\boldsymbol{B}$、$\boldsymbol{C}$、$\boldsymbol{D}$ 分别为式(1-157)中对应的分块矩阵，其传递函数矩阵 $\boldsymbol{G}(s)$ 为

$$\begin{aligned}&\boldsymbol{G}(s)=\boldsymbol{C}(s\boldsymbol{I}-\boldsymbol{A})^{-1}\boldsymbol{B}+(\boldsymbol{D}_1+\boldsymbol{D}_2)=\\ &\quad[\boldsymbol{C}_1\quad \boldsymbol{C}_2]\begin{bmatrix}(s\boldsymbol{I}_{n1}-\boldsymbol{A}_1)^{-1} & \boldsymbol{0}\\ \boldsymbol{0} & (s\boldsymbol{I}_{n2}-\boldsymbol{A}_2)^{-1}\end{bmatrix}\begin{bmatrix}\boldsymbol{B}_1\\ \boldsymbol{B}_2\end{bmatrix}+(\boldsymbol{D}_1+\boldsymbol{D}_2)=\\ &\quad\boldsymbol{C}_1(s\boldsymbol{I}_{n1}-\boldsymbol{A}_1)^{-1}\boldsymbol{B}_1+\boldsymbol{D}_1+\boldsymbol{C}_2(s\boldsymbol{I}_{n2}-\boldsymbol{A}_2)^{-1}\boldsymbol{B}_2+\boldsymbol{D}_2=\\ &\quad\boldsymbol{G}_1(s)+\boldsymbol{G}_2(s)\end{aligned}\tag{1-158}$$

式(1-158)表明并联组合系统的传递函数矩阵为子系统传递函数矩阵之和。若将图1-11(a)中的方块记为 $\boldsymbol{G}_i(s)$，应用经典控制理论中的结构图变换规则可得出相同的结论。

二、子系统的串联

串联联结条件为

$$\boldsymbol{u}=\boldsymbol{u}_1\,,\quad \boldsymbol{u}_2=\boldsymbol{y}_1\,,\quad \boldsymbol{y}=\boldsymbol{y}_2\tag{1-159}$$

式(1-159)表明，可串联的两子系统，S_1 的输出与 S_2 的输入应具有相同的维数。

考虑式(1-159)，串联组合系统的动态方程为

$$\left.\begin{aligned}\dot{\boldsymbol{x}}_1&=\boldsymbol{A}_1\boldsymbol{x}_1+\boldsymbol{B}_1\boldsymbol{u}\\ \dot{\boldsymbol{x}}_2&=\boldsymbol{A}_2\boldsymbol{x}_2+\boldsymbol{B}_2(\boldsymbol{C}_1\boldsymbol{x}_1+\boldsymbol{D}_1\boldsymbol{u})\\ \boldsymbol{y}&=\boldsymbol{C}_2\boldsymbol{x}_2+\boldsymbol{D}_2(\boldsymbol{C}_1\boldsymbol{x}_1+\boldsymbol{D}_1\boldsymbol{u})\end{aligned}\right\}\tag{1-160}$$

并将其写成分块矩阵的形式

$$\left.\begin{aligned}\begin{bmatrix}\dot{\boldsymbol{x}}_1\\ \dot{\boldsymbol{x}}_2\end{bmatrix}&=\begin{bmatrix}\boldsymbol{A}_1 & \boldsymbol{0}\\ \boldsymbol{B}_2\boldsymbol{C}_1 & \boldsymbol{A}_2\end{bmatrix}\begin{bmatrix}\boldsymbol{x}_1\\ \boldsymbol{x}_2\end{bmatrix}+\begin{bmatrix}\boldsymbol{B}_1\\ \boldsymbol{B}_2\boldsymbol{D}_1\end{bmatrix}\boldsymbol{u}\\ \boldsymbol{y}&=[\boldsymbol{D}_2\boldsymbol{C}_1\quad \boldsymbol{C}_2]\begin{bmatrix}\boldsymbol{x}_1\\ \boldsymbol{x}_2\end{bmatrix}+\boldsymbol{D}_2\boldsymbol{D}_1\boldsymbol{u}\end{aligned}\right\}\tag{1-161}$$

由式(1-161)所示各系数矩阵，则串联组合系统传递函数矩阵为

$$\begin{aligned}&\boldsymbol{G}(s)=[\boldsymbol{D}_2\boldsymbol{C}_1\quad \boldsymbol{C}_2]\begin{bmatrix}s\boldsymbol{I}_{n1}-\boldsymbol{A}_1 & \boldsymbol{0}\\ -\boldsymbol{B}_2\boldsymbol{C}_1 & s\boldsymbol{I}_{n2}-\boldsymbol{A}_2\end{bmatrix}^{-1}\begin{bmatrix}\boldsymbol{B}_1\\ \boldsymbol{B}_2\boldsymbol{D}_1\end{bmatrix}+\boldsymbol{D}_2\boldsymbol{D}_1=\\ &\quad[\boldsymbol{D}_2\boldsymbol{C}_1\quad \boldsymbol{C}_2]\begin{bmatrix}(s\boldsymbol{I}_{n1}-\boldsymbol{A}_1)^{-1} & \boldsymbol{0}\\ (s\boldsymbol{I}_{n1}-\boldsymbol{A}_2)^{-1}\boldsymbol{B}_2\boldsymbol{C}_1(s\boldsymbol{I}_{n2}-\boldsymbol{A}_1)^{-1} & (s\boldsymbol{I}_{n2}-\boldsymbol{A}_2)^{-1}\end{bmatrix}\begin{bmatrix}\boldsymbol{B}_1\\ \boldsymbol{B}_2\boldsymbol{D}_1\end{bmatrix}+\boldsymbol{D}_2\boldsymbol{D}_1=\\ &\quad[\boldsymbol{D}_2\boldsymbol{C}_1(s\boldsymbol{I}_{n1}-\boldsymbol{A}_1)^{-1}+\boldsymbol{C}_2(s\boldsymbol{I}_{n1}-\boldsymbol{A}_2)^{-1}\boldsymbol{B}_2\boldsymbol{C}_1(s\boldsymbol{I}_{n2}-\boldsymbol{A}_1)^{-1}\\ &\quad\boldsymbol{C}_2(s\boldsymbol{I}_{n2}-\boldsymbol{A}_2)^{-1}]\begin{bmatrix}\boldsymbol{B}_1\\ \boldsymbol{B}_2\boldsymbol{D}_1\end{bmatrix}+\boldsymbol{D}_2\boldsymbol{D}_1=\end{aligned}$$

$$\begin{aligned}&\boldsymbol{D}_2\boldsymbol{C}_1(s\boldsymbol{I}_{n1}-\boldsymbol{A}_1)^{-1}\boldsymbol{B}_1+\boldsymbol{C}_2(s\boldsymbol{I}_{n1}-\boldsymbol{A}_2)^{-1}\boldsymbol{B}_2\boldsymbol{C}_1(s\boldsymbol{I}_{n2}-\boldsymbol{A}_1)^{-1}\boldsymbol{B}_1+\\&\boldsymbol{C}_2(s\boldsymbol{I}_{n2}-\boldsymbol{A}_2)^{-1}\boldsymbol{B}_2\boldsymbol{D}_1+\boldsymbol{D}_2\boldsymbol{D}_1=\\&[\boldsymbol{C}_2(s\boldsymbol{I}_{n2}-\boldsymbol{A}_2)^{-1}\boldsymbol{B}_2+\boldsymbol{D}_2]\cdot[\boldsymbol{C}_1(s\boldsymbol{I}_{n1}-\boldsymbol{A}_1)^{-1}\boldsymbol{B}_1+\boldsymbol{D}_1]=\\&\boldsymbol{G}_2(s)\boldsymbol{G}_1(s)\end{aligned} \tag{1-162}$$

式(1-162)表明串联组合系统的传递函数矩阵为子系统传递函数矩阵的乘积,但应注意相乘顺序不得颠倒。若将图1-11(b)中的方块记为$\boldsymbol{G}_i(s)$,容易得到

$$\boldsymbol{y}(s)=\boldsymbol{G}_2(s)\boldsymbol{u}_2(s)=\boldsymbol{G}_2(s)\boldsymbol{y}_1(s)=\boldsymbol{G}_2(s)\boldsymbol{G}_1(s)\boldsymbol{u}(s) \tag{1-163}$$

故

$$\boldsymbol{G}(s)=\boldsymbol{G}_2(s)\boldsymbol{G}_1(s) \tag{1-164}$$

三、子系统的反馈联结

反馈联结条件为

$$\boldsymbol{u}_1=\boldsymbol{u}-\boldsymbol{y}_2,\quad \boldsymbol{y}_1=\boldsymbol{y}=\boldsymbol{u}_2 \tag{1-165}$$

式(1-165)表明,图1-11(c)反馈联结的两个子系统,$\boldsymbol{u}$、$\boldsymbol{u}_1$与$\boldsymbol{y}_2$应具有相同维数,$\boldsymbol{y}$、$\boldsymbol{y}_1$与$\boldsymbol{u}_2$应具有相同维数。

推导反馈联结的组合系统的动态方程较为复杂,需消去中间变量$\boldsymbol{u}_1$、$\boldsymbol{u}_2$,将其表示为$\boldsymbol{x}_1$、$\boldsymbol{x}_2$、$\boldsymbol{u}$的函数。由于$\boldsymbol{y}_2=\boldsymbol{C}_2\boldsymbol{x}_2+\boldsymbol{D}_2\boldsymbol{y}_1=\boldsymbol{C}_2\boldsymbol{x}_2+\boldsymbol{D}_2(\boldsymbol{C}_1\boldsymbol{x}_1+\boldsymbol{D}_1\boldsymbol{u}_1)$及$\boldsymbol{y}_2=\boldsymbol{u}-\boldsymbol{u}_1$,若存在$(\boldsymbol{I}+\boldsymbol{D}_2\boldsymbol{D}_1)^{-1}$,即$\det(\boldsymbol{I}+\boldsymbol{D}_2\boldsymbol{D}_1)\neq 0$,则

$$\boldsymbol{u}_1=(\boldsymbol{I}+\boldsymbol{D}_2\boldsymbol{D}_1)^{-1}(-\boldsymbol{C}_2\boldsymbol{x}_2-\boldsymbol{D}_2\boldsymbol{C}_1\boldsymbol{x}_1+\boldsymbol{u}) \tag{1-166}$$

由于

$$\boldsymbol{u}_2=\boldsymbol{y}_1=\boldsymbol{C}_1\boldsymbol{x}_1+\boldsymbol{D}_1\boldsymbol{u}_1$$

所以

$$\boldsymbol{u}_2=\boldsymbol{C}_1\boldsymbol{x}_1+\boldsymbol{D}_1(\boldsymbol{I}+\boldsymbol{D}_2\boldsymbol{D}_1)^{-1}(-\boldsymbol{C}_2\boldsymbol{x}_2-\boldsymbol{D}_2\boldsymbol{C}_1\boldsymbol{x}_1+\boldsymbol{u}) \tag{1-167}$$

于是动态方程为

$$\left.\begin{aligned}&\dot{\boldsymbol{x}}_1=\boldsymbol{A}_1\boldsymbol{x}_1+\boldsymbol{B}_1(\boldsymbol{I}+\boldsymbol{D}_2\boldsymbol{D}_1)^{-1}(-\boldsymbol{C}_2\boldsymbol{x}_2-\boldsymbol{D}_2\boldsymbol{C}_1\boldsymbol{x}_1+\boldsymbol{u})\\&\dot{\boldsymbol{x}}_2=\boldsymbol{A}_2\boldsymbol{x}_2+\boldsymbol{B}_2\boldsymbol{C}_1\boldsymbol{x}_1+\boldsymbol{B}_2\boldsymbol{D}_1(\boldsymbol{I}+\boldsymbol{D}_2\boldsymbol{D}_1)^{-1}(-\boldsymbol{C}_2\boldsymbol{x}_2-\boldsymbol{D}_2\boldsymbol{C}_1\boldsymbol{x}_1+\boldsymbol{u})\\&\boldsymbol{y}=\boldsymbol{u}_2=\boldsymbol{C}_1\boldsymbol{x}_1+\boldsymbol{D}_1(\boldsymbol{I}+\boldsymbol{D}_2\boldsymbol{D}_1)^{-1}(-\boldsymbol{C}_2\boldsymbol{x}_2-\boldsymbol{D}_2\boldsymbol{C}_1\boldsymbol{x}_1+\boldsymbol{u})\end{aligned}\right\} \tag{1-168}$$

将其写成分块矩阵形式

$$\left.\begin{aligned}&\begin{bmatrix}\dot{\boldsymbol{x}}_1\\\dot{\boldsymbol{x}}_2\end{bmatrix}=\begin{bmatrix}\boldsymbol{A}_1-\boldsymbol{B}_1(\boldsymbol{I}+\boldsymbol{D}_2\boldsymbol{D}_1)^{-1}\boldsymbol{D}_2\boldsymbol{C}_1 & -\boldsymbol{B}_1(\boldsymbol{I}+\boldsymbol{D}_2\boldsymbol{D}_1)^{-1}\boldsymbol{C}_2\\\boldsymbol{B}_2\boldsymbol{C}_1-\boldsymbol{B}_2\boldsymbol{D}_1(\boldsymbol{I}+\boldsymbol{D}_2\boldsymbol{D}_1)^{-1}\boldsymbol{D}_2\boldsymbol{C}_1 & \boldsymbol{A}_2-\boldsymbol{B}_2\boldsymbol{D}_1(\boldsymbol{I}+\boldsymbol{D}_2\boldsymbol{D}_1)^{-1}\boldsymbol{C}_2\end{bmatrix}\begin{bmatrix}\boldsymbol{x}_1\\\boldsymbol{x}_2\end{bmatrix}+\\&\qquad\begin{bmatrix}\boldsymbol{B}_1(\boldsymbol{I}+\boldsymbol{D}_2\boldsymbol{D}_1)^{-1}\\\boldsymbol{B}_2\boldsymbol{D}_1(\boldsymbol{I}+\boldsymbol{D}_2\boldsymbol{D}_1)^{-1}\end{bmatrix}\boldsymbol{u}\\&\boldsymbol{y}=[\boldsymbol{C}_1-\boldsymbol{D}_1(\boldsymbol{I}+\boldsymbol{D}_2\boldsymbol{D}_1)^{-1}\boldsymbol{D}_2\boldsymbol{C}_1\quad -\boldsymbol{D}_1(\boldsymbol{I}+\boldsymbol{D}_2\boldsymbol{D}_1)^{-1}\boldsymbol{C}_2]\begin{bmatrix}\boldsymbol{x}_1\\\boldsymbol{x}_2\end{bmatrix}\end{aligned}\right\} \tag{1-169}$$

当$\boldsymbol{D}_1=\boldsymbol{D}_2=\boldsymbol{0}$时,有

$$\left.\begin{aligned}\begin{bmatrix}\dot{\boldsymbol{x}}_1\\\dot{\boldsymbol{x}}_2\end{bmatrix}&=\begin{bmatrix}\boldsymbol{A}_1 & -\boldsymbol{B}_1\boldsymbol{C}_2\\\boldsymbol{B}_2\boldsymbol{C}_1 & \boldsymbol{A}_2\end{bmatrix}\begin{bmatrix}\boldsymbol{x}_1\\\boldsymbol{x}_2\end{bmatrix}+\begin{bmatrix}\boldsymbol{B}_1\\\boldsymbol{0}\end{bmatrix}\boldsymbol{u}\\\boldsymbol{y}&=[\boldsymbol{C}_1\quad\boldsymbol{0}]\begin{bmatrix}\boldsymbol{x}_1\\\boldsymbol{x}_2\end{bmatrix}\end{aligned}\right\}\tag{1-170}$$

由式(1-169)和式(1-170)所示各系数矩阵，读者可自行导出反馈联结组合系统的传递函数矩阵。下面可用结构图变换法则来推导。由图 1-11(c)有

$$\boldsymbol{y}(s)=\boldsymbol{G}_1(s)[\boldsymbol{u}(s)-\boldsymbol{y}_2(s)]=\boldsymbol{G}_1(s)\boldsymbol{u}(s)-\boldsymbol{G}_1(s)\boldsymbol{G}_2(s)\boldsymbol{y}(s)\tag{1-171}$$

即

$$[\boldsymbol{I}_q+\boldsymbol{G}_1(s)\boldsymbol{G}_2(s)]\boldsymbol{y}(s)=\boldsymbol{G}_1(s)\boldsymbol{u}(s)\tag{1-172}$$

假定 $\det[\boldsymbol{I}_q+\boldsymbol{G}_1(s)\boldsymbol{G}_2(s)]\neq 0$，意指对某些 s 能满足该式时，$[\boldsymbol{I}_q+\boldsymbol{G}_1(s)\boldsymbol{G}_2(s)]$ 的逆阵便存在。这里的“0”是指有理分式域上的零，当 $\det[\boldsymbol{I}_q+\boldsymbol{G}_1(s)\boldsymbol{G}_2(s)]=0$ 时表示有理分式为零，逆阵不存在，故

$$\boldsymbol{G}(s)=[\boldsymbol{I}_q+\boldsymbol{G}_1(s)\boldsymbol{G}_2(s)]^{-1}\boldsymbol{G}_1(s)\tag{1-173}$$

由图 1-11(c)还有

$$\begin{aligned}\boldsymbol{y}(s)&=\boldsymbol{G}_1(s)\boldsymbol{u}_1(s)\\\boldsymbol{u}(s)&=\boldsymbol{u}(s)-\boldsymbol{y}_2(s)=\boldsymbol{u}(s)-\boldsymbol{G}_2(s)\boldsymbol{G}_1(s)\boldsymbol{u}_1(s)\end{aligned}\tag{1-174}$$

假定 $\det[\boldsymbol{I}_p+\boldsymbol{G}_2(s)\boldsymbol{G}_1(s)]\neq 0$，有

$$\boldsymbol{y}(s)=\boldsymbol{G}_1(s)[\boldsymbol{I}_p+\boldsymbol{G}_2(s)\boldsymbol{G}_1(s)]^{-1}\boldsymbol{u}(s)\tag{1-175}$$

故

$$\boldsymbol{G}(s)=\boldsymbol{G}_1(s)[\boldsymbol{I}_p+\boldsymbol{G}_2(s)\boldsymbol{G}_1(s)]^{-1}\tag{1-176}$$

比较式(1-173)和式(1-176)，存在

$$\boldsymbol{G}_1(s)[\boldsymbol{I}_p+\boldsymbol{G}_2(s)\boldsymbol{G}_1(s)]^{-1}=[\boldsymbol{I}_q+\boldsymbol{G}_1(s)\boldsymbol{G}_2(s)]^{-1}\boldsymbol{G}_1(s)\tag{1-177}$$

式中 $\boldsymbol{G}_1(s)$ 为 $(q\times p)$ 阶矩阵，$\boldsymbol{G}_2(s)$ 为 $(p\times q)$ 阶矩阵，且可以证明，有

$$\det[\boldsymbol{I}_p+\boldsymbol{G}_2(s)\boldsymbol{G}_1(s)]=\det[\boldsymbol{I}_q+\boldsymbol{G}_1(s)\boldsymbol{G}_2(s)]\tag{1-178}$$

下面给出一个构造性的证明。设选择下列三个阶次均为 $(q+p)$ 的方阵 $\boldsymbol{N}$、$\boldsymbol{Q}$、$\boldsymbol{P}$：

$$\boldsymbol{N}=\begin{bmatrix}\boldsymbol{I}_p & \boldsymbol{0}\\-\boldsymbol{G}_1(s) & \boldsymbol{I}_q\end{bmatrix},\quad \boldsymbol{Q}=\begin{bmatrix}\boldsymbol{I}_p & -\boldsymbol{G}_2(s)\\\boldsymbol{G}_1(s) & \boldsymbol{I}_q\end{bmatrix},\quad \boldsymbol{P}=\begin{bmatrix}\boldsymbol{I}_p & \boldsymbol{G}_2(s)\\\boldsymbol{0} & \boldsymbol{I}_q\end{bmatrix}\tag{1-179}$$

则

$$\boldsymbol{NQP}=\begin{bmatrix}\boldsymbol{I}_p & \boldsymbol{0}\\\boldsymbol{0} & \boldsymbol{I}_q+\boldsymbol{G}_1(s)\boldsymbol{G}_2(s)\end{bmatrix},\quad \boldsymbol{PQN}=\begin{bmatrix}\boldsymbol{I}_q+\boldsymbol{G}_2(s)\boldsymbol{G}_1(s) & \boldsymbol{0}\\\boldsymbol{0} & \boldsymbol{I}_q\end{bmatrix}\tag{1-180}$$

由于

$$\det(\boldsymbol{NQP})=\det(\boldsymbol{N})\cdot\det(\boldsymbol{Q})\cdot\det(\boldsymbol{P})=\det(\boldsymbol{PNQ})\tag{1-181}$$

所以

$$\det[\boldsymbol{I}_q+\boldsymbol{G}_1(s)\boldsymbol{G}_2(s)]=\det[\boldsymbol{I}_p+\boldsymbol{G}_2(s)\boldsymbol{G}_1(s)]\tag{1-182}$$

式(1-178)得证。

注意到 $\det[\boldsymbol{I}_q+\boldsymbol{G}_2(s)\boldsymbol{G}_1(s)]\neq 0$ 和 $\det[\boldsymbol{I}_q+\boldsymbol{G}_1(s)\boldsymbol{G}_2(s)]\neq 0$ 的条件若满足，反馈联结的组合系统的解才存在，否则，对于确定的输入也无解 $\boldsymbol{y}(s)$。

习　　题

1-1　列写图 1-12 所示电路的状态方程和输出方程。图中 $\boldsymbol{u}(t)$ 为输入变量，$\boldsymbol{y}(t)$ 为输出变量，分别取 C_1、C_2 两端电压和流过 L 的电流为状态变量 $\boldsymbol{x}_1$、$\boldsymbol{x}_2$、$\boldsymbol{x}_3$。

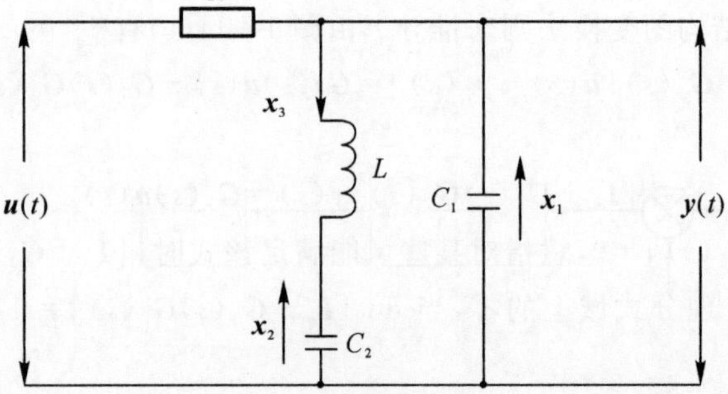

图 1-12　习题 1-1 电路

1-2　列写图 1-13 所示机械系统的状态方程和输出方程。图中外作用力 u_1、u_2 作为系统输入质量块 m_1、m_2 的位移，x_1、x_2 作为系统输出，k_1、k_2 为弹簧刚度，f 为阻尼系数。

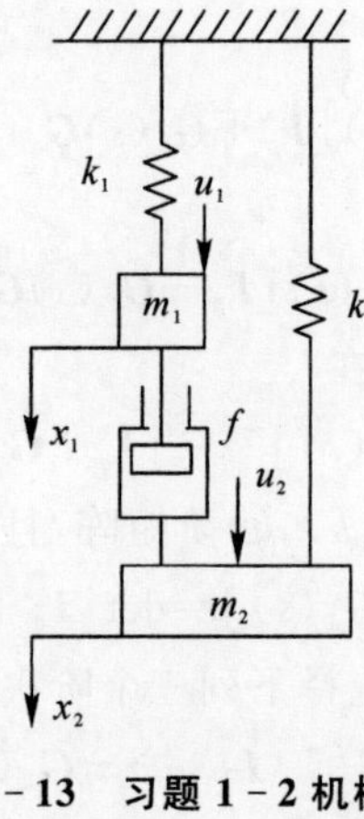

图 1-13　习题 1-2 机械系统

1-3　已知电枢控制的直流伺服电动机的微分方程组为

$$u_a = R_a i_a + L_a \frac{\mathrm{d}i_a}{\mathrm{d}t} + E_b \quad \text{(电势平衡方程)}$$

$$E_b = K_b \frac{\mathrm{d}\theta_m}{\mathrm{d}t} \quad \text{(反电势方程)}$$

$$M_m = C_m i_a \quad \text{(电磁力矩方程)}$$

$$M_m = J_m \frac{\mathrm{d}^2\theta_m}{\mathrm{d}t^2} + f_m \frac{\mathrm{d}\theta_m}{\mathrm{d}t} \quad \text{(力矩平衡方程)}$$

设取状态变量：$x_1=\theta_m$，$x_2=\dot{\theta}_m$，$x_3=\ddot{\theta}_m$，输出量 $y=\theta_m$。又另取状态变量：$\bar{x}_1=i_a$，$\bar{x}_2=\theta_m$，$\bar{x}_3=\dot{\theta}_m$ 及 $y=\theta_m$。试分别列写伺服电动机的动态方程。

1-4　已知系统微分方程，试列写能控规范标准型及能观测规范标准型动态方程。

(1) $\dddot{y}+6\ddot{y}+11\dot{y}+6y=2\dot{u}+2u$；

(2) $3\dddot{y}+6\ddot{y}+12\dot{y}+9y=3\dot{u}+6u$。

1-5　已知系统传递函数，试列写能控规范标准型及能观测规范标准型动态方程。

(1) $G(s)=\dfrac{3s^2+4s+1}{s^2+4s+8}$；

(2) $G(s)=\dfrac{3(s+5)}{(s+2)^2(s+1)}$。

1-6　已知图1-14所示系统结构图，试列出动态方程。

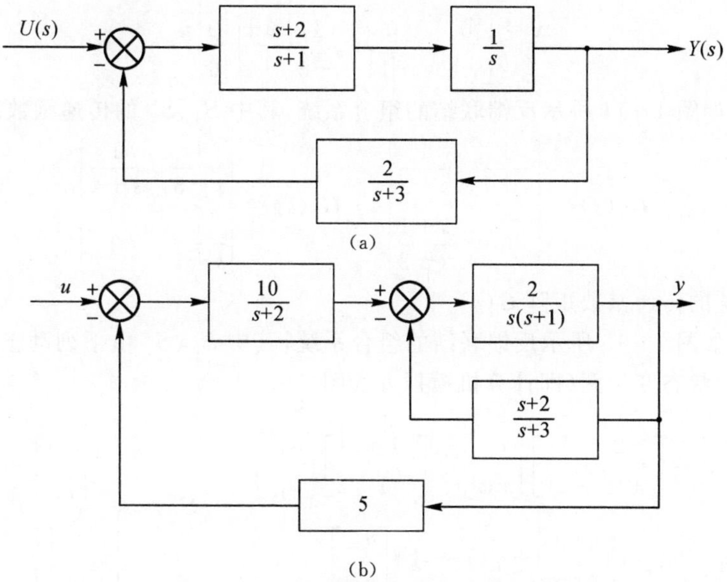

图1-14　习题1-6系统结构图

1-7　已知系统传递函数，试列写对角型或约当型动态方程。

(1) $G(s)=\dfrac{s+3}{(s+1)(s+2)}$；

(2) $G(s)=\dfrac{5}{(s+1)^2(s+2)}$。

1-8　已知系统动态方程，试求传递函数或传递函数矩阵。

(1) $\dot{\boldsymbol{x}}=\begin{bmatrix}0 & 1 & 0\\ -2 & -3 & 0\\ -1 & 1 & 3\end{bmatrix}\boldsymbol{x}+\begin{bmatrix}0\\1\\2\end{bmatrix}\boldsymbol{u}$，$\boldsymbol{y}=[0\quad 0\quad 1]\boldsymbol{x}$；

(2) $\begin{cases}\dot{x}_1=x_2+u_1\\ \dot{x}_2=x_3+u_1+u_2\\ \dot{x}_3=-6x_1-11x_2-6x_3+2u_2\end{cases}$，$\begin{cases}y_1=x_1-x_2\\ y_2=2x_1+x_2-x_3\end{cases}$。

1-9　已知系统动态方程，试求系统微分方程。

$$\dot{\boldsymbol{x}}=\begin{bmatrix}0 & 2 & 0\\ 0 & 0 & 2\\ 1 & -3 & 5\end{bmatrix}\boldsymbol{x}+\begin{bmatrix}2\\3\\5\end{bmatrix}\boldsymbol{u},\quad \boldsymbol{y}=\boldsymbol{x}_2+3\boldsymbol{x}_3$$

1-10　已知系统状态方程，试确定坐标变换矩阵，并将其化为对角型或约当型状态方程。

(1) $\dot{\boldsymbol{x}}=\begin{bmatrix}2 & -1 & -1\\0 & -1 & 0\\0 & 2 & 1\end{bmatrix}\boldsymbol{x}+\begin{bmatrix}7\\2\\3\end{bmatrix}\boldsymbol{u}$；

(2) $\dot{\boldsymbol{x}}=\begin{bmatrix}-1 & 1 & 0\\-4 & 3 & 0\\1 & 0 & 2\end{bmatrix}\boldsymbol{x}+\begin{bmatrix}1\\1\\2\end{bmatrix}\boldsymbol{u}$。

1-11　已知系统状态方程，$\boldsymbol{A}$ 为友矩阵，试确定范德蒙变换阵并将状态方程对角化。

$$\dot{\boldsymbol{x}}=\begin{bmatrix}0 & 1 & 0\\0 & 0 & 1\\-6 & -11 & -6\end{bmatrix}\boldsymbol{x}+\begin{bmatrix}0\\0\\6\end{bmatrix}\boldsymbol{u}$$

1-12　设如图 1-11 所示反馈联结的组合系统，其中 S_1、S_2 的传递函数矩阵分别为

$$\boldsymbol{G}_1(s)=\begin{bmatrix}\dfrac{1}{s+1} & \dfrac{1}{s+2}\\0 & \dfrac{s+1}{s+2}\end{bmatrix},\quad \boldsymbol{G}_2(s)=\begin{bmatrix}\dfrac{1}{s+3} & \dfrac{1}{s+4}\\\dfrac{1}{s+1} & 0\end{bmatrix}$$

试确定组合系统的传递函数矩阵 $\boldsymbol{G}(s)$。

1-13　设如图 1-15 所示反馈联结的组合系统，其中 S_1、S_2 由下列动态方程描述，试画出该组合系统的状态变量图(即计算机模拟方块图)。

$$S_1:\begin{cases}\begin{bmatrix}\dot{x}_{11}\\\dot{x}_{12}\end{bmatrix}=\begin{bmatrix}-2 & 1\\0 & -1\end{bmatrix}\begin{bmatrix}x_{11}\\x_{12}\end{bmatrix}+\begin{bmatrix}4 & 1\\-1 & 2\end{bmatrix}\begin{bmatrix}u_{11}\\u_{12}\end{bmatrix}\\ y_1=[0\quad 1]\begin{bmatrix}x_{11}\\x_{12}\end{bmatrix}+[1\quad -1]\begin{bmatrix}u_{11}\\u_{12}\end{bmatrix}\end{cases}\qquad S_2:\begin{cases}\begin{bmatrix}\dot{x}_{21}\\\dot{x}_{22}\end{bmatrix}=\begin{bmatrix}2\\1\end{bmatrix}\boldsymbol{u}_2\\ \boldsymbol{y}_2=\begin{bmatrix}2 & 0\\1 & -1\end{bmatrix}\begin{bmatrix}x_{21}\\x_{22}\end{bmatrix}\end{cases}$$

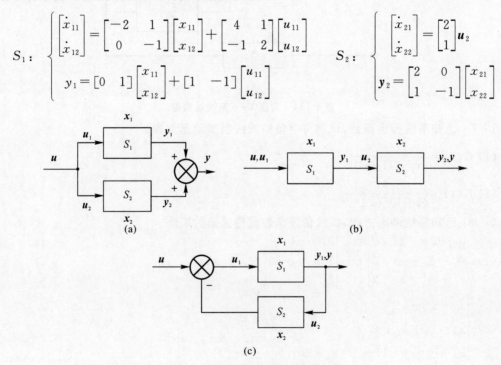

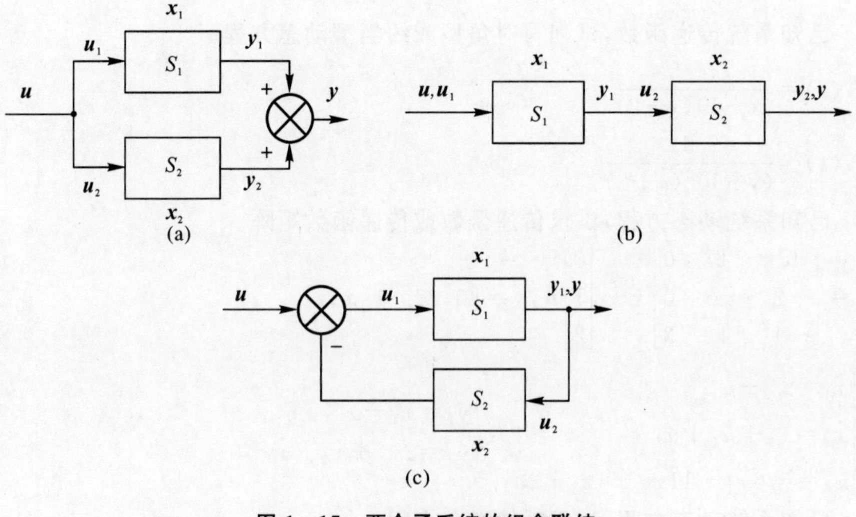

图 1-15　两个子系统的组合联结

(a)并联；(b)串联；(c)反馈

第二章 线性系统动态响应分析

本章主要对线性动态系统的行为特性进行分析。系统分析包括定性分析和定量分析。定性分析主要研究系统的稳定性、能控性和能观测性等一般性质，定量分析主要确定系统在外部激励作用下的运动(响应)特性。本章研究状态空间描述下线性系统的运动行为(线性系统的动态响应)，即进行系统的定量分析。

第一节 线性定常系统的动态响应分析

考虑如下的线性定常系统：

$$\begin{gathered}\dot{\boldsymbol{x}}(t)=\boldsymbol{A}\boldsymbol{x}(t)+\boldsymbol{B}\boldsymbol{u}(t)\\ \boldsymbol{x}(t_0)=\boldsymbol{x}_0,\ t\geqslant 0\end{gathered}\tag{2-1}$$

根据微分方程理论，如果式(2-1)满足利普希茨 Lipschitz 条件，则对给定的初始条件 $\boldsymbol{x}_0$ 及分段连续输入 $\boldsymbol{u}(t)$，状态方程的解 $\boldsymbol{x}(t)$ 是唯一确定的，且连续地依赖于初始条件 $\boldsymbol{x}_0$。

一、齐次状态方程的解

当外部输入 $\boldsymbol{u}(t)\equiv\boldsymbol{0}$ 时，

$$\dot{\boldsymbol{x}}(t)=\boldsymbol{A}\boldsymbol{x}(t),\ \boldsymbol{x}(t_0)=\boldsymbol{x}_0,\ t\geqslant 0\tag{2-2}$$

式(2-2)称为齐次状态方程。仿照标量指数函数，定义如下的矩阵指数函数：

$$\mathrm{e}^{\boldsymbol{A}t}\triangleq\boldsymbol{I}+\boldsymbol{A}t+\frac{1}{2!}\boldsymbol{A}^2t^2+\cdots=\sum_{k=0}^{\infty}\frac{1}{k!}\boldsymbol{A}^kt^k\tag{2-3}$$

式中：$\boldsymbol{A}$ 为 $n\times n$ 阶常阵；$\mathrm{e}^{\boldsymbol{A}t}$ 为 $n\times n$ 阶时变矩阵。

对于线性定常系统式(2-2)，状态解由下式给出：

$$\boldsymbol{x}(t)=\mathrm{e}^{\boldsymbol{A}t}\boldsymbol{x}_0,\ t\geqslant 0\tag{2-4}$$

现在给予证明，设式(2-2)的解 $\boldsymbol{x}(t)$ 可展为如下的向量幂级数，即

$$\boldsymbol{x}(t)=\boldsymbol{b}_0+\boldsymbol{b}_1t+\boldsymbol{b}_2t^2+\cdots=\sum_{k=0}^{\infty}\boldsymbol{b}_kt^k,\ t\geqslant 0\tag{2-5}$$

该式满足方程式(2-2)，故

$$\boldsymbol{b}_1+2\boldsymbol{b}_2t+3\boldsymbol{b}_3t^2+\cdots=\boldsymbol{A}\boldsymbol{b}_0+\boldsymbol{A}\boldsymbol{b}_1t+\boldsymbol{A}\boldsymbol{b}_2t^2+\cdots\tag{2-6}$$

式(2-6)左右两边 $t^k(k=0,1,\cdots)$ 的系数向量应相等，则得到

$$\boldsymbol{b}_1=\boldsymbol{A}\boldsymbol{b}_0,\ \boldsymbol{b}_2=\frac{1}{2}\boldsymbol{A}\boldsymbol{b}_1=\frac{1}{2!}\boldsymbol{A}^2\boldsymbol{b}_0,\ \boldsymbol{b}_3=\frac{1}{3}\boldsymbol{A}\boldsymbol{b}_2=\frac{1}{3!}\boldsymbol{A}^3\boldsymbol{b}_0,\cdots,\boldsymbol{b}_k=\frac{1}{k!}\boldsymbol{A}^k\boldsymbol{b}_0\tag{2-7}$$

这样，$\boldsymbol{x}(t)$可表示为

$$\boldsymbol{x}(t)=\left(\boldsymbol{I}+\boldsymbol{A}t+\frac{1}{2!}\boldsymbol{A}^2t^2+\frac{1}{3!}\boldsymbol{A}^3t^3\cdots\right)\boldsymbol{b}_0,\quad t\geqslant 0 \tag{2-8}$$

考虑到当 $t_0=0$ 时，$\boldsymbol{x}(t_0)=\boldsymbol{x}(0)=\boldsymbol{x}_0=\boldsymbol{b}_0$，于是

$$\boldsymbol{x}(t)=\left(\boldsymbol{I}+\boldsymbol{A}t+\frac{1}{2!}\boldsymbol{A}^2t^2+\frac{1}{3!}\boldsymbol{A}^3t^3+\cdots\right)\boldsymbol{x}_0=\mathrm{e}^{\boldsymbol{A}t}\boldsymbol{x}_0 \tag{2-9}$$

从前面的讨论知，矩阵指数 $\mathrm{e}^{\boldsymbol{A}t}$ 对方程式(2-2)的解具有重要作用，它可以看作是一种线性算子，将系统的初始状态 $\boldsymbol{x}(0)$经时间 t 后变换为 $\boldsymbol{x}(t)$。对式(2-2)进行拉普拉斯变换有

$$s\boldsymbol{x}(s)-\boldsymbol{x}(0)=\boldsymbol{A}\boldsymbol{x}(s) \tag{2-10}$$

$$\boldsymbol{x}(s)=(s\boldsymbol{I}-\boldsymbol{A})^{-1}\boldsymbol{x}_0 \tag{2-11}$$

故

$$\boldsymbol{x}(t)=\mathscr{L}^{-1}\left[(s\boldsymbol{I}-\boldsymbol{A})^{-1}\right]\boldsymbol{x}_0 \tag{2-12}$$

于是

$$\mathrm{e}^{\boldsymbol{A}t}=\mathscr{L}^{-1}\left[(s\boldsymbol{I}-\boldsymbol{A})^{-1}\right] \tag{2-13}$$

式(2-13)给出了 $\mathrm{e}^{\boldsymbol{A}t}$ 的闭合形式，间接表明 $\mathrm{e}^{\boldsymbol{A}t}$ 的幂级数是收敛的。

1. 矩阵指数的基本性质

(1)

$$\lim_{t\to 0}\mathrm{e}^{\boldsymbol{A}t}=\boldsymbol{I} \tag{2-14}$$

(2) 令 t 和 τ 为两个自变量，且满足

$$\mathrm{e}^{\boldsymbol{A}(t+\tau)}=\mathrm{e}^{\boldsymbol{A}t}\cdot\mathrm{e}^{\boldsymbol{A}\tau}=\mathrm{e}^{\boldsymbol{A}\tau}\cdot\mathrm{e}^{\boldsymbol{A}t} \tag{2-15}$$

(3) $\mathrm{e}^{\boldsymbol{A}t}$ 为非奇异矩阵，且满足

$$(\mathrm{e}^{\boldsymbol{A}t})^{-1}=\mathrm{e}^{-\boldsymbol{A}t} \tag{2-16}$$

(4) $\mathrm{e}^{\boldsymbol{A}t}$ 满足微分方程

$$\frac{\mathrm{d}}{\mathrm{d}t}\mathrm{e}^{\boldsymbol{A}t}=\boldsymbol{A}\mathrm{e}^{\boldsymbol{A}t}=\mathrm{e}^{\boldsymbol{A}t}\boldsymbol{A} \tag{2-17}$$

且有

$$\left.\left(\frac{\mathrm{d}}{\mathrm{d}t}\mathrm{e}^{\boldsymbol{A}t}\right)\right|_{t=0}=\boldsymbol{A} \tag{2-18}$$

(5) 对于给定方阵 $\boldsymbol{A}$

$$(\mathrm{e}^{\boldsymbol{A}t})^k=\mathrm{e}^{k\boldsymbol{A}t},k=0,1, \tag{2-19}$$

(6) $\mathrm{e}^{\boldsymbol{A}t}$ 满足积分关系

$$\int\mathrm{e}^{\boldsymbol{A}t}\mathrm{d}t=\boldsymbol{A}^{-1}\mathrm{e}^{\boldsymbol{A}t}+\boldsymbol{C}_0=\mathrm{e}^{\boldsymbol{A}t}\boldsymbol{A}^{-1}+\boldsymbol{C}_0,\quad \boldsymbol{C}_0\text{ 为常数阵} \tag{2-20}$$

(7) 对 $n\times n$ 阶常阵 $\boldsymbol{A}$，$\boldsymbol{F}$，若 $\boldsymbol{AF}=\boldsymbol{FA}$，即 $\boldsymbol{A}$ 和 $\boldsymbol{F}$ 是可交换的，则

$$\mathrm{e}^{(\boldsymbol{A}+\boldsymbol{F})t}=\mathrm{e}^{\boldsymbol{A}t}\cdot\mathrm{e}^{\boldsymbol{F}t}=\mathrm{e}^{\boldsymbol{F}t}\cdot\mathrm{e}^{\boldsymbol{A}t} \tag{2-21}$$

2. 矩阵指数 $\mathrm{e}^{\boldsymbol{A}t}$ 的计算方法

方法 1(级数展开法)：根据矩阵指数的定义

$$\mathrm{e}^{\boldsymbol{A}t}=\boldsymbol{I}+\boldsymbol{A}t+\frac{1}{2!}\boldsymbol{A}^2t^2+\frac{1}{3!}\boldsymbol{A}^3t^3+\cdots \tag{2-22}$$

一般可取有限时间函数项之和满足给定的精度要求即可。当 $\boldsymbol{A}$ 的最大特征值与最小特

征值相差不大时，这种方法可以得到较好的效果。为了适合计算机计算，e^{At} 可以写成如下的递推关系式：

$$e^{At}=I+At\left(I+\frac{A}{2}t\left(I+\frac{A}{3}t\left(\cdots\left(I+\frac{A}{i}t\left(I+\frac{A}{i+1}t\right)\right)\cdots\right)\right)\right) \tag{2-23}$$

赋 i 与 $i+1$ 的计算结果满足给定精度时，则 e^{At} 可表示为 $i+1$ 项之和。

方法 2（非奇异变换法）：若 A 的 n 个特征值 $\lambda_1,\lambda_2,\cdots,\lambda_n$ 为两两相异，则存在非奇异变换矩阵 P 使

$$A=P\operatorname{diag}[\lambda_1\quad\lambda_2\quad\cdots\quad\lambda_n]P^{-1} \tag{2-24}$$

矩阵指数 e^{At} 满足

$$e^{At}=P\operatorname{diag}\left[e^{\lambda_1 t}\quad e^{\lambda_2 t}\quad\cdots\quad e^{\lambda_n t}\right]P^{-1} \tag{2-25}$$

当矩阵 A 仅含 m 个不同的重特征值时，只能化为约当型，则存在非奇异变换矩阵 P 使得

$$A=PJP^{-1} \tag{2-26}$$

J 为约当型矩阵，矩阵指数 e^{At} 为

$$e^{At}=Pe^{Jt}P^{-1} \tag{2-27}$$

这时

$$J=\operatorname{diag}[J_1\quad J_2\quad\cdots\quad J_m] \tag{2-28}$$

$$e^{At}=P\operatorname{diag}\left[e^{J_1 t}\quad e^{J_2 t}\quad\cdots\quad e^{J_m t}\right]P^{-1} \tag{2-29}$$

现举例说明如下：

$$A=P\begin{bmatrix}J_1 & 0\\ 0 & J_2\end{bmatrix}P^{-1} \tag{2-30}$$

其中

$$J_1=\begin{bmatrix}\lambda_1 & 1 & 0\\ 0 & \lambda_1 & 1\\ 0 & 0 & \lambda_1\end{bmatrix},\quad J_2=\begin{bmatrix}\lambda_2 & 1\\ 0 & \lambda_2\end{bmatrix} \tag{2-31}$$

经计算

$$e^{J_1 t}=\begin{bmatrix}e^{\lambda_1 t} & te^{\lambda_1 t} & \frac{1}{2!}t^2e^{\lambda_1 t}\\ 0 & e^{\lambda_1 t} & te^{\lambda_1 t}\\ 0 & 0 & e^{\lambda_1 t}\end{bmatrix},\quad e^{J_2 t}=\begin{bmatrix}e^{\lambda_2 t} & te^{\lambda_2 t}\\ 0 & e^{\lambda_2 t}\end{bmatrix} \tag{2-32}$$

$$e^{At}=P\begin{bmatrix}e^{\lambda_1 t} & te^{\lambda_1 t} & \frac{1}{2!}t^2e^{\lambda_1 t} & 0 & 0\\ 0 & e^{\lambda_1 t} & te^{\lambda_1 t} & 0 & 0\\ 0 & 0 & e^{\lambda_1 t} & 0 & 0\\ 0 & 0 & 0 & e^{\lambda_2 t} & te^{\lambda_2 t}\\ 0 & 0 & 0 & 0 & e^{\lambda_2 t}\end{bmatrix}P^{-1} \tag{2-33}$$

方法 3（Pade 近似法）：这种方法实际是用有限多项式逼近 e^{At} 的一种逼近算法，按照矩阵指数的定义，对任意 t

$$e^{\boldsymbol{A}t}=\boldsymbol{I}+\boldsymbol{A}t+\frac{1}{2!}\boldsymbol{A}^2t^2+\cdots+\frac{1}{i!}\boldsymbol{A}^it^i+\cdots \tag{2-34}$$

将 t 划为 n 个小区间，令 $T=\frac{t}{n}$，有

$$e^{\boldsymbol{A}t}=e^{n\boldsymbol{A}T}=\underbrace{e^{\boldsymbol{A}T}\cdots e^{\boldsymbol{A}T}}_{n个} \tag{2-35}$$

故只要计算出 $e^{\boldsymbol{A}T}$ 值就可以了。显然

$$e^{\boldsymbol{A}T}=\boldsymbol{I}+\boldsymbol{A}\boldsymbol{T}+\frac{1}{2!}\boldsymbol{A}^2\boldsymbol{T}^2+\cdots+\frac{1}{i!}\boldsymbol{A}^i\boldsymbol{T}^i+\cdots \tag{2-36}$$

Pade 提出用下式逼近式(2-36)，有

$$F_1(\boldsymbol{A}\boldsymbol{T})=\boldsymbol{I}+\boldsymbol{A}\boldsymbol{T}(\boldsymbol{I}-0.5\boldsymbol{A}\boldsymbol{T})^{-1} \tag{2-37}$$

式(2-37)为一阶近似表达式。

由 $(s\boldsymbol{I}-\boldsymbol{A})^{-1}=\mathscr{L}[e^{\boldsymbol{A}t}]$，令 $s=1$ 及 $\boldsymbol{A}=0.5\boldsymbol{A}\boldsymbol{T}$，可将式(2-37)展为级数

$$\boldsymbol{F}_1(\boldsymbol{A}\boldsymbol{T})\approx\boldsymbol{I}+\boldsymbol{A}\boldsymbol{T}+\frac{1}{2}\boldsymbol{A}^2\boldsymbol{T}^2+\cdots+\frac{1}{2^{i-1}}\boldsymbol{A}^i\boldsymbol{T}^i \tag{2-38}$$

二阶和三阶 Pade 近似表达式为

$$\boldsymbol{F}_2(\boldsymbol{A}\boldsymbol{T})=\left(\boldsymbol{I}+\frac{1}{2}\boldsymbol{A}\boldsymbol{T}+\frac{1}{12}\boldsymbol{A}^2\boldsymbol{T}^2\right)\left(\boldsymbol{I}-\frac{1}{2}\boldsymbol{A}\boldsymbol{T}+\frac{1}{12}\boldsymbol{A}^2\boldsymbol{T}^2\right)^{-1} \tag{2-39}$$

$$\boldsymbol{F}_3(\boldsymbol{A}\boldsymbol{T})=\left(\boldsymbol{I}+\frac{1}{2}\boldsymbol{A}\boldsymbol{T}+\frac{1}{10}\boldsymbol{A}^2\boldsymbol{T}^2+\frac{1}{120}\boldsymbol{A}^3\boldsymbol{T}^3\right)\left(\boldsymbol{I}-\frac{1}{2}\boldsymbol{A}\boldsymbol{T}+\frac{1}{10}\boldsymbol{A}^2\boldsymbol{T}^2-\frac{1}{120}\boldsymbol{A}^3\boldsymbol{T}^3\right) \tag{2-40}$$

它们的级数展开式分别为

$$\begin{aligned}\boldsymbol{F}_2(\boldsymbol{A}\boldsymbol{T})&=\boldsymbol{I}+\boldsymbol{A}\boldsymbol{T}+\frac{1}{2!}\boldsymbol{A}^2\boldsymbol{T}^2+\frac{1}{3!}\boldsymbol{A}^3\boldsymbol{T}^3+\frac{1}{4!}\boldsymbol{A}^4\boldsymbol{T}^4+\frac{1}{72}\boldsymbol{A}^5\boldsymbol{T}^5+\cdots\\ \boldsymbol{F}_3(\boldsymbol{A}\boldsymbol{T})&=\boldsymbol{I}+\boldsymbol{A}\boldsymbol{T}+\frac{1}{2!}\boldsymbol{A}^2\boldsymbol{T}^2+\frac{1}{3!}\boldsymbol{A}^3\boldsymbol{T}^3+\frac{1}{4!}\boldsymbol{A}^4\boldsymbol{T}^4+\frac{1}{5!}\boldsymbol{A}^5\boldsymbol{T}^5+\frac{1}{6!}\boldsymbol{A}^6\boldsymbol{T}^6+\cdots\end{aligned} \tag{2-41}$$

$\boldsymbol{F}_1(\boldsymbol{A}\boldsymbol{T})$、$\boldsymbol{F}_2(\boldsymbol{A}\boldsymbol{T})$、$\boldsymbol{F}_3(\boldsymbol{A}\boldsymbol{T})$分别有前 3、5、7 项与式(2-36)对应相同。

方法 4(拉普拉斯变换法)：

已知 $e^{\boldsymbol{A}t}=\mathscr{L}^{-1}(s\boldsymbol{I}-\boldsymbol{A})^{-1}$，式中 $(s\boldsymbol{I}-\boldsymbol{A})^{-1}$ 称为预解矩阵，当 $\boldsymbol{A}$ 维数较低时，直接求逆是方便的，但当维数较高时，求逆计算甚难，Faddeev 给出了一种递推求法。

令

$$(s\boldsymbol{I}-\boldsymbol{A})^{-1}=\frac{1}{\varphi(s)}\boldsymbol{\Gamma}(s) \tag{2-42}$$

其中

$$\varphi(s)=\det(s\boldsymbol{I}-\boldsymbol{A})\triangleq s^n+a_{n-1}s^{n-1}+\cdots+a_0 \tag{2-43}$$

$$\boldsymbol{\Gamma}(s)=\operatorname{adj}(s\boldsymbol{I}-\boldsymbol{A})\triangleq\boldsymbol{\Gamma}_{n-1}s^{n-1}+\boldsymbol{\Gamma}_{n-2}s^{n-2}+\cdots+\boldsymbol{\Gamma}_0 \tag{2-44}$$

$\varphi(s)$为系统的特征多项式，$\boldsymbol{\Gamma}(s)$为伴随阵。$\{\boldsymbol{\Gamma}_i\}$和$\{a_i\}$由下面的递推关系给出

$$\left.\begin{array}{ll}\boldsymbol{\Gamma}_{n-1}=\boldsymbol{I} & a_{n-1}=-\operatorname{tr}(\boldsymbol{A}\boldsymbol{\Gamma}_{n-1})\\ \boldsymbol{\Gamma}_{n-2}=\boldsymbol{A}\boldsymbol{\Gamma}_{n-1}+a_{n-1}\boldsymbol{I}, & a_{n-2}=\frac{-1}{2}\operatorname{tr}(\boldsymbol{A}\boldsymbol{\Gamma}_{n-2})\\ \boldsymbol{\Gamma}_{n-3}=\boldsymbol{A}\boldsymbol{\Gamma}_{n-2}+a_{n-2}\boldsymbol{I}, & a_{n-3}=-\frac{1}{3}\operatorname{tr}(\boldsymbol{A}\boldsymbol{\Gamma}_{n-3})\\ \cdots\cdots & \\ \boldsymbol{\Gamma}_0=\boldsymbol{A}\boldsymbol{\Gamma}_1+a_1\boldsymbol{I}, & a_0=-\frac{1}{n}\operatorname{tr}(\boldsymbol{A}\boldsymbol{\Gamma}_0)\\ \boldsymbol{0}=\boldsymbol{A}\boldsymbol{\Gamma}_0+a_0\boldsymbol{I} & \end{array}\right\} \tag{2-45}$$

式中：$\mathrm{tr}(\boldsymbol{A\Gamma}_i)$表示矩阵$\boldsymbol{A\Gamma}_i$的迹。

证明 伴随阵$\boldsymbol{\Gamma}(s)$还可表示为

$$\boldsymbol{\Gamma}(s)=\mathrm{adj}(s\boldsymbol{I}-\boldsymbol{A})\triangleq\begin{bmatrix}\sigma_{11}(s) & \sigma_{12}(s) & \cdots & \sigma_{1n}(s)\\ \vdots & \vdots & & \vdots\\ \sigma_{n1}(s) & \sigma_{n2}(s) & \cdots & \sigma_{nn}(s)\end{bmatrix} \tag{2-46}$$

其中$\sigma_{ij}(s)$表示$(s\boldsymbol{I}-\boldsymbol{A})$的代数余子式。对式(2-42)两边取迹

$$\mathrm{tr}(s\boldsymbol{I}-\boldsymbol{A})^{-1}=\frac{1}{\varphi(s)}\sum_{i=1}^{n}\sigma_{ii}(s) \tag{2-47}$$

再看$\varphi(s)$对s的导数，有

$$\dot{\varphi}(s)=\frac{\mathrm{d}}{\mathrm{d}s}\det(s\boldsymbol{I}-\boldsymbol{A})=\frac{\mathrm{d}}{\mathrm{d}s}\det\begin{bmatrix}s-a_{11} & -a_{12} & \cdots & -a_{1n}\\ \vdots & & & \\ -a_{n1} & -a_{n2} & \cdots & s-a_{nn}\end{bmatrix} \tag{2-48}$$

由于行列式的导数等于逐列求导所得行列式之和，故有

$$\dot{\varphi}(s)=\begin{vmatrix}1 & -a_{12} & \cdots & -a_{1n}\\ 0 & & & \\ \vdots & & & \\ 0 & -a_{n2} & \cdots & s-a_{nn}\end{vmatrix}+\begin{vmatrix}s-a_{11} & 0 & -a_{13} & -a_{1n}\\ & 1 & & \\ & 0 & & \\ \vdots & \vdots & \vdots & \vdots\\ -a_{n1} & 0 & -a_{n3} & s-a_{nn}\end{vmatrix}+\cdots+$$

$$\begin{vmatrix}s-a_{11} & \cdots & 0\\ & & \vdots\\ \vdots & & 0\\ -a_{n1} & & 1\end{vmatrix}=\sigma_{11}(s)+\sigma_{22}(s)+\cdots+\sigma_{nn}(s)=\sum_{i=1}^{n}\sigma_{ii}(s) \tag{2-49}$$

考虑到

$$\begin{aligned}\boldsymbol{A}(s\boldsymbol{I}-\boldsymbol{A})^{-1}&=[s\boldsymbol{I}-(s\boldsymbol{I}-\boldsymbol{A})](s\boldsymbol{I}-\boldsymbol{A})^{-1}=s(s\boldsymbol{I}-\boldsymbol{A})^{-1}-\boldsymbol{I}\\ &=\frac{1}{\varphi(s)}(\boldsymbol{A}\Gamma_{n-1}s^{n-1}+\boldsymbol{A\Gamma}_{n-2}s^{n-2}+\cdots+\boldsymbol{A\Gamma}_0)\end{aligned} \tag{2-50}$$

式(2-50)两端取迹

$$\begin{aligned}&\mathrm{tr}[\boldsymbol{A}(s\boldsymbol{I}-\boldsymbol{A})^{-1}]=\frac{1}{\varphi(s)}[\mathrm{tr}(\boldsymbol{A\Gamma}_{n-1})s^{n-1}+\mathrm{tr}(\boldsymbol{A\Gamma}_{n-2})s^{n-2}+\cdots+\mathrm{tr}(\boldsymbol{A\Gamma}_0)]=\\ &\frac{s}{\varphi(s)}\sum_{i=1}^{n}\sigma_{ii}-n=\frac{1}{\varphi(s)}[s\dot{\varphi}(s)-n\varphi(s)]=\\ &\frac{1}{\varphi(s)}[-a_{n-1}s^{n-1}-2a_{n-2}s^{n-2}-\cdots-na_0]\end{aligned} \tag{2-51}$$

式(2-51)两边对应s^i项的系数应相等。则

$$\mathrm{tr}(\boldsymbol{A\Gamma}_{n-1})=-ia_{n-1}, \quad i=1,2,\cdots n \tag{2-52}$$

即

$$a_{n-i}=-\frac{1}{i}\mathrm{tr}(\boldsymbol{A\Gamma}_{n-1}), \quad i=1,2,\cdots n \tag{2-53}$$

另一方面，式(2-42)两边同乘$(s\boldsymbol{I}-\boldsymbol{A})$，有

$$\varphi(s)\boldsymbol{I}=(s\boldsymbol{I}-\boldsymbol{A})\mathrm{adj}(s\boldsymbol{I}-\boldsymbol{A}) \tag{2-54}$$

即

$$(s^n+a_{n-1}s^{n-1}+\cdots+a_0)\boldsymbol{I}=(s\boldsymbol{I}-\boldsymbol{A})(\boldsymbol{\Gamma}_{n-1}s^{n-1}+\boldsymbol{\Gamma}_{n-2}s^{n-2}+\cdots+\boldsymbol{\Gamma}_0)=$$
$$\boldsymbol{\Gamma}_{n-1}s^n+(\boldsymbol{\Gamma}_{n-2}-\boldsymbol{A}\boldsymbol{\Gamma}_{n-1})s^{n-1}+\cdots-\boldsymbol{A}\boldsymbol{\Gamma}_0 \qquad (2-55)$$

比较上式两边对应 s^i 项的系数，得到

$$\boldsymbol{\Gamma}_{n-1}=\boldsymbol{I},\quad \boldsymbol{\Gamma}_{n-2}=\boldsymbol{A}\boldsymbol{\Gamma}_{n-1}+a_{n-1}\boldsymbol{I},\cdots,\boldsymbol{\Gamma}_0=\boldsymbol{A}\boldsymbol{\Gamma}_1+a_1I,\quad \boldsymbol{0}=\boldsymbol{A}\boldsymbol{\Gamma}_0+a_0\boldsymbol{I} \qquad (2-56)$$

于是式(2-45)得证。由上述的Faddeev算法可以看到，求预解矩阵$(s\boldsymbol{I}-\boldsymbol{A})^{-1}$避免了求逆运算，非常适合于计算机迭代计算，这无疑对求矩阵指数函数带来了极大的方便。

方法5(多项式表示法)：把 e^{At} 表示为$\boldsymbol{A}^k(k=0,1,2,\cdots,n-1)$的多项式，即

$$e^{At}=\alpha_0(t)\boldsymbol{I}+\alpha_1(t)\boldsymbol{A}+\cdots+\alpha_{n-1}(t)\boldsymbol{A}^{n-1} \qquad (2-57)$$

其中，当 $\boldsymbol{A}$ 的特征值为两两相异时，$a_0(t),a_1(t),a_2(t),\cdots a_{n-1}(t)$可方便地用下式计算：

$$\begin{bmatrix}\alpha_0(t)\\ \alpha_1(t)\\ \vdots\\ \alpha_{n-1}(t)\end{bmatrix}=\begin{bmatrix}1 & \lambda_1 & \lambda_1^2 & \cdots & \lambda_1^{n-1}\\ 1 & \lambda_2 & \lambda_2^2 & \cdots & \lambda_2^{n-1}\\ \vdots & \vdots & \vdots & & \vdots\\ 1 & \lambda_n & \lambda_n^2 & \cdots & \lambda_n^{n-1}\end{bmatrix}\begin{bmatrix}e^{\lambda_1 t}\\ e^{\lambda_2 t}\\ \vdots\\ e^{\lambda_n t}\end{bmatrix} \qquad (2-58)$$

若 $\boldsymbol{A}$ 包含有 n 重特征值，则计算比较复杂，现在举例加以说明。设 $\boldsymbol{A}$ 的 n 个特征值中，λ_1 为三重特征值，λ_2 为二重特征值，其余为相异特征值，这时 $a_i(t)(i=0,1,\cdots,n-1)$由下式确定：

$$\begin{bmatrix}\alpha_0(t)\\ \alpha_1(t)\\ \alpha_2(t)\\ \alpha_3(t)\\ \alpha_4(t)\\ \alpha_5(t)\\ \alpha_6(t)\\ \vdots\\ \alpha_{n-1}(t)\end{bmatrix}=\begin{bmatrix}1 & \lambda_1 & \lambda_1^2 & \lambda_1^3 & \cdots & \lambda_1^{n-1}\\ 0 & 1 & 2\lambda_1^2 & 3\lambda_1^3 & \cdots & \dfrac{(n-1)}{1!}\lambda_1^{n-2}\\ 0 & 0 & 1 & 3\lambda_1 & \cdots & \dfrac{(n-1)(n-2)}{2!}\lambda_1^{n-3}\\ \hdashline 1 & \lambda_2 & \lambda_2^2 & \lambda_2^3 & \cdots & \lambda_2^{n-1}\\ 0 & 1 & 2\lambda_2 & 3\lambda_2^2 & \cdots & \dfrac{(n-1)}{1!}\lambda_2^{n-2}\\ \hdashline 1 & \lambda_3 & \lambda_3^2 & \lambda_3^3 & \cdots & \lambda_3^{n-1}\\ \vdots & \vdots & \vdots & \vdots & & \\ 1 & \lambda_{n-3} & \lambda_{n-3}^2 & \lambda_{n-3}^3 & \cdots & \lambda_{n-3}^{n-1}\end{bmatrix}\begin{bmatrix}e^{\lambda_1 t}\\ \dfrac{1}{1!}te^{\lambda_1 t}\\ \dfrac{1}{2!}t^2e^{\lambda_1 t}\\ e^{\lambda_2 t}\\ \dfrac{1}{1!}te^{\lambda_2 t}\\ e^{\lambda_3 t}\\ \vdots\\ e^{\lambda_{n-3} t}\end{bmatrix} \qquad (2-59)$$

上面各种关系的证明略。

例2-1 已知系统矩阵为 $\boldsymbol{A}$ 为

$$\boldsymbol{A}=\begin{bmatrix}0 & 1\\ -2 & -3\end{bmatrix} \qquad (2-60)$$

试计算矩阵指数 e^{At}。

解 由于 $\boldsymbol{A}$ 为二级矩阵，用方法4.

$$(s\boldsymbol{I}-\boldsymbol{A})^{-1}=\begin{bmatrix}s & -1\\ 2 & s+3\end{bmatrix}^{-1}=\begin{bmatrix}\dfrac{s+3}{(s+1)(s+2)} & \dfrac{1}{(s+1)(s+2)}\\ \dfrac{-2}{(s+1)(s+2)} & \dfrac{s}{(s+1)(s+2)}\end{bmatrix}=$$
$$\begin{bmatrix}\dfrac{2}{s+1}-\dfrac{1}{s+2} & \dfrac{1}{s+1}-\dfrac{1}{s+2}\\ -\dfrac{2}{s+1}+\dfrac{2}{s+2} & -\dfrac{1}{s+1}+\dfrac{2}{s+2}\end{bmatrix} \qquad (2-61)$$

最后结果为

$$e^{At}=\mathscr{L}^{-1}[s\boldsymbol{I}-\boldsymbol{A}]^{-1}=\begin{bmatrix}2e^{-t}-e^{-2t} & e^{-t}-e^{-2t}\\ -2e^{-t}+2e^{-2t} & -e^{-t}+2e^{-2t}\end{bmatrix} \tag{2-62}$$

若用方法 2，则首先求 $\boldsymbol{A}$ 的特征值，因

$$\det(s\boldsymbol{I}-\boldsymbol{A})=s^2+3s+2 \tag{2-63}$$

故 $\lambda_1=-1$，$\lambda_2=-2$。使 $\boldsymbol{A}$ 对角化的非奇异变换阵

$$\boldsymbol{P}=\begin{bmatrix}1 & 1\\ -1 & -2\end{bmatrix},\quad \boldsymbol{P}^{-1}=\begin{bmatrix}2 & 1\\ -1 & -1\end{bmatrix} \tag{2-64}$$

这样，矩阵指数函数 e^{At} 为

$$e^{At}=\boldsymbol{P}\begin{bmatrix}e^{\lambda_1 t} & 0\\ 0 & e^{\lambda_2 t}\end{bmatrix}\boldsymbol{P}^{-1}=\begin{bmatrix}1 & 1\\ -1 & -2\end{bmatrix}\begin{bmatrix}e^{\lambda_1 t} & 0\\ 0 & e^{\lambda_2 t}\end{bmatrix}\begin{bmatrix}2 & 1\\ -1 & -1\end{bmatrix}=$$

$$\begin{bmatrix}2e^{-t}-e^{-2t} & e^{-t}-e^{-2t}\\ -2e^{-t}+2e^{-2t} & -e^{-t}+2e^{-2t}\end{bmatrix} \tag{2-65}$$

若用方法 5，$\boldsymbol{A}$ 的特征值 $\lambda_1=-1$，$\lambda_2=-2$，则

$$\begin{bmatrix}\alpha_0(t)\\ \alpha_1(t)\end{bmatrix}=\begin{bmatrix}1 & \lambda_1\\ 1 & \lambda_2\end{bmatrix}\begin{bmatrix}e^{\lambda_1 t}\\ e^{\lambda_2 t}\end{bmatrix}=\begin{bmatrix}1 & -1\\ 1 & -2\end{bmatrix}\begin{bmatrix}e^{\lambda_1 t}\\ e^{\lambda_2 t}\end{bmatrix}=\begin{bmatrix}2e^{-t} & -e^{-2t}\\ e^{-t} & -e^{-2t}\end{bmatrix} \tag{2-66}$$

矩阵指数函数 e^{At} 为

$$e^{At}=\alpha_0(t)\boldsymbol{I}+\alpha_1(t)\boldsymbol{A}=(2e^{-t}-e^{-2t})\begin{bmatrix}1 & 0\\ 0 & 1\end{bmatrix}+(e^{-t}-e^{-2t})\begin{bmatrix}0 & 1\\ -2 & -3\end{bmatrix}= \tag{2-67}$$

$$\begin{bmatrix}2e^{-t}-e^{-2t} & e^{-t}-e^{-2t}\\ -2e^{-t}+2e^{-2t} & -e^{-t}+2e^{-2t}\end{bmatrix}$$

二、非齐次状态方程的解

前面讨论了齐次状态方程的运动规律，现在考察具有外部作用 u 时系统的状态运动规律，状态方程如下：

$$\dot{\boldsymbol{x}}=\boldsymbol{A}\boldsymbol{x}+\boldsymbol{B}\boldsymbol{u}\qquad \boldsymbol{x}(0)=\boldsymbol{x}_0,\quad t\geqslant 0 \tag{2-68}$$

为了求得式(2-68)的解，研究如下等式：

$$\frac{d}{dt}e^{-\boldsymbol{A}t}\boldsymbol{x}=\left(\frac{d}{dt}e^{-\boldsymbol{A}t}\right)\boldsymbol{x}+e^{-\boldsymbol{A}t}\dot{\boldsymbol{x}}=e^{-\boldsymbol{A}t}[\dot{\boldsymbol{x}}-\boldsymbol{A}\boldsymbol{x}]=e^{-\boldsymbol{A}t}\boldsymbol{B}\boldsymbol{u} \tag{2-69}$$

式(2-69)从 0 到 t 进行积分，

$$e^{-\boldsymbol{A}t}\boldsymbol{x}(t)-\boldsymbol{x}(0)=\int_0^t e^{-\boldsymbol{A}\tau}\boldsymbol{B}\boldsymbol{u}(\tau)d\tau$$

$$\boldsymbol{x}(t)=e^{\boldsymbol{A}t}\boldsymbol{x}(0)+\int_0^t e^{\boldsymbol{A}(t-\tau)}\boldsymbol{B}\boldsymbol{u}(\tau)d\tau \tag{2-70}$$

式(2-70)的物理意义非常明确，系统的解由两个部分组成，其中第一项是由初始状态引起的，通常将其称之为零输入响应；第二项是控制输入作用下的受控项，一般称之为零状态响应。也就是说，系统的解是由零输入响应和零状态响应组成的。

显然，系统的初始状态 $\boldsymbol{x}_0$ 对系统的状态轨迹的影响是固定不变的，而要使系统的状态按

期望的方式运动，以满足系统的设计目标，必须通过选择控制输入函数 $\boldsymbol{u}(t)$ 来实现。这一思想不但是系统运动分析的目的，也是以后对系统进行综合设计的依据。

例 2-2 试求下列状态方程在 $\boldsymbol{x}(0)=[1\quad 2]^{\mathrm{T}}$ 及 $u(t)=1(t)$ 作用下的解。

$$\begin{bmatrix}\dot{x}_1\\ \dot{x}_2\end{bmatrix}=\begin{bmatrix}0 & 1\\ -2 & -3\end{bmatrix}\begin{bmatrix}x_1\\ x_2\end{bmatrix}+\begin{bmatrix}0\\ 1\end{bmatrix}u \tag{2-71}$$

解 已知 $\boldsymbol{x}(t)=\mathrm{e}^{\boldsymbol{A}t}\boldsymbol{x}(0)+\int_0^t \mathrm{e}^{\boldsymbol{A}(t-\tau)}\boldsymbol{B}u(\tau)\,\mathrm{d}\tau$ 及 $u(\tau)=1(\tau)$，为简化计算，可引入变量置换，即令 $\tau'=t-\tau$，故

$$x(t)=\mathrm{e}^{\boldsymbol{A}t}x(0)+\int_t^0 -\mathrm{e}^{\boldsymbol{A}\tau'}\boldsymbol{B}\,\mathrm{d}\tau'=\mathrm{e}^{\boldsymbol{A}t}\boldsymbol{x}(0)+\int_0^t \mathrm{e}^{\boldsymbol{A}\tau}\boldsymbol{B}\,\mathrm{d}\tau \tag{2-72}$$

由例 2-1 知

$$\mathrm{e}^{\boldsymbol{A}t}=\begin{bmatrix}2\mathrm{e}^{-t}-\mathrm{e}^{-2t} & \mathrm{e}^{-t}-\mathrm{e}^{-2t}\\ -2\mathrm{e}^{-t}+2\mathrm{e}^{-2t} & -\mathrm{e}^{-t}+2\mathrm{e}^{-2t}\end{bmatrix} \tag{2-73}$$

$$\int_0^t \mathrm{e}^{A\tau}B\,\mathrm{d}\tau=\int_0^t\begin{bmatrix}\mathrm{e}^{-\tau}-\mathrm{e}^{-2\tau}\\ -\mathrm{e}^{-\tau}+2\mathrm{e}^{-2\tau}\end{bmatrix}\mathrm{d}\tau=\left.\begin{bmatrix}-\mathrm{e}^{-\tau}+\dfrac{1}{2}\mathrm{e}^{-2\tau}\\ \mathrm{e}^{-\tau}-\mathrm{e}^{-2\tau}\end{bmatrix}\right|_0^t=\begin{bmatrix}-\mathrm{e}^{-t}+\dfrac{1}{2}\mathrm{e}^{-2t}+\dfrac{1}{2}\\ \mathrm{e}^{-t}-\mathrm{e}^{-2t}\end{bmatrix} \tag{2-74}$$

故

$$x(t)=\begin{bmatrix}2\mathrm{e}^{-t}-\mathrm{e}^{-2t} & \mathrm{e}^{-t}-\mathrm{e}^{-2t}\\ -2\mathrm{e}^{-t}+2\mathrm{e}^{-2t} & -\mathrm{e}^{-t}+2\mathrm{e}^{-2t}\end{bmatrix}\begin{bmatrix}1\\ 2\end{bmatrix}+\begin{bmatrix}-\mathrm{e}^{-t}+\dfrac{1}{2}\mathrm{e}^{-2t}+\dfrac{1}{2}\\ \mathrm{e}^{-t}-\mathrm{e}^{-2t}\end{bmatrix}=\begin{bmatrix}3\mathrm{e}^{-t}-2\,\dfrac{1}{2}\mathrm{e}^{-2t}+\dfrac{1}{2}\\ -3\mathrm{e}^{-t}+5\mathrm{e}^{-2t}\end{bmatrix} \tag{2-75}$$

第二节 线性定常系统的状态转移矩阵及脉冲响应矩阵

一、线性定常系统的状态转移矩阵

初始状态引起的系统自由运动可用状态转移矩阵来表征，它是初始状态 $\boldsymbol{x}_0$ 到状态 $\boldsymbol{x}$ 的一个线性变换。零状态响应也与状态转移矩阵有关。已知线性定常系统齐次方程的解为 $\boldsymbol{x}(t)=\mathrm{e}^{\boldsymbol{A}t}\boldsymbol{x}_0$，$\mathrm{e}^{\boldsymbol{A}t}$ 便是状态转移矩阵的一种表达式，但线性时变系统的状态转移矩阵通常不能表示为 $\mathrm{e}^{\int_{t_0}^t \boldsymbol{A}(\tau)\mathrm{d}\tau}$，有必要建立适应定常及时变的统一的表达式，为此从齐次状态方程的一般解法入手引入基本解阵概念，来导出状态转移矩阵的一般表达式。

众所周知，纯量微分方程 $\dot{x}=\alpha x$ 的通解为指数式 $x(t)=c\mathrm{e}^{st}$，式中 s 为特征值，c 为与初始条件有关的常数。对于向量微分方程 $\dot{\boldsymbol{x}}=\boldsymbol{A}\boldsymbol{x}$，其解也具有类似的指数式：

$$\boldsymbol{x}=\begin{bmatrix}x_1\\ x_2\\ \vdots\\ x_n\end{bmatrix}=\begin{bmatrix}c_1\mathrm{e}^{st}\\ c_2\mathrm{e}^{st}\\ \vdots\\ c_n\mathrm{e}^{st}\end{bmatrix}=\begin{bmatrix}c_1\\ c_2\\ \vdots\\ c_n\end{bmatrix}\mathrm{e}^{st}\overset{\triangle}{=}\boldsymbol{c}\mathrm{e}^{st}$$

该解应满足原微分方程，即$\frac{\mathrm{d}}{\mathrm{d}t}(\boldsymbol{c}\mathrm{e}^{st})=\boldsymbol{A}(\boldsymbol{c}\mathrm{e}^{st})=s\boldsymbol{c}\mathrm{e}^{st}$，由于$\mathrm{e}^{st}\neq 0$，故有$(s\boldsymbol{I}-\boldsymbol{A})\boldsymbol{c}=\boldsymbol{0}$，该式为特征向量方程，$s$为矩阵$\boldsymbol{A}$的特征值，$\boldsymbol{c}$为与$s$对应的特征向量。解$\boldsymbol{x}=\boldsymbol{c}\mathrm{e}^{st}$表明，可用一个特征值及其对应的特征向量来表示，它是$\dot{\boldsymbol{x}}=\boldsymbol{A}\boldsymbol{x}$的一个解，称为基本解。当$\boldsymbol{A}$有$n$个相异特征值$s_1,s_2,\cdots s_n$时，对应有$n$个特征向量$\boldsymbol{c}$，故$\boldsymbol{x}_1=\boldsymbol{c}_1\mathrm{e}^{s_1t},\boldsymbol{x}_2=\boldsymbol{c}_2\mathrm{e}^{s_2t},\cdots,\boldsymbol{x}_n=\boldsymbol{c}_n\mathrm{e}^{s_nt}$都是$\dot{\boldsymbol{x}}=\boldsymbol{A}\boldsymbol{x}$的解，且称为解向量，由线性代数理论知识可知，任意两个解向量的线性组合仍是解向量，这里取$\boldsymbol{x}_1,\boldsymbol{x}_2,\cdots,\boldsymbol{x}_n$作为一个基本解组。由特征向量的线性无关性可知$\boldsymbol{x}_1,\boldsymbol{x}_2,\cdots,\boldsymbol{x}_n$也线性无关。

基本解组的线性组合$\boldsymbol{x}(t)=\alpha_1\boldsymbol{x}_1(t)+\alpha_2\boldsymbol{x}_2(t)+\cdots+\alpha_n\boldsymbol{x}_n(t)$，也是$\dot{\boldsymbol{x}}=\boldsymbol{A}\boldsymbol{x}$的解且称为通解，式中$\alpha_i$为不全为零的实常数，与初始条件有关，有

$$\begin{aligned}\boldsymbol{x}(0)&=\alpha_1\boldsymbol{x}_1(0)+\alpha_2\boldsymbol{x}_2(0)+\cdots+\alpha_n\boldsymbol{x}_n(0)=\alpha_1\boldsymbol{c}_1+\alpha_2\boldsymbol{c}_2+\cdots+\alpha_n\boldsymbol{c}_n=\\&[\boldsymbol{c}_1\boldsymbol{c}_2\cdots\boldsymbol{c}_n][\alpha_1\alpha_2\cdots\alpha_n]^{\mathrm{T}}\end{aligned}\tag{2-76}$$

由基本解组构成的非奇异矩阵

$$\boldsymbol{\psi}(t)\overset{\triangle}{=}[\boldsymbol{x}_1\cdots\boldsymbol{x}_n]=[\boldsymbol{c}_1\mathrm{e}^{s_1t}\cdots\boldsymbol{c}_n\mathrm{e}^{s_nt}]\tag{2-77a}$$

称为$\dot{\boldsymbol{x}}=\boldsymbol{A}\boldsymbol{x}$的一个基本解阵。用该基本解阵表示通解有

$$\boldsymbol{x}(t)=[\boldsymbol{x}_1\cdots\boldsymbol{x}_n][\alpha_1\cdots\alpha_n]^{\mathrm{T}}=\boldsymbol{\Psi}(t)\alpha\tag{2-77b}$$

当$t=0$时，$\boldsymbol{\Psi}(0)=[\boldsymbol{c}_1\cdots\boldsymbol{c}_n]\overset{\triangle}{=}\boldsymbol{H}_0,\boldsymbol{\alpha}=\boldsymbol{\Psi}^{-1}(0)\boldsymbol{x}(0)$；当$t=t_0$时，

$$\boldsymbol{\Psi}(t_0)=[\boldsymbol{c}_1\mathrm{e}^{s_1t_0}\boldsymbol{c}_2\mathrm{e}^{s_2t_0}\cdots\boldsymbol{c}_n\mathrm{e}^{s_nt_0}]\overset{\triangle}{=}\boldsymbol{H},\boldsymbol{\alpha}=\boldsymbol{\Psi}^{-1}(t_0)\boldsymbol{x}(t_0)\tag{2-78}$$

故

$$\boldsymbol{x}(t)=\boldsymbol{\Psi}(t)\boldsymbol{\Psi}^{-1}(0)\boldsymbol{x}(0)\ \text{或}\quad \boldsymbol{x}(t)=\boldsymbol{\Psi}(t)\boldsymbol{\Psi}^{-1}(t_0)\boldsymbol{x}(t_0)\tag{2-79}$$

该解显然应满足$\dot{\boldsymbol{x}}=\boldsymbol{A}\boldsymbol{x}$，于是可导出基本解阵微分方程为

$$\dot{\boldsymbol{\Psi}}(t)=\boldsymbol{A}\boldsymbol{\Psi}(t),\quad \boldsymbol{\Psi}(t_0)=\boldsymbol{H},\quad t\geqslant t_0\quad \text{或}\quad \boldsymbol{\Psi}(0)=\boldsymbol{H}_0,t\geqslant 0\tag{2-80}$$

初始状态至状态的线性变换定义为状态转移矩阵，记为$\boldsymbol{\Phi}(t)$或$\boldsymbol{\Phi}(t-t_0)$，由式(2-79)可确定状态转移矩阵与基本解阵的关系为

$$\boldsymbol{\Phi}(t)=\boldsymbol{\Psi}(t)\boldsymbol{\Psi}^{-1}(0),t\geqslant t_0\text{或}\ \boldsymbol{\Phi}(t-t_0)=\boldsymbol{\Psi}(t)\boldsymbol{\Psi}^{-1}(t_0),t\geqslant t_0\tag{2-81}$$

该解与$\boldsymbol{\Psi}(t)$的选取无关。由式(2-81)和式(2-80)可导出$\boldsymbol{\Phi}$也满足$\dot{\boldsymbol{x}}=\boldsymbol{A}\boldsymbol{x}$，即

$$\dot{\boldsymbol{\Phi}}(t)=\boldsymbol{A}\boldsymbol{\Phi}(t),\boldsymbol{\Phi}(0)=\boldsymbol{I}\ \text{或}\ \dot{\boldsymbol{\Phi}}(t-t_0)=\boldsymbol{A}\boldsymbol{\Phi}(t-t_0),\quad \boldsymbol{\Phi}(0)=\boldsymbol{I}\qquad 2-82)$$

由于矩阵指数$\mathrm{e}^{\boldsymbol{A}t}$满足$\frac{\mathrm{d}}{\mathrm{d}t}\mathrm{e}^{\boldsymbol{A}t}=\boldsymbol{A}\mathrm{e}^{\boldsymbol{A}t}$，且$\mathrm{e}^{\boldsymbol{A}t}|_{t=0}=\boldsymbol{I}$，故$\mathrm{e}^{\boldsymbol{A}t}$也是一个基本解阵且是状态转移矩阵，$\mathrm{e}^{\boldsymbol{A}(t-t_0)}$亦然。于是有

$$\boldsymbol{\Phi}(t)=\mathrm{e}^{\boldsymbol{A}t},\quad \boldsymbol{\Phi}(t-t_0)=\mathrm{e}^{\boldsymbol{A}(t-t_0)}\tag{2-83}$$

状态方程$\dot{\boldsymbol{x}}=\boldsymbol{A}\boldsymbol{x}+\boldsymbol{B}\boldsymbol{u}$的解可表示为

$$\left.\begin{aligned}&\boldsymbol{x}(t)=\boldsymbol{\Phi}(t-t_0)\boldsymbol{x}(t_0)+\int_{t_0}^{t}\boldsymbol{\Phi}(t-\tau)\boldsymbol{B}\boldsymbol{u}(\tau)\mathrm{d}\tau,\qquad t\geqslant t_0\\&\text{或}\\&\boldsymbol{x}(t)=\boldsymbol{\Phi}(t)\boldsymbol{x}(0)+\int_{0}^{t}\boldsymbol{\Phi}(t-\tau)\boldsymbol{B}\boldsymbol{u}(\tau)\mathrm{d}\tau,\qquad t\geqslant 0\end{aligned}\right\}\tag{2-84}$$

二、线性定常系统状态转移矩阵的性质

状态转移矩阵的性质：

(1)$\boldsymbol{\Phi}(0)=\boldsymbol{\Psi}(t_0)\boldsymbol{\Psi}^{-1}(t_0)=\boldsymbol{I}$ (2-85)

(2)$\boldsymbol{\Phi}^{-1}(t-t_0)=\boldsymbol{\Psi}(t_0)\boldsymbol{\Psi}^{-1}(t)=\boldsymbol{\Phi}(t_0-t)$ (2-86)

(3)$\boldsymbol{\Phi}(t_2-t_0)=\boldsymbol{\Phi}(t_2-t_1)\boldsymbol{\Phi}(t_1-t_0)$ (2-87)

(4)$\boldsymbol{\Phi}(t_2+t_1)=\boldsymbol{\Phi}(t_2)\boldsymbol{\Phi}(t_1)$ (2-88)

(5)$\boldsymbol{\Phi}(kt)=\boldsymbol{\Phi}^k(t)$ (2-89)

(6)$\dot{\boldsymbol{\Phi}}(t)=\boldsymbol{A}\boldsymbol{\Phi}(t)$，$\boldsymbol{\Phi}(0)=\boldsymbol{I}$ (2-90)

且有

$$\dot{\boldsymbol{\Phi}}(t)\big|_{t_0}=\boldsymbol{A} \tag{2-91}$$

三、线性定常系统的脉冲响应矩阵

满足因果律的线性定常系统，在初始松弛的条件下，其输入输出关系可用系统的单位脉冲响应阵描述。设系统具有 p 个输入，q 个输出，则脉冲响应阵为 $q\times p$ 阶矩阵

$$\boldsymbol{G}(t-\tau)=\begin{bmatrix} g_{11}(t-\tau) & g_{12}(t-\tau) & \cdots & g_{1p}(t-\tau) \\ g_{21}(t-\tau) & g_{22}(t-\tau) & \cdots & g_{2p}(t-\tau) \\ \vdots & \vdots & & \vdots \\ g_{q1}(t-\tau) & g_{q2}(t-\tau) & \cdots & g_{qp}(t-\tau) \end{bmatrix} \tag{2-92}$$

且

$$\boldsymbol{G}(t-\tau)=\boldsymbol{0}, \qquad \forall\tau \text{ 和 } \forall t<\tau \tag{2-93}$$

式中：$g_{ij}(t-\tau)$表示在第 j 个输入端加一单位脉冲函数 $\delta(t-\tau)$，而其他输入为零时，在第 i 输出端的响应。输入输出关系为

$$\boldsymbol{y}(t)=\int_{t_0}^{t}\boldsymbol{G}(t-\tau)\boldsymbol{u}(\tau)\mathrm{d}\tau, \qquad t\geqslant t_0 \tag{2-94}$$

引入变量置换，令 $t-\tau=\tau'$，式(2-94)还可表示为

$$\boldsymbol{y}(t)=\int_{t_0}^{t}\boldsymbol{G}(\tau)\boldsymbol{u}(t-\tau)\mathrm{d}\tau, \quad t\geqslant t_0 \tag{2-95}$$

现在讨论脉冲响应阵 $\boldsymbol{G}(t-\tau)$ 与状态空间描述和状态转移矩阵的关系。考虑线性定常系统

$$\left.\begin{aligned} \dot{\boldsymbol{x}} &= \boldsymbol{A}x+\boldsymbol{B}\boldsymbol{u} \qquad \boldsymbol{x}(t_0)=\boldsymbol{x}_0, \quad t\geqslant t_0 \\ \boldsymbol{y} &= \boldsymbol{C}\boldsymbol{x}+\boldsymbol{D}\boldsymbol{u} \end{aligned}\right\} \tag{2-96}$$

其中，$\boldsymbol{A},\boldsymbol{B},\boldsymbol{C},\boldsymbol{D}$ 分别为 $n\times n, n\times p, q\times n, q\times p$ 阶实值常阵。其脉冲响应矩阵为

$$\boldsymbol{G}(t-\tau)=\boldsymbol{C}\mathrm{e}^{\boldsymbol{A}(t-\tau)}\boldsymbol{B}+\boldsymbol{D}\delta(t-\tau) \tag{2-97}$$

或

$$\boldsymbol{G}(t)=\boldsymbol{C}\mathrm{e}^{\boldsymbol{A}t}\boldsymbol{B}+\boldsymbol{D}\delta(t) \tag{2-98}$$

这里 $\boldsymbol{\delta}(t)$ 为单位脉冲函数。考虑到 $\mathrm{e}^{\boldsymbol{A}t}=\boldsymbol{\Phi}(t)$，故

$$\boldsymbol{G}(t-\tau)=\boldsymbol{C}\boldsymbol{\Phi}(t-\tau)\boldsymbol{B}+\boldsymbol{D}\delta(t-\tau) \tag{2-99}$$

和

$$\boldsymbol{G}(t)=\boldsymbol{C}\boldsymbol{\Phi}(t)\boldsymbol{B}+\boldsymbol{D}\delta(t) \tag{2-100}$$

上述关系可容易地由系统解的表达式得到。对式(2-96),设 $\boldsymbol{x}(t_0)=\boldsymbol{0}$,由式(2-84),得

$$\boldsymbol{y}(t)=\int_{t_0}^{t}\boldsymbol{C}\mathrm{e}^{\boldsymbol{A}(t-\tau)}\boldsymbol{B}\boldsymbol{u}(\tau)\,\mathrm{d}\tau+\boldsymbol{D}\boldsymbol{u}(t)=\int_{t_0}^{t}[\boldsymbol{C}\mathrm{e}^{\boldsymbol{A}(t-\tau)}\boldsymbol{B}\boldsymbol{u}(\tau)+\boldsymbol{D}\boldsymbol{\delta}(t-\tau)\boldsymbol{u}(\tau)]\,\mathrm{d}\tau=$$

$$\int_{t_0}^{t}[\boldsymbol{C}\mathrm{e}^{\boldsymbol{A}(t-\tau)}\boldsymbol{B}+\boldsymbol{D}\boldsymbol{\delta}(t-\tau)]\boldsymbol{u}(\tau)\,\mathrm{d}\tau \tag{2-101}$$

将式(2-94)与式(2-101)相比较即得

$$\boldsymbol{G}(t-\tau)=\boldsymbol{C}\mathrm{e}^{\boldsymbol{A}(t-\tau)}\boldsymbol{B}+\boldsymbol{D}\boldsymbol{\delta}(t-\tau) \tag{2-102}$$

对式(2-102)作简单的变量替换就可得到式(2-98)。

在对系统进行分析时,常常要对系统进行代数等价变换,进行代数等价变换不改变系统的脉冲响应函数,因为这种变换不影响系统的输入输出关系,仅是改变系统的状态变量的选择方式。证明如下:

已知系统($\boldsymbol{A}\ \boldsymbol{B}\ \boldsymbol{C}\ \boldsymbol{D}$)的脉冲响应阵为

$$\boldsymbol{G}(t-\tau)=\boldsymbol{C}\mathrm{e}^{\boldsymbol{A}(t-\tau)}\boldsymbol{B}+\boldsymbol{D}\boldsymbol{\delta}(t-\tau) \tag{2-103}$$

而系统($\overline{\boldsymbol{A}}\ \ \overline{\boldsymbol{B}}\ \ \overline{\boldsymbol{C}}\ \ \overline{\boldsymbol{D}}$)的脉冲响应阵为

$$\overline{\boldsymbol{G}}(t-\tau)=\overline{\boldsymbol{C}}\mathrm{e}^{\overline{\boldsymbol{A}}(t-\tau)}\overline{\boldsymbol{B}}+\overline{\boldsymbol{D}}\boldsymbol{\delta}(t-\tau) \tag{2-104}$$

由于两个系统是代数等价的,即

$$\overline{\boldsymbol{A}}=\boldsymbol{PAP}^{-1},\quad \overline{\boldsymbol{B}}=\boldsymbol{PB},\quad \overline{\boldsymbol{C}}=\boldsymbol{CP}^{-1},\quad \overline{\boldsymbol{D}}=\boldsymbol{D} \tag{2-105}$$

且

$$\mathrm{e}^{\overline{\boldsymbol{A}}(t-\tau)}=\boldsymbol{P}\mathrm{e}^{\boldsymbol{A}(t-\tau)}\boldsymbol{P}^{-1} \tag{2-106}$$

上述关系代入式(2-104)有

$$\begin{aligned}\overline{\boldsymbol{G}}(t-\tau)&=\boldsymbol{CP}^{-1}\cdot\boldsymbol{P}\mathrm{e}^{\boldsymbol{A}(t-\tau)}\boldsymbol{P}^{-1}\cdot\boldsymbol{PB}+\boldsymbol{D}\boldsymbol{\delta}(t-\tau)=\\&\boldsymbol{C}\mathrm{e}^{\boldsymbol{A}(t-\tau)}\boldsymbol{B}+\boldsymbol{D}\boldsymbol{\delta}(t-\tau)=\boldsymbol{G}(t-\tau)\end{aligned} \tag{2-107}$$

由于系统的传递函数是系统的脉冲响应矩阵取拉普拉斯变换得到的,根据上述关系也可知两个代数等价系统其传递函数矩阵也一定相等,于是代数等价变换也不改变系统的极点和零点。

第三节　线性时变系统的运动分析

考虑如下的线性时变动态系统:

$$\left.\begin{aligned}&\dot{\boldsymbol{x}}=\boldsymbol{A}(t)\boldsymbol{x}+\boldsymbol{B}(t)\boldsymbol{u},\quad \boldsymbol{x}(t_0)=\boldsymbol{x}_0,\quad t\in[t_0,t_\alpha]\\&\boldsymbol{y}=\boldsymbol{C}(t)\boldsymbol{x}+\boldsymbol{D}(t)\boldsymbol{u}\end{aligned}\right\} \tag{2-108}$$

式中:$\boldsymbol{x}$ 为 n 维状态向量;$\boldsymbol{u}$ 为 p 维输入向量;$\boldsymbol{y}$ 为 q 维输出向量;$\boldsymbol{A}(t)$,$\boldsymbol{B}(t)$,$\boldsymbol{C}(t)$和$\boldsymbol{D}(t)$分别为 $n\times n$,$n\times p$,$q\times n$ 和 $q\times p$ 阶的时变实值矩阵。为了确定方程式(2-108)的解,先研究如下的齐次方程:

$$\dot{\boldsymbol{x}}=\boldsymbol{A}(t)\boldsymbol{x},\quad \boldsymbol{x}(t_0)=\boldsymbol{x}_0,\quad t\in[t_0,t_\alpha] \tag{2-109}$$

设式(2-109)的 n 个线性无关解向量 $\boldsymbol{\Psi}_1(t)$,$\boldsymbol{\Psi}_2(t)$,$\cdots$,$\boldsymbol{\Psi}_n(t)$,注意到这里的 $\boldsymbol{\Psi}_i(t)$ 通常是显含 t、t_0 的时变向量,以其为列构造下列基本解阵 $\boldsymbol{\Sigma}(t)$:

$$\boldsymbol{\Sigma}(t)=[\boldsymbol{\Psi}_1(t)\quad\cdots\quad\boldsymbol{\Psi}_n(t)] \tag{2-110}$$

由于基本解组满足式(2-109),有

$$\dot{\boldsymbol{\Psi}}_1(t)=\boldsymbol{A}(t)\boldsymbol{\Psi}_1(t),\dot{\boldsymbol{\Psi}}_2(t)=\boldsymbol{A}(t)\boldsymbol{\Psi}_2(t),\cdots,\dot{\boldsymbol{\Psi}}_n(t)=\boldsymbol{A}(t)\boldsymbol{\Psi}_n(t) \tag{2-111}$$

故基本解矩阵满足下面的矩阵微分方程

$$\dot{\boldsymbol{\Sigma}}=\boldsymbol{A}(t)\boldsymbol{\Sigma},\quad \boldsymbol{\Sigma}(t_0)=\boldsymbol{H} \tag{2-112}$$

$\boldsymbol{H}$ 为某个非奇异实值常量矩阵。

定理 2.1 方程式(2-109)的基本解矩阵 $\boldsymbol{\Sigma}(t)$ 对于 $t\in[t_0,t_\alpha]$ 为非奇异矩阵。

证明 用反证法。设存在 $t_1\in[t_0,t_\alpha]$ 使得 $\boldsymbol{\Sigma}(t_1)$ 为奇异矩阵,则存在非零实值常向量 $\boldsymbol{\alpha}=[\alpha_1\quad \alpha_2\quad \cdots\quad \alpha_n]^T$ 使得 $\boldsymbol{\Sigma}(t_1)\boldsymbol{\alpha}=0$,即

$$\sum_{i=1}^{n}\alpha_i\boldsymbol{\Psi}_i(t_1)=0 \tag{2-113}$$

由于 $\sum\limits_{i=1}^{n}\alpha_i\boldsymbol{\Psi}_i(t)$ 是 $\dot{\boldsymbol{x}}=\boldsymbol{A}(t)\boldsymbol{x}$ 的解,故式(2-113)意味着 $\boldsymbol{\Psi}_i(t_1)$ $(i=1,2,\cdots,n)$ 线性相关,也就是 $\boldsymbol{\Psi}_i(t)$ $(i=1,2,\cdots,n)$ 线性相关,与 $\boldsymbol{\Sigma}(t)$ 为基本解矩阵的定义相矛盾。

定理 2.2 若 $\boldsymbol{\Sigma}_1(t)$,$\boldsymbol{\Sigma}_2(t)$ 均为式(2-109)的基本解矩阵,则存在 $n\times n$ 阶非奇异实值常量矩阵 $\boldsymbol{C}$ 使

$$\boldsymbol{\Sigma}_1(t)=\boldsymbol{\Sigma}_2(t)\cdot\boldsymbol{C} \tag{2-114}$$

将该式代入式(2-112),可验证其成立。

式(2-109)的通解为

$$\boldsymbol{x}(t)=[\boldsymbol{\Psi}_1(t)\quad\cdots\quad\boldsymbol{\Psi}_n(t)][\alpha_1\quad\cdots\quad\alpha_n]^{\mathrm{T}}=\boldsymbol{\Sigma}(t)\cdot\alpha \tag{2-115}$$

由于 $\boldsymbol{x}(t_0)=\boldsymbol{\Sigma}(t_0)\cdot\boldsymbol{\alpha}$,$\boldsymbol{\alpha}=\boldsymbol{\Sigma}^{-1}(t_0)\boldsymbol{x}(t_0)$,有

$$\boldsymbol{x}(t)=\boldsymbol{\Sigma}^{-1}(t_0)\boldsymbol{x}(t_0)\quad t\geqslant t_0 \tag{2-116}$$

记时变系统状态转移矩阵为 $\boldsymbol{\Phi}(t,t_0)$,其定义式为

$$\boldsymbol{\Phi}(t,t_0)=\boldsymbol{\Sigma}(t)\boldsymbol{\Sigma}^{-1}(t_0) \tag{2-117}$$

由定理2.2知,$\boldsymbol{\Phi}(t,t_0)$ 与 $\boldsymbol{\Sigma}(t)$ 的选取无关。对于简单的 $\dot{\boldsymbol{x}}=\boldsymbol{A}(t)\boldsymbol{x}$,可得出解析解,它们是初始条件 t、t_0 的函数式,任取 n 组不相关初始条件,可获得 n 个线性无关解向量 $\boldsymbol{\Psi}_i(t)$,从而构成 $\boldsymbol{\Sigma}(t)$ 和 $\boldsymbol{\Phi}(t,t_0)$ 的解析解。

状态转移矩阵具有下述重要性质:

(1)$\boldsymbol{\Phi}(t,t)=\boldsymbol{I}$ (2-118)

(2)$\boldsymbol{\Phi}^{-1}(t,t_0)=\boldsymbol{\Phi}(t_0,t)$ (2-119)

(3)$\boldsymbol{\Phi}(t_2,t_0)=\boldsymbol{\Phi}(t_2,t_1)\boldsymbol{\Phi}(t_1,t_0)$ (2-120)

(4)$\dfrac{\mathrm{d}}{\mathrm{d}t}\boldsymbol{\Phi}(t,t_0)=\boldsymbol{A}(t)\boldsymbol{\Phi}(t,t_0)$,$\boldsymbol{\Phi}(t_0,t_0)=\boldsymbol{I}$ (2-121)

有了状态转移矩阵,现在看齐次方程式(2-109)的解。在任意初始条件 $\boldsymbol{x}(t_0)=\boldsymbol{x}_0$ 下,由于

$$\frac{\mathrm{d}}{\mathrm{d}t}[\boldsymbol{\Phi}(t,t_0)\boldsymbol{x}(t_0)]=\boldsymbol{A}(t)\boldsymbol{\Phi}(t,t_0)\boldsymbol{x}(t) \tag{2-122}$$

令 $\boldsymbol{x}(t)=\boldsymbol{\Phi}(t,t_0)\boldsymbol{x}(t_0)$,则上式变为

$$\dot{\boldsymbol{x}}(t)=\boldsymbol{A}(t)\boldsymbol{x}(t) \tag{2-123}$$

故知 $\boldsymbol{x}(t)=\boldsymbol{\Phi}(t,t_0)\boldsymbol{x}(t_0)$ 是式(2-109)的解,由解的唯一性知,该式就是式(2-109)的

解，$\boldsymbol{\Phi}(t,t_0)$是一个线性变换，它将 t_0 时刻的状态 $\boldsymbol{x}(t_0)$映射为 t 时刻的状态 $\boldsymbol{x}(t)$。注意到 $\boldsymbol{\Phi}(t,t_0)$一般不具有闭合形式，唯当 $\boldsymbol{A}(t)$ 与 $\int_{t_0}^{t}\boldsymbol{A}(\tau)\mathrm{d}\tau$ 可交换时，存在下列闭合的矩阵指数形式：

$$\boldsymbol{\Phi}(t,t_0)=\mathrm{e}^{\int_{t_0}^{t}\boldsymbol{A}(\tau)\mathrm{d}\tau} \tag{2-124}$$

$\boldsymbol{\Phi}(t,t_0)$的求解通常只能采用下列级数展开式在计算机上进行数值计算，由于

$$\int_{t_0}^{t} d\boldsymbol{\Phi}(\tau,t_0)=\int_{t_0}^{t}\boldsymbol{A}(\tau)\boldsymbol{\Phi}(\tau,t_0)\mathrm{d}\tau \tag{2-125}$$

故

$$\begin{aligned}\boldsymbol{\Phi}(\tau,t_0)=\boldsymbol{I}+\int_{t_0}^{t}\boldsymbol{A}(\tau)\boldsymbol{\Phi}(\tau,t_0)\mathrm{d}\tau=\boldsymbol{I}+\int_{t_0}^{t}\boldsymbol{A}(\tau)\left[\boldsymbol{I}+\int_{t_0}^{\tau}\boldsymbol{A}(\tau_1)\boldsymbol{\Phi}(\tau_1,t_0)\mathrm{d}\tau_1\right]\mathrm{d}\tau=\\ \boldsymbol{I}+\int_{t_0}^{t}\boldsymbol{A}(\tau)\mathrm{d}\tau+\int_{t_0}^{t}\boldsymbol{A}(\tau)\int_{t_0}^{\tau}\boldsymbol{A}(\tau_1)\boldsymbol{\Phi}(\tau_1,t_0)\mathrm{d}\tau_1\mathrm{d}\tau=\\ \boldsymbol{I}+\int_{t_0}^{t}\boldsymbol{A}(\tau)\mathrm{d}\tau+\int_{t_0}^{t}\boldsymbol{A}(\tau)\int_{t_0}^{\tau}\boldsymbol{A}(\tau_1)\left[\boldsymbol{I}+\int_{t_0}^{\tau_1}\boldsymbol{A}(\tau_2)\boldsymbol{\Phi}(\tau_2,t_0)\mathrm{d}\tau_2\right]\mathrm{d}\tau_1\mathrm{d}\tau=\\ \boldsymbol{I}+\int_{t_0}^{t}\boldsymbol{A}(\tau)\mathrm{d}\tau+\int_{t_0}^{t}\boldsymbol{A}(\tau)\int_{t_0}^{\tau}\boldsymbol{A}(\tau_1)\mathrm{d}\tau_1\mathrm{d}\tau+\int_{t_0}^{t}\boldsymbol{A}(\tau)\int_{t_0}^{\tau}\boldsymbol{A}(\tau_1)\boldsymbol{A}(\tau_2)\\ \boldsymbol{\Phi}(\tau_2,t_0)\mathrm{d}\tau_2\mathrm{d}\tau_1\mathrm{d}\tau\end{aligned} \tag{2-126}$$

式中 $\boldsymbol{\Phi}(\tau_2,t_0)$还可继续展开表示，于是可得 $\boldsymbol{\Phi}(t,t_0)$的级数展开式，称为 Peano-Baker 级数，但只能得到数值计算结果。下面讨论式(2-108)所示非齐次方程的解。不妨设系统的解具有如下形式：

$$\boldsymbol{x}(t)=\boldsymbol{\Phi}(t,t_0)\boldsymbol{\xi}(t) \tag{2-127}$$

利用状态方程和状态转移矩阵的性质，得到

$$\begin{aligned}\dot{\boldsymbol{x}}(t)=\dot{\boldsymbol{\Phi}}(t,t_0)\boldsymbol{\xi}(t)+\boldsymbol{\Phi}(t,t_0)\dot{\boldsymbol{\xi}}(t)=\boldsymbol{A}(t)\boldsymbol{\Phi}(t,t_0)\boldsymbol{\xi}(t)+\boldsymbol{\Phi}(t,t_0)\dot{\boldsymbol{\xi}}(t)=\\ \boldsymbol{A}(t)x(t)+\boldsymbol{\Phi}(t,t_0)\dot{\boldsymbol{\xi}}(t)=\dot{\boldsymbol{x}}-\boldsymbol{B}(t)u+\boldsymbol{\Phi}(t,t_0)\dot{\boldsymbol{\xi}}(t)\end{aligned} \tag{2-128}$$

于是导出

$$\boldsymbol{\Phi}(t,t_0)\dot{\boldsymbol{\xi}}(t)=\boldsymbol{B}(t)\boldsymbol{u},\quad \dot{\boldsymbol{\xi}}(t)=\boldsymbol{\Phi}(t_0,t)\boldsymbol{B}(t)\boldsymbol{u} \tag{2-129}$$

式(2-129) 从 t_0 到 t 进行积分，则

$$\boldsymbol{\xi}(t)=\boldsymbol{\xi}(t_0)+\int_{t_0}^{t}\boldsymbol{\Phi}(t_0,\tau)\boldsymbol{B}(\tau)\boldsymbol{u}(\tau)\mathrm{d}\tau \tag{2-130}$$

将(2-130) 代入式(2-127) 中得到

$$\begin{aligned}\boldsymbol{x}(t)=\boldsymbol{\Phi}(t,t_0)\boldsymbol{\xi}(t_0)+\int_{t_0}^{t}\boldsymbol{\Phi}(t,t_0)\boldsymbol{\Phi}(t_0,\tau)\boldsymbol{B}(\tau)\boldsymbol{u}(\tau)\mathrm{d}\tau=\\ \boldsymbol{\Phi}(t,t_0)\boldsymbol{\xi}(t_0)+\int_{t_0}^{t}\boldsymbol{\Phi}(t,\tau)\boldsymbol{B}(\tau)\boldsymbol{u}(\tau)\mathrm{d}\tau\end{aligned} \tag{2-131}$$

由于 $\boldsymbol{x}(t_0)=\boldsymbol{x}_0$，所以 $\boldsymbol{\xi}(t_0)=\boldsymbol{x}_0$，从而

$$\boldsymbol{x}(t)=\boldsymbol{\Phi}(t,t_0)\boldsymbol{x}_0+\int_{t_0}^{t}\boldsymbol{\Phi}(t,\tau)\boldsymbol{B}(\tau)\boldsymbol{u}(\tau)\mathrm{d}\tau \tag{2-132}$$

从式(2-132)可以看出,线性时变系统解的表达式和线性定常系统的解表达式有类似的形式,系统的响应分为两个部分,一部分由初始状态引起,另一部分由输入作用引起。由于系统是时变的,解与初始时间密切相关。状态转移矩阵 $\boldsymbol{\Phi}(t,t_0)$ 因为不易求解,所以,式(2-132)在大多数情况下只具有形式上的意义。

例 2-3 一线性时变系统为

$$\dot{\boldsymbol{x}}=\begin{bmatrix}0 & 0\\ t & 0\end{bmatrix}\boldsymbol{x}+\begin{bmatrix}1\\ 1\end{bmatrix}\boldsymbol{u},\quad t\in[1,10] \tag{2-133}$$

其中 $\boldsymbol{u}$ 为单位阶跃函数 $1(t-1)$,初始状态为 $x_1(1)=1, x_2(1)=2$,求系统的解。

解 首先求该系统的状态转移矩阵 $\boldsymbol{\Phi}(t,t_0)$,为此,令 $\boldsymbol{u}=0$,先研究齐次方程

$$\left.\begin{aligned}\dot{x}_1&=0\\ \dot{x}_2&=tx_1\end{aligned}\right\} \tag{2-134}$$

对式(2-134)求解得到

$$\left.\begin{aligned}x_1(t)&=x_1(t_0)\\ x_2(t)&=0.5t^2x_1(t_0)-0.5t_0^2x_1(t_0)+x_2(t_0)\end{aligned}\right\} \tag{2-135}$$

取不相关的两组初始条件

$$\left.\begin{aligned}x_1(t_0)&=0\\ x_2(t_0)&=1\end{aligned}\right\},\ \left.\begin{aligned}x_1(t_0)&=2\\ x_2(t_0)&=0\end{aligned}\right\} \tag{2-136}$$

得到两个线性无关解

$$\boldsymbol{\Psi}_1=\begin{bmatrix}0\\ 1\end{bmatrix},\quad \boldsymbol{\Psi}_2=\begin{bmatrix}2\\ t^2-t_0^2\end{bmatrix} \tag{2-137}$$

于是,系统的一个基本解矩阵为

$$\boldsymbol{\Sigma}(t)=\begin{bmatrix}0 & 2\\ 1 & t^2-t_0^2\end{bmatrix} \tag{2-138}$$

由状态转移矩阵的定义,$\boldsymbol{\Phi}(t,t_0)$ 为

$$\begin{aligned}&\boldsymbol{\Phi}(t,t_0)=\boldsymbol{\Sigma}(t)\boldsymbol{\Sigma}^{-1}(t_0)=\\ &\begin{bmatrix}0 & 2\\ 1 & t^2-t_0^2\end{bmatrix}\begin{bmatrix}0 & 2\\ 1 & 0\end{bmatrix}^{-1}=\begin{bmatrix}1 & 0\\ 0.5t^2-0.5t_0^2 & 1\end{bmatrix}\end{aligned} \tag{2-139}$$

由式(2-132)得到

$$\begin{aligned}&\boldsymbol{x}(t)=\boldsymbol{\Phi}(t,t_0)\boldsymbol{x}_0+\int_{t_0}^{t}\boldsymbol{\Phi}(t,\tau)\boldsymbol{B}(\tau)\boldsymbol{u}(\tau)\,\mathrm{d}\tau=\\ &\begin{bmatrix}1 & 0\\ 0.5t^2-0.5t_0^2 & 1\end{bmatrix}\begin{bmatrix}1\\ 2\end{bmatrix}+\int_{t_0}^{t}\begin{bmatrix}1 & 0\\ 0.5t^2-0.5t_0^2 & 1\end{bmatrix}\begin{bmatrix}1\\ 1\end{bmatrix}1(t-1)\,\mathrm{d}\tau=\\ &\begin{bmatrix}1 & 0\\ 0.5t^2-0.5 & 1\end{bmatrix}\begin{bmatrix}1\\ 2\end{bmatrix}+\int_{t_1}^{t}\begin{bmatrix}1 & 0\\ 0.5t^2-0.5\tau^2 & 1\end{bmatrix}\begin{bmatrix}1\\ 1\end{bmatrix}\mathrm{d}\tau=\\ &\begin{bmatrix}1\\ 0.5t^2+1.5\end{bmatrix}+\begin{bmatrix}t-1\\ \frac{1}{3}t^3-0.5t^2+t-\frac{5}{6}\end{bmatrix}=\begin{bmatrix}t\\ \frac{1}{3}t^3+t+\frac{2}{3}\end{bmatrix}\end{aligned} \tag{2-140}$$

现在导出线性时变系统的脉冲响应矩阵。状态运动规律由式(2-132)知

$$\boldsymbol{x}(t)=\boldsymbol{\Phi}(t,t_0)x_0+\int_{t_0}^{t}\boldsymbol{\Phi}(t,\tau)\boldsymbol{B}(\tau)\boldsymbol{u}(\tau)\,\mathrm{d}\tau \tag{2-141}$$

在零初始条件下，由输出方程

$$\boldsymbol{y}(t)=\boldsymbol{C}(t)\boldsymbol{x}(t)+\boldsymbol{D}(t)\boldsymbol{u}(t) \tag{2-142}$$

则有

$$\begin{aligned}\boldsymbol{y}(t)=&\int_{t_0}^{t}\boldsymbol{C}(t)\boldsymbol{\Phi}(t,\tau)\boldsymbol{B}(\tau)\boldsymbol{u}(\tau)\,\mathrm{d}\tau+\boldsymbol{D}(t)\boldsymbol{u}(t)=\\&\int_{t_0}^{t}[\boldsymbol{C}(t)\boldsymbol{\Phi}(t,\tau)\boldsymbol{B}(\tau)\boldsymbol{u}(\tau)\,\mathrm{d}\tau+\boldsymbol{D}(\tau)\boldsymbol{u}(\tau)\delta(t-\tau)\,\mathrm{d}\tau]\end{aligned} \tag{2-143}$$

从而脉冲响应阵 $\boldsymbol{G}(t,\tau)$ 为

$$\boldsymbol{G}(t,\tau)=\boldsymbol{C}(t)\boldsymbol{\Phi}(t,\tau)\boldsymbol{B}(\tau)+\boldsymbol{D}(\tau)\delta(t-\tau) \tag{2-144}$$

这样，在零初始条件下，任意输入作用下系统的响应为

$$\boldsymbol{y}(t)=\int_{t_0}^{t}\boldsymbol{G}(t,\tau)\boldsymbol{u}(\tau)\,\mathrm{d}\tau \tag{2-145}$$

第四节　线性离散系统的动态响应分析

一、离散时间系统的描述

离散时间系统模型有两类：一类是本质离散的，如离散事件系统，由系统辨识方法得到的系统模型也可以看作此类系统；另一类是把连续时间系统离散化得到的，其目的是为了实现计算机控制。离散时间系统同连续时间系统具有许多类似性质，下面分别讨论。

考虑在不同的离散时刻 $t_0,t_1,\cdots$ 的系统输入 $\boldsymbol{u}(t_i),i=0,1,\cdots$ 和系统输出 $\boldsymbol{y}(t_i),i=0,1,\cdots$，为了讨论方便，约定这些离散时刻是采样周期 T 的整数倍，即

$$t_0=0,\quad t_1=T,\quad \cdots$$

并且进一步把这些离散时刻用整数 k 表示，

$$k=0,\pm1,\pm2,\cdots$$

$\boldsymbol{u}(k),\boldsymbol{y}(k)$本身的含义为$\boldsymbol{u}(kT),\boldsymbol{y}(kT)$。如同线性连续时间系统的输入输出关系可用高阶微分方程表示，单输入单输出线性离散系统的输入输出关系通常可以如下的高阶差分方程表示：

$$\begin{aligned}&y(k+n)+a_{n-1}y(k+n-1)+\cdots+a_0y(k)=\\&b_nu(k+n)+b_{n-1}u(k+n-1)+\cdots+b_0u(k)\end{aligned} \tag{2-146}$$

引入位移算子 z，其含义为

$$z^{-1}y(k)=y(k-1) \tag{2-147}$$

式中：z^{-1} 是表示延迟一个采样周期的算子。这样，式(2-146)可以写成

$$\sum_{i=0}^{n}a_iz^iy(k)=\sum_{i=0}^{n}b_iz^iu(k),\quad a_n=1 \tag{2-148}$$

其实,在零初始条件下,式(2-146)的 z 变换为

$$z^n y(z)+\cdots+a_0 y(z)=b_n z^n u(z)+\cdots+b_0 u(z)$$

$$\frac{y(z)}{u(z)}=\frac{b_n z^n+\cdots+b_0}{z^n+a_{n-1}z^{n-1}+\cdots+a_0} \tag{2-149}$$

式(2-149)实际上表示了系统式(2-146)在 z 域的传递函数。目的是要得到系统式(2-146)的状态空间模型。为此,必须选取状态变量。按如下方式选取状态变量,即把每一个延迟器的输出作为一个状态变量,令

$$\left.\begin{aligned}
&x_1(k+1)=x_2(k)+h_1u(k)\\
&x_2(k+1)=x_3(k)+h_2u(k)\\
&\qquad\cdots\cdots\\
&x_{n-1}(k+1)=x_n(k)+h_{n-1}u(k)\\
&x_n(k+1)=-a_0x_1(k)-a_1x_2(k)-\cdots-a_{n-1}x_n(k)+h_nu(k)
\end{aligned}\right\} \tag{2-150}$$

输出方程为

$$y(k)=x_1(k)+h_0u(k) \tag{2-151}$$

式(2-150)和式(2-151)中的 $h_i(i=0,1,2,\cdots n)$ 中满足

$$\left.\begin{aligned}
&h_0=b_n\\
&h_1=b_{n-1}-a_{n-1}h_0\\
&\qquad\cdots\cdots\\
&h_n=b_0-a_0h_0-a_1h_1-\cdots-a_{n-1}h_{n-1}
\end{aligned}\right\} \tag{2-152}$$

将式(2-150)化为向量矩阵表达式得到

$$\begin{aligned}
\boldsymbol{x}(k+1)&=\boldsymbol{G}\boldsymbol{x}(k)+\boldsymbol{h}u(k)\\
\boldsymbol{y}(k)&=\boldsymbol{c}\boldsymbol{x}(k)+du(k)
\end{aligned} \tag{2-153}$$

其中

$$\boldsymbol{G}=\begin{bmatrix}0&1&0&\cdots&0\\0&0&1&\cdots&0\\\vdots&\vdots&\vdots&&\vdots\\0&0&0&\cdots&1\\-a_0&-a_1&-a_2&\cdots&-a_{n-1}\end{bmatrix},\quad \boldsymbol{h}=\begin{bmatrix}h_1\\h_2\\\vdots\\h_n\end{bmatrix} \tag{2-154}$$

$$\boldsymbol{c}=[1\ \ 0\ \ 0\ \ \cdots\ \ 0],\quad d=h_0 \tag{2-155}$$

显然,根据式(2-153)知,离散时间系统与连续时间系统具有类似的代数性质,由于状态变量的选取不是唯一的,$\boldsymbol{G},\boldsymbol{h},\boldsymbol{c},d$ 的表达式可以有不同的表达式。

对式(2-153)取 z 变换,有

$$y(z)=\boldsymbol{c}(z\boldsymbol{I}-\boldsymbol{G})^{-1}\boldsymbol{h}u(z)-\boldsymbol{c}z(z\boldsymbol{I}-\boldsymbol{G})^{-1}\boldsymbol{x}_0+du(z) \tag{2-156}$$

在初始条件为零时,系统的脉冲传递函数为

$$T(z)=\boldsymbol{c}(z\boldsymbol{I}-\boldsymbol{G})^{-1}\boldsymbol{h}+d \tag{2-157}$$

若 $d=0$,则

$$T(z)=\boldsymbol{c}(z\boldsymbol{I}-\boldsymbol{G})^{-1}\boldsymbol{h} \tag{2-158}$$

对式(2-158)作变换,将 $(z\boldsymbol{I}-\boldsymbol{G})^{-1}$ 展为级数,有

$$T(z)=c(zI-G)^{-1}h=\frac{c}{z}\left(I-\frac{G}{z}\right)^{-1}h=\frac{c}{z}\begin{bmatrix}I+G/z+\\G^2/z^2+\cdots\end{bmatrix}h=$$

$$\sum_{i=1}^{\infty}(cG^{i-1}h)z^{-i}=\sum_{i=1}^{\infty}h_iz^{-i} \tag{2-159}$$

式中，$h_i=cG_{i-1}h$。式(2-159)的 z 反变换为离散时间函数

$$h(k)=h_k,\quad k\geqslant 1 \tag{2-160}$$

它是系统的单位脉冲响应序列。由$\{h_i\}$组成的对称阵

$$H=\begin{bmatrix}h_1 & h_2 & \cdots & h_n\\ h_2 & h_3 & \cdots & h_{n+1}\\ \vdots & \vdots & & \vdots\\ h_n & h_{n+1} & \cdots & h_{2n-1}\end{bmatrix} \tag{2-161}$$

也称为汉克尔(Hankel)矩阵，而$\{h_i\}$称为马尔可夫参数。

二、连续时间系统的离散化

连续时间系统的离散化是指把连续时间系统化为等价的离散时间系统来分析和处理。在实际中的做法则是在系统的输入输出端接入采样保持器。保持器的种类有零阶保持器和一阶保持器等。为了能够准确地复现连续信号，采样频率必须至少满足香农(Shannon)定理。下面在零阶保持器的条件下，给出线性连续时间系统的离散化模型。

考虑线性时变系统

$$\left.\begin{aligned}\dot{x}=A(t)x+B(t)u\quad & t\in[t_0,t_a]\\ y=C(t)x+D(t)u\quad & x(t_0)=x_0\end{aligned}\right\} \tag{2-162}$$

设采样周期为 T，各采样时刻为 $t=kT\ (t\geqslant 0)$，总的采样次数为 $l=(t_a-t_0)/T$。输入 $u(t)$ 满足

$$u(t)=u(k),\qquad kT\leqslant t\leqslant (k+1)T \tag{2-163}$$

根据前面的结论，线性连续时间系统式(2-162)的状态运动表达式为

$$x(t)=\Phi(t,t_0)x_0+\int_{t_0}^{t}\Phi(t,\tau)B(\tau)u(\tau)\mathrm{d}\tau \tag{2-164}$$

令 $t=(k+1)T, t_0=0T$，则状态方程为

$$x(k+1)=\Phi((k+1)T,0)x_0+\int_0^{(k+1)T}\Phi((k+1)T,\tau)B(\tau)u(\tau)\mathrm{d}\tau=$$

$$\Phi((k+1)T,kT)\left[\Phi(kT,0)x_0+\int_0^{kT}\Phi(kT,\tau)B(\tau)u(\tau)\mathrm{d}\tau\right]+$$

$$\left[\int_{kT}^{(k+1)T}\Phi((k+1)T,\tau)B(\tau)\mathrm{d}\tau\right]u(k)=$$

$$G(k)x(k)+H(k)u(k) \tag{2-165}$$

输出方程为

$$y(k)=C(k)x(k)+D(k)u(k) \tag{2-166}$$

由此，得到式(2-162)的离散化模型为

$$\left.\begin{aligned} &\boldsymbol{x}(k+1)=\boldsymbol{G}(k)\boldsymbol{x}(k)+\boldsymbol{H}(k)\boldsymbol{u}(k) \\ &\boldsymbol{y}(k)=\boldsymbol{C}(k)\boldsymbol{x}(k)+\boldsymbol{D}(k)\boldsymbol{u}(k) \quad x(0)=x_0 \end{aligned}\right\} \tag{2-167}$$

系数矩阵为

$$\left.\begin{aligned} &\boldsymbol{G}(k)=\boldsymbol{\Phi}((k+1)T,kT)\overset{\triangle}{=}\boldsymbol{\Phi}(k+1,k) \\ &\boldsymbol{H}(k)=\int_{kT}^{(k+1)T}\boldsymbol{\Phi}((k+1)T,\tau)\boldsymbol{B}(\tau)\,\mathrm{d}\tau \\ &\boldsymbol{C}(k)=[\boldsymbol{C}(k)]_{t=kT} \\ &\boldsymbol{D}(k)=[\boldsymbol{D}(k)]_{t=kT} \end{aligned}\right\} \tag{2-168}$$

对于定常系统而言，离散化系统也为定常系统，结果可直接由式(2-167)、式(2-168)推出，即对线性定常系统

$$\left.\begin{aligned} &\dot{\boldsymbol{x}}=\boldsymbol{A}x+\boldsymbol{B}\boldsymbol{u} \quad x(0)=x_0, \quad t\geqslant 0 \\ &\boldsymbol{y}=\boldsymbol{C}\boldsymbol{x}+\boldsymbol{D}\boldsymbol{u} \end{aligned}\right\} \tag{2-169}$$

其离散化模型为

$$\left.\begin{aligned} &\boldsymbol{x}(\boldsymbol{k}+1)=\boldsymbol{G}\boldsymbol{x}(\boldsymbol{k})+\boldsymbol{H}\boldsymbol{u}(\boldsymbol{k}) \quad \boldsymbol{x}(0)=\boldsymbol{x}_0 \\ &\boldsymbol{y}(\boldsymbol{k})=\boldsymbol{C}\boldsymbol{x}(\boldsymbol{k})+\boldsymbol{D}\boldsymbol{u}(\boldsymbol{k}) \end{aligned}\right\} \tag{2-170}$$

系数矩阵 $\boldsymbol{G}$，$\boldsymbol{H}$ 分别为

$$\left.\begin{aligned} &\boldsymbol{G}=\boldsymbol{\Phi}((k+1)T-kT)=\mathrm{e}^{\boldsymbol{A}\tau}=\boldsymbol{\Phi}(T) \\ &\boldsymbol{H}=(\textstyle\int_0^T \mathrm{e}^{\boldsymbol{A}t}\,\mathrm{d}t)\boldsymbol{B} \end{aligned}\right\} \tag{2-171}$$

从式(2-171)可以看到，由于矩阵指数e^{AT} 对任意定常矩阵 $\boldsymbol{A}$ 是非奇异的，故 $\boldsymbol{G}$ 是非奇异的。这说明，由连续模型离散化得到的离散时间系统，系统矩阵 $\boldsymbol{G}$ 总是非奇异矩阵，但由其他方法得到的离散时间系统并不能保证这一点，这是读者应该注意的问题。

例 2-4 考虑如下二阶线性定常系统：

$$\begin{bmatrix}\dot{\boldsymbol{x}}_1\\ \dot{\boldsymbol{x}}_2\end{bmatrix}=\begin{bmatrix}0 & 1\\ 0 & -2\end{bmatrix}\begin{bmatrix}\boldsymbol{x}_1\\ \boldsymbol{x}_2\end{bmatrix}+\begin{bmatrix}0\\ 1\end{bmatrix}\boldsymbol{u} \quad t\geqslant 0 \tag{2-172}$$

设采样周期 $T=0.1$ s，求其离散化模型。

解 首先确定该系统的状态转移矩阵$\mathrm{e}^{\boldsymbol{A}t}$，由于

$$(s\boldsymbol{I}-\boldsymbol{A})^{-1}=\begin{bmatrix}s & -1\\ 0 & s+2\end{bmatrix}^{-1}=\begin{bmatrix}\dfrac{1}{s} & \dfrac{1}{s(s+2)}\\ 0 & \dfrac{1}{s+2}\end{bmatrix} \tag{2-173}$$

求拉普拉斯反变换得到

$$\mathrm{e}^{\boldsymbol{A}t}=\begin{bmatrix}1 & 0.5(1-\mathrm{e}^{-2t})\\ 0 & \mathrm{e}^{-2t}\end{bmatrix} \tag{2-174}$$

根据式(2-171)得到 $\boldsymbol{G},\boldsymbol{H}$ 阵

$$\boldsymbol{G}=\mathrm{e}^{\boldsymbol{A}T}=\begin{bmatrix}1 & 0.5(1-\mathrm{e}^{-0.2})\\0 & \mathrm{e}^{-0.2}\end{bmatrix}=\begin{bmatrix}1 & 0.091\\0 & 0.819\end{bmatrix}$$

$$\begin{aligned}\boldsymbol{H}=&\left(\int_0^T \mathrm{e}^{\boldsymbol{A}t}\mathrm{d}t\right)B=\left(\int_0^{0.1}\begin{bmatrix}1 & 0.5(1-\mathrm{e}^{-2t})\\0 & \mathrm{e}^{-2t}\end{bmatrix}\mathrm{d}t\right)\begin{bmatrix}0\\1\end{bmatrix}=\\&\begin{bmatrix}0.1 & 0.05+0.25\mathrm{e}^{-0.2}-0.25\\0 & -0.5\mathrm{e}^{-0.2}+0.5\end{bmatrix}\begin{bmatrix}0\\1\end{bmatrix}=\\&\begin{bmatrix}0.05+0.25\mathrm{e}^{-0.2}-0.25\\-0.5\mathrm{e}^{-0.2}+0.5\end{bmatrix}=\begin{bmatrix}0.005\\0.091\end{bmatrix}\end{aligned}\tag{2-175}$$

这样，离散化后系统的模型为

$$\begin{bmatrix}x_1(k+1)\\x_2(k+1)\end{bmatrix}=\begin{bmatrix}1 & 0.091\\0 & 0.819\end{bmatrix}\begin{bmatrix}x_1(k)\\x_2(k)\end{bmatrix}+\begin{bmatrix}0.005\\0.091\end{bmatrix}\boldsymbol{u}(k)\tag{2-176}$$

三、线性离散时间系统的运动分析

对于线性离散系统的运动特性，具体归结为对时变线性差分方程

$$\boldsymbol{x}(k+1)=\boldsymbol{G}(k)\boldsymbol{x}(k)+\boldsymbol{H}(k)\boldsymbol{u}(k),\quad \boldsymbol{x}(0)=\boldsymbol{x}_0,\boldsymbol{k}=0,1,2\cdots\tag{2-177}$$

或线性定常差分方程

$$\boldsymbol{x}(k+1)=\boldsymbol{G}\boldsymbol{x}(k)+\boldsymbol{H}\boldsymbol{u}(k),\quad \boldsymbol{x}(0)=\boldsymbol{x}_0,k=0,1,2\cdots\tag{2-178}$$

进行求解。由于差分方程比微分方程更易于求解，解的存在性和唯一性问题也较简单，因此，这里仅给出一些主要结论。

解差分方程最为通用的方法是迭代法，在初始条件给定的情况下，逐步递推求解，它尤为适宜在计算机上进行计算。下面分别讨论。

对于线性时变离散系统式(2-177)，状态运动表达式为

$$\boldsymbol{x}(k)=\boldsymbol{\Phi}(k,0)\boldsymbol{x}_0+\sum_{i=0}^{k-1}\boldsymbol{\Phi}(k,i+1)\boldsymbol{H}(i)\boldsymbol{u}(i)\tag{2-179}$$

或

$$\boldsymbol{x}(\boldsymbol{k})=\boldsymbol{\Phi}(k,0)\boldsymbol{x}_0+\sum_{i=0}^{k-1}\boldsymbol{\Phi}(k,k-i)\boldsymbol{H}(k-i-1)\boldsymbol{u}(k-i-1)\tag{2-180}$$

其中 $\boldsymbol{\Phi}(m=0,1,\cdots,k)$ 是系统的状态转移矩阵，满足如下矩阵差分方程：

$$\boldsymbol{\Phi}(k+1,m)=\boldsymbol{G}(k)\boldsymbol{\Phi}(k,m),\qquad \boldsymbol{\Phi}(m,m)=\boldsymbol{I}\tag{2-181}$$

现在给出递推证明。由式(2-177)知

$$\begin{aligned}&\boldsymbol{x}(1)=\boldsymbol{G}(0)\boldsymbol{x}(0)+\boldsymbol{H}(0)\boldsymbol{u}(0)\\&\boldsymbol{x}(2)=\boldsymbol{G}(1)\boldsymbol{x}(1)+\boldsymbol{H}(1)\boldsymbol{u}(1)=\boldsymbol{G}(1)\boldsymbol{G}(0)\boldsymbol{x}(0)+\boldsymbol{G}(1)\boldsymbol{H}(0)\boldsymbol{u}(0)+\\&\qquad\boldsymbol{H}(1)\boldsymbol{u}(1)\\&\boldsymbol{x}(3)=\boldsymbol{G}(2)\boldsymbol{G}(1)\boldsymbol{G}(0)\boldsymbol{x}(0)+\boldsymbol{G}(2)\boldsymbol{G}(1)\boldsymbol{H}(0)\boldsymbol{u}(0)+\boldsymbol{G}(2)\boldsymbol{H}(1)\boldsymbol{u}(1)+\\&\qquad\boldsymbol{H}(2)\boldsymbol{u}(2)\\&\qquad\cdots\cdots\end{aligned}\tag{2-182}$$

$$\begin{aligned}\boldsymbol{x}(k)=&\boldsymbol{G}(k-1)\cdots\boldsymbol{G}(0)\boldsymbol{x}(0)+\boldsymbol{G}(k-1)\cdots\boldsymbol{G}(1)\boldsymbol{H}(0)\boldsymbol{u}(0)+\\&\boldsymbol{G}(k-1)\cdots\boldsymbol{G}(2)\boldsymbol{H}(1)\boldsymbol{u}(1)+\cdots+\boldsymbol{G}(k-1)\boldsymbol{H}(k-2)\boldsymbol{u}(k-2)+\\&\boldsymbol{H}(k-1)\boldsymbol{u}(k-1)\end{aligned}\tag{2-183}$$

为了方便，令

$$\boldsymbol{\Phi}(k,m)=\boldsymbol{G}(k-1)\boldsymbol{G}(k-2)\cdots\boldsymbol{G}(m)\tag{2-184}$$

则

$$\boldsymbol{\Phi}(k,m)=\boldsymbol{G}(k-1)\boldsymbol{\Phi}(k-1,m)\ ,\ \boldsymbol{\Phi}(m,m)=\boldsymbol{I}\tag{2-185}$$

这样，式(2-183)有关 $\boldsymbol{u}$ 的项从左至右相加化为和式表示得到

$$\boldsymbol{x}(k)=\boldsymbol{\Phi}(k,0)\boldsymbol{x}_0+\sum_{i=0}^{k-1}\boldsymbol{\Phi}(k,i+1)\boldsymbol{H}(i)\boldsymbol{u}(i)\tag{2-186}$$

式(2-183)中有关 $\boldsymbol{u}$ 的项从右至左相加化为和式表示得到

$$\boldsymbol{x}(k)=\boldsymbol{\Phi}(k,0)\boldsymbol{x}_0+\sum_{i=0}^{k-1}\boldsymbol{\Phi}(k,k-i)\boldsymbol{H}(k-i-1)\boldsymbol{u}(k-i-1)\tag{2-187}$$

对式(2-177)描述的线性定常离散系统，状态运动表达则较为简单，其描述为

$$\boldsymbol{x}(k)=\boldsymbol{G}^k\boldsymbol{x}_0+\sum_{i=0}^{k-1}\boldsymbol{G}^{k-i-1}\boldsymbol{Hu}(i)\tag{2-188}$$

或

$$\boldsymbol{x}(k)=\boldsymbol{G}^k\boldsymbol{x}_0+\sum_{i=0}^{k-1}\boldsymbol{G}^i\boldsymbol{Hu}(k-i-1)\tag{2-189}$$

这是因为在定常情况下，

$$\begin{aligned}\boldsymbol{G}(0)=\boldsymbol{G}(1)=\cdots=\boldsymbol{G}(k-1)=\boldsymbol{G}\\\boldsymbol{H}(0)=\boldsymbol{H}(1)=\cdots=\boldsymbol{H}(k-1)=\boldsymbol{H}\end{aligned}\tag{2-190}$$

这样，由式(2-182)知，

$$\boldsymbol{x}(k)=\boldsymbol{G}^k\boldsymbol{x}_0+\boldsymbol{G}^{k-1}\boldsymbol{Hu}(0)+\boldsymbol{G}^{k-2}\boldsymbol{Hu}(1)+\cdots+\boldsymbol{GHu}(k-2)+\boldsymbol{Hu}(k-1)\tag{2-191}$$

根据上式便可导出式(2-188)或式(2-189)。

在线性定常离散系统的条件下，其状态转移矩阵满足

$$\boldsymbol{\Phi}(k,m)=\boldsymbol{G}(k-1)\boldsymbol{G}(k-2)\cdots\boldsymbol{G}(m)=\underbrace{\boldsymbol{GG}\cdots\boldsymbol{G}}_{k-m}=\boldsymbol{G}^{k-m}\tag{2-192}$$

为了方便，可将式(2-192)表示为

$$\boldsymbol{\Phi}(k-m)=\boldsymbol{G}^{k-m}\tag{2-193}$$

则(2-189)式又可写为

$$\boldsymbol{x}(k)=\boldsymbol{\Phi}(k)\boldsymbol{x}_0+\sum_{i=0}^{k-1}\boldsymbol{\Phi}(k-i-1)\boldsymbol{Hu}(i)\tag{2-194}$$

从前面的讨论得知，不管是线性时变离散系统，还是线性定常离散系统，状态解都由两部分组成，即零输入响应和零状态响应，从解的结构上可以看出，状态解的零输入响应形式不变，而零状态响应从连续系统的积分式变成了离散系统的求和式，具有完全相似的数学结构。线性定常离散系统式(2-178)的稳定状况取决于系统矩阵 $\boldsymbol{G}$ 的特征值，当 $\boldsymbol{G}$ 的所有特征值的模均小于1时，对已知确定性输入 $\boldsymbol{u}(k)$ $(k=0,1,\cdots)$，系统的响应是收敛的。

四、线性离散系统的脉冲响应矩阵

考虑线性定常离散系统

$$\left.\begin{aligned}\boldsymbol{x}(k+1)&=\boldsymbol{G}\boldsymbol{x}(k)+\boldsymbol{H}\boldsymbol{u}(k), \quad \boldsymbol{x}(0)=\boldsymbol{x}_0\\ \boldsymbol{y}(k)&=\boldsymbol{C}\boldsymbol{x}(k)+\boldsymbol{D}\boldsymbol{u}(k)\end{aligned}\right\} \tag{2-195}$$

令 $\hat{\boldsymbol{x}}(z)$ 为 $\{\boldsymbol{x}(k)\}$ 的 z 变换，$\hat{\boldsymbol{u}}(z)$ 为 $\{\boldsymbol{u}(k)\}$ 的 z 变换，$\hat{\boldsymbol{y}}(z)$ 为 $\{\boldsymbol{y}(k)\}$ 的 z 变换，对式(2-195)取 z 变换，得

$$\left.\begin{aligned}z\hat{\boldsymbol{x}}(z)-z\boldsymbol{x}_0&=\boldsymbol{G}\hat{\boldsymbol{x}}(z)+\boldsymbol{H}\hat{\boldsymbol{u}}(z)\\ \hat{\boldsymbol{y}}(z)&=\boldsymbol{C}\hat{\boldsymbol{x}}(z)+\boldsymbol{D}\hat{\boldsymbol{u}}(z)\end{aligned}\right\} \tag{2-196}$$

由式(2-196)导出

$$\hat{\boldsymbol{y}}(z)=\boldsymbol{C}(z\boldsymbol{I}-\boldsymbol{G})^{-1}z\boldsymbol{x}_0+[\boldsymbol{C}(z\boldsymbol{I}-\boldsymbol{G})^{-1}+\boldsymbol{D}]\hat{\boldsymbol{u}}(z)$$

在初始条件为零的条件下

$$\hat{\boldsymbol{y}}(z)=[\boldsymbol{C}(z\boldsymbol{I}-\boldsymbol{G})^{-1}+\boldsymbol{D}]\hat{\boldsymbol{u}}(z)\overset{\triangle}{=}\boldsymbol{G}(z)\hat{\boldsymbol{u}}(z) \tag{2-197}$$

其中

$$\boldsymbol{G}(z)=\boldsymbol{C}(z\boldsymbol{I}-\boldsymbol{G})^{-1}\boldsymbol{H}+\boldsymbol{D} \tag{2-198}$$

是线性定常离散系统(2-195)的脉冲传递函数矩阵。

一般情况下，$\boldsymbol{G}(z)$ 为有理分式矩阵。由于实际系统是具有因果性的，所以 $\boldsymbol{G}(z)$ 通常为真有理分式矩阵。

习　　题

2-1　对于下列常阵 $\boldsymbol{A}$，试确定其矩阵指数函数 $e^{\boldsymbol{A}t}$。

(1) $\boldsymbol{A}=\begin{bmatrix}-5 & 0\\ 0 & -7\end{bmatrix}$；

(2) $\boldsymbol{A}=\begin{bmatrix}-2 & 1\\ 0 & -2\end{bmatrix}$；

(3) $\boldsymbol{A}=\begin{bmatrix}0 & -1\\ 4 & 0\end{bmatrix}$。

2-2　求如下系统的解：

(1) $\begin{bmatrix}\dot{x}_1\\ \dot{x}_2\end{bmatrix}=\begin{bmatrix}0 & 1\\ -3 & -2\end{bmatrix}\begin{bmatrix}x_1\\ x_2\end{bmatrix}$，$\begin{bmatrix}x_1(0)\\ x_2(0)\end{bmatrix}=\begin{bmatrix}1\\ 1\end{bmatrix}$

(2) $\begin{bmatrix}\dot{x}_1\\ \dot{x}_2\end{bmatrix}=\begin{bmatrix}0 & 1\\ -3 & -2\end{bmatrix}\begin{bmatrix}x_1\\ x_2\end{bmatrix}+\begin{bmatrix}1\\ 0\end{bmatrix}u$，$\begin{bmatrix}x_1(0)\\ x_2(0)\end{bmatrix}=\begin{bmatrix}0\\ 2\end{bmatrix}$

$$u(t)=e^{-t}, \quad t\geqslant 0$$

2-3　已知一系统的状态转移矩阵及控制矩阵为

$$\boldsymbol{\Phi}(t)=\begin{bmatrix}e^{-t} & 0\\ 0 & e^{-2t}\end{bmatrix}, \quad \boldsymbol{b}=\begin{bmatrix}1\\ 1\end{bmatrix}, \quad \boldsymbol{x}(0)=\begin{bmatrix}3\\ 2\end{bmatrix}$$

试确定针对下列各个 $u(t)$ 的状态响应 $\boldsymbol{x}(t)$。

(1)$u(t)=\delta(t)$(单位脉冲函数);

(2)$u(t)=l(t)$(单位阶跃函数);

(3)$u(t)=t$(单位斜坡函数);

(4)$u(t)=\sin t$。

2-4　已知系统的状态转移矩阵为

$$\boldsymbol{\Phi}(t)=\begin{bmatrix}\frac{1}{2}(e^{-t}+e^{3t}) & \frac{1}{4}(-e^{-t}+e^{3t})\\ -e^{-t}+e^{3t} & \frac{1}{2}(e^{-t}+e^{3t})\end{bmatrix}$$

求系统矩阵 $\boldsymbol{A}$。

2-5　线性齐次方程

$$\dot{\boldsymbol{x}}=\boldsymbol{A}(t)\boldsymbol{x}$$

的伴随方程定义为

$$\dot{\boldsymbol{z}}=-\boldsymbol{A}^{\mathrm{T}}(t)\boldsymbol{z}$$

设 $\boldsymbol{\Phi}(t,t_0)$ 和 $\boldsymbol{\Phi}_z(t,t_0)$ 分别为其状态转移矩阵。证明:

$$\boldsymbol{\Phi}(t,t_0)\boldsymbol{\Phi}_z^{\mathrm{T}}(t,t_0)=\boldsymbol{I}$$

2-6　已知二维线性定常系统

$$\dot{\boldsymbol{x}}=\boldsymbol{A}\boldsymbol{x}\ ,\quad t\geqslant 0$$

在两组不同的初始状态下的响应为

$$\boldsymbol{x}(0)=\begin{bmatrix}1\\-4\end{bmatrix},\quad \boldsymbol{x}(t)=\begin{bmatrix}e^{-3t}\\-4e^{-3t}\end{bmatrix}$$

$$\boldsymbol{x}(0)=\begin{bmatrix}2\\-1\end{bmatrix},\quad \boldsymbol{x}(t)=\begin{bmatrix}2e^{-2t}\\-e^{-2t}\end{bmatrix}$$

试用两种不同的方法确定系统矩阵 $\boldsymbol{A}$。

2-7　已知连续时间状态方程为

$$\begin{bmatrix}\dot{x}_1\\\dot{x}_2\end{bmatrix}=\begin{bmatrix}0&2\\0&0\end{bmatrix}\begin{bmatrix}x_1\\x_2\end{bmatrix}+\begin{bmatrix}0\\1\end{bmatrix}\boldsymbol{u}$$

取采样周期为 T 等于 1,求离散状态方程。

2-8　给定二维离散系统如下:

$$\begin{bmatrix}x_1(k+1)\\x_2(k+1)\end{bmatrix}=\begin{bmatrix}1&2\\1&0\end{bmatrix}\begin{bmatrix}x_1(k)\\x_2(k)\end{bmatrix}+\begin{bmatrix}1\\2\end{bmatrix}u(k)$$

$$\begin{bmatrix}x_1(0)\\x_2(0)\end{bmatrix}=\begin{bmatrix}1\\1\end{bmatrix}$$

控制输入为

(1)$u(k)=1,k=0,1,2\cdots,$

(2)$u(k)=\begin{cases}1, & k=0,2,4,\cdots\\0, & k=1,3,5,\cdots\end{cases}$

计算 $x_1(k)$ 和 $x_2(k)$,$k=1,2,\cdots,10$。

第三章　系统的能控性和能观测性分析

能控性和能观测性是线性系统理论中的两个基本概念，是卡尔曼(R. E. Kalman)在 20 世纪 60 年代初首先提出来的。这两个概念的提出，对于控制理论和估计理论的研究和发展，有着极其重要的意义。

能控性和能观测性是线性系统的两个结构特性，揭示了系统内部的状态变量与系统输入、输出之间的关系。简单地说，所谓系统能控性，是指输入对于状态变量的作用能力，能观测性则是通过输出来确定状态变量的能力。

本章中将深入地讨论线性连续系统和线性离散系统的能控性和能观测性的定义、判断准则。此外，还将讨论对偶系统与对偶原理和系统的结构分解，这些也是线性系统综合和设计的基本内容。

第一节　线性系统的能控性

一、线性连续系统的能控性的定义

引例　设单输入连续系统状态方程为

$$\dot{x}_1 = -2x_1 + x_2 + u, \quad \dot{x}_2 = -x_2 \tag{3-1}$$

式中，第二个方程只与状态变量 x_2 本身有关，与 u 无关，是不能控状态变量；x_1 受 u 控制，是能控状态变量。从系统结构图 3-1 显见 u 能影响 x_1 而不能影响 x_2，于是状态向量 $\boldsymbol{x} = [x_1 \quad x_2]^{\mathrm{T}}$ 不能在 u 的作用下任意转移，称状态不完全能控，简称系统不能控。

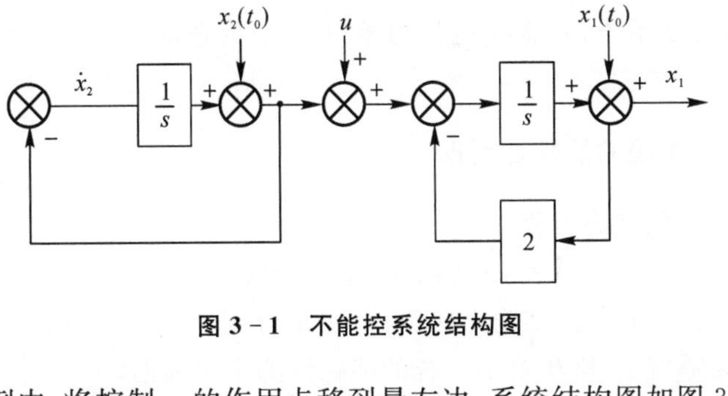

图 3-1　不能控系统结构图

如果在上述引例中，将控制 u 的作用点移到最左边，系统结构图如图 3-2 所示，相应的状态方程为

$$\dot{x}_1 = -2x_1 + x_2, \quad \dot{x}_2 = -x_2 + u \tag{3-2}$$

由状态方程可以看出，u 影响 x_2，又通过 x_2 影响 x_1，于是状态向量 $\boldsymbol{x} = [x_1 \quad x_2]^{\mathrm{T}}$ 能在 u 作用下任意转移，称完全能控，简称系统能控。

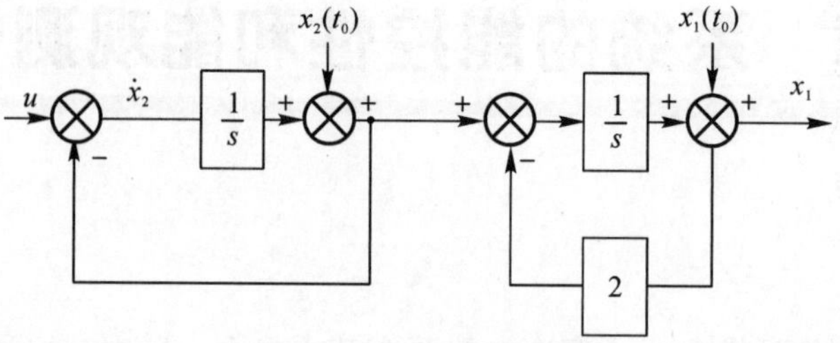

图 3-2　能控系统结构图

能控性定义：线性时变系统的状态方程

$$\dot{\boldsymbol{x}} = \boldsymbol{A}(t)\boldsymbol{x} + \boldsymbol{B}(t)\boldsymbol{u}, \quad t \in T_t \tag{3-3}$$

式中：$\boldsymbol{x}$ 为 n 维状态向量；$\boldsymbol{u}$ 为 p 维输入向量；T_t 为时间定义区间；$\boldsymbol{A}(t)$ 和 $\boldsymbol{B}(t)$ 分别为 $n \times n$ 和 $n \times p$ 阶矩阵。现对系统能控性定义如下：

定义 3-1　对于式(3-3)线性时变系统，如果对取定初始时刻 $t_0 \in T_t$ 的一个非零初始状态 $\boldsymbol{x}(t_0) = \boldsymbol{x}_0$，存在一个时刻 $t_1 \in T, t_1 > t_0$，和一个无约束的容许控制 $\boldsymbol{u}(t), t \in [t_0, t_1]$，使状态由 $\boldsymbol{x}(t_0) = \boldsymbol{x}_0$，转移到 t_1 时 $\boldsymbol{x}(t_1) = 0$，则称此 $\boldsymbol{x}_0$ 在 t_0 时刻能控的。

定义 3-2　对于式(3-3)线性时变系统，如果状态空间中的所有非零状态都是在 $t_0 \in T_t$ 时刻能控的，则称系统在时刻 t_0 是完全能控的。

定义 3-3　对于式(3-3)线性时变系统，取定初始时刻 $t_0 \in T_t$，如果状态空间中有一个或一些非零状态，在时刻 t_0 是不能控的，则称系统在时刻 t_0 不完全能控的，也可称为系统是不能控的。

在上述定义中，只要求系统在 $\boldsymbol{u}(t)$ 作用下，使 $\boldsymbol{x}(t_0) = \boldsymbol{x}_0$ 转移到 $\boldsymbol{x}(t_1) = 0$，而对于状态转移的轨迹不作任何规定。因此，能控性是表征系统状态运动的一个定性特性。定义中的控制 $\boldsymbol{u}(t)$ 的每个分量的幅值并未予以限制，可取任意大的要求值。但 $\boldsymbol{u}(t)$ 必须是容许控制，即 $\boldsymbol{u}(t)$ 的每个分量 $u_i(t)\ (i=1,2,\cdots)$ 均在区间 T_t 上二次方可积，即

$$\int_{t_0}^{t} |u_i(t)|^2 < \infty, \quad t_0, t \in T_t \tag{3-4}$$

此外，对于线性时变系统，其能控性与初始时刻 t_0 的选取有关；而对于线性定常系统，其能控性与初始时刻 t_0 无关。

二、线性连续定常系统的能控性判据

考虑线性定常系统的状态方程

$$\dot{\boldsymbol{x}} = \boldsymbol{A}x + \boldsymbol{B}\boldsymbol{u}, \quad \boldsymbol{x}(0) = \boldsymbol{x}_0, t \geqslant 0 \tag{3-5}$$

式中：$\boldsymbol{x}$ 为 n 维状态变量；$\boldsymbol{u}$ 为 p 维输入向量；$\boldsymbol{A}$ 和 $\boldsymbol{B}$ 分别为 $n \times n$ 阶和 $n \times p$ 阶常数矩阵。下面直接根据线性定常系统 $\boldsymbol{A}$ 和 $\boldsymbol{B}$ 给出系统的能控性的常用判据。

1. 格拉姆矩阵判据

线性定常系统式(3-5)为完全能控的充分必要条件是，存在时刻 $t_1 > 0$，使如下定义的格

拉姆(Gram)矩阵

$$\boldsymbol{W}(0,t_1)\triangleq\int_0^{t_1}\mathrm{e}^{-\boldsymbol{A}t}\boldsymbol{B}\boldsymbol{B}^{\mathrm{T}}\mathrm{e}^{-\boldsymbol{A}^{\mathrm{T}}t}\,\mathrm{d}t \tag{3-6}$$

为非奇异。

证　充分性:已知$\boldsymbol{W}(0,t_1)$完全能控,欲证系统为完全能控。

已知$\boldsymbol{W}$非奇异,故存在$\boldsymbol{W}^{-1}$存在。由此根据能控性定义,对于一非零初始状态$\boldsymbol{x}_0$可选取控制$\boldsymbol{u}(t)$为

$$\boldsymbol{u}(t)=-\boldsymbol{B}^{\mathrm{T}}\mathrm{e}^{-\boldsymbol{A}^{\mathrm{T}}t}\boldsymbol{W}^{-1}(0,t_1)\boldsymbol{x}_0,\quad t\in[0,t_1] \tag{3-7}$$

则在$\boldsymbol{u}(t)$作用下系统式(3-5)在t_1时刻的解为

$$\begin{aligned}\boldsymbol{x}(t_1)&=\mathrm{e}^{\boldsymbol{A}t_1}\boldsymbol{x}_0+\int_0^{t_1}\mathrm{e}^{\boldsymbol{A}(t_1-\tau)}\boldsymbol{B}\boldsymbol{u}(t)\,\mathrm{d}t=\\&\mathrm{e}^{\boldsymbol{A}t_1}\boldsymbol{x}_0-\mathrm{e}^{\boldsymbol{A}t_1}\int_0^{t_1}\mathrm{e}^{-\boldsymbol{A}t}\boldsymbol{B}\boldsymbol{B}^{\mathrm{T}}\mathrm{e}^{-\boldsymbol{A}^{\mathrm{T}}t}\,\mathrm{d}t\boldsymbol{W}^{-1}(0,t_1)\boldsymbol{x}_0=\\&\mathrm{e}^{\boldsymbol{A}t_1}\boldsymbol{x}_0-\mathrm{e}^{\boldsymbol{A}t_1}\boldsymbol{W}(0,t_1)\boldsymbol{W}^{-1}(0,t_1)\boldsymbol{x}_0=\boldsymbol{0},\quad\forall\boldsymbol{x}_0\in\mathbf{R}\end{aligned} \tag{3-8}$$

结果表明,对任一$\boldsymbol{x}_0\neq\boldsymbol{0}$,存在有限时刻$t_1>0$和控制$\boldsymbol{u}(t)$,使状态由$x_0$转移到$t_1$时刻$\boldsymbol{x}(t_1)=\boldsymbol{0}$。于是,按定义可知系统为完全能控。充分性得证。

必要性:

已知系统为完全能控,欲证$\boldsymbol{W}(0,t_1)$为非奇异。

采用反证法。反设$\boldsymbol{W}$为奇异,也即假设存在某个非零向量$\bar{\boldsymbol{x}}_0\in\mathbf{R}^n$,使

$$\bar{\boldsymbol{x}}_0^{\mathrm{T}}\boldsymbol{W}(0,t_1)\bar{\boldsymbol{x}}_0=0 \tag{3-9}$$

成立,由此可以推导出

$$\begin{aligned}\bar{\boldsymbol{x}}_0^{\mathrm{T}}W(0,t_1)\bar{\boldsymbol{x}}_0&=\int_0^{t_1}\bar{\boldsymbol{x}}_0^{\mathrm{T}}\mathrm{e}^{-\boldsymbol{A}^{\mathrm{T}}t}\boldsymbol{B}\boldsymbol{B}^{\mathrm{T}}e^{-\boldsymbol{A}^{\mathrm{T}}t}\bar{\boldsymbol{x}}_0\,\mathrm{d}t=\\&\int_0^{t_1}[\boldsymbol{B}^{\mathrm{T}}\mathrm{e}^{-\boldsymbol{A}^{\mathrm{T}}t}\bar{\boldsymbol{x}}_0]^{\mathrm{T}}[\boldsymbol{B}^{\mathrm{T}}\mathrm{e}^{-\boldsymbol{A}^{\mathrm{T}}t}\bar{\boldsymbol{x}}_0]\,\mathrm{d}t=\\&\int_0^{t_1}\|\boldsymbol{B}^{\mathrm{T}}\mathrm{e}^{-\boldsymbol{A}^{\mathrm{T}}t}\bar{\boldsymbol{x}}_0\|^2\,\mathrm{d}t=0\end{aligned} \tag{3-10}$$

其中$\|\cdot\|$为范数,故其必为正值。这样,欲使式(3-10)成立,应当由

$$\boldsymbol{B}^{\mathrm{T}}\mathrm{e}^{-\boldsymbol{A}^{T}t}\bar{\boldsymbol{x}}_0=0,\quad\forall t\in[0,t_1] \tag{3-11}$$

另外,因系统完全能控。根据定义对此非零$\bar{\boldsymbol{x}}_0$应有

$$\bar{\boldsymbol{x}}_0(t_1)=\mathrm{e}^{\boldsymbol{A}t_1}\bar{\boldsymbol{x}}_0+\int_0^{t_1}\mathrm{e}^{\boldsymbol{A}(t_1-\tau)}\boldsymbol{B}\boldsymbol{u}(t)\,\mathrm{d}t=\boldsymbol{0} \tag{3-12}$$

得到

$$\bar{\boldsymbol{x}}_0=-\int_0^{t_1}\mathrm{e}^{-\boldsymbol{A}t}\boldsymbol{B}\boldsymbol{u}(t)\,\mathrm{d}t \tag{3-13}$$

$$\|\bar{\boldsymbol{x}}_0\|^2=\bar{\boldsymbol{x}}_0^{\mathrm{T}}\bar{\boldsymbol{x}}_0=\left[-\int_0^{t_1}\mathrm{e}^{-\boldsymbol{A}t}\boldsymbol{B}\boldsymbol{u}(t)\,\mathrm{d}t\right]^{\mathrm{T}}\bar{\boldsymbol{x}}_0=-\int_0^{t_1}\boldsymbol{u}^{\mathrm{T}}(t)\boldsymbol{B}\mathrm{e}^{-\boldsymbol{A}^{T}t}\bar{\boldsymbol{x}}_0\,\mathrm{d}t \tag{3-14}$$

利用式(3-11),再由式(3-14)得到$\|\bar{\boldsymbol{x}}_0\|^2=0$,即$\bar{\boldsymbol{x}}_0=\boldsymbol{0}$。显然,此结果与反设$\bar{\boldsymbol{x}}_0\neq\boldsymbol{0}$相矛盾,即$\boldsymbol{W}(0,t_1)$为奇异的反设不成立。因此,当系统为完全能控,$\boldsymbol{W}(0,t_1)$必为非奇异,必要性得证。至此,证毕。

2.秩判据

线性定常系统式(3-5)为完全能控的充分必要条件是

$$\mathrm{rank}[\boldsymbol{B}\quad \boldsymbol{AB}\quad \cdots\quad \boldsymbol{A}^{n-1}\boldsymbol{B}]=n \tag{3-15}$$

式中:n 为矩阵 $\boldsymbol{A}$ 的维数;$\boldsymbol{Q}_c=[\boldsymbol{B}\quad \boldsymbol{AB}\quad \cdots\quad \boldsymbol{A}^{n-1}\boldsymbol{B}]$称为系统的能控判别阵。

证 充分性:已知 $\mathrm{rank}\boldsymbol{Q}_c=n$,欲证系统为完全能控。

采用反证法。反设系统为不完全能控,则根据格拉姆矩阵判据可知

$$\boldsymbol{W}(0,t_1)\overset{\triangle}{=}\int_0^{t_1}\mathrm{e}^{-\boldsymbol{A}t}\boldsymbol{BB}^{\mathrm{T}}\mathrm{e}^{-\boldsymbol{A}^{\mathrm{T}}t}\,\mathrm{d}t,\quad \forall t_1>0 \tag{3-16}$$

为奇异,这意味着存在某个非零 n 维常数向量 $\boldsymbol{\alpha}$ 使

$$\boldsymbol{\alpha}^{\mathrm{T}}\boldsymbol{W}(0,t_1)\boldsymbol{\alpha}=\int_0^{t_1}\boldsymbol{\alpha}^{\mathrm{T}}\mathrm{e}^{-\boldsymbol{A}t}\boldsymbol{BB}^{\mathrm{T}}\mathrm{e}^{-\boldsymbol{A}^{\mathrm{T}}t}\boldsymbol{\alpha}\,\mathrm{d}t=\int_0^{t_1}[\boldsymbol{\alpha}^{\mathrm{T}}\mathrm{e}^{-\boldsymbol{A}t}\boldsymbol{B}][\boldsymbol{\alpha}^{\mathrm{T}}\mathrm{e}^{-\boldsymbol{A}t}\boldsymbol{B}]^{\mathrm{T}}\mathrm{d}t=0 \tag{3-17}$$

显然,由此可得

$$\boldsymbol{\alpha}^{\mathrm{T}}\mathrm{e}^{-\boldsymbol{A}t}\boldsymbol{B}=\boldsymbol{0},\quad \forall t\in[0,t_1] \tag{3-18}$$

将式(3-18)求导直至 $n-1$ 次,再在所得结果中令 $t=0$,便得到

$$\boldsymbol{\alpha}^{\mathrm{T}}\boldsymbol{B}=\boldsymbol{0},\quad \boldsymbol{\alpha}^{\mathrm{T}}\boldsymbol{AB}=\boldsymbol{0},\quad \boldsymbol{\alpha}^{\mathrm{T}}\boldsymbol{A}^2\boldsymbol{B}=\boldsymbol{0},\cdots,\boldsymbol{\alpha}^{\mathrm{T}}\boldsymbol{A}^{n-1}\boldsymbol{B}=\boldsymbol{0} \tag{3-19}$$

然后再将式(3-19)表示为

$$\boldsymbol{\alpha}^{\mathrm{T}}[\boldsymbol{B}\quad \boldsymbol{AB}\quad \cdots\quad \boldsymbol{A}^{n-1}\boldsymbol{B}]=\boldsymbol{\alpha}^{\mathrm{T}}\boldsymbol{Q}_c=\boldsymbol{0} \tag{3-20}$$

由于 $\boldsymbol{\alpha}\neq\boldsymbol{0}$,所以式(3-20)意味着 $\boldsymbol{Q}_c$ 为行线性相关,即 $\mathrm{rank}\boldsymbol{Q}_c<n$。这显然和已知 $\mathrm{rank}\boldsymbol{Q}_c=n$ 相矛盾。所以,反设不成立,系统应为完全能控。

必要性:已知系统完全能控,欲证 $\mathrm{rank}\boldsymbol{Q}_c=n$。

采用反证法。反设 $\mathrm{rank}\boldsymbol{Q}_c<n$,这意味着 $\boldsymbol{Q}_c$ 为行线性相关,因此必存在一个非零 n 维常数向量 $\boldsymbol{\alpha}$ 使

$$\boldsymbol{\alpha}^{\mathrm{T}}[\boldsymbol{B}\quad \boldsymbol{AB}\quad \boldsymbol{A}^{n-1}\boldsymbol{B}]=\boldsymbol{\alpha}^{\mathrm{T}}\boldsymbol{Q}_c=\boldsymbol{0} \tag{3-21}$$

成立。考虑到问题的一般性,由上式可导出

$$\boldsymbol{\alpha}^{\mathrm{T}}\boldsymbol{A}^{i-1}\boldsymbol{B}=\boldsymbol{0},\quad i=0,1,\cdots,n-1 \tag{3-22}$$

根据凯莱-哈密尔顿定义,$\boldsymbol{A}^n,\boldsymbol{A}^{n+1},\cdots$均可表示为 $\boldsymbol{I},\boldsymbol{A},\boldsymbol{A}^2,\cdots,\boldsymbol{A}^{n-1}$ 的线性组合,由此可将式(3-22)进一步写为

$$\boldsymbol{\alpha}^{\mathrm{T}}\boldsymbol{A}^i\boldsymbol{B}=0,\quad i=0,1,\cdots \tag{3-23}$$

从而,对任意 $t_1>0$ 有

$$(-1)^i\boldsymbol{\alpha}^{\mathrm{T}}\frac{\boldsymbol{A}^i\boldsymbol{t}^i}{\boldsymbol{i}!}\boldsymbol{B}=\boldsymbol{0},\quad i=0,1,\cdots\ \forall t\in[0,t_1] \tag{3-24}$$

或

$$\boldsymbol{\alpha}^{\mathrm{T}}\left[\boldsymbol{I}-\boldsymbol{A}\boldsymbol{t}+\frac{1}{2!}\boldsymbol{A}^2\boldsymbol{t}^2-\frac{1}{3!}\boldsymbol{A}^3\boldsymbol{t}^3+\cdots\right]\boldsymbol{B}=\boldsymbol{\alpha}^{\mathrm{T}}\mathrm{e}^{-\boldsymbol{A}t}\boldsymbol{B}=\boldsymbol{0},\forall t\in[0,t_1] \tag{3-25}$$

利用式(3-25),则有

$$\boldsymbol{\alpha}^{\mathrm{T}}\int_0^{t_1}\mathrm{e}^{-\boldsymbol{A}t}\boldsymbol{BB}^{\mathrm{T}}\mathrm{e}^{-\boldsymbol{A}^{\mathrm{T}}t}\,\mathrm{d}t\boldsymbol{\alpha}=\boldsymbol{\alpha}^{\mathrm{T}}\boldsymbol{W}(0,t_1)\boldsymbol{\alpha}=0 \tag{3-26}$$

因为已知 $\boldsymbol{\alpha}\neq\boldsymbol{0}$,若式(3-26)成立,必须有 $\boldsymbol{W}(0,t_1)$ 为奇异,即系统不完全能控。这是和已知条件相矛盾的,所以反设不成立,于是有 $\mathrm{rank}\boldsymbol{Q}_c=n$,必要性得证。证毕。

例 3-1 判别下列系统的能控性:

$$\begin{bmatrix}\dot{x}_1\\ \dot{x}_2\end{bmatrix}=\begin{bmatrix}0&1\\-1&0\end{bmatrix}\begin{bmatrix}x_1\\x_2\end{bmatrix}+\begin{bmatrix}0\\1\end{bmatrix}u \tag{3-27}$$

解　计算能控性判别阵 $\boldsymbol{Q}_c$ 的秩：

$$\text{rank}\boldsymbol{Q}_c=\text{rank}[\boldsymbol{B}\quad \boldsymbol{AB}]=\text{rank}\begin{bmatrix}0&1\\1&0\end{bmatrix}=2 \tag{3-28}$$

显然，由于 $\text{rank}\boldsymbol{Q}_c=n=2$，此系统完全能控。

例 3-2　判别下列系统的能控性：

$$\begin{bmatrix}\dot{x}_1\\ \dot{x}_2\\ \dot{x}_3\end{bmatrix}=\begin{bmatrix}1&3&2\\0&2&0\\0&1&3\end{bmatrix}\begin{bmatrix}x_1\\x_2\\x_3\end{bmatrix}+\begin{bmatrix}2&1\\1&1\\-1&-1\end{bmatrix}\begin{bmatrix}u_1\\u_2\end{bmatrix} \tag{3-29}$$

解　计算能控性判别矩阵 $\boldsymbol{Q}_c$ 的秩：

$$\text{rank}[\boldsymbol{B}\quad \boldsymbol{AB}\quad \cdots\quad \boldsymbol{A}^{n-1}\boldsymbol{B}]=\text{rank}\begin{bmatrix}2&1&3&2&5&4\\1&1&2&2&4&4\\-1&-1&-2&-2&-4&-4\end{bmatrix} \tag{3-30}$$

显见阵的第二、三行线性相关，$\text{rank}\boldsymbol{Q}_c=n=2<3$，故系统不能完全能控。

3. PBH 秩判据

线性定常系统式(3-5)为完全能控的充分必要条件是，对矩阵 $\boldsymbol{A}$ 的所有特征值 λ_i $(1,2,\cdots,n)$，下式

$$\text{rank}[\lambda_i\boldsymbol{I}-\boldsymbol{A}\quad \boldsymbol{B}]=n,\quad i=1,2,\cdots,n \tag{3-31}$$

均成立，或等价地表示为

$$\text{rank}[s\boldsymbol{I}-\boldsymbol{A}\quad \boldsymbol{B}]=n,\ \forall s\in C \tag{3-32}$$

即$(s\boldsymbol{I}-\boldsymbol{A})$和 $\boldsymbol{B}$ 是左右互质的。

证　必要性：系统完全能控，欲证式(3-31)成立。

采用反证法。反设对某个 λ_i 有 $\text{rank}[\lambda_i\boldsymbol{I}-\boldsymbol{A}\quad \boldsymbol{B}]<n$，则意味着$[\lambda_i\boldsymbol{I}-\boldsymbol{A}\quad \boldsymbol{B}]$为行线性相关。由此，必存在一个非零常数向量 $\boldsymbol{\alpha}$，使

$$\boldsymbol{\alpha}^{\mathrm{T}}[\lambda_i I-\boldsymbol{A}\quad \boldsymbol{B}]=\boldsymbol{0} \tag{3-33}$$

成立。考虑到问题的一般性，由式(3-33)可导出

$$\boldsymbol{\alpha}^{\mathrm{T}}\boldsymbol{A}=\lambda_i\boldsymbol{\alpha}^{\mathrm{T}},\quad \boldsymbol{\alpha}^{\mathrm{T}}\boldsymbol{B}=\boldsymbol{0} \tag{3-34}$$

利用式(3-34)，进而有

$$\boldsymbol{\alpha}^{\mathrm{T}}\boldsymbol{B}=\boldsymbol{0},\boldsymbol{\alpha}^{\mathrm{T}}\boldsymbol{AB}=\lambda_i\boldsymbol{\alpha}^{\mathrm{T}}\boldsymbol{B}=\boldsymbol{0},\cdots,\boldsymbol{\alpha}^{\mathrm{T}}\boldsymbol{A}^{n-1}\boldsymbol{B}=\boldsymbol{0} \tag{3-35}$$

于是，进一步得到

$$\boldsymbol{\alpha}^{\mathrm{T}}[\boldsymbol{B}\quad \boldsymbol{AB}\quad \cdots\quad \boldsymbol{A}^{n-1}\boldsymbol{B}]=\boldsymbol{\alpha}^{\mathrm{T}}\boldsymbol{Q}_c=\boldsymbol{0} \tag{3-36}$$

因为已知 $\boldsymbol{\alpha}\neq\boldsymbol{0}$，所以欲使式(3-36)成立，必有 $\text{rank}\boldsymbol{Q}_c<n$。这意味着系统不完全能控，显然和已知条件相矛盾。因此，反设不成立，而式(3-31)成立。考虑到$[\lambda_i\boldsymbol{I}-\boldsymbol{A}\quad \boldsymbol{B}]$为多项式矩阵，且对复数域 $\boldsymbol{C}$ 上除 $\lambda_i\ (i=1,2,\cdots,n)$ 以外的所有 s 都有 $\det[\lambda_i\boldsymbol{I}-\boldsymbol{A}\quad \boldsymbol{B}]\neq 0$，所以式(3-31)等价于式(3-32)。必要性得证。

充分性：式(3-31)成立。欲证系统为完全能控。

采用反证法。利用和上述相反思路，即可证明充分性。至此，证毕。

例 3-3 判别下列系统的能控性

$$\dot{\boldsymbol{x}}=\begin{bmatrix}0&1&0&0\\0&0&-1&0\\0&0&0&1\\0&0&5&0\end{bmatrix}\boldsymbol{x}+\begin{bmatrix}0&1\\1&0\\0&1\\-2&0\end{bmatrix}u,\quad n=4 \tag{3-37}$$

解 先求 rank$[s\boldsymbol{I}-\boldsymbol{A}\quad \boldsymbol{B}]$，有

$$\operatorname{rank}[s\boldsymbol{I}-\boldsymbol{A}\quad \boldsymbol{B}]=\begin{bmatrix}s&-1&0&0&0&1\\0&s&1&0&1&0\\0&0&s&-1&0&1\\0&0&-5&s&-2&0\end{bmatrix} \tag{3-38}$$

考虑到 $\boldsymbol{A}$ 的特征值为 $\lambda_1=\lambda_2=0,\lambda_3=\sqrt{5},\lambda_4=-\sqrt{5}$，所以只需要对它们来检验上述矩阵的秩。为此，通过计算得到：当 $s=\lambda_1=\lambda_2=0$，有

当 $s=\lambda_1=\lambda_2=0$，有

$$\operatorname{rank}[s\boldsymbol{I}-\boldsymbol{A}\quad \boldsymbol{B}]=\begin{bmatrix}-1&0&0&0\\0&1&0&1\\0&0&-1&0\\0&-5&0&-2\end{bmatrix}=4 \tag{3-39}$$

当 $s=\lambda_3=\sqrt{5}$ 时，有

$$\operatorname{rank}[s\boldsymbol{I}-\boldsymbol{A}\quad \boldsymbol{B}]=\begin{bmatrix}\sqrt{5}&-1&0&1\\0&\sqrt{5}&1&0\\0&0&0&1\\0&0&-2&0\end{bmatrix}=4 \tag{3-40}$$

当 $s=\lambda_4=-\sqrt{5}$ 时，有

$$\operatorname{rank}[s\boldsymbol{I}-\boldsymbol{A}\quad \boldsymbol{B}]=\begin{bmatrix}-\sqrt{5}&-1&0&1\\0&-\sqrt{5}&1&0\\0&0&0&1\\0&0&-2&0\end{bmatrix}=4 \tag{3-41}$$

计算结果表明，充要条件式(3-31)成立，故系统完全能控。

4. PBH 特征向量判据

线性定常系统式(3-5)为完全能控的充分必要条件是，$\boldsymbol{A}$ 不能有与 $\boldsymbol{B}$ 的所有列相正交的非零左特征向量，即对 $\boldsymbol{A}$ 的任一特征值 λ_i，使同时满足

$$\boldsymbol{\alpha}^{\mathrm{T}}\boldsymbol{A}=\lambda_i\boldsymbol{\alpha}^{\mathrm{T}},\quad \boldsymbol{\alpha}^{\mathrm{T}}\boldsymbol{B}=\boldsymbol{0} \tag{3-42}$$

的特征向量 $\boldsymbol{\alpha}\equiv\boldsymbol{0}$。

证 必要性：

已知系统的完全能控。反设存在一个向量 $\boldsymbol{\alpha}\neq\boldsymbol{0}$，使式(3-42)成立，则有

$$\boldsymbol{\alpha}^{\mathrm{T}}\boldsymbol{B}=\boldsymbol{0},\boldsymbol{\alpha}^{\mathrm{T}}\boldsymbol{A}\boldsymbol{B}=\lambda_i\boldsymbol{\alpha}^{\mathrm{T}}\boldsymbol{B}=\boldsymbol{0},\cdots,\boldsymbol{\alpha}^{\mathrm{T}}\boldsymbol{A}^{n-1}\boldsymbol{B}=\boldsymbol{0} \tag{3-43}$$

从而得到

$$\boldsymbol{\alpha}^{\mathrm{T}}[\boldsymbol{B}\quad \boldsymbol{AB}\quad \ldots\quad \boldsymbol{A}^{n-1}\boldsymbol{B}]=\boldsymbol{\alpha}^{\mathrm{T}}\boldsymbol{Q}_c=\boldsymbol{0} \tag{3-44}$$

这意味着 rank$\boldsymbol{Q}_c<n$，即系统不完全能控。这与已知条件相矛盾，因而反设不成立。必要性得证。

充分性：也用反正法。

利用上述相反的思路来进行，具体证明过程从略。至此证毕。

应当指出，一般的说，PBH 特征向量判据主要用于理论分析中，特别是线性系统的复频率分析中。

5. 约当规范性判据

线性定常系统式(3-5)为完全能控的充分必要条件分两种情况：

第一种情况：矩阵 $\boldsymbol{A}$ 的特征值 $\lambda_1,\lambda_2,\cdots,\lambda_n$ 是两两相异的，由线性变换可将式(3-5)变为对角线规范型

$$\dot{\bar{\boldsymbol{x}}}=\begin{bmatrix}\lambda_1 & & & \\ & \lambda_1 & & \\ & & \ddots & \\ & & & \lambda_n\end{bmatrix}\bar{\boldsymbol{x}}+\bar{\boldsymbol{B}}\boldsymbol{u} \tag{3-45}$$

则系统式(3-5)为完全能控的充分必要条件是，在式(3-45)中，$\bar{\boldsymbol{B}}$ 不包含元素全为零的行。

证　可用秩判据予以证明，推证过程略。

第二种情况：矩阵 $\boldsymbol{A}$ 的特征值为 $\lambda_1(\sigma_1$ 重$),\lambda_2(\sigma_2$ 重$),\cdots,\lambda_l(\sigma_l$ 重$)$，且 $\sigma_1+\sigma_2+\cdots+\sigma_l=n$，由线性变换将式(3-5)化为约当规范型

$$\dot{\hat{\boldsymbol{x}}}=\hat{\boldsymbol{A}}\hat{\boldsymbol{x}}+\hat{\boldsymbol{B}}\boldsymbol{u} \tag{3-46}$$

其中

$$\underset{(n\times n)}{\hat{\boldsymbol{A}}}=\begin{bmatrix}\boldsymbol{J}_1 & & & \\ & \boldsymbol{J}_2 & & \\ & & \ddots & \\ & & & \boldsymbol{J}_l\end{bmatrix},\quad \underset{(n\times p)}{\hat{\boldsymbol{B}}}=\begin{bmatrix}\hat{\boldsymbol{B}}_1\\ \hat{\boldsymbol{B}}_2\\ \vdots\\ \hat{\boldsymbol{B}}_l\end{bmatrix} \tag{3-47}$$

$$\underset{(\sigma_i\times\sigma_i)}{\boldsymbol{J}_i}=\begin{bmatrix}\boldsymbol{J}_{i1} & & & \\ & \boldsymbol{J}_{i2} & & \\ & & \ddots & \\ & & & \boldsymbol{J}_{ik}\end{bmatrix},\quad \underset{(\sigma_i\times p)}{\hat{\boldsymbol{B}}_i}=\begin{bmatrix}\hat{\boldsymbol{B}}_{i1}\\ \hat{\boldsymbol{B}}_{i2}\\ \vdots\\ \hat{\boldsymbol{B}}_{ik}\end{bmatrix} \tag{3-48}$$

$$\underset{(\eta_{ik}\times\eta_{ik})}{\boldsymbol{J}_i}=\begin{bmatrix}\lambda_i & 1 & & \\ & \lambda_i & \ddots & \\ & & \ddots & 1\\ & & & \lambda_i\end{bmatrix},\quad \underset{(\eta_{ik}\times p)}{\hat{\boldsymbol{B}}_{ik}}=\begin{bmatrix}\hat{b}_{\eta_{i1}}\\ \hat{b}_{\eta_{i2}}\\ \vdots\\ \hat{b}_{\eta_{ik}}\end{bmatrix} \tag{3-49}$$

并有 $\eta_{i1}+\eta_{i2}+\cdots+\eta_{ik}=\sigma_i$。由$\hat{\boldsymbol{B}}_{ik}$,$(k=1,2,\cdots,\varepsilon)$的最后一行所组成的矩阵为

$$\hat{\boldsymbol{B}}_{\sigma_i}=\begin{bmatrix}\hat{b}_{\eta_{i1}}\\ \hat{b}_{\eta_{i2}}\\ \vdots\\ \hat{b}_{\eta_{ik}}\end{bmatrix},i=1,2,\cdots,l \tag{3-50}$$

则系统式(3-5)为完全能控的充分必要条件是,在式(3-45)中,对于所有$\hat{\boldsymbol{B}}_{\sigma_i}$ 矩阵,$i=1,2,\cdots,l$,均为行线性无关。

证 可用 PBH 秩判据予以证明。证明过程略。

例 3-4 已知线性定常系统的对角线规范型为下式所示,试判定系统的能控性:

$$\begin{bmatrix}\dot{\bar{x}}_1\\ \dot{\bar{x}}_2\\ \dot{\bar{x}}_3\end{bmatrix}=\begin{bmatrix}8&0&0\\0&-1&0\\0&0&2\end{bmatrix}\begin{bmatrix}\bar{x}_1\\ \bar{x}_2\\ \bar{x}_3\end{bmatrix}+\begin{bmatrix}0&1\\3&0\\0&2\end{bmatrix}\begin{bmatrix}u_1\\u_2\end{bmatrix} \tag{3-51}$$

解 显见,此规范型中 $\bar{B}$ 不包含元素全为零的行,因此系统为完全能控。

例 3-5 给定线性定常系统的约当规范型为下式所示,试判定系统的能控性。

$$\dot{\boldsymbol{x}}=\begin{bmatrix}-1&1&&&&&&\\0&-1&&&&&&\\&&-1&&&&&\\&&&-1&&&&\\&&&&2&1&&\\&&&&0&2&&\\&&&&&&2&\\&&&&&&&5\end{bmatrix}\boldsymbol{x}+\begin{bmatrix}0&0&0\\1&0&0\\0&2&0\\0&0&4\\0&0&0\\1&2&0\\0&3&3\\3&0&0\end{bmatrix}\boldsymbol{u} \tag{3-52}$$

解 容易定出:

$$\hat{\boldsymbol{B}}_{\sigma_1}=\begin{bmatrix}\hat{\boldsymbol{b}}_{\eta_{i1}}\\ \hat{\boldsymbol{b}}_{\eta_{i2}}\\ \hat{\boldsymbol{b}}_{\eta_{i3}}\end{bmatrix}=\begin{bmatrix}1&0&0\\0&2&0\\0&0&4\end{bmatrix},\quad \hat{\boldsymbol{B}}_{\sigma_2}=\begin{bmatrix}\hat{\boldsymbol{b}}_{\eta_{i1}}\\ \hat{\boldsymbol{b}}_{\eta_{i2}}\end{bmatrix}=\begin{bmatrix}1&2&0\\0&3&3\end{bmatrix},\quad \hat{\boldsymbol{B}}_{\sigma_3}=\hat{\boldsymbol{b}}_{\eta_{31}}=[3\quad 0\quad 0] \tag{3-53}$$

显然,矩阵$\hat{\boldsymbol{B}}_{\sigma_1}$ 和$\hat{\boldsymbol{B}}_{\sigma_2}$ 都是行线性无关的,$\hat{\boldsymbol{B}}_{\sigma_3}$ 的元素不全为零,所以系统完全能控。

三、线性连续定常系统的能控性指数

考察完全能控线性定常系统式(3-5),其中 $\boldsymbol{A}$ 和 $\boldsymbol{B}$ 分别是 $n\times n$ 阶和 $n\times p$ 阶的常值矩阵。

定义 3-4 设

$$\boldsymbol{Q}_{ck}=[\boldsymbol{B}\quad \boldsymbol{AB}\quad \cdots\quad \boldsymbol{A}^{k-1}\boldsymbol{B}] \tag{3-54}$$

为 $n\times kp_1$ 阶常值矩阵,其中 k 为正整数。当 $k=n$ 时 $\boldsymbol{Q}_{cn}$ 即为能控性矩阵 $\boldsymbol{Q}_c$,且 $\mathrm{rank}\,\boldsymbol{S}_n=n$。

依次将 k 由 1 增大到 μ，使 $\mathrm{rank}\boldsymbol{Q}_{c\mu}=n$。则称使 $\mathrm{rank}\boldsymbol{Q}_{ck}=n$ 成立的 k 的最小正整数 μ 为系统的能控性指数。

设 $\mathrm{rank}\boldsymbol{B}=r\leqslant p$，则估计能控性指数 μ 的一个关系式为

$$\frac{n}{p}\leqslant\mu\leqslant n-r+1 \tag{3-55}$$

此式很容易推导出。考虑到 $\boldsymbol{Q}_{c\mu}$ 为 $n\times\mu p$ 阶阵，欲使 $\boldsymbol{Q}_{c\mu}$ 的秩为 n，其必要的前提是矩阵 $\boldsymbol{Q}_{c\mu}$ 的列数必须大于或等于它的行数，即 $\mu p\geqslant n$。由此得到式(3-55)的左部

$$\frac{n}{p}\leqslant\mu \tag{3-56}$$

若 $\mathrm{rank}\boldsymbol{B}=r$，由能控性指数定义可知，$\boldsymbol{AB},\boldsymbol{A}^2\boldsymbol{B},\cdots,\boldsymbol{A}^{n-1}\boldsymbol{B}$ 的每一个矩阵至少有一个列向量和 $\boldsymbol{Q}_{c\mu}$ 中其左侧所有线性独立的列向量线性无关，因此有 $r+\mu-1\leqslant n$。由此得到式(3-55)的右部

$$\mu\leqslant n-r+1 \tag{3-57}$$

于是，式(3-55)推导完毕。

从式(3-55)出发，可对能控性指数给出以下几点推论。

(1) 对于单输入系统。即 $p=1$，系统的能控性指数 $\mu=n$。

(2)对于线性定常系统式(3-5)，考虑 μ 的上界可导出能控性秩判据为：系统完全能控的充分必要条件是

$$\mathrm{rank}\boldsymbol{Q}_{c(n-r+1)}=\mathrm{rank}[\boldsymbol{B}\quad\boldsymbol{AB}\quad\cdots\quad\boldsymbol{A}^{n-r}\boldsymbol{B}]=n \tag{3-58}$$

因为矩阵 $\boldsymbol{B}$ 的秩易于计算，所以利用式(3-58)来判断能控性可使计算得到简化。

(3)设 n_1 为矩阵 $\boldsymbol{A}$ 的最小多项式的次数，且必有 $n_1\leqslant n$，则能控性指数 μ 的估计不等式(3-55)可进一步表示为

$$\frac{n}{p}\leqslant\mu\leqslant\min(n_1,n-r+1) \tag{3-59}$$

四、线性时变系统的能控性判据

线性时变系统的状态方程为

$$\dot{\boldsymbol{x}}=\boldsymbol{A}(t)\boldsymbol{x}+\boldsymbol{B}(t)\boldsymbol{u},\boldsymbol{x}(t_0)=\boldsymbol{x}_0,t\in T_t \tag{3-60}$$

式中：$\boldsymbol{x}$ 为 n 维状态向量；$\boldsymbol{u}$ 为 p 维输入向量；T_t 为时间定义区间；$\boldsymbol{A}(t)$和 $\boldsymbol{B}(t)$分别为 $n\times n$ 阶和 $n\times p$ 阶的时变矩阵，且满足解的存在唯一性条件。

1. 格拉姆矩阵判据

线性时变系统式(3-60)在时刻 t_0 为完全能控的充分必要条件是，存在一个有权限时刻 $t_1\in T_t,t_1>t_0$，使如下定义的格拉姆矩阵：

$$\boldsymbol{W}(t_0,t_1)=\int_{t_0}^{t_1}\boldsymbol{\Phi}(t_0,t)\boldsymbol{B}(t)\boldsymbol{B}^{\mathrm{T}}(t)\boldsymbol{\Phi}^{\mathrm{T}}(t_0,t)\mathrm{d}t \tag{3-61}$$

为非奇异，其中 $\boldsymbol{\Phi}(t_0,t)$为系统式(3-60)的状态转移矩阵。

证　此判据的证明方法与定常系统的格拉姆矩阵的证明完全类同，故略。

2. 秩判据

设 $\boldsymbol{A}(t)$和 $\boldsymbol{B}(t)$是$(n-1)$阶连续可微的，则线性时变系统式(3-60)在时刻 t_0 为完全能控的一个充分条件是，存在一个有限时刻 $t_1\in T_t,t_1>t_0$，使

$$\mathrm{rank}[\boldsymbol{F}_0(t_1)\quad\boldsymbol{F}_1(t_1)\quad\cdots\quad\boldsymbol{F}_{n-1}(t_1)]=n \tag{3-62}$$

成立。其中

$$\boldsymbol{F}_0=\boldsymbol{B}(t)$$

$$\boldsymbol{F}_1(t)=-\boldsymbol{A}(t)\boldsymbol{F}_0(t)+\frac{\mathrm{d}}{\mathrm{d}t}\boldsymbol{F}_0(t)$$

$$\boldsymbol{F}_2(t)=-\boldsymbol{A}(t)\boldsymbol{F}_1(t)+\frac{\mathrm{d}}{\mathrm{d}t}\boldsymbol{F}_1(t) \tag{3-63}$$

$$\cdots\cdots$$

$$\boldsymbol{F}_{n-1}(t)=-\boldsymbol{A}(t)\boldsymbol{F}_{n-2}(t)+\frac{\mathrm{d}}{\mathrm{d}t}\boldsymbol{F}_{n-2}(t)$$

证明 分四步来证明。

(1)考虑到 $\boldsymbol{\Phi}(t_0,t_1)\boldsymbol{B}(t_1)=\boldsymbol{\Phi}(t_0,t_1)\boldsymbol{F}_0(t_1)$，且定义

$$\frac{\partial}{\partial t_1}[\boldsymbol{\Phi}(t_0,t_1)\boldsymbol{B}(t_1)]=\left[\frac{\partial}{\partial t}\boldsymbol{\Phi}(t_0,t_1)\boldsymbol{B}(t)\right]_{t=t_1} \tag{3-64}$$

设 $\boldsymbol{\psi}(t)$ 为系统式(3-60)的基本解阵，注意到 $\dot{\boldsymbol{\psi}}(t)=\boldsymbol{A}(t)\boldsymbol{\psi}(t)$，
由

$$\frac{\mathrm{d}}{\mathrm{d}t_1}[\boldsymbol{\psi}(t)\boldsymbol{\psi}^{-1}(t)]=0,\text{得}\dot{\boldsymbol{\psi}}^{-1}(t)=-\boldsymbol{\psi}(t)\boldsymbol{A}(t) \tag{3-65}$$

考虑

$$\boldsymbol{\Phi}(t_0,t)=\boldsymbol{\psi}(t_0)\boldsymbol{\psi}^{-1}(t) \tag{3-66}$$

则有

$$\frac{\partial}{\partial t_1}[\boldsymbol{\Phi}(t_0,t_1)\boldsymbol{B}(t_1)]=\boldsymbol{\psi}(t_0)[\dot{\boldsymbol{\psi}}^{-1}(t_1)\boldsymbol{B}(t_1)+\boldsymbol{\psi}^{-1}(t_1)\dot{\boldsymbol{B}}(t_1)]=$$

$$\boldsymbol{\psi}(t_0)\boldsymbol{\psi}^{-1}(t_1)[-\boldsymbol{A}(t_1)\boldsymbol{B}(t_1)+\dot{\boldsymbol{B}}(t)]=\boldsymbol{\Phi}(t_0,t_1)\boldsymbol{F}_1(t_1) \tag{3-67}$$

一般的有

$$\frac{\partial^k\boldsymbol{\Phi}(t_0,t_1)\boldsymbol{B}(t_1)}{\partial t_1^k}=\boldsymbol{\Phi}(t_0,t_1)\boldsymbol{F}_k(t_1),k=1,2,\cdots,n-1 \tag{3-68}$$

于是

$$\begin{bmatrix}\boldsymbol{\Phi}(t_0,t_1)\boldsymbol{B}(t_1) & \frac{\partial}{\partial t_1}\boldsymbol{\Phi}(t_0,t_1)\boldsymbol{B}(t_1) & \cdots & \frac{\partial^{n-1}}{\partial t_1^{n-1}}\boldsymbol{\Phi}(t_0,t_1)\boldsymbol{B}(t_1)\end{bmatrix}= \tag{3-69}$$

$$\boldsymbol{\Phi}(t_0,t_1)[\boldsymbol{F}_0(t_1) \quad \boldsymbol{F}_1(t_1) \quad \cdots \quad \boldsymbol{F}_{n-1}(t_1)]$$

由于 $\boldsymbol{\Phi}(t_0,t_1)$ 为非奇异，故由式(3-63))和式(3-69)可导出

$$\operatorname{rank}\begin{bmatrix}\boldsymbol{\Phi}(t_0,t_1)\boldsymbol{B}(t_1) & \frac{\partial}{\partial t_1}\boldsymbol{\Phi}(t_0,t_1)\boldsymbol{B}(t_1) & \cdots & \frac{\partial^{n-1}}{\partial t_1^{n-1}}\boldsymbol{\Phi}(t_0,t_1)\boldsymbol{B}(t_1)\end{bmatrix}=n \tag{3-70}$$

(2)证明对 $t_1>t_0$，$\boldsymbol{\Phi}(t_0,t_1)\boldsymbol{B}(t)$ 在 $[t_0,t_1]$ 上线性无关。采用反证法。已知(3-70)成立，反设 $\boldsymbol{\Phi}(t_0,t_1)\boldsymbol{B}(t)$ 行线性相关，则存在 $1\times n$ 的非零常值向量 $\boldsymbol{\alpha}$，对所有 $t\in[t_0,t_1]$ 和 $k=1,2,\cdots,n-1$，有

$$\boldsymbol{\alpha}\,\frac{\partial^k}{\partial t^k}\boldsymbol{\Phi}(t_0,t_1)\boldsymbol{B}(t)=\mathbf{0} \tag{3-71}$$

成立,则

$$\boldsymbol{\alpha}\left[\boldsymbol{\Phi}(t_0,t_1)B(t)\quad \frac{\partial}{\partial t}\boldsymbol{\Phi}(t_0,t_1)\boldsymbol{B}(t)\quad \cdots \quad \frac{\partial^{n-1}}{\partial t^{n-1}}\boldsymbol{\Phi}(t_0,t_1)\boldsymbol{B}(t)\right]=\mathbf{0} \tag{3-72}$$

这意味着

$$\left[\boldsymbol{\Phi}(t_0,t_1)\boldsymbol{B}(t)\quad \frac{\partial}{\partial t}\boldsymbol{\Phi}(t_0,t_1)\boldsymbol{B}(t)\quad \cdots \quad \frac{\partial^{n-1}}{\partial t^{n-1}}\boldsymbol{\Phi}(t_0,t_1)\boldsymbol{B}(t)\right] \tag{3-73}$$

对所有 $t\in[t_0,t_1]$为线性相关。显然,这与式(3-70)相矛盾。因此,反设不成立。这就证明了 $\boldsymbol{\Phi}(t_0,t_1)\boldsymbol{B}(t)$对所有的 $t\in[t_0,t_1]$为行线性无关。

(3)由 $\boldsymbol{\Phi}(t_0,t_1)\boldsymbol{B}(t)$行线性无关,$t\in[t_0,t_1]$,证明 $\boldsymbol{W}(t_0,t_1)$为非奇异。采用反证法,反设 $\boldsymbol{W}(t_0,t_1)$为奇异,于是存在一个 $1\times n$ 非零常值向量 $\boldsymbol{\alpha}$,使 $\boldsymbol{\alpha W}[t_0,t_1]=\mathbf{0}$ 成立,即

$$\boldsymbol{\alpha W}[t_0,t_1]\boldsymbol{\alpha}^{\mathrm{T}}=\int_{t_0}^{t_1}[\boldsymbol{\alpha\Phi}(t_0,t_1)\boldsymbol{B}(t)][\boldsymbol{\alpha\Phi}(t_0,t_1)\boldsymbol{B}(t)]^{\mathrm{T}}\mathrm{d}t=0 \tag{3-74}$$

考虑到式(3-74)中的被积函数为连续函数,且对所有的 $t\in[t_0,t_1]$是非负的。因此,要式(3-74)成立,必须使

$$\boldsymbol{\alpha\Phi}(t_0,t_1)\boldsymbol{B}(t)=\mathbf{0},t\in[t_0,t_1] \tag{3-75}$$

而这是和已知 $\boldsymbol{\Phi}(t_0,t_1)\boldsymbol{B}(t)$行线性无关相矛盾的。这表明反设不成立。因此,$\boldsymbol{W}(t_0,t_1)$为非奇异。

(4)由 $\boldsymbol{W}(t_0,t_1)$为非奇异,$t_1\in T$,$t_1>t_0$,利用格拉姆矩阵判据,就可证明系统式(3-60)在时刻 t_0 为完全能控。至此证毕。

例 3-6　判别下列时变系统的能控性。

$$\dot{\boldsymbol{x}}=\begin{bmatrix} t & 1 & 0 \\ 0 & 2t & 0 \\ 0 & 0 & t^2+t \end{bmatrix}\boldsymbol{x}+\begin{bmatrix} 0 \\ 1 \\ 1 \end{bmatrix}\boldsymbol{u},\quad \boldsymbol{T}=[0\quad 2],\quad t_0=0.5 \tag{3-76}$$

解　通过计算,求出

$$\boldsymbol{F}_0(t)=\boldsymbol{B}(t)=\begin{bmatrix} 0 \\ 1 \\ 1 \end{bmatrix}$$

$$\boldsymbol{F}_1(t)=-\boldsymbol{A}(t)\boldsymbol{F}_0(t)+\frac{\mathrm{d}}{\mathrm{d}t}\boldsymbol{F}_0(t)=\begin{bmatrix} -1 \\ -2t \\ -t^2-t \end{bmatrix} \tag{3-77}$$

$$\boldsymbol{F}_2(t)=-\boldsymbol{A}(t)\boldsymbol{F}_1(t)+\frac{\mathrm{d}}{\mathrm{d}t}\boldsymbol{F}_1(t)=\begin{bmatrix} 3t \\ 4t^2-2 \\ (t^2+t)^2-2t-1 \end{bmatrix}$$

因为$[\boldsymbol{F}_0(t)\quad \boldsymbol{F}_1(t)\quad \boldsymbol{F}_3(t)]$对 $t=1$ 的秩为 3,所以系统在时刻 $t_0=0.5$ 是完全能控的。

3. 输出能控性

如果系统需要控制的是输出量,而不是状态,需要研究系统的输出能控性。

定义 3-5　在有限时间间隔$[t_0,t_1]$内,存在无约束分段连续控制函数 $\boldsymbol{u}(t)$,$t\in[t_0,t_1]$,

能使任意初始输出 $\boldsymbol{y}(t_0)$ 转移到任意最终输出 $\boldsymbol{y}(t_1)$，则此系统是输出完全能控，简称输出能控。

输出能控性判据：线性定常系统状态方程和输出方程为

$$\left.\begin{aligned}&\dot{\boldsymbol{x}}=\boldsymbol{Ax}+\boldsymbol{Bu},\quad \boldsymbol{x}(t_0)=\boldsymbol{x}_0,\quad t\in[t_0,t_1] \qquad (3-78)\\&\boldsymbol{y}=\boldsymbol{Cx}+\boldsymbol{Du} \qquad (3-79)\end{aligned}\right\}$$

式中：$\boldsymbol{u}$ 为 p 维输入向量；$\boldsymbol{y}$ 为 q 为输出向量；$\boldsymbol{x}$ 为 n 维状态向量。状态方程式(3-78)的解为

$$\boldsymbol{x}(t_1)=\mathrm{e}^{\boldsymbol{A}(t_1-t_0)}\boldsymbol{x}(t_0)+\int_{t_0}^{t_1}\mathrm{e}^{\boldsymbol{A}(t_1-t)}\boldsymbol{Bu}(t)\mathrm{d}t,\quad t\in[t_0,t_1] \tag{3-80}$$

则输出为

$$\boldsymbol{y}(t_1)=\boldsymbol{C}\mathrm{e}^{\boldsymbol{A}(t_1-t_0)}\boldsymbol{x}(t_0)+\boldsymbol{C}\int_{t_0}^{t_1}\mathrm{e}^{\boldsymbol{A}(t_1-t)}\boldsymbol{Bu}(t)\mathrm{d}t+\boldsymbol{Du} \tag{3-81}$$

不失一般性地令 $\boldsymbol{y}(t_1)=\boldsymbol{0}$，于是

$$\begin{aligned}\boldsymbol{C}\mathrm{e}^{\boldsymbol{A}(t_1-t_0)}\boldsymbol{x}(t_0)&=-\boldsymbol{C}\int_{t_0}^{t_1}\mathrm{e}^{\boldsymbol{A}(t_1-t)}\boldsymbol{Bu}(t)\mathrm{d}t-\boldsymbol{Du}=\\&-\boldsymbol{C}\int_{t_0}^{t_1}\sum_{m=0}^{n-1}\boldsymbol{\alpha}_m(t)\boldsymbol{A}^m\boldsymbol{Bu}(t)\mathrm{d}t-\boldsymbol{Du}= \qquad (3-82)\\&-\boldsymbol{C}\sum_{m=0}^{n-1}\boldsymbol{A}^m\boldsymbol{B}\int_{t_0}^{t_1}\boldsymbol{\alpha}_m(t)\boldsymbol{u}(t)\mathrm{d}t-\boldsymbol{Du}\end{aligned}$$

令

$$\boldsymbol{u}_m=\int_{t_0}^{t_1}\boldsymbol{\alpha}_m(t)\boldsymbol{u}(t)\mathrm{d}t \tag{3-83}$$

则

$$\begin{aligned}\boldsymbol{C}\mathrm{e}^{\boldsymbol{A}(t_1-t_0)}\boldsymbol{x}(t_0)&=-\boldsymbol{C}\sum_{m=0}^{n-1}\boldsymbol{A}^m\boldsymbol{Bu}_m-\boldsymbol{Du}=\\&-\boldsymbol{CBu}_0-\boldsymbol{CABu}_1-\cdots-\boldsymbol{CA}^{n-1}\boldsymbol{Bu}_{n-1}-\boldsymbol{Du}=\\&-[\boldsymbol{CB}\quad \boldsymbol{CAB}\quad\cdots\quad \boldsymbol{CA}^{n-1}\boldsymbol{B}\quad \boldsymbol{D}]\begin{bmatrix}\boldsymbol{u}_0\\ \boldsymbol{u}_1\\ \boldsymbol{u}_2\\ \vdots\\ \boldsymbol{u}_{n-1}\\ \boldsymbol{u}\end{bmatrix}\end{aligned} \tag{3-84}$$

令

$$\boldsymbol{Q}_{co}=[\boldsymbol{CB}\quad \boldsymbol{CAB}\quad\cdots\quad \boldsymbol{CA}^{n-1}\boldsymbol{B}\quad \boldsymbol{D}] \tag{3-85}$$

式(3-85)为输出能控性矩阵，是 $[q\times(n+1)p]$ 阶矩阵。输出能控性的充分必要条件是输出能控性矩阵的秩为输出变量的维数 q，即

$$\mathrm{rank}\boldsymbol{Q}_{co}=q \tag{3-86}$$

应当指出，状态能控性与输出能控性是两个概念，其间没有什么必然的联系。

例 3-7 判断下列系统的状态能控性和输出能控性：

$$\dot{\boldsymbol{x}}=\begin{bmatrix}0 & 1\\ -1 & -2\end{bmatrix}\boldsymbol{x}+\begin{bmatrix}1\\ -1\end{bmatrix}\boldsymbol{u} \tag{3-87}$$

$$\boldsymbol{y}=[1\quad 0]\boldsymbol{x}$$

解　状态能控性矩阵为

$$\boldsymbol{Q}_c=[\boldsymbol{A}\quad \boldsymbol{AB}]=\begin{bmatrix}1 & -1\\ -1 & 1\end{bmatrix} \tag{3-88}$$

因 $|\boldsymbol{Q}_c|=0$，$\mathrm{rank}\boldsymbol{Q}_c<2$，故状态不完全能控。

输出能控性矩阵为

$$\boldsymbol{Q}_{co}=[\boldsymbol{CB}\quad \boldsymbol{CAB}\quad \boldsymbol{D}]=[1\quad -1\quad 0] \tag{3-89}$$

显然，$\mathrm{rank}\boldsymbol{Q}_{co}=1=q$，故输出能控。

五、线性离散系统的能控性和能达性

定义 3-6　线性时变离散系统

$$\boldsymbol{x}(k+1)=\boldsymbol{G}(k)\boldsymbol{x}(k)+\boldsymbol{H}(k)\boldsymbol{u}(k),\quad k\in T_k \tag{3-90}$$

式中：T_k 为离散时间定义区间。如果对初始时刻 $h\in T_k$ 和状态空间中的所有非零状态 $\boldsymbol{x}_0$，都存在时刻 $t\in T_k$，$l>h$ 和对应的控制 $\boldsymbol{u}(k)$，使得 $\boldsymbol{x}(l)=0$，则称系统在时刻 h 为完全能控。对应地，如果对初始时刻 $h\in T_k$，和初始状态 $\boldsymbol{x}(h)=0$，存在时刻 $t\in T_k$，$l>h$，和相应的控制 $\boldsymbol{u}(k)$，使 $\boldsymbol{x}(l)$ 可为状态空间中的任意非零点，则称系统在时刻 h 为完全能达。

对于离散时间系统，不管是时变的还是定常的，其能控性和能达性只是在一定的条件下才是等价的。

1. 能控性和能达性等价的条件

(1)线性离散时间系统式(3-90)的能控性和能达性为等价的充分必要条件，是系统矩阵 $\boldsymbol{G}(k)$ 对所有 $k\in[h,l-1]$ 为非奇异。

证：按能控性定义，存在 $\boldsymbol{u}(k)$ 在有限的时间内，将非零初始状态 $\boldsymbol{x}_0$ 转移到 $\boldsymbol{x}(l)=0$，所以下式成立：

$$\boldsymbol{0}=\boldsymbol{x}(l)=\boldsymbol{\Phi}(l,h)\boldsymbol{x}_0+\sum_{k=h}^{l-1}\boldsymbol{\Phi}(l,k+1)\boldsymbol{H}(k)\boldsymbol{u}(k) \tag{3-91}$$

由此，可导出

$$\boldsymbol{\Phi}(l,h)\boldsymbol{x}_0=-\sum_{k=h}^{l-1}\boldsymbol{\Phi}(l,k+1)\boldsymbol{H}(k)\boldsymbol{u}(k) \tag{3-92}$$

再由能达性定义，存在 $\boldsymbol{u}(k)$ 在有限的时间内，将零初始状态 $\boldsymbol{x}_0=0$，转移到任意状态 $\boldsymbol{x}(l)\neq 0$，所以下式成立：

$$\boldsymbol{x}(l)=\sum_{k=h}^{l-1}\boldsymbol{\Phi}(l,k+1)\boldsymbol{H}(k)\boldsymbol{u}(k) \tag{3-93}$$

若将式(3-92)和式(3-93)中的控制取为相同的 $\boldsymbol{u}(k)$，则由此可得

$$\boldsymbol{x}(l)=-\boldsymbol{\Phi}(l,h)\boldsymbol{x}_0 \tag{3-94}$$

注意到状态转移矩阵

$$\boldsymbol{\Phi}(l,h)=\boldsymbol{G}(l-1)\boldsymbol{G}(l-2)\cdots\boldsymbol{G}(h)=\prod_{l-1}^{h}\boldsymbol{G}(k) \tag{3-95}$$

再将式(3-95)代入式(3-94),可导出

$$x(l)=-\prod_{l-1}^{h}G(k)x_0 \tag{3-96}$$

这表明,当且仅当 $G(k)$ 对 $k\in[h,l-1]$ 所有为非奇异时,对任一能控的 x_0 必对应于唯一的能达状态 $x(l)$,而对任一能达的 $x(l)$ 也必对应于唯一的能控状态 x_0,即系统的能控和能达等价。

(2) 线性定常离散时间系统

$$x(k+1)=Gx(k)+Hu(k),\quad k=0,1,\cdots \tag{3-97}$$

其能控性和能达性等价的充分必要条件是系统矩阵 G 为非奇异的。

(3) 如果离散时间系统式(3-90)和式(3-97)是相应连续时间系统的时间离散化模型,则其能控性和能达性必是等价的。

证:考虑到此种情况下有

$$G(k)=\Phi(k+1,k),\quad k\in T_k \tag{3-98}$$

和

$$G=e^{AT} \tag{3-99}$$

式中:Φ 为连续时间系统的状态转移矩阵;T 为采样周期。已知 $\Phi(t,t_0)$ 和 e^{A^T} 必为非奇异,从而 $G(k)$ 和 G 必为非奇异。于是系统能控性和能达性等价。

2. 能控性判据

离散时间系统的能控性判据与连续时间系统的能控性判据相类同。下面不作证明,直接给出判据。

(1) 时变离散系统的格拉姆矩阵判据。线性时变离散系统式(3-90)在时刻 $h,h\in T_k$,为完全能控的充分必要条件是,存在有限时间 $l\in T_k,l>k$,使如下定义的格拉姆矩阵:

$$W(h,l)=\sum_{k=h}^{l-1}\Phi(h,k+1)H(k)H^{T}(k)\Phi^{T}(h,k+1) \tag{3-100}$$

为非奇异。

(2) 定常离散系统的秩判据。

线性定常离散系统式(3-97)为完全能控的充分必要条件是

$$\operatorname{rank}[H\quad GH\quad \cdots\quad G^{n-1}H]=n \tag{3-101}$$

其中 n 为系统的维数。

对于单输入定常离散系统

$$x(k+1)=Gx(k)+hu(k),\quad k=0,1,2,\cdots \tag{3-102}$$

式中:x 为 n 维状态向量;u 为标量输入;G 假定为非奇异。则当系统为完全能控时,可构造如下的控制:

$$\begin{bmatrix}u(0)\\u(1)\\\vdots\\u(n-1)\end{bmatrix}=-[G^{-1}h\quad G^{-2}h\quad \cdots\quad G^{-n}h]^{-1}x_0 \tag{3-103}$$

能在 n 步内将任意状态 $x(0)=x_0$ 转移到状态空间的原点。

第二节　线性系统的能观测性

在线性系统理论中，能观测性与能控性是对偶的概念。系统能观测性是研究由系统的输出估计状态的可能性。本节主要介绍线性定常系统和线性时变系统的能观测性判别的一些常用判据。为简单起见，在讨论能观测性问题时通常总是假设 $\boldsymbol{u}=\boldsymbol{0}$，由于能观测性的论证和上节能控性的讨论相类同，所以本节对能观测性判据的论述尽可能简化。

一、线性连续系统的能观测性的定义

设系统的状态方程和输出方程为

$$\left.\begin{aligned}\dot{\boldsymbol{x}}&=\boldsymbol{A}(t)\boldsymbol{x}+\boldsymbol{B}(t)\boldsymbol{u},\quad t\in \boldsymbol{T}_t\\ \boldsymbol{y}&=\boldsymbol{C}(t)\boldsymbol{x}+\boldsymbol{D}(t)\boldsymbol{u},\quad \boldsymbol{x}(t_0)=\boldsymbol{x}_0\end{aligned}\right\}\tag{3-104}$$

式中：$\boldsymbol{A}(t)$，$\boldsymbol{B}(t)$，$\boldsymbol{C}(t)$，$\boldsymbol{D}(t)$分别为$n\times n$，$n\times p$，$q\times n$ 和 $q\times p$ 维的满足状态方程解的存在唯一性条件的时变矩阵。式(3-104)状态方程的解为

$$\boldsymbol{x}(t)=\boldsymbol{\Phi}(t,t_0)\boldsymbol{x}_0+\int_{t_0}^{t_1}\boldsymbol{\Phi}(t,\tau)\boldsymbol{B}(\tau)\boldsymbol{u}(\tau)\,\mathrm{d}\tau\tag{3-105}$$

式中：$\boldsymbol{\Phi}(t,\tau)$为系统的状态转移矩阵。将式(3-105)代入式(3-104)的输出方程，可得输出响应为

$$\boldsymbol{y}(t)=\boldsymbol{C}(t)\boldsymbol{\Phi}(t,t_0)\boldsymbol{x}_0+\boldsymbol{C}(t)\int_{t_0}^{t_1}\boldsymbol{\Phi}(t,\tau)\boldsymbol{B}(\tau)u(\tau)\,\mathrm{d}\tau+\boldsymbol{D}(t)\boldsymbol{u}(t)\tag{3-106}$$

在研究能观测性问题中，输出 $\boldsymbol{y}$ 假定为已知，设输入 $\boldsymbol{u}=\boldsymbol{0}$，只有初始状态$\boldsymbol{x}_0$ 看作是未知的。因此，式(3-104)成为

$$\left.\begin{aligned}\dot{\boldsymbol{x}}&=\boldsymbol{A}(t)\boldsymbol{x},\quad \boldsymbol{x}(t_0)=\boldsymbol{x}_0,\quad t_0,t\in T_t\\ \boldsymbol{y}&=\boldsymbol{C}(t)\boldsymbol{x}\end{aligned}\right\}\tag{3-107}$$

显然，式(3-106)成为

$$\boldsymbol{y}(t)=\boldsymbol{C}(t)\boldsymbol{\Phi}(t,t_0)\boldsymbol{x}_0\tag{3-108}$$

以后研究能观测性问题，都基于式(3-107)和式(3-108)，这样更为简便。

定义 3-7　对于系统式(3-107)，如果取初始时刻 $t_0\in T_t$，存在一个有限时刻 $t_1\in T_t$，$t_1>t_0$，如果在时间区$[t_0,\ t_1]$内，对于所有 $t\in[t_0,\ t_1]$，系统的输出 $\boldsymbol{y}(t)$能唯一确定状态向量的初值$\boldsymbol{x}(t_0)$，则称系统在$[t_0,\ t_1]$内是完全能观测的，简称能观测。如果对一切 $t_1>t_0$，系统都是能观测的，称系统在$[t_0,\ \infty)$内完全能观测。

定义 3-8　对于系统式(3-107)，如果在时间区$[t_0,\ t_1]$内，对于所有 $t\in[t_0,\ t_1]$，系统的输出 $\boldsymbol{y}(t)$不能唯一确定所有状态的初值$\boldsymbol{x}_i(t_0)$，$i=1,2,\cdots,n$，(至少有一个状态不能被 $\boldsymbol{y}(t)$确定)，则称系统在时间区间$[t_0,\ t_1]$内是不完全能观测的，简称不能观测。

二、线性连续定常系统的能观测性判据

设 $\boldsymbol{u}=\boldsymbol{0}$，系统的状态方程和输出方程为：

$$\left.\begin{aligned}\dot{\boldsymbol{x}}&=\boldsymbol{A}\boldsymbol{x},\quad \boldsymbol{x}(t_0)=\boldsymbol{x}_0,\quad t\geqslant 0\\ \boldsymbol{y}&=\boldsymbol{C}\boldsymbol{x}\end{aligned}\right\}\tag{3-109}$$

式中:$\boldsymbol{x}$ 为 n 维状态向量;$\boldsymbol{y}$ 为 q 维输出向量;$\boldsymbol{A}$ 和 $\boldsymbol{C}$ 分别为 $n\times n$ 和 $q\times n$ 阶的常值矩阵。

1. 格拉姆矩阵判据

线性定常系统式(3-109)为完全能观测的充分必要条件是,存在有限时刻 $t_1>0$,使如下定义的格拉姆矩阵

$$\boldsymbol{M}(0,t_1)\triangleq\int_0^{t_1}\mathrm{e}^{\boldsymbol{A}^{\mathrm{T}}t}\boldsymbol{C}^{\mathrm{T}}\boldsymbol{C}\mathrm{e}^{\boldsymbol{A}t}\mathrm{d}t \tag{3-110}$$

为非奇异。

证 充分性:已知 $\boldsymbol{M}(0,t_1)$ 非奇异,欲证系统为完全能观测。

由式(3-109)可得

$$\boldsymbol{y}=\boldsymbol{C\Phi}(t_1,0)\boldsymbol{x}_0=\boldsymbol{C}\mathrm{e}^{\boldsymbol{A}t}\boldsymbol{x}_0 \tag{3-111}$$

在式(3-111)两边左乘 $\mathrm{e}^{\boldsymbol{A}^{\mathrm{T}}t}\boldsymbol{C}^{\mathrm{T}}$,然后从 0 到 t_1 积分得

$$\int_0^{t_1}\mathrm{e}^{\boldsymbol{A}^{\mathrm{T}}t}\boldsymbol{C}^{\mathrm{T}}\boldsymbol{y}\mathrm{d}t=\int_0^{t_1}\mathrm{e}^{\boldsymbol{A}^{\mathrm{T}}t}\boldsymbol{C}^{\mathrm{T}}\boldsymbol{C}\mathrm{e}^{\boldsymbol{A}t}\mathrm{d}t\boldsymbol{x}_0=\boldsymbol{M}(0,t_1)\boldsymbol{x}_0 \tag{3-112}$$

已知 $\boldsymbol{M}(0,t_1)$ 非奇异,即$\boldsymbol{M}^{-1}(0,t_1)$ 存在,故由式(3-112)得

$$\boldsymbol{x}_0=\boldsymbol{M}^{-1}(0,t_1)\int_0^{t_1}\mathrm{e}^{\boldsymbol{A}^{\mathrm{T}}t}\boldsymbol{C}^{\mathrm{T}}\boldsymbol{y}\mathrm{d}t \tag{3-113}$$

这表明,在 $\boldsymbol{M}(0,t_1)$ 非奇异的条件下,总可以根据$[0,\ t_1]$上的输出 $\boldsymbol{y}(t)$,唯一地确定非零初始状态$\boldsymbol{x}_0$。因此,系统为完全能观测,充分性得证。

必要性:系统完全能观测,欲证 $\boldsymbol{M}(0,t_1)$ 非奇异。

采用反证法。反设 $\boldsymbol{M}(0,t_1)$ 奇异,假设存在某个非零$\bar{\boldsymbol{x}}_0\in\mathbf{R}^n$,使

$$\begin{gathered}\bar{\boldsymbol{x}}_0^{\mathrm{T}}\boldsymbol{M}(0,t_1)\bar{\boldsymbol{x}}_0=\int_0^{t_1}\bar{\boldsymbol{x}}_0^{\mathrm{T}}\mathrm{e}^{\boldsymbol{A}^{\mathrm{T}}t}\boldsymbol{C}^{\mathrm{T}}\boldsymbol{C}\mathrm{e}^{\boldsymbol{A}t}\bar{\boldsymbol{x}}_0\mathrm{d}t=\\ \int_0^{t_1}\boldsymbol{y}^{\mathrm{T}}(t)\boldsymbol{y}(t)\mathrm{d}t=\int_0^{t_1}\|\boldsymbol{y}(t)\|^2\mathrm{d}t=0\end{gathered} \tag{3-114}$$

成立,这意味着

$$\boldsymbol{y}=\boldsymbol{C}\mathrm{e}^{\boldsymbol{A}t}\bar{\boldsymbol{x}}_0\equiv\boldsymbol{0},\quad \forall t\in[0,\ t_1] \tag{3-115}$$

显然,$\bar{\boldsymbol{x}}_0$ 为状态空间中的不能观测状态。这和已知系统完全能观测相矛盾,所以反设不成立,必要性得证。至此证毕。

2. 秩判据

线性定常系统式(3-109)为完全能观的充分必要条件是

$$\operatorname{rank}\begin{bmatrix}\boldsymbol{C}\\ \boldsymbol{CA}\\ \vdots\\ \boldsymbol{CA}^{n-1}\end{bmatrix}=\operatorname{rank}\boldsymbol{Q}_0=n \tag{3-116}$$

或

$$\operatorname{rank}[\boldsymbol{C}^{\mathrm{T}}\quad \boldsymbol{A}^{\mathrm{T}}\boldsymbol{C}^{\mathrm{T}}\quad (\boldsymbol{A}^{\mathrm{T}})^2\boldsymbol{C}^{\mathrm{T}}\quad \cdots\quad (\boldsymbol{A}^{\mathrm{T}})^{n-1}\boldsymbol{C}^{T}]=\operatorname{rank}\boldsymbol{Q}_o^{\mathrm{T}}=\operatorname{rank}\boldsymbol{Q}_0=n \tag{3-117}$$

式中两种形式的矩阵均称为系统能观测性判别阵,简称能观测性阵。

证 证明方法与能控性秩判据完全类同,具体证明过程在此不再重复。这里仅从式(3-111)出发,进一步论述秩判据的充分必要条件。

由式(3-111),利用 e^{At} 的级数展开式,可得

$$y(t)=Ce^{At}x_0=C\sum_{m=0}^{n-1}\alpha_m(t)A^m x_0=$$
$$[C\alpha_0(t)+C\alpha_1(t)A+\cdots+C\alpha_{n-1}(t)A^{n-1}]x_0=$$
$$[\alpha_0(t)I_q,\alpha_1(t)I_q,\cdots,\alpha_{n-1}(t)I_q]\begin{bmatrix}C\\CA\\\vdots\\CA^{n-1}\end{bmatrix}x_0 \tag{3-118}$$

式(3-111)中,I_q 为 q 阶单位矩阵,已知 $[\alpha_0(t)I_q,\cdots,\alpha_{n-1}(t)I_q]$ 的 nq 列线性无关,于是根据测得的 $y(t)$ 可唯一确定 x_0 的充要条件是

$$\mathrm{rank}Q_0=\mathrm{rank}\begin{bmatrix}C\\CA\\\vdots\\CA^{n-1}\end{bmatrix}=n \tag{3-119}$$

这就是式(3-116)。

例 3-7　判断下列两个系统的能观测性。

$$\dot{x}=Ax+Bu,\quad y=Cx$$

(1) $A=\begin{bmatrix}-2&0\\0&-1\end{bmatrix}$,　$B=\begin{bmatrix}3\\1\end{bmatrix}$,　$C=[1\quad 0]$;

(2) $A=\begin{bmatrix}1&-1\\1&1\end{bmatrix}$,　$B=\begin{bmatrix}2&-1\\1&0\end{bmatrix}$,　$C=\begin{bmatrix}1&0\\-1&1\end{bmatrix}$。

解　计算能观测性矩阵的秩:

(1)
$$\mathrm{rank}Q_0=\mathrm{rank}[C^T\quad A^TC^T]=\mathrm{rank}\begin{bmatrix}1&-2\\0&0\end{bmatrix}=1\neq 0 \tag{3-120}$$

由计算可知 $\mathrm{rank}Q_0=1<n=2$,故系统不能观测。

(2)
$$\mathrm{rank}Q_0=\mathrm{rank}[C^T\quad A^TC^T]=\mathrm{rank}\begin{bmatrix}1&-1&1&0\\0&1&-1&2\end{bmatrix}=2 \tag{3-121}$$

显然 $\mathrm{rank}Q_0=2=n$,故系统能观测。

3. PBH 秩判据

线性定常系统式(3-109)为完全能观测的充分必要条件是,对矩阵 A 的所有特征值 λ_i $(i=1,2,\cdots,n)$,均成立,有

$$\mathrm{rank}\begin{bmatrix}C\\\lambda_i I-A\end{bmatrix}=n,\quad i=1,2,\cdots,n \tag{3-122}$$

或等价地表示为

$$\mathrm{rank}\begin{bmatrix}C\\sI-A\end{bmatrix}=n,\quad \forall s\in C \tag{3-123}$$

也即 $sI-A$ 和 C 是右互质的。

4. PBH 特征向量判据

线性定常系统式(3-109)为完全能观测的充分必要条件是:A 没有与 C 的所有行相交的

非零右特征向量。即对 $\boldsymbol{A}$ 的任一特征值 λ_i $(i=1,\ 2,\ \cdots,\ n)$，使同时满足

$$\boldsymbol{A\alpha}=\lambda_i\boldsymbol{\alpha},\quad \boldsymbol{C\alpha}=\boldsymbol{0} \tag{3-124}$$

的特征向量 $\boldsymbol{\alpha}\equiv\boldsymbol{0}$。

5. 约当规范型判据

线性定常系统式(3-109)为完全能观测的充分必要条件分两种情况。

第一种情况：当矩阵 $\boldsymbol{A}$ 的特征值 $\lambda_1,\lambda_2,\cdots,\lambda_n$ 为两两相异时，由式(3-109)线性变换导出的对角线规范型为

$$\dot{\bar{\boldsymbol{x}}}=\begin{bmatrix}\lambda_1 & & & \\ & \lambda_2 & & \\ & & \ddots & \\ & & & \lambda_n\end{bmatrix}\bar{\boldsymbol{x}} \tag{3-125}$$

$$\boldsymbol{y}=\bar{\boldsymbol{C}}\,\bar{\boldsymbol{x}}$$

式中不包含元素全为零的列。

第二种情况：当矩阵 $\boldsymbol{A}$ 的特征值为 $\lambda_1(\sigma_1$ 重$),\lambda_2(\sigma_2$ 重$),\cdots\lambda_l(\sigma_l$ 重$)$，且 $\sigma_1+\sigma_2+\cdots+\sigma_l=n$ 时，对式(3-109)进行线性变换导出的约当规范型为

$$\left.\begin{aligned}\dot{\hat{\boldsymbol{x}}}&=\hat{\boldsymbol{A}}\hat{\boldsymbol{x}}\\ \boldsymbol{y}&=\hat{\boldsymbol{C}}\hat{\boldsymbol{x}}\end{aligned}\right\} \tag{3-126}$$

式中

$$\underset{(n\times n)}{\hat{\boldsymbol{A}}}=\begin{bmatrix}\boldsymbol{J}_1 & & & \\ & \boldsymbol{J}_2 & & \\ & & \ddots & \\ & & & \boldsymbol{J}_l\end{bmatrix},\quad \underset{(n\times n)}{\hat{\boldsymbol{C}}}=\begin{bmatrix}\hat{\boldsymbol{C}}_1 & \hat{\boldsymbol{C}}_2 & \cdots & \hat{\boldsymbol{C}}_l\end{bmatrix} \tag{3-127}$$

$$\underset{(\sigma_i\times\sigma_i)}{\boldsymbol{J}_i}=\begin{bmatrix}\boldsymbol{J}_{i1} & & & \\ & \boldsymbol{J}_{i2} & & \\ & & \ddots & \\ & & & \boldsymbol{J}_{i\varepsilon}\end{bmatrix},\quad \underset{(q\times\sigma_i)}{\hat{\boldsymbol{C}}_i}=\begin{bmatrix}\hat{\boldsymbol{C}}_{i1} & \hat{\boldsymbol{C}}_{i2} & \cdots & \hat{\boldsymbol{C}}_{i\varepsilon}\end{bmatrix} \tag{3-128}$$

$$\underset{(\eta_{ik}\times\eta_{ik})}{\boldsymbol{J}_{ik}}=\begin{bmatrix}\lambda_i & 1 & & & \\ & \lambda_i & 1 & & \\ & & \ddots & \ddots & \\ & & & & 1\\ & & & & \lambda_i\end{bmatrix},\quad \underset{(q\times\eta_{ik})}{\hat{\boldsymbol{C}}_{ik}}=\begin{bmatrix}\hat{\boldsymbol{C}}_{1_{ik}} & \hat{\boldsymbol{C}}_{2_{ik}} & \cdots & \hat{\boldsymbol{C}}_{\eta_{ik}}\end{bmatrix} \tag{3-129}$$

并有 $\eta_{i1}+\eta_{i2}+\cdots+\eta_{i\varepsilon}=\sigma_i$。由 $\hat{\boldsymbol{C}}_{ik}$ $(k=1,\ 2,\ \cdots,\ \varepsilon)$ 的第一列所组成的矩阵

$$\hat{\boldsymbol{C}}_{\sigma_i}=\begin{bmatrix}\hat{\boldsymbol{C}}_{1i_1} & \hat{\boldsymbol{C}}_{2i_2} & \cdots & \hat{\boldsymbol{C}}_{1i_\varepsilon}\end{bmatrix},\quad i=1,2,\cdots,l \tag{3-130}$$

则系统式(3-109)为完全能观测的充分必要条件是，在式(3-130)中，对于所有 $\hat{C}_{\sigma_i}$ 矩阵，$i=1,2,\cdots,l$ 均为列线性无关。

例 3-8　已知线性定常系统式的对角型规范型如下，试判定系统的能观测性。

$$\dot{\bar{x}}=\begin{bmatrix}8&0&0\\0&-1&0\\0&0&2\end{bmatrix}\bar{x},\qquad y=\begin{bmatrix}1&0&0\\0&2&3\end{bmatrix}\bar{x}\tag{3-131}$$

解　显见，此规范型 C 不包含元素全为零的列，所以系统为完全能观测。

例 3-9　已知系统约当规范型如下，试判断系统的能观测性。

$$\dot{\hat{x}}=\begin{bmatrix}-1&1&&&&&&\\0&-1&&&&&&\\&&-1&&&&&\\&&&-1&&&&\\&&&&2&1&&\\&&&&0&2&&\\&&&&&&2&\\&&&&&&&5\end{bmatrix}\hat{x}\quad y=\begin{bmatrix}2&0&0&0&1&0&0&0\\0&0&1&0&2&4&0&7\\0&0&0&3&3&0&1&0\end{bmatrix}\hat{x}\tag{3-132}$$

解　按照判据法则，容易定出以下矩阵：

$$[\hat{C}_{111},\ \hat{C}_{112},\ \hat{C}_{113}]=\begin{bmatrix}2&0&0\\0&1&0\\0&0&3\end{bmatrix},\quad[\hat{C}_{121},\ \hat{C}_{122}]=\begin{bmatrix}1&0\\2&0\\3&1\end{bmatrix},\quad[\hat{C}_{131}]=\begin{bmatrix}0\\7\\0\end{bmatrix}\tag{3-133}$$

显然，它们都是列线性无关，$[\hat{C}_{131}]$ 的元素不全为零，因此系统为完全能观测。

三、线性连续定常系统式的能观测性指数

考虑完全能观测的线性定常系统式(3-109)，其中 A 和 C 分别是 $n\times n$ 和 $q\times n$ 阶的常值矩阵。

定义 3-9　设

$$\mathrm{rank}\,Q_{ok}=\mathrm{rank}\begin{bmatrix}C\\CA\\\vdots\\CA^{k-1}\end{bmatrix}\tag{3-134}$$

为 $kq\times n$ 阶常值矩阵，其中 k 为正整数。当 $k=n$ 时，Q_{on} 即为能观测性矩阵 Q_o，且 $\mathrm{rank}\,Q_o=n$。依次将 k 由 1 增加到 ν，使 $\mathrm{rank}\,Q_{o\nu}=n$。则称这个使 $\mathrm{rank}\,Q_{ok}=n$ 成立的 k 的最小正整数 ν 为系统的能观测性指数。

设 $\mathrm{rank}\,C=m\leqslant q$，则估计能观测性指数 ν 的一个关系式为

$$\frac{n}{q}\leqslant\nu\leqslant n-m+1\tag{3-135}$$

设 n_1 为矩阵 A 的最小多项式的次数，且必有 $n_1\leqslant n$，则能观测性指数 ν 的估计不等式(3-135)还可表示为

$$\frac{n}{q}\leqslant\nu\leqslant\min(n_1,n-m+1)\tag{3-136}$$

此外，由式(3-135)可知，当 $q=1$，即系统为单输出时，必有 $\nu=n$，若 $\mathrm{rank}\,C=m$，考虑 v

的上界,则系统为能观测的充分必要条件可简化为

$$\operatorname{rank}\boldsymbol{Q}_{o(n-m+1)}=\operatorname{rank}\begin{bmatrix}\boldsymbol{C}\\\boldsymbol{CA}\\\vdots\\\boldsymbol{CA}^{n-m}\end{bmatrix}=n \tag{3-137}$$

四、线性时变系统的能观测性判据

线性时变系统的状态方程和输出方程为

$$\left.\begin{aligned}&\dot{\boldsymbol{x}}=\boldsymbol{A}(t)\boldsymbol{x},\quad \boldsymbol{x}(t_0)=\boldsymbol{x}_0,\quad t_0,t\in T_t\\&\boldsymbol{y}=\boldsymbol{C}(t)\boldsymbol{x}\end{aligned}\right\} \tag{3-138}$$

式中,T_t 为时间定义区间;$\boldsymbol{A}(t)$和$\boldsymbol{C}(t)$分别为$n\times n$ 和$q\times n$ 阶时变矩阵。下面直接给出线性时变系统的能观测性判据。

1. 格拉姆矩阵判据

线性时变系统式(3-138)在时刻t_0为完全能观测的充分必要条件是,存在一个有限时刻$t\in T_t$, $t>t_0$,使如下定义的格拉姆矩阵:

$$\boldsymbol{M}[t_0,t_1]\triangleq\int_{t_0}^{t_1}\boldsymbol{\Phi}^{\mathrm{T}}(t,t_0)\boldsymbol{C}^{\mathrm{T}}(t)\boldsymbol{C}(t)\boldsymbol{\Phi}(t,t_0)\,\mathrm{d}t \tag{3-139}$$

为非奇异,其中$\boldsymbol{\Phi}(t,t_0)$为系统式(3-138)的状态转移矩阵。

2. 秩判据

设$\boldsymbol{A}(t)$和$\boldsymbol{C}(t)$是$n-1$阶连续可微的,则线性时变系统式(3-138)在时刻t_0为完全能观测的一个充分条件是,存在一个有限时刻$t\in T_t$, $t>t_0$,使

$$\operatorname{rank}\begin{bmatrix}\boldsymbol{N}_0(t_1)\\\boldsymbol{N}_1(t_1)\\\vdots\\\boldsymbol{N}_{n-1}(t_1)\end{bmatrix}=\boldsymbol{n} \tag{3-140}$$

成立。其中

$$\begin{aligned}&\boldsymbol{N}_0(t)=\boldsymbol{C}(t)\\&\boldsymbol{N}_1(t)=\boldsymbol{N}_0(t)\boldsymbol{A}(t)+\frac{\mathrm{d}}{\mathrm{d}t}\boldsymbol{N}_0(t)\\&\cdots\cdots\\&\boldsymbol{N}_{n-1}(t)=\boldsymbol{N}_{n-2}(t)\boldsymbol{A}(t)+\frac{\mathbf{d}}{\mathbf{d}t}\boldsymbol{N}_{n-2}(t)\end{aligned} \tag{3-141}$$

五、线性离散系统的能观测性

定义 3-10 设时变离散系统为

$$\left.\begin{aligned}&\boldsymbol{x}(k+1)=\boldsymbol{G}(k)\boldsymbol{x}(k)\\&\boldsymbol{y}(k)=\boldsymbol{C}(k)\boldsymbol{x}(k)\end{aligned}\quad ,\quad k\in T_k\right\} \tag{3-142}$$

若对初始时刻$h\in T_k$的任一非零初态$\boldsymbol{x}_0$,都存在有限时刻$l\in T_k$,$l>h$,且可由$[h,l]$上的输出$\boldsymbol{y}(k)$唯一确定$\boldsymbol{x}_0$,则称系统在时刻h是完全能观测的。

1. 时变离散系统的格拉姆矩阵判据

线性时变离散系统式(3-142)在时刻 h, $h\in T_k$ 为完全能观测的充分必要条件是，存在有限时刻 $l\in T_k$, $l>h$。使如下定义的格拉姆矩阵：

$$\boldsymbol{M}[h,l]=\sum_{k=h}^{l-1}\boldsymbol{\Phi}^{\mathrm{T}}(\boldsymbol{k}+1,h)\boldsymbol{C}^{\mathrm{T}}(\boldsymbol{k})\boldsymbol{C}(\boldsymbol{k})\boldsymbol{\Phi}(\boldsymbol{k}+1,h) \tag{3-143}$$

为非奇异。

2. 定常离散系统的秩判据

线性定常离散系统

$$\left.\begin{aligned}\boldsymbol{x}(k+1)&=\boldsymbol{G}x(k)\\ \boldsymbol{y}(k)&=\boldsymbol{C}x(k),\end{aligned}\quad k=0,1,\cdots\right\} \tag{3-144}$$

为完全能观测的充分必要条件是

$$\operatorname{rank}\begin{bmatrix}\boldsymbol{C}\\ \boldsymbol{CG}\\ \vdots\\ \boldsymbol{CG}^{n-1}\end{bmatrix}=n \tag{3-145}$$

或

$$\operatorname{rank}[\boldsymbol{C}^{\mathrm{T}}\quad \boldsymbol{G}^{\mathrm{T}}\boldsymbol{C}^{\mathrm{T}}\quad \cdots\quad (\boldsymbol{G}^{\mathrm{T}})^{n-1}\boldsymbol{C}^{\mathrm{T}}]=n \tag{3-146}$$

对于单输出定常离散系统

$$\left.\begin{aligned}\boldsymbol{x}(k+1)&=\boldsymbol{Gx}(k),\quad & k=0,1,2,\cdots\\ y(k)&=\boldsymbol{Cx}(k),\quad & x(0)=x_0\end{aligned}\right\} \tag{3-147}$$

式中：$\boldsymbol{x}$ 为 n 维状态向量；y 为标量输出。则当系统为完全能观测时，可只利用 n 步内的输出值 $y(0)$, $y(1)$, $\cdots$, $y(n-1)$构造出任意的非零初始状态 $\boldsymbol{x}_0$。

$$\boldsymbol{x}_0=\begin{bmatrix}\boldsymbol{C}\\ \boldsymbol{CG}\\ \vdots\\ \boldsymbol{CG}^{n-1}\end{bmatrix}^{-1}\begin{bmatrix}y(0)\\ y(1)\\ \vdots\\ y(n-1)\end{bmatrix} \tag{3-148}$$

以上有关能观测性判据的结论，都可利用能控性和能观测性之间的对偶关系导出。对偶原理将在下节讨论。

连续系统时间离散化后保持能控和能观测的条件限于讨论定常的情况，设连续时间系统为

$$\left.\begin{aligned}\dot{\boldsymbol{x}}&=\boldsymbol{Ax}+\boldsymbol{Bu},\\ \boldsymbol{y}&=\boldsymbol{Cx},t>0\end{aligned}\right\} \tag{3-149}$$

以下为采样周期的时间离散化系统为

$$\left.\begin{aligned}\boldsymbol{x}(k+1)&=\boldsymbol{Gx}(k)+\boldsymbol{Hu}(k),\\ \boldsymbol{y}(k)&=\boldsymbol{Cx}(k)\end{aligned}\quad k=0,1,2,\cdots\right\} \tag{3-150}$$

其中，$\boldsymbol{G}=\mathrm{e}^{\boldsymbol{A}\mathrm{T}}$, $\boldsymbol{H}=\int_0^T \mathrm{e}^{At}\,\mathrm{d}t\boldsymbol{B}$。于是有下列结论：

设 $\lambda_1\ \lambda_2\ \ \cdots\ \ \lambda_n$ 为的全 $\boldsymbol{A}$ 部特征值，且当 $i\neq j$ 时有 $\lambda_i\neq\lambda_j$。则时间离散化系统式(3-150)保持能控和能观测的一个充分条件是采样周期 T 的数值，对一切满足

$$\mathrm{Re}[\lambda_i-\lambda_j]=0,\qquad i,j=1,2,\cdots,\mu \tag{3-151}$$

的特征值，下式应成立：

$$T\neq\frac{2l\pi}{\mathrm{Im}(\lambda_i-\lambda_j)},\quad l=\pm1,\pm2,\cdots \tag{3-152}$$

第三节 对偶原理

线性系统的能控性和能观测性之间，存在着一种对偶关系。这种内在的对偶关系反映了系统的控制问题和估计问题的对偶性。

一、对偶系统

已知线性时变系统

$$\left.\begin{aligned}\dot{\boldsymbol{x}}&=\boldsymbol{A}(t)\boldsymbol{x}+\boldsymbol{B}(t)\boldsymbol{u}\\ \boldsymbol{y}&=\boldsymbol{C}(t)\boldsymbol{x}\end{aligned}\right\} \tag{3-153}$$

式中：$\boldsymbol{x}$ 为 n 维状态列向量；$\boldsymbol{u}$ 为 p 维输入列向量；$\boldsymbol{y}$ 为 q 维输出列向量。现构造如下的线性时变系统

$$\left.\begin{aligned}\dot{\boldsymbol{w}}&=-\boldsymbol{A}^{\mathrm{T}}(t)\boldsymbol{w}+\boldsymbol{C}^{\mathrm{T}}(t)\boldsymbol{v}\\ \boldsymbol{z}&=\boldsymbol{B}^{\mathrm{T}}(t)\boldsymbol{w}\end{aligned}\right\} \tag{3-154}$$

式中：$\boldsymbol{w}$ 为 n 维状态列向量；$\boldsymbol{v}$ 为 p 维输入列向量；$\boldsymbol{z}$ 为 q 维输出列向量。则定义系统式(3-154)为系统式(3-153)的对偶系统。这两个对偶系统的方块图如图 3-3 所示。

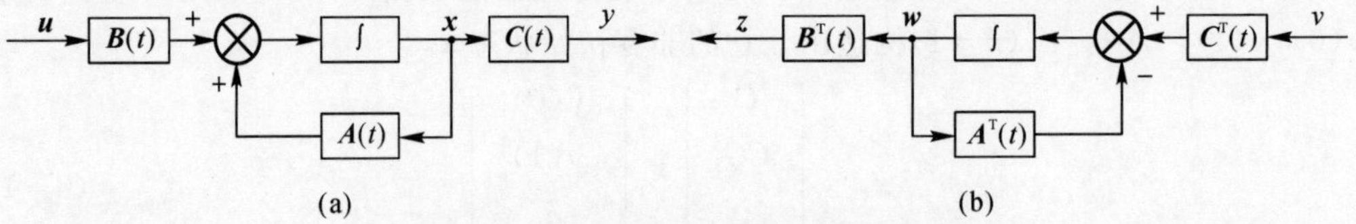

图 3-3 线性时变系统式(a)及其对偶传统(b)

线性系统式(3-153)和其对偶系统式(3-154)的状态转移矩阵有下列关系：

(1)对系统式(3-153)的状态转移矩阵为 $\boldsymbol{\Phi}(t,t_0)$，有

$$\dot{\boldsymbol{\Phi}}(t,t_0)=\boldsymbol{A}(t)\boldsymbol{\Phi}(t,t_0),\qquad \boldsymbol{\Phi}(t_0,t_0)=\boldsymbol{I} \tag{3-155}$$

对偶系统式(3-154)的状态转移矩阵为 $\boldsymbol{\psi}(t,t_0)$，有

$$\dot{\boldsymbol{\psi}}(t,t_0)=-\boldsymbol{A}^{\mathrm{T}}(t)\boldsymbol{\psi}(t,t_0),\qquad \boldsymbol{\psi}(t_0,t_0)=\boldsymbol{I} \tag{3-156}$$

则必有关系式

$$\boldsymbol{\psi}(t,t_0)=\boldsymbol{\Phi}^{\mathrm{T}}(t_0,t) \tag{3-157}$$

式(3-157)可以推导如下。因为

$$\boldsymbol{\Phi}(t,t_0)\boldsymbol{\Phi}^{-1}(t,t_0)=\boldsymbol{I} \tag{3-158}$$

对式(3-158)两边求导

$$\frac{\mathrm{d}}{\mathrm{d}t}[\boldsymbol{\Phi}(t,t_0)\boldsymbol{\Phi}^{-1}(t,t_0)]=\frac{\mathrm{d}}{\mathrm{d}t}[\boldsymbol{\Phi}(t,t_0)]\boldsymbol{\Phi}^{-1}(t,t_0)+\boldsymbol{\Phi}(t,t_0)\frac{\mathrm{d}}{\mathrm{d}t}[\boldsymbol{\Phi}^{-1}(t,t_0)]=$$
$$\boldsymbol{A}(t)\boldsymbol{\Phi}(t,t_0)\boldsymbol{\Phi}^{-1}(t,t_0)+\boldsymbol{\Phi}(t,t_0)\dot{\boldsymbol{\Phi}}(t_0,t)=$$
$$\boldsymbol{A}(t)+\boldsymbol{\Phi}(t,t_0)\dot{\boldsymbol{\Phi}}(t_0,t)=0 \tag{3-159}$$

由式(3-159)可直接得到

$$\dot{\boldsymbol{\Phi}}(t_0,t)=-\boldsymbol{\Phi}^{-1}(t,t_0)\boldsymbol{A}(t)=-\boldsymbol{\Phi}(t_0,t)\boldsymbol{A}(t),\qquad \boldsymbol{\Phi}(t_0,t_0)=\boldsymbol{I} \tag{3-160}$$

将式(3-160)两边转置,得

$$\dot{\boldsymbol{\Phi}}^{\mathrm{T}}(t_0,t)=-\boldsymbol{A}^{\mathrm{T}}(t)\boldsymbol{\Phi}^{\mathrm{T}}(t_0,t),\qquad \boldsymbol{\Phi}^{\mathrm{T}}(t_0,t_0)=\boldsymbol{I} \tag{3-161}$$

将式(3-161)与式(3-156)比较可知,式(3-157)成立。

(2) 系统式(3-153)的运动是状态点在状态空间中,由 t_0 至 t 正时向转移。而对偶系统式(3-154)的运动是协状态点在状态空间中,由 t 至 t_0 反时向转移。

二、对偶原理

线性系统式(3-153)的完全能控等同于对偶系统式(3-154)的完全能观测;线性系统式(3-153)的完全能观测等同于对偶系统式(3-154)的完全能控。这称为对偶性原理。

设系统式(3-153)在时刻 t_0 为完全能控,则意味着存在有限时刻 $t_1>t_0$ 有

$$n=\mathrm{rank}\left\{\int_0^{t_1}\boldsymbol{\Phi}(t_0,t)\boldsymbol{B}(t)\boldsymbol{B}^{\mathrm{T}}(t)\boldsymbol{\Phi}^{\mathrm{T}}(t_0,t)\mathrm{d}t\right\}=$$
$$\mathrm{rank}\left\{\int_0^{t_1}[\boldsymbol{\Phi}^{\mathrm{T}}(t_0,t)]^{\mathrm{T}}[\boldsymbol{B}^{\mathrm{T}}(t)]^{\mathrm{T}}\boldsymbol{B}^{\mathrm{T}}(t)\boldsymbol{\Phi}^{\mathrm{T}}(t_0,t)\mathrm{d}t\right\}=$$
$$\mathrm{rank}\left\{\int_0^{t_1}\boldsymbol{\psi}^{\mathrm{T}}(t,t_0)[\boldsymbol{B}^{\mathrm{T}}(t)]^{\mathrm{T}}\boldsymbol{B}^{\mathrm{T}}(t)\boldsymbol{\psi}(t,t_0)\mathrm{d}t\right\} \tag{3-162}$$

式(3-162) 表明,对偶系统式(3-154) 完全能观测。同样有

$$n=\mathrm{rank}\left\{\int_0^{t_1}\boldsymbol{\Phi}^{\mathrm{T}}(t,t_0)\boldsymbol{C}^{\mathrm{T}}(t)\boldsymbol{C}(t)\boldsymbol{\Phi}(t,t_0)\mathrm{d}t\right\}=$$
$$\mathrm{rank}\left\{\int_0^{t_1}\boldsymbol{\psi}(t_0,t)[\boldsymbol{C}^{\mathrm{T}}(t)][\boldsymbol{C}^{\mathrm{T}}(t)]^{\mathrm{T}}\boldsymbol{\psi}^{\mathrm{T}}(t_0,t)\mathrm{d}t\right\} \tag{3-163}$$

式(3-163)表明了系统式(3-153)的完全能观测等同于其对偶系统式(3-154)的完全能控。

同样,对于线性定常系统

$$\dot{\boldsymbol{x}}=\boldsymbol{A}\boldsymbol{x}+\boldsymbol{B}\boldsymbol{u},\qquad \boldsymbol{y}=\boldsymbol{C}\boldsymbol{x} \tag{3-164}$$

其对偶系统为

$$\dot{\boldsymbol{w}}=-\boldsymbol{A}^{\mathrm{T}}\boldsymbol{w}+\boldsymbol{C}^{\mathrm{T}}\boldsymbol{v},\qquad \boldsymbol{z}=\boldsymbol{B}^{\mathrm{T}}\boldsymbol{w} \tag{3-165}$$

式(3-164)和式(3-165)中符号的意义及维数分别与式(3-153)和式(3-154)相类同。

显然,系统式(3-164)的能控性矩阵为

$$\boldsymbol{Q}_{c1}=[\boldsymbol{B}\quad \boldsymbol{A}\boldsymbol{B}\quad \cdots\quad \boldsymbol{A}^{n-1}\boldsymbol{B}] \tag{3-166}$$

其秩与对偶系统式(3-165)的能观测性矩阵的秩相等:

$$\mathrm{rank}\boldsymbol{Q}_{o2}=\mathrm{rank}\{(\boldsymbol{B}^{\mathrm{T}})^{\mathrm{T}}\quad (-\boldsymbol{A}^{\mathrm{T}})^{\mathrm{T}}(\boldsymbol{B}^{\mathrm{T}})^{\mathrm{T}}\quad \cdots\quad [(-\boldsymbol{A}^{\mathrm{T}})^{\mathrm{T}}]^{n-1}(\boldsymbol{B}^{\mathrm{T}})^{\mathrm{T}}\}=$$
$$\mathrm{rank}\{(\boldsymbol{B}^{\mathrm{T}})^{\mathrm{T}}\quad (\boldsymbol{A}^{\mathrm{T}})^{\mathrm{T}}(\boldsymbol{B}^{\mathrm{T}})^{\mathrm{T}}\quad \cdots\quad [(\boldsymbol{A}^{\mathrm{T}})^{\mathrm{T}}]^{n-1}(\boldsymbol{B}^{\mathrm{T}})^{\mathrm{T}}\}=\mathrm{rank}\boldsymbol{Q}_{c1} \tag{3-167}$$

系统式(3-164)的能观测性矩阵

$$Q_{o1}=[C^{\mathrm{T}} \quad A^{\mathrm{T}}C^{\mathrm{T}} \quad \cdots \quad (A^{\mathrm{T}})^{n-1}C^{\mathrm{T}}] \tag{3-168}$$

其秩与对偶系统式(3-165)的能控性矩阵的秩相等

$$\mathrm{rank}Q_{c2}=\mathrm{rank}[C^{\mathrm{T}} \quad (-A)^{\mathrm{T}}C^{\mathrm{T}} \quad \cdots \quad (-A^{\mathrm{T}})^{n-1}C^{\mathrm{T}}]=\mathrm{rank}Q_{o1} \tag{3-169}$$

对偶原理对离散系统同样适用。

对偶原理的意义，不仅在于提供了由一种结构特性(如能控性或能观测性)的判据，来导出另一种结构特性(能观测性或能控性)判据的方法，而且还在于建立了系统的控制问题和估计问题之间的对应关系。因此，对偶原理具有重要的理论意义和实际的应用价值。

第四节　能控性、能观测性与传递函数矩阵的关系

描述系统内部结构特性的能控性和能观测性，与描述系统外部特性的传递函数(矩阵)之间，是必然存在内在关系的，揭示这种内在关系，可用来判断系统的能控性和能观测性。这是一种在 s 域内的判据。

前面已述，线性系统总可以通过线性变换化为约当规范型。为了简便起见，下面给出的系统都是约当规范型。

一、单输入单输出系统能控性、能观测性与传递函数的关系

设系统方程为

$$\dot{x}=Ax+bu, \qquad y=cx \tag{3-170}$$

第一种情况：A 阵无重特征值。式(3-170)中的 A、b、c 表示如下：

$$A=\begin{bmatrix}\lambda_1 & & & 0\\ & \lambda_2 & & \\ & & \ddots & \\ 0 & & & \lambda_n\end{bmatrix}, b=\begin{bmatrix}b_1\\ b_2\\ \vdots\\ b_n\end{bmatrix}, c=[c_1 \quad c_2 \quad \cdots \quad c_n] \tag{3-171}$$

A 阵中λ_1，λ_2，…，λ_n是两两相异的。则系统的传递函数 $G(s)$：

$$G(s)=\frac{y(s)}{u(s)}=c(sI-A)^{-1}b=\sum_{i=1}^{n}\frac{c_i b_i}{s-\lambda_i} \tag{3-172}$$

根据前面的系统能控性和能观测性约当规范型判据可知：

当 $b_i\neq 0, c_i=0$ 时，x_i 必能控而不能观测；

当 $b_i=0, c_i\neq 0$ 时，x_i 必能观测而不能控；

当 $b_i=0, c_i=0$ 时，x_i 既不能控又不能观测。

以上三种情况都使 $c_i b_i=0(i=1,2,\cdots,n)$，此时传递函数中必存在零极点对消的现象。由状态方程表示出的 n 阶系统，但其传递函数的分母阶次却小于 n。故当由动态方程导出的传递函数存在零极点对消时，该系统是能控不能观测、能观测不能控、不能控不能观测三者之

一,当由可约的传递函数列写其实现方式时,也可列出以上三种类型的动态方程,视状态变量的选择而定。

当 $\boldsymbol{b}_i \neq \boldsymbol{0}, \boldsymbol{c}_i \neq \boldsymbol{0}$ 时,$i=1,2,\cdots,n$,x_i 既能控又能观测。这时由动态方程导出的传递函数,不存在零极点对消现象。

第二种情况:$\boldsymbol{A}$ 阵具有重特征值。式(3-170)中的 $\boldsymbol{A}$、$\boldsymbol{b}$、$\boldsymbol{c}$ 表示如下:

$$\boldsymbol{A}=\begin{bmatrix} \boldsymbol{J}_1 & & & 0 \\ & \boldsymbol{J}_2 & & \\ & & \ddots & \\ 0 & & & \boldsymbol{J}_l \end{bmatrix}_{n\times n},\boldsymbol{J}_i=\begin{bmatrix} \lambda_{i1} & 1 & & 0 \\ & \lambda_{i2} & \ddots & \\ & & \ddots & 1 \\ 0 & & & \lambda_{i\sigma_i} \end{bmatrix}_{\sigma_i\times\sigma_i},\boldsymbol{b}=\begin{bmatrix} \boldsymbol{b}_1 \\ \boldsymbol{b}_2 \\ \vdots \\ \boldsymbol{b}_l \end{bmatrix}_{n\times 1},\boldsymbol{b}_i=\begin{bmatrix} 0 \\ \vdots \\ 0 \\ b_{i\sigma_i} \end{bmatrix}_{\sigma_i\times 1} \tag{3-173}$$

$$\boldsymbol{c}=[\boldsymbol{c}_1 \quad \boldsymbol{c}_2 \quad \cdots \quad \boldsymbol{c}_l]_{1\times n},\boldsymbol{c}_i=[c_{i1} \quad 0 \quad \cdots \quad 0]_{1\times\sigma_i}$$

式(3-173)表示,$\boldsymbol{A}$ 有 n 个特征值,其中 λ_i 为 σ_i 重根,$i=1,2,\cdots,l$ 而且,$\sigma_1+\sigma_2+\cdots+\sigma_i=n$。这里假设 $\boldsymbol{A}$ 有 1 个约当块,且每个特征值分布在一个约当块内。因此,系统传递函数为

$$\boldsymbol{G}(s)=\frac{\boldsymbol{Y}(s)}{\boldsymbol{U}(s)}=\boldsymbol{c}(s\boldsymbol{I}-\boldsymbol{A})^{-1}\boldsymbol{b}=\sum_{i=1}^{l}\frac{c_{i1}b_{i\sigma_i}}{(s-\lambda_i)\sigma_i} \tag{3-174}$$

根据系统能控性和能观测性的约当规范型判据可知:

当 $b_{i\sigma_i}=0$ 时,系统不能控;

当 $c_{i1}=0$ 时,系统不能观测;

当 $b_{i\sigma_i}=0, c_{i1}=0$ 时,系统既不能控也不能观测。

显然,上述情况造成式(3-174)中 $c_{i1}b_{i\sigma_i}=0(i=1,2,\cdots,l)$,此时传递函数中必存在零极点对消的现象。

综合上述两种情况的分析,对单输入-单输出系统的能控性和能观测性的判据,结论如下:

单输入-单输出线性定常系统能控和能观测的充分必要条件是系统传递函数没有零极点对消,或传递函数不可约,或传递函数的极点等于矩阵 $\boldsymbol{A}$ 的特征值。

例 3-10 已知下列动态方程,试用系统传递函数判断系统的能控性和能观测性。

$$(1)\quad \begin{bmatrix} \dot{x}_1 \\ \dot{x}_2 \end{bmatrix}=\begin{bmatrix} 0 & 1 \\ 2.5 & -1.5 \end{bmatrix}\begin{bmatrix} x_1 \\ x_2 \end{bmatrix}+\begin{bmatrix} 0 \\ 1 \end{bmatrix}u,\qquad \boldsymbol{y}=[2.5 \quad 1]\begin{bmatrix} x_1 \\ x_2 \end{bmatrix} \tag{3-175}$$

$$(2)\quad \begin{bmatrix} \dot{x}_1 \\ \dot{x}_2 \end{bmatrix}=\begin{bmatrix} 0 & 2.5 \\ 1 & -1.5 \end{bmatrix}\begin{bmatrix} x_1 \\ x_2 \end{bmatrix}+\begin{bmatrix} 2.5 \\ 1 \end{bmatrix}u,\qquad \boldsymbol{y}=[0 \quad 1]\begin{bmatrix} x_1 \\ x_2 \end{bmatrix} \tag{3-176}$$

$$(3)\quad \begin{bmatrix} \dot{x}_1 \\ \dot{x}_2 \end{bmatrix}=\begin{bmatrix} 1 & 0 \\ 0 & -2.5 \end{bmatrix}\begin{bmatrix} x_1 \\ x_2 \end{bmatrix}+\begin{bmatrix} 1 \\ 0 \end{bmatrix}u,\qquad \boldsymbol{y}=[1 \quad 0]\begin{bmatrix} x_1 \\ x_2 \end{bmatrix} \tag{3-177}$$

解 三个系统的传递函数均为

$$\boldsymbol{G}(s)=\frac{s+2.5}{(s+2.5)(s-1)} \tag{3-178}$$

存在零极点的对消现象。

(1)$[\boldsymbol{A},\ \boldsymbol{b}]$ 对为能控规范型，故能控，则不能观测。

(2)$[\boldsymbol{A},\ \boldsymbol{c}]$ 对为能观测规范型，故能观测，则不能控。

(3)因 $\boldsymbol{A}$ 阵为对角化矩阵，由输入和输出矩阵可判断系统不能控、不能观测。

二、多输入-多输出系统能控性、能观性与传递函数矩阵的关系

对于多输入-多输出系统，利用其传递函数矩阵的特征来判断系统的能控性和观测性，要比单输入-单输出系统复杂得多。因为多输入-多输出系统传递函数矩阵存在零极点对消时，系统并非一定是不能控或不能观测的。下面，从两个角度来研究利用传递函数矩阵来判断系统的能控性和能观测性，即利用传递矩阵中的行或列向量的线性相关性来作为判据，和利用传递矩阵零极点对消来作为判据。

设线性定常系统的动态方程为

$$\left.\begin{aligned}\dot{\boldsymbol{x}}&=\boldsymbol{A}\boldsymbol{x}+\boldsymbol{B}\boldsymbol{u}\\ \boldsymbol{y}&=\boldsymbol{C}\boldsymbol{x}\end{aligned}\right\} \tag{3-179}$$

式中：$\boldsymbol{A}$、$\boldsymbol{B}$、$\boldsymbol{C}$ 分别为 $n\times n$、$n\times p$、$q\times n$ 阶的常值矩阵。系统式(3-179)的传递函数矩阵为

$$\boldsymbol{G}(s)=\boldsymbol{C}(s\boldsymbol{I}-\boldsymbol{A})^{-1}\boldsymbol{B}=\frac{\boldsymbol{C}\mathrm{adj}(s\boldsymbol{I}-\boldsymbol{A})\boldsymbol{B}}{|s\boldsymbol{I}-\boldsymbol{A}|} \tag{3-180}$$

$\boldsymbol{G}(s)$ 的各元素一般是 s 的多项式。

首先讨论利用传递函数矩阵中的行或列向量的相关性，对系统的能控性或能观测性进行判断，有如下判据：

(1)多输入系统能控的充分必要条件是：$(s\boldsymbol{I}-\boldsymbol{A})^{-1}\boldsymbol{B}$ 的 n 行线性无关。

证 必要性：已知系统式(3-179)完全能控。欲证 $(s\boldsymbol{I}-\boldsymbol{A})^{-1}\boldsymbol{B}$ 的 n 行线性无关。系统输入向量 $\boldsymbol{u}$ 与状态向量 $\boldsymbol{x}$ 间的传递函数矩阵为

$$\boldsymbol{G}_1(s)=(s\boldsymbol{I}-\boldsymbol{A})^{-1}\boldsymbol{B} \tag{3-181}$$

由于 $\mathrm{e}^{\boldsymbol{A}t}=\mathscr{L}^{-1}[(s\boldsymbol{I}-\boldsymbol{A})^{-1}]$，故 $\mathscr{L}[\mathrm{e}^{\boldsymbol{A}t}]=(s\boldsymbol{I}-\boldsymbol{A})^{-1}$，于是有

$$\mathscr{L}[\mathrm{e}^{\boldsymbol{A}t}\boldsymbol{B}]=(s\boldsymbol{I}-\boldsymbol{A})^{-1}\boldsymbol{B} \tag{3-182}$$

展开式(3-182)的左边：

$$\begin{aligned}\mathscr{L}[\mathrm{e}^{\boldsymbol{A}t}\boldsymbol{B}]&=\mathscr{L}\Big[\sum_{m=0}^{n-1}\alpha_m(t)\boldsymbol{A}^m\boldsymbol{B}\Big]=\\ &\mathscr{L}[\alpha_0(t)]\boldsymbol{B}+\mathscr{L}[\alpha_1(t)]\boldsymbol{A}\boldsymbol{B}+\cdots+\mathscr{L}[\alpha_{n-1}(t)]\boldsymbol{A}^{n-1}\boldsymbol{B}=\\ &\begin{bmatrix}\boldsymbol{B} & \boldsymbol{A}\boldsymbol{B} & \cdots & \boldsymbol{A}^{n-1}\boldsymbol{B}\end{bmatrix}\begin{bmatrix}\alpha_0(s)\boldsymbol{I}_p\\ \alpha_1(s)\boldsymbol{I}_p\\ \vdots\\ \alpha_{n-1}(s)\boldsymbol{I}_p\end{bmatrix}\end{aligned} \tag{3-183}$$

式中：$\boldsymbol{I}_p$ 为 $p\times p$ 阶单位矩阵；$[\alpha_0(s)\boldsymbol{I}_p\quad \alpha_1(s)\boldsymbol{I}_p\quad \cdots\quad \alpha_{n-1}(s)\boldsymbol{I}_p]^{\mathrm{T}}$ 为 $np\times p$ 阶矩阵，其行与列均线性无关。已知系统完全能控，其能控性矩阵 $[\boldsymbol{B}\quad \boldsymbol{A}\boldsymbol{B}\quad \cdots\quad \boldsymbol{A}^{n-1}\boldsymbol{B}]$ 必 n 行线性无关，则 $\mathscr{L}[\mathrm{e}^{\boldsymbol{A}t}\boldsymbol{B}]=(s\boldsymbol{I}-\boldsymbol{A})^{-1}\boldsymbol{B}$ 的 n 行线性无关。必要性得证。

充分性：采用反证法。已知 $(s\boldsymbol{I}-\boldsymbol{A})^{-1}\boldsymbol{B}$ 的 n 行线性无关，反设系统不完全能控，则能控性矩阵

$$Q_c=[\boldsymbol{B}\quad \boldsymbol{AB}\quad \cdots\quad \boldsymbol{A}^{n-1}\boldsymbol{B}] \tag{3-184}$$

的秩小于 n，即

$$\text{rank}[\boldsymbol{B}\quad \boldsymbol{AB}\quad \cdots\quad \boldsymbol{A}^{n-1}\boldsymbol{B}]\leqslant n-1 \tag{3-185}$$

由式(3-183)可知，这就使 $(s\boldsymbol{I}-\boldsymbol{A})^{-1}\boldsymbol{B}$ 线性无关的行数小于 n，这与已知条件相反。所以，反设不成立，充分性得证。证毕。

2. 多输出系统能观测的充分必要条件是 $\boldsymbol{C}(s\boldsymbol{I}-\boldsymbol{A})^{-1}$ 的 n 列线性无关。

证　必要性：已知系统式(3-179)完全能观测，欲证 $\boldsymbol{C}(s\boldsymbol{I}-\boldsymbol{A})^{-1}$ 的 n 列线性无关。由系统的动态方程可得

$$\boldsymbol{y}(s)=\boldsymbol{C}(s\boldsymbol{I}-\boldsymbol{A})^{-1}\boldsymbol{x}_0 \tag{3-186}$$

式(3-186)表明，$\boldsymbol{C}(s\boldsymbol{I}-\boldsymbol{A})^{-1}$ 是初始状态向量与输出向量的传递函数矩阵。于是有

$$\boldsymbol{C}(s\boldsymbol{I}-\boldsymbol{A})^{-1}=\mathscr{L}[\boldsymbol{C}\mathrm{e}^{\boldsymbol{A}t}] \tag{3-187}$$

展开式(3-187)的右端

$$\begin{aligned}&\mathscr{L}[\boldsymbol{C}\mathrm{e}^{\boldsymbol{A}t}]=\mathscr{L}\Big[\boldsymbol{C}\sum_{m=0}^{n-1}\alpha_m(t)\boldsymbol{A}\Big]=\\&\mathscr{L}[\alpha_0(\mathrm{t})]\boldsymbol{C}+\boldsymbol{L}[\alpha_1(t)]\boldsymbol{CA}+\cdots+\mathscr{L}[\alpha_{n-1}(t)]\boldsymbol{CA}^{n-1}=\\&[\alpha_0(s)\boldsymbol{I}_q\quad \alpha_1(s)\boldsymbol{I}_q\quad \cdots\quad \alpha_{n-1}(s)\boldsymbol{I}_q]\begin{bmatrix}\boldsymbol{C}\\ \boldsymbol{CA}\\ \vdots\\ \boldsymbol{CA}^{n-1}\end{bmatrix}\end{aligned} \tag{3-188}$$

式中：$\boldsymbol{I}_q$ 为 $q\times q$ 阶单位矩阵；$[\alpha_0(s)\boldsymbol{I}_q\quad \alpha_1(s)\boldsymbol{I}_q\quad \cdots\quad \alpha_{n-1}(s)\boldsymbol{I}_q]$ 为 $q\times nq$ 阶矩阵，其行与列均线性无关。已知系统完全能观测，其能观测性矩阵 $[\boldsymbol{C}\quad \boldsymbol{CA}\quad \cdots\quad \boldsymbol{CA}^{n-1}]^{\mathrm{T}}$ 必 n 列线性无关，则 $\mathscr{L}[\boldsymbol{C}\mathrm{e}^{\boldsymbol{A}t}]=\boldsymbol{C}(s\boldsymbol{I}-\boldsymbol{A})^{-1}$ 的 n 列线性无关。必要性得证。

充分性：采用反证法。已知 $\boldsymbol{C}(s\boldsymbol{I}-\boldsymbol{A})^{-1}$ 的 n 列线性无关，反设系统不完全能观测，则能观测性矩阵的秩小于 n，即

$$\text{rank}[\boldsymbol{C}^{\mathrm{T}}\quad \boldsymbol{A}^{\mathrm{T}}\boldsymbol{C}^{\mathrm{T}}\quad \cdots\quad (\boldsymbol{A}^{n-1})^{\mathrm{T}}\boldsymbol{C}^{\mathrm{T}}]\leqslant n-1 \tag{3-189}$$

由式(3-188)可知，这就使 $\boldsymbol{C}(s\boldsymbol{I}-\boldsymbol{A})^{-1}$ 线性无关的列数小于 n。显然，这与已知条件相反。所以反设不成立，充分性得证。证毕。

例 3-11　判断下列系统的能控性和能观测性。

$$\left.\begin{aligned}\dot{\boldsymbol{x}}&=\boldsymbol{Ax}+\boldsymbol{Bu}\\ \boldsymbol{y}&=\boldsymbol{Cx}\end{aligned}\right\} \tag{3-190}$$

其中

$$\boldsymbol{A}=\begin{bmatrix}1&3&2\\0&4&2\\0&0&1\end{bmatrix},\quad \boldsymbol{B}=\begin{bmatrix}0&1\\0&0\\1&0\end{bmatrix},\quad \boldsymbol{C}=\begin{bmatrix}1&0&0\\0&0&1\end{bmatrix} \tag{3-191}$$

解　这是双输入-双输出系统。先计算 $(s\boldsymbol{I}-\boldsymbol{A})^{-1}$，得

$$(s\boldsymbol{I}-\boldsymbol{A})^{-1}=\begin{bmatrix}s-1&-3&-2\\0&s-4&-2\\0&0&s-1\end{bmatrix}^{-1}=\frac{s-1}{(s-1)^2(s-4)}\begin{bmatrix}s-4&3&2\\0&s-1&2\\0&0&s-4\end{bmatrix} \tag{3-192}$$

故

$$(s\boldsymbol{I}-\boldsymbol{A})^{-1}\boldsymbol{B}=\frac{s-1}{(s-1)^2(s-4)}\begin{bmatrix}2 & s-4\\2 & 0\\s-4 & 0\end{bmatrix} \tag{3-193}$$

为判断三行线性相关性，解下列方程：

$$\alpha_1(2,s-4)+\alpha_2(2,0)+\alpha_3(s-4,0)=0 \tag{3-194}$$

将式(3-194)分为两个方程：

$$\left.\begin{aligned}&2\alpha_1+2\alpha_2+\alpha_3(s-4)=0\\&\alpha_1(s-4)=0\end{aligned}\right\} \tag{3-195}$$

解得

$$\left.\begin{aligned}&\alpha_1=0\\&2\alpha_2+\alpha_3 s-4\alpha_3=0\end{aligned}\right\} \tag{3-196}$$

利用两式同次项系数对应相等的条件，解到

$$\alpha_3=0,\alpha_2=0 \tag{3-197}$$

故只有 $\alpha_1=\alpha_2=\alpha_3=0$ 时，才能满足式(3-194)。因此，式(3-193)三行线性无关，故系统完全能控。

$$\boldsymbol{C}(s\boldsymbol{I}-\boldsymbol{A})^{-1}=\frac{s-1}{(s-1)^2(s-1)}\begin{bmatrix}s-4 & 3 & 2\\0 & 0 & s-4\end{bmatrix} \tag{3-198}$$

为判断三列线性相关性，解下列方程：

$$\beta_1\begin{bmatrix}s-4\\0\end{bmatrix}+\beta_2\begin{bmatrix}3\\0\end{bmatrix}+\beta_3\begin{bmatrix}2\\s-4\end{bmatrix}=0 \tag{3-199}$$

即得

$$\left.\begin{aligned}&\beta_3(s-4)=0\\&\beta_1(s-4)+3\beta_2+2\beta_3=0\end{aligned}\right\} \tag{3-200}$$

解得

$$\beta_1=\beta_2=\beta_3=0 \tag{3-201}$$

故式(3-198)中三列线性无关，系统完全能观测。

此例并未涉及传递函数矩阵是否存在零极点对消现象。

下面讨论利用系统传递函数矩阵是否存在零极点对消现象来判断系统的能控性和能观测性的问题。

(1) 多输入-多输出线性定常系统式(3-179)能控且能观测的充分条件是系统传递函数矩阵 $\boldsymbol{G}(s)$ 的分母 $|s\boldsymbol{I}-\boldsymbol{A}|$ 与分子 $\boldsymbol{C}\mathrm{adj}(s\boldsymbol{I}-\boldsymbol{A})\boldsymbol{B}$ 之间，没有零极点对消。

证 充分性：采用反证法。已知 $|s\boldsymbol{I}-\boldsymbol{A}|$ 与 $\boldsymbol{C}\mathrm{adj}(s\boldsymbol{I}-\boldsymbol{A})\boldsymbol{B}$ 无零极点对消，反设系统不能控或不能观测，则能控性或能观测性矩阵的秩为 n_1，$n_1<n$。即

$$\mathrm{rank}[\boldsymbol{B}\quad \boldsymbol{AB}\quad \cdots\quad \boldsymbol{A}^{n-1}\boldsymbol{B}]=n_1<n \tag{3-202}$$

或

$$\mathrm{rank}[\boldsymbol{C}^{\mathrm{T}}\quad \boldsymbol{A}^{\mathrm{T}}\boldsymbol{C}^{\mathrm{T}}\quad \cdots\quad (\boldsymbol{A}^{\mathrm{T}})^{n-1}\boldsymbol{C}^{\mathrm{T}}]=n_1<n \tag{3-203}$$

必存在一个 n_1 维的等价系统($\overline{\boldsymbol{A}}\quad\overline{\boldsymbol{B}}\quad\overline{\boldsymbol{C}}$)是能控且能观测的，根据等价系统必有相同的传递函数矩阵的原理，即

$$\frac{\overline{\boldsymbol{C}}\mathrm{adj}(s\boldsymbol{I}-\overline{\boldsymbol{A}})\overline{\boldsymbol{B}}}{|s\boldsymbol{I}-\overline{\boldsymbol{A}}|}=\frac{\boldsymbol{C}\mathrm{adj}(s\boldsymbol{I}-\boldsymbol{A})\boldsymbol{B}}{|s\boldsymbol{I}-\boldsymbol{A}|} \tag{3-204}$$

但这里 $|s\boldsymbol{I}-\overline{\boldsymbol{A}}|$ 是 n_1 次多项式，式(3-204)若要成立，必然有 $|s\boldsymbol{I}-\boldsymbol{A}|$ 与 $\boldsymbol{C}\mathrm{adj}(s\boldsymbol{I}-\boldsymbol{A})\boldsymbol{B}$ 发生零极点相消，这与已知条件相反，所以反设不成立。充分性得证。

例 3-12　设线性定常系统为

$$\dot{\boldsymbol{x}}=\begin{bmatrix}1&0\\0&1\end{bmatrix}\boldsymbol{x}+\begin{bmatrix}1&0\\0&1\end{bmatrix}\boldsymbol{u},\quad \boldsymbol{y}=\begin{bmatrix}1&0\\0&1\end{bmatrix}\boldsymbol{x} \tag{3-205}$$

试问：能否直接从系统传递函数矩阵来判断能控性和能观测性？

解　先计算系统的传递函数矩阵

$$\boldsymbol{G}(s)=\frac{\boldsymbol{C}\mathrm{adj}(s\boldsymbol{I}-\boldsymbol{A})}{|s\boldsymbol{I}-\boldsymbol{A}|}=$$
$$\frac{1}{(s-1)^2}\begin{bmatrix}s-1&0\\0&s-1\end{bmatrix}=\frac{s-1}{(s-1)^2}\begin{bmatrix}1&0\\0&1\end{bmatrix}=\frac{1}{s-1}\begin{bmatrix}1&0\\0&1\end{bmatrix} \tag{3-206}$$

从计算过程可知：$\boldsymbol{G}(s)$ 有零极点相消。

再求能控性和能观测性矩阵的秩：

$$\mathrm{rank}[\boldsymbol{B}\quad \boldsymbol{AB}]=2,\quad \mathrm{rank}[\boldsymbol{C}\quad \boldsymbol{CA}]^{\mathrm{T}}=2 \tag{3-207}$$

由秩判断可知，该系统是完全能控、完全能观测的。但 $\boldsymbol{G}(s)$ 有零极点相消。这说明，系统 $\boldsymbol{G}(s)$ 有零极点对消并不能判断系统的能控性和能观测性。

(2)若将式(3-180)的分母用 $\boldsymbol{A}$ 的最小多项式 $\psi(s)$ 表示，设 $d(s)$ 为 $\boldsymbol{G}(s)$ 的首 1 最大公因式，则 $G(s)$ 的分子分母分别用下式表示：

$$\boldsymbol{C}\mathrm{adj}(s\boldsymbol{I}-\boldsymbol{A})\boldsymbol{B}=\boldsymbol{C}d(s)\boldsymbol{H}(s)\boldsymbol{B} \tag{3-208}$$

$$|s\boldsymbol{I}-\boldsymbol{A}|=d(s)\psi(s) \tag{3-209}$$

于是

$$\boldsymbol{G}(s)=\frac{\boldsymbol{CH}(s)\boldsymbol{B}}{\psi(s)} \tag{3-210}$$

由式(3-210)得到以下结论：

多输入多输出线性定常系统式(3-179)能控且能观测的必要条件是系统传递函数矩阵的分子 $\boldsymbol{CH}(s)\boldsymbol{B}$ 与分母 $\psi(s)$ 之间无非常数公因式，即无零极点相消。

证略。

例 3-13　设线性定常系统为

$$\dot{\boldsymbol{x}}=\begin{bmatrix}1&3&2\\0&4&2\\0&0&1\end{bmatrix}\boldsymbol{x}+\begin{bmatrix}1&0\\0&1\\0&0\end{bmatrix}\boldsymbol{u},\quad \boldsymbol{y}=\begin{bmatrix}1&0&0\\0&1&1\end{bmatrix}\boldsymbol{x} \tag{3-211}$$

$\boldsymbol{A}$ 的最小多项式为 $\psi(s)=(s-1)(s-4)$，而

$$\boldsymbol{H}(s)=\begin{bmatrix}s-4&3&2\\0&s-1&2\\0&0&s-4\end{bmatrix},\quad \boldsymbol{CH}(s)\boldsymbol{B}=\begin{bmatrix}s-4&3\\0&s-1\end{bmatrix} \tag{3-212}$$

虽然 $\boldsymbol{CH}(s)\boldsymbol{B}$ 与 $\psi(s)$ 无公因式，但用能控性矩阵秩判据可以验证系统是不能控的。

由此例可见，$\boldsymbol{G}(s)$ 的分母为最小多项式 $\psi(s)$，并与分子 $\boldsymbol{CH}(s)\boldsymbol{B}$ 之间无公因式，不是判断能控性和能观测性的充分条件。

定义 3-11 正则有理矩阵 $\boldsymbol{G}(s)$ 的所有不恒为零的子式，当化成不可约简形式后的首 1 最小公分母定义为 $\boldsymbol{G}(s)$ 的极点多项式 $\varphi(s)$。极点多项式的次数定义为 $\boldsymbol{G}(s)$ 的次数，记为 n_b。$\varphi(s)=0$ 的根称为 $\boldsymbol{G}(s)$ 的极点。

设 $\boldsymbol{G}(s)$ 的秩为 r，当 $\boldsymbol{G}(s)$ 的所有不恒为零 r 阶子式的分母取为极点多项式时，其诸分子的首 1 最大公因子称为 $\boldsymbol{G}(s)$ 的零点多项式 $z(s)$，$z(s)=0$ 的根称为 $\boldsymbol{G}(s)$ 的零点。

例 3-14 考虑有理函数矩阵：

$$\boldsymbol{G}_1(s)=\begin{bmatrix}\dfrac{1}{s+1} & \dfrac{1}{s+1}\\ \dfrac{1}{s+1} & \dfrac{1}{s+1}\end{bmatrix},\ \boldsymbol{G}_2(s)=\begin{bmatrix}\dfrac{2}{s+1} & \dfrac{1}{s+1}\\ \dfrac{1}{s+1} & \dfrac{1}{s+1}\end{bmatrix},\boldsymbol{G}_3(s)=\begin{bmatrix}\dfrac{s}{s+1} & \dfrac{1}{(s+1)(s+2)} & \dfrac{1}{s+3}\\ \dfrac{-1}{s+1} & \dfrac{1}{(s+1)(s+2)} & \dfrac{1}{s}\end{bmatrix} \tag{3-213}$$

解：(1) $\boldsymbol{G}_1(s)$ 的一阶子式为 $\dfrac{1}{s+1},\dfrac{1}{s+1},\dfrac{1}{s+1},\dfrac{1}{s+1}$，二阶子式恒为 0。因此，$\boldsymbol{G}_1(s)$ 的极点多项式是 $(s+1)$，$n_b=1$。不存在零点。

(2) $\boldsymbol{G}_2(s)$ 的一阶子式为 $\dfrac{2}{s+1},\dfrac{1}{s+1},\dfrac{1}{s+1},\dfrac{1}{s+1}$，一个二阶子式为 $\dfrac{1}{(s+1)^2}$。因此，$\boldsymbol{G}_2(s)$ 的极点多项式是 $(s+1)^2$，$n_b=2$。二阶子式分母已化为极点多项式，但分子不含非常数公因子，故不存在零点。

(3) $\boldsymbol{G}(s)$ 的一阶子式是其各元素，二阶子式有三个：$\dfrac{1}{(s+1)(s+2)},\dfrac{s+4}{(s+1)(s+3)},\dfrac{3}{s(s+1)(s+2)(s+3)}$，因此，$\boldsymbol{G}(s)$ 的极点多项式为 $s(s+1)(s+2)(s+3)$，且 $n_b=4$。在二阶子式分母化为极点多项式后，其分子不存在非常数公因子，故不存在零点。

必须注意，在计算有理矩阵的极点多项式时，必须将每个子式简化成不可简约形式，计算零点多项式时必须将所有 r 阶子式的分母化为极点多项式，否则将会得到错误的结果。利用有理矩阵的极点多项式 $\varphi(s)$ 及其次数 n_b 和零点多项式 $z(s)$ 的概念，就能将单输入-单输出传递函数的相应结果推广到多输入-多输出系统传递函数矩阵。

(3) 多输入-多输出系统式(3-179)是能控且能观测的充分必要条件是 $\boldsymbol{G}(s)$ 的极点多项式 $\varphi(s)$ 等于 $\boldsymbol{A}$ 的特征多项式 $|s\boldsymbol{I}-\boldsymbol{A}|$，即

$$\varphi(s)=\det(s\boldsymbol{I}-\boldsymbol{A}) \tag{3-214}$$

证略。

例 3-15 系统动态方程(3-179) 中的 $\boldsymbol{A},\boldsymbol{B},\boldsymbol{C}$ 如下：

$$\boldsymbol{A}=\begin{bmatrix}0&0&1&0\\0&0&0&1\\0&0&-1&0\\0&0&0&-1\end{bmatrix},\ \boldsymbol{B}=\begin{bmatrix}0&1\\1&1\\1&0\\0&-2\end{bmatrix},\ \boldsymbol{C}=\begin{bmatrix}1&0&0&0\\0&1&0&0\end{bmatrix} \tag{3-215}$$

试判断此系统的能控性和能观测性。

解　列出传递函数矩阵

$$G(s)=\frac{C\mathrm{adj}(sI-A)^{-1}B}{|sI-A|}=\begin{bmatrix}\dfrac{1}{s(s+1)} & \dfrac{1}{s}\\ \dfrac{1}{s} & \dfrac{-1}{s(s+1)}\end{bmatrix} \tag{3-216}$$

A 的特征多项式 $|sI-A|=s^2(s+1)^2$。$G(s)$ 各阶子式的最小公分母为 $s^2(s+1)^2$，即极点多项式 $\varphi(s)=s^2(s+1)^2$，$n=4$。显然 $\varphi(s)=|sI-A|$，所以系统能控且能观测。

第五节　线性系统的能控性、能观测性和规范分解

一、等价系统的能控性和能观性

对系统进行结构分解是通过引入恰当的线性非奇异变换来实现的。因此，有必要首先研究系统在线性非奇异变换下的能控性和能观性是否会发生变化，结论如下：

(1)设 $(\bar{A},\bar{B},\bar{C})$ 为对 (A,B,C) 进行线性非奇异变换所导出的结果，二者之间的关系为

$$\bar{A}=PAP^{-1},\quad \bar{B}=PB,\quad \bar{C}=CP^{-1} \tag{3-217}$$

式中：P 为非奇异常值矩阵。则必成立

$$\mathrm{rank}\bar{Q}_c=\mathrm{rank}Q_c \tag{3-218}$$

$$\mathrm{rank}\bar{Q}_o=\mathrm{rank}Q_o \tag{3-219}$$

式中：$\bar{Q}_c$ 和 Q_c 为二者的能控性矩阵；$\bar{Q}_o$ 和 Q_o 为二者的能观测性矩阵。

证　利用式(3-217)，有

$$\bar{Q}_c=[\bar{B}\quad \bar{A}\bar{B}\quad \cdots\quad \bar{A}^{n-1}\bar{B}]=[PB\quad PAB\quad \cdots\quad PA^{n-1}B]=PQ_c \tag{3-220}$$

考虑到 $\mathrm{rank}P=n$ 和 $\mathrm{rank}Q_c\leqslant n$，故由此导出

$$\mathrm{rank}Q_c\leqslant\min\{\mathrm{rank}P^{-1},\mathrm{rank}\bar{Q}_c\}=\mathrm{rank}\bar{Q}_c \tag{3-221}$$

又因 P 为非奇异，由式(3-220)可得

$$Q_c=P^{-1}\bar{Q}_c \tag{3-222}$$

而由式(3-222)又可导出

$$\mathrm{rank}\bar{Q}_c\leqslant\min\{\mathrm{rank}P^{-1},\mathrm{rank}Q_c\}=\mathrm{rank}Q_c \tag{3-223}$$

于是，由式(3-220)和式(3-223)就可证得式(3-218)。

同理，也可证得式(3-219)。

(2)对线性时变系统，有

$$\dot{x}=A(t)x+B(t)u\quad t\in T_t(\text{时间定义区间}) \tag{3-224}$$

$$y=C(t)\qquad x(3-225)$$

作可微非奇异变换

$$\bar{x}=P(t)x \tag{3-226}$$

其中 $P(t)$ 的元素是对 t 的绝对连续函数。且 $P(t)$ 对一切 $t\in[t_0,t_1]$ 均不降秩，$t_0\in T$。则系统的格拉姆矩阵在变换后的秩不变，即

$$\mathrm{rank}\bar{W}(t_0,t_1)=\mathrm{rank}W(t_0,t_1) \tag{3-227}$$

和

$$\mathrm{rank}\bar{\boldsymbol{M}}(t_0,t_1)=\mathrm{rank}\boldsymbol{M}(t_0,t_1) \tag{3-228}$$

证 线性系统在变换后的动力学方程为

$$\dot{\bar{\boldsymbol{x}}}=\bar{\boldsymbol{A}}(t)\bar{\boldsymbol{x}}+\bar{\boldsymbol{B}}(t)\boldsymbol{u} \tag{3-229}$$

$$\boldsymbol{y}=\bar{\boldsymbol{C}}(t)\bar{\boldsymbol{x}} \tag{3-230}$$

式中

$$\left.\begin{aligned}\bar{\boldsymbol{A}}(t)&=\boldsymbol{P}(t)\boldsymbol{A}(t)\boldsymbol{P}^{-1}(t)+\dot{\boldsymbol{P}}(t)\boldsymbol{P}^{-1}(t)\\ \bar{\boldsymbol{B}}(t)&=\boldsymbol{P}(t)\boldsymbol{B}(t)\\ \bar{\boldsymbol{C}}(t)&=\boldsymbol{C}(t)\boldsymbol{B}^{-1}(t)\end{aligned}\right\} \tag{3-231}$$

系统的解为

$$\boldsymbol{x}=\boldsymbol{\Phi}(t,t_0)\boldsymbol{x}_0+\int_{t_0}^{t}\boldsymbol{\Phi}(t,\tau)\boldsymbol{B}(\tau)\boldsymbol{u}(\tau)\,\mathrm{d}\tau \tag{3-232}$$

利用式(3-226)，即 $\bar{\boldsymbol{x}}=\boldsymbol{P}(t)\boldsymbol{x}$。将式(3-231) 代入式(3-226) 可得

$$\begin{aligned}\bar{\boldsymbol{x}}&=\boldsymbol{P}(t)\boldsymbol{\Phi}(t,t_0)\boldsymbol{x}_0+\int_{t_0}^{t}\boldsymbol{P}(t)\boldsymbol{\Phi}(t,\tau)\boldsymbol{B}(\tau)\boldsymbol{u}(\tau)\,\mathrm{d}\tau=\\ &\boldsymbol{P}(t)\boldsymbol{\Phi}(t,t_0)\boldsymbol{P}^{-1}(t_0)\bar{\boldsymbol{x}}_0+\int_{t_0}^{t}\boldsymbol{P}(t)\boldsymbol{\Phi}(t,\tau)\boldsymbol{P}^{-1}(\tau)\bar{\boldsymbol{B}}(\tau)\boldsymbol{u}(\tau)\,\mathrm{d}\tau=\\ &\bar{\boldsymbol{\Phi}}(t,t_0)\bar{\boldsymbol{x}}_0+\int_{t_0}^{t}\bar{\boldsymbol{\Phi}}(t,\tau)\bar{\boldsymbol{B}}(\tau)\boldsymbol{u}(\tau)\,\mathrm{d}\tau\end{aligned} \tag{3-233}$$

从而，由此得到

$$\bar{\boldsymbol{\Phi}}(t,\tau)=\boldsymbol{P}(t)\boldsymbol{\Phi}(t,\tau)\boldsymbol{P}^{-1}(\tau) \tag{3-234}$$

利用上述关系，进一步有

$$\begin{aligned}\bar{\boldsymbol{W}}(t_0,t_1)&=\int_{t_0}^{t_1}\bar{\boldsymbol{\Phi}}(t_0,\tau)\bar{\boldsymbol{B}}(\tau)\bar{\boldsymbol{B}}^{\mathrm{T}}(\tau)\bar{\boldsymbol{\Phi}}^{\mathrm{T}}(t_0,\tau)\,\mathrm{d}\tau=\\ &\int_{t_0}^{t_1}\boldsymbol{P}(t_0)\boldsymbol{\Phi}(t_0,\tau)\boldsymbol{B}(\tau)\boldsymbol{B}^{\mathrm{T}}(\tau)\boldsymbol{\Phi}^{\mathrm{T}}(t_0,\tau)[\boldsymbol{P}(t_0)]^{\mathrm{T}}\mathrm{d}\tau=\\ &\boldsymbol{P}(t_0)\boldsymbol{W}(t_0,t_1)\boldsymbol{P}^{\mathrm{T}}(t_0)\end{aligned} \tag{3-235}$$

由 $\mathrm{rank}\boldsymbol{P}(t_0)=n$ 和 $\mathrm{rank}\boldsymbol{W}(t_0,t)\leqslant n$，故可导出

$$\mathrm{rank}\bar{\boldsymbol{W}}(t_0,t_1)\leqslant\mathrm{rank}\boldsymbol{W}(t_0,t_1) \tag{3-236}$$

又由式(3-235)得

$$\boldsymbol{W}(t_0,t_1)=\boldsymbol{P}^{-1}(t_0)\bar{\boldsymbol{W}}(t_0,t_1)[\boldsymbol{P}^{-1}(t_0)]^{\mathrm{T}} \tag{3-237}$$

便可导出

$$\mathrm{rank}\boldsymbol{W}(t_0,t)\leqslant\mathrm{rank}\bar{\boldsymbol{W}}(t_0,t) \tag{3-238}$$

于是，由式(3-236)和式(3-238)即可证得式(3-227)。

同理，也可证得式(3-228)。证毕。

以上结论说明，对线性系统作线性非奇异变换，不改变系统的能控性和能观测性，也不改变其不完全能控和不完全能观测的程度。而正是这一点，线性系统完全可以通过线性非奇异变换，来实现系统的能控规范型和能观测规范型分解。

二、线性连续定常系统的能控性规范型

对于完全能控或完全能观测的线性定常系统，如果从能控或能观测这个基本属性出发来构造一个非奇异的变换阵，可把系统的状态空间描述在这一线性变换下化成只有能控系统或能观测系统才具有的标准形式。通常，分别称标准形式的状态空间描述为能控规范型和能观测规范型。规范型可为系统综合提供有效形式。本节先对单输入-单输出情况，讨论能控规范型和能观测规范型。

1. 单输入-单输出系统的能控规范型

考虑完全能控的单输入-单输出线性定常系统

$$\begin{aligned}\dot{\boldsymbol{x}}&=\boldsymbol{A}\boldsymbol{x}+\boldsymbol{b}u\\ y&=\boldsymbol{c}\boldsymbol{x}\end{aligned} \tag{3-239}$$

式中：$\boldsymbol{A}$ 为 $n\times n$ 阶常数阵；$\boldsymbol{b}$ 和 $\boldsymbol{c}$ 分别为 $n\times1$ 阶和 $1\times n$ 阶常数阵。由于系统为完全能控，所以

$$\operatorname{rank}[\boldsymbol{b}\quad \boldsymbol{A}\boldsymbol{b}\quad \cdots\quad \boldsymbol{A}^{n-1}\boldsymbol{b}]=n \tag{3-240}$$

设 $\boldsymbol{A}$ 的特征多项式为

$$\det(s\boldsymbol{I}-\boldsymbol{A})=s^n+\alpha_{n-1}s^{n-1}+\cdots+\alpha_1 s+\alpha_0=\alpha(s) \tag{3-241}$$

于是，在此基础上，可导出能控规范型定理。

能控规范型定理：设系统式(3－239)能控，则可通过等价线性变换将其变换为能控规范型：

$$\dot{\bar{\boldsymbol{x}}}=\bar{\boldsymbol{A}}\bar{\boldsymbol{x}}+\bar{\boldsymbol{b}}u=\begin{bmatrix}0&1&0&\cdots&0\\0&0&1&&0\\\vdots&\vdots&\vdots&&\vdots\\0&0&0&&1\\-\alpha_0&-\alpha_1&-\alpha_2&\cdots&-\alpha_{n-1}\end{bmatrix}\bar{\boldsymbol{x}}+\begin{bmatrix}0\\0\\\vdots\\0\\1\end{bmatrix}u \tag{3-242}$$

$$y=[\beta_0\quad \beta_1\quad \cdots\quad \beta_{n-1}]\bar{\boldsymbol{x}}=\bar{\boldsymbol{c}}\bar{\boldsymbol{x}}$$

证　因系统式(3－239)能控，故向量组$[\boldsymbol{b},\boldsymbol{A}\boldsymbol{b},\cdots,\boldsymbol{A}^{n-1}\boldsymbol{b}]$线性无关，因此按下式定义的向量组

$$[\boldsymbol{q}_1\quad \boldsymbol{q}_2\quad \cdots\quad \boldsymbol{q}_n]=[\boldsymbol{b}\quad \boldsymbol{A}\boldsymbol{b}\quad \cdots\quad \boldsymbol{A}^{n-1}\boldsymbol{b}]\begin{bmatrix}\alpha_1&\alpha_2&\cdots&\alpha_{n-1}&1\\\alpha_2&\alpha_3&\cdots&1&0\\\vdots&\vdots&&\vdots&\vdots\\\alpha_{n-1}&1&\cdots&0&0\\1&0&\cdots&0&0\end{bmatrix} \tag{3-243}$$

也线性无关，并可取为状态空间的基底。设等价变换阵 $\boldsymbol{P}=[\boldsymbol{q}_1\quad \boldsymbol{q}_2\quad \cdots\quad \boldsymbol{q}_n]^{-1}$，则 $\boldsymbol{P}\boldsymbol{A}\boldsymbol{P}^{-1}=\bar{\boldsymbol{A}}$，即

$$\boldsymbol{A}\boldsymbol{P}^{-1}=\boldsymbol{P}^{-1}\bar{\boldsymbol{A}} \tag{3-244}$$

$$\boldsymbol{A}[\boldsymbol{q}_1\quad \boldsymbol{q}_2\quad \cdots\quad \boldsymbol{q}_n]=[\boldsymbol{q}_1\quad \boldsymbol{q}_2\quad \cdots\quad \boldsymbol{q}_n]\bar{\boldsymbol{A}} \tag{3-245}$$

由式(3－245)可知，当取 $\boldsymbol{q}_1,\boldsymbol{q}_2,\cdots,\boldsymbol{q}_n$ 作为基底时，$\boldsymbol{A}\boldsymbol{q}_i$ 可表为 $\boldsymbol{q}_1,\boldsymbol{q}_2,\cdots,\boldsymbol{q}_n$ 的线性组合。

由式(3-243)得到

$$\left.\begin{aligned}&\boldsymbol{q}_1=a_1\boldsymbol{b}+a_2\boldsymbol{Ab}+\cdots+a_{n-1}\boldsymbol{A}^{n-2}\boldsymbol{b}+\boldsymbol{A}^{n-1}\boldsymbol{b}\\&\boldsymbol{q}_2=a_2\boldsymbol{b}+a_3\boldsymbol{Ab}+\cdots+a_{n-2}\boldsymbol{A}^{n-3}\boldsymbol{b}+\boldsymbol{A}^{n-2}\boldsymbol{b}\\&\cdots\cdots\\&\boldsymbol{q}_i=a_i\boldsymbol{b}+a_{i+1}\boldsymbol{Ab}+\cdots+a_{n-i}\boldsymbol{A}^{n-i-1}\boldsymbol{b}+\boldsymbol{A}^{n-i}\boldsymbol{b}\\&\cdots\cdots\\&\boldsymbol{q}_n=\boldsymbol{b}\end{aligned}\right\}\tag{3-246}$$

由式(3-246)进一步得到

$$\boldsymbol{q}_i=a_i\boldsymbol{q}_n+\boldsymbol{A}\boldsymbol{q}_{i+1},\quad i=1,2,\cdots,n-1\tag{3-247}$$

或

$$\boldsymbol{A}\boldsymbol{q}_{i+1}=\boldsymbol{q}_i-a_i\boldsymbol{q}_n\tag{3-248}$$

利用凯莱-哈密尔顿定理 $a(\boldsymbol{A})=0$,进一步得到

$$\begin{aligned}\boldsymbol{A}\boldsymbol{q}_1=&\boldsymbol{A}(a_1\boldsymbol{b}+a_2\boldsymbol{Ab}+\cdots+a_{n-1}\boldsymbol{A}^{n-2}\boldsymbol{b}+\boldsymbol{A}^{n-1}\boldsymbol{b})=\\&-a_0\boldsymbol{b}+(a_0\boldsymbol{b}+a_1\boldsymbol{Ab}+a_2\boldsymbol{A}^2\boldsymbol{b}+\cdots+a_{n-1}\boldsymbol{A}^{n-1}\boldsymbol{b}+\boldsymbol{A}^n\boldsymbol{b})=\\&-a_0\boldsymbol{b}=-a_0\boldsymbol{q}_n\end{aligned}\tag{3-249}$$

由式(3-248)和式(3-249)可写出下列形式

$$\begin{bmatrix}\boldsymbol{A}\boldsymbol{q}_1\\\boldsymbol{A}\boldsymbol{q}_2\\\vdots\\\boldsymbol{A}\boldsymbol{q}_n\end{bmatrix}=\begin{bmatrix}0&0&\cdots&0&-a_0\\1&0&\cdots&0&-a_1\\0&1&\cdots&0&-a_2\\\vdots&\vdots&\vdots&\vdots&\\0&0&\cdots&1&-a_{n-1}\end{bmatrix}\begin{bmatrix}\boldsymbol{q}_1\\\boldsymbol{q}_2\\\vdots\\\boldsymbol{q}_n\end{bmatrix}\tag{3-250}$$

或

$$[\boldsymbol{A}\boldsymbol{q}_1\,\boldsymbol{A}\boldsymbol{q}_2\cdots\boldsymbol{A}\boldsymbol{q}_n]=[\boldsymbol{q}_1\ \boldsymbol{q}_2\cdots\boldsymbol{q}_n]\begin{bmatrix}0&1&0&\cdots\\0&0&1&\cdots\\0&0&0&\cdots\\\vdots&\vdots&\vdots&\vdots\\0&0&0&1\\-a_0&-a_1&\cdots&-a_{n-1}\end{bmatrix}\tag{3-251}$$

将式(3-251)与式(3-248)比较得到

$$\bar{\boldsymbol{A}}=\begin{bmatrix}0&1&0&\cdots&0\\0&0&1&\cdots&0\\0&0&0&\cdots&0\\\vdots&\vdots&\vdots&\vdots&\vdots\\0&0&0&\cdots&1\\-a_0&-a_1&-a_2&\cdots&-a_{n-1}\end{bmatrix}\tag{3-252}$$

这时 $\bar{\boldsymbol{b}}=\boldsymbol{Pb}$ 或 $\boldsymbol{P}^{-1}\bar{\boldsymbol{b}}=\boldsymbol{b}$,即$[\boldsymbol{q}_1\ \boldsymbol{q}_2\cdots\boldsymbol{q}_n]=\boldsymbol{b}$,而 $\boldsymbol{b}=\boldsymbol{q}_n$ 故得

$$\bar{\boldsymbol{b}}=[0\quad 0\quad\cdots\quad 0\quad 1]^{\mathrm{T}}\tag{3-253}$$

因 $\bar{\boldsymbol{c}}=\boldsymbol{c}\boldsymbol{P}^{-1}=\boldsymbol{c}[\boldsymbol{q}_1\quad\boldsymbol{q}_2\quad\cdots\quad\boldsymbol{q}_n]$,考虑式(3-250),得

$$\bar{c}=c[b\quad Ab\quad \cdots\quad A^{n-1}b]\begin{bmatrix}a_1 & a_2 & \cdots & a_{n-1} & 1\\ a_2 & a_3 & \cdots & 1 & 0\\ \vdots & \vdots & & \vdots & \vdots\\ a_{n-1} & 1 & \cdots & 0 & 0\\ 1 & 0 & \cdots & 0 & 0\end{bmatrix}= \tag{3-254}$$

$$[\beta_0\quad \beta_1\quad \cdots\quad \beta_{n-1}]$$

式(3-254)中$[\beta_0\quad \beta_1\quad \cdots\quad \beta_{n-1}]$如下式所示：

$$\left.\begin{aligned}&\beta_{n-1}=cb\\&\beta_{n-2}=cAb+a_{n-1}cb\\&\cdots\cdots\\&\beta_1=cA^{n-2}b+a_{n-1}cA^{n-3}b+\cdots+a_2cb\\&\beta_0=cA^{n-1}b+a_{n-1}cA^{n-2}b+\cdots+a_1cb\end{aligned}\right\} \tag{3-255}$$

至此，完成了能控规范型定理的证明。

例 3-16　将下列能控系统变换为能控规范型

$$\begin{aligned}\dot{x}&=\begin{bmatrix}1 & 0 & 1\\ 0 & 1 & 0\\ 1 & 0 & 0\end{bmatrix}x+\begin{bmatrix}0\\1\\1\end{bmatrix}u\\ y&=[1\quad 1\quad 0]x\end{aligned} \tag{3-256}$$

解　(1) 计算能控性矩阵

$$Q_c=[b\quad Ab\quad A^2b]=\begin{bmatrix}0 & 1 & 1\\ 1 & 1 & 1\\ 1 & 0 & 1\end{bmatrix} \tag{3-257}$$

(2) 计算 A 的特征多项式

$$\det\begin{bmatrix}s-1 & 0 & -1\\ 0 & s-1 & 0\\ -1 & 0 & s\end{bmatrix}=s^3-2s^2+1=a(s) \tag{3-258}$$

(3) 计算变换矩阵

$$[q_1\ q_2\ q_3]=\begin{bmatrix}0 & 1 & 1\\ 1 & 1 & 1\\ 1 & 0 & 1\end{bmatrix}\begin{bmatrix}0 & -2 & 1\\ -2 & 1 & 0\\ 1 & 0 & 0\end{bmatrix}=\begin{bmatrix}-1 & 1 \\ -1 & -1 \\ 1 & -2 \end{bmatrix} \tag{3-259}$$

$$p=\begin{bmatrix}-1 & 1 & 1\\ -1 & -1 & 1\\ 1 & -2 & 1\end{bmatrix}^{-1}=\begin{bmatrix}1 & -1 & 1\\ 2 & -1 & 1\\ 3 & -1 & 2\end{bmatrix} \tag{3-260}$$

(4) 计算 $\bar{c}$

$$\bar{c}=[1\ 1\ 0]\begin{bmatrix}-1 & 1 & 0\\ -1 & -1 & 1\\ 1 & -2 & 1\end{bmatrix}=[-2\quad 0\quad 1] \tag{3-261}$$

(5) 写出能控规范型如下：

$$\dot{\bar{x}}=\begin{bmatrix}0 & 1 & 0\\ 0 & 0 & 1\\ -1 & 0 & 2\end{bmatrix}\bar{x}+\begin{bmatrix}0\\0\\1\end{bmatrix}\boldsymbol{u}$$

$$\boldsymbol{y}=[-2\quad 0\quad 1]\bar{x} \tag{3-262}$$

2. 多输入-多输出系统的能控规范型

对于线性定常多变量系统的状态方程和输出方程

$$\left.\begin{aligned}\dot{\boldsymbol{x}}&=\boldsymbol{Ax}+\boldsymbol{Bu}\\ \boldsymbol{y}&=\boldsymbol{Cx}\end{aligned}\right\} \tag{3-263}$$

式中：$\boldsymbol{A}$ 为 $n\times n$ 阶常阵；$\boldsymbol{B}$ 和 $\boldsymbol{C}$ 分别为 $n\times p$ 阶和 $q\times n$ 阶常阵。其能控判别阵 $\boldsymbol{Q}_c$ 和能观判别阵 $\boldsymbol{Q}_o$ 为

$$\boldsymbol{Q}_c=[\boldsymbol{B}\ \boldsymbol{AB}\ \cdots\boldsymbol{A}^{n-1}\boldsymbol{B}] \tag{3-264}$$

和

$$\boldsymbol{Q}_o=\begin{bmatrix}\boldsymbol{C}\\ \boldsymbol{CA}\\ \vdots\\ \boldsymbol{CA}^{n-1}\end{bmatrix} \tag{3-265}$$

显然，当系统为能控时，必有

$$\text{rank}\boldsymbol{Q}_c=n \tag{3-266}$$

$$\text{rank}\boldsymbol{Q}_0=n \tag{3-267}$$

也即 $n\times pn$ 的 $\boldsymbol{Q}_c$ 阵中，有且仅有 n 个线性无关的列，在 $qn\times n$ 的 $\boldsymbol{Q}_o$ 阵中，有且仅有 n 个线性无关的行。因此为了确定能控规范型和能观测规范型，首先要找出 $\boldsymbol{Q}_c$ 和 $\boldsymbol{Q}_o$ 的 n 个线性无关的列和行，然后从此来构成相应的变换阵。并且，随着选取的变换阵的不同，多输入-多输出情状下的能控规范型和能观测规范型可有多种形式，本节将只介绍应用最广的龙伯格(Luenberger)规范型。

搜索线性无关列(行)的两种方案：为了找出 $\boldsymbol{Q}_c$ 的 n 个线性无关的列，通常可使用格栅图来进行，并有两种搜索方案。

方案1［列搜索］：对给定的($\boldsymbol{A},\boldsymbol{B}$)，按图3-4所示构成格栅图，为简化表示，其中假定 $n=6$ 和 $p=4$。然后，先选定 $\boldsymbol{b}_1$，并在表征乘积 $\boldsymbol{A}^0\boldsymbol{b}_1$ 的格内用"╳"表示之。此后，按列的方向进行搜索。如果 $\boldsymbol{Ab}_1$ 和 $\boldsymbol{b}_1$ 为线性无关，就在表征乘积 $\boldsymbol{Ab}_1$ 的格内记上"╳"；如此对第一列继续搜索下去，直到发现一向量的 $\boldsymbol{A}^{v_1}\boldsymbol{b}_1$ 和先前此列中各向量 $\boldsymbol{b}_1,\boldsymbol{Ab}_1,\ \boldsymbol{A}^{v_1-1}\boldsymbol{b}_1$ 线性相关时为止，并在表征 $\boldsymbol{A}^{v_1}\boldsymbol{b}_1$ 的格中记以"○"。如果如上找到的线性无关的向量数 $v_1<n$，则继续对第二列搜索，类似地若 $\boldsymbol{b}_2$ 与$\{\boldsymbol{b}_1,\boldsymbol{Ab}_1,\ \boldsymbol{A}^{v_1-1}\boldsymbol{b}_1\}$为线性无关，就取定且在相应格内记上"╳"；随后，在此列向下搜索，直到 $\boldsymbol{A}^{v_2}\boldsymbol{b}_2$ 和先前取定的所有向量为线性相关，并在其格内记以"○"。如此步骤重复进行下去，一直到第 l 列，并有 $v_1+v_2+\cdots+v_l=n$ 时搜索结束。这样，此方案搜索得到的 $\boldsymbol{Q}_c$ 中的 n 个线性无关的列向量，即为格栅图中用"╳"表征的所对应的那 n 个

向量。

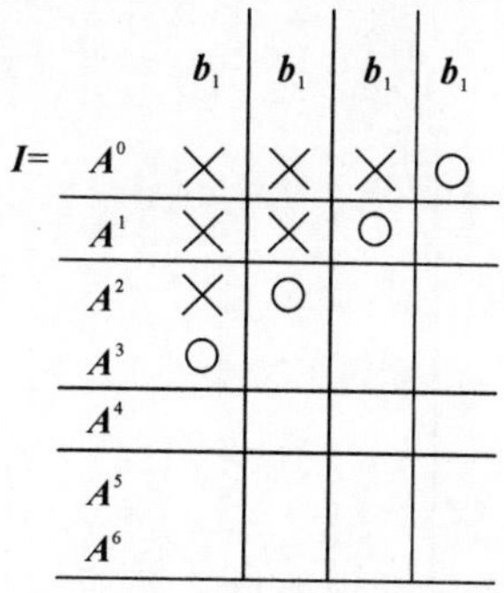

图 3-4　列搜索方案的格栅图

(图中，$r=3, v_1=3, v_2=1, v_3=2$)

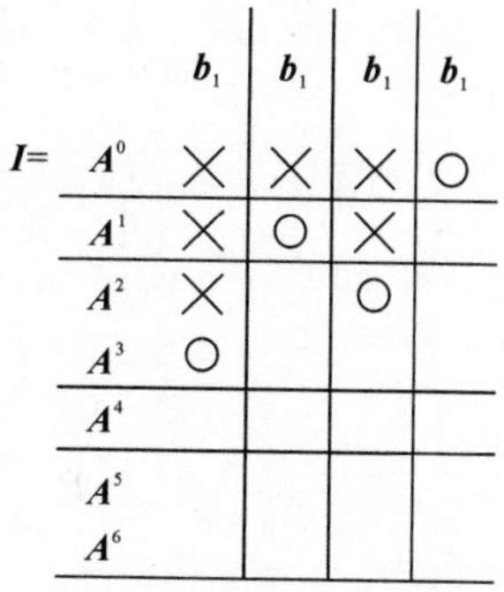

图 3-5　行搜索方案的格栅图

(图中，$r=3, \mu_1=3, \mu_2=2, \mu_3=1$)

方案Ⅱ[行搜索]：同样对给定的$(\boldsymbol{A},\boldsymbol{B})$，按图 3-5 所示构成格栅图，其中假定 $n=6$ 和 $p=4$。如果 $\text{rank}\boldsymbol{B}=r\leqslant p$，那么 $\boldsymbol{B}$ 中有 r 个列是线性无关的。所以首先在第一行中从 $\boldsymbol{b}_1$ 取起依次找到 r 个线性无关的向量，并在其对应格内记上"╳"。不失一般性，不妨设其为 $\boldsymbol{B}$ 的前 r 个列，即 $b_1, b_2, b_3, \cdots, b_r$。然后，搜索转入第二行，按行由左向右进行判断，直到 $\boldsymbol{Ab}_r$；其中，和先前取定的所有向量为线性无关的向量格内记上"╳"，反之则记上"○"。再按此步骤，去搜索以下的行，直到找到 n 个线性无关的向量为止。应当指出，若某个格内已经记上"○"，那么在其所在列中以下的所有向量也必须和已选定的所有向量是线性相关的，所以不必再去判断这些向量，并将它们的格保留为空白。在搜索完成后，格栅图中以"╳"表之的格所对应的 n 个向量就是要找的 $\boldsymbol{Q}_c$ 中的 n 个线性无关的列。而且，这时相对于格栅图中的列而言，用 μ_a 表示第 a 列$(a=1,2,\cdots,r)$中"╳"格的长度，那么就可以得到一个指数$\{\mu_1, \mu_2, \cdots, \mu_r\}$，显然它即为系统的能控性指数集。

以上的讨论是针对能控性矩阵 $\boldsymbol{Q}_c$ 进行的。

3. *龙伯格能控规范型*

假设系统式(3-263)完全能控，所以它的能控性矩阵 $\boldsymbol{Q}_c=[\boldsymbol{B}\quad \boldsymbol{AB}\quad \cdots\quad \boldsymbol{A}^{n-1}\boldsymbol{B}]$满秩，写出 $\boldsymbol{Q}_c$ 的各列有

$$\boldsymbol{Q}_c=[\boldsymbol{b}_1\ \boldsymbol{b}_2\cdots\boldsymbol{b}_r\quad \boldsymbol{Ab}_1\ \boldsymbol{Ab}_2\cdots\boldsymbol{Ab}_r\cdots\boldsymbol{A}^{n-1}\boldsymbol{b}_1\ \boldsymbol{A}^{n-1}\boldsymbol{b}_2\cdots\boldsymbol{A}^{n-1}\boldsymbol{b}_r] \tag{3-268}$$

为了把式(3-263)化为规范型，需要重新选取状态空间的基底，而这组基可以从 $\boldsymbol{Q}_c$ 矩阵的列向量中选取。前面所述的搜索法，就是从式(3-268)中选取 n 个线性无关的列向量，按此方法选定的 n 个线性无关的列向量，再重新排列如下：

$$\boldsymbol{b}_1, \boldsymbol{Ab}_1, \boldsymbol{A}^{\mu_1-1}\boldsymbol{b}_1; \boldsymbol{b}_2, \boldsymbol{Ab}_2, \cdots, \boldsymbol{A}^{\mu_2-1}\boldsymbol{b}_2\cdots \boldsymbol{b}_r, \boldsymbol{Ab}_r\cdots\boldsymbol{A}^{\mu_r-1}\boldsymbol{b}_r \tag{3-269}$$

式中：$\mu_1, \mu_2, \cdots, \mu_r$ 是非负整数，且 $\mu_1+\mu_2+\cdots+\mu_r=n$。它被称为系统的克罗尼柯(Kronecker)不变量，在坐标变化下，它总是不变的，令

$$\boldsymbol{Q}=[\boldsymbol{b}_1\ \boldsymbol{Ab}_1\cdots \boldsymbol{A}^{\mu_1-1}\boldsymbol{b}_1; \boldsymbol{b}_2, \boldsymbol{Ab}_2, \cdots, \boldsymbol{A}^{\mu_2-1}\boldsymbol{b}_2\cdots \boldsymbol{b}_r, \boldsymbol{Ab}_r\cdots\boldsymbol{A}^{\mu_r-1}\boldsymbol{b}_r]^{-1} \tag{3-270}$$

如果以 $\boldsymbol{h}_i(i=1,2,\cdots,r)$ 表示式(3-270)所定义的 $\boldsymbol{Q}$ 阵的第 $\sum_{j=1}^{i}\mu_j$ 行，然后构成变换矩阵 $\boldsymbol{P}$ 如下：

$$\boldsymbol{P}=\begin{bmatrix}\boldsymbol{h}_1\\ \boldsymbol{h}_1\boldsymbol{A}\\ \vdots\\ \boldsymbol{h}_1\boldsymbol{A}^{\mu_1-1}\\ \vdots\\ \boldsymbol{h}_r\\ \boldsymbol{h}_r\boldsymbol{A}\\ \vdots\\ \boldsymbol{h}_r\boldsymbol{A}^{\mu_r-1}\end{bmatrix} \tag{3-271}$$

不难证明 $\boldsymbol{P}$ 阵是非奇异矩阵，通过引入线性非奇异变换 $\bar{\boldsymbol{x}}=\boldsymbol{P}\boldsymbol{x}$，即可导出系统的龙伯格能控规范型为

$$\dot{\bar{\boldsymbol{x}}}=\bar{\boldsymbol{A}}\bar{\boldsymbol{x}}+\bar{\boldsymbol{B}}\boldsymbol{u},\ \boldsymbol{y}=\bar{\boldsymbol{C}}\bar{\boldsymbol{x}} \tag{3-272}$$

其中

$$\bar{\boldsymbol{A}}=\boldsymbol{P}\boldsymbol{A}\boldsymbol{P}^{-1}=\begin{bmatrix}\bar{\boldsymbol{A}}_{11}\cdots\bar{\boldsymbol{A}}_{1r}\\ \vdots\quad\quad\vdots\\ \bar{\boldsymbol{A}}_{r1}\cdots\bar{\boldsymbol{A}}_{rr}\end{bmatrix}_{n\times n} \tag{3-273}$$

$$\bar{\boldsymbol{A}}_{ii}=\begin{bmatrix}0 & 1 & & \\ \vdots & & \ddots & \\ 0 & & & 1\\ * & * & \cdots & *\end{bmatrix}_{\mu_i\times\mu_i},\quad i=1,2,\cdots,r \tag{3-274}$$

$$\bar{\boldsymbol{A}}_{ij}=\begin{bmatrix}0 & \cdots & 0\\ \vdots & & \vdots\\ 0 & \cdots & 0\\ * & \cdots & *\end{bmatrix}_{\mu_i\times\mu_j},\quad i\neq j \tag{3-275}$$

$$\bar{\boldsymbol{B}}=\boldsymbol{B}\boldsymbol{P}=\begin{bmatrix}0 & & * & \cdots & *\\ \vdots & & & & \\ 0 & & & & \\ 1 & * & \vdots & & \vdots\\ & 0 & & & \\ & \vdots & & & \\ & 0 & & & \\ & 1 & * & \cdots & *\end{bmatrix}_{n\times p} \tag{3-276}$$

$$\bar{\boldsymbol{C}}=\boldsymbol{C}\boldsymbol{P}^{-1}\text{(无特殊形式)} \tag{3-277}$$

上述关系式中，用“＊”表示的元为可能非零元。

例 3-17　已知系统式(3-163)，其中

$$\boldsymbol{A}=\begin{bmatrix}0&0&0&1\\1&0&0&-2\\-22&-11&-4&0\\-23&-6&0&-6\end{bmatrix},\boldsymbol{B}=\begin{bmatrix}0&0\\0&0\\0&1\\1&3\end{bmatrix},\boldsymbol{C}=\begin{bmatrix}0&0&0&1\\0&0&1&0\end{bmatrix}\tag{3-278}$$

求该系统的龙伯格能控规范型。

解　系统的能控性矩阵为

$$\boldsymbol{Q}_c=[\boldsymbol{b}_1\quad\boldsymbol{b}_2\quad\boldsymbol{A}\boldsymbol{b}_1\quad\boldsymbol{A}\boldsymbol{b}_2\quad\boldsymbol{A}^2\boldsymbol{b}_1\quad\boldsymbol{A}^2\boldsymbol{b}_2\quad\boldsymbol{A}^3\boldsymbol{b}_1\quad\boldsymbol{A}^3\boldsymbol{b}_2]=$$

$$\begin{bmatrix}0&0&1&3&-6&-18&25&75\\0&0&-2&-6&13&39&-56&-168\\0&1&0&-4&0&16&-11&-97\\1&3&-6&-18&25&75&-90&-270\end{bmatrix}\tag{3-279}$$

从 $\boldsymbol{Q}_c$ 各列中由左向右选取线性无关的向量，它们是第 1，2，3，5 列，把它们的次序重新排列为 $\boldsymbol{b}_1$、$\boldsymbol{A}\boldsymbol{b}_1$、$\boldsymbol{A}^2\boldsymbol{b}_1$、$\boldsymbol{b}_2$，即 $\mu_1=3,\mu_2=1$。令

$$\boldsymbol{Q}=[\boldsymbol{b}_1\quad\boldsymbol{A}\boldsymbol{b}_1\quad\boldsymbol{A}^2\boldsymbol{b}_1\quad\boldsymbol{b}_2]^{-1}=\begin{bmatrix}0&1&-6&0\\0&-2&13&0\\0&0&0&1\\1&-6&25&3\end{bmatrix}^{-1}=\begin{bmatrix}28&11&-3&1\\13&6&0&0\\2&1&0&0\\0&0&1&0\end{bmatrix}\tag{3-280}$$

于是 $\boldsymbol{h}_1=[2\quad1\quad0\quad0]$，$\boldsymbol{h}_2=[0\quad0\quad1\quad0]$，使得

$$\boldsymbol{P}=\begin{bmatrix}\boldsymbol{h}_1\\\boldsymbol{h}_1\boldsymbol{A}\\\boldsymbol{h}_1\boldsymbol{A}^2\\\boldsymbol{h}_2\end{bmatrix}=\begin{bmatrix}2&1&0&0\\1&0&0&0\\0&0&0&1\\0&0&1&0\end{bmatrix},\boldsymbol{P}^{-1}=\begin{bmatrix}0&1&0&0\\1&-2&0&0\\0&0&0&1\\0&0&1&0\end{bmatrix}\tag{3-281}$$

经过计算可得规范性矩阵如下：

$$\bar{\boldsymbol{A}}=\begin{bmatrix}0&1&0&0\\0&0&1&0\\-6&-11&-6&0\\-11&0&0&-4\end{bmatrix},\bar{\boldsymbol{B}}=\begin{bmatrix}0&0\\0&0\\1&3\\0&1\end{bmatrix},\bar{\boldsymbol{C}}=\begin{bmatrix}0&0&1&0\\0&0&0&1\end{bmatrix}\tag{3-282}$$

三、线性连续定常系统的能观测性规范型

1. 单输入-单输出线性定常系统的能观测性规范型

设系统式(3-239)能观测，则

$$\mathrm{rank}\boldsymbol{Q}_o=\mathrm{rank}[\boldsymbol{C}^{\mathrm{T}}\boldsymbol{A}^{\mathrm{T}}\boldsymbol{C}^{\mathrm{T}}\cdots(\boldsymbol{A}^{n-1})^{\mathrm{T}}\boldsymbol{C}^{\mathrm{T}}]=n\tag{3-283}$$

同能控规范型的分析相似，可导出能观测规范型定理。

能观测规范型定理。设式(3-239)能观测，则可通过等价线性变换将其变换为能观测规范型：

$$\dot{\bar{\boldsymbol{x}}}=\begin{bmatrix}0 & 0 & \cdots & 0 & -a_0\\ 1 & 0 & \cdots & 1 & -a_1\\ 0 & 1 & \cdots & 0 & -a_2\\ \vdots & \vdots & & \vdots & \vdots\\ 1 & 0 & \cdots & 1 & -a_{n-1}\end{bmatrix}\bar{\boldsymbol{x}}+\begin{bmatrix}\beta_0\\ \beta_1\\ \beta_2\\ \vdots\\ \beta_{n-1}\end{bmatrix}\boldsymbol{u} \tag{3-284}$$

$$\boldsymbol{y}=[0\quad 0\ \cdots\ 0\quad 1]\bar{\boldsymbol{x}}$$

证:将式(3-239)等价变换为式(3-284),需取变换阵为

$$\boldsymbol{p}=\begin{bmatrix}a_1 & a_2 & \cdots & a_{n-1} & 1\\ a_2 & a_3 & \cdots & 1 & 0\\ \vdots & \vdots & & \vdots & \vdots\\ a_{n-1} & 1 & \cdots & 0 & 0\\ 1 & 0 & \cdots & 0 & 0\end{bmatrix}\begin{bmatrix}\boldsymbol{c}\\ \boldsymbol{cA}\\ \vdots\\ \boldsymbol{cA}^{n-2}\\ \boldsymbol{cA}^{n-1}\end{bmatrix} \tag{3-285}$$

推证过程和能控规范型的推导过程相类似,故略。

例 3-18 将下列能观测系统变换为能观测规范型

$$\dot{\boldsymbol{x}}=\begin{bmatrix}1 & 0 & 2\\ 2 & 1 & 1\\ 1 & 0 & -2\end{bmatrix}\boldsymbol{x}+\begin{bmatrix}1\\ 2\\ 1\end{bmatrix}\boldsymbol{u} \tag{3-286}$$

$$\boldsymbol{y}=[0\quad 1\quad 1]\boldsymbol{x}$$

解 (1)计算能观测性矩阵

$$\boldsymbol{Q}_o=\begin{bmatrix}\boldsymbol{c}\\ \boldsymbol{cA}\\ \boldsymbol{cA}^2\end{bmatrix}=\begin{bmatrix}0 & 1 & 1\\ 3 & 1 & -1\\ 4 & 1 & 9\end{bmatrix} \tag{3-287}$$

(2)计算 $\boldsymbol{A}$ 的特征多项式

$$a(s)=\det\begin{bmatrix}s-1 & 0 & -2\\ -2 & s-1 & -1\\ -1 & 0 & s+2\end{bmatrix}=s^3-5s^2+4 \tag{3-288}$$

(3)计算变化矩阵 $\boldsymbol{P}$。按照式(3-285)得

$$\boldsymbol{P}=\begin{bmatrix}-5 & 0 & 1\\ 0 & 1 & 0\\ 1 & 0 & 0\end{bmatrix}\begin{bmatrix}0\\ 3\\ 4\end{bmatrix}=\begin{bmatrix}4\\ 3\\ 0\end{bmatrix} \tag{3-289}$$

(4)计算 $\bar{\boldsymbol{b}}$,有

$$\bar{\boldsymbol{b}}=\boldsymbol{Pb}=\begin{bmatrix}\beta_0\\ \beta_1\\ \beta_2\end{bmatrix}=\begin{bmatrix}4 & -4 & 4\\ 3 & 1 & -1\\ 0 & 1 & 1\end{bmatrix}\begin{bmatrix}1\\ 2\\ 1\end{bmatrix}=\begin{bmatrix}0\\ 4\\ 3\end{bmatrix} \tag{3-290}$$

(5)写出能观测规范型:

$$\dot{\bar{\boldsymbol{x}}}=\begin{bmatrix}0 & 0 & -4\\ 1 & 0 & 5\\ 0 & 1 & 0\end{bmatrix}\bar{\boldsymbol{x}}+\begin{bmatrix}0\\ 4\\ 3\end{bmatrix}\boldsymbol{u} \tag{3-291}$$

$$\boldsymbol{y}=[0\quad 0\quad 1]\bar{\boldsymbol{x}}$$

2. 多输入-多输出线性定常系统的能观测性规范型

龙伯格能观测规范性:对于能观测矩阵 Q_o,搜索其 n 个线性无关的行的方案和步骤与多输入-多输出系统能控性规范型搜索方案相类似,故在这里不再重复。

假设系统式(3 - 263)完全能观测,其能观测性矩阵 $Q_o = [\boldsymbol{C}^T \quad \boldsymbol{A}^T\boldsymbol{C}^T \quad \cdots \quad (\boldsymbol{A}^{n-1})^T\boldsymbol{C}^T]$满秩。设 $\text{rank}\boldsymbol{C}=m$,则该系统的龙伯格能观测规范型在形式上对偶于龙伯格能控规范型,即有

$$\left.\begin{aligned}\dot{\hat{\boldsymbol{x}}} &= \hat{\boldsymbol{A}}\hat{\boldsymbol{x}}+\hat{\boldsymbol{B}}\boldsymbol{u}\\ \boldsymbol{y} &= \hat{\boldsymbol{C}}\hat{\boldsymbol{x}}\end{aligned}\right\} \tag{3-292}$$

其中

$$\hat{\boldsymbol{A}}=\begin{bmatrix}\hat{\boldsymbol{A}}_{11} & \hat{\boldsymbol{A}}_{12} & \cdots & \hat{\boldsymbol{A}}_{1m}\\ \vdots & & & \vdots\\ \hat{\boldsymbol{A}}_{m1} & \hat{\boldsymbol{A}}_{m2} & \cdots & \hat{\boldsymbol{A}}_{mm}\end{bmatrix} \tag{3-293}$$

$$\hat{\boldsymbol{A}}_{ii}=\begin{bmatrix}0 & \cdots & 0 & *\\ 1 & & & *\\ & \ddots & & \vdots\\ & & 1 & *\end{bmatrix},\quad i=1,2,\cdots,m \tag{3-294}$$

$$\hat{\boldsymbol{A}}_{ij}=\begin{bmatrix}0 & \cdots & 0 & *\\ \vdots & & \vdots & \vdots\\ 0 & \cdots & 0 & *\end{bmatrix},\quad i\neq j \tag{3-295}$$

$$\hat{\boldsymbol{C}}=\begin{bmatrix}0 & \cdots & 0 & 1 & & & & \\ & & * & & \ddots & & & \\ & & & & 0 & \cdots & 0 & 1\\ * & & \cdots & & & \cdots & & *\\ \vdots & & & & & & & \vdots\\ * & & \cdots & & & \cdots & & *\end{bmatrix} \tag{3-296}$$

$$\hat{\boldsymbol{B}}=\boldsymbol{TB} \tag{3-297}$$

式中:$\boldsymbol{T}$ 是非奇异变换阵;$\hat{\boldsymbol{B}}$ 无特殊形式。上述关系中用“ * ”表示的元为可能的非零元。

讨论:对于上面所导出的多输入-多输出系统的能控规范型和能观测规范型,可进一步作如下的两点讨论:

(1)规范型能以明显的形式反映特征多项式的系数 $a_i(i=0,1,\cdots,n-1)$,无论对综合系统的反馈和状态观测器还是对系统进行仿真研究,都是很方便的。

(2)从规范型容易写出系统的传递函数。因为等价变换不改变系统的传递函数,故由规范型得到的传递函数就是原系统的传递函数。如式(3 - 242)所示能控规范型的传递函数为

$$G(s)=\bar{\boldsymbol{c}}[s\boldsymbol{I}-\bar{\boldsymbol{A}}]^{-1}\bar{\boldsymbol{b}} \tag{3-298}$$

容易计算

$$[s\boldsymbol{I}-\bar{\boldsymbol{A}}]^{-1}\bar{\boldsymbol{b}}=\frac{1}{|s\boldsymbol{I}-\bar{\boldsymbol{A}})|}\begin{bmatrix}1\\ s\\ \vdots\\ s^{n-1}\end{bmatrix} \tag{3-299}$$

故有

$$G(s)=\frac{\beta_{n-1}s^{n-1}+\cdots+\beta_1 s+\beta_0}{s^n+a^{n-1}s^{n-1}+\cdots+a_1 s+a_0} \tag{3-300}$$

由此可见，只要得到系统式(3-239)的规范型，便可直接写出系统的传递函数。

三、线性定常系统的结构分解

对于不完全能控和不完全能观测的系统，可以通过结构分解，将系统划分为四部分：能控能观测、能控不能观测、不能控能观测及不能控不能观测。研究系统的结构分解，有助于深入了解系统的结构特性，也有助于深入揭示状态空间描述和输入-输出描述间的本质区别。下面主要研究线性定常系统的结构分解。

1. 线性定常系统按能控性的结构分解

设不完全能控的多输入-多输出线性定常系统

$$\dot{\boldsymbol{x}}=\boldsymbol{A}\boldsymbol{x}+\boldsymbol{B}\boldsymbol{u}\ , \qquad \boldsymbol{y}=\boldsymbol{C}\boldsymbol{x} \tag{3-301}$$

式中，$\boldsymbol{x}$ 为 n 维状态向量，$\mathrm{rank}\boldsymbol{Q}_c=k<n$。在能控性判别矩阵

$$\boldsymbol{Q}_c=[\boldsymbol{B}\quad \boldsymbol{A}\boldsymbol{B}\quad \cdots\quad \boldsymbol{A}^{n-1}\boldsymbol{B}] \tag{3-302}$$

中，任意的选取 k 个线性无关的列 $\boldsymbol{s}_1\quad \boldsymbol{s}_2\quad \cdots\quad \boldsymbol{s}_k$。此外，又在 n 维实数空间中任意的选择 $n-k$ 个列向量，记为$\boldsymbol{s}_{k+1}$，$\cdots$，$\boldsymbol{s}_n$，使它们和$\{\boldsymbol{s}_1\quad \boldsymbol{s}_2\quad \cdots\quad \boldsymbol{s}_k\}$为线性无关。这样可组成变换矩阵

$$\boldsymbol{P}^{-1}\triangleq\boldsymbol{S}=[\boldsymbol{s}_1\quad \boldsymbol{s}_2\quad \cdots\quad \boldsymbol{s}_k\quad \boldsymbol{s}_{k+1}\quad \cdots\quad \boldsymbol{s}_n] \tag{3-303}$$

并且，此矩阵一定是非奇异的。在此基础上对系统结构按能控性进行分解，有以下结论：

对式(3-301)的不完全能控系统，进行线性非奇异变换 $\bar{\boldsymbol{x}}=\boldsymbol{P}\boldsymbol{x}$，使系统结构按能控性分解的规范表达式为

$$\dot{\bar{\boldsymbol{x}}}=\overline{\boldsymbol{A}\boldsymbol{x}}+\overline{\boldsymbol{B}}\boldsymbol{u}\ , \qquad \boldsymbol{y}=\overline{\boldsymbol{C}\boldsymbol{x}} \tag{3-304}$$

即

$$\begin{bmatrix}\dot{\bar{\boldsymbol{x}}}_c\\ \dot{\bar{\boldsymbol{x}}}_{\bar{c}}\end{bmatrix}=\begin{bmatrix}\overline{\boldsymbol{A}}_c & \overline{\boldsymbol{A}}_{12}\\ \boldsymbol{0} & \overline{\boldsymbol{A}}_{\bar{c}}\end{bmatrix}\begin{bmatrix}\bar{\boldsymbol{x}}_c\\ \bar{\boldsymbol{x}}_{\bar{c}}\end{bmatrix}+\begin{bmatrix}\overline{\boldsymbol{B}}_c\\ \boldsymbol{0}\end{bmatrix}\boldsymbol{u}$$

$$\boldsymbol{y}=[\overline{\boldsymbol{C}}_c\quad \overline{\boldsymbol{C}}_{\bar{c}}]\begin{bmatrix}\bar{\boldsymbol{x}}_c\\ \bar{\boldsymbol{x}}_{\bar{c}}\end{bmatrix} \tag{3-305}$$

式中：$\bar{\boldsymbol{x}}_c$ 为 k 维能控分状态向量；$\bar{\boldsymbol{x}}_{\bar{c}}$ 为 $n-k$ 维不能控分状态向量。而且

$$\mathrm{rank}[\overline{\boldsymbol{B}}_c\quad \overline{\boldsymbol{A}}_c\overline{\boldsymbol{B}}_c\quad \overline{\boldsymbol{A}}_c^{k-1}\overline{\boldsymbol{B}}_c]=\mathrm{rank}\boldsymbol{Q}_c=k \tag{3-306}$$

$$\boldsymbol{C}(s\boldsymbol{I}-\boldsymbol{A})^{-1}\boldsymbol{B}=\overline{\boldsymbol{C}}_c(s\boldsymbol{I}-\overline{\boldsymbol{A}}_c)^{-1}\overline{\boldsymbol{B}}_c \tag{3-307}$$

证 下面分三步来证明。

第一步证明式(3-304)成立。由于 $\mathrm{rank}\boldsymbol{Q}_c=k$，则从 $\boldsymbol{Q}_c$ 的列向量中选出 k 个线性独立的列向量 $\boldsymbol{s}_1$，$\boldsymbol{s}_2$，$\cdots$，$\boldsymbol{s}_k$，$\boldsymbol{Q}_c$ 中 $\boldsymbol{A}^i\boldsymbol{B}$ $(i=0,1,\cdots,n-1)$ 的每个列向量可由 $\boldsymbol{s}_1$，$\boldsymbol{s}_2$，$\cdots$，$\boldsymbol{s}_k$线性表示。令 $\boldsymbol{R}^k$ 为 $\boldsymbol{s}_1$，$\boldsymbol{s}_2$，$\cdots$，$\boldsymbol{s}_k$张成的线性子空间，则 $\boldsymbol{A}^i\boldsymbol{B}$ 的列向

量都属于$\boldsymbol{R}^k$，$i=0,1,\cdots$。由于$\boldsymbol{s}_1, \boldsymbol{s}_2, \cdots, \boldsymbol{s}_k$的独立性，它们是$\boldsymbol{R}^k$的一组基底，就可以补充$n-k$个向量$\boldsymbol{s}_{k+1}, \cdots, \boldsymbol{s}_n$，使$\boldsymbol{s}_1, \cdots, \boldsymbol{s}_n$是$\boldsymbol{R}^n$的一组基底，令

$$\left.\begin{aligned}&\boldsymbol{P}_1=[\boldsymbol{s}_1 \quad \boldsymbol{s}_2 \quad \cdots \quad \boldsymbol{s}_k], \quad \boldsymbol{P}_2=[\boldsymbol{s}_{k+1} \quad \boldsymbol{s}_{k+2} \quad \cdots \quad \boldsymbol{s}_n]\\&\boldsymbol{P}=[\boldsymbol{s}_1 \quad \boldsymbol{s}_2 \quad \cdots \quad \boldsymbol{s}_n]^{-1}=[\boldsymbol{P}_1 \quad \boldsymbol{P}_2]^{-1}, \boldsymbol{P}^{-1}=[\boldsymbol{P}_1 \quad \boldsymbol{P}_2]\end{aligned}\right\} \tag{3-308}$$

如果把$\boldsymbol{P}$表示成$\boldsymbol{P}=\begin{bmatrix}\overline{\boldsymbol{P}}_1\\ \overline{\boldsymbol{P}}_2\end{bmatrix}$，则有

$$\begin{bmatrix}\overline{\boldsymbol{P}}_1\\ \overline{\boldsymbol{P}}_2\end{bmatrix}[\boldsymbol{P}_1 \quad \boldsymbol{P}_2]=\begin{bmatrix}\boldsymbol{I} & \boldsymbol{0}\\ \boldsymbol{0} & \boldsymbol{I}\end{bmatrix} \tag{3-309}$$

即$\overline{\boldsymbol{P}}_1\boldsymbol{P}_1=\boldsymbol{I}$，$\overline{\boldsymbol{P}}_2\boldsymbol{P}_1=\boldsymbol{I}$。这个$\boldsymbol{P}$就是所需要的坐标变换。因为

$$\boldsymbol{AP}=[\boldsymbol{As}_1, \quad \boldsymbol{As}_2, \quad \cdots, \quad \boldsymbol{As}_k] \tag{3-310}$$

而每个$\boldsymbol{As}_i\in\boldsymbol{R}^k$，$i=1,2,\cdots,k$，说明存在$k\times k$矩阵$\overline{\boldsymbol{A}}_c$，使$\boldsymbol{AP}_1=\boldsymbol{P}_1\overline{\boldsymbol{A}}_c$，那么

$$\begin{aligned}&\overline{\boldsymbol{A}}=\boldsymbol{PAP}^{-1}=\begin{bmatrix}\overline{\boldsymbol{P}}_1\\ \overline{\boldsymbol{P}}_2\end{bmatrix}\boldsymbol{A}[\boldsymbol{P}_1 \quad \boldsymbol{P}_2]=\begin{bmatrix}\overline{\boldsymbol{P}}_1\\ \overline{\boldsymbol{P}}_2\end{bmatrix}[\boldsymbol{AP}_1 \quad \boldsymbol{AP}_2]=\\&\begin{bmatrix}\overline{\boldsymbol{P}}_1\\ \overline{\boldsymbol{P}}_2\end{bmatrix}[\boldsymbol{P}_1\overline{\boldsymbol{A}}_c \quad \boldsymbol{AP}_2]=\begin{bmatrix}\overline{\boldsymbol{A}}_c & \overline{\boldsymbol{P}}_1\boldsymbol{AP}_2\\ \boldsymbol{0} & \overline{\boldsymbol{P}}_2\boldsymbol{AP}_2\end{bmatrix}=\begin{bmatrix}\overline{\boldsymbol{A}}_c & \overline{\boldsymbol{A}}_{12}\\ \boldsymbol{0} & \overline{\boldsymbol{A}}_{\bar{c}}\end{bmatrix}\end{aligned} \tag{3-311}$$

其中

$$\overline{\boldsymbol{A}}_{12}=\overline{\boldsymbol{P}}_1\boldsymbol{AP}_2, \quad \overline{\boldsymbol{A}}_{\bar{c}}=\overline{\boldsymbol{P}}_2\boldsymbol{AP}_2 \tag{3-312}$$

再由于$\boldsymbol{B}$的列向量也都属于$\boldsymbol{R}^k$，就存在$k\times p$阶矩阵$\overline{\boldsymbol{B}}_c$，使得

$$\boldsymbol{B}=\boldsymbol{P}_1\overline{\boldsymbol{B}}_c \tag{3-313}$$

于是

$$\overline{\boldsymbol{B}}=\boldsymbol{PB}=\begin{bmatrix}\overline{\boldsymbol{P}}_1\\ \overline{\boldsymbol{P}}_2\end{bmatrix}\boldsymbol{P}_1\overline{\boldsymbol{B}}_c=\begin{bmatrix}\overline{\boldsymbol{B}}_c\\ \boldsymbol{0}\end{bmatrix} \tag{3-314}$$

又

$$\overline{\boldsymbol{C}}=\boldsymbol{CP}^{-1}=\boldsymbol{C}[\boldsymbol{P}_1 \quad \boldsymbol{P}_2]=[\boldsymbol{CP}_1 \quad \boldsymbol{CP}_2] \tag{3-315}$$

设

$$\overline{\boldsymbol{C}}_c=\boldsymbol{CP}_1, \quad \overline{\boldsymbol{C}}_{\bar{c}}=\boldsymbol{CP}_2 \tag{3-316}$$

则

$$\overline{\boldsymbol{C}}=[\overline{\boldsymbol{C}}_c \quad \overline{\boldsymbol{C}}_{\bar{c}}] \tag{3-317}$$

以上证明了当$\overline{\boldsymbol{x}}=\boldsymbol{Px}$时，状态方程式(3-305)成立。

第二步证明式(3-306)成立。由于

$$\mathrm{rank}\boldsymbol{PQ}_c=\mathrm{rank}\boldsymbol{Q}_{\bar{c}}=k \tag{3-318}$$

及

$$\overline{Q_c}=[\overline{B}\quad \overline{AB}\quad \cdots\quad \overline{A}^{n-1}\overline{B}]=\begin{bmatrix}\overline{B}_c & \overline{A}_c\overline{B}_c & \cdots & \overline{A}_c^{n-1}\overline{B}_c\\ 0 & 0 & \cdots & 0\end{bmatrix} \tag{3-319}$$

所以

$$\mathrm{rank}[\overline{B}_c\quad \overline{A}_c\overline{B}_c\quad \cdots\quad \overline{A}_c^{k-1}\overline{B}_c]=[\overline{B}_c\quad \overline{A}_c\quad \overline{B}_c\quad \cdots\quad \overline{A}_c^{n-1}\overline{B}_c]=k \tag{3-320}$$

第三步证明式(3-307)成立。由分块矩阵求逆公式可得

$$(sI-\overline{A})^{-1}=\begin{bmatrix}(sI-\overline{A}_c) & -\overline{A}_{12}\\ 0 & (sI-\overline{A}_{\bar{c}})\end{bmatrix}^{-1}=$$

$$\begin{bmatrix}(sI-\overline{A}_c)^{-1} & (sI-\overline{A}_c)^{-1}\overline{A}_{12}(sI-\overline{A}_{\bar{c}})^{-1}\\ 0 & (sI-\overline{A}_{\bar{c}})^{-1}\end{bmatrix} \tag{3-321}$$

所以

$$C(sI-A)^{-1}B=\overline{C}(sI-\overline{A})^{-1}\overline{B}=\overline{C}_c(sI-\overline{A}_c)^{-1}\overline{B}_c \tag{3-322}$$

则式(3-307)得证。

系统式(3-305)是系统式(3-302)的能控规范分解。在上述证明中已给出了线性变换阵 P 的具体构造方法。下面再对能控规范分解作几点讨论：

(1)对于 k 维系统($\overline{A}_c,\overline{B}_c,\overline{C}_c$)由式(3-306)和式(3-307)可知。它是能控的，并且和($\overline{A},\overline{B},\overline{C}$)具有相同的传递函数矩阵。因此，如果是从传递特性的角度分析(A,B,C)时，可以等价地用分析($\overline{A}_c,\overline{B}_c,\overline{C}_c$)来代替，而后者的维数降低了。

把 $\bar{x}(t)$ 分成两部分，即

$$\bar{x}(t)=\begin{bmatrix}\bar{x}_c(t)\\ \bar{x}_{\bar{c}}(t)\end{bmatrix} \tag{3-323}$$

其中

$$\bar{x}_c(t)=\begin{bmatrix}\bar{x}_1(t)\\ \bar{x}_2(t)\\ \vdots\\ \bar{x}_k(t)\end{bmatrix},\quad \bar{x}_{\bar{c}}(t)=\begin{bmatrix}\bar{x}_{k+1}(t)\\ \bar{x}_{k+2}(t)\\ \vdots\\ \bar{x}_n(t)\end{bmatrix} \tag{3-324}$$

可得到

$$\left.\begin{aligned}\dot{\bar{x}}_c&=\overline{A}_c\bar{x}_c+\overline{A}_{12}\bar{x}_{\bar{c}}+\overline{B}_cu\\ \dot{\bar{x}}_{\bar{c}}&=\overline{A}_{\bar{c}}\bar{x}_{\bar{c}}\\ y&=\overline{C}_c\bar{x}_c+\overline{C}_{\bar{c}}\bar{x}_{\bar{c}}\end{aligned}\right\} \tag{3-325}$$

当不能控状态的初值 $\bar{x}_{\bar{c}}(t_0)=0$ 时，有

$$\left.\begin{aligned}\dot{\bar{x}}_c&=\overline{A}_c\bar{x}_c+\overline{B}_cu\\ y_c&=\overline{C}_c\bar{x}_c\end{aligned}\right\}\text{及}\quad \left.\begin{aligned}x_{\bar{c}}(t)&=0\\ y_{\bar{c}}&=\overline{C}_{\bar{c}}\bar{x}_{\bar{c}}=0\end{aligned}\right\} \tag{3-326}$$

系统$(\bar{\boldsymbol{A}}_c,\bar{\boldsymbol{B}}_c,\bar{\boldsymbol{C}}_c)$是能控子系统。当$\bar{\boldsymbol{x}}_{\bar{c}}(t_0)\neq\boldsymbol{0}$时，由式(3-325)可得到$\bar{\boldsymbol{x}}_{\bar{c}}$的状态方程式是

$$\left.\begin{aligned}\dot{\bar{\boldsymbol{x}}}_{\bar{c}}&=\bar{\boldsymbol{A}}_{\bar{c}}\bar{\boldsymbol{x}}_{\bar{c}}\\ \boldsymbol{y}_{\bar{c}}&=\bar{\boldsymbol{C}}_{\bar{c}}\bar{\boldsymbol{x}}_{\bar{c}}\end{aligned}\right\}\tag{3-327}$$

显然，它和系统$(\boldsymbol{A},\boldsymbol{B},\boldsymbol{C})$的输入$\boldsymbol{u}(t)$无关，当然是不能控的，式(3-327)解得$\bar{\boldsymbol{x}}_{\bar{c}}(t)$，然后在式(3-326)中增加一项相当于一个确定的输入项$\bar{\boldsymbol{A}}_{12}\bar{\boldsymbol{x}}_{\bar{c}}$。这样对系统$(\boldsymbol{A},\boldsymbol{B},\boldsymbol{C})$的分析等价于两个低维系统的分析。系统的结构图如图3-6所示。

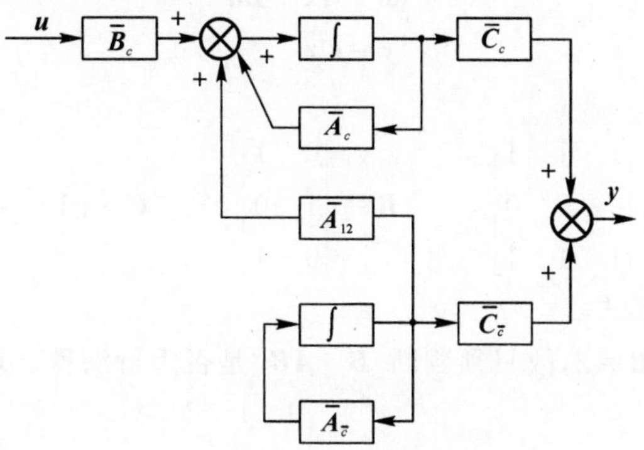

图3-6　能控性规范分解的方块图

(2)系统$(\bar{\boldsymbol{A}},\bar{\boldsymbol{B}},\bar{\boldsymbol{C}})$称为系统$(\boldsymbol{A},\boldsymbol{B},\boldsymbol{C})$的能控规范分解。由于选取$\boldsymbol{s}_1,\boldsymbol{s}_2,\cdots,\boldsymbol{s}_k$及$\boldsymbol{s}_{k+1},\cdots,\boldsymbol{s}_n$非唯一性，其规范形式不变，但诸系数阵不相同，故能控规范分解不是唯一的。设另一个能控规范分解系统为$(\tilde{\boldsymbol{A}},\tilde{\boldsymbol{B}},\tilde{\boldsymbol{C}})$，这里

$$\tilde{\boldsymbol{A}}=\begin{bmatrix}\tilde{\boldsymbol{A}}_c & \tilde{\boldsymbol{A}}_{12}\\ \boldsymbol{0} & \tilde{\boldsymbol{A}}_{\bar{c}}\end{bmatrix},\qquad \tilde{\boldsymbol{B}}=\begin{bmatrix}\tilde{\boldsymbol{B}}_c\\ \boldsymbol{0}\end{bmatrix}$$
$$\tilde{\boldsymbol{C}}=\begin{bmatrix}\tilde{\boldsymbol{C}}_c & \tilde{\boldsymbol{C}}_{\bar{c}}\end{bmatrix}\tag{3-328}$$

则$\bar{\boldsymbol{A}}_c$与$\tilde{\boldsymbol{A}}_c$的阶数均为k。因为

$$\begin{aligned}&\mathrm{rank}[\bar{\boldsymbol{B}}_c\ \ \bar{\boldsymbol{A}}_c\bar{\boldsymbol{B}}_c\ \ \cdots\ \ \bar{\boldsymbol{A}}_c^{k-1}\bar{\boldsymbol{B}}_c]=\mathrm{rank}[\tilde{\boldsymbol{B}}_c\ \ \tilde{\boldsymbol{A}}_c\tilde{\boldsymbol{B}}_c\ \ \cdots\ \ \tilde{\boldsymbol{A}}_c^{n-1}\tilde{\boldsymbol{B}}_c]=\mathrm{rank}[\tilde{\boldsymbol{B}}\ \ \tilde{\boldsymbol{A}}\tilde{\boldsymbol{B}}\ \ \cdots\ \ \tilde{\boldsymbol{A}}^{n-1}\tilde{\boldsymbol{B}}]=\\ &\mathrm{rank}[\boldsymbol{B}\ \ \boldsymbol{A}\boldsymbol{B}\ \ \cdots\ \ \boldsymbol{A}^{n-1}\boldsymbol{B}]=\\ &\mathrm{rank}[\bar{\boldsymbol{B}}\ \ \bar{\boldsymbol{A}}\bar{\boldsymbol{B}}\ \ \cdots\ \ \bar{\boldsymbol{A}}^{n-1}\bar{\boldsymbol{B}}]=k\end{aligned}\tag{3-329}$$

(3)由$\det(s\boldsymbol{I}-\bar{\boldsymbol{A}})=\det(s\boldsymbol{I}-\bar{\boldsymbol{A}}_c)\cdot\det(s\boldsymbol{I}-\bar{\boldsymbol{A}}_{\bar{c}})$可知，$\bar{\boldsymbol{x}}_c$的稳定性完全由$\bar{\boldsymbol{A}}_c$的特征值$\lambda_1,\lambda_2,\cdots,\lambda_k$决定，$\bar{\boldsymbol{x}}_{\bar{c}}$的稳定性完全由$\bar{\boldsymbol{A}}_{\bar{c}}$的特征值$\lambda_{k+1},\lambda_{k+2},\cdots,\lambda_n$决定，而$\lambda_1,\lambda_2,\cdots,\lambda_n$正是$\boldsymbol{A}$的特征值。称$\lambda_1,\lambda_2,\cdots,\lambda_k$为系统$(\boldsymbol{A},\boldsymbol{B},\boldsymbol{C})$的能控因子或能控振型，$\lambda_{k+1},\lambda_{k+2},\cdots,\lambda_n$为

不能控因子或不能控振型。但对于不同的分解，如$(\bar{A},\bar{B},\bar{C})$和$(\tilde{A},\tilde{B},\tilde{C})$，能控因子和不能控因子是相同的，这是线性变换不改变特征值的缘故。

(4)能控规范分解表达式(3-305)也为系统(3-301)能控性判别提供了一个准则：线性定常系统是完全能控的充分必要条件是，系统经过线性非奇异变换，不能化成式(3-272)的形状，其中$\bar{A}_c$的阶数$k<n$。按照上面所述的线性非奇异变换阵的选取方法，通过计算机进行线性变换的计算比较容易确定系统$(\boldsymbol{A},\boldsymbol{B},\boldsymbol{C})$的能控性。对于维数较大的系统的能控性判别，这是一种较好的方法。

例 3-19 给定线性系统

$$\begin{cases}\dot{\boldsymbol{x}}=\boldsymbol{A}\boldsymbol{x}+\boldsymbol{B}\boldsymbol{u}\\ \boldsymbol{y}=\boldsymbol{C}\boldsymbol{x}\end{cases}$$

其中

$$\boldsymbol{A}=\begin{bmatrix}1&1&1\\0&1&0\\1&1&1\end{bmatrix},\quad \boldsymbol{B}=\begin{bmatrix}0&1\\1&0\\0&1\end{bmatrix},\quad \boldsymbol{C}=\begin{bmatrix}1&0&1\end{bmatrix}\tag{3-330}$$

试按能控性分解为规范形式。

解：已知$n=3$，rank$\boldsymbol{B}=2$，故只须判断$[\boldsymbol{B}\quad \boldsymbol{AB}]$是否为行满秩。现知

$$\mathrm{rank}[\boldsymbol{B}\quad \boldsymbol{AB}]=\mathrm{rank}\begin{bmatrix}0&1&2&2\\1&0&1&0\\0&1&2&2\end{bmatrix}=2<3\tag{3-331}$$

这表明系统不完全能控。在能控性矩阵$\boldsymbol{Q}_c=[\boldsymbol{B}\quad \boldsymbol{AB}]$是取线性无关的列向量$\boldsymbol{s}_1,\boldsymbol{s}_2$，再任取

$$\boldsymbol{s}_1=\begin{bmatrix}0\\1\\0\end{bmatrix},\quad \boldsymbol{s}_2=\begin{bmatrix}1\\0\\1\end{bmatrix},\quad \boldsymbol{s}_3=\begin{bmatrix}1\\0\\0\end{bmatrix}\tag{3-332}$$

使构成的矩阵

$$\boldsymbol{P}^{-1}=\begin{bmatrix}0&1&1\\1&0&0\\0&1&0\end{bmatrix}\tag{3-333}$$

为非奇异。通过求逆，可得

$$\boldsymbol{P}=\begin{bmatrix}0&1&0\\0&0&1\\1&0&-1\end{bmatrix}\tag{3-334}$$

于是，即可算得

$$\bar{\boldsymbol{A}}=\boldsymbol{PAP}^{-1}=\begin{bmatrix}0&1&0\\0&0&1\\1&0&-1\end{bmatrix}\begin{bmatrix}1&1&1\\0&1&0\\1&1&1\end{bmatrix}\begin{bmatrix}0&1&1\\1&0&0\\0&1&0\end{bmatrix}=\begin{bmatrix}1&0&0\\1&2&1\\0&0&0\end{bmatrix}$$

$$\bar{\boldsymbol{B}}=\boldsymbol{PB}=\begin{bmatrix}0&1&0\\0&0&1\\1&0&-1\end{bmatrix}\begin{bmatrix}0&1\\1&0\\0&1\end{bmatrix}=\begin{bmatrix}1&0\\0&1\\0&0\end{bmatrix}\tag{3-335}$$

$$\bar{C}=CP^{-1}=[1\quad 0\quad 1]\begin{bmatrix}0&1&1\\1&0&0\\0&1&0\end{bmatrix}=[0\quad 2\quad 1]$$

这样,就导出了系统能控性规范分解形式:

$$\begin{bmatrix}\dot{\bar{x}}_c\\\dot{\bar{x}}_{\bar{c}}\end{bmatrix}=\begin{bmatrix}1&0&0\\1&2&1\\0&0&0\end{bmatrix}\begin{bmatrix}\bar{x}_c\\\bar{x}_{\bar{c}}\end{bmatrix}+\begin{bmatrix}1&0\\0&1\\0&0\end{bmatrix}u$$

$$y=[0\quad 2\quad 1]\begin{bmatrix}\bar{x}_c\\\bar{x}_{\bar{c}}\end{bmatrix} \tag{3-336}$$

2. 线性定常系统按能观测性的结构分解

系统按能观测性的结构分解的所有结论,都对偶于系统按能控性的结构分解的结果。给定不完全能控的线性定常系统

$$\left.\begin{aligned}\dot{x}&=Ax+Bu\\y&=Cx\end{aligned}\right\} \tag{3-337}$$

式中:x 为 n 维状态向量;y 为 q 维输出向量,系统的能观测性判别阵为

$$Q_o=\begin{bmatrix}C\\CA\\\vdots\\CA^{n-1}\end{bmatrix} \tag{3-338}$$

$\mathrm{rank}Q_o=m<n$。在 Q_o 中任意选取 m 个线性无关的行 $t_1,t_2,\cdots,t_m$,此外再任取 $n-m$ 个与之线性无关的行向量 $t_{m+1},t_{m+2},\cdots,t_n$,就构成线性非奇异变换阵

$$T=\begin{bmatrix}t_1\\\vdots\\t_m\\t_{m+1}\\\vdots\\t_n\end{bmatrix} \tag{3-339}$$

对式(3-337)的不完全能观测系统,进行线性非奇异变换 $\hat{x}=Tx$,可得系统结构按能观测性分解的规范表达式为

$$\left.\begin{aligned}\dot{\hat{x}}&=\hat{A}\hat{x}+\hat{B}u\\y&=\hat{C}\hat{x}\end{aligned}\right\} \tag{3-340}$$

其中

$$\hat{x}=\begin{bmatrix}\hat{x}_o\\\hat{x}_{\bar{o}}\end{bmatrix},\qquad \hat{A}=\begin{bmatrix}\hat{A}_o&0\\\hat{A}_{21}&\hat{A}_{\bar{o}}\end{bmatrix},\qquad \hat{C}=[\hat{C}_o\quad 0] \tag{3-341}$$

式中：$\hat{\boldsymbol{x}}_o$ 为 m 维能观测分状态向量；$\hat{\boldsymbol{x}}_{\bar{o}}$ 为 $n-m$ 维能观测分状态向量。并且，

$$\operatorname{rank}\begin{bmatrix}\hat{\boldsymbol{C}}_o\\ \hat{\boldsymbol{C}}_o\hat{\boldsymbol{A}}_o\\ \vdots\\ \hat{\boldsymbol{C}}_o\hat{\boldsymbol{A}}_o^{m-1}\end{bmatrix}=m \tag{3-342}$$

$$\boldsymbol{C}(s\boldsymbol{I}-\boldsymbol{A})^{-1}\boldsymbol{B}=\hat{\boldsymbol{C}}(s\boldsymbol{I}-\hat{\boldsymbol{A}})^{-1}\hat{\boldsymbol{B}}=\hat{\boldsymbol{C}}_o(s\boldsymbol{I}-\hat{\boldsymbol{A}}_o)^{-n}\hat{\boldsymbol{B}}_o \tag{3-343}$$

同样，与能控规范分解相类似，称系统$(\hat{\boldsymbol{A}},\hat{\boldsymbol{B}},\hat{\boldsymbol{C}})$为系统$(\boldsymbol{A},\boldsymbol{B},\boldsymbol{C})$的能观测规范分解，系统$(\hat{\boldsymbol{A}}_o,\hat{\boldsymbol{B}}_o,\hat{\boldsymbol{C}}_o)$为能观测子系统。能观测规范分解也有能观测规范分解相类同的分析和结论。

能观测规范分解的线性变换阵的求法，除了按式(3-339)选取以外，还可选取使下式成立：

$$\begin{bmatrix}\boldsymbol{C}\\ \boldsymbol{CA}\\ \vdots\\ \boldsymbol{CA}^{n-1}\end{bmatrix}\boldsymbol{T}^{-1}=[\hat{\boldsymbol{V}}\quad \boldsymbol{0}] \tag{3-344}$$

这里 $\hat{\boldsymbol{V}}$ 是 $qn\times m$ 矩阵，则可把 $\boldsymbol{T}$ 取为线性变换阵。

如果把 $\hat{\boldsymbol{x}}$ 分成两部分，即 $\hat{\boldsymbol{x}}=[\hat{\boldsymbol{x}}_o\quad \hat{\boldsymbol{x}}_{\bar{o}}]^{\mathrm{T}}$，则有

$$\left.\begin{aligned}\dot{\hat{\boldsymbol{x}}}_o&=\hat{\boldsymbol{A}}_o\hat{\boldsymbol{x}}_o+\hat{\boldsymbol{B}}_o\boldsymbol{u}\\ \dot{\hat{\boldsymbol{x}}}_{\bar{o}}&=\hat{\boldsymbol{A}}_{21}\hat{\boldsymbol{x}}_{\bar{o}}+\hat{\boldsymbol{A}}_{\bar{o}}\hat{\boldsymbol{x}}_o+\hat{\boldsymbol{B}}_{\bar{o}}\boldsymbol{u}\\ \boldsymbol{y}&=\hat{\boldsymbol{C}}_o\hat{\boldsymbol{x}}_o\end{aligned}\right\} \tag{3-345}$$

系统(3-345)的结构方块图如图 3-7 所示。

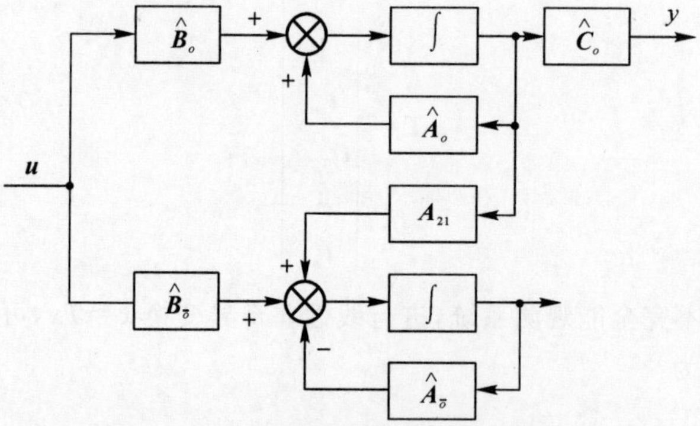

图 3-7　能观测性规范分解的方块图

由

$$\hat{\boldsymbol{A}}=\begin{bmatrix}\hat{\boldsymbol{A}}_o & \boldsymbol{0}\\ * & \hat{\boldsymbol{A}}_{\bar{o}}\end{bmatrix} \tag{3-346}$$

$$e^{\hat{A}t}=\begin{bmatrix} e^{\hat{A}_o t} & \mathbf{0} \\ * & e^{\hat{A}_{\bar{o}} t} \end{bmatrix} \tag{3-347}$$

式(3-346)和式(3-347)中的 * 表示没有必要列写出来的部分。对初始状态

$$\hat{x}(t_0)=\begin{bmatrix} \hat{x}_o(t_0) \\ \hat{x}_{\bar{o}}(t_0) \end{bmatrix} \tag{3-348}$$

系统的输出为

$$\begin{aligned} y(t)=\hat{C}\hat{x}(t)= \\ &\hat{C}e^{\hat{A}(t-t_0)}\hat{x}(t_0)+\hat{C}\int_{t_0}^{t} e^{\hat{A}(t-\tau)}\hat{B}u(\tau)d\tau= \\ &\hat{C}_0 e^{\hat{A}(t-t_0)}\hat{x}(t_0)+\hat{C}_0\int_{t_0}^{t} e^{\hat{A}(t-\tau)}\hat{B}_0 u(\tau)d\tau \end{aligned} \tag{3-349}$$

表明系统输出就是能观测子系统($\hat{A}_o,\hat{B}_o,\hat{C}_o$)在相同的输入 $u(t)$ 和初始状态$\hat{x}_o(t_0)$条件下的输出。这说明,只要输入能观测初始状态相同,($\hat{A}_o,\hat{B}_o,\hat{C}_o$)和($A,B,C$)就具有相同的输出,与不能观测状态初值是否为零无关。这个性质比具有相同的传递特性更进一步。两个传递特性相同的系统,只有当初始状态都是零时,在相同的输入下才有相同的输出,而初始状态不为零时输出就可能不同。但是,能观测子系统具有的这个性质,能控子系统却并不成立,它与不能控状态初值是否为零有关,这从式(3-325)可以很容易看出。

例 3-20　给定线性定常系统

$$\begin{cases} \dot{x}=Ax+Bu \\ y=Cx \end{cases}$$

其中

$$A=\begin{bmatrix} 0 & 2 & -2 & 0 \\ -1 & 3 & -1 & -1 \\ 0 & 0 & 0 & -1 \\ 0 & 0 & 1 & -2 \end{bmatrix},\quad B=\begin{bmatrix} 2 \\ 1 \\ 0 \\ 0 \end{bmatrix},\quad C=[1\quad -1\quad 1\quad -1] \tag{3-350}$$

试求能观测规范分解表达式。

解　计算能观测性判别阵的秩得

$$\operatorname{rank}Q_o=\operatorname{rank}\begin{bmatrix} C \\ CA \\ CA^2 \\ CA^3 \end{bmatrix}=\operatorname{rank}\begin{bmatrix} 1 & -1 & 1 & -1 \\ 1 & -1 & -2 & 2 \\ 1 & -1 & 1 & -1 \\ 1 & -1 & -2 & 2 \end{bmatrix}=2 \tag{3-351}$$

知系统不完全能观测。将 Q_o 通过线性转换,得到

$$\bar{Q}_o=\begin{bmatrix} 0 & 0 & 1 & -1 \\ -1 & 1 & 0 & 0 \\ 0 & 0 & 0 & 0 \\ 0 & 0 & 0 & 0 \end{bmatrix} \tag{3-352}$$

显然，$\mathrm{rank}\boldsymbol{Q}_o=\mathrm{rank}\bar{\boldsymbol{Q}}_o=2$。取 $\bar{\boldsymbol{Q}}_o$ 的前两行，再加上与这两行线性无关的任意两行，构造成线性变换矩阵 $\boldsymbol{T}$，并进而得到 $\boldsymbol{T}^{-1}$，有

$$\boldsymbol{T}=\begin{bmatrix}0&0&1&-1\\-1&1&0&0\\1&0&0&0\\0&0&0&1\end{bmatrix},\quad \boldsymbol{T}^{-1}=\begin{bmatrix}0&0&1&0\\0&1&1&0\\1&0&0&1\\0&0&0&1\end{bmatrix}\tag{3-353}$$

$$\begin{bmatrix}\boldsymbol{C}\\\boldsymbol{CA}\\\vdots\\\boldsymbol{CA}^{n-1}\end{bmatrix}\boldsymbol{T}^{-1}=[\bar{\boldsymbol{Q}}_o\quad \boldsymbol{0}]=\begin{bmatrix}1&-1&0&0\\-2&-1&0&0\\1&-1&0&0\\-2&-1&0&0\end{bmatrix}\tag{3-354}$$

这表明所构造的 $\boldsymbol{T}$ 阵可作为线性变换阵，则

$$\hat{\boldsymbol{A}}=\boldsymbol{TAT}^{-1}=\begin{bmatrix}-1&0&0&0\\1&1&0&0\\-2&2&2&-2\\1&0&0&-1\end{bmatrix},\hat{\boldsymbol{B}}=\boldsymbol{TB}=\begin{bmatrix}0\\-1\\2\\0\end{bmatrix},\hat{\boldsymbol{C}}=\boldsymbol{CT}^{-1}=[1\quad -1\quad 0\quad 0]\tag{3-355}$$

也可以用选取$[\boldsymbol{C}^{\mathrm{T}}\quad \boldsymbol{A}^{\mathrm{T}}\boldsymbol{C}^{\mathrm{T}}\quad (\boldsymbol{A}^2)^{\mathrm{T}}\boldsymbol{C}^{\mathrm{T}}\quad (\boldsymbol{A}^3)^{\mathrm{T}}\boldsymbol{C}^{\mathrm{T}}]$的线性独立行向量的方法来取得线性变换阵，比如，取它的第一、二两行，再配上两行$\begin{bmatrix}1&0&0&0\\0&0&0&1\end{bmatrix}$，如此得到的可逆方阵就是线性变换阵

$$\bar{\boldsymbol{T}}=\begin{bmatrix}1&-1&1&-1\\1&-1&-2&2\\1&0&0&0\\0&0&0&1\end{bmatrix}\tag{3-356}$$

相应的分解为

$$\widetilde{\boldsymbol{A}}=\begin{bmatrix}0&1&0&-1\\1&0&0&2\\-2&0&2&0\\\frac{1}{3}&-\frac{1}{3}&0&1\end{bmatrix},\quad \widetilde{\boldsymbol{B}}=\begin{bmatrix}1\\1\\2\\0\end{bmatrix},\quad \widetilde{\boldsymbol{C}}=[1\quad 0\quad 0\quad 0]\tag{3-357}$$

显然，$(\boldsymbol{A},\boldsymbol{B},\boldsymbol{C})$的能观测子系统是不能控的。此外，能观测因子是 1，-1；不能观测因子是-1，2。

从这个例子看到，能观测子系统有可能不能控。当然，能控子系统也有可能不能观测。

3. 线性连续定常系统的能观性和能观性结构分解

对于不完全能控和不完全能观测的线性定常系统

$$\left.\begin{aligned}\dot{\boldsymbol{x}}&=\boldsymbol{Ax}+\boldsymbol{Bu}\\\boldsymbol{y}&=\boldsymbol{Cx}\end{aligned}\right\}\tag{3-358}$$

通过线性非奇异变换可实现系统结构的规范分解，其规范分解的表达式为

$$\begin{bmatrix}\dot{\bar{\boldsymbol{x}}}_{co}\\ \dot{\bar{\boldsymbol{x}}}_{c\bar{o}}\\ \dot{\bar{\boldsymbol{x}}}_{\bar{c}o}\\ \dot{\bar{\boldsymbol{x}}}_{\bar{c}\bar{o}}\end{bmatrix}=\begin{bmatrix}\bar{\boldsymbol{A}}_{co} & \boldsymbol{0} & \bar{\boldsymbol{A}}_{13} & \boldsymbol{0}\\ \bar{\boldsymbol{A}}_{21} & \bar{\boldsymbol{A}}_{c\bar{o}} & \bar{\boldsymbol{A}}_{23} & \bar{\boldsymbol{A}}_{24}\\ \boldsymbol{0} & \boldsymbol{0} & \bar{\boldsymbol{A}}_{\bar{c}o} & \boldsymbol{0}\\ \boldsymbol{0} & \boldsymbol{0} & \bar{\boldsymbol{A}}_{43} & \bar{\boldsymbol{A}}_{\bar{c}\bar{o}}\end{bmatrix}\begin{bmatrix}\bar{\boldsymbol{x}}_{co}\\ \bar{\boldsymbol{x}}_{c\bar{o}}\\ \bar{\boldsymbol{x}}_{\bar{c}o}\\ \bar{\boldsymbol{x}}_{\bar{c}\bar{o}}\end{bmatrix}+\begin{bmatrix}\bar{\boldsymbol{B}}_{co}\\ \bar{\boldsymbol{B}}_{c\bar{o}}\\ \boldsymbol{0}\\ \boldsymbol{0}\end{bmatrix}\boldsymbol{u}$$

$$\boldsymbol{y}=\begin{bmatrix}\bar{\boldsymbol{C}}_{co} & \boldsymbol{0} & \bar{\boldsymbol{C}}_{\bar{c}o} & \boldsymbol{0}\end{bmatrix}\begin{bmatrix}\bar{\boldsymbol{x}}_{co}\\ \bar{\boldsymbol{x}}_{c\bar{o}}\\ \bar{\boldsymbol{x}}_{\bar{c}o}\\ \bar{\boldsymbol{x}}_{\bar{c}\bar{o}}\end{bmatrix} \tag{3-359}$$

式中：$\bar{\boldsymbol{x}}_{co}$ 为能控且能观测分状态；$\bar{\boldsymbol{x}}_{c\bar{o}}$ 为能控且不能观测分状态；$\bar{\boldsymbol{x}}_{\bar{c}o}$ 为不能控且能观测分状态；$\bar{\boldsymbol{x}}_{\bar{c}\bar{o}}$ 为不能控且不能观测分状态。

对不完全能控又不完全能观测的线性定常系统(3-358)，其输入-输出描述即传递函数矩阵只能反映系统中能控且能观测的那一部分，即

$$\boldsymbol{G}(s)=\boldsymbol{C}(s\boldsymbol{I}-\boldsymbol{A})^{-1}\boldsymbol{B}=\bar{\boldsymbol{C}}_{co}(s\boldsymbol{I}-\bar{\boldsymbol{A}}_{co})^{-1}\bar{\boldsymbol{B}}_{co}=\boldsymbol{G}_{co}(s) \tag{3-360}$$

这表明，一般输入-输出描述即传递函数矩阵只是对系统结构的一种不完全描述，只有对完全能控且完全能观测的系统（不可简约系统），输入-输出描述才足以表征系统的结构，即描述是完全的。

对于不完全能控和不完全能观测的线性时变系统，通过引入适当的可微的非奇异线性变换，同样可将系统的结构按能控性或能观测性、或同时按两者进行分解，而导出结构分解的规范表达式。各表达式在形式上类同于对线性定常系统分解所得到的表达式(3-325)、式(3-345)、式(3-359)，其差别仅在于表达式中的分块系统阵为时变矩阵。此外，对变换矩阵的构造和变换中的计算过程，也远比定常情况更为复杂。

例 3-21　设有如下的不能控且不能观测的定常系统：

$$\dot{\boldsymbol{x}}=\begin{bmatrix}0 & 0 & -1\\ 1 & 0 & -3\\ 0 & 1 & -3\end{bmatrix}\boldsymbol{x}+\begin{bmatrix}1\\ 1\\ 0\end{bmatrix}\boldsymbol{u} \tag{3-361}$$

$$\boldsymbol{y}=\begin{bmatrix}0 & 1 & -2\end{bmatrix}\boldsymbol{x}$$

将系统按能控性或能观测性分解为规范型。然后，再按能控性、能观测性对系统进行结构分解。

解　(1)系统按能控性分解。

首先确定系统能控状态的维数

$$\boldsymbol{Q}_c=\begin{bmatrix}\boldsymbol{b} & \boldsymbol{A}\boldsymbol{b} & \boldsymbol{A}^2\boldsymbol{b}\end{bmatrix}=\begin{bmatrix}0 & 0 & -1\\ 1 & 0 & -3\\ 0 & 1 & -2\end{bmatrix},\quad \mathrm{rank}\boldsymbol{Q}_c=2 \tag{3-362}$$

系统不能控，其能控状态维数为 2。

确定系统变换为能控规范型的变换阵

$$P=[p_1 \quad p_2 \quad p_3]=[b \quad Ab \quad p_3]=\begin{bmatrix}1&0&0\\1&1&0\\0&1&1\end{bmatrix} \tag{3-363}$$

其中，p_3 是任取的且与 b、Ab 线性无关的列向量。则

$$P^{-1}=\begin{bmatrix}1&0&0\\-1&1&0\\1&-1&1\end{bmatrix} \tag{3-364}$$

由变换阵 P 确定的能控规范型为

$$\bar{A}=P^{-1}AP=\begin{bmatrix}0&-1&-1\\1&-2&-2\\0&0&-1\end{bmatrix},\bar{b}=P^{-1}b=\begin{bmatrix}1\\0\\0\end{bmatrix},\bar{C}=CP=[1 \quad -1 \quad -2] \tag{3-365}$$

故有

$$\dot{\bar{x}}=\begin{bmatrix}0&-1&-1\\1&-2&-2\\0&0&-1\end{bmatrix}\bar{x}+\begin{bmatrix}1\\0\\0\end{bmatrix}u \quad y=[1 \quad -1 \quad -2]\bar{x} \tag{3-366}$$

显见，能控子系统 $[\bar{A}_c \quad b_c]$ 确为能控规范型。

(2)系统按能观测性分解。

确定系统的维数

$$Q_o=\begin{bmatrix}C\\CA\\CA^2\end{bmatrix}=\begin{bmatrix}0&1&-2\\1&-2&3\\-2&3&-4\end{bmatrix}, \quad \mathrm{rank}Q_o=2 \tag{3-367}$$

系统不能观测，其观测状态的维数为 2。

确定系统变换为能观测规范型的变换阵

$$T=\begin{bmatrix}t_1\\t_2\\t_3\end{bmatrix}=\begin{bmatrix}C\\CA\\t_3\end{bmatrix}=\begin{bmatrix}0&1&-2\\1&-2&3\\0&0&1\end{bmatrix} \tag{3-368}$$

其中，t_3 为任取的且与 C、CA 线性无关的行向量。求得

$$T^{-1}=\begin{bmatrix}2&1&1\\1&0&2\\0&0&1\end{bmatrix} \tag{3-369}$$

由变换阵 T 确定的能观测规范型为

$$\hat{A}=TAT^{-1}=\begin{bmatrix}0&-1&0\\-1&-2&0\\1&0&-1\end{bmatrix},\hat{b}=Tb=\begin{bmatrix}-1\\-1\\0\end{bmatrix},\hat{C}=CT^{-1}=[1 \quad 0 \quad 0] \tag{3-370}$$

故有

$$\dot{\hat{x}}=\begin{bmatrix}0&-1&0\\-1&-2&0\\1&0&-1\end{bmatrix}\hat{x}+\begin{bmatrix}-1\\-1\\0\end{bmatrix}u,y=[1 \quad 0 \quad 0]\hat{x} \tag{3-371}$$

可见，能观测子系统 $[\hat{A}_0 \quad \hat{C}]$ 确为能观测规范型。

(3)系统按能控性、能观测性分解。

在上述系统按能控性分解的规范型中,能控子系统的能观测性矩阵为

$$Q_{o1}=\begin{bmatrix}\bar{C}_c\\ \bar{C}_c\bar{A}_c\end{bmatrix}=\begin{bmatrix}1 & -1\\ -1 & 1\end{bmatrix},\mathrm{rank}Q_{o1}=1 \tag{3-372}$$

所以能控子系统是不完全能观测的,按能观测性分解,其变换阵应为

$$T_1=\begin{bmatrix}\bar{C}_c\\ t_2\end{bmatrix}=\begin{bmatrix}1 & -1\\ 0 & 1\end{bmatrix},T_1^{-1}=\begin{bmatrix}1 & 1\\ 0 & 1\end{bmatrix} \tag{3-373}$$

而一维不能控子系统,显然是能观测的,可令其变换阵 $T_2=I$,T_1 和 T_2 构成分块对角阵

$$T_{12}=\begin{bmatrix}T_1 & \\ & T_2\end{bmatrix}=\begin{bmatrix}1 & -1 & 0\\ 0 & 1 & 0\\ 0 & 0 & 1\end{bmatrix},T_{12}^{-1}=\begin{bmatrix}1 & 1 & 0\\ 0 & 1 & 0\\ 0 & 0 & 1\end{bmatrix} \tag{3-374}$$

引入变换 $\tilde{x}=T_{12}\bar{x}$,对系统按能观测性进行分解,得

$$\tilde{A}=T_{12}\bar{A}T_{12}^{-1}=\begin{bmatrix}1 & -1 & 1\\ 0 & 1 & 0\\ 0 & 0 & -1\end{bmatrix},\tilde{b}=T_{12}\bar{b}=\begin{bmatrix}1\\ 0\\ 0\end{bmatrix},\tilde{C}=\bar{C}T_{12}^{-1}=[1\quad 0\quad -2] \tag{3-375}$$

故得按能控性、能观测性分解的结果为

$$\left.\begin{aligned}\dot{\tilde{x}}&=\tilde{A}\tilde{x}+\tilde{b}u\\ y&=\tilde{C}\tilde{x}\end{aligned}\right\} \tag{3-376}$$

式中:$\tilde{x}=[\tilde{x}_1\quad \tilde{x}_2\quad \tilde{x}_3]^{\mathrm{T}}$,其中 $\tilde{x}_1$ 为能控且能观测的状态;$\tilde{x}_2$ 为能控但不能观测的状态;$\tilde{x}_3$ 为能观测但不能控的状态。

第六节　能控、能观测标准型实现

由传递函数矩阵确定对应的状态空间方程称为实现。在前面的章节已经研究了将单输入-单输出系统的外部描述(系统传递函数)化为状态空间描述的问题,并导出了能观测规范型、能控规范型、A 为对角型和约当型等四种典型的状态空间方程,这便是传递函数的实现。本节将研究多变量系统传递函数矩阵的实现理论和一般方法。研究实现问题,能深刻揭示系统的内部结构特性,便于分析与计算系统的运动,便于在状态空间对系统进行综合,便于对系统进行计算机仿真,在理论和应用上均具有重要意义。

一、实现的定义

给定线性定常系统的传递函数矩阵 $G(s)$,寻求一个状态空间描述

$$\dot{x}=Ax+Bu,y=Cx+Du \tag{3-377}$$

使

$$C(sI-A)^{-1}B+D=G(s) \tag{3-378}$$

则称此状态空间描述是给定传递函数矩阵 $G(s)$的一个实现,简称($A\quad B\quad C\quad D$)是$G(s)$的一个实现。

以上定义表明,实现问题的实质就是已知系统的外部描述,去寻求一个与外部描述等同的

假想的状态空间结构。由于状态变量(状态空间基底)选取不同,同一 $\boldsymbol{G}(s)$ 能导出维数相同但数值特性不同的 $[\boldsymbol{A}\quad \boldsymbol{B}\quad \boldsymbol{C}\quad \boldsymbol{D}]$,这一点已由传递函数的四种典型实现所证实;基于传递函数矩阵只反映系统能控且能观测部分的特性这一研究结论,不难分析得知,由同一 $\boldsymbol{G}(s)$ 还能导出 $\boldsymbol{A}$ 具有不同维数的实现,其中含有不同个数的不能控或/和不能观测的状态变量。故 $\boldsymbol{G}(s)$ 的实现具有非唯一性,且有无穷多种实现方式,某特定实现称 $\boldsymbol{G}(s)$ 的一个实现。

在众多实现中,能控类和能观测类是最常见的典型实现方式,这时,所寻求的 $[\boldsymbol{A}\quad \boldsymbol{B}\quad \boldsymbol{C}\quad \boldsymbol{D}]$ 不但能满足传递函数矩阵关系式,且是 $[\boldsymbol{A}\quad \boldsymbol{B}]$ 能控的或是 $[\boldsymbol{A}\quad \boldsymbol{C}]$ 能观测的。由于这类典型实现本身已经从某个方面揭示了系统的内部结构特性,于是更容易过渡到寻求 $\boldsymbol{G}(s)$ 的维数最小的实现问题。所谓维数最小的实现,是指 $\boldsymbol{A}$ 的维数最小,从而也使 $\boldsymbol{B},\boldsymbol{C},\boldsymbol{D}$ 的维数最小,它能以最简单的状态空间结构去获得等价的外部传递特性。无疑,最小实现问题中是最为重要的。

如果已经确定某真实系统是能控且能观测的,则在该 $\boldsymbol{G}(s)$ 的众多实现方式中,唯有最小实现才是真实系统的状态空间结构。

为了有助于理解多变量系统 $\boldsymbol{G}(s)$ 的实现问题,看下面两个引例。

例 3-22 设双输入-双输出系统传递函数矩阵 $\boldsymbol{G}(s)$ 为

$$\boldsymbol{G}(s)=\begin{bmatrix} \dfrac{1}{s+1} & \dfrac{2}{(s+1)(s+2)} \\ \dfrac{1}{(s+1)(s+3)} & \dfrac{1}{s+3} \end{bmatrix} \tag{3-379}$$

若将 $\boldsymbol{G}(s)$ 中的四个传递函数看作四个单变量子系统的传递函数,即

$$\left.\begin{aligned} g_{11}(s)&=\frac{y_1(s)}{u_1(s)}=\frac{1}{s+1}\quad g_{12}(s)=\frac{y_1(s)}{u_2(s)}=\frac{1}{s+1}\ \frac{2}{s+2} \\ g_{21}(s)&=\frac{y_2(s)}{u_1(s)}=\frac{1}{s+1}\ \frac{1}{s+3},\quad g_{22}(s)=\frac{y_2(s)}{u_2(s)}=\frac{1}{s+3} \end{aligned}\right\} \tag{3-380}$$

其实现的状态变量图如图 3-8 所示。其动态方程为

$$\left.\begin{aligned} &\dot{x}_1=-x_1+u_1,\dot{x}_2=-2x_2+x_3,\dot{x}_3=-x_3+u_2 \\ &\dot{x}_4=-3x_4+u_2,\dot{x}_5=-3x_5+x_6,\dot{x}_6=-x_6+u_1 \\ &y_1=x_1+2x_2,y_2=x_4+x_5 \end{aligned}\right\} \tag{3-381}$$

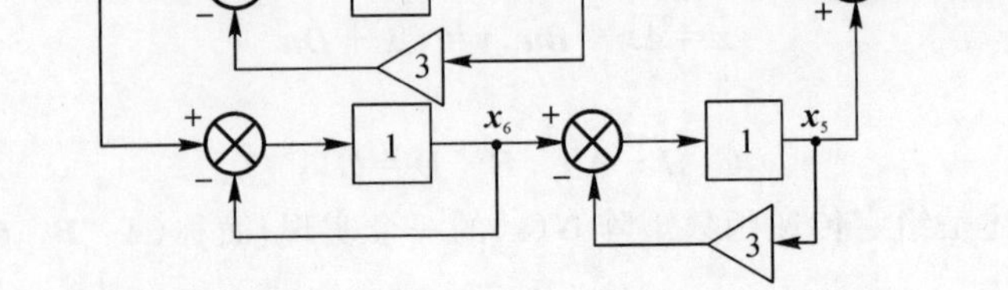

图 3-8 例 3-22$G(s)$诸元的单变量系统的结构图

$\boldsymbol{A}$、$\boldsymbol{B}$、$\boldsymbol{C}$、$\boldsymbol{D}$ 分别为

$$\boldsymbol{A}=\begin{bmatrix}-1&0&0&0&0&0\\0&-2&1&0&0&0\\0&0&-1&0&0&0\\0&0&0&-3&0&0\\0&0&0&0&-3&1\\0&0&0&0&0&-1\end{bmatrix},\boldsymbol{B}=\begin{bmatrix}1&0\\0&0\\0&1\\0&1\\0&0\\1&0\end{bmatrix},\boldsymbol{C}=\begin{bmatrix}1&2&0&0&0&0\\0&0&0&1&1&0\end{bmatrix},\boldsymbol{D}=\begin{bmatrix}0&0\\0&0\end{bmatrix}\tag{3-382}$$

所以矩阵 $\boldsymbol{A}$ 为 6 维。但经计算，$\boldsymbol{G}(s)$得次数 $n_\delta=4$。由多变量系统能控能观测的充要条件可知，能控且能观测的状态空间实现的 $\boldsymbol{A}$ 阵应为 n_δ 维，故以上按单变量系统实现诸元传递函数的方式，使$[\boldsymbol{A},\boldsymbol{B},\boldsymbol{C}]$的维数增高，导致结构复杂（如需 6 个积分器），仿真精度变差，且含有不能控或/或和不能观测的状态变量。

例 3-23　已知下列传递函数矩阵 $\boldsymbol{G}(s)$

$$\boldsymbol{G}(s)=\begin{bmatrix}\dfrac{4}{s}&\dfrac{1}{s}\\\dfrac{4}{s}&\dfrac{1}{s}\end{bmatrix}\tag{3-383}$$

按单变量系统实现方式实现诸元传递函数，状态空间结构将含 4 个积分器，如图 3-9 (a)所示；若诸积分环节$\dfrac{1}{s}$移到综合点之后，可变换成图 3-9 (b)，这时只含有 2 个积分环节；进一步将两条支路并为一条，最终得结构图 3-9(c)，这时仅含一个积分环节。从传递特性等同的观点看，上述三种结构均能导出给定的 $\boldsymbol{G}(s)$，但 $\boldsymbol{A}$ 阵的维数却不相同，显然图 3-9 (c)维数最小，结构最简单。计算 $\boldsymbol{G}(s)$的次数可知，$n_\delta=1$，表征了最小实现的维数。由图 3-9 (a)和(b)列出动态方程，必含有不能控或/和不能观测的状态变量。

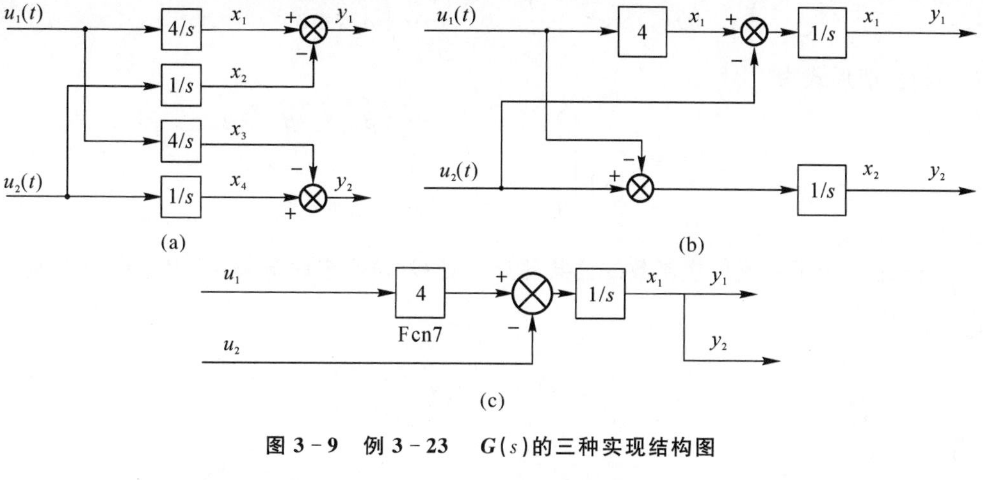

图 3-9　例 3-23　$G(s)$的三种实现结构图

二、传递函数矩阵的能控规范性和能观测规范型实现

下面对单输入-多输出、多输入-单输出、多输入-多输出系统的情况分别进行研究。

1. 单输入-多输出系统传递函数矩阵的实现

单输入-多输出系统的结构如图 3-10 所示，含 q 个子系统：

$$y_i(s)=g_i(s)u(s) \qquad i=1,2,\cdots,q \tag{3-384}$$

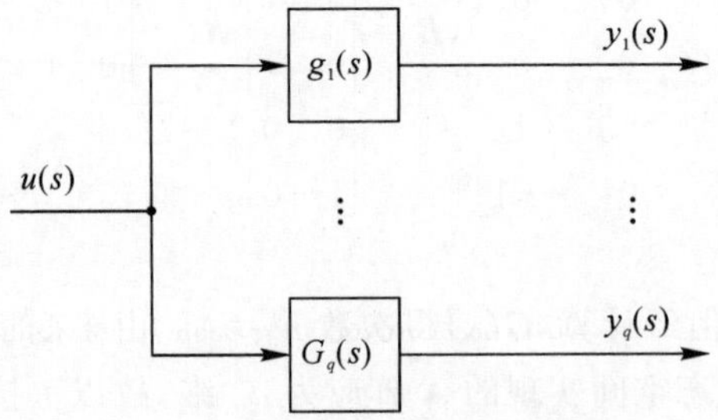

图 3-10 单输入一多输出系统结构

输入-输出关系的向量-矩阵形式为

$$\boldsymbol{y}(s)=\boldsymbol{G}(s)\boldsymbol{u}(s) \tag{3-385}$$

其中 $\boldsymbol{G}(s)$ 为一列向量，其展开式为

$$\boldsymbol{G}(s)=\begin{bmatrix} g_1(s) \\ g_2(s) \\ \vdots \\ g_q(s) \end{bmatrix}=\begin{bmatrix} d_1+\hat{g}_1(s) \\ d_2+\hat{g}_2(s) \\ \vdots \\ d_q+\hat{g}_q(s) \end{bmatrix}=\begin{bmatrix} d_1 \\ d_2 \\ \vdots \\ d_q \end{bmatrix}+\begin{bmatrix} \hat{g}_1(s) \\ \hat{g}_2(s) \\ \vdots \\ \hat{g}_q(s) \end{bmatrix}\triangleq \boldsymbol{d}+\hat{\boldsymbol{G}}(s) \tag{3-386}$$

式中：$g_i(s)$ 为真有理分式；d_i 为常数；$\hat{g}_i(s)$ 为严格真有理分式。真传递函数矩阵 $\boldsymbol{G}(s)$ 的实现问题就是寻求 $(\boldsymbol{A},\boldsymbol{b},\boldsymbol{C},\boldsymbol{d})$ 问题，严格真传递函数矩阵 $\hat{\boldsymbol{G}}(s)$ 的实现问题就是寻求 $(\boldsymbol{A},\boldsymbol{b},\boldsymbol{C})$ 问题。故不失一般性，研究实现问题可从 $\hat{\boldsymbol{G}}(s)$ 的实现入手。

取 $\{\hat{g}_i(s)\}$ 的最小公分母且记为 $D(s)$，有

$$D(s)=s^n+a_{n-1}s^{n-1}+\cdots+a_1 s+a_0 \tag{3-387}$$

则 $\hat{\boldsymbol{G}}(s)$ 的一般形式为

$$\hat{\boldsymbol{G}}(s)=\frac{1}{D(s)}\begin{bmatrix} \beta_{1,n-1}s^{n-1}+\cdots+\beta_{1,1}s+\beta_{1,0} \\ \vdots \\ \beta_{q,n-1}s^{n-1}+\cdots+\beta_{q,1}s+\beta_{q,0} \end{bmatrix} \tag{3-388}$$

式中：$\dfrac{1}{D(s)}$ 是 q 个子系统传递函数的公共部分。对 $\hat{G}(s)$ 作串联分解，并引入中间变量 $z(s)$，便有

$$z(s)=\frac{1}{D(s)}u(s) \tag{3-389}$$

若令

$$x_1=z, \quad x_2=\dot{z}, \quad \cdots \quad ,x_n=z^{(n-1)} \tag{3-390}$$

可列出该系统的能控规范性状态方程，它对 q 个子系统是同一的。考虑到单输入-多输出情况，输入矩阵只有一列，输出矩阵则有 q 行，故据 $D(s)$ 诸系数写出能控规范性 $(\boldsymbol{A},\boldsymbol{b})$ 是方便的，且写不出能观测规范型实现。故式(3-390)的实现为

$$\dot{\boldsymbol{x}}=\begin{bmatrix}0 & \boldsymbol{I}_{n-1} & & \\ -a_0 & -a_1 & \cdots & -a_{n-1}\end{bmatrix}\boldsymbol{x}+\begin{bmatrix}0\\ \vdots\\ 1\end{bmatrix}\boldsymbol{u}\triangleq\boldsymbol{Ax}+\boldsymbol{bu} \tag{3-391}$$

诸子系统的输出 $y_i(s)$均可表示为其各阶倒数的线性组合,其向量—矩阵形式为

$$\boldsymbol{y}=\begin{bmatrix}\beta_{1,0} & \beta_{1,1} & \cdots & \beta_{1,n-1}\\ \vdots & & & \\ \beta_{q,0} & \beta_{q,1} & \cdots & \beta_{q,n-1}\end{bmatrix}\boldsymbol{x}\triangleq\boldsymbol{Cx} \tag{3-392}$$

于是便确定了$\boldsymbol{G}(s)$的实现$(\boldsymbol{A},\boldsymbol{b},\boldsymbol{C},\boldsymbol{d})$。该实现是一定能控的,但不一定能观测。注意到上述实现是由单输入-多输出系统的能控规范性实现推广而来的。

2. 多输入-单输出系统传递函数矩阵的实现

多输入-单输出系统的结构如图 3-11 所示,含 p 个子系统:

$$y_i(s)=g_i(s)u_i(s),\quad i=1,2,\cdots,p \tag{3-393}$$

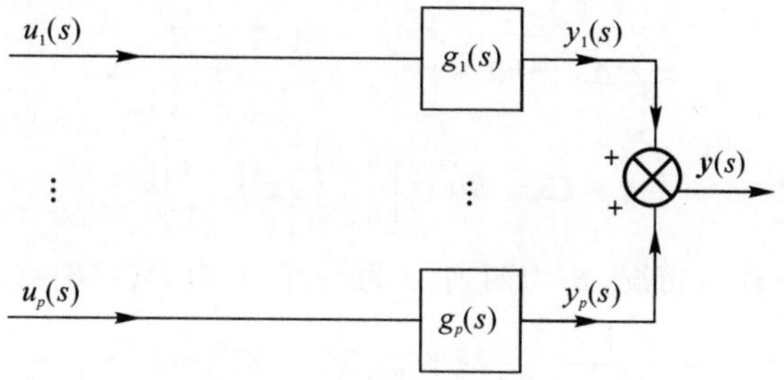

图 3-11　多单输入-单输出系统结构

系统输出为诸子系统输出之和,即

$$y(s)=g_1(s)u_1(s)+g_2(s)u_2(s)+\cdots+g_p(s)u_p(s)=[g_1(s)\quad g_2(s)\quad\cdots\quad g_p(s)]$$
$$[u_1(s)\quad u_2(s)\quad\cdots u_p(s)]^{\mathrm{T}}\triangleq\boldsymbol{G}(s)\boldsymbol{u}(s) \tag{3-394}$$

其中$\boldsymbol{G}(s)$为一行,其展开式为

$$\boldsymbol{G}(s)=[d_1+\hat{g}_1(s)\quad\cdots\quad d_p+\hat{g}_q(s)]\triangleq\boldsymbol{d}+\hat{\boldsymbol{G}}(s) \tag{3-395}$$

同理,取$\{\hat{g}_i(s)\}$的最小公分母且记为$D(s)$,可得$\hat{\boldsymbol{G}}(s)$的一般形式为

$$\hat{\boldsymbol{G}}(s)=\frac{1}{D(s)}[\beta_{1,n-1}s^{n-1}+\cdots+\beta_{1,1}s+\beta_{1,0}\quad\cdots\quad\beta_{q,n-1}s^{n-1}+\cdots+\beta_{q,1}s+\beta_{q,0}] \tag{3-396}$$

考虑到多输入-单输出情况,输入矩阵有 p 列,输出矩阵只有一行,据 p 个子系统传递函数的公共部分$\dfrac{1}{D(s)}$写出能观测规范型$(\boldsymbol{A},\boldsymbol{c})$是方便的,且写不出能控规范型实现。该实现也可由单输入-单输出系统的能观测规范型实现推广得到

$$\dot{\boldsymbol{x}}=\begin{bmatrix}0 & -a_0\\ & -a_1\\ \boldsymbol{I}_{n-1} & \vdots\\ & -a_{n-1}\end{bmatrix}\boldsymbol{x}+\begin{bmatrix}\beta_{1,0} & \cdots & \beta_{p,0}\\ \beta_{1,1} & \cdots & \beta_{p,1}\\ \vdots & \cdots & \vdots\\ \beta_{1,n-1} & \cdots & \beta_{p,n-1}\end{bmatrix}\boldsymbol{u}\triangleq\boldsymbol{Ax}+\boldsymbol{Bu} \tag{3-397}$$

$$y(s)=[0\quad\cdots\quad 1]x\overset{\triangle}{=}cx \tag{3-398}$$

于是便确定了$G(s)$的实现(A,B,c,d)，该实现一定能观测，但不一定能控。

例 3-24 试求传递函数矩阵$G_1(s)$($G_2(s)$)的能控规范型(能观测规范型)实现。

$$G_1(s)=\begin{bmatrix}\dfrac{s+3}{(s+1)(s+2)}\\[2mm]\dfrac{s+4}{s+1}\end{bmatrix} \tag{3-399}$$

$$G_2(s)=\begin{bmatrix}\dfrac{s+3}{(s+1)(s+2)} & \dfrac{s+4}{s+1}\end{bmatrix} \tag{3-400}$$

解：$G_1(s)$为单输入一双输入情况，b 为一列，C 为两行，A 由 $D(s)$确定。

$$G_1(s)=\begin{bmatrix}0\\1\end{bmatrix}+\frac{1}{(s+1)(s+2)}\begin{bmatrix}s+3\\3(s+2)\end{bmatrix}\overset{\triangle}{=}d_1+\frac{1}{D(s)}\begin{bmatrix}s+3\\3s+6\end{bmatrix} \tag{3-401}$$

故其能控规范型实现为

$$\begin{aligned}\dot{x}&=Ax+bu=\begin{bmatrix}0&1\\-2&-3\end{bmatrix}x+\begin{bmatrix}0\\1\end{bmatrix}u\\ y&=Cx+du=\begin{bmatrix}3&1\\6&3\end{bmatrix}x+\begin{bmatrix}0\\1\end{bmatrix}u\end{aligned} \tag{3-402}$$

$G_2(s)$为双输入-单输入情况，B 为两列，c 为一行，A 由 $D(s)$确定。

$$G_1(s)=[0\quad 1]+\frac{1}{(s+1)(s+2)}[s+3\quad 3(s+2)]\overset{\triangle}{=}d_1+\frac{1}{D(s)}[s+3\quad 3s+6] \tag{3-403}$$

故其能观测规范型实现为

$$\begin{aligned}\dot{x}&=Ax+bu=\begin{bmatrix}0&-2\\1&-3\end{bmatrix}x+\begin{bmatrix}3&6\\1&3\end{bmatrix}u\\ y&=Cx+du=[0\quad 1]x+[0\quad 1]u\end{aligned} \tag{3-404}$$

3. 多输入-多输出系统传递函数矩阵的实现

假定严格真$(q\times p)$传递函数矩阵$G(s)=\{g_{i,j}(s)\}$，$i=1,2,\cdots,q$，$j=1,2,\cdots,p$，其能控或者能观测规范型实现可由单输入-单输出系统传递函数的对应规范型实现推广而来。$G(s)$的展开式有

$$G(s)=\begin{bmatrix}g_{1,1}(s)&\cdots&g_{1,p}(s)\\\vdots&&\vdots\\g_{q,1}(s)&\cdots&g_{1,p}(s)\end{bmatrix}=\frac{1}{D(s)}\begin{bmatrix}m_{1,1}(s)&\cdots&m_{1,p}(s)\\\vdots&&\vdots\\m_{q,1}(s)&\cdots&m_{q,p}(s)\end{bmatrix}=\frac{1}{D(s)}[M_{n-1}s^{n-1}+M_{n-2}s^{n-2}+\cdots+M_1s+M_0] \tag{3-405}$$

式中：$D(s)=s^n+a_{n-1}s^{n-1}+\cdots+a_1s+a_0$，为$\{g_{i,j}(s)\}$的最小公分母；$\{m_{i,j}(s)\}$是同分母处理后所得的多项式矩阵，且表为矩阵多项式形式；$M_i(i=0,1,\cdots,n-1)$均为$(q\times p)$常值矩阵。对式(3-405)进行串连分解并引入中间变量z，它与u同为$(p\times 1)$维向量，于是z、y满足下列向量微分方程

$$z^{(n)}+a_{n-1}z^{(n-1)}+\cdots+a_1\dot{z}+a_0=u \tag{3-406}$$

$$\boldsymbol{y}=\boldsymbol{M}_{n-1}\boldsymbol{z}^{(n-1)}+\boldsymbol{M}_{n-2}\boldsymbol{z}^{(n-2)}+\cdots+\boldsymbol{M}_1\dot{\boldsymbol{z}}+\boldsymbol{M}_0\boldsymbol{z} \tag{3-407}$$

定义下列一组($p\times1$)维状态子向量

$$\boldsymbol{x}_1=\boldsymbol{z},\boldsymbol{x}_2=\dot{\boldsymbol{z}},\cdots,\boldsymbol{x}_n=\boldsymbol{z}^{(n-1)} \tag{3-408}$$

则状态方程为

$$\left.\begin{aligned}&\dot{\boldsymbol{x}}_1=\boldsymbol{x}_2\\&\dot{\boldsymbol{x}}_2=\boldsymbol{x}_3\\&\cdots\cdots\\&\dot{\boldsymbol{x}}_n=-a_0\boldsymbol{x}_1-a_1\boldsymbol{x}_2-\cdots-a_{n-1}\boldsymbol{x}_n+\boldsymbol{u}\\&\boldsymbol{y}=\boldsymbol{M}_0\boldsymbol{x}_1+\boldsymbol{M}_1\boldsymbol{x}_2+\cdots+\boldsymbol{M}_{n-1}\boldsymbol{x}_n\end{aligned}\right\} \tag{3-409}$$

其矩阵分块形式的能控规范型实现为

$$\dot{\boldsymbol{x}}=\boldsymbol{A}_c\boldsymbol{x}+\boldsymbol{B}_c\boldsymbol{u},\quad \boldsymbol{y}=\boldsymbol{C}_c\boldsymbol{x} \tag{3-410}$$

式中

$$\boldsymbol{x}=\begin{bmatrix}x_1\\x_2\\\vdots\\x_{n-1}\\x_n\end{bmatrix},\boldsymbol{A}_c=\begin{bmatrix}\boldsymbol{0}_p&\boldsymbol{I}_p&\boldsymbol{0}_p&\cdots&\boldsymbol{0}_p\\\boldsymbol{0}_p&\boldsymbol{0}_p&\boldsymbol{I}_p&\cdots&\boldsymbol{0}_p\\\vdots&\vdots&\vdots&\vdots&\vdots\\\boldsymbol{0}_p&\boldsymbol{0}_p&\boldsymbol{0}_p&\cdots&\boldsymbol{I}_p\\-a_0\boldsymbol{I}_p&-a_1\boldsymbol{I}_p&-a_2\boldsymbol{I}_p&\cdots&-a_{n-1}\boldsymbol{I}_p\end{bmatrix},\boldsymbol{B}_c=\begin{Bmatrix}\boldsymbol{0}_p\\\boldsymbol{0}_p\\\vdots\\\boldsymbol{0}_p\\\boldsymbol{I}_p\end{Bmatrix} \tag{3-411}$$

$$\boldsymbol{C}_c=[\boldsymbol{M}_0\quad\cdots\quad\boldsymbol{M}_{n-1}]$$

式中：$\boldsymbol{x}_i$ 为($p\times1$)维；$\boldsymbol{x}$ 为($np\times1$)维；$\boldsymbol{A}_c$ 为($np\times np$)维；$\boldsymbol{B}_c$ 为($np\times p$)维；$\boldsymbol{C}_c$ 为($q\times np$)维；$\boldsymbol{0}_p$、$\boldsymbol{I}_p$ 为 p 阶零阵和 p 阶单位阵。该实现一定能控，但不一定能观测。

还可以导出矩阵分块形式的能观测规范型实现为

$$\dot{\boldsymbol{x}}=\boldsymbol{A}_o\boldsymbol{x}+\boldsymbol{B}_o\boldsymbol{u},\quad \boldsymbol{y}=\boldsymbol{C}_o\boldsymbol{x} \tag{3-412}$$

式中

$$\boldsymbol{x}=\begin{bmatrix}x_1\\x_2\\\vdots\\x_{n-1}\\x_n\end{bmatrix},\boldsymbol{A}_o=\begin{bmatrix}\boldsymbol{0}_q&\boldsymbol{0}_q&\cdots&\boldsymbol{0}_q&-a_0\boldsymbol{I}_q\\\boldsymbol{I}_q&\boldsymbol{0}_q&\cdots&\boldsymbol{0}_q&-a_1\boldsymbol{I}_q\\\boldsymbol{0}_q&\boldsymbol{I}_q&\cdots&\boldsymbol{0}_q&-a_2\boldsymbol{I}_q\\\vdots&\vdots&\vdots&&\vdots\\\boldsymbol{0}_q&\boldsymbol{0}_q&\cdots&\boldsymbol{I}_q&-a_{n-1}\boldsymbol{I}_q\end{bmatrix},\boldsymbol{B}_o=\begin{Bmatrix}\boldsymbol{M}_0\\\boldsymbol{M}_1\\\boldsymbol{M}_2\\\vdots\\\boldsymbol{M}_{n-1}\end{Bmatrix} \tag{3-413}$$

$$\boldsymbol{C}_o=[\boldsymbol{0}_q\quad\cdots\quad\boldsymbol{0}_q\quad\boldsymbol{I}_q]$$

式中：$\boldsymbol{x}_i$ 为($q\times1$)维；$\boldsymbol{x}$ 为($nq\times1$)维；$\boldsymbol{A}_o$ 为($nq\times nq$)维；$\boldsymbol{B}_o$ 为($nq\times p$)维；$\boldsymbol{C}_o$ 为($q\times nq$)维；$\boldsymbol{0}_q$、$\boldsymbol{I}_q$ 为 q 阶零阵和 q 阶单位阵。该实现一定能观测，但不一定能控。

例 3-25　试求 $\boldsymbol{G}(s)$ 的能控和能观测规范型实现

$$\boldsymbol{G}(s)=\begin{bmatrix}\dfrac{s+2}{s+1}&\dfrac{1}{s+3}\\\dfrac{s}{s+1}&\dfrac{s+1}{s+2}\end{bmatrix} \tag{3-414}$$

解：本例 $p=q=2$。

$$G(s)=\begin{bmatrix}1&0\\1&1\end{bmatrix}+\begin{bmatrix}\frac{1}{s+1}&\frac{1}{s+3}\\\frac{-1}{s+1}&\frac{-1}{s+2}\end{bmatrix}\triangleq D+G'(s)$$

$$G'(s)=\frac{1}{(s+1)(s+2)(s+3)}\begin{bmatrix}(s+2)(s+3)&(s+1)(s+2)\\-(s+2)(s+3)&-(s+1)(s+3)\end{bmatrix}=$$
$$\frac{1}{s^3+6s^2+11s+6}\left\{\begin{bmatrix}1&-1\\-1&-1\end{bmatrix}s^2+\begin{bmatrix}5&3\\-5&-4\end{bmatrix}s+\begin{bmatrix}6&2\\-6&-3\end{bmatrix}\right\} \tag{3-415}$$

故能控规范型实现为

$$\left.\begin{aligned}A_c&=\begin{bmatrix}\mathbf{0}_2&I_2&\mathbf{0}_2\\\mathbf{0}_2&\mathbf{0}_2&I_2\\-6I_2&-11I_2&-6I_2\end{bmatrix}\\B_c&=\begin{bmatrix}\mathbf{0}_2\\\mathbf{0}_2\\I_2\end{bmatrix}\\C_c=[M_0\quad M_1\quad M_2]&=\begin{bmatrix}6&2&5&3&1&1\\-6&-3&-5&-4&-1&-1\end{bmatrix}\\D&=\begin{bmatrix}1&0\\1&1\end{bmatrix}\end{aligned}\right\} \tag{3-416}$$

能观测规范型实现为

$$A_o=\begin{bmatrix}\mathbf{0}_2&\mathbf{0}_2&-6I_2\\I_2&\mathbf{0}_2&-11I_2\\\mathbf{0}_2&I_2&-6I_2\end{bmatrix},B_o=\begin{bmatrix}M_0\\M_1\\M_2\end{bmatrix}=\begin{bmatrix}6&2\\-6&-3\\5&3\\-5&-4\\1&1\\-1&-1\end{bmatrix},C_o=[\mathbf{0}_2\quad\mathbf{0}_2\quad I_2],D=\begin{bmatrix}1&0\\1&1\end{bmatrix} \tag{3-417}$$

第七节 最小实现

一、最小实现

给定严格真传递函数矩阵$G(s)$，寻求一个维数最小的$[A\quad B\quad C]$，使$C(sI-A)^{-1}B=G(s)$，则称该$[A\quad B\quad C]$是$G(s)$的最小实现，也称为不可简约实现。从等价的输入-输出传递函数特性来看，最小实现的状态空间结构是最简单的，其中包含的积分器个数最少，其状态变量都是能控且能观测的，用于计算机仿真的精度也最好，故而在理论及应用上均占有重要地位。

关于最小实现的特性，有下列几个重要结论。

结论1　$[A\quad B\quad C]$为严格真传递函数矩阵$G(s)$的最小实现的充要条件是：$[A\quad B]$能

控且$[\boldsymbol{A}\quad \boldsymbol{C}]$能观测。

证　先证必要性，即已知$[\boldsymbol{A}\quad \boldsymbol{B}\quad \boldsymbol{C}]$为最小实现，欲证$[\boldsymbol{A}\quad \boldsymbol{B}]$能控和$[\boldsymbol{A}\quad \boldsymbol{C}]$能观测。采用反证法。反设$[\boldsymbol{A}\quad \boldsymbol{B}\quad \boldsymbol{C}]$不能控或不能观测，则可通过结构的规范分解找出能控且能观测的$[\boldsymbol{A}_1\quad \boldsymbol{B}_2\quad \boldsymbol{C}_1]$，使$\boldsymbol{C}_1(s\boldsymbol{I}-\boldsymbol{A}_1)\boldsymbol{B}_1=\boldsymbol{G}(s)$，且有

$$\dim \boldsymbol{A}_1<\dim \boldsymbol{A} \tag{3-418}$$

表明$[\boldsymbol{A}\quad \boldsymbol{B}\quad \boldsymbol{C}]$不是$\boldsymbol{G}(s)$的最小实现，从而与已知条件矛盾，故反设不成立，$[\boldsymbol{A}\quad \boldsymbol{B}\quad \boldsymbol{C}]$必为能控且能观测。必要性得证。

再证充分性，即已知$[\boldsymbol{A}\quad \boldsymbol{B}\quad \boldsymbol{C}]$能控且能观测，欲证$[\boldsymbol{A}\quad \boldsymbol{B}\quad \boldsymbol{C}]$为最小实现。也采用反证法，反设$[\boldsymbol{A}\quad \boldsymbol{B}\quad \boldsymbol{C}]$能控能观测，但不是最小实现，这时必存在另一最小实现$[\bar{\boldsymbol{A}}\quad \bar{\boldsymbol{B}}\quad \bar{\boldsymbol{C}}]$，使

$$\dim \bar{\boldsymbol{A}}<\dim \boldsymbol{A} \tag{3-419}$$

且对任意相同的输入$\boldsymbol{u}$，必有相同的输出$\boldsymbol{y}$，即

$$\int_0^t \boldsymbol{C}\mathrm{e}^{\boldsymbol{A}(t-\tau)}\boldsymbol{B}\boldsymbol{u}(\tau)\mathrm{d}\tau=\int_0^t \bar{\boldsymbol{C}}\mathrm{e}^{\bar{\boldsymbol{A}}(t-\tau)}\bar{\boldsymbol{B}}\boldsymbol{u}(\tau)\mathrm{d}\tau \tag{3-420}$$

考虑到u和t的任意性，进一步有

$$\boldsymbol{C}\mathrm{e}^{\boldsymbol{A}(t-\tau)}\boldsymbol{B}\boldsymbol{u}(\tau)\mathrm{d}\tau=\bar{\boldsymbol{C}}\mathrm{e}^{\bar{\boldsymbol{A}}(t-\tau)}\bar{\boldsymbol{B}}\boldsymbol{u}(\tau)\mathrm{d}\tau \qquad \forall\quad t,\tau \tag{3-421}$$

若令$\tau=0$，且记

$$\boldsymbol{G}(t)=\boldsymbol{C}\mathrm{e}^{\boldsymbol{A}t}\boldsymbol{B},\bar{\boldsymbol{G}}(t)=\bar{\boldsymbol{C}}\mathrm{e}^{\bar{\boldsymbol{A}}t}\bar{\boldsymbol{B}} \qquad t\geqslant 0 \tag{3-422}$$

则

$$\boldsymbol{G}(t)=\overline{\boldsymbol{G}}(t) \tag{3-423}$$

式中$\boldsymbol{G}(t)$，$\overline{\boldsymbol{G}}(t)$分别为$[\boldsymbol{A}\quad \boldsymbol{B}\quad \boldsymbol{C}]$，$[\bar{\boldsymbol{A}}\quad \bar{\boldsymbol{B}}\quad \bar{\boldsymbol{C}}]$的单位脉冲相应矩阵。对$\boldsymbol{G}(t)$求各阶导数有

$$\left.\begin{aligned}
&\boldsymbol{G}^{(1)}(t)=\boldsymbol{C}\boldsymbol{A}\mathrm{e}^{\boldsymbol{A}t}B=\boldsymbol{C}\mathrm{e}^{\boldsymbol{A}t}\boldsymbol{A}\boldsymbol{B}\\
&\boldsymbol{G}^{(2)}(t)=\boldsymbol{C}\boldsymbol{A}^2\mathrm{e}^{\boldsymbol{A}t}\boldsymbol{B}=\boldsymbol{C}\mathrm{e}^{\boldsymbol{A}t}\boldsymbol{A}^2\boldsymbol{B}\\
&\qquad\cdots\cdots\\
&\boldsymbol{G}^{(n-1)}(t)=\boldsymbol{C}\boldsymbol{A}^{n-1}\mathrm{e}^{\boldsymbol{A}t}B=\boldsymbol{C}\mathrm{e}^{\boldsymbol{A}t}\boldsymbol{A}^{n-1}\boldsymbol{B}\\
&\qquad\cdots\cdots\\
&\boldsymbol{G}^{2(n-1)}(t)=\boldsymbol{C}\boldsymbol{A}^{n-1}\mathrm{e}^{\boldsymbol{A}t}\boldsymbol{A}^{n-1}\boldsymbol{B}
\end{aligned}\right\} \tag{3-424}$$

于是可构造下列$\boldsymbol{L}(t)$矩阵

$$\boldsymbol{L}(t)\triangleq\begin{bmatrix}
\boldsymbol{G}(t) & \boldsymbol{G}^{(1)}(t) & \cdots & \boldsymbol{G}^{(n-1)}(t)\\
\boldsymbol{G}^{(1)}(t) & \boldsymbol{G}^{(2)}(t) & \cdots & \boldsymbol{G}^{(n)}(t)\\
\vdots & \vdots & & \vdots\\
\boldsymbol{G}^{(n-1)}(t) & \boldsymbol{G}^{(n)}(t) & \cdots & \boldsymbol{G}^{2(n-1)}(t)
\end{bmatrix}=$$

$$\begin{bmatrix}
\boldsymbol{C}\mathrm{e}^{\boldsymbol{A}t}\boldsymbol{B} & \boldsymbol{C}\mathrm{e}^{\boldsymbol{A}t}\boldsymbol{A}\boldsymbol{B} & \cdots & \boldsymbol{C}\mathrm{e}^{\boldsymbol{A}t}\boldsymbol{A}^{n-1}\boldsymbol{B}\\
\boldsymbol{C}\mathrm{e}^{\boldsymbol{A}t}\boldsymbol{A}\boldsymbol{B} & \boldsymbol{C}\boldsymbol{A}\mathrm{e}^{\boldsymbol{A}t}\boldsymbol{A}\boldsymbol{B} & \cdots & \boldsymbol{C}\boldsymbol{A}\mathrm{e}^{\boldsymbol{A}t}\boldsymbol{A}^{n-1}\boldsymbol{B}\\
\vdots & \vdots & & \vdots\\
\boldsymbol{C}\boldsymbol{A}^{n-1}\mathrm{e}^{\boldsymbol{A}t}\boldsymbol{B} & \boldsymbol{C}\boldsymbol{A}^{n-1}\mathrm{e}^{\boldsymbol{A}t}\boldsymbol{A}\boldsymbol{B} & \cdots & \boldsymbol{C}\boldsymbol{A}^{n-1}\mathrm{e}^{\boldsymbol{A}t}\boldsymbol{A}^{n-1}\boldsymbol{B}
\end{bmatrix}=$$

$$\begin{bmatrix} C \\ CA \\ \vdots \\ CA^{n-1} \end{bmatrix} e^{At} [B \quad AB \quad \cdots \quad A^{n-1}B] = Q_0 e^{At} Q_c, t \geqslant 0 \tag{3-425}$$

式中：Q_0，Q_c 分别为$[A \quad B \quad C]$的能观测性和能控性判别阵。当 $t=0$ 时有

$$L(0) = Q_0 Q_C \tag{3-426}$$

同理可导出

$$\bar{L}(t) = \overline{Q}_0 e^{\bar{A}t} \overline{Q}_C, \bar{L}(0) = \overline{Q}_0 \overline{Q}_C \tag{3-427}$$

式中$\overline{Q}_0$，$\overline{Q}_C$ 分别为$[\bar{A} \quad \bar{B} \quad \bar{C}]$的能观测性和能控性判别阵。由于 $G(t)=\overline{G}(t)$，又有 $L(t)=\overline{L}(t)$，$L(0)=\overline{L}(0)$，故

$$Q_0 Q_C = \overline{Q_0 Q_C} \tag{3-428}$$

由已知$[A \quad B \quad C]$能控且能观，则

$$\text{rank} Q_0 = n, \quad \text{rank} Q_c = n \tag{3-429}$$

记

$$H = Q_0 Q_c \tag{3-430}$$

有

$$\text{rank} H \leqslant \min\{\text{rank} Q_0, \text{rank} Q_c\} = n \tag{3-431}$$

又因 $Q_0^{\mathrm{T}} H = Q_0^{\mathrm{T}} Q_0 Q_c$，从而 $Q_c = (Q_0^{\mathrm{T}} Q_0)^{-1} Q_0^{\mathrm{T}} H$，有

$$n = \text{rank} Q_c \leqslant \min\{\text{rank} Q_0^{\mathrm{T}} Q_0, \text{rank} Q_0, \text{rank} H\} = \text{rank} H \tag{3-432}$$

由于式(3-431)和式(3-432)同时成立，必有

$$\text{rank} H = \text{rank} Q_0 Q_c = n \tag{3-433}$$

于是

$$n = \text{rank} Q_0 Q_c \leqslant \min\{\text{rank} \overline{Q}_0, \text{rank} Q_c\} \tag{3-434}$$

也即

$$\text{rank} \overline{Q}_0 \geqslant n, \quad \text{rank} \overline{Q}_c \geqslant n \tag{3-435}$$

这表示 $\dim \bar{A} > \dim A$，与假设矛盾，故假设不成立，即不存在比$[A \quad B \quad C]$维数更小的实现。充分性得证。证毕。

结论 2 严格真传递函数矩阵 $G(s)$的任意两个最小实现$[A \quad B \quad C]$与$[\bar{A} \quad \bar{B} \quad \bar{C}]$之间必代数等价，即两个最小实现之间由非奇异线形变化阵 T 使下式成立

$$\bar{A} = T^{-1} A T, \bar{B} = T^{-1} B, \bar{C} = C T \tag{3-436}$$

证 已知$[A \quad B \quad C]$和$[\bar{A} \quad \bar{B} \quad \bar{C}]$均为最小实现，故均为能控且能观测的，且维数相同，即

$$\text{rank} Q_c = \text{rank} Q_0 = \text{rank} \overline{Q}_c = \text{rank} \overline{Q}_0 = n \tag{3-437}$$

$$\dim A = \dim \bar{A} \tag{3-438}$$

且进而可知$\overline{Q}_c \overline{Q}_c^{\mathrm{T}}$ 和$\overline{Q}_0^{\mathrm{T}} Q_0$ 均为非奇异 n 阶方阵。由 $Q_0 Q_c = \overline{Q}_0 \overline{Q}_c$ 分别左乘$\overline{Q}_0^T$ 和右乘$\overline{Q}_c^{\mathrm{T}}$，可导出

$$\overline{Q}_c = [(\overline{Q}_0^{\mathrm{T}} \overline{Q}_0)^{-1} \overline{Q}_0^{\mathrm{T}} Q_0] Q_c \stackrel{\triangle}{=} \bar{T} Q_c \tag{3-439}$$

$$\overline{\boldsymbol{Q}}_0=\boldsymbol{Q}_0[\boldsymbol{Q}_c\overline{\boldsymbol{Q}}_c^{\mathrm{T}}(\overline{\boldsymbol{Q}}_c\overline{\boldsymbol{Q}}_c^{\mathrm{T}})^{-1}]\stackrel{\triangle}{=}\boldsymbol{Q}_0\boldsymbol{T} \tag{3-440}$$

式中 $\bar{\boldsymbol{T}},\boldsymbol{T}$ 均为非奇异矩阵，且有

$$\bar{\boldsymbol{T}}\boldsymbol{T}=[(\overline{\boldsymbol{Q}}_0^{\mathrm{T}}\overline{\boldsymbol{Q}}_0)^{-1}\overline{\boldsymbol{Q}}_0^{\mathrm{T}}\boldsymbol{Q}_0][\boldsymbol{Q}_c\overline{\boldsymbol{Q}}_c^{\mathrm{T}}(\overline{\boldsymbol{Q}}_c\overline{\boldsymbol{Q}}_c^{\mathrm{T}})^{-1}]=$$

$$(\overline{\boldsymbol{Q}}_0^{\mathrm{T}}\overline{\boldsymbol{Q}}_0)^{-1}\overline{\boldsymbol{Q}}_0^{\mathrm{T}}\overline{\boldsymbol{Q}}_0\cdot\overline{\boldsymbol{Q}}_c\overline{\boldsymbol{Q}}_c^{\mathrm{T}}(\overline{\boldsymbol{Q}}_c\overline{\boldsymbol{Q}}_c^{\mathrm{T}})^{-1}=\boldsymbol{I} \tag{3-441}$$

故

$$\bar{\boldsymbol{T}}=\boldsymbol{T}^{-1} \tag{3-442}$$

于是由 $\overline{\boldsymbol{Q}}_c=\boldsymbol{T}^{-1}\boldsymbol{Q}_c$ 的展开式

$$[\bar{\boldsymbol{B}}\quad\bar{\boldsymbol{A}}\bar{\boldsymbol{B}}\quad\cdots\quad\bar{\boldsymbol{A}}^{n-1}\bar{\boldsymbol{B}}]=\boldsymbol{T}^{-1}[\boldsymbol{B}\quad\boldsymbol{A}\boldsymbol{B}\quad\cdots\quad\boldsymbol{A}^{n-1}\boldsymbol{B}] \tag{3-443}$$

可得

$$\bar{\boldsymbol{B}}=\boldsymbol{T}^{-1}\boldsymbol{B} \tag{3-444}$$

由 $\overline{\boldsymbol{Q}}_0=\boldsymbol{Q}_0\boldsymbol{T}$ 的展开式

$$\begin{bmatrix}\bar{\boldsymbol{C}}\\ \bar{\boldsymbol{C}}\bar{\boldsymbol{A}}\\ \vdots\\ \bar{\boldsymbol{C}}\bar{\boldsymbol{A}}^{n-1}\end{bmatrix}=\begin{bmatrix}\boldsymbol{C}\\ \boldsymbol{C}\boldsymbol{A}\\ \vdots\\ \boldsymbol{C}\boldsymbol{A}^{n-1}\end{bmatrix}\boldsymbol{T} \tag{3-445}$$

可得

$$\bar{\boldsymbol{C}}=\boldsymbol{C}\boldsymbol{T} \tag{3-446}$$

由 $\boldsymbol{Q}_0\boldsymbol{Q}_C=\overline{\boldsymbol{Q}}_0\ \overline{\boldsymbol{Q}}_C$ 的展开式

$$\begin{bmatrix}\boldsymbol{CB} & \boldsymbol{CAB} & \cdots & \boldsymbol{CA}^{n-1}\boldsymbol{B}\\ \boldsymbol{CAB} & \boldsymbol{CA}^2\boldsymbol{B} & \cdots & \boldsymbol{CA}^n\boldsymbol{B}\\ \vdots & \vdots & & \vdots\\ \boldsymbol{CA}^{n-1}\boldsymbol{B} & \boldsymbol{CA}^n\boldsymbol{B} & \cdots & \boldsymbol{CA}^{2(n-1)}\boldsymbol{B}\end{bmatrix}=\begin{bmatrix}\bar{\boldsymbol{C}}\bar{\boldsymbol{B}} & \bar{\boldsymbol{C}}\bar{\boldsymbol{A}}\bar{\boldsymbol{B}} & \cdots & \bar{\boldsymbol{C}}\bar{\boldsymbol{A}}^{n-1}\bar{\boldsymbol{B}}\\ \bar{\boldsymbol{C}}\bar{\boldsymbol{A}}\bar{\boldsymbol{B}} & \bar{\boldsymbol{C}}\bar{\boldsymbol{A}}^2\bar{\boldsymbol{B}} & \cdots & \bar{\boldsymbol{C}}\bar{\boldsymbol{A}}^n\bar{\boldsymbol{B}}\\ \vdots & \vdots & & \vdots\\ \bar{\boldsymbol{C}}\bar{\boldsymbol{A}}^{n-1}\bar{\boldsymbol{B}} & \bar{\boldsymbol{C}}\bar{\boldsymbol{A}}^n\bar{\boldsymbol{B}} & \cdots & \bar{\boldsymbol{C}}\bar{\boldsymbol{A}}^{2(n-1)}\bar{\boldsymbol{B}}\end{bmatrix} \tag{3-447}$$

可得

$$\boldsymbol{CA}^k\boldsymbol{B}=\bar{\boldsymbol{C}}\bar{\boldsymbol{A}}^k\bar{\boldsymbol{B}}\qquad k=0,1,\cdots \tag{3-448}$$

从而有

$$\boldsymbol{Q}_0\boldsymbol{A}\boldsymbol{Q}_c=\begin{bmatrix}\boldsymbol{C}\\ \boldsymbol{CA}\\ \vdots\\ \boldsymbol{CA}^{n-1}\end{bmatrix}\boldsymbol{A}[\boldsymbol{B}\quad\boldsymbol{AB}\quad\cdots\quad\boldsymbol{A}^{n-1}\boldsymbol{B}]=$$

$$\begin{bmatrix}\bar{\boldsymbol{C}}\\ \bar{\boldsymbol{C}}\bar{\boldsymbol{A}}\\ \vdots\\ \bar{\boldsymbol{C}}\bar{\boldsymbol{A}}^{n-1}\end{bmatrix}\bar{\boldsymbol{A}}[\bar{\boldsymbol{A}}\quad\bar{\boldsymbol{A}}\bar{\boldsymbol{B}}\quad\cdots\quad\bar{\boldsymbol{A}}^{n-1}\bar{\boldsymbol{B}}]=\overline{\boldsymbol{Q}_0}\bar{\boldsymbol{A}}\overline{\boldsymbol{Q}_c} \tag{3-449}$$

由式(3-449)两端左乘 $\overline{\boldsymbol{Q}}_0^{\mathrm{T}}$ 且右乘 $\overline{\boldsymbol{Q}}_c^{\mathrm{T}}$，有

$$\overline{\boldsymbol{Q}}_0^{T}\boldsymbol{Q}_0\boldsymbol{A}\boldsymbol{Q}_c\overline{\boldsymbol{Q}}_c^{\mathrm{T}}=\overline{\boldsymbol{Q}}_0^{\mathrm{T}}\overline{\boldsymbol{Q}}_0\bar{\boldsymbol{A}}\overline{\boldsymbol{Q}_c}\overline{\boldsymbol{Q}}_c^{\mathrm{T}} \tag{3-450}$$

可得

$$\bar{A}=[(\overline{Q}_0^{\mathrm{T}}\overline{Q}_0)^{-1}\overline{Q}_0^{\mathrm{T}}\overline{Q}_0]A[\overline{Q}_c\overline{Q}_c^{\mathrm{T}}(\overline{Q}_c\overline{Q}_c^{\mathrm{T}})^{-1}]=\bar{T}AT=T^{-1}AT \tag{3-451}$$

证毕。以上证明的代数等价关系是针对最小实现的,即$[A\quad B\quad C]$能控且能观测的,非最小实现之间则不存在代数等价关系。

结论 3 严格真传递函数矩阵$G(s)$的最小实现的维数n_{min}为下列汉克尔矩阵H的秩,即

$$n_{\min}=\mathrm{rank}H=\mathrm{rank}\begin{bmatrix}H_1 & H_2 & \cdots & H_n\\ H_2 & H_3 & \cdots & H_{n+1}\\ \vdots & \vdots & & \vdots\\ H_n & H_{n+1} & \cdots & H_{2n-1}\end{bmatrix} \tag{3-452}$$

式中:$G(s)=\sum_{i=1}^{\infty}H_i s^{-i}$,$H_i=CA^{i-1}B$,$H_i(i=1,2,\cdots,2n-1)$为马尔可夫参数矩阵。

证 令$[A\quad B\quad C]$是$G(s)$的一个最小实现,A的维度为$n=n_{min}$。由

$$G(s)=C(sI-A)^{-1}B=C\mathscr{L}[\mathrm{e}^{At}]B=C(Is^{-1}+As^{-2}+A^2s^{-3}+\cdots)B$$
$$\sum_{i=1}^{\infty}CA^{i-1}Bs^{-1}=\sum_{i=1}^{\infty}H_i s^{-1} \tag{3-453}$$

故

$$H=\begin{bmatrix}H_1 & H_2 & \cdots & H_n\\ H_2 & H_3 & \cdots & H_{n+1}\\ \vdots & \vdots & & \vdots\\ H_n & H_{n+1} & \cdots & H_{2n-1}\end{bmatrix}=\begin{bmatrix}CB & CAB & \cdots & CA^{n-1}B\\ CAB & CA^2B & \cdots & CA^nB\\ \vdots & \vdots & & \vdots\\ CA^{n-1}B & CA^nB & \cdots & CA^{2n-2}B\end{bmatrix}=$$
$$\begin{bmatrix}C\\ CA\\ \vdots\\ CA^{n-1}\end{bmatrix}[B\quad AB\quad\cdots\quad A^{n-1}B]\triangleq Q_0Q_c \tag{3-454}$$

因$[A\quad B\quad C]$能控能观测,故有

$$\mathrm{rank}Q_0=\mathrm{rank}Q_c=n \tag{3-455}$$

由结论 1 已证得

$$\mathrm{rank}H=\mathrm{rank}Q_0Q_c=n=n_{\min} \tag{3-456}$$

结论 4 传递函数矩阵$G(s)$的最小实现的维数$G(s)$的次数n_δ,或$G(s)$的极点多项式的最高次数。

证 已知多变量系统的能控能观测的充分条件是

$$G(s)\text{的极点多项式 }\varphi(s)=A\text{ 的特征多项式 }\det(sI-A) \tag{3-457}$$

故$\varphi(s)$的最高次数(或$G(s)$的次数)n_δ等于A的维数;又知$[A\quad B]$能控,$[A\quad C]$能观测,故$[A\quad B\quad C]$为最小实现。

二、最小实现的求法

求多变量系统最小实现的一般方法为降阶法:根据给定传递函数矩阵$G(s)$,第一步先写出满足$G(s)$的能控型实现,第二步从中找出能控子系统,均可求得最小实现。有时$G(s)$诸元

容易分解为部分分式形式，运用直接求取约当型最小实现是较为方便的。下面分别研究。

1. 降阶法

(1)先求解能控型再求能观测子系统的方法。

设$(q\times p)$传递函数矩阵$\boldsymbol{G}(s)$，且$p<q$时，优先采用本方法。取$\boldsymbol{G}(s)$的第j列，记为$\boldsymbol{G}_j(s)$，是u_j至$y(s)$的传递函数矩阵，有

$$\boldsymbol{G}_i(s)=[g_{1j}(s)\quad\cdots\quad g_{qj}(s)]^{\mathrm{T}}=\begin{bmatrix}\dfrac{p_{1j}(s)}{q_{1j}(s)} & \cdots & \dfrac{p_{qj}(s)}{q_{qj}(s)}\end{bmatrix}^{\mathrm{T}} \tag{3-458}$$

记$d_j(s)$为$q_{1j}(s),\cdots,q_{qj}(s)$的最小公倍数，则

$$\boldsymbol{G}_j(s)=\frac{1}{d_j(s)}[n_{1j}(s)\quad\cdots\quad n_{qj}(s)]^{\mathrm{T}} \tag{3-459}$$

设

$$d_j(s)=s^{n_j}+a_{j,n_j-1}s^{n_j-1}+\cdots+a_{j.1}s+a_{j.0} \tag{3-460}$$

则

$$n_{ij}(s)=\beta_{ij,n_j-1}s^{n_j-1}+\beta_{ij,n_j-2}s^{n_j-2}+\cdots+\beta_{ij,1}s+\beta_{ij,0}\quad i=1,2,\cdots,q \tag{3-461}$$

在此，$d_j(s)$是q个子系统传递函数的公共部分，由单输入-多输出系统的实现可知，能用能控规范型的$\boldsymbol{A}_j$，$\boldsymbol{b}_j$实现$d_j(s)$，由$n_{ij}(s)$的诸系数确定$\boldsymbol{C}_j$，这时$\boldsymbol{G}_j(s)$的实现为

$$\boldsymbol{A}_j=\begin{bmatrix}0 & & I_{n_j-1} & \\ -a_{j.0} & -a_{j.1} & \cdots & -a_{j.n_j-1}\end{bmatrix}_{n_j\times n_j},\quad \boldsymbol{b}_j=\begin{bmatrix}0\\ \vdots\\ 0\\ 1\end{bmatrix}_{n_j\times 1}$$

$$\boldsymbol{C}_j=\begin{bmatrix}\beta_{1j.0} & \beta_{1j.1} & \cdots & \beta_{1j.n_j-1}\\ \vdots & \vdots & & \vdots\\ \beta_{qj.0} & \beta_{qj.1} & \cdots & \beta_{qj.n_j-1}\end{bmatrix}_{q\times n_j} \tag{3-462}$$

令$j=1,2,\cdots,p$，便可得$\boldsymbol{G}(s)$的实现为

$$\boldsymbol{A}_{n\times n}=\begin{bmatrix}\boldsymbol{A}_1 & & & \\ & \boldsymbol{A}_2 & & \\ & & \ddots & \\ & & & \boldsymbol{A}_p\end{bmatrix},\boldsymbol{B}_{n\times p}=\begin{bmatrix}\boldsymbol{b}_1 & & & \\ & \boldsymbol{b}_2 & & \\ & & \ddots & \\ & & & \boldsymbol{b}_p\end{bmatrix},$$

$$\boldsymbol{C}_{q\times n}=[\boldsymbol{C}_1\quad \boldsymbol{C}_2\quad\cdots\quad \boldsymbol{C}_p] \tag{3-463}$$

当$p<q$时，显见$\boldsymbol{A}$，$\boldsymbol{B}$，$\boldsymbol{C}$的维度均较小。且有$\sum\limits_{j=1}^{p}n_j=n$。上述实现一定能控，但不一定能观，需找出能观测部分，为此需判别$[\boldsymbol{A},\boldsymbol{C}]$的能观性。若$(\boldsymbol{A},\boldsymbol{C})$能观测，则$[\boldsymbol{A},\boldsymbol{B},\boldsymbol{C}]$为最小实现；若

$$\mathrm{rank}\boldsymbol{Q}_0=\mathrm{rank}\begin{bmatrix}\boldsymbol{C}\\ \boldsymbol{CA}\\ \vdots\\ \boldsymbol{CA}^{n-1}\end{bmatrix}=n_0<n \tag{3-464}$$

则从$\boldsymbol{Q}_0$中选出n_0个线性无关行，记为$\boldsymbol{S}$；在附加$(n-n_0)$个任意行（通常为单位矩阵I_n的任意行），记为$\boldsymbol{S}_1$，即

$$\begin{bmatrix} \boldsymbol{v}_1^{\mathrm{T}} \\ \vdots \\ \boldsymbol{v}_{n_0}^{\mathrm{T}} \end{bmatrix} \triangleq \boldsymbol{S}, \quad \begin{bmatrix} \boldsymbol{v}_{n_0+1}^{\mathrm{T}} \\ \vdots \\ \boldsymbol{v}_{n_0}^{\mathrm{T}} \end{bmatrix} \triangleq \boldsymbol{S}_1 \tag{3-465}$$

构造 $n \times n$ 非奇异变换阵 $\boldsymbol{T}$：

$$\boldsymbol{T} \triangleq \begin{bmatrix} \boldsymbol{S} \\ \boldsymbol{S}_1 \end{bmatrix} \tag{3-466}$$

引入变换 $\bar{\boldsymbol{x}} = \boldsymbol{T}\boldsymbol{x}$，由按能观测性的结构分解可知

$$\bar{\boldsymbol{A}} = \boldsymbol{T}\boldsymbol{A}\boldsymbol{T}^{-1} = \begin{bmatrix} \bar{\boldsymbol{A}}_0 & 0 \\ \bar{\boldsymbol{A}}_{21} & \bar{\boldsymbol{A}}_{\bar{0}} \end{bmatrix}, \ \bar{\boldsymbol{B}} = \boldsymbol{T}\boldsymbol{B} = \begin{bmatrix} \bar{\boldsymbol{B}}_0 \\ \bar{\boldsymbol{B}}_{\bar{0}} \end{bmatrix}, \ \bar{\boldsymbol{C}} = \boldsymbol{C}\boldsymbol{T}^{-1} = \begin{bmatrix} \bar{\boldsymbol{C}}_0 & 0 \end{bmatrix} \tag{3-467}$$

其中能观测子系统$[\bar{\boldsymbol{A}}_0,\ \bar{\boldsymbol{B}}_0,\ \bar{\boldsymbol{C}}_0]$即为所求的最小实现。

$(\bar{\boldsymbol{A}}_0,\ \bar{\boldsymbol{B}}_0,\ \bar{\boldsymbol{C}}_0)$尚有如下简化求法。

记 $\boldsymbol{T}^{-1}$ 为

$$\boldsymbol{T}^{-1} = \begin{bmatrix} \boldsymbol{S}_{n_0 \times n} \\ \boldsymbol{S}_{1_{(n-n_0)} \times n} \end{bmatrix}^{-1} \triangleq \begin{bmatrix} \boldsymbol{U}_{n \times n_0} & \boldsymbol{U}_{1_{n \times (n-n_0)}} \end{bmatrix} \tag{3-468}$$

由

$$\boldsymbol{T}\boldsymbol{T}^{-1} = \begin{bmatrix} \boldsymbol{S} \\ \boldsymbol{S}_1 \end{bmatrix} \begin{bmatrix} \boldsymbol{U} & \boldsymbol{U}_1 \end{bmatrix} = \begin{bmatrix} \boldsymbol{S}\boldsymbol{U} & \boldsymbol{S}\boldsymbol{U}_1 \\ \boldsymbol{S}_1\boldsymbol{U} & \boldsymbol{S}_1\boldsymbol{U}_1 \end{bmatrix} = \begin{bmatrix} \boldsymbol{I}_{n_0} & \boldsymbol{0} \\ \boldsymbol{0} & \boldsymbol{I}_{n-n_0} \end{bmatrix} \tag{3-469}$$

有

$$\boldsymbol{S}\boldsymbol{U} = \boldsymbol{I}_{n_0} \tag{3-470}$$

由

$$\boldsymbol{C}\boldsymbol{T}^{-1} = \boldsymbol{C}\begin{bmatrix} \boldsymbol{U} & \boldsymbol{U}_1 \end{bmatrix} = \begin{bmatrix} \bar{\boldsymbol{C}}_0 & \boldsymbol{0} \end{bmatrix} \tag{3-471}$$

有

$$\bar{\boldsymbol{C}}_0 = \boldsymbol{C}\boldsymbol{U} \tag{3-472}$$

由

$$\boldsymbol{T}\boldsymbol{T}^{-1} = \begin{bmatrix} \boldsymbol{S} \\ \boldsymbol{S}_1 \end{bmatrix} \boldsymbol{A} \begin{bmatrix} \boldsymbol{U} & \boldsymbol{U}_1 \end{bmatrix} = \begin{bmatrix} \boldsymbol{S}\boldsymbol{A}\boldsymbol{U} & \boldsymbol{S}\boldsymbol{A}\boldsymbol{U}_1 \\ \boldsymbol{S}_1\boldsymbol{A}\boldsymbol{U} & \boldsymbol{S}_1\boldsymbol{A}\boldsymbol{U}_1 \end{bmatrix} = \begin{bmatrix} \bar{\boldsymbol{A}}_0 & \boldsymbol{0} \\ \bar{\boldsymbol{A}}_{21} & \bar{\boldsymbol{A}}_{\bar{0}} \end{bmatrix} \tag{3-473}$$

有

$$\bar{\boldsymbol{A}}_0 = \boldsymbol{S}\boldsymbol{A}\boldsymbol{U} \tag{3-474}$$

由

$$\boldsymbol{T}\boldsymbol{B} = \begin{bmatrix} \boldsymbol{S} \\ \boldsymbol{S}_1 \end{bmatrix} \boldsymbol{B} = \begin{bmatrix} \boldsymbol{S}\boldsymbol{B} \\ \boldsymbol{S}_1\boldsymbol{B} \end{bmatrix} = \begin{bmatrix} \bar{\boldsymbol{B}}_0 \\ \bar{\boldsymbol{B}}_{\bar{0}} \end{bmatrix} \tag{3-475}$$

有

$$\bar{\boldsymbol{B}}_0 = \boldsymbol{S}\boldsymbol{B} \tag{3-476}$$

于是由能控型化为能观测型的简化步骤可归结为：

(1)构造 $\boldsymbol{S}$ 阵(从 $\boldsymbol{Q}_0$ 中选出 n_0 个线性无关行)；

(2)由 $\boldsymbol{SU}=\boldsymbol{I}_{n_0}$ 求出 $\boldsymbol{U}$ 阵；

(3)计算最小实现：$\bar{\boldsymbol{A}}_0=\boldsymbol{SAU},\bar{\boldsymbol{B}}_0=\boldsymbol{SB},\bar{\boldsymbol{C}}_0=\boldsymbol{CU}$。

由于 $\boldsymbol{S}$ 选择的任意性及求解 $\boldsymbol{U}$ 的任意性，最小实现不唯一，但最小实现的维数是唯一的，且系统都是能控能观测的。

(2)先求能观测型再求能控子系统的方法。

当 $p>q$ 时，优先采用本法。这时取出 $\boldsymbol{G}(s)$的第 i 行，记为 $\boldsymbol{G}_i(s)$，是 p 维输入 $u(s)$至 $y_i(s)$的传递函数矩阵，有

$$\boldsymbol{G}_i(s)=[g_{i1}(s)\quad\cdots\quad g_{ip}(s)]^{\mathrm{T}}=\begin{bmatrix}\dfrac{p_{i1}(s)}{q_{i1}(s)} & \cdots & \dfrac{p_{ip}(s)}{q_{ip}(s)}\end{bmatrix}\tag{3-477}$$

记 $d_i(s)$为 $q_{i1}(s),\cdots,q_{ip}(s)$的最小公倍数，则

$$\boldsymbol{G}_i(s)=\frac{1}{d_i(s)}[n_{i1}(s)\quad\cdots\quad n_{ip}(s)]\tag{3-478}$$

设

$$d_i(s)=s^{n_i}+a_{i,ni-1}s^{n_i-1}+\cdots+a_{i.1}s+a_{i.0}\tag{3-479}$$

则

$$n_{ij}(s)=\beta_{ij.n_j-1}s^{n_i-1}+\beta_{ij.n_i-2}s^{n_i-2}+\cdots+\beta_{ij.1}s+\beta_{ij.0}\quad j=1,2,\cdots,p\tag{3-480}$$

在此，$d_i(s)$是 p 个子系统传递函数的公共部分，由单输入-多输出系统的实现可知，能用能控规范型的 $\boldsymbol{A}_i,\boldsymbol{c}_i$ 实现 $d_i(s)$，由 $n_{ij}(s)$的诸系数确定 $\boldsymbol{B}_i$，这时 $\boldsymbol{G}_i(s)$的实现为

$$\boldsymbol{A}_i=\begin{bmatrix}0 & -a_{i,0}\\ & -a_{i,1}\\ \boldsymbol{I}_{n_i-1} & \vdots\\ & -a_{i,n_i-1}\end{bmatrix}_{n_i\times n_i},\boldsymbol{B}_i=\begin{bmatrix}\beta_{i1.0} & \cdots & \beta_{ip.1}\\ \beta_{i1.1} & \cdots & \beta_{ip.1}\\ \vdots & & \vdots\\ \beta_{i1.n_i-1} & \cdots & \beta_{ip.n_i-1}\end{bmatrix}_{n_i\times p},\boldsymbol{C}_i=[0\quad\cdots\quad 0\quad 1]_{1\times n_i}\tag{3-481}$$

令 $i=1,2,\cdots,q$，可得 $\boldsymbol{G}(s)$的实现为

$$\boldsymbol{A}=\begin{bmatrix}\boldsymbol{A}_1 & & \\ & \boldsymbol{A}_2 & & \\ & & \ddots & \\ & & & \boldsymbol{A}_q\end{bmatrix},\quad \boldsymbol{B}=\begin{bmatrix}\boldsymbol{B}_1\\ \boldsymbol{B}_2\\ \vdots\\ \boldsymbol{B}_q\end{bmatrix},\quad \boldsymbol{C}=\begin{bmatrix}\boldsymbol{c}_1 & & \\ & \boldsymbol{c}_2 & & \\ & & \ddots & \\ & & & \boldsymbol{c}_q\end{bmatrix}\tag{3-482}$$

当 $p>q$ 时，显见 $\boldsymbol{A}$、$\boldsymbol{B}$、$\boldsymbol{C}$ 的维数均较小。且有 $\sum_{i=1}^{q}n_i=n$。上述实现一定能观测，若 $\mathrm{rank}\boldsymbol{Q}_c=\mathrm{rank}[\boldsymbol{B}\quad\boldsymbol{AB}\quad\cdots\quad\boldsymbol{A}^{n-1}\boldsymbol{B}]=n$，$(\boldsymbol{A},\boldsymbol{B})$能控，则$(\boldsymbol{A},\boldsymbol{B},\boldsymbol{C})$为最小实现。若 $\mathrm{rank}\boldsymbol{Q}_c=n_c<n$，则从$\boldsymbol{Q}_c$ 中选出n_c 个线性无关列$\boldsymbol{v}_1,\boldsymbol{v}_2,\cdots,\boldsymbol{v}_{n_c}$，附加$(n-n_c)$个任意列(通常为单位矩阵 $\boldsymbol{I}_n$ 的任意列)$\boldsymbol{v}_{n_c+1},\cdots,\boldsymbol{v}_n$，构成非奇异变换阵$\boldsymbol{P}^{-1}$：

$$\boldsymbol{P}^{-1}=[\boldsymbol{v}_1\quad\boldsymbol{v}_2\quad\cdots\quad\boldsymbol{v}_{n_c}\quad\boldsymbol{v}_{n_c+1}\quad\cdots\quad\boldsymbol{v}_n]\triangleq[\boldsymbol{U}_{n\times n_c}\quad\boldsymbol{U}_{1_{n\times(n-n_c)}}]\tag{3-483}$$

引入变换 $\bar{\boldsymbol{x}}=\boldsymbol{Px}$，由能控性结构分解可知

$$\bar{\boldsymbol{A}}=\boldsymbol{PAP}^{-1}=\begin{bmatrix}\bar{\boldsymbol{A}}_c & \bar{\boldsymbol{A}}_{12}\\ \boldsymbol{0} & \bar{\boldsymbol{A}}_{\bar{c}}\end{bmatrix},\quad \bar{\boldsymbol{B}}=\begin{bmatrix}\bar{\boldsymbol{B}}_c\\ \boldsymbol{0}\end{bmatrix},\quad \bar{\boldsymbol{C}}=\boldsymbol{CP}^{-1}=\begin{bmatrix}\bar{\boldsymbol{C}}_c & \bar{\boldsymbol{C}}_{\bar{c}}\end{bmatrix} \tag{3-484}$$

其中能控子系统($\bar{\boldsymbol{A}}_c,\bar{\boldsymbol{B}}_c,\bar{\boldsymbol{C}}_c$)即为所求最小实现。

($\bar{\boldsymbol{A}}_c,\bar{\boldsymbol{B}}_c,\bar{\boldsymbol{C}}_c$)也有如下简化求法。记 $\boldsymbol{P}$ 为

$$\boldsymbol{P}=\begin{bmatrix}\boldsymbol{U} & \boldsymbol{U}_1\end{bmatrix}^{-1}\triangleq\begin{bmatrix}\boldsymbol{S}_{n_c\times n}\\ \boldsymbol{S}_{1(n-n_c)\times n}\end{bmatrix} \tag{3-485}$$

由

$$\boldsymbol{PP}^{-1}=\begin{bmatrix}\boldsymbol{S}\\ \boldsymbol{S}_1\end{bmatrix}\begin{bmatrix}\boldsymbol{U} & \boldsymbol{U}_1\end{bmatrix}=\begin{bmatrix}\boldsymbol{I}_{n_c} & \boldsymbol{0}\\ \boldsymbol{0} & \boldsymbol{I}_{n-n_c}\end{bmatrix} \tag{3-486}$$

可得

$$\boldsymbol{SU}=\boldsymbol{I}_{n_c} \tag{3-487}$$

由 $\bar{\boldsymbol{A}}$、$\bar{\boldsymbol{B}}$、$\bar{\boldsymbol{C}}$ 还可导出

$$\bar{\boldsymbol{A}}_c=\boldsymbol{SAU},\bar{\boldsymbol{B}}_c=\boldsymbol{SB},\bar{\boldsymbol{C}}_c=\boldsymbol{CU} \tag{3-488}$$

于是由能观测型化为能控能观测型的简化步骤可归结为：

(1)构造 $\boldsymbol{U}$ 阵(从 $\boldsymbol{Q}_c$ 选出 $\boldsymbol{n}_c$ 个线性无关列)；

(2)由 $\boldsymbol{SU}=\boldsymbol{I}_{n_c}$ 求出 S 阵；

(3)计算最小实现:$\bar{\boldsymbol{A}}_c=\boldsymbol{SAU},\bar{\boldsymbol{B}}_c=\boldsymbol{SB},\bar{\boldsymbol{C}}_c=\boldsymbol{CU}$

由于 $\boldsymbol{U}$ 选择的任意性及求解 $\boldsymbol{S}$ 的任意性,最小实现不唯一,但最小实现维数唯一且系统都是能控能观测的。

例 3-26 已知传递函数矩阵 $\boldsymbol{G}(s)$,求最小实现。

$$\boldsymbol{G}(s)=\begin{bmatrix}\dfrac{s+2}{s+1} & \dfrac{1}{s+3}\\ \dfrac{s}{s+1} & \dfrac{s+1}{s+2}\end{bmatrix} \tag{3-489}$$

解 化 $\boldsymbol{G}(s)$为严格真传递函数矩阵 $\hat{\boldsymbol{G}}(s)$：

$$\boldsymbol{G}(s)=\begin{bmatrix}\dfrac{1}{s+1} & \dfrac{1}{s+3}\\ \dfrac{-1}{s+1} & \dfrac{-1}{s+2}\end{bmatrix}+\begin{bmatrix}1 & 0\\ 1 & 1\end{bmatrix}\triangleq\hat{\boldsymbol{G}}(s)+\boldsymbol{D} \tag{3-490}$$

求 $\hat{\boldsymbol{G}}(s)$的最小实现：

设取其第一列,将分母最小公倍式提到矩阵以外,则

$$\boldsymbol{g}_1(\boldsymbol{s})=\begin{bmatrix}\dfrac{1}{s+1}\\ \dfrac{-1}{s+1}\end{bmatrix}=\frac{1}{s+1}\begin{bmatrix}1\\ -1\end{bmatrix} \tag{3-491}$$

同理

$$\boldsymbol{g}_2(s)=\begin{bmatrix}\dfrac{1}{s+3}\\ \dfrac{-1}{s+2}\end{bmatrix}=\frac{1}{(s+2)(s+3)}\begin{bmatrix}s+2\\ -s-3\end{bmatrix} \tag{3-492}$$

式中：$d_1(s)=s+1, d_2(s)=s^2+5s+6$，据 $d_1(s)$、$d_2(s)$分别构造能控规范型实现为

$$\boldsymbol{A}_1=-1, \boldsymbol{b}_1=1, \boldsymbol{C}_1=\begin{bmatrix}1\\ -1\end{bmatrix}; \boldsymbol{A}_2=\begin{bmatrix}0 & 1\\ -6 & -5\end{bmatrix}, \boldsymbol{b}_2=\begin{bmatrix}0\\ 1\end{bmatrix}, \boldsymbol{C}_2=\begin{bmatrix}2 & 1\\ -3 & -1\end{bmatrix} \tag{3-493}$$

$\hat{\boldsymbol{G}}(s)$的能控型实现为

$$\boldsymbol{A}=\begin{bmatrix}\boldsymbol{A}_1 & \boldsymbol{0}\\ \boldsymbol{0} & \boldsymbol{A}_2\end{bmatrix}=\begin{bmatrix}-1 & 0 & 0\\ 0 & 0 & 1\\ 0 & -6 & -5\end{bmatrix}, \boldsymbol{B}=\begin{bmatrix}\boldsymbol{b}_1 & \boldsymbol{0}\\ \boldsymbol{0} & \boldsymbol{b}_2\end{bmatrix}=\begin{bmatrix}1 & 0\\ 0 & 0\\ 0 & 1\end{bmatrix},$$

$$\boldsymbol{C}=[\boldsymbol{C}_1 \quad \boldsymbol{C}_2]=\begin{bmatrix}1 & 2 & 1\\ -1 & -3 & -1\end{bmatrix} \tag{3-494}$$

[$\boldsymbol{A}$　$\boldsymbol{C}$]的能观测性判别：由于 $\operatorname{rank}\boldsymbol{C}=2=m$，故

$$\operatorname{rank}\boldsymbol{Q}_o=\operatorname{rank}\begin{bmatrix}\boldsymbol{C}\\ \vdots\\ \boldsymbol{C}\boldsymbol{A}^{n-m}\end{bmatrix}=\operatorname{rank}\begin{bmatrix}\boldsymbol{C}\\ \boldsymbol{C}\boldsymbol{A}\end{bmatrix}=\operatorname{rank}\begin{bmatrix}1 & 2 & 1\\ -1 & -3 & -1\\ -1 & -6 & -3\\ 1 & 6 & 2\end{bmatrix}=3=n \tag{3-495}$$

即[$\boldsymbol{A}$　$\boldsymbol{C}$]能观测。[$\boldsymbol{A}$　$\boldsymbol{B}$　$\boldsymbol{C}$]能控能观测，即为 $\hat{\boldsymbol{G}}(s)$的最小实现。$\boldsymbol{G}(s)$的最小实现为[$\boldsymbol{A}$　$\boldsymbol{B}$　$\boldsymbol{C}$　$\boldsymbol{D}$]。

例 3-27　试求下列 $\boldsymbol{G}(s)$的最小实现的维数及两种最小实现。

$$\boldsymbol{G}(s)=\begin{bmatrix}\dfrac{4s+6}{(s+1)(s+2)} & \dfrac{2s+3}{(s+1)(s+2)}\\ \dfrac{-2}{(s+1)(s+2)} & \dfrac{-1}{(s+1)(s+2)}\end{bmatrix} \tag{3-496}$$

解　(1)确定最小实现维数 n_δ：

所有 $\boldsymbol{G}(s)$的一阶子式的最小公分母为$(s+1)(s+2)$；二阶子式只有一个为 0，其分母为任意常数。故所有子式的首 1 最小公分母仍为$(s+1)(s+2)$，有 $n_\delta=2$。

(2)先求能控型实现再求能观测型实现的方法。由 $\boldsymbol{G}(s)$诸列$\boldsymbol{g}_j(s)$有

$$\boldsymbol{g}_1(s)=\frac{1}{(s+1)(s+2)}\begin{bmatrix}4s+6\\ -2\end{bmatrix}, \boldsymbol{g}_2(s)=\frac{1}{(s+1)(s+2)}\begin{bmatrix}2s+3\\ -1\end{bmatrix} \tag{3-497}$$

式中：$d_1(s)=d_2(s)=(s+1)(s+2)$，其能控规范型为

$$\boldsymbol{A}=\begin{bmatrix}\boldsymbol{A}_1 & \boldsymbol{0}\\ \boldsymbol{0} & \boldsymbol{A}_2\end{bmatrix}, \quad \boldsymbol{B}=\begin{bmatrix}\boldsymbol{b}_1 & \boldsymbol{0}\\ \boldsymbol{0} & \boldsymbol{b}_2\end{bmatrix}, \quad \boldsymbol{C}=[\boldsymbol{C}_1 \quad \boldsymbol{C}_2] \tag{3-498}$$

式中

$$\boldsymbol{A}_1=\boldsymbol{A}_2=\begin{bmatrix}0 & 1\\ -2 & -3\end{bmatrix}, \quad \boldsymbol{b}_1=\boldsymbol{b}_2=\begin{bmatrix}0\\ 1\end{bmatrix}, \quad \boldsymbol{C}_1=\begin{bmatrix}6 & 4\\ -2 & 0\end{bmatrix}, \quad \boldsymbol{C}_2=\begin{bmatrix}3 & 2\\ -1 & 0\end{bmatrix} \tag{3-499}$$

判别$[\boldsymbol{A},\boldsymbol{C}]$的能观测性：$\text{rank}\boldsymbol{C}=m=2$，故

$$\text{rank}\,\boldsymbol{Q}_o=\text{rank}\begin{bmatrix}\boldsymbol{C}\\ \boldsymbol{CA}\\ \vdots\\ \boldsymbol{CA}^{n-m}\end{bmatrix}=\text{rank}\begin{bmatrix}\boldsymbol{C}\\ \boldsymbol{CA}\\ \boldsymbol{CA}^2\end{bmatrix}=\text{rank}\begin{bmatrix}6&4&3&2\\-2&0&-1&0\\-8&-6&-4&-3\\0&-2&0&-1\\12&10&6&5\\4&6&2&3\end{bmatrix}=2<4 \tag{3-500}$$

$[\boldsymbol{A},\boldsymbol{C}]$不完全能观测。从$\boldsymbol{Q}_o$选出二行构成$S$阵，有

$$\boldsymbol{S}=\begin{bmatrix}6&4&3&2\\-2&0&-1&0\end{bmatrix} \tag{3-501}$$

由$\boldsymbol{SU}=\boldsymbol{I}_2$求$\boldsymbol{U}$阵：

$$\begin{bmatrix}6&4&3&2\\-2&0&-1&0\end{bmatrix}\begin{bmatrix}u_{11}&u_{12}\\u_{21}&u_{22}\\u_{31}&u_{32}\\u_{41}&u_{42}\end{bmatrix}=\begin{bmatrix}1&0\\0&1\end{bmatrix} \tag{3-502}$$

4 个方程含 8 个未知数，设任意规定$u_{31}=u_{32}=u_{41}=u_{42}=0$，可解得

$$\boldsymbol{U}=\begin{bmatrix}0&-\frac{1}{2}\\ \frac{1}{4}&\frac{3}{4}\\0&0\\0&0\end{bmatrix} \tag{3-503}$$

故最小实现为

$$\bar{\boldsymbol{A}}_o=\boldsymbol{SAU}=\begin{bmatrix}-\frac{3}{2}&-\frac{1}{2}\\-\frac{1}{2}&-\frac{3}{2}\end{bmatrix},\quad \bar{\boldsymbol{B}}_o=\boldsymbol{SB}=\begin{bmatrix}4&2\\0&0\end{bmatrix},\quad \bar{\boldsymbol{C}}_o=\boldsymbol{CU}=\begin{bmatrix}1&0\\0&1\end{bmatrix} \tag{3-504}$$

(3) 先求能观测型实现再求能控能观测型实现的方法。由$\boldsymbol{G}(s)$诸行$\boldsymbol{g}_j(s)$有

$$\boldsymbol{g}_1(s)=\frac{1}{(s+1)(s+2)}[4s+6\quad 2s+3],\boldsymbol{g}_2(s)=\frac{1}{(s+1)(s+2)}[-2\quad -1] \tag{3-505}$$

式中：$d_1(s)=d_2(s)=(s+1)(s+2)$，其能观测规范型为

$$\boldsymbol{A}=\begin{bmatrix}\boldsymbol{A}_1&\boldsymbol{0}\\\boldsymbol{0}&\boldsymbol{A}_2\end{bmatrix},\quad \boldsymbol{B}=\begin{bmatrix}\boldsymbol{B}_1\\\boldsymbol{B}_2\end{bmatrix},\quad \boldsymbol{C}=\begin{bmatrix}\boldsymbol{c}_1&\boldsymbol{0}\\\boldsymbol{0}&\boldsymbol{c}_2\end{bmatrix} \tag{3-506}$$

式中

$$\boldsymbol{A}_1=\boldsymbol{A}_2=\begin{bmatrix}0&-2\\1&-3\end{bmatrix},\quad \boldsymbol{c}_1=\boldsymbol{c}_2=[0\quad 1],\quad \boldsymbol{B}_1=\begin{bmatrix}6&3\\4&2\end{bmatrix},\quad \boldsymbol{B}_2=\begin{bmatrix}-2&-1\\0&0\end{bmatrix} \tag{3-507}$$

判别$[\boldsymbol{A},\boldsymbol{B}]$的能控性：由于$\text{rank}\boldsymbol{B}=1=k$，故

$$\mathrm{rank}\boldsymbol{Q}_c=\mathrm{rank}[\boldsymbol{B}\quad \boldsymbol{AB}\quad \cdots\quad \boldsymbol{A}^{n-k}\boldsymbol{B}]=\mathrm{rank}[\boldsymbol{B}\quad \boldsymbol{AB}\quad \boldsymbol{A}^2\boldsymbol{B}\quad \boldsymbol{A}^3\boldsymbol{B}]$$

$$=\mathrm{rank}\begin{bmatrix}6 & 3 & -8 & -4 & 12 & 6 & -20 & -10\\ 4 & 2 & -6 & -3 & 10 & 5 & -18 & -9\\ -2 & -1 & 0 & 0 & 4 & 2 & -12 & -6\\ 0 & 0 & -2 & -1 & 6 & 3 & -14 & -7\end{bmatrix}=2 \tag{3-508}$$

$[\boldsymbol{A}\quad \boldsymbol{B}]$不完全能控，从$\boldsymbol{Q}_c$中选出二个线性无关列构成$\boldsymbol{U}$阵，有

$$\boldsymbol{U}=\begin{bmatrix}6 & -4\\ 4 & -3\\ -2 & 0\\ 0 & -1\end{bmatrix} \tag{3-509}$$

由$\boldsymbol{SU}=\boldsymbol{I}_2$求$\boldsymbol{S}$阵：

$$\begin{bmatrix}s_{11} & s_{12} & s_{13} & s_{14}\\ s_{21} & s_{22} & s_{23} & s_{24}\end{bmatrix}\begin{bmatrix}6 & -4\\ 4 & -3\\ -2 & 0\\ 0 & -1\end{bmatrix}=\begin{bmatrix}1 & 0\\ 0 & 1\end{bmatrix} \tag{3-510}$$

设任意规定$s_{11}=s_{12}=s_{21}=s_{22}=0$，可解得

$$\boldsymbol{S}=\begin{bmatrix}0 & 0 & -\frac{1}{2} & 0\\ 0 & 0 & 0 & -1\end{bmatrix} \tag{3-511}$$

故最小实现为

$$\bar{\boldsymbol{A}}_c=\boldsymbol{SAU}=\begin{bmatrix}0 & -1\\ 2 & -3\end{bmatrix},\quad \bar{\boldsymbol{B}}_c=\boldsymbol{SB}=\begin{bmatrix}1 & \frac{1}{2}\\ 0 & 0\end{bmatrix},\quad \bar{\boldsymbol{C}}_c=\boldsymbol{CU}=\begin{bmatrix}4 & -3\\ 0 & -1\end{bmatrix} \tag{3-512}$$

例 3-28　已知动态方程，试求最小实现：

$$\begin{bmatrix}\dot{x}_1\\ \dot{x}_2\\ \dot{x}_3\end{bmatrix}=\begin{bmatrix}-a & & \\ & -a & \\ & & -a\end{bmatrix}\begin{bmatrix}x_1\\ x_2\\ x_3\end{bmatrix}+\begin{bmatrix}1 & 0\\ 0 & 1\\ 1 & 0\end{bmatrix}\begin{bmatrix}u_1\\ u_2\end{bmatrix},\begin{bmatrix}y_1\\ y_2\end{bmatrix}=\begin{bmatrix}0 & 1 & 1\\ 1 & 0 & 1\end{bmatrix}\begin{bmatrix}x_1\\ x_2\\ x_3\end{bmatrix} \tag{3-513}$$

解　在按能控分解的基础上进行按能观测性分解，即可求得最小实现。

$$\boldsymbol{Q}_c=[\boldsymbol{B}\quad \boldsymbol{AB}\quad \boldsymbol{A}^2\boldsymbol{B}]=\begin{bmatrix}1 & 0 & -a & 0 & a^2 & 0\\ 0 & 1 & 0 & -a & 0 & a^2\\ 1 & 0 & -a & 0 & a^2 & 0\end{bmatrix} \tag{3-514}$$

rank $\boldsymbol{Q}_c=2$，引入$\bar{\boldsymbol{x}}=\boldsymbol{Px}$，式中

$$\boldsymbol{P}^{-1}=\begin{bmatrix}1 & 0 & 0\\ 0 & 1 & 0\\ 1 & 0 & 1\end{bmatrix},\quad \boldsymbol{P}=\begin{bmatrix}1 & 0 & 0\\ 0 & 1 & 0\\ -1 & 0 & 1\end{bmatrix} \tag{3-515}$$

按能控性分解结果为

$$\bar{A}=PAP^{-1}=\begin{bmatrix}-a&&\\&-a&\\&&-a\end{bmatrix},\quad \bar{B}=PB=\begin{bmatrix}1&0\\0&1\\0&0\end{bmatrix},\quad \bar{C}=CP^{-1}=\begin{bmatrix}1&1&1\\2&0&1\end{bmatrix} \tag{3-516}$$

对$[\bar{A},\bar{B},\bar{C}]$按能观测性分解，由于

$$\bar{Q}_o=\begin{bmatrix}\bar{C}\\ \bar{C}\bar{A}\end{bmatrix}=\begin{bmatrix}1&1&1\\2&0&1\\-a&-a&-a\\-2a&0&-a\end{bmatrix} \tag{3-517}$$

$\mathrm{rank}\,\bar{Q}_o=2$，引入 $\hat{x}=\bar{T}x$，式中

$$T=\begin{bmatrix}1&1&1\\2&0&1\\0&0&1\end{bmatrix},\quad T^{-1}=\begin{bmatrix}0&-\frac{1}{2}&-\frac{1}{2}\\1&-\frac{1}{2}&-\frac{1}{2}\\0&0&1\end{bmatrix} \tag{3-518}$$

按能观测性分解结果为

$$\hat{A}=T\bar{A}T^{-1}=\begin{bmatrix}-a&&\\&-a&\\&&-a\end{bmatrix},\quad \hat{B}=\bar{T}B=\begin{bmatrix}1&1\\2&0\\0&0\end{bmatrix},\quad \hat{C}=\bar{C}T^{-1}=\begin{bmatrix}1&0&0\\0&1&0\end{bmatrix} \tag{3-519}$$

故能控能观测型实现即最小实现为

$$A_{co}=\begin{bmatrix}-a&\\&-a\end{bmatrix},\quad B_{co}=\begin{bmatrix}1&1\\2&0\end{bmatrix},\quad C_{co}=\begin{bmatrix}1&0\\0&1\end{bmatrix} \tag{3-520}$$

其传递函数矩阵$G(s)$为

$$G(s)=C_{co}(sI-A_{co})^{-1}B_{co}=\begin{bmatrix}\frac{1}{s+a}&\frac{1}{s+a}\\ \frac{2}{s+a}&0\end{bmatrix} \tag{3-521}$$

2. 直接求取约当型最小实现的方法

当$G(s)$诸元易于分解为部分分式，且仅含实极点时，该方法有效，下面举例说明。

例 3-29 已知$G(s)$，试求约当型最小实现：

$$G(s)=\begin{bmatrix}\frac{1}{s+1}&\frac{2}{(s+1)(s+2)}\\ \frac{1}{(s+1)(s+3)}&\frac{1}{s+3}\end{bmatrix} \tag{3-522}$$

解 将$G(s)$诸元化为部分分式，本例只含单极点，有

$$G(s)=\begin{bmatrix}\frac{1}{s+1}&\frac{2}{s+1}-\frac{2}{s+2}\\ \frac{1/2}{s+1}-\frac{1/2}{s+3}&\frac{1}{s+3}\end{bmatrix} \tag{3-523}$$

将各不同分式提到矩阵以外，有

$$G(s)=\frac{1}{s+1}\begin{bmatrix}1 & 2\\ \frac{1}{2} & 0\end{bmatrix}+\frac{1}{s+2}\begin{bmatrix}0 & -2\\ 0 & 0\end{bmatrix}+\frac{1}{s+3}\begin{bmatrix}0 & 0\\ -\frac{1}{2} & 1\end{bmatrix} \tag{3-524}$$

若[·]其秩为1，则将[·]分解为1个外积项表示（一列与一行相乘之意）；若[·]其秩为2，则用两个外积项之和表示。外积项表示是不唯一的，一种表示为

$$G(s)=\frac{\begin{bmatrix}1\\0\end{bmatrix}\begin{bmatrix}1 & 2\end{bmatrix}+\begin{bmatrix}0\\1\end{bmatrix}\begin{bmatrix}\frac{1}{2} & 0\end{bmatrix}}{s+1}+\frac{\begin{bmatrix}1\\0\end{bmatrix}\begin{bmatrix}0 & -2\end{bmatrix}}{s+2}+\frac{\begin{bmatrix}0\\1\end{bmatrix}\begin{bmatrix}-\frac{1}{2} & 1\end{bmatrix}}{s+3} \tag{3-525}$$

式中：诸列向量按顺序构成 $\boldsymbol{C}$ 阵；诸行向量按顺序构成 $\boldsymbol{B}$ 阵；诸分母的根按顺序确定了 $\boldsymbol{A}$ 的对角元，当分式含两个外积项之和时，对角元有两项相同。其约当型实现为

$$A=\begin{bmatrix}-1 & & & \\ & -1 & & \\ & & -2 & \\ & & & -3\end{bmatrix},\quad B=\begin{bmatrix}1 & 2\\ \frac{1}{2} & 0\\ 0 & -2\\ -\frac{1}{2} & 1\end{bmatrix},\quad C=\begin{bmatrix}1 & 0 & 1 & 0\\ 0 & 1 & 0 & 1\end{bmatrix} \tag{3-526}$$

例 3-30　已知 $G(s)$，试求约当型最小实现：

$$G(s)=\begin{bmatrix}\frac{1}{(s+2)^3(s+5)} & \frac{1}{s+5}\\ \frac{1}{s+2} & 0\end{bmatrix} \tag{3-527}$$

解　本例尚含有重极点，其部分分式表为

$$G(s)=\begin{bmatrix}\frac{\frac{1}{3}}{(s+2)^3}+\frac{-\frac{1}{9}}{(s+2)^2}+\frac{\frac{1}{27}}{s+2}+\frac{-\frac{1}{27}}{s+5} & \frac{1}{s+5}\\ \frac{1}{s+2} & 0\end{bmatrix}=$$

$$\frac{\begin{bmatrix}\frac{1}{3} & 0\\ 0 & 0\end{bmatrix}}{(s+2)^3}+\frac{\begin{bmatrix}-\frac{1}{9} & 0\\ 0 & 0\end{bmatrix}}{(s+2)^2}+\frac{\begin{bmatrix}\frac{1}{27} & 0\\ 1 & 0\end{bmatrix}}{s+2}+\frac{\begin{bmatrix}-\frac{1}{27} & 1\\ 0 & 0\end{bmatrix}}{s+5}= \tag{3-528}$$

$$\frac{\begin{bmatrix}\frac{1}{3}\\ 0\end{bmatrix}\begin{bmatrix}1 & 0\end{bmatrix}}{(s+2)^3}+\frac{\begin{bmatrix}-\frac{1}{9}\\ 0\end{bmatrix}\begin{bmatrix}1 & 0\end{bmatrix}}{(s+2)^2}+\frac{\begin{bmatrix}-\frac{1}{27}\\ 1\end{bmatrix}\begin{bmatrix}1 & 0\end{bmatrix}}{s+2}+\frac{\begin{bmatrix}1\\ 0\end{bmatrix}\begin{bmatrix}-\frac{1}{27} & 1\end{bmatrix}}{s+5}$$

式中：诸列向量按顺序构成 $\boldsymbol{C}$ 阵；诸行向量写成相同形式，均含[1　0]，考虑分母中 $(s+2)^i$，$i=2,3$ 的诸项表为串联连接的情况，构造 $\boldsymbol{B}$ 阵时第一、二行赋零；诸分母的根按顺序确定了 $\boldsymbol{A}$ 的结构，本例含特征值为 -2 的一个三阶约当块。其约当型实现为

$$A=\begin{bmatrix}-2 & 1 & & \\ & -2 & 1 & \\ & & -2 & \\ & & & -5\end{bmatrix},\quad B=\begin{bmatrix}0 & 0\\ 0 & 0\\ 1 & 0\\ -\frac{1}{27} & 1\end{bmatrix},C=\begin{bmatrix}\frac{1}{3} & -\frac{1}{9} & \frac{1}{27} & 1\\ 0 & 0 & 1 & 0\end{bmatrix} \quad (3-529)$$

习　　题

3-1　判断下列系统的能控性和能观测性：

(1) $\dot{\boldsymbol{x}}=\begin{bmatrix}0 & 1 & 0\\ 0 & 0 & 1\\ -2 & -4 & -3\end{bmatrix}\boldsymbol{x}+\begin{bmatrix}1 & 0\\ 0 & 1\\ -1 & 1\end{bmatrix}\boldsymbol{u}$

$\boldsymbol{y}=\begin{bmatrix}0 & 1 & -1\\ 1 & 2 & 1\end{bmatrix}\boldsymbol{x}$

(2) $\dot{\boldsymbol{x}}=\begin{bmatrix}0 & 1 & 0\\ 0 & 0 & 1\\ -2 & -4 & -3\end{bmatrix}\boldsymbol{x}+\begin{bmatrix}1 & 0\\ 0 & 1\\ 2 & 0\end{bmatrix}\boldsymbol{u}$

$\boldsymbol{y}=\begin{bmatrix}1 & 4 & 2\end{bmatrix}\boldsymbol{u}$

3-2　确定使下列系统为完全能控时待定参数的取值范围：

(1) $\dot{\boldsymbol{x}}=\begin{bmatrix}-2 & 0 & 0\\ 0 & -2 & 0\\ 0 & 0 & -2\end{bmatrix}\boldsymbol{x}+\begin{bmatrix}a & 1\\ 2 & 4\\ 4 & 1\end{bmatrix}\boldsymbol{u}$

(2) $\dot{\boldsymbol{x}}=\begin{bmatrix}0 & a\\ b & c\end{bmatrix}\boldsymbol{x}+\begin{bmatrix}1\\ 0\end{bmatrix}\boldsymbol{u}$

3-3　确定使下列系统为完全能观测时待定参数的取值范围：

(1) $\dot{\boldsymbol{x}}=\begin{bmatrix}a & b\\ c & 0\end{bmatrix}\boldsymbol{x},\boldsymbol{y}=\begin{bmatrix}1 & 0\end{bmatrix}\boldsymbol{u}$

(2) $\dot{\boldsymbol{x}}=\begin{bmatrix}-2 & 0 & 0\\ 1 & -2 & 0\\ 0 & 0 & -2\end{bmatrix}\boldsymbol{x},\boldsymbol{y}=\begin{bmatrix}1 & a & b\\ 4 & 0 & 4\end{bmatrix}\boldsymbol{u}$

3-4　确定使下列系统同时为完全能控和完全能观测时待定参数的取值范围：

(1) $\dot{\boldsymbol{x}}=\begin{bmatrix}-1 & 1 & a\\ 0 & -2 & 1\\ 0 & 0 & -3\end{bmatrix}\boldsymbol{x}+\begin{bmatrix}0\\ 0\\ 1\end{bmatrix}\boldsymbol{u}$

$\boldsymbol{y}=\begin{bmatrix}0 & 0 & 1\end{bmatrix}\boldsymbol{x}$

(2) $\dot{\boldsymbol{x}}=\begin{bmatrix}0 & 0 & 1\\ 0 & 1 & 0\\ -2 & -3 & -5\end{bmatrix}\boldsymbol{x}+\begin{bmatrix}0\\ 1\\ a\end{bmatrix}\boldsymbol{u}$

$\boldsymbol{y}=\begin{bmatrix}0 & 1 & b\end{bmatrix}\boldsymbol{x}$

3-5 计算下列系统的能控性指数和能观测性指数：

$$\dot{\boldsymbol{x}}=\begin{bmatrix}0&1&0\\0&0&1\\0&3&-1\end{bmatrix}\boldsymbol{x}+\begin{bmatrix}0&1\\1&0\\0&0\end{bmatrix}\boldsymbol{u}$$

$$\boldsymbol{y}=\begin{bmatrix}1&0&1\\0&1&0\end{bmatrix}\boldsymbol{x}$$

3-6 给定离散时间系统为

$$\begin{bmatrix}x_1(k+1)\\x_2(k+1)\end{bmatrix}=\begin{bmatrix}1&1-\mathrm{e}^{-T}\\0&\mathrm{e}^{-T}\end{bmatrix}\begin{bmatrix}x_1(k)\\x_2(k)\end{bmatrix}+\begin{bmatrix}\mathrm{e}^{-T}+T-1\\1-\mathrm{e}^{-T}\end{bmatrix}u(k)$$

其中 $T\neq0$，试论证：此系统有无可能在不超过 $2T$ 的时间内使任意的一个非零初态转移到原点。

3-7 设有能控和能观测的线性定常单变量系统：

$$\dot{\boldsymbol{x}}=\begin{bmatrix}-1&-2&-2\\0&-1&1\\1&0&1\end{bmatrix}\boldsymbol{x}+\begin{bmatrix}2\\0\\1\end{bmatrix}\boldsymbol{u}$$

$$\boldsymbol{y}=[1\quad1\quad0]\boldsymbol{x}$$

(1)定出系统的能控规范型和变换阵；

(2)定出系统的能观测规范型和变换阵。

3-8 试推导下列的能控和能观测子系统：

$$\dot{\boldsymbol{x}}=\begin{bmatrix}\lambda_1&1&0&0&0\\0&\lambda_1&1&0&0\\0&0&\lambda_1&0&0\\0&0&0&\lambda_2&1\\0&0&0&0&\lambda_2\end{bmatrix}\boldsymbol{x}+\begin{bmatrix}0\\1\\0\\0\\1\end{bmatrix}\boldsymbol{u}$$

$$\boldsymbol{y}=[0\quad1\quad1\quad0\quad1]\boldsymbol{x}$$

3-9 设单输入定常离散系统

$$\boldsymbol{x}(k+1)=\boldsymbol{G}\boldsymbol{x}(k)+\boldsymbol{h}u(k),k=0,1,2,\cdots$$

式中：$\boldsymbol{x}$ 为 n 维状态向量；u 为标量输入；$\boldsymbol{G}$ 假定为非奇异。试证明：当系统为完全能控时，控制序列为以下形式：

$$\begin{bmatrix}u(0)\\u(1)\\\vdots\\u(n-1)\end{bmatrix}=-[\boldsymbol{G}^{-1}\boldsymbol{h}\quad\boldsymbol{G}^{-2}\boldsymbol{h}\quad\cdots\quad\boldsymbol{G}^{-n}\boldsymbol{h}]\boldsymbol{x}_0$$

可保证在 n 步内将任意状态 $\boldsymbol{x}(0)=\boldsymbol{x}_0$ 转移到状态空间的原点。

3-10 试证：若线性动态系统在 t_0 能控，则在任何 $t<t_0$ 该系统亦能控。又若线性动态系统在 t_0 能控，试问在 $t>t_0$ 是否也能控？为什么？

3-11 已知传递函数矩阵 $\boldsymbol{G}(s)$，试确定其极点多项式 $\varphi(s)$ 及 $\boldsymbol{G}(s)$ 的次数 n_b。

$$G(s)=\begin{bmatrix}\dfrac{s}{s+1} & \dfrac{1}{(s+1)(s+2)} & \dfrac{1}{s+3}\\ \dfrac{-1}{s+1} & \dfrac{1}{(s+1)(s+2)} & \dfrac{1}{s}\end{bmatrix}$$

3-12　试求下列向量传递函数的能控规范型实现或能观测规范型实现。

(1) $G(s)=\begin{bmatrix}\dfrac{1}{s+1} & \dfrac{1}{s^2+3s+2}\end{bmatrix}$

(2) $G(s)=\begin{bmatrix}\dfrac{1}{s+2}\\ \dfrac{2}{s+1}\end{bmatrix}$

3-13　试确定下列传递函数矩阵的能控规范型实现和能观测规范型实现。

(1) $G(s)=\begin{bmatrix}\dfrac{1}{s(s+1)} & \dfrac{2}{s+2}\\ \dfrac{2}{s+1} & \dfrac{1}{s+1}\end{bmatrix}$

(2) $G(s)=\begin{bmatrix}\dfrac{1}{s(s+1)} & \dfrac{1}{s}\\ \dfrac{1}{s} & \dfrac{s-1}{s(s+1)}\end{bmatrix}$

3-14　已知传递函数矩阵 $G(s)$，试确定其最小阶，并求出最小实现。

(1) $G(s)=\begin{bmatrix}\dfrac{1}{s+1} & \dfrac{1}{s+3}\\ \dfrac{1}{s} & \dfrac{2}{s+2}\end{bmatrix}$

(2) $G(s)=\begin{bmatrix}\dfrac{2s+1}{s^2-1} & \dfrac{s}{s^2+5s+4}\\ \dfrac{1}{s+3} & \dfrac{2s+5}{s^2+7s+12}\end{bmatrix}$

3-15　已知传递函数矩阵 $G(s)$，试求约当型最小实现。

$$G(s)=\begin{bmatrix}\dfrac{1}{s+2}+\dfrac{1}{s+3} & \dfrac{1}{s+1}-\dfrac{1}{s+2}+\dfrac{2}{s+3}\\ \dfrac{1}{s+1}-\dfrac{1}{s+2}+\dfrac{2}{s+3} & \dfrac{-1}{s+2}-\dfrac{2}{s+3}\end{bmatrix}$$

第四章　系统的稳定性分析

在控制系统的分析和设计中，首先要解决系统的稳定性问题。动力学系统的稳定机制与其本身的结构密切相关，如何根据动力学系统的构成分析其稳定性受到普遍的重视。在控制系统稳定性研究中，李雅普诺夫(A. M. Lyapunov)方法得到了广泛的应用。李雅普诺夫方法包括第一方法(也称为间接法)和第二方法(通常称为直接法)。李雅普诺夫直接法在最优控制、最优估计、自适应控制及神经网络等领域占有重要地位，本章将重点予以介绍。

本章首先介绍外部稳定性和内部稳定性的概念，然后讨论李雅普诺夫稳定性的定义和定理，以及李雅普诺夫方法在线性系统中的应用。

第一节　外部稳定性与内部稳定性

一、外部稳定性的定义

定义 4－1　(有界输入，有界输出稳定性)

对于零初始条件的因果系统，如果存在一个固定的有限常数 k 及一个标量 α，使得对于任意的 $t\in[t_0,\ \infty)$，当系统的输入 $\boldsymbol{u}(t)$ 满足 $\|\boldsymbol{u}(t)\|\leqslant k$ 时，所产生的输出 $\boldsymbol{y}(t)$ 满足 $\|\boldsymbol{y}(t)\|\leqslant \alpha k$，则称该因果系统是外部稳定的，也就是有界输入－有界输出为 BIBO(Bounded Input Bounded Output，BIBO)稳定。

这里必须指出，在讨论外部稳定性时，是以系统的初始条件为零作为基本假设的，在这种假设下，系统的输入－输出描述是唯一的。线性系统的 BIBO 稳定性可由输入－输出描述中的脉冲响应阵或传递函数矩阵进行判别。

定理 4－1　[时变情况]对于零初始条件的线性时变系统，设 $\boldsymbol{G}(t,\tau)$ 为其脉冲响应矩阵，则系统为 BIBO 稳定的充分必要条件为，存在一个有限常数 k，使得对于一切 $t\in[t_0,\ \infty)$，$\boldsymbol{G}(t,\tau)$ 的每一个元 $g_{ij}(t,\tau)(i=1,2,\cdots,q,j=1,2,\cdots,p)$ 满足

$$\int_{t_0}^{t}|g_{ij}(t,\tau)|\mathrm{d}\tau\leqslant k<\infty \tag{4-1}$$

证明　为了方便，先证单输入－单输出情况，然后推广到多输入－多输出情况。在单输入－单输出条件下，输入－输出满足关系

$$y(t)=\int_{t_0}^{t}g(t,\tau)u(\tau)\mathrm{d}\tau \tag{4-2}$$

先证充分性:已知式(4-1)成立,且对任意输入 $u(t)$ 满足 $\| u(t) \| \leqslant k < \infty, t \in [t_0, \infty)$,要证明输出 $y(t)$ 有界。由式(4-2),可以方便得到

$$|y(t)| = \left| \int_{t_0}^{t} g(t,\tau)u(\tau)\mathrm{d}\tau \right| \leqslant \int_{t_0}^{t} |g(t,\tau)||u(\tau)|\mathrm{d}\tau \leqslant \\ k_1 \int_{t_0}^{t} |g(t,\tau)|\mathrm{d}\tau \leqslant kk_1 < \infty \tag{4-3}$$

从而根据定义 4-1 知系统是 BIBO 稳定的。

再证必要性:采用反证法,假设存在某个 $t_1 \in [t_0, \infty)$ 使得

$$\int_{t_0}^{t_1} |g(t_1,\tau)|\mathrm{d}\tau = \infty \tag{4-4}$$

定义如下的有界输入函数 $u(t)$,有

$$u(t) = \mathrm{sgn}[g(t_1,t)] = \begin{cases} +1, & g(t_1,t) > 0 \\ 0, & g(t_1,t) = 0 \\ -1, & g(t_1,t) < 0 \end{cases} \tag{4-5}$$

在上述输入激励下,系统的输出为

$$y(t_1) = \int_{t_0}^{t_1} g(t_1,\tau)u(\tau)\mathrm{d}\tau = \int_{t_0}^{t_1} |g(t_1,\tau)|\mathrm{d}\tau = \infty \tag{4-6}$$

这表明系统输出是无界的,同系统是 BIBO 稳定的已知条件矛盾。因此,式(4-3)的假设不成立,即必定有

$$\int_{t_0}^{t_1} |g(t_1,\tau)|\mathrm{d}\tau < k < \infty \qquad \forall t_1 \in [t_0, \infty) \tag{4-7}$$

现在将上述结论推广到多输入-多输出的情况。考察系统输出 $\boldsymbol{y}(t)$ 的任一分量 $\boldsymbol{y}_i(t)$,有

$$|\boldsymbol{y}_i(t)| = \left| \int_{t_0}^{t} g_{i1}(t,\tau)u_1(\tau)\mathrm{d}\tau + \cdots + \int_{t_0}^{t} g_{ip}(t,\tau)u_p(\tau)\mathrm{d}\tau \right| \leqslant \\ \left| \int_{t_0}^{t} g_{i1}(t,\tau)u_1(\tau)\mathrm{d}\tau \right| + \cdots + \left| \int_{t_0}^{t} g_{ip}(t,\tau)u_p(\tau)\mathrm{d}\tau \right| \leqslant \\ \int_{t_0}^{t} |g_{i1}(t,\tau)||u_1(\tau)|\mathrm{d}\tau + \cdots + \int_{t_0}^{t} |g_{ip}(t,\tau)||u_p(\tau)|\mathrm{d}\tau, i = 1,2,3,\cdots,q \tag{4-8}$$

由于有限个有界函数之和仍为有界函数,利用单输入-单输出系统的结果,即可证明定理 4-1 的结论。证毕。

定理 4-2[定常情况]对于零初始条件的定常系统,设初始时刻 $t_0 = 0$,单位脉冲响应矩阵 $\boldsymbol{G}(t)$,传递函数矩阵为 $\boldsymbol{G}(s)$,则系统为 BIBO 稳定的充分必要条件为,存在一个有限常数 k,使 $\boldsymbol{G}(t)$的每一元 $g_{ij}(t)$ $(i=1, 2, \cdots, q, j=1, 2, \cdots, p)$满足

$$\int_{0}^{\infty} |g_{ij}(t)|\mathrm{d}t \leqslant k < \infty \tag{4-9}$$

或者 $\boldsymbol{G}(s)$ 为真有理分式函数矩阵,且每一个元传递函数 $g_{ij}(s)$ 的所有极点在左半复平面。

证明 定理 4-2 第一部分结论可直接由定理 4-1 得到,下面只证明定理的第二部分。

由假设条件,$g_{ij}(s)$ 为真有理分式,则利用部分分式法可将其展开为有限项之和的形式,其中每一项均具有形式为

$$\frac{\beta_l}{(s-\lambda_l)^{\alpha_l}},\quad l=1,2,\cdots,m \tag{4-10}$$

这里 λ_l 为 $g_{ij}(s)$ 的极点，β_l 和 α_l 为常数，也可为零，且 $\alpha_1+\alpha_2+\cdots+\alpha_m=n$。式(4-10)对应的拉普拉斯反变换为

$$h_l t^{\alpha_l-1}\mathrm{e}^{\lambda_l t},\quad l=1,2,\cdots,m \tag{4-11}$$

当 $\alpha_l=0$ 时，式(4-11)为 δ 函数。这说明，由 $g_{ij}(s)$ 取拉普拉斯反变换导出 $g_{ij}(t)$ 是由有限个形为式(4-11)之和构成的，和式中也可能包含 δ 函数。容易看出，当且仅当 $\lambda_l(l=1,2,\cdots,m)$ 处在左半复平面时，$t^{\alpha_l-1}\mathrm{e}^{\lambda_l t}$ 才是绝对可积的，即 $g_{ij}(t)$ 为绝对可积，从而系统是BIBO稳定的。证毕。

二、内部稳定性的定义

$$\left.\begin{aligned}&\dot{\boldsymbol{x}}=\boldsymbol{A}(t)\boldsymbol{x}(t)+\boldsymbol{B}(t)\boldsymbol{u}(t),\qquad \boldsymbol{x}(t_0)=\boldsymbol{x}_0,\quad t\in[t_0,t_a]\\&\boldsymbol{y}=\boldsymbol{C}(t)\boldsymbol{x}(t)+\boldsymbol{D}(t)\boldsymbol{u}(t)\end{aligned}\right\} \tag{4-12}$$

设系统的外输入 $\boldsymbol{u}(t)\equiv\boldsymbol{0}$，初始状态 x_0 是有界的。系统的状态解为

$$\boldsymbol{x}(t)=\boldsymbol{\Phi}(t,t_0)\boldsymbol{x}(t_0) \tag{4-13}$$

这里 $\boldsymbol{\Phi}(t,t_0)$ 为时变系统的状态转移矩阵。如果系统的初始状态 $\boldsymbol{x}_0$ 引起的状态响应式(4-13)满足

$$\lim_{t\to\infty}\boldsymbol{\Phi}(t,t_0)\boldsymbol{x}_0=0 \tag{4-14}$$

则称系统是内部稳定的或是渐近稳定的。若系统是定常的，则 $\boldsymbol{\Phi}(t,t_0)=\mathrm{e}^{\boldsymbol{A}(t-t_0)}$，令 $t_0=0$，这时

$$\boldsymbol{x}(t)=\boldsymbol{\Phi}(t,0)\boldsymbol{x}_0=\mathrm{e}^{\boldsymbol{A}t}\boldsymbol{x}_0 \tag{4-15}$$

假定系统矩阵 $\boldsymbol{A}$ 具有两两相异的特征值，则

$$\begin{aligned}\mathrm{e}^{\boldsymbol{A}t}&=\mathscr{L}^{-1}[s\boldsymbol{I}-\boldsymbol{A}]^{-1}=\\&\mathscr{L}^{-1}\left[\frac{\mathrm{adj}(s\boldsymbol{I}-\boldsymbol{A})}{(s-\lambda_1)(s-\lambda_2)\cdots(s-\lambda_n)}\right]\end{aligned} \tag{4-16}$$

式中：λ_i 为 $\boldsymbol{A}$ 的特征值。

进一步可得

$$\mathrm{e}^{\boldsymbol{A}t}=\mathscr{L}^{-1}\left[\sum_{i=1}^{n}\frac{\boldsymbol{Q}_i}{(s-\lambda_i)}\right]=\sum_{i=1}^{n}\boldsymbol{Q}_i\mathrm{e}^{\lambda_i t} \tag{4-17}$$

其中

$$\boldsymbol{Q}_i=\left.\frac{(s-\lambda_i)\mathrm{adj}(s\boldsymbol{I}-\boldsymbol{A})}{(s-\lambda_1)(s-\lambda_2)\cdots(s-\lambda_n)}\right|_{s=\lambda_i}$$

显然，当矩阵 $\boldsymbol{A}$ 的一切特征值满足

$$\boldsymbol{R}_{\mathrm{e}}[\boldsymbol{\lambda}_i(\boldsymbol{A})]<0,\quad i=1,2,\cdots,n \tag{4-18}$$

时，则式(4-14)成立。

内部稳定性描述了系统状态的自由运动的稳定性。

这里顺便说说有界输入，有界状态稳定性(简记为BIBS)问题。在内部稳定性的定义中，要求系统的输入 $\boldsymbol{u}(t)\equiv\boldsymbol{0}$。如果对于任意有界输入 $\|\boldsymbol{u}(t)\|\leqslant k$ 以及任意有界初始状态 $\boldsymbol{x}(t_0)$，存在一个标量 $0<\delta(k,t_0,\boldsymbol{x}(t_0))$ 使得系统状态解满足 $\|\boldsymbol{x}(t)\|\leqslant\delta$，则该系统称之

为有界输入-有界状态稳定的。对于线性定常系统而言,满足渐近稳定性时,一定是BIBS稳定的。

三、外部稳定性与内部稳定性的关系

内部稳定性关心的是系统内部状态的自由运动,这种运动必须满足渐近稳定条件,而外部稳定性是对系统输入量和输出量的约束,这两个稳定性之间的联系必然通过系统的内部状态表现出来,这里仅就线性定常系统加以讨论。

定理 4-3 线性定常系统如果是内部稳定的,则系统一定是BIBO稳定的。

证明 对于线性定常系统,其脉冲响应矩阵 $\boldsymbol{G}(t)$ 为

$$\boldsymbol{G}(t)=\boldsymbol{\Phi}(t)\boldsymbol{B}+\boldsymbol{D}\boldsymbol{\delta}(t) \tag{4-19}$$

这里 $\boldsymbol{\Phi}(t)=\mathrm{e}^{\boldsymbol{A}t}$,当系统满足内部稳定性时,由式(4-14)有

$$\lim_{t\to\infty}\boldsymbol{\Phi}(t)=\lim_{t\to\infty}\mathrm{e}^{\boldsymbol{A}t}=\boldsymbol{0} \tag{4-20}$$

这样,$\boldsymbol{G}(t)$ 的每一个元 $g_{ij}(t)$ ($i=1,\ 2,\ \cdots,\ q,\ j=1,\ 2,\ \cdots,\ p$) 均是由一些指数衰减项构成的,故满足

$$\int_0^{\infty}|g_{ij}(t)|\,\mathrm{d}t\leqslant k<\infty \tag{4-21}$$

这里 k 为有限常数。这说明系统是BIBO稳定的。证毕。

定理 4-4 线性定常系统如果是BIBO稳定的,则系统未必是内部稳定的。

证明 根据线性系统的结构分解定理知道,任一线性定常系统通过线性变换,都可以分解为四个子系统,这就是能控能观测子系统,能控不能观测子系统,不能控能观测子系统和不能控不能观测子系统。系统的输入-输出特性仅能反映系统的能控能观测部分,系统的其余三个部分的运动状态并不能反映出来,BIBO稳定性仅意味着能控能观测子系统是渐近稳定的,而其余子系统,如不能控不能观测子系统如果是发散的,在BIBO稳定性中并不能表现出来。因此定理的结论成立。

定理 4-5 线性定常系统如果是完全能控,完全能观测的,则内部稳定性与外部稳定性是等价的。

证明 利用定理4-3和定理4-4易于推出结论。定理4-3给出:内部稳定性可推出外部稳定性。定理4-4给出:外部稳定性在定理4-5条件下即意味着内部稳定性,证毕。

第二节 李雅普诺夫稳定性理论

用定性的方法研究微分方程解的稳定性问题始于数学家庞加莱(Poincare),受这一思想的启发,俄国数学家李雅普诺夫提出了一种稳定性分析方法,现在称为直接法(或第二方法)。在他们两人之前,一些物理学家在研究力学系统的稳定状态时就发现,当物体仅受重力作用且其重心处于最低位置时,平衡状态是稳定的,事实上这是该条件下一个力学系统平衡的稳定判据。下面从更直观的力学角度进行讨论。

图4-1给出三种曲面,研究小球 B 处在各曲面不同位置时受到微小扰动后的运动趋势,但并不需要求解小球所满足的动态微分方程。图4-1(a)中的小球处于 A 点时,受扰后会使小球离开 A 点,而不会返回 A 点。在图4-1(b)中的小球受扰后,若 $S-S'$面由摩擦,小球会

停留在某一点，即处于稳定状态；若无摩擦，由牛顿定理可知，小球将作匀速直线运动。在图 4-1(c)中的小球受扰后，会处于一种振荡状态，或作等幅周期振荡(曲面无摩擦)，或作衰减振荡(曲面有摩擦)。

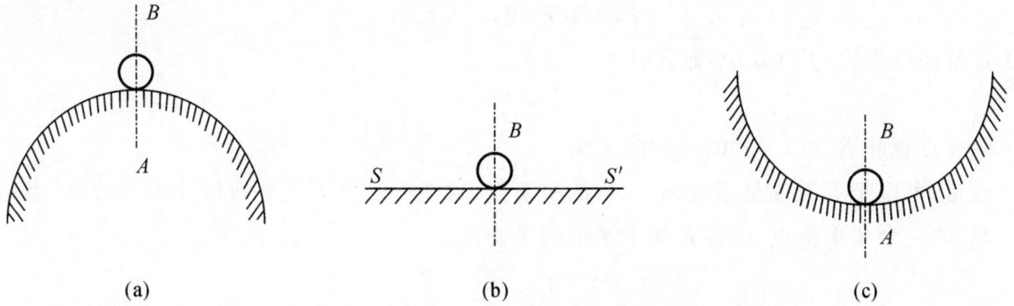

图 4-1　从力学角度看稳定性机理

现在从能量的观点对小球的运动状况进行分析。显然，如果小球的总能量(位能与动能之和)不断减少，则总能量对时间的变化率是一个负数，最终小球将处在最小储能点上，并且处于稳定状态。在电路系统中其实也有类似的情况，最典型的就是 LC 振荡电路，由此可以看到，一个动态系统的稳定性似乎可以用能量加以度量，但是，就一般系统而言，问题并非那么简单，这是因为在一般系统中，类似于力学系统的动能、位能概念并不存在，因此必须从数学的观点出发，更为一般地、抽象地研究这种定性方法的应用。

李雅普诺夫是这样处理这一问题的，首先给稳定性加以严格的定义，其次对系统构造一个相似于"能量"的正定泛函，最后研究该泛函沿着描述系统的微分方程运动时其导数随时间的变化情况。若泛函的导数是一个负定泛函，就可以对这个系统的稳定性做出结论。后来，人们就把满足该条件的这个泛函称为李雅普诺夫函数。对于一个动态系统而言，如果能找到一个李雅普诺夫函数，就可以肯定该系统是稳定的，而并不需要求解该系统的微分方程。这种分析系统稳定性的方法对线性系统和非线性系统均适用，从而给系统的稳定性分析带来了很大的便利。

应该指出的是，李雅普诺夫方法对系统稳定性的判定条件是充分的，而非必要的。这就是说，一个稳定的系统至少存在一个李雅普诺夫函数。对于一个特定系统而言，找不到该系统的李雅普诺夫函数也不能说系统不稳定。因此，如何选取李雅普诺夫函数十分重要且需要技巧，但本章不拟对此问题做详细的讨论。

在李雅普诺夫关于运动稳定性的理论中，还包含他的第一方法。这一方法是一种定量方法。它要求首先求解系统的微分方程，然后研究其稳定性，因此它是一种间接法。

一、李雅普诺夫间接法

考虑由下述状态方程描述的动态系统

$$\dot{\boldsymbol{x}}=\boldsymbol{f}(\boldsymbol{x},t),\quad t\geqslant t_0 \tag{4-22}$$

式中：$\boldsymbol{x}=[x_1\quad x_2\quad \cdots\quad x_n]^{\mathrm{T}}$，$\boldsymbol{f}(\boldsymbol{x},t)=[\boldsymbol{f}_1(\boldsymbol{x},t)\quad \boldsymbol{f}_2(x,t)\quad \cdots\quad \boldsymbol{f}_n(\boldsymbol{x},t)]^{\mathrm{T}}$，当 $\boldsymbol{f}(\boldsymbol{x},t)$ 满足李普希兹(Lipschitz)条件时，即

$$\|\boldsymbol{f}(\boldsymbol{x},t)-\boldsymbol{f}(\boldsymbol{y},t)\|\leqslant K\|\boldsymbol{x}-\boldsymbol{y}\| \tag{4-23}$$

且 $\|\boldsymbol{f}(\boldsymbol{x},t)\| \leqslant M, \forall t \in [t_0,\infty)$，这里 K, M 为正有限常数。则由式(4-22)所描述的动态系统，从任意初始状态出发的解 $\boldsymbol{x}(t;x_0,t_0)$唯一且连续地依赖于初始状态 $\boldsymbol{x}(t_0)=\boldsymbol{x}_0$。

定义 4-2 向量 $\boldsymbol{x}_e \in \mathbf{R}^n$ 称为式(4-22)在 t_0 时刻的一个平衡点，如果

$$\boldsymbol{f}(\boldsymbol{x}_e,t) \equiv \mathbf{0}, \quad \forall t \geqslant t_0 \tag{4-24}$$

对于定常系统而言，$\boldsymbol{f}(\boldsymbol{x},t)$不显含时间 t，这时

$$\dot{\boldsymbol{x}} = \boldsymbol{f}(\boldsymbol{x}) \tag{4-25}$$

平衡点意味着 $\boldsymbol{f}(\boldsymbol{x}_e) \equiv \mathbf{0}$，与时间无关。

通常，可以把零看作是系统(4-24)的平衡点，这个作法并不失一般性。因为若 $\boldsymbol{x}_e$ 为系统(4-22)的一个非平衡点，则零是如下系统的平衡点：

$$\dot{\boldsymbol{x}} = \boldsymbol{f}_1[\boldsymbol{z}(t),t] \tag{4-26}$$

只要对式(4-24)作一简单的变量替换，如令 $\boldsymbol{x}=\boldsymbol{x}_e+\boldsymbol{z}$，便可证明式(4-26)成立。

定义 4-3 在 $\mathbf{R}^n$ 空间中，若存在以 $\boldsymbol{x}_e$ 为中心的某个邻域 N，使得除 $\boldsymbol{x}_e$ 外，N 只包含系统(4-24)在 t_0 时刻的平衡点，则称 $\boldsymbol{x}_e$ 为孤立平衡点。

例 4-1 考虑线性向量微分方程

$$\dot{\boldsymbol{x}}(t) = \boldsymbol{A}(t)\boldsymbol{x}(t) \quad t \geqslant 0 \tag{4-27}$$

如果 $\boldsymbol{A}(t)$对于某个 t_0 是非奇异矩阵，即 $\boldsymbol{A}(t_0)\boldsymbol{x}=\mathbf{0}$ 有唯一解 $\mathbf{0}$，则 $\mathbf{0}$ 是式(4-27)在 t_0 时刻的唯一平衡点，因此 $\mathbf{0}$ 也是孤立平衡点。

下面来研究式(4-24)所描述系统的平衡点成为孤立平衡点的条件。

定理 4-6 考虑系统(4-24)，设 $\boldsymbol{x}_0$ 是系统在 t_0 时刻的一个平衡点，即 $\boldsymbol{f}(\boldsymbol{x}_0,t) \equiv 0, \forall t \geqslant t_0$，$\boldsymbol{f}(\cdot,t_0)$是连续可微的，

$$\boldsymbol{A}(t_0) = \frac{\partial \boldsymbol{f}(\boldsymbol{x},t_0)}{\partial \boldsymbol{x}^{\mathrm{T}}}\bigg|_{x=x_0} \tag{4-28}$$

若 $\boldsymbol{A}(t_0)$是非奇异的，则 $\boldsymbol{x}_0$ 是系统(4-24)在 t_0 时刻的孤立平衡点。证明略。

上面研究了系统的平衡状态问题，对于稳定性的研究，通常总是先假定系统处于某个平衡状态，然后考虑在系统受扰动而偏离平衡状态后，系统的运动轨迹将会怎样，也就是说，研究系统偏离平衡状态的自由运动。应当指出，系统受到的扰动是短暂的，它使系统偏离平衡状态后即消失，即研究初始条件作用下的系统运动。如果扰动是持续的或脉冲链式的则不在讨论之列。

定义 4-4 （李雅普诺夫意义下的稳定性）

对于任意实数 $\varepsilon>0$，如果存在 $\delta(t_0,\varepsilon)>0$，使得当 $\|\boldsymbol{x}_0-\boldsymbol{x}_e\| \leqslant \delta(t_0,\varepsilon)$时，系统(4-22)的解满足 $\|\boldsymbol{x}(t,\boldsymbol{x}_0,\boldsymbol{t}_0)-x_e\| \leqslant \varepsilon, \forall t \geqslant t_0$，则称系统(4-22)的平衡点是李雅普诺夫意义下稳定的。

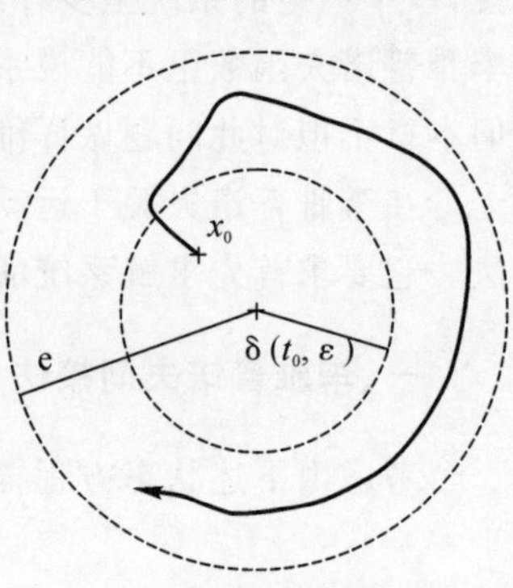

图 4-2 李雅普诺夫意义下的稳定性示意图

李雅普诺夫意义下的稳定性示意图如图 4-2 所示。李雅普诺夫意义下的稳定性是一种局部稳定概念。系统的解 $\boldsymbol{x}(t,\boldsymbol{x}_0,t_0)$由于对初始状态 $\boldsymbol{x}_0$ 是连续的，系统不仅在 t_0 时刻，而且在其他时刻 t_1，平衡点也是稳定的。

定义 4-5　(一致稳定性)

在定义 4-4 中,如果 δ 与 t_0 无关,则称系统(4-22)在 t_0 时刻的平衡点 x_e 是一致稳定的。

定义 4-6(渐近稳定性)

t_0 时刻系统(4-22)的平衡点 $\boldsymbol{x}_e$ 是渐近稳定的,其条件为

(1) t_0 时刻系统的平衡点是李雅普诺夫意义下稳定的;

(2)对于任意给定实数 $\mu>0$,不管 μ 多么小,总存在 $\delta(t_0,\varepsilon)$以及与 μ 有关的常数 $T(t_0,\delta,\mu)$,使得当 $t\geqslant t_0+T(t_0,\delta,\mu)$且 $\|\boldsymbol{x}_0-\boldsymbol{x}_e\|\leqslant\delta(t_0,\varepsilon)$时,

$$\|\boldsymbol{x}(t,\boldsymbol{x}_0,t_0)\|\leqslant\mu,\ \forall t\geqslant t_0+T(t_0,\delta,\mu) \tag{4-29}$$

系统的渐近稳定性要求系统在平衡点附近受到微小扰动以后,当时间充分大时,系统的状态轨迹能收敛到平衡点。图 4-3 为渐近稳定性的示意图。渐近稳定性仍然是一种局部稳定性,但这种局部性不能用明确的量值来表示。通常,工程设计问题中的稳定性是指渐近稳定性,李雅普诺夫意义下的稳定性属临界稳定性。

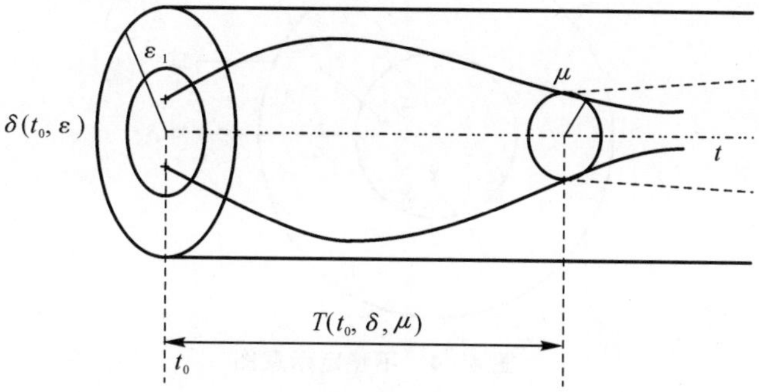

图 4-3　渐近稳定性示意图

定义 4-7　(大范围渐近稳定性)

系统(4-22)　是大范围渐近稳定的,若:

(1)系统在 t_0 时刻的平衡点是李雅普诺夫意义下稳定的。

(2)对于给定的任意大的有界常数 δ_a,任意小的实数 $\mu>0$,总存在 $T(t_0,\delta_a,\mu)$,对于 $\|\boldsymbol{x}_0-\boldsymbol{x}_e\|\leqslant\delta_a$,当 $t\geqslant t_0+T(t_0,\delta_a,\mu)$时

$$\|\boldsymbol{x}(t,\boldsymbol{x}_0,t_0)-\boldsymbol{x}_e\|\leqslant\mu,\ \forall t\geqslant t_0+T(t_0,\delta_a,\mu) \tag{4-30}$$

系统是大范围渐近稳定时,其初始状态可以在 $\mathbf{R}^n$ 空间中取任意有界值,而不是将系统的初始状态限制在一个极小的范围内,因而是一种全局稳定概念。大范围渐近稳定的必要前提是只有一个孤立的平衡状态。线性系统只有一个孤立的平衡状态,故渐近稳定者必大范围渐近稳定,这是由于线性系统与 x_0 的大小无关。

定义 4-8(一致渐近稳定性)

在定义 4-6 中,若 δ、T 与初始时间 t_0 无关,则称系统的平衡点是一致渐近稳定的。

定义 4-9(大范围一致渐近稳定性)

系统(4-24)的平衡点是大范围一致渐近稳定的,若:

(1)系统的平衡点是一致稳定的

(2)系统对初始扰动是一致有界的,即对任意给定的 $\delta_a>0$,当 $\|\boldsymbol{x}_0-\boldsymbol{x}_e\|\leqslant\delta_a$ 时,存在某

个与 δ_a 选择有关的实数 $B(\delta_a)>0$，使得

$$\| \boldsymbol{x}(t,\boldsymbol{x}_0,t_0)-\boldsymbol{x}_e \| \leqslant B(\delta_a),\forall t\geqslant t_0 \tag{4-31}$$

(3)系统运动有渐近性，即对于任意给定的大常数 $\delta_a>0$ 和正数 $\mu>0$，不管 μ 多么小，总存在 $T(\mu,\delta_a)$，使得当 $\| \boldsymbol{x}_0-\boldsymbol{x}_e \| \leqslant\delta_a$ 时，有

$$\| \boldsymbol{x}(t,\boldsymbol{x}_0,t_0)-\boldsymbol{x}_e \| \leqslant\mu,\forall t\geqslant t_0+T(\mu,\delta_a) \tag{4-32}$$

定义 4-10 (李雅普诺夫意义下的不稳定性)

如果对于某个实数 $\varepsilon>0$，存在一个实数 $\delta>0$，不管 δ 多么小，当 $\| \boldsymbol{x}_0-\boldsymbol{x}_e \| \leqslant\delta$ 时，总有

$$\| \boldsymbol{x}(t,\boldsymbol{x}_0,t_0)-\boldsymbol{x}_e \| >\varepsilon,\forall t\geqslant t_0 \tag{4-33}$$

则系统的平衡状态在李雅普诺夫意义下是不稳定的平衡状态。

关于不稳定的示意图如图 4-4 所示。若线性系统不稳定，则不管系统的初始扰动由多么小，系统的解轨迹将超越以平衡点位中心，ε 为半径的超球体且趋于无限远点。对于非线性系统，解轨迹可能趋于无限远点，也可能稳定于该超球体之外的某个极限环。

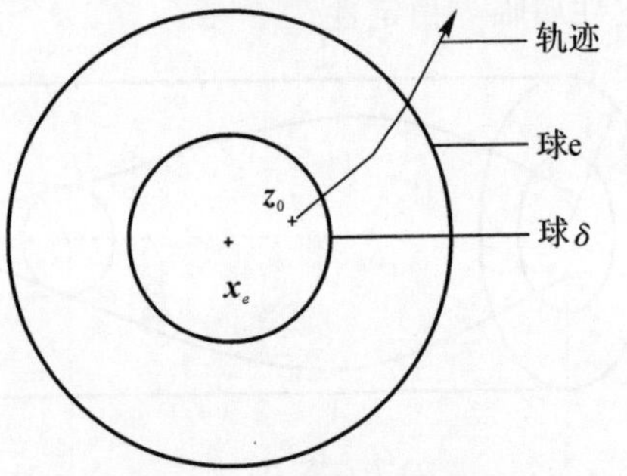

图 4-4 不稳定示意图

值得注意的是：一个稳定的极限环，总可以找到一个实数 $m>0$，用它为半径构成一个超球体可以完全包含这个极限环，那么系统的解轨迹是有界的。它仍符合李雅普诺夫意义下稳定的意义。但是，在通常的工程实践中，系统存在极限环是不允许的，为防止这种情况发生，一般总是希望所设计的系统是渐近稳定的。

为了介绍李雅普诺夫稳定性的有关定理，下面简要介绍正定函数与局部正定函数的概念。

定义 4-11 连续函数 $V(t,\boldsymbol{x})$ 称为局部正定函数，如果存在一个连续非递减函数 $\alpha(\cdot)$，使得：

(1) $\alpha(0)=0,\alpha(p)>0,p>0$；

(2) $V(t,0)=0,\forall t\geqslant0$；

(3) $V(t,\boldsymbol{x})\geqslant\alpha(\| \boldsymbol{x} \|),\forall \boldsymbol{x}\neq0,\forall t\geqslant0$。

其中 $\boldsymbol{x}$ 属于某个球域，即 $\| \boldsymbol{x} \| \leqslant r,r>0$，如果对于一切 $\boldsymbol{x}\in\mathbf{R}^n$，且 $p\to\infty$ 时，$\alpha(p)\to\infty$，则 $V(t,\boldsymbol{x})$ 称为正定函数。

定理 4-7 一个连续函数 $W(\boldsymbol{x})$ 是一个局部正定函数，当且仅当：

(1)$W(0)=0$；

(2)$W(\boldsymbol{x})>0,\forall \boldsymbol{x}\neq0$ 且 $\| \boldsymbol{x} \| \leqslant r,r>0$。

$W(\boldsymbol{x})$ 是一个正定函数，当且仅当：

(1)$W(0)=0$；

(2)$W(\boldsymbol{x})>0, \forall \boldsymbol{x}\neq \boldsymbol{0}$；

(3)当 $\|\boldsymbol{x}\|\to\infty$ 时，$W(\boldsymbol{x})\to\infty$。

定理 4-8　一个连续函数 $V(t,\boldsymbol{x})$ 是一个局部正定函数，当且仅当存在一个局部正定函数 $W(\boldsymbol{x})$，使得

$$V(t,\boldsymbol{x})\geqslant W(\boldsymbol{x}), \forall \boldsymbol{x}\geqslant 0 \text{ 且 } \|\boldsymbol{x}\|\leqslant r, r>0 \tag{4-34}$$

当 $\boldsymbol{x}\in\mathbf{R}^n$ 时，$V(t,\boldsymbol{x})$ 是一个正定函数。

定理 4-7 和定理 4-8 这里的证明略。

例 4-2 函数

$$W_1(\boldsymbol{x}_1,\boldsymbol{x}_2)=\boldsymbol{x}_1{}^2+\boldsymbol{x}_2{}^2 \tag{4-35}$$

是正定函数的一个简单例子。用范数表示时

$$W_1(\boldsymbol{x})=\|\boldsymbol{x}\|^2, \boldsymbol{x}=[\boldsymbol{x}_1\quad \boldsymbol{x}_2]^{\mathrm{T}} \tag{4-36}$$

例 4-3　$V_1(t,x_1,x_2)=(t+5)(x_1{}^2+x_2{}^2)$

V_1 函数是一个正定函数，因为根据定理 4-8 有

$$V_1(t,x_1,x_2)>W_1(x_1,x_2), \forall t\geqslant 0 \tag{4-37}$$

例 4-4　函数

$$W_2(x_1,x_2)=x_1{}^2+\sin^2 x_2 \tag{4-38}$$

是一个局部正定函数，但不是一个正定函数。这是因为当 $(x_1,x_2)=(0,n\pi)$ 时，W_2 会变为零，而对其余 $x\neq 0$，有 $W_2(x_1,x_2)>0$。通常取如下形式的二次型来形成一个正定函数，

$$V=\boldsymbol{x}^{\mathrm{T}}\boldsymbol{P}\boldsymbol{x}, \boldsymbol{x}\in\mathbf{R}^n, \boldsymbol{P}\in\mathbf{R}^{n\times n} \tag{4-39}$$

这里当且仅当矩阵 $\boldsymbol{P}$ 是一个正定矩阵时，V 为正定函数。

二、李雅普诺夫直接法

关于李雅普诺夫各种稳定性定理的基本概念如下：考虑一个没有外力作用的系统，假定系统的平衡状态为零，并以某种适当的方式规定系统的总能量是某个函数，这个函数在原点为零，而在其他各处为正值。进一步假定，原先处于平衡状态的系统受到微小扰动而进入一个非零初始状态。若系统的动力学使系统的能量不随时间增长而增加，则系统的能量就不会超过其初始正值，这足以说明平衡点是稳定的，若系统的能量随时间而单调衰减，且最终趋于零，就可得出平衡点是渐近稳定的结论，下面将这些基本概念用严谨的数学语言来表述。

1. 大范围一致渐近稳定定理

考虑连续时间非线性时变系统

$$\dot{\boldsymbol{x}}=\boldsymbol{f}(\boldsymbol{x},t),\quad t\geqslant t_0 \tag{4-40}$$

假定系统(4-40)的平衡点 $\boldsymbol{x}_e=0$。

定理 4-9　对系统(4-40)，如果存在一个对 $\boldsymbol{x}$ 和 t 具有一阶连续偏导数的标量函数 $V(t,\boldsymbol{x})$，$V(t,0)=0$ 且满足如下条件：

(1) $V(t,\boldsymbol{x})$ 正定且有界，即存在两个连续的非降函数 $\alpha(\|\boldsymbol{x}\|)$，$\beta(\|\boldsymbol{x}\|)$，其中 $\alpha(0)=0$ 和 $\beta(0)=0$，对于一切 $t\geqslant 0$ 及 $\boldsymbol{x}\neq 0$ 有

$$\beta(\|\boldsymbol{x}\|)\geqslant V(t,\boldsymbol{x})\geqslant\alpha(\|\boldsymbol{x}\|)>0 \tag{4-41}$$

(2)$V(t,\boldsymbol{x})$ 对时间 t 的导数 $\dot{V}(t,\boldsymbol{x})$ 负定且有界，即存在一个连续的非降函数 $r\|\boldsymbol{x}\|$，其

中 $r(0)=0$，对一切 $t\geqslant 0$ 及 $\boldsymbol{x}\neq 0$ 有

$$\dot{V}(t,\boldsymbol{x})\leqslant -r(\|\boldsymbol{x}\|)<0 \tag{4-42}$$

(3)当 $\|\boldsymbol{x}\|\rightarrow\infty$ 时，有 $\alpha(\|\boldsymbol{x}\|)\rightarrow\infty$，即 $V(t,\boldsymbol{x})\rightarrow\infty$，则系统原点平衡状态是大范围一致渐近稳定的。

证明 对此定理分成三个部分加以证明。

(1)首先证明系统的平衡状态 $x_e=0$ 是一致稳定的。定理 4-9 条件(1)的几何描述如图 4-5 所示，由于 $\alpha(\cdot)$，$\beta(\cdot)$均为非降连续函数，对于任意给定的 $\varepsilon>0$，总能够找到一个实数 $\delta(\varepsilon)>0$，使得 $\beta(\delta)<\alpha(\varepsilon)$。由于 $V(t,\boldsymbol{x})$是正定泛函，$\dot{V}(t,\boldsymbol{x})<0$，对一切 $t\geqslant t_0$，

$$V(t,\boldsymbol{x})-V(t_0,\boldsymbol{x}_0)=\int_{t_0}^{t}\dot{V}(\tau,\boldsymbol{x})\mathrm{d}\tau\leqslant 0 \tag{4-43}$$

即对任意初始时刻 t_0 和满足 $\|\boldsymbol{x}_0\|\leqslant\delta(\varepsilon)$ 的任意 $\boldsymbol{x}_0$，当 $t\geqslant t_0$ 时有

$$\beta(\delta)\geqslant V(t_0,\boldsymbol{x}_0)\geqslant V(t,\boldsymbol{x})\geqslant\alpha(\|\boldsymbol{x}\|) \tag{4-44}$$

考虑到 $\beta(\delta)<\alpha(\varepsilon)$，则

$$\alpha(\varepsilon)\geqslant V(t_0,\boldsymbol{x}_0)\geqslant V(t,\boldsymbol{x})\geqslant\alpha(\|\boldsymbol{x}\|) \tag{4-45}$$

即 $\alpha(\varepsilon)\geqslant\alpha(\|\boldsymbol{x}\|)$。根据 $\alpha(\cdot)$函数的连续非降特性有

$$\|\boldsymbol{x}\|\leqslant\varepsilon,\ \forall t\geqslant t_0 \tag{4-46}$$

这说明，对于任意给定的 $\varepsilon>0$，总存在一个 $\delta(\varepsilon)>0$，当 $\|\boldsymbol{x}_0\|\leqslant\delta(\varepsilon)$时，对一切 $t\geqslant t_0$ 有

$$\|\boldsymbol{x}\|\leqslant\varepsilon \tag{4-47}$$

且 $\delta(\varepsilon)$与初始时刻 t_0 的选取无关，故系统的平衡状态 $\boldsymbol{x}_e=\boldsymbol{0}$ 是一致稳定的。

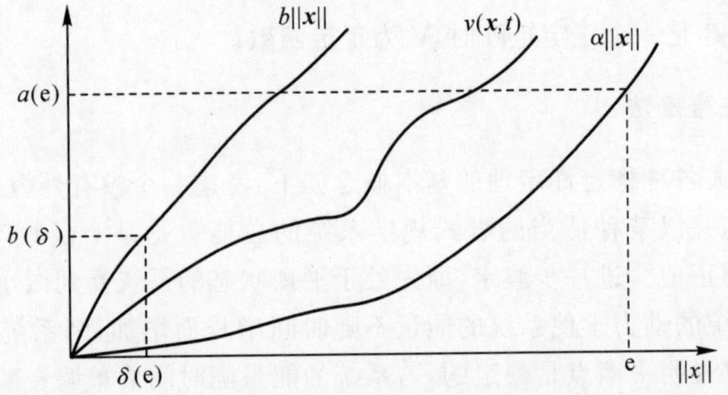

图 4-5 定理 4-9 条件(1)的几何说明

(2)其次证明系统在平衡状态 $\boldsymbol{x}_e=0$ 处是一致渐近稳定的。也就是说，对于任意给定的实数 $\varepsilon>0$，总能够找到一个实数 $\delta(\varepsilon)>0$，及一个实数 $T(\varepsilon,\delta)>0$，使得当 $\|\boldsymbol{x}_0\|\leqslant\delta(\varepsilon)$时，对一切 $t\geqslant t_0+T(\varepsilon,\delta)$，有 $\|\boldsymbol{x}\|\leqslant\varepsilon$，对此问题再分三点给予证明。

(1)首先以适当的方法选择 δ 及 $T(\varepsilon,\delta)$。根据定理的条件(1)，函数 $V(t,\boldsymbol{x})$对某个球域 B 满足

$$\left.\begin{aligned}&\alpha(\|\boldsymbol{x}\|)\leqslant V(t,\boldsymbol{x})\leqslant\beta(\|\boldsymbol{x}\|)\\&\dot{V}(t,\boldsymbol{x})\leqslant-\gamma(\|\boldsymbol{x}\|),\ \forall t\geqslant t_0,\ \forall x\in B\end{aligned}\right\} \tag{4-48}$$

现在设 ε 已经给定。如图 4-6 所示，选取 δ 满足 $\beta(\delta)<\alpha(s)$。再选择一个 δ_1 满足如下的条件：

$$\beta(\delta_1) < \min\{\alpha(\varepsilon), \beta(\delta)\} \tag{4-49}$$

连续非降函数 $\gamma(\|\boldsymbol{x}\|)$ 在区间 $\|\boldsymbol{x}\| \in [\delta_1, s]$ 上的极小值为 $\gamma(\delta_1)$，选取 $T(\varepsilon,\delta)$ 为

$$T(\varepsilon,\delta) = \frac{\alpha(s)}{\gamma(\delta_1)} \tag{4-50}$$

其实这样选择的 $T(\varepsilon,\delta)$ 可以看作当 $\|\boldsymbol{x}\| \in [\delta_1, s]$ 时，$V(t,\boldsymbol{x})$ 以最慢速度 $\gamma(\delta_1)$ 衰减所需要的时间。

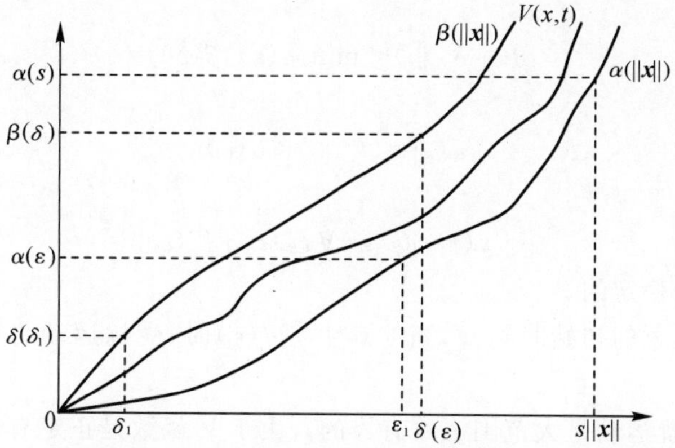

图 4-6　选择 $T(\varepsilon,\delta)$ 的几何说明

2)现在证明对任意给定的 $\varepsilon>0$ 及选取的 δ、δ_1，系统的解轨迹将满足

$$\|\boldsymbol{x}(t)\| \leqslant \delta_1, \text{对 } t_0 \leqslant t \leqslant t_0 + T(\varepsilon,\delta), \|\boldsymbol{x}_0\| \leqslant \delta \tag{4-51}$$

采用反证法，假定

$$\|\boldsymbol{x}(t)\| > \delta_1, \text{对 } t_0 \leqslant t \leqslant t_0 + T(\varepsilon,\delta), \|\boldsymbol{x}_0\| \leqslant \delta \tag{4-52}$$

根据 $V(t,\boldsymbol{x})$ 正定有界性及 $\dot{V}$ 负定性

$$V(t_0+T, \boldsymbol{x}(t_0+T)) - V(t_0, \boldsymbol{x}_0) = \int_{t_0}^{t_0+T} \dot{V}(\tau, \boldsymbol{x})\mathrm{d}\tau$$

$$V(t_0+T, \boldsymbol{x}(t_0+T)) = V(t_0, \boldsymbol{x}_0) + \int_{t_0}^{t_0+T} \dot{V}(\tau, \boldsymbol{x})\mathrm{d}\tau \leqslant V(t_0, \boldsymbol{x}_0) - \int_{t_0}^{t_0+T} \gamma(\|\boldsymbol{x}\|)\mathrm{d}\tau \tag{4-53}$$

考虑到当 $\|\boldsymbol{x}_0\| \leqslant \delta$ 时，$V(t_0, \boldsymbol{x}_0) \leqslant \beta(\delta)$ 时，而且已经假定当 $t \in [t_0, t_0+T]$ 时，$\|\boldsymbol{x}(t)\| > \delta_1$，故

$$V(t_0+T, \boldsymbol{x}(t_0+T)) \leqslant \beta(\delta) - T\gamma(\delta_1) = \beta(\delta) - \alpha(s) \tag{4-54}$$

显然 $V(t_0+T, \boldsymbol{x}(t_0+T)) > 0$，而由 δ 的定义，

$$\beta(\delta) - \alpha(s) < 0 \tag{4-55}$$

从而推得 $0 < V(t_0+T, \boldsymbol{x}(t_0+T)) < 0$。这是一个矛盾的结果，因此，当 $t \in [t_0, t_0+T]$ 时，有 $\|\boldsymbol{x}(t)\| \leqslant \delta_1$。

3) 最后证明解的渐近性。也就是需要证明当 $t \geqslant t_0 + T(\varepsilon,\delta)$ 时，对一切 $\|\boldsymbol{x}_0\| \leqslant \delta$，$\|\boldsymbol{x}(t)\| \leqslant \varepsilon$。

对于任意的 $t_1 \in [t_0, t_0+T]$，及 $\|\boldsymbol{x}_0\| \leqslant \delta$，依据 $V(t,\boldsymbol{x})$ 函数的前提条件，对一切 $t \geqslant t_0 + T$

$$\alpha(\|\boldsymbol{x}(t)\|) \leqslant V(t,\boldsymbol{x}(t)) = V(t_1,\boldsymbol{x}(t_1)) + \int_{t_1}^{t} \dot{V}(\tau,\boldsymbol{x}(\tau))\mathrm{d}\tau \leqslant V(t_1,\boldsymbol{x}(t_1)) \tag{4-56}$$

由 2)已知当 $t_1 \in [t_0, t_0+T]$时，$\|\boldsymbol{x}(t_1)\| \leqslant \delta_1$，故

$$\begin{gathered}\alpha(\|\boldsymbol{x}(t)\|) \leqslant V(t,\boldsymbol{x}(t)) \leqslant \beta(\|\delta_1\|) \\ \alpha(\|\boldsymbol{x}(t)\| \leqslant \beta(\|\delta_1\|)\end{gathered} \tag{4-57}$$

又因为

$$\beta(\|\delta_1\|) < \min\{\alpha(\varepsilon), \beta(\delta)\} \tag{4-58}$$

所以

$$\alpha(\|\boldsymbol{x}(t)\|) < \alpha(\varepsilon) \tag{4-59}$$

因此

$$\|\boldsymbol{x}(t)\| \leqslant \varepsilon, \forall t \geqslant t_0 + T(\varepsilon) \tag{4-60}$$

从而系统的解是渐近稳定的。

以上证明了对任意的初始时刻 t_0，当 $\|\boldsymbol{x}_0\| \leqslant \delta(\varepsilon)$时，受扰运动将会一直收敛到原点平衡状态。

(3)最后证明受扰运动是大范围一致有界的。由于 V 函数是正定有界的，$\dot{V}$ 是负定的，

$$V(t,\boldsymbol{x}) = V(t_0,\boldsymbol{x}_0) + \int_{t_0}^{t} \dot{V}(\tau,\boldsymbol{x})\mathrm{d}\tau \leqslant V(t_0,\boldsymbol{x}_0) \tag{4-61}$$

故

$$\alpha(\|\boldsymbol{x}(t)\|) \leqslant V(t,\boldsymbol{x}) \leqslant V(t_0,\boldsymbol{x}_0) \tag{4-62}$$

考虑到当 $\|\boldsymbol{x}\| \to \infty$ 时，$\alpha(\|\boldsymbol{x}\|) \to \infty$，因而对于任意大的有限实数 $\delta > 0$，必定存在一个有限实数 $S(\delta) > 0$，满足 $\beta(\delta) \leqslant \alpha(s)$。故当 $\|\boldsymbol{x}_0\| \leqslant \delta$ 时，

$$V(t_0,\boldsymbol{x}_0) \leqslant \beta(\delta) \leqslant \alpha(S) \tag{4-63}$$

从而

$$\alpha(\|\boldsymbol{x}(t)\|) \leqslant V(t,\boldsymbol{x}) \leqslant V(t_0,\boldsymbol{x}_0) \leqslant \beta(\delta) \leqslant \alpha(S) \tag{4-64}$$

也就是

$$\|\boldsymbol{x}(t)\| \leqslant S, \forall t \geqslant t_0, \boldsymbol{x}_0 \in R^n, \|\boldsymbol{x}_0\| \leqslant \delta \tag{4-65}$$

由于 $S(\delta)$与初始时刻 t_0 无关，这表明对于任意的 $\boldsymbol{x}_0 \in \mathbf{R}^n$，只要 $\|\boldsymbol{x}_0\|$ 是有界的受扰运动将是一致有界的。证毕。

关于非线性定常系统的大范围渐近稳定性问题，其要求满足的条件比较简单。设非线性定常系统方程为

$$\dot{\boldsymbol{x}} = \boldsymbol{f}(\boldsymbol{x}), \qquad t \geqslant 0 \tag{4-66}$$

设系统(4-66)对一切 $t \geqslant 0$ 有 $\boldsymbol{f}(\mathbf{0}) = \mathbf{0}$。

定理 4-10 对于非线性定常系统(4-66)，如果存在一个具有连续一阶导数的标量函数 $V(\boldsymbol{x})$，$V(0)=0$，并对状态空间中的一切非零点 x 满足如下条件：

(1)$V(\boldsymbol{x})$为正定函数；

(2)$\dot{V}(\boldsymbol{x})$为负定函数

(3)当 $\|\boldsymbol{x}\| \to \infty$时，$V(\boldsymbol{x}) \to \infty$。

则系统的原点平衡状态为大范围一致渐近稳定的。

定理 4-11　对于非线性定常系统(4-66),如果存在一个具有一阶导数的标量函数 $V(\boldsymbol{x})$,$V(0)=0$,并满足如下的条件：

(1)$V(\boldsymbol{x})$为正定函数；

(2)$\dot{V}(\boldsymbol{x})$为负定函数；

(3)从任一初始状态出发的解,$\dot{V}(\boldsymbol{x})$不恒为零；

(4)当 $\|\boldsymbol{x}\|\to\infty$ 时,$V(\boldsymbol{x})\to\infty$。

则系统原点平衡状态为大范围一致渐进稳定的。

例 4-5　考虑线性时变系统

$$\left.\begin{aligned}\dot{x}_1(t)&=-x_1(t)-\mathrm{e}^{-2t}x_2(t)\\ \dot{x}_2(t)&=x_1(t)-x_2(t)\end{aligned}\right\}\tag{4-67}$$

显然,$x_1=0$,$x_2=0$ 为其唯一的平衡点,取李雅普诺夫初选函数为

$$V(t,x_1,x_2)=x_1^2+(1+\mathrm{e}^{-2t})x_2^2\tag{4-68}$$

容易证明,V 为正定有界函数,其对时间的导数由计算知为

$$\dot{V}(t,x_1,x_2)=-2[x_1^2-x_1x_2+x_2^2(1+2\mathrm{e}^{-2t})]\tag{4-69}$$

故 $\dot{V}$ 满足定理 4-9 的条件(2),因为若取

$$W(x_1,x_2)=2(x_1^2-x_1x_2+x_2^2)=2\left[\left(x_1-\frac{x_2}{2}\right)^2+\frac{3}{4}x_2^2\right]\tag{4-70}$$

则

$$\dot{V}(t,x_1,x_2)\leqslant-W(x_1,x_2)\tag{4-71}$$

根据 V 函数,当 $\|x\|=\sqrt{x_1^2+x_2^2}\to\infty$ 时,$V(t,x_1,x_2)\to\infty$,由此可得,0 为系统的一个大范围一致渐近稳定的平衡点。

例 4-6　考虑非线性定常系统,

$$\left.\begin{aligned}\dot{x}_1&=x_2-x_1(x_1^2+x_2^2)\\ \dot{x}_2&=-x_1-x_2(x_1^2+x_2^2)\end{aligned}\right\}\tag{4-72}$$

易知系统的唯一平衡状态为 $x_1=0$,$x_2=0$。选取一个李雅普诺夫初选函数为

$$V(x)=x_1^2+x_2^2\tag{4-73}$$

很明显,$V(x)$为正定函数,对其求导数

$$\dot{V}(x)=-2(x_1^2+x_2^2)^2\tag{4-74}$$

根据上述说明 $\dot{V}(x)$为负定函数。由于当 $\|x\|\to\infty$ 时,$V(x)\to\infty$,根据定理 4-10,此系统的平衡状态为大范围一致渐近稳定的。

2.李雅普诺夫意义下的稳定性定理

定理 4-12　(非线性时变系统)系统(4-40)在 t_0 时刻的平衡点为一致稳定的条件为,存在一个连续可微的局部正定有界函数 $V(t,\boldsymbol{x})$,$V(t,\boldsymbol{x})=0$,使得对于某一个球域 $\boldsymbol{B}$,有

$$\dot{V}(t,\boldsymbol{x})\leqslant 0,\ \forall t\geqslant t_0,\ \forall \boldsymbol{x}\in\boldsymbol{B}\tag{4-75}$$

定理 4-13　(非线性定常系统)系统(4-66)的平衡点为一致稳定的条件为,存在连续可微的局部正定函数 $V(\boldsymbol{x})$,$V(0)=0$,使得对于某个球域 B,有

$$\dot{V}(\boldsymbol{x})\leqslant 0,\ \forall t\geqslant t_0,\ \forall \boldsymbol{x}\in\boldsymbol{B}\tag{4-76}$$

关于一致稳定性的证明略。下面看两个例子。

例 4-7 单摆的运动方程可以描述为

$$\ddot{\theta}+\sin\theta=0 \tag{4-77}$$

取状态变量为 $x_1=\theta, x_2=\dot{\theta}$，则状态方程可以写作

$$\left.\begin{aligned}\dot{x}_1&=x_2\\ \dot{x}_2&=-\sin x_1\end{aligned}\right\} \tag{4-78}$$

摆的总能量是动能与势能之和，即

$$V(x_1,x_2)=(1-\cos x_1)+x_2^2/2 \tag{4-79}$$

式中：右边第一项代表势能；第二项代表动能。当 $(x_1,x_2)=(2n\pi,0)$ 时，有 $V(x_1,x_2)=0$，V 为一个局部正定函数，且连续可微。

$$\dot{V}=\sin x_1\dot{x}_1+x_2\dot{x}_2=x_2\sin x_1+x_2(-\sin x_1)=0 \tag{4-80}$$

故 $\dot{V}$ 满足定理 4-13 的要求，平衡点 0 为一个一致稳定的平衡点。

例 4-8 考虑如下微分方程描述的系统：

$$\ddot{y}(t)+\dot{y}(t)+(2+\sin(t))y(t)=0 \tag{4-81}$$

取状态变量为 $x_1=y(t), x_2=\dot{y}(t)$，状态方程为

$$\left.\begin{aligned}\dot{x}_1&=x_2\\ \dot{x}_2&=-x_2-(2+\sin x_1)x_1\end{aligned}\right\} \tag{4-82}$$

选取

$$V(t,x_1,x_2)=x_1^2+\frac{x_2^2}{2+\sin t} \tag{4-83}$$

显然 V 为连续可微分的，且

$$V(t,x_1,x_2)\geqslant W_1(x_1,x_2)=x_1^2+\frac{x_2^2}{3} \tag{4-84}$$

而

$$W_1(x_1,x_2)<W_2(x_1,x_2)=x_1^2+x_2^2 \tag{4-85}$$

且

$$W_1(x_1,x_2)<V(x_1,x_2)<W_2(x_1,x_2) \tag{4-86}$$

故 V 是一个连续可微的正定有界函数，V 的导数为

$$\begin{aligned}\dot{V}(t,x_1,x_2)=&-x_2^2\frac{\cos t}{(2+\sin t)^2}+2x_1\dot{x}_2+\frac{2x_2}{2+\sin t}\dot{x}_2=\\ &-\ x_2^2\frac{4+2\sin t+\cos t}{(2+\sin t)^2}\leqslant 0,\forall t\geqslant 0,\forall x_1,x_2\end{aligned} \tag{4-87}$$

$\dot{V}$ 满足定理 4-12 的条件。因此该系统的平衡点为一致稳定的。

3. 不稳定性定理

前面介绍的渐进稳定性和稳定性定理都只是提供了关于系统稳定的充分条件，在结束本节时，给出不稳定的充分条件。

定理 4-14 对于非线性系统(4-40)或非线性定常系统(4-66)，如果存在一个具有一阶连续偏导的标量函数 $V(t,\boldsymbol{x})$ 或 $V(\boldsymbol{x})$，$V(t,0)=0$ 或 $V(0)=0$，以及包围原点的闭集合 Ω，使

得对于一切的 $\boldsymbol{x}\in\Omega$ 和一切的 $t\geqslant t_0$，满足如下的条件：

(1)$V(t,\boldsymbol{x})$为正定有界或 $V(\boldsymbol{x})$为正定；

(2)$\dot{V}(t,\boldsymbol{x})$也为正定有界或 $\dot{V}(\boldsymbol{x})$为正定，则系统的平衡状态为不稳定的。

由定理 4－14 可以看出，由于 $V(t,\boldsymbol{x})$和 $\dot{V}(t,\boldsymbol{x})$同号，系统的受扰运动轨迹理论上将会呈发散的趋势。

本节介绍的李雅普诺夫稳定性理论给出了非线性这类复杂系统稳定性的研究结论，对于线性系统当然也是适合的，故属于一般的稳定性理论，这些定理的主要特征是，通过构造适当的李雅普诺夫函数，就可以得出关于平衡点稳定状态的结论，它不必去求解系统的微分方程。但是，这些定理仅仅给了稳定性判别的充分条件，当对于某一特定的李雅普诺夫初选函数 V，及其导数不能满足要求时，就不能得到关于稳定性的任何结论，这时，就不得不选择另外的一个李雅普诺夫初选函数重新开始，也许要重复多次。况且，在非线性系统中，目前还没有一个系统的方法可供利用来选取李雅普诺夫函数，这便严重限制了李雅普诺夫理论更广泛的应用。

对于线性系统，运动以上的概念和定理能够导出一些常用的稳定性判据，下面将分别介绍。

第三节　线性系统的稳定性判据

一、线性定常系统的特征值判据

考虑如下的线性定常系统

$$\dot{\boldsymbol{x}}=\boldsymbol{A}\boldsymbol{x},\quad \boldsymbol{x}(0)=\boldsymbol{x}_0,\quad t\geqslant 0 \tag{4-88}$$

易知，$\boldsymbol{x}_0=0$ 为一个平衡状态，对于系统(4－88)，在原平衡点的稳定性由矩阵 $\boldsymbol{A}$ 的性质决定。

定理 4－15　对于线性定常系统(4－88)有：

(1)系统的每一个平衡状态在李雅普诺夫意义下时稳定的充分必要条件为，$\boldsymbol{A}$ 的所有特征值具有非正的实部，且具有零实部的特征值为 $\boldsymbol{A}$ 的最小多项式的单根。

(2)系统的唯一平衡状态 $\boldsymbol{x}_0=0$ 是渐进稳定的充分必要条件为，$\boldsymbol{A}$ 的任一特征值都具有负实部。

证明　首先证明当系统(4－88)的转移矩阵 $\boldsymbol{\Phi}(t,t_0)=\boldsymbol{\Phi}(t)=\mathrm{e}^{\boldsymbol{A}t}$ 为有界时，系统的平衡状态在李雅普诺夫意义下是稳定的。

若 $\boldsymbol{\Phi}(t)$有界，则存在实数 k 满足

$$\|\mathrm{e}^{\boldsymbol{A}t}\|\leqslant k\leqslant\infty,\quad \forall t\in[0\quad\infty] \tag{4-89}$$

由于 $\boldsymbol{x}_e$ 为系统的平衡状态，所以 $\boldsymbol{x}_e=\boldsymbol{0}$，$\boldsymbol{A}\boldsymbol{x}_e=\boldsymbol{0}$，考虑到平衡态为起始状态解仍为平衡态，有

$$\boldsymbol{x}_e=\mathrm{e}^{\boldsymbol{A}t}\boldsymbol{x}_e \tag{4-90}$$

因而

$$\boldsymbol{x}(t)-\boldsymbol{x}_e=\mathrm{e}^{\boldsymbol{A}t}\boldsymbol{x}_0-\boldsymbol{x}_e=\mathrm{e}^{\boldsymbol{A}t}(\boldsymbol{x}_0-\boldsymbol{x}_e) \tag{4-91}$$

对于任意的给定的实数 $e>0$，选取 $\delta(e)=\varepsilon/k$，则对于满足不等式

$$\|\boldsymbol{x}_0-\boldsymbol{x}_e\|\leqslant\delta(e) \tag{4-92}$$

的任一初始状态出发的系统解满足

$$\| \boldsymbol{x}(t)-\boldsymbol{x}_e \| \leqslant \| \mathrm{e}^{\boldsymbol{A}t} \| \cdot \| \boldsymbol{x}_0-\boldsymbol{x}_e \| \leqslant k \cdot \frac{e}{k}=e \qquad \forall t \geqslant 0 \tag{4-93}$$

这表明每一个平衡点在 t_0 时刻是李雅普诺夫意义下稳定的。

再来证明系统的状态转移矩阵 $\mathrm{e}^{\boldsymbol{A}t}$ 的有界性与矩阵 $\boldsymbol{A}$ 的特征值之间的关系。

系统矩阵 $\boldsymbol{A}$ 在非奇异变换下可以化为约当规范型，设非奇异变化矩阵为 $\boldsymbol{Q}$，则

$$\boldsymbol{J}=\boldsymbol{Q}^{-1}\boldsymbol{A}\boldsymbol{Q} \tag{4-94}$$

$\boldsymbol{J}$ 为约当规范型，这时状态转移矩阵满足

$$\mathrm{e}^{\boldsymbol{A}t}=\boldsymbol{Q}^{-1}\boldsymbol{A}\boldsymbol{Q}\ ,\ \| \mathrm{e}^{\boldsymbol{A}t} \| \ \leqslant \boldsymbol{Q}^{-1} \| \cdot \| \mathrm{e}^{\boldsymbol{A}t} \cdot \| \boldsymbol{Q} \| \tag{4-95}$$

故 $\mathrm{e}^{\boldsymbol{A}t}$ 的有界性与 $\mathrm{e}^{\boldsymbol{J}t}$ 的有界性是等价的，而 $\mathrm{e}^{\boldsymbol{J}t}$ 通常可以表示为

$$\mathrm{e}^{\boldsymbol{J}t}=\sum_{i=1}^{r}\sum_{j=1}^{m_i} t^{j-1}\mathrm{e}^{\lambda_i t}P_{ij}(\boldsymbol{J}) \tag{4-96}$$

式中：r 为 $\boldsymbol{J}$ 的相异特征值；m_i 为 $\boldsymbol{J}$ 的最小多项式的零点 λ_i 的重数；P_{ij} 为插值多项式矩阵。一般情况下，$\lambda_i=\alpha_i+j\beta_i$。显然，当 $\alpha_i<0$ 时，$\mathrm{e}^{\boldsymbol{J}t}$ 为有界的。若对某个 λ_i，$\alpha_i=0$，则由于其仅仅为单零点，$m_i=1$，这时 $t^{j-1}\mathrm{e}^{\lambda_i t}$ 为 $\mathrm{e}^{j\beta it}$ 的形式，仍是有界函数。关于 $\alpha_i=0$ 的 λ_i 为单零点的要求，可以通过一个简单的例子加以说明。

设

$$\boldsymbol{A}_1=\begin{bmatrix}-1 & 0 & 0\\ 0 & 0 & 0\\ 0 & 0 & 0\end{bmatrix},\qquad \boldsymbol{A}_2=\begin{bmatrix}-1 & 0 & 0\\ 0 & 0 & 1\\ 0 & 0 & 0\end{bmatrix} \tag{4-97}$$

$\boldsymbol{A}_1$ 的特征多项式为 $\det(\lambda\boldsymbol{I}-\boldsymbol{A}_1)=\lambda(\lambda+1)$，$\boldsymbol{A}_1$ 的最小多项式为 $\lambda(\lambda+1)$，故 $\lambda=0$ 为最小多项式的单根，这时 $\mathrm{e}^{\boldsymbol{A}_1 t}=\begin{bmatrix}e^{-t} & 0 & 0\\ 0 & 1 & 0\\ 0 & 0 & 1\end{bmatrix}$ 显然为有界的。

$\boldsymbol{A}_2$ 的特征多项式为 $\det(\lambda\boldsymbol{I}-\boldsymbol{A}_2)=\lambda^2(\lambda+1)$，$\boldsymbol{A}_2$ 的最小多项式为 $\lambda^2(\lambda+1)$，故 $\lambda=0$ 为最小多项式的重根，而不是单根，这时

$$\mathrm{e}^{\boldsymbol{A}_2 t}=\begin{bmatrix}\mathrm{e}^{-t} & 0 & 0\\ 0 & 1 & t\\ 0 & 0 & 1\end{bmatrix} \tag{4-98}$$

显然当 $t\to\infty$，$\| \mathrm{e}^{\boldsymbol{A}_2 t} \| \to\infty$ 是无界的。

由上面的讨论得知，满足定理 4-4 的条件(1)时，$\mathrm{e}^{\boldsymbol{A}t}$ 为有界的函数，从而平衡点总是李雅普诺夫意义下稳定的。

下面证明定理 4-15 的结论(2)。

满足定理 4-15 的条件(2)时，$\mathrm{e}^{\boldsymbol{A}t}$ 必为有界，又因为 $\boldsymbol{A}$ 的任一个特征值 λ_i，$\lambda_i=\alpha_i+\mathrm{j}\beta_i$，$\alpha_i<0$，故有

$$\| \mathrm{e}^{\boldsymbol{A}t} \| \to 0,\qquad t\to 0 \tag{4-99}$$

显然 $\quad \| \boldsymbol{x}(t)-\boldsymbol{x}_e \| \leqslant \| \mathrm{e}^{\boldsymbol{A}t} \| \cdot \| \boldsymbol{x}_0 \| \to 0, t\to\infty$

所以，系统的平衡点为渐近稳定的。

当某一个特征值 $\lambda_i=\alpha_i+j\beta_i$ 中 $\alpha_i=0$ 时，只能保证 e^{At} 为有界的，而不能保证 $\| e^{A_2 t} \| \to 0$，这也就是说，e^{At} 中至少有一个分量不满足渐近性，故 **A** 的任一特征值必须满足

$$R_e\lambda_i<0 \tag{4-100}$$

从而定理 4-15 的结论(2)得到证明，定理证毕。

定理 4-15 表明，对于线性定常系统来讲，系统平衡点的稳定性状况取决于系统矩阵 **A** 的特征值的状况，当然，也完全可以用不同的方法来处理这一问题，这也是李雅普诺夫方法。

二、线性定常系统的李雅普诺夫方程判据

定理 4-16　线性定常系统(4-88)的平衡状态是渐近稳定的充分必要条件为，对于任意的给定的正定对称矩阵 $\boldsymbol{Q}$，存在一个正定对称的矩阵 $\boldsymbol{P}$ 满足如下的李雅普诺夫方程：

$$\boldsymbol{A}^{\mathrm{T}}\boldsymbol{P}+\boldsymbol{P}\boldsymbol{A}=-\boldsymbol{Q} \tag{4-101}$$

且 $\boldsymbol{P}$ 为唯一的。

证明：先证明充分性。设 $\boldsymbol{P}$ 为正定的矩阵，取李雅普诺夫候选函数为

$$V(\boldsymbol{x})=\boldsymbol{x}^{\mathrm{T}}\boldsymbol{P}\boldsymbol{x} \tag{4-102}$$

求 $V(\boldsymbol{x})$的导数。

$$\dot{V}(\boldsymbol{x})=\dot{\boldsymbol{x}}^{\mathrm{T}}\boldsymbol{P}\boldsymbol{x}+\boldsymbol{x}^{\mathrm{T}}\boldsymbol{P}\dot{\boldsymbol{x}}=\boldsymbol{x}^{\mathrm{T}}(\boldsymbol{A}^{\mathrm{T}}\boldsymbol{P}+\boldsymbol{P}\boldsymbol{A})\boldsymbol{x}=-\boldsymbol{x}^{\mathrm{T}}\boldsymbol{Q}\boldsymbol{x} \tag{4-103}$$

由于 $\boldsymbol{Q}$ 为正定的矩阵，$\dot{V}(\boldsymbol{x})$为负定的。由李雅普诺夫渐近稳定性定理可知，平衡状态为渐近稳定的。

再证明必要性。设平衡状态为渐近稳定的。则有 $\boldsymbol{x}(t)\to\boldsymbol{0}$，当 $t\to\infty$时，对于任意的初始状态 $\boldsymbol{x}(t_0)\neq\boldsymbol{0}$ 成立。考虑如下的积分：

$$-V[\boldsymbol{x}(t)]+V[\boldsymbol{x}(t_0)]=-\int_{t_0}^{t}\dot{V}(\boldsymbol{x})\mathrm{d}t=\int_{t_0}^{t}\boldsymbol{x}^{\mathrm{T}}\boldsymbol{Q}\boldsymbol{x}\,\mathrm{d}t \tag{4-104}$$

由于 $\boldsymbol{Q}$ 为正定矩阵，$\boldsymbol{x}^{\mathrm{T}}\boldsymbol{Q}\boldsymbol{x}>0$，故

$$V[\boldsymbol{x}(t_0)]-V[\boldsymbol{x}(t)]=\int_{t_0}^{t}\boldsymbol{x}^{\mathrm{T}}\boldsymbol{Q}\boldsymbol{x}\,\mathrm{d}t>0,\quad \boldsymbol{x}(t_0)\neq\boldsymbol{0} \tag{4-105}$$

考虑到 $V[\boldsymbol{x}(t)]=\boldsymbol{x}^{\mathrm{T}}(t)\boldsymbol{P}\boldsymbol{x}(t)$，则

$$\boldsymbol{x}^{\mathrm{T}}(t_0)\boldsymbol{P}\boldsymbol{x}(t_0)-\boldsymbol{x}^{\mathrm{T}}(t)\boldsymbol{P}\boldsymbol{x}(t)=\int_{t0}^{t}\boldsymbol{x}^{\mathrm{T}}\boldsymbol{Q}\boldsymbol{x}\,\mathrm{d}t>0 \tag{4-106}$$

式(4-106)取极限并结合 $\boldsymbol{x}(t)\to 0$，当 $t\to\infty$ 时的条件，所以

$$\boldsymbol{x}^{\mathrm{T}}(t_0)\boldsymbol{P}\boldsymbol{x}(t_0)=\int_{t_0}^{t}\boldsymbol{x}^{\mathrm{T}}\boldsymbol{Q}\boldsymbol{x}\,\mathrm{d}t>0,\quad \boldsymbol{x}(t_0)\neq\boldsymbol{0} \tag{4-107}$$

由式(4-107)知道 $\boldsymbol{P}$ 为正定矩阵。

现在证明 $\boldsymbol{P}$ 满足李雅普诺夫方程。由状态方程的解的表达式，对系统(4-88)

$$\boldsymbol{x}(t)=e^{\boldsymbol{A}(t-t_0)}\boldsymbol{x}(t_0)=e^{\boldsymbol{A}t}\boldsymbol{x}(0) \tag{4-108}$$

将式(4-108)代入式(4-107)，则

$$\boldsymbol{x}^{\mathrm{T}}(0)\boldsymbol{P}\boldsymbol{x}(0)=\int_{0}^{\infty}\boldsymbol{x}^{\mathrm{T}}(0)e^{\boldsymbol{A}^{T}t}\boldsymbol{Q}e^{\boldsymbol{A}t}\boldsymbol{x}(0)\mathrm{d}t=\boldsymbol{x}^{\mathrm{T}}(0)\int_{0}^{\infty}e^{\boldsymbol{A}^{\mathrm{T}}t}\boldsymbol{Q}e^{At}\,\mathrm{d}t\boldsymbol{x}(0) \tag{4-109}$$

由于 $\boldsymbol{x}(0)\neq\boldsymbol{0}$，故知 $\boldsymbol{P}$ 满足：

$$\boldsymbol{P}=\int_{0}^{\infty}e^{\boldsymbol{A}^{T}t}\boldsymbol{Q}e^{\boldsymbol{A}t}\mathrm{d}t \tag{4-110}$$

容易验证 $\boldsymbol{P}^{\mathrm{T}}=\int_0^{\infty} \mathrm{e}^{\boldsymbol{A}^{\mathrm{T}}t}\boldsymbol{Q}\mathrm{e}^{\boldsymbol{A}t}\,\mathrm{d}t=\boldsymbol{P}$,故 $\boldsymbol{P}$ 为对称矩阵。

设 $\boldsymbol{P}_1$ 和 $\boldsymbol{P}_2$ 都是式(4-101)的解,则

$$\boldsymbol{A}^{\mathrm{T}}\boldsymbol{P}_1+\boldsymbol{P}_1\boldsymbol{A}=-\boldsymbol{Q}=\boldsymbol{A}^{\mathrm{T}}\boldsymbol{P}_2+\boldsymbol{P}_2\boldsymbol{A} \tag{4-111}$$

有

$$\boldsymbol{A}^{\mathrm{T}}(\boldsymbol{P}_1-\boldsymbol{P}_2)+(\boldsymbol{P}_1-\boldsymbol{P}_2)\boldsymbol{A}=\boldsymbol{0} \tag{4-112}$$

上式左乘 $\mathrm{e}^{\boldsymbol{A}^{\mathrm{T}}t}$,右乘 $\mathrm{e}^{\boldsymbol{A}t}$,并利用矩阵指数求导公式,于是又有

$$\frac{\mathrm{d}}{\mathrm{d}t}\left[\mathrm{e}^{\boldsymbol{A}^{\mathrm{T}}t}(\boldsymbol{P}_1-\boldsymbol{P}_2)\mathrm{e}^{\boldsymbol{A}t}\right]=\boldsymbol{0} \tag{4-113}$$

该式说明,$\mathrm{e}^{\boldsymbol{A}^{\mathrm{T}}t}(\boldsymbol{P}_1-\boldsymbol{P}_2)\mathrm{e}^{\boldsymbol{A}t}$ 是常数矩阵,与 t 无关。显见 $\mathrm{e}^{\boldsymbol{A}^{\mathrm{T}}t}(\boldsymbol{P}_1-\boldsymbol{P}_2)\mathrm{e}^{\boldsymbol{A}t}\big|_{t=0}=\boldsymbol{P}_1-\boldsymbol{P}_2$;又由于渐近稳定性质,$e^{\boldsymbol{A}^{\mathrm{T}}t}(\boldsymbol{P}_1-\boldsymbol{P}_2)\mathrm{e}^{\boldsymbol{A}t}=\boldsymbol{0}$,故 $\boldsymbol{P}_1=\boldsymbol{P}_2$。

这表明 P 是唯一的,至此,完成了定理的证明。

关于定理 4-16,必须说明以下几点:第一,在采用上述判据时,要求 $\boldsymbol{Q}$ 为对称正定矩阵,显然 $\boldsymbol{Q}$ 的选择是一类矩阵,但是,对于系统稳定性所做的结论于 $\boldsymbol{Q}$ 的选择却是无关的。第二,定理 4-16 也是矩阵 $\boldsymbol{A}$ 的所有特征值具有负实部的充分必要条件。第三,通常 $\boldsymbol{Q}$ 阵可以选择作为单位阵,这并不影响结论的正确性。

三、线性时变系统的稳定性判据

考虑如下的线性时变系统:

$$\dot{\boldsymbol{x}}=\boldsymbol{A}(t)\boldsymbol{x} \qquad \boldsymbol{x}(t_0)=\boldsymbol{x}_0, \qquad t\geqslant t_0 \tag{4-114}$$

不失一般性的假定,系统的平衡状态为 $\boldsymbol{x}_e=\boldsymbol{0}$,线性时变系统的稳定性可以根据其状态转移矩阵来确定,也可以采用李雅普诺夫方程判定。

定理 4-17 对于线性时变系统(4-114),设系统的状态转移矩阵为 $\boldsymbol{\Phi}(t,t_0)$,则

(1)系统的平衡状态在 K_2 时刻是李雅普诺夫意义下稳定的,当且仅当存在依赖于 t_0 的常数 $m(t_0)$使得

$$\|\boldsymbol{\Phi}(t,t_0)\|\leqslant m(t_0)<\infty, \quad \forall t\geqslant t_0 \tag{4-115}$$

(2)系统的唯一平衡状态 $x_e=0$ 在 K_2 时刻是渐近稳定的,当且仅当

$$\|\boldsymbol{\Phi}(t,t_0)\|\leqslant m(t_0)<\infty, \qquad \forall t\geqslant t_0 \tag{4-116}$$

且

$$\lim_{t\to\infty}\|\boldsymbol{\Phi}(t,t_0)\|=\boldsymbol{0} \tag{4-117}$$

(3)系统的唯一平衡点 $\boldsymbol{x}_e=\boldsymbol{0}$ 在区间[0,∞)上是一致渐近稳定的,当且仅当存在正值常数 m 及 λ,使得

$$\|\boldsymbol{\Phi}(t,t_0)\|\leqslant m\mathrm{e}^{-\lambda(t-t_0)}, \quad \forall t\geqslant t_0, \forall t_0 \tag{4-118}$$

满足这一条件时,称系统是指数稳定的。

定理 4-18 对于线性时变系统(4-114),设 $\boldsymbol{x}_e=\boldsymbol{0}$ 为其唯一的平衡点,$\boldsymbol{A}(t)$的各元为分段连续有界函数。系统的平衡点为一致渐近稳定的充分必要条件为:对于任意给定的实对称、一致正定的时变矩阵 $\boldsymbol{Q}(t)$,即存在正实数 $\beta_1>0,\beta_2>0,\beta_2>\beta_1$ 有

$$0<\beta_1 I\leqslant\boldsymbol{Q}(t)\leqslant\beta_2\boldsymbol{I}, \qquad \forall t\geqslant t_0 \tag{4-119}$$

下述李雅普诺夫方程

$$-\dot{\boldsymbol{P}}(t)=\boldsymbol{P}(t)+\boldsymbol{A}^{\mathrm{T}}(t)\boldsymbol{P}(t)+\boldsymbol{Q}(t),\qquad \forall t\geqslant t_0 \tag{4-120}$$

有唯一实对称，一致有界，一致正定的解矩阵 $\boldsymbol{P}(t)$，即存在正实数 $a_1>0$，$a_2>0$，$a_2>a_1$ 且

$$0<a_1\boldsymbol{I}\leqslant\boldsymbol{P}(t)\leqslant a_2\boldsymbol{I},\ \forall t\geqslant t_0 \tag{4-121}$$

证明略。对线性时变系统而言，要用状态转移矩阵判断其稳定性存在许多困难。因此，定理在很大程度上只是具有理论上的意义，在实际中是很难运用的。

第四节　非线性系统的稳定性判据

在非线性系统的稳定性分析中，人们往往希望找到这样的方法，即把一个复杂的非线性系统用一个相对简单的线性系统来近似，并通过对这个线性系统的稳定性的研究，来判定原来非线性系统的稳定性，进而进行能够系统的设计和综合。

问题在于是否所有非线性系统都可以简单地把非线性项忽略掉，或者任意把它“线性化”呢？回答是否定的。能够进行线性化的非线性系统只是那些弱非线性系统，但实际工程中仍会遇到这类系统。下面将线性化研究限定在定常系统。

一、非线性系统的线性化

首先从研究非线性系统围绕平衡点进行线性化的概念着手。设有一个非线性定常系统为

$$\dot{\boldsymbol{x}}=\boldsymbol{f}(\boldsymbol{x}) \tag{4-122}$$

假设 $\boldsymbol{f}(\boldsymbol{0})=\boldsymbol{0}$，状态空间的原点是系统(4－122)的一个平衡点。将方程式(4－122)在平衡状态按泰勒(Toylor)级数展开得

$$\boldsymbol{f}(\boldsymbol{x})=\left[\frac{\partial \boldsymbol{f}}{\partial \boldsymbol{x}}\right]_{x=0}\boldsymbol{x}+\boldsymbol{\psi}(\boldsymbol{x}) \tag{4-123}$$

定义 $\boldsymbol{A}=\left[\frac{\partial \boldsymbol{f}}{\partial \boldsymbol{x}}\right]_{x=0}$ 为 $\boldsymbol{f}$ 的雅可比矩阵。$\psi(x)$为级数的高次项之和，则系统(4－122)可写成

$$\dot{\boldsymbol{x}}=\boldsymbol{A}\boldsymbol{x}+\boldsymbol{\psi}(\boldsymbol{x}) \tag{4-124}$$

设高次项 $\boldsymbol{\psi}(x)$满足

$$\lim_{\|x\|\to 0}\frac{\|\boldsymbol{\psi}(\boldsymbol{x})\|}{\|\boldsymbol{x}\|}\to 0 \tag{4-125}$$

可用下列线性化方程来近似原来非线性系统方程式(4－122)

$$\dot{\boldsymbol{z}}=\boldsymbol{A}\boldsymbol{z}(t) \tag{4-126}$$

现在分析线性化方程式(4－126)的稳定性与原来非线性系统(4－122)的稳定性之间的关系。

二、非线性系统的稳定性判据

定理 4－19　对于非线性系统(4－122)，假设 $\boldsymbol{f}(\boldsymbol{0})=\boldsymbol{0}$，即 $\boldsymbol{x}_e=\boldsymbol{0}$，且 $\boldsymbol{f}$ 连续可微，如果

$$\lim_{\|x\|\to 0}\frac{\|\boldsymbol{\psi}\boldsymbol{x}\|}{\|(\boldsymbol{x})\|}\to 0 \tag{4-127}$$

且 $\boldsymbol{A}$ 的所有特征值都具有负实部，没有零特征值，则线性化系统

$$\dot{z}=Az(t) \tag{4-128}$$

的平衡点 **0** 的稳定性就指示出原来非线性系统(4-122)的稳定性。

证明 选择李雅普诺夫函数

$$V(x)=x^{T}Px \tag{4-129}$$

其中 P 满足李雅普诺夫方程 $A^{T}P+PA=-I$。由于 A 是稳定矩阵，所以李雅普诺夫方程有唯一正定解矩阵 P。$V(x)$沿式(4-124)的导数满足

$$\begin{aligned}\dot{V}(x)&=\dot{x}^{T}Px+x^{T}P\dot{x}=x^{T}(A^{T}P+PA)x+2\psi^{T}(x)Px=\\&-x^{T}x+2\psi^{T}(x)Px=-x^{T}x\left(1-\frac{2\psi^{T}(x)Px}{x^{T}x}\right)\end{aligned} \tag{4-130}$$

当 $\|x\|$ 足够小时，根据 $\lim\limits_{\|x\|\to 0}\dfrac{\|\psi(x)\|}{\|x\|}\to 0$ 的假设，一定能使 $\left(1-\dfrac{2\psi^{T}(x)Px}{x^{T}x}\right)>0$，这样

$$\dot{V}(x)<0 \tag{4-131}$$

因此可以知道非线性系统(4-124)是渐近稳定的，也就是原非线性系统(4-122)是渐近稳定的。注意到满足所述条件的非线性系统就是线性化系统(4-126)。通过考察一个线性化系统来得出关于给定的非线性系统平衡点的稳定性状况，其优越性不言自明，但这些结论仍有如下一些限制。

(1)基于小扰动线性化所得到的结论本质上是一种局部稳定性，为了研究全局稳定性，仍然必须借助于李雅普诺夫直接法。

(2)对于非线性系统，如果 A 的某些特征值具有零实部，而其余特征值具有负实部，则用线性化方法得不到关于稳定性的结论。因为在这种情况下，平衡状态 **0** 的稳定性状况还取决于高阶项，仍需应用李雅普诺夫直接法。

第五节　离散系统的稳定性判据

前面讨论了连续时间系统的运动稳定性问题。关于离散时间系统的稳定性这里仅给出一些基本的结论。

一、离散系统的非线性系统的稳定性

考虑如下的定常离散系统：

$$x(k+1)=f[x(k)]\quad k=0,1,\cdots \tag{4-132}$$

设 $f(0)=0$，即 $x_e=0$ 为系统的平衡状态。

定理 4-20 离散系统(4-132)，如果存在一个标量函数 $V(x(k))$，对任意的 $x(k)$满足：

(1) $V(x(k))$为正定函数；

(2)令 $\Delta V(x(k))=V(x(k+1))-V(x(k))$，$\Delta V(x(k))$为负定。

(3)当$||x(k)||\to\infty$时，$V(x(k))\to\infty$。

则系统的平衡状态 $x_e=0$ 时大范围渐近稳定的。

定理 4-20 的条件(2)较为苛刻。对 $\Delta V(x(k))$的要求可以放宽。

定理 4-21 离散系统(4-132)，如果存在一个标量函数 $V(x(k))$对任意的 $x(k)$满足：

(1)$V(x(k))$是正定的；

(2)$\Delta V(\boldsymbol{x}(k))$是负半定函数,但对任意初始状态 $\boldsymbol{x}(0)\neq\boldsymbol{0}$ 出发的解轨迹 $\boldsymbol{x}(k)$,$\Delta V(\boldsymbol{x}(k))$ 不恒为零;

(3)当 $\|\boldsymbol{x}(k)\|\to\infty$ 时,$V(\boldsymbol{x}(k))\to\infty$。

则系统的平衡状态 $\boldsymbol{x}_e=\boldsymbol{0}$ 是大范围渐近稳定的。

二、离散系统的线性系统的稳定性

设有如下形式的线性定常离散系统:

$$\boldsymbol{x}(k+1)=\boldsymbol{G}\boldsymbol{x}(k),\quad \boldsymbol{x}(0)=\boldsymbol{x}_0,\quad k=0,1,2\cdots \tag{4-133}$$

平衡状态满足 $\boldsymbol{G}\boldsymbol{x}_e=\boldsymbol{0}$。显然,$\boldsymbol{x}_e=\boldsymbol{0}$ 为平衡状态,若 $\boldsymbol{G}$ 为奇异阵,则有非零的平衡状态存在。

定理 4-22　线性定常离散系统 (4-133),有:

(1)$\boldsymbol{G}$ 的全部特征值 $\lambda_i(\boldsymbol{G})(i=1,2,\cdots,n)$ 的幅值均小于或等于 1,幅值为 1 的特征值是 $\boldsymbol{G}$ 最小多项式的单根,则其平衡状态是李雅普诺夫意义下稳定的。

(2)若 $\boldsymbol{G}$ 的全部特征值 $\lambda_i(\boldsymbol{G})(i=1,2,\cdots,n)$ 的幅值均小于 1,则其唯一的平衡状态是渐近稳定的。

定理 4-23　线性定常离散系统(4-133),若对于任一给定的实对称正定矩阵 $\boldsymbol{Q}$,如下形式的离散李雅普诺夫方程:

$$\boldsymbol{G}^{\mathrm{T}}\boldsymbol{P}\boldsymbol{G}-\boldsymbol{P}=-\boldsymbol{Q} \tag{4-134}$$

有唯一正定对称解 $\boldsymbol{P}$,则系统的平衡状态在李雅普诺夫意义下是渐近稳定的。

关于上述定理的证明,这里省略。读者也可以自己去推证。

习　　题

4-1　沃尔泰拉(Volterra)捕食被猎物方程为

$$\begin{cases}\dot{x}_1=a_1x_1+b_1x_1x_2\\ \dot{x}_2=a_2x_1+b_2x_1x_2\end{cases}$$

(1)证明(0,0)是一个平衡点;

(2)证明(0,0)是一个孤立平衡点,当且仅当 a_1 和 a_2 都不为零。

4-2　设有二阶系统为

$$\begin{cases}\dot{x}_1=x_2\\ \dot{x}_2=-\sin x_1-x_2\end{cases}$$

(1)确定系统的平衡状态;

(2)求在各平衡点处的线性化方程,并判断是否为渐近稳定。

4-3　设有二阶非线性系统为:

$$\begin{cases}\dot{x}_1=x_2\\ \dot{x}_2=-x_1-x_1^2x_2\end{cases}$$

试问,该系统是否是大范围渐近稳定的。

4-4　设线性时变系统为

$$\dot{\boldsymbol{x}}=\begin{bmatrix}0 & 1\\ -\dfrac{1}{t+1} & -10\end{bmatrix}\boldsymbol{x},\quad t\geqslant 0$$

确定该系统的平衡点是否为大范围渐近稳定。$\left(\text{提示:取 } V(t,x)=\dfrac{1}{2}[x_1^2+(t+1)x_2^2]\right)$。

4-5　试确定下述系统的稳定性

$$\begin{cases}\dot{x}_1=x_2\\ \dot{x}_2=-cx_2-ax_1-bx_1^3\end{cases}$$

其中 a、b、c 均大于零。

4-6　对非线性自治系统 $\dot{\boldsymbol{x}}=\boldsymbol{f}(\boldsymbol{x})$,设 $\boldsymbol{f}(\boldsymbol{0})=\boldsymbol{0}$,$\boldsymbol{F}(\boldsymbol{x})$为系统的雅可比(Jacobi)矩阵

$$\boldsymbol{F}(x)\triangleq\frac{\partial\boldsymbol{f}(x)}{\partial\boldsymbol{x}}=\begin{bmatrix}\dfrac{\partial f_1(x)}{\partial x_1} & \cdots & \dfrac{\partial f_1(x)}{\partial x_n}\\ \vdots & & \vdots\\ \dfrac{\partial f_n(x)}{\partial x_1} & \cdots & \dfrac{\partial f_n(x)}{\partial x_n}\end{bmatrix}$$

试证明:若 $\boldsymbol{F}(x)+\boldsymbol{F}^{\mathrm{T}}(\boldsymbol{x})$为负定时,系统的平衡状态是大范围渐近稳定的。(提示:取李雅普诺夫初选函数为 $V(\boldsymbol{x})=\boldsymbol{f}^{\mathrm{T}}(\boldsymbol{x})\boldsymbol{f}(\boldsymbol{x})$)。该题说明了一种选取李雅普诺夫函数的方法。

4-7　利用习题 4-6 的结论,判断下述系统的稳定性:

$$\begin{cases}\dot{x}_1=-3x_1+x_2\\ \dot{x}_2=x_1-x_2-x_2^3\end{cases}$$

4-8　利用习题 4-6 的结论,判断下述系统的稳定性:

$$\begin{cases}\dot{x}_1=x_2-ax_1(x_1^2+x_2^2)\\ \dot{x}_2=-x_1-ax_2(x_1^2+x_2^2)\end{cases}\qquad a>0$$

4-9　考虑如下形式的单变量线性定常系统:

$$\begin{cases}\dot{\boldsymbol{x}}=\boldsymbol{A}\boldsymbol{x}+\boldsymbol{b}\boldsymbol{u},\ \boldsymbol{x}(0)=\boldsymbol{x}_0\\ \boldsymbol{y}=\boldsymbol{c}\boldsymbol{x}\end{cases}$$

设 $\boldsymbol{u}(t)\equiv\boldsymbol{0}$,$\boldsymbol{P}$ 满足如下的李雅普诺夫方程:

$$\boldsymbol{P}\boldsymbol{A}+\boldsymbol{A}^{\mathrm{T}}\boldsymbol{P}=-\boldsymbol{c}^{\mathrm{T}}\boldsymbol{c}$$

且 $\boldsymbol{P}$ 为正定矩阵。证明:

$$\int_0^{\infty}y^2(t)\,\mathrm{d}t=\boldsymbol{x}_0^{\mathrm{T}}\boldsymbol{P}\boldsymbol{x}_0$$

4-10　设线性定常、完全能控的系统为：

$$\dot{\boldsymbol{x}} = \boldsymbol{A}\boldsymbol{x} + \boldsymbol{B}\boldsymbol{u}$$

令 $\boldsymbol{u} = -\boldsymbol{B}^{\mathrm{T}}\boldsymbol{W}^{\mathrm{T}}(T)x$，$\boldsymbol{W}(T)$ 为

$$\boldsymbol{W}(T) = \int_0^T \mathrm{e}^{\boldsymbol{A}t}\boldsymbol{B}\boldsymbol{B}^{\mathrm{T}}\mathrm{e}^{\boldsymbol{A}^{\mathrm{T}}t}\mathrm{d}t \quad T > 0$$

试证明闭环系统是渐近稳定的。

4-11　给定离散时间系统为

$$\boldsymbol{x}(k+1) = \begin{bmatrix} 1 & 4 & 0 \\ -3 & -2 & -3 \\ 2 & 0 & 0 \end{bmatrix} \boldsymbol{x}(k)$$

试判定该系统的稳定性。

第五章　线性反馈系统的状态空间综合

已知受控系统结构参数及期望的系统运动形式或特征，确定施加于受控系统的控制规律与参数，称为综合。在系统以状态空间描述后，系统的状态含有系统的全部运动信息，若将控制信号设计为状态与参考信号的函数形成闭环控制，便可得到相当好的控制效果。无论在抗扰动或抗参数变动方面，反馈系统的性能都远优于非反馈系统。在本章中，将主要讨论在不同形式的性能指标下线性定常系统的反馈控制规律的综合方法，包括建立可综合的条件及建立控制规律及其算法。

综合问题中的性能指标可区分为非优化型性能指标和优化型性能指标两种类型，它们都规定着综合所得系统运动过程的期望性能。两者的差别是：非优化指标是一类不等式型的指标，即只要性能值达到或好于期望指标就算实现了综合的目标；优化型指标则是一类极值型指标，综合目的是要使性能指标在所有可能值中取极值。

本章讨论的非优化型指标，它们可能以一组期望的闭环系统极点作为性能指标，讨论极点配置问题。系统运动的状态也即其动态性能，主要是由系统的极点位置所决定的。把闭环极点组配置到所希望的位置上，实际上等价于使综合得到的系统的动态性能达到期望的要求。以渐近稳定作为性能指标，主要讨论各种反馈结构对系统稳定性的影响。以一个“多输入-多输出”系统实现“一个输入只控制相应的某个输出”作为性能指标，其相应的综合问题即为解耦控制问题。在状态反馈中，假定所有状态变量如输出量一样是可以得到的。实际上，这一假定通常是不成立的。因此，若要实现状态反馈，则必须根据可利用的信息来产生状态向量估值。这种建立近似状态向量的装置即为状态观测器。状态观测器理论的建立，拓宽了状态反馈综合方法的应用范围。

本章讨论的优化型指标，主要引入线性二次型性能指标和范数指标作为优化指标，基于最优控制理论的思想，来设计优化控制器的设计方法，主要包括线性二次型最优控制设计的基本原理及方法，以及 H_2 和 H_∞ 控制器设计方法。

此外，基于利用状态反馈和输出反馈的控制器设计，能有效地解决系统的极点配置问题，从而使系统的稳定性和响应品质得到保证。但是，控制器的设计是在假定受控对象模型参数已经确切知道的前提下进行的，实际运行中的系统，对象建模误差以及制造公差、环境变化、元件老化等原因，使对象参数可能处在较大范围的变化之中，通常这种参数不确定性对系统特性将会产生严重不利影响。对于伺服系统来说，还存在着干扰作用下，系统是否仍然能够以给定的精度跟踪参考指令信号问题。考虑干扰以及模型参数不确定性的系统综合问题，一直得到控制理论和工程界的关注。本章还将介绍基于内模原理控制器设计的基本原理、构造方法及其特性，并列举了一个工程算例，它是状态空间综合的进一步成果。

第一节　线性反馈系统的特性

一、线性反馈的结构

无论是在经典控制理论还是在现代控制理论中，反馈都是系统设计的主要方式。但由于经典控制理论是用传递函数来描述的，所以它只能以输出量作为反馈量。而现代控制理论由于是采用系统内部的状态变量来描述系统的物理特性，因而除了输出反馈外，还可采用状态反馈这种新的控制方式。

1. 状态反馈

设有 n 维线性定常系统

$$\dot{\boldsymbol{x}}=\boldsymbol{A}\boldsymbol{x}+\boldsymbol{B}\boldsymbol{u},\quad \boldsymbol{y}=\boldsymbol{C}\boldsymbol{x} \tag{5-1}$$

式中：$\boldsymbol{x}$，$\boldsymbol{u}$，$\boldsymbol{y}$ 分别为 n 维、p 维和 q 维向量；$\boldsymbol{A}$、$\boldsymbol{B}$、$\boldsymbol{C}$ 分别为 $n\times n$、$n\times p$、$q\times n$ 阶实矩阵。

由式(5－1)可画出该系统结构图，如图 5－1 所示。

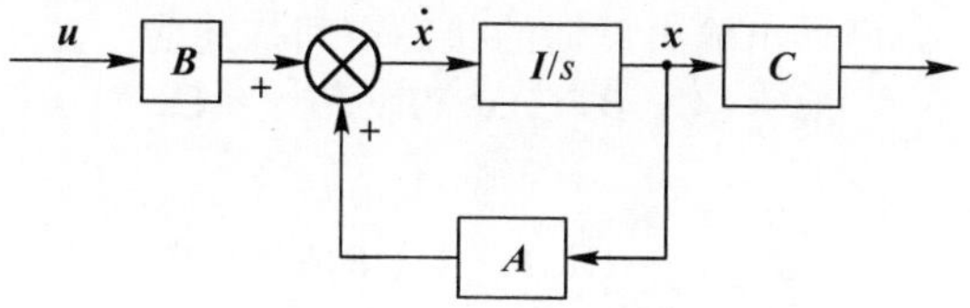

图 5－1　系统结构图

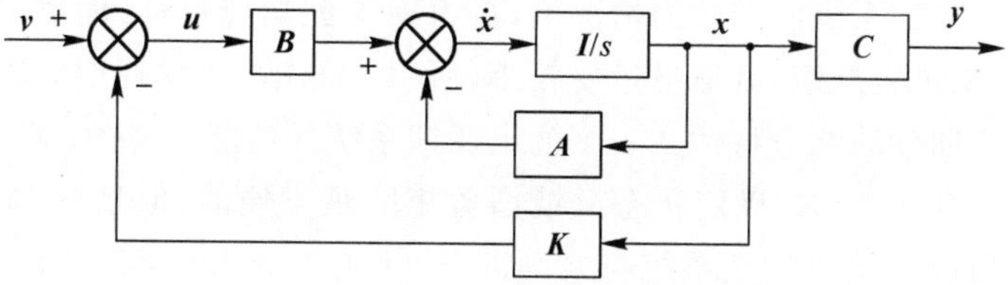

图 5－2　加入状态反馈后的结构图

在这里，研究形如 $\boldsymbol{u}=\boldsymbol{v}-\boldsymbol{K}\boldsymbol{x}$ 的线性状态反馈对原线性定常动态方程的影响。其中 $\boldsymbol{v}$ 为 p 维系统参考输入向量，$\boldsymbol{K}$ 是($p\times n$)反馈增益矩阵。按要求，$\boldsymbol{K}$ 应为实矩阵。在研究状态反馈时，默认了这样一个假定，即所有的状态变量都是可以用来反馈的。

因此，当将系统的控制量 $\boldsymbol{u}$ 取为状态变量 $\boldsymbol{x}$ 的线性函数

$$\boldsymbol{u}=\boldsymbol{v}-\boldsymbol{K}\boldsymbol{x} \tag{5-2}$$

时，称其为线性的直接状态反馈，简称状态反馈。由式(5－1)与式(5－2)可以得出加入状态反馈后系统结构图如图 5－2 所示，将式(5－2)代入式(5－1)可得状态反馈系统动态方程为

$$\dot{\boldsymbol{x}}=(\boldsymbol{A}-\boldsymbol{B}\boldsymbol{K})\boldsymbol{x}+\boldsymbol{B}\boldsymbol{v},\quad \boldsymbol{y}=\boldsymbol{c}\boldsymbol{x} \tag{5-3}$$

其传递函数矩阵可表示为

$$\boldsymbol{G}_k(s)=\boldsymbol{C}(s\boldsymbol{I}-\boldsymbol{A}+\boldsymbol{B}\boldsymbol{K})^{-1}\boldsymbol{B} \tag{5-4}$$

因此可用系统$\{(\boldsymbol{A}-\boldsymbol{B}\boldsymbol{K})\quad \boldsymbol{B}\quad \boldsymbol{C}\}$来表示引入状态反馈后的闭环系统。而从式(5－3)可以看出输出方程则没有变化。

2. 输出反馈

系统的状态常常不能全部测量到，状态反馈方法就有一定的工程限制，在此情况下，人们常常采用输出反馈方法。输出反馈的目的首先是使闭环成为稳定系统，然后在此基础上进一步改善闭环系统的性能。

当把线性定常系统的控制量 $\boldsymbol{u}$ 取为输出 $\boldsymbol{y}$ 的线性函数

$$\boldsymbol{u}=\boldsymbol{v}-\boldsymbol{F}\boldsymbol{y} \tag{5-5}$$

时，相应的称为线性非动态输出反馈，简称为输出反馈。

加入输出反馈后系统的结构图如图 5-3 所示。

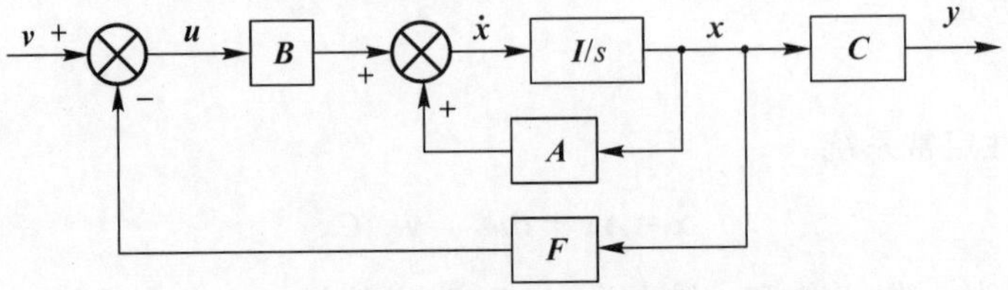

图 5-3　输出反馈系统

由式(5-1)和式(5-5)可导出输出反馈的状态空间描述为

$$\dot{\boldsymbol{x}}=(\boldsymbol{A}-\boldsymbol{BFC})\boldsymbol{x}+\boldsymbol{B}\boldsymbol{v},\quad \boldsymbol{y}=\boldsymbol{C}\boldsymbol{x} \tag{5-6}$$

其传递函数矩阵则为

$$\boldsymbol{G}_F(s)=\boldsymbol{C}(s\boldsymbol{I}-\boldsymbol{A}+\boldsymbol{BFC})^{-1}\boldsymbol{B} \tag{5-7}$$

不难看出，不管是状态反馈还是输出反馈，都可以改变状态的系数矩阵。但这并不是说，两者具有等同的性能。由于状态能完整地表征系统的动态行为，所以利用状态反馈时，其信息量大而完整，可在不增加系统的维数的情况下，自由地支配响应特性；而输出反馈仅利用了状态变量的线性组合来进行反馈，其信息量便较小，所引入的串、并联补偿装置将使系统维数增加，且难于得到任意期望的响应特性。一个输出反馈系统的性能，一定有对应的状态反馈系统与之等同，这时只需令 $\boldsymbol{FC}=\boldsymbol{K}$，确定状态反馈增益矩阵是方便的；但是，一个状态反馈系统的性能，却不一定有对应的输出反馈系统与之等同，这是由于令 $\boldsymbol{K}=\boldsymbol{FC}$ 来确定 $\boldsymbol{F}$ 的解时，或者形式上过于复杂而不易实现，或者 $\boldsymbol{F}$ 阵含有高阶导数项而不能实现，或对于非最小相位的受控对象，如含有右极点，而选择了右校正零点来加以对消时，便会潜藏有不稳定的隐患。不过，输出反馈所用的输出变量总是容易测得的，因而实现是方便的；而有些状态变量不便测量或不能测量，需要重构，给实现带来麻烦是需要克服的障碍。通过引入状态观测器，利用原系统的可测量变量 $\boldsymbol{y}$ 和 $\boldsymbol{u}$ 作为其输入以获得 $\boldsymbol{x}$ 的重构量 $\hat{\boldsymbol{x}}$，并以此来实现状态反馈，如图 5-4 所示。有关状态观测器和带有状态观测器的状态反馈系统的分析和综合问题，将在本章后面部分中研究。

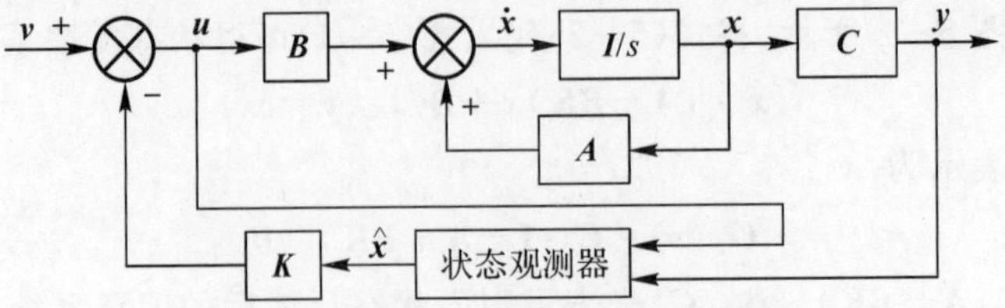

图 5-4　利用观测器来实现状态反馈

二、线性反馈对系统能控性和能观性的影响

由于反馈引入后，系统状态的系数矩阵有了变化，对系统的能控性、能观测性、系统的稳定性、系统的响应等都有影响。本节将研究反馈对能控性、能观测性、稳定性的影响及对闭环极点位置的影响问题。

对能控性与能观性的影响

对此，有如下两个结论。

结论 1　状态反馈的引入，不改变系统的能控性，但可能改变系统的能观测性。

证　设受控系统 Σ_0 的动态方程为

$$\dot{\boldsymbol{x}}=\boldsymbol{A}\boldsymbol{x}+\boldsymbol{B}\boldsymbol{u},\quad \boldsymbol{y}=\boldsymbol{C}\boldsymbol{x} \tag{5-8}$$

则由 Σ_0 状态反馈后的系统 Σ_k 的动态方程为

$$\dot{\boldsymbol{x}}=(\boldsymbol{A}-\boldsymbol{B}\boldsymbol{K})\boldsymbol{x}+\boldsymbol{B}\boldsymbol{v},\quad \boldsymbol{y}=\boldsymbol{C}\boldsymbol{x} \tag{5-9}$$

首先证明：状态反馈系统 Σ_k 为能控的充分必要条件是受控系统 Σ_0 为能控。

表示 Σ_0 和 Σ_k 的能控性判别阵分别为

$$\boldsymbol{Q}_c=[\boldsymbol{B}\quad \boldsymbol{A}\boldsymbol{B}\quad \cdots\quad \boldsymbol{A}^{n-1}\boldsymbol{B}] \tag{5-10}$$

和

$$\boldsymbol{Q}_{ck}=[\boldsymbol{B}\quad (\boldsymbol{A}-\boldsymbol{B}\boldsymbol{k})\boldsymbol{B}\quad \cdots\quad (\boldsymbol{A}-\boldsymbol{B}\boldsymbol{k})^{n-1}\boldsymbol{B}] \tag{5-11}$$

由于

$$\left.\begin{aligned}\boldsymbol{B}&=[\boldsymbol{b}_1\quad \boldsymbol{b}_2\quad \cdots\quad \boldsymbol{b}_p]\\ \boldsymbol{A}\boldsymbol{B}&=[\boldsymbol{A}\boldsymbol{b}_1\quad \boldsymbol{A}\boldsymbol{b}_2\quad \cdots\quad \boldsymbol{A}\boldsymbol{b}_p]\\ (\boldsymbol{A}-\boldsymbol{B}\boldsymbol{k})\boldsymbol{B}&=[(\boldsymbol{A}-\boldsymbol{B}\boldsymbol{k})\boldsymbol{b}_1\quad \cdots\quad (\boldsymbol{A}-\boldsymbol{B}\boldsymbol{k})\boldsymbol{b}_p]\end{aligned}\right\} \tag{5-12}$$

式中 $\boldsymbol{b}_i$ 为列向量。将 $\boldsymbol{K}$ 表为行向量组 $\{k_i\}$，即

$$\boldsymbol{k}=\begin{bmatrix}k_1\\ k_2\\ \vdots\\ k_p\end{bmatrix},\quad (\boldsymbol{A}-\boldsymbol{B}\boldsymbol{k})\boldsymbol{b}_i=\boldsymbol{A}\boldsymbol{b}_i-[\boldsymbol{b}_1\quad \boldsymbol{b}_2\quad \cdots\quad \boldsymbol{b}_p]\begin{bmatrix}\boldsymbol{k}_1\boldsymbol{b}_i\\ \boldsymbol{k}_2\boldsymbol{b}_i\\ \vdots\\ \boldsymbol{k}_p\boldsymbol{b}_i\end{bmatrix} \tag{5-13}$$

令式中 $c_{1i}=\boldsymbol{k}_1\boldsymbol{b}_i,\cdots,c_{pi}=\boldsymbol{k}_p\boldsymbol{b}_i,c_{ji}(j=1,2,\cdots,p)$ 均为标量，故

$$(\boldsymbol{A}-\boldsymbol{B}\boldsymbol{k})\boldsymbol{b}_i=\boldsymbol{A}\boldsymbol{b}_1-(c_{i1}\boldsymbol{b}_1+\cdots+c_{pi}\boldsymbol{b}_p) \tag{5-14}$$

该式表明 $(\boldsymbol{A}-\boldsymbol{B}\boldsymbol{k})\boldsymbol{B}$ 的列是 $\boldsymbol{B}$，$\boldsymbol{A}\boldsymbol{B}$ 的列的线性组合。同理有 $(\boldsymbol{A}-\boldsymbol{B}\boldsymbol{k})^2\boldsymbol{B}$ 的列是 $\boldsymbol{B}$，$\boldsymbol{A}\boldsymbol{B}$，$\boldsymbol{A}^2\boldsymbol{B}$ 的线性组合，如此等等。故 $\boldsymbol{Q}_{ck}$ 的每一列均可表为 $\boldsymbol{Q}_c$ 的列的线性组合，由此可得

$$\mathrm{rank}\boldsymbol{Q}_{ck}\leqslant\mathrm{rank}\boldsymbol{Q}_c \tag{5-15}$$

另一方面，Σ_0 又可以看成为 Σ_k 的状态反馈系统，即

$$\dot{\boldsymbol{x}}=\boldsymbol{A}\boldsymbol{x}+\boldsymbol{B}\boldsymbol{u}=[(\boldsymbol{A}-\boldsymbol{B}\boldsymbol{k})+\boldsymbol{B}\boldsymbol{k}]\boldsymbol{x}+\boldsymbol{B}\boldsymbol{u} \tag{5-16}$$

所以，同理可得下式

$$\mathrm{rank}\boldsymbol{Q}_c\leqslant\mathrm{rank}\boldsymbol{Q}_{ck} \tag{5-17}$$

由式(5-15)和式(5-17)可导出

$$\mathrm{rank}\boldsymbol{Q}_{ck}=\mathrm{rank}\boldsymbol{Q}_c \tag{5-18}$$

从而 Σ_{ck} 能控，当且仅当 Σ_c 能控。

再来证明状态反馈系统不一定能保持能观测性。对此只需举反例说明，设 Σ_0 为能观测的，但 Σ_k 不一定为能观测。如考察系统

$$\dot{x}=\begin{bmatrix}1 & 2\\0 & 3\end{bmatrix}x+\begin{bmatrix}0\\1\end{bmatrix}\boldsymbol{u},\ \boldsymbol{y}=[1\quad 1]\boldsymbol{x} \tag{5-19}$$

其能观测性判别阵

$$\boldsymbol{Q}_0=\begin{bmatrix}\boldsymbol{c}\\\boldsymbol{cA}\end{bmatrix}=\begin{bmatrix}1 & 1\\1 & 5\end{bmatrix} \tag{5-20}$$

满足 $\operatorname{rank}\boldsymbol{Q}_0=n=2$，故 Σ_0 为能观测。现引入状态反馈，取 $\boldsymbol{k}=[0\quad 4]$，则状态反馈系统为

$$\dot{\boldsymbol{x}}=(\boldsymbol{A}-\boldsymbol{bk})\boldsymbol{x}+\boldsymbol{Bv}=\begin{bmatrix}1 & 2\\0 & -1\end{bmatrix}\boldsymbol{x}+\begin{bmatrix}0\\1\end{bmatrix}\boldsymbol{v},\ \boldsymbol{y}=[1\quad 1]\boldsymbol{x} \tag{5-21}$$

其能观测性判别阵

$$\boldsymbol{Q}_{0k}=\begin{bmatrix}\boldsymbol{c}\\\boldsymbol{c}(\boldsymbol{A}-\boldsymbol{bk})\end{bmatrix}=\begin{bmatrix}1 & 1\\1 & 1\end{bmatrix} \tag{5-22}$$

显然有 $\operatorname{rank}\boldsymbol{Q}_{0k}=1<n=2$，故 Σ_k 为不完全能观测。而若取 $\boldsymbol{k}=[0\quad 5]$，则通过计算可知，$\Sigma_k$ 为能观测的。从而表明状态反馈可能改变系统的能观测性，这是由于人为地使配置极点和零点相对消造成的。

结论 2 输出反馈的引入能同时不改变系统的能控性和能观测性，即输出反馈系统 Σ_F 为能控(能观测)的充分必要条件是受控系统 Σ_0 为能控(能观测)。

证明 首先，由于对任一输出反馈系统都可找到一个等价的状态反馈系统 $\boldsymbol{K}=\boldsymbol{FC}$，而已知状态反馈可保持能控性，从而证明输出反馈的引入不改变系统的能控性。

其次，表示 Σ_0 和 Σ_F 的能观测判别阵分别为

$$\boldsymbol{Q}_0=\begin{bmatrix}\boldsymbol{C}\\\boldsymbol{CA}\\\cdots\\\boldsymbol{CA}^{n-1}\end{bmatrix},\boldsymbol{Q}_{oF}=\begin{bmatrix}\boldsymbol{C}\\\boldsymbol{C}(\boldsymbol{A}-\boldsymbol{BFC})\\\cdots\\\boldsymbol{C}(\boldsymbol{A}-\boldsymbol{BFC})^{n-1}\end{bmatrix} \tag{5-23}$$

由于

$$\boldsymbol{C}=\begin{bmatrix}c_1\\\vdots\\c_q\end{bmatrix},\quad \boldsymbol{CA}=\begin{bmatrix}c_1\boldsymbol{A}\\\vdots\\c_q\boldsymbol{A}\end{bmatrix},\quad \boldsymbol{C}(\boldsymbol{A}-\boldsymbol{BFC})=\begin{bmatrix}\boldsymbol{c}_1(\boldsymbol{A}-\boldsymbol{BFC})\\\vdots\\\boldsymbol{c}_q(\boldsymbol{A}-\boldsymbol{BFC})\end{bmatrix} \tag{5-24}$$

式中：$\boldsymbol{c}_i$ 为行向量。将 $\boldsymbol{F}$ 表示为列向量组 $\{\boldsymbol{f}_i\}$，即 $\boldsymbol{F}=[\boldsymbol{f}_1\quad\cdots\quad\boldsymbol{f}_q]$，则

$$\boldsymbol{c}_i(\boldsymbol{A}-\boldsymbol{BFC})=\boldsymbol{c}_i\boldsymbol{A}-\boldsymbol{c}_i\boldsymbol{B}(\boldsymbol{f}_1\boldsymbol{c}_1+\cdots+\boldsymbol{f}_q\boldsymbol{c}_q)=\boldsymbol{c}_i\boldsymbol{A}-[(\boldsymbol{c}_i\boldsymbol{B}\boldsymbol{f}_1)\boldsymbol{c}_1+\cdots+(\boldsymbol{c}_i\boldsymbol{B}\boldsymbol{f}_q)\boldsymbol{c}_q] \tag{5-25}$$

令式中 $\boldsymbol{c}_i\boldsymbol{B}\boldsymbol{f}_j=\alpha_j$，$j=1,2,\cdots,q$，$\alpha_j$ 为标量，该式表明 $\boldsymbol{C}(\boldsymbol{A}-\boldsymbol{BFC})$ 的行是 $[\boldsymbol{C}^{\mathrm{T}}\quad \boldsymbol{A}^{\mathrm{T}}\boldsymbol{C}^{\mathrm{T}}]^{\mathrm{T}}$ 的行的线性组合。同理有 $\boldsymbol{C}(\boldsymbol{A}-\boldsymbol{BFC})^2$ 的行是 $[\boldsymbol{C}^{\mathrm{T}}\quad \boldsymbol{A}^{\mathrm{T}}\boldsymbol{C}^{\mathrm{T}}\quad (\boldsymbol{A}^{\mathrm{T}})^2\boldsymbol{C}^{\mathrm{T}}]^{\mathrm{T}}$ 的行的线性组合，如此等等。故 $\boldsymbol{Q}_{oF}$ 的每一行均可表示为 $\boldsymbol{Q}_o$ 的行的线性组合，由此可得

$$\operatorname{rank}\boldsymbol{Q}_{oF}\leqslant\operatorname{rank}\boldsymbol{Q}_o \tag{5-26}$$

进而，可把 Σ_0 看成 Σ_F 的反馈系统，又有

$$\operatorname{rank}\boldsymbol{Q}_o\leqslant\operatorname{rank}\boldsymbol{Q}_{oF} \tag{5-27}$$

从而，由式(5-26)和式(5-27)即得

$$\text{rank}\boldsymbol{Q}_o=\text{rank}\boldsymbol{Q}_{oF} \tag{5-28}$$

这表明输出反馈可保持能观测性。证毕。

三、线性反馈对系统稳定性的影响

状态反馈和输出反馈都能影响系统的稳定性。加入反馈，使得通过反馈构成的闭环系统成为稳定系统，就称为镇定。鉴于状态反馈的优越性，这里只讨论状态反馈的镇定问题。对于线性定常受控系统

$$\dot{\boldsymbol{x}}=\boldsymbol{A}\boldsymbol{x}+\boldsymbol{B}\boldsymbol{u} \tag{5-29}$$

如果可以找到状态反馈控制律

$$\boldsymbol{u}=-\boldsymbol{K}\boldsymbol{x}+\boldsymbol{v} \tag{5-30}$$

$\boldsymbol{v}$ 为参考输入，使得通过反馈构成的闭环系统

$$\dot{\boldsymbol{x}}=(\boldsymbol{A}-\boldsymbol{B}\boldsymbol{K})\boldsymbol{x}+\boldsymbol{B}\boldsymbol{v} \tag{5-31}$$

是渐近稳定的，也即其特征值均具有负实部，则称系统实现了状态反馈镇定。在镇定问题中，综合的目标不是要使闭环系统的极点严格地配置到任意指定的一组位置上，而是使其配置于复数平面的左半开平面上，因此这类问题属于极点区域配置问题，是指定极点配置的一类特殊情况。利用这一点，可以很容易导出镇定问题的相应结论。

依据极点配置的基本定理可知，如果系统($\boldsymbol{A}$　$\boldsymbol{B}$)为能控，则必存在状态反馈增益矩阵$\boldsymbol{K}$，使得($\boldsymbol{A}-\boldsymbol{B}\boldsymbol{K}$)的全部特征值配置到任意指定的位置上。当然，这也包含了使 $\text{Re}\lambda_i(\boldsymbol{A}-\boldsymbol{B}\boldsymbol{K})<0$，$i=1,2,\cdots,n$)。因此，($\boldsymbol{A}$　$\boldsymbol{B}$)为能控是系统可由状态反馈实现镇定的充分条件。状态反馈镇定的充分必要条件由下述结论给出。

结论 3　线性定常系统是由状态反馈可镇定的，当且仅当其不能控部分是渐近稳定的。

证明　由($\boldsymbol{A}$　$\boldsymbol{B}$)为不完全能控，则必可对其引入线性非奇异变换而进行结构分解：

$$\bar{\boldsymbol{A}}=\boldsymbol{P}\boldsymbol{A}\boldsymbol{P}^{-1}=\begin{bmatrix}\bar{\boldsymbol{A}}_c & \bar{\boldsymbol{A}}_{12}\\ \boldsymbol{0} & \bar{\boldsymbol{A}}_{\bar{c}}\end{bmatrix},\ \bar{\boldsymbol{B}}=\boldsymbol{P}\boldsymbol{B}=\begin{bmatrix}\bar{\boldsymbol{B}}_c\\ \boldsymbol{0}\end{bmatrix} \tag{5-32}$$

并且对任意 $\boldsymbol{K}=[\bar{\boldsymbol{K}}_1\quad \bar{\boldsymbol{K}}_2]$可导出

$$\begin{aligned}&\det(s\boldsymbol{I}-\boldsymbol{A}+\boldsymbol{B}\boldsymbol{K})=\det(s\boldsymbol{I}-\bar{\boldsymbol{A}}+\bar{\boldsymbol{B}}\bar{\boldsymbol{K}})=\\ &\qquad\det\begin{bmatrix}s\boldsymbol{I}-\bar{\boldsymbol{A}}_c+\bar{\boldsymbol{B}}_c\bar{\boldsymbol{K}}_1 & -\bar{\boldsymbol{A}}_{12}+\bar{\boldsymbol{B}}_c\bar{\boldsymbol{K}}_2\\ \boldsymbol{0} & s\boldsymbol{I}-\bar{\boldsymbol{A}}_{\bar{c}}\end{bmatrix}=\\ &\qquad\det(s\boldsymbol{I}-\bar{\boldsymbol{A}}_c+\bar{\boldsymbol{B}}_c\bar{\boldsymbol{K}}_1)\det(s\boldsymbol{I}-\bar{\boldsymbol{A}}_{\bar{c}})\end{aligned} \tag{5-33}$$

但知($\bar{\boldsymbol{A}}_c$　$\bar{\boldsymbol{B}}_c$)为能控，故必存在$\bar{\boldsymbol{K}}_1$，使($\bar{\boldsymbol{A}}_c-\bar{\boldsymbol{B}}_c\bar{\boldsymbol{K}}_1$)的特征值具有负实部，而状态反馈对不能控子系统的极点毫无影响。从而即知，欲使($\boldsymbol{A}-\boldsymbol{B}\boldsymbol{K}$)的特征值均具有负实部，也就是上述系统由状态反馈可镇定的充分必要条件是：不能控部分$\bar{\boldsymbol{A}}_{\bar{c}}$ 的特征值均具有负实部。证毕。

在反馈形式确定以后，极点配置问题就是依据希望的指定极点位置来计算反馈增益矩阵的问题。对于状态反馈而言，单输入系统的、反馈增益是唯一的，而多输入系统的反馈增益阵不唯一；但无论是单输入或多输入系统，只要系统完全能控，则系统的极点可以实现任意配置。

关于状态反馈的极点配置问题将在下一节中详细介绍。

第二节　单输入-单输出系统的极点配置

由于一个系统的性能和它的极点位置密切相关，所以极点配置问题在系统设计中是很重要的。这里，需要解决两个问题：一个是建立极点可配置条件，也就是给出受控系统可以利用状态反馈而任意配置其闭环极点所应遵循的条件；另一个是确定满足极点配置要求的状态反馈增益矩阵 $\boldsymbol{K}$ 的算法。

一、系统的极点配置的条件

下面来给出利用状态反馈的极点可配置条件，应该说明的是，该条件既适于单输入-单输出系统，又适于多输入-多输出系统。

定理 5-1　设受控系统状态方程为

$$\dot{\boldsymbol{x}}=\boldsymbol{A}\boldsymbol{x}+\boldsymbol{B}\boldsymbol{u} \tag{5-34}$$

要通过状态反馈的方法，使闭环系统的极点位于预先规定的位置上，其充分必要条件是系统(5-34)完全能控。

证明　下面就单输入-多输出系统的情况证明本定理。这时式(5-34)中的 $\boldsymbol{B}$ 为一列，记为 $\boldsymbol{b}$。

先证充分性。考虑到一个单输入能控系统通过 $\boldsymbol{x}=\boldsymbol{P}^{-1}\bar{\boldsymbol{x}}$ 的坐标变换可换成能控规范型

$$\dot{\bar{\boldsymbol{x}}}=\bar{\boldsymbol{A}}\bar{\boldsymbol{x}}+\bar{\boldsymbol{b}}\boldsymbol{u},\ \boldsymbol{y}=\bar{\boldsymbol{C}}\bar{\boldsymbol{x}} \tag{5-35}$$

式中

$$\bar{\boldsymbol{A}}=\begin{bmatrix}0 & 1 & 0 & \cdots & 0\\ 0 & 0 & 1 & \cdots & 0\\ \vdots & \vdots & \vdots & \cdots & \vdots\\ 0 & 0 & 0 & \cdots & 1\\ -\alpha_0 & -\alpha_1 & -\alpha_2 & \cdots & -\alpha_{n-1}\end{bmatrix},\bar{\boldsymbol{b}}=\begin{bmatrix}0\\0\\ \vdots\\0\\1\end{bmatrix},\bar{\boldsymbol{C}}=\begin{bmatrix}\beta_{10} & \beta_{11} & \cdots & \beta_{1(n-1)}\\ \beta_{20} & \beta_{21} & \cdots & \beta_{2(n-1)}\\ \vdots & \vdots & & \vdots\\ \beta_{q0} & \beta_{q1} & \cdots & \beta_{q(n-1)}\end{bmatrix} \tag{5-36}$$

即

$$\bar{\boldsymbol{A}}=\boldsymbol{P}\boldsymbol{A}\boldsymbol{P}^{-1},\bar{\boldsymbol{b}}=\boldsymbol{P}\boldsymbol{b} \tag{5-37}$$

在单输入情况下，引入下述状态反馈

$$\boldsymbol{u}=\boldsymbol{v}-\boldsymbol{k}\boldsymbol{x}=\boldsymbol{v}-\boldsymbol{k}\boldsymbol{P}^{-1}\bar{\boldsymbol{x}}=\boldsymbol{v}-\bar{\boldsymbol{k}}\bar{\boldsymbol{x}} \tag{5-38}$$

其中 $\bar{\boldsymbol{k}}=\boldsymbol{k}\boldsymbol{P}^{-1}$，则引入状态反馈向量 $\bar{\boldsymbol{k}}=[\bar{k}_0\ \ \bar{k}_1\ \ \cdots\ \ \bar{k}_{n-1}]$ 后状态反馈构成的闭环系统状态阵为

$$\bar{\boldsymbol{A}}-\bar{\boldsymbol{b}}\,\bar{\boldsymbol{k}}=\begin{bmatrix}0 & 1 & 0 & \cdots & 0\\ 0 & 0 & 1 & \cdots & 0\\ \vdots & \vdots & \vdots & \cdots & \vdots\\ 0 & 0 & 0 & \cdots & 1\\ (-\boldsymbol{a}_0-\bar{k}_0) & (-\boldsymbol{a}_1-\bar{k}_1) & (-\boldsymbol{a}_2-\bar{k}_2) & \cdots & (-\boldsymbol{a}_{n-1}-\bar{k}_{n-1})\end{bmatrix} \tag{5-39}$$

对于式(5-39)这种特殊形式的矩阵,很容易写出其闭环特征方程

$$\det[s\boldsymbol{I}-(\bar{\boldsymbol{A}}-\bar{\boldsymbol{b}}\,\bar{\boldsymbol{k}})]=s^n+(\alpha_{n-1}+\bar{k}_{n-1})s^{n-1}+(\alpha_{n-2}+\bar{k}_{n-2})s^{n-2}+\cdots+(\alpha_1+\bar{k}_1)s+(\alpha_0+\bar{k}_0)=0 \tag{5-40}$$

由式(5-40)可见,n 阶特征方程中的 n 个系数,可通过$\bar{k}_0$, $\bar{k}_1$, …, $\bar{k}_{n-1}$来独立地设置,也就是说 $\bar{\boldsymbol{A}}-\bar{\boldsymbol{b}}\,\bar{\boldsymbol{k}}$ 的特征值可以任意选择,既系统的极点可以任意配置。

再证必要性。如果系统$\{\boldsymbol{A}\quad \boldsymbol{B}\}$不能控,就说明系统的有些状态将不受 u 的控制。显然引入反馈时,企图通过控制量 u 来影响不能控的极点将是不可能的。至此,证明完毕。

考虑到实际问题中几乎所有的系统都是能控的,因此通常总可以利用状态反馈来控制系统的特征值即振型,而这正是状态反馈的重要特征之一。

二、系统的极点配置的方法

需要解决的是状态反馈增益矩阵的问题。这里给出一种规范算法。

给定能控矩阵对$\{\boldsymbol{A}\quad \boldsymbol{b}\}$和一组期望的闭环特征值$\{\lambda_1^*\quad \lambda_2^*\quad \cdots\quad \lambda_n^*\}$,要确定$(1\times n)$维的反馈增益矩阵 $\boldsymbol{k}$,使 $\lambda_i(\boldsymbol{A}-\boldsymbol{b}\boldsymbol{k})=\lambda_i^*$, $(i=1,2,\cdots,n)$成立。

第 1 步:计算 $\boldsymbol{A}$ 的特征多项式,即

$$\det[s\boldsymbol{I}-\boldsymbol{A}]=s^n+\alpha_{n-1}s^{n-1}+\alpha_{n-2}s^{n-2}+\cdots+\alpha_1 s+\alpha_0 \tag{5-41}$$

第 2 步:计算由$\{\lambda_1^*\quad \lambda_2^*\quad \cdots\quad \lambda_n^*\}$所确定的期望特征多项式,即

$$\alpha^*(s)=(s-\lambda_1^*)(s-\lambda_2^*)\cdots(s-\lambda_n^*)=s^n+\alpha_{n-1}^*s^{n-1}+\alpha_{n-2}^*s^{n-2}+\cdots+\alpha_1^*s+\alpha_0^* \tag{5-42}$$

第 3 步:计算

$$\bar{\boldsymbol{k}}=[\alpha_0^*-\alpha_0\quad \alpha_1^*-a_1\quad \cdots\quad \alpha_{n-1}^*-\alpha_{n-1}] \tag{5-43}$$

第 4 步:计算变换矩阵

$$\boldsymbol{P}^{-1}=[\boldsymbol{A}^{n-1}\boldsymbol{B}\quad \cdots\quad \boldsymbol{A}\boldsymbol{B}\quad \boldsymbol{B}]\begin{bmatrix}1 & & & \\ \alpha_{n-1} & 1 & & \\ \vdots & \ddots & \ddots & \\ \alpha_1 & \cdots & \alpha_{n-1} & 1\end{bmatrix} \tag{5-44}$$

第 5 步:求 $\boldsymbol{P}$;

第 6 步:所求的增益阵 $\boldsymbol{k}=\bar{\boldsymbol{k}}\boldsymbol{P}$。

应说明的是,以上规范算法也适于单输入-多输出系统;求解具体问题也不一定化为能控规范型,可直接计算状态反馈系统的特征多项式 $\det(s\boldsymbol{I}-\boldsymbol{A}+\boldsymbol{b}\boldsymbol{k})$,式中系数均为 k_i 的函数。

例 5-1　给定单输入线性定常系统为

$$\dot{\boldsymbol{x}}=\begin{bmatrix}0 & 0 & 0\\ 1 & -6 & 0\\ 0 & 1 & -12\end{bmatrix}\boldsymbol{x}+\begin{bmatrix}1\\ 0\\ 0\end{bmatrix}u \tag{5-45}$$

再给定一组闭环特征值为

$$\lambda_1^*=-2,\quad \lambda_2^*=-1+\mathrm{j},\quad \lambda_3^*=-1-\mathrm{j} \tag{5-46}$$

易知系统为完全能控,故满足可配置条件。现计算系统的特征多项式:

$$\det(s\boldsymbol{I}-\boldsymbol{A})=\det\begin{bmatrix} s & 0 & 0 \\ -1 & s+6 & 0 \\ 0 & -1 & s+12 \end{bmatrix}=s^3+18s^2+72s \tag{5-47}$$

进而计算

$$\alpha^*(s)=\prod_{i-=1}^{3}(s-\lambda_i^*)=(s+2)(s+1-\mathrm{j})(s+1+\mathrm{j})=s^3+4s^2+6s+4 \tag{5-48}$$

于是,可求得

$$\bar{\boldsymbol{k}}=[\alpha_0^*-\alpha_0 \quad \alpha_1^*-\alpha_1 \quad \alpha_2^*-\alpha_2]=[4 \quad -66 \quad -14] \tag{5-49}$$

再来计算变换阵

$$\boldsymbol{P}^{-1}=[\boldsymbol{A}^2\boldsymbol{b} \quad \boldsymbol{A}\boldsymbol{b} \quad \boldsymbol{b}]\begin{bmatrix} 1 & 0 & 0 \\ \alpha_2 & 1 & 0 \\ \alpha_1 & \alpha_2 & 1 \end{bmatrix}=\begin{bmatrix} 0 & 0 & 1 \\ -6 & 1 & 0 \\ 1 & 0 & 0 \end{bmatrix}\begin{bmatrix} 1 & 0 & 0 \\ 18 & 1 & 0 \\ 72 & 18 & 1 \end{bmatrix}=\begin{bmatrix} 72 & 18 & 1 \\ 12 & 1 & 0 \\ 1 & 0 & 0 \end{bmatrix}$$

$$\boldsymbol{P}=\begin{bmatrix} 0 & 0 & 1 \\ 0 & 1 & -12 \\ 1 & -18 & 144 \end{bmatrix} \tag{5-50}$$

$$\boldsymbol{k}=\bar{\boldsymbol{k}}\boldsymbol{P}=[4 \quad -66 \quad -14]\begin{bmatrix} 0 & 0 & 1 \\ 0 & 1 & -12 \\ 1 & -18 & 144 \end{bmatrix}=[-14 \quad 186 \quad -1\,220]$$

令

$$\alpha^*(s)=\det(s\boldsymbol{I}-\boldsymbol{A}+\boldsymbol{b}\boldsymbol{k})=\begin{vmatrix} s+k_1 & k_2 & k_3 \\ -1 & s+6 & 0 \\ 0 & -1 & s+12 \end{vmatrix}= \tag{5-51}$$

$$s^3+(k_1+18)s^2+(18k_1+k_2+72)s+(72k_1+12k_2+k_3)$$

于是

$$\left.\begin{aligned} &k_1+18=4 \\ &18k_1+k_2+72=6 \\ &72k_1+12k_2+k_3=4 \end{aligned}\right\} \tag{5-52}$$

同样可得

$$k_1=-14,\quad k_2=186,\quad k_3=-1220 \tag{5-53}$$

三、状态反馈对传递函数的零点的影响

状态反馈在改变系统极点的同时,是否对系统零点有影响,下面对此问题做出具体分析。已知对于完全能控的单输入-单输出线性定常受控系统,经适当的线性非奇异变换可化为能控规范型

$$\dot{\bar{\boldsymbol{x}}}=\bar{\boldsymbol{A}}\bar{\boldsymbol{x}}+\bar{\boldsymbol{b}}u,\quad y=\bar{\boldsymbol{C}}\bar{\boldsymbol{x}} \tag{5-54}$$

受控系统的传递函数 $\boldsymbol{G}(s)$ 为

$$\boldsymbol{G}(s)=\boldsymbol{C}(s\boldsymbol{I}-\boldsymbol{A})^{-1}\boldsymbol{b}=\bar{\boldsymbol{c}}(s\boldsymbol{I}-\bar{\boldsymbol{A}})^{-1}\bar{\boldsymbol{b}}=$$

$$\frac{[\beta_0 \quad \beta_1 \quad \cdots \quad \beta_{n-1}]}{s^n+\alpha_{n-1}s^{n-1}+\cdots+\alpha_1 s+\alpha_0}\begin{bmatrix} \times & \cdots & \times & 1 \\ \times & \cdots & \times & s \\ \vdots & & \vdots & \vdots \\ \times & \cdots & \times & s^{n-1} \end{bmatrix}\begin{bmatrix} 0 \\ 0 \\ \vdots \\ 1 \end{bmatrix}= \tag{5-55}$$

$$\frac{\beta_{n-1}s^{n-1}+\cdots+\beta_1 s+\beta_0}{s^n+\alpha_{n-1}s^{n-1}+\cdots+\alpha_1 s+\alpha_0}$$

引入状态反馈后的闭环系统传递函数 $G_k(s)$ 为

$$\boldsymbol{G}_k(s)=\boldsymbol{C}(s\boldsymbol{I}-\boldsymbol{A}+\boldsymbol{bk})^{-1}\boldsymbol{b}=\bar{\boldsymbol{c}}(s\boldsymbol{I}-\bar{\boldsymbol{A}}+\bar{\boldsymbol{b}}\,\bar{\boldsymbol{k}})^{-1}\bar{\boldsymbol{b}}=$$

$$\frac{[\beta_0 \quad \beta_1 \quad \cdots \quad \beta_{n-1}]}{s^n+\alpha_{n-1}^*s^{n-1}+\cdots+\alpha_1^* s+\alpha_0^*}\begin{bmatrix} \times & \cdots & \times & 1 \\ \times & \cdots & \times & s \\ \vdots & & \vdots & \vdots \\ \times & \cdots & \times & s^{n-1} \end{bmatrix}\begin{bmatrix} 0 \\ 0 \\ \vdots \\ 1 \end{bmatrix}= \tag{5-56}$$

$$\frac{\beta_{n-1}s^{n-1}+\cdots+\beta_1 s+\beta_0}{s^n+\alpha_{n-1}^*s^{n-1}+\cdots+\alpha_1^* s+\alpha_0^*}$$

上述推导表明，由于 $\mathrm{adj}(s\boldsymbol{I}-\bar{\boldsymbol{A}})$ 与 $\mathrm{adj}(s\boldsymbol{I}-\bar{\boldsymbol{A}}+\bar{\boldsymbol{b}}\,\bar{\boldsymbol{k}})$ 的第 n 列相同，故 $\boldsymbol{G}(s)$ 与 $\boldsymbol{G}_k(s)$ 的分子多项式相同，即闭环系统零点与受控系统零点相同，状态反馈对 $\boldsymbol{G}(s)$ 的零点没影响，唯使 $\boldsymbol{G}(s)$ 的极点改变为闭环系统极点。然而可能由这种情况，引入状态反馈后恰巧使某些极点转移到零点处而构成极、零点对消，这时既失去了一个系统零点，又失去了一个系统极点，并且造成了对消掉的那些极点(即振型)称为不能观测。这也是对状态反馈可能使系统失去能观测性的一个直观解释。

第三节　多输入-多输出系统的极点配置

设能控的多输入-多输出受控系统动态方程为

$$\dot{\boldsymbol{x}}=\boldsymbol{Ax}+\boldsymbol{bu}, \quad \boldsymbol{y}=\boldsymbol{Cx} \tag{5-57}$$

引入状态反馈控制规律 $\boldsymbol{u}=\boldsymbol{v}-\boldsymbol{Kx}$，式中 $\boldsymbol{K}$ 为 $p\times n$ 阶矩阵，则闭环动态方程为

$$\dot{\boldsymbol{x}}=(\boldsymbol{A}-\boldsymbol{BK})\boldsymbol{x}+\boldsymbol{bv}, \quad \boldsymbol{y}=\boldsymbol{Cx} \tag{5-58}$$

适当选择 $\boldsymbol{K}$ 阵的 $p\times n$ 个元素，为任意配置 n 个闭环极点提供了很大的自由，但通常包含大量的数值计算，$\boldsymbol{K}$ 阵选择不唯一，导致传递函数矩阵不唯一，系统动态响应特性并不相同。这些是多变量系统极点配置问题的特点。常用的多变量系统极点配置方法有两种，其中一种能显著降低 $\boldsymbol{K}$ 阵的计算量，它是人为地对 $\boldsymbol{K}$ 阵的结构加以限制，即不采用满秩结构($\mathrm{rank}\boldsymbol{K}=p$)，而采用单位秩结构($\mathrm{rank}\boldsymbol{K}=1$)，这时可将多输入-多输出系统化为等价的单输入系统，于是可进而采用单输入系统的极点配置算法。另一种是化为龙伯格能控规范型的极点配置方法，依该法所选的 $\boldsymbol{K}$ 阵，可使系统有良好的动态响应。下面来分别介绍这两种方法。

一、系统的极点配置的方法

1. 化多输入-多输出系统为等价单输入系统的极点配置算法

当 $\boldsymbol{K}$ 阵取为单位秩结构，则 $\boldsymbol{K}$ 阵只有一个独立的行或列，即令 $\boldsymbol{K}=\boldsymbol{\rho k}$，式中 $\boldsymbol{\rho}$ 为$(p\times 1)$向量，$\boldsymbol{k}$ 为$(1\times n)$向量，于是 $\boldsymbol{u}=\boldsymbol{v}-\boldsymbol{\rho k x}$，闭环动态方程为

$$\dot{\boldsymbol{x}}=(\boldsymbol{A}-\boldsymbol{B\rho k})\boldsymbol{x}+\boldsymbol{B v} \tag{5-59}$$

再来看单输入-多输出受控系统，设能控的动态方程为 $\dot{\boldsymbol{x}}=\boldsymbol{A x}+\boldsymbol{B\rho u}$，$\boldsymbol{y}=\boldsymbol{C x}$，引入状态反馈 $\boldsymbol{u}=\boldsymbol{v}-\boldsymbol{k x}$，则闭环动态方程为 $\dot{\boldsymbol{x}}=(\boldsymbol{A}-\boldsymbol{B\rho k})\boldsymbol{x}+\boldsymbol{B\rho v}$。显见二者的闭环状态阵全同，具有相同的闭环极点，故 $\boldsymbol{K}$ 取单位秩结构的实质就是化多输入-多输出系统为等价的单输入系统，这里等价的含义是指闭环极点配置等价。

$\boldsymbol{K}$ 阵取单位秩结构以后，其中含$(p+n)$个待定元素，通常由设计者任意规定 $\boldsymbol{\rho}$ 的 p 个元素，只待确定 $\boldsymbol{k}$ 的 n 个元素以配置 n 个极点。然而，化成的等价单输入系统必须满足能控的条件，才能以 $\boldsymbol{u}=\boldsymbol{v}-\boldsymbol{k x}$ 来任意配置极点，即要求

$$\operatorname{rank}[\boldsymbol{B\rho}\ \ \boldsymbol{A}(\boldsymbol{B\rho})\ \ \cdots\ \ \boldsymbol{A}^{n-1}(\boldsymbol{B\rho})]=n \tag{5-60}$$

但怎样才能使一个能控的多输入-多输出受控系统，化成一个能控的等价单输入受控系统呢？这里要用到循环矩阵的概念。

(1)循环矩阵及其属性。如果系统矩阵 $\boldsymbol{A}$ 的特征多项式 $\det(s\boldsymbol{I}-\boldsymbol{A})$等同于其最小多项式 $\varphi(s)$，则称其为循环矩阵。或者说，预解矩阵$(s\boldsymbol{I}-\boldsymbol{A})^{-1}$ 不可简约，即 $\det(s\boldsymbol{I}-\boldsymbol{A})$与 $\operatorname{adj}(s\boldsymbol{I}-\boldsymbol{A})$之间无公因子，则 $\boldsymbol{A}$ 为循环矩阵。它有如下一些特征：

1)将循环矩阵 $\boldsymbol{A}$ 化为约当规范型后，每一个不同的特征值仅有一个约当块；

2)如果 $\boldsymbol{A}$ 的所有特征值两两相等，则 $\boldsymbol{A}$ 必定是循环矩阵；

3)若 $\boldsymbol{A}$ 为循环矩阵，其循环性是指：必存在一个向量 $\boldsymbol{b}$，使向量组$[\boldsymbol{b}\ \ \boldsymbol{A b}\ \ \cdots\ \ \boldsymbol{A}^{n-1}\boldsymbol{b}]$可张成一个 n 维空间，即$[\boldsymbol{A}\ \ \boldsymbol{b}]$能控；

4)若$[\boldsymbol{A}\ \ \boldsymbol{B}]$能控，且 $\boldsymbol{A}$ 为循环阵，则对几乎任意的 $p\times 1$ 维实向量 $\boldsymbol{\rho}$，使单输入系统的矩阵对$[\boldsymbol{A}\ \ \boldsymbol{B\rho}]$为能控(这也是可化为等价单输入系统任意配置极点的充要条件)；

5)若 $\boldsymbol{A}$ 为非循环阵，但$[\boldsymbol{A}\ \ \boldsymbol{B}]$能控，则对几乎任意的 $p\times n$ 实矩阵 $\boldsymbol{K}$，$[\boldsymbol{A}-\boldsymbol{B K}]$为循环阵。

下面仅对特性 1)作一证明。其余特性可由读者自行推导。

证明 设 $\lambda_1,\lambda_2,\cdots,\lambda_n$ 为 $\boldsymbol{A}$ 的两两相异的特征值，其重数分别为 $m_1,m_2,\cdots,m_a$，则可知 $\boldsymbol{A}$ 的特征多项式：

$$\det(s\boldsymbol{I}-\boldsymbol{A})=\prod_{i=1}^{a}(s-\lambda_i)^{m_i} \tag{5-61}$$

再表 $\boldsymbol{A}$ 的约当规范型为

$$\hat{\boldsymbol{A}}=\begin{bmatrix}\boldsymbol{J}_1 & & & \\ & \boldsymbol{J}_2 & & \\ & & \ddots & \\ & & & \boldsymbol{J}_a\end{bmatrix},\ \underset{m_i\times m_i}{\boldsymbol{J}_j}=\begin{bmatrix}\boldsymbol{J}_{i1} & & & \\ & \boldsymbol{J}_{i2} & & \\ & & \ddots & \\ & & & \boldsymbol{J}_{ir}\end{bmatrix},\ \underset{m_{ij}\times m_{ij}}{\boldsymbol{J}_{ij}}=\begin{bmatrix}\lambda_i & 1 & & \\ & \lambda_i & \ddots & \\ & & \ddots & 1\\ & & & \lambda_i\end{bmatrix} \tag{5-62}$$

且有 $$(m_{i1}+m_{i2}+\cdots+m_{ir})=m_i,(m_1+m_2+\cdots+m_a)=n$$

现令 $\bar{m}_i=\max\{m_{i1}\quad m_{i2}\quad\cdots\quad m_{ir}\}$，则由矩阵理论可知 $\hat{\boldsymbol{A}}$（也即 $\boldsymbol{A}$）的最小多项式 $\varphi(s)$ 为

$$\varphi(s)=\prod_{i=1}^{a}(s-\lambda_i)^{\bar{m}_i} \tag{5-63}$$

于是，利用循环矩阵的定义，并由式(5-61)和式(5-62)即知 $\boldsymbol{A}$ 为循环矩阵，当且仅当 $\bar{m}_i=m_i$，也即 $\boldsymbol{A}$ 的约当规范型中每一个不同的特征值仅有一个约当块。至此，证明完毕。

下面通过举例来补充说明。设 $\boldsymbol{A}=\mathrm{diag}\{\lambda_1\quad\lambda_2\quad\lambda_3\}$，则

$$\det(s\boldsymbol{I}-\boldsymbol{A})=\varphi(s)=(s-\lambda_1)(s-\lambda_2)(s-\lambda_3) \tag{5-64}$$

故 $\boldsymbol{A}$ 为循环矩阵。此时 $\mathrm{adj}(s\boldsymbol{I}-\boldsymbol{A})=\mathrm{diag}\{(s-\lambda_2)(s-\lambda_3)\quad(s-\lambda_1)(s-\lambda_3)\quad(s-\lambda_1)(s-\lambda_2)\}$，显见 $\det(s\boldsymbol{I}-\boldsymbol{A})$ 与 $\mathrm{adj}(s\boldsymbol{I}-\boldsymbol{A})$ 之间无公因子。有 $\mathrm{adj}(s\boldsymbol{I}-\boldsymbol{A})\big|_{s=\lambda_j}\neq 0,(j=1,2,3)$，则 $\boldsymbol{A}$ 为循环矩阵。

设

$$\boldsymbol{A}=\begin{bmatrix}\lambda_1 & 1 & \\ & \lambda_1 & \\ & & \lambda_1\end{bmatrix} \tag{5-65}$$

则

$$(s\boldsymbol{I}-\boldsymbol{A})^{-1}=\frac{1}{(s-\lambda_1)^3}\begin{bmatrix}(s-\lambda_1)^2 & (s-\lambda_1) & 0\\ 0 & (s-\lambda_1)^2 & 0\\ 0 & 0 & (s-\lambda_1)^2\end{bmatrix} \tag{5-66}$$

这里 $\det(s\boldsymbol{I}-\boldsymbol{A})=(s-\lambda_1)^3,\varphi(s)=(s-\lambda_1)^2$，故 $\boldsymbol{A}$ 为非循环矩阵。

已知多输入—多输出系统 $\boldsymbol{A}$、$\boldsymbol{B}$ 分别为

$$\boldsymbol{A}=\begin{bmatrix}3 & 1 & 0 & & \\ 0 & 3 & 1 & & \\ 0 & 0 & 3 & & \\ & & & 2 & 1\\ & & & & 2\end{bmatrix},\boldsymbol{B}=\begin{bmatrix}0 & 4\\ 0 & 0\\ 2 & 1\\ 4 & 3\\ 2 & 0\end{bmatrix} \tag{5-67}$$

易知 $[\boldsymbol{A}\quad\boldsymbol{B}]$ 能控且 $\boldsymbol{A}$ 为循环矩阵。其等价的单输入系统 $\{\boldsymbol{A}\quad\boldsymbol{B\rho}\}$，其

$$\boldsymbol{B\rho}=\boldsymbol{B}\begin{bmatrix}\boldsymbol{\rho}_1\\ \boldsymbol{\rho}_2\end{bmatrix}=\begin{bmatrix}0 & 4\\ 0 & 0\\ 2 & 1\\ 4 & 3\\ 2 & 0\end{bmatrix}\begin{bmatrix}\rho_1\\ \rho_2\end{bmatrix}=\begin{bmatrix}\times\\ \times\\ 2\rho_1+\rho_2\\ \times\\ 2\rho_1\end{bmatrix} \tag{5-68}$$

只须满足 $(\boldsymbol{A},\boldsymbol{C})$ 及 $2\rho_1\neq 0$ 便能保证 $(\boldsymbol{A}\quad\boldsymbol{B\rho})$ 能控。唯有 $\rho_1=0$ 或/和 $\rho_2/\rho_1=-2$ 时，$[\boldsymbol{A}\quad\boldsymbol{B\rho}]$ 不能控，故有属性 4。

设 $\boldsymbol{A}$、$\boldsymbol{B}$ 分别为

$$\boldsymbol{A}=\begin{bmatrix}-1 & 0\\ 0 & -1\end{bmatrix},\boldsymbol{B}=\begin{bmatrix}1 & 0\\ 0 & 1\end{bmatrix} \tag{5-69}$$

易知($A\quad B$)能控,但 A 为非循环矩阵。引入任意的状态反馈矩阵如 $K_1=\begin{bmatrix}a & 0\\0 & 0\end{bmatrix}$,其中 a 为任意非零值,其闭环状态阵为 $A-BK_1=\begin{bmatrix}-1-a & 0\\0 & -1\end{bmatrix}$,其特征值两两相异,故 $A-BK_1$ 为循环矩阵,可以此修正的受控对象来进一步化为等价的单输入系统,即保障了($A-BK_1\quad B\rho$)的能控性,故有属性 5。通常 K_1 的结构尽可能简单,a 数值尽可能小,便可满足循环性要求。于是对非循环的受控对象的极点配置问题需分两步进行:第一步引入 K_1 消去 A 的非循环性,显然这不会改变受控对象的能控性,($A-BK_1\quad B$)是能控矩阵对;第二步再引入单位秩状态反馈矩阵 $K_2=\rho K$ 来配置极点。对原受控对象来说,总的状态反馈矩阵 K 为

$$K=K_1+K_2=K_1+\rho k \tag{5-70}$$

(2)多输入-多输出系统极点配置定理。若式(5-59)所示受控对象能控,则通过线性状态反馈 $u=v-Kx$ 可对($A-BK$)的特征值任意配置,式中 K 为 $p\times n$ 阶实常矩阵。

证 若 A 为非循环矩阵,现引入 $u=\omega-K_1x$ 使得

$$\dot{x}=(A-BK_1)x+B\omega \tag{5-71}$$

式中 $\overline{A}\triangleq A-BK_1$ 是循环的。因为$[A\quad B]$能控,所以$[\overline{A}\quad B]$能控。因而存在一个 $p\times 1$ 维实向量 ρ 使得$[\overline{A}\quad B\rho]$也能控。

现引入另一状态反馈 $\omega=v-K_2x$,且取 $K_2=\rho k$,其中 k 是 $1\times n$ 维实向量。于是成为

$$\dot{x}=(\bar{A}BK_2)x+Bv=(\bar{A}-B\rho k)x+Bv \tag{5-72}$$

由于$[\bar{A}\quad B\rho]$能控,则借助于选择 k,就能任意配置($\bar{A}-B\rho k$)的特征值。

将状态反馈 $u=\omega-K_1x$ 与状态反馈 $\omega=v-K_2x$ 合起来,便得 $u=v-(K_1+K_2)x\triangleq v-Kx$($K$ 为反馈矩阵)于是定理得证,如图 5-5 所示。

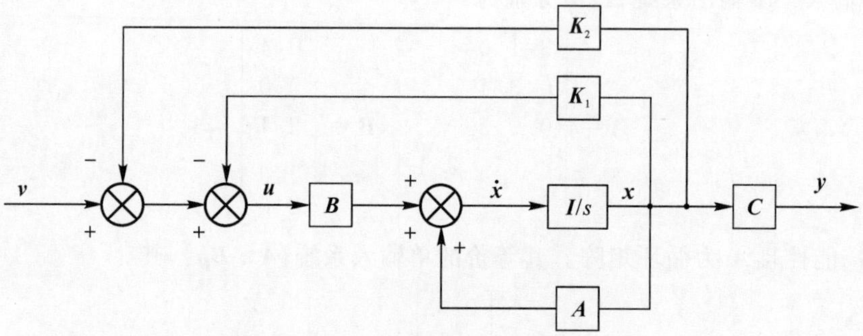

图 5-5 多变量动态方程的状态反馈

若($A\quad B$)不能控,则将它们变换成

$$\begin{bmatrix}\bar{A}_{11} & \bar{A}_{12}\\ \mathbf{0} & \bar{A}_{22}\end{bmatrix},\begin{bmatrix}\bar{B}_1\\ \mathbf{0}\end{bmatrix} \tag{5-73}$$

这时任何状态反馈向量都不能影响 $\bar{A}_{22}$ 的特征值。因此我们判定,能够任意配置($A-BK$)的特征值之充分必要条件是$[A\quad B]$能控。

(3)极点配置算法步骤。给定能控矩阵对($A\quad B$)和一组期望的闭环特征值

$\{\lambda_1^* \quad \lambda_2^* \quad \cdots \quad \lambda_n^*\}$，要确定 $p\times n$ 阶反馈增益矩阵 $\boldsymbol{K}$，是式 $\lambda_i(\boldsymbol{A}-\boldsymbol{BK})=\lambda_i^*$，$(i=1,2,\cdots,n)$ 成立。

第 1 步：判断 $\boldsymbol{A}$ 是否为循环矩阵。若不是，消去一个 $p\times n$ 阶常阵 $\boldsymbol{K}_1$ 使 $\boldsymbol{A}-\boldsymbol{BK}_1$ 为循环，并定义 $\bar{\boldsymbol{A}}=\boldsymbol{A}-\boldsymbol{BK}_1$；若是，则直接选取 $\bar{\boldsymbol{A}}=\boldsymbol{A}$；

第 2 步：对于循环矩阵 $\bar{\boldsymbol{A}}$，通过适当选取一个 $p\times 1$ 维实常向量 $\boldsymbol{\rho}$，使得$[\bar{\boldsymbol{A}} \quad \boldsymbol{B\rho}]$也能控；

第 3 步：对于等价单输入问题$[\bar{\boldsymbol{A}} \quad \boldsymbol{B\rho}]$，利用单输入极点配置问题的算法，求出增益向量 $\boldsymbol{k}$；

第 4 步：当 $\boldsymbol{A}$ 为循环时，所求增益矩阵 $\boldsymbol{K}=\boldsymbol{\rho k}$；当 $\boldsymbol{A}$ 为非循环时，所求增益矩阵则为 $\boldsymbol{K}=\boldsymbol{\rho k}+\boldsymbol{K}_1$。

容易看出，在这一算法中，$\boldsymbol{K}_1$ 和 $\boldsymbol{\rho}$ 的选取不是唯一的，有着一定的任意性。从工程实现的角度而言，通常总是希望 $\boldsymbol{K}_1$ 和 $\boldsymbol{\rho}$ 的选取使 $\boldsymbol{K}$ 的各个元素尽可能小，但是总的来说，由这种算法得到的 $\boldsymbol{K}$ 的各反馈增益值往往偏大。

例 5－2　给定受控对象的状态方程：

$$\dot{\boldsymbol{x}}=\begin{bmatrix}1 & 0\\0 & 1\end{bmatrix}\boldsymbol{x}+\begin{bmatrix}1 & 1\\0 & 1\end{bmatrix}\boldsymbol{u} \tag{5-74}$$

试求状态反馈阵 $\boldsymbol{K}$，将闭环极点配置在 $s_1=-1,s_2=-2$ 上。

解：首先判断系统的能控性。

能控性矩阵为

$$\boldsymbol{Q}_c=[\boldsymbol{B} \quad \boldsymbol{AB}]=\begin{bmatrix}1 & 1 & 1 & 1\\0 & 1 & 0 & 1\end{bmatrix} \tag{5-75}$$

显然 $\mathrm{rank}\boldsymbol{Q}_c=2$，$(\boldsymbol{A} \quad \boldsymbol{B})$能控。

受控对象的循环性检查：

由于 $\boldsymbol{A}$ 的特征值为 1、1。计算 $\hat{\boldsymbol{\Phi}}(1)=\mathrm{adj}(\boldsymbol{I}-\boldsymbol{A})=0$，故 $\boldsymbol{A}$ 为非循环的。因此设计分两步。

第一步：引入状态反馈矩阵$\boldsymbol{K}_1=\begin{bmatrix}a & 0\\0 & 0\end{bmatrix}$，式中 a 为任意非零值。这时状态反馈规律为

$$\boldsymbol{u}=\boldsymbol{v}-\boldsymbol{K}_1\boldsymbol{x}=\begin{bmatrix}v_1\\v_2\end{bmatrix}-\begin{bmatrix}ax_1\\0\end{bmatrix} \tag{5-76}$$

意为状态变量 x_1 通过反馈系数 a 反馈至参考输入 v_1，得到修正的控制对象系统矩阵$\boldsymbol{A}_1$ 为

$$\boldsymbol{A}_1=\boldsymbol{A}-\boldsymbol{BK}_1=\begin{bmatrix}1-a & 0\\0 & 1\end{bmatrix} \tag{5-77}$$

由于$\boldsymbol{A}_1$ 具有相异特征值 $1-a$ 和 1，所以$\boldsymbol{A}_1$ 是循环的。

第二步：取 $a=-0.1$。选取一个 2×1 维实常向量 $\boldsymbol{\rho}=[1 \quad 1]^{\mathrm{T}}$，则 $\boldsymbol{B\rho}=[2 \quad 1]^{\mathrm{T}}$。

令 $\boldsymbol{k}=[k_1 \quad k_2]$，则设计单位秩状态反馈矩阵$\boldsymbol{K}_2=\boldsymbol{\rho k}$。

由于闭环特征多项式为

$$|s\boldsymbol{I}-\boldsymbol{A}_1+\boldsymbol{B\rho k}|=\begin{vmatrix}s-1.1+2k_1 & 2k_2\\k_1 & s-1+k_2\end{vmatrix} \tag{5-78}$$

则

$$|s\boldsymbol{I}-\boldsymbol{A}_1+\boldsymbol{B\rho k}|=s^2+(2k_1+k_2-2.1)s+(1.1-2k_1-1.1k_2) \tag{5-79}$$

希望特征多项式为

$$(s+1)(s+2)=s^2+3s+2 \tag{5-80}$$

比较同幂项系数有

$$\left.\begin{aligned}2k_1+k_2&=5.1\\2k_1+1.1k_2&=-0.9\end{aligned}\right\} \tag{5-81}$$

解得

$$k_1=32.55,\quad k_2=-60 \tag{5-82}$$

故

$$\boldsymbol{K}_2=\boldsymbol{qk}=\begin{bmatrix}1\\1\end{bmatrix}\begin{bmatrix}32.55 & -60\end{bmatrix}=\begin{bmatrix}32.55 & -60\\32.55 & -60\end{bmatrix} \tag{5-83}$$

对原受控对象的总状态反馈矩阵 $\boldsymbol{K}$ 为

$$\boldsymbol{K}=\boldsymbol{K}_1+\boldsymbol{K}_2=\begin{bmatrix}-0.1 & 0\\0 & 0\end{bmatrix}+\begin{bmatrix}32.55 & -60\\32.55 & -60\end{bmatrix}=\begin{bmatrix}32.45 & -60\\32.55 & -60\end{bmatrix} \tag{5-84}$$

容易验证$(\boldsymbol{A}-\boldsymbol{BK})$的特征值即为规定的$-1,-2$：

$$\det(s\boldsymbol{I}-\boldsymbol{A}+\boldsymbol{BK})=\begin{vmatrix}s-64 & 120\\-32.55 & s+61\end{vmatrix}=s^2+3s+2 \tag{5-85}$$

2. 化多输入-多输出系统为龙伯格能控规范型的极点配置算法

由第3章可知，能控的多输入-多输出系统可化为龙伯格能控规范型，其 $\bar{\boldsymbol{A}}$ 的对角线上的块阵，均为维数由能控性指数集确定的友矩阵，在引入状态反馈阵 $\bar{\boldsymbol{K}}$ 以后，其$(\bar{\boldsymbol{A}}-\bar{\boldsymbol{B}}\bar{\boldsymbol{K}})$仍为结构形式相同的龙伯格能控规范型。若将希望闭环极点按该规范型对角线上块阵的维数进行分组，分别确定各组的多项式，便可构造仅含友矩阵的对角线分块矩阵$(\bar{\boldsymbol{A}}^*-\bar{\boldsymbol{B}}^*\bar{\boldsymbol{K}}^*)$，它作为希望的闭环状态阵，经与$(\bar{\boldsymbol{A}}-\bar{\boldsymbol{B}}\bar{\boldsymbol{K}})$相比较便能确定 $\bar{\boldsymbol{K}}$ 阵诸元。为了叙述简便，结合一个 $n=9$，$p=3$ 的一般性例子来说明算法步骤。

第1步：把能控矩阵对$\{\boldsymbol{A}\quad\boldsymbol{B}\}$化成龙伯格能控规范型，例如

$$\bar{\boldsymbol{A}}=\boldsymbol{S}^{-1}\boldsymbol{AS}=\left[\begin{array}{ccc:cc:cccc}0 & 1 & 0 & 0 & 0 & 0 & 0 & 0 & 0\\0 & 0 & 1 & 0 & 0 & 0 & 0 & 0 & 0\\-\alpha_{10} & -\alpha_{11} & -\alpha_{12} & \beta_{14} & \beta_{15} & \beta_{16} & \beta_{17} & \beta_{18} & \beta_{19}\\ \hdashline 0 & 0 & 0 & 0 & 1 & 0 & 0 & 0 & 0\\ \beta_{21} & \beta_{22} & \beta_{23} & -\alpha_{20} & -\alpha_{21} & \beta_{26} & \beta_{27} & \beta_{28} & \beta_{29}\\ \hdashline 0 & 0 & 0 & 0 & 0 & 0 & 1 & 0 & 0\\0 & 0 & 0 & 0 & 0 & 0 & 0 & 1 & 0\\0 & 0 & 0 & 0 & 0 & 0 & 0 & 0 & 1\\ \beta_{31} & \beta_{32} & \beta_{33} & \beta_{34} & \beta_{35} & -\alpha_{30} & -\alpha_{31} & -\alpha_{32} & -\alpha_{33}\end{array}\right] \tag{5-86}$$

$$\bar{\boldsymbol{B}}=\boldsymbol{S}^{-1}\boldsymbol{B}=\left[\begin{array}{ccc}0 & 0 & 0\\0 & 0 & 0\\1 & r & 0\\ \hdashline 0 & 0 & 0\\0 & 1 & 0\\ \hdashline 0 & 0 & 0\\0 & 0 & 0\\0 & 0 & 0\\0 & 0 & 1\end{array}\right] \tag{5-87}$$

式中:$\boldsymbol{S}$ 为线性变换矩阵。

第 2 步:把给定的期望闭环特征值$\{\lambda_1^* \quad \lambda_2^* \quad \cdots \quad \lambda_9^*\}$按龙伯格能控规范型 $\bar{\boldsymbol{A}}$ 的对角线块阵的维数,相应地计算

$$\left.\begin{aligned}
\alpha_1^*(s)&=(s-\lambda_1^*)(s-\lambda_2^*)(s-\lambda_3^*)=s^3+a_{12}^*s^2+a_{11}^*s^2+a_{10}^*\\
\alpha_2^*(s)&=(s-\lambda_4^*)(s-\lambda_5^*)=s^2+a_{21}^*s^2+a_{20}^*\\
\alpha_3^*(s)&=(s-\lambda_6^*)(s-\lambda_7^*)(s-\lambda_8^*)(s-\lambda_9^*)=s^4+a_{33}^*s^3+a_{32}^*s^2+a_{31}^*s^2+a_{30}^*
\end{aligned}\right\}\tag{5-88}$$

构造希望的闭环状态阵:

$$\bar{\boldsymbol{A}}^*-\bar{\boldsymbol{B}}^*\bar{\boldsymbol{K}}^*=\left[\begin{array}{ccc:cc:cccc}
0 & 1 & 0 & & & & & & \\
0 & 0 & 1 & & & & & & \\
-\alpha_{10}^* & -\alpha_{11}^* & -\alpha_{12}^* & & & & & & \\ \hdashline
 & & & 0 & 1 & & & & \\
 & & & -\alpha_{20}^* & -\alpha_{21}^* & & & & \\ \hdashline
 & & & & & 0 & 1 & 0 & 0\\
 & & & & & 0 & 0 & 1 & 0\\
 & & & & & 0 & 0 & 0 & 1\\
 & & & & & -\alpha_{30}^* & -\alpha_{31}^* & -\alpha_{32}^* & -\alpha_{33}^*
\end{array}\right]\tag{5-89}$$

希望特征多项式为

$$\det(s\boldsymbol{I}-\bar{\boldsymbol{A}}^*+\bar{\boldsymbol{B}}^*\bar{\boldsymbol{K}}^*)=\boldsymbol{a}_1^*(s)\boldsymbol{a}_2^*(s)\boldsymbol{a}_3^*(s)=\prod_{i=1}^{9}(s-\lambda_i^*)\tag{5-90}$$

第 3 步:由$(\bar{\boldsymbol{A}}-\bar{\boldsymbol{B}}\bar{\boldsymbol{K}})$与$(\bar{\boldsymbol{A}}^*-\bar{\boldsymbol{B}}^*\bar{\boldsymbol{K}}^*)$相比较确定 $\bar{\boldsymbol{K}}$,其中

$$(\bar{\boldsymbol{A}}-\bar{\boldsymbol{B}}\bar{\boldsymbol{K}})=$$

$$\left[\begin{array}{ccc:cc:cccc}
0 & 1 & 0 & 0 & 0 & 0 & 0 & 0 & 0\\
0 & 0 & 1 & 0 & 0 & 0 & 0 & 0 & 0\\
-\alpha_{10}-k_{11}-\tau k_{21} & -\alpha_{11}-k_{12}-\tau k_{22} & -\alpha_{12}-k_{13}-\tau k_{23} & \beta_{14}-k_{14}-\tau k_{24} & \beta_{15}-k_{15}-\tau k_{25} & \beta_{16}-k_{16}-\tau k_{26} & \beta_{17}-k_{17}-\tau k_{27} & \beta_{18}-k_{18}-\tau k_{28} & \beta_{19}-k_{19}-\tau k_{29}\\ \hdashline
0 & 0 & 0 & 0 & 1 & 0 & 0 & 0 & 0\\
\beta_{21}-k_{21} & \beta_{22}-k_{22} & \beta_{23}-k_{23} & -\alpha_{20}-k_{24} & -\alpha_{21}-k_{25} & \beta_{26}-k_{26} & \beta_{27}-k_{27} & \beta_{28}-k_{28} & \beta_{29}-k_{29}\\ \hdashline
0 & 0 & 0 & 0 & 0 & 0 & 0 & 0 & 0\\
0 & 0 & 0 & 0 & 0 & 0 & 0 & 0 & 0\\
0 & 0 & 0 & 0 & 0 & 0 & 0 & 0 & 0\\
\beta_{31}-k_{31} & \beta_{32}-k_{32} & \beta_{33}-k_{33} & \beta_{34}-k_{34} & \beta_{35}-k_{35} & -\alpha_{30}-k_{36} & -\alpha_{31}-k_{37} & -\alpha_{32}-k_{38} & -\alpha_{33}-k_{39}
\end{array}\right]\tag{5-91}$$

令 $\det(s\boldsymbol{I}-\boldsymbol{A}+\boldsymbol{B}\boldsymbol{K})=\det(s\boldsymbol{I}-\bar{\boldsymbol{A}}^{*}+\bar{\boldsymbol{B}}^{*}\bar{\boldsymbol{K}}^{*})$，故 $\boldsymbol{K}$ _为

$$\bar{\boldsymbol{K}}=\left[\begin{array}{ccc:ccc:ccc}
\alpha_{10}^{*}-\alpha_{10}-\tau\beta_{21} & \alpha_{11}^{*}-\alpha_{11}-\tau\beta_{22} & \alpha_{12}^{*}-\alpha_{12}-\tau\beta_{23} & \beta_{14}-\tau(\alpha_{20}^{*}-\alpha_{20}) & \beta_{15}-\tau(\alpha_{21}^{*}-\alpha_{21}) & \beta_{16}-\tau\beta_{26} & \beta_{17}-\tau\beta_{27} & \beta_{18}-\tau\beta_{28} & \beta_{19}-\tau\beta_{29} \\
\beta_{21} & \beta_{22} & \beta_{23} & \alpha_{20}^{*}-\alpha_{20} & \alpha_{21}^{*}-\alpha_{21} & \beta_{26} & \beta_{27} & \beta_{28} & \beta_{29} \\
\beta_{31} & \beta_{32} & \beta_{33} & \beta_{34} & \beta_{35} & \alpha_{30}^{*}-\alpha_{30} & \alpha_{31}^{*}-\alpha_{31} & \alpha_{32}^{*}-\alpha_{32} & \alpha_{33}^{*}-\alpha_{33}
\end{array}\right] \tag{5-92}$$

第 4 步：据下列各式计算化为龙伯格能控规范型的变换矩阵 $\boldsymbol{S}^{-1}$：

$$\boldsymbol{P}=\begin{bmatrix}\boldsymbol{b}_1 & \boldsymbol{A}\boldsymbol{b}_1 & \cdots & \boldsymbol{A}^{\sigma_1-1} & \cdots & \boldsymbol{b}_m & \boldsymbol{A}\boldsymbol{b}_m & \cdots & \boldsymbol{A}^{\sigma_m-1}\boldsymbol{b}_m\end{bmatrix} \tag{5-93}$$

式中：$\{\sigma_1,\sigma_2,\cdots,\sigma_m\}$ 为能控性指数集。求 $\boldsymbol{P}^{-1}$ 并按行分块，第 1 行块含 σ_1 行，…，第 m 行块含 σ_m 行；再由各行块的末行按规则构造变换矩阵 $\boldsymbol{S}^{-1}$。其中 $\boldsymbol{P}^{-1}$、$\boldsymbol{S}^{-1}$ 记为

$$\boldsymbol{P}^{-1}=\begin{bmatrix}\boldsymbol{l}_{11}^{\mathrm{T}} \\ \vdots \\ \boldsymbol{l}_{1\sigma_1}^{\mathrm{T}} \\ \hdashline \vdots \\ \hdashline \boldsymbol{l}_{m1}^{\mathrm{T}} \\ \vdots \\ \boldsymbol{l}_{m\sigma_m}^{\mathrm{T}}\end{bmatrix}_{n\times n}\begin{matrix}\left.\begin{matrix}\\ \\ \\ \end{matrix}\right\}\sigma_1\text{ 行} \\ \\ \left.\begin{matrix}\\ \\ \\ \end{matrix}\right\}\sigma_m\text{ 行}\end{matrix},\quad \boldsymbol{S}^{-1}=\begin{bmatrix}\boldsymbol{l}_{1\sigma_1}^{\mathrm{T}} \\ \boldsymbol{l}_{1\sigma_1}^{\mathrm{T}}\boldsymbol{A} \\ \vdots \\ \boldsymbol{l}_{1\sigma_1}^{\mathrm{T}}\boldsymbol{A}^{\sigma_1-1} \\ \hdashline \vdots \\ \hdashline \boldsymbol{l}_{m\sigma_m}^{\mathrm{T}} \\ \boldsymbol{l}_{m\sigma_m}^{\mathrm{T}}A \\ \vdots \\ \boldsymbol{l}_{m\sigma_m}^{\mathrm{T}}\boldsymbol{A}^{\sigma_m-1}\end{bmatrix}_{n\times n}\begin{matrix}\left.\begin{matrix}\\ \\ \\ \\ \end{matrix}\right\}\sigma_1\text{ 行} \\ \\ \left.\begin{matrix}\\ \\ \\ \\ \end{matrix}\right\}\sigma_m\text{ 行}\end{matrix} \tag{5-94}$$

第 5 步：所求的状态反馈增益矩阵即为

$$\boldsymbol{K}=\bar{\boldsymbol{K}}\boldsymbol{S}^{-1} \tag{5-95}$$

这种计算过程是很规范化的。计算过程中，主要的计算工作为计算变换阵 $\boldsymbol{S}^{-1}$ 和导出龙伯格能控规范型 $[\bar{\boldsymbol{A}}\quad\bar{\boldsymbol{B}}]$。而且，由这一算法所求得的 $\boldsymbol{K}$ 阵诸元的数值常比由算法Ⅰ定出的结果要小得多。这时这种算法的一个优点。并且，如果龙伯格规范型 $\bar{\boldsymbol{A}}$ 中对角线块阵的个数愈多，即子块的维数愈小，则这个优点就愈明显。

例 5-3 给定多输入定常系统为规范型：

$$\dot{\boldsymbol{x}}=\left[\begin{array}{ccc:cc}0&1&0&0&0\\0&0&1&0&0\\3&1&0&1&2\\ \hdashline 0&0&0&0&1\\4&3&1&-1&-4\end{array}\right]\boldsymbol{x}+\left[\begin{array}{cc}0&0\\0&0\\1&0\\ \hdashline 0&0\\0&1\end{array}\right]\boldsymbol{u} \tag{5-96}$$

再给定期望的一组闭环特征值为

$$\lambda_1^*=-1,\quad \lambda_{2,3}^*=-2\pm \mathrm{j},\quad \lambda_{4,5}^*=-1\pm \mathrm{j}2 \tag{5-97}$$

方案 1:利用算法Ⅰ,先求出

$$\left.\begin{aligned}\alpha_1^*(s)&=(s+1)(s+2-j)(s+2+j)=s^3+5s^2+9s^2+5\\ \alpha_2^*(s)&=(s+1-j2)(s+1+j2)=s^2+2s^2+5\end{aligned}\right\} \tag{5-98}$$

再根据反馈阵的算式,即得

$$\boldsymbol{K}=\left[\begin{array}{ccc:cc}8&10&5&1&2\\ \hdashline 4&3&1&4&-2\end{array}\right] \tag{5-99}$$

并且,容易定出,希望的反馈系统的系统矩阵为:

$$\boldsymbol{A}-\boldsymbol{BK}=\left[\begin{array}{ccc:cc}0&1&0&&\\0&0&1&&\\-5&-9&-5&&\\ \hdashline &&&0&1\\&&&-5&-2\end{array}\right] \tag{5-100}$$

而其特征多项式为

$$\det(s\boldsymbol{I}-\boldsymbol{A}+\boldsymbol{BK})=(s^3+5s^2+9s+5)(s^2+2s+5) \tag{5-101}$$

从而满足极点配置要求。

方案 2:先求出

$$\alpha^*(s)=\prod_{i=1}^{5}(s-\lambda_i^*)=s^5+7s^4+24s^3+48s^2+55s+25 \tag{5-102}$$

可知期望的闭环系统矩阵应为

$$\boldsymbol{A}-\boldsymbol{BK}=\begin{bmatrix}0&1&0&0&0\\0&0&1&0&0\\0&0&0&1&0\\0&0&0&0&1\\-25&-55&-48&-24&-7\end{bmatrix} \tag{5-103}$$

于是,利用给出的阵 $\boldsymbol{A}$ 和上述得到的矩阵 $\boldsymbol{A}-\boldsymbol{BK}$,可得

$$\boldsymbol{BK}=\begin{bmatrix}0&0&0&0&0\\0&0&0&0&0\\3&1&0&0&2\\0&0&0&0&0\\29&58&49&23&3\end{bmatrix}=\begin{bmatrix}0&0\\0&0\\1&0\\0&0\\0&1\end{bmatrix}\boldsymbol{K} \tag{5-104}$$

由此可定出所要求的反馈增益矩阵为

$$K=\begin{bmatrix}3 & 1 & 0 & 0 & 2\\ 29 & 58 & 49 & 23 & 3\end{bmatrix} \tag{5-105}$$

上述计算方法实质上即为算法 1。

并且，通过比较由两种方案所得到的增益矩阵可以看出，一般地说，按算法Ⅱ导出的 $\boldsymbol{K}$ 中元的值从整体上要小于按算法Ⅰ导出的 $\boldsymbol{K}$ 中的元。

三、状态反馈对传递函数的零点的影响

已知单变量系统引入状态反馈后，通常不改变传递函数零点，该结论对于多输入-多输出系统也是适用的，即状态反馈通常不改变传递函数矩阵的零点。注意到在第三章中关于传递函数矩阵的零点的定义，便可将单变量系统的上述结论推广到多输入-多输出系统。但是，传递函数矩阵的诸元的分子多项式是受状态反馈影响而改变的，详见下面举例。

例 5-4 考虑一个双输入-双输出线性定常系统，其系数矩阵为

$$A=\begin{bmatrix}1 & 0 & 0\\ 0 & 2 & 0\\ 0 & 0 & 3\end{bmatrix},\quad B=\begin{bmatrix}1 & 0\\ 0 & 1\\ 1 & 1\end{bmatrix},\quad C=\begin{bmatrix}1 & 0 & 2\\ 2 & 1 & 0\end{bmatrix} \tag{5-106}$$

容易算出，此系统的传递函数矩阵为

$$G(s)\begin{bmatrix}\dfrac{3s-5}{(s-1)(s-3)} & \dfrac{2}{s-3}\\ \dfrac{2}{s-1} & \dfrac{1}{s-2}\end{bmatrix} \tag{5-107}$$

$G(s)$ 的极点是 $\lambda_1=1,\lambda_2=2,\lambda_3=3$；$G(s)$ 的零点是 $z=3$。现引入状态反馈控制，其状态反馈增益阵为

$$K=\begin{bmatrix}-6 & -15 & 15\\ 0 & 3 & 0\end{bmatrix} \tag{5-108}$$

则可导出状态反馈系统的各系数矩阵为

$$A-BK=\begin{bmatrix}7 & 15 & -15\\ 0 & -1 & 0\\ 6 & 12 & -12\end{bmatrix},\quad B=\begin{bmatrix}1 & 0\\ 0 & 1\\ 1 & 1\end{bmatrix},\quad C=\begin{bmatrix}1 & 0 & 2\\ 2 & 1 & 0\end{bmatrix} \tag{5-109}$$

并且相应地，闭环系统的传递函数矩阵为

$$G_k(s)=\begin{bmatrix}\dfrac{3s-5}{(s+2)(s+3)} & \dfrac{2s^2+12s-17}{(s+1)(s+2)(s+3)}\\ \dfrac{2(s-3)}{(s+2)(s+3)} & \dfrac{(s-3)(s+8)}{(s+1)(s+2)(s+3)}\end{bmatrix} \tag{5-110}$$

比较 $G_k(s)$ 和 $G(s)$ 不难看出，状态反馈的引入，使 $G_k(s)$ 的极点移动到 $\boldsymbol{\lambda}_1^*=-1,\boldsymbol{\lambda}_2^*=-2,\boldsymbol{\lambda}_3^*=-3$，但 $G_k(s)$ 的零点仍为 $z=3$，$G_k(s)$ 的大部分元传递函数的零点与 $G(s)$ 的元传递函数的零点很不相同。利用状态反馈可以影响受控系统的 $G(s)$ 的元传递函数的零点这一事实，并注意到极点配置问题中反馈增益矩阵的不唯一性，我们不难得出结论：对于可实现相同极点配置的两个不同的反馈增益矩阵 K_1 和 K_2，其相应的闭环系统的传递函数矩阵 $C(sI-A+BK_1)^{-1}B$ 和 $C(sI-A+BK_2)^{-1}B$ 一般是不相同的，从而也就有不同的状态运动响

应和输出响应。显然，在极点配置问题的综合中，应当选取同时使元增益值较小且瞬态响应较好的反馈增益矩阵解。通常按算法Ⅱ导出的反馈增益矩阵 $\boldsymbol{K}$，较优于其他算法导出的结果。

第四节　解耦控制

设受控系统状态方程为

$$\dot{\boldsymbol{x}}=\boldsymbol{A}\boldsymbol{x}+\boldsymbol{B}\boldsymbol{u}\quad,\quad \boldsymbol{y}=\boldsymbol{C}\boldsymbol{x} \tag{5-111}$$

其中输入向量和输出向量有相同的维数 m。如果 $\boldsymbol{x}(0)=\boldsymbol{0}$，则输入与输出之间的关系可用传递矩阵表示：

$$\boldsymbol{y}(s)=\boldsymbol{G}(s)\boldsymbol{u}(s)=\boldsymbol{C}(s\boldsymbol{I}-\boldsymbol{A})^{-1}\boldsymbol{B}\boldsymbol{u}(s) \tag{5-112}$$

式(5-112)可展开成

$$\left.\begin{aligned} y_1(s)&=g_{11}(s)u_1(s)+g_{12}(s)u_2(s)+\cdots+g_{1m}(s)u_m(s)\\ y_2(s)&=g_{21}(s)u_1(s)+g_{22}(s)u_2(s)+\cdots+g_{2m}(s)u_m(s)\\ &\cdots\\ y_m(s)&=g_{m1}(s)u_1(s)+g_{m2}(s)u_2(s)+\cdots+g_{mm}(s)u_m(s)\end{aligned}\right\} \tag{5-113}$$

我们称这些方程是耦合的，因为每一个输入都影响所有的输出。如果要在其他输出都不改变的情况下去调整某个输出，通常是十分困难的。

定义 5-1　设如果系统[$\boldsymbol{A}\ \boldsymbol{B}\ \boldsymbol{C}$]的传递矩阵 $\boldsymbol{G}(\boldsymbol{s})$ 是对角化的非奇异矩阵，则称系统[$\boldsymbol{A}\ \boldsymbol{B}\ \boldsymbol{C}$]是解耦的。这样一个系统可以看作是由 m 个独立的子系统所组成的。如图 5-6 所示。

因此寻求一些控制规律使耦合的多变量系统变成解耦的系统，可以使每一个输入仅控制一个输出，即每一个输出仅受一个输入控制。

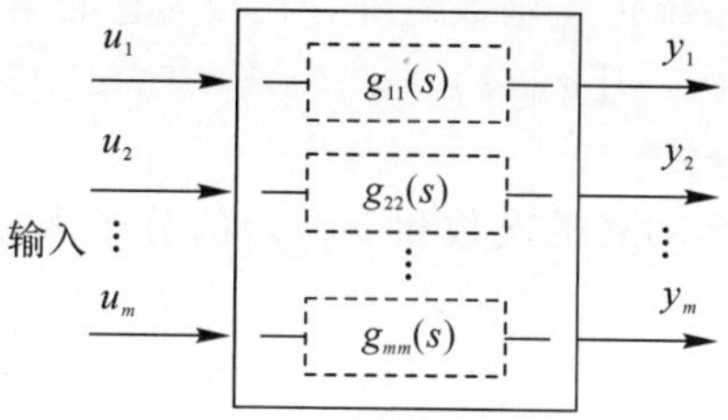

图 5-6　解耦系统

一、系统解耦控制的条件

考虑多输入-多输出的线性定常系统：

$$\dot{\boldsymbol{x}}=\boldsymbol{A}\boldsymbol{x}+\boldsymbol{B}\boldsymbol{u}\quad,\quad \boldsymbol{y}=\boldsymbol{C}\boldsymbol{x} \tag{5-114}$$

式中：$\boldsymbol{x}$ 为 n 维状态向量，$\boldsymbol{u}$ 为 p 维控制向量，$\boldsymbol{y}$ 为 q 维输出向量。引入三个基本假定：

(1)$p=q$，即输入和输出具有相同的变量个数。

(2)控制律采用状态反馈结合输入变换，即 $\boldsymbol{u}=\boldsymbol{L}\boldsymbol{v}-\boldsymbol{K}\boldsymbol{x}$，其中 $\boldsymbol{K}$ 为 $p\times n$ 阶反馈增益阵，$\boldsymbol{L}$ 为 $p\times p$ 阶输入变换阵，v 为参考输入。相应的反馈系统结构图如图 5-7 所示。

(3)输入变换阵 $\boldsymbol{L}$ 为非奇异，即有 $\det\boldsymbol{L}\neq 0$。

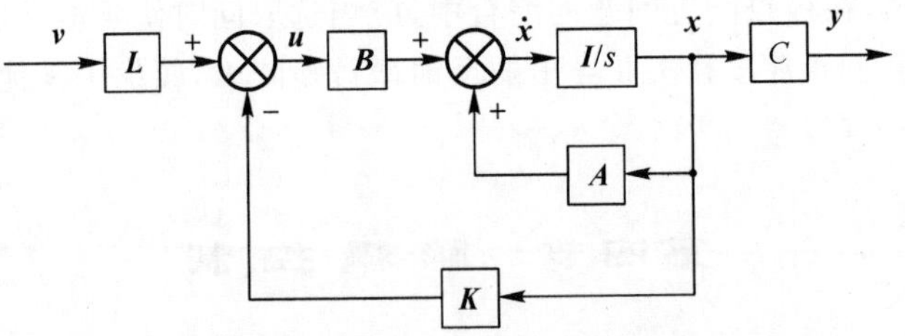

图 5-7　包含输入变换的状态反馈

由图 5-7 可看出包含输入变换的状态反馈系统的状态空间描述为

$$\dot{\boldsymbol{x}}=(\boldsymbol{A}-\boldsymbol{BK})\boldsymbol{x}+\boldsymbol{BLv}\quad,\quad \boldsymbol{y}=\boldsymbol{Cx} \tag{5-115}$$

而其传递函数为

$$\boldsymbol{G}_{\mathrm{KL}}(s)=\boldsymbol{C}(s\boldsymbol{I}-\boldsymbol{A}+\boldsymbol{BK})^{-1}\boldsymbol{BL} \tag{5-116}$$

由已知假定 $p=q$，可知$\boldsymbol{G}_{KL}(s)$为 $p\times q$ 维有理分式矩阵。

于是所谓解耦问题就是：对由式(5-114)给出的多变量受控系统，寻找一个输入变换和状态反馈矩阵对($\boldsymbol{L}\quad\boldsymbol{K}$)，使得状态反馈系统的传递函数矩阵$\boldsymbol{G}_{\mathrm{KL}}(\boldsymbol{s})$为非奇异对角线有理分式矩阵，即

$$\boldsymbol{G}_{\mathrm{KL}}(\boldsymbol{s})=\mathrm{diag}[g_{11}(s)\quad g_{22}(s)\quad\cdots\quad g_{pp}(s)] \tag{5-117}$$

式中：$g_{ii}(s)\neq 0,\quad i=1,2,\cdots,p$。

容易看出，为了综合解耦控制问题，将面临两个有待研究的命题。一个是研究受控系统的可解耦性，即建立使受控系统可通过状态反馈和输入变换而实现解耦所应遵循的条件；另一个是给出解耦控制问题的综合算法，以便对于可解耦的系统，确定出所要求的矩阵对($\boldsymbol{L}\quad\boldsymbol{K}$)。这些命题的解决，都涉及受控系统传递函数矩阵的某些结构特征参数。

1. 传递函数矩阵的两个特征量

设 $\boldsymbol{G}(s)$为 $p\times p$ 阶受控系统传递函数矩阵，$\boldsymbol{g}_i(s)$为它的第 i 个行传递函数向量，即有

$$\boldsymbol{g}_i(s)=[g_{i1}(s)\quad g_{i2}(s)\quad\cdots\quad g_{ip}(s)] \tag{5-118}$$

式中：$g_{ij}(s)$均为严格有理真分式。

再设 σ_{ij} 为 $g_{ij}(s)$的分母多项式的次数和 $g_{ij}(s)$的分子多项式的次数之差，则$\boldsymbol{g}_i(s)$的第一个特征量 d_i 定义为

$$d_i=\min\{\sigma_{i1}\quad\sigma_{i2}\quad\cdots\quad\sigma_{ip}\}_{-1}\qquad i=1,\ 2,\ \cdots,\ p \tag{5-119}$$

显然 d_i 必为非负整数。在 $\boldsymbol{G}(s)$给定后，$[d_1\quad d_2\quad\cdots\quad d_p]$为唯一确定。

设 $g_{ij}(s)$的分母多项式至多为 n 次，当$\boldsymbol{g}_i(s)$中有一元的分子多项式阶次为$(n-1)$时，便有 $d_i=0$；当$\boldsymbol{g}_i(s)$的所有元的分子多项式阶次均为零且分母多项式阶次均为 n 时，才有 $d_i=n-1$。故有 $0\leqslant d_i\leqslant n-1$，且 $g_i(s)$诸元分子多项式的最高阶数为 $n-(d_i+1)$。用 d_i 表示$\boldsymbol{g}_i(s)$有

$$\boldsymbol{g}_i(\boldsymbol{s})=\boldsymbol{c}_i(s\boldsymbol{I}-\boldsymbol{A})^{-1}\boldsymbol{B}=$$

$$\frac{\boldsymbol{c}_i\mathrm{adj}(s\boldsymbol{I}-\boldsymbol{A})^{-1}\boldsymbol{B}}{|s\boldsymbol{I}-\boldsymbol{A}|}=\frac{\boldsymbol{c}_i(\boldsymbol{R}_{n-1}s^{n-1}+\boldsymbol{R}_{n-2}s^{n-2}+\cdots+\boldsymbol{R}_1\boldsymbol{s}+\boldsymbol{R}_0)\boldsymbol{B}}{|s\boldsymbol{I}-\boldsymbol{A}|}=$$

$$\frac{\boldsymbol{c}_i\boldsymbol{R}_{n-1}Bs^{n-1}+\boldsymbol{c}_i\boldsymbol{R}_{n-2}Bs^{n-2}+\cdots+\boldsymbol{c}_i\boldsymbol{R}_{n-d_i}\boldsymbol{B}s^{n-d_i}+\boldsymbol{c}_i\boldsymbol{R}_{n-d_i-1}\boldsymbol{B}s^{n-d_i-1}+\cdots+\boldsymbol{c}_i\boldsymbol{R}_0\boldsymbol{B}}{s^n+a_{n-1}s^{n-1}+\cdots+a_1s+a_0} \tag{5-120}$$

式中：$\boldsymbol{c}_i$ 表示 $\boldsymbol{C}$ 的第 $\boldsymbol{i}$ 行。由于 $\boldsymbol{g}_i(s)$分子多项式的最高阶数为 $n-d_i-1$，故不存在 s^{n-d_i}，…，

s^{n-1} 等阶次更高的项，即有

$$\boldsymbol{c}_i\boldsymbol{R}_{n-1}\boldsymbol{B}=\boldsymbol{c}_i\boldsymbol{R}_{n-2}\boldsymbol{B}=\cdots=\boldsymbol{c}_i\boldsymbol{R}_{n-d_i}\boldsymbol{B}=\boldsymbol{0}\ \text{及}\ \boldsymbol{c}_i\boldsymbol{R}_{n-d_i-1}\boldsymbol{B}\neq\boldsymbol{0} \tag{5-121}$$

考虑 $|s\boldsymbol{I}-\boldsymbol{A}|\cdot I=(s\boldsymbol{I}-\boldsymbol{A})\cdot\text{adj}(s\boldsymbol{I}-\boldsymbol{A})$，将其展开，由同幂项系数相等的条件可导出诸 $\boldsymbol{R}$ 矩阵为

$$\left.\begin{aligned}&\boldsymbol{R}_{n-1}=\boldsymbol{I}\\&\boldsymbol{R}_{n-2}=\boldsymbol{A}+a_{n-1}\boldsymbol{I}\\&\boldsymbol{R}_{n-3}=\boldsymbol{A}^2+a_{n-1}\boldsymbol{A}+a_{n-2}\boldsymbol{I}\\&\cdots\cdots\\&\boldsymbol{R}_{n-d_i}=\boldsymbol{A}^{d_i-1}+a_{n-1}\boldsymbol{A}^{d_i-2}+\cdots+a_{n-d_i+1}\boldsymbol{I}\\&\boldsymbol{R}_{n-d_i-1}=\boldsymbol{A}^{d_i}+a_{n-1}\boldsymbol{A}^{d_i-1}+\cdots+a_{n-d_i}\boldsymbol{I}\\&\cdots\cdots\\&\boldsymbol{R}_0=\boldsymbol{A}^{n-1}+a_{n-1}\boldsymbol{A}^{n-2}+\cdots+a_1\boldsymbol{I}\end{aligned}\right\} \tag{5-122}$$

于是又可导出

$$\boldsymbol{c}_i\boldsymbol{B}=\boldsymbol{c}_i\boldsymbol{A}\boldsymbol{B}=\cdots=\boldsymbol{c}_i\boldsymbol{A}^{d_i-1}\boldsymbol{B}=\boldsymbol{0}\ \text{及}\ \boldsymbol{c}_i\boldsymbol{A}^{d_i}\boldsymbol{B}\neq\boldsymbol{0} \tag{5-123}$$

该式意味着 d_i 是使 $\boldsymbol{c}_i\boldsymbol{A}^k\boldsymbol{B}\neq 0$ 的最小正整数 k，而 $\boldsymbol{c}_i\boldsymbol{A}^k\boldsymbol{B}=0,(k=0,1,\cdots,k-1)$。当 $k=0,1,\cdots,n-1$ 时，有 $\boldsymbol{c}_i\boldsymbol{A}^k\boldsymbol{B}=\boldsymbol{0}$，则 $d_i=n-1$。由式(5-25b)显见，特征量 d_i 也可由受控系统的$(\boldsymbol{A},\boldsymbol{B},\boldsymbol{C})$来确定。

$\boldsymbol{g}_i(\boldsymbol{s})$的第二个特征量 $\boldsymbol{E}_i$ 定义为

$$\boldsymbol{E}_i=\lim_{s\to\infty}s^{d_i+1}\boldsymbol{g}_i(\boldsymbol{s}),i=1,2,\ \cdots,\ p \tag{5-124}$$

式中：$\boldsymbol{E}_i$ 为$(1\times p)$维向量，计算可知

$$\boldsymbol{E}_i=\lim_{s\to\infty}s^{d_i+1}\cdot\frac{\boldsymbol{c}_i\boldsymbol{R}_{n-d_i-1}\boldsymbol{B}s^{n-d_i-1}+\cdots+\boldsymbol{c}_i\boldsymbol{R}_0\boldsymbol{B}}{|s\boldsymbol{I}-\boldsymbol{A}|}=\lim_{s\to\infty}\frac{\boldsymbol{c}_i\boldsymbol{R}_{n-d_i-1}\boldsymbol{B}s^n+\cdots+\boldsymbol{c}_i\boldsymbol{R}_0\boldsymbol{B}s^{d_i+1}}{s^n+a_{n-1}s^{n-1}+\cdots+a_1s+a_0}=$$
$$\boldsymbol{c}_i\boldsymbol{R}_{n-d_i-1}\boldsymbol{B}=\boldsymbol{c}_i\boldsymbol{A}^{d_i}\boldsymbol{B} \tag{5-125}$$

式(5-125)表明，特征量 $\boldsymbol{E}_i$ 也可由$[\boldsymbol{A},\boldsymbol{B},\boldsymbol{C}]$确定。

以上确定 $\boldsymbol{G}(s)$的两个特征量的方法，也可用来确定引入$(\boldsymbol{L}\quad\boldsymbol{K})$矩阵对以后的闭环传递函数矩阵 $\boldsymbol{G}_{KL}(s)$的特征量 $\bar{d}_i$、$\bar{\boldsymbol{E}}_i$。这时，$\boldsymbol{G}_{KL}(s)$的第 i 行 $\boldsymbol{g}_{KLi}(s)$为

$$\boldsymbol{g}_{KLi}(s)=\boldsymbol{c}_i(s\boldsymbol{I}-\boldsymbol{A}+\boldsymbol{B}\boldsymbol{K})^{-1}\boldsymbol{B}\boldsymbol{L}=\frac{\boldsymbol{c}_i\bar{\boldsymbol{R}}_{n-1}\boldsymbol{B}\boldsymbol{L}s^{n-1}+\boldsymbol{c}_i\bar{\boldsymbol{R}}_{n-2}\boldsymbol{B}\boldsymbol{L}s^{n-2}+\cdots+\boldsymbol{c}_i\bar{\boldsymbol{R}}_0\boldsymbol{B}\boldsymbol{L}}{s^n+\bar{a}_{n-1}s^{n-1}+\cdots+\bar{a}_1s+\bar{a}_0} \tag{5-126}$$

式中

$$\left.\begin{aligned}&\bar{\boldsymbol{R}}_{n-1}=\boldsymbol{I}\\&\bar{\boldsymbol{R}}_{n-2}=(\boldsymbol{A}-\boldsymbol{B}\boldsymbol{K})+\bar{a}_{n-1}\boldsymbol{I}\\&\bar{\boldsymbol{R}}_{n-3}=(\boldsymbol{A}-\boldsymbol{B}\boldsymbol{K})^2+\bar{a}_{n-1}(\boldsymbol{A}-\boldsymbol{B}\boldsymbol{K})+\bar{a}_{n-2}\boldsymbol{I}\\&\cdots\cdots\\&\bar{\boldsymbol{R}}_0=(\boldsymbol{A}-\boldsymbol{B}\boldsymbol{K})^{n-1}+\bar{a}_{n-1}(\boldsymbol{A}-\boldsymbol{B}\boldsymbol{K})n-2+\cdots+\bar{a}_1\boldsymbol{I}\end{aligned}\right\} \tag{5-127}$$

且可导出

$$\boldsymbol{c}_i\boldsymbol{BL}=\boldsymbol{c}_i(\boldsymbol{A}-\boldsymbol{BK})\boldsymbol{BL}=\cdots=\boldsymbol{c}_i(\boldsymbol{A}-\boldsymbol{BK})^{\bar{d}_i-1}\boldsymbol{BL}=\boldsymbol{0}\ 及\ \boldsymbol{c}_i(\boldsymbol{A}-\boldsymbol{BK})^{\bar{d}_i}\boldsymbol{BL}\neq\boldsymbol{0} \tag{5-128}$$

$$\bar{\boldsymbol{E}}_i=\boldsymbol{c}_i(\boldsymbol{A}-\boldsymbol{BK})^{\bar{d}_i}\boldsymbol{BL} \tag{5-129}$$

式(5-128)和式(5-129)给出了 $\bar{d}_i$ 和 $\bar{\boldsymbol{E}}_i$ 的定义式。考虑式(5-123),可验证存在下列恒等式

$$\boldsymbol{c}_i(\boldsymbol{A}-\boldsymbol{BK})^k=\boldsymbol{c}_i\boldsymbol{A}^k,\quad k=0,\ 1,\ \cdots,\ d \tag{5-130}$$

则 $\boldsymbol{c}_i(\boldsymbol{A}-\boldsymbol{BK})^k\boldsymbol{BL}=\boldsymbol{c}_iA^k\boldsymbol{BL}$ 对于任意($\boldsymbol{L}\quad\boldsymbol{K}$)均成立。考虑 $\det\boldsymbol{L}\neq0$,有

$$\boldsymbol{c}_i(\boldsymbol{A}-\boldsymbol{BK})^k\boldsymbol{BL}=\boldsymbol{0}\quad 则\quad \boldsymbol{c}_i\boldsymbol{A}^k\boldsymbol{B}=\boldsymbol{0} \tag{5-131}$$

$$\boldsymbol{c}_i(\boldsymbol{A}-\boldsymbol{BK})^k\boldsymbol{BL}\neq\boldsymbol{0}\quad 则\quad \boldsymbol{c}_i\boldsymbol{A}^k\boldsymbol{B}\neq\boldsymbol{0} \tag{5-132}$$

故

$$\bar{d}_i=d_i\quad,\quad \bar{\boldsymbol{E}}_i=\boldsymbol{E}_i\boldsymbol{L}\quad,\quad i=1,\ 2,\cdots,\ p \tag{5-133}$$

$\boldsymbol{G}(s)$ 与 $\boldsymbol{G}_{KL}(s)$ 的关系:有下列恒等式

$$\boldsymbol{G}_{KL}(s)=\boldsymbol{G}(s)[\boldsymbol{I}+\boldsymbol{K}(s\boldsymbol{I}-\boldsymbol{A})^{-1}\boldsymbol{B}]^{-1}\boldsymbol{L} \tag{5-134}$$

证明

$$\begin{aligned}\boldsymbol{G}_{KL}(s)=&\boldsymbol{C}(s\boldsymbol{I}-\boldsymbol{A}+\boldsymbol{BK})^{-1}\boldsymbol{BL}=\\&\boldsymbol{C}(s\boldsymbol{I}-\boldsymbol{A})^{-1}(s\boldsymbol{I}-\boldsymbol{A})(s\boldsymbol{I}-\boldsymbol{A}+\boldsymbol{BK})^{-1}\boldsymbol{BL}=\\&\boldsymbol{C}(s\boldsymbol{I}-\boldsymbol{A})^{-1}(s\boldsymbol{I}-\boldsymbol{A}+\boldsymbol{BK}-\boldsymbol{BK})(s\boldsymbol{I}-\boldsymbol{A}+\boldsymbol{BK})^{-1}\boldsymbol{BL}=\\&\boldsymbol{C}(s\boldsymbol{I}-\boldsymbol{A})^{-1}[-\boldsymbol{BK}(s\boldsymbol{I}-\boldsymbol{A}+\boldsymbol{BK})^{-1}]\boldsymbol{BL}=\\&\boldsymbol{C}(s\boldsymbol{I}-\boldsymbol{A})^{-1}[\boldsymbol{B}-\boldsymbol{BK}(s\boldsymbol{I}-\boldsymbol{A}+\boldsymbol{BK})^{-1}\boldsymbol{B}]\boldsymbol{L}=\\&\boldsymbol{C}(s\boldsymbol{I}-\boldsymbol{A})^{-1}\boldsymbol{B}[\boldsymbol{I}-\boldsymbol{K}(s\boldsymbol{I}-\boldsymbol{A}+\boldsymbol{BK})^{-1}\boldsymbol{B}]\boldsymbol{L}=\\&\boldsymbol{G}(s)[\boldsymbol{I}-\boldsymbol{K}(s\boldsymbol{I}-\boldsymbol{A}+\boldsymbol{BK})^{-1}\boldsymbol{B}]\boldsymbol{L}\end{aligned} \tag{5-135}$$

由于

$$\begin{aligned}&[\boldsymbol{I}-\boldsymbol{K}(s\boldsymbol{I}-\boldsymbol{A}+\boldsymbol{BK})^{-1}\boldsymbol{B}][\boldsymbol{I}+\boldsymbol{K}(s\boldsymbol{I}-\boldsymbol{A})^{-1}\boldsymbol{B}]=\\&\boldsymbol{I}-\boldsymbol{K}(s\boldsymbol{I}-\boldsymbol{A}+\boldsymbol{BK})^{-1}\boldsymbol{B}+\boldsymbol{K}(s\boldsymbol{I}-\boldsymbol{A})^{-1}\boldsymbol{B}-\boldsymbol{K}(s\boldsymbol{I}-\boldsymbol{A}+\boldsymbol{BK})^{-1}\boldsymbol{B}\cdot\boldsymbol{K}(s\boldsymbol{I}-\boldsymbol{A})^{-1}\boldsymbol{B}=\\&\boldsymbol{I}-\boldsymbol{K}(s\boldsymbol{I}-\boldsymbol{A}+\boldsymbol{BK})^{-1}\boldsymbol{B}+\boldsymbol{K}(s\boldsymbol{I}-\boldsymbol{A}+\boldsymbol{BK})^{-1}(s\boldsymbol{I}-\boldsymbol{A}+\boldsymbol{BK})(s\boldsymbol{I}-\boldsymbol{A})^{-1}\boldsymbol{B}\\&-\boldsymbol{K}(s\boldsymbol{I}-\boldsymbol{A}+\boldsymbol{BK})^{-1}\boldsymbol{B}\cdot\boldsymbol{K}(s\boldsymbol{I}-\boldsymbol{A})^{-1}\boldsymbol{B}=\\&\boldsymbol{I}-\boldsymbol{K}(s\boldsymbol{I}-\boldsymbol{A}+\boldsymbol{BK})^{-1}\boldsymbol{B}+\boldsymbol{K}(s\boldsymbol{I}-\boldsymbol{A}+\boldsymbol{BK})^{-1}(s\boldsymbol{I}-\boldsymbol{A}+\boldsymbol{BK}-\boldsymbol{BK})(s\boldsymbol{I}-\boldsymbol{A})^{-1}\boldsymbol{B}=\boldsymbol{I}\end{aligned} \tag{5-136}$$

即

$$[\boldsymbol{I}-\boldsymbol{K}(s\boldsymbol{I}-\boldsymbol{A}+\boldsymbol{BK})^{-1}\boldsymbol{B}]=[\boldsymbol{I}+\boldsymbol{K}(s\boldsymbol{I}-\boldsymbol{A})^{-1}\boldsymbol{B}]^{-1} \tag{5-138}$$

故式(5-134)得证。

2. 可解耦条件

线性定常受控系统(5-111)可采用状态反馈和输入变换即存在矩阵对[$\boldsymbol{L}\ \boldsymbol{K}$]进行解耦的充分必要条件,是如下的 $p\times p$ 阶常阵

$$\boldsymbol{E}=\begin{bmatrix}\boldsymbol{E}_1\\\boldsymbol{E}_2\\\vdots\\\boldsymbol{E}_p\end{bmatrix} \tag{5-139}$$

为非奇异。

证明　必要性：已知对[$\boldsymbol{A}$ $\boldsymbol{B}$ $\boldsymbol{C}$]存在[$\boldsymbol{L}$ $\boldsymbol{K}$]可实现解耦，即闭环系统的传递函数矩阵为

$$\boldsymbol{G}_{KL}(s)=\begin{bmatrix}\bar{g}_{11}(s) & & \\ & \ddots & \\ & & \bar{g}_{pp}(s)\end{bmatrix},\quad \bar{g}_{ii}(s)\neq 0 \tag{5-140}$$

由此并利用$\boldsymbol{E}_i$ 的定义，可得

$$\bar{\boldsymbol{E}}=\begin{bmatrix}\bar{E}_1\\ \vdots \\ \bar{E}_p\end{bmatrix}=\begin{bmatrix}\lim\limits_{s\to\infty}s^{d_i+1}g_{KL1}(s)\\ \vdots \\ \lim\limits_{s\to\infty}s^{d_p+1}g_{KLp}(s)\end{bmatrix}=\begin{bmatrix}\lim\limits_{s\to\infty}s^{d_1+1}\bar{g}_{11}(s) & & \\ & \ddots & \\ & & \lim\limits_{s\to\infty}s^{d_p+1}\bar{g}_{pp}(s)\end{bmatrix} \tag{5-141}$$

这表明 $\bar{\boldsymbol{E}}$ 为对角线非奇异阵。再知 $\bar{\boldsymbol{E}}=\boldsymbol{EL}$，且 $\boldsymbol{L}$ 为非奇异，从而即知 $\boldsymbol{E}=\bar{\boldsymbol{E}}\boldsymbol{L}^{-1}$ 为非奇异阵。由此必要性得证。

充分性：采用构造性证明，取($\boldsymbol{L}$ $\boldsymbol{K}$)为

$$\boldsymbol{L}=\boldsymbol{E}^{-1},\quad \boldsymbol{K}=\boldsymbol{E}^{-1}\boldsymbol{F} \tag{5-142}$$

其中，由已知 $\boldsymbol{E}$ 为非奇异，故 $\boldsymbol{E}^{-1}$ 存在，而 $p\times n$ 阶常阵$\boldsymbol{F}$ 定义为

$$\boldsymbol{F}\triangleq\begin{bmatrix}\boldsymbol{c}_i\boldsymbol{A}^{d_i+1}\\ \vdots \\ \boldsymbol{c}_p\boldsymbol{A}^{d_p+1}\end{bmatrix} \tag{5-143}$$

由

$$\begin{aligned}\boldsymbol{g}_i(s)&=\boldsymbol{c}_i(s\boldsymbol{I}-\boldsymbol{A})^{-1}\boldsymbol{B}=\\ &\boldsymbol{c}_i\left(\frac{\boldsymbol{I}}{s}+\frac{\boldsymbol{A}}{s^2}+\frac{\boldsymbol{A}^2}{s^3}+\cdots+\frac{\boldsymbol{A}^{d_i-1}}{s^{d_i}}+\frac{\boldsymbol{A}^{d_i}}{s^{d_i+1}}+\frac{\boldsymbol{A}^{d_i+1}}{s^{d_i+2}}+\cdots\right)\boldsymbol{B}\end{aligned} \tag{5-144}$$

考虑式(5－125)，有

$$\begin{aligned}\boldsymbol{g}_i(s)&=\boldsymbol{c}_i\left(\frac{\boldsymbol{A}^{d_i}}{s^{d_i+1}}+\frac{\boldsymbol{A}^{d_i+1}}{s^{d_i+2}}+\cdots\right)\boldsymbol{B}=\\ &\frac{1}{s^{d_i+1}}\boldsymbol{c}_i\left[\boldsymbol{A}^{d_i}+\boldsymbol{A}^{d_i+1}\left(\frac{\boldsymbol{I}}{s}+\frac{\boldsymbol{A}}{s^2}+\cdots\right)\right]\boldsymbol{B}=\\ &\frac{1}{s^{d_i+1}}[\boldsymbol{c}_i\boldsymbol{A}^{d_i}\boldsymbol{B}+\boldsymbol{c}_i\boldsymbol{A}^{d_i+1}(s\boldsymbol{I}-\boldsymbol{A})^{-1}\boldsymbol{B}]=\\ &\frac{1}{s^{d_i+1}}[\boldsymbol{E}_i+\boldsymbol{F}_i(s\boldsymbol{I}-\boldsymbol{A})^{-1}\boldsymbol{B}]\end{aligned} \tag{5-145}$$

故

$$G(s)=\begin{bmatrix}g_1(s)\\ g_2(s)\\ \vdots\\ g_p(s)\end{bmatrix}=\begin{bmatrix}\frac{1}{s^{d_1+1}}[E_1+F_1(sI-A)^{-1}B]\\ \frac{1}{s^{d_2+1}}[E_2+F_2(sI-A)^{-1}B]\\ \vdots\\ \frac{1}{s^{d_p+1}}[E_p+F_p(sI-A)^{-1}B]\end{bmatrix}$$

$$=\begin{bmatrix}\frac{1}{s^{d_1+1}} & & & \\ & \frac{1}{s^{d_2+1}} & & \\ & & \ddots & \\ & & & \frac{1}{s^{d_p+1}}\end{bmatrix}[E+F(sI-A)^{-1}B] \tag{5-146}$$

$$G_{KL}(s)=G(s)[I+K(sI-A)^{-1}B]-1L$$

$$=\begin{bmatrix}\frac{1}{s^{d_1+1}} & & \\ & \ddots & \\ & & \frac{1}{s^{d_p+1}}\end{bmatrix}[E+F(sI-A)^{-1}B][I+E^{-1}F(sI-A)^{-1}B]E^{-1}$$

$$=\begin{bmatrix}\frac{1}{s^{d_1+1}} & & \\ & \ddots & \\ & & \frac{1}{s^{d_p+1}}\end{bmatrix}E[I+E^{-1}F(sI-A)^{-1}B][I+E^{-1}F(sI-A)^{-1}B]E^{-1}$$

$$=\begin{bmatrix}\frac{1}{s^{d_1+1}} & & \\ & \ddots & \\ & & \frac{1}{s^{d_p+1}}\end{bmatrix} \tag{5-147}$$

$G_{KL}(s)$为对角阵且非奇异，即实现了解耦。充分性得证。

上述分析研究说明：

(1)受控系统(5－111)能否采用状态反馈和输入变换来实现解耦，唯一地决定于其传递函数矩阵$G(s)$的两个特征量d_i和$E_i(i=1,2,\cdots,p)$。从表面上看，系统的能控性和能镇定性在这里是无关紧要的。但是，从解耦合后的系统要能正常地运行并具有良好的动态性能而言，仍需要求受控系统是能控的，或至少是能镇定的。否则，甚至不能保证闭环系统是渐进稳定的，此时解耦控制也就失去了意义。

(2)判断受控系统(5-111)能否采用状态反馈和输入变换来实现解耦,即可从传统的传递函数矩阵描述来组成判别矩阵 $\boldsymbol{E}$,也可从系统的状态空间描述来组成判别矩阵 E。

(3)用式(5-142)所示的$[\boldsymbol{L}\quad \boldsymbol{K}]$,对可解耦受控系统能实现积分型解耦,解耦后诸单变量系统的传递函数均为多重积分器,但是这种解耦系统的动态性能不能令人满意,故本身并无实际应用价值,它仅是解耦控制的一个中间步骤。由式(5-147)可知,子系统 i 含有(d_i+1)个积分器,积分型解耦控制系统的动态方程为

$$\dot{\boldsymbol{x}}=\bar{\boldsymbol{A}}\boldsymbol{x}+\bar{\boldsymbol{B}}\boldsymbol{v}=(\boldsymbol{A}-\boldsymbol{B}\boldsymbol{E}^{-1}\boldsymbol{F})\boldsymbol{x}+\boldsymbol{B}\boldsymbol{E}^{-1}\boldsymbol{v},\quad \boldsymbol{y}=\bar{\boldsymbol{C}}\boldsymbol{x}=\boldsymbol{C}\boldsymbol{x} \tag{5-148}$$

(4)$[\boldsymbol{A}\quad \boldsymbol{B}]$能控时,$(\boldsymbol{A}-\boldsymbol{B}\boldsymbol{E}^{-1}\boldsymbol{F},\boldsymbol{B}\boldsymbol{E}^{-1})$一定能控,这是由于 $\boldsymbol{B}\boldsymbol{E}^{-1}$ 与 $\boldsymbol{B}$ 有相同的秩,则状态反馈不改变系统能控性。当$[\boldsymbol{A}\quad \boldsymbol{B}]$能控,且$[\boldsymbol{A},\boldsymbol{C}]$和$[\boldsymbol{A}-\boldsymbol{B}^{-1}\boldsymbol{F}\ \boldsymbol{C}]$都能观测时,必有 $n=\sum\limits_{i=1}^{p}(d_i+1)$,其中子系统 i 维数为 $m_i=d_i+1$。当$[\boldsymbol{A},\boldsymbol{B}]$能控,$[\boldsymbol{A},\boldsymbol{C}]$或$[\boldsymbol{A}-\boldsymbol{B}^{-1}\boldsymbol{F}\ \boldsymbol{C}]$不能观测时,必有 $n>\sum\limits_{i=1}^{p}(d_i+1)$时,子系统 i 的维数 $m_i\geqslant d_i+1$,记 $m_i=(d_i+1)+l_i$。至于 m_i,可根据$[\boldsymbol{A}-\boldsymbol{B}\boldsymbol{E}^{-1}\boldsymbol{F}\ \boldsymbol{B}\boldsymbol{E}^{-1}]$的能观测性指数集来确定。

二、系统解耦控制的方法

为解决积分型解耦系统的动态性能问题,须采用附加反馈以配置所需极点,但引入该反馈后仍应保证闭环系统是解耦系统。为此,将积分型解耦系统首先变换为解耦规范系统,在解耦规范系统中引入附加状态反馈,可使闭环系统仍然解耦。

现引入一个非奇异线性变换 $\tilde{\boldsymbol{x}}=\boldsymbol{Q}\boldsymbol{x}$,其中

$$\tilde{\boldsymbol{x}}=\begin{bmatrix}\tilde{\boldsymbol{x}}_1\\ \tilde{\boldsymbol{x}}_2\\ \vdots\\ \tilde{\boldsymbol{x}}_p\\ \tilde{\boldsymbol{x}}_{p+1}\end{bmatrix}\begin{matrix}m_1\times 1\\ m_2\times 1\\ \\ m_p\times 1\\ m_{p+1}\times 1\end{matrix},\quad \boldsymbol{Q}=\begin{bmatrix}\boldsymbol{Q}_1\\ \boldsymbol{Q}_2\\ \vdots\\ \boldsymbol{Q}_p\\ \boldsymbol{Q}_{p+1}\end{bmatrix}\begin{matrix}m_1\times n\\ m_2\times n\\ \\ m_p\times n\\ m_{p+1}\times n\end{matrix},\quad \boldsymbol{Q}_i=\begin{bmatrix}\boldsymbol{C}_i\\ \boldsymbol{C}_i\boldsymbol{A}\\ \vdots\\ \boldsymbol{C}_i\boldsymbol{A}^{d_i}\\ \times\\ \vdots\\ \times\end{bmatrix}\begin{matrix}\left.\begin{matrix}\\ \\ \\ \\ \end{matrix}\right\}d_l+1\\ \\ \left.\begin{matrix}\\ \\ \\ \end{matrix}\right\}l_l\end{matrix},\quad i=1,2,\cdots,p \tag{5-149}$$

式中:$m_i=(d_i+1)+l_i$;$m_{p+1}=n-\sum\limits_{i=1}^{p}[(d_i+1)+l_i]X_i$;符号×为使 $\boldsymbol{Q}_i$ 非奇异的任意行向量;$\sum\limits_{i=1}^{p+1}m_i=n$,$\boldsymbol{Q}$ 为$(n\times n)$矩阵,$\boldsymbol{Q}_i$ 为$(m_i\times n)$矩阵;$\boldsymbol{Q}_{p+1}$ 为任取的 m_{p+1} 个线性无关行向量,$\tilde{x}_{p+1}$ 为$(\boldsymbol{A},\boldsymbol{C})$的不能观测状态。以上变换实为对积分型解耦系统进行按能观测性的结构分解。可以证明(略),对能控的积分型解耦系统,经以上变换可以化为下列解耦规范型

$$\dot{\tilde{x}}=Q\bar{A}Q^{-1}\tilde{x}+Q\bar{B}v=\tilde{A}\tilde{x}+\tilde{B}v,\ y=\bar{C}Q^{-1}\tilde{x}=\tilde{C}\tilde{x} \tag{5-150}$$

式中

$$\tilde{A}=\begin{bmatrix}\tilde{A}_1 & & & 0\\ & \ddots & & \vdots\\ & & \tilde{A}_p & 0\\ \tilde{A}_{c1} & \cdots & \tilde{A}_{cp} & \tilde{A}_{p+1}\end{bmatrix}\begin{matrix}m_1\text{ 行}\\ \vdots\\ m_p\\ m_{p+1}\end{matrix},\ \tilde{B}=\begin{bmatrix}\tilde{b}_1 & & \\ & \ddots & \\ & & \tilde{b}_1\\ \tilde{b}_{c1} & \cdots & \tilde{b}_{cp}\end{bmatrix}\begin{matrix}m_1\text{ 行}\\ \vdots\\ m_p\\ m_{p+1}\end{matrix},\ C_1=\begin{bmatrix}\tilde{C}_1 & & \mathbf{0}\\ & \ddots & \vdots\\ & \tilde{C}_p & \mathbf{0}\end{bmatrix}$$

$$m_1 \quad m_p\text{ 列} \tag{5-151}$$

其中,虚线分块化表示按能观测性的结构分解形式,当($\bar{A}\ C$)为能观测时,则($\tilde{A}\ \tilde{B}\ \tilde{C}$)中不出现不能观测部分,也无需进行按能观测性分解;此时 $Q=I$。其中的子系统($\tilde{A}\ \tilde{b}_i\ \tilde{c}_i$)的形式为

$$\underset{m_i\times m}{\tilde{A}_{i\ i}}=\underbrace{\begin{bmatrix}0 & I_{d_i} & 0\\ \vdots & & \\ 0 & & \\ 0 & & 0\\ & * & \vdots\end{bmatrix}}_{(d_i+1)\quad l_i}\begin{matrix}\}d_i+1\\ \}l_i\\ \}i\end{matrix},\ \tilde{b}_{i_{m_i\times 1}}=\begin{bmatrix}0\\ \vdots\\ 0\\ 1\\ 0\\ \vdots\\ 0\end{bmatrix}\begin{matrix}\}d_i+1\\ \}l_i\end{matrix},\ \tilde{c}_{i_1\times m_i}=\begin{bmatrix}1\\ 0\\ \vdots\\ 0\\ 0\\ \vdots\\ 0\end{bmatrix}\begin{matrix}\}d_i+1\\ \}l_i\end{matrix} \tag{5-152}$$

式中:($\tilde{A}$, $\tilde{b}_i$)是能控子系统,l_i 阶矩阵块 φ_i 是不能观测,(由(A,C)能观测但引入了($L\quad K$)后不能观测生成)。还应注意到 m_{p+1} 阶矩阵块 $\tilde{A}_{p+1}$ 也是不能观测的(由($A\quad C$)不能观测生成)。

对解耦规范型中的诸子系统

$$\dot{\tilde{x}}_i=\tilde{A}_i\tilde{x}_i+\tilde{b}_i v_i,\ y_i=\tilde{c}_i\tilde{x}_i\ i=1,2,\cdots,p \tag{5-153}$$

引入状态反馈 $v_i=\tilde{v}_i-\tilde{k}_i\tilde{x}_i$,式中 $\tilde{k}_i=[k_{i0}\quad k_{i1}\quad\cdots\quad k_{id_i}\quad\vdots\quad 0\quad\cdots\quad 0]_{1\times m}$,用以实现子系统 i 的极点配置。而对整个解耦规范系统($\tilde{A}\quad\tilde{B}\quad\tilde{C}$)所引入的状态反馈控制规律为 $v=\bar{v}-\tilde{K}x$,式中

$$\tilde{K}_{p\times p}=\begin{bmatrix}\tilde{k}_1 & & 0\\ & \ddots & \vdots\\ & \tilde{k}_p & 0\end{bmatrix}\begin{matrix}1\text{ 行}\\ m_p\\ m_{p+1}\end{matrix} \tag{5-154}$$

$$m_1\text{ 列 } m_p\ m_{p+1}$$

可得闭环系统动态方程为

$$\left.\begin{aligned}&\boldsymbol{x}=(\widetilde{\boldsymbol{A}}-\widetilde{\boldsymbol{B}}\widetilde{\boldsymbol{K}})\widetilde{\boldsymbol{x}}+\widetilde{\boldsymbol{B}}\boldsymbol{v}=\\&\quad(\boldsymbol{Q}\bar{\boldsymbol{A}}\boldsymbol{Q}^{-1}-\boldsymbol{Q}\bar{\boldsymbol{B}}\widetilde{\boldsymbol{K}})\widetilde{\boldsymbol{x}}+\boldsymbol{Q}\bar{\boldsymbol{B}}\boldsymbol{v}=\\&\quad[\boldsymbol{Q}(\boldsymbol{A}-\boldsymbol{B}\boldsymbol{E}^{-1}\boldsymbol{F})\boldsymbol{Q}^{-1}-\boldsymbol{Q}\boldsymbol{B}\boldsymbol{E}^{-1}\widetilde{\boldsymbol{K}}]\widetilde{\boldsymbol{X}}+\boldsymbol{Q}\boldsymbol{B}\boldsymbol{E}^{-1}\boldsymbol{v}\\&\boldsymbol{y}=\boldsymbol{C}\boldsymbol{Q}^{-1}\widetilde{\boldsymbol{x}}\end{aligned}\right\}\tag{5-155}$$

还可导出闭环传递函数矩阵

$$\widetilde{\boldsymbol{C}}(s\boldsymbol{I}-\widetilde{\boldsymbol{A}}+\widetilde{\boldsymbol{B}}\widetilde{\boldsymbol{K}})^{-1}\widetilde{\boldsymbol{B}}=\begin{bmatrix}\widetilde{\boldsymbol{c}}_1(s\boldsymbol{I}-\widetilde{\boldsymbol{A}}_1+\widetilde{\boldsymbol{b}}_1\widetilde{\boldsymbol{k}}_1)^{-1}\widetilde{\boldsymbol{b}}_1 & & \\ & \ddots & \\ & & \widetilde{\boldsymbol{c}}_p(s\boldsymbol{I}-\widetilde{\boldsymbol{A}}_p+\widetilde{\boldsymbol{b}}_p\widetilde{\boldsymbol{k}}_p)^{-1}\widetilde{\boldsymbol{b}}_p\end{bmatrix}\tag{5-156}$$

和

$$\widetilde{\boldsymbol{A}}_i-\widetilde{\boldsymbol{b}}_i\widetilde{\boldsymbol{k}}_i=\begin{bmatrix}0 & & & \\ \vdots & I_{d_i} & & \boldsymbol{0}\\ 0 & & & \\ -k_{i0} & -k_{i1} & \cdots & -k_{id_i}\\ & & * & *\end{bmatrix}\tag{5-157}$$

这表明，$\widetilde{\boldsymbol{K}}$ 的结构形式保证了解耦控制的实现，而 $\widetilde{\boldsymbol{k}}_i(i=1,2,\cdots,p)$的元则由解耦后的第 i 个单输入-单输出控制系统的期望极点组所决定。而且不难看出，由于需保证实现解耦，状态反馈所能控制的不是 $\widetilde{\boldsymbol{A}}_i$ 的全部特征值。对于不能观测的状态变量必须是稳定的，否则，表示不存在稳定的解耦控制规律。

利用 $\widetilde{\boldsymbol{x}}=\boldsymbol{Q}\boldsymbol{x}$，可得原闭环系统动态方程为

$$\dot{\boldsymbol{x}}=(\boldsymbol{A}-\boldsymbol{B}\boldsymbol{E}^{-1}\boldsymbol{F}-\boldsymbol{B}\boldsymbol{E}^{-1}\widetilde{\boldsymbol{K}}\boldsymbol{Q})\boldsymbol{x}+\boldsymbol{B}\boldsymbol{F}^{-1}\boldsymbol{v},\quad \boldsymbol{y}=\boldsymbol{C}\boldsymbol{x}\tag{5-158}$$

故原受控对象为实现解耦以及配置极点的$(\boldsymbol{L}\ \boldsymbol{K})$矩阵对应分别为

$$\boldsymbol{K}=\boldsymbol{E}^{-1}\boldsymbol{F}+\boldsymbol{E}^{-1}\widetilde{\boldsymbol{K}}\boldsymbol{Q},\quad \boldsymbol{L}=\boldsymbol{E}^{-1}\tag{5-159}$$

例 5-5　给定双输入-双输出的线性定常受控系统为

$$\dot{\boldsymbol{x}}=\begin{bmatrix}0&1&0&0\\3&0&0&2\\0&0&0&1\\0&-2&0&0\end{bmatrix}\boldsymbol{x}+\begin{bmatrix}0&0\\1&0\\0&0\\0&1\end{bmatrix}\boldsymbol{u},\quad \boldsymbol{y}=\begin{bmatrix}1&0&0&0\\0&0&1&0\end{bmatrix}x\tag{5-160}$$

试设计解耦控制规律。

解　易知受控系统能控并且能观测。

(1)计算 $d_i(i=1,2)$和 $\boldsymbol{E}_i(i=1,2)$

$$C_1B=[1\quad 0\quad 0\quad 0]\begin{bmatrix}0&0\\1&0\\0&0\\0&1\end{bmatrix}=[0\quad 0]$$

$$C_1AB=[1\quad 0\quad 0\quad 0]\begin{bmatrix}0&1&0&0\\3&0&0&2\\0&0&0&1\\0&-2&0&0\end{bmatrix}\begin{bmatrix}0&0\\1&0\\0&0\\0&1\end{bmatrix}=[1\quad 0]$$

$$C_2B=[0\quad 0\quad 1\quad 0]\begin{bmatrix}0&0\\1&0\\0&0\\0&1\end{bmatrix}=[0\quad 0]$$

$$C_2AB=[0\quad 0\quad 1\quad 0]\begin{bmatrix}0&1&0&0\\3&0&0&2\\0&0&0&1\\0&-2&0&0\end{bmatrix}\begin{bmatrix}0&0\\1&0\\0&0\\0&1\end{bmatrix}=[0\quad 1] \tag{5-161}$$

由此，即可定出

$$d_1=1, d_2=1$$

$$E_1=[1\quad 0], E_2=[0\quad 1] \tag{5-162}$$

(2)判断可解耦性。显然，可解耦性判别阵

$$E=\begin{bmatrix}E_1\\E_2\end{bmatrix}=\begin{bmatrix}1&0\\0&1\end{bmatrix} \tag{5-163}$$

为非奇异，因此可进行解耦。

(3)导出积分型解耦系统。定义

$$E^{-1}=\begin{bmatrix}1&0\\0&1\end{bmatrix},\quad F=\begin{bmatrix}C_1A^2\\C_2A^2\end{bmatrix}=\begin{bmatrix}3&0&0&2\\0&-2&0&0\end{bmatrix} \tag{5-164}$$

再取

$$\bar{L}=E^{-1}=\begin{bmatrix}1&0\\0&1\end{bmatrix},\quad \bar{K}=E^{-1}F=\begin{bmatrix}3&0&0&2\\0&-2&0&0\end{bmatrix} \tag{5-165}$$

则有

$$\bar{A}=A-BE^{-1}F=\begin{bmatrix}0&1&0&0\\0&0&0&0\\0&0&0&1\\0&0&0&0\end{bmatrix},\quad \bar{B}=BE^{-1}=\begin{bmatrix}0&0\\1&0\\0&0\\0&1\end{bmatrix},\quad \bar{C}=C=\begin{bmatrix}1&0&0&0\\0&0&0&1\end{bmatrix} \tag{5-166}$$

容易看出，$\{\bar{A}\ \bar{C}\}$保持为能观测，且$\{\bar{A}\ \bar{B}\ \bar{C}\}$已处于解耦规范型。所以，无须进一步引入变换，也即$\boldsymbol{Q}=\boldsymbol{I}$。

(4)相对于解耦规范型确定状态反馈增益矩阵$\tilde{\boldsymbol{K}}$。将$\tilde{\boldsymbol{K}}$取为

$$\tilde{\boldsymbol{K}}=\begin{bmatrix} k_{10} & k_{11} & 0 & 0 \\ 0 & 0 & k_{20} & k_{21} \end{bmatrix} \tag{5-167}$$

则可得

$$\bar{\boldsymbol{A}}-\bar{\boldsymbol{B}}\tilde{\boldsymbol{K}}=\begin{bmatrix} 0 & 1 & 0 & 0 \\ -k_{10} & -k_{11} & 0 & 0 \\ 0 & 0 & 0 & 1 \\ 0 & 0 & -k_{20} & -k_{21} \end{bmatrix} \tag{5-168}$$

再来指定解耦后的单输入一单输出系统的期望特征值，分别为

$$\lambda_{11}^{*}=-2,\quad \lambda_{12}^{*}=-4,\quad \lambda_{21}^{*}=-2+j,\quad \lambda_{22}^{*}=-2-\mathrm{j} \tag{5-169}$$

于是，通过求得

$$\alpha_1^{*}(s)=(s+2)(s+4)=s^2+6s+8,\alpha_2^{*}(s)=(s+2-\mathrm{j})(s+2+\mathrm{j})=s^2+4s+5 \tag{5-170}$$

从而

$$\tilde{\boldsymbol{K}}=\begin{bmatrix} 8 & 6 & 0 & 0 \\ 0 & 0 & 5 & 4 \end{bmatrix} \tag{5-171}$$

(5)给出给定受控系统实现解耦控制和极点配置的控制矩阵对$[\boldsymbol{L}\ \boldsymbol{K}]$

$$\boldsymbol{L}=\boldsymbol{E}^{-1}=\begin{bmatrix} 1 & 0 \\ 0 & 1 \end{bmatrix},\boldsymbol{K}=\boldsymbol{E}^{-1}\boldsymbol{F}+\boldsymbol{E}^{-1}\tilde{\boldsymbol{K}}=\begin{bmatrix} 11 & 6 & 0 & 2 \\ 0 & -2 & 5 & 4 \end{bmatrix} \tag{5-172}$$

(6)定出解耦后闭环控制系统的状态方程和传递函数矩阵。

解耦控制系统的状态方程和输出方程为

$$\dot{\boldsymbol{x}}=(\boldsymbol{A}-\boldsymbol{BK})\boldsymbol{x}+\boldsymbol{BLv}=$$

$$\begin{bmatrix} 0 & 1 & 0 & 0 \\ -8 & -6 & 0 & 0 \\ 0 & 0 & 0 & 1 \\ 0 & 0 & -5 & -4 \end{bmatrix}\boldsymbol{x}+\begin{bmatrix} 0 & 0 \\ 1 & 0 \\ 0 & 0 \\ 0 & 1 \end{bmatrix}\boldsymbol{v}\quad,\boldsymbol{y}=\boldsymbol{Cx}=\begin{bmatrix} 1 & 0 & 0 & 0 \\ 0 & 0 & 1 & 0 \end{bmatrix}\boldsymbol{x} \tag{5-173}$$

而其传递函数矩阵则为

$$\boldsymbol{G}_{KL}(s)=\boldsymbol{C}(s\boldsymbol{I}-\boldsymbol{A}+\boldsymbol{BK}^{-1})\boldsymbol{BL}=\begin{bmatrix} \dfrac{1}{s^2+6s+8} & 0 \\ 0 & \dfrac{1}{s^2+4s+5} \end{bmatrix} \tag{5-174}$$

由以上介绍可以看出，解耦控制大大简化了控制过程，使得对各个输入变量的控制都可以单独地运行。在许多工程问题中，特别是过程控制中，解耦控制有着重要意义。

第五节　状态观测器

一、线性定常系统的状态重构问题

前面各节对各种综合问题的讨论中已经充分显示了状态反馈的优越性。不管是系统的极点配置、镇定以及解耦控制，都有赖于引入恰当的状态反馈才能实现。我们把所有的状态变量 $\boldsymbol{x}$ 都假设为同输出一样是可以得到的，但是实际上由于不易直接测量，或者测量设备在经济上和使用性上的限制，使得不可能实际获得系统的状态变量，从而使状态反馈的物理实现成为不可能。因此，为了应用状态反馈达到镇定、最优化或解耦的目的，必须先找到状态变量的合理替代者。在本节中，将指出如何用动态方程的输入和输出去驱动一个装置，使得该装置的输出逼近状态变量。这种建立近似状态变量的装置称为状态观测器。

设有一个受控系统$[\boldsymbol{A}\ \boldsymbol{b}\ \boldsymbol{c}]$，其状态变量 $\boldsymbol{x}$ 不一定能取得，因此可以人为地建立一个模拟系统$[\hat{\boldsymbol{A}}\quad \hat{\boldsymbol{b}}\quad \hat{\boldsymbol{c}}]$，并要求 $\hat{\boldsymbol{A}}=\boldsymbol{A}$，$\hat{\boldsymbol{b}}=\boldsymbol{b}$，$\hat{\boldsymbol{c}}=\boldsymbol{c}$。两个系统由同一输入 $\boldsymbol{u}$，如图 5－8 所示。

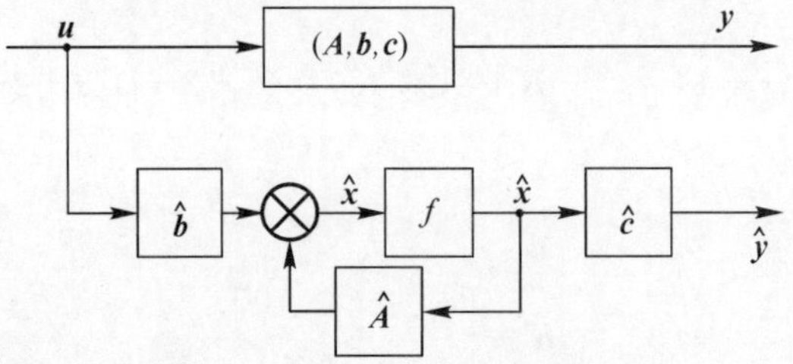

图 5－8　开环形式状态观测器

分别写出原系统和模拟系统的动态方程：

$$
\text{原系统}\begin{cases}\dot{\boldsymbol{x}}=\boldsymbol{A}\boldsymbol{x}+\boldsymbol{b}\boldsymbol{u}\\ \boldsymbol{y}=\boldsymbol{c}\boldsymbol{x}\end{cases}，\text{模拟系统}\begin{cases}\dot{\hat{\boldsymbol{x}}}=\hat{\boldsymbol{A}}\hat{\boldsymbol{x}}+\hat{\boldsymbol{b}}\boldsymbol{u}\\ \hat{\boldsymbol{y}}=\hat{\boldsymbol{c}}\hat{\boldsymbol{x}}\end{cases}
$$

根据假设 $\hat{\boldsymbol{A}}=\boldsymbol{A}$，$\hat{\boldsymbol{b}}=\boldsymbol{b}$，$\hat{\boldsymbol{c}}=\boldsymbol{c}$，并设 $\tilde{\boldsymbol{x}}=\boldsymbol{x}-\hat{\boldsymbol{x}}$ 表示两系统状态变量间的偏差，则有

$$
\dot{\tilde{\boldsymbol{x}}}=\dot{\boldsymbol{x}}-\dot{\hat{\boldsymbol{x}}}=\boldsymbol{A}(\boldsymbol{x}-\hat{\boldsymbol{x}})=\boldsymbol{A}\tilde{\boldsymbol{x}} \tag{5-175}
$$

由式(5－175)可以看出两系统状态变量偏差的动态特性完全由状态 $\boldsymbol{A}$ 所决定。

求出式(5－175)的时域解：

$$
\tilde{\boldsymbol{x}}(t)=\mathrm{e}^{\boldsymbol{A}(t-t_0)}\tilde{\boldsymbol{x}}(t_0)=\mathrm{e}^{\boldsymbol{A}(t-t_0)}[\boldsymbol{x}(t_0)-\hat{\boldsymbol{x}}(t_0)] \tag{5-176}
$$

由式(5－176)可以看出只要置状态观测器状态变量的初值 $\hat{\boldsymbol{x}}(t_0)$等于原系统的初值 $\boldsymbol{x}(t_0)$，则 $\tilde{\boldsymbol{x}}(t)\equiv 0$，但实际上做不到这一点，所以一般情况下 $\tilde{\boldsymbol{x}}(t)$按式(5－176)变化与初始状态偏差成比例。如果式(5－176)中 $\boldsymbol{A}$ 含有较理想的特征值，如特征值的实部都为负，则衰减速度快，能使 $\tilde{\boldsymbol{x}}(t)$很快趋近于 $\boldsymbol{0}$，实现 $\hat{\boldsymbol{x}}(t)\to\boldsymbol{x}(t)$；如果 $\boldsymbol{A}$ 含有不稳定特征值，在那么即使 $\hat{\boldsymbol{x}}_0$ 和 x_0 间偏差很小，也会导致随着 t 的增加而使 $\tilde{\boldsymbol{x}}(t)$越来越大。受控对象的 $\boldsymbol{A}$ 阵往往不够理想，各类扰动因素又难以重构，开环形式的状态观测器没有应用价值，使用的状态观测器都是闭环形式的。本节将介绍两类闭环形式的状态观测器：全维的和降维的。维数等同于受控系统的状态观测器称为全维状态观测器，维数小于受控系统的状态观测器成为降维状态观测器。利用状态观测器实现状态反馈的系统如图 5-9 所示。

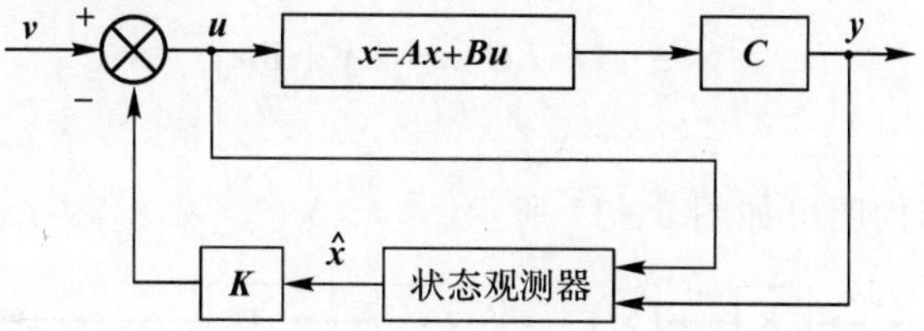

图 5-9　闭环形式的状态观测器

二、全维状态观测器

考虑 n 维线性定常系统

$$\left.\begin{aligned}\dot{\boldsymbol{x}}&=\boldsymbol{A}\boldsymbol{x}+\boldsymbol{B}\boldsymbol{u},\boldsymbol{x}(0)=\boldsymbol{x}_0,t\geqslant 0\\ \boldsymbol{y}&=\boldsymbol{C}\boldsymbol{x}\end{aligned}\right\} \tag{5-177}$$

式中：$\boldsymbol{A}$、$\boldsymbol{B}$、$\boldsymbol{C}$ 分别为 $n\times n$，$n\times p$ 和 $q\times n$ 实常阵。所谓全维状态观测器，就是以 $\boldsymbol{y}$ 和 $\boldsymbol{u}$ 为输入，且其状态 $\hat{\boldsymbol{x}}(t)$满足如下关系式

$$\lim_{t\to\infty}\hat{\boldsymbol{x}}(t)=\lim_{t\to\infty}\boldsymbol{x}(t) \tag{5-178}$$

的一个 n 维线性定常系统。设计全维状态观测器的步骤：首先，根据已知的系数矩阵 $\boldsymbol{A}$、$\boldsymbol{B}$ 和 $\boldsymbol{C}$，按和原系统相同的结构形式，复制出一个基本系统，并与原系统共用同一个输入量 $\boldsymbol{u}$。其次，取原系统输出 $\boldsymbol{y}$ 和复制系统输出 $\hat{\boldsymbol{y}}$ 之差值信号作为修正变量，并将其经增益矩阵 $\boldsymbol{L}$ 反馈到复制系统中积分器的输入端而构成一个闭环系统，如图 5-10 所示。

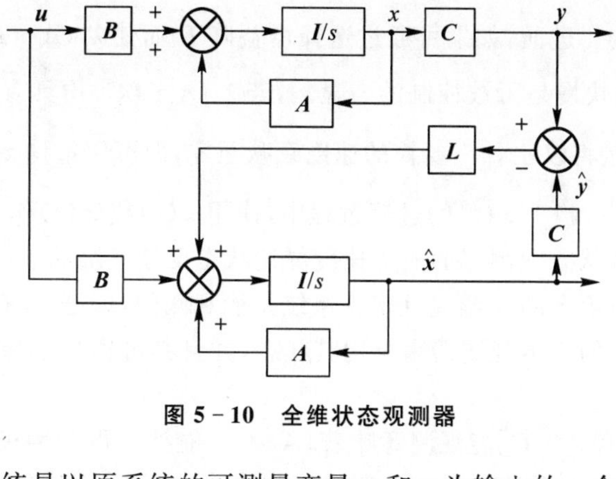

图 5-10　全维状态观测器

显然，这个重构系统是以原系统的可测量变量 $\boldsymbol{u}$ 和 $\boldsymbol{y}$ 为输入的一个 n 维线性系统，其中待确定的系数矩阵只有 $\boldsymbol{L}$。从图 5-10 可导出全维状态观测器的动态方程为

$$\left.\begin{aligned}\dot{\hat{\boldsymbol{x}}}&=\boldsymbol{A}\hat{\boldsymbol{x}}+\boldsymbol{B}\boldsymbol{u}+\boldsymbol{L}(\boldsymbol{y}-\boldsymbol{C}\hat{\boldsymbol{x}})\\ \hat{\boldsymbol{x}}(0)&=\hat{\boldsymbol{x}}_0\end{aligned}\right\} \tag{5-179}$$

其中修正项 $\boldsymbol{L}(\boldsymbol{y}-\boldsymbol{C}\hat{\boldsymbol{x}})$其反馈作用，它利用 $\tilde{\boldsymbol{x}}(t)$来消除 $\tilde{\boldsymbol{x}}(t)$，从而使 $\hat{\boldsymbol{x}}(t)=x(t)$，故有闭环

形式的状态观测器之称,该项是为了克服开环形式状态观测器的上述问题而引入的。

考虑到 $\boldsymbol{y}=\boldsymbol{C}\boldsymbol{x}$ 并将其代入式(5-47),则此种全维状态观测器的动态方程可表为

$$\left.\begin{aligned}\dot{\hat{\boldsymbol{x}}}&=(\boldsymbol{A}-\boldsymbol{L}\boldsymbol{C})\hat{\boldsymbol{x}}+\boldsymbol{L}\boldsymbol{y}+\boldsymbol{B}\boldsymbol{u}\\ \hat{\boldsymbol{x}}(0)&=\hat{\boldsymbol{x}}_0\end{aligned}\right\}\tag{5-180}$$

相应地观测器的结构图可如图 5-11 所示。

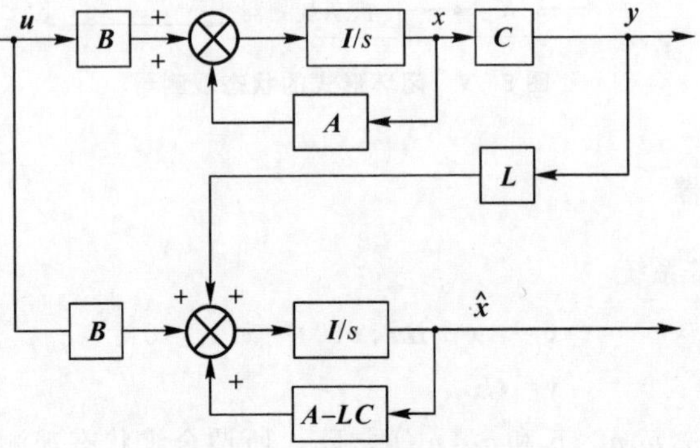

图 5-11　全维状态观测器

再设 $\tilde{\boldsymbol{x}}=\boldsymbol{x}-\hat{\boldsymbol{x}}$ 为真实状态和估计状态间的误差,则可导出

$$\dot{\tilde{\boldsymbol{x}}}=(\boldsymbol{A}-\boldsymbol{L}\boldsymbol{C})\tilde{\boldsymbol{x}},\tilde{\boldsymbol{x}}(0)=\tilde{\boldsymbol{x}}_0=\boldsymbol{x}_0-\tilde{\boldsymbol{x}}_0\tag{5-181}$$

该式表明,不管初始误差 $\tilde{\boldsymbol{x}}_0$ 为多大,只要使矩阵$(\boldsymbol{A}-\boldsymbol{L}\boldsymbol{C})$的特征值 $\lambda_i(\boldsymbol{A}-\boldsymbol{L}\boldsymbol{C})(i=1,2,\cdots,n)$均具有负实部,那么一定可做到下式成立:

$$\lim_{t\to\infty}\hat{\boldsymbol{x}}(t)=\lim_{t\to\infty}\boldsymbol{x}(t)\tag{5-182}$$

即实现状态的渐近重构。进而,如果可通过选择增益阵 $\boldsymbol{L}$ 而使 $\lambda_i(\boldsymbol{A}-\boldsymbol{L}\boldsymbol{C})(i=1,2,\cdots,n)$任意配置,则 $\tilde{\boldsymbol{x}}(t)$的衰减快慢是可被控制的。显然,若 $\lambda_i(\boldsymbol{A}-\boldsymbol{L}\boldsymbol{C})$均具有小于$-\sigma$ 的负实部,则可断言 $\tilde{\boldsymbol{x}}(t)$的所有分量将以比 $e^{-\sigma t}$ 要快的速度衰减至零,即可使重构 $\hat{\boldsymbol{x}}(t)$很快趋于真实状态 $\boldsymbol{x}(t)$。不难理解,在 $\hat{\boldsymbol{x}}(t)$趋于 $\boldsymbol{x}(t)$的过渡过程中,使用 $\hat{\boldsymbol{x}}(t)$或 $\boldsymbol{x}(t)$作为反馈,系统将有不同的瞬态响应。通常系统状态观测器的响应速度要比状态反馈系统的响应速度要快些。

设由式(5-177)所给出的 n 维线性定常系统是能观测的,即若$[\boldsymbol{A}\ \boldsymbol{C}]$为能观测,则比可采用由式(5-181)所表述的全维观测器来重构其状态,并且必可通过选择增益阵 $\boldsymbol{L}$ 而任意配置$(\boldsymbol{A}-\boldsymbol{L}\boldsymbol{C})$的全部特征值。

证明:利用对偶原理,$[\boldsymbol{A}\ \boldsymbol{C}]$能观测意味着$[\boldsymbol{A}^{\mathrm{T}}\ \boldsymbol{C}^{\mathrm{T}}]$能控。再利用极点配置问题的基本理论可知,对任意给定的 n 个实数或共轭复数特征值$\{\lambda_1^*\ \lambda_2^*\ \cdots\ \lambda_n^*\}$,必可找到一个实常阵 $\boldsymbol{K}$,使式

$$\lambda_i(\boldsymbol{A}^{\mathrm{T}}-\boldsymbol{C}^{\mathrm{T}}\boldsymbol{K})=\lambda_i^*,i=1,2,\cdots,n\tag{5-183}$$

成立。进而由于$(\boldsymbol{A}^{\mathrm{T}}-\boldsymbol{C}^{\mathrm{T}}\boldsymbol{K})$与其转置矩阵$(\boldsymbol{A}^{\mathrm{T}}-\boldsymbol{C}^{\mathrm{T}}\boldsymbol{K})^{\mathrm{T}}=(\boldsymbol{A}-\boldsymbol{K}^{\mathrm{T}}\boldsymbol{C})$具有等同的特征值,故当取 $\boldsymbol{L}=\boldsymbol{K}^{\mathrm{T}}$ 时就能使式

$$\lambda_i(\boldsymbol{A}-\boldsymbol{L}\boldsymbol{C})=\lambda_i^*\ i=1,2,\cdots,n\tag{5-184}$$

成立，也即可任意配置$(\boldsymbol{A}-\boldsymbol{LC})$的全部特征值。于是，证明完毕。

由上述结论及其证明过程，可归纳出设计全维状态观测器的算法。

算法给定被估计系统 $\dot{\boldsymbol{x}}=\boldsymbol{Ax}+\boldsymbol{Bu}$，$\boldsymbol{y}=\boldsymbol{Cx}$，设$(\boldsymbol{A}\ \boldsymbol{C})$为能观测，再对所要设计的全维观测器指定一组期望的极点$\{\lambda_1^*\ \lambda_2^*\ \cdots\ \lambda_n^*\}$，则设计全维状态观测器的步骤为

第 1 步：导出对偶系统$[\boldsymbol{A}^{\mathrm{T}}\ \boldsymbol{B}^{\mathrm{T}}\ \boldsymbol{C}^{\mathrm{T}}]$；

第 2 步：利用极点配置问题的算法，由矩阵对$(\boldsymbol{A}^{\mathrm{T}}\ \boldsymbol{C}^{\mathrm{T}})$来确定使

$$\lambda_i(\boldsymbol{A}^{\mathrm{T}}-\boldsymbol{C}^{\mathrm{T}}\boldsymbol{K})=\lambda_i^*,\quad i=1,2,\cdots,n \tag{5-185}$$

的反馈增益阵 $\boldsymbol{K}$；

第 3 步：取 $\boldsymbol{L}=\boldsymbol{K}^{\mathrm{T}}$；

第 4 步：计算$(\boldsymbol{A}-\boldsymbol{LC})$，则所要设计的全维状态观测器就为

$$\dot{\hat{\boldsymbol{x}}}=(\boldsymbol{A}-\boldsymbol{LC})\hat{\boldsymbol{x}}+\boldsymbol{Bu}+\boldsymbol{Ly} \tag{5-186}$$

而 $\hat{\boldsymbol{x}}$ 即为 $\boldsymbol{x}$ 的估计状态。

值得说明的是，当$[\boldsymbol{A},\boldsymbol{C}]$不完全能观测但不能观测子系统是稳定的，则称受控系统是可检测的，这时观测器可镇定，观测器仍存在，为不能观测子系统的特征值不再能任意配置。

例 5-6 试求下属系统的全维状态观测器，使观测器的两个极点$\lambda_{1,2}=-10$，使 $\hat{x}\to x$，有

$$\dot{\boldsymbol{x}}=\begin{bmatrix}0 & 1\\ -2 & -3\end{bmatrix}\boldsymbol{x}+\begin{bmatrix}0\\ 1\end{bmatrix}\boldsymbol{u},\ \boldsymbol{y}=\begin{bmatrix}2 & 0\end{bmatrix}\boldsymbol{x} \tag{5-187}$$

解 (1)
$$\boldsymbol{P}_0=\begin{bmatrix}\boldsymbol{C}\\ \boldsymbol{CA}\end{bmatrix}=\begin{bmatrix}2 & 0\\ 0 & 2\end{bmatrix}$$

$\mathrm{rank}\boldsymbol{P}_0=2$，系统能观测。

(2)确定 $\boldsymbol{K}$ 阵，使 $\lambda_1^*=\lambda_2^*=-10$，有

$$|\boldsymbol{\lambda}-\boldsymbol{A}^{\mathrm{T}}+\boldsymbol{C}^{\mathrm{T}}\boldsymbol{K}|=\begin{vmatrix}\lambda+2k_1 & 2+2k_2\\ -1 & \lambda+3\end{vmatrix}=\lambda^2(2k_1+3)\lambda+(6k_1+2k_2+2)=0 \tag{5-188}$$

令

$$|\boldsymbol{\lambda}-\boldsymbol{A}^{\mathrm{T}}+\boldsymbol{C}^{\mathrm{T}}\boldsymbol{K}|=(\lambda+10)^2=\lambda^2+20\lambda+100=0 \tag{5-189}$$

得

$$k_1=8.5,\quad k_2=23.5 \tag{5-190}$$

即 $\boldsymbol{K}=[8.5\quad 23.5]$

(3)取

$$\boldsymbol{L}=\boldsymbol{K}^{\mathrm{T}}=\begin{bmatrix}8.5\\ 23.5\end{bmatrix} \tag{5-191}$$

(4)计算 $\boldsymbol{A}-\boldsymbol{LC}$ 得到全维状态观测器为

$$\dot{\hat{\boldsymbol{x}}}=\begin{bmatrix}-17 & 1\\ -49 & -3\end{bmatrix}\boldsymbol{x}+\begin{bmatrix}0\\ 1\end{bmatrix}\boldsymbol{u}+\begin{bmatrix}8.5\\ 23.5\end{bmatrix}\boldsymbol{y} \tag{5-192}$$

观测器如图 5-12 所示。

三、降维状态观测器

q 维输出系统有 q 个输出变量总是可由传感器测得的，该 q 个信息能作为测得的状态，该

部分状态便无需状态观测器重构,而可直接加以利用,带有状态观测器估计的状态数目可以降低,称这类状态观测器为降维观测器。降维观测器的最小维数为$(n-q)$,这时只需用较少的积分器,简化了状态观测器的结构。

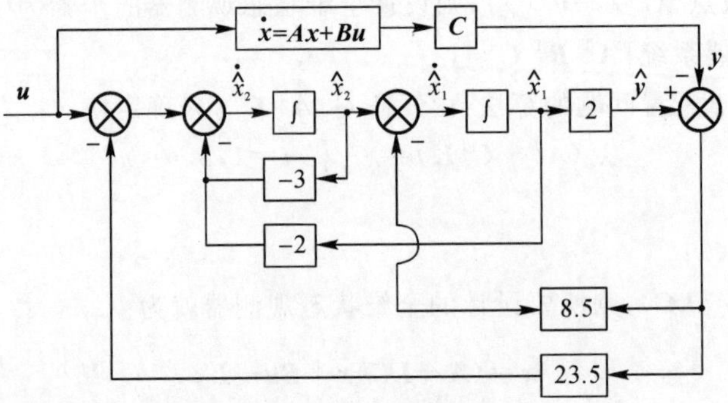

图 5-12　全维状态观测器

由于输出变量通常是状态变量的线性组合,并不是用于状态反馈所需要的状态变量。为了使所测得的输出变量能当作状态反馈所使用的状态变量,需选择一个特定的非奇异线性变换,将受控对象的状态向量经过该特定变换,使其中部分状态正是受控系统的输出向量,而其余$(n-q)$个状态向量则由降维状态观测器重构。因此,降维状态观测器的设计关键便是:选择特定的非奇异线性变换,使原受控对象的状态变量变成输出向量及$(n-q)$维向量两个子向量,并获得$(n-q)$维子系统的动态方程。根据$(n-q)$维子系统动态方程,便可构造$(n-q)$维状态观测器,其基本的设计步骤便于全维状态观测器的设计类同了。状态反馈需用的状态信息则由输出量传感器及降维状态观测器联合提供。

1. $(n-q)$维子系统动态方程的建立

设受控系统的动态方程为

$$\dot{\boldsymbol{x}}=\boldsymbol{A}\boldsymbol{x}+\boldsymbol{B}\boldsymbol{u},\ \boldsymbol{y}=\boldsymbol{C}\boldsymbol{x} \tag{5-193}$$

假定$[\boldsymbol{A}\quad \boldsymbol{C}]$能观测,$\mathrm{rank}\boldsymbol{C}=q$。引入下列特定的非奇异线性变换

$$\bar{\boldsymbol{x}}=\boldsymbol{P}\boldsymbol{x} \tag{5-194}$$

式中 $\boldsymbol{P}$ 按如下方式构造:

$$\boldsymbol{P}\triangleq\begin{bmatrix}\boldsymbol{C}_{q\times n}\\ \boldsymbol{R}_{(n-q)\times n}\end{bmatrix} \tag{5-195}$$

$\boldsymbol{R}$ 可以任意选择,通常选择 $\boldsymbol{I}_n$ 的某些行向量,使 $\boldsymbol{P}$ 非奇异即可。再计算 $\boldsymbol{P}$ 的逆阵且表为分块阵,即

$$\boldsymbol{Q}\triangleq\boldsymbol{P}^{-1}=[\boldsymbol{Q}_{1_{n\times q}}\quad \boldsymbol{Q}_{2_{n\times(n-q)}}] \tag{5-196}$$

显然有

$$\boldsymbol{I}_n=\boldsymbol{P}\boldsymbol{Q}=\begin{bmatrix}\boldsymbol{C}\\ \boldsymbol{R}\end{bmatrix}[\boldsymbol{Q}_1\quad \boldsymbol{Q}_2]=\begin{bmatrix}\boldsymbol{C}\boldsymbol{Q}_1 & \boldsymbol{C}\boldsymbol{Q}_2\\ \boldsymbol{R}\boldsymbol{Q}_1 & \boldsymbol{R}\boldsymbol{Q}_2\end{bmatrix}=\begin{bmatrix}\boldsymbol{I}_q & \boldsymbol{0}\\ \boldsymbol{0} & \boldsymbol{I}_{n-q}\end{bmatrix} \tag{5-197}$$

式中:$\boldsymbol{C}\boldsymbol{Q}_1=\boldsymbol{I}_q$;$\boldsymbol{C}\boldsymbol{Q}_2=\boldsymbol{0}$。

变换后受控对象动态方程为

$$\left.\begin{aligned}\dot{\bar{\boldsymbol{x}}}&=\boldsymbol{PAP}^{-1}\bar{\boldsymbol{x}}+\boldsymbol{PBu}=\bar{\boldsymbol{A}}\bar{\boldsymbol{x}}+\bar{\boldsymbol{B}}\boldsymbol{u}\\ \boldsymbol{y}&=\boldsymbol{CP}^{-1}\bar{\boldsymbol{x}}=[\boldsymbol{CQ}_1\quad \boldsymbol{CQ}_2]\bar{\boldsymbol{x}}=[\boldsymbol{I}_q\quad \boldsymbol{0}]\bar{\boldsymbol{x}}\end{aligned}\right\}\tag{5-198}$$

现令 $\bar{\boldsymbol{x}}_1$ 和 $\bar{\boldsymbol{x}}_2$ 分别为 q 和$(n-q)$维分状态，则可把上式进一步表示为

$$\left.\begin{aligned}\begin{bmatrix}\dot{\bar{\boldsymbol{x}}}_1\\ \dot{\bar{\boldsymbol{x}}}_2\end{bmatrix}&=\begin{bmatrix}\bar{\boldsymbol{A}}_{11} & \bar{\boldsymbol{A}}_{12}\\ \bar{\boldsymbol{A}}_{21} & \bar{\boldsymbol{A}}_{22}\end{bmatrix}\begin{bmatrix}\bar{\boldsymbol{x}}_1\\ \bar{\boldsymbol{x}}_2\end{bmatrix}+\begin{bmatrix}\bar{\boldsymbol{B}}_1\\ \bar{\boldsymbol{B}}_2\end{bmatrix}\boldsymbol{u}\\ \boldsymbol{y}&=[\boldsymbol{I}_q\quad \boldsymbol{0}]\begin{bmatrix}\bar{\boldsymbol{x}}_1\\ \bar{\boldsymbol{x}}_2\end{bmatrix}=\bar{\boldsymbol{x}}_1\end{aligned}\right\}\tag{5-199}$$

式中：$\bar{\boldsymbol{A}}_{11}$，$\bar{\boldsymbol{A}}_{12}$，$\bar{\boldsymbol{A}}_{21}$ 和 $\bar{\boldsymbol{A}}_{22}$ 分别为 $q\times q$，$q\times(n-q)$，$(n-q)\times q$ 和$(n-q)\times(n-q)$矩阵；$\bar{\boldsymbol{B}}_1$ 和 $\bar{\boldsymbol{B}}_2$ 分别为 $q\times p$ 和$(n-q)\times p$ 矩阵。并且，由式(5-54)可以看出，变换后的分状态 $\bar{\boldsymbol{x}}_1$ 即为系统的输出 $\boldsymbol{y}$，顾客直接利用而无需对其重构，这里所要重构的仅是$(n-q)$维分状态 $\bar{\boldsymbol{x}}_2$。

由式(5-199)导出相对于 $\bar{\boldsymbol{x}}_2$ 的状态方程和输出方程：

$$\left.\begin{aligned}\dot{\bar{\boldsymbol{x}}}_2&=\bar{\boldsymbol{A}}_{22}\bar{\boldsymbol{x}}_2+(\bar{\boldsymbol{A}}_{21}\boldsymbol{y}+\bar{\boldsymbol{B}}_2\boldsymbol{u})\\ \dot{\boldsymbol{y}}-\bar{\boldsymbol{A}}_{11}\boldsymbol{y}-\bar{\boldsymbol{B}}_1\boldsymbol{u}&=\bar{\boldsymbol{A}}_{12}\bar{\boldsymbol{x}}_2\end{aligned}\right\}\tag{5-200}$$

进而定义输入 $\bar{\boldsymbol{u}}\overset{\triangle}{=}(\bar{\boldsymbol{A}}_{21}\boldsymbol{y}+\bar{\boldsymbol{B}}_2\boldsymbol{u})$和输出 $\boldsymbol{\omega}\overset{\triangle}{=}\dot{\boldsymbol{y}}-\bar{\boldsymbol{A}}_{11}\boldsymbol{y}-\bar{\boldsymbol{B}}_1\boldsymbol{u}$，那么还可以把式(5-200)表示为如下的规范形式

$$\dot{\bar{\boldsymbol{x}}}_2=\bar{\boldsymbol{A}}_{22}\bar{\boldsymbol{x}}_2+\bar{\boldsymbol{u}},\ \boldsymbol{\omega}=\bar{\boldsymbol{A}}_{12}\bar{\boldsymbol{x}}_2\tag{5-201}$$

并且，$[\bar{\boldsymbol{A}}_{22}\ \bar{\boldsymbol{A}}_{12}]$能观测的充分必要条件是$[\boldsymbol{A}\ \boldsymbol{C}]$能观测。式(5-201)便是$(n-q)$维子系统动态方程。

2. $(n-q)$维状态观测器的构造与分析设计

由于$[\bar{\boldsymbol{A}}_{22}\ \bar{\boldsymbol{A}}_{12}]$能观测，故知此$(n-q)$维状态观测器必存在，其形式为

$$\dot{\hat{\bar{\boldsymbol{x}}}}_2=(\bar{\boldsymbol{A}}_{22}-\bar{\boldsymbol{L}}\bar{\boldsymbol{A}}_{12})\hat{\bar{\boldsymbol{x}}}_2+\bar{\boldsymbol{L}}\boldsymbol{\omega}+\bar{\boldsymbol{u}}\tag{5-202}$$

并且，可通过选择 $\bar{\boldsymbol{L}}$ 而任意配置$(\bar{\boldsymbol{A}}_{22}-\bar{\boldsymbol{L}}\bar{\boldsymbol{A}}_{12})$的全部特征值。再将 $\bar{\boldsymbol{u}}$ 和 $\boldsymbol{\omega}$ 的定义式代入式(5-202)，可得：

$$\dot{\hat{\bar{\boldsymbol{x}}}}_2=(\bar{\boldsymbol{A}}_{22}-\bar{\boldsymbol{L}}\bar{\boldsymbol{A}}_{12})\hat{\bar{\boldsymbol{x}}}_2+\bar{\boldsymbol{L}}(\dot{\boldsymbol{y}}-\bar{\boldsymbol{A}}_{11}\boldsymbol{y}-\bar{\boldsymbol{B}}_1\boldsymbol{u})+(\bar{\boldsymbol{A}}_{21}\boldsymbol{y}+\bar{\boldsymbol{B}}_2\boldsymbol{u})\tag{5-203}$$

易见上式中包含输出的导数 $\dot{\boldsymbol{y}}$，从抗扰动性的角度而言这是不希望的。为此，通过引入

$$\boldsymbol{z}=\hat{\bar{\boldsymbol{x}}}_2-\bar{\boldsymbol{L}}\boldsymbol{y}\tag{5-204}$$

来达到在观测器中消去 $\dot{\boldsymbol{y}}$ 的目的。这样，由式(5-203)和式(5-204)就可导出：

$$\begin{aligned}\dot{\boldsymbol{z}}&=\dot{\hat{\bar{\boldsymbol{x}}}}_2-\bar{\boldsymbol{L}}\dot{\boldsymbol{y}}=\\ &(\bar{\boldsymbol{A}}_{22}-\bar{\boldsymbol{L}}\bar{\boldsymbol{A}}_{12})\hat{\bar{\boldsymbol{x}}}_2+(\bar{\boldsymbol{A}}_{21}-\bar{\boldsymbol{L}}\bar{\boldsymbol{A}}_{11})\boldsymbol{y}+(\bar{\boldsymbol{B}}_2-\bar{\boldsymbol{L}}\bar{\boldsymbol{B}}_1)\boldsymbol{u}=\\ &(\bar{\boldsymbol{A}}_{22}-\bar{\boldsymbol{L}}\bar{\boldsymbol{A}}_{12})\boldsymbol{z}+[(\bar{\boldsymbol{A}}_{22}-\bar{\boldsymbol{L}}\bar{\boldsymbol{A}}_{12})\bar{\boldsymbol{L}}+(\bar{\boldsymbol{A}}_{21}-\bar{\boldsymbol{L}}\bar{\boldsymbol{A}}_{11})]\boldsymbol{y}+(\bar{\boldsymbol{B}}_2-\bar{\boldsymbol{L}}\bar{\boldsymbol{B}}_1)\boldsymbol{u}\end{aligned}\tag{5-205}$$

可以看出，这是一个以 $\boldsymbol{u}$ 和 $\boldsymbol{y}$ 为输入的 $(n-q)$ 维动态系统，且 $(\bar{\boldsymbol{A}}_{22}-\bar{\boldsymbol{L}}\bar{\boldsymbol{A}}_{12})$ 的特征值是可以任意配置的。而且，$\bar{\boldsymbol{x}}_2$ 的重构状态即

$$\hat{\bar{\boldsymbol{x}}}_2=\boldsymbol{z}+\bar{\boldsymbol{L}}\boldsymbol{y} \tag{5-206}$$

对于变换状态 $\hat{\bar{\boldsymbol{x}}}$ 的重构状态 $\bar{\boldsymbol{x}}$，可容易导出为

$$\hat{\bar{\boldsymbol{x}}}=\begin{bmatrix}\hat{\bar{\boldsymbol{x}}}_1\\ \hat{\bar{\boldsymbol{x}}}_2\end{bmatrix}=\begin{bmatrix}\boldsymbol{y}\\ \boldsymbol{z}+\bar{\boldsymbol{L}}\boldsymbol{y}\end{bmatrix} \tag{5-207}$$

考虑到 $\boldsymbol{x}=\boldsymbol{P}^{-1}\bar{\boldsymbol{x}}=\boldsymbol{Q}\bar{\boldsymbol{x}}$，所以相应地也有 $\hat{\boldsymbol{x}}=\boldsymbol{Q}\hat{\bar{\boldsymbol{x}}}$。于是，进而可定出系统状态 $\boldsymbol{x}$ 的重构状态 $\hat{\boldsymbol{x}}$ 为

$$\hat{\boldsymbol{x}}=[\boldsymbol{Q}_1\quad \boldsymbol{Q}_2]\begin{bmatrix}\boldsymbol{y}\\ \boldsymbol{z}+\bar{\boldsymbol{L}}\boldsymbol{y}\end{bmatrix}=\boldsymbol{Q}_1\boldsymbol{y}+\boldsymbol{Q}_2(\boldsymbol{z}+\bar{\boldsymbol{L}}\boldsymbol{y}) \tag{5-208}$$

根据上述分析结果，即可得出给定系统(5-203)的 $(n-q)$ 维降维状态观测器。

现在，来对降维状态观测器和全维状态观测器做一比较。从结构上看，降维观测器只需 $(n-q)$ 个积分器，远较全维观测器需要 n 个积分器为少。从抗干扰性上看，由于降维观测器中 $\boldsymbol{y}$ 通过增益阵 $\boldsymbol{Q}_1$ 直接传递到其输出端，所以若 $\boldsymbol{y}$ 中出现干扰时它们将全部出现于 $\boldsymbol{x}$ 中；而在全维观测器中，$\boldsymbol{y}$ 需经积分器滤波后才传送到输出端，从而 $\boldsymbol{x}$ 中由 $\boldsymbol{y}$ 包含的干扰所引起的影响已大为减小。这表明，在工程应用中，究竟是采用降维观测器还是全维观测器，应视具体情况来加以确定。

例 5-7 试设计线性定常系统

$$\dot{\boldsymbol{x}}=\begin{bmatrix}4 & 4 & 4\\ -11 & -12 & -12\\ 13 & 14 & 13\end{bmatrix}\boldsymbol{x}+\begin{bmatrix}1\\ -1\\ 0\end{bmatrix}\boldsymbol{u} \tag{5-209}$$

$$\boldsymbol{y}=[1\quad 1\quad 1]\boldsymbol{x}$$

的降维状态观测器。

解 构造坐标变换矩阵：

$$\boldsymbol{P}=\begin{bmatrix}\boldsymbol{C}\\ \boldsymbol{F}\end{bmatrix}=\begin{bmatrix}1 & 1 & 1\\ 0 & 1 & 0\\ 0 & 0 & 1\end{bmatrix} \tag{5-210}$$

则

$$\boldsymbol{P}^{-1}=\boldsymbol{Q}=\begin{bmatrix}1 & -1 & -1\\ 0 & 1 & 0\\ 0 & 0 & 1\end{bmatrix}=[\boldsymbol{Q}_1\quad \boldsymbol{Q}_2] \tag{5-211}$$

利用坐标变换 $\bar{\boldsymbol{x}}=\boldsymbol{P}\boldsymbol{x}$，可以将以上系统变为 $\sum(\bar{\boldsymbol{A}},\bar{\boldsymbol{B}},\bar{\boldsymbol{C}})$，其中：

$$\bar{\boldsymbol{A}}=\boldsymbol{PAP}^{-1}=\begin{bmatrix}6 & 0 & -1\\ -11 & -1 & -1\\ 13 & 1 & 0\end{bmatrix},\bar{\boldsymbol{B}}=\boldsymbol{PB}=\begin{bmatrix}0\\ -1\\ 0\end{bmatrix},\bar{\boldsymbol{C}}=\boldsymbol{CP}^{-1}=(1\quad 0\quad 0) \tag{5-212}$$

选择 $n-m=2$ 维的降维观测器极点为 $s_1=-3$，$s_2=-4$，则期望的观测器特征方程为

$$\lambda(s)=(s+3)(s+4)=s^2+7s+12 \tag{5-213}$$

设 $\boldsymbol{L}=\begin{bmatrix} l_1 \\ l_2 \end{bmatrix}$，则降维观测器系数矩阵的特征多项式为：

$$|s\boldsymbol{I}-\bar{\boldsymbol{A}}_{22}+\bar{\boldsymbol{L}}\bar{\boldsymbol{A}}_{12}|=\left|\begin{bmatrix} s+1 & 1 \\ -1 & s \end{bmatrix}+\begin{bmatrix} l_1 \\ l_2 \end{bmatrix}[0 \quad -1]\right|= \\ \begin{vmatrix} s+1 & 1-l_1 \\ -1 & s-l_2 \end{vmatrix}=s^2+(1-l_2)s+1-l_1-l_2 \tag{5-214}$$

与 $\lambda(s)$ 的 s 同次幂系数比较可得

$$\left.\begin{aligned} 1-l_2=7 \\ 1-l_1-l_2=12 \end{aligned}\right\} \tag{5-215}$$

解得：

$$l_1=-5, l_2=-6 \tag{5-216}$$

将以上各相应矩阵代入降维观测器方程：

$$\dot{\boldsymbol{z}}=(\bar{\boldsymbol{A}}_{22}-\bar{\boldsymbol{L}}\bar{\boldsymbol{A}}_{12})\boldsymbol{z}+[(\bar{\boldsymbol{A}}_{22}-\bar{\boldsymbol{L}}\bar{\boldsymbol{A}}_{12})\bar{\boldsymbol{L}}+(\bar{\boldsymbol{A}}_{21}-\bar{\boldsymbol{L}}\bar{\boldsymbol{A}}_{11})]\boldsymbol{y}+(\bar{\boldsymbol{B}}_2-\bar{\boldsymbol{L}}\bar{\boldsymbol{B}}_1)\boldsymbol{u} \\ \hat{\boldsymbol{x}}=\boldsymbol{Q}_1\boldsymbol{y}+\boldsymbol{Q}_2(\boldsymbol{z}+\bar{\boldsymbol{L}}\boldsymbol{y}) \tag{5-217}$$

即

$$\dot{\boldsymbol{z}}=\begin{bmatrix} -1 & -6 \\ 1 & -6 \end{bmatrix}\boldsymbol{z}+\begin{bmatrix} 60 \\ 54 \end{bmatrix}\boldsymbol{y}+\begin{bmatrix} -1 \\ 0 \end{bmatrix}\boldsymbol{u} \\ \hat{\boldsymbol{x}}=\begin{bmatrix} 12 \\ -5 \\ -6 \end{bmatrix}\boldsymbol{y}+\begin{bmatrix} -1 & -1 \\ 1 & 0 \\ 0 & 1 \end{bmatrix}\boldsymbol{z} \tag{5-218}$$

四、分离定理

在状态反馈中，利用估计状态 $\hat{\boldsymbol{x}}$ 进行反馈和利用真实状态 $\boldsymbol{x}$ 进行反馈之间究竟有无差别？下面就讨论这一问题。

带状态观测器的状态反馈控制系统，由于系统方程为 n 维，而状态观测器也为 n 维，所以整个闭环控制系统为 $2n$ 维。其实现的结构图如图 5-13 所示。

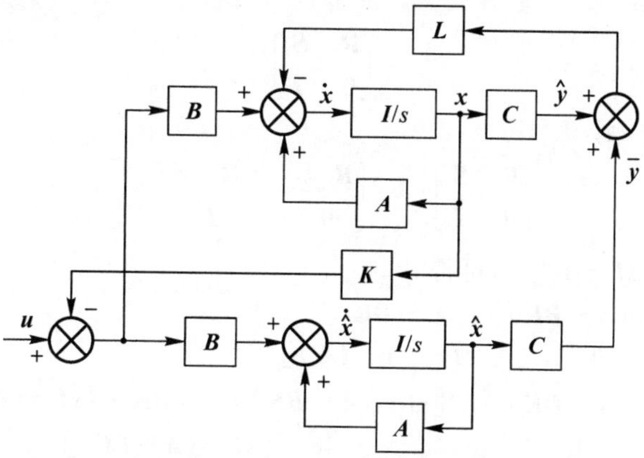

图 5-13　带观测器的系统

从图 5-13 可见,整个闭环系统状态方程可写成

$$\left.\begin{aligned}\dot{\boldsymbol{x}}&=\boldsymbol{Ax}-\boldsymbol{B\hat{K}x}+\boldsymbol{Bv}\\ \dot{\hat{\boldsymbol{x}}}&=(\boldsymbol{A}-\boldsymbol{LC}-\boldsymbol{BK})\hat{\boldsymbol{x}}+\boldsymbol{LCx}+\boldsymbol{Bv}\\ \boldsymbol{y}&=\boldsymbol{Cx}\end{aligned}\right\}\tag{5-219}$$

上述方程可写为矩阵形式

$$\left.\begin{aligned}\begin{bmatrix}\dot{\boldsymbol{x}}\\ \dot{\hat{\boldsymbol{x}}}\end{bmatrix}&=\begin{bmatrix}\boldsymbol{A} & -\boldsymbol{BK}\\ \boldsymbol{LC} & \boldsymbol{A}-\boldsymbol{LC}-\boldsymbol{BK}\end{bmatrix}\begin{bmatrix}\boldsymbol{x}\\ \hat{\boldsymbol{x}}\end{bmatrix}+\begin{bmatrix}\boldsymbol{B}\\ \boldsymbol{B}\end{bmatrix}\boldsymbol{v}\\ \boldsymbol{y}&=[\boldsymbol{C}\quad \boldsymbol{0}]\begin{bmatrix}\boldsymbol{x}\\ \hat{\boldsymbol{x}}\end{bmatrix}\end{aligned}\right\}\tag{5-220}$$

整个系统为 $2n$ 维,故设此复合系统为$[\boldsymbol{A}_1\ \boldsymbol{B}_1\ \boldsymbol{C}_1]$

$$\boldsymbol{A}_1=\begin{bmatrix}\boldsymbol{A} & -\boldsymbol{BK}\\ \boldsymbol{LC} & \boldsymbol{A}-\boldsymbol{LC}-\boldsymbol{BK}\end{bmatrix},\ \boldsymbol{B}_1=\begin{bmatrix}\boldsymbol{B}\\ \boldsymbol{B}\end{bmatrix},\ \boldsymbol{C}_1=[\boldsymbol{C}\quad \boldsymbol{0}]\tag{5-221}$$

将式(5-221)进行坐标变换:

$$\begin{bmatrix}\boldsymbol{x}\\ \tilde{\boldsymbol{x}}\end{bmatrix}=\begin{bmatrix}\boldsymbol{I} & \boldsymbol{0}\\ \boldsymbol{I} & -\boldsymbol{I}\end{bmatrix}\begin{bmatrix}\boldsymbol{x}\\ \hat{\boldsymbol{x}}\end{bmatrix}=\begin{bmatrix}\boldsymbol{x}\\ \boldsymbol{x}-\hat{\boldsymbol{x}}\end{bmatrix}\tag{5-222}$$

令坐标变换矩阵

$$\boldsymbol{P}=\begin{bmatrix}\boldsymbol{I} & \boldsymbol{0}\\ \boldsymbol{I} & -\boldsymbol{I}\end{bmatrix},\ \boldsymbol{P}^{-1}=\begin{bmatrix}\boldsymbol{I} & \boldsymbol{0}\\ \boldsymbol{I} & -\boldsymbol{I}\end{bmatrix}\tag{5-223}$$

设经过变换后系统为$\{\bar{\boldsymbol{A}}_1\ \bar{\boldsymbol{B}}_1\ \bar{\boldsymbol{C}}_1\}$,则

$$\bar{\boldsymbol{A}}_1=\boldsymbol{P}^{-1}\boldsymbol{A}_1\boldsymbol{P},\ \bar{\boldsymbol{B}}_1=\boldsymbol{P}^{-1}\boldsymbol{B}_1,\ \bar{\boldsymbol{C}}_1=\boldsymbol{C}_1\boldsymbol{P}\tag{5-224}$$

系统$\{\bar{\boldsymbol{A}}_1\ \bar{\boldsymbol{B}}_1\ \bar{\boldsymbol{C}}_1\}$的特征方程和传递矩阵与原系统$\{\boldsymbol{A}_1\ \boldsymbol{B}_1\ \boldsymbol{C}_1\}$的特征方程和传递矩阵完全相同。

$$\left.\begin{aligned}\boldsymbol{A}_1&=\begin{bmatrix}\boldsymbol{I} & \boldsymbol{0}\\ \boldsymbol{I} & -\boldsymbol{I}\end{bmatrix}\begin{bmatrix}\boldsymbol{A} & -\boldsymbol{BK}\\ \boldsymbol{LC} & \boldsymbol{A}-\boldsymbol{LC}-\boldsymbol{BK}\end{bmatrix}\begin{bmatrix}\boldsymbol{I} & \boldsymbol{0}\\ \boldsymbol{I} & -\boldsymbol{I}\end{bmatrix}=\begin{bmatrix}\boldsymbol{A}-\boldsymbol{BK} & \boldsymbol{BK}\\ 0 & \boldsymbol{A}-\boldsymbol{LC}\end{bmatrix}\\ \boldsymbol{B}_1&=\begin{bmatrix}\boldsymbol{I} & \boldsymbol{0}\\ \boldsymbol{I} & -\boldsymbol{I}\end{bmatrix}\begin{bmatrix}\boldsymbol{B}\\ \boldsymbol{B}\end{bmatrix}=\begin{bmatrix}\boldsymbol{B}\\ \boldsymbol{0}\end{bmatrix},\ \boldsymbol{C}_1=[\boldsymbol{C}\quad \boldsymbol{0}]\begin{bmatrix}\boldsymbol{I} & \boldsymbol{0}\\ \boldsymbol{I} & -\boldsymbol{I}\end{bmatrix}=[\boldsymbol{C}\quad \boldsymbol{0}]\end{aligned}\right\}\tag{5-225}$$

已知下列分块矩阵

$$\begin{bmatrix}\boldsymbol{R} & \boldsymbol{S}\\ \boldsymbol{0} & \boldsymbol{T}\end{bmatrix}\tag{5-226}$$

若分块 R 和 T 为可逆,则

$$\begin{bmatrix}\boldsymbol{R} & \boldsymbol{S}\\ \boldsymbol{0} & \boldsymbol{T}\end{bmatrix}^{-1}=\begin{bmatrix}\boldsymbol{R}^{-1} & -\boldsymbol{R}^{-1}\boldsymbol{S}\boldsymbol{T}^{-1}\\ \boldsymbol{0} & \boldsymbol{T}^{-1}\end{bmatrix}\tag{5-227}$$

利用式(5-227)计算$[s\boldsymbol{I}-\bar{\boldsymbol{A}}_1]^{-1}$,可得

$$\begin{aligned}[s\boldsymbol{I}-\bar{\boldsymbol{A}}_1]-1&=\begin{bmatrix}s\boldsymbol{I}-(\boldsymbol{A}-\boldsymbol{BK}) & -\boldsymbol{BK}\\ \boldsymbol{0} & s\boldsymbol{I}-(\boldsymbol{A}-\boldsymbol{LC})\end{bmatrix}^{-1}=\\ &\begin{bmatrix}s\boldsymbol{I}-(\boldsymbol{A}-\boldsymbol{BK})^{-1} & [s\boldsymbol{I}-(\boldsymbol{A}-\boldsymbol{BK})]^{-1}\cdot\boldsymbol{BK}\cdot[s\boldsymbol{I}-(\boldsymbol{A}-\boldsymbol{LC})]^{-1}\\ \boldsymbol{0} & [s\boldsymbol{I}-(\boldsymbol{A}-\boldsymbol{LC})]^{-1}\end{bmatrix}\end{aligned}\tag{5-228}$$

系统$[\bar{\boldsymbol{A}}_1\quad \bar{\boldsymbol{B}}_1\quad \bar{\boldsymbol{C}}_1]$的闭环传递函数矩阵也就是$[\boldsymbol{A}_1\quad \boldsymbol{B}_1\quad \boldsymbol{C}_1]$的闭环传递函数矩阵,可

验证如下：

$$
\begin{aligned}
&\bar{C}_1(sI-\bar{A}_1)^{-1}\bar{B}_1=\\
&[C\quad 0]\begin{bmatrix}[sI-(A-BK)]^{-1} & [sI-(A-BK)]^{-1}\cdot BK\cdot[sI-(A-LC)]^{-1}\\ 0 & [sI-(A-LC)]^{-1}\end{bmatrix}\begin{bmatrix}B\\0\end{bmatrix}=\\
&[C\quad 0]\begin{bmatrix}[sI-(A-BK)]^{-1}B\\ 0\end{bmatrix}=C[sI-(A-BK)]^{-1}B
\end{aligned}
\tag{5-229}
$$

由此可见，复合系统传递函数矩阵和用准确的 x 作为反馈时的传递函数矩阵完全相同。因此由观测器给出 x 作为状态反馈并不影响复合系统的特性。

除此之外，由于

$$
\begin{aligned}
\det[sI-A_1]=\det\begin{bmatrix}sI-(A-BK) & -BK\\ 0 & sI-(A-LC)\end{bmatrix}= \\
\det[sI-(A-BK)]\cdot\det[sI-(A-LC)]
\end{aligned}
\tag{5-230}
$$

故复合系统的特征多项式等于矩阵$(A-BK)$与矩阵$(A-LC)$的特征多项式的乘积。其中$(A-BK)$是状态反馈系统的状态阵，$(A-LC)$是观测器系统的状态阵，上式表明，控制系统的动态特性与观测器的动态特性是相互独立的。这个特性表明：只要系统$[A\quad B\quad C]$是能控的，同时又是能观测的，则可按极点配置的需要选择反馈控制阵 K，然后按观测器动态特性的要求选择 L，L 的选择并不影响配置好的极点。因此系统的极点配置和观测器的设计可以分开进行，即状态反馈控制律的设计和观测器的设计可以独立分开进行。通常，称这个性质为分离原理。显然，分离原理为闭环控制系统的设计提供了很大方便。

通常把反馈矩阵 K 并入观测器系统，如图 5-14 所示。观测器和 K 所组成的系统称作控制器。

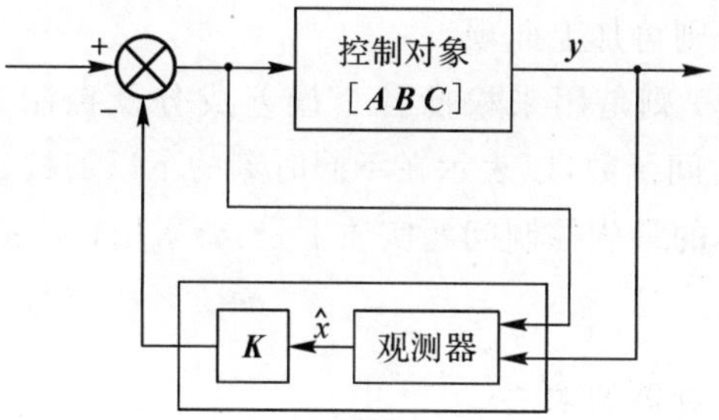

图 5-14　控制器

第六节　线性二次型最优控制器设计

线性二次型最优控制属于线性系统综合理论中最具有典型性的一类优化型综合问题。在实际工程问题中，二次型性能指标的线性系统最优控制问题具有特别重要的意义。这是由于二次型性能指标具有鲜明的物理意义，它代表了大量工程实际问题中提出的性能指标要求；在数学处理上比较简单，可求得最优控制的统一解析表示式；特别可贵的是可得到状态线性反馈的最优控制规律，易于构成闭环最优控制，这一点在工程实现上具有重要意义。

一、线性二次型最优控制问题

二次型性能指标线性系统最优控制问题可以描述如下：

设线性系统状态方程及输出方程为

$$\left.\begin{aligned}\dot{\boldsymbol{x}}(t)&=\boldsymbol{A}(t)\boldsymbol{x}(t)+\boldsymbol{B}(t)\boldsymbol{u}(t)\\ \boldsymbol{y}(t)&=\boldsymbol{G}(t)\boldsymbol{x}(t)\end{aligned}\right\}\qquad(5-231)$$

式中：$\boldsymbol{x}(t)$为 n 维状态向量；$\boldsymbol{u}(t)$为 m 维控制向量；$\boldsymbol{y}(t)$为 r 维输出向量。假设：$n\geqslant m\geqslant r>0$；$\boldsymbol{u}(t)$不受约束；$\boldsymbol{z}(t)$为理想输出，与 $\boldsymbol{y}(t)$同维数，并定义

$$\boldsymbol{e}(t)=\boldsymbol{z}(t)-\boldsymbol{y}(t)\qquad(5-232)$$

为误差向量。性能指标为

$$\boldsymbol{J}=\frac{1}{2}\boldsymbol{e}^{\mathrm{T}}(t_t)\boldsymbol{F}\boldsymbol{e}(t_t)+\frac{1}{2}\int_{t_0}^{t_f}[\boldsymbol{e}^{\mathrm{T}}(t)\boldsymbol{Q}(t)\boldsymbol{e}(t)+\boldsymbol{u}^{\mathrm{T}}(t)\boldsymbol{R}(t)\boldsymbol{u}(t)]\mathrm{d}t\qquad(5-233)$$

式中：权函数 $\boldsymbol{F}$，$\boldsymbol{Q}(t)$ 为正半定矩阵；$\boldsymbol{R}(t)$ 为正定矩阵。假定 t_f 固定。要求寻找最优控制 $\boldsymbol{u}^*(t)$，使性能指标 $\boldsymbol{J}$ 为最小。

这里，被积函数的第一项$\frac{1}{2}\boldsymbol{e}^{\mathrm{T}}(t)\boldsymbol{Q}(t)\boldsymbol{e}(t)$ 代表整个过程中误差 $\boldsymbol{e}(t)$ 的大小。由于$\boldsymbol{Q}(t)$的正半定性，决定了这一项的非负性；被积函数的第二项$\frac{1}{2}\boldsymbol{u}^{\mathrm{T}}(t)\boldsymbol{R}(t)\boldsymbol{u}(t)$ 代表控制功率的消耗，其积分表示整个过程中控制能量的消耗。由于$\boldsymbol{R}(t)$ 的正定性，决定了这一项总为正，出于这个原因，对 $\boldsymbol{u}(t)$ 往往不需再加以约束，而常设 $\boldsymbol{u}(t)$ 为自由的；指标函数的第一项$\frac{1}{2}\boldsymbol{e}^{\mathrm{T}}(t_l)\boldsymbol{F}\boldsymbol{e}(t_l)$ 表示终值误差。从理论上讲，被积函数的第一项已经包括了终端误差的万分，但如需特别强调终值误差，则可加上此项。

矩阵$\boldsymbol{F}$， $\boldsymbol{Q}(t)$， $\boldsymbol{R}(t)$ 则是用来权衡各个误差成分及控制分量相对重要程度的加权阵。这里，$\boldsymbol{Q}$ 及 $\boldsymbol{R}$ 可以是时间函数，以表示在不同时刻的不以加权。

因此，二次型性能指标的最优控制问题实质上是：要求用较小的控制能量来获得较小误差的最优控制。

二、线性二次型最优控制器的求法

设线性系统的状态方程为

$$\dot{\boldsymbol{x}}(t)=\boldsymbol{A}(t)\boldsymbol{x}(t)+\boldsymbol{B}(t)\boldsymbol{u}(t)\qquad(5-234)$$

$\boldsymbol{u}(t)$ 不受约束，性能指标为

$$\boldsymbol{J}=\frac{1}{2}\boldsymbol{x}^{\mathrm{T}}(t_f)\boldsymbol{F}\boldsymbol{x}(t_f)+\frac{1}{2}\int_{t_0}^{t_f}[\boldsymbol{x}^{\mathrm{T}}(t)\boldsymbol{Q}(t)\boldsymbol{x}(t)+\boldsymbol{u}^{\mathrm{T}}(t)\boldsymbol{R}(t)\boldsymbol{u}(t)]\mathrm{d}t\qquad(5-235)$$

终端时刻 t_f 固定。要求寻找最优控制 $\boldsymbol{u}^*(t)$，使性能指标 $\boldsymbol{J}$ 为最小。

这里，应用极小值原理来求解。首先列写哈密尔顿函数

$$\boldsymbol{H}(\boldsymbol{x},\boldsymbol{u},\boldsymbol{\lambda},t)=\frac{1}{2}\boldsymbol{x}^{\mathrm{T}}(t)\boldsymbol{Q}(t)\boldsymbol{x}(t)+\frac{1}{2}\boldsymbol{u}^{\mathrm{T}}(t)\boldsymbol{R}(t)\boldsymbol{u}(t)+\boldsymbol{\lambda}^{\mathrm{T}}(t)\boldsymbol{A}(t)\boldsymbol{x}(t)+\boldsymbol{\lambda}^{\mathrm{T}}(t)\boldsymbol{B}(t)\boldsymbol{u}(t)$$

$$(5-236)$$

由此可得正则方程

$$\dot{\boldsymbol{x}}^*(t)=\boldsymbol{A}(t)\boldsymbol{x}^*(t)+\boldsymbol{B}(t)\boldsymbol{u}^*(t)$$
$$\dot{\boldsymbol{\lambda}}^*(t)=-\frac{\partial \boldsymbol{H}}{\partial \boldsymbol{x}}=-\boldsymbol{Q}(t)\boldsymbol{x}^*(t)-\boldsymbol{A}^{\mathrm{T}}(t)\boldsymbol{\lambda}^*(t) \tag{5-237}$$

由于控制不受约束，控制方程满足

$$\frac{\partial \boldsymbol{H}}{\partial \boldsymbol{u}}=\boldsymbol{R}(t)\boldsymbol{u}^*(t)+\boldsymbol{B}^{\mathrm{T}}(t)\boldsymbol{\lambda}^*(t)=0 \tag{5-238}$$

由此可得：

$$\boldsymbol{u}^*(t)=-\boldsymbol{R}^{-1}(t)\boldsymbol{B}^{\mathrm{T}}(t)\boldsymbol{\lambda}^*(t) \tag{5-239}$$

由于$\boldsymbol{R}(t)$的正定性保证了$\boldsymbol{R}^{-1}(t)$存在，从而$\boldsymbol{u}^*(t)$才可能存在。将式(5-239)代入正则方程，有

$$\left.\begin{aligned}\dot{\boldsymbol{x}}^*(t)&=\boldsymbol{A}(t)\boldsymbol{x}^*(t)-\boldsymbol{B}(t)\boldsymbol{R}^{-1}(t)\boldsymbol{B}^{\mathrm{T}}(t)\boldsymbol{\lambda}^*(t)\\ \dot{\boldsymbol{\lambda}}^*(t)&=-\boldsymbol{Q}(t)\boldsymbol{x}^*(t)-\boldsymbol{A}^{\mathrm{T}}(t)\boldsymbol{\lambda}^*(t)\end{aligned}\right\} \tag{5-240}$$

这是一组一阶线必微分方程，其边界条件为

$$\boldsymbol{x}^*(t_0)=\boldsymbol{x}(t_0) \tag{5-241}$$

及横截条件

$$\boldsymbol{\lambda}^*(t_f)=\frac{\partial}{\partial \boldsymbol{x}(t_f)}\left[\frac{1}{2}\boldsymbol{x}^{*\mathrm{T}}(t_f)\boldsymbol{F}\boldsymbol{x}^*(t_f)\right]=\boldsymbol{F}\boldsymbol{x}^*(t_f) \tag{5-242}$$

由于横截条件中$\boldsymbol{x}^*(t_f)$与$\boldsymbol{\lambda}^*(t_f)$存在线关系，而正则方程又是线性的。因此可以假设，在任何时刻$\boldsymbol{x}$与$\boldsymbol{\lambda}$均可以存在如下线性关系；

$$\boldsymbol{\lambda}^*(t)=\boldsymbol{P}(t)\boldsymbol{x}^*(t) \tag{5-243}$$

对式(5-243)求导

$$\dot{\boldsymbol{\lambda}}^*(t)=\dot{\boldsymbol{P}}(t)\boldsymbol{x}^*(t)+\boldsymbol{P}(t)\dot{\boldsymbol{x}}^*(t) \tag{5-244}$$

将式(5-243)、式(5-240)代入式(5-244)，有

$$\dot{\boldsymbol{\lambda}}^*(t)=[\dot{\boldsymbol{P}}(t)+\boldsymbol{P}(t)\boldsymbol{A}(t)-\boldsymbol{P}(t)\boldsymbol{B}(t)\boldsymbol{R}^{-1}(t)\boldsymbol{B}(t)\boldsymbol{P}(t)]\boldsymbol{x}^*(t) \tag{5-245}$$

将式(5-240)代入式(5-245)，有

$$\dot{\boldsymbol{\lambda}}^*(t)=[-\boldsymbol{Q}(t)-\boldsymbol{A}^{\mathrm{T}}(t)\boldsymbol{P}(t)]\boldsymbol{x}^*(t) \tag{5-246}$$

由此可得：

$$[-\boldsymbol{Q}(t)-\boldsymbol{A}^{\mathrm{T}}(t)\boldsymbol{P}(t)]\boldsymbol{x}^*(t)=[\dot{\boldsymbol{P}}(t)+\boldsymbol{P}(t)\boldsymbol{A}(t)-\boldsymbol{P}(t)\boldsymbol{B}(t)\boldsymbol{R}^{-1}(t)\boldsymbol{B}^{\mathrm{T}}(t)\boldsymbol{P}(t)]\boldsymbol{x}^*(t) \tag{5-247}$$

式(5-247)应对任何x均成立，故有

$$\dot{\boldsymbol{P}}(t)=-\boldsymbol{P}(t)\boldsymbol{A}(t)-\boldsymbol{A}^{\mathrm{T}}(t)\boldsymbol{P}(t)+\boldsymbol{P}(t)\boldsymbol{B}(t)\boldsymbol{R}^{-1}(t)\boldsymbol{B}^{\mathrm{T}}(t)\boldsymbol{P}(t)]-\boldsymbol{Q}(t) \tag{5-248}$$

该式称为矩阵黎卡提微分方程，它是一个阶非线性矩阵微分方程。比较式(5-241))及式(5-248)，可知式(5-248)的边界条件为

$$\boldsymbol{P}(t_f)=\boldsymbol{F} \tag{5-249}$$

由黎卡提微分方程解出$\boldsymbol{P}(t)$后，代入式(6—65)，可得最优控制规律为

$$\boldsymbol{u}^*(t)=-\boldsymbol{R}^{-1}(t)\boldsymbol{B}^{\mathrm{T}}(t)\boldsymbol{P}(t)\boldsymbol{x}^*(t) \tag{5-250}$$

下面对以上结论作几点说明：

(1)最优控制规律是一个状态线性反馈规律，它能方便地实现闭环最优控制。这一点在工程上具有十分重要的意义。

(2)可以证明(略)，$\boldsymbol{P}(t)$是一个对称阵。由于它是非线性微分方程之解，通常情况下难求得解析解，一般都需由计算机求出其数值解，并且由于具边界条件在终端处。因此需要逆时间方向求解，并且必须在过程开始之前就将$\boldsymbol{P}(t)$解出，存入计算机以供过程中使用。由于黎卡提微分方程与状态及控制变量无关，因此在定常系统情况下，预先算出可能的。

(3)$\boldsymbol{P}(t)$时时间函数，由此得出结论，即使线性系统是时不变的，为了实现最优控制，反馈增益应该是时变的，而不是常值反馈增益。这一点与经典控制方法的结论具有本质的区别。

(4)将最优控制及最优状态轨线代入指标函数，最后可求得性能指标的最小值为(证明略)。

$$\boldsymbol{J}^*=\frac{1}{2}\boldsymbol{x}^{\mathrm{T}}(t_0)\boldsymbol{P}(t_0)\boldsymbol{x}(t_0) \tag{5-251}$$

例 5-8 设线性系统状态方程为

$$\begin{aligned}\dot{x}_1(t)&=x_2(t)\\ \dot{x}_2(t)&=u(t)\end{aligned} \tag{5-252}$$

初始条件为 $x_1(0)=1, x_2(0)=0$，$\boldsymbol{u}(t)$不受约束，t_f 固定，性能指标为

$$\boldsymbol{J}=\frac{1}{2}\int_0^{t_f}[x_1^2(t)+u^2(t)]\mathrm{d}t \tag{5-253}$$

最求最优控制 $\boldsymbol{u}^*(t)$，使性能指标 $\boldsymbol{J}$ 为最小。

解 本例相应的具有关矩阵为

$$\boldsymbol{A}=\begin{bmatrix}0&1\\0&0\end{bmatrix},\quad \boldsymbol{B}=\begin{bmatrix}0\\1\end{bmatrix},\quad \boldsymbol{F}=0,\quad \boldsymbol{Q}=\begin{bmatrix}1&0\\0&0\end{bmatrix},\quad \boldsymbol{R}=\boldsymbol{1} \tag{5-254}$$

设：

$$\boldsymbol{P}(t)=\begin{bmatrix}p_{11}(t)&p_{12}(t)\\p_{21}(t)&p_{22}(t)\end{bmatrix} \tag{5-255}$$

将$\boldsymbol{A}$，$\boldsymbol{B}$，$\boldsymbol{Q}$，$\boldsymbol{R}$，$\boldsymbol{P}$代入下式，有

$$\begin{aligned}\begin{bmatrix}\dot{p}_{11}&\dot{p}_{12}\\\dot{p}_{21}&\dot{p}_{22}\end{bmatrix}&=-\begin{bmatrix}p_{11}&p_{12}\\p_{21}&p_{22}\end{bmatrix}\begin{bmatrix}0&1\\0&0\end{bmatrix}-\begin{bmatrix}0&0\\1&0\end{bmatrix}\begin{bmatrix}p_{11}&p_{21}\\p_{21}&p_{22}\end{bmatrix}+\\&\quad\begin{bmatrix}p_{11}&p_{12}\\p_{21}&p_{22}\end{bmatrix}\begin{bmatrix}0\\1\end{bmatrix}[0\quad 1]\begin{bmatrix}p_{11}&p_{12}\\p_{21}&p_{22}\end{bmatrix}-\begin{bmatrix}1&0\\0&0\end{bmatrix}=\\&\quad\begin{bmatrix}0&-p_{11}\\0&-p_{21}\end{bmatrix}-\begin{bmatrix}0&0\\p_{11}&p_{12}\end{bmatrix}+\begin{bmatrix}p_{12}p_{21}&p_{12}p_{22}\\p_{22}p_{22}&p_{22}^2\end{bmatrix}-\begin{bmatrix}1&0\\0&0\end{bmatrix}=\\&\quad\begin{bmatrix}-1+p_{12}p_{21}&-p_{11}+p_{12}p_{22}\\-p_{11}+p_{22}p_{21}&-p_{21}-p_{12}+p_{22}^2\end{bmatrix}\end{aligned} \tag{5-256}$$

根据等号两边矩阵的对应元素就相等，可得下列方程：

$$\left.\begin{aligned}\dot{p}_{11}&=-1+p_{12}p_{21}\\\dot{p}_{12}&=-p_{11}+p_{12}p_{22}\\\dot{p}_{21}&=-p_{11}+p_{22}p_{21}\\\dot{p}_{22}&=-2p_{12}+p_{22}^2\end{aligned}\right\}\tag{5-257}$$

已知 **P** 为对称矩阵,故 $p_{12}=p_{21}$,式(5-257)可变成:

$$\left.\begin{aligned}\dot{p}_{11}&=-1+p_{12}^2\\\dot{p}_{12}&=-p_{11}+p_{12}p_{22}\\\dot{p}_{22}&=-2p_{12}+p_{12}^2\end{aligned}\right\}\tag{5-258}$$

已知 $\boldsymbol{F}=\mathbf{0}$,上列方程的终端边界条件为

$$p_{11}(t_f)=p_{12}(t_f)=p_{22}(t_f)=0\tag{5-259}$$

上式的求解一般由计算机进行,将 $\boldsymbol{P}(t)$ 的解代入式(9-23)可得最优控制为

$$u^*(t)=-[0,1]\begin{bmatrix}p_{11}(t) & p_{12}(t)\\p_{12}(t) & p_{22}(t)\end{bmatrix}\begin{bmatrix}x_1(t)\\x_2(t)\end{bmatrix}=\tag{5-260}$$

$$-p_{12}(t)x_1(t)-p_{22}(t)x_2(t)$$

图 5-15 给出了 $p_{12}(t)$, $p_{22}(t)$ 及 $u^*(t)$, $x^*(t)$ 的变化曲线。闭环最优控制的结构图如图 5-16 所示。

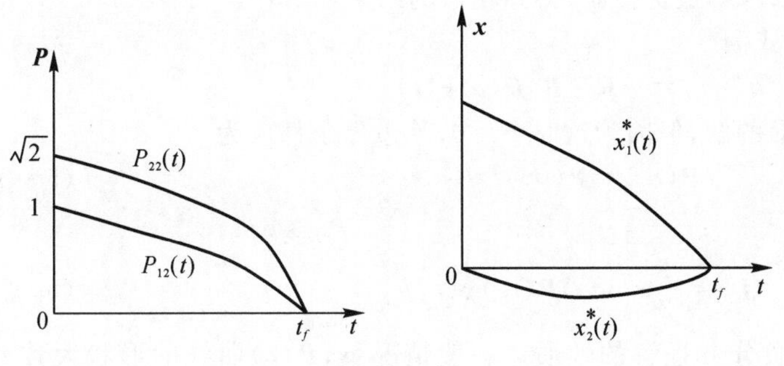

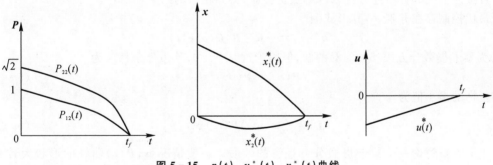

图 5-15　$p(t)$, $u^*(t)$, $x^*(t)$ 曲线

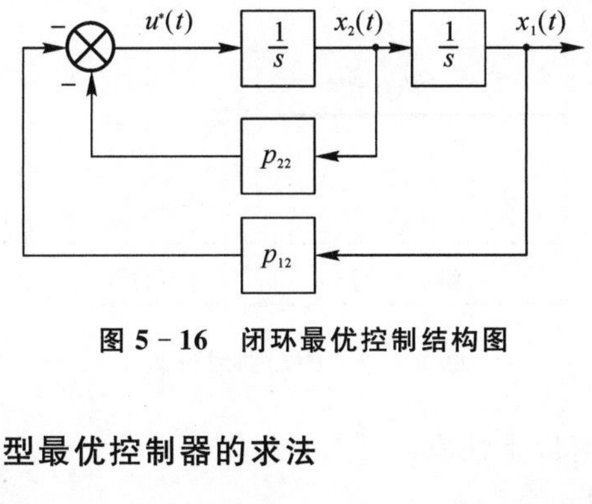

图 5-16　闭环最优控制结构图

三、$t_f\to\infty$ 的线性二次型最优控制器的求法

在控制工程中,不仅要考虑控制系统在过渡过程中的最优运行,还要考虑系统趋向于平衡

状态时的渐近行为，因此 $t_f \to \infty$ 的线性二次型最优控制通常更具有意义和更为实用。

设线性系统状态方程为

$$\dot{\boldsymbol{x}}(t)=\boldsymbol{A}\boldsymbol{x}(t)+\boldsymbol{B}\boldsymbol{u}(t) \tag{5-261}$$

这里，$\boldsymbol{A}$，$\boldsymbol{B}$ 为常值矩阵，$\boldsymbol{u}(t)$不受约束，性能指标为

$$\boldsymbol{J}=\frac{1}{2}\int_{t_0}^{\infty}[\boldsymbol{x}^{\mathrm{T}}(t)\boldsymbol{Q}\boldsymbol{x}(t)+\boldsymbol{u}^{\mathrm{T}}(t)\boldsymbol{R}\boldsymbol{u}(t)]\mathrm{d}t \tag{5-262}$$

式中：$\boldsymbol{Q}$， $\boldsymbol{R}$为常值矩阵，并满足 $\boldsymbol{Q}$ 为正半定的，$\boldsymbol{R}$ 为正定的。求最优点控制 $\boldsymbol{u}^*(t)$，使性能指标 $\boldsymbol{J}$ 为最小。

这里讨论的问题与上一部分相比，有以下几点不同：

(1)系统是时不变的，性能指标的权矩阵为常值矩阵。

(2)终端时刻 $t_f=\infty$。由上一部分知，即使线性系统是时不变的，求得的反馈增益矩阵是时变的，这使系统的结构大为复杂。终端时刻 t_f 取作无穷大，目的是期望能得到一个常值反馈增益矩阵。

(3)终值权矩阵 $\boldsymbol{F}=\boldsymbol{0}$，即没有终端性能指标。这是因为人们总在关注系统在有限时间内的响应，当 $t_f=\infty$时，这时的终值性能指标就没有多大实际意义了，并且终端状态容许出现任何非零值时，由于积分限为$[t_0,\infty]$，都会引起必须指标趋于无穷。

(4)要求受控系统完全可控，以保证最优系统的稳定性。在前节讨论控制区间$[t_0,t_f]$为有限时，即使出现某些状态的不可控制情况，其以性能指标的影响通常总是有限的，因此最优控制仍然可以存在。但是，当控制区间为无限时，如果出现状态不可控，则不论采取什么控制，都将使性能指标趋于无穷大，也就无法比较各种控制的优劣了。

可按照上一部分所述方法来求解最优控制，得到相似的结果如下：

最优控制存在并唯一，其形式为

$$\boldsymbol{u}^*(t)=-\boldsymbol{R}^{-1}\boldsymbol{B}^{\mathrm{T}}\boldsymbol{P}(t)\boldsymbol{x}(t) \tag{5-263}$$

$\boldsymbol{P}(t)$为黎卡提微分方程(5-248)的解，但因为这时 $F=0$，其边界条件应为

$$\boldsymbol{P}(t_f)=\boldsymbol{P}(\infty)=0 \tag{5-264}$$

性能指标的最小值为

$$\boldsymbol{J}^*=\frac{1}{2}\boldsymbol{x}^{\mathrm{T}}(t_0)\boldsymbol{P}(t_0)\boldsymbol{x}(t_0) \tag{5-265}$$

下面着重讨论一个黎卡提微分方程解的性质。一般情况下，$\boldsymbol{P}(t)$曲线的形状大致如图5-17所示。

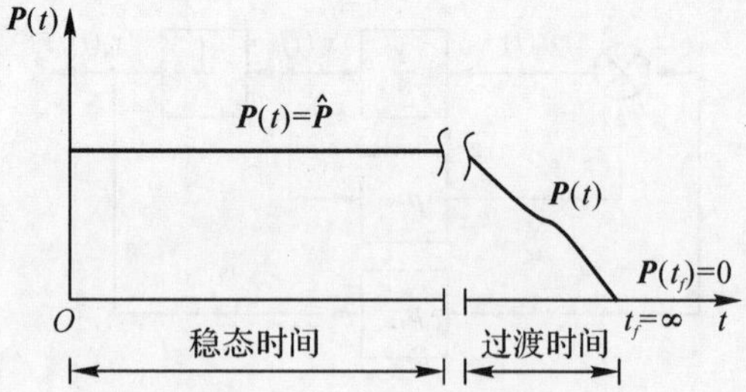

图 5-17　$\boldsymbol{P}(t)$曲线形状

可能看到，$\boldsymbol{P}(t)$曲线具有以下性质：

(1)$t_f=\infty$时，$\boldsymbol{P}(t_f)=0$。

(2)$\boldsymbol{P}(t)$在接近终端时变化比较剧烈。

(3)但在远离终端时,$\boldsymbol{P}(t)$慢慢趋于某个常值 $\bar{\boldsymbol{P}}$。

由此,可以把 $\boldsymbol{P}(t)$曲线看作以 $t_f=\infty$作为起始时刻,$\boldsymbol{P}(t_f)=0$ 作为起始值,逆时间方向进行的一个过程。当 t 离终端时刻 t_f 足够远时,这个过程已经逐渐衰减并趋于其 $\bar{\boldsymbol{P}}$。由于 $\boldsymbol{P}(t)$的过渡过程存在于靠近终端区域,因此最优系统的有限控制区间总是远离终端的,从而 $\boldsymbol{P}(t)$实际可以采用稳态值,即 $\boldsymbol{P}(t)=\bar{\boldsymbol{P}}$。这里 $\bar{\boldsymbol{P}}$ 显然满足 $\dot{\boldsymbol{P}}(t)=0$ 时的黎卡提微分方程

$$\bar{\boldsymbol{P}}\boldsymbol{A}+\boldsymbol{A}^{\mathrm{T}}\bar{\boldsymbol{P}}-\bar{\boldsymbol{P}}\boldsymbol{B}\boldsymbol{R}^{-1}\boldsymbol{B}^{\mathrm{T}}\bar{\boldsymbol{P}}+\boldsymbol{Q}=0 \tag{5-266}$$

式(5-266)称为黎卡提矩阵代数方程。这是一个非线性代数方程,求解式(5-266)可得稳态值 $\bar{\boldsymbol{P}}$。这了保证最优系统的稳定性,$\bar{\boldsymbol{P}}$ 必须是正定的。(证明略)。

这样得到了所期望的结果,即最优控制为状态线性反馈,并且反馈增益为常值。由此可以构成线性时不变的状态调节器,使结构大为简化,这一点在工程实现上具有很大的实用意义。

例 5-9　设系统状态方程为 $\dot{x}_1(t)=x_2(t)$,$\dot{x}_2(t)=u(t)$,$u(t)$不受约束,性能指标为

$$\boldsymbol{J}=\frac{1}{2}\int_0^\infty\left[x_1{}^2(t)+2x_1(t)x_2(t)+2x_2^2(t)+u^2(t)\right]\mathrm{d}t \tag{5-267}$$

寻求最优控制 $u^*(t)$,使性能指标为最小。

解　本例的有关矩阵为

$$\boldsymbol{A}=\begin{bmatrix}0&1\\0&0\end{bmatrix},\quad \boldsymbol{B}=\begin{bmatrix}0\\1\end{bmatrix},\quad \boldsymbol{Q}=\begin{bmatrix}1&1\\1&2\end{bmatrix},\quad \boldsymbol{R}=1 \tag{5-268}$$

可见 $\boldsymbol{Q}$ 及 $\boldsymbol{R}$ 矩阵均为正定的,并

$$\operatorname{rank}[\boldsymbol{B},\boldsymbol{AB}]=\operatorname{rank}\begin{bmatrix}0&1\\1&0\end{bmatrix}=2=n \tag{5-269}$$

因此系统可控,故存在唯一的最优控制。首先由黎卡提代数方程求解 $\boldsymbol{P}$:

$$-\begin{bmatrix}p_{11}&p_{12}\\p_{12}&p_{22}\end{bmatrix}\begin{bmatrix}0&1\\0&0\end{bmatrix}-\begin{bmatrix}0&0\\1&0\end{bmatrix}\begin{bmatrix}p_{11}&p_{12}\\p_{12}&p_{22}\end{bmatrix}+\begin{bmatrix}p_{11}&p_{12}\\p_{12}&p_{22}\end{bmatrix}\begin{bmatrix}0\\1\end{bmatrix}$$

$$[0,1]\begin{bmatrix}p_{11}&p_{12}\\p_{12}&p_{22}\end{bmatrix}-\begin{bmatrix}1&1\\1&2\end{bmatrix}=\begin{bmatrix}0&0\\0&0\end{bmatrix} \tag{5-270}$$

式(5-270)给出方程:

$$\left.\begin{aligned}&p_{12}^2=1\\&-p_{11}+p_{12}p_{22}-1=0\\&-2p_{12}+p_{22}-2=0\end{aligned}\right\} \tag{5-271}$$

由此解得:$p_{12}=\pm1$,$p_{22}=\pm\sqrt{2+2p_{12}}$,$p_{11}=p_{12}p_{22}-1$,为了保证 $\boldsymbol{P}$ 的正定性要求,最后解得 $p_{12}=1$,$p_{22}=\sqrt{2+2}=2$,$p_{11}=2-1=1$,代入 $\boldsymbol{u}^*(t)=-\boldsymbol{R}^{-1}\boldsymbol{B}^{\mathrm{T}}\boldsymbol{Px}$,可得

$$u^*(t)=-1[0\quad 1]\begin{bmatrix}1&1\\1&2\end{bmatrix}\begin{bmatrix}\boldsymbol{x}_1(t)\\\boldsymbol{x}_2(t)\end{bmatrix}=-x_1(t)-2x_2(t) \tag{5-272}$$

第七节　基于内模原理的控制器设计

一、控制问题描述

设同时有参考信号 $\boldsymbol{y}_{\mathrm{ref}}(t)$ 及扰动信号 $\boldsymbol{\omega}(t)$ 的线性多变量受控对象的动态方程为

$$\dot{\boldsymbol{x}}=\boldsymbol{A}\boldsymbol{x}+\boldsymbol{B}\boldsymbol{u}+\boldsymbol{E}\boldsymbol{\omega},\quad \boldsymbol{y}=\boldsymbol{C}\boldsymbol{x}+\boldsymbol{D}\boldsymbol{u}+\boldsymbol{F}\boldsymbol{\omega} \tag{5-273}$$

式中：$\boldsymbol{x}\in\mathbf{R}^n$，$\boldsymbol{u}\in\mathbf{R}^p$，$\boldsymbol{y}\in\mathbf{R}^q$，$\boldsymbol{\omega}\in\mathbf{R}^\Omega$，欲设计控制器以实现控制规律 $\boldsymbol{u}(t)$，使输出向量 $\boldsymbol{y}(t)$ 跟踪参考输入向量 $\boldsymbol{y}_{\mathrm{ref}}(t)$，$\boldsymbol{y}_{\mathrm{ref}}(t)\in\mathbf{R}^q$。由于系统存在惯性，要求对每一时刻都满足 $\boldsymbol{y}(t)=\boldsymbol{y}_{\mathrm{ref}}(t)$是不现实的，实际上只能要求系统具有无静差跟踪特性。具体指：闭环系统在稳定的前提下实现扰动抑制和渐近调节，也就是在稳态情况下，由于扰动产生的输出 $\boldsymbol{y}_\omega(t)$ 为零，即$\lim\limits_{t\to\infty}\boldsymbol{y}_\omega(t)=\boldsymbol{0}$，而输出量 $\boldsymbol{y}(t)$ 复现参考信号，即$\lim\limits_{t\to\infty}\boldsymbol{y}(t)=\boldsymbol{y}_{\mathrm{ref}}(t)$，故无静差特性可表示为

$$\lim_{t\to\infty}\boldsymbol{e}(t)=\lim_{t\to\infty}[\boldsymbol{y}(t)-\boldsymbol{y}_{\mathrm{ref}}(t)]=\boldsymbol{0} \tag{5-274}$$

式中：$\boldsymbol{e}(t)=\boldsymbol{y}(t)-\boldsymbol{y}_{\mathrm{ref}}(t)$，为系统跟踪误差。当受控对象参数发生变化时（这里所指的参数变化不是无限小的变化），若所设计的控制器任能是闭环系统具有无静差特性，则称这样的控制具有鲁棒性。当参数变化时，式(5-273)中诸系数矩阵变成 $\boldsymbol{A}+\delta\boldsymbol{A}$，$\boldsymbol{B}+\delta\boldsymbol{B}$，$\boldsymbol{C}+\delta\boldsymbol{C}$，其中 $\delta\boldsymbol{A}$，$\delta\boldsymbol{B}$，$\delta\boldsymbol{C}$ 分别与 $\boldsymbol{A}$，$\boldsymbol{B}$，$\boldsymbol{C}$ 具有相同维数，其元素的绝对值小于任意给定的正数 ε。

由经典控制理论已知，系统的稳态误差与外作用的形式和大小有关，例如在系统的参考输入作用点至干扰信号作用点之间设置一个积分控制器，以对误差（或偏差）进行积分，可使阶跃参考输入及阶跃干扰输入作用下的稳态误差为零，可见控制器的设计与外作用模型密切相关。下面先将这一过程用状态空间来描述，进而导出一般具有鲁棒性的控制器的设计方法。

二、无静差跟踪控制器设计

简明起见，受控对象动态方程为

$$\dot{\boldsymbol{x}}=\boldsymbol{A}\boldsymbol{x}+\boldsymbol{B}\boldsymbol{u}+\boldsymbol{\omega},\quad \boldsymbol{y}=\boldsymbol{C}\boldsymbol{x} \tag{5-275}$$

式中：$\boldsymbol{x}\in\mathbf{R}^n$，$\boldsymbol{u}\in\mathbf{R}^p$，$\boldsymbol{\omega}\in\mathbf{R}^\Omega$，$\boldsymbol{y}\in\mathbf{R}^q$，$\boldsymbol{\omega}(t)=\boldsymbol{\omega}_0\cdot 1(t)$，$y_{\mathrm{ref}}(t)=\boldsymbol{y}_0\cdot 1(t)$，$\boldsymbol{y}_{\mathrm{ref}}(t)\in\mathbf{R}^q$，且不失一般性地假定 $\mathrm{rank}\boldsymbol{B}=p$，$\mathrm{rank}\boldsymbol{C}=q$。定义偏差向量 $\boldsymbol{e}(t)$ 为

$$\boldsymbol{e}(t)=\boldsymbol{y}(t)-\boldsymbol{y}_{\mathrm{ref}}(t) \tag{5-276}$$

对 $\boldsymbol{e}(t)$进行积分得 $\boldsymbol{\eta}(t)$

$$\boldsymbol{\eta}(t)=\int_0^t\boldsymbol{e}(t)=\int_0^t[\boldsymbol{y}(t)-\boldsymbol{y}_{\mathrm{ref}}(t)]\,\mathrm{d}\tau \tag{5-277}$$

式中：$\boldsymbol{\eta}(t)\in\mathbf{R}^q$，含 q 个积分器，每个积分器得输入偏差是偏差向量得一个分量。对式(5-277)求导有

$$\dot{\boldsymbol{\eta}}(t)=\boldsymbol{e}(t)=\boldsymbol{C}\boldsymbol{x}(t)-\boldsymbol{y}_{\mathrm{ref}}(t) \tag{5-278}$$

将积分器与受控对象串联，$\boldsymbol{\eta}$ 作为附加得状态向量，可构成增广的受控对象动态方程为

$$\begin{bmatrix}\dot{\boldsymbol{x}}\\ \dot{\boldsymbol{\eta}}\end{bmatrix}=\begin{bmatrix}\boldsymbol{A} & \boldsymbol{0}\\ \boldsymbol{C} & \boldsymbol{0}\end{bmatrix}\begin{bmatrix}\boldsymbol{x}\\ \boldsymbol{\eta}\end{bmatrix}+\begin{bmatrix}\boldsymbol{B}\\ \boldsymbol{0}\end{bmatrix}u+\begin{bmatrix}\boldsymbol{\omega}\\ -\boldsymbol{y}_{\mathrm{ref}}\end{bmatrix},\quad \boldsymbol{y}=[\boldsymbol{C}\quad \boldsymbol{0}]\begin{bmatrix}\boldsymbol{x}\\ \boldsymbol{\eta}\end{bmatrix} \tag{5-279}$$

为解决引入积分器以后带来的稳定性问题及保障动态品质，且实现无静差跟踪，可用状态反馈任意配置闭环系统极点，而为此必须要增广受控对象能控。增广系统的能控性矩阵 $\boldsymbol{Q}_c$ 为

$$\boldsymbol{Q}_c=\begin{bmatrix}\boldsymbol{B} & \boldsymbol{AB} & \boldsymbol{A}^2\boldsymbol{B} & \cdots & \boldsymbol{A}^{n+q-1}\boldsymbol{B}\\ \boldsymbol{0} & \boldsymbol{CB} & \boldsymbol{CAB} & \cdots & \boldsymbol{CA}^{n+q-1}\boldsymbol{B}\end{bmatrix}\triangleq\begin{bmatrix}\boldsymbol{B} & \boldsymbol{Q}_{c1}\\ \boldsymbol{0} & \boldsymbol{Q}_{c2}\end{bmatrix}=\begin{bmatrix}\boldsymbol{A} & \boldsymbol{B}\\ \boldsymbol{C} & \boldsymbol{0}\end{bmatrix}\begin{bmatrix}\boldsymbol{0} & \boldsymbol{Q}_{c1}\\ \boldsymbol{I}_p & \boldsymbol{0}\end{bmatrix} \tag{5-280}$$

式中

$$\boldsymbol{Q}_{c1}=[\boldsymbol{B}\quad \boldsymbol{AB}\quad \cdots\quad \boldsymbol{A}^{n-1}\boldsymbol{B}\quad \cdots\quad \boldsymbol{A}^{n+q-1}\boldsymbol{B}] \tag{5-281}$$

式中：$\boldsymbol{Q}_c$ 为 $[(n+q)\times(n+q)p]$ 矩阵；$\boldsymbol{Q}_{c1}$ 为 $[n\times(n+q-1)p]$ 矩阵。当 $p\geqslant q$ 时，增广系统能控的充要条件为

$$\mathrm{rank}\boldsymbol{Q}_c=n+q \tag{5-282}$$

若原受控对象能控，其能控性矩阵满足

$$\mathrm{rank}[\boldsymbol{B}\quad \boldsymbol{AB}\quad \cdots\quad \boldsymbol{A}^{n-1}\boldsymbol{B}]=n \tag{5-283}$$

由于该能控矩阵增加一些常数列向量，并不改变秩条件，故必有

$$\mathrm{rank}\boldsymbol{Q}_{c1}=n \tag{5-284}$$

且矩阵 $\begin{bmatrix}\boldsymbol{0} & \boldsymbol{Q}_{c1}\\ \boldsymbol{I}_p & \boldsymbol{0}\end{bmatrix}$ 的秩为 $(n+p)$，于是有

$$\mathrm{rank}\boldsymbol{Q}_c=\mathrm{rank}\begin{bmatrix}\boldsymbol{A} & \boldsymbol{B}\\ \boldsymbol{C} & \boldsymbol{0}\end{bmatrix}_{(n+q)\times(n+p)}=n+q \tag{5-285}$$

以上分析可归结为下面定理。

定理 5-2　式(5-279)所示增广系统能控的充要条件为

(1)原受控对象能控；

(2) $\mathrm{rank}\begin{bmatrix}\boldsymbol{A} & \boldsymbol{B}\\ \boldsymbol{C} & \boldsymbol{0}\end{bmatrix}=n+q$，$p\geqslant q$，$\mathrm{rank}\boldsymbol{B}=p$，$\mathrm{rank}\boldsymbol{C}=q$。

为实现闭环极点的任意配置，引入下列状态反馈以构成闭环控制：

$$\boldsymbol{u}=[\boldsymbol{K}_1\quad \boldsymbol{K}_2]\begin{bmatrix}\boldsymbol{x}\\ \boldsymbol{\eta}\end{bmatrix}=\boldsymbol{K}_1\boldsymbol{x}+\boldsymbol{K}_2\boldsymbol{\eta} \tag{5-286}$$

式中：$\boldsymbol{K}_1$ 为 $(p\times n)$ 矩阵；$\boldsymbol{K}_2$ 为 $(p\times q)$ 矩阵。将式(5-286)代入式(5-279)可得闭环系统动态方程为

$$\begin{gathered}\begin{bmatrix}\dot{\boldsymbol{x}}\\ \dot{\boldsymbol{\eta}}\end{bmatrix}=\begin{bmatrix}\boldsymbol{A}+\boldsymbol{BK}_1 & \boldsymbol{BK}_2\\ \boldsymbol{C} & \boldsymbol{0}\end{bmatrix}\begin{bmatrix}\boldsymbol{x}\\ \boldsymbol{\eta}\end{bmatrix}+\begin{bmatrix}\boldsymbol{\omega}\\ -\boldsymbol{y}_{\mathrm{ref}}\end{bmatrix}\triangleq\boldsymbol{A}_1\begin{bmatrix}\boldsymbol{x}\\ \boldsymbol{\eta}\end{bmatrix}+\begin{bmatrix}\boldsymbol{\omega}\\ -\boldsymbol{y}_{\mathrm{ref}}\end{bmatrix}\\ \boldsymbol{y}=[\boldsymbol{C}\quad \boldsymbol{0}]\begin{bmatrix}\boldsymbol{x}\\ \boldsymbol{\eta}\end{bmatrix}\triangleq\boldsymbol{C}_1\begin{bmatrix}\boldsymbol{x}\\ \boldsymbol{\eta}\end{bmatrix}\end{gathered} \tag{5-287}$$

式中

$$\boldsymbol{A}_1=\begin{bmatrix}\boldsymbol{A}+\boldsymbol{BK}_1 & \boldsymbol{BK}_2\\ \boldsymbol{C} & \boldsymbol{0}\end{bmatrix},\quad \boldsymbol{C}_1=[\boldsymbol{C}\quad \boldsymbol{0}] \tag{5-288}$$

闭环系统结构图如图 5-18 所示。令闭环系统特征多项式 $\det(\lambda\boldsymbol{I}-\boldsymbol{A}_1)$ 与期望的特征多项式 $f^*(\lambda)$ 相等，即

$$f^*(\lambda)=\det(\lambda\boldsymbol{I}-\boldsymbol{A}_1) \tag{5-289}$$

可确定 $\boldsymbol{K}_1$、$\boldsymbol{K}_2$ 矩阵诸元。至此设计便告完成。

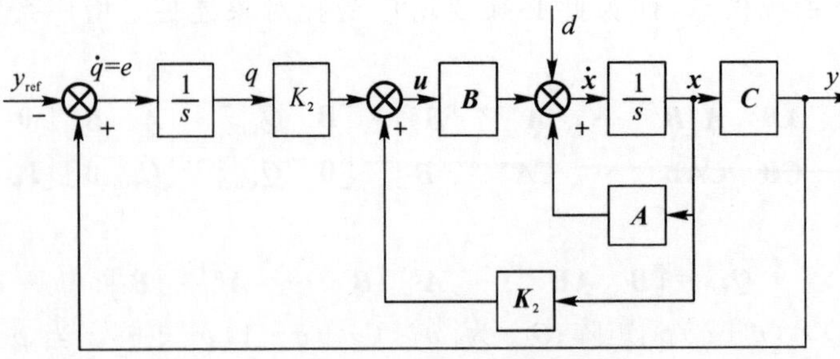

图 5－18　闭环系统结构图

下面运用定理来计算阶跃作用下的稳态误差 $\boldsymbol{e}_{ss}$，藉以校验该闭环系统的无静差特性。由于

$$\begin{aligned}\dot{\boldsymbol{x}}&=(\boldsymbol{A}+\boldsymbol{B}\boldsymbol{K}_1)\boldsymbol{x}+\boldsymbol{B}\boldsymbol{K}_2\boldsymbol{\eta}+\boldsymbol{\omega}\\\dot{\boldsymbol{\eta}}&=\boldsymbol{e}=\boldsymbol{C}\boldsymbol{x}-\boldsymbol{y}_{\mathrm{ref}}\end{aligned}\tag{5-290}$$

对其进行拉普拉斯变换，有

$$\left.\begin{aligned}&\boldsymbol{x}(s)=(s\boldsymbol{I}-\boldsymbol{A}-\boldsymbol{B}\boldsymbol{K}_1)^{-1}\boldsymbol{B}\boldsymbol{K}_2\boldsymbol{\eta}(s)+(s\boldsymbol{I}-\boldsymbol{A}-\boldsymbol{B}\boldsymbol{K}_1)^{-1}\boldsymbol{\omega}(s)\\&\boldsymbol{\eta}(s)=\frac{\boldsymbol{e}(s)}{s}\\&\boldsymbol{e}(s)=\boldsymbol{C}\boldsymbol{x}(s)-\boldsymbol{y}_{\mathrm{ref}}(s)\end{aligned}\right\}\tag{5-291}$$

故

$$\begin{aligned}\boldsymbol{e}(s)=&[s\boldsymbol{I}-\boldsymbol{C}(s\boldsymbol{I}-\boldsymbol{A}-\boldsymbol{B}\boldsymbol{K}_1)^{-1}\boldsymbol{B}\boldsymbol{K}_2]^{-1}s\boldsymbol{C}(s\boldsymbol{I}-\boldsymbol{A}-\boldsymbol{B}\boldsymbol{K}_1)^{-1}\boldsymbol{\omega}(s)\\&-[s\boldsymbol{I}-\boldsymbol{C}(s\boldsymbol{I}-\boldsymbol{A}-\boldsymbol{B}\boldsymbol{K}_1)^{-1}\boldsymbol{B}\boldsymbol{K}_2]^{-1}s\boldsymbol{y}_{\mathrm{ref}}(s)\end{aligned}\tag{5-292}$$

式中 $\boldsymbol{\omega}(s)=\dfrac{\boldsymbol{\omega}_0}{s}$，$\boldsymbol{y}_{\mathrm{ref}}(s)=\dfrac{\boldsymbol{y}_0}{s}$，于是有

$$\boldsymbol{e}_{ss}=\lim_{t\to\infty}\boldsymbol{e}(t)=\lim_{t\to 0}s\boldsymbol{e}(s)=0\tag{5-293}$$

式(5－293)推导表明，积分器的存在导致 $\boldsymbol{e}(s)$ 表达式中含有因子 s，它与 $\boldsymbol{\omega}(s)$ 及 $\boldsymbol{y}_{\mathrm{ref}}(s)$ 的因子 $1/s$ 构成对消，也就是说，由于积分器的极点对消了外部作用信号的极点，才保证获得了闭环系统无静差的特性，这便启示我们要基于外作用的模型来设计具有鲁棒性的制器，并将该外作用模型称为内模。

当定理 5.2 所述条件成立时，则增广系统式(5－279)能控，这又意味着定可找到状态反馈 $\boldsymbol{K}_1$，也就是实现无静差跟踪的充要条件。

例 5－10　设单变量系统动态方程为

$$\dot{\boldsymbol{x}}=\boldsymbol{A}\boldsymbol{x}+\boldsymbol{B}u+\boldsymbol{d}_0\cdot 1(t),\quad y=\boldsymbol{c}\boldsymbol{x}\tag{5-294}$$

式中：$\boldsymbol{d}_0$ 为常值干扰幅度。试用状态空间法设计鲁棒控制器，使系统稳态时理想跟踪阶跃参考指令 $y_0\cdot 1(t)$，并使闭环极点配置在－2，　－2，　－1，　－1±j。

$$\boldsymbol{A}=\begin{bmatrix}0&1&0&0\\0&0&-1&0\\0&0&0&1\\0&0&11&0\end{bmatrix},\quad \boldsymbol{b}=\begin{bmatrix}0\\1\\0\\-1\end{bmatrix},\quad \boldsymbol{d}_0=\begin{bmatrix}0\\4\\0\\6\end{bmatrix},\quad \boldsymbol{c}=[1\quad 0\quad 0\quad 0] \tag{5-295}$$

解　由于为单输出系统，引入一个积分器可消除 $\boldsymbol{d}_0\cdot 1(t)$ 及 $y_0\cdot 1(t)$ 作用下的稳态误差，有

$$\left.\begin{aligned}\eta(t)&=\int_0^t e(\tau)\,\mathrm{d}\tau=\int_0^t[y(\tau)-y_{\mathrm{ref}}(\tau)]\,\mathrm{d}\tau\\ \dot{\eta}&=e=y(t)-y_0\cdot 1(t)=\boldsymbol{c}\boldsymbol{x}-y_0\cdot 1(t)\end{aligned}\right\} \tag{5-296}$$

增广受控系统动态方程为

$$\begin{bmatrix}\dot{\boldsymbol{x}}\\ \dot{\boldsymbol{\eta}}\end{bmatrix}=\begin{bmatrix}0&1&0&0&0\\0&0&-1&0&0\\0&0&0&1&0\\0&0&11&0&0\\1&0&0&0&0\end{bmatrix}\begin{bmatrix}\boldsymbol{x}\\ \boldsymbol{\eta}\end{bmatrix}+\begin{bmatrix}0\\1\\0\\-1\\0\end{bmatrix}\boldsymbol{u}+\begin{bmatrix}0\\4\cdot 1(t)\\0\\6\cdot 1(t)\\-y_0\cdot 1(t)\end{bmatrix}$$

$$y=[1\quad 0\quad 0\quad 0]\begin{bmatrix}\boldsymbol{x}\\ \boldsymbol{\eta}\end{bmatrix} \tag{5-297}$$

判断增广系统能控性：

$$\mathrm{rank}[\boldsymbol{b}\quad \boldsymbol{A}\boldsymbol{b}\quad \boldsymbol{A}^2\boldsymbol{b}\quad \boldsymbol{A}^3\boldsymbol{b}]=\mathrm{rank}\begin{bmatrix}0&1&0&1\\1&0&1&0\\0&-1&0&-11\\-1&0&11&0\end{bmatrix}=$$

$$\mathrm{rank}\begin{bmatrix}0&1&0&1\\0&0&12&0\\0&-1&0&-11\\-1&0&11&0\end{bmatrix}=\mathrm{rank}\begin{bmatrix}0&0&0&1\\0&0&12&0\\0&10&0&-11\\-1&0&11&0\end{bmatrix}=4$$

$$\det\begin{bmatrix}\boldsymbol{A}&\boldsymbol{B}\\ \boldsymbol{C}&\boldsymbol{0}\end{bmatrix}=\begin{vmatrix}0&1&0&0&0\\0&0&-1&0&0\\0&0&0&1&0\\0&0&11&0&-1\\1&0&0&0&0\end{vmatrix}=\begin{vmatrix}-1&0&1\\0&1&0\\11&0&-1\end{vmatrix}=\begin{vmatrix}-1&1\\11&-1\end{vmatrix}=-10\neq 0 \tag{5-298}$$

故增广系统能控，可用状态反馈任意配置极点且可实现无静差跟踪。

状态反馈设计：令

$$\boldsymbol{K}=[\boldsymbol{K}_1\quad \boldsymbol{K}_2]=[k_1\quad k_2\quad k_3\quad k_4\quad k_5] \tag{5-299}$$

闭环动态方程为

$$\begin{bmatrix}\dot{\boldsymbol{x}}\\ \dot{\eta}\end{bmatrix}=\begin{bmatrix}\boldsymbol{A}+\boldsymbol{B}\boldsymbol{K}_1&\boldsymbol{B}\boldsymbol{K}_2\\ \boldsymbol{C}&\boldsymbol{0}\end{bmatrix}\begin{bmatrix}\boldsymbol{x}\\ \eta\end{bmatrix}+\begin{bmatrix}\boldsymbol{d}\\ -y_{\mathrm{ref}}\end{bmatrix}$$

$$
=\left[\begin{array}{ccccc:c}0 & 1 & 0 & 0 & 0 \\ k_1 & k_2 & k_3-1 & k_4 & k_5 \\ 0 & 0 & 0 & 1 & 0 \\ -k_1 & -k_2 & 11-k_3 & -k_4 & -k_5 \\ \hdashline 1 & 0 & 0 & 0 & 0\end{array}\right]\left[\begin{array}{c}\boldsymbol{x} \\ \hdashline \eta\end{array}\right]+\left[\begin{array}{c}0 \\ 4\cdot 1(t) \\ 0 \\ 6\cdot 1(t) \\ \hdashline -y_0\cdot 1(t)\end{array}\right]
$$

$$
y=[1\quad 0\quad 0\quad 0\quad 0]\left[\begin{array}{c}\boldsymbol{x} \\ \hdashline \eta\end{array}\right] \tag{5-300}
$$

其特征多项式 $f(\lambda)$ 为

$$
f(\lambda)=\lambda^5+(k_4-k_2)\lambda^4+(k_3-k_1-11)\lambda^3+(10k_2-k_5)\lambda^2+10k_1\lambda+10k_5 \tag{5-301}
$$

期望特征多项式 $f^*(\lambda)$ 为

$$
f^*(\lambda)=(\lambda+2)^2(\lambda+1)(\lambda+1-j)(\lambda+1+j)=\lambda^5+7\lambda^4+20\lambda^3+30\lambda^2+24\lambda+8 \tag{5-302}
$$

由 $f(\lambda)=f^*(\lambda)$ 解得

$$
\boldsymbol{K}=[\boldsymbol{K}_1\quad \boldsymbol{K}_2]=[2.4\quad 3.08\quad 33.4\quad 10.08\quad 0.8] \tag{5-303}
$$

校验稳态误差:由式(5-293)可导出 $y(s)$ 为

$$
y(s)=\boldsymbol{c}_1(s\boldsymbol{I}-\boldsymbol{A}_1)^{-1}\begin{bmatrix}\boldsymbol{d}(s) \\ -y_{\mathrm{ref}}\end{bmatrix} \tag{5-304}
$$

当 $\boldsymbol{d}=\boldsymbol{d}_0\cdot 1(t)$ 及 $y_{\mathrm{ref}}=y_0\cdot 1(t)$ 时,稳态输出向量为

$$
\lim_{x\to\infty}y(t)=\lim_{s\to\infty}sy(s)=-\boldsymbol{C}_1\boldsymbol{A}_1^{-1}\begin{bmatrix}d_0 \\ -y_0\end{bmatrix} \tag{5-305}
$$

对本例有

$$
\lim_{x\to\infty}y(t)=-\boldsymbol{C}_1\boldsymbol{A}_1^{-1}\begin{bmatrix}d_0 \\ -y_0\end{bmatrix}=-[1\quad 0\quad 0\quad 0\quad 0]
$$

$$
\begin{bmatrix}0 & 0 & 0 & 0 & 1 \\ 1 & 0 & 0 & 0 & 0 \\ 0 & 0.1 & 0 & 0.1 & 0 \\ 0 & 0 & 1 & 0 & 0 \\ -3.85 & -2.8 & -12.6 & -4.05 & -3\end{bmatrix}\begin{bmatrix}1 \\ 4 \\ 0 \\ 6 \\ -y_0\end{bmatrix}=y_0 \tag{5-306}
$$

故

$$
e_\infty=\lim_{t\to\infty}[y(t)-y_{\mathrm{ref}}(t)]=y_0-y_0=0 \tag{5-307}
$$

三、基于内模原理的控制器的设计

通常,称引入系统不确定信号的模型为内模。利用在系统内部复制一个不稳定信号模型(包括系统和不确定和要跟踪输入信号),来达到完全的渐近跟踪和扰动抑制的原理,称之为内模原理。在旺达姆(W. M. Wonham)的著作《线性多变量控制——一种几何方法》中,对内模原理采用几何方法作了系统和完整的讨论。

利用内模原理实现无静差跟踪控制的一个重要优点,是对内模以外的受控系统和补偿器

的参数变化不敏感。当这类参数出现摄动，只要闭环控制系统仍为渐近稳定，则仍具有无静差跟踪的属性，这种控制系统为鲁棒的。

由图 5－19 所示闭环结构图可导出基于内模原理的控制系统的一般结构。这个控制系统，实质上是一个包含补偿器的输出反馈系统，其中伺服补偿器用于实现扰动抑制及渐近调节，根据外作用模型来构造；镇定补偿器用于使闭环系统镇定，它包含状态反馈 $\boldsymbol{K}_1$ 及 $\boldsymbol{K}_2$，当状态需重构时，还包含状态观测器，而状态观测器根据受控对象模型来构造。控制器则是伺服补偿器和镇定补偿器的组合。下面来研究这种控制器的一般设计方法。

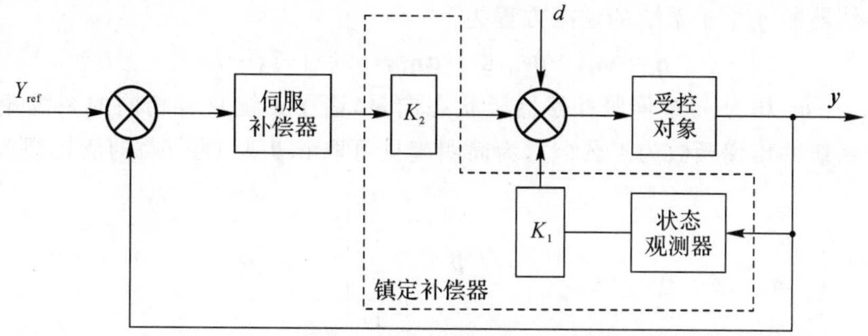

图 5－19　鲁棒控制系统的一般结构

1. 伺服补偿器的设计

图 5－18 所示积分器是一种伺服补偿器，其输入为误差(偏差)向量，其输出为误差(偏差)向量的积分，它是基于参考和扰动信号均为阶跃函数来确定的，两种信号的拉氏变换式的分母同为 s。对每个误差通道来说，若取其公分母的倒数即 $1/s$ 作为伺服补偿器单个通道的传递函数，那么便可实现伺服补偿器的极点与外作用的极点相对消，从而保证实现无静差跟踪。这里将这一设计方法推广到在一般形式的参考、扰动信号作用下如何来确定伺服补偿器的设计问题。

实际工程问题中的典型参考，扰动信号通常是一个时间的幂函数或正、余弦函数，其拉普拉斯变换式的分母多项式的根为外作用的极点。设 $\Lambda_1(s)$、$\Lambda_2(s)$ 分别为扰动及参考信号的拉普拉斯变换式的分母多项式，且只须考虑 $\Lambda_1(s)$ 和 $\Lambda_2(s)$ 的最小公倍数 $\Lambda(s)$，设 $\Lambda(s)$ 为 s 的 m 次多项式，即

$$\Lambda(s)=s^m+\delta_m\cdot s^{m-1}+\cdots+\delta_2 s+\delta_1 \tag{5-308}$$

式中：最高幂次 m 及系数 δ_i 由外作用的结构形式确定，如函数类型为阶跃或斜坡或正弦，正弦信号的频率数据等，在伺服补偿器设计中应预先确切知道。式(5－308)未反映外作用拉普拉斯变换式的分子多项式，即假定在伺服补偿器设计中，外作用的幅值大小可为未知或任意，但仍应满足系统工作在线性范围内的基本要求。还应指出，可能存在形如 $\boldsymbol{e}^{-at}$ $(a>0)$ 一类的外作用，其外作用极点处于 s 左半平面，该类外作用当 $t\to\infty$ 时自然趋于零，只要系统渐近稳定，便自然满足无静差跟踪的要求，故在伺服补偿器设计中无须考虑这类外作用极点，$\Lambda(s)$ 中只须包含处于虚轴上及右半 s 平面中的那些外作用极点所确定的最小公倍式。

有时，扰动和参考信号用状态空间模型来描述其生成。如扰动信号 $\boldsymbol{w}(t)$ 可看作在初始状态 $\boldsymbol{z}_1(0)$ 未知情况下，由下列动态方程

$$\dot{\boldsymbol{z}}_1=\boldsymbol{A}_1\boldsymbol{z}_1,\quad \boldsymbol{w}=\boldsymbol{C}_1\boldsymbol{z}_1 \tag{5-309}$$

来生成；如参考信号 $\boldsymbol{y}_{\mathrm{ref}}(t)$ 可看作在初始状态 $\boldsymbol{z}_2(0)$ 未知情况下，由下列动态方程

$$\dot{\boldsymbol{z}}_2=\boldsymbol{A}_2\boldsymbol{z}_2,\ y_{\mathrm{ref}}(t)=\boldsymbol{C}_2\boldsymbol{z}_2 \tag{5-310}$$

来生成；这时 $\Lambda(s)$ 便是 $\det(s\boldsymbol{I}-\boldsymbol{A}_1)$ 和 $\det(s\boldsymbol{I}-\boldsymbol{A}_2)$ 中处于虚轴上及右半 s 平面的那些外作用极点所确定的最小公倍式。

幂次 m 确定了在伺服补偿器的每个通道中应串入的积分器个数。对于 q 维误差向量来说，伺服补偿器含有 q 个相同的误差(偏差)通道，即含有 q 个子系统，因而共计须引入 qm 个积分器才能实现无静差跟踪。

伺服补偿器的 q 个子系统的动态方程为

$$\dot{\boldsymbol{\eta}}_i=\nu\boldsymbol{\eta}_i+\boldsymbol{\beta}e_i,\ \zeta_i=\boldsymbol{\alpha}\boldsymbol{\eta}_i,\quad i=1,2,\cdots,q \tag{5-311}$$

式中：$\boldsymbol{\eta}_1,\boldsymbol{\eta}_2,\cdots\boldsymbol{\eta}_q$ 均为 m 维伺服补偿器子状态向量，诸子系统具有相同的系统矩阵 $\boldsymbol{\nu}$、$\boldsymbol{\beta}$、$\boldsymbol{\alpha}$。为使每个子系统的传递函数为 $1/\Lambda(s)$，为简明起见可取 $\boldsymbol{\nu}$、$\boldsymbol{\beta}$ 为 $1/\Lambda(s)$ 的能控规范型实现，即

$$\boldsymbol{\nu}=\begin{bmatrix}\boldsymbol{0} & \boldsymbol{I}_{m-1} & & \\ \hline -\delta_1 & -\delta_2 & \cdots & -\delta_m\end{bmatrix}_{m\times m},\quad \boldsymbol{\beta}=\begin{bmatrix}0\\ \vdots\\ 0\\ \hline 1\end{bmatrix}_{m\times 1},\quad \boldsymbol{\alpha}=\begin{bmatrix}1 & 0 & 0 & 0\end{bmatrix}_{1\times m} \tag{5-312}$$

且有

$$\zeta_i=\boldsymbol{\alpha}\boldsymbol{\eta}_i=\eta_{i1} \tag{5-313}$$

即伺服补偿器的每个子系统的输出为该子状态向量的第一分量。对式(5-311)作拉普拉斯变换，可得诸子系统传递函数均为

$$\frac{\eta_{i1}(s)}{e_i(s)}=\boldsymbol{\alpha}(s\boldsymbol{I}_m-\boldsymbol{\nu})^{-1}\boldsymbol{\beta}=\frac{\boldsymbol{\alpha}\cdot\operatorname{adj}(s\boldsymbol{I}_m-\boldsymbol{\nu})\cdot\boldsymbol{\beta}}{\det(s\boldsymbol{I}_m-\boldsymbol{\nu})}=\frac{1}{\Lambda(s)},\quad i=1,2,\cdots,q \tag{5-314}$$

显然，这样构造的伺服补偿器，诸子系统的传递函数极点均能与外作用的极点相对消，因而保证具有扰动抑制及渐近调节的特性。

集合诸子系统动态方程，将其简记为分块矩阵形式，可得整个伺服补偿器的动态方程为

$$\dot{\boldsymbol{\eta}}=\widetilde{\boldsymbol{\Lambda}}_2\boldsymbol{\eta}+\widetilde{\boldsymbol{\Lambda}}_1\boldsymbol{e},\ \boldsymbol{\xi}=\widetilde{\boldsymbol{\Lambda}}_3\eta \tag{5-315}$$

式中

$$\boldsymbol{\eta}=\begin{bmatrix}\eta_1\\ \eta_2\\ \vdots\\ \eta_q\end{bmatrix}_{mq\times 1},\quad \boldsymbol{e}=\begin{bmatrix}\boldsymbol{e}_1\\ \boldsymbol{e}_2\\ \vdots\\ \boldsymbol{e}_q\end{bmatrix}_{q\times 1},\quad \boldsymbol{\zeta}=\begin{bmatrix}\zeta_1\\ \zeta_2\\ \vdots\\ \zeta_q\end{bmatrix}_{q\times 1}=\begin{bmatrix}\eta_{11}\\ \eta_{21}\\ \vdots\\ \eta_{q1}\end{bmatrix}_{q\times 1}$$

$$\widetilde{\boldsymbol{\Lambda}}_2=\begin{bmatrix}\boldsymbol{\nu} & & & \\ & \boldsymbol{\nu} & & \\ & & \ddots & \\ & & & \boldsymbol{\nu}\end{bmatrix}_{mq\times mq},\quad \widetilde{\boldsymbol{\Lambda}}_1=\begin{bmatrix}\boldsymbol{\beta} & & & \\ & \boldsymbol{\beta} & & \\ & & \ddots & \\ & & & \boldsymbol{\beta}\end{bmatrix}_{mq\times q},\quad \widetilde{\boldsymbol{\Lambda}}_3=\begin{bmatrix}\boldsymbol{\alpha} & & & \\ & \boldsymbol{\alpha} & & \\ & & \ddots & \\ & & & \boldsymbol{\alpha}\end{bmatrix}_{q\times mq} \tag{5-316}$$

由于($\boldsymbol{\nu}$,$\boldsymbol{\beta}$)能控，所以($\widetilde{\boldsymbol{\Lambda}}_2$,$\widetilde{\boldsymbol{\Lambda}}_1$)能控，由能控性矩阵的秩判据及 PBH 秩判据有

$$\operatorname{rank}(\widetilde{\boldsymbol{\Lambda}}_2\quad \widetilde{\boldsymbol{\Lambda}}_1)=\operatorname{rank}(\lambda_i\boldsymbol{I}-\widetilde{\boldsymbol{\Lambda}}_2\quad \widetilde{\boldsymbol{\Lambda}}_1)=mq,\quad i=1,2,\cdots,m \tag{5-317}$$

式中：λ_i 为式(5－308)中 $\boldsymbol{\Lambda}(s)=0$ 的根。

基于外作用模型(5－308)确定的伺服补偿器结构特性如式(5－315)所示，是鲁棒控制器的基本特征。伺服补偿器的传递函数极点均位于虚轴上和右半 s 平面，因而是不稳定的，会导致闭环不稳定，为此还应引入镇定补偿器来保证闭环的渐近稳定性，以实现无静差跟踪。

例 5－11　设单变量系统作用有阶跃参考信号 $\boldsymbol{y}_{\mathrm{ref}}(t)=R\cdot 1(t)$ 及正弦扰动信号 $w(t)=\sin at$。试确定伺服补偿器动态方程和传递函数。

解　$y_{\mathrm{ref}}(s)$ 的分母多项式 $\Lambda_1(s)=s$，$w(s)$ 的分母多项式 $\Lambda_2(s)=s^2+a^2$，$\Lambda_1(s)$、$\Lambda_2(s)$ 的最小公倍式 $\Lambda(s)=s(s^2+a^2)=s^3+a^2s$，故最高幂次 $m=3$。

由于是单输出系统，伺服补偿器只含有单个子系统，其动态方程为

$$\dot{\boldsymbol{\eta}}_1=\boldsymbol{v}\boldsymbol{\eta}_1+\boldsymbol{\beta}e_1,\quad \zeta_1=a\eta_1 \tag{5-318}$$

式中：$\boldsymbol{\eta}_1$ 为 $m\times 1$ 状态向量；$\boldsymbol{e}_1$ 为标量误差(偏差)，有 $\boldsymbol{e}_1=\boldsymbol{y}-\boldsymbol{y}_{\mathrm{ref}}$，$\zeta_1$ 为伺服补偿器输出，且

$$\boldsymbol{v}=\begin{bmatrix}0&1&0\\0&0&1\\0&-a^2&0\end{bmatrix},\quad \boldsymbol{\beta}=\begin{bmatrix}0\\0\\1\end{bmatrix},\quad \boldsymbol{\eta}_1=\begin{bmatrix}\eta_{11}\\\eta_{21}\\\eta_{31}\end{bmatrix},\quad \boldsymbol{a}=\begin{bmatrix}1\\0\\0\end{bmatrix}^T,\quad \boldsymbol{\zeta}_1=\eta_{11} \tag{5-319}$$

伺服补偿器传递函数为

$$\frac{\eta_{11}(s)}{e_1(s)}=\boldsymbol{\alpha}(s\boldsymbol{I}_3-\boldsymbol{v})^{-1}\boldsymbol{\beta}=\frac{\boldsymbol{\alpha}\cdot\mathrm{adi}(s\boldsymbol{I}_3-\boldsymbol{v})\cdot\boldsymbol{\beta}}{\det(s\boldsymbol{I}_3-\boldsymbol{v})}=$$

$$\frac{1}{s^3+a^2s}\cdot\begin{bmatrix}1&0&0\end{bmatrix}\begin{bmatrix}s^2+a^2&s&1\\0&s^2&s\\0&-a^2s&s^2\end{bmatrix}\begin{bmatrix}0\\0\\1\end{bmatrix}=$$

$$\frac{1}{\Lambda(s)}=\frac{1}{s^3+a^2s} \tag{5-320}$$

2. 增广系统的能控性和能观测性

将伺服控制器与受控对象串联，即将式(5－273)与式(5－315)联立，且考虑式(5－274)可得增广系统动态方程

$$\begin{gathered}\begin{bmatrix}\dot{\boldsymbol{x}}\\\dot{\boldsymbol{\eta}}\end{bmatrix}=\begin{bmatrix}\boldsymbol{A}&\boldsymbol{0}\\\tilde{\boldsymbol{\Lambda}}_1\boldsymbol{C}&\tilde{\boldsymbol{\Lambda}}_2\end{bmatrix}\begin{bmatrix}\boldsymbol{x}\\\boldsymbol{\eta}\end{bmatrix}+\begin{bmatrix}\boldsymbol{B}\\\tilde{\boldsymbol{\Lambda}}_1\boldsymbol{D}\end{bmatrix}\boldsymbol{u}+\begin{bmatrix}\boldsymbol{E}&\boldsymbol{0}\\\tilde{\boldsymbol{\Lambda}}_1\boldsymbol{F}&-\tilde{\boldsymbol{\Lambda}}_1\end{bmatrix}\begin{bmatrix}\boldsymbol{w}\\\boldsymbol{y}_{\mathrm{ref}}\end{bmatrix}\\ \begin{bmatrix}\boldsymbol{y}\\\boldsymbol{\eta}\end{bmatrix}=\begin{bmatrix}\boldsymbol{C}&\boldsymbol{0}\\\boldsymbol{0}&\boldsymbol{I}\end{bmatrix}\begin{bmatrix}\boldsymbol{x}\\\boldsymbol{\eta}\end{bmatrix}+\begin{bmatrix}\boldsymbol{D}\\\boldsymbol{0}\end{bmatrix}\boldsymbol{u}+\begin{bmatrix}\boldsymbol{F}&\boldsymbol{0}\\\boldsymbol{0}&\boldsymbol{0}\end{bmatrix}\begin{bmatrix}\boldsymbol{w}\\\boldsymbol{y}_{\mathrm{ref}}\end{bmatrix}\end{gathered} \tag{5-321}$$

根据 PBH 秩判据，当且仅当对于所有负数域中的 s，有

$$\mathrm{rank}\boldsymbol{V}(s)=\mathrm{rank}\begin{bmatrix}s\boldsymbol{I}-\boldsymbol{A}&\boldsymbol{0}&\boldsymbol{B}\\-\tilde{\boldsymbol{\Lambda}}_1\boldsymbol{C}&s\boldsymbol{I}-\tilde{\boldsymbol{\Lambda}}_2&\tilde{\boldsymbol{\Lambda}}_1\boldsymbol{D}\end{bmatrix}=n+mq \tag{5-322}$$

则增广系统能控。该能控系统可进一步分解为下列几个条件。若假定受控对象$(\boldsymbol{A},\boldsymbol{B})$能控，据 PBH 秩判据，对所有负数域中的 s 有

$$\mathrm{rank}(s\boldsymbol{I}-\boldsymbol{A}\quad \boldsymbol{B})=n \tag{5-323}$$

且对于不是 $\tilde{\Lambda}_2$ 的特征值即不是 $\Lambda(s)=0$ 的根的所有 s，显然有

$$\mathrm{rank}(s\boldsymbol{I}-\tilde{\boldsymbol{\Lambda}}_2)=mq \tag{5-324}$$

故对于不是 $\Lambda(s)=0$ 的根的所有 s,式(5-322)成立。若将 $\boldsymbol{V}(s)$ 分解为

$$\boldsymbol{V}(s)=\begin{bmatrix}\boldsymbol{I}_{n\times n} & \boldsymbol{0}_{n\times q} & \boldsymbol{0}_{n\times mq}\\ \boldsymbol{0}_{mq\times n} & \widetilde{\boldsymbol{\Lambda}}_{1mq\times q} & (s\boldsymbol{I}-\widetilde{\boldsymbol{\Lambda}}_2)_{mq\times mq}\end{bmatrix}\begin{bmatrix}(s\boldsymbol{I}-\boldsymbol{A})_{n\times n} & \boldsymbol{0}_{n\times mq} & \boldsymbol{B}_{n\times p}\\ -\boldsymbol{C}_{q\times n} & \boldsymbol{0}_{q\times mq} & \boldsymbol{D}_{q\times p}\\ \boldsymbol{0}_{mq\times n} & \boldsymbol{I}_{mq\times mq} & \boldsymbol{0}_{mq\times p}\end{bmatrix} \tag{5-325}$$

由于伺服补偿器为能控规范型实现,故对负数域中的任一 s 有

$$\mathrm{rank}\left(s\boldsymbol{I}-\widetilde{\boldsymbol{\Lambda}}_2 \quad \widetilde{\boldsymbol{\Lambda}}_1\right)=mq \tag{5-326}$$

故式(5-325))中左矩阵的秩为 $n+mq$,而当且仅当 $p\geqslant q$ 且对于 $\boldsymbol{\Lambda}(s)=0$ 的每一个根 λ_i 均成立

$$\mathrm{rank}\begin{bmatrix}s\boldsymbol{I}-\boldsymbol{A} & \boldsymbol{B}\\ -\boldsymbol{C} & \boldsymbol{D}\end{bmatrix}=n+q,\quad \forall s=\lambda_i \tag{5-327}$$

则式(5-325)中右矩阵的秩为 $n+q+mq$,于是根据确定乘积矩阵的秩的赛尔维斯特(Sylvester)不等式:

$$\mathrm{rank}\boldsymbol{P}+\mathrm{rank}\boldsymbol{Q}-r\leqslant\mathrm{rank}\boldsymbol{P}\boldsymbol{Q}\leqslant\min(\mathrm{rank}\boldsymbol{P},\mathrm{rank}\boldsymbol{Q}) \tag{5-328}$$

式中:$\boldsymbol{P}$ 为 $l\times r$ 矩阵;$\boldsymbol{Q}$ 为 $r\times k$ 矩阵。

可确定(5-325)中 $\boldsymbol{V}(s)$ 的秩满足:

$$n+mq\leqslant\mathrm{rank}\boldsymbol{V}(s)\leqslant n+mq,\quad \forall s=\lambda_i \tag{5-329}$$

故式(5-325)得证。增广系统能控,便可用状态反馈使闭环渐近稳定,并据动态响应要求确定极点配置。

又据能观测性 PBH 秩判据,当且仅当

$$\mathrm{rank}\boldsymbol{V}(\boldsymbol{s})=\mathrm{rank}\begin{bmatrix}(s\boldsymbol{I}-\boldsymbol{A})_{n\times n} & \boldsymbol{0}_{n\times mq}\\ (-\widetilde{\boldsymbol{\Lambda}}_1\boldsymbol{C})_{mq\times n} & (s\boldsymbol{I}-\widetilde{\boldsymbol{\Lambda}}_2)_{mq\times mq}\\ \boldsymbol{C}_{q\times n} & \boldsymbol{0}_{q\times mq}\\ \boldsymbol{0}_{mq\times n} & \boldsymbol{I}_{mq\times mq}\end{bmatrix}=$$

$$\mathrm{rank}\begin{bmatrix}\boldsymbol{I}_{n\times n} & \boldsymbol{0}_{n\times q} & \boldsymbol{0}_{n\times n} & \boldsymbol{0}_{n\times mq}\\ \boldsymbol{0}_{mq\times n} & \widetilde{\boldsymbol{\Lambda}}_{1mq\times q} & \boldsymbol{0}_{mq\times n} & (s\boldsymbol{I}-\widetilde{\boldsymbol{\Lambda}}_2)_{mq\times mq}\\ \boldsymbol{0}_{q\times n} & \boldsymbol{0}_{q\times q} & \boldsymbol{C}_{q\times n} & \boldsymbol{0}_{q\times mq}\\ \boldsymbol{0}_{mq\times n} & \boldsymbol{0}_{mq\times n} & \boldsymbol{0}_{mq\times n} & \boldsymbol{I}_{mq\times mq}\end{bmatrix}\begin{bmatrix}(s\boldsymbol{I}-\boldsymbol{A})_{n\times n} & \boldsymbol{0}_{n\times mq}\\ -\boldsymbol{C}_{q\times n} & \boldsymbol{0}_{q\times mq}\\ \boldsymbol{I}_{n\times n} & \boldsymbol{0}_{n\times mq}\\ \boldsymbol{0}_{mq\times n} & \boldsymbol{I}_{mq\times mq}\end{bmatrix}=$$

$$n+mq \tag{5-330}$$

则增广系统能观测,可利用状态观测器来估计增广系统状态,保证状态反馈的物理实现。由于构造的伺服补偿器的状态无需估计而能直接获得,只需估计受控对象状态,也即要求受控对象[$\boldsymbol{A}$ $\boldsymbol{C}$]能观测,其 PBH 秩判据应满足

$$\mathrm{rank}\begin{bmatrix}s\boldsymbol{I}-\boldsymbol{A}\\ -\boldsymbol{C}\end{bmatrix}=n \tag{5-331}$$

以上分析可归结为下面定理。

定理 5-3 式(5-273)所示受控对象,对于满足式(5-308)所示的参考和扰动输入,存在线性定常鲁棒控制器,使闭环系统稳定且具有无静差跟踪特性的充要条件是:

(1)受控对象能控、能观测；

(2)$p \geqslant q$， $\mathrm{rank}\boldsymbol{B}=p$， $\mathrm{rank}\boldsymbol{C}=q$；

(3)$\mathrm{rank}(s\boldsymbol{I}-\widetilde{\boldsymbol{\Lambda}}_2 \quad \widetilde{\boldsymbol{\Lambda}}_1)=mq$；

(4)$\mathrm{rank}\begin{bmatrix} s\boldsymbol{I}-\boldsymbol{A} & \boldsymbol{B} \\ -\boldsymbol{C} & \boldsymbol{D} \end{bmatrix}=n+q$， $\forall s=\lambda_i$。

一个鲁棒控制系统具有的重要优点是，只要保证闭环系统稳定，则对于受控对象参数（如 $\boldsymbol{A}$、$\boldsymbol{B}$、$\boldsymbol{C}$、$\boldsymbol{D}$）、镇定补偿器参数（观测器参数及状态反馈增益矩阵）以及外部信号幅度的有限扰动，均能呈现无静差跟踪特性。但对于伺服补偿器的阶次和参数变动则是敏感的，会破坏扰动抑制及渐近跟踪。由于实际工程问题中对外作用具有先验知识，外作用模型的不精确将导致有限的稳态误差，故上述分析设计仍能取得较好的效果。

3. 辅助补偿器的设计

辅助控制器是常规状态观测器的退化结构，其中无需观测器中为配置其极点的输出反馈矩阵的设计。辅助控制器按受控对象状态方程且令 $\boldsymbol{w}(t)=\boldsymbol{0}$ 来构造，其状态方程为

$$\dot{\hat{\boldsymbol{x}}}=\boldsymbol{A}\hat{\boldsymbol{x}}+\boldsymbol{B}\boldsymbol{u} \tag{5-332}$$

且以估计状态 $\hat{\boldsymbol{x}}$ 作为辅助控制器的输出。由辅助控制器及设置的两个状态反馈增益矩阵 $\boldsymbol{K}_0$、$\boldsymbol{K}$，使控制向量 $\boldsymbol{u}$ 满足：

$$\boldsymbol{u}=\boldsymbol{K}_0\hat{\boldsymbol{x}}+\boldsymbol{K}\boldsymbol{\eta} \tag{5-333}$$

可使闭环系统镇定，故镇定补偿器可看作辅助控制器及 $\boldsymbol{K}_0$、$\boldsymbol{K}$ 的组合，而鲁棒控制器则由伺服补偿器及镇定补偿器组成。

具有辅助控制器的鲁棒控制系统结构图如图 5-20 所示，闭环系统动态方程为

$$\begin{aligned}
&\dot{\boldsymbol{x}}=\boldsymbol{A}\boldsymbol{x}+\boldsymbol{B}\boldsymbol{u}+\boldsymbol{E}\boldsymbol{\omega}=\boldsymbol{A}\boldsymbol{x}+\boldsymbol{B}\boldsymbol{K}\boldsymbol{\eta}+\boldsymbol{B}\boldsymbol{K}_0\hat{\boldsymbol{x}}+\boldsymbol{E}\boldsymbol{\omega}\\
&\dot{\boldsymbol{\eta}}=\widetilde{\boldsymbol{\Lambda}}_2\boldsymbol{\eta}+\widetilde{\boldsymbol{\Lambda}}_1(\boldsymbol{y}-\boldsymbol{y}_{\mathrm{ref}})=\widetilde{\boldsymbol{\Lambda}}_2\boldsymbol{\eta}+\widetilde{\boldsymbol{\Lambda}}_1[\boldsymbol{C}\boldsymbol{x}+\boldsymbol{D}(\boldsymbol{K}_0\hat{\boldsymbol{x}}+\boldsymbol{K}\boldsymbol{\eta})+\boldsymbol{F}\boldsymbol{\omega}-\boldsymbol{y}_{\mathrm{ref}}]=\\
&\widetilde{\boldsymbol{\Lambda}}_1\boldsymbol{C}\boldsymbol{x}+(\widetilde{\boldsymbol{\Lambda}}_2+\widetilde{\boldsymbol{\Lambda}}_1\boldsymbol{D}\boldsymbol{K})\boldsymbol{\eta}+\widetilde{\boldsymbol{\Lambda}}_1\boldsymbol{D}\boldsymbol{K}_0\hat{\boldsymbol{x}}+\widetilde{\boldsymbol{\Lambda}}_1\boldsymbol{F}\boldsymbol{\omega}-\widetilde{\boldsymbol{\Lambda}}_1\boldsymbol{y}_{\mathrm{ref}}\\
&\dot{\hat{\boldsymbol{x}}}=\boldsymbol{A}\hat{\boldsymbol{x}}+\boldsymbol{B}\boldsymbol{u}=\boldsymbol{B}\boldsymbol{K}\boldsymbol{\eta}+(\boldsymbol{A}+\boldsymbol{B}\boldsymbol{K}_0)\hat{\boldsymbol{x}}\\
&\boldsymbol{y}=\boldsymbol{C}\boldsymbol{x}+\boldsymbol{D}\boldsymbol{u}+\boldsymbol{F}\boldsymbol{\omega}=\boldsymbol{C}\boldsymbol{x}+\boldsymbol{D}\boldsymbol{K}\boldsymbol{\eta}+\boldsymbol{D}\boldsymbol{K}_0\hat{\boldsymbol{x}}+\boldsymbol{F}\boldsymbol{\omega}
\end{aligned} \tag{5-334}$$

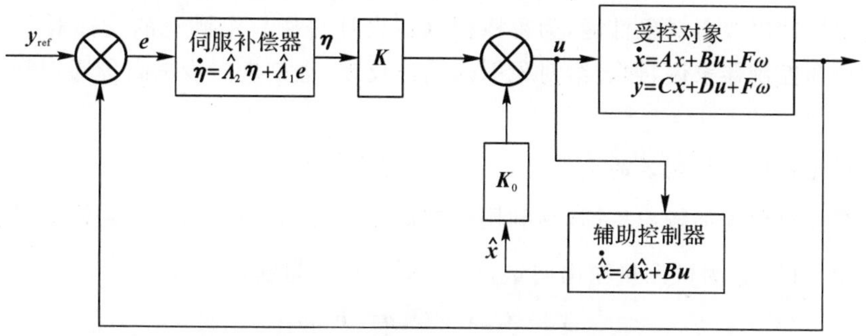

图 5-20　具有辅助控制器的鲁棒控制系统

其向量-矩阵形式为

$$\left.\begin{aligned}\begin{bmatrix}\dot{\boldsymbol{x}}\\ \dot{\boldsymbol{\eta}}\\ \dot{\hat{\boldsymbol{x}}}\end{bmatrix}&=\begin{bmatrix}\boldsymbol{A} & \boldsymbol{BK} & \boldsymbol{BK}_0\\ \widetilde{\boldsymbol{\Lambda}}_1\boldsymbol{C} & \widetilde{\boldsymbol{\Lambda}}_2+\widetilde{\boldsymbol{\Lambda}}_1\boldsymbol{DK} & \widetilde{\boldsymbol{\Lambda}}_1\boldsymbol{DK}_0\\ \boldsymbol{0} & \boldsymbol{BK} & \boldsymbol{A}+\boldsymbol{BK}_0\end{bmatrix}\begin{bmatrix}\boldsymbol{x}\\ \boldsymbol{\eta}\\ \hat{\boldsymbol{x}}\end{bmatrix}+\begin{bmatrix}\boldsymbol{E} & \boldsymbol{0}\\ \widetilde{\boldsymbol{\Lambda}}_1\boldsymbol{F} & -\widetilde{\boldsymbol{\Lambda}}_1\\ \boldsymbol{0} & \boldsymbol{0}\end{bmatrix}\begin{bmatrix}\boldsymbol{\omega}\\ \boldsymbol{y}_{\mathrm{ref}}\end{bmatrix}\\ \boldsymbol{y}&=\begin{bmatrix}\boldsymbol{C} & \boldsymbol{DK} & \boldsymbol{DK}_0\end{bmatrix}\begin{bmatrix}\boldsymbol{x}\\ \boldsymbol{\eta}\\ \hat{\boldsymbol{x}}\end{bmatrix}+\begin{bmatrix}\boldsymbol{F} & \boldsymbol{0}\end{bmatrix}\begin{bmatrix}\boldsymbol{\omega}\\ \boldsymbol{y}_{\mathrm{ref}}\end{bmatrix}\end{aligned}\right\}\tag{5-335}$$

为便于分析确定闭环特征值，现引入一个新状态向量 $(\hat{\boldsymbol{x}}-\boldsymbol{x})$ 来代替 $\hat{\boldsymbol{x}}$，这相当于引入坐标变换，即令

$$\begin{bmatrix}\boldsymbol{x}\\ \boldsymbol{\eta}\\ \hat{\boldsymbol{x}}\end{bmatrix}=\begin{bmatrix}\boldsymbol{I} & \boldsymbol{0} & \boldsymbol{0}\\ \boldsymbol{0} & \boldsymbol{I} & \boldsymbol{0}\\ \boldsymbol{I} & \boldsymbol{0} & \boldsymbol{I}\end{bmatrix}\begin{bmatrix}\boldsymbol{x}\\ \boldsymbol{\eta}\\ \hat{\boldsymbol{x}}-\boldsymbol{x}\end{bmatrix}\tag{5-336}$$

闭环特征值是不会改变的。由于

$$\dot{\hat{\boldsymbol{x}}}-\dot{\boldsymbol{x}}=(\boldsymbol{A}\hat{\boldsymbol{x}}+\boldsymbol{Bu})-(\boldsymbol{Ax}+\boldsymbol{Bu}+\boldsymbol{E\omega})=\boldsymbol{A}(\hat{\boldsymbol{x}}-\boldsymbol{x})-\boldsymbol{E\omega}\tag{5-337}$$

所以闭环系统的动态方程又可表为

$$\left\{\begin{aligned}\begin{bmatrix}\dot{\boldsymbol{x}}\\ \dot{\boldsymbol{\eta}}\\ \dot{\hat{\boldsymbol{x}}}-\dot{\boldsymbol{x}}\end{bmatrix}&=\begin{bmatrix}\boldsymbol{A}+\boldsymbol{BK}_0 & \boldsymbol{BK} & \boldsymbol{BK}_0\\ \widetilde{\boldsymbol{\Lambda}}_1\boldsymbol{C}+\widetilde{\boldsymbol{\Lambda}}_1\boldsymbol{DK}_0 & \widetilde{\boldsymbol{\Lambda}}_2+\widetilde{\boldsymbol{\Lambda}}_1\boldsymbol{DK} & \widetilde{\boldsymbol{\Lambda}}_1\boldsymbol{DK}_0\\ \boldsymbol{0} & \boldsymbol{0} & \boldsymbol{A}\end{bmatrix}\begin{bmatrix}\boldsymbol{x}\\ \boldsymbol{\eta}\\ \hat{\boldsymbol{x}}-\boldsymbol{x}\end{bmatrix}+\begin{bmatrix}\boldsymbol{E} & \boldsymbol{0}\\ \widetilde{\boldsymbol{\Lambda}}_1\boldsymbol{F} & -\widetilde{\boldsymbol{\Lambda}}_1\\ -\boldsymbol{E} & \boldsymbol{0}\end{bmatrix}\begin{bmatrix}\boldsymbol{\omega}\\ \boldsymbol{y}_{\mathrm{ref}}\end{bmatrix}\\ \boldsymbol{y}&=\begin{bmatrix}\boldsymbol{C}+\boldsymbol{DK}_0 & \boldsymbol{DK} & \boldsymbol{DK}_0\end{bmatrix}\begin{bmatrix}\boldsymbol{x}\\ \boldsymbol{\eta}\\ \hat{\boldsymbol{x}}-\boldsymbol{x}\end{bmatrix}+\begin{bmatrix}\boldsymbol{F} & \boldsymbol{0}\end{bmatrix}\begin{bmatrix}\boldsymbol{\omega}\\ \boldsymbol{y}_{\mathrm{ref}}\end{bmatrix}\end{aligned}\right.\tag{5-338}$$

由式(5-338)显见，闭环特征值由 $\boldsymbol{A}$ 的特征值及

$$\begin{bmatrix}\boldsymbol{A}+\boldsymbol{BK}_0 & \boldsymbol{BK}\\ \widetilde{\boldsymbol{\Lambda}}_1\boldsymbol{C}+\widetilde{\boldsymbol{\Lambda}}_1\boldsymbol{DK}_0 & \widetilde{\boldsymbol{\Lambda}}_2+\widetilde{\boldsymbol{\Lambda}}_1\boldsymbol{DK}\end{bmatrix}\tag{5-339}$$

的特征值组合而成。故用辅助控制器作为镇定补偿器时，要求受控制对象 $\boldsymbol{A}$ 的特征值应有负实部。当 $\boldsymbol{A}$ 具有不稳定特征值时，或 $\boldsymbol{A}$ 虽有稳定特征值但须改善其动态响应时，可对受控对象先附加输出反馈以改善对象性能，为鲁棒控制器设计提供一个满意的受控对象。对于已经设计完成的鲁棒控制器来说，通过给对象引入输出反馈，也是进一步提高鲁棒控制系统性能的有效方法。

4. 基于内模原理的控制器的设计

为了给受控对象附加输出反馈，须利用受控对象的可测量信息，为此须构造受控对象的可测量输出方程。设 $\boldsymbol{y}_m$ 为可测量输出向量，$\boldsymbol{y}_m\in\mathbf{R}^{q_m}$，可测量输出方程为

$$\boldsymbol{y}_m=\boldsymbol{C}_m\boldsymbol{x}+\boldsymbol{D}_m\boldsymbol{u}+\boldsymbol{F}_m\boldsymbol{\omega}\tag{5-340}$$

对于实际工程问题，可不失一般性地假定 $\boldsymbol{y}_m$ 包含 $\boldsymbol{y}$，即 $q_m>q$（如例 5-12 所示的飞行器

这样的受控对象,可测量的输出有俯仰角速度和法向过载,而被调输出只为法向过载)。也就是存在一个非奇异换阵 $\boldsymbol{T}$ 使

$$\boldsymbol{T}\boldsymbol{y}_m=\begin{bmatrix}\boldsymbol{y}\\ \bar{\boldsymbol{y}}_m\end{bmatrix} 及 [\boldsymbol{I}_q\quad \boldsymbol{0}]\boldsymbol{T}\boldsymbol{y}_m=[\boldsymbol{I}_q\quad \boldsymbol{0}]\begin{bmatrix}\boldsymbol{y}\\ \bar{\boldsymbol{y}}_m\end{bmatrix}=\boldsymbol{y} \tag{5-341}$$

成立。式中 $\boldsymbol{T}$ 为 $q_m\times q_m$ 矩阵,$\bar{\boldsymbol{y}}_m$ 为 (q_m-q) 维向量。并假定 $(\boldsymbol{A},\ \boldsymbol{C}_m)$ 能观测。

按以下方式引入输出反馈 $\bar{\boldsymbol{K}}$,有

$$\boldsymbol{u}=\bar{\boldsymbol{K}}(\boldsymbol{y}_m-\boldsymbol{D}_m\boldsymbol{u})+\boldsymbol{u}^0=\bar{\boldsymbol{K}}(\boldsymbol{C}_m\boldsymbol{x}+\boldsymbol{F}_m\boldsymbol{\omega})+\boldsymbol{u}^0 \tag{5-342}$$

则受控对象状态方程变为

$$\dot{\boldsymbol{x}}=\boldsymbol{A}\boldsymbol{x}+\boldsymbol{B}\boldsymbol{u}+\boldsymbol{E}\boldsymbol{\omega}=(\boldsymbol{A}+\boldsymbol{B}\bar{\boldsymbol{K}}\boldsymbol{C}_m)\boldsymbol{x}+(\boldsymbol{B}\bar{\boldsymbol{K}}\boldsymbol{F}_m+\boldsymbol{E})\boldsymbol{\omega}+\boldsymbol{B}\boldsymbol{u}^0 \tag{5-343}$$

这时对象的状态阵为 $(\boldsymbol{A}+\boldsymbol{B}\bar{\boldsymbol{K}}\boldsymbol{C}_m)$。

$\boldsymbol{u}^0$ 为控制器的输出,即

$$\boldsymbol{u}^0=\boldsymbol{K}_0\hat{\boldsymbol{x}}+\boldsymbol{K}\boldsymbol{\eta} \tag{5-344}$$

这时辅助控制器的状态阵应根据引入对象输出反馈后的状态阵来选取,即

$$\dot{\hat{\boldsymbol{x}}}=(\boldsymbol{A}+\boldsymbol{B}\bar{\boldsymbol{K}}\boldsymbol{C}_m)\hat{\boldsymbol{x}}+\boldsymbol{B}\boldsymbol{u}^0 \tag{5-345}$$

伺服补偿器方程仍为

$$\dot{\boldsymbol{\eta}}=\widetilde{\boldsymbol{\Lambda}}_2\boldsymbol{\eta}+\widetilde{\boldsymbol{\Lambda}}_1\boldsymbol{e} \tag{5-346}$$

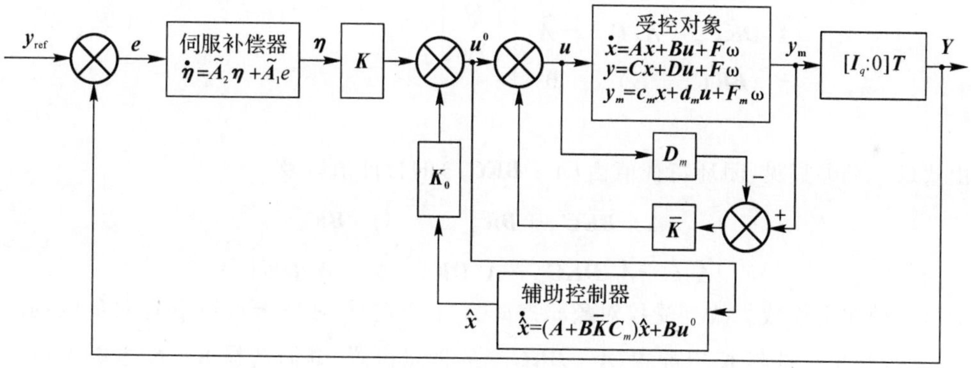

图 5-21　具有对象输出反馈及辅助控制器的控制系统

具有对象输出反馈及辅助控制器的控制系统结构图如图 5-21 所示。闭环系统动态方程为

$$\begin{aligned}
&\dot{\boldsymbol{x}}=(\boldsymbol{A}+\boldsymbol{B}\bar{\boldsymbol{K}}\boldsymbol{C}_m)\boldsymbol{x}+\boldsymbol{B}\boldsymbol{K}_0\hat{\boldsymbol{x}}+\boldsymbol{B}\boldsymbol{K}\boldsymbol{\eta}+(\boldsymbol{B}\bar{\boldsymbol{K}}\boldsymbol{F}_m+\boldsymbol{E})\boldsymbol{\omega}\\
&\dot{\boldsymbol{\eta}}=\widetilde{\boldsymbol{\Lambda}}_2\boldsymbol{\eta}+\widetilde{\boldsymbol{\Lambda}}_1(\boldsymbol{y}-\boldsymbol{y}_{\text{ref}})=\\
&\quad\widetilde{\boldsymbol{\Lambda}}_2\boldsymbol{\eta}+\widetilde{\boldsymbol{\Lambda}}_1[\boldsymbol{C}\boldsymbol{x}+\boldsymbol{D}\bar{\boldsymbol{K}}(\boldsymbol{C}_m\boldsymbol{x}+\boldsymbol{F}_m\boldsymbol{\omega})+\boldsymbol{D}\boldsymbol{u}^0+\boldsymbol{F}\boldsymbol{\omega}-\boldsymbol{y}_{\text{ref}}]=\\
&\quad(\widetilde{\boldsymbol{\Lambda}}_1\boldsymbol{C}+\widetilde{\boldsymbol{\Lambda}}_1\boldsymbol{D}\bar{\boldsymbol{K}}\boldsymbol{C}_m)\boldsymbol{x}+(\widetilde{\boldsymbol{\Lambda}}_2+\widetilde{\boldsymbol{\Lambda}}_1\boldsymbol{D}\boldsymbol{K})\boldsymbol{\eta}+\widetilde{\boldsymbol{\Lambda}}_1\boldsymbol{D}\boldsymbol{K}_0\hat{\boldsymbol{x}}+(\widetilde{\boldsymbol{\Lambda}}_1\boldsymbol{D}\bar{\boldsymbol{K}}\boldsymbol{F}_m+\widetilde{\boldsymbol{\Lambda}}_1\boldsymbol{F})\boldsymbol{\omega}-\widetilde{\boldsymbol{\Lambda}}_1\boldsymbol{y}_{\text{ref}}\\
&\dot{\hat{\boldsymbol{x}}}=(\boldsymbol{A}+\boldsymbol{B}\bar{\boldsymbol{K}}\boldsymbol{C}_m+\boldsymbol{B}\boldsymbol{K}_0)\hat{\boldsymbol{x}}+\boldsymbol{B}\boldsymbol{K}\boldsymbol{\eta}
\end{aligned} \tag{5-347}$$

其向量-矩阵形式为

$$
\left.\begin{aligned}
\begin{bmatrix}\dot{x}\\ \dot{\eta}\\ \dot{\hat{x}}\end{bmatrix}&=\begin{bmatrix}A+B\bar{K}C_m & BK & BK_0\\ \widetilde{\Lambda}_1C+\widetilde{\Lambda}_1D\bar{K}C_m & \widetilde{\Lambda}_2+\widetilde{\Lambda}_1DK & \widetilde{\Lambda}_1DK_0\\ 0 & BK & A+B\bar{K}C_m+BK_0\end{bmatrix}\begin{bmatrix}x\\ \eta\\ \hat{x}\end{bmatrix}+\\
&\begin{bmatrix}B\bar{K}F_m+E & 0\\ \widetilde{\Lambda}_1D\bar{K}F_m+\widetilde{\Lambda}_1F & -\widetilde{\Lambda}_1\\ 0 & 0\end{bmatrix}\begin{bmatrix}\omega\\ y_{\text{ref}}\end{bmatrix}\\
y&=\begin{bmatrix}C+D\bar{K}C_m & DK & DK_0\end{bmatrix}\begin{bmatrix}x\\ \eta\\ \hat{x}\end{bmatrix}+\begin{bmatrix}D\bar{K}F_m+F & 0\end{bmatrix}\begin{bmatrix}\omega\\ y_{\text{ref}}\end{bmatrix}
\end{aligned}\right\}\tag{5-348}
$$

同以上分析有

$$
\dot{\hat{x}}-\dot{x}=(A+B\bar{K}C_m)(\hat{x}-x)-(B\bar{K}F_m+E)\omega \tag{5-349}
$$

$$
\begin{aligned}
\begin{bmatrix}\dot{x}\\ \dot{\eta}\\ \dot{\hat{x}}-\dot{x}\end{bmatrix}=&\begin{bmatrix}A+B\bar{K}C_m+BK_0 & BK & BK_0\\ \widetilde{\Lambda}_1C+\widetilde{\Lambda}_1D\bar{K}C_m+\widetilde{\Lambda}_1DK_0 & \widetilde{\Lambda}_2+\widetilde{\Lambda}_1DK & \widetilde{\Lambda}_1DK_0\\ \mathbf{0} & \mathbf{0} & A+B\bar{K}C_m\end{bmatrix}\begin{bmatrix}x\\ \eta\\ \hat{x}-x\end{bmatrix}+\\
&\begin{bmatrix}B\bar{K}F_m+E & \mathbf{0}\\ \widetilde{\Lambda}_1D\bar{K}F_m+\widetilde{\Lambda}_1F & -\widetilde{\Lambda}_1\\ -(B\bar{K}F_m+E) & \mathbf{0}\end{bmatrix}\begin{bmatrix}\omega\\ y_{\text{ref}}\end{bmatrix}
\end{aligned}\tag{5-350}
$$

由式(5-350)显见,闭环特征值由$(A+B\bar{K}C_m)$的特征值以及

$$
\begin{bmatrix}A+B\bar{K}C_m+BK_0 & BK\\ \widetilde{\Lambda}_1C+\widetilde{\Lambda}_1D\bar{K}C_m+\widetilde{\Lambda}_1DK_0 & \widetilde{\Lambda}_2+\widetilde{\Lambda}_1DK\end{bmatrix}\tag{5-351}
$$

的特征值组合而成。故当受控对象状态阵A不稳定时,或需要改善受控对象的动态响应时,可先选择输出反馈阵$\bar{K}$以配置$(A+B\bar{K}C_m)$的极点位置,继而选择K_0、K来配置后一矩阵的极点位置,最后来确定伺服补偿器和辅助控制器的结构。上述及时基于内模原理的控制系统的一般设计步骤。

例5-12 鲁棒控制器在自动驾驶仪中的应用举例。

地对空战术导弹以不同高度、速度飞行时,飞行器的阻尼特性及传递系数、舵系统的时间常数及传递系数等参数都在宽广范围内变化。基于经典控制理论所设计的自动驾驶仪,一种成熟的控制结构是:采用速率陀螺反馈以引入人工阻尼,增强飞行器的阻尼性,可将阻尼系数从百分之几提高一个量级;采用线加速度传感器(或称法向过载传感器)反馈来抑制飞行器传递系数的变化,但这种抑制作用仍然有限,还引入了变增益机构来增强对不同飞行高度、速度的适应性,但传递系数也只能稳定在±20%的变化范围内。为进一步减弱飞行参数变化对控制性能的影响,近代学者和控制工程师对自适应控制理论及应用进行了广泛的研究,在此来介绍另一种先进的控制方案,即为该类导弹自动驾驶仪设计一个鲁棒控制器,构成一种新型的鲁棒控制系统。

(1)受控对象及外部输入的数学模型。设受控对象包括舵系统及飞行器，且只研究飞行器纵向通道的运动情况，它是一个单输入-单输出对象，已知其传递结构图如图 5-22 所示。

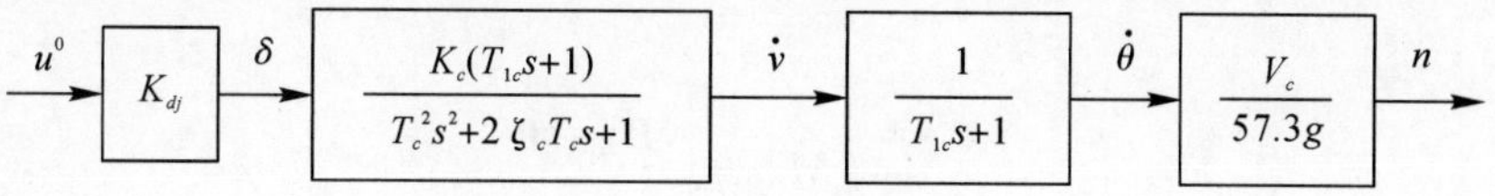

图 5-22　受控对象结构图

图中

u——控制量，输给舵系统；

δ——舵偏角；

K_{dj}——舵系统传递系数，由于舵系统时间常数远比飞行器时间常数为小，故忽略之；

ν——飞行器俯仰角；

θ——飞行器轨迹倾斜角；

n——飞行器法向过载，是受控对象的输出量；

K_c、T_c、ζ_c、T_{1c}——分别为飞行器的传递系数、时间常数、阻尼系数、微分时间常数；

V_c——飞行器速度；

g——重力加速度。

由 $\dot{u}(s)$ 至 $\dot{\theta}(s)$ 的传递关系可得微分方程

$$T_c{}^2\dddot{\theta}+2\zeta_c T_c\ddot{\theta}+\dot{\theta}=K_{dj}K_c u \tag{5-352}$$

由 $\dot{\nu}(s)$ 至 $\dot{\theta}(s)$ 的传递关系有

$$\ddot{\theta}=\frac{1}{T_{1c}}(\dot{\nu}-\dot{\theta}) \tag{5-353}$$

考虑 $\dddot{\theta}=\dfrac{1}{T_{1c}}(\nu-\ddot{\theta})$ 并代入式(5-352)经整理有

$$\ddot{\nu}=\left(\frac{1}{T_{1c}}-\frac{2\zeta_c}{T_c}\right)\dot{\nu}+\left(-\frac{1}{T_{1c}}+\frac{2\zeta_c}{T_c}-\frac{T_{1c}}{T_c{}^2}\right)\dot{\theta}+\frac{K_{dj}K_cT_{1c}}{T_c{}^2}u \tag{5-354}$$

受控对象输出方程为

$$n=\frac{V_c}{57.3g}\dot{\theta} \tag{5-355}$$

记状态向量 $\boldsymbol{x}=[x_1\quad x_2]^{\mathrm{T}}\triangleq[\dot{\theta}\quad\dot{\nu}]^{\mathrm{T}}$ 及输出向量 $y\triangleq n$，可得向量矩阵形式的受控对象动态方程

$$\dot{\boldsymbol{x}}=\boldsymbol{Ax}+\boldsymbol{Bu}+\boldsymbol{E\omega},\ \boldsymbol{y}=\boldsymbol{Cx}+\boldsymbol{Du}+\boldsymbol{F\omega},\ \boldsymbol{y}_m=\boldsymbol{C}_m\boldsymbol{x}+\boldsymbol{D}_m\boldsymbol{u}+\boldsymbol{F}_m\boldsymbol{\omega} \tag{5-356}$$

式中

$$\left.\begin{aligned}&\boldsymbol{A}=\begin{bmatrix}-\dfrac{1}{T_{1c}} & \dfrac{1}{T_{1c}}\\ \dfrac{2\zeta_c}{T_c}-\dfrac{1}{T_{1c}}-\dfrac{T_{1c}}{T_c{}^2} & \dfrac{1}{T_{1c}}-\dfrac{2\zeta_c}{T_c}\end{bmatrix},\boldsymbol{B}=\begin{bmatrix}0\\ \dfrac{K_{dj}K_cT_{1c}}{T_c{}^2}\end{bmatrix}\\ &\boldsymbol{C}=\begin{bmatrix}\dfrac{V_c}{57.3g} & 0\end{bmatrix}\triangleq[M\quad 0],\boldsymbol{D}=\boldsymbol{0}\end{aligned}\right\} \tag{5-357}$$

由于受控对象可测量的输出包括俯仰角速率 $\dot{\nu}$ 及法向过载 n，记可测量输出向量 $\boldsymbol{y}_m$ 为

$$\boldsymbol{y}_m=[\dot{\nu} \quad n]^{\mathrm{T}} \tag{5-358}$$

故

$$\boldsymbol{C}_m=\begin{bmatrix}0 & 1\\ M & 0\end{bmatrix},\boldsymbol{D}_m=\boldsymbol{0} \tag{5-359}$$

设参考输入 y_{ref} 为单位阶跃函数，干扰 ω 为正弦函数 $\omega=\sin\alpha t$，α 为圆频率，ω 的引入只叠加了一项俯仰加速度，故有

$$\boldsymbol{E}=[0 \quad 1]^{\mathrm{T}},\boldsymbol{F}=\boldsymbol{F}_m=\boldsymbol{0} \tag{5-360}$$

且已推知外部输入模型 $\Lambda(s)$ 为

$$\Lambda(s)=s^3+\alpha^2 s \tag{5-361}$$

其最高幂次 $m=3$；$\Lambda(s)=0$ 的根为

$$\lambda_1=0,\lambda_2=\alpha \mathrm{i},\lambda_3=-\alpha \mathrm{i},\mathrm{i}=\sqrt{-1} \tag{5-362}$$

(2)控制器存在的充要条件的验证。

1)计算 $\mathrm{rank}[\boldsymbol{B} \quad \boldsymbol{AB}]$：

$$\mathrm{rank}\left[\begin{array}{c|c} 0 & \dfrac{K_{dj}K_c}{T_c^2}\\ \dfrac{K_{dj}K_cT_{1c}}{T_c^2} & \left(\dfrac{1}{T_{1c}}-\dfrac{2\zeta_c}{T_c}\right)\dfrac{K_{dj}K_cT_{1c}}{T_c^2}\end{array}\right]=2 \tag{5-363}$$

故$[\boldsymbol{A} \quad \boldsymbol{B}]$能控制。

2)计算 $\mathrm{rank}[\boldsymbol{C}_m^{\mathrm{T}} \quad \boldsymbol{A}^{\mathrm{T}}\boldsymbol{C}_m^{\mathrm{T}}]$：

$$\mathrm{rank}\left[\begin{array}{cc|cc} 0 & M & \dfrac{2\zeta_c}{T_c}-\dfrac{T_{1c}}{T_c^2}-\dfrac{1}{T_{1c}} & -\dfrac{M}{T_{1c}}\\ 1 & 0 & \dfrac{1}{T_{1c}}-\dfrac{2\zeta_c}{T_c} & \dfrac{M}{T_{1c}}\end{array}\right]=2 \tag{5-364}$$

故$(\boldsymbol{A},\boldsymbol{C}_m)$能观测。

3)按外部输入模型所确定的 λ_i，$i=1,2,3$，计算，有

$$\mathrm{rank}\begin{bmatrix}\lambda_i\boldsymbol{I}-\boldsymbol{A} & \boldsymbol{B}\\ -\boldsymbol{C} & \boldsymbol{D}\end{bmatrix}=3=n+q,\quad i=1,2,3 \tag{5-365}$$

4)由于 $\boldsymbol{y}_m=[\dot{\nu} \quad n]^{\mathrm{T}}$，$y=n$，显见 $\boldsymbol{y}_m$ 包含 y，这时总存在非奇异变换 $\boldsymbol{T}=\begin{bmatrix}0 & 1\\ \times & \times\end{bmatrix}$，使

$$[1 \quad 0]\begin{bmatrix}0 & 1\\ \times & \times\end{bmatrix}\begin{bmatrix}\dot{\nu}\\ n\end{bmatrix}=[0 \quad 1]\begin{bmatrix}\dot{\nu}\\ n\end{bmatrix}=n \tag{5-366}$$

成立。显然最简单的有 $\boldsymbol{T}=\begin{bmatrix}0 & 1\\ 1 & 0\end{bmatrix}$。

(3)给受控对象附加输出反馈。令

$$\boldsymbol{u}=\bar{\boldsymbol{K}}(\boldsymbol{y}_m-\boldsymbol{D}_m\boldsymbol{u})+\boldsymbol{u}^0=\bar{\boldsymbol{K}}\boldsymbol{C}_m\boldsymbol{x}+\boldsymbol{u}^0 \tag{5-367}$$

则受控对象的状态方程变为

$$\dot{\boldsymbol{x}}=(\boldsymbol{A}+\boldsymbol{B}\bar{\boldsymbol{K}}\boldsymbol{C}_m)\boldsymbol{x}+\boldsymbol{B}\boldsymbol{u}^0+\boldsymbol{E}\boldsymbol{\omega} \tag{5-368}$$

式中：输出反馈矩阵

$$\bar{\boldsymbol{K}}=[\bar{k}_1 \quad \bar{k}_2]$$

$$A+B\bar{K}C_m=\begin{bmatrix} -\dfrac{1}{T_{1c}} & \dfrac{1}{T_{1c}} \\ \dfrac{2\zeta_c}{T_c}-\dfrac{T_{1c}}{T_c^{\ 2}}-\dfrac{1}{T_{1c}}+\dfrac{K_{dj}K_cT_{1c}\bar{k}_2M}{T_c^{\ 2}} & \dfrac{1}{T_{1c}}-\dfrac{2\zeta_c}{T_c}+\dfrac{K_{dj}K_cT_{1c}\bar{k}_1}{T_c^{\ 2}} \end{bmatrix} \tag{5-369}$$

其特征方程为

$$|sI-(A+B\bar{K}C_m)|=0 \tag{5-370}$$

根据整个闭环系统的极点配置需求，从中选择两个希望闭环极点来确定输出反馈矩阵的参数和。这里假定保留原来设置的速率陀螺反馈和过载传感器反馈，且采用原有的设计参数。

受控对象的状态变量图如图 5－23 所示，实线部分示出未加输出反馈的情形，虚线部分为附加的输出反馈部分。

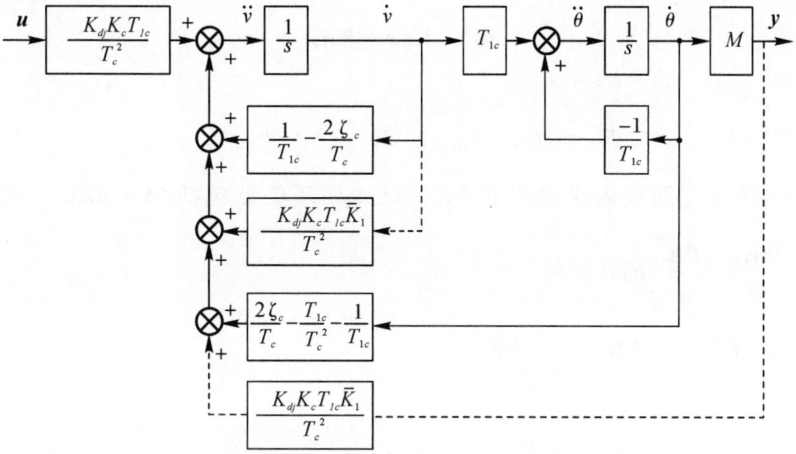

图 5－22　受控对象状态变量图

(4)伺服补偿器设计。由于受控对象是单输入-单输出系统，所以伺服补偿器只含有一个子系统，其状态方程为

$$\dot{\boldsymbol{\eta}}=\boldsymbol{\gamma\eta}_1+\boldsymbol{\beta}e_1,\quad \zeta_1=\boldsymbol{\alpha\eta}_1 \tag{5-371}$$

式中：$\boldsymbol{\gamma}$ 为伺服补偿器状态阵；$\boldsymbol{\beta}$、$\boldsymbol{\alpha}$ 分别为伺服补偿器控制、输出向量；$\boldsymbol{\gamma}$ 和 $\boldsymbol{\beta}$ 是外部输入模型的能控标准型实现。由于式(5－371)的最高幂次 $m=3$，故 $\boldsymbol{\eta}_1$ 为 (3×1) 向量，$\boldsymbol{\eta}_1=[\eta_{11}\quad \eta_{21}\quad \eta_{31}]^{\mathrm{T}}$，

$$\boldsymbol{\gamma}=\begin{bmatrix}0&1&0\\0&0&1\\0&-\alpha^2&0\end{bmatrix},\quad \boldsymbol{\beta}=\begin{bmatrix}0\\0\\1\end{bmatrix},\quad \boldsymbol{\alpha}=[1\quad 0\quad 0] \tag{5-372}$$

e_1 为标量，有 $e_1=y-y_{\mathrm{ref}}=M\dot{\theta}-y_{\mathrm{ref}}$。

伺服补偿器的状态变量图如图 5－23 所示。伺服补偿器的输出为 η_{11}。

(5)辅助控制器设计。根据附加输出反馈的受控对象状态方程，(令 $\boldsymbol{\omega}=\boldsymbol{0}$)来构造辅助控制器状态方程

$$\dot{\hat{\boldsymbol{x}}}=(A+B\bar{K}C_m)\hat{\boldsymbol{x}}+B\boldsymbol{u}^0 \tag{5-373}$$

式中：$\hat{\boldsymbol{x}}=[\hat{x}_1\quad \hat{x}_2]^{\mathrm{T}}$ 为辅助控制器状态向量；$\boldsymbol{u}^0$ 由状态反馈控制规律确定。辅助控制器的输出即 $\hat{\boldsymbol{x}}$，其状态变量图与图 5－22 相同，将图中变量 u、$\dot{v}$、$\dot{\theta}$ 分别更改为 u^0、$\hat{x}_2$、$\hat{x}_1$。

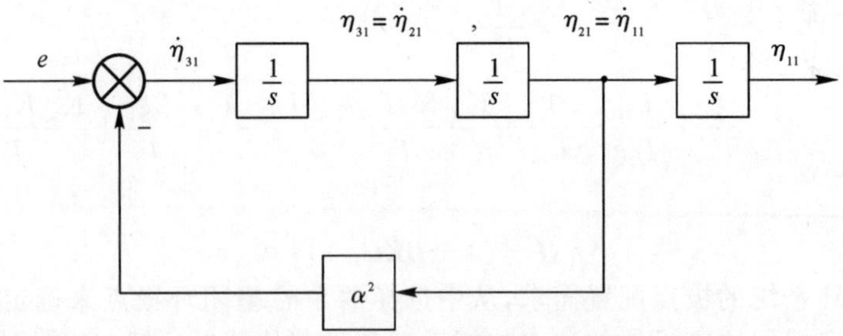

图 5-23　伺服补偿器状态变量

(6)状态反馈控制规律。

$$\boldsymbol{u}^0=\boldsymbol{K}_0\hat{\boldsymbol{x}}+\boldsymbol{K}\boldsymbol{\eta}_1 \tag{5-374}$$

式中

$$\boldsymbol{K}_0=[k_{01}\quad k_{02}],\quad \boldsymbol{K}=[k_1\quad k_2\quad k_3] \tag{5-375}$$

(7)$\bar{\boldsymbol{K}}$ 按闭环极点配置需求确定 $\boldsymbol{K}_0$、$\boldsymbol{K}$。已知闭环极点包括$(\boldsymbol{A}+\boldsymbol{B}\bar{\boldsymbol{K}}\boldsymbol{C}_m)$的极点及矩阵$\begin{bmatrix}\boldsymbol{A}+\boldsymbol{B}\bar{\boldsymbol{K}}\boldsymbol{C}_m+\boldsymbol{B}\boldsymbol{K}_0 & \boldsymbol{B}\boldsymbol{K}\\ \boldsymbol{\beta}\boldsymbol{C} & \boldsymbol{\gamma}\end{bmatrix}$的特征值。

$$\begin{vmatrix} s\boldsymbol{I}-(\boldsymbol{A}+\boldsymbol{B}\bar{\boldsymbol{K}}\boldsymbol{C}_m+\boldsymbol{B}\boldsymbol{K}_0) & -\boldsymbol{B}\boldsymbol{K}\\ -\boldsymbol{\beta}\boldsymbol{C} & s\boldsymbol{I}-\boldsymbol{\gamma}\end{vmatrix}=$$

$$\begin{vmatrix} s+\frac{1}{T_{1c}} & -\frac{1}{T_{1c}} & 0 & 0 & 0\\ -\frac{2\zeta_c}{T_c}+\frac{T_{1c}}{T_c^{\,2}}+\frac{1}{T_{1c}}-\frac{K_{dj}K_cT_{1c}(\bar{k}_2M+k_{01})}{T_c^{\,2}} & s-\frac{1}{T_{1c}}+\frac{2\zeta_c}{T_c}-\frac{K_{dj}K_cT_{1c}(\bar{k}_1+k_{02})}{T_c^{\,2}} & -\frac{K_{dj}K_cT_{1c}k_1}{T_c^{\,2}} & -\frac{K_{dj}K_cT_{1c}k_2}{T_c^{\,2}} & -\frac{K_{dj}K_cT_{1c}k_3}{T_c^{\,2}}\\ 0 & 0 & s & -1 & 0\\ 0 & 0 & 0 & s & -1\\ -M & 0 & 0 & \alpha^2 & s \end{vmatrix}=$$

$$s^5+\left[\frac{2\zeta_c}{T_c}-\frac{K_{dj}K_cT_{1c}(\bar{k}_1+k_{02})}{T_c^{\,2}}\right]s^4+$$

$$\frac{1}{T_{1c}}\left[\frac{T_{1c}}{T_c^{\,2}}-\frac{K_{dj}K_cT_{1c}(\bar{k}_1+k_{02})}{T_c^{\,2}}-\frac{K_{dj}K_cT_{1c}(\bar{k}_2M+k_{01})}{T_c^{\,2}}+\alpha^2\right]s^3+$$

$$\alpha^2\left[\frac{2\zeta_c}{T_c}-\frac{K_{dj}K_cT_{1c}(\bar{k}_1+k_{02})}{T_c^{\,2}}-\frac{M}{\alpha^2}\frac{K_{dj}K_ck_3}{T_c^{\,2}}\right]s^2$$

$$+\frac{\alpha^2}{T_{1c}}\left[-\frac{K_{dj}K_cT_{1c}(\bar{k}_1+k_{02})}{T_c^2}+\frac{T_{1c}}{T_c^2}-\frac{K_{dj}K_cT_{1c}(\bar{k}_2M+k_{01})}{T_c^2}-\frac{M}{\alpha^2}\frac{K_{dj}K_cT_{1c}k_2}{T_c^2}\right]s$$
$$-\frac{MK_{dj}K_ck_1}{T_c^2} \tag{5-376}$$

式中:$\bar{k}_1$、$\bar{k}_2$ 已经确定;状态反馈增益矩阵参数 k_{01}、k_{02} 及 k_1、k_2、k_3 可由其余的希望闭环极点位置需求来确定。

通过数学仿真结果表明,按经典控制理论设计的速率陀螺及过载传感器式自动驾驶仪回路,在沿同一条弹道的飞行过程中的不同时刻,其调节时间和超调量是变化较大的,而该鲁棒控制方案,则对不同时刻能获得几乎相同的动态品质,对阶跃指令及正弦干扰等外部输入作用能实现渐近调节。

第八节　H_∞ 和 H_2 控制器设计

控制系统设计的基本任务是求一个控制器使得闭环系统保持稳定性和具有满意的系统性能。在稳定的基础上,再追求系统满足一定的性能要求,这样的系统才具有实际应用价值。在实际控制工程中,被控对象的精确数学模型往往难以得到,许多情况下仅知道干扰信号是属于某个集合,如干扰信号为能量有限信号。针对该问题,20 世纪 80 年代初,加拿大学者 Zames 提出了以控制系统内某些信号间的传递函数的 H_∞ 范数为优化指标的控制系统世纪思想,给出了 H_∞ 控制设计的方法。本节着重从 H_∞ 和 H_2 范数的数学基础,介绍两种控制器设计方法。

一、赋范空间

令 $\boldsymbol{V}$ 为一在 $\mathbb{C}$(或 $\mathbb{R}$)上的向量空间,令 $\|\cdot\|$ 为 $\boldsymbol{V}$ 一定义在上的范数,则 $\boldsymbol{V}$ 是一个赋范空间。

例如,赋予任何向量 p－范数 $\|\cdot\|_p(1\leqslant p\leqslant\infty)$ 的向量空间 $\mathbb{C}^n$ 就是一个赋范空间。

二、Hardy 空间的 H_2 和 H_∞ 及 H_2 范数和 H_∞ 范数的计算

H_2 空间和 H_∞ 空间通常称为哈代空间,为了引入哈代空间,先介绍常用的复矩阵函数空间。

1. $L_2(\mathrm{j}\mathbb{R})$ 空间

$L_2(j\mathbb{R})$ 空间简记为 L_2 空间,是一个在 $\mathrm{j}\mathbb{R}$ 上的矩阵(或标量)函数的希尔伯特空间,由所有使得如下积分有界的矩阵函数 $\boldsymbol{F}$ 构成,即

$$\int_{-\infty}^{\infty}\mathrm{Trace}[\boldsymbol{F}^*(\mathrm{j}w)\boldsymbol{F}(\mathrm{j}w)]\mathrm{d}w<\infty \tag{5-377}$$

由内积诱导的范数为

$$\|\boldsymbol{F}\|_2=\sqrt{\langle\boldsymbol{F},\boldsymbol{F}\rangle} \tag{5-378}$$

$$\langle\boldsymbol{F},\boldsymbol{F}\rangle=\frac{1}{2\pi}\int_{-\infty}^{\infty}\mathrm{Trace}[\boldsymbol{F}^*(\mathrm{j}w)\boldsymbol{F}(\mathrm{j}w)]\mathrm{d}w \tag{5-379}$$

2. H_2 空间

H_2空间是$L_2(\mathrm{j}\mathbb{R})$空间的一个子集，其矩阵函数$\boldsymbol{F}(s)$在$\mathrm{Re}(s)>0$(开右半平面)解析。其范数为

$$\|\boldsymbol{F}\|_2=\sqrt{\frac{1}{2\pi}\int_{-\infty}^{\infty}\mathrm{Trace}[\boldsymbol{F}^*(\mathrm{j}w)\boldsymbol{F}(\mathrm{j}w)]\mathrm{d}w} \tag{5-380}$$

3. $L_\infty(\mathrm{j}\mathbb{R})$ 空间

$L_\infty(\mathrm{j}\mathbb{R})$空间简记为$L_\infty$空间，是一个矩阵(或标量)函数的巴拿赫空间，在$\mathrm{j}\mathbb{R}$上有界，具有范数为

$$\|F\|_\infty=\operatorname*{esssup}_{w\in\mathbb{R}}\bar{\sigma}[\boldsymbol{F}(\mathrm{j}w)](\bar{\sigma}\text{ 为最大奇异值}) \tag{5-381}$$

4. H_∞ 空间

H_∞空间是L_∞空间的一个子空间，其矩阵函数$\boldsymbol{F}(s)$在$Re(s)>0$(开右半平面)解析并有界。其范数为

$$\|\boldsymbol{F}\|_\infty=\sup_{Re(s)>0}\bar{\sigma}[\boldsymbol{F}(s)]=\sup_{w\in R}\bar{\sigma}[\boldsymbol{F}(\mathrm{j}w)]\quad(\bar{\sigma}\text{ 为最大奇异值}) \tag{5-382}$$

基于以上范数的概念，来介绍H_∞和H_2控制器的设计。

三、H_∞控制器设计

针对图5-24所示的广义系统：$\boldsymbol{G}(s)$是一个线性时不变系统，由以下的状态空间描述：

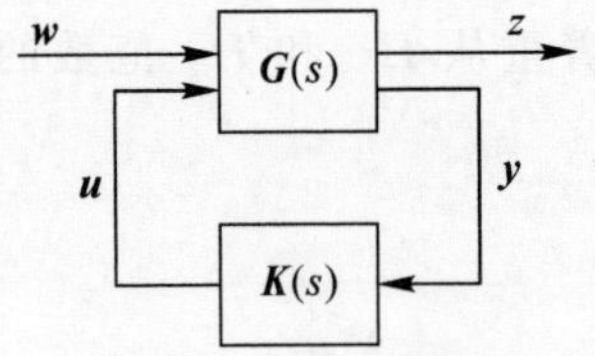

图5-24　广义系统

$$\left.\begin{aligned}\dot{\boldsymbol{x}}&=\boldsymbol{A}\boldsymbol{x}+\boldsymbol{B}_1\boldsymbol{w}+\boldsymbol{B}_2\boldsymbol{u}\\ \boldsymbol{z}&=\boldsymbol{C}_1\boldsymbol{x}+\boldsymbol{D}_{11}\boldsymbol{w}+\boldsymbol{D}_{12}\boldsymbol{u}\\ \boldsymbol{y}&=\boldsymbol{C}_2\boldsymbol{x}+\boldsymbol{D}_{21}\boldsymbol{w}+\boldsymbol{D}_{22}\boldsymbol{u}\end{aligned}\right\} \tag{5-383}$$

式中：$\boldsymbol{x}\in\mathbf{R}^n$是状态向量；$\boldsymbol{u}\in\mathbf{R}^m$是控制输入，$\boldsymbol{y}\in\mathbf{R}^p$是测量输出；$\boldsymbol{z}\in\mathbf{R}^r$是被调输出；$\boldsymbol{w}\in\mathbf{R}^q$是外部扰动，该扰动式不确定的，但是具有有限能量，即$\boldsymbol{w}\in L_2$；$\boldsymbol{K}(s)$是一个控制器的传递函数。相应的传递函数矩阵为

$$\boldsymbol{G}(s)=\begin{bmatrix}\boldsymbol{G}_{11}(s)&\boldsymbol{G}_{12}(s)\\ \boldsymbol{G}_{21}(s)&\boldsymbol{G}_{22}(s)\end{bmatrix} \tag{5-384}$$

即

$$\begin{bmatrix}\boldsymbol{z}\\ \boldsymbol{y}\end{bmatrix}=\boldsymbol{G}(s)\begin{bmatrix}\boldsymbol{w}\\ \boldsymbol{u}\end{bmatrix} \tag{5-385}$$

设计反馈控制$\boldsymbol{u}=\boldsymbol{K}\boldsymbol{y}$，则从$\boldsymbol{w}$到$\boldsymbol{z}$的闭环传递函数等于

$$\boldsymbol{T}_{zw}=\boldsymbol{G}_{11}+\boldsymbol{G}_{12}\boldsymbol{K}(\boldsymbol{I}-\boldsymbol{G}_{22}\boldsymbol{K})^{-1}\boldsymbol{G}_{21} \tag{5-386}$$

定义 5-1　(H_∞最优控制问题):求一正则实有理控制器 $\boldsymbol{K}$,使闭环系统内部稳定且使传递函数 $\boldsymbol{T}_{zw}(s)$的 H_∞ 范数极小,即

$$\min_K \|\boldsymbol{T}_{zw}(s)\|_\infty \tag{5-387}$$

定义 5-2　(H_∞次优控制问题):给定一正数 $\gamma>\min\limits_K\|\boldsymbol{T}_{zw}(s)\|_\infty$,求一正则实有理控制器 $\boldsymbol{K}$,使闭环系统内部稳定且使

$$\|\boldsymbol{T}_{zw}(s)\|_\infty<\gamma \tag{5-388}$$

对式(5-388)做变换,可得:

$$\left\|\frac{1}{\gamma}\boldsymbol{T}_{zw}(s)\right\|_\infty<1 \tag{5-389}$$

而$\dfrac{1}{\gamma}\boldsymbol{T}_{zw}(s)$等于广义被控对象

$$\boldsymbol{G}(s)=\begin{bmatrix}\gamma^{-1}\boldsymbol{G}_{11}(s) & \boldsymbol{G}_{12}(s)\\ \gamma^{-1}\boldsymbol{G}_{21}(s) & \boldsymbol{G}_{22}(s)\end{bmatrix} \tag{5-390}$$

和 $\boldsymbol{K}$ 构成的图 5-24 所示系统从 w 到 z 的闭环传递函数阵。因此,不失一般性,常取 $\gamma=1$。但是由于 H_∞ 最优控制问题难于求解,因此主要讨论 H_∞ 次优控制问题。

1. 输出反馈 H_∞ 控制问题

在许多实际问题中,系统的状态往往是不能直接测量出来的,因此必须采用输出反馈控制。在本节内容中,对以上广义被控对象做如下假设:

(1)$[\boldsymbol{A}\ \boldsymbol{B}\ \boldsymbol{C}]$是能稳能检测的;

(2) $\boldsymbol{D}_{22}=0$(列满秩)。

假设(1)为系统的输出反馈镇定的充分必要条件,而假设(2)又不失一般性。

基于线性不等式(LMI)的方法,可以得到如下定理:

定理 5-4　系统(5-383)存在一个输出反馈 H_∞ 控制器,当且仅当存在对称正定矩阵 $\boldsymbol{X}$ 和 $\boldsymbol{Y}$,使得下列不等式成立:

$$\begin{bmatrix}\boldsymbol{N}_0 & \boldsymbol{0}\\ \boldsymbol{0} & \boldsymbol{I}\end{bmatrix}^{\mathrm{T}}\begin{bmatrix}\boldsymbol{A}^{\mathrm{T}}\boldsymbol{X}+\boldsymbol{X}\boldsymbol{A} & \boldsymbol{X}\boldsymbol{B}_1 & \boldsymbol{C}_1^{\mathrm{T}}\\ \boldsymbol{B}_1^{\mathrm{T}}\boldsymbol{X} & -\boldsymbol{I} & \boldsymbol{D}_{11}^{\mathrm{T}}\\ \boldsymbol{C}_1 & \boldsymbol{D}_{11} & -\boldsymbol{I}\end{bmatrix}\begin{bmatrix}\boldsymbol{N}_0 & \boldsymbol{0}\\ \boldsymbol{0} & \boldsymbol{I}\end{bmatrix}<0 \tag{5-391}$$

$$\begin{bmatrix}\boldsymbol{N}_c & \boldsymbol{0}\\ \boldsymbol{0} & I\end{bmatrix}^{\mathrm{T}}\begin{bmatrix}\boldsymbol{A}\boldsymbol{Y}+\boldsymbol{Y}\boldsymbol{A}^{\mathrm{T}} & \boldsymbol{Y}\boldsymbol{C}_1^{\mathrm{T}} & \boldsymbol{B}_1\\ \boldsymbol{C}_1\boldsymbol{Y} & -\boldsymbol{I} & \boldsymbol{D}_{11}\\ \boldsymbol{B}_1^{\mathrm{T}}\boldsymbol{C}_1 & \boldsymbol{D}_{11}^{\mathrm{T}} & -\boldsymbol{I}\end{bmatrix}\begin{bmatrix}\boldsymbol{N}_c & \boldsymbol{0}\\ \boldsymbol{0} & \boldsymbol{I}\end{bmatrix}<\boldsymbol{0} \tag{5-392}$$

$$\begin{bmatrix}\boldsymbol{X} & \boldsymbol{I}\\ \boldsymbol{I} & \boldsymbol{Y}\end{bmatrix}\geqslant\boldsymbol{0} \tag{5-393}$$

式中:$\boldsymbol{N}_0$ 和 $\boldsymbol{N}_c$ 分别是以子空间 $\ker([\boldsymbol{C}_2\quad \boldsymbol{D}_{21}])$和 $\ker([\boldsymbol{B}_2^{\mathrm{T}}\quad \boldsymbol{D}_{12}^{\mathrm{T}}])$中任意一组基向量作为列向量所构成的矩阵,即满足

$$\mathrm{Im}\boldsymbol{N}_0=\ker([\boldsymbol{C}_2\quad \boldsymbol{D}_{21}])\text{和 }\mathrm{Im}\boldsymbol{N}_c=\ker([\boldsymbol{B}_2^{\mathrm{T}}\quad \boldsymbol{D}_{12}^{\mathrm{T}}]) \tag{5-394}$$

从以上定理中,可以知道存在输出反馈 H_∞ 控制器的条件,而由此得到输出反馈 H_∞ 控制器 $\boldsymbol{u}=\boldsymbol{K}(s)\boldsymbol{y}$,满足:

$$\left.\begin{aligned}\dot{\hat{\boldsymbol{x}}}&=\boldsymbol{A}_K\hat{\boldsymbol{x}}+\boldsymbol{B}_K\boldsymbol{y}\\ \boldsymbol{u}&=\boldsymbol{C}_K\hat{\boldsymbol{x}}+\boldsymbol{D}_K\boldsymbol{y}\end{aligned}\right\} \tag{5-395}$$

其中 $\hat{x}$ 为控制器的状态。而具体求解输出反馈 H_∞ 控制器是利用 LMI 工具箱分别求出系统(5－396)的输出反馈最优 H_∞ 控制器。

2. 状态反馈 H_∞ 控制问题

如果系统的状态可以直接测量出来的,就可以设计状态反馈控制。将状态反馈 $\boldsymbol{u}=\boldsymbol{Kx}$ 代入广义的状态空间实现中有:

$$\left.\begin{aligned}\dot{\boldsymbol{x}}&=(\boldsymbol{A}+\boldsymbol{B}_2\boldsymbol{K})\boldsymbol{x}+\boldsymbol{B}_1\boldsymbol{w}\\ \boldsymbol{z}&=(\boldsymbol{C}_1+\boldsymbol{D}_{12}\boldsymbol{K})\boldsymbol{x}+\boldsymbol{D}_{11}\boldsymbol{w}\end{aligned}\right\} \tag{5-396}$$

由此得:

$$\boldsymbol{G}_{zw}(s)=\begin{bmatrix}\boldsymbol{A}+\boldsymbol{B}_2\boldsymbol{K} & \boldsymbol{B}_1\\ \boldsymbol{C}_1+\boldsymbol{D}_{12}\boldsymbol{K} & \boldsymbol{D}_{11}\end{bmatrix} \tag{5-397}$$

其中 $\boldsymbol{G}_{zw}(s)$表示从 w 到 z 的闭环传递函数矩阵。

状态反馈 H_∞ 控制的目的是设计一个控制器 $\boldsymbol{u}=\boldsymbol{Kx}$,使得闭环系统满足以下的性质:

(1)闭环系统是内部稳定的,即闭环系统的状态矩阵的所有特征值均在左半开复平面中;

(2)从扰动输入 $\boldsymbol{w}$ 到评价输出 $\boldsymbol{z}$ 的闭环传递函数 $\boldsymbol{G}_{zw}(s)$的 H_∞ 范数小于 γ,即

$$\|\boldsymbol{G}_{wz}(s)\|_\infty<\gamma \tag{5-398}$$

具有这样性质的控制器 $\boldsymbol{u}=\boldsymbol{Kx}$ 成为广义系统的一个状态反馈 H_∞ 控制器。

基于线性不等式(LMI)的方法,可以得到如下定理:

定理 5－45 对于线性广义系统(5－383),存在一个状态反馈 H_∞ 控制器,当且仅当存在一个对称正定阵 $\boldsymbol{X}$ 和矩阵 $\boldsymbol{W}$ 使得下式成立:

$$\begin{bmatrix}\boldsymbol{AX}+\boldsymbol{B}_2\boldsymbol{W}+(\boldsymbol{AX}+\boldsymbol{B}_2\boldsymbol{W})^{\mathrm{T}} & \boldsymbol{B}_1 & (\boldsymbol{C}_1\boldsymbol{X}+\boldsymbol{D}_{12}\boldsymbol{W})^{\mathrm{T}}\\ \boldsymbol{B}_1^{\mathrm{T}} & -\boldsymbol{I} & \boldsymbol{D}_{11}^{\mathrm{T}}\\ \boldsymbol{C}_1\boldsymbol{X}+\boldsymbol{D}_{12}\boldsymbol{W} & \boldsymbol{D}_{11} & -\boldsymbol{I}\end{bmatrix}<0 \tag{5-399}$$

如果矩阵不等式(5－399)存在一个可行解 $\boldsymbol{X}^*,\boldsymbol{W}^*$,相应的一个状态反馈 H_∞ 控制器为

$$\boldsymbol{u}=\boldsymbol{W}^*(\boldsymbol{X}^*)^{-1}\boldsymbol{x} \tag{5-400}$$

给定的正实数 $\gamma>0$,基于状态反馈次优 H_∞ 控制器的存在条件,通过建立和求解以下线性矩阵不等式的优化问题:

$$\begin{gathered}\min\gamma\\ \text{s.t.}\begin{bmatrix}\boldsymbol{AX}+\boldsymbol{B}_2\boldsymbol{W}+(\boldsymbol{AX}+\boldsymbol{B}_2\boldsymbol{W})^{\mathrm{T}} & \boldsymbol{B}_1 & (\boldsymbol{C}_1\boldsymbol{X}+\boldsymbol{D}_{12}\boldsymbol{W})^{\mathrm{T}}\\ \boldsymbol{B}_1^{\mathrm{T}} & -\boldsymbol{I} & \boldsymbol{D}_{11}^{\mathrm{T}}\\ \boldsymbol{C}_1\boldsymbol{X}+\boldsymbol{D}_{12}\boldsymbol{W} & \boldsymbol{D}_{11} & -\gamma\boldsymbol{I}\end{bmatrix}<0\\ \boldsymbol{X}>0\end{gathered} \tag{5-401}$$

而具体求解状态反馈 H_∞ 控制器是利用 LMI 工具箱中的求解器分别求出系统(5－383)的状态反馈最优 H_∞ 控制器。

四、$\boldsymbol{H}_2$ 控制器设计

考虑 $\boldsymbol{G}(s)$是一个线性时不变系统,由以下的状态空间描述:

$$\left.\begin{aligned}\dot{\boldsymbol{x}}&=\boldsymbol{Ax}+\boldsymbol{B}_1\boldsymbol{x}+\boldsymbol{B}_2\boldsymbol{u}\\ \boldsymbol{z}&=\boldsymbol{Cx}+\boldsymbol{Du}\end{aligned}\right\} \tag{5-402}$$

式中：$\boldsymbol{x}\in\mathbf{R}^n$ 是状态向量；$\boldsymbol{u}\in\mathbf{R}^m$ 是输入控制；$\boldsymbol{z}\in\mathbf{R}^r$ 是被调输出；$\boldsymbol{w}\in\mathbf{R}^q$ 是外部干扰；$\boldsymbol{A}$、$\boldsymbol{B}_1$、$\boldsymbol{B}_2$、$\boldsymbol{C}$ 和 $\boldsymbol{D}$ 是已知的适当维数实矩阵。

对于给定的技术指标 $\gamma>0$，设计一个状态反馈控制律 $\boldsymbol{u}=\boldsymbol{K}\boldsymbol{x}$ 使得闭环系统：

$$\left.\begin{aligned}\dot{\boldsymbol{x}}&=(\boldsymbol{A}+\boldsymbol{B}_2\boldsymbol{K})\boldsymbol{x}+\boldsymbol{B}_1\boldsymbol{w}\\ \boldsymbol{z}&=(\boldsymbol{C}+\boldsymbol{D}\boldsymbol{K})\boldsymbol{x}\end{aligned}\right\}\tag{5-403}$$

是渐近稳定的，且闭环传递函数 $\boldsymbol{T}_{zw}(s)$ 的 H_2 范数满足 $\|\boldsymbol{T}_{zw}(s)\|_2<\gamma$。具有这样性质的控制律成为系统的一个状态反馈 H_2 控制律。

定义 5-3　H_2 最优控制问题是求一正则实有理控制器 $\boldsymbol{K}$，使得图(5-24)所示的闭环系统内稳定，且使从 $\boldsymbol{w}$ 到 $\boldsymbol{z}$ 的闭环传递函数 $\boldsymbol{T}_{zw}(s)$ 的 H_2 范数达极小值，即

$$\min_K\|\boldsymbol{T}_{zw}(s)\|_2\tag{5-404}$$

定义 5-4　H_2 次优控制问题是给定 $\gamma>\min\limits_K\|\boldsymbol{T}_{zw}(s)\|_2$，求一正则有理的控制器 K，使得闭环内稳定，且使得：

$$\|\boldsymbol{T}_{zw}(s)\|_2<\gamma\tag{5-405}$$

以上两个问题称为标准 H_2 控制问题。

基于线性不等式(LMI)的方法，可以得到如下定理：

定理 5-6　对于给定标量 $\gamma>0$，系统存在状态反馈控制律，当且仅当存在正定矩阵 $\boldsymbol{X}$、$\boldsymbol{Z}$ 和 $\boldsymbol{W}$，使得

$$\left.\begin{aligned}&\boldsymbol{AX}+\boldsymbol{B}_2\boldsymbol{W}+(\boldsymbol{AX}+\boldsymbol{B}_2\boldsymbol{W})^{\mathrm{T}}+\boldsymbol{B}_1\boldsymbol{B}_1^{\mathrm{T}}<0\\ &\begin{bmatrix}-\boldsymbol{Z} & \boldsymbol{CX}+\boldsymbol{DW}\\ (\boldsymbol{CX}+\boldsymbol{DW})^{\mathrm{T}} & -\boldsymbol{X}\end{bmatrix}<0\\ &\mathrm{Trace}(\boldsymbol{Z})<\gamma^2\end{aligned}\right\}\tag{5-406}$$

如果 $\boldsymbol{X}^*$、$\boldsymbol{W}^*$、$\boldsymbol{Z}^*$ 是不等式的一个可行解，则相应的一个状态反馈 H_2 控制器为

$$\boldsymbol{u}=\boldsymbol{W}^*(\boldsymbol{X}^*)^{-1}\boldsymbol{x}\tag{5-407}$$

最优状态 H_2 控制律可以由优化问题：

$$\begin{gathered}\min\gamma\\ \text{s. t.}\begin{cases}\boldsymbol{AX}+\boldsymbol{B}_2\boldsymbol{W}+(\boldsymbol{AX}+\boldsymbol{B}_2\boldsymbol{W})^{\mathrm{T}}+\boldsymbol{B}_1\boldsymbol{B}_1^{\mathrm{T}}<0\\ \begin{bmatrix}-\boldsymbol{Z} & \boldsymbol{CX}+\boldsymbol{DW}\\ (\boldsymbol{CX}+\boldsymbol{DW})^{\mathrm{T}} & -\boldsymbol{X}\end{bmatrix}<0\\ \mathrm{Trace}(\boldsymbol{Z})<\gamma^2\end{cases}\end{gathered}\tag{5-408}$$

求得。

而具体求解状态反馈 H_2 控制器是利用 LMI 工具箱中的求解，分别求出系统(5-383)的状态反馈最优 H_2 控制器。

例 5-13　考虑以下状态空间模型描述的系统

$$\left.\begin{aligned}\dot{x}&=w+2u\\z&=x+u\\y&=-x+w\end{aligned}\right\}\tag{5-409}$$

求 H_2 控制器和次优 H_∞ 控制器。

解:针对模型(5-409),可确定:

$$A=0,B_1=1,B_2=2,C_1=1,D_{11}=0,D_{12}=1,C_2=-1,D_{21}=1,D_{22}=0 \tag{5-410}$$

(1)H_2 控制器。利用 MATLAB 中的 H2syn 命令,可以求出优化 H_2 性能指标为 1.414 2,最优 H_2 控制器为 $\boldsymbol{K}(s)$ 为

$$\begin{matrix}-3.0000 & -1.0000 & 1.0000\\ -1.0000 & 0 & 0\\ 0 & 0 & -\mathrm{Inf}\end{matrix}$$

或其状态空间实现(A_k,B_k,C_k,D_k)为 $A_k=-3.0000,B_k=-1.0000,C_k=-1,D_k=0$。

(2)H_∞ 控制器。利用 MATLAB 中的 hinflmi 命令,可以求出优化 H_∞ 性能指标为 1.000 1,最优 H_∞ 控制器为 $\boldsymbol{K}(s)$ 为

1.0e+004 *

$$\begin{matrix}-4.4076 & 0.0210 & 0.0001\\ 0.0210 & 0 & 0\\ 0 & 0 & -\mathrm{Inf}\end{matrix}$$

或其状态空间实现(A_k,B_k,C_k,D_k)为 $A_k=-4.4076e+004,B_k=209.9399,C_k=209.9369,D_k=0$。

习　题

5-1　判断下列系统能否用状态反馈任意地配置极点

(1)$\dot{\boldsymbol{x}}=\begin{bmatrix}1&2\\3&1\end{bmatrix}\boldsymbol{x}+\begin{bmatrix}1\\0\end{bmatrix}\boldsymbol{u}$;

(2)$\dot{\boldsymbol{x}}=\begin{bmatrix}1&0&0\\0&-2&1\\0&0&-2\end{bmatrix}\boldsymbol{x}+\begin{bmatrix}1&0\\0&1\\0&0\end{bmatrix}\boldsymbol{u}$;

(3)$\dot{\boldsymbol{x}}=\begin{bmatrix}0&1&0&0\\0&0&1&0\\0&0&0&1\\-2&-4&-3&-5\end{bmatrix}\boldsymbol{x}+\begin{bmatrix}0&0&0\\0&0&1\\0&1&0\\1&0&0\end{bmatrix}\boldsymbol{u}$。

5-2　给定受控系统为:

$$\dot{\boldsymbol{x}}=\begin{bmatrix}1&2\\3&1\end{bmatrix}\boldsymbol{x}+\begin{bmatrix}1\\0\end{bmatrix}\boldsymbol{u}$$

试确定一个状态反馈阵 $\boldsymbol{k}$，使闭环极点配置为 $\lambda_1^* = -2+\mathrm{j}$ 和 $\lambda_2^* = -2-\mathrm{j}$。

5-3　给定受控系统的传递函数为

$$g_0(s) = \frac{1}{s(s+4)(s+8)}$$

试确定一个状态反馈阵 $\boldsymbol{k}$，使闭环极点配置为 $\lambda_1^* = -2, \lambda_2^* = -4$ 和 $\lambda_3^* = -7$。

5-4　给定受控系统为

$$\dot{\boldsymbol{x}} = \begin{bmatrix} 0 & 2 & 0 & 0 \\ 0 & 0 & 1 & 0 \\ -3 & 1 & 2 & 3 \\ 2 & 1 & 0 & 0 \end{bmatrix} \boldsymbol{x} + \begin{bmatrix} 0 & 0 \\ 0 & 0 \\ 1 & 2 \\ 0 & 2 \end{bmatrix} \boldsymbol{u}$$

能否找到一个状态反馈阵 k，使闭环极点配置到下列位置：

(1) $\lambda_1^* = -2, \lambda_2^* = -2, \lambda_3^* = -2, \lambda_4^* = -2$；

(2) $\lambda_1^* = -3, \lambda_2^* = -3, \lambda_3^* = -3, \lambda_4^* = -2$；

(3) $\lambda_1^* = -3, \lambda_2^* = -3, \lambda_3^* = -3, \lambda_4^* = -3$。

5-5　给定受控系统为

$$\dot{\boldsymbol{x}} = \begin{bmatrix} 1 & 1 & 0 \\ 0 & 1 & 0 \\ 0 & 0 & 2 \end{bmatrix} x + \begin{bmatrix} 0 & 0 \\ 1 & 0 \\ 0 & -1 \end{bmatrix} \boldsymbol{u}$$

试确定两个不同的状态反馈阵 $\boldsymbol{K}_1$ 和 $\boldsymbol{K}_2$，使闭环极点配置为 $\lambda_1^* = -2, \lambda_2^* = -1+\mathrm{j}2$ 和 $\lambda_3^* = -1-\mathrm{j}2$。

5-6　给定受控系统为

$$\dot{\boldsymbol{x}} = \begin{bmatrix} 2 & 1 & 0 & 0 \\ 0 & 2 & 0 & 0 \\ 0 & 0 & -2 & 0 \\ 0 & 0 & 0 & -2 \end{bmatrix} \boldsymbol{x} + \begin{bmatrix} 0 \\ 1 \\ 1 \\ 1 \end{bmatrix} \boldsymbol{u}$$

试确定两个不同的状态反馈阵 $\boldsymbol{K}_1$ 和 $\boldsymbol{K}_2$，使闭环极点配置为 $\lambda_{1,2}^* = -2\pm\mathrm{j}3$ 和 $\lambda_{3,4}^* = -5\pm\mathrm{j}6$。

5-7　判断下列系统能否用状态反馈实现镇定：

(1) $\dot{\boldsymbol{x}} = \begin{bmatrix} 1 & 2 \\ 3 & 1 \end{bmatrix} \boldsymbol{x} + \begin{bmatrix} 1 \\ 0 \end{bmatrix} u$；

(2) $\dot{\boldsymbol{x}} = \begin{bmatrix} 4 & 2 \\ 0 & -2 \end{bmatrix} \boldsymbol{x} + \begin{bmatrix} 1 \\ 0 \end{bmatrix} u$；

(3) $\dot{\boldsymbol{x}} = \begin{bmatrix} 1 & 0 & 0 \\ 0 & -2 & 1 \\ 0 & 0 & -2 \end{bmatrix} \boldsymbol{x} + \begin{bmatrix} 1 & 0 \\ 0 & 1 \\ 0 & 0 \end{bmatrix} \boldsymbol{u}$。

5-8　判断下列系统能否用状态反馈和输入变换进行解耦：

(1)$\boldsymbol{G}_0(s)=\begin{bmatrix}\dfrac{3}{s^2+2} & \dfrac{2}{s^2+s+1}\\ \dfrac{4s+1}{s^3+2s+1} & \dfrac{1}{s}\end{bmatrix}$;

(2)$\dot{\boldsymbol{x}}=\begin{bmatrix}3 & 1 & 0\\ 0 & 0 & -1\\ 0 & 1 & -1\end{bmatrix}\boldsymbol{x}+\begin{bmatrix}0 & 0\\ 1 & 0\\ 0 & 1\end{bmatrix}\boldsymbol{u},\quad \boldsymbol{y}=\begin{bmatrix}2 & -1 & 1\\ 0 & 2 & 1\end{bmatrix}\boldsymbol{x}$。

5-9　给定受控系统为

$$\dot{\boldsymbol{x}}=\begin{bmatrix}-1 & 0 & 0\\ 0 & -2 & -3\\ 1 & 0 & 1\end{bmatrix}\boldsymbol{x}+\begin{bmatrix}1 & 0\\ 0 & 1\\ 0 & -1\end{bmatrix}\boldsymbol{u},\quad \boldsymbol{y}=\begin{bmatrix}1 & 2 & 0\\ 0 & 1 & 1\end{bmatrix}\boldsymbol{x}$$

(1) 系统能否解耦;

(2) 若能解耦,定出实现积分型解耦的输入变换矩阵和状态反馈阵($\boldsymbol{L}\quad \boldsymbol{K}$)。

5-10　给定线性定常系统为

$$\dot{\boldsymbol{x}}=\begin{bmatrix}0 & 1\\ 0 & 0\end{bmatrix}\boldsymbol{x}+\begin{bmatrix}0\\ 1\end{bmatrix}\boldsymbol{u},\quad \boldsymbol{y}=[1\quad 0]\boldsymbol{x}$$

试用两种不同的方法确定其全维观测器,且规定其特征值为$\lambda_1=-2$和$\lambda_2=-4$。

5-11　给定线性定常系统为

$$\dot{\boldsymbol{x}}=\begin{bmatrix}1 & 3\\ 2 & 1\end{bmatrix}\boldsymbol{x}+\begin{bmatrix}1\\ 2\end{bmatrix}\boldsymbol{u},\quad \boldsymbol{y}=[0\quad 1]\boldsymbol{x}$$

试用两种不同的方法确定其降维观测器,且规定其特征值为$\lambda_1=-3$。

5-12　给定线性定常系统为

$$\dot{\boldsymbol{x}}=\begin{bmatrix}-1 & -2 & -2\\ 0 & -1 & 1\\ 1 & 1 & -1\end{bmatrix}\boldsymbol{x}+\begin{bmatrix}2\\ 0\\ 1\end{bmatrix}\boldsymbol{u},\quad \boldsymbol{y}=[1\quad 1\quad 0]\boldsymbol{x}$$

(1)确定一个具有特征值$-3,-3,-4$的三维状态观测器;

(2)确定一个具有特征值-3,和-4的二维状态观测器。

5-13　给定单输入-单输出受控系统的传递函数为:

$$g_0(s)=\frac{1}{s(s+1)(s+2)}$$

(1)确定一个状态反馈增益阵k,使闭环系统的极点为$\lambda_1^*=-3$和$\lambda_{2,3}^*=-1\pm 2\mathrm{j}$;

(2)确定一个降维观测器,使其特征值为$\lambda_1=-5$;

(3)画出整个系统的结构图;

(4)给出整个系统的闭环传递函数$g(s)$。

5-14　给定受控系统为:

$$\dot{\boldsymbol{x}}=\begin{bmatrix}0&1&0&0\\0&0&-1&0\\0&0&0&1\\0&0&5&0\end{bmatrix}\boldsymbol{x}+\begin{bmatrix}0\\1\\0\\-2\end{bmatrix}\boldsymbol{u}$$

$$\boldsymbol{y}=[1\quad 0\quad 0\quad 0]\boldsymbol{x}$$

再指定期望的闭环极点为$\lambda_1^*=-1,\lambda_{2,3}^*=-1\pm \mathrm{j},\lambda_4^*=-2$，观测器的特征值为$s_1=-3$，$s_{2,3}=-3\pm \mathrm{j}2$，试设计一个观测器——状态反馈控制系统，并画出系统的组成结构图。

5-15　设单输入-单输出系统中作用下述外部扰动$P(s,\alpha)$

$$\dot{\boldsymbol{\omega}}=\begin{bmatrix}0&1&0\\-1&0&0\\0&0&0\end{bmatrix}\boldsymbol{\omega}$$

试求伺服补偿器动态方程及传递函数。

5-16　设单输入-单输出受控系统动态方程为

$$\begin{cases}\dot{x}_1=x_2+\dfrac{1}{2}\omega_1\\ \dot{x}_2=x_1+x_2+\dfrac{1}{5}\omega_2+u\\ y=x_1+\omega_2+2\omega_3\end{cases}$$

系统参考输入=0，各扰动分量为$\omega_1=\sin t,\omega_2=\cos t,\omega_3=1(t)$。试设计由伺服补偿器与辅助控制成鲁棒控制器，使闭环极点配置在$-1,-1\pm \mathrm{j},-2\pm \mathrm{j}$。

5-17　设线性系统状态方程为

$$\dot{x}(t)=u(t),\quad x(0)=1$$

性能指标为

$$J=\int_0^{\infty}[x^2(t)+u^2(t)]\mathrm{d}t$$

求最优控制$u^*(t)$。

5-18　设线性系统状态方程为

$$\dot{x}(t)=x_2(t)$$

$$\dot{x}_2(t)=-x_1(t)+u(t)$$

性能指标为

$$J=\int_0^{\infty}[x_1^2(t)+2u^2(t)]\mathrm{d}t$$

求最优反馈控制规律。

5-19　设系统状态方程为

$$\dot{x}(t)=-ax(t)+bu(t),\quad x(0)=x_0$$

性能指标为

$$J=\frac{1}{2}cx^2(t_f)+\frac{1}{2}\int_0^{t_f}u^2(t)\mathrm{d}t,\quad c>0$$

求最优反馈控制规律。

5-20 设线性系统状态方程为

$$\dot{x}(t)=-\frac{1}{2}x(t)+u(t),\quad x(0)=2$$

性能指标为

$$J=5x^2(t_f)+\frac{1}{2}\int_0^1[2x^2(t)+u^2(t)]\mathrm{d}t$$

求使 J 达极小时的最优轨线 $x^*(t)$。

5-21 试计算下列传递函数的 H_∞ 范数：

(1) $g(s)=\frac{1}{s+1}$；

(2) $g(s)=\frac{s+2}{s+1}$。

5-22 设有二阶系统

$$\dot{\boldsymbol{x}}(t)=\begin{bmatrix}-1 & 0\\ 0 & -2\end{bmatrix}\boldsymbol{x}(t)+\begin{bmatrix}1\\1\end{bmatrix}\boldsymbol{w}(t)+\begin{bmatrix}1\\0\end{bmatrix}\boldsymbol{u}(t)$$

其可控输出为

$$\boldsymbol{z}(t)=\begin{bmatrix}x(t)\\u(t)\end{bmatrix}$$

要求写出 H_∞ 控制问题的广义受控对象的动态方程，设计状态反馈控制律，使得系统的闭环传递函数的 H_∞ 范数小于 3。

第六章　多变量系统的矩阵分式描述及典型状态空间实现

前面所讨论的基于状态空间描述，揭示系统状态能控性、能观测性等内部结构特性，建立状态反馈、输出反馈控制器设计技术，有效地解决了线性多变量系统的分析与综合问题。但是，状态空间法要求受控系统有精确的数学模型，设计出来的控制器结构比较复杂，方法的物理概念不及经典频域法直观清晰。故在 20 世纪 70 年代初期，正当状态空间法蓬勃发展的时候，英国学派罗森布洛克(Rosenbrock)、梅恩(Mayne)、麦克法兰(MacFarlange)、欧文斯(Owens)等人研究表明，单变量系统的传递函数概念可以自然地推广到多变量系统，提出了对系统矩阵分式、多项式矩阵，进而归结到系统矩阵的新的描述方法，并力图将传递函数矩阵与状态空间法相结合，来分析系统的内部结构特性，为线性多变量系统的分析提供了一种新的有效手段，为现代频域法的综合奠定了基础。这些研究成果是 20 世纪 70 年代以来线性系统理论的新近展，在工业过程的应用中曾获得卓著的成效。本章介绍多项式矩阵及有理分式矩阵等必要的数学基础知识，研究多变量系统的矩阵分式描述的性质和方法，用矩阵及有理分式矩阵等必要的数学基础知识，研究多变量系统的矩阵分式描述的性质和方法，用矩阵分式描述来构造各种典型实现、最小实现的方法，以深刻揭示系统的内部结构特性。

第一节　多项式矩阵

一、多项式矩阵

定义 6-1 ［多项式矩阵］$m\times n$ 矩阵 $\boldsymbol{A}(s)$ 的元素 $a_{ij}(s)(i=1,2,\cdots,m;j=1,2,\cdots,n)$ 是变量 s 的多项式，称 $\boldsymbol{A}(s)$ 为多项式矩阵。记为

$$\boldsymbol{A}(s)=\begin{bmatrix} a_{11}(s) & \cdots & a_{1n}(s) \\ \vdots & & \vdots \\ a_{m1}(s) & \cdots & a_{mn}(s) \end{bmatrix} \tag{6-1}$$

$a_{ij}(s)$ 的最高次数 N 称为 $\boldsymbol{A}(s)$ 的次数，记为

$$N=\max_{i,j}\{\deg[a_{ij}(s)]\} \tag{6-2}$$

$\boldsymbol{A}(s)$ 可写成降幂形式的矩阵多项式

$$\boldsymbol{A}(s)=\boldsymbol{A}_N s^N+\boldsymbol{A}_{N-1}s^{N-1}+\cdots+\boldsymbol{A}_1 s+\boldsymbol{A}_0 \tag{6-3}$$

式中：$\boldsymbol{A}_k(k=0,1,\cdots,N)$ 是 $m\times n$ 常数矩阵。

1. 多项式矩阵的秩及多项式向量的线性相关性

当$\boldsymbol{A}(s)$中只要有一个r阶子矩阵的行列式不恒为零，而所有$r+1$阶子矩阵的行列式均恒为零时，称r为$\boldsymbol{A}(s)$的秩，记为

$$r=\mathrm{rank}\boldsymbol{A}(s) \tag{6-4}$$

有$r\leqslant\min(m,n)$；当$r=\min(m,n)$时，称$\boldsymbol{A}(s)$满秩。

当n阶方阵$\boldsymbol{A}(s)$的秩为n，或$\det\boldsymbol{A}(s)$不恒等于零时，称$\boldsymbol{A}(s)$为非奇异的。注意到多项式矩阵$\boldsymbol{A}(s)$的行列式通常仍是s的多项式，对于某些特殊的s^*值，会有$\det\boldsymbol{A}(s^*)=0$，但这时仍称$\boldsymbol{A}(s)$是非奇异的。例如有$\boldsymbol{A}_1(s)$、$\boldsymbol{A}_2(s)$为

$$\boldsymbol{A}_1(s)=\begin{bmatrix} s+1 & s+3 \\ (s+1)(s+2) & (s+1)(s+4)\end{bmatrix},\boldsymbol{A}_2(s)=\begin{bmatrix} s+1 & s+3 \\ (s+1)(s+2) & (s+2)(s+3)\end{bmatrix} \tag{6-5}$$

$\det\boldsymbol{A}_1(s)=-2(s+1)$不恒等于零，尽管$\det\boldsymbol{A}_1(-1)=0$，仍称$\boldsymbol{A}_1(s)$为非奇异的。$\det\boldsymbol{A}_2(s)\equiv0$，故$\boldsymbol{A}_2(s)$是奇异的。

以多项式为元素的向量$\boldsymbol{a}_i(s)(i=1,2,\cdots,r)$，当选择不全为零的多项式$\alpha_i(s)(i=1,2,\cdots,r)$，能使

$$\sum_{i=1}^{r}\alpha_i(s)\boldsymbol{a}_i(s)=0 \tag{6-6}$$

则称$\boldsymbol{a}_1(s),\boldsymbol{a}_2(s),\cdots,\boldsymbol{a}_r(s)$是线性相关的；当且仅当$\alpha_i(s)\equiv0$，式(6-6)才成立，则称$\boldsymbol{a}_1(s)$，$\boldsymbol{a}_2(s),\cdots,\boldsymbol{a}_r(s)$是线性无关的。

下式几种提法是等价的：$\mathrm{rank}\boldsymbol{A}(s)=r$，$r$阶矩阵的行列式$\det\boldsymbol{A}(s)$不恒等于零；$\boldsymbol{A}(s)$中有$r$行(列)线性无关。

当$\det\boldsymbol{A}(s)$不恒等于零时，$\boldsymbol{A}(s)$存在逆阵，记为$\boldsymbol{A}^{-1}(s)$。

$$\boldsymbol{A}^{-1}(s)=\frac{\mathrm{adj}\boldsymbol{A}(s)}{\det\boldsymbol{A}(s)} \tag{6-7}$$

由于$\boldsymbol{A}(s)$是一多项式矩阵，故$\boldsymbol{A}^{-1}(s)$的元素通常是s的有理分式函数，$\boldsymbol{A}^{-1}(s)$为有理分式矩阵。为计算$\boldsymbol{A}^{-1}(s)$，通常引入辅助变量λ，即

$$\boldsymbol{A}^{-1}(s)=-[\lambda\boldsymbol{I}-\boldsymbol{A}(s)]^{-1}\big|_{\lambda=0} \tag{6-8}$$

式中，

$$[\lambda\boldsymbol{I}-\boldsymbol{A}(s)]^{-1}=\frac{\mathrm{adj}[\lambda\boldsymbol{I}-\boldsymbol{A}(s)]}{\det[\lambda\boldsymbol{I}-\boldsymbol{A}(s)]} \tag{6-9}$$

$$\det[\lambda\boldsymbol{I}-\boldsymbol{A}(s)]=a_n(s)\lambda^n+a_{n-1}(s)\lambda^{n-1}+\cdots+a_1(s)\lambda+a_0(s),a_n(s)=1 \tag{6-10}$$

$$\mathrm{adj}[\lambda\boldsymbol{I}-\boldsymbol{A}(s)]=\boldsymbol{B}_{n-1}(s)\lambda^{n-1}+\boldsymbol{B}_{n-2}(s)\lambda^{n-2}+\cdots+\boldsymbol{B}_1(s)\lambda+\boldsymbol{B}_0(s) \tag{6-11}$$

$a_n(s),\cdots,a_0(s)$为s的多项式；$\boldsymbol{B}_{n-1}(s),\cdots,\boldsymbol{B}_0(s)$为$n$阶多项式矩阵。若能求得$a_0(s)$，$\boldsymbol{B}_0(s)$，则

$$\boldsymbol{A}^{-1}(s)=-\frac{\boldsymbol{B}_0(s)}{a_0(s)} \tag{6-12}$$

适于计算机迭代计算的求逆公式为(推导略)：

$$\left.\begin{aligned}&\boldsymbol{B}_{n-1}(s)=\boldsymbol{I}_n\\&a_p(s)=-\frac{1}{n-p}\mathrm{tr}\boldsymbol{A}(s)\boldsymbol{B}_p(s),\quad p=0,1,\cdots,n-1\\&\boldsymbol{B}_p(s)=\boldsymbol{A}(s)\boldsymbol{B}_{p+1}(s)+a_{p+1}(s),\quad p=0,1,\cdots,n-2\end{aligned}\right\} \tag{6-13}$$

2. 单模矩阵

多项式矩阵 $\boldsymbol{A}(s)$，当 $\det\boldsymbol{A}(s)$ 为非零常数，其 $\boldsymbol{A}^{-1}(s)$ 仍为多项式矩阵时，称 $\boldsymbol{A}(s)$ 为单模矩阵。形如下列的初等变换矩阵 $\boldsymbol{T}_{ri}(i=1,2,3)$ 均为单模矩阵，它们均由单位矩阵导出。

$$\boldsymbol{T}_{r1}=\underbrace{\begin{bmatrix}1&&&&&&\\&\ddots&&&&&\\&&1&&&0&\\&&&\alpha&&&\\&&&&1&&\\&&&&&\ddots&\\&0&&&&&1\end{bmatrix}}_{i}\begin{matrix}\\\\\\i\\\\\\\\\end{matrix},\quad \boldsymbol{T}_{r2}=\underbrace{\begin{bmatrix}1&&&&&&\\&\ddots&&&&&\\&&1&\cdots&\alpha(s)&&\\&&&\ddots&\vdots&&\\&&&&1&&\\&&&&&\ddots&\\&&&&&&1\end{bmatrix}}_{j}\begin{matrix}\\\\i\\\\j\\\\\\\end{matrix}$$

$$\boldsymbol{T}_{r3}=\begin{bmatrix}1&&&&&&&&&\\&\ddots&&&&&&&&\\&&1&&&&&&&\\&&&0&\cdots&\cdots&1&&&\\&&&\vdots&1&&\vdots&&&\\&&&&&\ddots&&&&\\&&&\vdots&&1&\vdots&&&\\&&&1&\cdots&\cdots&0&&&\\&&&&&&&1&&\\&&&&&&&&\ddots&\\&&&&&&&&&1\\&&&i&&&j&&&\end{bmatrix}\begin{matrix}\\\\\\i\\\\\\\\j\\\\\\\\\end{matrix}\tag{6-14}$$

式中：α 为常数；$\alpha(s)$ 为多项式。$\det\boldsymbol{T}_{r1}=\alpha$，$\det\boldsymbol{T}_{r2}=\det\boldsymbol{T}_{r3}=1$，故均为单模矩阵；下列 $\boldsymbol{A}_1(s)$、$\boldsymbol{A}_2(s)$ 也为单模矩阵：

$$\boldsymbol{A}_1(s)=\begin{bmatrix}s+1&s+2\\s+3&s+4\end{bmatrix},\quad \boldsymbol{A}_2(s)=\begin{bmatrix}s^k&1\\s^k+1&1\end{bmatrix}\tag{6-15}$$

单模矩阵必非奇异，但反命题不成立。单模矩阵的乘积仍是单模矩阵；单模矩阵的逆阵仍是单模矩阵；所有单模矩阵均为有限个初等变换矩阵的乘积。

当多项式矩阵 $\boldsymbol{A}(s)$ 左乘以上初等变换阵时，表示对 $\boldsymbol{A}(s)$ 施行行变换，例如

$\boldsymbol{A}_{r1}(s)=\boldsymbol{T}_{r1}\boldsymbol{A}(s)$，则 $\boldsymbol{A}_{r1}(s)$ 的第 i 行 $=\boldsymbol{A}(s)$ 的第 i 行乘以 α；

$\boldsymbol{A}_{r2}(s)=\boldsymbol{T}_{r2}\boldsymbol{A}(s)$，则 $\boldsymbol{A}_{r2}(s)$ 的第 i 行 $=\{\boldsymbol{A}(s)$ 的第 i 行$\}+\{\boldsymbol{A}(s)$ 的第 j 行乘以 $\alpha(s)\}$ 乘以 α；

$\boldsymbol{A}_{r3}(s)=\boldsymbol{T}_{r3}\boldsymbol{A}(s)$，则 $\boldsymbol{A}_{r3}(s)$ 的第 $i(j)$ 行 $=\boldsymbol{A}(s)$ 的第 $i(j)$ 行。

与此类似，当多项式矩阵右乘以上初等变换阵时，表示对 $\boldsymbol{A}(s)$ 施行列变换。

设 $(m\times n)$ 多项式矩阵 $\boldsymbol{A}(s)$，若存在 $(m\times n)$ 单模矩阵 $\boldsymbol{P}(s)$ 对 $\boldsymbol{A}(s)$ 施行有限次行变换及存在 $(n\times n)$ 单模矩阵 $\boldsymbol{Q}(s)$ 对 $\boldsymbol{A}(s)$ 施行有限次列变换，结果得到 $\boldsymbol{B}(s)$，则满足：

$$B(s)=P(s)A(s)Q(s) \tag{6-16}$$

并称 $B(s)$、$A(s)$等价。由于单模变换时非奇异线性变换，故多项式矩阵的行列式和秩不变。

3. 史密斯标准型

任意秩为 r 的多项式矩阵 $A(s)$经过行、列运算均等价于下列史密斯标准型 $S(s)$，有

$$S(s)=P(s)A(s)Q(s)=\left[\begin{array}{cccc|c}\gamma_1(s) & & & & \\ & \gamma_2(s) & & & 0 \\ & & \ddots & & \\ & & & \gamma_2(s) & \\ \hline & & 0 & & 0\end{array}\right]\triangleq\left[\begin{array}{c|c}S^*(s) & 0 \\ \hline 0 & 0\end{array}\right] \tag{6-17}$$

式中：$\gamma=\mathrm{rank}A(s)\leqslant\min(m,n)$；$\gamma_1(s),\gamma_2(s),\cdots,\gamma_r(s)$为不恒为零的首一多项式，且 $\gamma_{i+1}(s)$ 可整除 $\gamma_i(s)$，即存在 $\gamma_i(s)|\gamma_{i+1}(s)$。

$\gamma_1(s),\gamma_2(s),\cdots,\gamma_r(s)$ 称为 $A(s)$ 的不变因子，$\prod\limits_{i=1}^{r}\gamma_i(s)$ 称为 $A(s)$ 的不变多项式。令 $A(s)$ 的所有 i 阶子式的最大公因子为 i 阶行列式因子，记为 $\Delta_i(s)(i=1,2,\cdots,r)$。由于单模变换不改变行列式，所以有

$$\Delta_i(s)=\gamma_1(s)\cdots\gamma_i(s),\quad \Delta_{i-1}(s)=\gamma_1(s)\cdots\gamma_{i-1}(s) \tag{6-18}$$

于是

$$\gamma_i(s)=\frac{\Delta_i(s)}{\Delta_{i-1}(s)},\quad i=1,2,\cdots,r \tag{6-19}$$

且规定 $\Delta_0(s)=1$。由于 $\Delta_i(s)$ 的唯一性，确定了 $\gamma_i(s)$ 的唯一性，故 $S(s)$ 是唯一的，但变换顺序可不同，即单模矩阵对$\{P(s)\quad Q(s)\}$ 不唯一。求 $A(s)$ 的史密斯标准型的基本步骤如下：

(1) 将 $A(s)$ 中不恒为零的元素中次数最低者，通过行、列交换化为(1,1) 元素；

(2) 除(1,1) 元素以外，将第一行及第一列诸元通过初等变换化为零；(用综合除法计算 $\dfrac{a_{ij}(s)}{a_{11}(s)}=p_{1j}(s)+\dfrac{q_{1j}(s)}{a_{11}(s)}$，于是由 $a_{11}(s)\times[-p_{1j}(s)]$) 加至第 j 列，将使 $\deg q_{1j}(s)<\deg a_{11}(s)$；交换使用 1、2 操作可使第一行化为零。对第一列进行上述类同操作。

(3)对右下角的$(m-1)\times(n-1)$子矩阵重复(1)(2)操作；

(4)将诸对角元化为首一多项式。当不满足整除性时，可进行行(列)交换以满足之。

例 6-1 求下列多项式矩阵的史密斯标准型。

$$A(s)=\begin{bmatrix}s^2+9s+8 & 4 & s+3 \\ 0 & s+3 & s+2\end{bmatrix} \tag{6-20}$$

解 以 C_i 表示第 i 列，以 r_i 表示第 i 行。

$$A(s)\xrightarrow{\text{交换 } C_1,C_2}\begin{bmatrix}4 & s^2+9s+8 & s+3 \\ s+3 & 0 & s+2\end{bmatrix}$$

$$\xrightarrow{r_2+r_1\left[-\frac{1}{4}(s+3)\right]}\begin{bmatrix}4 & s^2+9s+8 & s+3 \\ 0 & -\dfrac{1}{4}(s+3)(s^2+9s+8) & -\dfrac{1}{4}(s+1)^2\end{bmatrix}$$

$$\xrightarrow[C_3+C_4\left[-\frac{1}{4}(s+3)\right]]{C_2+C_1\left[-\frac{1}{4}(s^2+9s+8)\right]}\begin{bmatrix}4 & 0 & 0\\ 0 & -\frac{1}{4}(s+3)(s+1)(s+8) & -\frac{1}{4}(s+1)^2\end{bmatrix}$$

$$\xrightarrow{C_2+C_3[-(s+10)]}\begin{bmatrix}4 & 0 & 0\\ 0 & -\frac{14}{4}(s+1) & -\frac{1}{4}(s+1)^2\end{bmatrix}$$

$$\xrightarrow[-\frac{1}{4}r_2]{\frac{1}{4}r_1}\begin{bmatrix}1 & 0 & 0\\ 0 & 14(s+1) & (s+1)^2\end{bmatrix}\xrightarrow{C_3+C_2\left[-\frac{1}{14}(s+1)\right]\ \frac{1}{14}C_2]}\begin{bmatrix}1 & 0 & 0\\ 0 & (s+1) & 0\end{bmatrix}$$

4. **多项式矩阵的最大公因子**

设多项式矩阵 $\boldsymbol{A}(s)$ 为 $(m\times n)$ 矩阵，若存在 $\boldsymbol{A}(s)=\boldsymbol{B}(s)\boldsymbol{C}(s)$，则称 m 阶方阵 $\boldsymbol{B}(s)$ 为 $\boldsymbol{A}(s)$ 的左因子，或 n 阶方阵 $\boldsymbol{C}(s)$ 为 $\boldsymbol{A}(s)$ 的右因子。

设两个行数相同的多项式矩阵 $\boldsymbol{M}_1(s)$ 与 $\boldsymbol{M}_2(s)$ 有相同的左因子 $\boldsymbol{B}(s)$，即 $\boldsymbol{M}_1(s)=\boldsymbol{B}(s)\bar{\boldsymbol{M}}_1(s)$，$\boldsymbol{M}_2(s)=\boldsymbol{B}(s)\bar{\boldsymbol{M}}_2(s)$，或 $\boldsymbol{B}(s)$ 为 $[\boldsymbol{M}_1(s)\quad \boldsymbol{M}_2(s)]$ 的左因子，即 $[\boldsymbol{M}_1(s)\quad \boldsymbol{M}_2(s)]=\boldsymbol{B}(s)[\bar{\boldsymbol{M}}_1(s)\quad \bar{\boldsymbol{M}}_2(s)]$，则称 $\boldsymbol{B}(s)$ 是它们的左公因子。与此类似，设两个列数相同的多项式矩阵 $\boldsymbol{N}_1(s)$ 与 $\boldsymbol{N}_2(s)$ 有相同的右因子 $\boldsymbol{C}(s)$，即 $\boldsymbol{N}_1(s)=\bar{\boldsymbol{N}}_1(s)\boldsymbol{C}(s)$，$\boldsymbol{N}_2(s)=\bar{\boldsymbol{N}}_2(s)\boldsymbol{C}(s)$，或 $C(s)$ 为 $[\boldsymbol{N}_1^{\mathrm{T}}(s)\quad \boldsymbol{N}_2^{\mathrm{T}}(s)]^{\mathrm{T}}$ 的右因子，即 $\begin{bmatrix}\boldsymbol{N}_1(s)\\ \boldsymbol{N}_2(s)\end{bmatrix}=\begin{bmatrix}\bar{\boldsymbol{N}}_1(s)\\ \bar{\boldsymbol{N}}_2(s)\end{bmatrix}\boldsymbol{C}(s)$，则称 $\boldsymbol{B}(s)$ 是它们的右公因子。

设 $\boldsymbol{C}(s)$ 是 $\boldsymbol{N}_i(s)(i=1,2,\cdots,r)$ 的一个右公因子，且 $\boldsymbol{N}_i(s)$ 其他任何一个右公因子 $\boldsymbol{C}_i(s)$ 均为 $\boldsymbol{C}(s)$ 的右因子，即 $\boldsymbol{C}(s)=\boldsymbol{W}(s)\boldsymbol{C}_1(s)$，则称 $\boldsymbol{C}(s)$ 是 $\boldsymbol{N}_i(s)$ 的一个最大右公因子，记为

$$\boldsymbol{C}(s)=\mathrm{gcrd}[\boldsymbol{N}_1(s)\quad \boldsymbol{N}_2(s)\quad \cdots\quad \boldsymbol{N}_r(s)] \tag{6-21}$$

5. **最大右公因子构造定理**

设 $\boldsymbol{N}_1(s)$、$\boldsymbol{N}_2(s)$ 分别为 $(m_1\times n)$、$(m_2\times n)$ 矩阵，对 $[\boldsymbol{N}_1^{\mathrm{T}}(s)\quad \boldsymbol{N}_2^{\mathrm{T}}(s)]^{\mathrm{T}}$ 作行初等变换（即左乘单模矩阵 $\boldsymbol{U}(s)$），使其变换后矩阵的最后 (m_1+m_2-n) 行恒为零，即

$$\begin{matrix}m_1\\ m_2\end{matrix}\underset{\qquad m_1\qquad\qquad m_2}{\begin{bmatrix}\boldsymbol{U}_{11}(s) & \boldsymbol{U}_{12}(s)\\ \boldsymbol{U}_{21}(s) & \boldsymbol{U}_{22}(s)\end{bmatrix}}\underset{n}{\begin{bmatrix}\boldsymbol{N}_1(s)\\ \boldsymbol{N}_2(s)\end{bmatrix}}=\underset{n}{\begin{bmatrix}\boldsymbol{R}(s)\\ \boldsymbol{0}\end{bmatrix}}\begin{matrix}n\\ m_1+m_2-n\end{matrix} \tag{6-22}$$

则式中 $\boldsymbol{R}(s)$ 即 $\boldsymbol{N}_1(s)$、$\boldsymbol{N}_2(s)$ 的一个最大右公因子。

证明　设

$$\boldsymbol{U}^{-1}(s)=\begin{bmatrix}\boldsymbol{U}_{11}(s) & \boldsymbol{U}_{12}(s)\\ \boldsymbol{U}_{21}(s) & \boldsymbol{U}_{22}(s)\end{bmatrix}^{-1}\triangleq\begin{bmatrix}\boldsymbol{V}_{11}(s) & \boldsymbol{V}_{12}(s)\\ \boldsymbol{V}_{21}(s) & \boldsymbol{V}_{22}(s)\end{bmatrix} \tag{6-23}$$

故

$$\begin{bmatrix}\boldsymbol{N}_1(s)\\ \boldsymbol{N}_2(s)\end{bmatrix}=\begin{bmatrix}\boldsymbol{V}_{11}(s) & \boldsymbol{V}_{12}(s)\\ \boldsymbol{V}_{21}(s) & \boldsymbol{V}_{22}(s)\end{bmatrix}\begin{bmatrix}\boldsymbol{R}(s)\\ \boldsymbol{0}\end{bmatrix} \tag{6-24}$$

展开有

$$\boldsymbol{N}_1(s)=\boldsymbol{V}_{11}(s)\boldsymbol{R}(s),\boldsymbol{N}_2(s)=\boldsymbol{V}_{21}(s)\boldsymbol{R}(s) \tag{6-25}$$

由式(6-25)显见 $\boldsymbol{R}(s)$是 $\boldsymbol{N}_1(s)$、$\boldsymbol{N}_2(s)$的一个右公因子。且由式(6-22)有 $\boldsymbol{R}(s)=\boldsymbol{U}_{11}(s)\boldsymbol{N}_1(s)+\boldsymbol{U}_{12}(s)\boldsymbol{N}_2(s)$,若 $\boldsymbol{N}_1(s)$、$\boldsymbol{N}_2(s)$有任一另外的右公因子 $\boldsymbol{R}_1(s)$,即

$$\boldsymbol{N}_1(s)=\bar{\boldsymbol{N}}_1(s)\boldsymbol{R}_1(s),\boldsymbol{N}_2(s)=\bar{\boldsymbol{N}}_2(s)\boldsymbol{R}_1(s) \tag{6-26}$$

则

$$\boldsymbol{R}(s)=[\boldsymbol{U}_{11}(s)\bar{\boldsymbol{N}}_1(s)+\boldsymbol{U}_{12}(s)\bar{\boldsymbol{N}}_2(s)]\boldsymbol{R}_1(s) \tag{6-27}$$

由式(6-27)显见 $\boldsymbol{R}_1(s)$是 $\boldsymbol{R}(s)$的任一右因子,故 $\boldsymbol{R}(s)$必定是一个最大右公因子。强调指出的是,求 $\boldsymbol{N}_1(s)$、$\boldsymbol{N}_2(s)$的最大右公因子时只作行初等运算。设依次行变换矩阵为 $\boldsymbol{E}_1$,$\boldsymbol{E}_2$,…,$\boldsymbol{E}_n$,则总的行变换阵为 $\boldsymbol{E}_n\boldsymbol{E}_{n-1}\cdots\boldsymbol{E}_2\boldsymbol{E}\cdots$。

与上述类似,对$[\boldsymbol{M}_1(s)\quad \boldsymbol{M}_2(s)]$只作列初等变换,即右乘一个单模矩阵,使其变换后的矩阵形如$[\boldsymbol{R}(s)\quad 0]$,式中 $\boldsymbol{R}(s)$为 m 阶方阵,即为 $\boldsymbol{M}_1(s)$、$\boldsymbol{M}_2(s)$的一个最大左公因子。

最大公因子具有非唯一性。当 $\boldsymbol{R}(s)$为以最大右公因子时,则 $\boldsymbol{W}(s)\boldsymbol{R}(s)$也是一最大右公因子,这里的 $\boldsymbol{W}(s)$为单模矩阵。这是由于当

$$\boldsymbol{U}(s)\begin{bmatrix}\boldsymbol{N}_1(s)\\ \boldsymbol{N}_2(s)\end{bmatrix}=\begin{bmatrix}\boldsymbol{R}(s)\\ \boldsymbol{0}\end{bmatrix} \tag{6-28}$$

则以单模矩阵

$$\bar{\boldsymbol{U}}=\begin{bmatrix}\boldsymbol{W}(s) & \boldsymbol{0}\\ \boldsymbol{0} & \boldsymbol{I}\end{bmatrix} \tag{6-29}$$

左乘方程两端,可得

$$\bar{\boldsymbol{U}}\boldsymbol{U}\begin{bmatrix}\boldsymbol{N}_1(s)\\ \boldsymbol{N}_2(s)\end{bmatrix}=\begin{bmatrix}\boldsymbol{W}(s) & \boldsymbol{0}\\ \boldsymbol{0} & \boldsymbol{I}\end{bmatrix}\begin{bmatrix}\boldsymbol{R}(s)\\ \boldsymbol{0}\end{bmatrix}=\begin{bmatrix}\boldsymbol{W}(s)\boldsymbol{R}(s)\\ \boldsymbol{0}\end{bmatrix} \tag{6-30}$$

式中:$\bar{\boldsymbol{U}}\boldsymbol{U}$ 仍为单模矩阵,由构造定理可断定 $\boldsymbol{W}(s)\boldsymbol{R}(s)$也是 $\boldsymbol{N}_1(s)$、$\boldsymbol{N}_2(s)$的一个最大右公因子,还有

$$\left.\begin{aligned}\mathrm{rank}\boldsymbol{R}(s)&=\mathrm{rank}\begin{bmatrix}\boldsymbol{R}(s)\\ \boldsymbol{0}\end{bmatrix}=\mathrm{rank}\boldsymbol{U}(s)\begin{bmatrix}\boldsymbol{N}_1(s)\\ \boldsymbol{N}_2(s)\end{bmatrix}=\mathrm{rank}\begin{bmatrix}\boldsymbol{N}_1(s)\\ \boldsymbol{N}_2(s)\end{bmatrix}\\ \mathrm{rank}\boldsymbol{R}(s)&=\mathrm{rank}[\boldsymbol{R}(s)\quad \boldsymbol{0}]=\mathrm{rank}[\boldsymbol{M}_1(s)\quad \boldsymbol{M}_2(s)]\boldsymbol{U}(s)\\ &=\mathrm{rank}[\boldsymbol{M}_1(s)\quad \boldsymbol{M}_2(s)]\end{aligned}\right\} \tag{6-31}$$

式(6-31)表明最大公因子与联合矩阵具有相同的秩。

6. 多项式矩阵的互质性

关于多项式矩阵的互质性有下列结论。

对于$[\boldsymbol{N}_1^{\mathrm{T}}(s)\quad \boldsymbol{N}_2^{\mathrm{T}}(s)]^{\mathrm{T}}$,其最大左公因子 $\boldsymbol{R}(s)$为单模矩阵时,则称 $\boldsymbol{M}_1(s)$、$\boldsymbol{M}_2(s)$左互质。对于$[\boldsymbol{N}_1^{\mathrm{T}}(s)\quad \boldsymbol{N}_2^{\mathrm{T}}(s)]^{\mathrm{T}}$,其最大右公因子 $\boldsymbol{R}(s)$为单模矩阵时,则称 $\boldsymbol{N}_1(s)$、$\boldsymbol{N}_2(s)$右互质。互质的两多项式矩阵不可约分。

7. 简单贝佐特恒等式

$\boldsymbol{N}_1(s)$、$\boldsymbol{N}_2(s)$互质或不可约的充要条件是:存在多项式矩阵 $\boldsymbol{X}(s)$、$\boldsymbol{Y}(s)$使

$$\boldsymbol{X}(s)\boldsymbol{N}_1(s)+\boldsymbol{Y}(s)\boldsymbol{N}_2(s)=\boldsymbol{I} \tag{6-32}$$

式(6－32)称为简单贝佐特恒等式。

证明　先证必要性，即 $\boldsymbol{N}_1(s)$、$\boldsymbol{N}_2(s)$右互质时，式(8.19)成立。由式(8.15)$\boldsymbol{N}_1(s)$、$\boldsymbol{N}_2(s)$的任一最大右公因子 $\boldsymbol{R}(s)$可表为

$$\boldsymbol{R}(s)=\boldsymbol{U}_{11}(s)\boldsymbol{N}_1(s)+\boldsymbol{U}_{12}(s)\boldsymbol{N}_2(s) \tag{6-33}$$

由于 $\boldsymbol{N}_1(s)$、$\boldsymbol{N}_2(s)$右互质，由定义知 $\boldsymbol{R}(s)$必为单模矩阵，其逆阵 $\boldsymbol{R}^{-1}(s)$为多项式矩阵，将式(6－33)两端左乘 $\boldsymbol{R}^{-1}(s)$，则

$$\boldsymbol{R}^{-1}(s)\boldsymbol{U}_{11}(s)\boldsymbol{N}_1(s)+\boldsymbol{R}^{-1}(s)\boldsymbol{U}_{12}(s)\boldsymbol{N}_2(s)=\boldsymbol{I} \tag{6-34}$$

令式中 $\boldsymbol{X}(s)=\boldsymbol{R}^{-1}(s)\boldsymbol{U}_{11}(s)$，$\boldsymbol{Y}(s)=\boldsymbol{R}^{-1}(s)\boldsymbol{U}_{12}(s)$，则 $\boldsymbol{X}(s)$、$\boldsymbol{Y}(s)$均为多项式矩阵，于是仅当 $\boldsymbol{N}_1(s)$、$\boldsymbol{N}_2(s)$右互质时，式(6－32)才得以成立。必要性得证。

再证充分性，即式(6－32)成立时，欲证 $\boldsymbol{N}_1(s)$、$\boldsymbol{N}_2(s)$右互质。若式(6－32)成立，设 $\boldsymbol{R}(s)$是 $\boldsymbol{N}_1(s)$、$\boldsymbol{N}_2(s)$的任一最大右公因子，即

$$\boldsymbol{N}_1(s)=\bar{\boldsymbol{N}}_1(s)\boldsymbol{R}(s),\boldsymbol{N}_2(s)=\bar{\boldsymbol{N}}_2(s)\boldsymbol{R}(s) \tag{6-35}$$

则

$$[\boldsymbol{X}(s)\bar{\boldsymbol{N}}_1(s)+\boldsymbol{Y}(s)\bar{\boldsymbol{N}}_2(s)]\boldsymbol{R}(s)=\boldsymbol{I} \tag{6-36}$$

$$\boldsymbol{X}(s)\bar{\boldsymbol{N}}_1(s)+\boldsymbol{Y}(s)\bar{\boldsymbol{N}}_2(s)=\boldsymbol{R}^{-1}(s) \tag{6-37}$$

由于已设 $\boldsymbol{X}(s)$、$\boldsymbol{Y}(s)$为多项式矩阵且 $\bar{\boldsymbol{N}}_1(s)$、$\bar{\boldsymbol{N}}_2(s)$也是多项式矩阵，故 $\boldsymbol{R}^{-1}(s)$必是多项式矩阵，可见 $\boldsymbol{R}(s)$是单模矩阵，也即 $\boldsymbol{N}_1(s)$、$\boldsymbol{N}_2(s)$为右互质。充分性得证。以上性质主要用于理论推导，常用的判断多项式矩阵右互质的方法是：

(1) 对$[\boldsymbol{N}_1{}^{\mathrm{T}}(s)\quad \boldsymbol{N}_2{}^{\mathrm{T}}(s)]^{\mathrm{T}}$ 只作行变换求其最大右公因子 $\boldsymbol{R}(s)$，若 $\det\boldsymbol{R}(s)$＝非零常数，则右互质；

(2)对$[\boldsymbol{N}_1{}^{\mathrm{T}}(s)\quad \boldsymbol{N}_2{}^{\mathrm{T}}(s)]^{\mathrm{T}}$ 作行、列变换求其史密斯标准型，若为$[\boldsymbol{I}\quad \boldsymbol{0}^{\mathrm{T}}]^{\mathrm{T}}$，则右互质。这是由于

$$\boldsymbol{U}(s)\begin{bmatrix}\boldsymbol{N}_1(s)\\ \boldsymbol{N}_2(s)\end{bmatrix}=\begin{bmatrix}\boldsymbol{R}(s)\\ \boldsymbol{0}\end{bmatrix}=\begin{bmatrix}\boldsymbol{I}\\ \boldsymbol{0}\end{bmatrix}\boldsymbol{R}(s) \tag{6-38}$$

右互质时 $\boldsymbol{R}(s)$为单模矩阵，$\boldsymbol{R}^{-1}(s)$也为单模矩阵，故

$$\boldsymbol{U}(s)\begin{bmatrix}\boldsymbol{N}_1(s)\\ \boldsymbol{N}_2(s)\end{bmatrix}\boldsymbol{R}^{-1}(s)=\begin{bmatrix}\boldsymbol{I}\\ \boldsymbol{0}\end{bmatrix} \tag{6-39}$$

(3)观察$\begin{bmatrix}\boldsymbol{N}_1(s)\\ \boldsymbol{N}_2(s)\end{bmatrix}$的列，若对所有 s 有下列满秩，则右互质。

关于右互质的判断可作出对偶的论述(略)。

例 6－2　已知多项式矩阵 $\boldsymbol{T}$、$\boldsymbol{U}$、$\boldsymbol{V}$，试确定 $\boldsymbol{T}$、$\boldsymbol{U}$ 左互质吗？$\boldsymbol{T}$、$\boldsymbol{V}$ 右互质吗？

$$\boldsymbol{T}=\begin{bmatrix}\boldsymbol{s} & 1 & 0\\ 1 & \boldsymbol{s} & 0\\ 1 & 2 & \boldsymbol{s}+3\end{bmatrix},\boldsymbol{U}=\begin{bmatrix}1 & 0\\ 1 & 0\\ 0 & 1\end{bmatrix},\boldsymbol{V}=\begin{bmatrix}1 & 0 & 0\\ 0 & 0 & 1\end{bmatrix} \tag{6-40}$$

解　对$[\boldsymbol{T}\quad \boldsymbol{U}]$只作初等列变换有

$$[\boldsymbol{T}\quad \boldsymbol{U}]=\left[\begin{array}{ccc:cc}s & 1 & 0 & 1 & 0\\ 1 & s & 0 & 1 & 0\\ 1 & 2 & s+3 & 0 & 1\end{array}\right]\xrightarrow[-(s+3)\text{加至①②③列}]{\text{⑤列分别乘}(-1)\text{、}(-2)\text{、}}\begin{bmatrix}s & 1 & 0 & 1 & 0\\ 1 & s & 0 & 1 & 0\\ 0 & 0 & 0 & 0 & 1\end{bmatrix}$$

$$\xrightarrow[\text{加至①②列}]{\text{④列乘}(-1)}\begin{bmatrix} s-1 & 0 & 1 & 0 & 0 \\ 0 & s-1 & 1 & 0 & 0 \\ 0 & 0 & 0 & 1 & 0 \end{bmatrix}\xrightarrow[\text{加至②列}]{\text{③列乘}[-(s-1)]}\begin{bmatrix} s-1 & -(s-1) & 1 & 0 & 0 \\ 0 & 0 & 1 & 0 & 0 \\ 0 & 0 & 0 & 1 & 0 \end{bmatrix}$$

$$\xrightarrow{\text{①列加至②列}}\begin{bmatrix} s-1 & 1 & 0 & 0 & 0 \\ 0 & 1 & 0 & 0 & 0 \\ 0 & 0 & 1 & 0 & 0 \end{bmatrix}=\begin{bmatrix} \boldsymbol{R}(s) & 0 \end{bmatrix}$$

由于 $\det\boldsymbol{R}(s)=s-1$，$\boldsymbol{R}(s)$不是单模矩阵，所以 $\boldsymbol{T}$、$\boldsymbol{U}$ 不是左互质的。

对$[\boldsymbol{T}^{\mathrm{T}}\quad \boldsymbol{V}^{\mathrm{T}}]^{\mathrm{T}}$ 只作行初等变换有

$$\begin{bmatrix} \boldsymbol{T} \\ \boldsymbol{V} \end{bmatrix}=\begin{bmatrix} s & 1 & 0 \\ 1 & s & 0 \\ 1 & 2 & s+3 \\ \hdashline 1 & 0 & 0 \\ \hdashline 0 & 0 & 1 \end{bmatrix}\xrightarrow[\substack{\text{④行乘}(-s)\text{加至①行；} \\ \text{⑤行乘}-(s+3)\text{加至③行}}]{\text{④行乘}(-1)\text{加至②③行；}}\begin{bmatrix} 0 & 1 & 0 \\ 0 & s & 0 \\ 0 & 2 & 0 \\ 1 & 0 & 0 \\ 0 & 0 & 1 \end{bmatrix}$$

$$\xrightarrow[\substack{\text{①行乘}(-2)\text{加至③行；} \\ \text{交换有关行}}]{\text{①行乘}(-s)\text{加至②行；}}\begin{bmatrix} 1 & 0 & 0 \\ 0 & 1 & 0 \\ 0 & 0 & 1 \\ 0 & 0 & 0 \\ 0 & 0 & 0 \end{bmatrix}=\begin{bmatrix} \boldsymbol{I} \\ 0 \end{bmatrix}$$

故 $\boldsymbol{T}$、$\boldsymbol{V}$ 互质。

8. 多项式矩阵的列(行)次表示式

元素为多项式的列(行)向量，诸元中 s 的最高幂次称为列(行)次。对于 $m\times n$ 多项式矩阵$\boldsymbol{A}(s)$，其第 i 行列次记为 k_i

$$k_i=\deg_{c_i}\boldsymbol{A}(s)=\max_j\{\deg a_{ji}(s),j=1,2,\cdots,m\} \tag{6-41}$$

其第 i 行次记为 l_i

$$l_i=\deg_{r_i}\boldsymbol{A}(s)=\max_j\{\deg a_{ij}(s),j=1,\cdots,n\} \tag{6-42}$$

由第 i 列(行)$i=1,2,\cdots,n(i=1,2,\cdots,m)$最高幂次项的系数构成的 $m\times n$ 常数矩阵，称为列(行)次项系数矩阵，记为 $\boldsymbol{A}_{hc}(\boldsymbol{A}_{hr})$。

例 6-3 多项式矩阵 $\boldsymbol{A}(s)$为

$$\boldsymbol{A}(s)=\begin{bmatrix} s+1 & s^2+2s+1 & s \\ s-1 & s^2 & 0 \end{bmatrix} \tag{6-43}$$

列次分别为 $k_1=1,k_2=3,k_3=1$；行次分别为 $l_1=3,l_2=3$，列(行)次项系数矩阵分别为

$$\boldsymbol{A}_{hc}=\begin{bmatrix} 1 & 1 & 1 \\ 1 & 1 & 0 \end{bmatrix},\quad \boldsymbol{A}_{hr}=\begin{bmatrix} 0 & 1 & 0 \\ 0 & 1 & 0 \end{bmatrix} \tag{6-44}$$

利用列(行)次项系数矩阵可将任一多项式分解为下列两矩阵之和

$$\boldsymbol{A}(s)=\boldsymbol{A}_{hc}\boldsymbol{S}_e(s)+\boldsymbol{A}_{lc}(s) \tag{6-45}$$

$$\boldsymbol{A}(s)=\boldsymbol{S}_r(s)\boldsymbol{A}_{kr}+\boldsymbol{A}_{lr}(s) \tag{6-46}$$

式中

$$\boldsymbol{S}_c(s)=\mathrm{diag}\{\boldsymbol{S}^{k_1}\quad \boldsymbol{S}^{k_2}\quad \cdots\quad \boldsymbol{S}^{k_n}\} \tag{6-47}$$

$$\boldsymbol{S}_r(s)=\operatorname{diag}\{\boldsymbol{S}^{l_1}\quad \boldsymbol{S}^{l_2}\quad \cdots\quad \boldsymbol{S}^{l_m}\}\tag{6-48}$$

$\boldsymbol{A}_{hc}\boldsymbol{S}_c(s)$或$\boldsymbol{S}_r(s)\boldsymbol{A}_{hr}$ 均为仅由诸列或行中最高幂次项构成的多项式矩阵，$\boldsymbol{A}_{lc}(s)$、$\boldsymbol{A}_{lr}(s)$则为其剩余项构成的多项式矩阵，显然，$\boldsymbol{A}_{lc}(s)(\boldsymbol{A}_{lr}(s))$的列(行)次严格低于$\boldsymbol{A}(s)$的对应列(行)次。

例 6-4　**$\boldsymbol{A}(s)$按列(行)次项系数矩阵的分解为**

$$\boldsymbol{A}(s)=\begin{bmatrix}s+1 & s^2+2s+1 & s\\ s-1 & s^3 & 0\end{bmatrix}=\begin{bmatrix}1&1&1\\1&1&0\end{bmatrix}\begin{bmatrix}s&0&0\\0&s^2&0\\0&0&s\end{bmatrix}+\begin{bmatrix}s+1&2s+1&s\\s-1&0&0\end{bmatrix}\tag{6-49}$$

$$\boldsymbol{A}(s)=\begin{bmatrix}s+1 & s^2+2s+1 & s\\ s-1 & s^3 & 0\end{bmatrix}=\begin{bmatrix}s^3&0\\0&s^3\end{bmatrix}\begin{bmatrix}0&1&0\\0&1&0\end{bmatrix}+\begin{bmatrix}s+1&2s+1&s\\s-1&0&0\end{bmatrix}\tag{6-50}$$

当$\boldsymbol{A}(s)$为方阵时，有

$$\det\boldsymbol{A}(s)=(\det\boldsymbol{A}_{hc})\cdot \boldsymbol{s}^{\sum_{i=1}^{n}k_i}+s\text{ 的次数低于}\sum_{i=1}^{m}k_i\text{ 的各项}\tag{6-51}$$

$$\det\boldsymbol{A}(s)=(\det\boldsymbol{A}_{hr})\cdot \boldsymbol{s}^{\sum_{i=1}^{n}l_i}+\boldsymbol{s}\text{ 的次数低于}\sum_{i=1}^{m}l_i\text{ 的各项}\tag{6-52}$$

9. 列(行)既约

设m阶非奇异多项式矩阵$\boldsymbol{A}(s)$，当$\deg\det\boldsymbol{A}(s)=\sum_{i=1}^{m}k_i$时，称$\boldsymbol{A}(s)$是列既约的；$\deg\det\boldsymbol{A}(s)=\sum_{i=1}^{m}l_i$时，称$\boldsymbol{A}(s)$是行既约的。

由式(6-51)和式(6-52)可知，当且仅当，$\det\boldsymbol{A}_{hc}\neq 0(\det\boldsymbol{A}_{hr}\neq 0)$时，才能满足列(行)既约定义，故当$\boldsymbol{A}(s)$的列、行既约性之间并无必然联系，是列(行)既约的，不一定是行(列)既约的，见下面举例。若$\boldsymbol{A}(s)$为对角型，则列(行)既约者必行(列)既约。

经过行或列的初等变换，可将非列(行)既约的$\boldsymbol{A}(\boldsymbol{s})$化成列(行)既约的。

列(行)概念可应用于非方多项式矩阵。设$\boldsymbol{A}(s)$为$m\times n$矩阵，$r=\operatorname{rank}\boldsymbol{A}(s)=\min(m,n)$，当$\boldsymbol{A}_{tc}$为列满秩，即$\operatorname{rank}\boldsymbol{A}_{kc}=r$时，则$\boldsymbol{A}(s)$是列既约的；当$\boldsymbol{A}_{kr}$为行满秩，即$\operatorname{rank}\boldsymbol{A}_{kr}=r$时，则$\boldsymbol{A}(s)$是行既约的。用行或列初等变换同样可使非方$\boldsymbol{A}(s)$既约化。

例 6-5　设非奇异多项式矩阵$\boldsymbol{A}(s)$为

$$\boldsymbol{A}(s)=\begin{bmatrix}s^2-3&1&2s\\4s+2&s&0\\-s^2&s+3&-3s+2\end{bmatrix}\tag{6-53}$$

列次项系数阵为

$$\boldsymbol{A}_{kc}=\begin{bmatrix}1&0&2\\0&1&0\\-1&1&-3\end{bmatrix},\det\boldsymbol{A}_{kc}=-1,\text{故 }\boldsymbol{A}(s)\text{是列既约的。}$$

行次项系数阵为

$$\boldsymbol{A}_{kr}=\begin{bmatrix}1&0&0\\4&1&0\\-1&0&0\end{bmatrix},\det\boldsymbol{A}_{kr}=0,\text{故 }\boldsymbol{A}(s)\text{是行既约的。}$$

对 $\boldsymbol{A}(s)$ 进行行初等变换，将第 3 行加至第 1 行有

$$\boldsymbol{A}(s)\sim\begin{bmatrix}-3 & s+4 & -s+2\\ 4s+2 & s & 0\\ -s^2 & s+3 & -3s+2\end{bmatrix}=\boldsymbol{A}'(s) \tag{6-54}$$

这时

$$\boldsymbol{A}'_{kc}=\begin{bmatrix}0 & 1 & -1\\ 0 & 1 & 0\\ -1 & 1 & -3\end{bmatrix},\det\boldsymbol{A}'_{kc}=-1 \tag{6-55}$$

$$\boldsymbol{A}'_{kr}=\begin{bmatrix}0 & 1 & -1\\ 4 & 1 & 0\\ -1 & 0 & 0\end{bmatrix},\det\boldsymbol{A}'_{kr}=-1 \tag{6-56}$$

$\boldsymbol{A}'(s)$ 既是列既约，又是行既约的。

例 6-6 已知

$$\boldsymbol{A}(s)=\begin{bmatrix}1 & -s+3\\ 0 & s^2-2s-2\end{bmatrix} \tag{6-57}$$

解 $\boldsymbol{A}_{kc}=\begin{bmatrix}1 & 0\\ 0 & 1\end{bmatrix}$，$\boldsymbol{A}_{kr}=\begin{bmatrix}0 & -1\\ 0 & 1\end{bmatrix}$，故 $\boldsymbol{A}(s)$ 是列既约，但不是行既约的。对 $\boldsymbol{A}(s)$ 进行列初等变换，将第 1 列乘 $(s-3)$ 加至第 2 列有

$$\boldsymbol{A}(s)\sim\begin{bmatrix}1 & 0\\ 0 & s^2-2s-2\end{bmatrix}=\boldsymbol{A}'(s) \tag{6-58}$$

$$\boldsymbol{A}'_{kc}=\begin{bmatrix}1 & 0\\ 0 & 1\end{bmatrix},\boldsymbol{A}'_{kr}=\begin{bmatrix}1 & 0\\ 0 & 1\end{bmatrix}$$

则 $\boldsymbol{A}'(s)$ 既是列既约的，又是行既约的。

第二节 有理分式矩阵

定义 6-2 由 $(m\times n)$ 个有理分式 $g_{ij}(s)=q_{ij}(s)/p_{ij}(s)\ (i=1,2,\cdots,m;j=1,2,\cdots,n)$ 作为元素构成的 $(m\times n)$ 矩阵 $\boldsymbol{G}(s)$，称为有理分式矩阵。$\boldsymbol{G}(s)$ 中只要有一个元素为真有理分式，则称 $\boldsymbol{G}(s)$ 为真有理分式矩阵；当且仅当全部元素为严格真有理分式，则称 $\boldsymbol{G}(s)$ 为严格真有理分式矩阵。

当元素为严格真有理分式时，由综合除法可得

$$g_{ij}(s)=\frac{q_{ij}(s)}{p_{ij}(s)}=a_{ij}+\frac{b_{ij}(s)}{p_{ij}(s)} \tag{6-59}$$

式中：a_{ij} 称商式；$b_{ij}(s)$ 称余式；$b_{ij}(s)/p_{ij}(s)$ 为严格真有理分式。真有理式矩阵可化为

$$\boldsymbol{G}(s)=\boldsymbol{A}+\boldsymbol{G}_0(s) \tag{6-60}$$

式中：$\boldsymbol{A}$ 为非零常数矩阵；$\boldsymbol{G}_0(s)$ 为严格真有理分式矩阵。且显然有

$$\left.\begin{aligned}&\lim_{s\to\infty}\boldsymbol{G}(s)=\boldsymbol{A}\\&\lim_{s\to\infty}\boldsymbol{G}_0(s)=\boldsymbol{0}\end{aligned}\right\}\tag{6-61}$$

1. $\boldsymbol{G}(s)$的麦克米兰(McMillan)标准型

设有理分式矩阵 $\boldsymbol{G}(s)$中 $g_{ij}(s)$ $(i=1,2,\cdots,m;j=1,2,\cdots,n)$的最小公倍式为 $d(s)$，则 $d(s)\boldsymbol{G}(s)$为多项式矩阵，可经初等变换化为史密斯型，即存在单模矩阵 $\boldsymbol{P}_1(s)$及$\boldsymbol{Q}_1(s)$使

$$\boldsymbol{P}_1(s)d(s)\boldsymbol{G}(s)\boldsymbol{Q}_1(s)=\begin{bmatrix}\varphi_1(s) & & & \\ & \ddots & & \boldsymbol{0}\\ & & \varphi_r(s) & \\ & \boldsymbol{0} & & \boldsymbol{0}\end{bmatrix}=\boldsymbol{S}(s)\tag{6-62}$$

式中满足整除性$\varphi_i(s)|\varphi_{i+1}(s)$，$i=1,2,\cdots,r$；$r=\text{rank}[d(s)\quad d(s)\quad \boldsymbol{G}(s)]$；$d(s)$、$\varphi_i(s)$均为首一多项式。由式(6-62)有

$$\boldsymbol{P}_1(s)\boldsymbol{G}(s)\boldsymbol{Q}(s)=\frac{\boldsymbol{S}(s)}{d(s)}=\begin{bmatrix}\frac{\varphi_1(s)}{d(s)} & & & \\ & \ddots & & \boldsymbol{0}\\ & & \frac{\varphi_r(s)}{d(s)} & \\ & \boldsymbol{0} & & \boldsymbol{0}\end{bmatrix}\tag{6-63}$$

由于 $\varphi_i(s)/d(s)$可能含有公因子，约分后有$\dfrac{\varphi_i(s)}{d(s)}=\dfrac{\varepsilon_i(s)}{d_i(s)}$，$(i=1,2,\cdots,r)$，$\varepsilon_i(s)$与 $d_i(s)$互质，于是

$$\boldsymbol{P}_1(s)\boldsymbol{G}(s)\boldsymbol{Q}_1(s)=\begin{bmatrix}\frac{\varepsilon_1(s)}{d_1(s)} & & & \\ & \ddots & & \boldsymbol{0}\\ & & \frac{\varepsilon_r(s)}{d_r(s)} & \\ & \boldsymbol{0} & & \boldsymbol{0}\end{bmatrix}=\begin{bmatrix}\boldsymbol{M}^*(s) & \boldsymbol{0}\\ \boldsymbol{0} & \boldsymbol{0}\end{bmatrix}=\boldsymbol{M}(s)\tag{6-64}$$

由整除性$\varphi_i(s)|\varphi_{i+1}(s)$可导出 $d(s)\dfrac{\varepsilon_i(s)}{d_i(s)}\bigg|d(s)\dfrac{\varepsilon_{i+1}(s)}{d_{i+1}(s)}$，进而可导出$\varepsilon_i(s)|\varepsilon_{i+1}(s)$和 $d_{i+1}(s)|d_i(s)$。式(6-62)所示$\boldsymbol{M}(s)$称为$\boldsymbol{G}(s)$的史密斯-麦克米兰标准型，简称为麦克米兰标准型。由式(6-62)可见，对$\boldsymbol{G}(s)$进行行及列初等变换便可获得$\boldsymbol{M}(s)$，尽管变换步骤不同，所求得的$\boldsymbol{M}(s)$是唯一的。求得$\boldsymbol{M}(s)$将便于确定传递函数矩阵的零、极点。

将$\boldsymbol{G}(s)$变换为$\boldsymbol{M}(s)$的基本步骤见举例。

例 6-7　试求下列有理分式矩阵$\boldsymbol{G}(s)$的麦克米兰标准型。

$$
\boldsymbol{G}(s)=\begin{bmatrix} \dfrac{1}{(s-1)^2} & \dfrac{1}{(s-1)(s+3)} \\ \dfrac{6}{(s-1)(s+3)^2} & \dfrac{s-2}{(s+3)^2} \end{bmatrix} \tag{6-65}
$$

解 (1)求 $\boldsymbol{G}(s)$ 诸元分母的最小公倍式为

$$
d(s)=(s-1)^2(s+3)^2 \tag{6-66}
$$

(2)求多项式矩阵为

$$
d(s)G(s)=\begin{bmatrix} (s+3)^2 & (s-1)(s+3) \\ 6(s-1) & (s-2)(s-1)^2 \end{bmatrix} \tag{6-67}
$$

(3)求 $d(s)\boldsymbol{G}(s)$ 的史密斯标准型为

$$
d(s)\boldsymbol{G}(s)\xrightarrow{r_2,r_1\text{交换}}=\begin{bmatrix} 6(s-1) & (s-2)(s-1)^2 \\ (s+3)^2 & (s-1)(s+3) \end{bmatrix}\xrightarrow[r_2-r_1(s+7)]{c_2-\frac{c_1}{6}(s-1)(s-2),\ r_1-\frac{1}{6}}
$$

$$
\begin{bmatrix} (s-1) & 0 \\ (s+3)^2 & -\dfrac{1}{6}(s-1)(s+3)(s+4)(s-3) \end{bmatrix}\xrightarrow{r_2\times\frac{1}{16}}
$$

$$
\begin{bmatrix} s-1 & 0 \\ 1 & -\dfrac{1}{16\times 6}(s-1)(s+3)(s+4)(s-3) \end{bmatrix}\xrightarrow{r_1、r_2\text{交换}}
$$

$$
\begin{bmatrix} 1 & -\dfrac{1}{16\times 6}(s-1)(s+3)(s+4)(s-3) \\ s-1 & 0 \end{bmatrix}\xrightarrow{r_2-r_1(s-1)}
$$

$$
\begin{bmatrix} 1 & -\dfrac{1}{16\times 6}(s-1)(s+3)(s+4)(s-3) \\ 0 & \dfrac{1}{16\times 6}(s-1)(s+3)(s+4)(s-3) \end{bmatrix}\xrightarrow{c_2+c_1\frac{1}{16\times 6}(s-1)(s+3)(s+4)(s-3),\ r_2\times 96}
$$

$$
\begin{bmatrix} 1 & 0 \\ 0 & (s-1)^2(s+3)(s+4)(s-3) \end{bmatrix}=\boldsymbol{S}(s) \tag{6-68}
$$

(4)
$$
\boldsymbol{M}(s)=\frac{\boldsymbol{S}(s)}{d(s)}=\begin{bmatrix} \dfrac{1}{(s-1)^2(s+3)^3} & 0 \\ 0 & \dfrac{(s+4)(s-3)}{(s+3)} \end{bmatrix} \tag{6-69}
$$

本例可见,$\boldsymbol{G}(s)$ 是严格真有理分式阵,但其麦克米兰标准型不一定是严格真的。

2. 传递函数矩阵 $\boldsymbol{G}(s)$ 的极、零点

标量传递函数 $g(s)$ 的分母多项式的根称为传递函数的极点,分子多项式的根称为传递函数的零点。极点代表系统对输入作用的动态响应特征,当 s 等于极点 p_i 时,有 $g(p_i)=\infty$;零点代表系统与输入作用的相关特性,当 s 等于零点 z_i 时,有 $g(z_i)\equiv 0$,$y(t)\equiv 0$,使之呈现传输闭塞的特性。为了将以上物理概念推广到多变量情况,罗森布洛克据 $\boldsymbol{G}(s)$ 的麦克米兰标准型提出传递函数矩阵 $\boldsymbol{G}(s)$ 的极、零点定义如下:

传递函数矩阵 $\boldsymbol{G}(s)$ 的极点是 $\boldsymbol{G}(s)$ 的麦克米兰标准中分母多项式 $\{d_i(s)\}$ 的根，$i=1,2,\cdots,r$；

传递函数矩阵 $\boldsymbol{G}(s)$ 的零点是 $\boldsymbol{G}(s)$ 的麦克米兰标准中分子多项式 $\{\varepsilon_i(s)\}$ 的根，$i=1,2,\cdots,r$。

已知 $\{\varepsilon_i(s)/d_i(s)\}$ 互质，但 $\{\varepsilon_{i+1}(s)/d_i(s)\}$ 或 $\{\varepsilon_i(s)/d_{i+1}(s)\}$ 可能有公共根。依据上述定义计算 $\boldsymbol{G}(s)$ 的极、零点时不允许对消，即极、零点允许在同一位置上。

另一种与上述定义一致但便于计算的 $\boldsymbol{G}(s)$ 的极、零点定义已在第四章给出，这里重述如下：

极点是 $\boldsymbol{G}(s)$ 中所有不恒为零的子式的最小公分母(即极点多项式)的根；

零点是 $\boldsymbol{G}(s)$ 中所有不恒为零的 r 阶子式的分子的最大公因子(即零点多项式)的根；且假定已将所有 r 阶子式的分母调整成极点多项式。

若已知 $\boldsymbol{G}(s)$ 的极点为 $p_1,p_2,\cdots,p_p$，则极点多项式 $p(s)$ 为

$$p(s)=\prod_{i=1}^{r} d_i(s)=(s-p_1)(s-p_2)\cdots(s-p_r) \tag{6-70}$$

若已知 $\boldsymbol{G}(s)$ 的零点为 $z_1,z_2,\cdots,z_z$，则零点多项式 $z(s)$ 为

$$z(s)=\prod_{i=1}^{r} \varepsilon_i(s)=(s-z_1)(s-z_2)\cdots(s-z_r) \tag{6-71}$$

当不存在零点时，有 $z(s)=1$。

应注意 $\boldsymbol{G}(s)$ 的极点多项式一般不同于 $\boldsymbol{G}(s)$ 的行列式的分母[若 $\boldsymbol{G}(s)$ 为方阵]，也不同于 $\boldsymbol{G}(s)$ 所有元素的最小公分母，与系统特征多项式

$$\boldsymbol{\lambda}(s)=|s\boldsymbol{I}-\boldsymbol{A}| \tag{6-72}$$

也可能不同，例如当系统不能控或/和不能观测时，极点多项式所确定的极点个数将少于系统特征值(即系统极点)个数，这是由于

$$\boldsymbol{G}(s)=\frac{\boldsymbol{C}\cdot \mathrm{adj}(s\boldsymbol{I}-\boldsymbol{A})\cdot \boldsymbol{B}}{\det(s\boldsymbol{I}-\boldsymbol{A})} \tag{6-73}$$

式中分子、分母存在公因子造成的。还应注意，在按所有不恒为零的子式的最小公分母确定 $\boldsymbol{G}(s)$ 的极点时，应将每个子式简化成不可约的形式，否则也会得出错误结果。

仅当系统能控且能观时，$\boldsymbol{G}(s)$ 的极点与系统极点才是相同的，这时有

$$\lambda(s)=p(s) \tag{6-74}$$

例 6-8　已知系统 $[\boldsymbol{A}\quad \boldsymbol{B}\quad \boldsymbol{C}]$ 及其传递函数矩阵 $\boldsymbol{G}(s)$，试确定其极点多项式 $p(s)$，零点多项式 $z(s)$，特征多项式 $\lambda(s)$。

$$\boldsymbol{A}=\begin{bmatrix}-1 & 0\\ 0 & -1\end{bmatrix},\quad \boldsymbol{B}=\begin{bmatrix}1 & 0\\ 0 & 1\end{bmatrix},\quad \boldsymbol{C}=\begin{bmatrix}1 & 1\\ 1 & 1\end{bmatrix},\quad \boldsymbol{G}(s)=\begin{bmatrix}\dfrac{1}{s+1} & \dfrac{1}{s+1}\\ \dfrac{1}{s+1} & \dfrac{1}{s+1}\end{bmatrix} \tag{6-75}$$

解　$\boldsymbol{G}(s)$ 诸元的最小公分母 $d(s)=s+1$。

$$d(s)\boldsymbol{G}(s)=\begin{bmatrix}1 & 1\\ 1 & 1\end{bmatrix},\quad \boldsymbol{S}(s)=\begin{bmatrix}1 & 0\\ 0 & 0\end{bmatrix},\quad \boldsymbol{M}(s)=\begin{bmatrix}\dfrac{1}{s+1} & 0\\ 0 & 0\end{bmatrix} \tag{6-76}$$

极点多项式 $p(s)=s+1$，零点多项式 $z(s)=1$。矩阵 $\boldsymbol{A}$ 的特征多项式 $\lambda(s)=\det(s\boldsymbol{I}-\boldsymbol{A})=(s+1)^2$，故 $\lambda(s)\neq p(s)$。用能控性、能观测性秩判据容易验证该系统能控不能观测。

例 6-9　确定下列 $\boldsymbol{G}(s)$ 的麦克米兰型及其极零点。

$$G(s)=\begin{bmatrix}\dfrac{(s-1)(s+2)}{\Delta(s)} & 0 & \dfrac{(s-1)^2}{\Delta(s)}\\ -\dfrac{(s+1)(s+2)}{\Delta(s)} & \dfrac{(s-1)(s+1)}{\Delta(s)} & \dfrac{(s-1)(s+1)}{\Delta(s)}\end{bmatrix} \tag{6-77}$$

式中:$\Delta(s)=(s+1)(s+2)(s-1)$。

解

$$\Delta(s)G(s)=\begin{bmatrix}s^2+s-2 & 0 & s^2-2s+1\\ -s^2-3s-2 & s^2-1 & s^2-1\end{bmatrix}\xrightarrow{r_1+r_2}$$

$$\begin{bmatrix}-2s-4 & s^2-1 & 2s^2-2s\\ -s^2-3s-2 & s^2-1 & s^2-1\end{bmatrix}\xrightarrow{c_3-2c_2}\begin{bmatrix}-2s-4 & s^2-1 & -2s+2\\ -s^2-3s-2 & s^2-1 & -s^2+1\end{bmatrix}\xrightarrow{c_1-c_3}$$

$$\begin{bmatrix}-6 & s^2-1 & -2s+2\\ -3s-3 & s^2-1 & -s^2+1\end{bmatrix}\xrightarrow{r_2-r_1}\begin{bmatrix}-6 & s^2-1 & -2(s-1)\\ 3(s-1) & 0 & (s-1)^2\end{bmatrix}$$

$$\xrightarrow[c_1\frac{1}{3}]{c_3-c_1(s-1)\frac{1}{3}}\begin{bmatrix}-2 & s^2-1 & 0\\ (s-1) & 0 & 0\end{bmatrix}\xrightarrow[r_1\cdot(-\frac{1}{2})]{r_2+r_1(s-1)\frac{1}{2}}$$

$$\begin{bmatrix}1 & -\dfrac{1}{2}(s^2-1) & 0\\ 0 & \dfrac{1}{2}(s^2-1)(s-1) & 0\end{bmatrix}\xrightarrow[r_2\cdot 2]{c_2+c_1(s^2-1)\frac{1}{2}}\left[\begin{array}{cc:c}1 & 0 & 0\\ 0 & (s^2-1)(s-1) & 0\end{array}\right]=S(s)$$

$$M(s)=\frac{S(s)}{\Delta(s)}=\left[\begin{array}{cc:c}\dfrac{1}{(s+1)(s+2)(s-1)} & 0 & 0\\ 0 & \dfrac{s-1}{s+2} & 0\end{array}\right]$$

$p(s)=(s+1)(s+2)^2(s-1)$,极点为$-1,-2,-2,+1$。$z(s)=s-1$,零点为$+1$。

第三节 系统的矩阵分式描述

1. 矩阵分式描述及其非唯一性

设单变量 n 阶系统的传递函数为

$$g(s)=\frac{n(s)}{d(s)}=\frac{\prod_{i=1}^{m}(s-z_i)}{\prod_{i=1}^{n}(s-p_i)}\quad ,m<n \tag{6-78}$$

记分母多项式的次数为 $n=\deg d(s)$。为建立一种接近单变量系统的描述方法,设 p 维输入、q 维输出的多变量系统的传递函数矩阵 $G(s)$ 为

$$G(s)=\frac{N(s)}{d(s)} \tag{6-79}$$

式中:$d(s)$是 $G(s)$所有元素分母的最小公倍式;$N(s)$是与 $G(s)$维数相同的多项式矩阵。令

$$D_r(s)=d(s)I_p \tag{6-80}$$

则

$$G(s)=N_r(s)D_r^{-1}(s) \tag{6-81}$$

由于分母矩阵 $D_r(s)$ 位于分子矩阵 $N_r(s)$ 的右边，式(6－81)称为 $G(s)$ 的右矩阵分式描述，简记右 MFD。令

$$D_1(s)=d(s)I_q \tag{6-82}$$

则

$$G(s)=D_1^{-1}(s)N_1(s) \tag{6-83}$$

由于分母矩阵 $D_1(s)$ 位于分子矩阵 $N_1(s)$ 的左边，式(6－83)称为 $G(s)$ 的左矩阵分式描述，简记左 MFD。矩阵分式描述(MFD)是标量传递函数的自然推广，并定义分母矩阵行列式的阶次作为 $G(s)$ 的阶次，即

$$\deg G(s)\triangleq \deg\det D_r(s)\text{(右 MFD)}$$

$$\deg G(s)\triangleq \deg\det D_1(s)\text{(左 MFD)}$$

对于右 MFD，$D_r(s)$ 也可用 $G(s)$ 的第 i 列各元的最小公倍式 $d_i(s)$ 构造，即

$$D_r(s)=\operatorname{diag}\{d_1(s)\quad d_2(s)\quad \cdots\quad d_p(s)\} \tag{6-84}$$

同理，对于左 MFD，有

$$D_1(s)=\operatorname{diag}\{d_1(s)\quad d_2(s)\quad \cdots\quad d_q(s)\} \tag{6-85}$$

式中：$d_i(s)$ 为 $G(s)$ 的第 i 行各元的最小公倍式。

$G(s)$ 的左、右 MFD 都是不唯一的，其 $\deg G(s)$ 也不唯一，现证明如下。设 $\overline{N}_r(s)$，$\overline{D}_r(s)$ 也是一个右 MFD，则满足

$$N_r(s)=\overline{N}_r(s)W(s),\quad D_r(s)=\overline{D}_r(s)W(s) \tag{6-86}$$

$N_r(s)$、$D_r(s)$ 也是一个右 MFD，其中 $W(s)W(s)$ 为非奇异多项式矩阵，$\det W(s)$ 为 s 的多项式，且有

$$G(s)=N_r(s)D_r^{-1}(s)=\bar{N}_r(s)\bar{D}_r^{-1}(s) \tag{6-87}$$

显见两种 MFD 具有相同的 $G(s)$。由式(6－86)有

$$\deg\det D_r(s)=\deg\det\bar{D}_r(s)+\deg\det W(s) \tag{6-88}$$

故 $\deg\det D_r(s)>\deg\det\bar{D}_r(s)$。

2. 矩阵分式描述的既约性

右 MFD $G(s)=N_r(s)D_r^{-1}(s)$，若 $N_r(s)$、$D_r(s)$ 右互质，则称 $G(s)$ 是右既约的。这时，$N_r(s)$、$D_r(s)$ 的最大右公因子是单模矩阵，即 $\det W(s)=$ 非零常数 a，且有

$$\deg\det D_r(s)=\deg\det\bar{D}_r(s) \tag{6-89}$$

若 $N_r(s)$、$D_r(s)$ 非右互质，可通过消去其右公因子而使 MFD 的阶次降低，通过消去最大右公因子而使 MFD 具有最小阶次，结果的 $\bar{N}_r(s)$、$\bar{D}_r(s)$ 是右互质的，且称 $G(s)$ 是既约化的。

由于消去的最大右公因子也不是唯一的，所以既约的或互质的 MFD 也是不唯一的。

对于左 MFD，可作出上述对偶论述。关于 MFD 的既约性有下列结论。

结论 1　设 $G(s)$ 的任意两个既约右 MFD 为

$$G(s)=N_1(s)D_1^{-1}(s)=N_2(s)D_2^{-1}(s) \tag{6-90}$$

则必有单模矩阵 $U(s)$，使下式成立：

$$N_1(s)=N_2(s)U(s),D_1(s)=D_2(s)U(s) \tag{6-91}$$

即 $N_1(s)$ 与 $N_2(s)$，$D_1(s)$ 与 $D_2(s)$ 之间由同一 $U(s)$ 相关联。

证明 由式(6-90)可得 $\boldsymbol{N}_1(s)=\boldsymbol{N}_2(s)\boldsymbol{D}_2^{-1}(s)\boldsymbol{D}_1(s)$，令

$$\boldsymbol{U}(s)=\boldsymbol{D}_2^{-1}(s)\boldsymbol{D}_1(s) \tag{6-92}$$

便可得式(6-91)，由于 $\boldsymbol{D}_1(s)$，$\boldsymbol{D}_2(s)$ 均为非奇异，所以 $\boldsymbol{u}(s)$ 为非奇异。式(6-92)给出了构造 $\boldsymbol{U}(s)$ 的方法。下面再来证明 $\boldsymbol{U}(s)$ 一定是单模矩阵。

利用既约 MFD 中 $\boldsymbol{N}_2(s)$、$\boldsymbol{D}_2(s)$ 右互质性质，应该足简单贝佐特恒等式：

$$\boldsymbol{X}_2(s)\boldsymbol{D}_2(s)+\boldsymbol{Y}_2(s)\boldsymbol{N}_2(s)=\boldsymbol{I} \tag{6-93}$$

式中 $\boldsymbol{X}_2(s)$、$\boldsymbol{Y}_2(s)$ 为多项式矩阵，由式(6-91)有 $\boldsymbol{D}_2(s)=\boldsymbol{D}_1(s)\boldsymbol{U}^{-1}(s)$，$\boldsymbol{N}_2(s)=\boldsymbol{N}_1(s)\boldsymbol{U}^{-1}(s)$，式(6-93)可改写为

$$\boldsymbol{X}_2(s)\boldsymbol{D}_1(s)\boldsymbol{U}^{-1}(s)+\boldsymbol{Y}_2(s)\boldsymbol{N}_1(s)\boldsymbol{U}^{-1}(s)=\boldsymbol{I} \tag{6-94}$$

即

$$\boldsymbol{X}_2(s)\boldsymbol{D}_1(s)+\boldsymbol{Y}_2(s)\boldsymbol{N}_1(s)=\boldsymbol{U}(s) \tag{6-95}$$

该式左边都是多项式矩阵，故 $\boldsymbol{U}(s)$ 为多项式矩阵。又利用 $\boldsymbol{N}_1(s)$、$\boldsymbol{D}_1(s)$ 右互质性质，有

$$\boldsymbol{X}_1(s)\boldsymbol{D}_1(s)+\boldsymbol{Y}_1(s)\boldsymbol{N}_1(s)=\boldsymbol{I} \tag{6-96}$$

式中：$\boldsymbol{X}_1(s)$、$\boldsymbol{Y}_1(s)$ 为多项式矩阵，考虑式(6-91)有

$$\boldsymbol{X}_1(s)\boldsymbol{D}_2(s)\boldsymbol{U}(s)+\boldsymbol{Y}_1(s)\boldsymbol{N}_2(s)\boldsymbol{U}(s)=\boldsymbol{I} \tag{6-97}$$

即

$$\boldsymbol{X}_1(s)\boldsymbol{D}_2(s)+\boldsymbol{Y}_1(s)\boldsymbol{N}_2(s)=\boldsymbol{U}^{-1}(s) \tag{6-98}$$

$\boldsymbol{U}^{-1}(s)$ 也是多项式矩阵，故 $\boldsymbol{U}(s)$ 是单模矩阵，式(6-91)得证。

结论 2 设任一 $\boldsymbol{G}(s)$ 的既约 MDF 为

$$\boldsymbol{G}(s)=\boldsymbol{N}_i(s)\boldsymbol{D}_i^{-1}(s),\quad i=1,2,\cdots \tag{6-99}$$

则 $\boldsymbol{N}_i(s)$ 的史密斯型相同，$\boldsymbol{D}_i(s)$ 的不变多项式相同。

证明 由式(6-91)可导出任意两个既约 MFD 的 $\boldsymbol{N}(s)$ 之间有

$$\boldsymbol{N}_i(s)=\boldsymbol{N}_1(s)\boldsymbol{U}_i(s),\quad i=2,3,\cdots \tag{6-100}$$

$\boldsymbol{N}_i(s)$ 的史密斯型为

$$\boldsymbol{S}_i(s)=\bar{\boldsymbol{U}}(s)\boldsymbol{N}_i(s)\bar{\boldsymbol{V}}_i(s)=\bar{\boldsymbol{U}}(s)\boldsymbol{N}_1(s)\boldsymbol{U}_i(s)\bar{\boldsymbol{V}}(s) \tag{6-101}$$

令式中 $\boldsymbol{U}_i(s)\bar{\boldsymbol{V}}(s)=\bar{\boldsymbol{W}}(s)$，$\bar{\boldsymbol{W}}(s)$ 仍为单模矩阵，故

$$\boldsymbol{S}_i(s)=\bar{\boldsymbol{U}}(s)\boldsymbol{N}_1(s)\boldsymbol{W}(s) \tag{6-102}$$

该式表明 $\boldsymbol{S}_i(s)$ 也是 $\boldsymbol{N}_1(s)$ 的史密斯型。

由式(6-91)可导出

$$\boldsymbol{D}_i(s)=\boldsymbol{D}_1(s)\boldsymbol{U}_i(s),\quad i=2,3,\cdots \tag{6-103}$$

则

$$\det\boldsymbol{D}_i(s)=\det\boldsymbol{D}_1(s)\cdot\det\boldsymbol{U}_i(s)=\alpha_i\cdot\det\boldsymbol{D}_1(s) \tag{6-104}$$

式中 $\alpha_i=\det\boldsymbol{U}_i(s)=$ 非零常数，故 $\det\boldsymbol{D}_1(s)$，$\det\boldsymbol{D}_2(s)$，…具有相同的首 1 项式，即不变多项式相同。

结论 3 已知 $\boldsymbol{G}(s)$ 的麦克米兰型为

$$\boldsymbol{M}(s)=\boldsymbol{U}(s)\boldsymbol{G}(s)\boldsymbol{V}(s)=\left[\begin{array}{ccc:c} \dfrac{\varepsilon_1(s)}{\psi_1(s)} & & & \\ & \ddots & & \boldsymbol{0} \\ & & \dfrac{\varepsilon_r(s)}{\psi_r(s)} & \\ \hdashline & \boldsymbol{0} & & \boldsymbol{0} \end{array}\right]\triangleq\boldsymbol{E}(s)\boldsymbol{E}(s)\boldsymbol{\Psi}^{-1}(s) \tag{6-105}$$

式中

$$\boldsymbol{E}(s)=\left[\begin{array}{ccc:c}\varepsilon_1(s) & & & \\ & \ddots & & \boldsymbol{0} \\ & & \varepsilon_r(s) & \\ \hdashline & \boldsymbol{0} & & \boldsymbol{0}\end{array}\right],\boldsymbol{\Psi}(s)=\left[\begin{array}{ccc:c}\psi_1(s) & & & \\ & \ddots & & \boldsymbol{0} \\ & & \psi_r(s) & \\ \hdashline & \boldsymbol{0} & & \boldsymbol{I}\end{array}\right] \tag{6-106}$$

则

$$\boldsymbol{N}_r(s)=\boldsymbol{U}^{-1}(s)\boldsymbol{E}(s),\quad \boldsymbol{D}_r(s)=\boldsymbol{V}(s)\boldsymbol{\Psi}(s) \tag{6-107}$$

为 $\boldsymbol{G}(s)$的一个不可约简的右 MFD。

证明　已知 $\varepsilon_i(s)$、$\psi_i(s)$互质，$i=1,2,\cdots,r$，且由式(6-105)可知为右互质，欲证 $\boldsymbol{N}_r(s)$、$\boldsymbol{D}_r(s)$为右互质。由 $\boldsymbol{E}(s)$、$\boldsymbol{\Psi}(s)$右互质可知存在单模矩阵 $\bar{\boldsymbol{U}}(s)$，使

$$\bar{\boldsymbol{U}}(s)\begin{bmatrix}\boldsymbol{\Psi}(s)\\ \boldsymbol{E}(s)\end{bmatrix}=\begin{bmatrix}\boldsymbol{R}(s)\\ \boldsymbol{0}\end{bmatrix} \tag{6-108}$$

$\boldsymbol{R}(s)$为单模矩阵。引入下列匹配变换有

$$\bar{\boldsymbol{U}}(s)\begin{bmatrix}\boldsymbol{V}(s) & \boldsymbol{0}\\ \boldsymbol{0} & \boldsymbol{U}^{-1}(s)\end{bmatrix}^{-1}\begin{bmatrix}\boldsymbol{V}(s) & \boldsymbol{0}\\ \boldsymbol{0} & \boldsymbol{U}^{-1}(s)\end{bmatrix}\begin{bmatrix}\boldsymbol{\Psi}(s)\\ \boldsymbol{E}(s)\end{bmatrix}=\begin{bmatrix}\boldsymbol{R}(s)\\ \boldsymbol{0}\end{bmatrix} \tag{6-109}$$

令

$$\tilde{\boldsymbol{U}}(s)=\bar{\boldsymbol{U}}(s)\begin{bmatrix}\boldsymbol{V}(s) & \boldsymbol{0}\\ \boldsymbol{0} & \boldsymbol{U}^{-1}(s)\end{bmatrix}^{-1} \tag{6-110}$$

则

$$\tilde{\boldsymbol{U}}(s)\begin{bmatrix}\boldsymbol{V}(s) & \boldsymbol{\Psi}(s)\\ \boldsymbol{U}^{-1}(s) & \boldsymbol{E}(s)\end{bmatrix}=\tilde{\boldsymbol{U}}(s)\begin{bmatrix}\boldsymbol{D}_r(s)\\ \boldsymbol{N}_r(s)\end{bmatrix}=\begin{bmatrix}\boldsymbol{R}(s)\\ \boldsymbol{0}\end{bmatrix} \tag{6-111}$$

表明 $\boldsymbol{D}_r(s)$、$\boldsymbol{N}_r(s)$有最大右公因子 $\boldsymbol{R}(s)$且为单模矩阵，故 $\boldsymbol{D}_r(s)$、$\boldsymbol{N}_r(s)$右互质，$\boldsymbol{G}(s)$是既约的。结论 3 给出了由 $\boldsymbol{G}(s)$求 MFD 的又一方法，其中的 $\boldsymbol{U}(s)$和 $\boldsymbol{V}(s)$分别由变换过程中的行和列初等变换矩阵按变换顺序左乘和右乘确定。若记 $\boldsymbol{M}(s)=\boldsymbol{\Psi}^{-1}\boldsymbol{E}$，则由 $\boldsymbol{N}_c=\boldsymbol{E}\boldsymbol{V}^{-1}$，$\boldsymbol{D}_l=\boldsymbol{\Psi}\boldsymbol{U}$ 构成 $\boldsymbol{G}(s)$的一个既约左 MFD。

构造既约的 MFD，是研究最小实现问题所必需的。

例 6-10　已知系统传递函数矩阵 $\boldsymbol{G}(s)$为

$$\boldsymbol{G}(s)=\begin{bmatrix}\dfrac{s}{(s+1)^2(s+2)^2} & \dfrac{s}{(s+2)^2}\\ \dfrac{-s}{(s+2)^2} & \dfrac{-s}{(s+2)^2}\end{bmatrix} \tag{6-112}$$

试给出几种右 MFD 并确定对应的阶次，给出 $\boldsymbol{G}(s)$的右既约分解。

解　(1) 以 $\boldsymbol{G}(s)$各元分母的最小公倍式 $d(s)=(s+1)^2(s+2)^2$ 构造 $\boldsymbol{D}_1(s)=d(s)\boldsymbol{I}_2$，$\boldsymbol{N}_1(s)=\boldsymbol{G}(s)\boldsymbol{D}_1(s)$，于是

$$\boldsymbol{G}(s)=\boldsymbol{N}_1(s)\boldsymbol{D}_1^{-1}(s)=\begin{bmatrix}s & s(s+1)^2\\ -s(s+1)^2 & -s(s+1)^2\end{bmatrix}\begin{bmatrix}(s+1)^2(s+2)^2 & 0\\ 0 & (s+1)^2(s+2)^2\end{bmatrix}^{-1} \tag{6-113}$$

$$\deg\det\boldsymbol{D}_1(s)=8$$

(2)以 $\boldsymbol{G}(s)$ 的 1(2) 列各元分母的最小公倍式 $d_1(s)$ ($d_2(s)$) 构造 $\boldsymbol{D}_2(s)=\mathrm{diag}\{d_1(s)\quad d_2(s)\}$ $\boldsymbol{N}_2(s)=\boldsymbol{G}(s)\cdot\boldsymbol{D}_2(s)$，则

$$G(s)=N_2(s)D_2^{-1}(s)=\begin{bmatrix} s & s \\ -s(s+1)^2 & -s \end{bmatrix}\begin{bmatrix} (s+1)^2(s+2)^2 & 0 \\ 0 & (s+2)^2 \end{bmatrix}^{-1} \tag{6-114}$$

$$\deg \det D_2(s)=6 \tag{6-115}$$

(3)消去最大右公因子 $W_1(s)$ 求 $G(s)$ 的一个右既约分解，以 $N_1(s)$、$D_1(s)$ 为例，且只进行行初等运算。

$$\begin{bmatrix} N_1(s) \\ D_1(s) \end{bmatrix}=\begin{bmatrix} s & s(s+1)^2 \\ -s(s+1)^2 & -s(s+1)^2 \\ (s+1)^2(s+2)^2 & 0 \\ 0 & (s+1)^2(s+2)^2 \end{bmatrix}\xrightarrow[r_3-r_1(s+2)^3]{r_2+r_1(s+1)^2}\begin{bmatrix} s & s(s+1)^2 \\ 0 & s^2(s+1)^2(s+2) \\ (s+2)^2 & -s(s+1)^2(s+2)^3 \\ 0 & (s+1)^2(s+2)^2 \end{bmatrix}$$

$$\xrightarrow{r_3+r_4\cdot s(s+2)}\begin{bmatrix} s & s(s+1)^2 \\ 0 & s^2(s+1)^2(s+2) \\ (s+2)^2 & 0 \\ 0 & (s+1)^2(s+2)^2 \end{bmatrix}\xrightarrow{r_3-r_1(s+4)}\begin{bmatrix} s & s(s+1)^2 \\ 0 & s^2(s+1)^2(s+2) \\ 4 & -s(s+1)^2(s+4) \\ 0 & (s+1)^2(s+2)^2 \end{bmatrix}$$

$$\xrightarrow[r_3(\frac{1}{4})]{r_3+r_4}\begin{bmatrix} s & s(s+1)^2 \\ 0 & -s^2(s+1)^2(s+2) \\ 1 & (s+1)^2 \\ 0 & (s+1)^2(s+2) \end{bmatrix}\xrightarrow[r_2(-\frac{1}{2})]{\substack{r_1-r_3 s \\ r_2-r_4 s}}\begin{bmatrix} 0 & 0 \\ 0 & -s(s+1)^2(s+2) \\ 1 & (s+1)^2 \\ 0 & (s+1)^2(s+2) \end{bmatrix}$$

$$\xrightarrow[r_4(\frac{1}{2})]{r_4-r_2}\begin{bmatrix} 0 & 0 \\ 0 & s(s+1)^2(s+2) \\ 1 & (s+1)^2 \\ 0 & (s+1)^2(s+2) \end{bmatrix}\xrightarrow{r_2-r_4\cdot s}\begin{bmatrix} 0 & 0 \\ 0 & 0 \\ 1 & (s+1)^2 \\ 0 & -(s+1)^2(s+2) \end{bmatrix}$$

$$\longrightarrow\begin{bmatrix} 1 & (s+1)^2 \\ 0 & (s+1)^2(s+2) \\ 0 & 0 \\ 0 & 0 \end{bmatrix}\triangleq\begin{bmatrix} W_1(s) \\ 0 \end{bmatrix}$$

故有

$$N_1(s)=\tilde{N}_1(s)W_1(s),\quad D_1(s)=\tilde{D}_1(s)W_1(s) \tag{6-116}$$

于是

$$G(s)=\tilde{N}_1(s)\tilde{D}_1^{-1}(s)=\begin{bmatrix} s & 0 \\ -s(s+1)^2 & s^2 \end{bmatrix}\begin{bmatrix} (s+1)^2(s+2)^2 & -(s+1)^2(s+2) \\ 0 & (s+2) \end{bmatrix}^{-1} \tag{6-117}$$

$$\deg \det\tilde{D}_1(s)=5 \tag{6-118}$$

将 $W_1(s)$ 再进行行初等运算可求得又一最大右因子 $W_2(s)$：

$$W_1(s)=\begin{bmatrix} 1 & (s+1)^2 \\ 0 & (s+1)^2(s+2) \end{bmatrix}\xrightarrow{r_2-r_1(s+2)}\begin{bmatrix} 1 & (s+1)^2 \\ -(s+2) & 0 \end{bmatrix}\triangleq W_2(s) \tag{6-119}$$

故有

$$N_1(s)=\bar{N}_1(s)W_2(s),\quad D_1(s)=\bar{D}_1(s)W_2(s) \tag{6-120}$$

于是

$$\bar{G}(s)=\bar{N}_1(s)\bar{D}_1^{-1}(s)=\begin{bmatrix} s & 0 \\ -s & s^2 \end{bmatrix}\begin{bmatrix} 0 & -(s+1)^2(s+2) \\ (s+2)^2 & (s+2) \end{bmatrix}^{-1}$$

$$\deg \det\bar{D}_1(s)=5 \tag{6-121}$$

表明最大右公因子不唯一，右 MFD 不唯一，但 $G(s)$ 的最小阶次均为 5，是 $G(s)$ 的任何状态空间实现的最小阶。

(4)计算 $G(s)$ 的麦克米兰型，求 $G(s)$ 的一个右既约分解。$G(s)$ 各元的最小公倍式 $d(s)=(s+1)^2(s+2)^2$，则

$$N(s)=d(s)G(s)=\begin{bmatrix} s & s(s+1)^2 \\ -s(s+1)^2 & -s(s+1)^2 \end{bmatrix} \tag{6-122}$$

求 $N(s)$ 的史密斯型：

$$\begin{bmatrix} s & s(s+1)^2 \\ -s(s+1)^2 & -s(s+1)^2 \end{bmatrix}\xrightarrow{r_2+r_1(s+1)^2}\begin{bmatrix} s & s(s+1)^2 \\ 0 & s^2(s+1)^2(s+2) \end{bmatrix}$$

$$\xrightarrow{c_2-c_1(s+1)^2}\begin{bmatrix} s & 0 \\ 0 & s^2(s+1)^2(s+2) \end{bmatrix}=S(s)$$

其中行变换对应的初等变换矩阵 $U(s)$ 为

$$U(s)=\begin{bmatrix} 1 & 0 \\ (s+1)^2 & 1 \end{bmatrix} \tag{6-123}$$

列变换对应的初等变换矩阵 $V(s)$ 为

$$V(s)=\begin{bmatrix} 1 & -(s+1)^2 \\ 0 & 1 \end{bmatrix} \tag{6-124}$$

求 $G(s)$ 的麦克米兰型：

$$M(s)=\frac{S(s)}{d(s)}=\begin{bmatrix} \dfrac{s}{(s+1)^2(s+2)^2} & 0 \\ 0 & \dfrac{s^2}{(s+2)} \end{bmatrix} \tag{6-125}$$

故

$$E(s)=\begin{bmatrix} s & 0 \\ 0 & s^2 \end{bmatrix},\quad \psi(s)=\begin{bmatrix} (s+1)^2(s+2)^2 & 0 \\ 0 & s+2 \end{bmatrix} \tag{6-126}$$

于是

$$N(s)=U^{-1}(s)E(s)=\begin{bmatrix} 1 & 0 \\ -(s+1)^2 & 1 \end{bmatrix}\begin{bmatrix} s & 0 \\ 0 & s^2 \end{bmatrix}=\begin{bmatrix} s & 0 \\ -(s+1)^2 & s^2 \end{bmatrix} \tag{6-127}$$

$$D(s)=V(s)\Psi(s)=\begin{bmatrix} 1 & -(s+1)^2 \\ 0 & 1 \end{bmatrix}\begin{bmatrix} (s+1)^2(s+2)^2 & 0 \\ 0 & s+2 \end{bmatrix}$$

$$=\begin{bmatrix} (s+1)^2(s+2)^2 & -(s+1)^2(s+2) \\ 0 & s+2 \end{bmatrix} \tag{6-128}$$

$$G(s)=N(s)D^{-1}(s)=\begin{bmatrix} s & 0 \\ -(s+1)^2 & s^2 \end{bmatrix}\begin{bmatrix} (s+1)^2(s+2)^2 & -(s+1)^2(s+2) \\ 0 & s+2 \end{bmatrix}^{-1} \tag{6-129}$$

$$\deg \det D(s)=5 \tag{6-130}$$

例 6-11　试求下列 $G(s)$ 的一个既约左 MFD：

$$G(s)=\begin{bmatrix}\dfrac{1}{(s+1)(s+2)} & \dfrac{1}{(s+1)(s+4)}\\ \dfrac{1}{(s+2)(s+3)} & \dfrac{1}{(s+3)(s+4)}\end{bmatrix} \tag{6-131}$$

解 应用提取最大左公因子法。$G(s)$各元分母的最小公倍式 $d(s)=(s+1)(s+2)(s+3)(s+4)$,则

$$D(s)=d(s)I_q, N(s)=d(s)G(s) \tag{6-132}$$

对$[D(s)\quad N(s)]$只作列变换以求一个最大公因子 $R(s)$:

$$[D(s) \mid N(s)]=$$

$$\left[\begin{array}{cc|cc}(s+1)(s+2)(s+3)(s+4) & 0 & (s+3)(s+4) & (s+2)(s+3)\\ 0 & (s+1)(s+2)(s+3)(s+4) & (s+1)(s+4) & (s+1)(s+2)\end{array}\right]$$

$$\xrightarrow{(C_3-C_4)/2}\begin{bmatrix}(s+1)(s+2)(s+3)(s+4) & 0 & (s+3) & (s+2)(s+3)\\ 0 & (s+1)(s+2)(s+3)(s+4) & (s+1) & (s+1)(s+2)\end{bmatrix}$$

$$\xrightarrow[C_2-C_3(s+2)(s+3)(s+4)]{C_1-C_3(s+1)(s+2)(s+4)}\begin{bmatrix}0 & -(s+2)(s+3)^2(s+4) & (s+3) & 0\\ -(s+1)^2(s+2)(s+4) & 0 & (s+1) & 0\end{bmatrix}$$

$$\xrightarrow{C_2+C_1}\begin{bmatrix}0 & -(s+2)(s+3)^2(s+4) & (s+3) & 0\\ -(s+1)^2(s+2)(s+4) & -(s+1)^2(s+2)(s+4) & (s+1) & 0\end{bmatrix}$$

$$\xrightarrow[C_2\cdot 1/2]{C_2-C_3(s+2)(s+3)(s+4)}\begin{bmatrix}0 & 0 & (s+3) & 0\\ -(s+1)^2(s+2)(s+4) & (s+1)(s+2)(s+4) & (s+1) & 0\end{bmatrix}$$

$$\xrightarrow{C_1+C_2(s+1)}\begin{bmatrix}0 & 0 & (s+3) & 0\\ 0 & (s+1)(s+2)(s+4) & (s+1) & 0\end{bmatrix}$$

$$\xrightarrow{C_1\leftrightarrow C_3}\begin{bmatrix}0 & (s+3) & 0 & 0\\ (s+1)(s+2)(s+4) & (s+1) & 0 & 0\end{bmatrix}\triangleq[R(s)\quad 0]$$

故

$$D(s)=R(s)\bar{D}(s),\qquad N(s)=R(s)\bar{N}(s) \tag{6-133}$$

于是

$$\bar{D}(s)=R^{-1}(s)D(s),\qquad \bar{N}(s)=R^{-1}(s)N(s) \tag{6-134}$$

式中

$$R^{-1}(s)=\frac{\mathrm{adj}R(s)}{\det R(s)}=-\frac{1}{(s+1)(s+2)(s+3)(s+4)}\begin{bmatrix}(s+1) & -(s+3)\\ -(s+1)(s+2)(s+4) & 0\end{bmatrix} \tag{6-135}$$

有

$$\bar{D}(s)=R^{-1}(s)D(s)=\begin{bmatrix}\dfrac{-1}{(s+2)(s+3)(s+4)} & \dfrac{1}{(s+1)(s+2)(s+4)}\\ \dfrac{1}{(s+3)} & 0\end{bmatrix}$$

$$\cdot\begin{bmatrix}(s+1)(s+2)(s+3)(s+4) & 0\\ 0 & (s+1)(s+2)(s+3)(s+4)\end{bmatrix}=$$

$$\begin{bmatrix}-(s+1) & (s+3)\\ (s+1)(s+2)(s+4) & 0\end{bmatrix} \tag{6-136}$$

$$\bar{\boldsymbol{N}}(s)=\boldsymbol{R}^{-1}(s)\boldsymbol{N}(s)=\begin{bmatrix}\dfrac{-1}{(s+2)(s+3)(s+4)} & \dfrac{1}{(s+1)(s+2)(s+4)}\\ \dfrac{1}{s+3} & 0\end{bmatrix}$$

$$\cdot\begin{bmatrix}(s+3)(s+4) & (s+2)(s+3)\\ (s+1)(s+4) & (s+1)(s+2)\end{bmatrix}=\begin{bmatrix}0 & 0\\ s+4 & s+2\end{bmatrix} \tag{6-137}$$

故

$$\boldsymbol{G}(s)=\bar{\boldsymbol{D}}^{-1}(s)\bar{\boldsymbol{N}}(s)=\begin{bmatrix}-(s+1) & s+3\\ (s+1)(s+2)(s+4) & 0\end{bmatrix}^{-1}\begin{bmatrix}0 & 0\\ s+4 & s+2\end{bmatrix} \tag{6-138}$$

矩阵分式描述的真性和严真性 传递函数矩阵 $\boldsymbol{G}(s)$ 的真性和严真性定义见式(6-61)，实际物理系统的 $\boldsymbol{G}(s)$ 都是真的或严格真的。当 $\boldsymbol{G}(s)$ 的真或严格真时，才是物理可实现的。但在变换运算过程中，可能出现非真的 $\boldsymbol{G}(s)$，这时有

$$\lim_{s\to\infty}\boldsymbol{G}(s)=\infty \tag{6-139}$$

当 $\boldsymbol{G}(s)$ 用矩阵分式描述时，应导出用 MFD 来判断 $\boldsymbol{G}(s)$ 的真性和严真性的方法；对于非真 MFD，还应导出化为严格真的方法。研究 MFD 的真性和严真性，对现实问题至关重要，有下列定理(证明略)。

定理 6-1 假设 $p\times p$ 矩阵 $\boldsymbol{D}(s)$ 非奇异且列既约，则 $q\times p$ 矩阵 $\boldsymbol{G}(s)=\boldsymbol{N}(s)\boldsymbol{D}^{-1}(s)$ 为严格真的充要条件是：$\boldsymbol{N}(s)$ 的每一列的列次小于 $\boldsymbol{D}(s)$ 的相应列次，即

$$\deg_{c_j}\boldsymbol{N}(s)<\deg_{c_j}\boldsymbol{D}(s),\quad j=1,2,\cdots,p \tag{6-140}$$

$\boldsymbol{G}(s)=\boldsymbol{N}(s)\boldsymbol{D}^{-1}(s)$ 为真的充要条件是：$\boldsymbol{N}(s)$ 的每一列的列次不大于 $\boldsymbol{D}(s)$ 的相应列次，即

$$\deg_{c_j}\boldsymbol{N}(s)\leqslant\deg_{c_j}\boldsymbol{D}(s),\quad j=1,2,\cdots,p \tag{6-141}$$

推论 当 $\deg_{c_j}\boldsymbol{N}(s)\geqslant\deg_{c_j}\boldsymbol{D}(s)$ 时，$\boldsymbol{N}(s)\boldsymbol{D}^{-1}(s)$ 是非真的。

定理 6-2 假定 p 阶矩阵 $\boldsymbol{D}(s)$ 非奇异但不是列既约的，已知可求得一个单模矩阵 $\boldsymbol{W}(s)$，使

$$\boldsymbol{D}(s)\boldsymbol{W}(s)=\bar{\boldsymbol{D}}(s),\quad \boldsymbol{N}(s)\boldsymbol{W}(s)=\bar{\boldsymbol{N}}(s) \tag{6-142}$$

所得 $\bar{\boldsymbol{D}}(s)$、$\bar{\boldsymbol{N}}(s)$ 是列既约的，则右 MFD $\boldsymbol{G}(s)=\boldsymbol{N}(s)\boldsymbol{D}^{-1}(s)$ 为真的充要条件是

$$\deg_{c_j}\bar{\boldsymbol{N}}(s)\leqslant\deg_{c_j}\bar{\boldsymbol{D}}(s),\quad j=1,2,\cdots,p \tag{6-143}$$

为严格真的充要条件是

$$\deg_{c_j}\bar{\boldsymbol{N}}(s)<\deg_{c_j}\bar{\boldsymbol{D}}(s),\quad j=1,2,\cdots,p \tag{6-144}$$

例 6-12 确定下列 MFD 的真性。

$$\boldsymbol{G}(s)=\boldsymbol{N}(s)\boldsymbol{D}^{-1}(s)=\begin{bmatrix}s^3+s^2+s+1 & s^2+s\\ s^2+1 & 2s\end{bmatrix}\begin{bmatrix}s^4+s^2 & s^3\\ s^2+1 & -s^2+2s\end{bmatrix}^{-1} \tag{6-145}$$

解 首先判断 $\boldsymbol{D}(s)$ 的列既约性：$\boldsymbol{D}(s)$ 的列次项系数矩阵为

$$\boldsymbol{D}_{hc}=\begin{bmatrix}1 & 1\\ 0 & 0\end{bmatrix} \tag{6-146}$$

$\det\boldsymbol{D}_{hc}=0$，故 $\boldsymbol{D}(s)$ 不是列既约的，须对 $\boldsymbol{D}(s)$ 作列既约化，将 $\boldsymbol{D}(s)$ 的第 2 列乘 $(-s)$ 加至第 1 列，有

$$\overline{\boldsymbol{D}}(s)=\begin{bmatrix}s^2 & s^3\\ s^3-s^2+1 & -s^2+2s\end{bmatrix} \tag{6-147}$$

对 $\boldsymbol{N}(s)$作同样的初等列变换，有

$$\overline{\boldsymbol{N}}(s)=\begin{bmatrix} s+1 & s^2+s \\ -s^2+1 & 2s \end{bmatrix} \tag{6-148}$$

计算$\overline{\boldsymbol{N}}(s)$、$\overline{\boldsymbol{D}}(s)$的列次：

$$\deg_{e_1}\overline{\boldsymbol{N}}(s)=2,\deg_{e_1}\overline{\boldsymbol{D}}(s)=3,\deg_{e_2}\overline{\boldsymbol{N}}(s)=2,\deg_{e_2}\overline{\boldsymbol{D}}(s)=3 \tag{6-149}$$

有$\deg_{e_j}\overline{\boldsymbol{N}}(s)<\deg_{e_j}\overline{\boldsymbol{D}}(s)$，$j=1,2$，故 $\boldsymbol{N}(s)\boldsymbol{D}^{-1}(s)$是严格真的。

定理 6-3 设 $\boldsymbol{G}(s)=\boldsymbol{N}(s)\boldsymbol{D}^{-1}(s)$非真，则存在唯一的多项式矩阵 $\boldsymbol{R}(s)$、$\boldsymbol{Q}(s)$，满足

$$\boldsymbol{N}(s)\boldsymbol{D}^{-1}(s)=\boldsymbol{R}(s)\boldsymbol{D}^{-1}(s)+\boldsymbol{Q}(s) \tag{6-150}$$

式中：$\boldsymbol{R}(s)\boldsymbol{D}^{-1}(s)$为严格真 MFD。已知 $\boldsymbol{N}(s)\boldsymbol{D}^{-1}(s)$，先计算出其乘积 $\boldsymbol{G}(s)$；对 $\boldsymbol{G}(s)$诸元用综合除法分析，分解为 $\boldsymbol{G}(s)=\boldsymbol{G}_{sp}(s)+\boldsymbol{Q}(s)$；令$\boldsymbol{G}_{sp}(s)=\boldsymbol{R}(s)\boldsymbol{D}^{-1}(s)$，即求得 $\boldsymbol{R}(s)=\boldsymbol{G}_{sp}(s)\boldsymbol{D}(s)$；则 $\boldsymbol{R}(s)\boldsymbol{D}^{-1}(s)$为严格真 MFD。

例 6-13 确定下列 MFD 的真性，并导出严格真 MFD。

$$\boldsymbol{N}(s)\boldsymbol{D}^{-1}(s)=\begin{bmatrix}(s+1)^2(s+2) & -(s+2)^2\end{bmatrix}\begin{bmatrix}(s+2)(s+1) & s+1 \\ s+2 & s+1\end{bmatrix}^{-1} \tag{6-151}$$

解 MFD 的真性检查：由于

$\deg_{e_1}\boldsymbol{N}(s)=3,\deg_{e_1}\boldsymbol{D}(s)=2,\deg_{e_2}\boldsymbol{N}(s)=2,\deg_{e_2}\boldsymbol{D}(s)=1$

有 $\deg_{e_i}\boldsymbol{N}(s)>\deg_{e_i}\boldsymbol{D}(s)$，$i=1,2$，故 $\boldsymbol{N}(s)\boldsymbol{D}^{-1}(s)$为非真。

求严格真 MFD：计算

$$\boldsymbol{G}(s)=\boldsymbol{N}(s)\boldsymbol{D}^{-1}(s)=\begin{bmatrix}\dfrac{s^3+4s^2+7s+5}{s(s+1)} & -\dfrac{2s^2+6s+5}{s}\end{bmatrix} \tag{6-152}$$

$\boldsymbol{G}(s)$的分解为

$$\begin{aligned}\boldsymbol{G}(s)&=\begin{bmatrix}s+3+\dfrac{4s+5}{s(s+1)} & -2s-6-\dfrac{5}{s}\end{bmatrix}= \\ &\begin{bmatrix}\dfrac{4s+5}{s(s+1)} & -\dfrac{5}{s}\end{bmatrix}+\begin{bmatrix}s+3 & -2s-6\end{bmatrix}\triangleq\boldsymbol{G}_{sp}(s)+\boldsymbol{Q}(s)\end{aligned} \tag{6-153}$$

计算

$$\boldsymbol{R}(s)=\boldsymbol{G}_{sp}(s)\boldsymbol{D}(s)=\begin{bmatrix}\dfrac{4s+5}{s(s+1)} & -\dfrac{5}{s}\end{bmatrix}\begin{bmatrix}(s+2)(s+1) & s+1 \\ s+2 & s+1\end{bmatrix}=\begin{bmatrix}4s+8 & -1\end{bmatrix} \tag{6-154}$$

严格真 MFD 为

$$\boldsymbol{R}(s)\boldsymbol{D}^{-1}(s)=\begin{bmatrix}4s+8 & -1\end{bmatrix}\begin{bmatrix}(s+2)(s+1) & s+1 \\ s+2 & s+1\end{bmatrix}^{-1} \tag{6-155}$$

第四节　矩阵分式描述的状态空间实现

本节研究当传递函数矩阵以 MFD 表示时，构造状态空间实现的方法，以揭示系统内部结构特性，并便于计算机仿真研究系统运动。不同的 MFD，其实现方法也不同，这里仅给出典型实现中的两种。

定义 ［右 MFD 的控制器型实现］设严格真右 MFD

$$\boldsymbol{G}(s)=\boldsymbol{N}(s)\boldsymbol{D}^{-1}(s),\boldsymbol{D}(s)\text{为列既约} \tag{6-156}$$

则满足

$$C_c(sI-A_c)^{-1}B_c=N(s)D^{-1}(s),\quad \text{且}(A_c,B_c)\text{能控} \tag{6-157}$$

的状态空间表达式

$$\dot{x}=A_cx+B_cu\ ,y=C_cx \tag{6-158}$$

称为右 MFD 的控制器型实现。

一、$N(s)D^{-1}(s)$的等价结构分析

由于

$$y(s)=N(s)[D^{-1}(s)u(s)] \tag{6-159}$$

令

$$\xi(s)=D^{-1}(s)u(s) \tag{6-160}$$

式(6-159)可改写为

$$D(s)\xi(s)=u(s),\quad y(s)=N(s)\xi(s) \tag{6-161}$$

式中:$\xi(s)$为 p 维分状态向量。利用右 MFD 的 $D(s)$列次表示式

$$D(s)=D_{hc}S(s)+D_{lc}(s) \tag{6-162}$$

式中:D_{hc} 为 $D(s)$的列次项系数矩阵,由于列既约,故

$$\det D_{hc}\neq 0; \tag{6-163}$$

$$S(s)=\mathrm{diag}\{S^{k_1}\cdots S^{k_p}\}; \tag{6-164}$$

$$k_i=\deg_{e_i}D_{lc}(s),\sum_{i=1}^{p}k_i=n \tag{6-165}$$

$D_{lc}(s)$为 $D(s)$的低次多项式矩阵,有

$$\deg_{e_i}D_{lc}(s)<\deg_{e_i}S(s) \tag{6-166}$$

由于右 MFD 为严格真,有

$$\deg_{e_i}N(s)<\deg_{e_i}D(s) \tag{6-167}$$

多项式矩阵$D_{lc}(s)$、$N(s)$可分解为

$$D_{lc}(s)=D_{lc}\Psi(s),N(s)=N_{lc}\Psi(s) \tag{6-168}$$

式中:D_{lc}、N_{lc} 分别是 $D_{lc}(s)$、$N(s)$中同列元素按降幂排列后所得对应系数构成的矩阵,$\Psi(s)$的一般结构可导出为

$$\Psi(s)=\begin{bmatrix} \begin{matrix} s^{k_1-1}\\ \vdots\\ s\\ 1\end{matrix}\ \Bigg\}k_1 & & \\ & \ddots & \\ & & k_p\Bigg\{\ \begin{matrix} s^{k_p-1}\\ \vdots\\ s\\ 1\end{matrix} \end{bmatrix} \tag{6-169}$$

式(6-169)可表为

$$\left.\begin{aligned}&[D_{hc}S(s)+D_{lc}\Psi(s)]\xi(s)=u(s)\\&y(s)=N_{lc}\Psi(s)\xi(s)\end{aligned}\right\} \tag{6-170}$$

即

$$\left.\begin{aligned}\boldsymbol{S}(s)\boldsymbol{\xi}(s)&=-\boldsymbol{D}_{hc}^{-1}\boldsymbol{D}_{lc}\boldsymbol{\Psi}(s)\boldsymbol{\xi}(s)+\boldsymbol{D}_{hc}^{-1}\boldsymbol{u}(s)\\ \boldsymbol{y}(s)&=\boldsymbol{N}_{lc}\boldsymbol{\Psi}(s)\boldsymbol{\xi}(s)\end{aligned}\right\}\tag{6-171}$$

令

$$\left.\begin{aligned}\boldsymbol{y}_0(s)&=\boldsymbol{\Psi}(s)\boldsymbol{\xi}(s)\\ \boldsymbol{u}_0(s)&=-\boldsymbol{D}_{hc}^{-1}\boldsymbol{D}_{hc}\boldsymbol{\Psi}(s)\boldsymbol{\xi}(s)+\boldsymbol{D}_{hc}^{-1}\boldsymbol{u}(s)\end{aligned}\right\}\tag{6-172}$$

将式(6-171)、式(6-172)重新组合可得出等价结构

$$\left.\begin{aligned}\boldsymbol{S}(s)\boldsymbol{\xi}(s)&=\boldsymbol{u}_0(s)\\ \boldsymbol{y}_0(s)&=\boldsymbol{\Psi}(s)\boldsymbol{\xi}(s)\end{aligned}\right\}\tag{6-173}$$

$$\left.\begin{aligned}\boldsymbol{y}_0(s)&=\boldsymbol{\Psi}(s)\boldsymbol{\xi}(s)\\ \boldsymbol{u}_0(s)&=-\boldsymbol{D}_{hc}^{-1}\boldsymbol{D}_{hc}\boldsymbol{\Psi}(s)\boldsymbol{\xi}(s)+\boldsymbol{D}_{hc}^{-1}\boldsymbol{u}(s)\end{aligned}\right\}\tag{6-174}$$

等价结构图如图 6-1 所示，其输入为 $\boldsymbol{u}(s)$，输出为 $\boldsymbol{y}(s)$，其传递函数矩阵为 $\boldsymbol{N}(s)\boldsymbol{D}^{-1}(s)$。式(6-173)所示传递关系为 $\boldsymbol{y}_0(s)=\boldsymbol{\Psi}(s)\boldsymbol{S}^{-1}(s)\boldsymbol{u}_0(s)$，确定了该系统的基本结构形式(含积器数目的多少)，有 $\boldsymbol{N}(s)\boldsymbol{D}^{-1}(s)$的核心部分之称。式(6-174)确定了该系统的输入变换、反馈结构、输出变换关系，它们均由常数矩阵联系着。等价结构示出：构造右 MFD 的控制器型实现$(\boldsymbol{A}_c,\boldsymbol{B}_c,\boldsymbol{C}_c)$可分两步进行，第 1 步按式(6-173)确定 $\boldsymbol{\Psi}(s)\boldsymbol{S}^{-1}(s)$的实现，称为核实现$(\boldsymbol{A}_c^0,\boldsymbol{B}_c^0,\boldsymbol{C}_c^0)$，第 2 步按式(6-174)确定控制器型实现$(\boldsymbol{A}_c,\boldsymbol{B}_c,\boldsymbol{C}_c)$。

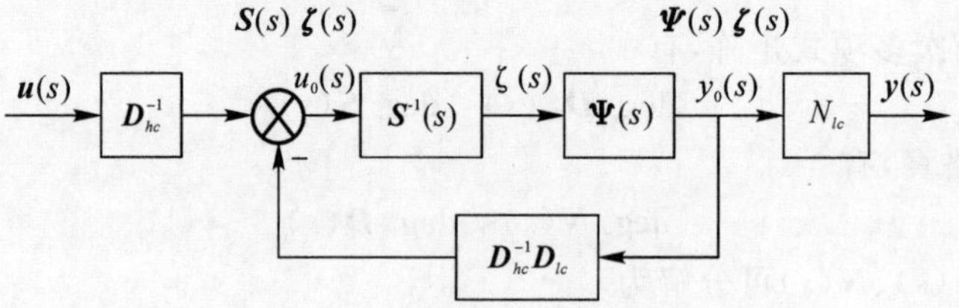

图 6-1 $\boldsymbol{N}(s)\boldsymbol{D}^{-1}(s)$的等价结构

二、核实现$(\boldsymbol{A}_c^0,\boldsymbol{B}_c^0,\boldsymbol{C}_c^0)$的确定

将式(6-94)中第 1 个方程写成展开形式：

$$\begin{bmatrix}s^{k_1}\xi_1(s)\\ s^{k_2}\xi_2(s)\\ \vdots\\ s^{k_p}\xi_p(s)\end{bmatrix}=\begin{bmatrix}u_{01}(s)\\ u_{02}(s)\\ \vdots\\ u_{0p}(s)\end{bmatrix}\tag{6-175}$$

显见 $\boldsymbol{u}_0(s)$至 $\boldsymbol{\xi}(s)$含 p 个独立的通道，即

$$s_i^k\xi_i(s)=u_{0i}(s),\quad i=1,2,\cdots,p\tag{6-176}$$

$$\xi_i(s)=\frac{1}{s^{k_i}}u_{0i}(s)\tag{6-177}$$

第 i 通道含 k_i 个积分器，构成一个积分链。积分链输入为 u_{0i}，输出为 ξ_i，诸积分器的输

出为 ξ_i 及其导数 $\dot{\xi}_i,\cdots,\xi_i^{(k_i-1)}$，如图 6-2 所示。

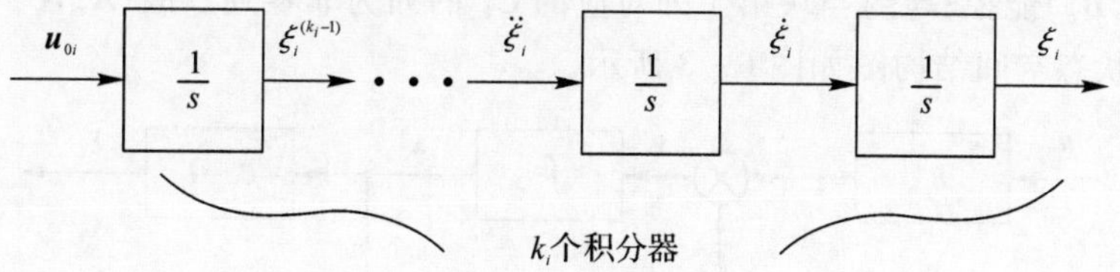

图 6-2　核实现中的积分链

现将 p 个积分链的每个积分器的输出均取作状态变量，可构成下列 n 维状态向量$\boldsymbol{x}^0$，有

$$\boldsymbol{x}^0=[\xi_1^{(k_1-1)} \quad \cdots \quad \xi_1 \quad \cdots \quad \xi_p^{(k_p-1)} \quad \cdots \quad \xi_p]^{\mathrm{T}} \tag{6-178}$$

则$\dot{\boldsymbol{x}}^0$ 为

$$\dot{\boldsymbol{x}}=[\xi_1^{k_1} \quad \cdots \quad \dot{\xi}_1 \quad \cdots \quad \xi_p^{k_p} \quad \cdots \quad \dot{\xi}_p]^{\mathrm{T}} \tag{6-179}$$

于是可写出核实现的状态方程

$$\underbrace{\begin{bmatrix} \xi_1^{(k_1)} \\ \vdots \\ \dot{\xi}_1 \\ \vdots \\ \xi_p^{(k_p)} \\ \vdots \\ \dot{\xi}_p \end{bmatrix}}_{\dot{x}^0} = \underbrace{\begin{bmatrix} \overbrace{\left.\begin{matrix} 0 & & \\ 1 & & \\ & 1 & 0 \end{matrix}\right\} k_1}^{k_1} & & \\ & \ddots & \\ & & \overbrace{k_p\left\{\begin{matrix} 0 & & \\ 1 & & \\ & 1 & 0 \end{matrix}\right.}^{k_p} \end{bmatrix}}_{\boldsymbol{A}_c^0} \underbrace{\begin{bmatrix} \xi_1^{(k_1-1)} \\ \vdots \\ \xi_1 \\ \vdots \\ \xi_p^{(k_p-1)} \\ \vdots \\ \xi_p \end{bmatrix}}_{\boldsymbol{x}^0} + \underbrace{\begin{bmatrix} \left.\begin{matrix} 1 \\ 0 \\ \vdots \\ 0 \end{matrix}\right\} k_1 & & \\ & \ddots & \\ & & k_p\left\{\begin{matrix} 1 \\ \vdots \\ \vdots \\ 0 \end{matrix}\right. \end{bmatrix}}_{\boldsymbol{B}_c^0} \underbrace{\begin{bmatrix} \xi_1^{(k_1)} \\ \vdots \\ \vdots \\ \xi_p^{(k_p)} \end{bmatrix}}_{\boldsymbol{u}_0} \tag{6-180}$$

将式(6-173)中第 2 个方程写成展开形式

$$\boldsymbol{y}_0(\boldsymbol{s})=\begin{bmatrix} y_{01}(s) \\ \vdots \\ y_{0p}(s) \end{bmatrix}=\begin{bmatrix} \left.\begin{matrix} s^{k_1-1} \\ \vdots \\ s \\ 1 \end{matrix}\right\} k_1 & & \\ & \ddots & \\ & & k_p\left\{\begin{matrix} s^{k_p-1} \\ \vdots \\ s \\ 1 \end{matrix}\right. \end{bmatrix}\begin{bmatrix} \xi_1(s) \\ \vdots \\ \vdots \\ \xi_p(s) \end{bmatrix}=\begin{bmatrix} s^{k_1-1}\xi_1(s) \\ \vdots \\ \xi_1(s) \\ \vdots \\ s^{k_p-1}\xi(s) \\ \vdots \\ \xi_p(s) \end{bmatrix}=\dot{x}^0(s) \tag{6-181}$$

取其拉普拉斯反变换，可写出核实现的输出方程

$$\boldsymbol{y}_0=\boldsymbol{C}_c^0\boldsymbol{x}^0, \quad \boldsymbol{C}_c^0=\boldsymbol{I}_n \tag{6-182}$$

根据 A_c^0 为约当型矩阵的能控性、能观测性判据可知：与约当块第一行对应的 B_c^0 的行为非零行，故(A_c^0, B_c^0)能控；与约当块第1列对应的 C_c^0 的列为非零列。故(A_c^0, C_c^0)能观测。

核实现的状态空间结构图如图6-3所示。

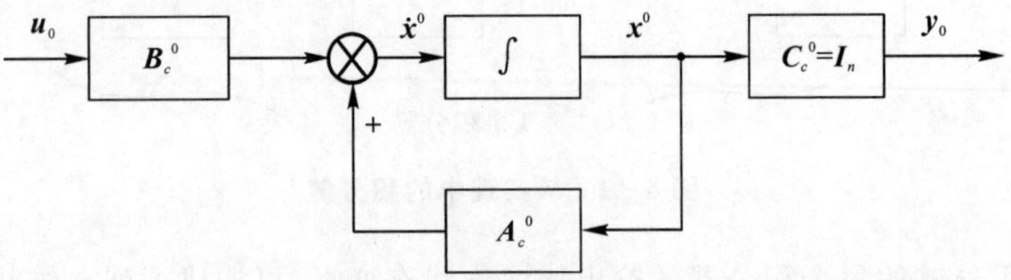

图6-3　核实现状态空间结构图

三、控制器型实现(A_c, B_c, C_c)的确定

考虑图6-3所示核实现状态空间结构，由图6-1可得控制器实现的状态空间结构图，如图6-4(a)所示，经结构图变换可得图6-4(b)。

控制器型实现的状态空间表达式为

$$\dot{x}=A_cx+B_cu,\ y=C_cx \tag{6-183}$$

式中

$$A_c=A_c^0-B_c^0D_{hc}^{-1}D_{lc},\ B_c=B_c^0D_{hc}^{-1},\ C_c=N_{lc} \tag{6-184}$$

将式(6-184)写成展开形式，可得到 A_c、B_c 的一般结构形式

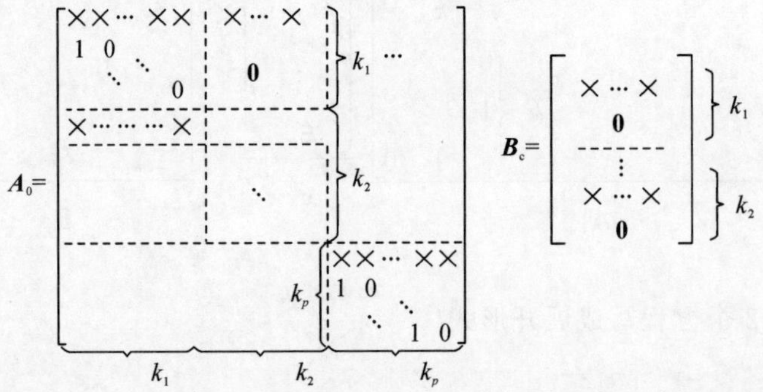

式中：×表示可能的非零元；A_c 中第 i 个×行与$(-D_{hc}^{-1}D_{lc})$的第 i 行相同；B_c 中第 i 个×行与 D_{hc}^{-1} 的第 i 行相同。

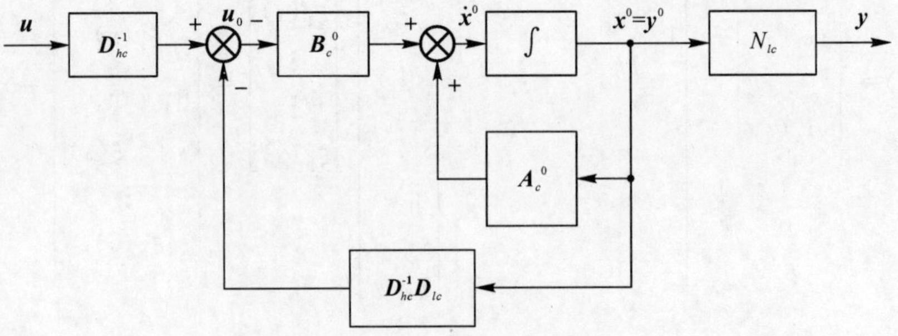

(a)

图6-4　控制器型实现状态空间结构

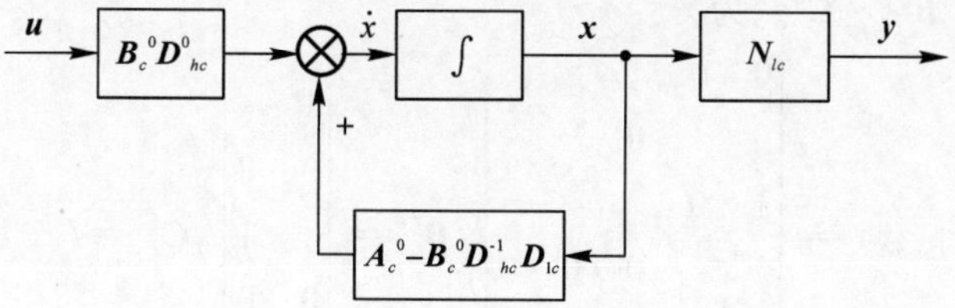

(b)

续图 6－4　控制器型实现状态空间结构

控制器型实现是核实现($A_c^0 \quad B_c^0$)能控的基础上引入状态反馈构成的，故$[A_c \quad B_c]$一定能控，但不能保证$[A_c, C_c]$一定能观测。

例 6－14　试确定右 MFD　$N(s)D^{-1}(s)$的控制器型实现。设

$$N(s)=\begin{bmatrix} s & 0 \\ -s & s^2 \end{bmatrix}, D(s)=\begin{bmatrix} 0 & -(s^3+4s^2+5s+2) \\ (s+2)^2 & s+2 \end{bmatrix} \tag{6-186}$$

解　确定$N(s)D^{-1}(s)$的真性：

$$\deg_{e_1} N(s)=1, k_1=\deg_{e_1} D(s)=2$$

$$\deg_{e_2} N(s)=2, k_2=\deg_{e_2} D(s)=3$$

满足$\deg_{e_i} N(s)<\deg_{e_i} D(s)$，故$N(s)D^{-1}(s)$为严格真的。

确定$D(s)$的列既约性；由$D(s)$的列次项系数矩阵D_{hc}，有

$$D_{hc}=\begin{bmatrix} 0 & -1 \\ 1 & 0 \end{bmatrix} \tag{6-187}$$

若$\det D_{hc} \neq 0$，故$D(s)$是列既约的。

D_s 的列次表示为

$$D(s)=D_{hc}S(s)+D_{lc}(s)=\begin{bmatrix} 0 & -1 \\ 1 & 0 \end{bmatrix}\begin{bmatrix} S^2 & 0 \\ 0 & S^3 \end{bmatrix}+\begin{bmatrix} 0 & -(4s^2+5s+2) \\ 4s+4 & s+2 \end{bmatrix} \tag{6-188}$$

$D_{lc}(s)$，$N(s)$的分解：

$$D_{lc}(s)=D_{lc}\Psi(s)=\begin{bmatrix} 0 & 0 & -4 & -5 & -2 \\ 4 & 4 & 0 & 1 & 2 \end{bmatrix}\begin{bmatrix} s & \\ 1 & \\ & s^2 \\ & s \\ & 1 \end{bmatrix}$$

$$N(s)=N_{lc}\Psi(s)=\begin{bmatrix} 1 & 0 & 0 & 0 & 0 \\ -1 & 0 & 1 & 0 & 0 \end{bmatrix}\begin{bmatrix} s & \\ 1 & \\ & s^2 \\ & s \\ & 1 \end{bmatrix} \tag{6-189}$$

计算$D_{hc}^{-1}D_{lc}$：

$$D_{hc}^{-1}D_{lc}=\begin{bmatrix} 0 & 1 \\ -1 & 0 \end{bmatrix}\begin{bmatrix} 0 & 0 & -4 & -5 & -2 \\ 4 & 4 & 0 & 1 & 2 \end{bmatrix}=\begin{bmatrix} 4 & 4 & 0 & 1 & 2 \\ 0 & 0 & 4 & 5 & 2 \end{bmatrix} \tag{6-190}$$

其核实现$[\boldsymbol{A}^0{}_c \quad \boldsymbol{B}^0{}_c \quad \boldsymbol{C}^0{}_c]$为

$$\boldsymbol{A}^0{}_c=\begin{bmatrix}\begin{matrix}0&0\\1&0\end{matrix} & \boldsymbol{0}\\ \boldsymbol{0} & \begin{matrix}0&0&0\\1&0&0\\0&1&0\end{matrix}\end{bmatrix},\boldsymbol{B}^0{}_c=\begin{bmatrix}\begin{matrix}1\\0\end{matrix} & \boldsymbol{0}\\ \boldsymbol{0} & \begin{matrix}1\\0\\0\end{matrix}\end{bmatrix},\boldsymbol{C}^0{}_c=\boldsymbol{I}_5 \tag{6-191}$$

其控制器实现$[\boldsymbol{A}_c \quad \boldsymbol{B}_c \quad \boldsymbol{C}_c]$为

$$\boldsymbol{A}_c=\begin{bmatrix}-4&-4&0&-1&-2\\1&0&0&0&0\\0&0&-4&-5&-2\\0&0&1&0&0\\0&0&0&1&0\end{bmatrix},\boldsymbol{B}_c=\begin{bmatrix}0&1\\0&0\\-1&0\\0&0\\0&0\end{bmatrix},\boldsymbol{C}_c=\begin{bmatrix}1&0&0&0&0\\-1&0&1&0&0\end{bmatrix} \tag{6-192}$$

上述关于控制器实现的推导，均未涉及$\boldsymbol{N}(s)$，$\boldsymbol{D}(s)$是否右互质的问题，也即不管$\boldsymbol{N}(s)$，$\boldsymbol{D}(s)$是否右互质，控制器实现一定是能控的；当且仅当右互质时，控制器实现才一定是能观测的，其推导证明最小实现一段。

下面来证明控制器实现一定能满足

$$\boldsymbol{N}(s)\boldsymbol{D}^{-1}(s)=\boldsymbol{C}_c(s\boldsymbol{I}-\boldsymbol{A}_c)^{-1}\boldsymbol{B}_c \tag{6-193}$$

证明 考虑式(6-184)有下面的恒等式：

$$(s\boldsymbol{I}-\boldsymbol{A}_c)\boldsymbol{\Psi}(s)=(s\boldsymbol{I}-\boldsymbol{A}_c^0+\boldsymbol{B}_c^0\boldsymbol{D}_{hc}^{-1}\boldsymbol{D}_{lc})\boldsymbol{\Psi}(s)=(s\boldsymbol{I}-\boldsymbol{A}_c^0)\boldsymbol{\Psi}(s)+\boldsymbol{B}_c^0\boldsymbol{D}_{hc}^{-1}\boldsymbol{D}_{lc}\boldsymbol{\Psi}(s) \tag{6-194}$$

由于

$$\boldsymbol{y}_0=\boldsymbol{\Psi}(s)\boldsymbol{S}^{-1}(s)\boldsymbol{u}_0=\boldsymbol{C}_c^0(s\boldsymbol{I}-\boldsymbol{A}_c^0)^{-1}\boldsymbol{B}_c^0\boldsymbol{u}_0,\boldsymbol{C}_c^0=\boldsymbol{I} \tag{6-195}$$

所以

$$\boldsymbol{\Psi}(s)\boldsymbol{S}^{-1}(s)=(s\boldsymbol{I}-\boldsymbol{A}_c^0)^{-1}\boldsymbol{B}_c{}^0 \tag{6-196}$$

式子(6-196)变为

$$(s\boldsymbol{I}-\boldsymbol{A}_c)\boldsymbol{\Psi}(s)=\boldsymbol{B}_c^0[\boldsymbol{S}(s)+\boldsymbol{D}_{hc}^{-1}\boldsymbol{D}_{lc}\boldsymbol{\Psi}(s)]=\boldsymbol{B}_c^0\boldsymbol{D}_{hc}^{-1}[\boldsymbol{D}_{hc}\boldsymbol{S}(s)+\boldsymbol{D}_{lc}\boldsymbol{\Psi}(s)]=\boldsymbol{B}_c\boldsymbol{D}(s) \tag{6-197}$$

方程两端左乘$\boldsymbol{N}_{lc}(s\boldsymbol{I}-\boldsymbol{A}_c)^{-1}$，右乘$\boldsymbol{D}^{-1}(s)$，有

$$\boldsymbol{N}_{lc}\boldsymbol{\Psi}(s)\boldsymbol{D}^{-1}(s)=\boldsymbol{N}_{lc}(s\boldsymbol{I}-\boldsymbol{A}_c)^{-1}\boldsymbol{B}_c \tag{6-198}$$

考虑$\boldsymbol{N}(s)=\boldsymbol{N}_{lc}\boldsymbol{\Psi}(s)$，$\boldsymbol{C}_c=\boldsymbol{N}_{lc}$，故而$\boldsymbol{N}(s)\boldsymbol{D}^{-1}(s)=\boldsymbol{C}_c(s\boldsymbol{I}-\boldsymbol{A}_c)^{-1}\boldsymbol{B}_c$，故而式(6-193)得证。

由式(6-197)还可以导出控制器实现的一个重要性质，在最小实现的证明中将会用到，即设λ为$\boldsymbol{A}_c$的一个特征值，$\boldsymbol{q}$满足

$$\boldsymbol{D}(\lambda)\boldsymbol{q}=\boldsymbol{0} \tag{6-199}$$

的任意一个非零常数列向量，则与λ对应的$\boldsymbol{A}_c$一个特征向量$\boldsymbol{p}$必满足

$$\boldsymbol{p}=\boldsymbol{\Psi}(\lambda)\boldsymbol{q} \tag{6-200}$$

证明 将式(6-197)写成分块矩阵形式有

$$\begin{bmatrix} s\boldsymbol{I}-\boldsymbol{A}_c & -\boldsymbol{B}_c \end{bmatrix}\begin{bmatrix} \boldsymbol{\Psi}(s) \\ \boldsymbol{D}(s) \end{bmatrix}=\boldsymbol{0} \tag{6-201}$$

式中 $\boldsymbol{\Psi}(s)$ 为式(6-169)，其中含有一个 $\boldsymbol{p}$ 阶单位阵，故对于所有的的 s，有

$$\operatorname{rank}\begin{bmatrix} \boldsymbol{\Psi}(s) \\ \boldsymbol{D}(s) \end{bmatrix}=p \tag{6-202}$$

即 $[\boldsymbol{\Psi}^{\mathrm{T}}(s) \quad \boldsymbol{D}^{\mathrm{T}}(s)]^{\mathrm{T}}$ 对于所有 s 为列满秩得，因而 $\boldsymbol{\Psi}(s)$，$\boldsymbol{D}(s)$ 为右互质的。当 $s=\lambda$ 时，有

$$\begin{bmatrix} s\boldsymbol{I}-\boldsymbol{A}_c & -\boldsymbol{B}_c \end{bmatrix}\begin{bmatrix} \boldsymbol{\Psi}(\lambda) \\ \boldsymbol{D}(\lambda) \end{bmatrix}=\boldsymbol{0} \tag{6-203}$$

又根据特征向量的定义有

$$(\lambda\boldsymbol{I}-\boldsymbol{A}_c)\boldsymbol{p}=\boldsymbol{0} \tag{6-204}$$

即

$$\begin{bmatrix} s\boldsymbol{I}-\boldsymbol{A}_c & -\boldsymbol{B}_c \end{bmatrix}\begin{bmatrix} \boldsymbol{p} \\ \boldsymbol{0} \end{bmatrix}=\boldsymbol{0} \tag{6-205}$$

比较式(6-203)和式(6-205)，表明向量 $[\boldsymbol{p}^{\mathrm{T}} \quad \boldsymbol{0}^{\mathrm{T}}]^{\mathrm{T}}$ 可用 $[\boldsymbol{\Psi}^{\mathrm{T}}(s) \quad \boldsymbol{D}^{\mathrm{T}}(s)]^{\mathrm{T}}$ 的列向量的线性组合来表示，即

$$\begin{bmatrix} \boldsymbol{p} \\ \boldsymbol{0} \end{bmatrix}=\begin{bmatrix} \boldsymbol{\Psi}(\lambda) \\ \boldsymbol{D}(\lambda) \end{bmatrix}\boldsymbol{q} \tag{6-206}$$

式中：$\boldsymbol{q}$ 为任意非零常数列向量。当 $\boldsymbol{q}$ 满足 $\boldsymbol{D}(\lambda)\boldsymbol{q}$ 时，必有 $\boldsymbol{p}=\boldsymbol{D}(\lambda)\boldsymbol{q}$。证毕。

1. 左 MFD 的观测器型实现

设严格真左 MFD

$$\boldsymbol{G}(s)=\boldsymbol{D}_L^{-1}(s)\boldsymbol{N}_L(s) \tag{6-207}$$

$\boldsymbol{D}_L(s)$ 为行既约则满足

$$\boldsymbol{C}_0(s\boldsymbol{I}-\boldsymbol{A}_0)^{-1}\boldsymbol{B}_0=\boldsymbol{D}_L^{-1}(s)\boldsymbol{N}_L(s) \tag{6-208}$$

且 $(\boldsymbol{A}_0,\boldsymbol{C}_0)$ 能观测的状态空间表达式

$$\dot{x}=\boldsymbol{A}_0 x+\boldsymbol{B}_0\boldsymbol{u},\ \boldsymbol{y}=\boldsymbol{c}_0\boldsymbol{x} \tag{6-209}$$

称为左 MFD 的观测器实现。

观测器实现与控制器实现之间存在对偶关系，现分析如下：

取 $\boldsymbol{G}(s)$ 的转置，有

$$\boldsymbol{G}^{\mathrm{T}}(s)=\boldsymbol{N}_L^{\mathrm{T}}(s)[\boldsymbol{D}_L^{\mathrm{T}}(s)]^{-1} \tag{6-210}$$

式中：$\boldsymbol{D}_L(s)$ 的行即 $\boldsymbol{D}_L^{\mathrm{T}}(s)$ 中的列，故 $\boldsymbol{D}_L^{\mathrm{T}}(s)$ 是列既约的，将右 MFD$\boldsymbol{N}_L^{\mathrm{T}}(\boldsymbol{D}_L^{\mathrm{T}})^{-1}$ 的控制器型实现转置，就是左 MFD$\boldsymbol{D}_L^{-1}\boldsymbol{N}_L^{\mathrm{T}}$ 的观测器实现。

记 $\boldsymbol{N}_L^{\mathrm{T}}(\boldsymbol{D}_L^{\mathrm{T}})^{-1}$ 的控制器实现为 $(\boldsymbol{A}_c,\boldsymbol{B}_c,\boldsymbol{C}_c)$，则

$$\boldsymbol{N}_L^{\mathrm{T}}(\boldsymbol{D}_L^{\mathrm{T}})^{-1}=\boldsymbol{C}_c(s\boldsymbol{I}-\boldsymbol{A}_c)^{-1}\boldsymbol{B}_c$$

注意到式中 $\boldsymbol{A}_c,\boldsymbol{B}_c,\boldsymbol{C}_c$ 都是根据 $\boldsymbol{N}_L^{\mathrm{T}},\boldsymbol{D}_L^{\mathrm{T}}$ 的有关矩阵形成，式(6-184)可改写为

$$\boldsymbol{A}_c=\boldsymbol{A}_c^0-\boldsymbol{B}_c^0[(\boldsymbol{D}_L^{\mathrm{T}})_{hc}]^{-1}(\boldsymbol{D}_L^{\mathrm{T}})_{lc},\boldsymbol{B}_c=\boldsymbol{B}_c^0[(\boldsymbol{D}_L^{\mathrm{T}})_{hc}]^{-1},\boldsymbol{C}_c=(\boldsymbol{N}_L^{\mathrm{T}})_{lc} \tag{6-211}$$

记 $(\boldsymbol{D}_L)^{-1}N_L$ 的观测器实现型为 $(\boldsymbol{A}_0,\boldsymbol{B}_0,\boldsymbol{C}_0)$，则

$$(\boldsymbol{D}_L)^{-1}\boldsymbol{N}_L=\boldsymbol{C}_0(s\boldsymbol{I}-\boldsymbol{A}_0)^{-1}\boldsymbol{B}_0=[\boldsymbol{N}_L^{\mathrm{T}}(\boldsymbol{D}_L^{\mathrm{T}})^{-1}]^{\mathrm{T}}=\boldsymbol{B}_c^{\mathrm{T}}[(s\boldsymbol{I}-\boldsymbol{A}_c)^{\mathrm{T}}]^{-1}\boldsymbol{C}_c^{\mathrm{T}} \tag{6-212}$$

故有

$$A_0=A_c^{\mathrm{T}},B_0=C_c^{\mathrm{T}},C_0=B_c^{\mathrm{T}} \tag{6-213}$$

式(6-213)表明观测器实现与控制器实现之间存在对偶关系。考虑式(6-211)、式(6-213)可以表示为

$$A_0=(A_c^0)^{\mathrm{T}}-[(D_L^{\mathrm{T}})_{hc}]^{\mathrm{T}}\{[(D_L^{\mathrm{T}})_{hc}]^{-1}\}^{\mathrm{T}}(B_c^0)^{\mathrm{T}},B_0=\{[(D_L^{\mathrm{T}})_{hc}]^{-1}\}^{\mathrm{T}}(B_c^0)^{\mathrm{T}},C_0=[(N_L^{\mathrm{T}})_{lc}]^{\mathrm{T}} \tag{6-214}$$

若计

$$(A_c^0)^{\mathrm{T}}=A_0^0,(B_c^0)^{\mathrm{T}}=C_0^0,(C_c^0)^{\mathrm{T}}=(I_n)^{\mathrm{T}}=I_n=B_0^0 \tag{6-215}$$

式中 A_c^0,B_c^0,C_c^0 的矩阵形式见式(6-180)和式(6-181),式(6-215)所示(A_0^0,B_0^0,C_0^0)称为观测器实现的核实现,并表示观测器与控制器的核实现之间存在对偶关系,故式(6-214)又可表示为

$$A_0=A_0^0-[(D_L^{\mathrm{T}})_{hc}]^{\mathrm{T}}\{[(D_L^{T})_{hc}]^{-1}\}^{\mathrm{T}}C_0^0,B_0=[(N_L^{\mathrm{T}})_{lc}]^{\mathrm{T}},C_0=\{[(D_L^{\mathrm{T}})_{hc}]^{-1}\}^{\mathrm{T}}C_0^0 \tag{6-216}$$

由于 $D_L(s)$ 的行次表达式及 $N_L(s)$ 的展开式为

$$D_L(s)=s_L(s)(D_L)_{hr}+\Psi_L(s)(D_L)_{lr},N_L(s)=\Psi_L(s)(N_L)_{lr} \tag{6-217}$$

$D_L^{\mathrm{T}}(s)$ 的列次表达式及 ${N_L}^{\mathrm{T}}(s)$ 的展开式为

$$D_L^{\mathrm{T}}(s)=(D_L^{\mathrm{T}})_{hr}S(s)+(D_L^{\mathrm{T}})_{lr}\Psi(s),{N_L}^{\mathrm{T}}(s)=(N_L^{\mathrm{T}})_{lr}\Psi(s) \tag{6-218}$$

式(6-217)转置为

$$D_L^{\mathrm{T}}(s)=[(D_L)_{hr}]^{\mathrm{T}}[S_L(s)]^{\mathrm{T}}+[(D_L)_{lr}]^{\mathrm{T}}[\Psi_L(s)]^{\mathrm{T}},{N_L}^{\mathrm{T}}(s)=[(N_L)_{lr}]^{\mathrm{T}}[\Psi_L(s)]^{\mathrm{T}} \tag{6-219}$$

根据式(6-219)和式(6-218)的恒等关系,有

$$S(s)=[S_L(s)]^{\mathrm{T}},\Psi(s)=[\Psi_L(s)]^{\mathrm{T}},(D_L^{\mathrm{T}})_{hr}=[(D_L)_{hr}]^{\mathrm{T}},$$
$$(D_L^{\mathrm{T}})_{lr}=[(D_L)_{lr}]^{\mathrm{T}},({N_L}^{\mathrm{T}})_{lr}=[(N_L)_{lr}]^{\mathrm{T}} \tag{6-220}$$

于是式(6-214)又进一步的表为

$$A_0=A_0^0-(D_L)_{lc}[(D_L)_{hc}]^{-1}C_0^0,B_0=(N_L)_{lc},C_0=[(D_L)_{hc}]^{-1}C_0^0 \tag{6-221}$$

对于确定的左 MFD$D^{-1}(s)N(s)$,不计下标 L 便有

$$A_0=A_0^0-D_{lr}(D_{hr})^{-1}C_0^0,B_0=N_{lr},C_0=(D_{hr})^{-1}C_0^0 \tag{6-222}$$

式中 D_{hr} 为左 MFD$D(s)$的行次系数矩阵,由于行即约,故 $\det D_{hr}\neq 0$;

$$S_L(s)=\mathrm{diag}\{s^{l_1},\cdots,s^{l_q}\} \tag{6-223}$$

$$l_i=\deg_{r_i}D(s),\quad \sum_{i=1}^{q}l_i=n \tag{6-224}$$

$$\Psi_L(s)=\mathrm{block}\quad \mathrm{diag}\{[s^{l_i-1},\cdots,s,1],\quad i=1,2,\cdots,q\} \tag{6-225}$$

由式(6-220)可得出

$$D_{lr}=[(D^{\mathrm{T}})_{lc}]^{\mathrm{T}} \tag{6-226}$$

意为 $D^{\mathrm{T}}(s)$的低次系数矩阵取转置后的即为 D_{lr},$D^{\mathrm{T}}(s)$的低次系数矩阵由同列元素按降幂排列后所得对应的系数构成。由式(6-220)还可以得到

$$N_{lr}=[(N^{\mathrm{T}})_{lc}]^{\mathrm{T}} \tag{6-227}$$

意为 $N^{\mathrm{T}}(s)$ 的低次系数矩阵由同列元素按降幂排列后所得对应的系数矩阵取转置即为 N_{lr}。

观测器实现(A_0,B_0,C_0)的矩阵结构为

$$
\boldsymbol{A}_0=\left[\begin{array}{cccccccccccccc}
\times & 1 & & & \times & & & & & & & & & \\
\times & \ddots & 1 & & & & & & & & & & & \\
 & & \ddots & \ddots & & & & & & & & & & \\
\times & & \ddots & 1 & & & & & & & & & & \\
\times & & \ddots & 0 & \times & & & & & & & & & \\
\times & & & & \times & 1 & & & & & & & & \\
 & & & & \times & 0 & 1 & & & & & & & \\
 & & & & & & \ddots & \ddots & & & & & & \\
 & & & & \times & & & 1 & & & & & & \\
\times & & & & \times & & & 0 & & & & & & \\
 & & & & & & & & \cdots & & & & & \\
 & & & & & & & & & \times & 1 & & & \\
 & & & & & & & & & \times & 0 & 1 & & \\
 & & & & & & & & & & & \ddots & \ddots & \\
 & & & & & & & & & \times & & & & 1 \\
 & & & & & & & & & \times & & \ddots & & 0
\end{array}\right],
$$

$$
\boldsymbol{B}_0=\boldsymbol{N}_{lr},\boldsymbol{C}_0=\begin{bmatrix}\times & & & \times & \\ \vdots & 0 & \cdots & \vdots & 0 \\ \times & & & \times & \end{bmatrix} \tag{6-228}
$$

其中核实现($\boldsymbol{A}_0^0,\boldsymbol{B}_0^0,\boldsymbol{C}_0^0$)的矩阵结构为

$$
\boldsymbol{A}_0^0=\text{block}\quad\text{diag}\left\{\underbrace{\begin{bmatrix}0 & 1 & & & \\ & 0 & 1 & & \\ & & \ddots & \ddots & \\ & & & 0 & 1 \\ & & & & 0\end{bmatrix}}_{l_i\times l_i}\quad i=1,2,\cdots,q\right\}
$$

$$
\boldsymbol{B}_0^0=\boldsymbol{I}_n,\boldsymbol{C}_0^0=\text{block}\quad\text{diag}\left\{\underbrace{[1\quad 0\quad \cdots\quad 0]}_{l_i}\quad i=1,2,\cdots,q\right\}=
$$

$$
\begin{bmatrix}\underbrace{[1\quad 0\quad \cdots\quad 0]}_{l_1} & & \\ & \ddots & \\ & & \underbrace{[1\quad 0\quad \cdots\quad 0]}_{l_q}\end{bmatrix} \tag{6-229}
$$

式子(6-228)中×号表示可能的非零元素，$\boldsymbol{A}_0$ 中第 i 个×列与$-\boldsymbol{D}_{lr}(\boldsymbol{D}_{hr})^{-1}$的第 i 列项同；$\boldsymbol{C}_0$ 中第 i 个×列与$(\boldsymbol{D}_{hr})^{-1}$的第 i 列项同。

$D^{-1}(s)N(s)$的观测器型实现(A_0,B_0,C_0)，其中(A_0,C_0)一定能观测，但不能保证(A_0,B_0)一定能控。当且仅当左 MFD 中，$D(s)$，$N(s)$为左互质时，观测器实现才一定是能控的。

例 6-15 试确定左 MFD 的观测器实现，设

$$G(s)=D^{-1}(s)N(s)=\begin{bmatrix} s^3+4s^2+5s+2 & s+2 \\ 0 & (s+2)^2 \end{bmatrix}^{-1}\begin{bmatrix} 0 & s^2 \\ -s & -s \end{bmatrix} \tag{6-230}$$

解 确定$D^{-1}(s)N(s)$的真性：

$$\deg_{r1}D(s)=3,\deg_{r2}D(s)=2,\deg_{r1}N(s)=2,\deg_{r2}N(s)=1$$

满足$\deg_{ri}N(s)<\deg_{ri}D(s)$，故$D^{-1}(s)$严格为真。

确定$D(s)$的行约性：由$D(s)$的行次项系数矩阵D_{hr}为

$$D_{hr}=\begin{bmatrix} 1 & 0 \\ 0 & 1 \end{bmatrix} \tag{6-231}$$

有 $\det D_{hr}\neq 0$，故是行约的。$D(s)$的行次表达式：

$$D(s)=S_L(s)D_{hr}+D_{lr}(s)=\begin{bmatrix} s^3 & 0 \\ 0 & s^2 \end{bmatrix}\begin{bmatrix} 1 & 0 \\ 0 & 1 \end{bmatrix}+\begin{bmatrix} 4s^2+5s+2 & s+2 \\ 0 & 4s+4 \end{bmatrix} \tag{6-232}$$

$D_{lr}(s)$，$N(s)$的分解：

$$D_{lr}(s)=\Psi_l(s)D_{lr}=\begin{bmatrix} s^2 & s & 1 & & \mathbf{0} \\ & \mathbf{0} & & s & 1 \end{bmatrix}\begin{bmatrix} 4 & 0 \\ 5 & 1 \\ 2 & 2 \\ 0 & 4 \\ 0 & 4 \end{bmatrix} \tag{6-233}$$

$$N(s)=\Psi_l(s)N_{lr}=\begin{bmatrix} s^2 & s & 1 & & \mathbf{0} \\ & \mathbf{0} & & s & 1 \end{bmatrix}\begin{bmatrix} 0 & 1 \\ 0 & 0 \\ 0 & 0 \\ -1 & -1 \\ 0 & 0 \end{bmatrix}$$

计算$D_{lr}D_{hr}^{-1}$：

$$D_{lr}D_{hr}^{-1}=\begin{bmatrix} 4 & 0 \\ 5 & 1 \\ 2 & 2 \\ 0 & 4 \\ 0 & 4 \end{bmatrix} \tag{6-234}$$

其核实现(A_0,B_0,C_0)为

$$A_0^0=\begin{bmatrix} 0 & 1 & 0 & & \\ 0 & 0 & 1 & \mathbf{0} & \\ 0 & 0 & 0 & & \\ & & \mathbf{0} & 0 & 1 \\ & & & 0 & 0 \end{bmatrix},\quad B_0^0=I_5,\quad C_0^0=\begin{bmatrix} 1 & 0 & 0 & & \mathbf{0} \\ & \mathbf{0} & & 1 & 0 \end{bmatrix} \tag{6-235}$$

其观测器型实现(A_0,B_0,C_0)为

$$A_0=\begin{bmatrix}-4&1&0&0&0\\-5&0&1&-1&0\\-2&0&0&-2&0\\0&0&0&-4&1\\0&0&0&-4&0\end{bmatrix},\quad B_0=N_{tr}=\begin{bmatrix}0&1\\0&0\\0&0\\-1&-1\\0&0\end{bmatrix},\quad C_0=\begin{bmatrix}1&0&0&0&0\\0&0&0&1&0\end{bmatrix}$$
(6-236)

2.矩阵分式描述的最小实现

给定右 MFD　$N_r(s)D_r^{-1}(s)$，$D_r(s)$为列或行既约，则当且仅当$N_r(s)$、$D_r(s)$为不可简约时，其维数为$n=\deg\det D_r(s)$的控制器型实现(A_0,B_0,C_0)为最小实现。

给定左 MFD　$D_L^{-1}(s)N_L(s)$，$D_L(s)$为行或列既约，则当且仅当$N_L(s)$、$D_L(s)$为不可简约时，其维数为$n=\deg\det D_L(s)$观测型实现(A_0,B_0,C_0)为最小实现。

下面只对控制器型实现的情况来证明上述结论。先证必要性，即已知(A_c,B_c,C_c)为最小实现，欲证$N_r(s)$、$D_r(s)$不可简约。用反证法，即反设$N_r(s)$、$D_r(s)$可简约，则存在非奇异非单模矩阵的最大右公因子$R(s)$，使

$$N_r(s)=\bar{N}_r(s)R(s),D_r(s)=\bar{D}_r(s)R(s)\tag{6-237}$$

显然有$N_r(s)D_r^{-1}(s)=\bar{N}_r(s)\bar{D}_r^{-1}(s)$，但是

$$\deg\det D_r(s)=\deg\det\bar{D}_r(s)+\deg\det R(s)\tag{6-238}$$

即
$$n=\deg\det D_r(s)>\deg\det\bar{D}_r(s)=\bar{n}$$

由$\bar{N}_r(s)\bar{D}_r^{-1}(s)$构造的控制器型实现$(\bar{A}_c,\bar{B}_c,\bar{C}_c)$是$N_r(s)D_r^{-1}(s)$的一个实现，但其维数比$(A_c,B_c,C_c)$实现的维数要低，便与已知$(A_c,B_c,C_c)$的最小实现相矛盾，故反设不成立，即不可简约，必要性得证。

再证充分性。即已知$N_r(s)$、$D_r(s)$不可简约，欲证(A_c,B_c,C_c)为最小实现，也用反证法，即反设(A_c,B_c,C_c)不是最小实现，例如(A_c,B_c)能控，但(A_c,C_c)不能观测，于是A_c至少存在一个不能观测的特征值λ，其对应的特征向量p便正交于C_c的行(据 PBH 特征向量判据)，即

$$C_cp=0\tag{6-239}$$

由控制器型实现的性质可知，p必满足

$$p=\Psi(\lambda)q\tag{6-240}$$

且
$$D(\lambda)q=0\tag{6-241}$$

$$\Psi(\lambda)=\begin{bmatrix}\lambda_1^k-1&&\\\vdots&&\\\lambda&&\\1&&\\&\ddots&\\&&\lambda_p^k-1\\&&\vdots\\&&\lambda\\&&1\end{bmatrix}\tag{6-242}$$

将式(6-240)代入式(6-239),且考虑 $\boldsymbol{C}_c=\boldsymbol{N}_{lc}$,$\boldsymbol{N}_{lc}\boldsymbol{\Psi}(s)=\boldsymbol{N}(s)$,有

$$\boldsymbol{C}_c\boldsymbol{p}=\boldsymbol{C}_c\boldsymbol{\Psi}(\lambda)\boldsymbol{q}=\boldsymbol{N}_{lc}\boldsymbol{\Psi}(\lambda)\boldsymbol{q}=\boldsymbol{N}(\lambda)\boldsymbol{q}=\boldsymbol{0} \tag{6-243}$$

联合式(6-241)和式(6-243),有

$$\begin{bmatrix}\boldsymbol{D}(\lambda)\\ \boldsymbol{N}(\lambda)\end{bmatrix}\boldsymbol{q}=\boldsymbol{0} \tag{6-244}$$

该式表明,对于 $s=\lambda$,$[\boldsymbol{D}(s)\quad \boldsymbol{N}^{\mathrm{T}}(s)]^{\mathrm{T}}$ 是降秩的,即 $\boldsymbol{D}(s)$、$\boldsymbol{N}(s)$ 非右互质,$\boldsymbol{N}(s)\boldsymbol{D}^{-1}(s)$ 是可简约的,这便与 $\boldsymbol{N}(s)\boldsymbol{D}^{-1}(s)$ 不可简约相矛盾,故反设不成立,即 $(\boldsymbol{A}_c,\boldsymbol{B}_c,\boldsymbol{C}_c)$ 是最小实现,证毕。

对于给定的不可简约的右或左 MFD 来说,其控制器型或观测器型最小实现具有特定的矩阵结构形式。当引入非奇异线性变换时,其最小实现将导出各种代数等价的结构。由于严格真 $\boldsymbol{G}(s)$ 的 MFD 的非唯一性,且这些 MFD 都是不可简约的,也将导出不同的上述二种最小实现的特定结构,尽管 $G(s)$ 的不可简约的 MFD 不同,尽管最小实现的结构不用,其最小实现的维数都是必有 $n=\deg\det\boldsymbol{D}_r(s)=\deg\det\boldsymbol{D}_L(s)$。

习 题

6-1 判断下列多项式矩阵是否单模矩阵?

(1) $\boldsymbol{A}(s)=\begin{bmatrix}s+8 & s+2\\ s^2+2s-1 & s(s+1)\end{bmatrix}$;

(2) $\boldsymbol{A}(s)=\begin{bmatrix}s+1 & 1 & s+1\\ 0 & s+2 & 3\\ s+3 & 1 & s+3\end{bmatrix}$;

(3) $\boldsymbol{A}(s)=\begin{bmatrix}(s+1)^2 & s+4 & 1\\ 1 & -1 & 0\\ -(s^2+4) & s^2 & 0\end{bmatrix}$。

6-2 已知多项式矩阵 $\boldsymbol{D}(s)$、$\boldsymbol{N}(s)$,试求最大右公因子(gcrd)。

(1)$\boldsymbol{D}(s)=\begin{bmatrix}s^2+2s & s+3\\ 2s^2-s & 3s-2\end{bmatrix}$,$\boldsymbol{N}(s)=[s\quad 1]$;

(2)$\boldsymbol{D}(s)=\begin{bmatrix}0 & (s+1)^2(s+2)\\ -(s+2)^2 & -(s+2)\end{bmatrix}$,$\boldsymbol{N}(s)=\begin{bmatrix}-(s+1)^2 & 0\\ (s+1)(s+2)^2 & (s+2)^2\end{bmatrix}$。

6-3 确定下列多项式矩阵的互质性。

(1)$\boldsymbol{D}_1(s)=\begin{bmatrix}s+1 & 0\\ (s-1)(s+2) & s-1\end{bmatrix}$,$\boldsymbol{N}_1(s)=[s+2\quad s+1]$

(2)$\boldsymbol{D}_2(s)=\begin{bmatrix}s+1 & 0\\ (s-1)(s+2) & s-1\end{bmatrix}$,$\boldsymbol{N}_2(s)=[s-1\quad s+1]$

(3)$\boldsymbol{D}_3(s)=\begin{bmatrix}s+1 & 0\\ (s-1)(s+2) & s-1\end{bmatrix}$,$\boldsymbol{N}_3(s)=[s\quad s]$

6-4 试求 $\boldsymbol{A}(s)$ 的史密斯标准型。

(1) $\boldsymbol{A}(s)=\begin{bmatrix}1 & 0 & 0 & 0\\ 0 & 1 & 0 & 0\\ 0 & 0 & (s+1)^2(s+2) & 0\\ 0 & 0 & -(s+1) & s+2\end{bmatrix}$；

(2) $\boldsymbol{A}(s)=\begin{bmatrix}s^2+7s+2 & 0\\ 3 & s(s+1)\\ s+1 & s+3\end{bmatrix}$。

6-5　确定下列多项式矩阵的行次、列次，写出其列次、行次表达式，并判定列、行既约性。

$$\boldsymbol{A}(s)=\begin{bmatrix}0 & s+3\\ s(s^2+2s+1) & (s+1)(s+2)\\ (s+1)^2 & 7\end{bmatrix}$$

6-6　确定下列 $\boldsymbol{A}(s)$ 的列既约性。设 $\boldsymbol{U}(s)\boldsymbol{A}(s)$、$\boldsymbol{A}(s)\boldsymbol{V}(s)$ 能使 $\boldsymbol{A}(s)$ 列既约化，试确定单模矩阵 $\boldsymbol{U}(s)$ 和 $\boldsymbol{V}(s)$。

$$\boldsymbol{A}(s)=\begin{bmatrix}s(s+2) & s^2+s+1\\ s & s+2\end{bmatrix}$$

6-7　试求 $G(s)$ 的史密斯-麦克米兰型：

$$\boldsymbol{G}(s)=\begin{bmatrix}\dfrac{2s+1}{s^2+3s+2} & \dfrac{2}{s^2} & \dfrac{s^2+1}{2s^2}\\ 1 & \dfrac{1}{s+1} & \dfrac{1}{s+2}\end{bmatrix}$$

6-8　试求 $\boldsymbol{G}(s)$ 的零点多项式、极点多项式。

(1) $\boldsymbol{G}(s)=\begin{bmatrix}\dfrac{1}{s+1} & 0\\ \dfrac{1}{s-1} & \dfrac{1}{s+2}\end{bmatrix}$；

(2) $\boldsymbol{G}(s)=\begin{bmatrix}\dfrac{1}{s+1} & 0 & \dfrac{s-1}{(s+1)(s+2)}\\ -\dfrac{1}{s-1} & \dfrac{1}{s+2} & \dfrac{1}{s+2}\end{bmatrix}$。

6-9　已知 $\boldsymbol{G}(s)$，写出三个次数不等的左 MFD。

$$\boldsymbol{G}(s)=\begin{bmatrix}\dfrac{s+1}{s^2} & 0 & \dfrac{1}{s}\\ 0 & \dfrac{s}{s+2} & \dfrac{s+1}{s+2}\end{bmatrix}$$

6-10　判断下列 MFD 的真性。

$$\boldsymbol{D}^{-1}(s)\boldsymbol{N}(s)=\begin{bmatrix}s^2-1 & s-1\\ 2 & s^2-1\end{bmatrix}^{-1}\begin{bmatrix}s-1 & s+1\\ s^2 & 2(s+1)\end{bmatrix}$$

6-11　判断下列 MFD 是否不可简约的？

(1) $\begin{bmatrix}s^2 & 0\\ 1 & -s+1\end{bmatrix}^{-1}\begin{bmatrix}s+1 & 0\\ 1 & 1\end{bmatrix}$；

(2) $\begin{bmatrix} s(s+1) & 0 \\ 2s+1 & 1 \end{bmatrix}\begin{bmatrix} s^2 & 0 \\ -s^2+s+1 & -s+1 \end{bmatrix}^{-1}$。

6-12　已知 $\boldsymbol{G}(s)$，求出两个不可简约的右 MFD。

$$\boldsymbol{G}(s)=\begin{bmatrix} \dfrac{1}{s} & \dfrac{s+1}{s^2} & 0 \\ \dfrac{s+1}{s+2} & 0 & \dfrac{s}{s+2} \end{bmatrix}$$

6-13　已知右 MFD，确定其控制器型实现，并判断是否为最小实现。

$$\boldsymbol{N}(s)\boldsymbol{D}^{-1}(s)=\begin{bmatrix} s^2-1 & s+1 \end{bmatrix}\begin{bmatrix} s^3 & s^2-1 \\ s+1 & s^3+s^2+1 \end{bmatrix}^{-1}$$

6-14　已知左 MFD，确定其观测器型实现，并判断是否为最小实现。

$$\boldsymbol{D}^{-1}(s)\boldsymbol{N}(s)=\begin{bmatrix} s^2-1 & 0 \\ 0 & s-1 \end{bmatrix}^{-1}\begin{bmatrix} 1 & s-1 \\ 2 & s^2 \end{bmatrix}$$

第七章　多变量系统的多项式矩阵描述及结构特性分析

状态空间描述便于时域分析及计算机实现与仿真，能揭示内部状态对系统的影响，但不能直接用于频域分析，输入-输出关系不明显。传递函数矩阵描述则不含内部状态信息，但其输入-输出的系统外部描述可能把单变量系统频域法推广应用到多变量系统。为将状态空间与传递函数矩阵描述的优点相结合，罗森布洛克提出了多项式矩阵描述(PMD)。PMD 同样是根据系统原始微分方程组导出，但只选择容易测量的变量或和其线性组合作为状态变量，记为$\xi(t)$，它是状态空间法中所选状态变量的一部分，故有“分状态”之称。PMD 中微分方程的阶次通常包含高于一阶的微分方程。将 PMD 中诸矩阵写出紧凑格式便得到系统矩阵，用系统矩阵对多变量系统结构特性所做的大量研究，导出解耦零点、多项式矩阵互质性等重要概念，揭示与多变量系统能控能观测性、最小实现、稳定性之间的重要关系，这种基于多项式矩阵的系统分析综合方法是一种多变量频域设计法。

第一节　多项式矩阵描述

1. PMD 的动态方程与传递函数矩阵

系统的 PMD 的一般动态方程为

$$\left.\begin{aligned}\boldsymbol{P}(\lambda)\boldsymbol{\xi}(t)&=\boldsymbol{Q}(\lambda)\boldsymbol{u}(t)\\ \boldsymbol{y}(t)&=\boldsymbol{R}(\lambda)\boldsymbol{\xi}(t)+\boldsymbol{W}(\lambda)\boldsymbol{u}(t)\end{aligned}\right\}\tag{7-1}$$

式中：$\lambda=\dfrac{\mathrm{d}}{\mathrm{d}t}$；$\boldsymbol{\xi}(t)$为 r 维分状态向量，对于 n 阶系统，通常 $r<n$；$\boldsymbol{u}(t)$为 p 维输入向量；$\boldsymbol{y}(t)$为 q 维输出向量。PMD 的唯一约束便是 $\det\boldsymbol{P}(\lambda)\neq 0$，以便保证式(7-1)有唯一解。对式(7-1)进行拉普拉斯变换，且令初始条件为零，有

$$\left.\begin{aligned}\boldsymbol{P}(s)\boldsymbol{\xi}(s)&=\boldsymbol{Q}(s)\boldsymbol{u}(s)\\ \boldsymbol{y}(s)&=\boldsymbol{R}(s)\boldsymbol{\xi}(s)+\boldsymbol{W}(s)\boldsymbol{u}(s)\end{aligned}\right\}\tag{7-2}$$

并简称系统为 $\boldsymbol{S}\{\boldsymbol{P}(s),\boldsymbol{Q}(s),\boldsymbol{R}(s),\boldsymbol{W}(s)\}$。由于 $\boldsymbol{P}(s)$非奇异，可导出传递函数矩阵 $\boldsymbol{G}(s)$的又一表达式。由

$$\boldsymbol{y}(s)=[\boldsymbol{R}(s)\boldsymbol{P}^{-1}\boldsymbol{Q}(s)+\boldsymbol{W}(s)]\boldsymbol{u}(s)\stackrel{\triangle}{=}\boldsymbol{G}(s)\boldsymbol{u}(s)\tag{7-3}$$

故

$$\boldsymbol{G}(s)=\boldsymbol{R}(s)\boldsymbol{P}^{-1}(s)\boldsymbol{Q}(s)+\boldsymbol{W}(s)\tag{7-4}$$

2. PMD与其他描述的关系

当PMD取下列动态方程

$$\left.\begin{aligned}&\boldsymbol{D}_r(s)\boldsymbol{\xi}(s)=\boldsymbol{u}(s),\boldsymbol{u}、\boldsymbol{\xi}\in\mathbf{R}^p\ 即\ r=p\\&\boldsymbol{y}(s)=\boldsymbol{N}_r(s)\boldsymbol{\xi}(s)+\boldsymbol{W}(s)\boldsymbol{u}(s)\end{aligned}\right\}\tag{7-5}$$

则

$$\boldsymbol{y}(s)[\boldsymbol{N}_r(s)\boldsymbol{D}_r^{-1}(s)+\boldsymbol{W}(s)]\boldsymbol{u}(s)\xlongequal{\triangle}\boldsymbol{G}(s)\boldsymbol{u}(s)\tag{7-6}$$

故

$$\boldsymbol{G}(s)=\boldsymbol{N}_r(s)\boldsymbol{D}_r^{-1}(s)+\boldsymbol{W}(s)\tag{7-7}$$

式(7-7)为$\boldsymbol{G}(s)$的右矩阵分式描述。

当PMD取下列动态方程：

$$\left.\begin{aligned}&\boldsymbol{D}_l(s)\boldsymbol{\xi}(s)=\boldsymbol{N}_l(s)\boldsymbol{u}(s)\\&\boldsymbol{y}(s)=\boldsymbol{\xi}(s)+\boldsymbol{W}(s)\boldsymbol{u}(s),\quad \boldsymbol{y},\boldsymbol{\xi}\in\mathbf{R}^q\ 即\ \boldsymbol{r}=\boldsymbol{q}\end{aligned}\right\}\tag{7-8}$$

则

$$\boldsymbol{y}(s)=[\boldsymbol{D}_l^{-1}(s)\boldsymbol{N}_l(s)+\boldsymbol{W}(s)]\boldsymbol{u}(s)\xlongequal{\triangle}\boldsymbol{G}(s)\boldsymbol{u}(s)\tag{7-9}$$

故

$$\boldsymbol{G}(s)=\boldsymbol{D}_l^{-1}(s)\boldsymbol{N}_l(s)+\boldsymbol{W}(s)\tag{7-10}$$

式(7-10)为$\boldsymbol{G}(s)$的左矩阵分式描述。

对于状态空间表达式$\dot{\boldsymbol{x}}=\boldsymbol{Ax}+\boldsymbol{Bu}$，$\boldsymbol{y}=\boldsymbol{Cx}+\boldsymbol{Du}$，当用PMD时有

$$\left.\begin{aligned}&(s\boldsymbol{I}-\boldsymbol{A})\boldsymbol{x}(s)=\boldsymbol{Bu}(s)\\&\boldsymbol{y}(s)=\boldsymbol{Cx}(s)+\boldsymbol{Du}(s)\end{aligned}\right\}\tag{7-11}$$

故$\boldsymbol{S}(\boldsymbol{A},\boldsymbol{B},\boldsymbol{C},\boldsymbol{D})$与$\boldsymbol{S}(s\boldsymbol{I}-\boldsymbol{A},\boldsymbol{B},\boldsymbol{C},\boldsymbol{D})$描述了同一系统，这时有$\boldsymbol{\xi}=\boldsymbol{x}$，$\boldsymbol{S}\{\boldsymbol{P}(s),\boldsymbol{Q}(s),\boldsymbol{R}(s),\boldsymbol{W}(s)\}$代换为$\boldsymbol{S}(s\boldsymbol{I}-\boldsymbol{A},\boldsymbol{B},\boldsymbol{C},\boldsymbol{D})$即可。

对于同一系统的各种描述，其传递函数矩阵显然不变，故有

$$\begin{aligned}\boldsymbol{G}(s)&=\boldsymbol{R}(s)\boldsymbol{P}^{-1}(s)\boldsymbol{Q}(s)+\boldsymbol{W}(s)=\boldsymbol{N}_r(s)\boldsymbol{D}_r^{-1}(s)+\boldsymbol{W}(s)=\\&\boldsymbol{D}_l^{-1}(s)\boldsymbol{N}_l(s)+\boldsymbol{W}(s)=\boldsymbol{C}(s\boldsymbol{I}-\boldsymbol{A})^{-1}\boldsymbol{B}+\boldsymbol{D}\end{aligned}\tag{7-12}$$

例7-1 列写图7-1所示机械系统的状态空间表达式及多项式矩阵表达式。

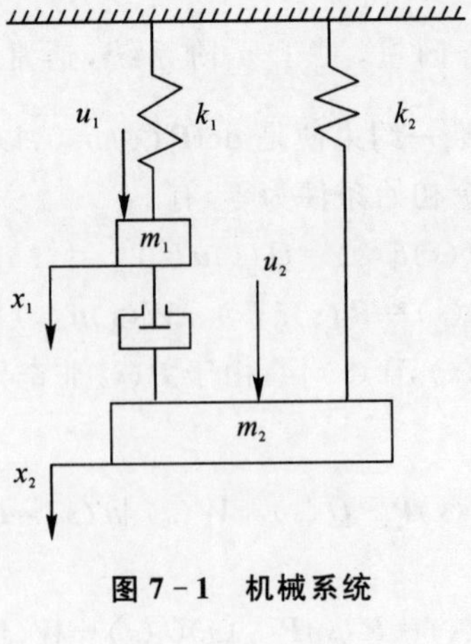

图7-1 机械系统

解　由牛顿定理列出动态平衡方程

$$\left.\begin{aligned}m_1\ddot{x}_1+f(\dot{x}_1-\dot{x}_2)+k_1x_1=u_1\\m_2\ddot{x}_2+f(\dot{x}_2-\dot{x}_1)+k_2x_2=u_2\end{aligned}\right\}\tag{7-13}$$

考虑 $\dot{x}_1=\dot{x}_1$，$\dot{x}_2=\dot{x}_2$，取输出 $y_1=x_1$，$y_2=x_2$，故状态方程为

$$\begin{bmatrix}\dot{x}_1\\\ddot{x}_1\\\dot{x}_2\\\ddot{x}_2\end{bmatrix}=\begin{bmatrix}0&1&0&0\\-\dfrac{k_1}{m_1}&-\dfrac{f}{m_1}&0&\dfrac{f}{m_1}\\0&0&0&1\\0&\dfrac{f}{m_2}&-\dfrac{k_2}{m_2}&-\dfrac{f}{m_2}\end{bmatrix}\begin{bmatrix}x_1\\\dot{x}_1\\x_2\\\dot{x}_2\end{bmatrix}+\begin{bmatrix}0&0\\1&0\\0&0\\0&1\end{bmatrix}\begin{bmatrix}u_1\\u_2\end{bmatrix}\tag{7-14}$$

输出方程为

$$\boldsymbol{y}=\begin{bmatrix}1&0&0&0\\0&0&1&0\end{bmatrix}\begin{bmatrix}x_1\\\dot{x}_1\\x_2\\\dot{x}_2\end{bmatrix}\tag{7-15}$$

对动态方程做拉普拉斯变换可得 PMD：

$$\begin{gathered}\underbrace{\begin{bmatrix}m_1s^2+fs+k_1&-fs\\-fs&m_2s^2+fs+k_2\end{bmatrix}}_{\boldsymbol{P}(s)}\underbrace{\begin{bmatrix}x_1(s)\\\boldsymbol{x}_2(s)\end{bmatrix}}_{\boldsymbol{\xi}(s)}=\underbrace{\begin{bmatrix}1&0\\0&1\end{bmatrix}}_{\boldsymbol{Q}(s)}\underbrace{\begin{bmatrix}u_1\\u_2\end{bmatrix}}_{\boldsymbol{u}(s)}\\y(s)=\underbrace{\begin{bmatrix}1&0\\0&1\end{bmatrix}}_{\boldsymbol{R}(s)}\underbrace{\begin{bmatrix}x_1(s)\\\boldsymbol{x}_2(s)\end{bmatrix}}_{\boldsymbol{\xi}(s)}+\underbrace{\begin{bmatrix}0&0\\0&0\end{bmatrix}}_{\boldsymbol{W}(s)}\underbrace{\begin{bmatrix}u_1(s)\\\boldsymbol{u}_2(s)\end{bmatrix}}_{\boldsymbol{u}(s)}\end{gathered}\tag{7-16}$$

显见 $\boldsymbol{\xi}(s)$是 $\boldsymbol{x}(s)$的一部分，$\boldsymbol{\xi}(s)$称分状态向量。

第二节　系统矩阵及其等价变换式

式(7-2)所示动态方程可改写为

$$\begin{bmatrix}\boldsymbol{P}(s)&\boldsymbol{Q}(s)\\-\boldsymbol{R}(s)&\boldsymbol{W}(s)\end{bmatrix}\begin{bmatrix}\boldsymbol{\xi}(s)\\-\boldsymbol{u}(s)\end{bmatrix}=\begin{bmatrix}\boldsymbol{0}\\-\boldsymbol{y}(s)\end{bmatrix}\tag{7-17}$$

罗森布洛克(Rosenbrock)定义下列多项式矩阵

$$\boldsymbol{T}(s)=\begin{bmatrix}\boldsymbol{P}(s)&\boldsymbol{Q}(s)\\-\boldsymbol{R}(s)&\boldsymbol{W}(s)\end{bmatrix}\tag{7-18}$$

为式(7-2)所示系统的系统矩阵，它包含了系统动力学行为的全部信息。$\boldsymbol{T}(s)$是多项式矩阵，其中 $\boldsymbol{P}(s)$的行列式的次数为 n。记为 $n=\deg[\det\boldsymbol{P}(s)]$即系统阶次。左、右矩阵分式描述、状态空间描述所对应的系统矩阵分别为

$$\begin{bmatrix} D_l(s) & N_l(s) \\ -I_q & W(s) \end{bmatrix}, \begin{bmatrix} D_r(s) & I_p \\ -N_r(s) & W(s) \end{bmatrix}, \begin{bmatrix} sI-A & B \\ -C & D \end{bmatrix} \tag{7-19}$$

系统矩阵在多变量系统分析综合中占有重要地位。为研究系统动态特性，需对系统矩阵进行各种变换，以便简化计算或给出规范形式，但希望保持系统固有信息，如系统的阶次、传递函数矩阵具有不变性，即变换前后系统应是严格等价的。下面介绍两种严格等价变换及其特性。

一、罗森布洛克意义下的严格系统等价

定义 7-1 若存在单模矩阵 $M(s)_{r\times r}$、$N(s)_{r\times r}$ 以及多项式矩阵 $X(s)_{q\times r}$、$Y(s)_{r\times p}$ 使

$$\begin{bmatrix} P_1(s) & Q_1(s) \\ -R_1(s) & W_1(s) \end{bmatrix} = \begin{bmatrix} M(s) & 0 \\ X(s) & I_p \end{bmatrix}\begin{bmatrix} P(s) & Q(s) \\ -R(s) & W(s) \end{bmatrix}\begin{bmatrix} N(s) & Y(s) \\ 0 & I_p \end{bmatrix} \tag{7-20}$$

则称下列两个系统矩阵：

$$T(s) = \begin{bmatrix} P(s) & Q(s) \\ -R(s) & W(s) \end{bmatrix}, \quad T_1(s) = \begin{bmatrix} P_1(s) & Q_1(s) \\ -R_1(s) & W_1(s) \end{bmatrix} \tag{7-21}$$

是罗森布洛克意义下严格系统等价(s. s. e)的，记为 $T(s)\overset{R}{\sim}T_1(s)$ 。

定理 7-1 若两个系统 $T(s)\overset{R}{\sim}T_1(s)$，则具有相同的系统阶次和传递函数矩阵。

证明 将式(7-20)展开有(略去 s)

$$\begin{bmatrix} P_1 & Q_1 \\ -R_1 & W_1 \end{bmatrix} = \begin{bmatrix} MPN & MPY+MQ \\ (XP-R)N & (XP-R)Y+(XQ+W) \end{bmatrix} \tag{7-22}$$

式中 $P_1=MPN$，由于 M、N 均为单模矩阵，故

$\deg[\det P_1]=\deg[\det MPN]=\deg[\det M]+\deg[\det P]+\deg[\det N]=\deg[\det P]$，得证。其中 $\det M=\det N=$常数，故$[\det M]=\deg[\det N]=0$。

系统$T_1(s)$生成的传递函数矩阵 $G_1(s)$为

$$\begin{aligned} G_1(s) &= R_1P_1^{-1}Q_1+W_1= \\ & -(XP-R)N(^{MPN})^{-1}(MPY+MQ)+(XP-R)Y+(XQ+W)= \\ & -(XP-R)P^{-1}(PY+Q)+(XP-R)Y+(XQ+W)= \\ & RP^{-1}Q+W=G(s) \end{aligned} \tag{7-23}$$

得证，当 $T(s)\overset{R}{\sim}T_1(s)$时，由于

$$M,\quad N,\quad \begin{bmatrix} M & 0 \\ X & I_q \end{bmatrix}, \begin{bmatrix} N & Y \\ 0 & I_p \end{bmatrix} \tag{7-24}$$

都是单模矩阵，故 $T(s)$与 $T_1(s)$有相同的 Smith 型，$P(s)$与 $P_1(s)$有相同的 Smith 型。由于式(7-20)可分解为

$$\begin{aligned} [P_1 \quad Q_1] &= [M \quad 0]\begin{bmatrix} P & Q \\ -R & W \end{bmatrix}\begin{bmatrix} N & Y \\ 0 & I_p \end{bmatrix} = M[P \quad Q]\begin{bmatrix} N & Y \\ 0 & I_p \end{bmatrix} \\ \begin{bmatrix} P_1 \\ -R_1 \end{bmatrix} &= \begin{bmatrix} M & 0 \\ X & I_q \end{bmatrix}\begin{bmatrix} P & Q \\ -R & W \end{bmatrix}\begin{bmatrix} N \\ 0 \end{bmatrix} = \begin{bmatrix} M & 0 \\ X & I_q \end{bmatrix}\begin{bmatrix} P \\ -R \end{bmatrix}N \end{aligned} \tag{7-25}$$

故$[\boldsymbol{P}_1\quad \boldsymbol{Q}_1]$与$[\boldsymbol{P}\quad \boldsymbol{Q}]$、$\begin{bmatrix}\boldsymbol{P}_1\\ \boldsymbol{R}_1\end{bmatrix}$与$\begin{bmatrix}\boldsymbol{P}\\ \boldsymbol{R}\end{bmatrix}$具有相同的史密斯型。

定理 7-2　任一系统矩阵

$$\boldsymbol{T}(s)=\begin{bmatrix}\boldsymbol{P}(s) & \boldsymbol{Q}(s)\\ -\boldsymbol{R}(s) & \boldsymbol{W}(s)\end{bmatrix} \tag{7-26}$$

可用 s. s. e 变换成状态空间型系统矩阵，即存在$\boldsymbol{A}_{n\times n}$、$\boldsymbol{B}_{n\times p}$、$\boldsymbol{C}_{q\times n}$ 使

$$\begin{bmatrix}\boldsymbol{P}(s) & \boldsymbol{Q}(s)\\ -\boldsymbol{R}(s) & \boldsymbol{W}(s)\end{bmatrix}\overset{s.s.e}{\sim}\begin{bmatrix}s\boldsymbol{I}-\boldsymbol{A} & \boldsymbol{B}\\ -\boldsymbol{C} & \boldsymbol{D}(s)\end{bmatrix} \tag{7-27}$$

式中：$\boldsymbol{P}(s)$为$n\times n$ 矩阵；$\deg[\det\boldsymbol{P}(s)]=\boldsymbol{n}$；$\boldsymbol{D}(s)$为多项式矩阵。

证明　任一多项式矩阵$\boldsymbol{P}(s)$，总存在单模矩阵$\boldsymbol{M}_1(s)$、$\boldsymbol{M}_2(s)$使$\boldsymbol{P}(s)$化为 Smith 型

$$\boldsymbol{M}_1(s)\boldsymbol{P}(s)\boldsymbol{M}_2(s)=\mathbf{diag}\{\boldsymbol{\varphi}_1(s)\ \cdots\boldsymbol{\varphi}_n(s)\}\sim\boldsymbol{P}(s) \tag{7-28}$$

对于$\boldsymbol{A}_{n\times n}$，矩阵$(s\boldsymbol{I}-\boldsymbol{A})$也可化为史密斯型。一个系统的史密斯型是唯一的，于是下列等价关系成立

$$(s\boldsymbol{I}-\boldsymbol{A})\sim\mathrm{diag}\{\varphi_1(s)\ \cdots\boldsymbol{\varphi}_n(s)\}\sim\boldsymbol{P}(s) \tag{7-29}$$

即$(s\boldsymbol{I}-\boldsymbol{A})\sim\boldsymbol{P}(s)$，因而存在单模矩阵$\boldsymbol{N}_1(s)$、$\boldsymbol{N}_2(s)$使

$$\boldsymbol{N}_1(s)\boldsymbol{P}(s)\boldsymbol{N}_2(s)=s\boldsymbol{I}-\boldsymbol{A} \tag{7-30}$$

引入单模矩阵

$$\begin{bmatrix}\boldsymbol{N}_1(s) & \boldsymbol{0}\\ \boldsymbol{0} & \boldsymbol{I}\end{bmatrix},\begin{bmatrix}\boldsymbol{N}_2(s) & \boldsymbol{0}\\ \boldsymbol{0} & \boldsymbol{I}\end{bmatrix} \tag{7-31}$$

则

$$\begin{bmatrix}\boldsymbol{N}_1(s) & \boldsymbol{0}\\ \boldsymbol{0} & \boldsymbol{I}\end{bmatrix}\begin{bmatrix}\boldsymbol{P}(s) & \boldsymbol{Q}(s)\\ -\boldsymbol{R}(s) & \boldsymbol{W}(s)\end{bmatrix}\begin{bmatrix}\boldsymbol{N}_2(s) & \boldsymbol{0}\\ \boldsymbol{0} & \boldsymbol{I}\end{bmatrix}=\begin{bmatrix}s\boldsymbol{I}-\boldsymbol{A} & \boldsymbol{N}_1\boldsymbol{Q}\\ -\boldsymbol{R}\boldsymbol{N}_2 & \boldsymbol{W}\end{bmatrix}\triangleq\boldsymbol{T}_1(s) \tag{7-32}$$

有$\boldsymbol{T}(s)\overset{R}{\sim}\boldsymbol{T}_1(s)$。再引入单模矩阵

$$\begin{bmatrix}\boldsymbol{I} & \boldsymbol{0}\\ \boldsymbol{R}_1 & \boldsymbol{I}\end{bmatrix},\begin{bmatrix}\boldsymbol{I} & -\boldsymbol{Q}_1\\ \boldsymbol{0} & \boldsymbol{I}\end{bmatrix} \tag{7-33}$$

则

$$\begin{gathered}\begin{bmatrix}\boldsymbol{I} & \boldsymbol{0}\\ \boldsymbol{R}_1 & \boldsymbol{I}\end{bmatrix}\begin{bmatrix}s\boldsymbol{I}-\boldsymbol{A} & \boldsymbol{N}_1\boldsymbol{Q}\\ -\boldsymbol{R}\boldsymbol{N}_2 & \boldsymbol{W}\end{bmatrix}\begin{bmatrix}\boldsymbol{I} & -\boldsymbol{Q}_1\\ \boldsymbol{0} & \boldsymbol{I}\end{bmatrix}=\\ \begin{bmatrix}s\boldsymbol{I}-\boldsymbol{A} & -(s\boldsymbol{I}-\boldsymbol{A})\boldsymbol{Q}_1+\boldsymbol{N}_1\boldsymbol{Q}\\ \boldsymbol{R}_1(s\boldsymbol{I}-\boldsymbol{A})-\boldsymbol{R}\boldsymbol{N}_2 & -[\boldsymbol{R}_1(s\boldsymbol{I}-\boldsymbol{A})-\boldsymbol{R}\boldsymbol{N}_2]\boldsymbol{Q}_1+\boldsymbol{R}\boldsymbol{N}_1\boldsymbol{Q}+\boldsymbol{W}\end{bmatrix}\end{gathered} \tag{7-34}$$

令

$$\boldsymbol{B}=-(s\boldsymbol{I}-\boldsymbol{A})\boldsymbol{Q}_1+\boldsymbol{N}_1\boldsymbol{Q},\ -\boldsymbol{C}=\boldsymbol{R}_1(s\boldsymbol{I}-\boldsymbol{A})\boldsymbol{Q}-\boldsymbol{R}\boldsymbol{N}_2 \tag{7-35}$$

则

$$\boldsymbol{T}_1(s)\overset{R}{\sim}\begin{bmatrix}s\boldsymbol{I}-\boldsymbol{A} & \boldsymbol{B}\\ -\boldsymbol{C} & \boldsymbol{D}(s)\end{bmatrix} \tag{7-36}$$

式中

$$\boldsymbol{D}(s)=\boldsymbol{C}\boldsymbol{Q}_1+\boldsymbol{R}\boldsymbol{N}_1\boldsymbol{Q}+\boldsymbol{W} \tag{7-37}$$

故

$$\boldsymbol{T}(s)\overset{R}{\sim}\begin{bmatrix} s\boldsymbol{I}-\boldsymbol{A} & \boldsymbol{B} \\ -\boldsymbol{C} & \boldsymbol{D}(s) \end{bmatrix} \tag{7-38}$$

得证。值得注意的是，当$\boldsymbol{P}(s)$的维数r满足$r=n$时，直接对$\boldsymbol{T}(s)$进行行、列初等变换，便可获得状态空间型的多项式系统矩阵。但当$r<n$时，需用如下增广系统矩阵：

$$\boldsymbol{T}(s)=\left[\begin{array}{cc:c} \boldsymbol{I}_{n-r} & \boldsymbol{0} & \boldsymbol{0} \\ \boldsymbol{0} & \boldsymbol{P}(s) & \boldsymbol{Q}(s) \\ \hdashline \boldsymbol{0} & -\boldsymbol{R}(s) & \boldsymbol{W}(s) \end{array}\right] \tag{7-39}$$

来进行行、列初等变换，以便导出$(s\boldsymbol{I}-\boldsymbol{A})$是$(n\times n)$维的。增广系统矩阵与系统矩阵具有等同的描述特性。

例 7-2 将下列系统矩阵$\boldsymbol{T}(s)$变换成状态空间型的系统矩阵$\boldsymbol{T}_1(s)$。

$$\boldsymbol{T}(s)=\left[\begin{array}{cc:c} s+1 & s^3 & 0 \\ 0 & s+1 & 1 \\ \hdashline -1 & 0 & 0 \end{array}\right] \tag{7-40}$$

解 第二行乘$[-(s^2-s+1)]$加至第一行：

$$\boldsymbol{T}(s)\sim\left[\begin{array}{cc:c} s+1 & -1 & -(s^2-s+1) \\ 0 & s+1 & 1 \\ \hdashline -1 & 0 & 0 \end{array}\right] \tag{7-41}$$

第一行乘$(s-2)$加至第三列：

$$\boldsymbol{T}(s)\sim\left[\begin{array}{cc:c} s+1 & -1 & -3 \\ 0 & s+1 & 1 \\ \hdashline -1 & 0 & -(s-2) \end{array}\right]\triangleq\left[\begin{array}{c:c} s\boldsymbol{I}-\boldsymbol{A} & \boldsymbol{B} \\ \hdashline -\boldsymbol{C} & \boldsymbol{D}(s) \end{array}\right]=\boldsymbol{T}_1(s) \tag{7-42}$$

式中：$\boldsymbol{D}(s)=-(s-2)$，表示输出方程中含有输入导数。

Rosenbrock 意义下的等价变换关系式(9.15)要求$\boldsymbol{M}(s)$、$\boldsymbol{N}(s)$为单模矩阵，但是，有些显然式严格等价的两个系统，却找不到单模矩阵$\boldsymbol{M}(s)$、$\boldsymbol{N}(s)$，(即不能用初等行、列变换导出等价的系统矩阵)，见例 9.4，因此有必要寻找一种比式(9.15)更为一般的等价变换关系，放宽$\boldsymbol{M}(s)$、$\boldsymbol{N}(s)$为单模矩阵的要求。

二、富尔曼意义下的严格系统等价

定义 7-2 若存在多项式矩阵$\boldsymbol{M}(s)$、$\boldsymbol{N}(s)$、$\boldsymbol{X}(s)$、$\boldsymbol{Y}(s)$，使

$$\begin{bmatrix} \boldsymbol{M}(s) & 0 \\ \boldsymbol{X}(s) & \boldsymbol{I}_q \end{bmatrix}\begin{bmatrix} \boldsymbol{P}(s) & \boldsymbol{Q}(s) \\ -\boldsymbol{R}(s) & \boldsymbol{W}(s) \end{bmatrix}=\begin{bmatrix} \boldsymbol{P}_1(s) & \boldsymbol{Q}_1(s) \\ -\boldsymbol{R}_1(s) & \boldsymbol{W}_1(s) \end{bmatrix}\begin{bmatrix} \boldsymbol{N}(s) & -\boldsymbol{Y}(s) \\ 0 & \boldsymbol{I}_p \end{bmatrix} \tag{7-43}$$

且$\{\boldsymbol{M}(s),\boldsymbol{P}_1(s)\}$左互质，$\{\boldsymbol{P}(s),\boldsymbol{N}(s)\}$右互质。则称

$$\boldsymbol{T}(s)=\begin{bmatrix} \boldsymbol{P}(s) & \boldsymbol{Q}(s) \\ -\boldsymbol{R}(s) & \boldsymbol{W}(s) \end{bmatrix},\boldsymbol{T}_1(s)=\begin{bmatrix} \boldsymbol{P}_1(s) & \boldsymbol{Q}_1(s) \\ -\boldsymbol{R}_1(s) & \boldsymbol{W}_1(s) \end{bmatrix} \tag{7-44}$$

是富尔曼(Fuhrmann)意义下严格系统等价的，记为$\boldsymbol{T}(s)\overset{r}{\sim}\boldsymbol{T}_1(s)$。

式(7-43)中的$\boldsymbol{M}(s)$、$\boldsymbol{N}(s)$不一定是单模矩阵，甚至不一定是方阵。

式(7-43)所示等价变换关系仍可保持传递函数矩阵不变，这是由于

$$\begin{bmatrix}\boldsymbol{P}_1 & \boldsymbol{Q}_1\\ -\boldsymbol{R}_1 & \boldsymbol{W}_1\end{bmatrix}=\begin{bmatrix}\boldsymbol{M} & \boldsymbol{0}\\ \boldsymbol{X} & \boldsymbol{I}\end{bmatrix}\begin{bmatrix}\boldsymbol{P} & \boldsymbol{Q}\\ -\boldsymbol{R} & \boldsymbol{W}\end{bmatrix}\begin{bmatrix}\boldsymbol{N} & -\boldsymbol{Y}\\ \boldsymbol{0} & \boldsymbol{I}\end{bmatrix}^{-1}=\begin{bmatrix}\boldsymbol{MP} & \boldsymbol{MQ}\\ \boldsymbol{XP}-\boldsymbol{R} & \boldsymbol{XQ}+\boldsymbol{W}\end{bmatrix}\begin{bmatrix}\boldsymbol{N}^{-1} & \boldsymbol{N}^{-1}\boldsymbol{Y}\\ \boldsymbol{0} & \boldsymbol{I}\end{bmatrix}=$$

$$\begin{bmatrix}\boldsymbol{MPN}^{-1} & \boldsymbol{MPN}^{-1}\boldsymbol{Y}+\boldsymbol{MQ}\\ (\boldsymbol{XP}-\boldsymbol{R})\boldsymbol{N}^{-1} & (\boldsymbol{XP}-\boldsymbol{R})\boldsymbol{N}^{-1}\boldsymbol{Y}+(\boldsymbol{XQ}+\boldsymbol{W})\end{bmatrix} \tag{7-45}$$

故

$$\begin{aligned}\boldsymbol{G}_1(s)=&\boldsymbol{R}_1\boldsymbol{P}_1^{-1}\boldsymbol{Q}_1+\boldsymbol{W}_1=\\ &(\boldsymbol{R}-\boldsymbol{XP})\boldsymbol{N}^{-1}(\boldsymbol{MPN}^{-1})^{-1}(\boldsymbol{MPN}^{-1}\boldsymbol{Y}+\boldsymbol{MQ})+(\boldsymbol{XP}-\boldsymbol{R})\boldsymbol{N}^{-1}\boldsymbol{Y}+(\boldsymbol{XQ}+\boldsymbol{W})=\\ &(\boldsymbol{R}-\boldsymbol{XP})\boldsymbol{P}^{-1}(\boldsymbol{PN}^{-1}\boldsymbol{Y}+\boldsymbol{Q})+(\boldsymbol{XP}-\boldsymbol{R})\boldsymbol{N}^{-1}\boldsymbol{Y}+(\boldsymbol{XQ}+\boldsymbol{W})=\\ &(\boldsymbol{R}-\boldsymbol{XP})\boldsymbol{P}^{-1}\boldsymbol{Q}+\boldsymbol{XQ}+\boldsymbol{W}=\boldsymbol{RP}^{-1}\boldsymbol{Q}+\boldsymbol{W}=\boldsymbol{G}(s)\end{aligned} \tag{7-46}$$

但对于 $\boldsymbol{T}(s)\overset{F}{\sim}\boldsymbol{T}_1(s)$，由式(7-27)导出的 $\boldsymbol{M}(s)\boldsymbol{P}(s)=\boldsymbol{P}_1(s)\boldsymbol{N}_1(s)$，欲证明 $\deg[\det\boldsymbol{P}_1(s)]=\deg[\det\boldsymbol{P}(s)]$ 以及有关矩阵对具有相同的史密斯标准型却相当困难，这是由于 $\boldsymbol{M}(s)$、$\boldsymbol{N}(s)$ 为非单模态阵以及 $\boldsymbol{P}_1(s)$、$\boldsymbol{P}(s)$ 的维数可能不等造成的。为此提出了改进的富尔曼意义下严格系统等价定义。

定义 7-3　若存在多项式矩阵 $\boldsymbol{M}(s)$、$\boldsymbol{N}(s)$、$\boldsymbol{X}(s)$、$\boldsymbol{Y}(s)\widetilde{\boldsymbol{X}}(s)$、$\widetilde{\boldsymbol{Y}}(s)$ 使

$$\left[\begin{array}{cc|c}-\widetilde{\boldsymbol{X}} & \widetilde{\boldsymbol{Y}} & 0\\ \boldsymbol{P}_1 & \boldsymbol{M} & 0\\ \hline -\boldsymbol{R}_1 & \boldsymbol{X} & \boldsymbol{I}\end{array}\right]\left[\begin{array}{cc|c}\boldsymbol{I} & 0 & 0\\ 0 & \boldsymbol{P} & \boldsymbol{Q}\\ \hline 0 & -\boldsymbol{R} & \boldsymbol{W}\end{array}\right]=\left[\begin{array}{cc|c}\boldsymbol{I} & 0 & 0\\ 0 & \boldsymbol{P}_1 & \boldsymbol{Q}_1\\ \hline 0 & -\boldsymbol{R}_1 & \boldsymbol{W}_1\end{array}\right]\left[\begin{array}{cc|c}-\widetilde{\boldsymbol{X}} & \widetilde{\boldsymbol{Y}}\boldsymbol{P} & \widetilde{\boldsymbol{Y}}\boldsymbol{Q}\\ \boldsymbol{I} & \boldsymbol{N} & -\boldsymbol{Y}\\ \hline 0 & 0 & \boldsymbol{I}\end{array}\right] \tag{7-47}$$

且$\{\boldsymbol{M}(s)$、$\boldsymbol{P}_1(s)\}$左互质，$\{\boldsymbol{P}(s)$、$\boldsymbol{N}(s)\}$右互质，称改进的富尔曼意义下严格系统等价的，记为 $\boldsymbol{T}(s)\overset{F}{\sim}\boldsymbol{T}_1(s)$。

为证明式(7-47)的成立，要用到关于互质性的广义贝佐特恒等式。

1.广义贝佐特横等式

设$\{\boldsymbol{N}_{\mathrm{R}}(s),\boldsymbol{D}_{\mathrm{R}}(s)\}$是右互质的，$\boldsymbol{D}_{\mathrm{R}}(s)$非奇异，由简单贝佐特恒等式已知存在多项式矩阵$\{\boldsymbol{X}(s),\boldsymbol{Y}(s)\}$使下式成立

$$\boldsymbol{X}(s)\boldsymbol{N}_{\mathrm{R}}(s)+\boldsymbol{Y}(s)\boldsymbol{D}_{\mathrm{R}}(s)=I \tag{7-48}$$

设$\{\boldsymbol{N}_{\mathrm{L}}(s),\boldsymbol{D}_{\mathrm{L}}(s)\}$是左互质的，$D_{\mathrm{L}}(s)$非奇异，同理存在多项式矩阵$\{\widetilde{\boldsymbol{X}}(s),\widetilde{\boldsymbol{Y}}(s)\}$使下式成立：

$$\boldsymbol{D}_{\mathrm{L}}(s)\bar{\boldsymbol{X}}(s)+\boldsymbol{N}_{\mathrm{L}}(s)\bar{\boldsymbol{Y}}(s)=\boldsymbol{I} \tag{7-49}$$

考虑传递函数矩阵的左、右矩阵分式描述关系

$$\boldsymbol{G}(s)=\boldsymbol{D}_{\mathrm{L}}^{-1}(s)\boldsymbol{N}_{\mathrm{L}}(s)=\boldsymbol{N}_{\mathrm{R}}(s)\boldsymbol{D}_{\mathrm{R}}^{-1}(s) \tag{7-50}$$

将式(7-48)至式(7-50)写成分块矩阵形式，得

$$\begin{bmatrix}-\boldsymbol{X}(s) & \boldsymbol{Y}(s)\\ \boldsymbol{D}_{\mathrm{L}}(s) & \boldsymbol{N}_{\mathrm{L}}(s)\end{bmatrix}\begin{bmatrix}-\boldsymbol{N}_{\mathrm{R}}(s) & \bar{\boldsymbol{X}}(s)\\ \boldsymbol{D}_{\mathrm{R}}(\boldsymbol{s}) & \bar{\boldsymbol{Y}}(\boldsymbol{s})\end{bmatrix}=\begin{bmatrix}\boldsymbol{I} & \boldsymbol{Q}(s)\\ \boldsymbol{0} & \boldsymbol{I}\end{bmatrix} \tag{7-51}$$

式中 $\boldsymbol{Q}(s)\triangleq\boldsymbol{Y}(s)\bar{\boldsymbol{Y}}(s)-\boldsymbol{X}(s)\bar{\boldsymbol{X}}(s)$。式(7-35)两端右乘$\begin{bmatrix}\boldsymbol{I} & \boldsymbol{Q}(s)\\ \boldsymbol{0} & \boldsymbol{I}\end{bmatrix}^{-1}$，而

$$\begin{bmatrix} \boldsymbol{I} & \boldsymbol{Q}(s) \\ \boldsymbol{0} & \boldsymbol{I} \end{bmatrix}^{-1} = \begin{bmatrix} \boldsymbol{I} & -\boldsymbol{Q}(s) \\ \boldsymbol{0} & \boldsymbol{I} \end{bmatrix} \tag{7-52}$$

故

$$\begin{bmatrix} -\boldsymbol{X}(s) & \boldsymbol{Y}(s) \\ \boldsymbol{D}_{\mathrm{L}}(s) & \boldsymbol{N}_{\mathrm{L}}(s) \end{bmatrix} \begin{bmatrix} -\boldsymbol{N}_{\mathrm{R}}(s) & \boldsymbol{N}_{\mathrm{R}}(s)\boldsymbol{Q}(s)+\bar{\boldsymbol{X}}(s) \\ \boldsymbol{D}_{\mathrm{R}}(s) & -\boldsymbol{D}_{\mathrm{R}}(s)\boldsymbol{Q}(s)+\bar{\boldsymbol{Y}}(s) \end{bmatrix} = \begin{bmatrix} \boldsymbol{I} & \boldsymbol{0} \\ \boldsymbol{0} & \boldsymbol{I} \end{bmatrix} \tag{7-53}$$

令

$$\boldsymbol{X}^*(s) = \boldsymbol{N}_{\mathrm{R}}\boldsymbol{Q}+\bar{\boldsymbol{X}}, \boldsymbol{Y}^*(s) = -\boldsymbol{D}_{\mathrm{R}}\boldsymbol{Q}+\bar{\boldsymbol{Y}} \tag{7-54}$$

则

$$\begin{bmatrix} -\boldsymbol{X}(s) & \boldsymbol{Y}(s) \\ \boldsymbol{D}_{\mathrm{L}}(s) & \boldsymbol{N}_{L}(s) \end{bmatrix} \begin{bmatrix} -\boldsymbol{N}_{\mathrm{R}}(s) & \boldsymbol{X}^*(s) \\ \boldsymbol{D}_{\mathrm{R}}(s) & \boldsymbol{Y}^*(s) \end{bmatrix} = \begin{bmatrix} \boldsymbol{I} & \boldsymbol{0} \\ \boldsymbol{0} & \boldsymbol{I} \end{bmatrix} \tag{7-55}$$

例 7-3 已知系统矩阵 $\boldsymbol{T}(s)$和 $\boldsymbol{T}_1(s)$如例 7-2 所示，试求 Rosenbrock 严格系统等价的变换矩阵。

解 按 Rosenbrock 严格系统等价定义有

$$\begin{bmatrix} \boldsymbol{M}(s) & \boldsymbol{0} \\ \boldsymbol{X}(s) & \boldsymbol{I} \end{bmatrix} \begin{bmatrix} s+1 & s^3 & 0 \\ 0 & s+1 & 1 \\ -1 & 0 & 0 \end{bmatrix} \begin{bmatrix} \boldsymbol{N}(s) & \boldsymbol{Y}(s) \\ \boldsymbol{0} & \boldsymbol{I} \end{bmatrix} = \begin{bmatrix} s+1 & -1 & -3 \\ 0 & s+1 & 1 \\ -1 & 0 & 2-s \end{bmatrix} \tag{7-56}$$

式中：$\boldsymbol{M}(s)$、$\boldsymbol{N}(s)$为待求的单模矩阵；$\boldsymbol{X}(s)$、$\boldsymbol{Y}(s)$为待求的多项式矩阵。重写式(7-22)为

$$\begin{bmatrix} \boldsymbol{MPN} & \boldsymbol{MPY}+\boldsymbol{MQ} \\ (\boldsymbol{XP}-\boldsymbol{R})\boldsymbol{N} & (\boldsymbol{XP}-\boldsymbol{R})\boldsymbol{Y}+(\boldsymbol{XQ}+\boldsymbol{W}) \end{bmatrix} = \begin{bmatrix} \boldsymbol{P}_1 & \boldsymbol{Q}_1 \\ -\boldsymbol{R}_1 & \boldsymbol{W}_1 \end{bmatrix} \tag{7-57}$$

有 $\boldsymbol{MPN}=\boldsymbol{P}_1$，令 $\boldsymbol{N}=\boldsymbol{I}_2$，故本例有

$$\boldsymbol{M}(s) = \boldsymbol{P}_1(s)\boldsymbol{P}^{-1}(s) = \begin{bmatrix} s+1 & -1 \\ 0 & s+1 \end{bmatrix} \begin{bmatrix} s+1 & s^3 \\ 0 & s+1 \end{bmatrix}^{-1} = \begin{bmatrix} 1 & -(s^2-s+1) \\ 0 & 1 \end{bmatrix} \tag{7-58}$$

由于本例 $\boldsymbol{R}(s)=\boldsymbol{R}_1(s)$，故本例有$(\boldsymbol{XP}-\boldsymbol{R})\boldsymbol{N}=-\boldsymbol{R}_1$，即 $\boldsymbol{X}(s)\boldsymbol{P}(s)=0$，解得 $\boldsymbol{X}(s)=[0 \quad 0]$。

由$-\boldsymbol{RY}+\boldsymbol{W}=\boldsymbol{W}_1$ 可解得$[-1 \quad 0]\begin{bmatrix} y_1 \\ y_2 \end{bmatrix}=2-s$，$y_1=s-2$，$y_2$ 为任意，设 $y_2=0$，故 $\boldsymbol{Y}(s)=[s-2 \quad 0]^{\mathrm{T}}$。

结果为

$$\begin{bmatrix} \boldsymbol{M}(s) & \boldsymbol{0} \\ \boldsymbol{X}(s) & \boldsymbol{I} \end{bmatrix} \left[\begin{array}{cc:c} 1 & -(s^2-s+1) & 0 \\ 0 & 1 & 0 \\ -1 & 0 & 1 \end{array}\right], \begin{bmatrix} \boldsymbol{N}(s) & \boldsymbol{Y}(s) \\ \boldsymbol{0} & \boldsymbol{I} \end{bmatrix} = \begin{bmatrix} 1 & 0 & s-2 \\ 0 & 1 & 0 \\ 0 & 0 & 1 \end{bmatrix} \tag{7-59}$$

式(7-55)称为广义贝佐特恒等式。式(7-55)表明：多项式矩阵的逆阵仍是多项式矩阵，故式中两个分块矩阵均为单模矩阵。

在此，由于 $\boldsymbol{M}(s)$、$\boldsymbol{P}_1(s)$左互质，$\boldsymbol{P}(s)$、$\boldsymbol{N}(s)$右互质，故广义贝佐特恒等式可改写为

$$\begin{bmatrix} -\tilde{\boldsymbol{X}} & \tilde{\boldsymbol{Y}} \\ \boldsymbol{P}_1 & \boldsymbol{M} \end{bmatrix} \begin{bmatrix} -\boldsymbol{N} & \boldsymbol{X}^* \\ \boldsymbol{P} & \boldsymbol{Y}^* \end{bmatrix} = \begin{bmatrix} \boldsymbol{I} & 0 \\ 0 & \boldsymbol{I} \end{bmatrix} \tag{7-60}$$

式中：$\tilde{\boldsymbol{X}}$、$\tilde{\boldsymbol{Y}}$、$\boldsymbol{X}^*$、$\boldsymbol{Y}^*$ 均为特征多项式，且式(7-60)中的分块矩阵都是单模矩阵，故富尔曼提出

在互质条件下将 M 做扩展便可构成单模矩阵，记为 $\boldsymbol{M}_f$，有

$$\boldsymbol{M}_f=\begin{bmatrix}-\tilde{\boldsymbol{X}} & \tilde{\boldsymbol{Y}}\\ \boldsymbol{P}_1 & \boldsymbol{M}\end{bmatrix} \tag{7-61}$$

并对系统矩阵中 $\boldsymbol{P}(s)$、$\boldsymbol{P}_1(s)$进行扩展，即

$$\boldsymbol{P}_f=\begin{bmatrix}\boldsymbol{I} & \boldsymbol{0}\\ \boldsymbol{0} & \boldsymbol{P}\end{bmatrix},\boldsymbol{P}_{f1}=\begin{bmatrix}\boldsymbol{I} & \boldsymbol{0}\\ \boldsymbol{0} & \boldsymbol{P}_1\end{bmatrix} \tag{7-62}$$

式中：$\boldsymbol{P}_f$、$\boldsymbol{P}_{f1}$ 具有相同的维数，并记

$$\boldsymbol{M}_f=\begin{bmatrix}-\tilde{\boldsymbol{X}} & \tilde{\boldsymbol{Y}}\boldsymbol{P}\\ \boldsymbol{I} & \boldsymbol{N}\end{bmatrix} \tag{7-63}$$

由式(7－47)有

$$\boldsymbol{M}_f\boldsymbol{P}_f=\boldsymbol{P}_{f1}\boldsymbol{M}_{f1} \tag{7-64}$$

由于 $\boldsymbol{P}(s)$、$\boldsymbol{P}_1(s)$均为非奇异矩阵，故 $\boldsymbol{P}_f$、$\boldsymbol{P}_{f1}$ 均非奇异，有

$$\boldsymbol{M}_{f1}=\boldsymbol{P}_{f1}^{-1}\boldsymbol{M}_f\boldsymbol{P}_f=\begin{bmatrix}\boldsymbol{I} & \boldsymbol{0}\\ \boldsymbol{0} & \boldsymbol{P}_1^{-1}\end{bmatrix}\begin{bmatrix}-\tilde{\boldsymbol{X}} & \tilde{\boldsymbol{Y}}\\ \boldsymbol{P}_1 & \boldsymbol{M}\end{bmatrix}\begin{bmatrix}\boldsymbol{I} & \boldsymbol{0}\\ \boldsymbol{0} & \boldsymbol{P}\end{bmatrix}=\begin{bmatrix}-\tilde{\boldsymbol{X}} & \tilde{\boldsymbol{Y}}\boldsymbol{P}\\ \boldsymbol{I} & \boldsymbol{P}_1^{-1}\boldsymbol{M}\boldsymbol{P}\end{bmatrix}=\begin{bmatrix}-\tilde{\boldsymbol{X}} & \tilde{\boldsymbol{Y}}\boldsymbol{P}\\ \boldsymbol{I} & \boldsymbol{N}\end{bmatrix} \tag{7-65}$$

对 $\boldsymbol{M}_{f1}$ 左乘一单模矩阵，且考虑简单贝佐特恒等式，有

$$\begin{bmatrix}\boldsymbol{I} & \tilde{\boldsymbol{X}}\\ \boldsymbol{0} & \boldsymbol{I}\end{bmatrix}\begin{bmatrix}-\tilde{\boldsymbol{X}} & \tilde{\boldsymbol{Y}}\boldsymbol{P}\\ \boldsymbol{I} & \boldsymbol{N}\end{bmatrix}=\begin{bmatrix}\boldsymbol{0} & \tilde{\boldsymbol{Y}}\boldsymbol{P}+\tilde{\boldsymbol{X}}\boldsymbol{N}\\ \boldsymbol{I} & \boldsymbol{N}\end{bmatrix}=\begin{bmatrix}\boldsymbol{0} & \boldsymbol{I}\\ \boldsymbol{I} & \boldsymbol{N}\end{bmatrix} \tag{7-66}$$

表明 M_{f1} 也是单模矩阵。于是式(7－47)可改写为扩展形式

$$\begin{bmatrix}\boldsymbol{M}_f & \boldsymbol{0}\\ \boldsymbol{X}_f & \boldsymbol{I}\end{bmatrix}\begin{bmatrix}\boldsymbol{P}_f & \boldsymbol{Q}_f\\ -\boldsymbol{R}_f & \boldsymbol{W}_f\end{bmatrix}=\begin{bmatrix}\boldsymbol{P}_{f1} & \boldsymbol{Q}_{f1}\\ -\boldsymbol{R}_{f1} & \boldsymbol{W}_{f1}\end{bmatrix}\begin{bmatrix}\boldsymbol{M}_{f1} & -\boldsymbol{Y}_{f1}\\ \boldsymbol{0} & \boldsymbol{I}\end{bmatrix} \tag{7-67}$$

这时 $\boldsymbol{M}_f$、$\boldsymbol{M}_{f1}$ 均为单模矩阵，于是有

$$\deg[\det\boldsymbol{P}_f(s)]=\deg[\det\boldsymbol{P}_{f1}(s)] \tag{7-68}$$

即

$$\deg[\det\boldsymbol{P}(s)]=\deg[\det\boldsymbol{P}_1(s)] \tag{7-69}$$

且 $\boldsymbol{P}(s)$、$\boldsymbol{P}_1(s)$及 $\boldsymbol{T}(s)$、$\boldsymbol{T}_1(s)$具有相同的史密斯标准型。式(7－67)可容易转换成 Rosenbrock 意义下的等价。

对系统矩阵所作的单模变换包含下列一系列行和列初等运算：

(1)将 $\boldsymbol{T}(s)$的前 r 行(列)中的任一行(列)乘以非零常数；

(2)将 $\boldsymbol{T}(s)$的前 r 行(列)中的任意两行(列)交换位置；

(3)将 $\boldsymbol{T}(s)$的前 r 行(列)中的任一行(列)乘一个多项式后加到$(r+q)$行($(r+q)$列)中的任一行(列)上去。

例 7－4　设两个系统的系统矩阵分别为

$$\boldsymbol{T}(s)=\left[\begin{array}{cc:c}1 & 0 & 0\\ 0 & (s+2)^2 & 1\\ 0 & -(s+1) & 0\end{array}\right],\boldsymbol{T}_1(s)=\left[\begin{array}{cc:c}1 & 0 & 0\\ 0 & (s+2)^2 & s+1\\ 0 & -1 & 0\end{array}\right] \tag{7-70}$$

试检查 $\boldsymbol{T}(s)$、$\boldsymbol{T}_1(s)$的等价性；研究 Rosenbrock 意义下等价变换的存在性；求出 Fuhrmann 意

义下的等价变换矩阵。

解 (1)检查 $\boldsymbol{T}(s)$、$\boldsymbol{T}_1(s)$的等价性：

$$\deg[\det\boldsymbol{P}(s)]=\deg[\det\boldsymbol{P}_1(s)]=2$$

$$\boldsymbol{G}(s)=\boldsymbol{R}\boldsymbol{P}^{-1}\boldsymbol{Q}=\begin{bmatrix}0 & s+1\end{bmatrix}\begin{bmatrix}1 & 0\\ 0 & \dfrac{1}{(s+2)^2}\end{bmatrix}\begin{bmatrix}0\\1\end{bmatrix}=\frac{s+1}{(s+2)^2}$$

$$\boldsymbol{G}_1(s)=\boldsymbol{R}_1\boldsymbol{P}_1{}^{-1}\boldsymbol{Q}_1=\begin{bmatrix}0 & 1\end{bmatrix}\begin{bmatrix}1 & 0\\ 0 & \dfrac{1}{(s+2)^2}\end{bmatrix}\begin{bmatrix}0\\s+1\end{bmatrix}=\frac{s+1}{(s+2)^2} \tag{7-71}$$

有 $\boldsymbol{G}(s)=\boldsymbol{G}_1(s)$。故 $\boldsymbol{T}(s)$、$\boldsymbol{T}_1(s)$严格系统等价。

(2)求$\overset{R}{\sim}$的变换矩阵：

$$\begin{bmatrix}\boldsymbol{M}(s) & 0\\ \boldsymbol{X}(s) & 1\end{bmatrix}\begin{bmatrix}(s+2)^2 & 1\\ -(s+1) & 0\end{bmatrix}\begin{bmatrix}\boldsymbol{N}(s) & \boldsymbol{Y}(s)\\ 0 & 1\end{bmatrix}=\begin{bmatrix}(s+2)^2 & s+1\\ -1 & 0\end{bmatrix} \tag{7-72}$$

展开有

$$\left.\begin{aligned}&MN=1,[X(s+2)^2-(s+1)]Y=-X\\&MY(s+2)2+M=s+1,[X(s+2)2-(s+1)]N=-1\end{aligned}\right. \tag{7-73}$$

若 $Y(s)=X(s)=0$，则 $M(s)=s+1$，$N(s)=1/(s+1)$。即不存在单模态阵 $M(s)$、$N(s)$使定义式(7-21)满足，故不存在$\overset{R}{\sim}$。

(3)求$\overset{F}{\sim}$的变换矩阵

$$\begin{bmatrix}\boldsymbol{M}(s) & 0\\ \boldsymbol{X}(s) & 1\end{bmatrix}\underbrace{\begin{bmatrix}(s+2)^2 & 1\\ -(s+1) & 0\end{bmatrix}}_{\boldsymbol{T}(s)}=\underbrace{\begin{bmatrix}(s+2)^2 & s+1\\ -1 & 0\end{bmatrix}}_{\boldsymbol{T}(s)}\begin{bmatrix}N(s) & -Y(s)\\ 0 & 1\end{bmatrix} \tag{7-74}$$

展开有

$$\left.\begin{aligned}&M=N,\quad X=Y\\&M=-(s+2)2Y+(s+1),-\boldsymbol{N}=(s+2)2X-(s+1)\end{aligned}\right\} \tag{7-75}$$

若 $Y(s)=X(s)=0$，则 $M(s)=s+1$，$N(s)=(s+1)$；且

$$\{M(s),P_1(s)\}=\{s+1,(s+2)^2\}\text{左互质}$$

$$\{P(s),N(s)\}=\{(s+2)^2,(s+1)\}\text{右互质}$$

故 $\boldsymbol{T}(s)\overset{F}{\sim}\boldsymbol{T}_1(s)$。

第三节　解耦零点与能控性、能观测性

Rosenbrock 从研究多项式矩阵 $\boldsymbol{P}(s)$、$\boldsymbol{Q}(s)$、$\boldsymbol{R}(s)$的互质性入手，找到了系统极、零点与$\boldsymbol{G}(s)$的极、零点之间的关系，并定义了解耦零点及其各种类型，进一步揭示出多变量系统的能控性、能观测性、最小阶等各种结构特性，表明多项式矩阵描述与其他形式描述存在的等价关系。

一、系统矩阵与系统极、零点

当系统用系统矩阵 $\boldsymbol{T}(s)=\begin{bmatrix}\boldsymbol{P} & \boldsymbol{Q}\\ -\boldsymbol{R} & \boldsymbol{W}\end{bmatrix}$描述以后，系统极点定义为 $\det\boldsymbol{P}(s)=0$ 的根集；对

于 $\boldsymbol{P}(s)=s\boldsymbol{I}-\boldsymbol{A}$，则系统极点就是 $\det(s\boldsymbol{I}-\boldsymbol{A})=0$ 的根集。

系统零点定义为 $\boldsymbol{T}(s)$ 的所有 $(r+k)$ 阶子式的最大公因子的根集，这里的 k 满足 $0<k\leqslant \min(p,q)$，p、q 分别为输入、输出向量的维数。例如

$$\boldsymbol{T}(s)=\left[\begin{array}{cccc:c}1 & 0 & 0 & 0 & 0\\ 0 & 1 & 0 & 0 & 0\\ 0 & 0 & s^2(s+1) & s(s+2) & -s\\ 0 & 0 & 0 & s+2 & 1\\ 0 & 0 & 0 & -1 & 0\end{array}\right]\triangleq\begin{bmatrix}\boldsymbol{P}(s) & \boldsymbol{Q}(s)\\ -\boldsymbol{R}(s) & \boldsymbol{W}(s)\end{bmatrix} \tag{7-76}$$

由 $\det\boldsymbol{P}(s)=s^2(s+1)(s+2)=0$，解得系统极点为 $\{0,0,-1,-2\}$。由 $p=q=1$，故 $k=1$；$r=4$；$r+k=5$，5 阶子式唯有 $\det\boldsymbol{T}(s)=s^2(s+1)=0$，解得系统零点为 $\{0,0,-1\}$。

由 $\{\boldsymbol{P},\boldsymbol{Q},\boldsymbol{R},\boldsymbol{W}\}$ 生成的 $\boldsymbol{G}(s)=\boldsymbol{R}\boldsymbol{P}^{-1}\boldsymbol{Q}+\boldsymbol{W}$，其极、零点由 $\boldsymbol{G}(s)$ 的麦克米兰型确定。需要强调指出，$\boldsymbol{G}(s)$ 的极、零点一般不同于系统的极、零点，这是由于从 $\{\boldsymbol{P},\boldsymbol{Q},\boldsymbol{R},\boldsymbol{W}\}$ 生成 $\boldsymbol{G}(s)$ 的过程中，若 $[\boldsymbol{P},\boldsymbol{Q}]$ 非左互质或/和 $[\boldsymbol{R}\quad \boldsymbol{P}]$ 非右互质时，会存在 $\boldsymbol{G}(s)$ 的零、极相消，从而使 $\boldsymbol{G}(s)$ 的极点数目少于 $\det\boldsymbol{P}(s)=0$ 确定的系统极点的数目，同时相消的零点是系统零点。若 $[\boldsymbol{P},\boldsymbol{Q}]$ 左互质且 $[\boldsymbol{R}\quad \boldsymbol{P}]$ 右互质，则 $\boldsymbol{G}(s)$ 的极、零点就是系统的极、零点。

Rosenbrock 将生成 $\boldsymbol{G}(s)$ 过程中对消的零极点统称为解耦零点，并将单变量系统中用传递函数的零极对消来判断系统的能控性、能观测性的关系，推广应用于多变量系统中。

二、解耦零点及其类型与能控性、能观测性

解耦零点分为输入解耦零点（记为 i. d 零点）、输出解耦零点（记为 o. d 零点）及输入-输出解耦零点（记为 i. o. d 零点），下面来分析其生成以及与能控性与能观测性的关系。

输入解耦零点　当 $[\boldsymbol{P},\boldsymbol{Q}]$ 非左互质时，必存在最大左公因子 $Z_l(s)$，有

$$\boldsymbol{P}=\boldsymbol{Z}_1\boldsymbol{P}_1,\quad \boldsymbol{Q}=\boldsymbol{Z}_1\boldsymbol{Q}_1 \tag{7-77}$$

由于 $\boldsymbol{Z}_l(s)$ 为非奇异、非单模阵，有

$$\begin{gathered}\boldsymbol{G}(s)=\boldsymbol{R}\boldsymbol{P}^{-1}\boldsymbol{Q}+\boldsymbol{W}=\boldsymbol{R}\boldsymbol{P}_l{}^{-1}\boldsymbol{Q}_l+\boldsymbol{W}\\ \deg\det\boldsymbol{Z}_l(s)>1,\deg\det\boldsymbol{P}_l(s)<\deg\det\boldsymbol{P}(s)\end{gathered} \tag{7-78}$$

意味着生成 $\boldsymbol{G}(s)$ 的过程中出现零、极对消。这时动态方程

$$\boldsymbol{P}(s)\boldsymbol{\xi}(s)=\boldsymbol{Q}(s)\boldsymbol{u}(s) \tag{7-79}$$

转化为

$$\boldsymbol{P}_l(s)\boldsymbol{\xi}(s)=\boldsymbol{Q}_l(s)\boldsymbol{u}(s) \tag{7-80}$$

$\boldsymbol{Z}_1(s)$ 在动态方程中消失，即 $\det\boldsymbol{Z}_1(s)=0$ 的根不在式(7-80)中出现而与控制 u 无关，称与输入相解耦，故定义

$$\text{输入解耦零点}=\det\boldsymbol{Z}_1(s)=0\text{ 的根} \tag{7-81}$$

由于 $\boldsymbol{Z}_1(s)$ 式由 $[\boldsymbol{P}\quad \boldsymbol{Q}]$ 经初等变换导出的，而初等变换不改变秩，故 $\boldsymbol{Z}_1(s)=0$ 的根是与使 $[\boldsymbol{P}\quad \boldsymbol{Q}]$ 行降秩的 $\boldsymbol{S}$ 值是等同的，于是又可定义

$$\text{输入解耦零点}=\text{使}[\boldsymbol{P}\quad \boldsymbol{Q}]\text{行降秩的所有 } s \text{ 值} \tag{7-82}$$

由于 $[\boldsymbol{P}\quad \boldsymbol{Q}]$ 与 $[s\boldsymbol{I}-\boldsymbol{A}\quad \boldsymbol{B}]$ 的等价性，还可定义

$$\text{输入解耦零点}=\text{使}[s\boldsymbol{I}-\boldsymbol{A}\quad \boldsymbol{B}]\text{行降秩的所有 } s \text{ 值} \tag{7-83}$$

由于 $[\boldsymbol{P}\quad \boldsymbol{Q}]$ 可化为史密斯型

$$\begin{bmatrix} \varphi_1(s) & & \\ & \ddots & \\ & & \varphi_r(s) \end{bmatrix} \tag{7-84}$$

式中 $\prod_{i=1}^{r}\varphi_i(s)$ 称为$[\boldsymbol{P} \quad \boldsymbol{Q}]$的史密斯型的不变多项式，使$[\boldsymbol{P} \quad \boldsymbol{Q}]$行降秩的 s 值正是该不变多项式的零点，故还可定义

$$\begin{aligned} &\text{输入解耦零点}=[\boldsymbol{P} \quad \boldsymbol{Q}]\text{的 Smith 型的不变多项式的零点}= \\ &[s\boldsymbol{I}-\boldsymbol{A} \quad \boldsymbol{B}]\text{的 Smith 型的不变多项式的零点} \end{aligned} \tag{7-85}$$

输入解耦零点与系统能控性的关系：输入解耦零点的存在，表示系统不能控，也即$[\boldsymbol{P} \quad \boldsymbol{Q}]$非左互质则不能控。由状态空间的规范分解有

$$\left.\begin{aligned} \dot{\boldsymbol{x}} &= \begin{bmatrix} \boldsymbol{A}_{co} & \boldsymbol{0} & \boldsymbol{A}_{13} & \boldsymbol{0} \\ \boldsymbol{A}_{21} & \boldsymbol{A}_{c\bar{o}} & \boldsymbol{A}_{23} & \boldsymbol{A}_{24} \\ \boldsymbol{0} & \boldsymbol{0} & \boldsymbol{A}_{\bar{c}o} & \boldsymbol{0} \\ \boldsymbol{0} & \boldsymbol{0} & \boldsymbol{A}_{43} & \boldsymbol{A}_{\bar{c}\bar{o}} \end{bmatrix}\boldsymbol{x} + \begin{bmatrix} \boldsymbol{B}_1 \\ \boldsymbol{B}_2 \\ 0 \\ 0 \end{bmatrix}\boldsymbol{u} \\ \boldsymbol{y} &= [\boldsymbol{C}_1 \quad \boldsymbol{0} \quad \boldsymbol{C}_2 \quad \boldsymbol{0}]x + \boldsymbol{D}\boldsymbol{u} \end{aligned}\right\} \tag{7-86}$$

式中$\left\{\begin{bmatrix} \boldsymbol{A}_{co} & 0 \\ \boldsymbol{A}_{21} & \boldsymbol{A}_{c\bar{o}} \end{bmatrix}, \begin{bmatrix} \boldsymbol{B}_1 \\ \boldsymbol{B}_2 \end{bmatrix}, [\boldsymbol{C}_1 \quad \boldsymbol{0}]\right\}$是能控子系统，由能控性的 PHB 秩判据可知，下列矩阵

$$\begin{bmatrix} s\boldsymbol{I}-\boldsymbol{A}_{co} & \boldsymbol{0} & \boldsymbol{B}_1 \\ -\boldsymbol{A}_{21} & s\boldsymbol{I}-\boldsymbol{A}_{c\bar{o}} & \boldsymbol{B}_2 \end{bmatrix} \tag{7-87}$$

是左互质的，经初等变换可化为$[\boldsymbol{I} \quad \boldsymbol{0}]$。考虑存在下列等价关系

$$[\boldsymbol{P} \quad \boldsymbol{Q}] \sim [s\boldsymbol{I}-\boldsymbol{A} \quad \boldsymbol{B}] =$$

$$\begin{bmatrix} s\boldsymbol{I}-\boldsymbol{A}_{co} & \boldsymbol{0} & -\boldsymbol{A}_{13} & \boldsymbol{0} & \boldsymbol{B}_1 \\ -\boldsymbol{A}_{21} & s\boldsymbol{I}-\boldsymbol{A}_{c\bar{o}} & -\boldsymbol{A}_{23} & -\boldsymbol{A}_{24} & \boldsymbol{B}_2 \\ \boldsymbol{0} & \boldsymbol{0} & s\boldsymbol{I}-\boldsymbol{A}_{\bar{c}o} & \boldsymbol{0} & \boldsymbol{0} \\ \boldsymbol{0} & \boldsymbol{0} & -\boldsymbol{A}_{43} & s\boldsymbol{I}-\boldsymbol{A}_{\bar{c}\bar{o}} & \boldsymbol{0} \end{bmatrix} \sim \begin{bmatrix} \boldsymbol{I} & \boldsymbol{0} & \boldsymbol{0} \\ & s\boldsymbol{I}-\boldsymbol{A}_{\bar{c}o} & \boldsymbol{0} \\ \boldsymbol{0} & & \\ & -\boldsymbol{A}_{13} & s\boldsymbol{I}-\boldsymbol{A}_{\bar{c}\bar{o}} \end{bmatrix} \tag{7-88}$$

其史密斯型的不变多项式的零点为

$$\det(s\boldsymbol{I}-\boldsymbol{A}_{\bar{c}o})=0 \text{ 及 } \det(s\boldsymbol{I}-\boldsymbol{A}_{\bar{c}\bar{o}})=0 \tag{7-89}$$

的根，故又有

$$\text{输入解耦零点}=\text{不能控子系统的特征值} \tag{7-90}$$

总之，输入解耦零点的存在，与状态空间中不能控相对应；$[\boldsymbol{P}\boldsymbol{Q}]$非左互质，则$[\boldsymbol{A},\boldsymbol{B}]$不能控。

1. 输出解耦零点

其论述与输入解耦零点类同。当$\begin{bmatrix} \boldsymbol{P} \\ \boldsymbol{Q} \end{bmatrix}$非右互质时，必存在最大右公因子 $\boldsymbol{Z}_r(s)$，有

$$\boldsymbol{P}=\boldsymbol{P}_r\boldsymbol{Z}_r, \boldsymbol{R}=\boldsymbol{R}_r\boldsymbol{Z}_r \tag{7-91}$$

由于 $\boldsymbol{Z}_r(s)$ 为非互异、非单模阵，有

$$\boldsymbol{G}(s)=\boldsymbol{R}\boldsymbol{P}^{-1}\boldsymbol{Q}+\boldsymbol{W}=\boldsymbol{R}_r\boldsymbol{P}_r^{-1}\boldsymbol{Q}+\boldsymbol{W}$$

$$\deg\det\boldsymbol{Z}_r(s)\geqslant 1,\ \deg\det\boldsymbol{P}_r(s)\leqslant\deg\det\boldsymbol{P}(s) \tag{7-92}$$

生成 $\boldsymbol{G}(s)$ 过程中同样有零、极对消。这时输出方程

$$\boldsymbol{y}(s)=\boldsymbol{R}(s)\boldsymbol{\xi}(s)+\boldsymbol{W}(s)\boldsymbol{u}(s) \tag{7-93}$$

转化为

$$\boldsymbol{y}(s)=\boldsymbol{R}_r(s)\boldsymbol{\xi}(s)+\boldsymbol{W}(s)\boldsymbol{u}(s) \tag{7-94}$$

$\boldsymbol{Z}_r(s)$ 在输出方程中消失，即输出中不能反映 $\det\boldsymbol{Z}_r(s)=0$ 的根因而不能观测，称与输出相解耦。故定义

$$\text{输出解耦零点}=\det\boldsymbol{Z}_r(s)=0\ \text{的根} \tag{7-95}$$

经与前面类似分析，还可以定义

$$\begin{aligned}\text{输出解耦零点}&=\text{使}\begin{bmatrix}\boldsymbol{P}\\ \boldsymbol{Q}\end{bmatrix}\text{列降秩的所有 } S \text{ 值}=\\ &\text{使}\begin{bmatrix}s\boldsymbol{I}-\boldsymbol{A}\\ \boldsymbol{C}\end{bmatrix}\text{列降秩的所有 } S \text{ 值}=\\ &\begin{bmatrix}\boldsymbol{P}\\ \boldsymbol{R}\end{bmatrix}\text{的史密斯型的不变多项式的零点}=\\ &\begin{bmatrix}s\boldsymbol{I}-\boldsymbol{A}\\ \boldsymbol{C}\end{bmatrix}\text{的史密斯型的不变多项式的零点}\end{aligned} \tag{7-96}$$

输出解耦零点与系统能观测性的关系：输出解耦零点的存在，表示系统不能观测，也即 $\begin{bmatrix}\boldsymbol{P}\\ \boldsymbol{R}\end{bmatrix}$ 非右互质则不能观测。由式(7-86)所示规范分解中，$\left\{\begin{bmatrix}\boldsymbol{A}_{co} & \boldsymbol{A}_{13}\\ \boldsymbol{0} & \boldsymbol{A}_{\bar{c}o}\end{bmatrix},\begin{bmatrix}\boldsymbol{B}_1\\ \boldsymbol{0}\end{bmatrix},[\boldsymbol{C}_1\quad \boldsymbol{C}_2]\right\}$ 是能观测子系统，由能观测性的 ***PBH*** 秩判据可知，下列矩阵

$$\begin{bmatrix}s\boldsymbol{I}-\boldsymbol{A}_{co} & -\boldsymbol{A}_{13}\\ \boldsymbol{0} & s\boldsymbol{I}-\boldsymbol{A}_{\bar{c}o}\\ \boldsymbol{C}_1 & \boldsymbol{C}_2\end{bmatrix} \tag{7-97}$$

是右互质的，经初等变换可化为 $\begin{bmatrix}I\\ \boldsymbol{0}\end{bmatrix}$。考虑存在下列等价关系

$$\begin{bmatrix}\boldsymbol{P}\\ \boldsymbol{R}\end{bmatrix}\sim\begin{bmatrix}s\boldsymbol{I}-\boldsymbol{A}\\ \boldsymbol{C}\end{bmatrix}=\begin{bmatrix}s\boldsymbol{I}-\boldsymbol{A}_{co} & \boldsymbol{0} & -\boldsymbol{A}_{13} & \boldsymbol{0}\\ -\boldsymbol{A}_{21} & s\boldsymbol{I}-\boldsymbol{A}_{c\bar{o}} & -\boldsymbol{A}_{23} & -\boldsymbol{A}_{24}\\ \boldsymbol{0} & \boldsymbol{0} & s\boldsymbol{I}-\boldsymbol{A}_{\bar{c}o} & \boldsymbol{0}\\ \boldsymbol{0} & \boldsymbol{0} & -\boldsymbol{A}_{43} & s\boldsymbol{I}-\boldsymbol{A}_{\bar{c}\bar{o}}\\ \boldsymbol{C}_1 & \boldsymbol{0} & \boldsymbol{C}_2 & \boldsymbol{0}\end{bmatrix}\sim\begin{bmatrix}\boldsymbol{I} & \boldsymbol{0} & \boldsymbol{0}\\ \boldsymbol{0} & s\boldsymbol{I}-\boldsymbol{A}_{c\bar{o}} & -\boldsymbol{A}_{24}\\ \boldsymbol{0} & \boldsymbol{0} & s\boldsymbol{I}-\boldsymbol{A}_{\bar{c}\bar{o}}\end{bmatrix} \tag{7-98}$$

其史密斯型的不变多项式的零点为

$$\det(s\boldsymbol{I}-\boldsymbol{A}_{c\bar{o}})=0\ \text{及}\ \det(s\boldsymbol{I}-\boldsymbol{A}_{\bar{c}\bar{o}})=0 \tag{7-99}$$

的根，故又有

$$\text{输出解耦零点}=\text{不能观测子系统的特征值} \tag{7-100}$$

总之,输出解耦零点的存在,与状态空间中不能观测相对应。$\begin{bmatrix}\boldsymbol{P}\\\boldsymbol{R}\end{bmatrix}$非右互质,则$[\boldsymbol{A},\boldsymbol{C}]$不能观测。

2. 输入-输出解耦零点

当$[\boldsymbol{R}\quad\boldsymbol{P}]$非右互质,设有最大右公因子$\boldsymbol{Z}_r(s)$,于是消去输出解耦零点后,$\{\boldsymbol{P}\quad\boldsymbol{Q}\quad\boldsymbol{R}\quad\boldsymbol{W}\}$变换为$\{\boldsymbol{P}_r\quad\boldsymbol{Q}\quad\boldsymbol{R}_r\quad\boldsymbol{W}\}$;又当$[\boldsymbol{P}_r\quad\boldsymbol{Q}]$非左互质,设有最大左公因子$\boldsymbol{Z}'_1(s)$(注意$[\boldsymbol{P}\quad\boldsymbol{Q}]$的最大左公因子为$\boldsymbol{Z}_l(s)$),于是在消去输出解耦零点的基础上再消去其输入解耦零点,使$\{\boldsymbol{P}_r\quad\boldsymbol{Q}\quad\boldsymbol{R}_r\quad\boldsymbol{W}\}$变换为$\{\boldsymbol{P}'_r\quad\boldsymbol{Q}'_1\quad\boldsymbol{R}_r\quad\boldsymbol{W}\}$。由于

$$\boldsymbol{P}_r=\boldsymbol{Z}'_l\boldsymbol{P}'_r,\quad \boldsymbol{Q}=\boldsymbol{Z}'_1\boldsymbol{Q}'_r \tag{7-101}$$

有

$$\boldsymbol{G}(s)=\boldsymbol{R}_r\boldsymbol{P}'^{-1}_r\boldsymbol{Q}'_1+\boldsymbol{W} \tag{7-102}$$

这时$[\boldsymbol{R}_r\quad\boldsymbol{P}'_r]$右互质且$[\boldsymbol{P}'_r\quad\boldsymbol{Q}'_1]$左互质,且显然有

$$\deg\det\boldsymbol{P}'_r(s)<\deg\det\boldsymbol{P}_r(s)<\deg\det\boldsymbol{P}(s) \tag{7-103}$$

$\{\boldsymbol{P}'_r\quad\boldsymbol{Q}'_1\quad\boldsymbol{R}_r\quad\boldsymbol{W}\}$不含任何解耦零点,生成的$\boldsymbol{G}(s)$不再有零、极对消,是$\{\boldsymbol{P}\quad\boldsymbol{Q}\quad\boldsymbol{R}\quad\boldsymbol{W}\}$的最小阶系统,因而是系统的能控、能观测的部分。

这时,$\boldsymbol{G}(s)$的极点是$\det\boldsymbol{P}'_r(s)=0$的根集,它们是系统极点即$\det\boldsymbol{P}(s)=0$的根集的一部分。

注意到若存在$\det\boldsymbol{Z}'_1(s)=0$的根集是$\det\boldsymbol{Z}_1(s)=0$的根集的一部分的情况,这表示在消去输出解耦零点的同时,消去了部分输入输出解耦零点,该部分同时消去的解耦零点即是输出又是输入解耦零点,称其为输入一输出解耦零点。于是可定义

$$\begin{aligned}\text{输入一输出解耦零点}&=\{\det\boldsymbol{Z}_r(s)=0\text{ 的根}\}-\{\det\boldsymbol{Z}'_1(s)=0\text{ 的根}\}=\\&\text{消去输出解耦零点同时消去的输入解耦零点}\end{aligned} \tag{7-104}$$

经过与前面的类似分析,还有

$$\begin{aligned}&\text{输入一输出解耦零点}=\text{同时使}[\boldsymbol{P}\quad\boldsymbol{Q}]\text{与}\begin{bmatrix}\boldsymbol{P}\\\boldsymbol{R}\end{bmatrix}\text{降秩的所有 }S\text{ 值}=\\&\text{同时使}[s\boldsymbol{I}-\boldsymbol{A}\quad\boldsymbol{B}]\text{与}\begin{bmatrix}s\boldsymbol{I}-\boldsymbol{A}\\\boldsymbol{C}\end{bmatrix}\text{降秩的所有 }S\text{ 值}=\\&\det(s\boldsymbol{I}-\boldsymbol{A}_{\bar{c}\bar{o}})=0\text{ 的根}\end{aligned} \tag{7-105}$$

这里仅指出,也可用先消去$[\boldsymbol{P}\quad\boldsymbol{Q}]$的最大左公因子$\boldsymbol{Z}_1(s)$,继而消去$\boldsymbol{R}$、$\boldsymbol{P}_1$的最大右公因子$Z'_r(s)$来确定等价变换过程及输入一输出解耦零点。于是可定义

$$\begin{aligned}\text{输入一输出解耦零点}&=\{\det\boldsymbol{Z}_r(s)=0\text{ 的根}\}-\{\det\boldsymbol{Z}'_r(s)=0\text{ 的根}\}=\\&\text{消去输入解耦零点同时消去的输出解耦零点}\end{aligned} \tag{7-106}$$

输入一输出解耦零点的存在,与状态空间中不能控且不能观测相对应,$\begin{bmatrix}\boldsymbol{P}\\\boldsymbol{R}\end{bmatrix}$非右互质且$[\boldsymbol{P}\quad\boldsymbol{Q}]$非左互质,则$(\boldsymbol{A},\ \boldsymbol{B},\ \boldsymbol{C})$不能控且不能观测。

由$\{\boldsymbol{P}\quad\boldsymbol{Q}\quad\boldsymbol{R}\quad\boldsymbol{W}\}$变换为$\{\boldsymbol{P}'_r\quad\boldsymbol{Q}'_1\quad\boldsymbol{R}_r\quad\boldsymbol{W}\}$共计消去的解耦零点包括

$$\det\boldsymbol{Z}_r(s)\det\boldsymbol{Z}'_l(s)=0 \tag{7-107}$$

的根集。有$\{\boldsymbol{P}\quad\boldsymbol{Q}\quad\boldsymbol{R}\quad\boldsymbol{W}\}$变换为$\{\boldsymbol{P}'_l\quad\boldsymbol{Q}_l\quad\boldsymbol{R}'_r\quad\boldsymbol{W}\}$共计消去的解耦零点包括

$$\det\boldsymbol{Z}_1(s)\det\boldsymbol{Z}'_r(s)=0 \tag{7-108}$$

的根集。且可导出

$$\begin{aligned}解耦零点=&\{输出解耦零点\}+\{\det \boldsymbol{Z}'_1(s)的零点\}=\\&\{输入解耦零点\}+\{\det \boldsymbol{Z}'_r(s)的零点\}=\\&\{输出解耦零点\}+\{输入解耦零点\}-\{输入-输出解耦零点\}\end{aligned}\tag{7-109}$$

解耦零点是生成 $\boldsymbol{G}(s)$ 的过程中消失的系统极点，也是消失的系统零点。故系统零、极点与 $\boldsymbol{G}(s)$ 的零、极点之间存在下列关系：

$$\begin{aligned}\{系统极点\}&=\{\boldsymbol{G}(s)的极点\}+\{解耦零点\}\\\{系统零点\}&=\{\boldsymbol{G}(s)的零点\}+\{解耦零点\}\end{aligned}\tag{7-110}$$

基于上述多项式矩阵的互质性及解耦零点的分析，关于系统的能控性、能观测性有下列定理。

定理 7-3　多项式矩阵 $\boldsymbol{P}(s)$、$\boldsymbol{Q}(s)$ 左互质，则系统 $\{\boldsymbol{P}\quad \boldsymbol{Q}\quad \boldsymbol{R}\quad \boldsymbol{W}\}$ 是状态完全能控的。或者说，系统 $\{\boldsymbol{P}\quad \boldsymbol{Q}\quad \boldsymbol{R}\quad \boldsymbol{W}\}$ 或 $\{s\boldsymbol{I}-\boldsymbol{A}\quad \boldsymbol{B}\quad \boldsymbol{C}\quad \boldsymbol{D}(s)\}$ 不存在输入解耦零点，则系统是状态完全能控的。

定理 7-4　多项式矩阵 $\boldsymbol{P}(s)$、$\boldsymbol{R}(s)$ 右互质，则系统 $\{\boldsymbol{P}\quad \boldsymbol{Q}\quad \boldsymbol{R}\quad \boldsymbol{W}\}$ 是状态完全能观测的。或者说，系统 $\{\boldsymbol{P}\quad \boldsymbol{Q}\quad \boldsymbol{R}\quad \boldsymbol{W}\}$ 或 $\{s\boldsymbol{I}-\boldsymbol{A}\quad \boldsymbol{B}\quad \boldsymbol{C}\quad \boldsymbol{D}(s)\}$ 不存在输出解耦零点，则系统是状态完全能观测的。

定理 7-5　设系统 $\{\boldsymbol{P}_1\quad \boldsymbol{Q}_1\quad \boldsymbol{R}_1\quad \boldsymbol{W}\}$ 的阶次为 $n_1=\deg\det\boldsymbol{P}_1(s)$，含有解耦零点，便存在另一消去解耦零点的系统 $\{\boldsymbol{P}_2\quad \boldsymbol{Q}_2\quad \boldsymbol{R}_2\quad \boldsymbol{W}\}$，其阶次 $n_2=\deg\det\boldsymbol{P}_2(s)$，有 $n_2<n_1$。

定理 7-6　系统 $\{\boldsymbol{P}\quad \boldsymbol{Q}\quad \boldsymbol{R}\quad \boldsymbol{W}\}$ 不存在解耦零点，则称为最小阶系统，其最小阶数由 $\deg\det\boldsymbol{P}(s)$ 确定。或者说，$\boldsymbol{P}(s)$、$\boldsymbol{Q}(s)$ 左互质且 $\boldsymbol{R}(s)$、$\boldsymbol{P}(s)$ 右互质，则为最小阶系统。系统 $\{\boldsymbol{P}\quad \boldsymbol{Q}\quad \boldsymbol{R}\quad \boldsymbol{W}\}$ 消去解耦零点后所得的系统 $\{\boldsymbol{P}'_r\quad \boldsymbol{Q}'_1\quad \boldsymbol{R}_r\quad \boldsymbol{W}\}$ 或 $\{\boldsymbol{P}'_l\quad \boldsymbol{Q}_l\quad \boldsymbol{R}'_r\quad \boldsymbol{W}\}$ 是最小阶系统。

定理 7-7　p 维输入、q 维输出系统的最小阶数 $\bar{n}$ 为下列矩阵

$$\boldsymbol{H}=\begin{bmatrix}\boldsymbol{G}_1 & \boldsymbol{G}_2 & \cdots & \boldsymbol{G}_l\\ \vdots & & & \vdots\\ \boldsymbol{G}_l & \boldsymbol{G}_{l+1} & \cdots & \boldsymbol{G}_{2l-1}\end{bmatrix}\tag{7-111}$$

的秩。式中 $\boldsymbol{H}$ 为 $(lq\times lp)$ 矩阵，$\boldsymbol{G}_k\ (k=1,\cdots,(2l-1))$ 为 $\boldsymbol{G}(s)$ 展成 s^{-k} 的矩阵多项式的系数矩阵，即

$$\boldsymbol{G}(s)=\boldsymbol{D}(s)+\frac{\boldsymbol{G}_1}{s}+\frac{\boldsymbol{G}_2}{s^2}+\cdots+\frac{\boldsymbol{G}_k}{s^k}+\cdots\tag{7-112}$$

式中：l 为 $\boldsymbol{G}(s)$ 诸元的首一最小公分母 $d(s)$ 的次数，即 $\deg d(s)=l$。

证明　令生成 $\boldsymbol{G}(s)$ 的系数矩阵为

$$\boldsymbol{T}(s)=\begin{bmatrix}s\boldsymbol{I}_{\bar{n}}-\boldsymbol{A} & \boldsymbol{B}\\ -\boldsymbol{C} & \boldsymbol{D}(s)\end{bmatrix}\tag{7-112}$$

式中

$$\begin{aligned}(s\boldsymbol{I}_{\bar{n}}-\boldsymbol{A})^{-1}&=\mathscr{L}[\mathrm{e}^{\boldsymbol{A}t}]=\mathscr{L}\left[\boldsymbol{I}+\boldsymbol{A}t+\frac{1}{2!}\boldsymbol{A}^2t^2+\cdots+\frac{1}{2^k}\boldsymbol{A}^kt^k+\cdots\right]=\\&\frac{\boldsymbol{I}_{\bar{n}}}{s}+\frac{\boldsymbol{A}}{s^2}+\frac{\boldsymbol{A}^2}{s^3}+\cdots+\frac{\boldsymbol{A}^{k-1}}{s^k}+\cdots\end{aligned}\tag{7-113}$$

故

$$G(s)=C(sI_{\bar{n}}-A)^{-1}B+D(s)=D(s)+\frac{CB}{s}+\frac{CAB}{s^2}+\cdots+\frac{CA^{k-1}B}{s^k}+\cdots \quad (7-114)$$

于是有

$$G(s)=CA^{k-1}B,\quad k=1,2,\cdots \quad (7-115)$$

当 $k=l$ 时,$\boldsymbol{H}$ 可表为

$$H=\begin{bmatrix} CB & CAB & \cdots & CA^{l-1}B \\ \vdots & & & \vdots \\ CA^{l-1}B & CA^{l}B & \cdots & CA^{2(l-1)}B \end{bmatrix}=\begin{bmatrix} C \\ CA \\ \vdots \\ CA^{l-1} \end{bmatrix}\begin{bmatrix} B & AB & \cdots & A^{l-1}B \end{bmatrix} \quad (7-116)$$

式中:能控性矩阵为$(\bar{n}\times pl)$矩阵,能观测性矩阵为$(ql\times\bar{n})$矩阵,当系统能控且能观测时,有 $\mathrm{rank}\boldsymbol{H}=\bar{n}$,即最小阶系统的阶数为 $\bar{n}$。得证。

例 7-5 已知系统矩阵 $\boldsymbol{T}(s)$,试确定解耦零点及系统零、极点。

$$T(s)=\left[\begin{array}{cccc:c} 1 & 0 & 0 & 0 & 0 \\ 0 & 1 & 0 & 0 & 0 \\ 0 & 0 & s^2(s+1) & s(s+2) & -s \\ 0 & 0 & 0 & s+2 & 1 \\ \hdashline 0 & 0 & 0 & -1 & 0 \end{array}\right]\triangleq\begin{bmatrix} P(s) & Q(s) \\ -R(s) & W(s) \end{bmatrix} \quad (7-117)$$

解 观察$[\boldsymbol{P}(s)\quad \boldsymbol{Q}(s)]$的第 3 行,当 $s=0$ 时,矩阵降秩,故{i. d 零点}={0}。观察$[\boldsymbol{P}^{\mathrm{T}}\quad \boldsymbol{R}^{\mathrm{T}}]^{\mathrm{T}}$ 的第 3 列,当 $s=0,0,-1$ 时矩阵降秩,故{o. d 零点}={0　0　−1}。观察 $\boldsymbol{T}(s)$,当 $s=0$ 同时出现全零行和全零列,即同时使$[\boldsymbol{P}\quad \boldsymbol{Q}]$和$[\boldsymbol{P}^{\mathrm{T}}\quad \boldsymbol{R}^{\mathrm{T}}]^{\mathrm{T}}$ 降秩,故{i. o. d 零点}={0}。故

$$\{\text{解耦零点}\}=\{\text{i. d 零点}\}+\{\text{o. d 零点}\}-\{\text{i. o. d 零点}\}=$$
$$\{0\}+\{0\quad 0\quad -1\}-\{0\}=\{0\quad 0\quad -1\}$$

$\boldsymbol{G}(s)$的零极点:

$$G(s)=RP^{-1}Q+W=\frac{s^2(s+1)}{s^2(s+1)(s+2)}=\frac{1}{s+2}$$

显见{$\boldsymbol{G}(s)$的极点}={−2},不存在 $\boldsymbol{G}(s)$的零点。故

$$\{\text{系统极点}\}=\{G(s)\text{的极点}\}+\{\text{解耦零点}\}$$
$$=\{-2\}+\{0\quad 0\quad -1\}=\{0\quad 0\quad -1\quad -2\}$$
$$\{\text{系统零点}\}=\{G(s)\text{的零点}\}+\{\text{解耦零点}\}$$
$$=\{0\quad 0\quad -1\}$$

例 7-6 已知系统矩阵 $\boldsymbol{T}(s)$,试确定解耦零点。

$$T(s)=\left[\begin{array}{cc:cc} (s+1)(s+2) & 0 & -(s+2) & -(s+2) \\ 0 & (s+1)(s+2) & s & -(s+1) \\ \hdashline 1 & 0 & 0 & 0 \\ 0 & 1 & 0 & 0 \end{array}\right]=\begin{bmatrix} P(s) & Q(s) \\ -R(s) & W(s) \end{bmatrix}$$

(7-118)

解 (1)观察法:观察$[\boldsymbol{P}\quad \boldsymbol{Q}]$的第一行,当 $s=-2$ 时出现全零行,故存在{i. d 零点}={−2}。

观察$\begin{bmatrix} \boldsymbol{P} \\ -\boldsymbol{R} \end{bmatrix}$的列，对任意 s 均满秩，故不存在 o.d 零点。

观察$[\boldsymbol{P}\quad \boldsymbol{Q}]$和$\begin{bmatrix} \boldsymbol{P} \\ -\boldsymbol{R} \end{bmatrix}$，不存在同时使其降秩的 s 值，故不存在 i.o.d 零点。

(2)提出最大公因子法：公因子的矩阵表达式由单位矩阵演化而来，若第 i 行有非常数公因子，则将单位矩阵第 i 行中的 1 置换为公因子多项式；若第 i 行只有常数公因子，则单位矩阵第 i 行中的 1 置换为该常数。本例$[\boldsymbol{P}\quad \boldsymbol{Q}]$的第 1 行含公因子$(s+2)$，第 2 行公因子为 1，故有最大左公因子 $\boldsymbol{Z}_1(s)=\begin{bmatrix} s+2 & 0 \\ 0 & 1 \end{bmatrix}$由于 $\det\boldsymbol{Z}_1(s)=s+2=0$，解得{i.d 零点}={−2}。

$[\boldsymbol{P}^{\mathrm{T}}\quad \boldsymbol{R}^{\mathrm{T}}]^{\mathrm{T}}$ 的第 1、2 列的公因子均为 1，其最大右公因子 $\boldsymbol{Z}_r(s)=I_2$，$\det\boldsymbol{Z}_r(s)=1$，故不存在{o.d 零点}。

由于

$$[\boldsymbol{P}\quad \boldsymbol{Q}]=\boldsymbol{Z}_1[\boldsymbol{P}_1\quad \boldsymbol{Q}_1]=\begin{bmatrix} s+2 & 0 \\ 0 & 1 \end{bmatrix}\begin{bmatrix} s+1 & 0 & -1 & -1 \\ 0 & (s+1)(s+2) & s & -(s+1) \end{bmatrix} \tag{7-119}$$

其$[\boldsymbol{P}_1^{\mathrm{T}}\quad \boldsymbol{R}^{\mathrm{T}}]^{\mathrm{T}}$ 的最大右公因子仍为 $\boldsymbol{Z}'_{\mathrm{r}}=I_2$，$\det\boldsymbol{Z}'_{\mathrm{r}}(s)=1$。故不存在{i.o.d 零点}。

例 7-7　已知状态空间型系统矩阵，试用化为能控性分解及史密斯型法确定输入解耦零点。

$$\boldsymbol{T}(s)=\begin{bmatrix} s\boldsymbol{I}-\boldsymbol{A} & \boldsymbol{B} \\ -\boldsymbol{C} & \boldsymbol{0} \end{bmatrix}=\left[\begin{array}{cccc:cc} s+1 & 0 & 0 & 0 & -1 & 0 \\ 1 & s+2 & 0 & 0 & 1 & 0 \\ 0 & 0 & s+1 & 0 & 0 & -1 \\ 0 & 0 & 0 & s+2 & 0 & -1 \\ \hdashline 1 & 0 & 1 & 0 & 0 & 0 \\ 0 & 1 & 0 & 1 & 0 & 0 \end{array}\right] \tag{7-120}$$

解　(1)能控性分解法：运用行、列初等变换将其化为标准型，$\left[\begin{array}{cc:c} s\boldsymbol{I}-\boldsymbol{A}_c & \boldsymbol{0} & \boldsymbol{B}_c \\ \boldsymbol{0} & s\boldsymbol{I}-\boldsymbol{A}_{\bar{c}} & 0 \end{array}\right]$有

$$[s\boldsymbol{I}-\boldsymbol{A}\quad \boldsymbol{B}]\xrightarrow{r_2+r_1}\left[\begin{array}{cccc:cc} s+1 & 0 & 0 & 0 & -1 & 0 \\ s+2 & s+2 & 0 & 0 & 0 & 0 \\ 0 & 0 & s+1 & 0 & 0 & -1 \\ 0 & 0 & 0 & s+2 & 0 & -1 \end{array}\right]\xrightarrow{c_1-c_2}$$

$$\left[\begin{array}{cccc:cc} s+1 & 0 & 0 & 0 & -1 & 0 \\ 0 & s+2 & 0 & 0 & 0 & 0 \\ 0 & 0 & s+1 & 0 & 0 & -1 \\ 0 & 0 & 0 & s+2 & 0 & -1 \end{array}\right]\xrightarrow[\text{交换 } c_2, c_4 \text{ 后}]{\text{交换 } r_2, r_4 \text{ 后,}}\left[\begin{array}{cccc:cc} s+1 & 0 & 0 & 0 & -1 & 0 \\ 0 & s+2 & 0 & 0 & 0 & -1 \\ 0 & 0 & s+1 & 0 & 0 & -1 \\ 0 & 0 & 0 & s+2 & 0 & 0 \end{array}\right]$$

显见不能控特征值为 $s=-2$，即{i. d 零点} = { −2 }。

(2)化$[s\boldsymbol{I}-\boldsymbol{A}\ \boldsymbol{B}]$为史密斯型算法：运用行、列初等变换将其化为$[\boldsymbol{S}(s)\ \vdots\ 0]$，有

$$[s\boldsymbol{I}-\boldsymbol{A}\quad \boldsymbol{B}]\xrightarrow[r_4-r_3]{r_1+r_2}\left[\begin{array}{cccc:cc} s+2 & s+2 & 0 & 0 & 0 & 0 \\ 1 & s+2 & 0 & 0 & 1 & 0 \\ 0 & 0 & s+1 & 0 & 0 & -1 \\ 0 & 0 & -(s+2) & s+2 & 0 & 0 \end{array}\right]\xrightarrow{\substack{c_1-c_5 \\ c_2-c_5(s+2) \\ c_3-c_6(s+1)}}$$

$$\left[\begin{array}{cccc:cc} s+2 & s+2 & 0 & 0 & 0 & 0 \\ 0 & 0 & 0 & 0 & 1 & 0 \\ 0 & 0 & 0 & 0 & 0 & -1 \\ 0 & 0 & -(s+1) & s+2 & 0 & 0 \end{array}\right] \xrightarrow[c_4+c_3]{\substack{c_2-c_1 \\ c_3+c_4}} \left[\begin{array}{cccc:cc} s+2 & 0 & 0 & 0 & 0 & 0 \\ 0 & 0 & 0 & 0 & 1 & 0 \\ 0 & 0 & 0 & 0 & 0 & -1 \\ 0 & 0 & 1 & 0 & 0 & 0 \end{array}\right]$$

$$\xrightarrow{\text{行、列交换}} \left[\begin{array}{cccc:cc} 1 & 0 & 0 & 0 & 0 & 0 \\ 0 & 1 & 0 & 0 & 0 & 0 \\ 0 & 0 & 1 & 0 & 0 & 0 \\ \hdashline 0 & 0 & 0 & s+2 & 0 & 0 \end{array}\right] = [\boldsymbol{S}(s) \vdots 0]$$

显见 $\det\boldsymbol{S}(s)=s+2=0$，解得{i. d 零点} = { -2 }。

例 7-8 已知系统传递函数矩阵 $\boldsymbol{G}(s)$，试确定最小阶系统。

$$\boldsymbol{G}(s)=\begin{bmatrix} \dfrac{1}{s+1} & \dfrac{2}{s+1} \\ \dfrac{-1}{(s+1)(s+2)} & \dfrac{1}{s+2} \end{bmatrix} \tag{7-121}$$

解 (1) 求 $\boldsymbol{G}(s)$ 诸元的最小公分母 $d(s)$：

$$d(s)=(s+1)(s+2)=s^2+3s+2 \stackrel{\triangle}{=} s^2+a_1s+a_2 \tag{7-122}$$

故 $l=\deg d(s)=2, a_1=3, a_2=2$。

(2)构造 $\boldsymbol{H}$ 阵并确定最小阶数：将 $\boldsymbol{G}(s)$ 展成 s^{-k} 的矩阵多项式，有

$$\boldsymbol{G}(s)=\frac{1}{s^2+3s+2}\begin{bmatrix} s+2 & 2(s+2) \\ -1 & s+1 \end{bmatrix} \stackrel{\triangle}{=} \frac{1}{s^2+a_1s+a_2}(\boldsymbol{Q}_1s+\boldsymbol{Q}_2) \tag{7-123}$$

式中

$$\boldsymbol{Q}_1=\begin{bmatrix} 1 & 2 \\ 0 & 1 \end{bmatrix}, \boldsymbol{Q}_2=\begin{bmatrix} 2 & 4 \\ -1 & 1 \end{bmatrix}$$

由综合除法有

$$\begin{aligned} \boldsymbol{G}(s)=&\boldsymbol{Q}_1s^{-1}+(\boldsymbol{Q}_2-a_1\boldsymbol{Q}_1)s^{-2}-[a_2\boldsymbol{Q}_1+a_1(\boldsymbol{Q}_2-a_1\boldsymbol{Q}_1)]s^{-3}+\cdots \stackrel{\triangle}{=} \\ &\boldsymbol{G}_1s^{-1}+\boldsymbol{G}_2s^{-2}+\boldsymbol{G}_3s^{-3}+\cdots \end{aligned} \tag{7-124}$$

由于 $\boldsymbol{H}$ 阵含 $\boldsymbol{G}_{2l-1}$，故 $\boldsymbol{G}(s)$ 的展开式只需写至 $\boldsymbol{G}_2s^{-3}$ 项。计算得出

$$\boldsymbol{G}_1=\boldsymbol{Q}_1, \boldsymbol{G}_2=\boldsymbol{Q}_2=a_1\boldsymbol{Q}_1=\begin{bmatrix} -1 & -2 \\ -1 & -2 \end{bmatrix}, \boldsymbol{G}_3=-(a_2\boldsymbol{G}_1+a_1\boldsymbol{G}_2)=\begin{bmatrix} 1 & 2 \\ 3 & 4 \end{bmatrix}$$

$$\boldsymbol{H}=\begin{bmatrix} \boldsymbol{G}_1 & \boldsymbol{G}_2 \\ \boldsymbol{G}_2 & \boldsymbol{G}_3 \end{bmatrix}=\left[\begin{array}{cc:cc} 1 & 2 & -1 & -2 \\ 0 & 1 & -1 & -2 \\ \hdashline -1 & -2 & 1 & 2 \\ -1 & -2 & 3 & 4 \end{array}\right] \tag{7-125}$$

显见 $\boldsymbol{H}$ 阵第 3 行可化为全零行，有 $\operatorname{rank}\boldsymbol{H}=3$，即最小阶系统的阶数为 3。

(3)由 $\boldsymbol{G}(s)$ 的结构图求最小实现：这里给出两种实现方案。一为将 $\boldsymbol{G}(s)$ 诸元化为部分分式之和，即

$$\boldsymbol{G}(s)=\begin{bmatrix} \dfrac{1}{s+1} & \dfrac{2}{s+1} \\ \dfrac{-1}{s+1}+\dfrac{1}{s+2} & \dfrac{1}{s+2} \end{bmatrix} \tag{7-126}$$

其结构图如图 7-2(a)所示,对应的状态空间方程为

$$\begin{cases}(s+1)x_1=u_1\\(s+1)x_2=u_2\\(s+1)x_3=u_1+u_2\end{cases}\quad\begin{cases}y_1=x_1+2x_2\\y_2=-x_1+x_3\end{cases}\tag{7-127}$$

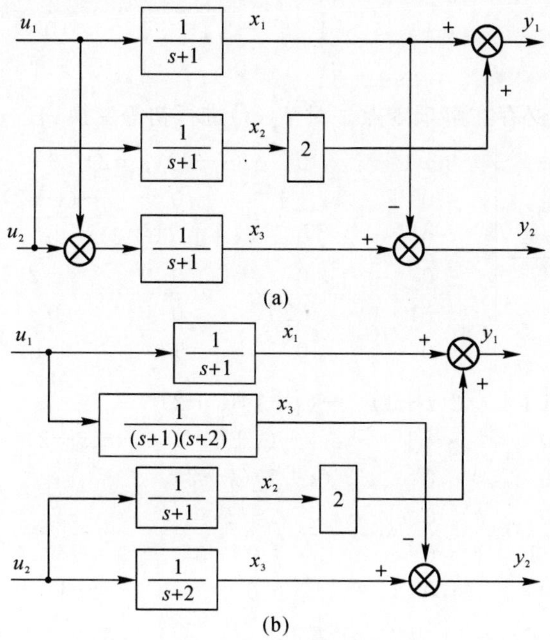

图 7-2　例 7-8 结构图

状态空间型系统矩阵为

$$T_1(s)=\begin{bmatrix}s\boldsymbol{I}-\boldsymbol{A} & \boldsymbol{B}\\ -\boldsymbol{C} & \boldsymbol{0}\end{bmatrix}=\left[\begin{array}{ccc|cc}s+1 & 0 & 0 & 1 & 0\\ 0 & s+1 & 0 & 0 & 1\\ 0 & 0 & s+2 & 1 & 1\\ \hline -1 & -2 & 0 & 0 & 0\\ 1 & 0 & -1 & 0 & 0\end{array}\right]\tag{7-128}$$

显见$[s\boldsymbol{I}-\boldsymbol{A}\quad \boldsymbol{B}]$及$\begin{bmatrix}s\boldsymbol{I}-\boldsymbol{A}\\-\boldsymbol{C}\end{bmatrix}$均不存在公因子,无解耦零点,是最小阶系统,其阶数为 deg det $(s\boldsymbol{I}-\boldsymbol{A})=3$,最小实现的诸系统矩阵为

$$\boldsymbol{A}=\begin{bmatrix}-1 & 0 & 0\\ 0 & -1 & 0\\ 0 & 0 & -2\end{bmatrix},\boldsymbol{B}=\begin{bmatrix}1 & 0\\ 0 & 1\\ 1 & 1\end{bmatrix},\boldsymbol{C}=\begin{bmatrix}1 & 2 & 0\\ -1 & 0 & 1\end{bmatrix},\boldsymbol{D}=0\tag{7-129}$$

另一方案为直接利用给定 $\boldsymbol{G}(s)$来形成结构图,见图 7.2(b),对应的状态空间方程为

$$\begin{cases}(s+1)x_1=u_1\\(s+1)x_2=u_2\\(s+1)(s+2)x_3=u_1\\(s+2)x_4=u_2\end{cases}\begin{cases}y_1=x_1+2x_2\\y_2=-x_3+2x_4\end{cases}\tag{7-130}$$

其状态空间型系统矩阵为

$$T_2(s)=\begin{bmatrix} sI-A & B \\ -C & 0 \end{bmatrix}=\left[\begin{array}{cccc|cc} s+1 & 0 & 0 & 0 & 1 & 0 \\ 0 & s+1 & 0 & 0 & 0 & 1 \\ 0 & 0 & (s+1)(s+2) & 0 & 1 & 0 \\ 0 & 0 & 0 & s+2 & 0 & 1 \\ \hline -1 & -2 & 0 & 0 & 0 & 0 \\ 0 & 0 & 1 & -1 & 0 & 0 \end{array}\right] \tag{7-131}$$

有 deg det$(sI-A)=5$，必存在解耦零点。对 $T_2(s)$ 进行初等变换，有

$$T_2(s)\xrightarrow[r_2-r_4]{r_1-r_3}\left[\begin{array}{cccc|cc} s+1 & 0 & -(s+1)(s+2) & 0 & 0 & 0 \\ 0 & s+1 & 0 & -(s+2) & 0 & 0 \\ 0 & 0 & (s+1)(s+2) & 0 & 1 & 0 \\ 0 & 0 & 0 & s+2 & 0 & 1 \\ \hline -1 & -2 & 0 & 0 & 0 & 0 \\ 0 & 0 & 1 & -1 & 0 & 0 \end{array}\right]$$

$$\xrightarrow[c_3+c_4]{c_2-2c_1}\left[\begin{array}{cccc|cc} s+1 & -2(s+1) & -(s+1)(s+2) & 0 & 0 & 0 \\ 0 & s+1 & -(s+2) & -(s+2) & 0 & 0 \\ 0 & 0 & (s+1)(s+2) & 0 & 1 & 0 \\ 0 & 0 & (s+2) & s+2 & 0 & 1 \\ \hline -1 & 0 & 0 & 0 & 0 & 0 \\ 0 & 0 & 0 & -1 & 0 & 0 \end{array}\right]$$

显见第 1 行有公因子$(s+1)$，故{i. d零点} = { -1 }；第 2、3 列分别有公因子$(s+1)$和$(s+2)$，故{o. d零点} = { -1 ，-2 }；第 1 行和第 2 列有公因子$(s+1)$，故有{i. o. d零点} = { -1 }。且

{解耦零点}={-1} + {-1　-2} - {-1} = {-1 -2}

从 $T_2(s)$ 中消去解耦零点对应的公因子，可得

$$T_2(s)=\left[\begin{array}{cccc|cc} 1 & -2 & -1 & 0 & 0 & 0 \\ 0 & s+1 & -1 & -(s+2) & 0 & 0 \\ 0 & 0 & s+1 & 0 & 1 & 0 \\ 0 & 0 & 1 & s+2 & 0 & 1 \\ \hline -1 & 0 & 0 & 0 & 0 & 0 \\ 0 & 0 & 0 & -1 & 0 & 0 \end{array}\right] \tag{7-132}$$

对 $T_2(s)$ 进行初等变换

$$T_2(s)\xrightarrow[c_3+c_1]{c_2+2c_1}\left[\begin{array}{cccc|cc} 1 & 0 & 0 & 0 & 0 & 0 \\ 0 & s+1 & -1 & -(s+2) & 0 & 0 \\ 0 & 0 & s+1 & 0 & 1 & 0 \\ 0 & 0 & 1 & s+2 & 0 & 1 \\ \hline -1 & -2 & -1 & 0 & 0 & 0 \\ 0 & 0 & 0 & -1 & 0 & 0 \end{array}\right]$$

$$\xrightarrow[r_2+r_4]{r_5+r_1}\left[\begin{array}{cccc:cc}1 & 0 & 0 & 0 & 0 & 0\\ 0 & s+1 & 0 & 0 & 0 & 1\\ 0 & 0 & s+1 & 0 & 1 & 0\\ 0 & 0 & 1 & s+2 & 0 & 1\\ \hdashline 0 & -2 & -1 & 0 & 0 & 0\\ 0 & 0 & 0 & -1 & 0 & 0\end{array}\right]$$

显见 $\deg\det(s\boldsymbol{I}-\boldsymbol{A})=3$，最小实现的诸系统矩阵为

$$\boldsymbol{A}=\begin{bmatrix}-1 & 0 & 0\\ 0 & -1 & 0\\ 0 & -1 & -2\end{bmatrix},\quad \boldsymbol{B}=\begin{bmatrix}0 & 1\\ 1 & 0\\ 0 & 1\end{bmatrix},\quad \boldsymbol{C}=\begin{bmatrix}2 & 1 & 0\\ 0 & 0 & 1\end{bmatrix},\quad \boldsymbol{D}=0 \tag{7-133}$$

第四节　闭环系统的系统矩阵及其稳定性

1. 闭环系统描述

闭环系统一般结构图如图 7-3 所示。图中 $\boldsymbol{r}_{k\times1}$、$\boldsymbol{e}_{k\times1}$ 分别为参考输入及偏差向量，$\boldsymbol{u}_{p\times1}$ 为控制向量，$\boldsymbol{y}_{q\times1}$ 为输出向量，$\boldsymbol{G}(s)_{q\times p}$ 为受控对象、$\boldsymbol{F}(s)_{k\times q}$ 为反馈装置、$\boldsymbol{K}(s)_{p\times k}$ 为前向控制装置的传递函数矩阵。

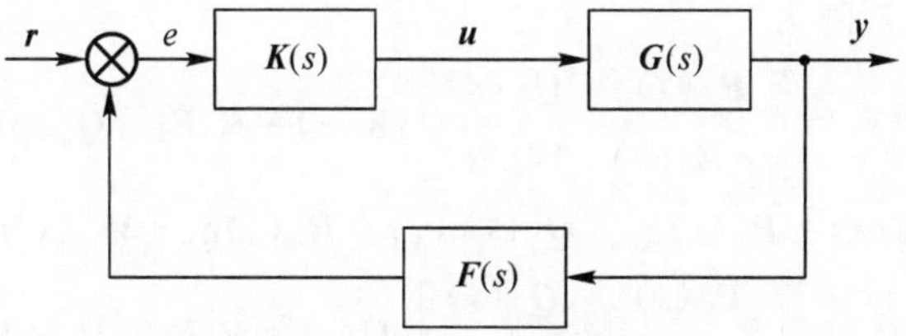

图 7-3　闭环系统一般结构图

由图可得(省略符号 s)

$$\boldsymbol{y}=\boldsymbol{Gke}=\boldsymbol{Gk}(\boldsymbol{r}-\boldsymbol{Fy})$$

故

$$\boldsymbol{y}=(\boldsymbol{I}_q+\boldsymbol{GKF})^{-1}\boldsymbol{GKr} \tag{7-134}$$

又

$$\boldsymbol{e}=\boldsymbol{r}-\boldsymbol{Fy}=\boldsymbol{r}-\boldsymbol{FGKe},\quad \boldsymbol{e}=(\boldsymbol{I}_k+\boldsymbol{FGK})^{-1}\boldsymbol{r} \tag{7-135}$$

故

$$\boldsymbol{y}=\boldsymbol{GKe}=\boldsymbol{GK}(\boldsymbol{I}_k+\boldsymbol{FGK})^{-1}\boldsymbol{r} \tag{7-136}$$

又

$$\boldsymbol{u}=\boldsymbol{Ke}=\boldsymbol{K}(\boldsymbol{r}-\boldsymbol{Fy})=\boldsymbol{Kr}-\boldsymbol{KFGu},\quad \boldsymbol{u}=(\boldsymbol{I}_p+\boldsymbol{KFG})^{-1}\boldsymbol{Kr} \tag{7-137}$$

故

$$\boldsymbol{y}=\boldsymbol{Gu}=\boldsymbol{G}(\boldsymbol{I}_p+\boldsymbol{KFG})^{-1}\boldsymbol{Kr} \tag{7-138}$$

联系参考输入与输出的系统闭环传递函数矩阵

$$\boldsymbol{\Phi}(s)=(\boldsymbol{I}_q+\boldsymbol{GKF})^{-1}\boldsymbol{GK}=\boldsymbol{GK}(\boldsymbol{I}_k+\boldsymbol{FGK})^{-1}=\boldsymbol{G}(\boldsymbol{I}_p+\boldsymbol{KFG})^{-1}\boldsymbol{K} \tag{7-139}$$

其闭环特征多项式显然满足

$$\det(\boldsymbol{I}_q+\boldsymbol{GKF})=\det(\boldsymbol{I}_k+\boldsymbol{FGK})=\det(\boldsymbol{I}_p+\boldsymbol{KFG}) \tag{7-140}$$

联系偏差与主反馈向量的系统开环传递函数矩阵 $\boldsymbol{Q}(s)$ 为

$$\boldsymbol{Q}(s)=\boldsymbol{FGK} \tag{7-141}$$

且定义系统回差矩阵 $\boldsymbol{H}(s)$ 为

$$\boldsymbol{H}(s)=\boldsymbol{I}_k+\boldsymbol{Q}(s)=\boldsymbol{I}_k+\boldsymbol{FGK} \tag{7-142}$$

在单变量系统中，回差即闭环特征多项式，与稳定性密切相关，这里将单变量系统的研究方法推广到多变量系统，可推知回差矩阵将与稳定性密切相关。$\boldsymbol{\Phi}(s)$ 与 $\boldsymbol{H}(s)$、$\boldsymbol{Q}(s)$ 存在下述关系

$$\boldsymbol{Q}(s)=\boldsymbol{GKH}^{-1}=\boldsymbol{GK}(\boldsymbol{I}_k+\boldsymbol{Q})^{-1} \tag{7-143}$$

当系统的反馈为单位反馈时，即 $\boldsymbol{F}(s)=\boldsymbol{I}_k$，则对应 $\boldsymbol{y}$ 为 $(k\times 1)$ 向量，$\boldsymbol{G}(s)$ 为 $(k\times p)$ 矩阵，有

$$\boldsymbol{Q}=\boldsymbol{GK} \tag{7-144}$$

$$\boldsymbol{\Phi}=\boldsymbol{Q}(\boldsymbol{I}_k+\boldsymbol{Q})^{-1}=(\boldsymbol{I}_k+\boldsymbol{Q})^{-1}\boldsymbol{Q} \tag{7-145}$$

二、闭环系统的系统矩阵及特征多项式

假定图 7-3 中诸传递函数矩阵分别由下列多项式矩阵型动态方程生成：

$$\boldsymbol{K}(s)=\boldsymbol{K}(s)\boldsymbol{P}_k(s)\boldsymbol{\xi}_k=\boldsymbol{Q}_k(s)\boldsymbol{e},\quad \boldsymbol{u}=\boldsymbol{R}_k(s)\boldsymbol{\xi}_k+\boldsymbol{W}_k(s)\boldsymbol{e} \tag{7-146}$$

其系统矩阵及传递函数矩阵为

$$\boldsymbol{T}_k(s)=\begin{bmatrix}\boldsymbol{P}_k(s) & \boldsymbol{Q}_k(s)\\ -\boldsymbol{R}_k(s) & \boldsymbol{W}_k(s)\end{bmatrix},\boldsymbol{K}(s)=\boldsymbol{R}_k\boldsymbol{P}_k{}^{-1}\boldsymbol{Q}_k+\boldsymbol{W}_k \tag{7-147}$$

$$\boldsymbol{G}(s)=\boldsymbol{P}_q(s)\boldsymbol{\xi}_q=\boldsymbol{Q}_q(s)\boldsymbol{u},\boldsymbol{y}=\boldsymbol{R}_q(s)\boldsymbol{\xi}_q+\boldsymbol{W}_q(s)\boldsymbol{u} \tag{7-148}$$

$$\boldsymbol{T}_q(s)=\begin{bmatrix}\boldsymbol{P}_q(s) & \boldsymbol{Q}_q(s)\\ -\boldsymbol{R}_q(s) & \boldsymbol{W}_q(s)\end{bmatrix},\boldsymbol{G}(s)=\boldsymbol{R}_q\boldsymbol{P}_q{}^{-1}\boldsymbol{Q}_q+\boldsymbol{W}_q \tag{7-149}$$

$$\boldsymbol{F}(s)=\boldsymbol{F}(s)\boldsymbol{P}_f(s)\boldsymbol{\xi}_f=\boldsymbol{Q}_f(s)\boldsymbol{y},\boldsymbol{r}-\boldsymbol{e}=\boldsymbol{R}_f(s)\boldsymbol{\xi}_f+\boldsymbol{W}_f(s)\boldsymbol{y} \tag{7-150}$$

$$\boldsymbol{T}_f(s)=\begin{bmatrix}\boldsymbol{P}_f(s) & \boldsymbol{Q}_f(s)\\ -\boldsymbol{R}_f(s) & \boldsymbol{W}_f(s)\end{bmatrix},\boldsymbol{G}(s)=\boldsymbol{R}_f\boldsymbol{P}_f{}^{-1}\boldsymbol{Q}_f+\boldsymbol{W}_f \tag{7-151}$$

将式(7-146)、式(7-148)、式(7-150)中诸分状态和控制量以及参考输入作为闭环系统多项式矩阵描述的状态向量，以闭环系统输出构造该描述的输入向量，可得出下列闭环系统的系统矩阵 $\boldsymbol{T}_H(s)$

$$\underbrace{\left[\begin{array}{cccccc:c}\boldsymbol{P}_k & \boldsymbol{Q}_k & \boldsymbol{0} & \boldsymbol{0} & \boldsymbol{0} & \boldsymbol{0} & \boldsymbol{0}\\ -\boldsymbol{R}_k & \boldsymbol{W}_k & \boldsymbol{0} & -\boldsymbol{I}_p & \boldsymbol{0} & \boldsymbol{0} & \boldsymbol{0}\\ \boldsymbol{0} & \boldsymbol{0} & \boldsymbol{P}_q & \boldsymbol{Q}_q & \boldsymbol{0} & \boldsymbol{0} & \boldsymbol{0}\\ \boldsymbol{0} & \boldsymbol{0} & -\boldsymbol{R}_q & \boldsymbol{W}_q & \boldsymbol{0} & -\boldsymbol{I}_q & \boldsymbol{0}\\ \boldsymbol{0} & \boldsymbol{0} & \boldsymbol{0} & \boldsymbol{0} & \boldsymbol{P}_f & \boldsymbol{Q}_f & \boldsymbol{0}\\ \boldsymbol{0} & \boldsymbol{I}_k & \boldsymbol{0} & \boldsymbol{0} & -\boldsymbol{R}_f & \boldsymbol{W}_f & -\boldsymbol{I}_k\\ \hdashline \boldsymbol{0} & \boldsymbol{0} & \boldsymbol{0} & \boldsymbol{0} & \boldsymbol{0} & \boldsymbol{I}_q & \boldsymbol{0}\end{array}\right]}_{\boldsymbol{T}_H(s)}\begin{bmatrix}\boldsymbol{\xi}_k\\ -\boldsymbol{e}\\ \boldsymbol{\xi}_q\\ -\boldsymbol{u}\\ \boldsymbol{\xi}_f\\ -\boldsymbol{y}\\ -\boldsymbol{r}\end{bmatrix}=\begin{bmatrix}\boldsymbol{0}\\ \boldsymbol{0}\\ \boldsymbol{0}\\ \boldsymbol{0}\\ \boldsymbol{0}\\ \boldsymbol{0}\\ -\boldsymbol{y}\end{bmatrix} \tag{7-152}$$

且简记为

$$\boldsymbol{T}_H(s)=\begin{bmatrix}\boldsymbol{P}_H(s) & \boldsymbol{Q}_H(s)\\ -\boldsymbol{R}_H(s) & \boldsymbol{W}_H(s)\end{bmatrix}\text{，且 }\det\boldsymbol{P}_H(s)\neq 0 \tag{7-153}$$

$\det\boldsymbol{P}_H(s)$是闭环特征多项式，故对闭环系统稳定性分析至关重要。

定理 7-8 对式(7-152)所示闭环系统有

$$\det\boldsymbol{P}_H(s)=(-1)^{(\cdot)}\det(\boldsymbol{I}_k+\boldsymbol{FGK})\det\boldsymbol{P}_k\det\boldsymbol{P}_q\det\boldsymbol{P}_f \tag{7-154}$$

证明 设分块矩阵 $\boldsymbol{T}=\begin{bmatrix}\boldsymbol{P} & \boldsymbol{Q}\\ -\boldsymbol{R} & \boldsymbol{W}\end{bmatrix}$，其行列式计算公式为 $\det\boldsymbol{T}=\det\boldsymbol{P}\det(\boldsymbol{W}+\boldsymbol{RP}^{-1}\boldsymbol{Q})$，该结果可对 $\boldsymbol{T}$ 阵的行列式直接进行行、列初等变换来得到，即

$$|\boldsymbol{T}|=\begin{vmatrix}\boldsymbol{P} & \boldsymbol{Q}\\ -\boldsymbol{R} & \boldsymbol{W}\end{vmatrix}=|\boldsymbol{P}|\begin{vmatrix}\boldsymbol{I} & \boldsymbol{P}^{-1}\boldsymbol{Q}\\ -\boldsymbol{R} & \boldsymbol{W}\end{vmatrix}=|\boldsymbol{P}|\begin{vmatrix}\boldsymbol{I} & \boldsymbol{P}^{-1}\boldsymbol{Q}\\ \boldsymbol{0} & \boldsymbol{RP}^{-1}\boldsymbol{Q}+\boldsymbol{W}\end{vmatrix}=|\boldsymbol{P}|\,|\boldsymbol{RP}^{-1}\boldsymbol{Q}+\boldsymbol{W}| \tag{7-155}$$

变换第一步是将第一行提出 $\boldsymbol{P}$，第二步是将第一行左乘 $\boldsymbol{R}$ 加至第二行，构成了三角形行列式。于是有

$$|\boldsymbol{P}_H(s)|=|\boldsymbol{P}|\begin{vmatrix}\boldsymbol{R}_k\boldsymbol{P}_k^{-1}\boldsymbol{Q}_k+\boldsymbol{W}_k & 0 & -\boldsymbol{I}_p & \boldsymbol{0} & \boldsymbol{0}\\ \boldsymbol{0} & \boldsymbol{P}_q & \boldsymbol{Q}_q & \boldsymbol{0} & \boldsymbol{0}\\ \boldsymbol{0} & -\boldsymbol{R}_q & \boldsymbol{W}_q & \boldsymbol{0} & -\boldsymbol{I}_q\\ \boldsymbol{0} & \boldsymbol{0} & \boldsymbol{0} & \boldsymbol{P}_f & \boldsymbol{Q}_f\\ \boldsymbol{I}_k & \boldsymbol{0} & \boldsymbol{0} & -\boldsymbol{R}_f & \boldsymbol{W}_f\end{vmatrix} \tag{7-156}$$

已知 $\boldsymbol{R}_k\boldsymbol{P}_k^{-1}\boldsymbol{Q}_k+\boldsymbol{W}_k=\boldsymbol{K}(s)$，将 $\boldsymbol{K}$ 由第 1 列移至末列，继而将第一行移至末行，有

$$|\boldsymbol{P}_H(s)|=(-1)|\boldsymbol{P}|\begin{vmatrix}\boldsymbol{P}_q & \boldsymbol{Q}_q & \boldsymbol{0} & \boldsymbol{0} & \boldsymbol{0}\\ -\boldsymbol{R}_q & \boldsymbol{W}_q & \boldsymbol{0} & -\boldsymbol{I}_q & \boldsymbol{0}\\ \boldsymbol{0} & \boldsymbol{0} & \boldsymbol{P}_f & \boldsymbol{Q}_f & \boldsymbol{0}\\ \boldsymbol{0} & \boldsymbol{0} & -R_f & \boldsymbol{W}_f & \boldsymbol{I}_k\\ \boldsymbol{0} & -\boldsymbol{I}_p & \boldsymbol{0} & \boldsymbol{0} & \boldsymbol{K}\end{vmatrix} \tag{7-157}$$

重复以上过程，有

$$|\boldsymbol{P}_H(s)|=(-1)^{(\cdot)}|\boldsymbol{P}_k|\,|\boldsymbol{P}_q|\begin{vmatrix}\boldsymbol{R}_q\boldsymbol{P}_q^{-1}Q_q+\boldsymbol{W}_q & \boldsymbol{0} & -\boldsymbol{I}_q & \boldsymbol{0}\\ \boldsymbol{0} & \boldsymbol{P}_f & \boldsymbol{Q}_f & \boldsymbol{0}\\ \boldsymbol{0} & -\boldsymbol{R}_f & \boldsymbol{W}_f & \boldsymbol{I}_k\\ -\boldsymbol{I}_p & \boldsymbol{0} & \boldsymbol{0} & \boldsymbol{K}\end{vmatrix}=$$

$$(-1)^{(\cdot)}|\boldsymbol{P}_k|\,|\boldsymbol{P}_q|\begin{vmatrix}\boldsymbol{P}_f & \boldsymbol{Q}_f & \boldsymbol{0} & \boldsymbol{0}\\ -\boldsymbol{R}_f & \boldsymbol{W}_f & \boldsymbol{I}_k & \boldsymbol{0}\\ \boldsymbol{0} & \boldsymbol{0} & \boldsymbol{K} & -\boldsymbol{I}_p\\ \boldsymbol{0} & -\boldsymbol{I}_q & 0 & \boldsymbol{G}\end{vmatrix}=$$

$$(-1)^{(\cdot)}|\boldsymbol{P}_k|\,|\boldsymbol{P}_q|\,|\boldsymbol{P}_f|\begin{vmatrix}\boldsymbol{R}_f\boldsymbol{P}_f^{-1}\boldsymbol{Q}_f+\boldsymbol{W}_f & \boldsymbol{I}_k & \boldsymbol{0}\\ \boldsymbol{0} & \boldsymbol{K} & -\boldsymbol{I}_p\\ -\boldsymbol{I}_q & \boldsymbol{0} & G\end{vmatrix}=$$

$$(-1)^{(\cdot)}|\boldsymbol{P}_k||\boldsymbol{P}_q||\boldsymbol{P}_f|\begin{vmatrix}\boldsymbol{K} & -\boldsymbol{I}_p & \boldsymbol{0}\\ \boldsymbol{0} & G & -\boldsymbol{I}_q\\ \boldsymbol{I}_k & \boldsymbol{0} & \boldsymbol{F}\end{vmatrix} \tag{7-158}$$

若继续将第一行左乘 $\boldsymbol{G}$ 加至第二行,并将所得第二行左乘 $\boldsymbol{F}$ 加至第三行,有

$$|\boldsymbol{P}_H(s)|=(-1)^{(\cdot)}|\boldsymbol{P}_k||\boldsymbol{P}_q||\boldsymbol{P}_f|\begin{vmatrix}\boldsymbol{K} & -\boldsymbol{I}_p & \boldsymbol{0}\\ \boldsymbol{GK} & \boldsymbol{0} & -\boldsymbol{I}_q\\ \boldsymbol{FGK}+\boldsymbol{I}_k & \boldsymbol{0} & \boldsymbol{0}\end{vmatrix} \tag{7-159}$$

将其第 1 列移为末列,有

$$|\boldsymbol{P}_H(s)|=(-1)^{(\cdot)}|\boldsymbol{P}_k||\boldsymbol{P}_q||\boldsymbol{P}_f|\begin{vmatrix}-\boldsymbol{I}_p & 0 & \boldsymbol{K}\\ 0 & -\boldsymbol{I}_q & \boldsymbol{GK}\\ 0 & 0 & \boldsymbol{FGK}+\boldsymbol{I}_k\end{vmatrix}=$$

$$(-1)^{(\cdot)}|\boldsymbol{P}_k||\boldsymbol{P}_q||\boldsymbol{P}_f||\boldsymbol{FGK}+\boldsymbol{I}_k| \tag{7-160}$$

式(7-154)得证。应注意到,该式是在已知 $\boldsymbol{P}_k$、$\boldsymbol{P}_q$、$\boldsymbol{P}_f$ 的情况下导出的。通常给出子系统 $\{\boldsymbol{A}_i,\ \boldsymbol{B}_i,\ \boldsymbol{C}_i,\ \boldsymbol{D}_i\}$,可方便地获得唯一的状态空间型系统矩阵。如果给出的是子系统的传递函数矩阵,则需通过 MFD 求得 PMD。这时结果不唯一,$|\boldsymbol{P}_i|$ 会有不同阶次,导致 $|\boldsymbol{P}_H(s)|$ 有不同阶次,但只要子系统传递函数矩阵诸元分母不含右极点,并不影响稳定性判断。

三、闭环系统的稳定性

将线性定常系统的特征值判据应用于多项式矩阵描述的系统,有下列定理。

定理 7-9 图 7-3 所示闭环系统渐进稳定的冲要条件是:由 $\det\boldsymbol{P}_H(s)=0$ 所确定的闭环极点具有负实部。或者说,在 $\boldsymbol{P}_k$、$\boldsymbol{P}_q$、$\boldsymbol{P}_f$ 的极点均具负实部的条件下,闭环系统渐进稳定的充要条件是:由 $\det(\boldsymbol{I}_k+\boldsymbol{FGK})=0$ 确定的极点均具负实部。

由式(7-154)显见,闭环极点包括诸系统 $\boldsymbol{P}_k$、$\boldsymbol{P}_q$、$\boldsymbol{P}_f$ 的行列式的零点,以及回差矩阵 $(\boldsymbol{I}_k+\boldsymbol{FGK})$ 的行列式的零件。还需指出,渐进稳定性是揭示系统内部状态的稳定性,有内部稳定性之称,由于系统输出通常是状态的线性组合,所以有内部稳定性者必有输入—输出稳定性即外部稳定性。定理 7.9 所述条件是外部稳定性的充要条件,研究闭环系统的外部稳定性问题时,同样需要结合 $[\boldsymbol{P}_H(s)\quad \boldsymbol{Q}_H(s)]$ 及 $[\boldsymbol{P}_H^{\mathrm{T}}(s)\quad \boldsymbol{Q}_H^{\mathrm{T}}(s)]^{\mathrm{T}}$ 的互质性,即闭环系统解耦零点或其能控性、能观测性分析加以确定,例如不稳定的特征值恰为不能观测模态时,仍能作出输入—输出是稳定的判断,不过这种判断仅有数学意义,实际系统并不能正常工作。若不稳定特征值恰为不能控模态,称该闭环系统是状态不可镇定的。

例 7-9 已知受控对象 $(\boldsymbol{A},\ \boldsymbol{B},\ \boldsymbol{C})$,其传递函数矩阵记为 $\boldsymbol{G}(s)$,试确定 $\boldsymbol{K}(s)=\boldsymbol{F}(s)=\boldsymbol{I}$ 时闭环系统的内部稳定性及外部稳定性以及状态的可镇定性。

$$\boldsymbol{A}=\begin{bmatrix}0 & -1 & 0\\ -1 & 0 & 0\\ 0 & -2 & 3\end{bmatrix},\boldsymbol{B}=\begin{bmatrix}1 & 0\\ 1 & 0\\ 0 & 1\end{bmatrix},\boldsymbol{C}=\begin{bmatrix}1 & 0 & 0\\ 0 & 0 & 1\end{bmatrix} \tag{7-161}$$

解 由于

$$\det\boldsymbol{P}_q(s)=\det(s\boldsymbol{I}-\boldsymbol{A})=(s+3)(s+1)(s-1)$$

$$\mathrm{adj}(s\boldsymbol{I}-\boldsymbol{A})=\begin{bmatrix} s(s+3) & -(s+3) & 0 \\ -(s+3) & s(s+3) & 0 \\ 2 & -2s & (s+1)(s-1) \end{bmatrix} \tag{7-162}$$

$$\boldsymbol{G}(s)=\boldsymbol{C}(s\boldsymbol{I}-\boldsymbol{A})^{-1}\boldsymbol{B}=\begin{bmatrix} \frac{1}{s+1} & 0 \\ \frac{-2}{(s+3)(s+1)} & \frac{1}{(s+3)} \end{bmatrix}$$

回差矩阵 $\boldsymbol{H}(s)$ 为

$$\boldsymbol{H}(s)=\boldsymbol{I}+\boldsymbol{FGK}=\boldsymbol{I}+\boldsymbol{G}=\begin{bmatrix} \frac{s+2}{s+1} & 0 \\ \frac{-2}{(s+3)(s+1)} & \frac{s+4}{s+3} \end{bmatrix} \tag{7-163}$$

$$\det(\boldsymbol{I}+\boldsymbol{G})=\frac{(s+2)(s+4)}{(s+1)(s+3)}$$

闭环极点由

$$\det\boldsymbol{P}_H(s)=\det(\boldsymbol{I}+\boldsymbol{G})\det(s\boldsymbol{I}-\boldsymbol{A})=(s+2)(s+4)(s-1)=0 \tag{7-164}$$

得解为{−2,　−4　1},系统非渐进稳定,即内部不稳定。

构造受控对象的系统矩阵 $\boldsymbol{T}_o(s)$

$$\boldsymbol{T}_o(s)=\begin{bmatrix} s\boldsymbol{I}-\boldsymbol{A} & \boldsymbol{B} \\ -\boldsymbol{C} & \boldsymbol{D} \end{bmatrix}=\begin{bmatrix} s & 1 & 0 & 1 & 0 \\ 1 & s & 0 & 1 & 0 \\ 0 & 2 & s+3 & 0 & 1 \\ -1 & 0 & 0 & \vdots & 0 \\ 0 & 0 & -1 & \vdots & 0 \end{bmatrix} \tag{7-165}$$

显见当 $s=1$ 时,第一二行相同,故存在{i. d 零点}={1},系统不可控,且不能控模态即系统闭环极点,因而该闭环系统不可镇定。观察 $\boldsymbol{T}_o(s)$ 的前三列,对于任意 s 均不存在 o. d 零点,故系统能观测,即输出能反映系统的不稳定特征值,因而是输入—输出不稳定的。

由受控对象动态方程

$$\dot{\boldsymbol{x}}=\boldsymbol{Ax}+\boldsymbol{Be},\quad \boldsymbol{y}=\boldsymbol{Cx} \tag{7-166}$$

且考虑系统闭合后有

$$\boldsymbol{e}=\boldsymbol{r}-\boldsymbol{y}=\boldsymbol{r}-\boldsymbol{Cx} \tag{7-167}$$

故闭环动态方程为

$$\dot{\boldsymbol{x}}=(\boldsymbol{A}-\boldsymbol{Bc})+\boldsymbol{Br},\quad \boldsymbol{y}=\boldsymbol{Cx} \tag{7-168}$$

其状态空间型闭环系统矩阵为

$$\boldsymbol{T}_H(s)=\begin{bmatrix} \boldsymbol{P}_H(s) & \boldsymbol{Q}_H(s) \\ -\boldsymbol{R}_H(s) & \boldsymbol{W}_H(s) \end{bmatrix}=\begin{bmatrix} s\boldsymbol{I}-\boldsymbol{A}+\boldsymbol{BC} & \boldsymbol{B} \\ -\boldsymbol{C} & \boldsymbol{0} \end{bmatrix}=\begin{bmatrix} s+1 & 1 & 0 & 1 & 0 \\ 2 & s & 0 & 1 & 0 \\ 0 & 2 & s+4 & 0 & 1 \\ -1 & 0 & 0 & 0 & 0 \\ 0 & 0 & -1 & 0 & 0 \end{bmatrix} \tag{7-169}$$

将其中第二行乘(−1)加至第一行,同样可以得出{i. d 零点}={1}及不存在 o. d 零点的结论。

第五节　闭环多变量系统的整体性的概念

多变量系统是一个多回路系统，当某个回路中的元件发生故障而断开时，不想单变量系统那样简单地变为开环系统，而仍然是一个多回路系统。多变量系统的整体性就是指出现局部故障情况下，闭环系统仍能保持稳定性的能力。这里仅以传感器发生故障作为典型情况，来作一概念性的介绍。

在闭环系统结构图中引入一个假想的传感器故障矩阵 $\boldsymbol{D}$，它是一个对角阵，当回路 i 无障碍时，其 d_i 取 1，发生故障而断开时 d_i 取零。引入传感器故障矩阵的闭环系统结构图如图 7-4 所示，此时系统的回差矩阵 $\boldsymbol{H}(s)$ 为

$$\boldsymbol{H}(s)=\boldsymbol{I}_k+\boldsymbol{FDGK} \tag{7-170}$$

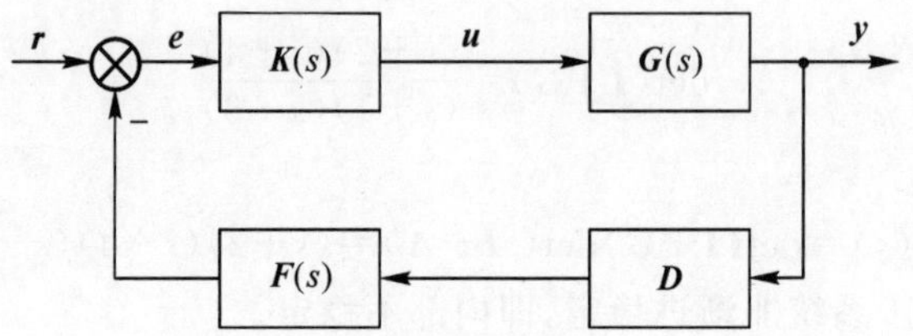

图 7.4　引入故障矩阵的闭环系统

当第 i 个回路断开时，$d_i=0$，由于 $\boldsymbol{D}$ 为对角阵，于是使 $\boldsymbol{F}$ 的第 i 列变为全零列，或使 $\boldsymbol{GK}$ 的第 i 行变为全零行。闭环系统稳定性在 $\boldsymbol{P}_k(s)$、$\boldsymbol{P}_q(s)$、$\boldsymbol{P}_f(s)$ 具有负实部极点的条件下由 $\det\boldsymbol{H}(s)=0$ 的根确定，但 $\boldsymbol{H}(s)$ 中不再含有 $\boldsymbol{F}$ 第 i 列及 $\boldsymbol{GK}$ 第 i 行诸元素。

例 7-10　图 7-4 所示引入故障矩阵的闭环系统，设

$$\boldsymbol{G}(s)=\begin{bmatrix}\dfrac{100}{s+1} & 0\\ \dfrac{10}{s+3} & \dfrac{5}{s+1}\end{bmatrix},\boldsymbol{K}(s)=\begin{bmatrix}1 & -1\\ 0 & \dfrac{2}{s+1}\end{bmatrix},\boldsymbol{F}=\boldsymbol{I}_2,\boldsymbol{D}_{\text{无故障}}=\boldsymbol{I}_2 \tag{7-171}$$

且 $\boldsymbol{G}(s)$、$\boldsymbol{K}(s)$ 的状态空间实现为最小实现。试确定无故障及第 1 个回路传感器因故障而断开时的闭环系统稳定性。

解　传递函数矩阵 $\boldsymbol{G}(s)$、$\boldsymbol{K}(s)$ 的极点即闭环系统极点的一部分，据 $\boldsymbol{G}(s)$、$\boldsymbol{K}(s)$ 的所有子式的最小公分母可确定

$$\det\boldsymbol{P}_o(s)=(s+1)^2(s+3),\det\boldsymbol{P}_k(s)=s+1 \tag{7-172}$$

回差矩阵 $\boldsymbol{H}(s)$ 为

$$\boldsymbol{H}(s)=\boldsymbol{I}_2+\boldsymbol{FDGK}=\boldsymbol{I}_2+\boldsymbol{GK}=\begin{bmatrix}\dfrac{s+101}{s+1} & \dfrac{-100}{s+1}\\ \dfrac{10}{s+3} & \dfrac{s^3-5s^2-3s+23}{(s+1)^2(s+3)}\end{bmatrix} \tag{7-173}$$

由于 $\det\boldsymbol{H}(s)=\dfrac{s^4+96s^3+492s^2+792s+1\,505}{(s+1)^2(s+3)}=0$ 的根可以利用劳斯判据判定均位于左半开平面上，故知无故障系统时闭环渐近稳定的。

当第一个回路传感器出现故障时，$d_1=0$，即

$$D=\begin{bmatrix}0 & 0\\0 & 1\end{bmatrix} \tag{7-174}$$

此时

$$H(s)=I_2+DGK=\begin{bmatrix}1 & \dfrac{-100}{s+1}\\0 & \dfrac{s^3-5s^2-3s+23}{(s+1)^2(s+3)}\end{bmatrix} \tag{7-175}$$

其 $\det H(s)=\dfrac{s^3-5s^2-3s+23}{(s+1)^2(s+3)}=0$ 的根显然有位于右半开平面的根，故闭环是不稳定的。

习　题

7-1　判断下列 PMD 中，$P(s)$、$Q(s)$是否左互质？$P(s)$、$R(s)$是否右互质？

(1)$P(s)=\begin{bmatrix}s^2-1 & 0\\0 & s+1\end{bmatrix}$，$Q(s)=\begin{bmatrix}s+1\\s-1\end{bmatrix}$，$R(s)=\begin{bmatrix}s(s+1) & 2\\s & 1\end{bmatrix}$；

(2)$P(s)=\begin{bmatrix}s^2-1 & 0\\0 & s+1\end{bmatrix}$，$Q(s)=\begin{bmatrix}s+2 & 2\\s & 0\end{bmatrix}$，$R(s)=[2\quad s-1]$。

7-2　已知 MFD，确定一个 PMD。

(1)$N(s)D^{-1}(s)=[s+2\quad s+1]\begin{bmatrix}s+1 & 0\\(s+1)(s+2) & s^2-1\end{bmatrix}$；

(2)$D_L^{-1}(s)N_L(s)=\begin{bmatrix}s^2-1 & 0\\0 & s-1\end{bmatrix}^{-1}\begin{bmatrix}0 & 1/s\\2 & s^2\end{bmatrix}$。

7-3　已知 $G(s)$，确定一个 PMD。

(1)$G(s)=\begin{bmatrix}\dfrac{2s+1}{s^2+s+1}\\ \dfrac{1}{s+3}\end{bmatrix}$；

(2)$G(s)=\begin{bmatrix}\dfrac{s(s+1)}{s^2+1} & \dfrac{s+1}{s+2}\\0 & \dfrac{(s+1)(s+2)}{s^2+2s+2}\end{bmatrix}$。

7-4　已知 PMD，试计算 $G(s)$。

(1)$P(s)=\begin{bmatrix}s^2+2s+1 & 2\\0 & s+1\end{bmatrix}$，$Q(s)=\begin{bmatrix}s+2\\s+1\end{bmatrix}$，$R(s)=[s+1\quad 2]$，$W(s)=2$；

(2)$P(s)=\begin{bmatrix}(s+1)^2 & 3\\0 & s+1\end{bmatrix}$，$Q(s)=\begin{bmatrix}s+2 & s\\0 & s+1\end{bmatrix}$，$R(s)=\begin{bmatrix}s+1 & 2\\0 & s\end{bmatrix}$。

7-5　设受控对象传递函数矩阵为 $G(s)$，假定控制装置及反馈装置的传递函数矩阵均为单位矩阵，即 $K(s)=F(s)=I_2$，试确定系统回差矩阵行列式及 $\det P_q(s)$。

$$G(s)=\begin{bmatrix}\dfrac{1}{s+1} & 0\\ \dfrac{-2}{(s+1)(s+3)} & \dfrac{1}{s+3}\end{bmatrix}$$

7-6　确定下列 PMD 的极点和零点。

$$\boldsymbol{P}(s)=\begin{bmatrix}(s+1)^2 & 2\\ 0 & s+1\end{bmatrix},\boldsymbol{Q}(s)=\begin{bmatrix}s+2 & s\\ 1 & s+3\end{bmatrix},\boldsymbol{R}(s)=\begin{bmatrix}s+1 & 1\\ 2 & s\end{bmatrix}$$

7-7　确定下列 PMD 的 i.d 零点和 o.d 零点。

$$\boldsymbol{P}(s)=\begin{bmatrix}(s+1)^2 & 3\\ 0 & s+1\end{bmatrix},\boldsymbol{Q}(s)=\begin{bmatrix}s+2 & s\\ 0 & s+1\end{bmatrix},\boldsymbol{R}(s)=\begin{bmatrix}s+1 & 2\\ 0 & s\end{bmatrix}$$

7-8　设系统矩阵为 $\boldsymbol{T}(s)$，试求系统解耦零点。

$$(1)\boldsymbol{T}(s)=\begin{bmatrix}s+3 & 0 & 0 & 0\\ 0 & s^2(s+1) & s(s+2) & -s\\ 0 & 0 & s+2 & 1\\ 1 & 0 & -1 & 0\end{bmatrix};$$

$$(2)\boldsymbol{T}(s)=\begin{bmatrix}(s+1)^2(s+2) & 0 & -1 & 0\\ 0 & (s+1)(s+2) & 0 & -1\\ 0 & 1 & 0 & 0\\ (s+1)^2 & 1 & 0 & 0\end{bmatrix};$$

$$(3)\boldsymbol{T}(s)=\begin{bmatrix}s+1 & 0 & 0 & 0 & 0\\ 0 & s+2 & 0 & -1 & -1\\ 0 & 0 & s+1 & -1 & 0\\ 1 & 1 & 0 & 0 & 0\\ 0 & 1 & 0 & 0 & 0\end{bmatrix}。$$

7-9　已知系统$(\boldsymbol{A},\boldsymbol{B},\boldsymbol{C},\boldsymbol{D})$，确定其输入-输出解耦零点。

$$\boldsymbol{A}=\begin{bmatrix}2 & 1 & 1\\ 1 & 2 & 1\\ 0 & 0 & 1\end{bmatrix},\boldsymbol{B}=\begin{bmatrix}1 & 1\\ 1 & 2\\ -2 & -3\end{bmatrix},\boldsymbol{C}=\begin{bmatrix}-1 & 1 & 1\\ 1 & -1 & 1\end{bmatrix},D=0$$

7-10　已知系统$(\boldsymbol{A},\boldsymbol{B},\boldsymbol{C},\boldsymbol{D})$，试求 $s\boldsymbol{I}-\boldsymbol{A}$、$\boldsymbol{B}$ 的最大左公因子并判断其状态能控性，并检查传递函数矩阵的对消情况。

7-11　设动态方程为

$$\begin{cases}\ddot{\zeta}_1=\zeta_1+u_1\\ 2\ddot{\zeta}_1+\dot{\zeta}_2=2\zeta_1-3\zeta_2+u_2\end{cases},\quad \begin{cases}y_1=\dot{\zeta}_1-\zeta_1\\ y_2=\zeta_2\end{cases}$$

试确定系统矩阵 $\boldsymbol{T}(s)$，求出最大右公因子并确定其状态能观测性，并检查传递函数矩阵的对消情况。

7-12　设闭环系统种向前、反馈通路传递矩阵分别为 $\boldsymbol{Q}(s)$、$\boldsymbol{F}$，试计算开、闭环特征多项式，并检查 $\boldsymbol{F}=\boldsymbol{F}_1$，$\boldsymbol{F}=\boldsymbol{F}_2$ 试闭环系统的稳定性。

$$\boldsymbol{Q}(s)=\begin{bmatrix}\dfrac{1}{s+1} & \dfrac{2}{s+3}\\ \dfrac{1}{s+1} & \dfrac{1}{s+1}\end{bmatrix},\quad \boldsymbol{F}=\begin{bmatrix}f_1 & 0\\ 0 & f_2\end{bmatrix},\quad \boldsymbol{F}_1=\begin{bmatrix}50 & 0\\ 0 & 0\end{bmatrix},\quad \boldsymbol{F}_2=\begin{bmatrix}10 & 0\\ 0 & 10\end{bmatrix}$$

第八章　多变量系统频域法基础

多变量受控对象的基本特征是存在耦合(或交连)，其传递函数矩阵 $\boldsymbol{G}(s)$ 非对角化，这时每个输入控制分量将对每个输出分量产生影响。若在控制器 $\boldsymbol{K}(s)$ 设计中不做特殊处理，所构成的开环传递函数矩阵 $\boldsymbol{G}(s)\boldsymbol{K}(s)$ 及闭环传递函数矩阵 $\boldsymbol{\Phi}(s)$ 也将是非对角化的，并分别成为开环耦合及闭环耦合。一个多变量闭环控制系统在存在耦合的情况下，对于跟踪指令信号的设计问题试十分复杂的，难以实现一对一地控制；给稳定性的设计也带来很大的困难，这时闭环特征方程的阶次甚高。解决多变量系统的解耦问题已有许多方法，如基于矩阵对角化的方法、按不变性原理的解耦方法、状态反馈解耦等，还有 20 世纪 60 年代英国学派 Rosenbrock 等人在研究多变量系统频域法与时域法之间的联系后，提出了对角优势的解耦方法，只要把多变量受控对象的传递函数矩阵改造成对角优势矩阵，实现近似的解耦，便可以将多变量闭环系统当成多个单变量系统来进行设计，并建立了一套将单变量系统中成功应用的频域设计方法推广到多变量系统中去的理论和方法，在解决工业生产过程中的控制问题中获得满意的结果。

多变量系统的频域设计方法有现代频域法之称，对角优势理论是其核心和基础。现代频域法已成为现代控制理论的重要组成部分，是状态空间法的新发展，它保留了经典频域法中物理概念清晰，图形直观，可以利用实验数据，对数学模型要求不甚精确，便于发挥人的经验技巧满足工程指标要求，所设计的控制器较为简单等有点，为多变量系统设计开辟了一条新途径，弥补了状态空间设计方法的不足。这种设计方法需要借助有图像显示的大型数字计算机进行辅助设计，以人-机对话方式发挥人的主观能动性，在计算机技术迅猛发展的今天，该方法将获得逐步的推广应用。这里主要介绍 Rosenbrock 提出的奈奎斯特阵列设计方法及其基本理论，对序列回差设计法的基本思路作了简介。

第一节　对角优势矩阵基本理论

定义 8-1　对于由实数或复数 $a_{ij}(i,j=1,2,\cdots,m)$ 构成的 m 阶方阵 $\boldsymbol{A}$，假如同行中对角元模值比其余非对角元模值之和还要大时，即

$$|a_{ii}| > \sum_{m} |a_{ij}| = d_i,\quad i=1,2,\cdots,m \text{ 且 } i \neq j \tag{8-1}$$

则称 $\boldsymbol{A}$ 为行对角优势矩阵。

同理，假如同一列中对角元模值比其余非对角元模值之和还要大时，即

$$|a_{ii}| > \sum_{m} |a_{ji}| = d'_i,\quad i=1,2,\cdots,m \text{ 且 } i \neq j \tag{8-2}$$

则称 $\boldsymbol{A}$ 为列对角优势矩阵。

行(列)对角优势不一定列(行)对角优势，二者统称对角优势矩阵。对角阵是对角优势矩阵的特例。

d_i 为第 i 行的行估计，d'_i 为第 i 列的列估计。

比值 $d_i/|a_{ii}|$、$d'_i/|a_{ii}|$ 分别称为第 i 行、第 i 列的优势度，对角优势矩阵的优势度小于 1。

定义 8-2 任意 m 阶方阵 $\mathbf{A}=\{a_{ij}\}(i,j=1,2,\cdots,m)$，以对角元 a_{ii} 在复平面上的对应点为圆心，以第 i 行的行估计为 d_i 为半径作圆，称为 $\mathbf{A}$ 的第 i 行的行格氏圆。行格氏圆方程为

$$|s-a_{ii}|=d_i,\quad i=1,2,\cdots,m \tag{8-3}$$

若以第 i 列的列估计 d'_i 为半径作圆，称为 $\mathbf{A}$ 的第 i 列的列格氏圆。列格氏圆方程为

$$|s-a_{ii}|=d'_i,\quad i=1,2,\cdots,m \tag{8-4}$$

对于行(列)对角优势阵，由于 $|a_{ii}|>d_i(|a_{ii}|>d'_i)$，行(列)圆圆心至原点的距离大于半径 $d_i(d'_i)$，故行(列)格氏圆内不包含原点。

$\mathbf{A}$ 具有 m 个行(列)格氏圆，称格氏行(列)集。

格氏定理(**Gershgorin**) 任一 m 阶方阵 $\mathbf{A}=\{a_{ij}\}(i,j=1,2,\cdots,m)$，其特征值均处在格氏行集或格氏列集内，即

$$|\lambda-a_{ii}|\leqslant d_i=\sum_{j=1,j\neq i}^{m}|a_{ij}|,\quad i=1,2,\cdots,m \tag{8-5}$$

或

$$|\lambda-a_{ii}|\leqslant d'_i=\sum_{j=1,j\neq i}^{m}|a_{ji}|,\quad i=1,2,\cdots,m \tag{8-6}$$

证明 由矩阵 $\mathbf{A}$ 的特征方程

$$\det(\lambda \boldsymbol{I}-\mathbf{A})=\begin{vmatrix}\lambda-a_{11} & -a_{12} & \cdots & -a_{1m}\\ -a_{21} & \lambda-a_{22} & \cdots & -a_{2m}\\ \vdots & \vdots & & \vdots\\ -a_{m1} & -a_{m2} & \cdots & \lambda-a_{mm}\end{vmatrix}\triangleq|a_1,a_2,\cdots,a_m|=0 \tag{8-7}$$

表明矩阵$(\lambda\boldsymbol{I}-\mathbf{A})$的列是线性相关的，必存在任意的不全为零的常数 $\beta_1,\beta_2,\cdots,\beta_m$，使

$$\beta_1 a_1+\beta_2 a_2+\cdots+\beta_m a_m=0 \tag{8-8}$$

成立，可表为下列 m 个方程

$$\beta_i(\lambda-a_{ii})=\sum_{j=1,j\neq i}^{m}\beta_j a_{ij},\quad i=1,2,\cdots,m \tag{8-9}$$

于是有

$$|\beta_i||\lambda-a_{ii}|\leqslant\sum_{j=1,j\neq i}^{m}|\beta_i||a_{ij}| \tag{8-10}$$

若选择

$$|\beta_i|=\max|\beta_j|,\quad j=1,2,\cdots,m \tag{8-11}$$

则有

$$|\lambda-a_{ii}|\leqslant\sum_{j=1,j\neq i}^{m}|a_{ij}|=d_i,\quad i=1,2,\cdots,m \tag{8-12}$$

同理可证明

$$|\lambda - a_{ii}| \leqslant \sum_{j=1,j\neq i}^{m} |a_{ji}| = d'_i, \quad i=1,2,\cdots,m \tag{8-13}$$

格氏定理又称为特征值估计定理，它规定了矩阵 **A** 的特征值在复平面上所处的区域位置。应说明的是，并非每个格氏圆内都一定存在特征值，很可能在某个格氏圆内有几个，而某个格氏圆内一个特征值也没有。

推论　对角优势矩阵 **A** 不存在 $\lambda=0$ 的特征值，这时由于当 $\lambda=0$ 时，$|\lambda - a_{ii}| \leqslant \sum_{j=1,j\neq i}^{m} |a_{ij}|$ 或 $|\lambda - a_{ii}| \leqslant \sum_{j=1,j\neq i}^{m} |a_{ji}|$，**A** 就不成为一个对角优势矩阵。

定理 8－1　对角优势矩阵 **A** 一定是一个非奇异矩阵。

证明　用反证法，设 **A** 是行对角优势的，但是 $\det\boldsymbol{A}=\det[a_1,a_2,\cdots,a_m]=0$，即 **A** 的 m 列线性相关，有任意不全为零的常数 $\beta_1,\beta_2,\cdots,\beta_m$ 使

$$\beta_1 a_{i1} + \beta_1 a_{i2} + \cdots + \beta_m a_{im} = \sum_{j=1}^{m} \beta_j a_{ij}, \quad i=1,2,\cdots,m \tag{8-14}$$

成立，即

$$\beta_i a_{ii} = -\sum_{j=1,j\neq i}^{m} \beta_i a_{ij}, \quad j=1,2,\cdots,m \tag{8-15}$$

若选择

$$|\beta_i| = \max|a_j| \quad j=1,2,\cdots,m \tag{8-16}$$

则

$$|\beta_i||a_{ii}| \leqslant \sum_{j=1,j\neq i}^{m} |\beta_i||a_{ij}| \leqslant |\beta_i| \sum_{j=1,j\neq i}^{m} |a_{ij}| \tag{8-17}$$

有

$$|a_{ii}| \leqslant \sum_{j=1,j\neq i}^{m} |a_{ij}| \tag{8-18}$$

导出了与行对角优势定义相矛盾的结果。至于列对角优势的情况可作类似的证明。故对角优势矩阵 **A** 一定是非奇异矩阵，即 $\det\boldsymbol{A}\neq 0$。不逆定理并不成立，非奇异矩阵并不一定对角优势阵

定理 8－2　设行(列)对角优势方阵 **A** 的逆阵 $\boldsymbol{A}^{-1} \triangleq \hat{\boldsymbol{A}} = \{\hat{a}_{ij}\}(i,j=1,2,\cdots,m)$，则 $\hat{\boldsymbol{A}}$ 的对角元 $\hat{a}_{ii}$ 的模值一定大于其第 i 列(行)非对角元的模值，即存在

$$|\hat{a}_{ji}| \leqslant \theta_j |\hat{a}_{ii}|, \quad \underset{i,j=1,2,\cdots,m}{0 \leqslant \theta_j < 1} \quad (\boldsymbol{A}\text{ 为行对角优势}) \tag{8-19}$$

或

$$|\hat{a}_{ij}| \leqslant \theta_i |\hat{a}_{ii}|, \quad \underset{i,j=1,2,\cdots,m}{0 \leqslant \theta_i < 1} \quad (\boldsymbol{A}\text{ 为列对角优势}) \tag{8-20}$$

证明　由行对角优势定义有

$$|a_{jj}| > \sum_{k=1,k\neq j}^{m} |a_{jk}|, \quad j=1,2,\cdots,m \tag{8-21}$$

令

$$\theta_j = \frac{\sum_{k=1,k\neq j}^{m} |a_{jk}|}{|a_{jj}|} = \sum_{k=1,k\neq j}^{m} \left|\frac{a_{jk}}{a_{jj}}\right| \tag{8-22}$$

必存在 $0 \leqslant \theta_j < 1$，θ_j 为行优势度。

根据 $\boldsymbol{A}\hat{\boldsymbol{A}} = \boldsymbol{I}_m$ 有

$$\begin{bmatrix} a_{11} & \cdots & a_{1j} & \cdots & a_{1m} \\ \vdots & & \vdots & & \vdots \\ a_{j1} & \cdots & a_{jj} & \cdots & a_{jm} \\ \vdots & & \vdots & & \vdots \\ a_{m1} & \cdots & a_{mj} & \cdots & a_{mm} \end{bmatrix} \begin{bmatrix} a\hat{a}\hat{a}_{11} & \cdots & a\hat{a}_{1i} & \cdots & a\hat{a}_{1m} \\ \vdots & & \vdots & & \vdots \\ a\hat{a}_{ji} & \cdots & a\hat{a}_{ji} & \cdots & a\hat{a}_{jm} \\ \vdots & & \vdots & & \vdots \\ a\hat{a}_{m1} & \cdots & a\hat{a}_{mi} & \cdots & a\hat{a}_{mm} \end{bmatrix} = \begin{bmatrix} 1 & & 0 \\ & \ddots & \\ 0 & & 1 \end{bmatrix} \tag{8-23}$$

即

$$\left.\begin{aligned} & a_{j1}a\hat{a}_{1i} + \cdots + a_{jj}a\hat{a}_{ji} + \cdots + a_{jm}a\hat{a}_{mi} = 0 \\ & a_{jj}a\hat{a}_{ji} + \sum_{k=1,k\neq j}^{m} a_{jk}a\hat{a}_{ki} = 0 \\ & a\hat{a}_{ji} = -\sum_{k=1,k\neq j}^{m} \frac{a_{jk}}{a_{jj}} a\hat{a}_{ki} \\ & |a\hat{a}_{ji}| \leqslant \sum_{k=1,k\neq j}^{m} \left|\frac{a_{jk}}{a_{jj}}\right| |a\hat{a}_{ki}| \leqslant \sum_{k=1,k\neq j}^{m} \left|\frac{a_{jk}}{a_{jj}}\right| \{\max|a\hat{a}_{ki}|\} \end{aligned}\right\} \tag{8-24}$$

即

$$|a\hat{a}_{ji}| \leqslant \theta_j \cdot \{\max|a\hat{a}_{ki}|\}, \quad i \neq j \tag{8-25}$$

该式意为 $\hat{\boldsymbol{A}}$ 的(j,i)元之模，即非对角元之模，在第 i 列中不是最大者，而且对于 $i \neq j$ 都满足这一关系，换句话说，只有对角元 $\hat{a}_{ii}$ 才是第 i 列的最大者，即有

$$\max_{k,k\neq j} |\hat{a}_{ki}| = |\hat{a}_{ii}| \tag{8-26}$$

故 $|\hat{a}_{ji}| \leqslant \theta_j |\hat{a}_{ii}|$ 得证。

同理可以证明 $|\hat{a}_{ij}| \leqslant \theta_i |\hat{a}_{ii}|$，式中 θ_i 为列优势度。以上定理表明，对角优势矩阵的逆阵仍是对角优势矩阵。

定义 8-3 在复平面上由一些直线段、圆弧构成的封闭曲线且该封闭曲线自身不相交，称此封闭曲线为初等围线，记为 D。

设有理分式方阵为 $\boldsymbol{B}(s) = \{b_{ij}(s)\}$ $(i,j=1,2,\cdots,m)$，当其对角元 $b_{ii}(s)(i=1,2,\cdots,m)$ 在 D 上无极点且满足

$$|b_{ii}(s)| > \sum_{j=1,j\neq i}^{m} |b_{ij}(s)| = d_i, \quad \forall s \in D, i=1,2,\cdots,m \tag{8-27}$$

则称 $\boldsymbol{B}(s)$ 在 D 上是行对角优势的。

若满足

$$|b_{ii}(s)| > \sum_{j=1,j\neq i}^{m} |b_{ji}(s)| = d'_i, \quad \forall s \in D, i=1,2,\cdots,m \tag{8-28}$$

则称 $\boldsymbol{B}(s)$在 D 上是列对角优势的。

D 上任一点有确定的 s 值，故 $\boldsymbol{B}(s)$ 是复域的数字方阵，以前所述数字方阵的对角优势结论均适用。

定义 8-4　对一确定的 s，已 $b_{ii}(s)$ 圆心、以 $d(d'_i)$ 为半径，将画出一个格氏圆，由于 $i=1,2,\cdots,m$，故有个行(列)格氏圆。当沿顺时针旋转一周时，其 $b_{ii}(s)$ 和 $d(d'_i)(i=1,2,\cdots,m)$ 在变化，即格氏圆的圆心和半径在变化，由这些格氏圆扫出的 m 条带状区域，称为行(列)格氏带。

定理 8-3　若 m 阶有理分式矩阵 $\boldsymbol{B}(s)$ 在 D 上是行(列)对角优势的，则其 m 条行格氏带均不包含原点。该定理由对角优势定义是显而易见的。利用格氏带图形是否包含原点可判断矩阵 $\boldsymbol{B}(s)$ 是否为对角优势矩阵，且是系统稳定性分析的基础。

奥氏定理(Ostrowski 定理)　设有理分式矩阵 $\boldsymbol{B}(s)$ 在 D 上是行对角优势的，其逆阵 $\hat{\boldsymbol{B}}(s)=\{\hat{b}_{ij}(s)\}(i,j=1,2,\cdots,m)$ 对于 D 上任一点 s_0 有

$$|\hat{b}_{ii}^{-1}(s_0)-b_{ii}(s_0)|\leqslant\beta_i(s_0)d_i(s_0),\quad i=1,2,\cdots,m \tag{8-29}$$

式中

$$d_i(s_0)=\sum_{k=1,k\neq i}^{m}|b_{ki}(s_0)|,\quad \beta_i(s_0)=\max_{j,j\neq i}\frac{d_i(s)}{|b_{jj}(s_0)|},\quad 0\leqslant\beta_i(s_0)\leqslant 1 \tag{8-30}$$

若在 D 上是列对角优势的，则有

$$|\hat{b}_{ii}^{-1}(s_0)-b_{ii}(s_0)|\leqslant\beta_i'(s_0)d_i'(s_0),\quad i=1,2,\cdots,m \tag{8-31}$$

式中

$$d_i'(s_0)=\sum_{k=1,k\neq i}^{m}|b_{ki}(s_0)|,\beta_i'(s_0)=\max_{j,j\neq i}\frac{d_i'(s_0)}{|b_{jj}(s_0)|},\quad 0\leqslant\beta_i'(s_0)\leqslant 1 \tag{8-32}$$

式中：$\beta_i(s_0)$、$\beta_i'(s_0)$ 分别为行、列优势度，又称压缩因子。

证明　记 $\boldsymbol{B}(s_0)=\{b_{ij}(s_0)\}$，简记为 $\boldsymbol{B}=(b_{ij})$。由于 $\boldsymbol{B}\hat{\boldsymbol{B}}=\boldsymbol{I}_m$，有

$$\sum_{j=1}^{m}b_{ij}\hat{b}_{ji}=1 \tag{8-33}$$

展开即

$$b_{ii}\hat{b}_{ii}+\sum_{j=1,j\neq i}^{m}b_{ij}\hat{b}_{ji}=1 \tag{8-34}$$

两端同除以 $\hat{b}_{ii}$ 有

$$b_{ii}+\sum_{j=1,j\neq i}^{m}b_{ij}\frac{\hat{b}_{ji}}{\hat{b}_{ii}}=\hat{b}_{ii}^{-1},\ |\hat{b}_{ii}^{-1}-b_{ii}|\leqslant\left\{\max_{j,j\neq i}\left|\frac{\hat{b}_{ji}}{\hat{b}_{ii}}\right|\right\}\sum_{j=1,j\neq i}^{m}|b_{ij}|=\left\{\max_{j,j\neq i}\left|\frac{\hat{b}_{ji}}{\hat{b}_{ii}}\right|\right\}d_i(s_0) \tag{8-35}$$

由于

$$\max_{j,j\neq i}\left|\frac{\hat{b}_{ji}}{\hat{b}_{ii}}\right|=\max_{j,j\neq i}\frac{|\hat{b}_{ji}|}{|\hat{b}_{ii}|}\leqslant\max_{j,j\neq i}\frac{\theta_j\,|\hat{b}_{ii}|}{|\hat{b}_{ii}|}=\max_{j,j\neq i}\theta_j=\max_{j,j\neq i}\sum_{k=1,k\neq i}^{m}\frac{|b_{jk}|}{|b_{jj}|}=\max_{j,j\neq i}\frac{d_j}{|b_{jj}|}\overset{\triangle}{=}\beta_i \tag{8-36}$$

故 $|\hat{b}_{ii}^{-1}-b_{ii}|\leqslant\beta_i d_i(s_0)$，式(8-29)得证。类似推导可证明式(8-31)。

奥氏定理揭示了对角优势矩阵内部元素的固有关系，它也是系统稳定性分析的基础。

第二节　多变量对角优势系统的奈奎斯特判据

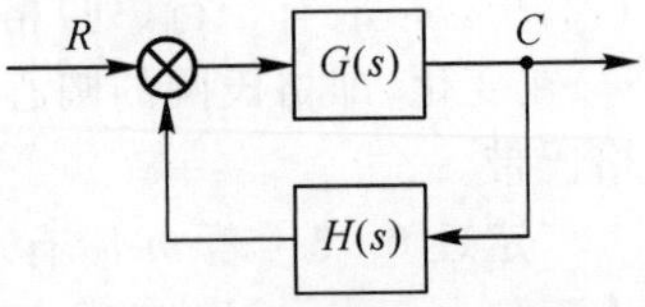

图 8－1　单变量系统结构图

奈奎斯特判据是利用系统开环幅相频率特性曲线(简称"奈氏轨迹)判断闭环系统稳定性的判据。先来回顾单变量系统奈奎斯特判据的导出,再将其推广到多变量的情况。

1. 单变量系统奈奎斯特判据

设闭环系统结构如图 8－1 所示,图中

$$G(s)=\frac{M_1(s)}{N_1(s)},\quad H(s)=\frac{M_1(s)}{N_2(s)}$$

开环传递函数

$$G(s)H(s)=\frac{M_1(s)M_2(s)}{N_1(s)N_2(s)} \tag{8-37}$$

闭环传递函数

$$\varphi(s)=\frac{G(s)}{1+G(s)H(s)}=\frac{M_1N_2}{N_1N_2+M_1M_2} \tag{8-38}$$

引入辅助函数

$$F(s)=1+G(s)H(s)=\frac{N_1N_2+M_1M_2}{N_1N_2}=\frac{\prod_{i=1}^{n}(s-z_i)}{\prod_{i=1}^{n}(s-p_i)} \tag{8-39}$$

式中:z_i、p_i 分别为 $F(s)$的零点和极点,注意到 $F(s)$的零点即系统闭环极点(特征值),$F(s)$的极点即开环极点。

在复平面上选取下列初等围线 D;由虚轴上从 $-\infty$ 至 $+\infty$ 及半径为∞、位于右半平面的顺时针方向的圆弧组成。D 包围了全部位于右半平面的 $F(s)$的零、极点;若 $F(s)$含有虚轴上的零极点时,则以半径为无穷小的左半圆绕过该零极点,即将其作为右零极点处理,如图 8－2(a)所示。D 称为奈奎斯特周线。

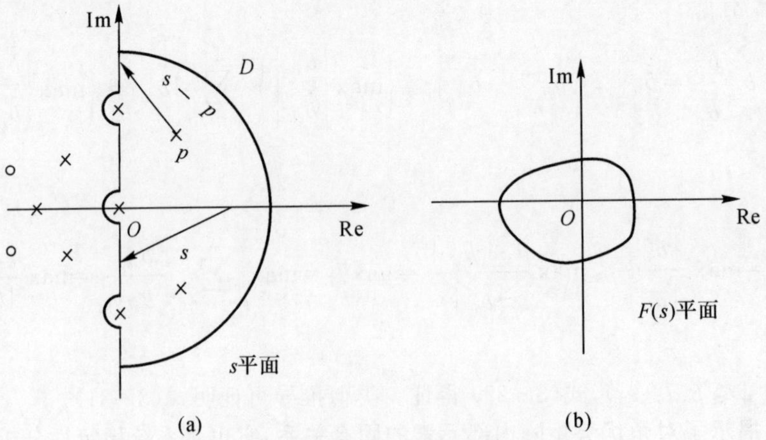

图 8－2　奈奎斯特周线及奈奎斯特轨迹

当 s 沿顺时针旋转一周，复变函数 $F(s)$ 在另一复平面上的映像是一封闭曲线，称为奈氏轨迹。处于 D 域内部的任一 p_i 和 z_i，至周线上一点的向量为 $s-p_i$、$s-z_i$，当 s 沿顺时针转一周时，$s-p_i$、$s-z_i$ 均产生 -2π 的幅角变化，即 $s-p_i$、$s-z_i$ 均顺时针转一周。而处于 D 域以外的任一 p_i 和 z_i，其幅角变化恒为零。

幅角原理　设 $F(s)$ 含 n_i 个右零点(闭环右极点)、n_p 个右极点(开环右极点)，则当 s 沿 D 顺时针转一周时，$F(s)$ 曲线绕原点反时针转过的圈数 $\text{enc}F(s)$ 为

$$\text{enc}F(s)=n_p-n_z \tag{8-40}$$

由于 $F(s)=1+G(s)H(s)$，所以 $F(s)$ 反时针绕原点的转过圈数就是 $G(s)H(s)$ 曲线反时针绕 $(-1,\text{j}0)$ 点转过的圈数。对于闭环稳定的系统，必有 $n_z=0$，故有

奈奎斯特判据　闭环系统渐近稳定的充要条件是 $G(s)H(s)$ 曲线反时针包围点 $(-1,\text{j}0)$ 的圈数等于开环右极点的个数 n_p，即

$$\text{enc}F(s)=n_p \tag{8-41}$$

2. 多变量系统的幅角原理

对于 m 阶有理分式方阵 $\boldsymbol{P}(s)=\{p_{ij}(s)\}(i,j=1,2,\cdots,m)$，由于 $\det\boldsymbol{P}(s)$ 及 $p_{ij}(s)$ 都是复变量 s 的函数，故幅角原理仍然适用。当 $\boldsymbol{P}(s)$ 为对角形矩阵时，即

$$\boldsymbol{P}(s)=\text{diag}\{p_{11}(s)\ p_{22}(s)\cdots p_{mm}(s)\} \tag{8-42}$$

则

$$\det\boldsymbol{P}(s)=\prod_{i=1}^{m}p_{ii}(s) \tag{8-43}$$

显然有

$$\text{enc}\quad\det\boldsymbol{P}(s)=\sum_{i=1}^{m}\text{enc}\quad p_{ii}(s) \tag{8-44}$$

当 $\boldsymbol{P}(s)$ 在奈氏周线 D 上是对角优势矩阵时，式(8-44)仍然成立，有下面的一般多变量系统幅角原理。

定理 8-4　设 m 阶有理分式方阵 $\boldsymbol{P}(s)=\{p_{ij}(s)\}$ 在 D 上是对角优势的，则

$$\text{enc}\det\boldsymbol{P}(s)=\sum_{i=1}^{m}\text{enc}p_{ii}(s),\ i=1,2,\cdots,m \tag{8-45}$$

证明　由于对角优势矩阵 $\boldsymbol{P}(s)$ 是非奇异矩阵，故有 $\det\boldsymbol{P}(s)\neq 0$，现构造一辅助矩阵 $\boldsymbol{P}(a,s)$，$0\leqslant a\leqslant 1$。

$$\boldsymbol{P}(a,s)=\begin{bmatrix} p_{11}(s) & ap_{12}(s) & \cdots & ap_{1m}(s) \\ ap_{21}(s) & p_{22}(s) & \cdots & ap_{2m}(s) \\ \vdots & \vdots & & \vdots \\ ap_{m1}(s) & ap_{m2}(s) & \cdots & p_{mm}(s) \end{bmatrix} \tag{8-46}$$

即

$$p_{ii}(a,s)=p_{ii}(s),\quad i=1,2,\cdots,m$$
$$p_{ij}(a,s)=ap_{ij}(s),\quad i\neq j,\ i,j=1,2,\cdots,m$$

显然 $\boldsymbol{P}(a,s)$ 也是对角优势矩阵。

当 $a=0$ 时　　$\boldsymbol{P}(0,s)=\text{diag}\{p_{ii}(s)\},\ i=1,2,\cdots,m$

当 $a=1$ 时　　$\boldsymbol{P}(1,s)=\boldsymbol{P}(s)$

对于任意 a 及 D 上任意 s 均有 $\det\boldsymbol{P}(a,s)\neq 0$。

引入一个辅助的复变函数 $f(a,s)$：

$$f(a,s)=\frac{\det\boldsymbol{P}(a,s)}{\prod_{i=1}^{m}p_{ii}(s)} \tag{8-47}$$

于是对于 D 上任意 s 有

$$f(0,s)=\frac{\det\boldsymbol{P}(0,s)}{\prod_{i=1}^{m}p_{ii}(s)}=1,f(1,s)=\frac{\det\boldsymbol{P}(1,s)}{\prod_{i=1}^{m}p_{ii}(s)}=\frac{\det\boldsymbol{P}(s)}{\prod_{i=1}^{m}p_{ii}(s)} \tag{8-48}$$

对于 D 上任一确定点 s_0，当 a 在 0～1 变化时，由 $f(0,s)\sim f(1,s_0)$ 将确定一条曲线 τ_0；当 s 沿 D 顺时针转一周时，曲线 τ_0 将在复平面扫过一个区域，τ_0 终点所围成的封闭曲线 $\boldsymbol{\Gamma}$ 仍是 $f(1,s)$ 对 D 的映象，如图 8-3 所示。$\boldsymbol{\Gamma}$ 曲线一定不包围原点，这是由于存在某个 $a\in[0,1]$ 的值及某个 s 值使 $f(a,s)=0$ 时，便意味着 $\det\boldsymbol{P}(a,s)=0$，但 $\boldsymbol{P}(a,s)$ 为对角优势矩阵，故不可能存在这种情况，于是有

$$\mathrm{enc}f(1,s)=0 \tag{8-49}$$

而

$$\mathrm{enc}f(a,s)=\mathrm{enc}[\det\boldsymbol{P}(1,s)]-\sum_{i=1}^{m}\mathrm{enc}p_{ii}(s)=\mathrm{enc}\ \det\boldsymbol{P}(s)-\sum_{i=1}^{m}\mathrm{enc}p_{ii}(s)=0 \tag{8-50}$$

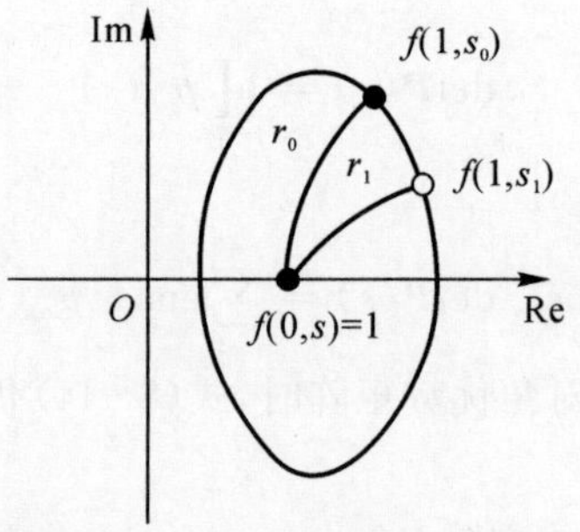

图 8-3　τ_{s0} 曲线及 Γ 曲线

故式(8-45)得证。多变量对角优势矩阵的幅角原理可表为：当 s 沿 D 顺时针转一周时，对角优势的有理分式矩阵 $\boldsymbol{P}(s)$ 的行列式反时针绕原点的圈数等于主对角元有理分式函数反时针绕原点的圈数之和。

3. 对角优势系统的奈奎斯特判据

设多变量闭环系统结构图如图 8-4 所示，图中 $\boldsymbol{Q}(s)$ 为前向传递函数矩阵，$\boldsymbol{F}(s)$ 为反馈函数传递矩阵，$\boldsymbol{r}(s)$、$\boldsymbol{e}(s)$、$\boldsymbol{y}(s)$、$\boldsymbol{z}(s)$ 分别为参考输入、偏差、输出、反馈向量，均为 m 向量，系统闭环传递函数矩阵 $\boldsymbol{\Phi}(s)$ 为

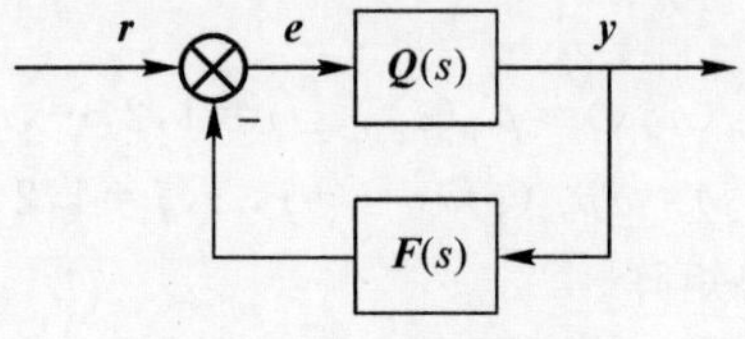

图 8-4　多变量闭环系统

$$\boldsymbol{\Phi}(s)=\boldsymbol{Q}(\boldsymbol{I}+\boldsymbol{FQ})^{-1} \tag{8-51}$$

式中：$\boldsymbol{FQ}$ 为开环传递函数矩阵；$\boldsymbol{I}+\boldsymbol{FQ}$ 为系统回差矩阵。由系统描述时以导出

$$\rho_c(s)=\det\boldsymbol{Q}(s)\det\boldsymbol{F}(s)\det(\boldsymbol{I}+\boldsymbol{FQ}) \tag{8-52}$$

$$\rho_0(s)=\det\boldsymbol{Q}(s)\det\boldsymbol{F}(s) \tag{8-53}$$

$\rho_c(s)$、$\rho_0(s)$分别为闭环、开环特征多项式，故

$$\det(\boldsymbol{I}+\boldsymbol{FQ})=\frac{\rho_c(s)}{\rho_0(s)} \tag{8-54}$$

该式表明，回差矩阵的行列式的零点 $\rho_c(s)$（即闭环极点），回差矩阵的行列式的极点为 $\rho_0(s)$ 的零点（即开环极点）。记 $\hat{\boldsymbol{\Phi}}(s)$为 $\boldsymbol{\Phi}(s)$的逆阵，有

$$\hat{\boldsymbol{\Phi}}(s)=(\boldsymbol{I}+\boldsymbol{FQ})\hat{\boldsymbol{Q}}=\hat{\boldsymbol{Q}}+\boldsymbol{F} \tag{8-55}$$

可得

$$\det(\boldsymbol{I}+\boldsymbol{FQ})=\frac{\det(\hat{\boldsymbol{Q}}+\boldsymbol{F})}{\det\hat{\boldsymbol{Q}}}=\frac{\det\hat{\boldsymbol{\Phi}}}{\det\hat{\boldsymbol{Q}}} \tag{8-56}$$

对式(8-51)应用幅角原理：设 $\rho_c(s)$在右半 s 平面内含 n_c 个零点，$\rho_0(s)$在右半 s 平面含 n_0 个零点，则当 s 沿 D 顺时针转一周时，有

$$\mathrm{enc}[\det(\boldsymbol{I}+\boldsymbol{FQ})]=\mathrm{enc}\rho_c(s)-\mathrm{enc}\rho_0(s)=n_0-n_c \tag{8-57}$$

由于闭环系统渐近稳定的充要条件为 $n_c=0$，故有下列多变量系统奈奎斯特判据：

$$\mathrm{enc}[\det(\boldsymbol{I}+\boldsymbol{FQ})]=n_0 \tag{8-58}$$

该式可表述为：当 s 沿 D 顺时针转一周时，系统回差矩阵的行列式反时针绕原点旋转圈数为开环右极点的个数，则系统渐近稳定。该式并不要求存在 $\hat{\boldsymbol{Q}}$，也不要求 $\boldsymbol{Q}$ 为对角优势矩阵，但计算 $\mathrm{enc}[\det(\boldsymbol{I}+\boldsymbol{FQ})]$比较复杂，不便应用。

对式(8-54)应用幅角原理：

$$\mathrm{enc}[\det(\boldsymbol{I}+\boldsymbol{FQ})]=\mathrm{enc}\ \det(\hat{\boldsymbol{Q}}+\boldsymbol{F})-\mathrm{enc}\det\hat{\boldsymbol{Q}} \tag{8-59}$$

假定 $\boldsymbol{Q}$ 为对角优势阵，通常 $\boldsymbol{F}$ 为实常数对角阵，则$(\hat{\boldsymbol{Q}}+\boldsymbol{F})$也是对角优势阵，于是其 enc $\det\hat{\boldsymbol{Q}}$ 和 enc $\det(\hat{\boldsymbol{Q}}+\boldsymbol{F})$可仅用对角元来确定，即

$$n_0=-\sum_{i=1}^{m}\mathrm{enc}\hat{q}_{ii}+\sum_{i=1}^{m}\mathrm{enc}(\hat{q}_{ii}+f_i) \tag{8-60}$$

由于$(\hat{q}_{ii}+f_i)$绕原点的圈数即 $\hat{q}_{ii}$ 绕$(-f_i,\mathrm{j}0)$的点的圈数，故记

$$\mathrm{enc}(\hat{q}_{ii}+f_i)=\mathrm{enc}_{(-f_i)}\hat{q}_{ii} \tag{8-61}$$

于是

$$\sum_{i=1}^{m}\mathrm{enc}_{(-f_i)}\hat{q}_{ii}-\sum_{i=1}^{m}\mathrm{enc}\hat{q}_{ii}=n_0 \tag{8-62}$$

该式可表述为：若 $\hat{\boldsymbol{Q}}$ 及$(\hat{\boldsymbol{Q}}+\boldsymbol{F})$在 D 上是对角优势的，则 $\hat{\boldsymbol{Q}}$ 诸对角元分别反时针绕点$(-f_i,\mathrm{j}0)$旋转圈数之和与绕原点旋转圈数之和的差值为开环右极点个数时，则闭环系统渐近稳定。由于奈氏轨迹是按 $\hat{q}_{ii}(s)$作出，该判据称为逆奈奎斯特判据。

由于 $\hat{\boldsymbol{Q}}$、$\hat{\boldsymbol{\Phi}}$ 是对角优势的，逆奈奎斯特判据可表示为

$$\sum_{i=1}^{m}\mathrm{enc}\hat{\varphi}_{ii}-\sum_{i=1}^{m}\hat{q}_{ii}=n_0 \tag{8-63}$$

由于回差矩阵的行列式还可表示为

$$\det(\mathrm{I}+\mathrm{FQ})=\det(\boldsymbol{F}\hat{\boldsymbol{F}}+\boldsymbol{FQ})=\det(\boldsymbol{F})\det(\boldsymbol{Q}+\hat{\boldsymbol{F}}) \tag{8-64}$$

设 F 为实常数对角阵及$(\boldsymbol{Q}+\hat{\boldsymbol{F}})$是对角优势时有

$$n_0=\mathrm{enc}\ \det\boldsymbol{F}+\mathrm{enc}\ \det(\boldsymbol{Q}+\hat{\boldsymbol{F}})=\mathrm{enc}\ \det(\boldsymbol{Q}+\hat{\boldsymbol{F}})=\sum_{i=1}^{m}\mathrm{enc}_{(-f_i^{-1})}\,q_{ii} \tag{8-65}$$

该式可表述为：若$(\boldsymbol{Q}+\hat{\boldsymbol{F}})$在 D 上是对角优势，则 Q 诸对角元分别反时针绕点$(-f_i^{-1},\mathrm{j}0)$旋转圈数之和为开环右极点个数时，则闭环系统渐近稳定。由于奈奎斯特氏轨迹是按 $q_{ii}(s)$做出的，故有正奈奎斯特氏图之称，该判据称为正奈奎斯特判据。

以上正、逆奈奎斯特氏判据均利用对角优势条件导出的，若判定有关矩阵是对角优势的，则所述判据给出了闭环渐近稳定的充要条件。对角优势系统的奈奎斯特判据的特点在于通过对前向传递函数 $q_{ii}(s)(i=1,2,\cdots,m)$的 m 个单输入-单输出系统的分析，就能确定多输入-多输出系统的稳定性。但是当不满足对角优势条件时，不满足上述判据的系统仍可能是稳定的，即对于闭环渐进稳定的要求而言，上述判据实质上给出了充分条件而不是必要条件。

4. 使用格氏带的图形判据

借助带有图形显示或绘图机的计算机系统，画出有关矩阵对角元的格氏带，可利用图形来同时判断是否有对角优势特性及闭环系统的渐进稳定性。已知 m 阶对角优势矩阵 $\boldsymbol{Q}(s)$的 m 条格氏带均不包含原点，故可得如下对应正奈奎斯特判据的格氏带图形判据：闭环系统渐进稳定的充分条件为：

(1)诸 $q_{ii}(s)$的格氏带内不包含$(-f_i^{-1},\mathrm{j}0)$点；

(2)诸 $q_{ii}(s)$的格氏带反时针围绕$(-f_i^{-1},\mathrm{j}0)$点的旋转周数之和为开环右极点个数 n_0，即

$$n_0=\sum_{i=1}^{m}\mathrm{enc}_{(-f_i^{-1})}\,q_{ii}(s) \tag{8-66}$$

对应逆奈奎斯特判据的格氏带图形判据：闭环系统渐进稳定的充分条件为：

(1) 诸 $\hat{q}_{ii}(s)$的格氏带内不包含原点及$(-f_i,\mathrm{j}0)$点；

(2) 诸 $\hat{q}_{ii}(s)$的格氏带围绕$(-f_i,\mathrm{j}0)$点的旋转圈数与围绕原点的旋转圈数之差为开环右极点个数 n_0，即

$$\sum_{i=1}^{m}\mathrm{enc}_{(-f_i)}\,\hat{q}_{ii}(s)-\sum_{i=1}^{m}\mathrm{enc}\hat{q}_{ii}(s)=n_0 \tag{8-67}$$

注意到格氏带的形状与位置只与 $\boldsymbol{Q}(s)$或$\hat{\boldsymbol{Q}}(s)$有关，于是研究 f_i 参数值对闭环系统稳定性的影响是较方便的，通常系统的设计问题便是给定 $\boldsymbol{Q}(s)$来设计 $\boldsymbol{F}$，且 $\boldsymbol{F}$ 为实常数对角阵。为了避免系统主反馈极性出现正反馈，$\boldsymbol{F}$ 诸元的符号应为正。

注意到奈氏周线 D 与实轴对称，因而绘制格氏带时，只需取 $0\leqslant\omega<+\infty$。

例 8-1 已知系统开环右极点个数 $n_0=0$(即系统是最小相位系统)及

$$\hat{\boldsymbol{Q}}(s)=\begin{bmatrix}2s^3+6s^2+6s+2 & 2s+0.25\\ 1.5s+0.5 & 4s^4+10s^3+14s^2+10s+4\end{bmatrix} \tag{8-68}$$

试绘制格氏带，并求出保证闭环渐进稳定的反馈系数 f_1,f_2。

解 令 $s=\mathrm{j}\omega$，分别绘制 $\hat{q}_{11}(s)=2s^3+6s^2+6s+2$，$\hat{q}_{22}(s)=4s^4+10s^3+14s^2+10s+4$ 的奈氏轨迹图。当 $\omega=0$ 时，$\hat{q}_{11}(0)=2$，$\hat{q}_{22}(0)=4$。为求出奈氏轨迹与负实轴的交点，可令 Im

$\hat{q}_{11}(\mathrm{j}\omega)=0$，解得 $\omega_1=\sqrt{3}$；$\mathrm{Im}\hat{q}_{22}(\mathrm{j}\omega)=0$，解得 $\omega_2=1$，故交点在负实轴上分别位于 $(-16,\mathrm{j}0)$，$(-6,\mathrm{j}0)$。

设 $\omega=0\sim2$，可绘出奈氏轨迹，轨迹点位置由 ω 值确定，对应点的格氏圆半径为

$$d_1(\mathrm{j}\omega)=\sqrt{(2\omega)^2+(0.25)^2},\qquad d_2(\mathrm{j}\omega)=\sqrt{(1.5\omega)^2+(0.5)^2} \tag{8-69}$$

与负实轴交点处的格氏圆半径分别为

$$d_1(\mathrm{j}\sqrt{3})=3.47,d_2(\mathrm{j}1)=1.58 \tag{8-70}$$

绘出的格氏带如图 8-5 所示，显见两条格氏带均不包含原点，故 $\hat{Q}(s)$ 是对角优势的。

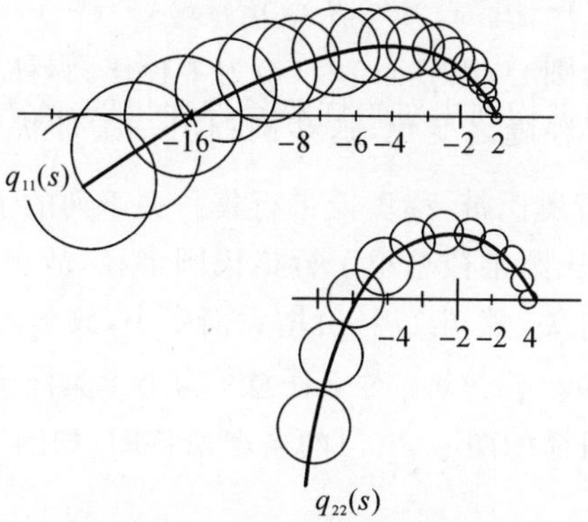

图 8-5　例 8.1 的格氏图形

应用格氏带图形判据，当选择 $0\leqslant f_1\leqslant 9.2$，$0<f_2\leqslant 4$ 时，格氏带既不包含 $(-f_i,\mathrm{j}0)$ 点，又满足

$$\sum_{i=1}^{2}\mathrm{enc}_{(-f_i)}\hat{q}_{ii}(s)-\sum_{i=1}^{2}\mathrm{enc}\hat{q}_{ii}(s)=n_0=0 \tag{8-71}$$

便可保证闭环系统渐进稳定。

应用奥氏带图形判据改进 f_i 设计：已知有理分式矩阵 $\boldsymbol{B}(s)$ 在 D 上是行对角优势的，存在奥氏定理

$$|\hat{b}_{ii}^{-1}(s)-b_{ii}(s)|\leqslant\beta_i(s)d_i(s),\quad i=1,2,\cdots,m \tag{8-72}$$

式中

$$d_i(s)=\sum_{k=1,k\neq i}^{m}|b_{ik}(s)|,\beta_i(s)=\max_{j,j\neq i}\frac{d_j(s)}{|b_{jj}(s)|},0\leqslant\beta_i(s)<1 \tag{8-73}$$

$d_i(s)$ 是 $\boldsymbol{B}(s)$ 的行估计。关于 $\boldsymbol{B}(s)$ 为列对角优势的情况略。记 $\hat{\boldsymbol{B}}(s)=\{\hat{b}_{ij}(s)\}=\boldsymbol{B}^{-1}(s)$。

(1)将奥氏定理应用于逆奈奎斯特图。令 $\boldsymbol{B}(s)=\hat{\boldsymbol{\Phi}}(s)=\hat{\boldsymbol{Q}}(s)+\boldsymbol{F}$，当 $\hat{\boldsymbol{Q}}$，$\hat{\boldsymbol{\Phi}}$ 为行对角优势时有 $\hat{b}_{ii}(s)=\varphi_{ii}(s)$，$b_{ii}(s)=q_{ii}^{-1}(s)+f_i$，这时奥氏定理变形为

$$|\varphi_{ii}^{-1}(s)-[q_{ii}^{-1}(s)+f_i]|\leqslant\beta_i(s)d_i(s),\quad i=1,2,\cdots,m \tag{8-74}$$

式中

$$d_i(s)=\sum_{k=1,k\neq i}^{m}|q_{ik}^{-1}(s)|,\beta_i(s)=\max_{j,j\neq i}\frac{d_j(s)}{|f_j+q_{jj}^{-1}(s)|},0\leqslant\beta_i(s)<1 \tag{8-75}$$

式中：$d_i(s)$ 是 $\hat{\boldsymbol{\Phi}}(s)$ 的第 i 行估计，即第 i 条行格氏带中与 s 值对应的格氏圆半径。

为便于应用式(10.43)进行设计,可令 $f_i=0$,即断开第 i 条反馈回路,其余反馈回路仍接通,这时的闭环传递函数矩阵记为 $\boldsymbol{\Phi}_0(s)$,并不要求 $\boldsymbol{\Phi}_0(s)$ 为对角优势阵,其逆阵 $\hat{\boldsymbol{\Phi}}_0(s)$ 为

$$\hat{\boldsymbol{\Phi}}_0(s)=\hat{\boldsymbol{Q}}(s)+\boldsymbol{F}-\boldsymbol{F}' \tag{8-76}$$

式中

$$\boldsymbol{F}'=\mathrm{diag}\{0 \quad \cdots \quad 0 \quad f_i \quad 0 \quad \cdots \quad 0\} \tag{8-77}$$

故式(8-74)变为

$$|\varphi_{0ii}^{-1}(s)-q_{ii}^{-1}(s)|\leqslant\beta_i(s)d_i(s), \quad i=1,2,\cdots,m \tag{8-78}$$

定义 8-5 以 $q_{ii}^{-1}(s)$ 为圆心,以 $\beta_i(s)d_i(s)$ 为半径作圆,称为奥氏圆。当 s 沿 D 顺时针旋转一周时,该圆心位置和半径随之变化,这些圆扫出一条带状区域称为行奥氏带。m 阶对角优势矩阵 $\hat{\boldsymbol{Q}}(s)$ 共有 m 条行奥氏带,称奥氏带行集。关于列的情况是类似的。

由于 $0\leqslant\beta_i(s)<1$,行奥氏圆半径总小于行格氏圆半径,故奥氏带总处于格氏带之内。由于 $\beta_i(s)$ 与其他回路的增益有关,随 $f_j(j\neq i)$ 增大而变小,故奥氏带随 f_j 的增大而变窄。

式(8-78)表明,$|\varphi_{0ii}^{-1}(s)-q_{ii}^{-1}(s)|$ 对于任意 s 均小于奥氏圆半径,故 $\varphi_{0ii}^{-1}(s)$ 曲线总处于奥氏带中,故奥氏带可视为粗糙的图 $\varphi_{0ii}^{-1}(s)$ 的奈奎斯特图,如图 8-6 所示。对应逆奈奎斯特判据的奥氏带图形判据为:

(1)诸 $q_{ii}^{-1}(s)$ 的奥氏带内不包含原点和$(-f_i,\mathrm{j}0)$;

(2)诸 $q_{ii}^{-1}(s)$ 的奥氏带围绕$(-f_i,\mathrm{j}0)$点的周数与围绕原点的周数之差为开环右极点个数 n_0,则闭环系统是渐进稳定的。

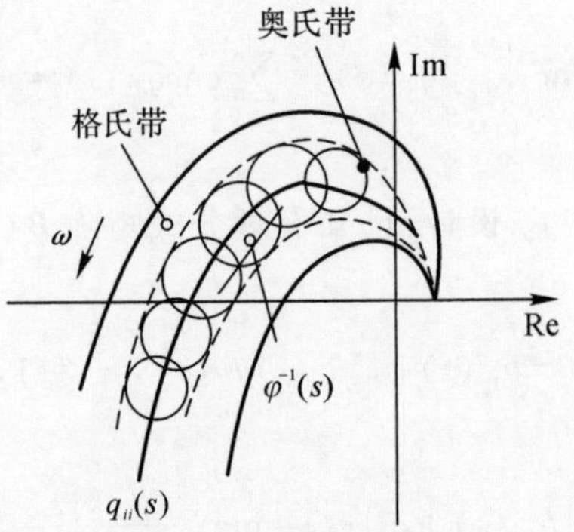

图 8-6 格氏带与奥氏带

由于奥氏带比格氏带窄,$(-f_i,\mathrm{j}0)$点可能处于格氏带内而不处于奥氏带内,所以用格氏图形判据判不稳定时,并非一定不稳定。由于奥氏带的宽度与其他回路增益 $f_j(j\neq i)$ 有关,故奥氏带常用在各回路增益由格氏带初步确定以后,来对某一回路的增益进行修正,通常用奥氏带选取的回路增益 f_j 较大。

(2)将奥氏定理应用于正奈奎斯特图。令 $\boldsymbol{B}(s)=\boldsymbol{Q}+\hat{\boldsymbol{F}}=(\boldsymbol{QF}\hat{\boldsymbol{F}}+\hat{\boldsymbol{F}})=(\boldsymbol{QF}+\boldsymbol{I})\hat{\boldsymbol{F}}=\boldsymbol{R}\hat{\boldsymbol{F}}$,式中 $\boldsymbol{R}=\boldsymbol{QF}+\boldsymbol{I}=\boldsymbol{FQ}+\boldsymbol{I}$ 为回差矩阵,$\hat{\boldsymbol{B}}(s)=\boldsymbol{F}\hat{\boldsymbol{R}}$,故 $\hat{b}_{ii}(s)=\hat{r}_{ii}(s)f$,$b_{ii}(s)=q_{ii}(s)+f_i^{-1}$,这时奥氏定理变形为

$$|[\hat{r}_{ii}(s)f_i]^{-1}-[q_{ii}(s)+f_i^{-1}]|\leqslant\beta_i(s)d_i(s) \tag{8-79}$$

式中

$$d_i(s)=\sum_{\substack{k=1\\k\neq i}}^{m}|q_{ik}(s)|,\beta_i(s)=\max_{j,j\neq i}\frac{d_j(s)}{|f_j^{-1}+q_{jj}|},0\leqslant\beta_i(s)<1 \tag{8-80}$$

为了便于利用式(8-47)进行设计，与上述类似，令 $f_i=0$，闭环传递函数矩阵 $\boldsymbol{\Phi}_0(s)$ 为

$$\boldsymbol{\Phi}_0=(\hat{\boldsymbol{Q}}+\boldsymbol{F}-\boldsymbol{F}')^{-1} \tag{8-81}$$

由于有恒等式

$$\begin{aligned}
\boldsymbol{I}+\boldsymbol{F}'\boldsymbol{\Phi}_0=\boldsymbol{I}+\boldsymbol{F}'(\hat{\boldsymbol{Q}}+\boldsymbol{F}-\boldsymbol{F}')^{-1}=\\
\boldsymbol{I}+\boldsymbol{F}'[(\hat{\boldsymbol{Q}}+\boldsymbol{F}-\boldsymbol{F}')\boldsymbol{Q}\hat{\boldsymbol{Q}}]^{-1}=\\
\boldsymbol{I}+\boldsymbol{F}'[(\boldsymbol{I}+\boldsymbol{F}\boldsymbol{Q}+\boldsymbol{F}'\boldsymbol{Q})\hat{\boldsymbol{Q}}]^{-1}=\\
\boldsymbol{I}+\boldsymbol{F}'\boldsymbol{Q}(\boldsymbol{I}+\boldsymbol{F}\boldsymbol{Q}-\boldsymbol{F}'\boldsymbol{Q})^{-1}=\boldsymbol{I}+\boldsymbol{F}'\boldsymbol{Q}(\boldsymbol{R}-\boldsymbol{F}'\boldsymbol{Q})^{-1}=\\
\boldsymbol{I}+\boldsymbol{F}'\boldsymbol{Q}(\boldsymbol{R}-\boldsymbol{F}'\boldsymbol{Q})^{-1}+\boldsymbol{R}(\boldsymbol{R}-\boldsymbol{F}'\boldsymbol{Q})^{-1}-\boldsymbol{R}(\boldsymbol{R}-\boldsymbol{F}'\boldsymbol{Q})^{-1}=\\
\boldsymbol{I}-(\boldsymbol{R}-\boldsymbol{F}'\boldsymbol{Q})(\boldsymbol{R}-\boldsymbol{F}'\boldsymbol{Q})^{-1}+\boldsymbol{R}(\boldsymbol{R}-\boldsymbol{F}'\boldsymbol{Q})^{-1}=\\
(\hat{\boldsymbol{R}})^{-1}(\boldsymbol{R}-\boldsymbol{F}'\boldsymbol{Q})^{-1}=[(\boldsymbol{R}-\boldsymbol{F}'\boldsymbol{Q})\hat{\boldsymbol{R}}]^{-1}=(\boldsymbol{I}-\boldsymbol{F}'\boldsymbol{Q}\hat{\boldsymbol{R}})^{-1}
\end{aligned} \tag{8-82}$$

由于

$$\hat{\boldsymbol{R}}=\boldsymbol{I}-(\boldsymbol{R}-\boldsymbol{I})\hat{\boldsymbol{R}}=\boldsymbol{I}-\boldsymbol{F}\boldsymbol{Q}\hat{\boldsymbol{R}} \tag{8-83}$$

所以

$$\hat{\boldsymbol{r}}_{ii}=(\boldsymbol{I}-\boldsymbol{F}\boldsymbol{R}\hat{\boldsymbol{Q}})_{ii}=(\boldsymbol{I}-\boldsymbol{F}'\boldsymbol{Q}\hat{\boldsymbol{R}})_{ii}=(\boldsymbol{I}+\boldsymbol{F}'\boldsymbol{\Phi}_0)_{ii}^{-1} \tag{8-84}$$

展开 $(\boldsymbol{I}+\boldsymbol{F}'\boldsymbol{\Phi}_0)^{-1}$ 有

$$(\boldsymbol{I}+\boldsymbol{F}'\boldsymbol{\Phi}_0)^{-1}=\left\{\begin{bmatrix}1 & & \\ & \ddots & \\ & & \ddots \\ & & & 1\end{bmatrix}\right.$$

$$\left.+\begin{bmatrix}0 & & & & 0\\ & \ddots & & & \\ & & 0 & & \\ & & & f_i & \\ & & & & 0 \\ 0 & & & & & \ddots \\ & & & & & & 1\end{bmatrix}\begin{bmatrix}\varphi_{011}(s) & \cdots & \varphi_{01i}(s) & \cdots & \varphi_{01m}(s)\\ \vdots & & \vdots & & \vdots\\ \varphi_{0i1}(s) & \cdots & \varphi_{0ii}(s) & \cdots & \varphi_{0im}(s)\\ \vdots & & \vdots & & \vdots\\ \varphi_{0m1}(s) & \cdots & \varphi_{0mi}(s) & \cdots & \varphi_{0mm}(s)\end{bmatrix}\right\}^{-1}$$

$$=\begin{bmatrix}1 & 0 & \cdots & 0 & \cdots & 0\\ 0 & 1 & \cdots & 0 & \cdots & 0\\ \vdots & \vdots & & \vdots & & \vdots\\ f_i\varphi_{0i1} & f_i\varphi_{0i2} & \cdots & 1+f_i\varphi_{0ii} & \cdots & f_i\varphi_{0im}\\ \vdots & \vdots & & \vdots & & \vdots\\ 0 & 0 & \cdots & 0 & \cdots & 1\end{bmatrix}^{-1}$$

$$
=\begin{bmatrix}
1 & 0 & \cdots & 0 & \cdots & 0 \\
0 & 1 & \cdots & 0 & \cdots & 0 \\
\vdots & \vdots & & \vdots & & \vdots \\
\dfrac{f_i\varphi_{0i1}}{1+f_i\varphi_{0ii}} & -\dfrac{f_i\varphi_{0i2}}{1+f_i\varphi_{0ii}} & \cdots & \dfrac{1}{1+f_i\varphi_{0ii}} & \cdots & -\dfrac{f_i\varphi_{0im}}{1+f_i\varphi_{0ii}} \\
\vdots & \vdots & & \vdots & & \vdots \\
0 & 0 & \cdots & 0 & \cdots & 1
\end{bmatrix} \tag{8-85}
$$

故

$$
\hat{r}_{ii}=\frac{1}{1+f_i\varphi_{0ii}} \quad (\hat{r}_{ii}f_i)^{-1}-(q_{ii}+f_i^{-1})=(1+f_i\varphi_{0ii})f_i^{-1}-(q_{ii}+f_i^{-1})=\varphi_{0ii}-q_{ii} \tag{8-86}
$$

这时式(8-79)变为

$$
|\varphi_{0ii}(s)-q_{ii}(s)|\leqslant\beta_i(s)d_i(s) \tag{8-87}
$$

以 $q_{ii}(s)$为圆心，以 $\beta_i(s)d_i(s)$为半径，也可做出相应的奥氏圆及奥氏带，更精确地确定某一回路的增益 f_i。注意到这时的 $\beta_i(s)$随 f_j 的增大而增大，只有当 $f_j\to 0$ 时 $\beta_i(s)\to 0$，奥氏带宽度趋于零使 φ_{0ii} 与 $q_{ii}(s)$重合，对第 i 个回路的设计接近于单变量系统的设计。但 f_j 较低的闭环系统性能较差，加之 $\boldsymbol{Q}$、$\boldsymbol{\Phi}$ 之间关系不及 $\hat{\boldsymbol{\Phi}}=\hat{\boldsymbol{Q}}+\boldsymbol{F}$ 容易由开环特性转换为闭环特性，故多变量系统的分析设计多采用 $\hat{\boldsymbol{Q}}$，用逆奈奎斯特判据判断稳定性及选择参数 f_i，有逆奈氏阵列设计法之称。对于 $\boldsymbol{Q}$ 为对角优势的情况，或可经过简单变换得到对角优势的 $\boldsymbol{Q}$ 时，用正奈奎斯特判据进行设计也是可行的。

例 8-2 试求例 8-1 所示 $\hat{Q}(s)$的奥氏带，并求反馈系数 f_1、f_2 的变化范围以使闭环系统渐近稳定。

解 由格氏带初选的参数为 $0<f_1\leqslant 9.2$，$0<f_2\leqslant 4$。设选择 $f_1=6$，则第二条奥氏带的压缩因子 $\beta_2(s)$为

$$
\beta_2(s)=\frac{d_1(s)}{|f_1+\hat{q}_{11}(s)|} \tag{8-88}
$$

则

$$
\beta_2(\mathrm{j}\omega)=\frac{|2\mathrm{j}\omega+0.25|}{|6+(2-6\omega^2)+\mathrm{j}(10\omega-10\omega^3)|} \tag{8-89}
$$

以 $\hat{q}_{22}(\mathrm{j}\omega)$的奈氏轨迹诸点为圆心，以 $\beta_2(\mathrm{j}\omega)d_2(\mathrm{j}\omega)$为半径，可画出 $\hat{q}_{22}(s)$的奥氏带图形，如图 8-7 所示。由图可看出，当 $0<f_2\leqslant 5.2$ 时闭环渐近稳定，$f_2>7$ 时闭环不稳定。

设选择 $f_2=3$，则第一条奥氏带的压缩因子为 $\beta_1(s)=d_2(s)/|f_2+\hat{q}_{22}(s)|$，则

$$
\beta_1(\mathrm{j}\omega)=\frac{|1.5\omega\mathrm{j}+0.5|}{|3+(4-14\omega^2+4\omega^4)+\mathrm{j}(10\omega-10\omega^3)|}
$$

以 $\hat{q}_{11}(\mathrm{j}\omega)$的奈奎斯特轨迹诸点为圆心，以 $\beta_1(\mathrm{j}\omega)d_1(\mathrm{j}\omega)$为半径，可画出 $\hat{q}_{11}(s)$的奥氏带，可看出当 $0<f_1\leqslant 15.5$ 时系统渐进稳定，当 $f_1>16.5$ 时系统不稳定。可见用奥氏带所确

定的稳定区域被扩大了。

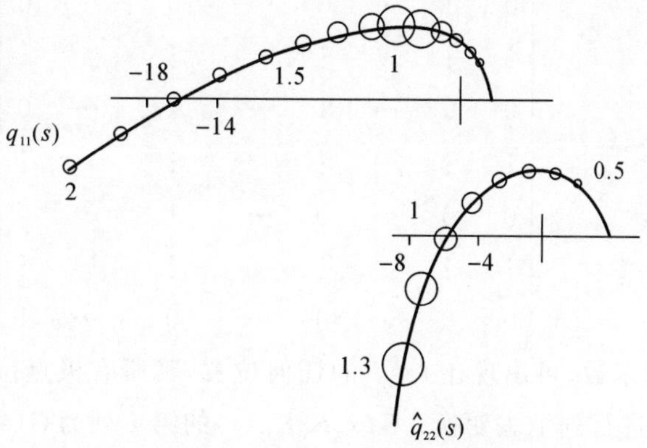

图 8-7　例 8-2 奥氏带图形

第三节　获得对角优势的方法

为了能用逆奈奎斯特阵列法对系统进行设计，关键在于使 $\boldsymbol{Q}(s)$ 或 $\hat{\boldsymbol{Q}}(s)$ 为对角优势，但通常前向通路中的受控对象 $\boldsymbol{G}(s)$ 或 $\hat{\boldsymbol{G}}(s)$ 未必为对角优势，为此考虑引入补偿器 $\boldsymbol{K}(s)$ 以获得对角优势的 $\boldsymbol{Q}(s)$ 或 $\hat{\boldsymbol{Q}}(s)$。$\boldsymbol{K}(s)$ 称为前置补偿器，位于偏差与对象控制输入之间，$\boldsymbol{K}(s)$ 是对偏差向量进行变换的装置，所需功率较低，因而成本较低，有

$$\boldsymbol{Q}(s)=\boldsymbol{G}(s)\boldsymbol{K}(s) \tag{8-90}$$

在工程设计中对 $\boldsymbol{K}(s)$ 的要求有：结构尽可能简单，物理上可实现，在某一频域内保持显著的对角优势，达到期望的稳定裕量及动态品质。为此在数学上要求 $\boldsymbol{K}(s)$ 满足：$\boldsymbol{K}(s)$ 为严格正则的有理分式矩阵；$K(s)$ 诸元的所有极点均位于左半开 s 平面，以便保证用渐进稳定子系统来实现 $\boldsymbol{K}(s)$，另外 $\det\boldsymbol{K}(s)$ 所有零点也位于左半开 s 平面，以便保证不引入非最小相位响应带来的控制困难；$\boldsymbol{K}(s)$ 是满秩的，即 $\det\boldsymbol{K}(s)\neq 0$。

在大多数实际系统中，受控对象的传递函数矩阵 $\boldsymbol{G}(s)$ 为方阵，设为 $(m\times m)$ 矩阵，故这里所讨论的 $\boldsymbol{K}(s)$ 也假定为 m 阶方阵。罗森布洛克指出，$\boldsymbol{K}(s)$ 的的结构可分解为下列三部分：

$$\boldsymbol{K}(s)=\boldsymbol{K}_a\boldsymbol{K}_b(s)\boldsymbol{K}_c(s) \tag{8-91}$$

式中：$\boldsymbol{K}_a$ 是一个常数，称为置换矩阵，用于 $\boldsymbol{G}(s)$ 进行交换，其一般形式为

$$\boldsymbol{K}_a=\begin{bmatrix}1 & & & & & \\ & \ddots & & & & \\ & & 0 & \cdots & 1 & \\ & & \vdots & & \vdots & \\ & & 1 & \cdots & 0 & \\ & & & & & \ddots & \\ & & & & & & 1\end{bmatrix}\begin{matrix} \\ \\ \text{第 } i \text{ 行} \\ \\ \text{第 } j \text{ 行} \\ \\ \\ \end{matrix} \tag{8-92}$$

其中每行及每列除第一个元素为 1 以外，其余元素皆为零。$\boldsymbol{G}(s)\boldsymbol{K}_a$ 的第 $i(j)$ 列为 $\boldsymbol{G}(s)$ 的第 $j(i)$ 列。

$\boldsymbol{K}_b(s)$ 是单模矩阵，$\det\boldsymbol{K}_b(s)=1$，其一般形式为

$$
\boldsymbol{K}_b(s)=\begin{bmatrix}
1 & 0 & \cdots & 0 & \cdots & 0 & \cdots & 0\\
0 & 1 & \cdots & 0 & \cdots & 0 & \cdots & 0\\
\vdots & \vdots & & \vdots & & \vdots & & \vdots\\
0 & 0 & \cdots & 1 & \cdots & \alpha_{ij}(s) & \cdots & 0\\
\vdots & \vdots & & \vdots & & \vdots & & \vdots\\
0 & 0 & \cdots & 0 & \cdots & 1 & \cdots & 0\\
\vdots & \vdots & & \vdots & & \vdots & & \vdots\\
0 & 0 & \cdots & 0 & \cdots & 0 & \cdots & 1
\end{bmatrix} \tag{8-93}
$$

其中 $\alpha_{ij}(s)$是标量有理函数,可出现在 $i\neq j$ 的任何位置,其所有极点位于左半开 s 平面。$\boldsymbol{K}_b(s)$用于对 $\boldsymbol{G}(s)\boldsymbol{K}_b(s)$进行列消去变换。$\boldsymbol{G}(s)\boldsymbol{K}_a\boldsymbol{K}_b(s)$的第 j 列为$\boldsymbol{G}(s)\boldsymbol{K}_a$ 第 i 列的 $\alpha_{ij}(s)$倍与 $\boldsymbol{G}(s)\boldsymbol{K}_a$ 第 j 列之和并保持其余列不变。令

$$
\boldsymbol{K}_a\boldsymbol{K}_b(s)=\boldsymbol{K}_p(s) \tag{8-94}
$$

称 $\boldsymbol{K}_p(s)$为预补偿矩阵,其作用是使 $\boldsymbol{G}(s)\boldsymbol{K}_a\boldsymbol{K}_b(s)$成为对角优势矩阵,希望 $\boldsymbol{K}_p(s)$的元素具有简单的动态特性及关于 s 的次数尽可能低,最好为一常数矩阵,甚至是一稀疏矩阵。在某一频域实现对角优势时,如在对角元奈奎斯特图的穿越频率处保持显著的对角优势,便可减少在临界点附近的格式圆半径,从而增大 $\boldsymbol{I}_m+\boldsymbol{Q}(s)\boldsymbol{F}$ 为对角优势的增益范围。

$\boldsymbol{K}_c(s)$为有理分式矩阵,是一个非奇异的、对角形的动态补偿矩阵,其对角元的全部极、零点位于左开 s 平面,对系统的稳定裕量、动态品质其补偿作用。在设计好反馈通道增益矩阵 $\boldsymbol{F}$ 之后,若检查各回路动态性能尚不满意时,可对逐个回路引入该动态补偿器,故 $\boldsymbol{K}_c(s)$代表 m 个单回路控制器,其设计在最后阶段进行。

这里仅研究预补偿器 $\boldsymbol{K}_p(s)$的设计。为使用逆乃奎斯特阵列设计法,故针对 $\hat{\boldsymbol{Q}}(s)$的对角优势化来设计 $\boldsymbol{K}_p(s)$。$\boldsymbol{K}_p(s)$的设计方法如下。

1. 初等变换法

由于

$$
\hat{\boldsymbol{Q}}(s)=\hat{\boldsymbol{K}}_p(S)\hat{\boldsymbol{G}}(s)=\hat{\boldsymbol{K}}_b(s)\hat{\boldsymbol{K}}_a(s)\hat{\boldsymbol{G}}(s) \tag{8-95}
$$

式中 $\hat{\boldsymbol{K}}_a(s)$、$\hat{\boldsymbol{K}}_b(s)$的一般结构形式与 $\boldsymbol{K}_a(s)$、$\boldsymbol{K}_b(s)$相同,这时 $\alpha_{ij}(s)$是标量、正则的传递函数。$\hat{\boldsymbol{K}}_a(s)$用于对 $\boldsymbol{G}(s)$进行行交换,$\hat{\boldsymbol{K}}_b(s)$对 $\hat{\boldsymbol{K}}_a(s)\hat{\boldsymbol{G}}(s)$进行行消去变换。采用一系列行初等运算是获得行对角优势最简单的办法,一般适用于 $\hat{\boldsymbol{G}}(s)$维数较低的情况,这时仅需要依赖经验观察到非对角元的模值大于对角元的模值时,便可以用初等变换实现对角优势化,当 $\hat{\boldsymbol{G}}(s)$维数较高时,可用此法对某些行实现对角优势,使其余行接近对角优势,以便进一步用其他方法继续进行对角优势化。维数较高时,计算量显著增大。

例 8-3 已知受控对象 $\hat{\boldsymbol{G}}_i(s)$,试确定使 $\hat{\boldsymbol{Q}}(s)$对角优势化的与补偿器。

$$
\hat{\boldsymbol{G}}_1(s)=\begin{bmatrix}0.5 & 4s+1\\ 3s+2 & 1\end{bmatrix},\hat{\boldsymbol{G}}_2(s)=\begin{bmatrix}1 & s+20\\ s+11 & s+21\end{bmatrix},\hat{\boldsymbol{G}}_3(s)=\begin{bmatrix}2s+1 & 4s+1\\ 1 & 3s+1\end{bmatrix} \tag{8-96}
$$

解　(1)观察 $\hat{\boldsymbol{G}}_1(s)$,非对角元之模均大于对角元之模,只进行简单的行交换便可以实现对角优势化。其行交换变换矩阵构造如下

$$\hat{\boldsymbol{K}}_p(s)=\hat{\boldsymbol{K}}_a=\begin{bmatrix}0 & 1\\ 1 & 0\end{bmatrix} \tag{8-97}$$

式中第一行[0　1]将 $\hat{\boldsymbol{G}}_1(s)$的第二行变为第一行,第二行[1　0]将 $\hat{\boldsymbol{G}}_1(s)$的第一行变换为第二行,即

$$\hat{\boldsymbol{K}}_p\hat{\boldsymbol{G}}_1(s)=\begin{bmatrix}3s+2 & 1\\ 0.5 & 4s+1\end{bmatrix} \tag{8-98}$$

显见 $\hat{\boldsymbol{K}}_p\hat{\boldsymbol{G}}_1(s)$为对角优势阵。

(2)观察 $\hat{\boldsymbol{G}}_2(s)$,首先进行行行交换有

$$\hat{\boldsymbol{K}}_a=\begin{bmatrix}0 & 1\\ 1 & 0\end{bmatrix},\quad \hat{\boldsymbol{K}}_a\hat{\boldsymbol{G}}_2(s)=\begin{bmatrix}s+11 & s+21\\ 1 & s+20\end{bmatrix} \tag{8-99}$$

再用下列行消去变换,即第二行乘-1加至第一行,其变换矩阵构造如下

$$\hat{\boldsymbol{K}}_b=\begin{bmatrix}1 & -1\\ 0 & 1\end{bmatrix},\quad \hat{\boldsymbol{K}}_b\hat{\boldsymbol{K}}_a\hat{\boldsymbol{G}}_2(s)=\begin{bmatrix}s+10 & 1\\ 1 & s+20\end{bmatrix} \tag{8-100}$$

显见这已是对角优势阵。这时的预补偿器为

$$\hat{\boldsymbol{K}}_p=\hat{\boldsymbol{K}}_b\hat{\boldsymbol{K}}_a=\begin{bmatrix}1 & -1\\ 0 & 1\end{bmatrix}\begin{bmatrix}0 & 1\\ 1 & 0\end{bmatrix}=\begin{bmatrix}-1 & 1\\ 1 & 0\end{bmatrix} \tag{8-101}$$

(3)观察 $\hat{\boldsymbol{G}}_3(s)$,可用行消去变换 $\hat{\boldsymbol{K}}_b$ 实现对角优势

$$\hat{\boldsymbol{K}}_p=\hat{\boldsymbol{K}}_b=\begin{bmatrix}1 & -1\\ 0 & 1\end{bmatrix},\quad \hat{\boldsymbol{K}}_p\hat{\boldsymbol{G}}_3(s)=\begin{bmatrix}2s & s\\ 1 & 3s+1\end{bmatrix} \tag{8-102}$$

也可以将 $\hat{\boldsymbol{G}}_3(s)$的(1,2)元化为零,即引入下列行消去变换

$$\hat{\boldsymbol{K}}_p=\hat{\boldsymbol{K}}_b=\begin{bmatrix}1 & -\dfrac{4s+1}{3s+1}\\ 0 & 1\end{bmatrix},\quad \hat{\boldsymbol{K}}_p\hat{\boldsymbol{G}}_3(s)=\begin{bmatrix}\dfrac{s(6s+1)}{3s+1} & 0\\ 1 & 3s+1\end{bmatrix} \tag{8-103}$$

为使 $\hat{\boldsymbol{K}}_p$ 结构简单,常用实常数代替有理分式,即

$$\hat{\boldsymbol{K}}_p\approx\begin{bmatrix}1 & -\dfrac{4}{3}\\ 0 & 1\end{bmatrix} \tag{8-104}$$

对于 $s=\mathrm{j}\omega,\omega\gg 1$ 的频域,这种近似是足够精确的,这时

$$\hat{\boldsymbol{K}}(s)=\hat{\boldsymbol{K}}_p\hat{\boldsymbol{G}}_3(s)\approx\begin{bmatrix}2s-\dfrac{1}{3} & -\dfrac{1}{3}\\ 1 & 3s+1\end{bmatrix} \tag{8-105}$$

仍是对角优势的。

2. 伪对角法

选择一个与 s 无关的实常数阵 $\hat{\boldsymbol{K}}$,使前向通路传递函数矩阵 $\hat{\boldsymbol{K}}\hat{\boldsymbol{G}}(s)$尽可能接近对角化,这里指对于初等围线 D 上某个 $s=\mathrm{j}\omega$ 的值,使 $\hat{\boldsymbol{K}}\hat{\boldsymbol{G}}(s)$中每行的非对角元模值二次方之和尽可能

的小，以便获得行对角优势，霍金斯（Hawkins）和罗森布洛克基于该基本思路提出了伪对角化数值计算方法，它适用于维数较高的系统。这里只考虑预补偿器 $\hat{\boldsymbol{K}}_p$ 的设计。

在 D 上选择某一 s 值，$s=\mathrm{j}\omega$，则

$$\hat{\boldsymbol{Q}}(\mathrm{j}\omega)=\hat{\boldsymbol{K}}_p\hat{\boldsymbol{G}}(\mathrm{j}\omega) \tag{8-106}$$

式中：$\hat{\boldsymbol{K}}_p$ 为常数矩阵，记

$$\hat{\boldsymbol{K}}_p=\begin{bmatrix}\hat{\boldsymbol{k}}_1^{\mathrm{T}}\\ \hat{\boldsymbol{k}}_2^{\mathrm{T}}\\ \vdots\\ \hat{\boldsymbol{k}}_m^{\mathrm{T}}\end{bmatrix},\hat{\boldsymbol{G}}(j\omega)=\begin{bmatrix}\hat{\boldsymbol{g}}_1(\mathrm{j}\omega) & \hat{\boldsymbol{g}}_2(\mathrm{j}\omega) & \cdots & \hat{\boldsymbol{g}}_m(\mathrm{j}\omega)\end{bmatrix} \tag{8-107}$$

式中：$\hat{\boldsymbol{k}}_i^{\mathrm{T}}$ 为 $\hat{\boldsymbol{K}}_p$ 的第 i 行向量；$\hat{\boldsymbol{g}}_i(\mathrm{j}\omega)$为 $\hat{\boldsymbol{G}}(\mathrm{j}\omega)$的第 i 列向量，故

$$\hat{\boldsymbol{Q}}(\mathrm{j}\omega)=\begin{bmatrix}\hat{\boldsymbol{k}}_1^{\mathrm{T}}\hat{g}_1(\mathrm{j}\omega) & \cdots & \hat{\boldsymbol{k}}_1^{\mathrm{T}}\hat{g}_m(\mathrm{j}\omega)\\ \hat{\boldsymbol{k}}_2^{\mathrm{T}}\hat{\boldsymbol{g}}_1(\mathrm{j}\omega) & \vdots & \hat{\boldsymbol{k}}_2^{\mathrm{T}}\hat{\boldsymbol{g}}_m(\mathrm{j}\omega)\\ \vdots & & \vdots\\ \hat{\boldsymbol{k}}_m^{\mathrm{T}}\hat{g}_1(\mathrm{j}\omega) & \cdots & \hat{\boldsymbol{k}}_m^{\mathrm{T}}\hat{g}_m(\mathrm{j}\omega)\end{bmatrix} \tag{8-108}$$

若满足

$$|\hat{\boldsymbol{k}}_i^{\mathrm{T}}\hat{\boldsymbol{g}}_i(\mathrm{j}\omega)|>\sum_{j=1,j\neq i}^{m}|\hat{\boldsymbol{k}}_j^{\mathrm{T}}\hat{\boldsymbol{g}}_j(\mathrm{j}\omega)|,\quad i,j=1,2,\cdots,m \tag{8-109}$$

则 $\hat{\boldsymbol{Q}}(\mathrm{j}\omega)$是行对角优势的。为了克服求 $\hat{\boldsymbol{k}}_i$ 的困难，Hawkins 根据多元函数求极值的方法提出下列算法，即选择 $\hat{\boldsymbol{k}}_i$，在

$$\hat{\boldsymbol{k}}_i^{\mathrm{T}}\hat{\boldsymbol{k}}_i=1 \tag{8-110}$$

的约束条件之下，使目标函数

$$J_i=\sum_{j=1,j\neq i}^{m}|\hat{\boldsymbol{k}}_i^{\mathrm{T}}\hat{\boldsymbol{g}}_j(\mathrm{j}\omega)|^2 \tag{8-111}$$

达到最小。

为便于计算，将 $\hat{\boldsymbol{g}}_j(\mathrm{j}\omega)$ 的实部、虚部分开，即

$$\hat{\boldsymbol{g}}_j(j\omega)=\boldsymbol{\alpha}_j(\mathrm{j}\omega)+\mathrm{j}\boldsymbol{\beta}_j(\mathrm{j}\omega),\quad j=1,2,\cdots,m \tag{8-112}$$

故

$$\boldsymbol{J}_i=\sum_{j=1,j\neq i}^{m}|\hat{\boldsymbol{k}}_i^{\mathrm{T}}(\boldsymbol{\alpha}_j+\mathrm{j}\boldsymbol{\beta}_j)|^2=\sum_{j=1,j\neq i}^{m}(\hat{\boldsymbol{k}}_i^{\mathrm{T}}\boldsymbol{\alpha}_j\boldsymbol{\alpha}_j^{\mathrm{T}}\hat{\boldsymbol{k}}_i+\hat{\boldsymbol{k}}_i^{\mathrm{T}}\boldsymbol{\beta}_j\boldsymbol{\beta}_j^{\mathrm{T}}\hat{\boldsymbol{k}}_i)=\hat{\boldsymbol{k}}_i^{\mathrm{T}}[\sum_{j=1,j\neq i}^{m}(\boldsymbol{\alpha}_j\boldsymbol{\alpha}_j^{\mathrm{T}}+\boldsymbol{\beta}_j\boldsymbol{\beta}_j^{\mathrm{T}})]\hat{\boldsymbol{k}}_i \tag{8-113}$$

记

$$\boldsymbol{A}_i=\sum_{j=1,\,j\neq i}^{m}(\boldsymbol{\alpha}_j\boldsymbol{\alpha}_j^{\mathrm{T}}+\boldsymbol{\beta}_j\boldsymbol{\beta}_j^{\mathrm{T}}) \tag{8-114}$$

故

$$\boldsymbol{J}_i=\hat{\boldsymbol{k}}_i^{\mathrm{T}}\boldsymbol{A}_i\hat{\boldsymbol{k}}_i \tag{8-115}$$

式中：A_i 是实对称且至少是半正定矩阵。

以上有等式约束条件的多元函数极值问题可用拉格朗日乘子法求解，构造拉格朗日函数

$$\boldsymbol{L}_i=\boldsymbol{J}_i+\lambda(1-\hat{\boldsymbol{k}}_i^{\mathrm{T}}\hat{\boldsymbol{k}}_i)=\hat{\boldsymbol{k}}_i^{\mathrm{T}}\boldsymbol{A}_i\hat{\boldsymbol{k}}_i+\lambda(1-\hat{\boldsymbol{k}}_i^{\mathrm{T}}\hat{\boldsymbol{k}}_i) \tag{8-116}$$

式中：λ 为拉格朗日乘子，令

$$\frac{\partial \boldsymbol{L}_i}{\partial \hat{\boldsymbol{k}}_i}=2\boldsymbol{A}_i\hat{\boldsymbol{k}}_i-2\lambda\hat{\boldsymbol{k}}_i=0 \tag{8-117}$$

得

$$\boldsymbol{A}_i\hat{\boldsymbol{k}}_i=\lambda\hat{\boldsymbol{k}}_i \tag{8-118}$$

该式为典型的特征向量方程，由于 $\boldsymbol{A}_i$ 至少是半正定的，所以特征值 λ 是非负的。$\boldsymbol{A}_i$ 的任何特征值向量 $\hat{\boldsymbol{k}}_i$ 均满足该式，但由于

$$\boldsymbol{J}_i=\hat{\boldsymbol{k}}_i^{\mathrm{T}}\boldsymbol{A}_i\hat{\boldsymbol{k}}_i=\hat{\boldsymbol{k}}_i^{\mathrm{T}}\lambda\hat{\boldsymbol{k}}_i \tag{8-119}$$

且考虑约束条件，故

$$J_i=\lambda\hat{\boldsymbol{k}}_i^{\mathrm{T}}\hat{\boldsymbol{k}}_i=\lambda \tag{8-120}$$

为使 J_i 达最小值，λ 应取最小特征值，于是 $\hat{\boldsymbol{k}}_i$ 为最小特征值对应的特征向量。

由于 $\boldsymbol{A}_i$ 是实对称矩阵，求解特征向量问题并不困难。所求得的最小特征向量 $\hat{\boldsymbol{k}}_i$ 是 $\hat{\boldsymbol{K}}_p$ 矩阵的第 i 列；用上述方法进行 m 次计算，便可确定预补偿估计矩阵 $\hat{\boldsymbol{K}}_p$。对不同的行求 $\hat{\boldsymbol{k}}_i$ 时，既可用相同的 ω 值，也可用不同的 ω 值。

若对所有行取 $\omega=0$，则 $\hat{\boldsymbol{Q}}(0)=\hat{\boldsymbol{k}}_p\hat{\boldsymbol{G}}(0)$，通常要求 $\hat{\boldsymbol{Q}}(0)=\boldsymbol{I}_m$，则可立即确定 $\hat{\boldsymbol{k}}_p$，有 $\hat{\boldsymbol{k}}_p=\boldsymbol{G}(0)$。这种算法简单，但所选 $\hat{\boldsymbol{k}}_p$ 不一定能使 $\hat{\boldsymbol{Q}}(0)$ 获得满意的优势程度。

以上分析可以看出，所取 ω 值不同，$\boldsymbol{A}_i$ 及 $\hat{\boldsymbol{k}}_p$ 便不同，在某一频率处是对角优势的，但不能保证整个 D 上都是对角优势的，故伪对角化本质上仍是试探法，对在某 ω 值下所设计的 $\hat{\boldsymbol{k}}_p$ 需在其他 ω 值下进行校验，直到满意为止。故上述伪对角化法尚需要扩展和改进。

例 8-4　某锅炉有四个燃烧器和四个加热器，经测定及简化得传递函数矩阵 $\boldsymbol{G}(s)$，试用预补偿器使其对角优势化并画出逆奈奎斯特阵列图。

$$\boldsymbol{G}(s)=\begin{bmatrix}\dfrac{1.0}{1+4s} & \dfrac{0.7}{1+5s} & \dfrac{0.3}{1+5s} & \dfrac{0.2}{1+5s}\\[2mm] \dfrac{0.6}{1+5s} & \dfrac{1.0}{1+4s} & \dfrac{0.4}{1+5s} & \dfrac{0.35}{1+5s}\\[2mm] \dfrac{0.35}{1+5s} & \dfrac{0.4}{1+5s} & \dfrac{1.0}{1+4s} & \dfrac{0.6}{1+5s}\\[2mm] \dfrac{0.2}{1+5s} & \dfrac{0.3}{1+5s} & \dfrac{0.7}{1+5s} & \dfrac{1.0}{1+4s}\end{bmatrix} \tag{8-121}$$

解　令 $s=\mathrm{j}\omega$，$0\leqslant\omega\leqslant1$，画出 $\boldsymbol{G}(s)$ 各元的奈奎斯特图，即 $\boldsymbol{G}(s)$ 的正奈奎斯特阵列图，如图 8-8 所示。

$g_{ii}(s)(i=1,2,3,4)$ 的奈奎斯特图及行格氏带如图 8-8 所示，显见将原点包含在内，故系

统有很强的交连，$\boldsymbol{G}(s)$不具有对角优势性。当求$\boldsymbol{G}(s)$的逆矩阵$\hat{\boldsymbol{G}}(s)$，对于$0\leqslant\omega\leqslant1$做出逆奈奎斯特阵列图，如图8-9所示。$g_{ii}(s)(i=1,2,\cdots,4)$的奈奎斯特图及行格氏带，显见未包含原点，系统已具有对角优势特性，但优势程度不高，需用预补偿器加以改善。本例可见$\hat{\boldsymbol{G}}(s)$比$\boldsymbol{G}(s)$的优势程度高，许多工程系统具有这种特性，这也是优先采用逆奈奎斯特阵列的一个理由。

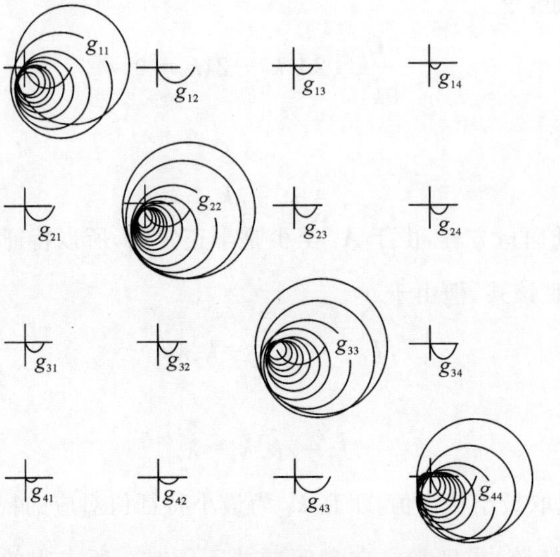

图8-8　$\boldsymbol{G}(s)$的正奈奎斯特阵列

若对$\boldsymbol{G}(s)$的所有行均选$\omega=0$来设计预补偿器$\hat{\boldsymbol{K}}_p$，那么一种$\hat{\boldsymbol{K}}_p$的设计为$\hat{\boldsymbol{K}}_p=\boldsymbol{G}(s)$。于是$\hat{\boldsymbol{Q}}(s)=\hat{\boldsymbol{K}}_p\boldsymbol{G}(s)$，其中$q_{ii}(s)(i=1,2,\cdots,4)$的奈奎斯特图与行格氏带$(0\leqslant\omega\leqslant1)$如图8-10所示，可见格氏带离原点更远，优势程度改善，特别是在低频范围内，这是由于按$\omega=0$来设计$\hat{\boldsymbol{K}}_p$的缘故。

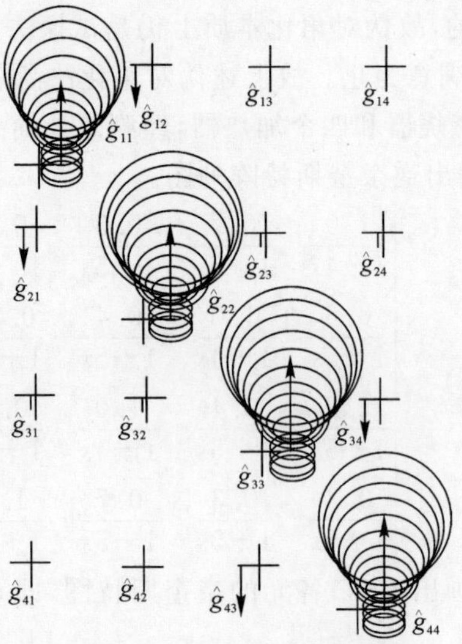

图8-9　$\boldsymbol{G}(s)$的逆奈奎斯特阵列

但是对 ω 能做出更好的选择，并用霍金斯算法计算 $\boldsymbol{K}_p$，经过几次试探，对所有 $\boldsymbol{G}(s)$ 的行均选 $\omega=0.9$，并计算得到 $\boldsymbol{K}_p$ 为

$$\boldsymbol{K}_p=\begin{bmatrix}1.469 & -0.944 & -0.148 & 0.050\\ -0.654 & 1.814 & -0.249 & -0.229\\ -0.229 & -0.249 & 1.814 & -0.654\\ 0.050 & -0.148 & -0.944 & 1.469\end{bmatrix} \tag{8-122}$$

$\hat{\boldsymbol{Q}}(s)=\hat{\boldsymbol{K}}_p\hat{\boldsymbol{G}}(s)$，其 $\hat{q}_{ii}(s)(i=1,2,\cdots,4)$ 的行格氏带（$0\leqslant\omega\leqslant1$）如图 8-11 所示，该图表明系统实际上无交连，对角优势程度已很高。

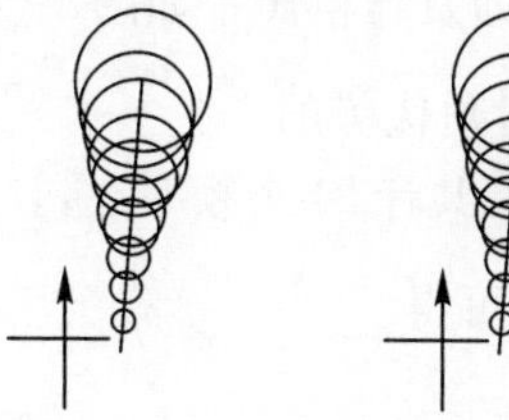

图 8-10　按 $\omega=0$ 的对角优势化

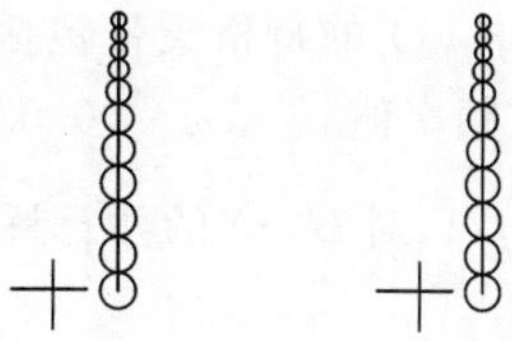

图 8-11　按 $\omega=0.9$ 的伪对角化法优势化

3. 霍金斯算法的拓展与改进

霍金斯法按某一频率值 ω 来计算预补偿阵 $\hat{\boldsymbol{K}}_p$，补偿结果通常在 ω 的邻域可获得对角优势化的效果，而在其他频段并不一定具有对角优势，因此提出了按一组频率值 $\omega_1,\omega_2,\cdots,\omega_n$ 来设计预补偿的构思，以便实现在整个频段上的对角优势化，从而无需就单个 ω 值的选择问题进行试探研究，为此，只需重新定义目标函数

$$J_i=\sum_{r=1}^{n}c_r\Big[\sum_{j=1,j\neq i}^{m}|\hat{\boldsymbol{k}}_i^{\mathrm{T}}\hat{\boldsymbol{g}}_j^r(j\omega)|^2\Big] \tag{8-123}$$

式中

$$\hat{\boldsymbol{g}}_j^r(j\omega)\overset{\triangle}{=}\hat{\boldsymbol{g}}^j(\mathrm{j}\omega_r)=\boldsymbol{\alpha}_j^r(\omega)+\mathrm{j}\boldsymbol{\beta}_j^r(\omega) \tag{8-124}$$

c_r 为正的实常数，是由设计者给定的加权系数。在

$$\hat{\boldsymbol{k}}_i^{\mathrm{T}}\hat{\boldsymbol{k}}_i=1 \tag{8-125}$$

的约束条件下，选项 $\hat{\boldsymbol{k}}_i$ 使 J_i 达到最小，就是使 $\hat{\boldsymbol{Q}}(\mathrm{j}\omega)$ 的第 i 行非对角元的加权二次方和，在 $\omega_1,\cdots,\omega_n$ 一组频率处的值达到最小。为求解 $\hat{\boldsymbol{K}}_p$ 的第 i 列 $\hat{\boldsymbol{k}}_i$，与前面所述的 Hawkins 法类似，仍然是求解下列特征向量方程的问题，这时有

$$\boldsymbol{B}_i\hat{\boldsymbol{k}}_i=\lambda\hat{\boldsymbol{k}}_i \tag{8-126}$$

式中

$$\boldsymbol{B}_i=\sum_{r=1}^{n}c_r\Big\{\sum_{j=1,j\neq i}^{m}\big[\boldsymbol{\alpha}_j^r(\boldsymbol{\alpha}_j^r)^{\mathrm{T}}+\boldsymbol{\beta}_j^r(\boldsymbol{\beta}_j^r)^{\mathrm{T}}\big]\Big\} \tag{8-127}$$

选择 $\boldsymbol{B}_i$ 的最小特征值 λ 所对应的特征向量 $\hat{\boldsymbol{k}}_i$，即最小特征向量作为 $\hat{\boldsymbol{K}}_p$ 的第 i 列。对 $\hat{\boldsymbol{G}}(\mathrm{j}\omega)$ 的 m 行重复上述 m 次计算，便可确定 $\hat{\boldsymbol{K}}_p$。若计算结果不够满意，可另行选择 $c_r(r=1,$

2,…,n),重复计算直到满意为止。

例 8-5 某 30 层蒸馏塔的传递函数矩阵为

$$G(s)=\begin{bmatrix}\dfrac{0.088}{(1+75s)(1+722s)} & \dfrac{0.1825}{(1+15s)(1+722s)}\\ \dfrac{0.282}{(1+10s)(1+1850s)} & \dfrac{0.412}{(1+15s)(1+1850s)}\end{bmatrix} \tag{8-128}$$

试设计预补偿阵 $\boldsymbol{K}_p$。

解 该系统不是对角优势的,即使选择 $\omega=0$,$\hat{\boldsymbol{K}}_p=\boldsymbol{G}(0)$,$\hat{\boldsymbol{Q}}(s)=\hat{\boldsymbol{K}}_p\hat{\boldsymbol{G}}(s)=\boldsymbol{G}(0)\hat{\boldsymbol{G}}(s)$,仍不具有对角优势性,$\hat{\boldsymbol{Q}}$ 的奈奎斯特阵列即逆奈奎斯特阵列及行格氏带如图 8-12 所示,$0\leqslant\omega\leqslant0.02$,其中 $\hat{q}_{ii}(s)$ 的行格氏带包括原点,故第一行不是对角优势的。

选取一组频率值,$0\leqslant\omega\leqslant0.02$,取频率间隔为 0.001,共计 21 个频率点,且加权系数 $c_r=1$,$\tau=1,2,\cdots,21$,对 $\hat{\boldsymbol{G}}(s)$ 的两行逐行按式(8-126)求解可得

$$\hat{\boldsymbol{K}}_p=\begin{bmatrix}0.027 & 0.094\\ 0.073 & 0.394\end{bmatrix} \tag{8-129}$$

$\hat{\boldsymbol{Q}}=\hat{\boldsymbol{K}}_p\hat{\boldsymbol{G}}(s)$ 的奈奎斯特阵列及行格氏带如图 8-13 所示,显见已获得对角优势特性。

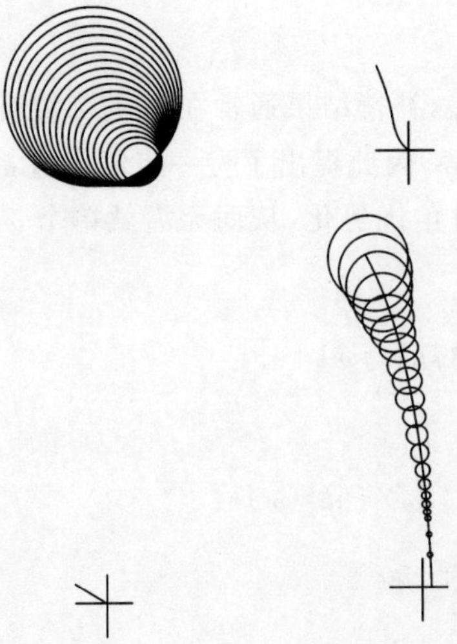

图 8-12 $\hat{Q}=G(0)\hat{G}(s)$的奈奎斯特阵列

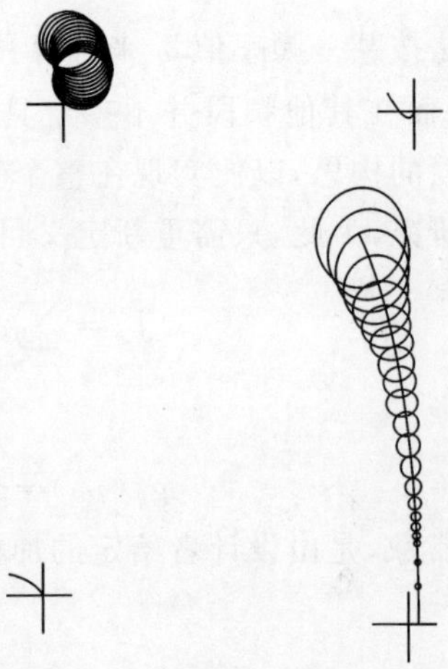

图 8-13 按 21 个频率点的伪对角化

对霍金斯法的又一改进方法是选择另一约束条件。约束条件式 $\hat{\boldsymbol{k}}_i^{\mathrm{T}}\hat{\boldsymbol{k}}_i=1$ 的使用,的确给计算带来方便,但是不能保证使 J_i 最小的同时使 $|\hat{\boldsymbol{q}}_{ii}(s)|=|\hat{\boldsymbol{k}}_i^{\mathrm{T}}\hat{\boldsymbol{g}}_{ii}(s)|$ 仍取得较大的值,某些实际情况已表明使 J_i 最小的同时使 $\hat{\boldsymbol{q}}_{ii}(s)|$ 也较小。为此将约束条件修改为

$$|\hat{\boldsymbol{q}}_{ii}(s)|=|\hat{\boldsymbol{k}}_i^{\mathrm{T}}\hat{\boldsymbol{g}}_{ii}(s)|=1 \tag{8-130}$$

也即有

$$|\hat{\boldsymbol{q}}_{ii}(s)|^2=|\hat{\boldsymbol{k}}_i^{\mathrm{T}}\hat{\boldsymbol{g}}_{ii}(s)|^2=1 \tag{8-131}$$

用 Hawkins 的分析方法可得

$$\boldsymbol{A}_i\hat{\boldsymbol{k}}_i=\lambda\boldsymbol{D}_i\hat{\boldsymbol{k}}_i \tag{8-132}$$

式中

$$\boldsymbol{D}_i=\boldsymbol{\alpha}_i\boldsymbol{\alpha}_i^{\mathrm{T}}+\boldsymbol{\beta}_i\boldsymbol{\beta}_i^{\mathrm{T}},\ \boldsymbol{A}_i=\sum_{j=1,j\neq 1}^{m}(\boldsymbol{\alpha}_j\boldsymbol{\alpha}_j^{\mathrm{T}}+\boldsymbol{\beta}_j\boldsymbol{\beta}_j^{\mathrm{T}}),\ \hat{\boldsymbol{g}}_{ii}=\boldsymbol{\alpha}_i+\mathrm{j}\boldsymbol{\beta}_i \tag{8-133}$$

式中：$\boldsymbol{D}_i$ 为正半定矩阵；$\boldsymbol{A}_i$ 至少正半定。

式(8-132)两端同时加 $\boldsymbol{D}_i\hat{\boldsymbol{k}}_i$，有

$$(\boldsymbol{A}_i+\boldsymbol{D}_i)\hat{\boldsymbol{k}}_i=(\lambda+1)\boldsymbol{D}_i\hat{\boldsymbol{k}}_i \tag{8-134}$$

由于$(\boldsymbol{A}_i+\boldsymbol{D}_i)$是正定矩阵，故有

$$(\boldsymbol{A}_i+\boldsymbol{D}_i)^{-1}\boldsymbol{D}_i\hat{\boldsymbol{k}}_i=\frac{1}{\lambda+1}\hat{\boldsymbol{k}}_i \tag{8-135}$$

令

$$\varepsilon=\frac{1}{\lambda+1},\ \boldsymbol{N}_i=(\boldsymbol{A}_i+\boldsymbol{D}_i)^{-1}\boldsymbol{D}_i \tag{8-136}$$

即

$$\boldsymbol{N}_i\hat{\boldsymbol{k}}_i=\varepsilon\hat{\boldsymbol{k}}_i \tag{8-137}$$

该式仍是一特征向量方程。由于 λ 应取最小值，故 ε 应为最大值，于是 N_i 的最大特征向量 $\hat{\boldsymbol{k}}_i$ 为待求的预补偿阵 $\hat{\boldsymbol{K}}_p$ 的第 i 列。对 $\hat{\boldsymbol{G}}(s)$的 m 行重复上述 m 次计算便可解得 $\hat{\boldsymbol{K}}_p$。

4. 非对角化 $\boldsymbol{F}(s)$的应用

为使 $\hat{\boldsymbol{\Phi}}(s)$具有对角优势特性，还可以采用非对角阵 $\boldsymbol{F}(s)$。以上研究中均假定反馈通道传递函数矩阵 $\boldsymbol{F}$ 是与 s 无关的常数对角阵这不仅使研究简化，也代表了大多数实际系统的应用情况，其元素 f_i 用以调整第 i 个单个回路的开环增益值。但是，由式 $\hat{\boldsymbol{\Phi}}(s)=\hat{\boldsymbol{Q}}(s)+\boldsymbol{F}$ 可以看出，无论 $\hat{\boldsymbol{Q}}(s)$是否具有对角优势特性，均可能将 $\boldsymbol{F}(s)$设计成非对角阵，以 $\boldsymbol{F}(s)$的非对角元去抵消或部分抵消 $\hat{\boldsymbol{Q}}(s)$的非对角元，从而使 $\hat{\boldsymbol{\Phi}}(s)$的对角优势特性获得改善，注意到这里不是改善 $\hat{\boldsymbol{Q}}(s)$的对角优势特性。这种方法特别适合于按某一特性频率(如 $\omega=0$)来设计预补偿阵 $\hat{\boldsymbol{K}}_p$ 的情况，例如当 $\omega=0$ 时，$\hat{\boldsymbol{Q}}(s)=\boldsymbol{G}(0)=\hat{\boldsymbol{K}}_p\hat{\boldsymbol{G}}(s)$，在 $\omega=0$ 的邻域具有对角优势特性，而对于 $\omega\neq0$ 便不一定有对角优势特性。

$\boldsymbol{F}(s)$可定义为

$$\boldsymbol{F}(s)=\boldsymbol{F}(0)+\boldsymbol{F}_1(s) \tag{8-138}$$

式中：$\boldsymbol{F}(0)$为常数对角阵；$\boldsymbol{F}_1(s)$是对角元为零、非对角元为 s 的有理函数的矩阵，$\boldsymbol{F}_1(s)$按改善 $\hat{\boldsymbol{\Phi}}(s)$的对角优势特性来选择，以补偿交连的影响。当 $\omega=0$ 时有 $\boldsymbol{F}_1(s)=\boldsymbol{0}$。在根据系统动态性能要求来选择补偿器 $\boldsymbol{K}_c(s)$，需考虑引入 $\boldsymbol{F}_1(s)$的影响。

例 8-6　给定 $\hat{\boldsymbol{G}}(s)$为

$$\hat{\boldsymbol{G}}(s)=\begin{bmatrix} s^2+8.8s+1 & 2s^2+2.6s+2 \\ 2s^2+14.6s+2 & 3s^2+2.4s+3 \end{bmatrix} \tag{8-139}$$

既非行优势也非列优势。试按 $\omega=0$ 设计 $\hat{\boldsymbol{K}}_p$，并求出使 $\hat{\boldsymbol{\Phi}}(s)$ 对角优势的 $\boldsymbol{F}(s)$。

解 令 $\hat{\boldsymbol{Q}}(0)=\boldsymbol{I}_2=\hat{\boldsymbol{K}}_p\boldsymbol{G}(s)$，故 $\hat{\boldsymbol{K}}_p=\boldsymbol{G}(0)$。由 $\hat{\boldsymbol{G}}(s)$ 计算 $\boldsymbol{G}(s)$，可得

$$\boldsymbol{G}(0)=\boldsymbol{G}(s)|_{s=0}=\begin{bmatrix}-3 & 2\\ 2 & -1\end{bmatrix} \tag{8-140}$$

$$\hat{\boldsymbol{Q}}(s)=\boldsymbol{G}(0)\hat{\boldsymbol{G}}(s)=\begin{bmatrix}s^2+2.8s+1 & -3s\\ 3s & s^2-2.8s+1\end{bmatrix} \tag{8-141}$$

$\hat{\boldsymbol{Q}}(s)$ 既非行优势也非列优势，令 $s=j$，即 $\omega=1$ 即可验证。可选择

$$\boldsymbol{F}(s)=\begin{bmatrix}1 & 3s\\ -3s & 1\end{bmatrix} \tag{8-142}$$

故

$$\hat{\boldsymbol{\Phi}}(s)=\hat{\boldsymbol{Q}}(s)+\boldsymbol{F}(s)=\begin{bmatrix}s^2+2.8s+2 & 0\\ 0 & s^2+2.8s+2\end{bmatrix} \tag{8-143}$$

$\hat{\boldsymbol{\Phi}}(s)$ 为对角阵。为实现 $\boldsymbol{F}(s)$，需要获得输出导数的信息，但该项测量总存在惯性，纯微分 $3s$ 是难于实现的，只能在系统工作的主频段内实现 $3s$，该频段以 $s=0$ 至 $s=\mathrm{j}\omega_0$ 表示，式中 ω_0 应选得足够大以保证 $\hat{\boldsymbol{Q}}(s)$ 是对角优势的。如选择 $\omega_0=10$，则 $\boldsymbol{F}(s)$ 为

$$\boldsymbol{F}(s)=\begin{bmatrix}1 & \dfrac{3s}{0.1s+1}\\ \dfrac{-3s}{0.1s+1} & 1\end{bmatrix} \tag{8-144}$$

式中：惯性环节的时间常数 $T=\dfrac{1}{\omega_0}=0.1$。对应有

$$\hat{\boldsymbol{\Phi}}(s)=\begin{bmatrix}s^2+2.8s+2 & \dfrac{-0.3s^2}{0.1s+1}\\ \dfrac{0.3s^2}{0.1s+1} & s^2+2.8s+1\end{bmatrix} \tag{8-145}$$

$\hat{\boldsymbol{\Phi}}(s)$ 具有对角优势特性。

第四节 逆奈奎斯特阵列设计步骤及举例

一、逆奈奎斯特阵列法设计步骤

(1)计算受控对象传递函数矩阵 $\boldsymbol{G}(s)$ 及其逆阵 $\hat{\boldsymbol{G}}(s)$。

(2)绘出 $\hat{\boldsymbol{G}}(s)$ 诸元随 s 在 D 上变化的 m^2 个辅相频率特性图(奈奎斯特图)，即逆奈奎斯特矩阵，并绘出 $\hat{\boldsymbol{G}}(s)$ 的行或列格氏带，并绘出行(列)优势度随 ω 变化的曲线，以判定 $\hat{\boldsymbol{G}}(s)$ 是否为对角优势阵。

(3)若 $\hat{\boldsymbol{G}}(s)$ 不是对角优势的，便选择一个与补偿器 $\hat{\boldsymbol{K}}_p$，使得 $\hat{\boldsymbol{Q}}(s)=\hat{\boldsymbol{K}}_p(s)\hat{\boldsymbol{G}}(s)$ 成为对角

优势的。

(4)绘出 $\hat{\boldsymbol{Q}}(s)$ 的奈奎斯特图及行或列格氏带，或绘出行(列)优势度随 ω 变化的曲线。初步选择反馈通道增益 $f_i(i=1,2,\cdots,m)$，确保闭环系统稳定，具有一定的稳定裕量。

(5)必要时可对部分或全部回路绘制奥氏带，以改进 f_i 的取值。

(6)对 m 个回路分别应用单变量系统设计方法设计动态补偿器 $k_{ci}(s)$。

(7)计算控制器及闭环系统传递函数矩阵，求解典型输入信号(阶跃或正弦)作用下的闭环响应，评价闭环系统动态性能。

控制器传递函数矩阵为

$$\boldsymbol{K}(s)=\boldsymbol{K}_p(s)\boldsymbol{K}_c(s) \tag{8-146}$$

闭环系统传递函数矩阵为

$$\boldsymbol{\Phi}(s)=[\boldsymbol{I}_m+\boldsymbol{G}(s)\boldsymbol{K}(s)\boldsymbol{F}(s)]^{-1}\boldsymbol{G}(s)\boldsymbol{K}(s)=[\hat{\boldsymbol{Q}}(s)+\boldsymbol{F}(s)]^{-1} \tag{8-147}$$

若动态性能不够满意，需要新选择 $\boldsymbol{K}_c(s)$，必要时重新选择 $\boldsymbol{F}(s)$，反复进行直至满意。

二、双容器储液系统设计举例

双容器储液系统状态空间模型：系统原理图如图 8-14 所示，系统由两个相互联通的容器罐组成，a_i 为截面积，$q_i(t)$为进入容器 i 的流量($\mathrm{m^3/s}$)，$h_i(t)$为液面高度，$v_i(t)=a_ih_i(t)$为容器 i 中液体体积。假定系统受到的扰动 $d_i(t)$表示输出流量($\mathrm{m^3/s}$)，$f(t)$是从容器 1 至容器 2 的流量($\mathrm{m^3/s}$)。

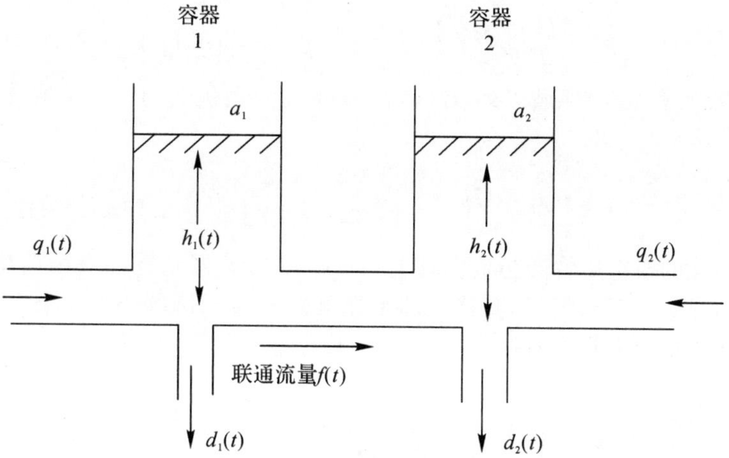

图 8-14　双容器储液系统

系统微分方程为

$$\left.\begin{aligned}\dot{v}_1(t)=a_1\dot{h}_1(t)=q_1(t)-f(t)-d_1(t)\\ \dot{v}_2(t)=a_2\dot{h}_2(t)=q_2(t)-f(t)-d_2(t)\end{aligned}\right\} \tag{8-148}$$

若扰动系数为 d_{10}、d_{20}，可预期系统有一稳态，对应有输入流量为常数 q_{10}、q_{20}，容器间流量为常数 f_0，且满足

$$\left.\begin{aligned}q_{10}&=f_0+d_{10}\\ q_{20}&=-f_0+d_{20}\end{aligned}\right\} \tag{8-149}$$

容器有稳态液面高度 h_{10}、h_{20}。在考虑系统围绕稳态邻域运行的情况时，定义：

$$\left.\begin{aligned} h_i(t)&=h_{i0}+x_i(t)\\ q_i(t)&=q_{i0}+u_i(t) \quad i=1,2\\ d_i(t)&=d_{i0}+l_i(t),\end{aligned}\right\} \tag{8-150}$$

$$f(t)=f_0+\beta[x_1(t)-x_2(t)] \tag{8-151}$$

式中：x_i、u_i、l_i 分别为相对其稳态值的变化量；β 与联通容器的截面积有关。

系统小扰动状态方程为

$$\dot{\boldsymbol{x}}(t)=\begin{bmatrix}-\dfrac{\beta}{a_1} & \dfrac{\beta}{a_1}\\ \dfrac{\beta}{a_2} & -\dfrac{\beta}{a_2}\end{bmatrix}\boldsymbol{x}(t)+\begin{bmatrix}\dfrac{1}{a_1} & 0\\ 0 & \dfrac{1}{a_2}\end{bmatrix}[\boldsymbol{u}(t)-\boldsymbol{l}(t)] \tag{8-152}$$

式中：$\boldsymbol{x}=[x_1 \quad x_2]^{\mathrm{T}}$；$\boldsymbol{u}=[u_1 \quad u_2]^{\mathrm{T}}$；$\boldsymbol{l}=[l_1 \quad l_2]^{\mathrm{T}}$。设测量的输出为各容器中相对稳态液面高度的变化，则输出方程为

$$\boldsymbol{y}(t)=\boldsymbol{I}_2\boldsymbol{x}(t) \tag{8-153}$$

逆奈奎斯特阵列法设计：设忽略干扰向量 $\boldsymbol{l}$，以 $\boldsymbol{y}(s)=\boldsymbol{G}(s)\boldsymbol{u}(s)$ 描述系统的输入输出关系，则受控对象的传递函数矩阵为

$$\boldsymbol{G}(s)=\frac{1}{s\left(s+\dfrac{\beta}{a_1}+\dfrac{\beta}{a_2}\right)}\begin{bmatrix}\left(s+\dfrac{\beta}{a_2}\right)\dfrac{1}{a_1} & \dfrac{\beta}{a_1a_2}\\ \dfrac{\beta}{a_1a_2} & \left(s+\dfrac{\beta}{a_1}\right)\dfrac{1}{a_2}\end{bmatrix} \tag{8-154}$$

$$\hat{\boldsymbol{G}}(s)=\boldsymbol{G}^{-1}(s)=\begin{bmatrix}a_1s+\beta & -\beta\\ -\beta & a_2s+\beta\end{bmatrix} \tag{8-155}$$

可以看出，除了 $s=0$ 的邻域以外，$\hat{\boldsymbol{G}}(s)$ 在 D 上是对角优势的。当选取 $a_1=a_2=1$，$\beta=2$ 时，有

$$\hat{\boldsymbol{G}}(s)=\begin{bmatrix}s+2 & -2\\ -2 & s+2\end{bmatrix} \tag{8-156}$$

$\hat{\boldsymbol{G}}(s)$ 非对角元的奈奎斯特图为负实轴上一点（-2,j0），对角元的奈奎斯特轨迹及格氏带（$0\leqslant\omega\leqslant+\infty$）如图 8-15(a)所示，其格氏圆半径恒为 2，格氏圆圆心位于奈奎斯特轨迹上（实部为 2、与虚轴正半部分平行的直线）。

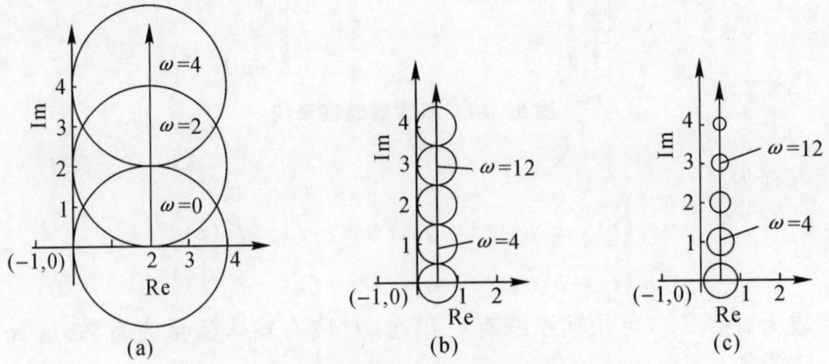

图 8-15　双容器贮液系统的奈奎斯特轨迹

假定 $\boldsymbol{K}_{\prime}=\boldsymbol{I}_2$;$\boldsymbol{K}_c(s)$为对角阵,且取 $k_{c1}>0,k_{c2}>0$,则有前向通路传递函数矩阵

$$\boldsymbol{Q}(s)=\boldsymbol{G}(s)\boldsymbol{K}_{\prime}(s)\boldsymbol{K}_c(s) \tag{8-157}$$

假定 $\boldsymbol{K}_{\cdot}=\boldsymbol{I}_2$;$\boldsymbol{K}_c(s)$为对角阵,且取 $k_{c1}>0,k_{c2}>0$,则有前向通路传递函数矩阵

$$\boldsymbol{Q}(s)=\boldsymbol{G}(s)\boldsymbol{K}_{\cdot}(s)\boldsymbol{K}_c(s) \tag{8-158}$$

$$\hat{\boldsymbol{Q}}(s)=\hat{\boldsymbol{K}}_c(s)\hat{\boldsymbol{K}}_{\cdot}(s)\hat{\boldsymbol{G}}(s)=\begin{bmatrix}\dfrac{1}{k_1} & 0\\ 0 & \dfrac{1}{k_2}\end{bmatrix}\begin{bmatrix}s+2 & -2\\ -2 & s+2\end{bmatrix}=\begin{bmatrix}\dfrac{1}{k_1}(s+2) & -\dfrac{2}{k_1}\\ -\dfrac{2}{k_2} & \dfrac{1}{k_2}(s+2)\end{bmatrix} \tag{8-159}$$

设 $k_1=k_2=4$,$\hat{\boldsymbol{Q}}(s)$对角元的奈奎斯特轨迹及格氏带($0\leqslant\omega\leqslant+\infty$)如图 8-15(b)所示,其格氏圆半径恒为 1/2、圆心位于实部为 1/2 与虚轴正半部分平行的直线上。设反馈矩阵为 $\boldsymbol{F}=\boldsymbol{I}_2$,则奥氏带的压缩因子为

$$\beta_1(s)=\frac{d_2(s)}{|f_2+\hat{q}_{22}(s)|},\beta_2(s)=\frac{d_2(s)}{|f_1+\hat{q}_{11}(s)|} \tag{8-160}$$

本例有

$$\beta_1(\mathrm{j}\omega)=\beta_2(\mathrm{j}\omega)=\frac{\left|-\dfrac{1}{2}\right|}{\sqrt{\left(1+\dfrac{1}{2}\right)^2+\dfrac{1}{16}\omega^2}} \tag{8-161}$$

当 $\omega=0$ 时,$\beta_1(\mathrm{j}0)=\beta_2(\mathrm{j}0)=\dfrac{1}{3}$,其奥氏圆半径为 $\beta_1(0)d_1(0)=\dfrac{1}{6}$,故可得 $\hat{\boldsymbol{Q}}(s)$的奥氏带($0\leqslant\omega\leqslant+\infty$)如图 8.15(c)所示,随 ω 值增大,半径减小。

由于系统开环传递矩阵为 $\boldsymbol{FQ}(s)=\boldsymbol{Q}(s)$,开环极点为 $\det\hat{\boldsymbol{Q}}(s)$分母多项式的根,即 $\det\hat{\boldsymbol{Q}}(s)=0$ 的根,可解得 $s=0,-4$,故不存在开环右极点。由奥氏图显见,闭环系统是渐进稳定的,只要 $k_1>0,k_2>0$,便不会改变渐进稳定性质。由 $\hat{\boldsymbol{\Phi}}=\hat{\boldsymbol{Q}}+\boldsymbol{F}$ 可知该系统的交连情况,当增大 k_1 和 k_2、f_1 和 f_2 时,可削弱交连作用。

第五节　序列回差设计法基本概念

设多变量系统结构图如图 8-16 所示,图中 $\boldsymbol{r}$、$\boldsymbol{y}$ 为 m 维输入、输出向量,$\boldsymbol{G}(s)$、$\boldsymbol{K}(s)$、$\boldsymbol{F}(s)$为 m 阶受控对象、前置控制器、反馈控制器传递函数矩阵,$\boldsymbol{F}(s)$限定为

$$\boldsymbol{F}(s)=\mathrm{diag}\{f_1(s)f_2(s)\cdots f_m(s)\} \tag{8-162}$$

式中:$f_i(s)$,($i=1,2,\cdots,m$),均为有理分式函数,其零极点均处于左半开 s 平面。系统设计问题就是给定 $\boldsymbol{G}(s)$,设计 $\boldsymbol{K}(s)$、$\boldsymbol{F}(s)$以满足性能指标。

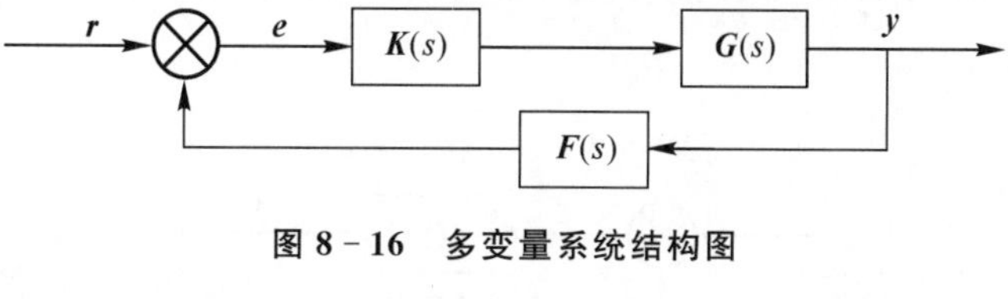

图 8-16　多变量系统结构图

系统前向传递函数矩阵 $\boldsymbol{Q}(s)$为

$$\boldsymbol{Q}(s)=\boldsymbol{G}(s)\boldsymbol{K}(s) \tag{8-163}$$

由 $\boldsymbol{r}-\boldsymbol{F}\boldsymbol{y}=\boldsymbol{e}$，$\boldsymbol{Q}(\boldsymbol{r}-\boldsymbol{F}\boldsymbol{y})=\boldsymbol{Q}(\boldsymbol{e})=\boldsymbol{y}$ 可得闭环传递函数

$$\boldsymbol{\Phi}(s)=[\boldsymbol{I}_m+\boldsymbol{Q}(s)\boldsymbol{F}(s)]^{-1}\boldsymbol{Q}(s)\overset{\triangle}{=}\boldsymbol{R}^{-1}(s)\boldsymbol{Q}(s) \tag{8-164}$$

式中

$$\boldsymbol{R}(s)=\boldsymbol{I}_m+\boldsymbol{Q}(s)\boldsymbol{F}(s) \tag{8-165}$$

式中：$\boldsymbol{R}(s)$称为系统回差矩阵。

D. Q. Mayne 提出的序列回差设计法，不要求 $\boldsymbol{Q}(s)$或 $\hat{\boldsymbol{Q}}(s)$是对角优势阵。其设计过程从断开全部反馈回路开始，逐个接入反馈回路。在闭合第一个反馈回路后，便计算对应的前向传递矩阵及回差矩阵的行列式，用单变量系统的设计方法来设计该回路的 $f_1(s)$和 $k_1(s)$；将第一步设计所得的闭环系统等效地当作新的前向传递矩阵，再接入第二个反馈回路，计算对应的回差矩阵行列式，对应更新的系统来设计 $f_2(s)$和 $k_2(s)$。按此顺序直到 $f_m(s)$和 $k_m(s)$设计完成，每步设计都类似单变量系统设计，设计依据是回差矩阵的行列式，故有序列回差设计法之称。

为了便于描述该设计方法，引入下列记号。当断开全部反馈回路时，回路中诸矩阵的右上标均记有“0”，即

$$\boldsymbol{Q}^0(s)=\boldsymbol{Q}(s),\boldsymbol{F}^0(s)=\boldsymbol{0},\boldsymbol{R}^0(s)=\boldsymbol{I}_m,\boldsymbol{\Phi}^0(s)=\boldsymbol{Q}(s) \tag{8-166}$$

当接入第一个反馈回路时，诸矩阵右上标记以“1”，即(省略 s)

$$\left.\begin{aligned}\boldsymbol{F}^1&=\mathrm{diag}(f_1\quad 0\quad \cdots\quad 0)\\ \boldsymbol{R}^1&=\boldsymbol{I}_m+QF^1\\ \boldsymbol{\Phi}^1&=(\boldsymbol{R}^1)^{-1}\boldsymbol{Q}\end{aligned}\right\} \tag{8-167}$$

$\boldsymbol{\Phi}^1$ 作为第二步的前向传递函数，记为 $\boldsymbol{Q}^1$，故

$$\boldsymbol{Q}^1=\boldsymbol{\Phi}^1 \tag{8-168}$$

当接入第 1，2，…，$i-1$ 条反馈回路时，诸矩阵右上标以“$i-1$”，有

$$\boldsymbol{F}^{i-1}=\mathrm{diag}(f_1\quad f_2\quad \cdots\quad f_{i-1}\quad 0\quad \cdots\quad 0),\boldsymbol{R}^{i-1}=\boldsymbol{I}_m+Q\boldsymbol{F}^{i-1},\boldsymbol{\Phi}^{i-1}=(\boldsymbol{R}^{i-1})^{-1}\boldsymbol{Q}=\boldsymbol{Q}^{i-1} \tag{8-169}$$

当接入第 1，2，…，i 条反馈回路时，同理有

$$\boldsymbol{F}^{i}=\mathrm{diag}(f_1\quad f_2\quad \cdots\quad f_{i}\quad 0\quad \cdots\quad 0),\boldsymbol{R}^{i}=\boldsymbol{I}_m+Q\boldsymbol{F}^{i},\boldsymbol{\Phi}^{i}=(\boldsymbol{R}^{i})^{-1}\boldsymbol{Q}=\boldsymbol{Q}^{i} \tag{8-170}$$

闭合 i 条反馈回路可看作闭合$(i-1)$条反馈回路所得的 Q^{i-1} 再接入第 i 条反馈回路构成的系统，第 i 条反馈回路的反馈矩阵为

$$\mathrm{diag}(0\quad 0\quad \cdots\quad f_i\quad 0\quad \cdots\quad 0)=f_i\boldsymbol{e}_i\boldsymbol{e}_i^{\mathrm{T}} \tag{8-171}$$

式中：$\boldsymbol{e}_i$ 为 m 阶单位矩阵的第 i 列向量。这时的系统结构图如图 8-17 所示。记图示的回差矩阵为 $\widetilde{\boldsymbol{R}}^i$，则

$$\widetilde{\boldsymbol{R}}^i=\boldsymbol{I}_m+f_i\boldsymbol{Q}^{i-1}\boldsymbol{e}_i\boldsymbol{e}_i^{\mathrm{T}} \tag{8-172}$$

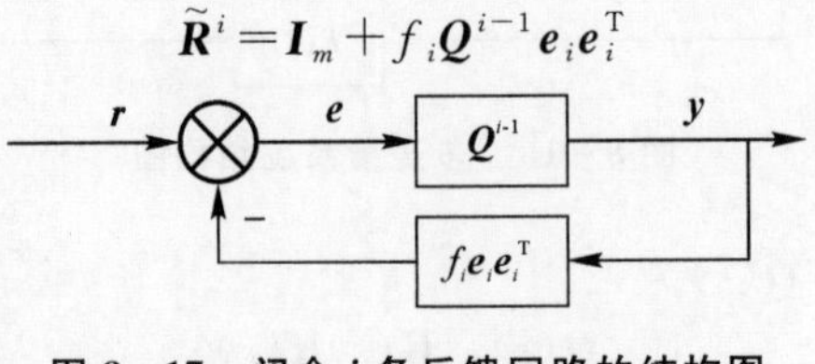

图 8-17　闭合 i 条反馈回路的结构图

且这时的闭环传递矩阵 $\boldsymbol{\Phi}^i$ 为

$$\boldsymbol{\Phi}^i=(\widetilde{\boldsymbol{R}}^i)^{-1}\boldsymbol{Q}^{i-1} \tag{8-173}$$

对于 i 条反馈回路闭合的上述两种表达方式虽然不同，但闭环传递特性显然应该一样，故

$$\boldsymbol{Q}^i=(\boldsymbol{R}^i)^{-1}\boldsymbol{Q}=(\widetilde{\boldsymbol{R}}^i)^{-1}\boldsymbol{Q}^{i-1} \tag{8-174}$$

将 $\widetilde{\boldsymbol{R}}^i$ 写成展开式，记 $\boldsymbol{Q}^{i-1}$ 的(i,j)元素为 q_{ij}^{i-1}，有

$$\widetilde{\boldsymbol{R}}^i=\begin{bmatrix}1 & & \\ & \ddots & \\ & & 1\end{bmatrix}+\begin{bmatrix}q_{11}^{i-1} & \cdots & q_{1i}^{i-1} & \cdots & q_{1m}^{i-1}\\ \vdots & & & & \vdots \\ q_{m1}^{i-1} & \cdots & q_{mi}^{i-1} & \cdots & q_{mm}^{i-1}\end{bmatrix}\begin{bmatrix}0\\ \vdots\\ 1\\ \vdots\\ 0\end{bmatrix}[0\ \cdots\ 1\ \cdots\ 0]f_i=$$

$$\begin{bmatrix}1 & 0 & \cdots & q_{1i}^{i-1}f_i & \cdots & 0\\ 0 & 1 & \cdots & q_{2i}^{i-1}f_i & \cdots & 0\\ \vdots & \vdots & \ddots & \vdots & & \vdots\\ 0 & 0 & \cdots & 1+q_{ii}^{i-1}f_i & \cdots & 0\\ \vdots & \vdots & & \vdots & \ddots & \vdots\\ 0 & 0 & \cdots & q_{mi}^{i-1}f_i & \cdots & 1\end{bmatrix} \tag{8-175}$$

$$(\widetilde{\boldsymbol{R}}^i)^{-1}=\begin{bmatrix}1 & 0 & \cdots & -f_iq_{1i}^{i-1}/(1+f_iq_{ii}^{i-1}) & \cdots & 0\\ 0 & 1 & \cdots & -f_iq_{2i}^{i-1}/(1+f_iq_{ii}^{i-1}) & \cdots & 0\\ \vdots & \vdots & \ddots & \vdots & & \vdots\\ 0 & 0 & \cdots & -1/(1+f_iq_{ii}^{i-1}) & \cdots & 0\\ \vdots & \vdots & & \vdots & \ddots & \vdots\\ 0 & 0 & \cdots & -f_iq_{mi}^{i-1}/(1+f_iq_{ii}^{i-1}) & \cdots & 1\end{bmatrix}= \tag{8-176}$$

$$\boldsymbol{I}_m-f_i\boldsymbol{Q}^{i-1}\boldsymbol{e}_i\boldsymbol{e}_i^{\mathrm{T}}/(1+f_iq_{ii}^{i-1})$$

故

$$\boldsymbol{Q}^i=\boldsymbol{Q}^{i-1}-f_i\boldsymbol{Q}^{i-1}\boldsymbol{e}_i\boldsymbol{e}_i^{\mathrm{T}}\boldsymbol{Q}^{i-1}/(1+f_iq_{ii}^{i-1}) \tag{8-177}$$

该式给出由 $\boldsymbol{Q}^{i-1}$ 求 $\boldsymbol{Q}^i$ 得递推公式。

$$\det\widetilde{\boldsymbol{R}}^i=1+f_iq_{ii}^{i-1} \tag{8-178}$$

由于 f_i、$q_{ii}^{i-1}(s)$一般均为 s 的有理分式函数，故 $\det\widetilde{\boldsymbol{R}}^i$ 也是有理分式函数。

至于 i 条反馈回路的上述两种关系，其回差矩阵是不同的，这是由于前向和反馈传递矩阵各不相同的缘故，其间关系为

$$\begin{aligned}\boldsymbol{R}^i&=\boldsymbol{I}_m+\boldsymbol{Q}\boldsymbol{F}^i=\boldsymbol{I}_m+\boldsymbol{Q}(\boldsymbol{F}^{i-1}+f_i\boldsymbol{e}_i\boldsymbol{e}_i^{\mathrm{T}})=\\ &\boldsymbol{R}^{i-1}+f_i\boldsymbol{Q}\boldsymbol{e}_i\boldsymbol{e}_i^{\mathrm{T}}=\boldsymbol{R}^{i-1}[\boldsymbol{I}_m+f_i(\boldsymbol{R}^{i-1})^{-1}\boldsymbol{Q}\boldsymbol{e}_i\boldsymbol{e}_i^{\mathrm{T}}]=\\ &\boldsymbol{R}^{i-1}\cdot[\boldsymbol{I}_m+f_i\boldsymbol{Q}^{i-1}\boldsymbol{e}_i\boldsymbol{e}_i^{\mathrm{T}}]=\boldsymbol{R}^{i-1}\widetilde{\boldsymbol{R}}^i\end{aligned} \tag{8-179}$$

同理有

$$\boldsymbol{R}^{i-1}=\boldsymbol{R}^{i-2}\widetilde{\boldsymbol{R}}^{i-1}\cdots\boldsymbol{R}^1=\widetilde{\boldsymbol{R}}^1 \tag{8-180}$$

故

$$\boldsymbol{R}^i=\widetilde{\boldsymbol{R}}^1\cdots\widetilde{\boldsymbol{R}}^{i-1}\widetilde{\boldsymbol{R}}^i=\prod_{j=1}^{i}\widetilde{\boldsymbol{R}}^j,\qquad \det\boldsymbol{R}^i=\prod_{j=1}^{i}(\det\widetilde{\boldsymbol{R}}^j) \tag{8-181}$$

若定义

$$t_j=\det\widetilde{\boldsymbol{R}}^j \tag{8-182}$$

则

$$\det\boldsymbol{R}^i=\prod_{j=1}^{i}t_j \tag{8-183}$$

当 $i=m$ 时，

$$\boldsymbol{R}^m=\boldsymbol{I}_m+\boldsymbol{QF}^m=\boldsymbol{I}_m+\boldsymbol{QF}=\boldsymbol{R},\det\boldsymbol{R}=\prod_{j=1}^{m}t_j \tag{8-184}$$

由于系统回差矩阵行列式与系统闭环特征多项式 $\rho_c(s)$ 及开环特征多项式 $\rho_o(s)$ 的关系为

$$\det\boldsymbol{R}=\frac{\rho_c(s)}{\rho_o(s)} \tag{8-185}$$

据幅角原理，当开环右极点个数为 n_0 时，系统闭环渐近稳定的充要条件是

$$\text{enc}\ \det\boldsymbol{R}(s)=n_0 \tag{8-186}$$

将此稳定性判据应用于本设计的第 i 步有

$$\text{enc}\ \det\boldsymbol{R}^i=\sum_{j=1}^{i}\text{enc}t_j(s)=\sum_{j=1}^{i}\text{enc}[1+f_j(s)q_{jj}^{j-1}(s)]=\sum_{j=1}^{i}\text{enc}-f_j^{-1}(s)q_{jj}^{j-1}(s)]=n_0 \tag{8-187}$$

式中 n_0 由 $\det\boldsymbol{Q}(s)\cdot\det\boldsymbol{F}^i(s)=0$ 的右根数确定。在设计过程中的每一步都应满足稳定性要求，需适当选择 $f_i(s)$ 及 $k_i(s)$，且应保障稳定裕量、抗外干扰、对系统内部参数变化不敏感、交连影响小等指标要求，具体设计技术可详见有关文献。值得强调的是，设计 $f_i(s)$ 和 $k_i(s)$ 时只用到$(i-1)$步及其以前的 $\boldsymbol{Q}$、$\boldsymbol{F}$ 信息。

习　　题

8-1　已知 $\boldsymbol{G}(s)$，画出 $\hat{\boldsymbol{G}}(s)$的奈奎斯特阵列图及 $\hat{g}_{11}(s)$、$\hat{g}_{22}(s)$的格氏带、奥氏带。

$$\boldsymbol{G}(s)=\begin{bmatrix}\dfrac{1}{(s+1)^3} & \dfrac{1}{2(s+2)^3}\\ \dfrac{1}{2(s+1)^3} & \dfrac{1}{(s+2)^3}\end{bmatrix}$$

8-2　已知 $\boldsymbol{Q}(s)$，证明 $\hat{\boldsymbol{Q}}(s)$对 $\boldsymbol{D}$ 是行优势的，并绘制 $\hat{\boldsymbol{Q}}(s)$的格氏带，对所有 $f_1\geqslant0$、$f_2\geqslant0$ 都是闭环稳定的。

$$\boldsymbol{Q}(s)=\begin{bmatrix}\dfrac{s+4}{2s+5} & \dfrac{s+1}{2s+5}\\ \dfrac{s+3}{2s+5} & \dfrac{s+2}{2s+5}\end{bmatrix}$$

8-3　设 $\hat{\boldsymbol{Q}}(s)=\begin{bmatrix}2-s & s+1\\ s+3 & s+4\end{bmatrix}$，$\hat{\boldsymbol{Q}}(s)$是对角优势阵吗？证明该系统开环不稳定，且对于 $f_1>0$、$f_2>0$，闭环不稳定。

8-4　设 $\hat{\boldsymbol{Q}}(s)=\begin{bmatrix}2-s & s+1\\ 3-s & s+4\end{bmatrix}$，$\hat{\boldsymbol{Q}}(s)$是对角优势阵吗？研究闭环系统稳定性。

8-5　已知 $\hat{\boldsymbol{Q}}(s)$，画出 $\hat{\boldsymbol{Q}}(s)$的行格氏带，研究闭环稳定性。

$$\boldsymbol{Q}(s)=\begin{bmatrix}\dfrac{s+4}{(s+1)(s+5)} & \dfrac{1}{s+5}\\ \dfrac{s+3}{(s+1)(s+5)} & \dfrac{2}{s+5}\end{bmatrix}$$

8-6　已知系统结构图如图 8-18 所示，图中

$$\boldsymbol{G}(s)=\frac{1}{(s+1)(s+2)}\begin{bmatrix}10(s+1) & 60s+62\\ 4 & 34\end{bmatrix}$$

$$\boldsymbol{K}_c(s)=\begin{bmatrix}1 & -6\\ 0 & 1\end{bmatrix},\quad \hat{\boldsymbol{K}}=\begin{bmatrix}k_1 & 0\\ 0 & k_2\end{bmatrix}$$

试证明 $\boldsymbol{G}(s)$在 D 上不是行优势、也不是列优势的；引入预补偿器 $\boldsymbol{K}_c(s)$以后，$\boldsymbol{Q}_1(s)=\boldsymbol{G}(s)\boldsymbol{K}_c(s)$是行、列优势的，画出 $\boldsymbol{Q}_1(\mathrm{j}\omega)(0<\omega<+\infty)$的格氏带；研究 $\boldsymbol{I}+\boldsymbol{Q}(s)=\boldsymbol{I}+\boldsymbol{G}(s)\boldsymbol{K}_c(s)\boldsymbol{K}$ 的优势性及 $k_1>0$、$k_2=0.25$ 时闭环系统的稳定性。

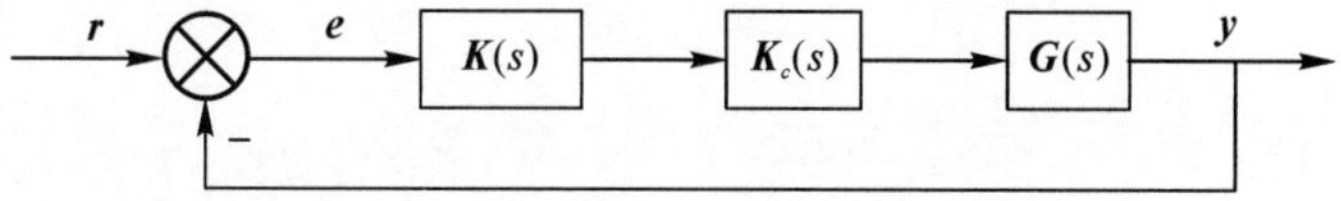

图 8-18　习题 8-6 的系统结构图

8-7　某液位系统结构图与图 8-18 相同，其 $\hat{\boldsymbol{G}}(s)$为

$$\hat{\boldsymbol{G}}(s)=\beta^{-1}\begin{bmatrix}\beta s+2\beta+1 & -(s+2\beta+1)\\ -(s+2\beta+1) & s^2+2(1+\beta)s+2\beta+1\end{bmatrix}$$

试确定 $\hat{\boldsymbol{G}}(s)$满足行对角优势的 β 取值范围；设 $0<\beta<1$，分析引入预补偿器 $\hat{\boldsymbol{K}}_c(s)=\begin{bmatrix}1 & \alpha\\ 0 & 1\end{bmatrix}$对行优势的影响，说明高频时不能获得行优势的理由；设 $\beta=2$，绘制格氏带且取 $\boldsymbol{K}_c(s)=I_2$，$\boldsymbol{K}(s)=\begin{bmatrix}k_1 & 0\\ 0 & k_2\end{bmatrix}$，试证明对所有 $k_1>0$、$k_2>0$，系统是稳定的。

8-8　设单位反馈系统受控对象 $\boldsymbol{G}(s)$及前向控制器 $\boldsymbol{K}(s)$为

$$\boldsymbol{G}(s)=\frac{1}{s(s+2\beta)}\begin{bmatrix}s+\beta & \beta\\ \beta & s+\beta\end{bmatrix},\quad \boldsymbol{K}(s)=\begin{bmatrix}k_1 & 0\\ 0 & k_2\end{bmatrix}$$

试用正奈奎斯特阵列研究闭环稳定性与 k_1、k_2 的关系；当选取 $\boldsymbol{K}(s)=\begin{bmatrix}s & 0\\ 0 & s\end{bmatrix}-\begin{bmatrix}\beta & -\beta\\ -\beta & \beta\end{bmatrix}$时，重复上述分析。

8-9　单位反馈系统结构图如图 8-19 所示，$\boldsymbol{G}_1(s)$为受控对象，$\boldsymbol{H}_1$ 为(2×2)速度反馈矩阵，$\boldsymbol{K}_c$ 为(2×2)预补偿器。内环传递关系有 $\boldsymbol{y}(s)=\boldsymbol{G}(s)\boldsymbol{v}(s)$，式中 $\boldsymbol{G}(s)=[\boldsymbol{I}_2+s\boldsymbol{G}_1(s)\boldsymbol{H}_1]^{-1}\boldsymbol{G}_1(s)$。当选取 $\boldsymbol{K}_c=\begin{bmatrix}1 & 1\\0 & 1\end{bmatrix}$时，试设计 $\boldsymbol{H}_1$ 以保证 $\hat{\boldsymbol{Q}}(s)$在 D 上为对角优势。

$$\hat{\boldsymbol{G}}_1(s)=\begin{bmatrix}s^2+3s+4 & s^2+3s+3\\2s+1 & s^2+s+2\end{bmatrix}$$

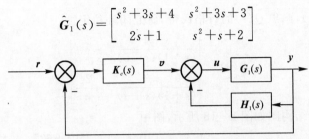

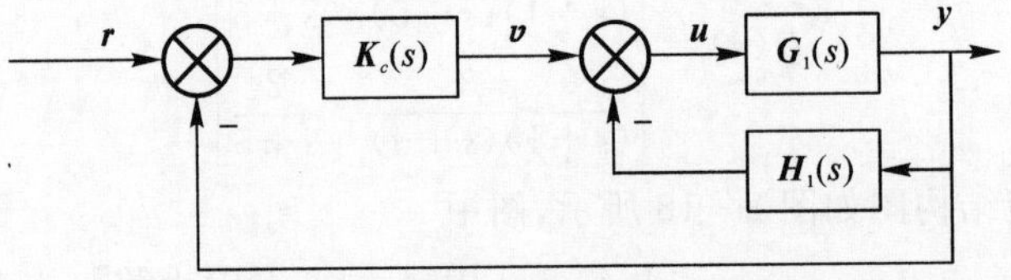

图 8-19　习题 8-9 的系统结构图

第九章 线性系统理论的应用实例

线性系统理论目前已经有了较为完善的理论体系，并建立了相应的控制系统设计方法。线性控制应用于各个工程领域的研究很多，本章将选择有限的一部分，作概括性的介绍。作为示例，本章主要给出线性系统理论在以下系统的应用情况。

(1) 线性系统理论在寻的导弹制导系统设计中的应用；

(2) 线性系统理论在侧滑转弯(Side To Turn，STT)导弹姿态控制系统设计中的应用；

(3) 线性系统理论在挠性航天器姿态控制系统设计中的应用；

(4) 线性系统理论在两连杆机械手控制系统设计中的应用。

第一节 线性系统理论在寻的导弹制导系统设计中的应用

一、寻的导弹制导系统的数学模型

1.弹目相对运动学模型

寻的制导最基本的特征是目标探测与跟踪是在弹上完成的，寻的制导系统就是依靠弹上设备形成制导指令，实现自动导引导弹飞向目标直至命中目标的制导系统，在导弹飞行中，寻的制导系统应用来自目标的信息流，自动截获和跟踪目标，获得目标相对导弹运动的信息，并以选定的制导规律控制导弹机动，按既定的弹道接近目标，最终以一定的精度杀伤目标。

这里主要介绍寻的制导系统运动的数学模型，经过一定数学运算将其进行线性化，并将线性化后的方程转换为线性系统理论中的状态空间模型，以此分析系统的能控性、能观测性和稳定性，为线性制导律的设计提供必要的基础知识。

导弹和目标的运动都是空间的三维运动，研究起来很复杂，在导弹和制导系统初步设计阶段，为了简单起见，在研究导弹和目标的相对运动时，通常假设：

(1)将导弹和目标为质点；

(2)制导系统理想工作；

(3)导弹和目标始终在一个平面内运动，该平面称为攻击平面，它可能是水平面、铅垂平面或倾斜平面。

目标-导弹相对运动关系如图 9－1 所示。

在建立相对运动方程时，常采用极坐标(R，q)来表示导弹和目标的相对位置。其中，V_t

和 V_m 分别代表目标速率和导弹速率；R 表示导弹 M 与目标 T 之间的相对距离。q 表示目标瞄准线与基准线之间的夹角，称为目标线方位角（简称视角），从基准线逆时针转向目标线为正。φ_m，φ_t 分别表示导弹速度向量和目标速度向量与基准线之间的夹角，从基准线逆时针转向速度向量为正。

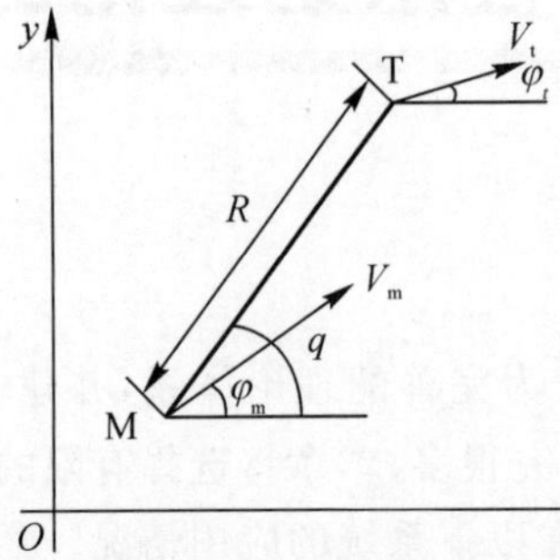

图 9-1　平面内目标-导弹相对运动关系

由图 9-1 可见，导弹速度向量 $\boldsymbol{V}_m$ 在目标线的分量为 $\boldsymbol{V}_m\cos(q-\varphi_m)$，是指向目标的，它使相对距离 R 缩短；而目标速度向量 $\boldsymbol{V}_t$ 在目标线上的分量为 $\boldsymbol{V}_t\cos(q-\varphi_t)$，它使 R 增大。显然相对距离 R 的变化率 $\dot{R}$ 等于目标速度向量和导弹速度向量在目标线上分量的代数和，即

$$\dot{R}=V_t\cos(q-\varphi_t)-V_m\cos(q-\varphi_m) \tag{9-1}$$

由理论力学知识可知，目标线的旋转角速度 $\dot{q}$ 等于导弹速度向量和目标速度向量在垂直于目标线方向上的分量的代数和除以相对距离 R，即

$$R\dot{q}=-V_t\sin(q-\varphi_t)+V_m\sin(q-\varphi_m) \tag{9-2}$$

对式(9-2)求导，可得

$$\ddot{q}=-\frac{2\dot{R}}{R}\dot{q}+\frac{1}{R}w_q-\frac{1}{R}u_q \tag{9-3}$$

式中：$w_q=V_t\dot{\varphi}_t\cos(q-\varphi_t)-\dot{V}_t\sin(q-\varphi_t)$ 和 $u_q=V_m\dot{\varphi}_m\cos(q-\varphi_m)-\dot{V}_m\sin(q-\varphi_m)$，则 w_q 和 u_q 分别是目标加速度和导弹加速度在视线法向上的分量。

在末制导问题中，沿视线方向的速度一般不进行控制，u_R 只需要使得视线在稳定的情况下，相对速度 $V_R<0$。而在自导引阶段，关注的问题是如何通过 u_q 控制视线角速率 $\dot{q}$，使其趋近于零，从而实现准平行接近，将 w_q 视为干扰量。

取状态变量 $x=\dot{q}$，则由式(9-3)可以得到寻的导弹制导系统的状态方程

$$\left.\begin{aligned}\dot{x}&=a(t)x+b(t)u\\ y&=cx\end{aligned}\right\} \tag{9-4}$$

式中：$a(t)=-\dfrac{2\dot{R}}{R}$；$b(t)=-\dfrac{1}{R}$；$c=1$；$u=u_q$。

至此，通过合理的假设将导弹和目标的相对运动方程线性化，并且写成状态方程的形式。接下来研究系统的能控性、能观性和稳定性。

2. 系统的内部结构特性分析

(1)能控性。由前面讲述能控性的判别方法可知能控性判别阵的秩为

$$\mathrm{rank}\boldsymbol{Q}_c=\mathrm{rank}\begin{bmatrix}-\dfrac{1}{R} & \dfrac{2\dot{R}}{R^2}\end{bmatrix} \tag{9-5}$$

由于在飞行阶段，导弹的接近速度 $\dot{R}\neq 0$，导弹和目标之间的距离 $R\neq 0$，所以

$$\mathrm{rank}Q_c=1 \tag{9-6}$$

可见系统是能控的。

(2)能观测性。系统的能观测性矩阵的秩为

$$\mathrm{rank}\boldsymbol{Q}_o=\mathrm{rank}\begin{bmatrix}1\\ -\dfrac{2\dot{R}}{R}\end{bmatrix}=1 \tag{9-7}$$

因此系统是能观测的。

(3)稳定性。系统的稳定性判断为

$$\det(\lambda\boldsymbol{I}-\boldsymbol{A})=(\lambda+2\dot{R}/R)=0 \tag{9-8}$$

因此可以得到特征根为

$$\lambda=-\frac{2\dot{R}}{R} \tag{9-9}$$

由于在整个飞行过程中，导弹的接近速度 $\dot{R}<0$，导弹和目标之间的距离 $R>0$，因此$\lambda>0$，由特征根判据可知寻的导弹制导系统是不稳定的，需要进行反馈控制才能稳定。在下一节将讨论制导律的设计，通过制导律来稳定视线角速度，使整个系统稳定。

二、基于线性二次型指标的最优制导律设计

由上节可知，导弹和目标的相对运动方程，由稳定性判据可知，系统是不稳定的，需要进行控制，使导弹向目标方向飞行，并最终击中目标，这就是制导律。

在飞行力学中可知，制导的方法很多，如直接制导法、追踪制导法、比例制导法和平行接近法等古典方法，现代制导律也有多种形式，其中研究最多的就是最优制导律。最优制导律的特点是它可以考虑导弹-目标的动力学问题，并考虑起点或终点的约束条件或其他约束条件，根据性能指标(泛函)寻求最优制导律。根据具体性能指标可以有不同的形式。因为导弹的制导律是一个变参数并受到随机干扰的非线性问题，求解非常困难，所以，通常只好把导弹拦截目标的过程做线性化处理，这样可以获得近似的最优解，在工程上也易于实现，并且性能上接近于最优制导律。

本节研究基于线性二次型最优控制的制导律的设计方法。

1.线性二次型最优性能指标的选择

对于寻的导弹制导系统，通常选用二次型性能指标。下面讨论基于二次型性能指标的最优指标的选择。本节选取的性能指标主要考虑终端脱靶量和控制能量最小。

性能指标应该包括终端时刻状态 $x(t_f)$，由于舵偏角受到限制，导弹的可用过载有限，导弹结构能承受的最大载荷也受到限制，所以控制量 u 也应受到约束。因此，选择下列形式的二次型性能指标：

$$J=\frac{1}{2}\boldsymbol{x}^{\mathrm{T}}(t_f)\boldsymbol{F}\boldsymbol{x}(t_f)+\frac{1}{2}\int_0^{t_f}r_1(t)u^2(t)\mathrm{d}t \tag{9-10}$$

式中：$r_1(t)>0$ 为加权因子；$\boldsymbol{F}$ 为一个对称半正定常值矩阵，由于拦截的理想情况要求终端时刻 $x(t_f)=0$，故 $F\to\infty$。积分项 $r_1(t)u^2(t)$ 为控制能量项，$r_1(t)$ 根据对过载限制的大小来选择，$r_1(t)$ 小时，对导弹过载限制小，过载就可能较大，但是计算出来的最大过载不能超过导弹的可用过载；$r_1(t)$ 大时，对导弹过载的限制大，过载可能较小，但是为了充分发挥导弹的机动性，过载也不能太小。因此应该按导弹的最大过载恰好与可用过载相等这个条件来选择 $r_1(t)$。

2.无过载约束条件的最优制导律设计

当状态变量和控制变量不受限制时，可以采用极小值原理求解满足条件的最优控制。给定导弹运动的状态方程(9-4)，应用线性二次型最优控制方法，可得最优控制为

$$u^*=-r_1^{-1}(t)b(t)p(t)x \tag{9-11}$$

式中：$p(t)$ 满足黎卡提方程

$$\dot{p}(t)+2a(t)p(t)-r_1^{-1}(t)b^2(t)p(t)^2=0 \tag{9-12}$$

$$p(t_f)\to\infty \tag{9-13}$$

令

$$w(t)=p^{-1}(t) \tag{9-14}$$

代入式(9-12)和式(9-13)，得到

$$\dot{w}(t)-2a(t)w(t)+r_1^{-1}(t)b^2(t)=0 \tag{9-15}$$

$$w(t_f)=c^{-1}=0 \tag{9-16}$$

考虑到终端条件式(9-16)，构造方程式(9-15)的解析解为

$$w(t)=\mathrm{e}^{\int_{t_0}^{t}2a(\tau)\mathrm{d}\tau}\left[\int_t^{t_f}\mathrm{e}^{-\int_{t_0}^{\tau_1}2a(\tau_2)d\tau_2}r_1^{-1}(\tau_1)b^2(\tau_1)\mathrm{d}\tau_1\right] \tag{9-17}$$

将 $a(t)=-\dfrac{2\dot{R}(t)}{R(t)}$ 和 $b(t)=-\dfrac{1}{R(t)}$ 代入式(9-17) 得到

$$w(t)=\frac{1}{R^4(t)}\int_t^{t_f}\left[r_1^{-1}(\tau_1)\frac{R^2(\tau_1)}{\dot{R}(\tau_1)}\right]\mathrm{d}R(\tau_1) \tag{9-18}$$

注意到 $\dot{R}(t)<0$，选择

$$r_1(t)=-1/\dot{R}(t) \tag{9-19}$$

则式(9-18)化为

$$w(t)=\frac{1}{3R^4(t)}[R^3(t)-R^3(t_f)] \tag{9-20}$$

将式(9-19)和 $b(t)=-\dfrac{1}{R(t)}$ 代入式(9-11)，同时将式(9-20)代入，得到最优控制

$$u^*=\frac{3R^3(t)\dot{R}(t)}{R^3(t_f)-R^3(t)}x \tag{9-21}$$

当 $R(t_f)=0$ 时，式(9-21)可以化作

$$u^*=\frac{3R^3(t)\dot{R}(t)}{R^3(t_f)-R^3(t)}x=-3\dot{R}(t)x \tag{9-22}$$

式(9-22)即为导航比为 3 的比例制导律。

下面对上式的制导律进行仿真验证。假设初始的弹目距离 $R=5\ 000$ m，导弹的速度 $V_m=400$ m/s，目标的速度为 $V_t=100$ m/s，水平飞行，则仿真结果的图形如图 9-2、图 9-3 所示。

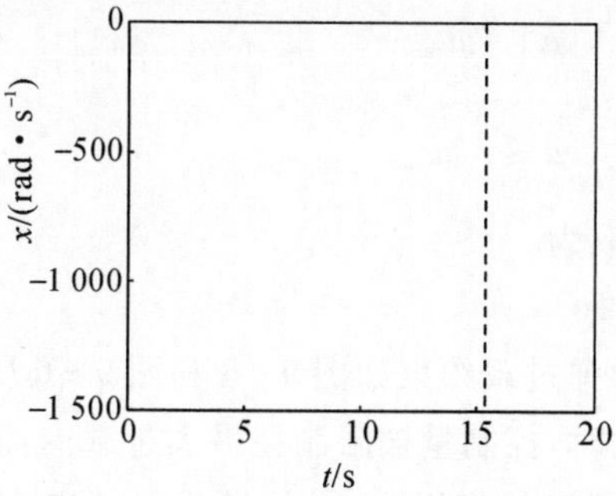

图 9-2　视线角速度随时间的变化

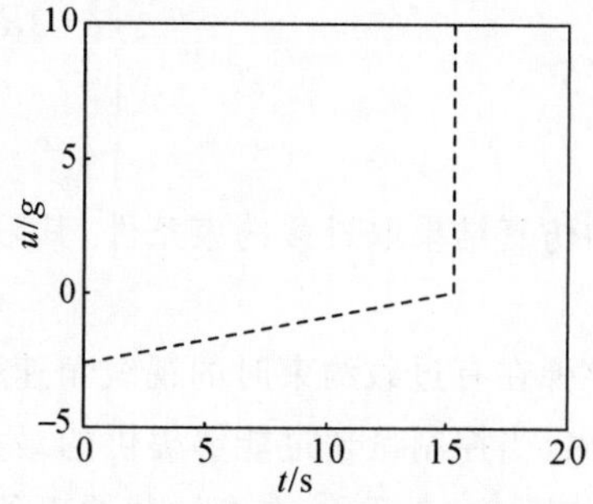

图 9-3　导弹过载随时间的变化

当导弹接近目标时，R 减小，当 $R\to 0$ 时，即在击中目标的瞬间，视线角速率发散了，表现在上图中 x 的值最后突然间增大，此制导律下的脱靶量为 0.081 84 m。导弹和目标相对运动如图 9-4 所示。

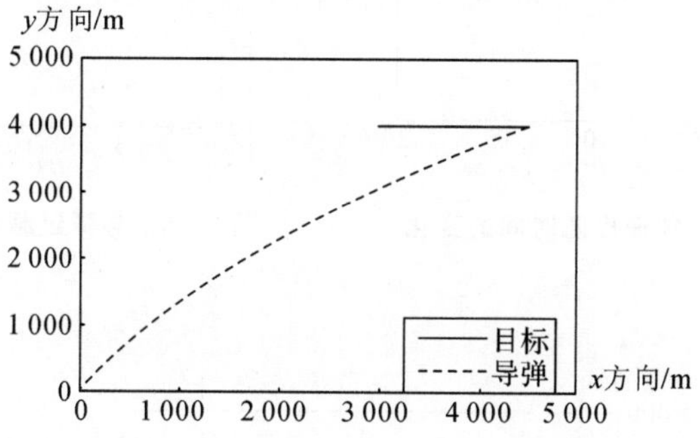

图 9-4　导弹和目标的飞行弹道图

可以看出，导弹在此制导律的作用下，最终击中目标，验证此最优制导律的有效性。

3. 有过载约束条件的最优制导律设计

前面推导了控制变量不受约束情况下的最优制导律，但是在实际工程问题中，控制变量往往受到一定的限制，容许控制集合是一个 m 维的有界闭集，这时就要采用庞特里亚金提出的极小值原理。

假设导弹加速度在视线法向上的分量为

$$|u|\leqslant u_{\max} \tag{9-23}$$

此时，首先列写出哈密尔顿函数：

$$H(x,u,\lambda,t)=\frac{1}{2}ru^2(t)+\lambda a(t)x(t)+\lambda b(t)u(t) \tag{9-24}$$

使指标泛函达到极小的最优控制的必要条件为

$$H(x^*(t),u^*(t),\lambda^*(t),t)\leqslant H(x^*(t),u(t),\lambda^*(t),t) \tag{9-25}$$

则由前一小节的结果可知，当寻的导弹有过载约束时，最优制导律为

$$u=\begin{cases} u_{\max}, & u\geqslant u_{\max} \\ -3\dot{R}x, & |u|<u_{\max} \\ -u_{\max}, & u\leqslant -u_{\max} \end{cases} \tag{9-26}$$

这里的仿真结果取过载约束条件，其限幅值取为

$$u_{\max}=2g \tag{9-27}$$

寻的导弹在有过载约束时的视线角速率和导弹过载约束如图 9-5 和图 9-6 所示，从图 9-6 可以看出，当控制量超过能够提供的最大过载时，控制量被限制在最大过载内，直到其小于最大过载，如图 9-7 所示，在有过载约束条件制导律的作用下，寻的导弹仍能击中目标，该制导律下的脱靶量为 0.100 9 m。

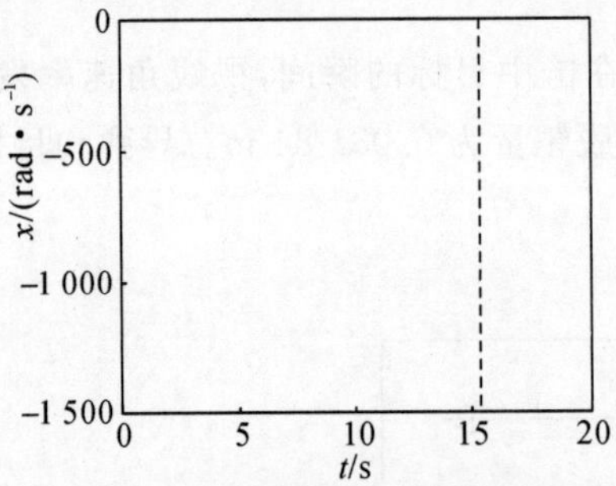

图 9-5 视线角速度随时间的变化

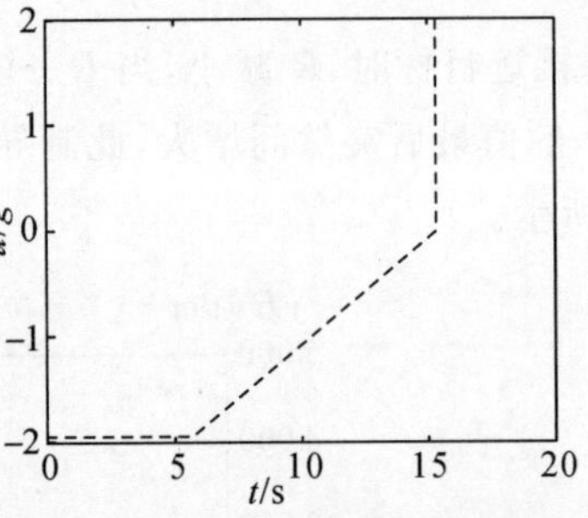

图 9-6 导弹过载随时间的变化

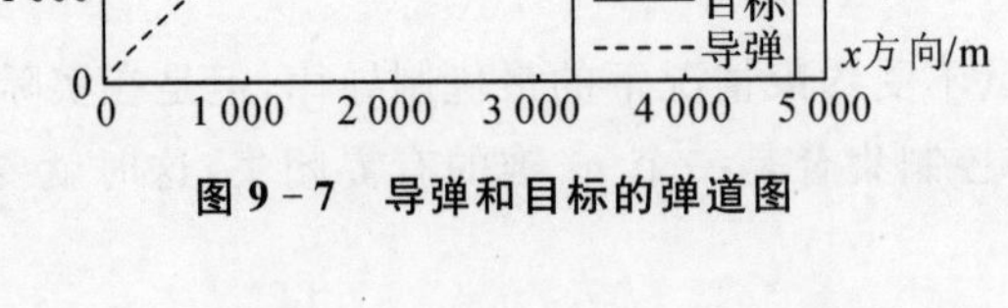

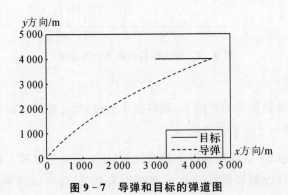

图 9-7 导弹和目标的弹道图

三、基于 H_2 控制和 H_∞ 控制的制导律设计

针对推导的寻的导弹和目标的相对运动学方程，以及其线性形式(9-4)，系统式(9-4)是一个线性时变系统，为了便于应用线性系统的 H_2 控制和 H_∞ 控制方法，所以将线性时变系统式(9-4)进行相应的简化处理，令 $\bar{x}=R\dot{q}$，则系统式(9-4)变为

$$\dot{x} = -\dot{R}\dot{q} + w_q - u_q \tag{9-28}$$

设 $u = u_q - \dot{R}\dot{q}$，$w = w_q$，则系统式(9－28)化为

$$\dot{x} = w - u \tag{9-29}$$

假设可得到状态 $\bar{x}$，则

$$y = \bar{x} \tag{9-30}$$

同时设被调输出为

$$\boldsymbol{z} = \begin{bmatrix} \rho \\ 0 \end{bmatrix} x + \begin{bmatrix} 0 \\ 1 \end{bmatrix} u \tag{9-31}$$

根据以上建立的数学模型，应用线性系统的 H_2 控制和 H_∞ 控制方法来设计制导律。

1. H_∞ 制导律的设计

采用基于黎卡提不等式的方法，设计状态反馈 H_∞ 控制器。

由以上的制导系统模型，可得：

$$\boldsymbol{A} = \boldsymbol{0}, \quad \boldsymbol{B}_1 = 1, \quad \boldsymbol{B}_2 = -\boldsymbol{1}, \quad \boldsymbol{C}_1 = \begin{bmatrix} \rho \\ 0 \end{bmatrix}, \quad \boldsymbol{D}_{12} = \begin{bmatrix} 0 \\ 1 \end{bmatrix} \tag{9-32}$$

代入黎卡提不等式：

$$\boldsymbol{A}^{\mathrm{T}}\boldsymbol{P} + \boldsymbol{P}\boldsymbol{A} + \gamma^{-2}\boldsymbol{P}\boldsymbol{B}_1\boldsymbol{B}_1^{\mathrm{T}}\boldsymbol{P} + \boldsymbol{C}_1^{\mathrm{T}}\boldsymbol{C}_1 - (\boldsymbol{P}\boldsymbol{B}_2 + \boldsymbol{C}_1^{\mathrm{T}}\boldsymbol{D}_{12})(\boldsymbol{D}_{12}^{\mathrm{T}}\boldsymbol{D}_{12})^{-1}(\boldsymbol{B}_2^{\mathrm{T}}\boldsymbol{P} + \boldsymbol{D}_{12}^{\mathrm{T}}\boldsymbol{C}_1) < 0 \tag{9-33}$$

可得：

$$P > \rho\sqrt{\frac{1}{1-\gamma^{-2}}} \tag{9-34}$$

要使得式(9－34)成立，必须要求 $\gamma > 1$，就可获得 H_∞ 控制律为

$$u = Px = P\dot{R}q \tag{9-35}$$

一方面考虑到 P 要满足式(9－34)，另一方面考虑到导引头能够获得 $\dot{q}$，所以可以选取

$$\rho = -\lambda\frac{\dot{R}}{R}\sqrt{1-\gamma^{-2}}, \quad \lambda > 0 \tag{9-36}$$

和

$$P = \rho\sqrt{\frac{1}{1-\gamma^{-2}}} - \frac{\dot{R}}{R} \tag{9-37}$$

则可得

$$u = (-\lambda - 1)\dot{R}\dot{q} \tag{9-38}$$

由此可得 H_∞ 制导律

$$u_q = (-\lambda - 2)\dot{R}\dot{q} \tag{9-39}$$

式(9－39)所示的 H_∞ 制导律实际上也是比例制导律的形式。

2. H_2 制导律的设计

采用基于黎卡提不等式的方法，设计状态反馈 H_2 控制器。

同样由推导得到的制导系统的模型,可得:

$$\boldsymbol{A}=\boldsymbol{0},\boldsymbol{B}_1=\boldsymbol{1},\quad \boldsymbol{B}_2=-\boldsymbol{1},\boldsymbol{C}=\begin{bmatrix}\rho\\0\end{bmatrix},\quad \boldsymbol{D}=\begin{bmatrix}0\\1\end{bmatrix} \tag{9-40}$$

代入黎卡提不等式:

$$\begin{aligned}&(\boldsymbol{A}+\boldsymbol{B}_2\boldsymbol{K})\boldsymbol{X}+\boldsymbol{X}(\boldsymbol{A}+\boldsymbol{B}_2\boldsymbol{K})^{\mathrm{T}}+\boldsymbol{B}_1\boldsymbol{B}_1^{\mathrm{T}}<0\\&\mathrm{Trace}[(\boldsymbol{C}+\boldsymbol{DK})\boldsymbol{X}(\boldsymbol{C}+\boldsymbol{DK})^{\mathrm{T}}]<\gamma^2\end{aligned} \tag{9-41}$$

可得

$$\begin{aligned}&-2KX+1<0\\&\mathrm{Trace}\begin{bmatrix}X\rho^2 & X\rho K\\X\rho K & XK^2\end{bmatrix}<\gamma^2\end{aligned} \tag{9-42}$$

其中 $X>0$,可化简为

$$\begin{aligned}&KX>\frac{1}{2}\\&X\rho^2+XK^2<\gamma^2\end{aligned} \tag{9-43}$$

则

$$X\rho^2+\frac{1}{4X}<X\rho^2+XK^2<\gamma^2 \tag{9-44}$$

式中:$0<\rho<\sqrt{\dfrac{\gamma^2}{X}-\dfrac{1}{4X^2}}$;$\gamma>\dfrac{1}{2\sqrt{X}}$。

由此可得 H_2 制导律

$$u_q=KR\dot{q}-\dot{R}\dot{q} \tag{9-45}$$

且 K 满足式(9-43)。所示的 H_2 制导律实际上也同样是比例制导律的变形。

3. H_2 制导律和 H_∞ 制导律的性能分析

在数学仿真研究中,首先给出在末制导时刻时,目标在地心惯性坐标系中的位置坐标和导弹在地心惯性坐标系中的位置坐标,目标的初始弹道参数,包括速率、弹道倾角和弹道偏角,导弹的初始弹道参数,包括速率、弹道倾角和弹道偏角。并应用四阶 Runge-Kutta 法求出弹道方程在当前仿真时刻的数值解。导弹的制导加速度由所设计的制导律来确定,每隔一个采样周期更新一次,这里取采样周期为 0.01 s。在每个仿真周期内都求出目标和导弹的空间位置,然后再求出目标和导弹之间的相对距离。若在某个仿真周期内求出的相对距离比前一时刻的大,则把前一时刻弹目相对距离作为导弹的脱靶量,并结束本次仿真。

设末制导初始时刻,目标在地心惯性坐标系中的位置坐标为:$x_t=6\ 000\mathrm{m}$,$y_t=2\ 000\ \mathrm{m}$,$z_t=8\ 000\ \mathrm{m}$。设惯性坐标系的原点选在末制导初始时刻导弹的质心,所以导弹在地心惯性坐标系中的位置坐标为

$$x_m=0,\quad y_m=0,\quad z_m=0$$

目标的初始弹道参数为:$v_t=300\ \mathrm{m/s}$,$\theta_{t0}=10°$,$\psi_{t0}=180°$,导弹的初始弹道参数为 $v_m=500\ \mathrm{m/s}$,$\theta_{m0}=10°$,$\psi_{m0}=0°$。导弹分别采用式(9-45)和式(9-39)所示的 H_∞ 制导律和 H_2 制导律,分别取参数为 $\lambda=-3$,$K=2$。

关于目标的飞行轨迹，主要有两类情况：第一类情况是目标不作机动，沿着预定弹道飞行；第二类情况是目标具有逃避敌方攻击的机动能力，可以沿着飞行弹道的法向作机动。这里设导弹导引头的测量盲区为 100 m，进入盲区后，导弹停控，依靠惯性飞行目标。

以下是对制导律仿真结果：

(1)目标不机动情况。当目标不机动时，在整个末制导过程中，在两种制导律作用下，导弹视线角速率的变化规律如图 9-8 和图 9-9 所示，采用 H_∞ 制导律导弹的脱靶量为 0.057 79 m，而采用 H_2 制导律导弹的脱靶量为 0.414 4 m。

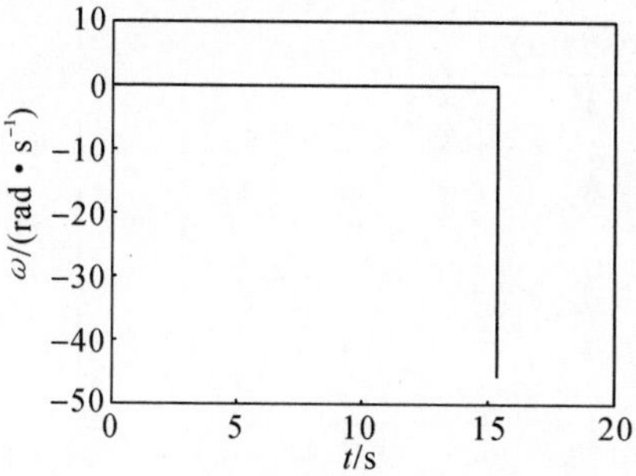

图 9-8　视线角速率随时间的变化

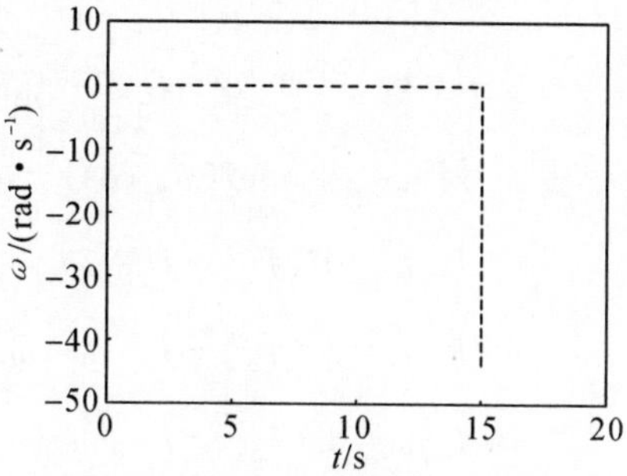

图 9-9　视线角速率随时间的变化

(2)目标机动情况。当目标机动时，这里考虑目标在纵向平面内，即在它的轨道平面内以 $2g$ 的角速度作正弦机动，而且机动保持到末制导结束。在整个末制导过程中，在两种制导律作用下，导弹视线角速率如图 9-10 和图 9-11 所示，采用 H_∞ 制导律导弹的脱靶量为 0.717 7 m，而采用 H_2 制导律导弹的脱靶量为 0.249 1 m。

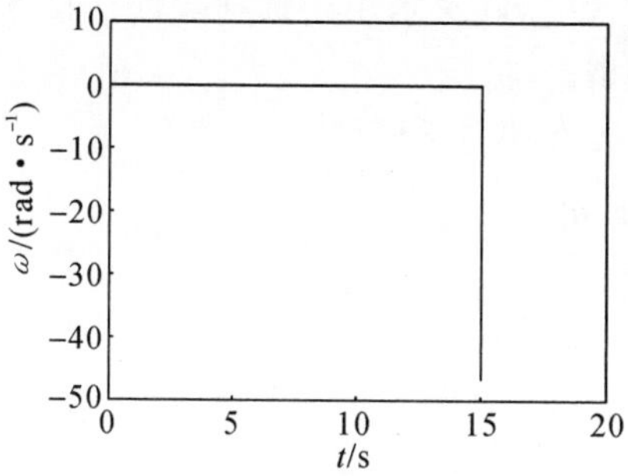

图 9-10　视线角速率随时间的变化

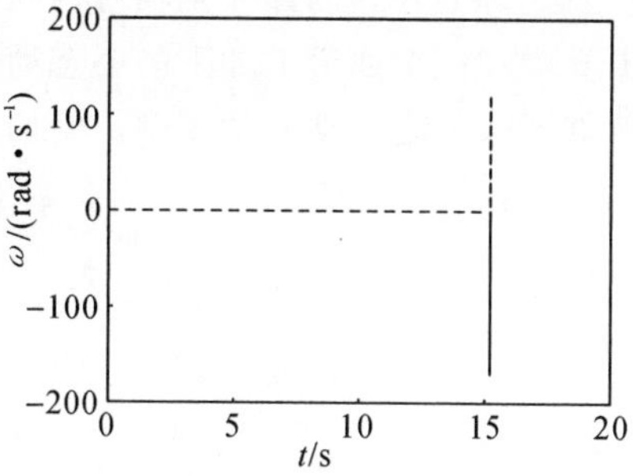

图 9-11　视线角速率随时间的变化

从以上仿真结果可以看出，在 H_∞ 制导律的作用下，不论目标是否机动，导弹视线角速率在末制导结束时出现激增，明显发散。主要原因是因为这里设计的 H_∞ 制导律是比例制导律，因此仿真结果完全符合比例制导律仿真结果的特点。而在 H_2 制导律作用下，对于目标不机动和机动情况，虽然导弹视线角速率在末制导结束时也出现激增，但是有所不同。对于目标不机动时类似于 H_∞ 制导律，而当目标机动时，导弹视线角速率的发散围绕着零出现了切变。从两种情况仿真的脱靶量来看，H_2 制导律的性能要优于 H_∞ 制导律。

第二节 线性系统理论在导弹姿态控制系统设计中的应用

一、STT 导弹姿态控制系统的动力学模型及其状态空间模型

基于飞行力学的相关知识,可以得到描述一般导弹姿态动力学的模型:

$$\left.\begin{aligned}
&\dot{\alpha}=-\omega_{x_1}\cos\alpha\tan\beta+\omega_{y_1}\sin\alpha\tan\beta+\omega_{z_1}-\frac{Y}{mV\cos\beta}+\frac{g\cos\theta\cos\gamma_v}{V\cos\beta}\\
&\dot{\beta}=\omega_{x_1}\sin\alpha+\omega_{y_1}\cos\alpha+\frac{Z}{mV}+\frac{g\cos\theta\sin\gamma_v}{V}\\
&\dot{\gamma}=\omega_{x_1}-\tan\vartheta(\omega_{y_1}\cos\gamma-\omega_{z_1}\sin\gamma)\\
&J_{x_1}\dot{\omega}_{x_1}+(J_{z_1}-J_{y_1})\omega_{y_1}\omega_{z_1}=M_{x_1}\\
&J_{y_1}\dot{\omega}_{y_1}+(J_{x_1}-J_{z_1})\omega_{z_1}\omega_{x_1}=M_{y_1}\\
&J_{z_1}\dot{\omega}_{z_1}+(J_{y_1}-J_{x_1})\omega_{x_1}\omega_{y_1}=M_{z_1}
\end{aligned}\right\}\tag{9-46}$$

式中:α 为攻角;β 为侧滑角;γ 为滚动角;θ 为弹道倾角;ϑ 为俯仰角;γ_v 为速度偏角;Y 和 Z 分别为升力和侧向力;$\omega_{x_1},\omega_{y_1},\omega_{z_1}$ 分别是弹体的三个旋转角速度;J_{x_1},J_{y_1},J_{z_1} 分别是弹体坐标系下三个坐标轴的转动惯量;M_{x_1},M_{y_1},M_{z_1} 是作用于导弹上所有外力在弹体坐标系三轴的力矩之代数和。

弹体的过载分别为

$$n_y=\frac{Va_4}{57.3g}\alpha,\quad n_z=\frac{Vb_4}{57.3g}\beta\tag{9-47}$$

这里考虑 STT 导弹的弹体是轴对称的,即 $J_z=J_y$,以及采用小扰动线性性化方法,则可得到 STT 导弹在三个通道上如下的姿态动力学模型。

(1)俯仰通道的姿态动力学模型。俯仰通道的姿态动力学模型为

$$\left.\begin{aligned}
&\dot{\boldsymbol{x}}_1=\boldsymbol{A}_1\boldsymbol{x}_1+\boldsymbol{b}_p\boldsymbol{u}_1\\
&\boldsymbol{y}_1=\boldsymbol{c}_p\boldsymbol{x}_1
\end{aligned}\right\}\tag{9-48}$$

式中:$\boldsymbol{x}_1=\begin{bmatrix}n_y\\ \omega_{z_1}\end{bmatrix}$;$u_1=\delta_z$;$\boldsymbol{A}_1=\begin{bmatrix}a_{111} & a_{112}\\ a_{121} & a_{122}\end{bmatrix}$;$\boldsymbol{b}_p=\begin{bmatrix}b_{11}\\ b_{12}\end{bmatrix}$,$\boldsymbol{c}_p=[1\quad 0]$。其中:$a_{111}=-a_4$,$a_{112}=\dfrac{Va_4}{57.3g}$,$a_{121}=\dfrac{57.3ga_2}{Va_4}$,$a_{122}=-a_1$,$b_{11}=-\dfrac{Va_4a_5}{57.3g}$,$b_{12}=-a_3$

(2)偏航通道的姿态动力学模型为

$$\left.\begin{aligned}
&\dot{\boldsymbol{x}}_2=\boldsymbol{A}_2\boldsymbol{x}_2+\boldsymbol{b}_y u_2\\
&\boldsymbol{y}_2=\boldsymbol{c}_y\boldsymbol{x}_2
\end{aligned}\right\}\tag{9-49}$$

式中:$\boldsymbol{x}_2=\begin{bmatrix}n_z\\ \omega_{z_1}\end{bmatrix}$,$u_2=\delta_y$;$\boldsymbol{A}_2=\begin{bmatrix}a_{211} & a_{212}\\ a_{221} & a_{222}\end{bmatrix}$;$\boldsymbol{b}_y=\begin{bmatrix}b_{21}\\ b_{22}\end{bmatrix}$;$\boldsymbol{c}_y=[1\quad 0]$。其中:$a_{211}=-b_4$,$a_{212}=\dfrac{Vb_4}{57.3g}$,$a_{221}=\dfrac{57.3gb_2}{Va_4}$,$a_{222}=-b_1$,$b_{21}=-\dfrac{Vb_4b_5}{57.3g}$,$b_{22}=-b_3$

(3)滚动通道的姿态动力学模型为

$$\begin{aligned}\dot{\boldsymbol{x}}_3&=\boldsymbol{A}_3\boldsymbol{x}_3+\boldsymbol{b}_r u_3\\ \boldsymbol{y}_3&=\boldsymbol{c}_r\boldsymbol{x}_3\end{aligned}\tag{9-50}$$

式中：$\boldsymbol{x}_3=\begin{bmatrix}\gamma\\ \omega_{x_1}\end{bmatrix}$；$u_3=\delta_x$；$\boldsymbol{A}_3=\begin{bmatrix}0&1\\0&-c_1\end{bmatrix}$；$\boldsymbol{b}_r=\begin{bmatrix}0\\-c_3\end{bmatrix}$；$\boldsymbol{c}_r=[1\quad 0]$。其中：$a_1,a_2,a_3,a_4,a_5,b_1,b_2,b_3,b_4,b_5,c_1,c_3$ 分别是导弹在三个通道上的气动参数；$\delta_z,\delta_y,\delta_x$ 分别是控制弹体三个通道上的舵偏角。

系统的能控性和能观性分析如下：

1. 系统的能控性

(1)俯仰通道的能控性。由前面讲述能控性的判别方法可知能控性判别阵的秩：

$$\mathrm{rank}\boldsymbol{Q}_{cp}=\mathrm{rank}[\boldsymbol{b}_p\quad \boldsymbol{A}_1\boldsymbol{b}_p]=\mathrm{rank}\begin{bmatrix}b_{11}&a_{111}b_{11}+a_{112}b_{12}\\ b_{12}&a_{121}b_{11}+a_{122}b_{12}\end{bmatrix}=2\tag{9-51}$$

因此系统(9-48)是能控的。

(2)偏航通道的能控性。能控性判别阵的秩：

$$\mathrm{rank}\boldsymbol{Q}_{cy}=\mathrm{rank}[\boldsymbol{b}_y\quad \boldsymbol{A}_2\boldsymbol{b}_y]=\mathrm{rank}\begin{bmatrix}b_{21}&a_{211}b_{21}+a_{212}b_{22}\\ b_{22}&a_{221}b_{11}+a_{222}b_{22}\end{bmatrix}=2\tag{9-52}$$

因此系统(9-49)是能控的。

(3)滚动通道的能控性。能控性判别阵的秩：

$$\mathrm{rank}\boldsymbol{Q}_{cr}=\mathrm{rank}[\boldsymbol{b}_r\quad \boldsymbol{A}_3\boldsymbol{b}_r]=\mathrm{rank}\begin{bmatrix}0&-c_3\\ -c_3&c_1c_3\end{bmatrix}=2\tag{9-53}$$

因此系统(9-50)是能控的。

2. 系统的能观测性

(1)俯仰通道的能观测性。系统的能观测性矩阵的秩：

$$\mathrm{rank}\boldsymbol{Q}_{op}=\mathrm{rank}\begin{bmatrix}\boldsymbol{c}_p\\ \boldsymbol{c}_p\boldsymbol{A}_1\end{bmatrix}=\mathrm{rank}\begin{bmatrix}1&0\\ a_{111}&a_{112}\end{bmatrix}=2\tag{9-54}$$

因此系统(9-48)是能观测的。

(2)偏航通道的能观测性。系统的能观测性矩阵的秩：

$$\mathrm{rank}\boldsymbol{Q}_{oy}=\mathrm{rank}\begin{bmatrix}\boldsymbol{c}_y\\ \boldsymbol{c}_y\boldsymbol{A}_2\end{bmatrix}=\mathrm{rank}\begin{bmatrix}1&0\\ a_{211}&a_{212}\end{bmatrix}=2\tag{9-55}$$

因此系统(9-49)是能观测的。

(3)滚动通道的能观测性。系统的能观测性矩阵的秩：

$$\mathrm{rank}\boldsymbol{Q}_{or}=\mathrm{rank}\begin{bmatrix}\boldsymbol{c}_r\\ \boldsymbol{c}_r\boldsymbol{A}_3\end{bmatrix}=\mathrm{rank}\begin{bmatrix}1&0\\ 0&1\end{bmatrix}=2\tag{9-56}$$

因此系统(9-50)是能观测的。

二、姿态控制律设计

1. 滚动通道姿态控制律设计

这里考虑 STT 导弹三轴稳定，因此首先设计滚动通道的姿态稳定控制律。

滚动通道的状态观测器设计：由滚动通道的能观测性分析可知，系统能观测，可以设计状态观测器。由第五章所得到的状态观测器

$$\left.\begin{aligned}\dot{\hat{\boldsymbol{x}}}&=\hat{\boldsymbol{A}}\hat{\boldsymbol{x}}+\boldsymbol{Bu}+\boldsymbol{L}(\boldsymbol{y}-\hat{\boldsymbol{C}}\boldsymbol{x})\\ \hat{\boldsymbol{x}}(0)&=\hat{\boldsymbol{x}}_0\end{aligned}\right\} \tag{9-57}$$

可得滚动通道上的状态观测器：

$$\begin{aligned}\dot{\hat{\boldsymbol{x}}}_3&=\boldsymbol{A}_3\hat{\boldsymbol{x}}_3+\boldsymbol{b}_r u_3+\boldsymbol{l}_3(\boldsymbol{y}_3-\boldsymbol{c}_r\hat{\boldsymbol{x}}_3)\\ \hat{\boldsymbol{x}}_3(0)&=\hat{\boldsymbol{x}}_{30}\end{aligned} \tag{9-58}$$

式中：$\hat{\boldsymbol{x}}_3$ 是 $\boldsymbol{x}_3$ 的全维状态观测器；$\boldsymbol{l}_3$ 为待求的矩阵。

令设计的全维状态观测器的期望极点为 λ_{31}，λ_{32}，则

$$f^*(\lambda)=(\lambda-\lambda_{31})(\lambda-\lambda_{32})=\lambda^2+a_{31}^*\lambda+a_{32}^* \tag{9-59}$$

同时设 $\boldsymbol{l}_3=\begin{bmatrix}l_{31}\\ l_{32}\end{bmatrix}$，则 $\bar{\boldsymbol{A}}_3=\boldsymbol{A}_3-\boldsymbol{l}_3\boldsymbol{c}_r$。

$$f(\lambda)=|\lambda\boldsymbol{I}-\bar{\boldsymbol{A}}_3|=\begin{vmatrix}\lambda+l_{31} & -1\\ l_{32} & \lambda+c_1\end{vmatrix}=\lambda^2+(c_1+l_{31})\lambda+c_1l_{31}+l_{32} \tag{9-60}$$

令 $f^*(\lambda)=f(\lambda)$，可得

$$\left.\begin{aligned}c_1+l_{31}&=a_{31}^*\\ c_1l_{31}+l_{32}&=a_{32}^*\end{aligned}\right\} \tag{9-61}$$

即

$$l_{31}=a_{31}^*-c_1,\ l_{32}=a_{32}^*-c_1l_{31} \tag{9-62}$$

由以上滚动通道能控性分析可知，滚动通道的系统能控，故可以采用状态反馈任意配置极点。令状态反馈控制配置的期望极点为 λ_{33}，λ_{34}，则

$$f^*(\lambda)=(\lambda-\lambda_{33})(\lambda-\lambda_{34})=\lambda^2+a_{33}^*\lambda+a_{34}^* \tag{9-63}$$

同时设 $k_3=(k_{31}\quad k_{32})$，则 $\widetilde{\boldsymbol{A}}_3=\boldsymbol{A}_3-\boldsymbol{b}_r\boldsymbol{k}_3$，可得

$$f(\lambda)=|\lambda\boldsymbol{I}-\widetilde{\boldsymbol{A}}_3|=\begin{vmatrix}\lambda & -1\\ -c_3k_{31} & \lambda+c_1-c_3k_{32}\end{vmatrix}=\lambda^2+(c_1-c_3k_{32})\lambda-c_3k_{31} \tag{9-64}$$

令 $f^*(\lambda)=f(\lambda)$，可得

$$\left.\begin{aligned}c_1-c_3k_{32}&=a_{33}^*\\ -c_3k_{31}&=a_{34}^*\end{aligned}\right\} \tag{9-65}$$

求得

$$k_{31}=-a_{34}^*/c_3,\ k_{32}=(c_1-a_{33}^*)/c_3 \tag{9-66}$$

采用以上滚动通道的状态观测器和状态反馈控制律，就得到了滚动通道的姿态控制器。

2. 俯仰通道和偏航通道的姿态控制律设计

针对建立的 STT 导弹三通道姿态动力学动态模型，这里基于内模原理的方法来设计俯仰

通道和偏航通道的姿态控制律。

为了实现对弹体过载的有效跟踪，对于 STT 导弹来说，只用考虑俯仰通道和偏航通道，在考虑有外界干扰的情况下，可写出如下 STT 导弹姿态动力学动态模型。

（1）俯仰通道的姿态动力学模型

$$\left.\begin{aligned}\dot{\boldsymbol{x}}_1&=\boldsymbol{A}_1\boldsymbol{x}_1+\boldsymbol{b}_p\boldsymbol{u}_1+\boldsymbol{b}_{pw}\boldsymbol{w}_1\\ \boldsymbol{y}_1&=\boldsymbol{c}_p\boldsymbol{x}_1\end{aligned}\right\}\tag{9-67}$$

（2）偏航通道的姿态动力学模型

$$\left.\begin{aligned}\dot{\boldsymbol{x}}_2&=\boldsymbol{A}_2\boldsymbol{x}_2+\boldsymbol{b}_y\boldsymbol{u}_2+\boldsymbol{b}_{yw}\boldsymbol{w}_2\\ \boldsymbol{y}_2&=\boldsymbol{c}_y\boldsymbol{x}_2\end{aligned}\right\}\tag{9-68}$$

式中：w_1，w_2 为干扰信号。

考虑到对于 STT 导弹，俯仰通道和偏航通道的设计完全相同，因此以下只针对俯仰通道来设计姿态控制律。

设参考输入 y_r 为单位阶跃函数，$w_1=\sin at$，在外部输入模型 $\Lambda(s)$ 为

$$\Lambda(s)=s^3+as\tag{9-69}$$

$\Lambda(s)=0$ 的根为 $s_1=0,s_2=a\mathrm{i},s_3=-a\mathrm{i}$。

由于 STT 导弹可测量输出包括俯仰角速率和法向过载，所以记可测量输出量为

$$\boldsymbol{y}_m=\boldsymbol{C}_m\boldsymbol{x}_1\tag{9-70}$$

其中 $\boldsymbol{C}_m=\boldsymbol{I}$。

首先，验证姿态控制器的存在条件：

1）STT 导弹三通道姿态动力学模型均为能控和能观测的；

2）$p=q=1$；

3）对于 $\Lambda(s)=0$ 的根 $s_1=0,s_2=a\mathrm{i},s_3=-a\mathrm{i}$，有

$$\operatorname{rank}\begin{pmatrix}s_i\boldsymbol{I}-\boldsymbol{A}_1 & \boldsymbol{b}_p\\ -\boldsymbol{c}_p & 0\end{pmatrix}=\operatorname{rank}\begin{pmatrix}s_i-a_{111} & -a_{112} & b_{11}\\ -a_{121} & s_i-a_{122} & b_{12}\\ -1 & 0 & 0\end{pmatrix}=3\tag{9-71}$$

4）由 $\boldsymbol{y}_m$ 和 $\boldsymbol{y}_1$ 可知，$\boldsymbol{y}_m$ 包含 $\boldsymbol{y}_1$。

其次，设计姿态控制系统的伺服补偿器。

由于俯仰通道为单输入-单输出系统，所以伺服系统补偿器只含有一个子系统，其状态方程为

$$\left.\begin{aligned}\dot{\boldsymbol{\eta}}&=\boldsymbol{A}_{pc}\boldsymbol{\eta}+\boldsymbol{b}_{pc}\boldsymbol{e}_1\\ \boldsymbol{\zeta}&=\boldsymbol{c}_{pc}\boldsymbol{\eta}\end{aligned}\right\}\tag{9-72}$$

式中：$\boldsymbol{A}_{pc}$ 为伺服补偿器状态阵；$\boldsymbol{b}_{pc}$ 和 $\boldsymbol{c}_{pc}$ 分别为伺服补偿器控制的输入矩阵和输出矩阵；$\boldsymbol{\zeta}$ 为伺服补偿器的输出向量；$\boldsymbol{e}_1=\boldsymbol{y}-\boldsymbol{y}_r$；$\boldsymbol{b}_{pc}$ 和 $\boldsymbol{c}_{pc}$ 是外部输入模型的能控标准型实现、$\Lambda(s)$ 的最高幂次为 3，故 $\boldsymbol{\eta}$ 为 (3×1) 向量，$\boldsymbol{\eta}=[\eta_1\quad\eta_2\quad\eta_3]^{\mathrm{T}}$，$\boldsymbol{A}_{pc}=\begin{bmatrix}0&1&0\\0&0&1\\0&-a^2&0\end{bmatrix}$，$\boldsymbol{b}_{pc}=\begin{bmatrix}0\\0\\1\end{bmatrix}$，$\boldsymbol{c}_{pc}=[1\quad0\quad0]$。

再次，设计姿态控制系统的辅助补偿器。

先针对俯仰通道受控模型附加输出反馈，令

$$u_1 = Ly_m + u^0 = LC_m x_1 + u^0 \tag{9-73}$$

式中：L 为输出反馈矩阵；反馈控制 u^0 将由状态反馈控制来确定。

令 $w_1=0$，则辅助控制器为

$$\left.\begin{aligned}\hat{x}_1 &= (A_1 + LC_m)\hat{x}_1 + b_p u^0 \\ \hat{y}_1 &= c_p \hat{x}_1\end{aligned}\right\} \tag{9-74}$$

式中：$\hat{x}_1$ 和 $\hat{y}_1$ 分别为辅助补偿器的状态向量和输出。

设输出反馈矩阵 $L=(l_1 \quad l_2)$，根据配置的期望极点 λ_{11}、λ_{12}，从中选择两个期望闭环极点来确定输出反馈矩阵的参数 l_1 和 l_2。

最后，设计姿态控制系统的状态控制器。

令

$$u^0 = k_0 \hat{x}_1 + k_1 \eta \tag{9-75}$$

式其中：$k_0=\begin{bmatrix}k_{01}\\k_{02}\end{bmatrix}$； $k_1=\begin{bmatrix}k_{11}\\k_{12}\\k_{13}\end{bmatrix}$

若已知矩阵 $\begin{pmatrix}A_1+LC_m+b_pk_0 & b_pk_1\\ b_{pc}c_p & A_{pc}\end{pmatrix}$ 的特征值 λ_{13}，λ_{14}，λ_{15}，λ_{16}，λ_{17}，利用 $\begin{vmatrix}\lambda I-A_1-LC_m-b_pk_0 & -b_pk_1\\ -b_{pc}c_p & sI-A_{pc}\end{vmatrix}=0$ 求出矩阵 k_0，k_1。

这里考虑某型 STT 导弹的气动数据，可进一步求得如下参数值：$a_{111}=-0.18$，$a_{112}=12.86$，$a_{121}=2.926$，$a_{122}=-0.19$，$b_{11}=-0.64$，$b_{12}=-37.62$，$c_1=0.28$，$c_3=1\ 233.7$，$a=1$；选择俯仰通道上的期望极点分别为 $\lambda_{11}=-20+20i$，$\lambda_{12}=-20-20i$，$\lambda_{13}=\lambda_{14}=\lambda_{15}=\lambda_{16}=\lambda_{17}=10$，选择滚动通道上的期望极点分别为 $\lambda_{31}=-20+20i$，$\lambda_{32}=-20-20i$，$\lambda_{33}=-10$，$\lambda_{34}=-10$。由以上给出的俯仰通道和滚动通道控制器设计方法，可以得到如下的控制器参数：$L=[1.7126 \quad 1.0243]$，$k_0=\begin{bmatrix}2.0922\\1.2837\end{bmatrix}$，$k_1=\begin{bmatrix}6.4578\\5.938\\2.5236\end{bmatrix}$，$l_3=\begin{bmatrix}4.72\\4.68\end{bmatrix}$，$k_3=[-0.081 \quad -0.016]$。具体仿真结果如图 9-12 至图 9-17 所示。

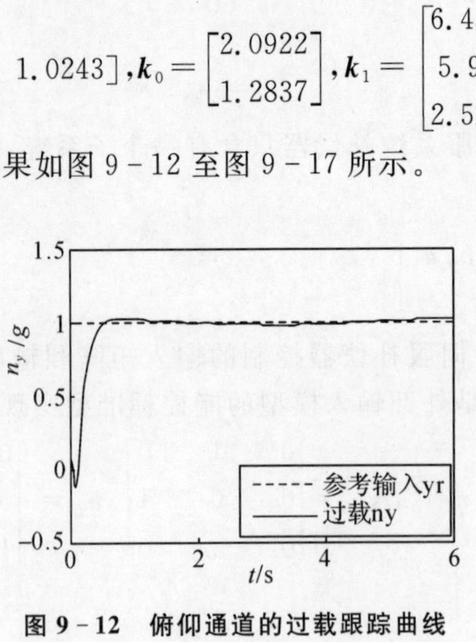

图 9-12　俯仰通道的过载跟踪曲线

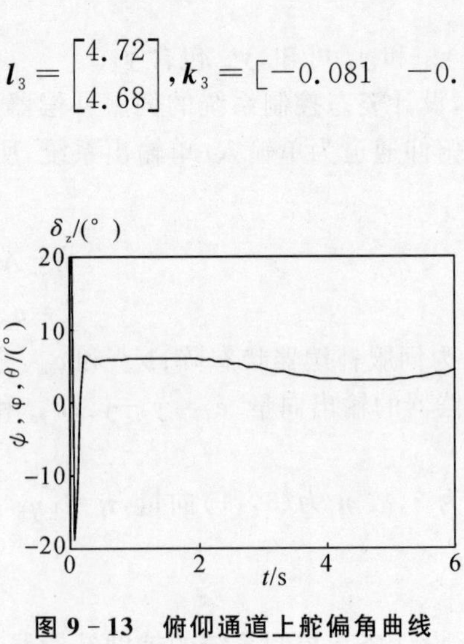

图 9-13　俯仰通道上舵偏角曲线

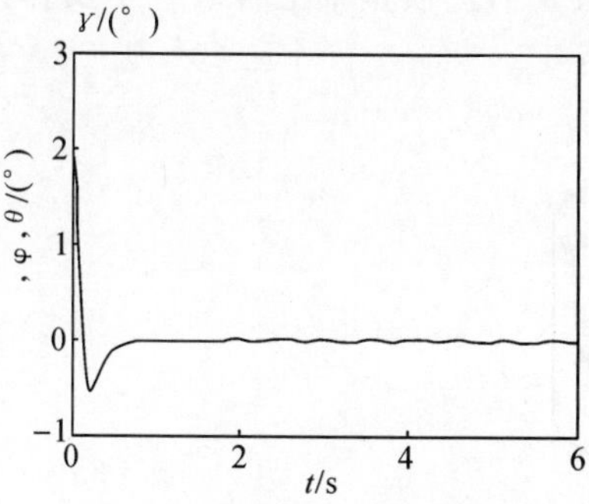

图 9-14　滚动通道的滚动角曲线

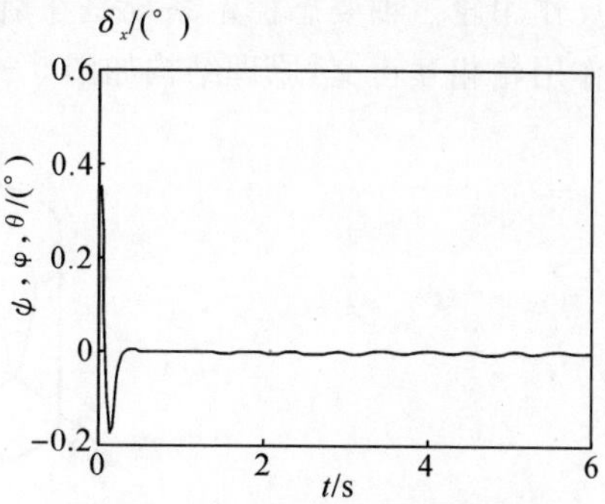

图 9-15　滚动通道的舵偏角曲线

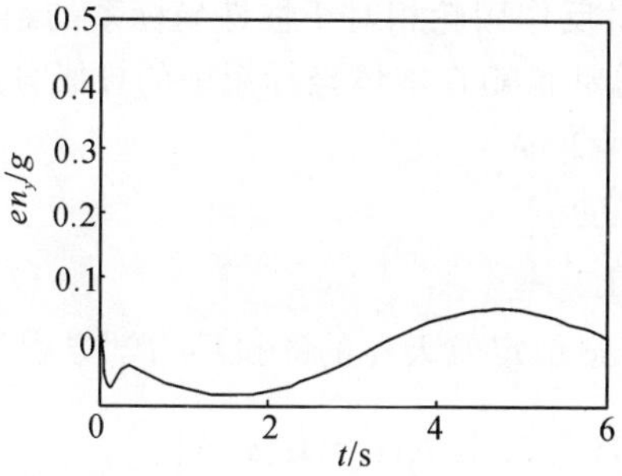

图 9-16　俯仰通道的过载观测器误差曲线

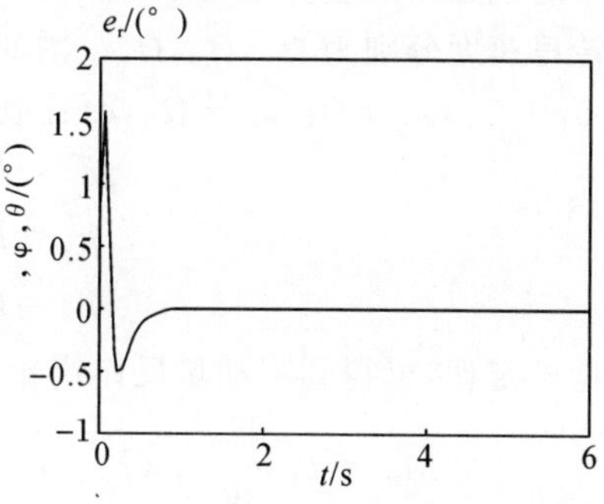

图 9-17　滚动通道的滚动角观测器误差曲线

图 9-12 和图 9-13 分别是俯仰通道的过载跟踪和舵偏角曲线，图 9-14 和图 9-15 分别是滚动通道的滚动角和舵偏角曲线，图 9-15 和图 9-16 分别是俯仰通道的过载观测器过载观测误差和滚动通道滚动角观测器的滚动角观测误差曲线，显然可以看出基于内模原理设计的俯仰通道过载控制器，俯仰通道过载跟踪可在有效抑制干扰影响的同时，实现对期望过载的稳定跟踪，基于状态观测器和状态反馈控制器设计的滚动角控制器，可以有效实现滚动角稳定。

第三节　线性系统理论在航天器姿态控制系统设计中的应用

一、刚体航天器的姿态控制律设计

这里以零动量反作用轮的航天器为对象，利用线性系统的理论知识来设计姿态控制器。

1. 零动量轮姿态控制系统模型

零动量反作用轮的特点是反作用轮工作时可能正转也可能反转，但是整个航天器的总动量距为零，因此航天器不具有陀螺定轴性。在小角度运动中，航天器的三个通道基本上是互相独立的，必须同时采用滚动、俯仰、偏航敏感器组成三个独立的姿态控制系统。

由飞轮进行姿态控制的工作原理可知，一个飞轮能有效地克服一个通道的扰动。最简单的零动量反作用轮三轴姿态稳定系统是在航天器的 3 个主惯量轴上各装一个反作用轮，3 个零动量反作用轮相互正交，原理结构如图 9－18 所示。

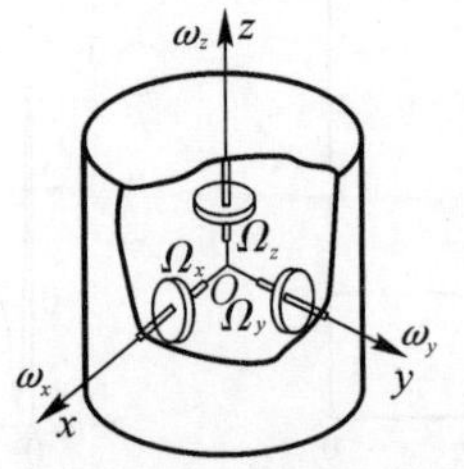

图 9－18　零动量反作用轮三轴姿态稳定系统

设刚性航天器的绕 3 个主惯量轴的转动惯量(含三轴配置的反作用轮)分别为 I_x, I_y, I_z，航天器本体的三轴角速度分别为 $\omega_x, \omega_y, \omega_z$；零动量反作用轮绕其转轴的惯量均为 I，相对于本体的旋转角速度分别为 $\Omega_x, \Omega_y, \Omega_z$。因此零动量反作用轮相对于惯性坐标系的绝对角速度就分别为 $\omega_x+\Omega_x, \omega_y+\Omega_y, \omega_z+\Omega_z$，而且航天器总动量矩在本体坐标系中的投影分别为

$$\left.\begin{aligned} h_x &= I_x\omega_x + I\Omega_x \\ h_y &= I_y\omega_y + I\Omega_y \\ h_z &= I_z\omega_z + I\Omega_z \end{aligned}\right\} \tag{9-76}$$

由刚体动量矩定理，可得到零动量反作用轮三轴姿态稳定航天器的欧拉动力学方程为

$$\left.\begin{aligned} M_{dx} &= I_x\frac{\mathrm{d}\omega_x}{\mathrm{d}t} + (I_z - I_y)\omega_y\omega_z + I(\dot{\Omega}_x + \Omega_x\omega_y - \Omega_y\omega_z) \\ M_{dy} &= I_y\frac{\mathrm{d}\omega_y}{\mathrm{d}t} + (I_x - I_z)\omega_x\omega_z + I(\dot{\Omega}_y + \Omega_x\omega_z - \Omega_z\omega_x) \\ M_{dz} &= I_z\frac{\mathrm{d}\omega_z}{\mathrm{d}t} + (I_y - I_x)\omega_x\omega_y + I(\dot{\Omega}_z + \Omega_y\omega_x - \Omega_x\omega_y) \end{aligned}\right\} \tag{9-77}$$

式中：M_{dx}, M_{dy}, M_{dz} 分别为三轴扰动力矩。

当 $|\theta|, |\psi|, |\varphi| \leqslant 1$ rad 时，根据小角度姿态变化的情况进行线性化，可得

$$\omega_x = \dot{\varphi} - \omega_0\psi, \quad \omega_y = \dot{\theta} - \omega_0 M, \quad \omega_z = \dot{\psi} + \omega_0\varphi \tag{9-78}$$

代入式(9－77)得到以欧拉角描述的零动量反作用轮三轴姿态稳定航天器的动力学方程，即

$$\left.\begin{aligned} M_{dx} &= I_x\ddot{\varphi} + (I_y - I_x - I_z)\omega_0\dot{\psi} + (I_y - I_z)\omega_0{}^2\varphi + I\dot{\Omega}_x + I\Omega_z(\dot{\theta} - \omega_0) - I\Omega_y(\dot{\psi} + \omega_0\varphi) \\ M_{dy} &= I_y\ddot{\theta} + I\dot{\Omega}_y + I\Omega_x(\dot{\psi} + \omega_0\varphi) - I\Omega_z(\dot{\varphi} - \omega_0\psi) \\ M_{dz} &= I_z\ddot{\psi} + (I_y - I_x - I_z)\omega_0\dot{\varphi} + (I_y - I_z)\omega_0{}^2\psi + I\dot{\Omega}_z + I\Omega_y(\dot{\varphi} - \omega_0\psi) - I\Omega_x(\dot{\theta} - \omega_0) \end{aligned}\right\} \tag{9-79}$$

从式(9－79)中可以看出，航天器的滚动和偏航通道是动力学耦合的，在两个通道之间存在连续的动量交换。若考虑到三轴姿态稳定航天器的星体角速度很小的实际情况，假设 $\omega_x, \omega_y, \omega_z \to 0$，并且忽略轨道角速度 ω_0 的影响，则非线性动力学方程式(9－79)可以得到线性化，即

$$\left.\begin{aligned} I_x\ddot{\varphi} + I\dot{\Omega}_x &= M_{dx} \\ I_y\ddot{\theta} + I\dot{\Omega}_y &= M_{dy} \\ I_z\ddot{\psi} + I\dot{\Omega}_z &= M_{dz} \end{aligned}\right\} \tag{9-80}$$

这时，整个航天器的控制系统就可以看成是由滚动、俯仰和偏航 3 个独立通道控制系统组成，它们在形式上完全相同。因此 3 个正交的零动量反作用轮完全可以根据各自轴上的姿态误差，相互独立地改变自己的转速，实现对各自的姿态控制。

下面以俯仰通道为例介绍基于状态反馈的零动量反作用轮的控制律。

2. 基于状态反馈的零动量轮姿态控制律设计

利用状态空间法，可将式(9-80)的第二式改写为

$$\dot{\boldsymbol{x}}=\begin{bmatrix}0 & 1\\ 0 & 0\end{bmatrix}\boldsymbol{x}+\begin{bmatrix}0\\ \dfrac{1}{I_y}\end{bmatrix}\boldsymbol{u}+\begin{bmatrix}0\\ \dfrac{1}{I_y}\end{bmatrix}\boldsymbol{M}_{dy} \tag{9-81}$$

式中：状态变量 $\boldsymbol{x}=[\theta,\dot{\theta}]$；控制输入 $u=M_c=I\dot{\Omega}_y$。

该系统的能控性矩阵为

$$\boldsymbol{Q}_c=[\boldsymbol{B}\quad \boldsymbol{AB}]=\frac{1}{I_y}\begin{bmatrix}0 & 1\\ 1 & 0\end{bmatrix} \tag{9-82}$$

得 $\mathrm{rank}\boldsymbol{Q}_c=2$，可见系统能控，由此可以任意配置系统极点。

对于状态方程(9-81)，引入状态反馈矩阵 $\boldsymbol{k}=[k_1\quad k_2]$，则闭环状态矩阵为

$$\boldsymbol{A}-\boldsymbol{bk}=\begin{bmatrix}0 & 1\\ -\dfrac{k_1}{I_y} & -\dfrac{k_2}{I_y}\end{bmatrix} \tag{9-83}$$

闭环特征多项式

$$|\lambda\boldsymbol{I}-\boldsymbol{A}+\boldsymbol{bk}|=\lambda^2+\frac{k_2}{I_y}\lambda+\frac{1}{I_y}k_1 \tag{9-84}$$

假设期望的特征方程为

$$(\lambda+\lambda_1)(\lambda+\lambda_2)=\lambda^2+(\lambda_1+\lambda_2)\lambda+\lambda_1\lambda_2 \tag{9-85}$$

式中：λ_1 和 λ_2 分别为期望的极点。由两特征方程同幂项系数相等条件可得

$$k_1=I_y\lambda_1\lambda_2,\quad k_2=I_y(\lambda_1+\lambda_2) \tag{9-86}$$

由此得到零动量反作用轮的反馈控制律为

$$u=-k_1x_1-k_2x_2=-k_1\theta-k_2\dot{\theta} \tag{9-87}$$

根据式(9-87)，就可以求出在通道控制过程中零动量反作用轮的转速变化规律 Ω_y。

假设某航天器 3 个主惯量轴的转动惯量分别为，$I_x=I_y=400\ \mathrm{N\cdot m}$，$I_z=600\ \mathrm{N\cdot m}$，轨道周期为 100 min($\omega_0=2.9\times10^{-6}$ rad/s)，考虑到飞轮的输出力矩较小($M_c\leqslant0.1\ \mathrm{N\cdot m}$)，这里取希望的特征值为 $\lambda_1=\lambda_2=-0.2$。于是，可以得到反馈控制律为：俯仰通道为 $M_{cy}=I\dot{\Omega}_y=-16.0\theta-160.0\dot{\theta}$，滚动通道为 $M_{cx}=I\dot{\Omega}_x=-16.0\varphi-160.0\dot{\varphi}$，偏航通道为 $M_{cz}=I\dot{\Omega}_z=-24.0\psi-240.0\dot{\psi}$。设各姿态角的初始偏差为 $\psi_0=3.0°$，$\varphi_0=2.0°$，$\theta_0=-1.0°$，初始角速度均为 0，不考虑干扰力矩。图 9-19 和图 9-20 分别为该航天器的姿态角和姿态角速度的变化曲线。图 9-21 是飞轮的控制力矩输出曲线。仿真曲线表明，所设计的反馈控制律可以使姿态角以过阻尼曲线接近至零。

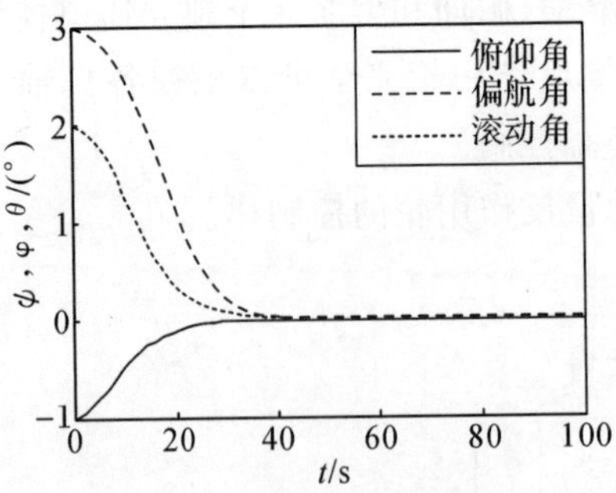

图 9-19 姿态角变化曲线

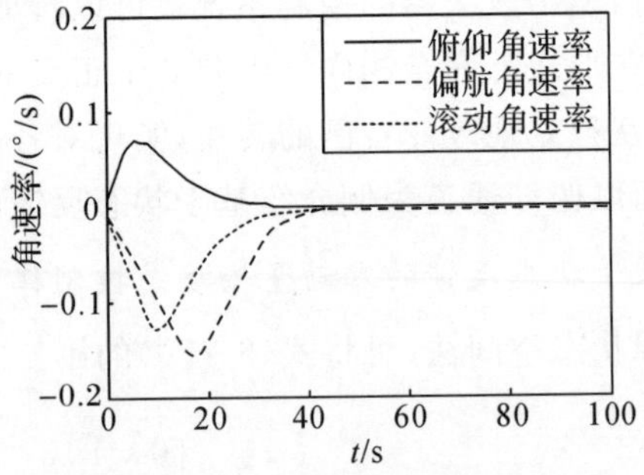

图 9-20 姿态角速度变化曲线

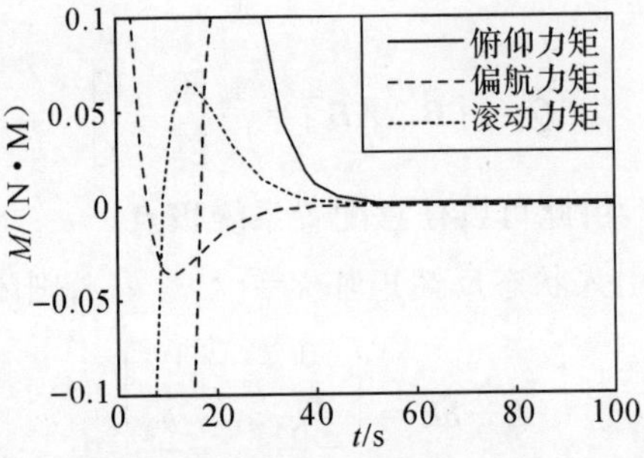

图 9-21 控制力矩变化曲线

二、挠性航天器姿态控制律设计

严格地讲，任何航天器都具有挠性，都不是理想的刚体。但是在挠性很小的情况下，航天器的控制系统可以近似按刚体来设计。带挠性附件的航天器一般由中心刚体和若干个挠性附件构成。这类航天器姿态的测量和控制执行机构均安装在刚性主体上，而且刚性主体的质量远远大于挠性附件的质量。现代卫星的挠性附件种类很多，它可以是上百米长或大面积抛物面挠性天线，也可以是跨度长几十米的挠性太阳电池帆板。

不失一般性，假设航天器只有一个挠性附件，可以推导得到航天器姿态动力学方程和挠性结构的振动方程：

$$\left.\begin{aligned}\boldsymbol{J}\dot{\boldsymbol{\omega}}+\boldsymbol{C}_{pb}\ddot{\boldsymbol{q}}&=\boldsymbol{M}\\ \boldsymbol{C}_{pb}^{\mathrm{T}}\dot{\boldsymbol{\omega}}+\boldsymbol{M}_{p}\ddot{\boldsymbol{q}}+\boldsymbol{K}_{p}\boldsymbol{q}&=\boldsymbol{f}\end{aligned}\right\}\tag{9-88}$$

由上述推导过程可以看出，挠性航天器的姿态动力学方程、挠性结构的振动方程是相互耦合的；挠性结构的振动通过耦合项 $\boldsymbol{C}_{pb}\ddot{\boldsymbol{q}}$ 影响航天器姿态的运动；反之，作用在星体上的控制力或力矩通过 $\boldsymbol{C}_{pb}^{\mathrm{T}}\dot{\boldsymbol{\omega}}$ 项来抑制挠性结构的振动。

考虑归一化振型，则有

$$\left.\begin{aligned}\boldsymbol{M}_{p}&=\boldsymbol{E}_{s}\\ \boldsymbol{K}_{p}&=\boldsymbol{\Lambda}_{s}\end{aligned}\right\}\tag{9-89}$$

式中：$\boldsymbol{E}_s$ 为 $s\times s$ 的单位矩阵；$\boldsymbol{\Lambda}_s=\mathrm{diag}(\omega_1^2,\omega_2^2,...,\omega_s^2)$，$\omega_k$ 为第 k 阶模态所对应的频率。于是方程(9-88)可化为

$$\left.\begin{aligned}&\boldsymbol{J}\dot{\boldsymbol{\omega}}+\boldsymbol{C}_{pb}\ddot{\boldsymbol{q}}=\boldsymbol{M}\\&\ddot{\boldsymbol{q}}+\boldsymbol{\Lambda}_s\boldsymbol{q}+\boldsymbol{C}_{pb}^{\mathrm{T}}\dot{\boldsymbol{\omega}}=\boldsymbol{f}\end{aligned}\right\}\tag{9-90}$$

此时，在挠性结构的振动方程中，模态坐标已是相互解耦的了。

如果挠性附件的振动存在阻尼，则方程式(9-90)重新写为

$$\left.\begin{aligned}&\boldsymbol{J}\dot{\boldsymbol{\omega}}+\boldsymbol{C}_{pb}\ddot{\boldsymbol{q}}=\boldsymbol{M}\\&\boldsymbol{C}_{pb}^{\mathrm{T}}\dot{\boldsymbol{\omega}}+\ddot{\boldsymbol{q}}-\boldsymbol{D}\dot{\boldsymbol{q}}+\boldsymbol{\Lambda}_s\boldsymbol{q}=\boldsymbol{f}\end{aligned}\right\}\tag{9-91}$$

式中：$\boldsymbol{D}$ 为阻尼矩阵。若 $\zeta_k(k=1,2,\cdots,s)$ 为第 k 阶模态阻尼系数，则

$$\boldsymbol{D}=\begin{bmatrix}2\zeta_1\omega_1&&&\\&2\zeta_2\omega_2&&\\&&\ddots&\\&&&2\zeta_s\omega_s\end{bmatrix}\tag{9-92}$$

对于一个 s 阶的弹性振动系统，假设受控的振型数为 L，注意受控部分不一定是前面的 L 个振型，而是经过挑选后再排成如下形式：

$$\left.\begin{aligned}&\ddot{q}_1+\omega_1^2q_1=f_1\\&\ddot{q}_2+\omega_2^2q_2=f_2\\&\quad\vdots\\&\ddot{q}_L+\omega_L^2q_L=f_L\end{aligned}\right\}\tag{9-93}$$

称为受控部分，相应的振型称为受控振型。剩余的部分称为无控部分，相应的振型称为剩余振型，即

$$\left.\begin{aligned}&\ddot{q}_{L+1}+\omega_{L+1}^2q_{L+1}=f_{L+1}\\&\ddot{q}_{L+2}+\omega_{L+2}^2q_{L+2}=f_{L+2}\\&\quad\vdots\\&\ddot{q}_s+\omega_s^2q_s=f_s\end{aligned}\right\}\tag{9-94}$$

下面考虑带有挠性附件的航天器的姿态动力学模型。

考虑图 9-22 的带有挠性附件的航天器，为了简化模型，作如下假设：

(1)忽略轨道角速度的影响。

(2)暂不考虑太阳光压等摄动力的影响。

(3)航天器的帆板上无作动器，即帆板节点力为 0。

(4)挠性帆板的振动方向与本体坐标系 z 轴平行，因此帆板的振动对偏航轴和俯仰轴的姿态变化可以忽略，即模态振动方程与偏航和俯仰姿态运动方程是互相解耦的。

(5)在前面已经提到的小角度假设下，$\dot{\omega}_x=\ddot{\varphi}$。

(6)仅保留易被激励的低阶模态，截断 2 阶以上模态。

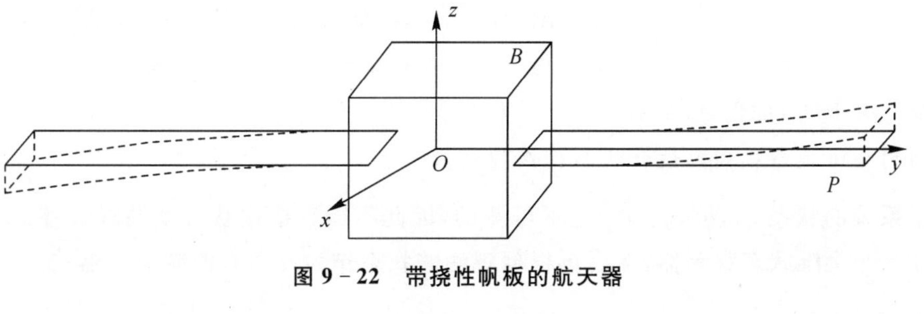

图 9-22　带挠性帆板的航天器

于是该航天器的姿态动力学和模态振动方程可写为

$$\left.\begin{aligned} J_x\ddot{\varphi}+\sum_{k=1}^{2}c_k\ddot{q}_k=M_x \\ c_k\ddot{\varphi}+\ddot{q}_k+\omega_k^2q_k=0 \end{aligned}\right\} \tag{9-95}$$

将式(9-95)写成矩阵形式：

$$\begin{bmatrix} J_x & c_1 & c_2 \\ c_1 & 1 & 0 \\ c_2 & 0 & 1 \end{bmatrix}\begin{bmatrix} \ddot{\varphi} \\ \ddot{q}_1 \\ \ddot{q}_2 \end{bmatrix}+\begin{bmatrix} 0 & 0 & 0 \\ 0 & \omega_1^2 & 0 \\ 0 & 0 & \omega_2^2 \end{bmatrix}\begin{bmatrix} \varphi \\ q_1 \\ q_2 \end{bmatrix}=\begin{bmatrix} 1 \\ 0 \\ 0 \end{bmatrix}M_x \tag{9-96}$$

即

$$\boldsymbol{M}\ddot{\boldsymbol{Z}}+\boldsymbol{\Lambda Z}=\boldsymbol{b}u \tag{9-97}$$

式中：$\boldsymbol{Z}=[\varphi\quad q_1\quad q_2]^{\mathrm{T}}$；$u=M_x$；$\boldsymbol{M}=\begin{bmatrix} J_x & c_1 & c_2 \\ c_1 & 1 & 0 \\ c_2 & 0 & 1 \end{bmatrix}$；$\boldsymbol{\Lambda}=\begin{bmatrix} 0 & 0 & 0 \\ 0 & \omega_1^2 & 0 \\ 0 & 0 & \omega_2^2 \end{bmatrix}$；$\boldsymbol{b}=\begin{bmatrix} 1 \\ 0 \\ 0 \end{bmatrix}$。

显然，只要 $\boldsymbol{M}$ 为非奇异阵，即满足

$$J_x-c_1^2-c_2^2\neq 0 \tag{9-98}$$

可进一步解耦为

$$\ddot{\boldsymbol{Z}}+\boldsymbol{M}^{-1}\boldsymbol{\Lambda Z}=\boldsymbol{M}^{-1}\boldsymbol{B}u \tag{9-99}$$

取系统的状态为 $\boldsymbol{x}=[\boldsymbol{Z}^{\mathrm{T}}\quad \dot{\boldsymbol{Z}}^{\mathrm{T}}]^{\mathrm{T}}=[\varphi\quad q_1\quad q_2\quad \dot{\varphi}\quad \dot{q}_1\quad \dot{q}_2]^{\mathrm{T}}$，则式(9-99)的状态方程可写为

$$\left.\begin{aligned} \dot{\boldsymbol{x}}=\boldsymbol{Ax}+\boldsymbol{B}u \\ \boldsymbol{y}=\boldsymbol{Cx} \end{aligned}\right\} \tag{9-100}$$

式中：

$$\boldsymbol{A}=\begin{bmatrix} \boldsymbol{0} & \boldsymbol{E} \\ -\boldsymbol{M}^{-1}\boldsymbol{\Lambda} & \boldsymbol{0} \end{bmatrix},\quad \boldsymbol{B}=\begin{bmatrix} \boldsymbol{0} \\ \boldsymbol{M}^{-1}\boldsymbol{b} \end{bmatrix},\quad \boldsymbol{C}=\begin{bmatrix} 1 & 0 & 0 & 0 & 0 & 0 \\ 0 & 0 & 0 & 1 & 0 & 0 \end{bmatrix}$$

假设某小型航天器的转动惯量及各模态参数为：$J_x=10\ \mathrm{kg\cdot m^2}$，$c_1=0.5$，$c_2=0.3$，$\omega_1=0.7\ \mathrm{Hz}$，$\omega_2=4.0\ \mathrm{Hz}$。于是，状态方程中 $\boldsymbol{A}$ 阵和 $\boldsymbol{B}$ 阵分别为

$$\boldsymbol{A}=\begin{bmatrix} 0 & 0 & 0 & 1 & 0 & 0 \\ 0 & 0 & 0 & 0 & 1 & 0 \\ 0 & 0 & 0 & 0 & 0 & 1 \\ 0 & 0.025\,36 & 0.496\,9 & 0 & 0 & 0 \\ 0 & -0.502\,68 & -0.248\,45 & 0 & 0 & 0 \\ 0 & -0.007\,61 & -16.149 & 0 & 0 & 0 \end{bmatrix}$$

$$\boldsymbol{B}=[0\quad 0\quad 0\quad 0.103\,52\quad -0.051\,76\quad -0.031\,056]^{\mathrm{T}}$$

容易验证，$(\boldsymbol{A},\boldsymbol{B},\boldsymbol{C})$能控且能观。

1. 利用全维状态观测器设计状态反馈控制器

由于系统的状态 $q_1,q_2,\dot{q}_1,\dot{q}_2$ 是不可测的，因此不能直接用状态反馈设计控制系统。可以先设计一个全维状态观测器，然后再根据观测的状态作为反馈来控制航天器。

又因为该系统是一个单输入-多输出系统，而状态观测器需要用观测器本身与系统的输出误差作为输入，所以相当于一个多输入-多输出系统。设计多输入-多输出系统的状态反馈阵有两种常用的方法：一种是采用单位秩结构，化多输入-多输出系统为等价单输入系统，进而采用单输入系统的极点配置方法；另一种是化为龙伯格能控规范型的极点配置方法。这里将采用第一种方法针对原系统的对偶系统（$\boldsymbol{A}^{\mathrm{T}}, \boldsymbol{C}^{\mathrm{T}}, \boldsymbol{B}^{\mathrm{T}}$）设计反馈矩阵 $\boldsymbol{H}$，再令 $\boldsymbol{L}=\boldsymbol{H}^{\mathrm{T}}$，就是全维状态观测器的反馈增益矩阵。

因为 $\boldsymbol{A}^{\mathrm{T}}$ 有 2 个相同的特征值 0，不能确定 $\boldsymbol{A}^{\mathrm{T}}$ 是否为循环矩阵，不妨引入矩阵 $\boldsymbol{K}_1$ 消除 $\boldsymbol{A}^{\mathrm{T}}$ 的非循环性，且 $\bar{\boldsymbol{A}}=\boldsymbol{A}^{\mathrm{T}}-\boldsymbol{C}^{\mathrm{T}}\boldsymbol{K}_1$，$\boldsymbol{K}_1$ 的结构应尽可能简单，这里取

$$\boldsymbol{K}_1=\begin{bmatrix} 0.01 & 0 & 0 & 0 & 0 & 0 \\ 0 & 0 & 0 & 0 & 0 & 0 \end{bmatrix}$$

再取 $\boldsymbol{\rho}=[1 \quad 1]^{\mathrm{T}}$，$\bar{\boldsymbol{C}}=\boldsymbol{C}^{\mathrm{T}}\boldsymbol{\rho}$，容易验证，$(\bar{\boldsymbol{A}}, \bar{\boldsymbol{C}})$ 能控。设系统 $(\bar{\boldsymbol{A}}, \bar{\boldsymbol{C}})$ 的反馈增益矩阵为

$$\boldsymbol{k}=[k_1 \quad k_2 \quad k_3 \quad k_4 \quad k_5 \quad k_6]^{\mathrm{T}}$$

取期望的特征值为 $\lambda_{1,2}=-2.5$，$\lambda_{3,4}=-3.0$，$\lambda_{5,6}=-3.5\pm\mathrm{i}$。于是观测器的特征方程为

$$|\lambda\boldsymbol{I}-(\bar{\boldsymbol{A}}-\bar{\boldsymbol{C}}\boldsymbol{k})|=(\lambda+2.5)^2(\lambda+3.0)^2(\lambda+3.5-\mathrm{i})(\lambda+3.5+\mathrm{i})$$

由上式，根据两特征方程的同幂系数相等可解得

$$\boldsymbol{k}=[-1.3974 \quad 1789.8 \quad 108.42 \quad 19.387 \quad 1295.3 \quad 225.72]^{\mathrm{T}}$$

于是，可以得到针对 $(\boldsymbol{A}, \boldsymbol{C})$ 的全维状态观测器的反馈增益矩阵 $\boldsymbol{H}=\boldsymbol{K}_1+\boldsymbol{\rho}\boldsymbol{k}$，其数值为

$$\boldsymbol{H}=\begin{bmatrix} -1.3874 & 1789.8 & 108.42 & 19.387 & 1295.3 & 225.72 \\ -1.3974 & 1789.8 & 108.42 & 19.387 & 1295.3 & 225.72 \end{bmatrix}$$

再根据分离定理，状态观测器和状态反馈控制器可以独立设计。设反馈矩阵为

$$\boldsymbol{K}=[k_1 \quad k_2 \quad k_3 \quad k_4 \quad k_5 \quad k_6]$$

取控制器期望的特征值为 $\lambda_{1,2}=-0.2$，$\lambda_{3,4}=-1.0$，$\lambda_{5,6}=-2.1$，因为执行机构的输出是受限的，因此极点不宜选得过大，否则容易造成系统发散。

根据前面的方法可以得到反馈系数矩阵为

$$\boldsymbol{K}=[0.217\,35 \quad -2.307\,1 \quad 14.93 \quad 2.815\,2 \quad -13.572 \quad -180.52]^{\mathrm{T}}$$

假设航天器初始姿态偏差为 1°，图 9-23 是滚动角曲线，图 9-24 是滚动角速率曲线，图 9-25 是滚动角观测器的误差曲线，图 9-26 是滚动角速率观测器的误差曲线。从图中看出，状态观测器的有效观测，使得滚动角和滚动角速率也随之逐渐收敛。

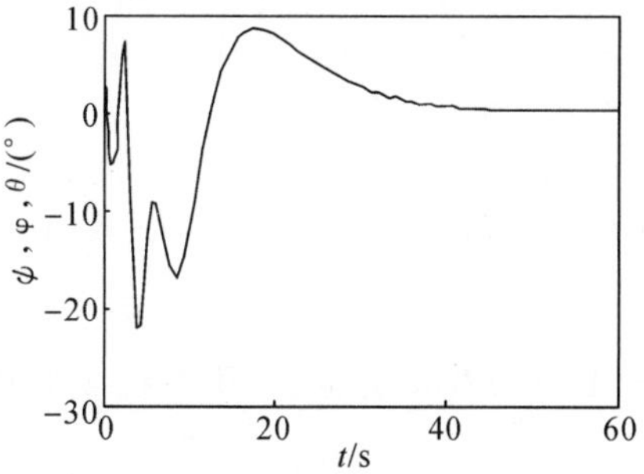

图 9-23　滚动角曲线

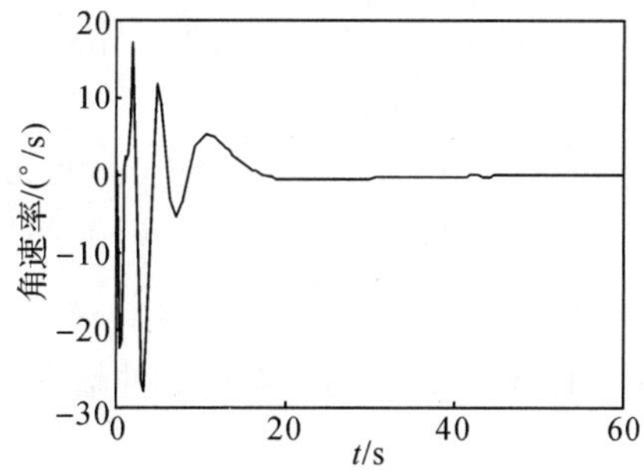

图 9-24　滚动角速率曲线

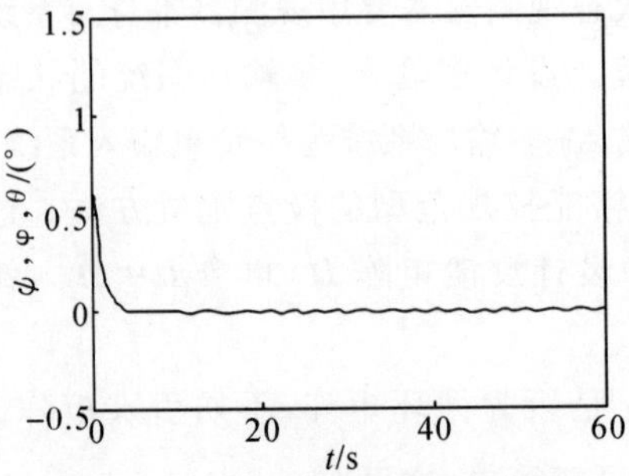

图 9-25　滚动角观测误差曲线

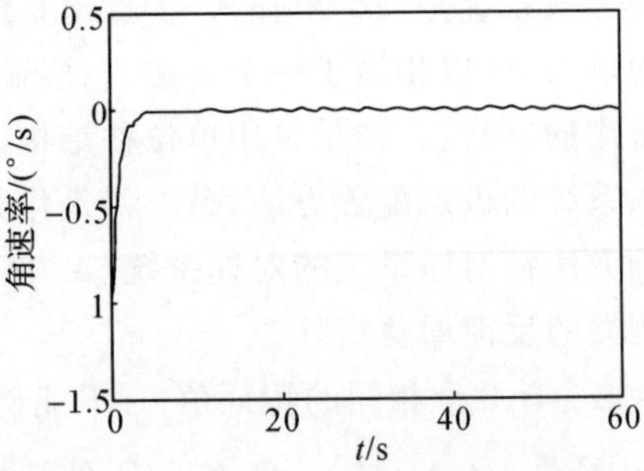

图 9-26　滚动角速率观测误差曲线

2.利用降维状态观测器设计状态反馈控制器

前面已经讲到,状态方程有六个状态变量,其中 x_1 和 x_4 是航天器的滚动角和滚动角速度,它们可由传感器直接测得,在设计状态反馈控制器时就可以直接利用这些测量值,因此,可以考虑设计降维状态观测器,用来观测其它四个状态。

根据前面章节介绍的方法,取非奇异变换矩阵

$$\boldsymbol{P}=\begin{bmatrix}1&0&0&0&0&0\\0&0&0&1&0&0\\0&1&0&0&0&0\\0&0&1&0&0&0\\0&0&0&0&1&0\\0&0&0&0&0&1\end{bmatrix} \tag{9-101}$$

利用 $\boldsymbol{P}$ 对式(9-100)进行非奇异变换,并将之分解为两个子系统:含两个可测状态的子系统 1 和含有四个不可测状态的子系统 2,状态方程为

$$\left.\begin{aligned}\dot{\bar{\boldsymbol{x}}}_1&=\boldsymbol{A}_{11}\bar{\boldsymbol{x}}_1+\boldsymbol{A}_{12}\bar{\boldsymbol{x}}_2+\boldsymbol{B}_1\boldsymbol{u}\\\dot{\bar{\boldsymbol{x}}}_2&=\boldsymbol{A}_{22}\bar{\boldsymbol{x}}_2+\boldsymbol{A}_{21}\bar{\boldsymbol{x}}_1+\boldsymbol{B}_2\boldsymbol{u}\\\boldsymbol{y}&=\bar{\boldsymbol{x}}_1\end{aligned}\right\} \tag{9-102}$$

式中

$$\boldsymbol{A}_{11}=\begin{bmatrix}0&1\\0&0\end{bmatrix},\ \boldsymbol{A}_{12}=\begin{bmatrix}0&0&0&0\\0.025362&0.49689&0&0\end{bmatrix},\ \boldsymbol{B}_1=\begin{bmatrix}0\\0.10352\end{bmatrix}$$

$$\boldsymbol{A}_{21}=\begin{bmatrix}0&0\\0&0\\0&0\\0&0\end{bmatrix},\ \boldsymbol{A}_{22}=\begin{bmatrix}0&0&1&0\\0&0&0&1\\-0.50268&-0.24845&0&0\\-0.00761&-16.149&0&0\end{bmatrix},\ \boldsymbol{B}_2=\begin{bmatrix}0\\0\\-0.05176\\-0.03106\end{bmatrix}$$

$$\bar{\boldsymbol{x}}_1=[x_1\quad x_4]^{\mathrm{T}}=[\varphi\quad \dot{\varphi}]^{\mathrm{T}},\ \bar{\boldsymbol{x}}_2=[x_2\quad x_3\quad x_5\quad x_6]^{\mathrm{T}}=[q_1\quad q_2\quad \dot{q}_1\quad \dot{q}_2]^{\mathrm{T}}$$

令 $\bar{\boldsymbol{u}}=\boldsymbol{A}_{21}\bar{\boldsymbol{x}}_1+\boldsymbol{B}_2\boldsymbol{u}$ 为子系统 2 的输入,$\bar{\boldsymbol{y}}=\dot{\boldsymbol{y}}-\boldsymbol{A}_{11}\boldsymbol{y}-\boldsymbol{B}_1\boldsymbol{u}$ 为输出,子系统 2 的状态方程又写为

$$\left.\begin{aligned}\dot{\bar{\boldsymbol{x}}}_2&=\boldsymbol{A}_{22}\bar{\boldsymbol{x}}_2+\bar{\boldsymbol{u}}\\\bar{\boldsymbol{y}}&=\boldsymbol{A}_{12}\bar{\boldsymbol{x}}_2\end{aligned}\right\} \tag{9-103}$$

显然，$\{\boldsymbol{A}_{22}\quad \boldsymbol{A}_{12}\}$能观，可以根据$\boldsymbol{A}_{22}$和$\boldsymbol{A}_{12}$设计状态观测器的反馈矩阵。把$\boldsymbol{A}_{21}$和$\boldsymbol{A}_{12}$代入式(9-102)，可以发现，由于$\boldsymbol{A}_{21}$阵全为零，$\boldsymbol{A}_{12}$的第一行元素均为零，上式可以进一步化简为

$$\left.\begin{aligned}\dot{\bar{\boldsymbol{x}}}_2&=\boldsymbol{A}_{22}\bar{\boldsymbol{x}}_2+\boldsymbol{B}_2\boldsymbol{u}\\ \bar{\boldsymbol{y}}&=\boldsymbol{A}'_{12}\bar{\boldsymbol{x}}_2\end{aligned}\right\}\tag{9-104}$$

式中，$\boldsymbol{A}'_{12}=[0.025\,362\quad 0.496\,89\quad 0\quad 0]^{\mathrm{T}}$。

实际上已经是一个单输入-单输出系统，设观测器的反馈矩阵为$\boldsymbol{L}'=[h_1\quad h_2\quad h_3\quad h_4]^{\mathrm{T}}$，取期望的特征值为$\lambda_{1,2}=-3.5$，$\lambda_{3,4}=-4.0$，于是观测器的特征方程为

$$|\lambda\boldsymbol{I}-(\boldsymbol{A}_{22}-\boldsymbol{L}\boldsymbol{A}'_{12})|=(\lambda+3.5)^2(\lambda+4.0)^2\tag{9-105}$$

由式(9-105)，根据两特征方程的同幂系数相等可解得一组反馈系数

$$\boldsymbol{L}'=[515.16\quad 3.8926\quad 393.42\quad 115.96]^{\mathrm{T}}\tag{9-106}$$

再将$\boldsymbol{L}'$扩展为4×2的矩阵，即$\boldsymbol{L}=[\boldsymbol{0}\quad \boldsymbol{L}']$，从而得到降维状态观测器的状态方程

$$\dot{\hat{\bar{\boldsymbol{x}}}}=(\boldsymbol{A}_{22}-\boldsymbol{L}\boldsymbol{A}^{12})\hat{\bar{\boldsymbol{x}}}+\boldsymbol{L}(\dot{\boldsymbol{y}}-\boldsymbol{A}_{11}\boldsymbol{y}-\boldsymbol{B}_1\boldsymbol{u})+(\boldsymbol{A}_{21}\boldsymbol{y}+\boldsymbol{B}_2\boldsymbol{u})\tag{9-107}$$

为了不使状态方程中包含输出的导数$\dot{\boldsymbol{y}}$，引入$\boldsymbol{z}=\dot{\bar{\boldsymbol{x}}}_2-\boldsymbol{L}\boldsymbol{y}$，于是

$$\dot{\boldsymbol{z}}=\ddot{\bar{\boldsymbol{x}}}_2-\boldsymbol{L}\dot{\boldsymbol{y}}=(\boldsymbol{A}_{22}-\boldsymbol{L}\boldsymbol{A}_{12})\boldsymbol{z}+[(\boldsymbol{A}_{22}-\boldsymbol{L}\boldsymbol{A}_{12})\boldsymbol{L}+(\boldsymbol{A}_{21}-\boldsymbol{L}\boldsymbol{A}_{11})]\boldsymbol{y}+(\boldsymbol{B}_2-\boldsymbol{L}\boldsymbol{B}_1)\boldsymbol{u}\tag{9-108}$$

这便是含有四个不可测状态的状态观测器，利用该观测器可以实时的输出状态变量$\boldsymbol{z}$，然后利用下式重构状态$\dot{\bar{\boldsymbol{x}}}_2$

$$\dot{\bar{\boldsymbol{x}}}_2=\boldsymbol{z}+\boldsymbol{L}\boldsymbol{y}\tag{9-109}$$

经重构的状态$\dot{\bar{\boldsymbol{x}}}_2$将用于状态反馈控制系统。设控制系统的反馈系数矩阵为

$$\boldsymbol{K}=[k_1\quad k_2\quad k_3\quad k_4\quad k_5\quad k_6]\tag{9-110}$$

取控制器期望的特征值为$\lambda_{1,2}=-0.2$，$\lambda_{3,4}=-1.0$，$\lambda_{5,6}=-2.1$，就得到一组反馈系数矩阵为

$$\boldsymbol{K}=[0.217\,35\quad -2.307\,1\quad 14.93\quad 2.815\,2\quad -13.572\quad -180.52]^{\mathrm{T}}\tag{9-111}$$

假设只有航天器初始姿态偏差为$\varphi_0=1°$，最大输出力矩限定为0.1 N·m，图9-27给出滚动角曲线，图9-28是滚动角速率曲线，图9-29给出了控制力矩曲线，图9-30给出了降维状态观测器观测误差曲线。从图中看出，在降维状态观测器的有效观测下，滚动角和滚动角速率也逐渐趋向稳定。

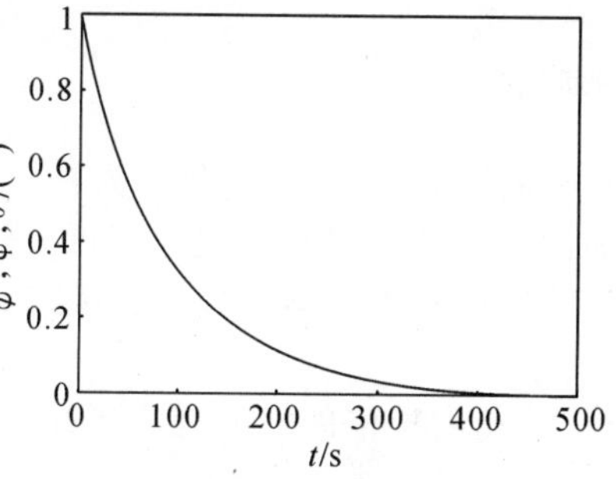

图9-27　滚动角曲线

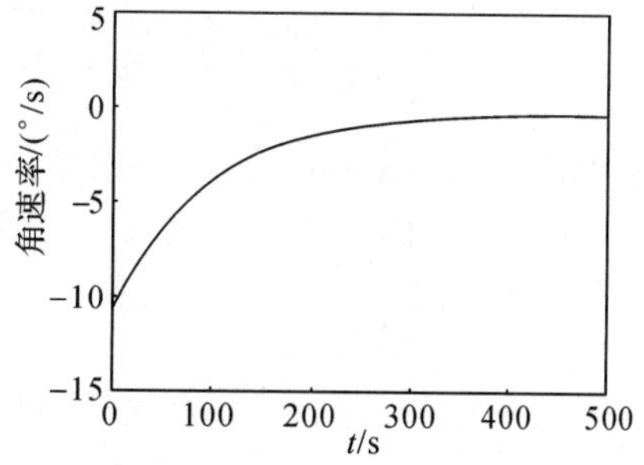

图9-28　滚动角速率曲线

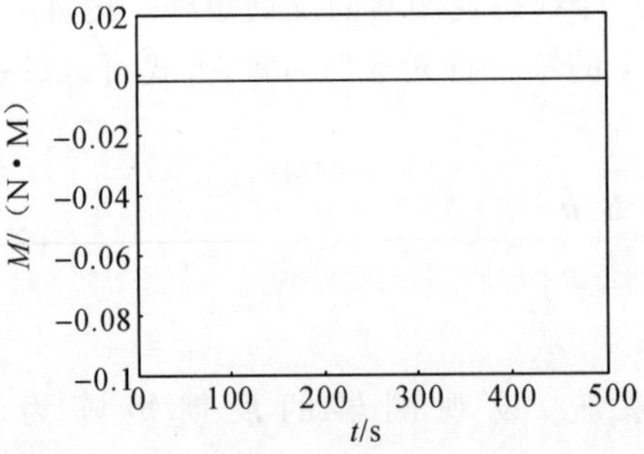

图 9-29 控制力矩曲线

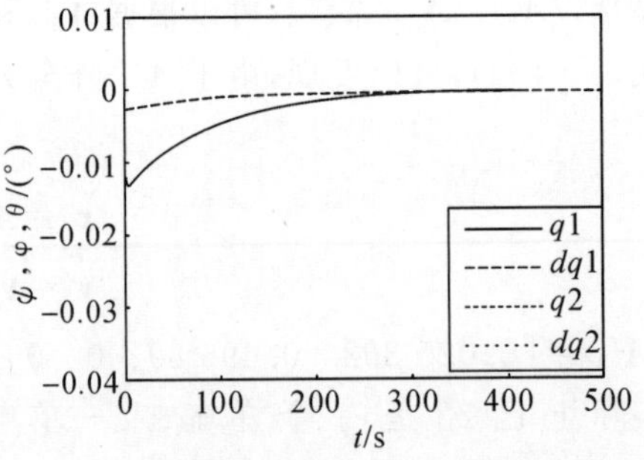

图 9-30 降维状态观测器的观测误差曲线

第四节 线性系统理论在机器人机械手控制系统设计中的应用

一、两连杆机械手控制系统的动力学模型

手臂型机器人通常称为机械手或机器人手臂。机械手这一名称来自“进行操作的装置”。典型的机械手一般是多连杆的，通过关节结合起来的结构。机械手由于具有两个关节，所以成为 2 自由度机械手。这里所说的自由度是表示机构运动时独立的位置变量数，通常与机械手的关节相同。每个关节的驱动力矩都是由伺服控制器根据各个关节的期望运动来给定。

1. 两连杆机械手的动力学模型

两连杆机械手就是两关节机械手，图 9-31 是两关节机械手的示意图。

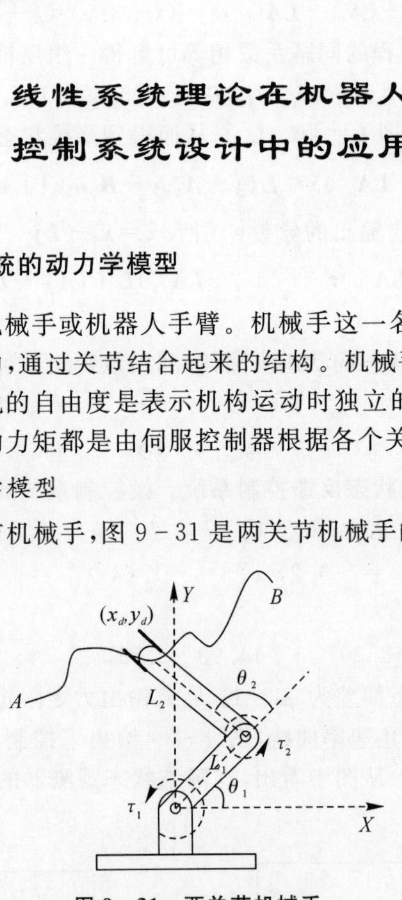

图 9-31 两关节机械手

由电机给出的驱动力矩 τ_1，τ_2 分别作用在杆 L_1 和杆 L_2 上，θ_1、θ_2 分别为杆 L_1 和杆 L_2 在 τ_1，τ_2 作用下转过的角度。此机械手与限于平面内运动的手臂相似，机械手的终端操作器相当于人的手，机械手由两个伺服马达驱动，使机械手从初始姿态运动到终止姿态，两连杆机械手常用于作一些简单的作业。

对于有 n 个关节 n 个连杆的机械手，机械手连杆运动的拉格朗日方程为下列一般的非线性方程：

$$\boldsymbol{D}(\boldsymbol{\theta})\ddot{\boldsymbol{\theta}}+\boldsymbol{H}(\boldsymbol{\theta},\dot{\boldsymbol{\theta}})+\boldsymbol{G}(\boldsymbol{\theta})=\boldsymbol{\tau} \tag{9-112}$$

式中：$\boldsymbol{\tau}$ 为 $(n\times1)$ 维控制力矩向量；$\boldsymbol{\theta}$，$\dot{\boldsymbol{\theta}}$ 及 $\ddot{\boldsymbol{\theta}}$ 分别为 $(n\times1)$ 维关节角、角速度及角加速度向

量;$\boldsymbol{G}(\boldsymbol{\theta})$为$(n\times1)$维重力力矩向量;$\boldsymbol{H}(\boldsymbol{\theta},\ddot{\boldsymbol{\theta}})$为哥氏及离心力矩向量;$\boldsymbol{D}(\boldsymbol{\theta})$为$(n\times n)$维惯性量阵; $\boldsymbol{G}(\boldsymbol{\theta})$、$\boldsymbol{H}(\boldsymbol{\theta},\dot{\boldsymbol{\theta}})$和$\boldsymbol{D}(\boldsymbol{\theta})$的元素都是$\boldsymbol{\theta}$和$\dot{\boldsymbol{\theta}}$的很复杂的非线性性函数。

对于两连杆平面机械手运动的动态方程可写为

$$\begin{aligned}\boldsymbol{\tau}_1&=\boldsymbol{D}_{11}\ddot{\boldsymbol{\theta}}_1+\boldsymbol{D}_{12}\ddot{\boldsymbol{\theta}}_2+\boldsymbol{H}_1(\boldsymbol{\theta},\dot{\boldsymbol{\theta}})+\boldsymbol{G}_1(\boldsymbol{\theta})\\ \boldsymbol{\tau}_2&=\boldsymbol{D}_{21}\ddot{\boldsymbol{\theta}}_1+\boldsymbol{D}_{22}\ddot{\boldsymbol{\theta}}_2+\boldsymbol{H}_2(\boldsymbol{\theta},\dot{\boldsymbol{\theta}})+\boldsymbol{G}_2(\boldsymbol{\theta})\end{aligned}\tag{9-113}$$

其中,各式的表达式如下:

$$\boldsymbol{D}_{11}=\left[\frac{1}{3}m_1l_1^2+\frac{1}{3}m_2l_2^2+m_2l_1^2\right]+[m_2l_1l_2]\cos\theta_2\overset{\triangle}{=}a_1+a_2\cos\theta_2$$

$$\boldsymbol{D}_{12}=\boldsymbol{D}_{21}=\left[\frac{1}{3}m_2l_2^2\right]+\left[\frac{1}{2}m_2l_1l_2\right]\cos\theta_2\overset{\triangle}{=}a_3+\frac{a_2}{2}\cos\theta_2$$

$$\boldsymbol{D}_{22}=\left[\frac{1}{3}m_2l_2^2\right]=a_3$$

$$\boldsymbol{H}_1(\boldsymbol{\theta},\dot{\boldsymbol{\theta}})=-(m_2l_1l_2\sin\theta_2)\dot{\theta}_1\dot{\theta}_2-\frac{1}{2}(m_2l_1l_2\sin\theta_2)\dot{\theta}_2^2\overset{\triangle}{=}-(a_2\sin\theta_2)\left(\dot{\theta}_1\dot{\theta}_2+\frac{\dot{\theta}_2^2}{2}\right)$$

$$\boldsymbol{H}_2(\boldsymbol{\theta},\dot{\boldsymbol{\theta}})=\frac{1}{2}(m_2l_1l_2\sin\theta_2)\dot{\theta}_1^2\overset{\triangle}{=}-\frac{1}{2}(a_2\sin\theta_2)\dot{\theta}_1^2$$

$$\boldsymbol{G}_1(\boldsymbol{\theta})=\left[\frac{1}{2}m_1gl_1+m_2gl_1\right]\cos\theta_1+\left[\frac{1}{2}m_2gl_2\right]\cos(\theta_1+\theta_2)\overset{\triangle}{=}a_4\cos\theta_1+a_5\cos(\theta_1+\theta_2)$$

$$\boldsymbol{G}_2(\boldsymbol{\theta})=\left[\frac{1}{2}m_2gl_2\right]\cos(\theta_1+\theta_2)\overset{\triangle}{=}a_5\cos(\theta_1+\theta_2)$$

式中定义的$a_1,a_2,\cdots,a_5$是为了数学处理方便。

假设机械手关节无摩擦,连杆均匀,重心均在中点上。为了设计控制机械手的线性多变量控制器,非线性模型必须在工作点附近线性化。

2. 在工作点附近的线性化

考虑n连杆的机械手的初始控制力矩$\hat{\boldsymbol{\tau}}$和初始关节位置、速度及加速度向量$\hat{\boldsymbol{\theta}},\hat{\dot{\boldsymbol{\theta}}}$及$\hat{\ddot{\boldsymbol{\theta}}}$满足下:

$$\hat{\boldsymbol{\tau}}=\boldsymbol{D}(\hat{\boldsymbol{\theta}})\hat{\ddot{\boldsymbol{\theta}}}+\boldsymbol{H}(\hat{\boldsymbol{\theta}},\hat{\dot{\boldsymbol{\theta}}})+\boldsymbol{G}(\hat{\boldsymbol{\theta}})\tag{9-114}$$

与机械手的初始条件对应的工作点$\boldsymbol{Q}=(\hat{\boldsymbol{\tau}},\hat{\boldsymbol{\theta}},\hat{\dot{\boldsymbol{\theta}}})$用来表示。

现在工作点附近,对控制力矩作小扰动$\Delta\boldsymbol{\tau}$,即$\boldsymbol{\tau}(t)=\hat{\boldsymbol{\tau}}+\Delta\boldsymbol{\tau}(t)$;设关节角向量的最终的扰动为$\Delta\boldsymbol{\theta}$,即$\boldsymbol{\theta}(t)=\hat{\boldsymbol{\theta}}+\Delta\boldsymbol{\theta}(t)$。则从非线性机械手模型可得:

$$\boldsymbol{D}(\hat{\boldsymbol{\theta}}+\Delta\boldsymbol{\theta})(\hat{\ddot{\boldsymbol{\theta}}}+\Delta\ddot{\boldsymbol{\theta}})+\boldsymbol{H}(\hat{\boldsymbol{\theta}}+\Delta\boldsymbol{\theta},\hat{\dot{\boldsymbol{\theta}}}+\Delta\dot{\boldsymbol{\theta}})+\boldsymbol{G}(\hat{\boldsymbol{\theta}}+\Delta\boldsymbol{\theta})=\hat{\boldsymbol{\tau}}+\Delta\boldsymbol{\tau}\tag{9-115}$$

应用泰勒级数在工作点$\boldsymbol{Q}$附近展开向量$\boldsymbol{H}$和$\boldsymbol{G}$,可得:

$$\begin{aligned}\boldsymbol{H}(\hat{\boldsymbol{\theta}}+\Delta\boldsymbol{\theta},\hat{\dot{\boldsymbol{\theta}}}+\Delta\dot{\boldsymbol{\theta}})&=\boldsymbol{H}(\hat{\boldsymbol{\theta}},\hat{\dot{\boldsymbol{\theta}}})+\left[\frac{\partial\boldsymbol{H}}{\partial\boldsymbol{\theta}}\right]_Q\Delta\boldsymbol{\theta}+\left[\frac{\partial\boldsymbol{H}}{\partial\dot{\boldsymbol{\theta}}}\right]_Q+\cdots\\ \boldsymbol{G}(\hat{\boldsymbol{\theta}}+\Delta\boldsymbol{\theta})&=\boldsymbol{G}(\hat{\boldsymbol{\theta}})+\left[\frac{\partial\boldsymbol{G}}{\partial\boldsymbol{\theta}}\right]_Q\Delta\boldsymbol{\theta}+\cdots\end{aligned}\tag{9-116}$$

式中：$\frac{\partial \boldsymbol{H}}{\partial \boldsymbol{\theta}}$、$\frac{\partial \boldsymbol{H}}{\partial \dot{\boldsymbol{\theta}}}$及$\frac{\partial \boldsymbol{G}}{\partial \boldsymbol{\theta}}$为$(n\times n)$维矩阵，其$(i,j)$维元素为$\left[\frac{\partial \boldsymbol{H}}{\partial \boldsymbol{\theta}}\right]_{ij}=\left[\frac{\partial \boldsymbol{H}_i}{\partial \boldsymbol{\theta}_j}\right]$，$\left[\frac{\partial \boldsymbol{H}}{\partial \dot{\boldsymbol{\theta}}}\right]_{ij}=\left[\frac{\partial \boldsymbol{H}_i}{\partial \dot{\boldsymbol{\theta}}_j}\right]$，$\left[\frac{\partial \boldsymbol{G}}{\partial \boldsymbol{\theta}}\right]_{ij}=\left[\frac{\partial \boldsymbol{G}_i}{\partial \boldsymbol{\theta}_j}\right]$，忽略展开式中的$\Delta\boldsymbol{\theta}$及$\Delta\dot{\boldsymbol{\theta}}$的二阶及高阶项，并假设$\boldsymbol{D}(\hat{\boldsymbol{\theta}}+\Delta\boldsymbol{\theta})\approx\boldsymbol{D}(\hat{\boldsymbol{\theta}})$，可将在在工作点$Q$附近展开的非线性模型化为

$$\boldsymbol{A}_1(\hat{\ddot{\boldsymbol{\theta}}}+\Delta\ddot{\boldsymbol{\theta}})+\boldsymbol{H}(\hat{\boldsymbol{\theta}},\hat{\dot{\boldsymbol{\theta}}})+\boldsymbol{C}_1\Delta\boldsymbol{\theta}+\boldsymbol{B}_1\Delta\dot{\boldsymbol{\theta}}+\boldsymbol{G}(\hat{\boldsymbol{\theta}})+\boldsymbol{C}_2\Delta\boldsymbol{\theta}=\hat{\boldsymbol{\tau}}+\Delta\boldsymbol{\tau} \tag{9-117}$$

常数阵$\boldsymbol{A}_1$，$\boldsymbol{B}_1$，$\boldsymbol{C}_1$及$\boldsymbol{C}_2$分别为$\boldsymbol{A}_1=[\boldsymbol{D}]_Q$，$\boldsymbol{B}_1=\left[\frac{\partial \boldsymbol{H}}{\partial \dot{\boldsymbol{\theta}}}\right]_Q$，$\boldsymbol{C}_1=\left[\frac{\partial \boldsymbol{H}}{\partial \boldsymbol{\theta}}\right]_Q$，$\boldsymbol{C}_2=\left[\frac{\partial \boldsymbol{G}}{\partial \boldsymbol{\theta}}\right]_Q$。

应用初始条件可使非线性模型化为

$$\boldsymbol{A}_1\Delta\ddot{\boldsymbol{\theta}}+\boldsymbol{B}_1\Delta\dot{\boldsymbol{\theta}}+(\boldsymbol{C}_1+\boldsymbol{C}_2)\Delta\boldsymbol{\theta}=\Delta\boldsymbol{\tau} \tag{9-118}$$

式(9-118)给出了机械手相对于工作点所作的小偏离的增量的线性化模型，将这个方程写为线性状态模型的标准形式为

$$\left.\begin{aligned}\dot{\boldsymbol{x}}&=\boldsymbol{A}\boldsymbol{x}+\boldsymbol{B}\boldsymbol{u}\\ \boldsymbol{y}&=\boldsymbol{C}\boldsymbol{x}+\boldsymbol{D}\boldsymbol{u}\end{aligned}\right\} \tag{9-119}$$

式中

$$\boldsymbol{x}=\begin{bmatrix}\Delta\boldsymbol{\theta}\\ \Delta\dot{\boldsymbol{\theta}}\end{bmatrix},\quad \boldsymbol{y}=\Delta\boldsymbol{\theta},\quad \boldsymbol{u}=\Delta\boldsymbol{\tau},\quad \boldsymbol{A}=\begin{bmatrix}\boldsymbol{0} & \boldsymbol{I}\\ -\boldsymbol{A}_1^{-1}(\boldsymbol{C}_1+\boldsymbol{C}_2) & -\boldsymbol{A}_1^{-1}\boldsymbol{B}_1\end{bmatrix}$$

$$\boldsymbol{B}=\begin{pmatrix}\boldsymbol{0}\\ \boldsymbol{A}_1^{-1}\end{pmatrix},\quad \boldsymbol{C}=[\boldsymbol{I}\quad \boldsymbol{0}],\quad \boldsymbol{D}=\boldsymbol{0}$$

上面的模型为$2n$阶，将状态向量$\boldsymbol{x}$为$(2n\times1)$维，控制向量$\boldsymbol{u}$为$(n\times1)$维，输出向量$\boldsymbol{y}$为$(n\times1)$维。显然对于两连杆平面机械手运动的动态方程来说，数学模型为4阶，将状态向量$\boldsymbol{x}$为(4×1)维，控制向量$\boldsymbol{u}$为(2×1)维，输出向量$\boldsymbol{y}$为(2×1)维。

考虑两连杆平面机械手运动的数据为：$l_1=l_2=0.432\ \text{m}$，$m_1=15.91\ \text{kg}$，$m_2=11.36\ \text{kg}$。其中，l_1，l_2为连杆1和2的长度，m_1，m_2为连杆1和2的质量。由这些数据计算出模型参考数值为$a_1=3.82$，$a_2=2.12$，$a_3=0.71$，$a_4=81.82$，$a_5=24.06$。设机械手的初始工作点为$Q=\left[\hat{\theta}_1=-\frac{\pi}{2},\hat{\theta}_2=0,\hat{\dot{\theta}}_1=\hat{\dot{\theta}}_2=0,\hat{\ddot{\theta}}_1=\hat{\ddot{\theta}}_2=0\right]$。此时的姿态就是“臂向下”的姿态，由此可给出初始条件所需要的力矩$\hat{\tau}_1=0$，$\hat{\tau}_2=0$。

在线性化模型中的子矩阵在工作点所取的值为

$$\boldsymbol{A}_1^{-1}=[\boldsymbol{D}]_Q^{-1}=\begin{bmatrix}a_1+a_2\cos\theta_2 & a_3+\frac{a_2}{2}\cos\theta_2\\ a_3+\frac{a_2}{2}\cos\theta_2 & a_3\end{bmatrix}_Q^{-1}=\begin{bmatrix}0.655 & -1.632\\ -1.632 & 5.477\end{bmatrix}$$

$$\boldsymbol{B}_1=\left[\frac{\partial \boldsymbol{H}}{\partial \dot{\boldsymbol{\theta}}}\right]_Q=\begin{bmatrix}\frac{\partial H_1}{\partial \dot{\theta}_1} & \frac{\partial H_1}{\partial \dot{\theta}_2}\\ \frac{\partial H_2}{\partial \dot{\theta}_1} & \frac{\partial H_2}{\partial \dot{\theta}_2}\end{bmatrix}_Q=\begin{bmatrix}-a_2\dot{\theta}_2\sin\theta_2 & -a_2(\dot{\theta}_1+\dot{\theta}_2)\sin\theta_2\\ a_2\dot{\theta}_1\sin\theta_2 & 0\end{bmatrix}_Q=\begin{bmatrix}0 & 0\\ 0 & 0\end{bmatrix}$$

$$C_1=\left[\frac{\partial \boldsymbol{H}}{\partial \boldsymbol{\theta}}\right]_Q=\begin{bmatrix}\dfrac{\partial H_1}{\partial \theta_1} & \dfrac{\partial H_1}{\partial \theta_2}\\ \dfrac{\partial H_2}{\partial \theta_1} & \dfrac{\partial H_2}{\partial \theta_2}\end{bmatrix}_Q=\begin{bmatrix}0 & -a_2(\dot{\theta}_1\dot{\theta}_2+\dfrac{\dot{\theta}_2^2}{2})\cos\theta_2\\ 0 & \dfrac{a_2}{2}\dot{\theta}_1^2\cos\theta_2\end{bmatrix}_Q=\begin{bmatrix}0 & 0\\ 0 & 0\end{bmatrix}$$

$$\boldsymbol{C}_2=\left[\frac{\partial \boldsymbol{G}}{\partial \boldsymbol{\theta}}\right]_Q=\begin{bmatrix}\dfrac{\partial G_1}{\partial \theta_1} & \dfrac{\partial G_1}{\partial \theta_2}\\ \dfrac{\partial G_2}{\partial \theta_1} & \dfrac{\partial G_2}{\partial \theta_2}\end{bmatrix}_Q=\begin{bmatrix}-a_4\sin\theta_1-a_5\sin(\theta_1+\theta_2) & -a_5\sin(\theta_1+\theta_2)\\ -a_5\sin(\theta_1+\theta_2) & -a_5\sin(\theta_1+\theta_2)\end{bmatrix}_Q=$$

$$\begin{bmatrix}105.88 & 24.06\\ 24.06 & 24.06\end{bmatrix}$$

$$-\boldsymbol{A}_1^{-1}(\boldsymbol{C}_1+\boldsymbol{C}_2)=-\boldsymbol{A}_1^{-1}\boldsymbol{C}_2=\begin{bmatrix}-30.09 & 23.51\\ 41.02 & -92.51\end{bmatrix},\quad \boldsymbol{A}_1^{-1}\boldsymbol{B}_1=\boldsymbol{0}$$

两连杆平面机械手在工作点附近的线性化模型中

$$\boldsymbol{x}=\begin{bmatrix}\Delta\theta_1\\ \Delta\theta_2\\ \Delta\dot{\theta}_1\\ \Delta\dot{\theta}_2\end{bmatrix},\quad \boldsymbol{y}=\begin{bmatrix}\Delta\theta_1\\ \Delta\theta_2\end{bmatrix},\quad \boldsymbol{u}=\begin{bmatrix}\Delta\tau_1\\ \Delta\tau_2\end{bmatrix}$$

$$\boldsymbol{A}=\begin{bmatrix}0 & 0 & 1 & 0\\ 0 & 0 & 0 & 1\\ -30.09 & 23.51 & 0 & 0\\ 41.02 & -92.51 & 0 & 0\end{bmatrix},\quad \boldsymbol{B}=\begin{bmatrix}0 & 0\\ 0 & 0\\ 0.655 & -1.632\\ -1.632 & 5.477\end{bmatrix},\quad \boldsymbol{C}=\begin{bmatrix}1 & 0 & 0 & 0\\ 0 & 1 & 0 & 0\end{bmatrix},\quad \boldsymbol{D}=\boldsymbol{0}$$

在设计机械手线性多变量控制器之前，简单地分析一下被控制系统的动态特征。检查 $\boldsymbol{A}$ 阵的特征值：$|s\boldsymbol{I}-\boldsymbol{A}|=s^4+122.6s^2+1\,810=(s^2+105.4)(s^2+17.17)$。由此可得 $\boldsymbol{A}$ 阵的特征值为 $\pm4.14\mathrm{j}$ 和 $\pm10.27\mathrm{j}$，两对极点都位于复平面的虚轴上。根据连续线性定常系统的李雅普诺夫稳定性定理可以知道，机械手动力学的初步计算表示在工作点 $\boldsymbol{Q}$ 附近，该机械手系统是李雅普诺夫意义下的稳定，是局部稳定。这种稳定性不是渐近稳定的。

二、两连杆机械手控制系统设计

根据上一节建立的两连杆机械手线性化模型，下面利用多变量极点配置的方法来设计系统的反馈稳定控制系统。

1. 基于极点配置反馈稳定控制系统设计

为了保证采用单位秩的方法设计控制系统，首先检查受控对象的能控性和循环性。

由于 $\boldsymbol{A}$ 阵的特征值为 $\pm4.14\mathrm{j}$ 和 $\pm10.27\mathrm{j}$，显然具有相异的特征值，故 $\boldsymbol{A}$ 阵是循环阵。

由于

$$\mathrm{rank}[\boldsymbol{B}\quad \boldsymbol{AB}]=\mathrm{rank}\begin{bmatrix}0 & 0 & 0.655 & -1.632\\ 0 & 0 & -1.632 & 5.477\\ 0.655 & -1.632 & 0 & 0\\ -1.632 & 5.477 & 0 & 0\end{bmatrix}=4=n$$

所以两连杆机械手系统是能控的。

这样可以利用单位秩的设计方法，取向量 $\boldsymbol{\rho}=\begin{bmatrix}0\\1\end{bmatrix}$，可得

$$\boldsymbol{b}=\boldsymbol{B\rho}=\begin{bmatrix}0 & 0\\0 & 0\\0.655 & -1.632\\-1.632 & 5.477\end{bmatrix}\begin{bmatrix}0\\1\end{bmatrix}=\begin{bmatrix}0\\0\\-1.632\\5.477\end{bmatrix}$$

由于

$$\mathrm{rank}[\boldsymbol{b}\quad \boldsymbol{Ab}\quad \boldsymbol{A}^2\boldsymbol{b}\quad \boldsymbol{A}^3\boldsymbol{b}]=\mathrm{rank}\begin{bmatrix}0 & -1.632 & 0 & 177.871\\0 & 5.477 & 0 & -573.622\\-1.632 & 0 & 177.871 & 0\\5.477 & 0 & -573.622 & 0\end{bmatrix}=4=n$$

所以$(\boldsymbol{A},\boldsymbol{b})$是能能控的。

设希望的极点为：$-6+\sqrt{11}$，$-6-\sqrt{11}$，$-6.4+\sqrt{23.04}\mathrm{j}$，$-6.4-\sqrt{23.04}\mathrm{j}$，则期望的特征多项式为

$$\begin{aligned}f^*(\lambda)=&(\lambda+6-\sqrt{11})(\lambda+6+\sqrt{11})(\lambda+6.4-\sqrt{23.04}\mathrm{j})(\lambda+6.4+\sqrt{23.04}\mathrm{j})=\\&(\lambda^2+12\lambda+25)(\lambda^2+12.8\lambda+64)=\\&\lambda^4+24.8\lambda^3+242.6\lambda^2+1\,088\lambda+1\,600\end{aligned}$$

设反馈阵为 $k=[k_1\quad k_2\quad k_3\quad k_4]$，则

$$\boldsymbol{A}-\boldsymbol{bk}=\begin{bmatrix}0 & 0 & 1 & 0\\0 & 0 & 0 & 1\\-30.09+1.632k_1 & 23.51+1.632k_2 & 1.632k_3 & 1.632k_4\\41.02-5.477k_1 & -92.51-5.477k_3 & -5.477k_3 & -5.477k_4\end{bmatrix}$$

$$\begin{aligned}f(\lambda)=|\lambda\boldsymbol{I}-\boldsymbol{A}+\boldsymbol{bk}|=&\lambda^4+(5.477k_4-1.632k_3)\lambda^3+(122.6-1.632k_1+5.477k_2)\lambda^2+\\&(97.858\,29k_4-22.212\,05k_3)\lambda+\\&1\,819.245\,7+22.212\,05k_1+97.858\,29k_2\end{aligned}$$

由 $f^*(\lambda)=f(\lambda)$ 可得：$k_1=-46.004$，$k_2=8.202$，$k_3=92.829$，$k_4=32.189$。所以系统的反馈阵为

$$\boldsymbol{K}=\boldsymbol{\rho k}=\begin{bmatrix}0 & 0 & 0 & 0\\-46.004 & 8.202 & 92.829 & 32.189\end{bmatrix}$$

则闭环控制的系统为

$$\bar{\boldsymbol{A}}=\boldsymbol{A}-\boldsymbol{Bk}=\begin{pmatrix}0 & 0 & 1 & 0\\0 & 0 & 0 & 1\\-105.169 & 36.896 & 151.497 & 52.532\\292.984 & -137.432 & -508.424 & -176.299\end{pmatrix}$$

由仿真图 9 - 32 至图 9 - 35 可以看出，在以上控制器的作用下，两联杆机械手的角位移和角速度都实现了稳定。

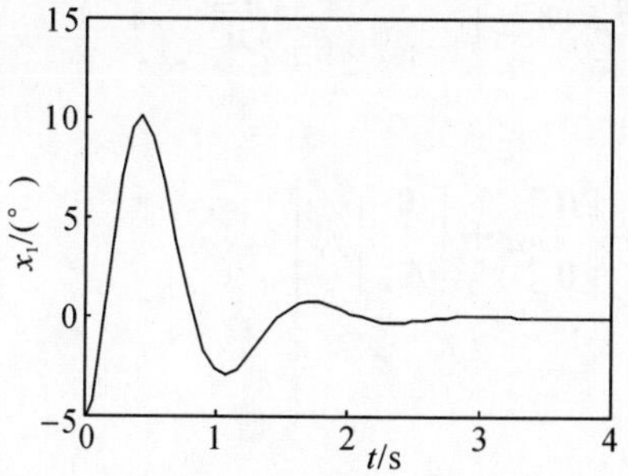

图 9 - 32　角位移 x_1 的变化曲线图

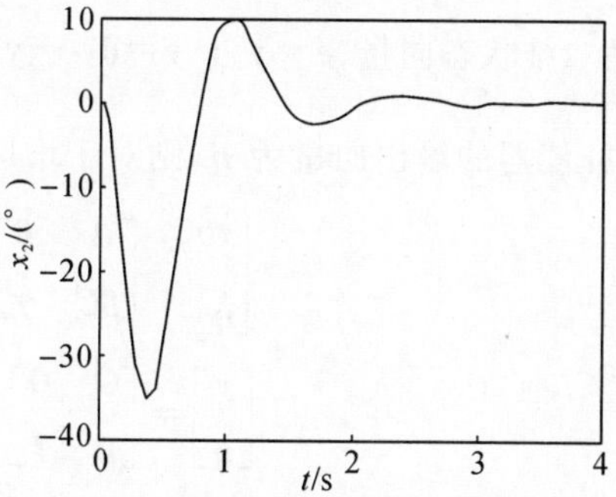

图 9 - 33　角位移 x_2 的变化曲线图

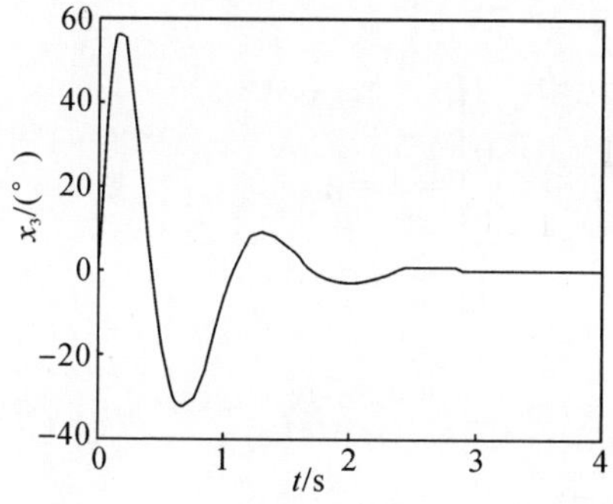

图 9 - 34　角速度 x_3 的变化曲线图

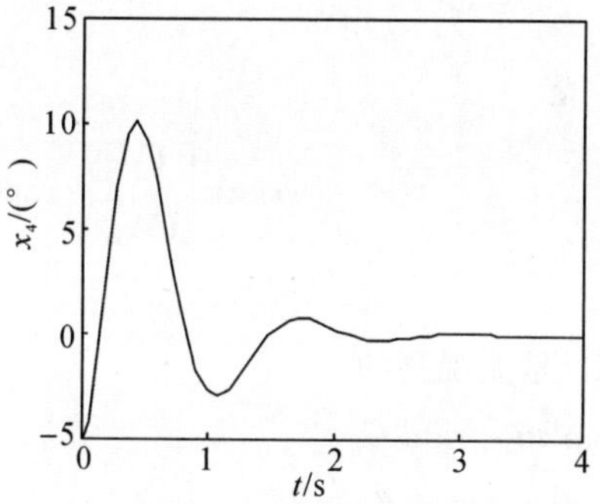

图 9 - 35　角速度 x_4 的变化曲线图

2. 轨迹跟踪控制系统设计

这里考虑两连杆机械手的轨迹运动主要通过角位移 θ_1 和 θ_2 的运动来实现。选取期望机械手期望的角位移 $\theta_{2r}=0.2\cos\pi t$。这里考虑机械手的动力学模型中

$$\boldsymbol{x}=\begin{bmatrix}\Delta\theta_1\\ \Delta\theta_2\\ \Delta\dot{\theta}_1\\ \Delta\dot{\theta}_2\end{bmatrix},\quad \boldsymbol{y}=\Delta\theta_2,\quad \boldsymbol{u}=\begin{bmatrix}\Delta\tau_1\\ \Delta\tau_2\end{bmatrix}$$

$$\boldsymbol{A}==\begin{pmatrix}0 & 0 & 1 & 0\\ 0 & 0 & 0 & 1\\ -105.169 & 36.896 & 151.497 & 52.532\\ 292.984 & -137.432 & -508.424 & -176.299\end{pmatrix},\quad \boldsymbol{B}=\begin{pmatrix}0 & 0\\ 0 & 0\\ 0.655 & -1.632\\ -1.632 & 5.477\end{pmatrix}$$

$$\boldsymbol{C}=(0\quad 1\quad 0\quad 0),\boldsymbol{D}=\boldsymbol{0}$$

系统是稳定的，而期望的输出不稳定的极点多项式为 $f(s)=s^2+\pi^2$，所以整个系统不稳

定的特征多项式的最小公倍多项式为 $f(s)$，所以引入的伺服补偿器的状态方程：

$$\dot{\boldsymbol{\eta}}=\boldsymbol{\gamma\eta}+\boldsymbol{\beta}e \tag{9-120}$$

式中：$\boldsymbol{\eta}$ 是二维状态向量；$e=\boldsymbol{y}_r-\boldsymbol{y}=\boldsymbol{\theta}_{2r}-\boldsymbol{y}$；$\boldsymbol{y}_r=\boldsymbol{\theta}_{2r}$；$\boldsymbol{\gamma}=\begin{bmatrix}0 & 1\\ -\pi^2 & 0\end{bmatrix}$；$\boldsymbol{\beta}=\begin{bmatrix}0\\1\end{bmatrix}$。

伺服补偿器的输出向量为 $\boldsymbol{\eta}$，则对于增广系统：

$$\left.\begin{aligned}\begin{bmatrix}\dot{\boldsymbol{x}}\\ \dot{\boldsymbol{\eta}}\end{bmatrix}&=\begin{bmatrix}\boldsymbol{A} & \boldsymbol{0}\\ \boldsymbol{\beta C} & \boldsymbol{\gamma}\end{bmatrix}\begin{bmatrix}\boldsymbol{x}\\ \boldsymbol{\eta}\end{bmatrix}+\begin{bmatrix}\boldsymbol{B}\\ \boldsymbol{0}\end{bmatrix}\boldsymbol{u}+\begin{bmatrix}\boldsymbol{0}\\ \boldsymbol{\Lambda}_2\end{bmatrix}\boldsymbol{y}_r\\ \begin{bmatrix}\boldsymbol{y}\\ \boldsymbol{\eta}\end{bmatrix}&=\begin{bmatrix}\boldsymbol{C} & \boldsymbol{0}\\ \boldsymbol{0} & \boldsymbol{I}\end{bmatrix}\begin{bmatrix}\boldsymbol{x}\\ \boldsymbol{\eta}\end{bmatrix}\end{aligned}\right\} \tag{9-121}$$

显然满足条件：

(1)$(\boldsymbol{A},\boldsymbol{B})$是能控和能观测的。因为原系统是极点配置后所得到的闭环系统，极点反馈不改变系统的能能控性，所以$(\boldsymbol{A},\boldsymbol{B})$是能控。

由于

$$\operatorname{rank}\begin{bmatrix}\boldsymbol{C}\\ \boldsymbol{CA}\end{bmatrix}=\operatorname{rank}\begin{bmatrix}1 & 0 & 0 & 0\\ 0 & 1 & 0 & 0\\ 0 & 0 & 1 & 0\\ 0 & 0 & 0 & 1\end{bmatrix}=4=n$$

所以$(\boldsymbol{A},\boldsymbol{C})$是能观测的。

(2)$\operatorname{rank}\boldsymbol{B}=\operatorname{rank}\boldsymbol{C}=2$。

(3)$\operatorname{rank}(s\boldsymbol{I}-\boldsymbol{\gamma},\boldsymbol{\beta})=2$。

$$\operatorname{rank}(s\boldsymbol{I}-\boldsymbol{\gamma},\boldsymbol{\beta})=\operatorname{rank}\begin{bmatrix}s & -1 & 0\\ \pi^2 & s & 1\end{bmatrix}=2$$

(4)
$$\operatorname{rank}\begin{bmatrix}s\boldsymbol{I}-\boldsymbol{A} & \boldsymbol{B}\\ \boldsymbol{C} & \boldsymbol{0}\end{bmatrix}=4+1=5$$

$$\operatorname{rank}\begin{bmatrix}s\boldsymbol{I}-\boldsymbol{A} & \boldsymbol{B}\\ \boldsymbol{C} & \boldsymbol{0}\end{bmatrix}=$$

$$\operatorname{rank}\begin{bmatrix}s & 0 & -1 & 0 & 0 & 0\\ 0 & s & 0 & -1 & 0 & 0\\ 105.169 & -36.896 & s-151.497 & -52.532 & 0.655 & -1.632\\ -292.984 & 137.432 & 508.424 & s+176.299 & -1.632 & 5.477\\ 0 & 1 & 0 & 0 & 0 & 0\end{bmatrix}=5$$

所以增广系统可以设计鲁棒控制器使得闭环系统稳定，并且实现对期望角位移的跟踪。

设

$$\bar{\boldsymbol{A}}=\begin{bmatrix}\boldsymbol{A} & \boldsymbol{0}\\ \boldsymbol{\beta C} & \boldsymbol{\gamma}\end{bmatrix} \tag{9-123}$$

则

$|\lambda \boldsymbol{I}-\bar{\boldsymbol{A}}|=(\lambda+\pi j)(\lambda-\pi j)(\lambda+1.94+4.84j)(\lambda+1.94-4.84j)(\lambda+10.46-4.96j)(\lambda+10.46+4.96j)$

显然 $\bar{\boldsymbol{A}}$ 阵有不稳定的的特征值，所以需要利用极点配置的方法设计控制系统。

采用多输入系统的极点配置的方法，设希望的极点为：$-6+\sqrt{11}$，$-6-\sqrt{11}$，$-6.4+\sqrt{23.04}j$，$-6.4-\sqrt{23.04}j$，-2，-3，可以求出系统的状态反馈阵为

$$\boldsymbol{K}=\begin{bmatrix}-56.8 & 195.1 & 34.2 & 29.9 & -1447.5 & 425.4\\ 36.7 & 54.8 & -82.6 & -20.1 & -583.7 & 162.6\end{bmatrix}$$

则对于两连杆机械手系统来说，相应的状态反馈为

$$\boldsymbol{u}_1=\boldsymbol{K}_1\boldsymbol{x} \tag{9-124}$$

式中

$$\boldsymbol{K}_1=\begin{bmatrix}-56.8 & 195.1 & 34.2 & 29.9\\ 36.7 & 54.8 & -82.6 & -20.1\end{bmatrix}$$

对于伺服补偿器来说，相应的状态反馈为

$$\boldsymbol{u}_2=\boldsymbol{K}_2\boldsymbol{\eta} \tag{9-125}$$

式中

$$\boldsymbol{K}_2=\begin{bmatrix}-1447.5 & 425.4\\ -583.7 & 162.6\end{bmatrix}$$

由仿真图 9-36～图 9-49 可以看出，在以上控制器的作用下，两联杆机械手的角位移实现对期望机械手期望的角位移 $\theta_{2r}=0.2\cos\pi t$ 的稳定跟踪。

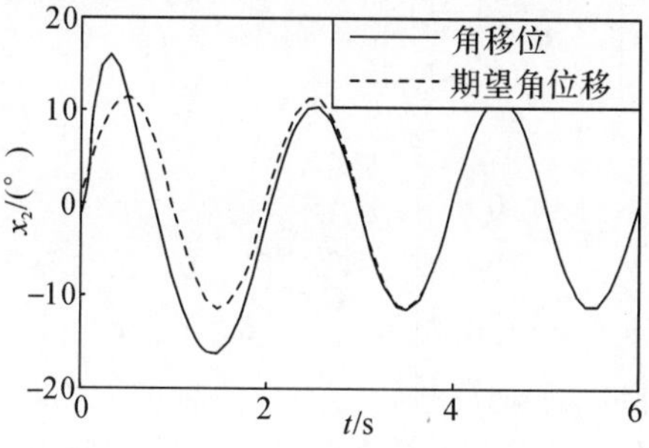

图 9-36　角位移 x_2 的变化曲线图

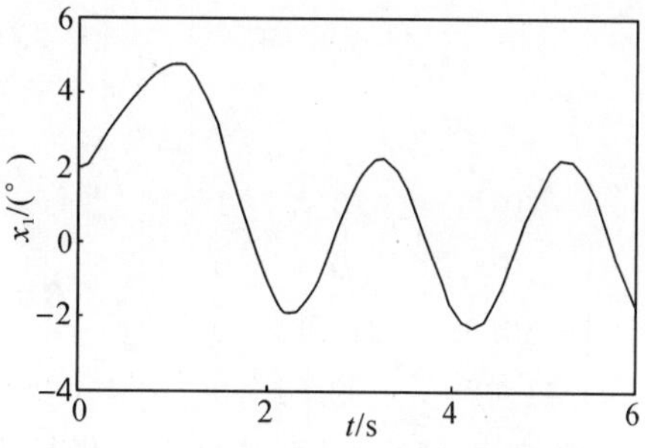

图 9-37　角位移 x_1 的变化曲线图

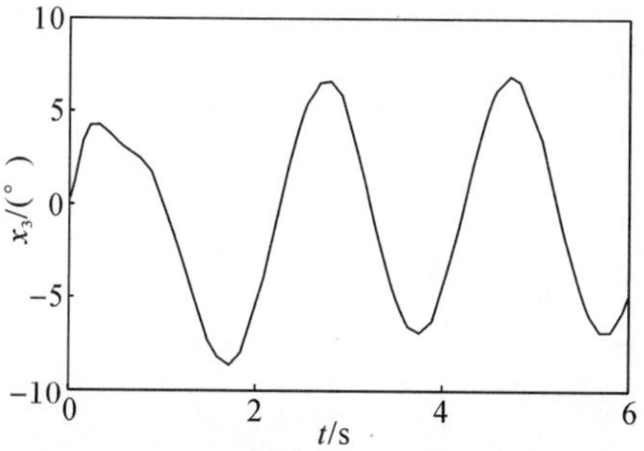

图 9-38　角速度 x_3 的变化曲线图

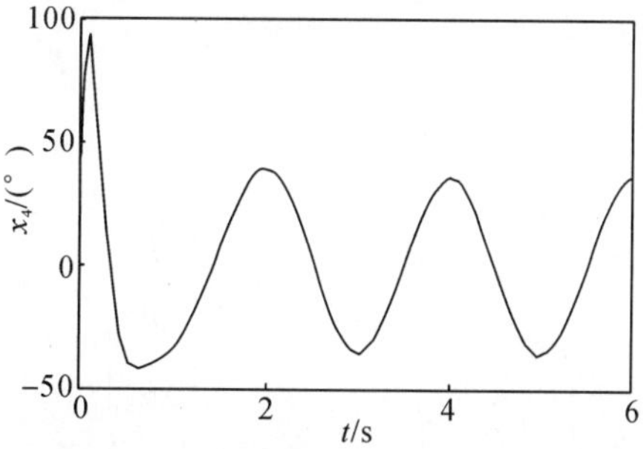

图 9-39　角速度 x_4 的变化曲线图

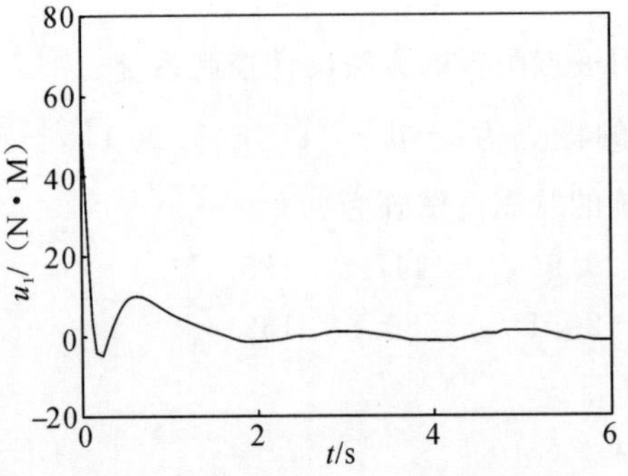

图 9-40　力矩 u_1 的变化曲线图

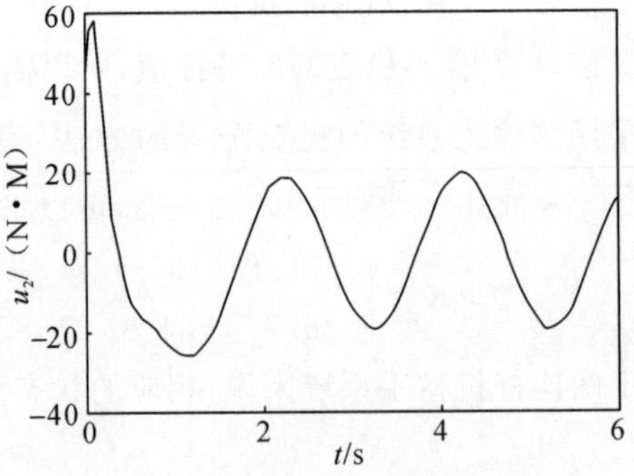

图 9-41　力矩 u_2 的变化曲线图

三、两连杆机械手解耦控制系统设计

由第一节的内容，已经知道了两连杆平面机械手在工作点附近的线性化模型为

$$\left.\begin{aligned}\dot{\boldsymbol{x}}&=\boldsymbol{A}\boldsymbol{x}+\boldsymbol{B}\boldsymbol{u}\\ \boldsymbol{y}&=\boldsymbol{C}\boldsymbol{x}+\boldsymbol{D}\boldsymbol{u}\end{aligned}\right\}\tag{9-126}$$

其中

$$\boldsymbol{x}=\begin{bmatrix}\Delta\theta_1\\ \Delta\theta_2\\ \Delta\dot{\theta}_1\\ \Delta\dot{\theta}_2\end{bmatrix},\quad \boldsymbol{y}=\begin{bmatrix}\Delta\theta_1\\ \Delta\theta_2\end{bmatrix},\quad \boldsymbol{u}=\begin{bmatrix}\Delta\tau_1\\ \Delta\tau_2\end{bmatrix}$$

$$\boldsymbol{A}=\begin{bmatrix}0&0&1&0\\ 0&0&0&1\\ -30.09&23.51&0&0\\ 41.02&-92.51&0&0\end{bmatrix},\quad \boldsymbol{B}=\begin{bmatrix}0&0\\ 0&0\\ 0.655&-1.632\\ -1.632&5.477\end{bmatrix},\quad \boldsymbol{C}=\begin{bmatrix}1&0&0&0\\ 0&1&0&0\end{bmatrix},\quad \boldsymbol{D}=\boldsymbol{0}$$

为了能够清楚地设计两连杆平面机械手的解耦系统，所以需要将以上系统的状态进行调整，重新写出两连杆平面机械手运动的的动力学模型：

$$\left.\begin{aligned}\dot{\bar{\boldsymbol{x}}}&=\bar{\boldsymbol{A}}\bar{\boldsymbol{x}}+\bar{\boldsymbol{B}}\boldsymbol{u}\\ \boldsymbol{y}&=\bar{\boldsymbol{C}}\bar{\boldsymbol{x}}+\boldsymbol{D}\boldsymbol{u}\end{aligned}\right\}\tag{9-127}$$

其中

$$\bar{\boldsymbol{x}}=\begin{bmatrix}\Delta\theta_1\\ \Delta\dot{\theta}_1\\ \Delta\theta_2\\ \Delta\dot{\theta}_2\end{bmatrix},\quad \boldsymbol{y}=\begin{bmatrix}\Delta\theta_1\\ \Delta\theta_2\end{bmatrix},\quad \boldsymbol{u}=\begin{bmatrix}\Delta\tau_1\\ \Delta\tau_2\end{bmatrix}$$

$$\bar{A}=\begin{bmatrix}0&1&0&0\\-30.09&0&23.51&0\\0&0&0&1\\41.02&0&-92.51&0\end{bmatrix},\bar{B}=\begin{bmatrix}0&0\\0.655&-1.632\\0&0\\-1.632&5.477\end{bmatrix},\bar{C}=\begin{bmatrix}1&0&0&0\\0&0&1&0\end{bmatrix},D=0$$

针对以上两连杆平面机械手运动的的动力学模型，设计解耦控制系统。

(1)计算两连杆平面机械手系统的结构特征参数：

$$\bar{c}_1\bar{B}=[1\quad 0\quad 0\quad 0]\begin{bmatrix}0&0\\0.655&-1.632\\0&0\\-1.632&5.477\end{bmatrix}=[0\quad 0]$$

$$\bar{c}_1\bar{A}\bar{B}=[1\quad 0\quad 0\quad 0]\begin{bmatrix}0&1&0&0\\-30.09&0&23.51&0\\0&0&0&1\\41.02&0&-92.51&0\end{bmatrix}\begin{bmatrix}0&0\\0.655&-1.632\\0&0\\-1.632&5.477\end{bmatrix}=[0.655\quad -1.632]$$

$$\bar{c}_2\bar{B}=[0\quad 0\quad 1\quad 0]\begin{bmatrix}0&0\\0.655&-1.632\\0&0\\-1.632&5.477\end{bmatrix}=[0\quad 0]$$

$$\bar{c}_2\bar{A}\bar{B}=[0\quad 0\quad 1\quad 0]\begin{bmatrix}0&1&0&0\\-30.09&0&23.51&0\\0&0&0&1\\41.02&0&-92.51&0\end{bmatrix}\begin{bmatrix}0&0\\0.655&-1.632\\0&0\\-1.632&5.477\end{bmatrix}=[-1.632\quad 5.477]$$

所以系统的结构特征指数 $d_1=1, d_2=1$；结构特征向量

$$E_1=[0.655\quad -1.632],\quad E_2=[-1.632\quad 5.477]$$

(2)判断可解耦性。由此组成的可解耦判别矩阵

$$E=\begin{bmatrix}E_1\\E_2\end{bmatrix}=\begin{bmatrix}0.655&-1.632\\-1.632&5.477\end{bmatrix}$$

显然 E 为非奇异，即两连杆平面机械手系统是可解耦。

(3)积分型解耦系统。由此可计算得：

$$E^{-1}=\begin{bmatrix}5.9274&1.7662\\1.7662&0.7089\end{bmatrix}$$

$$F=\begin{bmatrix}c_1A^2\\c_2A^2\end{bmatrix}=\begin{bmatrix}-30.09&0&23.51&0\\41.02&0&-92.51&0\end{bmatrix}$$

取输入变换矩阵和状态反馈矩阵为

$$L=E^{-1}=\begin{bmatrix}5.9274&1.7662\\1.7662&0.7089\end{bmatrix}$$

$$\boldsymbol{K}=\boldsymbol{E}^{-1}\boldsymbol{F}=\begin{bmatrix}-105.906 & 0 & -24.0387 & 0\\ -24.0677 & 0 & -24.0535 & 0\end{bmatrix}$$

则积分型解耦系统为

$$\dot{\bar{x}}=\tilde{A}\bar{x}+\tilde{B}v$$
$$y=\bar{C}\bar{x}$$

式中

$$\tilde{A}=\bar{A}-\bar{B}K=$$

$$\begin{bmatrix}0 & 1 & 0 & 0\\ -30.09 & 0 & 23.51 & 0\\ 0 & 0 & 0 & 1\\ 41.02 & 0 & -92.51 & 0\end{bmatrix}-\begin{bmatrix}0 & 0\\ 0.655 & -1.632\\ 0 & 0\\ -1.632 & 5.477\end{bmatrix}\begin{bmatrix}-105.906 & 0 & -24.0387 & 0\\ -24.0677 & 0 & -24.0535 & 0\end{bmatrix}=$$

$$\left[\begin{array}{cc:cc}0 & 1 & 0 & 0\\ 0 & 0 & 0 & 0\\ \hdashline 0 & 0 & 0 & 1\\ 0 & 0 & 0 & 0\end{array}\right]$$

$$\tilde{B}=\bar{B}L=\begin{bmatrix}0 & 0\\ 0.655 & -1.632\\ 0 & 0\\ -1.632 & 5.477\end{bmatrix}\begin{bmatrix}5.9274 & 1.7662\\ 1.7662 & 0.7089\end{bmatrix}=\left[\begin{array}{c:c}0 & 0\\ 1 & 0\\ \hdashline 0 & 0\\ 0 & 1\end{array}\right]$$

$$\bar{C}=\begin{bmatrix}1 & 0 & 0 & 0\\ 0 & 0 & 0 & 1\end{bmatrix}$$

由于

$$\operatorname{rank}\begin{bmatrix}\bar{C}\\ \bar{C}\tilde{A}\end{bmatrix}=\operatorname{rank}\begin{bmatrix}1 & 0 & 0 & 0\\ 0 & 1 & 0 & 0\\ 0 & 0 & 1 & 0\\ 0 & 0 & 0 & 1\end{bmatrix}=4=n$$

所以$[\tilde{A},\bar{C}]$是能观测的，且$[\tilde{A},\tilde{B},\bar{C}]$已处于解耦规范型了。

(4) 相对于解耦系统来确定状态反馈矩阵。取状态反馈矩阵为

$$\bar{K}=\left[\begin{array}{cc:cc}k_{11} & k_{12} & 0 & 0\\ \hdashline 0 & 0 & k_{21} & k_{22}\end{array}\right]$$

则闭环系统为

$$\hat{A}=\tilde{A}-\tilde{B}\bar{K}=$$

$$\left[\begin{array}{cc:cc}0 & 1 & 0 & 0\\ 0 & 0 & 0 & 0\\ \hdashline 0 & 0 & 0 & 1\\ 0 & 0 & 0 & 0\end{array}\right]-\left[\begin{array}{c:c}0 & 0\\ 1 & 0\\ \hdashline 0 & 0\\ 0 & 1\end{array}\right]\left[\begin{array}{cc:cc}k_{11} & k_{12} & 0 & 0\\ \hdashline 0 & 0 & k_{21} & k_{22}\end{array}\right]=\left[\begin{array}{cc:cc}0 & 1 & 0 & 0\\ -k_{11} & -k_{12} & 0 & 0\\ \hdashline 0 & 0 & 0 & 1\\ 0 & 0 & -k_{21} & -k_{22}\end{array}\right]$$

根据两连杆平面机械手系统的要求,可以给出解耦后的系统期望的特征值,分别为

$$\lambda_{11}=-6+\sqrt{11},\quad \lambda_{12}=-6-\sqrt{11},\quad \lambda_{21}=-6.4+\sqrt{23.04}\mathrm{j},\quad \lambda_{22}=-6.4-\sqrt{23.04}\mathrm{j}$$

于是,可求得期望的特征多项式为

$$f_1^*(\lambda)=(\lambda+6-\sqrt{11})(\lambda+6+\sqrt{11})=\lambda^2+12\lambda+25$$

$$f_2^*(\lambda)=(\lambda+6.4-\sqrt{23.04}\mathrm{j})(\lambda+6.4+\sqrt{23.04}\mathrm{j})=\lambda^2+12.8\lambda+64$$

即可求出反馈状态矩阵的参数:

$$k_{11}=-25,\quad k_{12}=-12,\quad k_{21}=-64,\quad k_{22}=-12.8$$

从而

$$\bar{\boldsymbol{K}}=\left[\begin{array}{cc:cc}-25 & -12 & 0 & 0\\ \hdashline 0 & 0 & -64 & -12.8\end{array}\right]$$

(5)两连杆平面机械手系统的解耦控制和极点配置的控制矩阵为

$$\boldsymbol{L}=\boldsymbol{E}^{-1}=\begin{bmatrix}5.9274 & 1.7662\\ 1.7662 & 0.7089\end{bmatrix}$$

$$\tilde{\boldsymbol{K}}=\boldsymbol{E}^{-1}\boldsymbol{F}+\boldsymbol{E}^{-1}\bar{\boldsymbol{K}}=$$

$$\begin{bmatrix}-105.906 & 0 & -24.0387 & 0\\ -24.0677 & 0 & -24.0535 & 0\end{bmatrix}+\begin{bmatrix}5.9274 & 1.7662\\ 1.7662 & 0.7089\end{bmatrix}\left[\begin{array}{cc:cc}-25 & -12 & 0 & 0\\ \hdashline 0 & 0 & -64 & -12.8\end{array}\right]=$$

$$\begin{bmatrix}-254.091 & -71.1288 & -137.0755 & -22.6074\\ -68.2227 & -21.1944 & -69.4231 & -9.0739\end{bmatrix}$$

(6)解耦后的两连杆平面机械手系统的闭环控制系统的状态空间实现和传递函数矩阵:

$$\begin{cases}\dot{\bar{\boldsymbol{x}}}=\hat{\boldsymbol{A}}\bar{\boldsymbol{x}}+\tilde{\boldsymbol{B}}\boldsymbol{v}\\ \boldsymbol{y}=\bar{\boldsymbol{C}}\bar{\boldsymbol{x}}\end{cases}$$

式中

$$\hat{\boldsymbol{A}}=\begin{bmatrix}0 & 1 & 0 & 0\\ -25 & -12 & 0 & 0\\ 0 & 0 & 0 & 1\\ 0 & 0 & -64 & -12.8\end{bmatrix},\quad \tilde{\boldsymbol{B}}=\begin{bmatrix}0 & 0\\ 1 & 0\\ 0 & 0\\ 0 & 1\end{bmatrix},\quad \bar{\boldsymbol{C}}=\begin{bmatrix}1 & 0 & 0 & 0\\ 0 & 0 & 1 & 0\end{bmatrix}$$

其传递函数矩阵为

$$\boldsymbol{G}(s)=\boldsymbol{C}(s\boldsymbol{I}-\hat{\boldsymbol{A}})-1\tilde{\boldsymbol{B}}=$$

$$\begin{bmatrix}1 & 0 & 0 & 0\\ 0 & 0 & 1 & 0\end{bmatrix}\begin{bmatrix}s & -1 & 0 & 0\\ 25 & s+12 & 0 & 0\\ 0 & 0 & s & -1\\ 0 & 0 & 64 & s+12.8\end{bmatrix}^{-1}\begin{bmatrix}0 & 0\\ 1 & 0\\ 0 & 0\\ 0 & 1\end{bmatrix}$$

$$\begin{bmatrix}\dfrac{1}{s^2+12s+25} & 0\\ 0 & \dfrac{1}{s^2+12.8s+64}\end{bmatrix}$$

由图 9-42～图 9-47 可以看出，在以上解耦控制器的作用下，两联杆机械手的角位移实现渐近稳定。

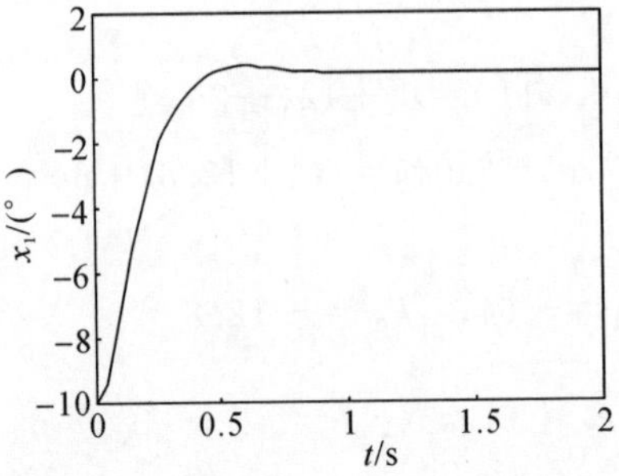

图 9-42　角位移 x_1 的变化曲线图

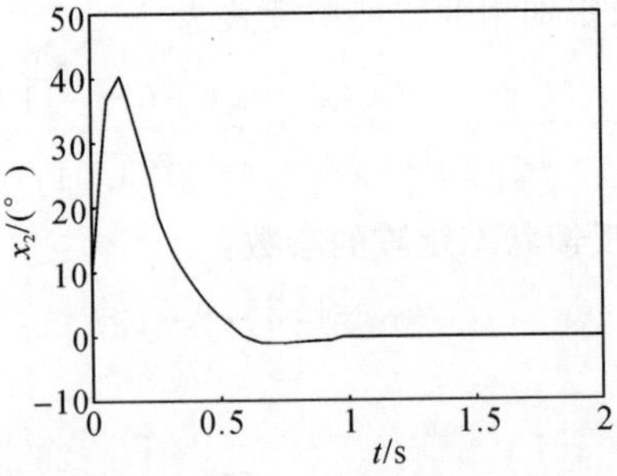

图 9-43　角位移 x_2 的变化曲线图

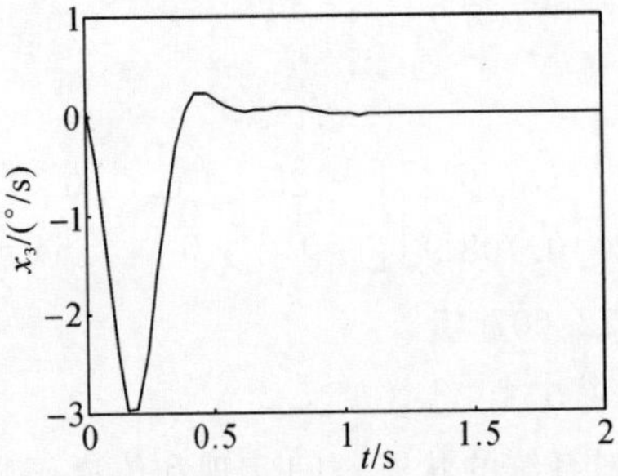

图 9-44　角速度 x_3 的变化曲线图

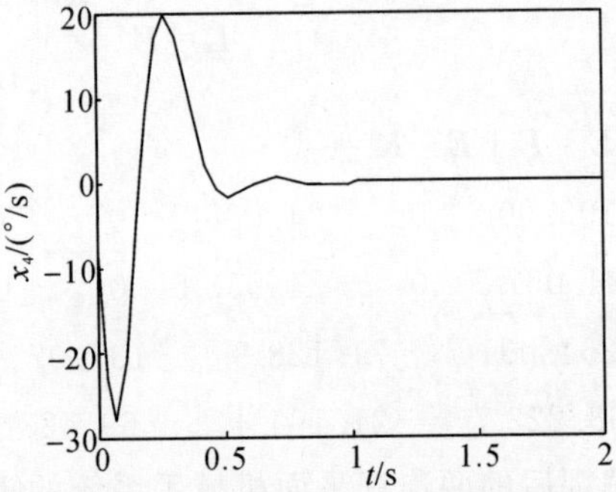

图 9-45　角速度 x_4 的变化曲线图

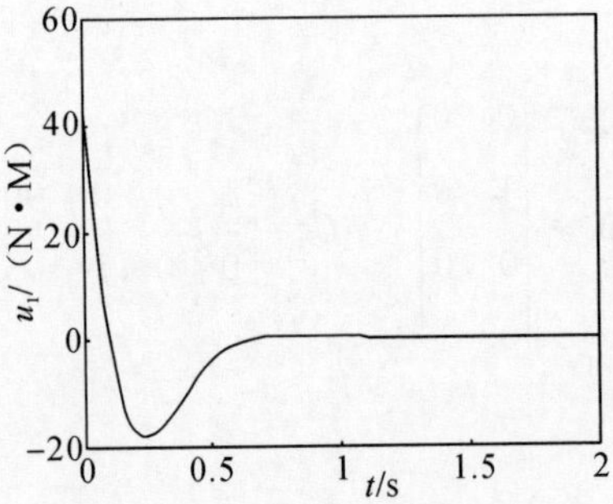

图 9-46　力矩 u_1 的变化曲线图

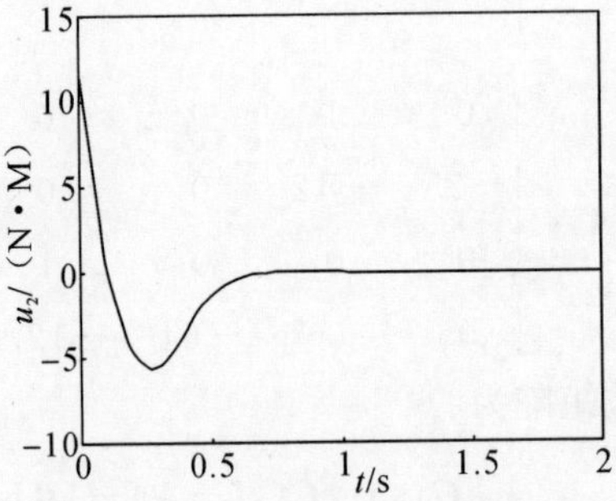

图 9-47　力矩 u_2 的变化曲线图

习　　题

9-1　针对本章所建立 STT 导弹模型，当导弹气动参数为

$$a_1=0.19,\quad a_2=22.62,\quad a_3=38.04,\quad a_4=0.17,\quad a_5=0.05,\quad c_1=0.3,\quad c_3=1\,246.4$$

令全维状态观测器的期望极点为 $\lambda_1=-2,\lambda_2=-3$，求俯仰通道和滚动通道姿态模型的全维状态观测器。

9-2　考虑9-1题中STT导弹的模型和气动参数条件，令俯仰通道期望极点为

$$\lambda_1=-2+2i,\quad \lambda_2=-2-2i$$

求俯仰通道状态反馈控制控制律。

9-3　考虑9-1题中STT导弹的模型和气动参数条件，令滚动通道期望极点为

$$\lambda_1=-3+2i,\quad \lambda_2=-3-2i$$

求滚动通道状态反馈控制控制律。

9-4　考虑9-1题中STT导弹的模型和气动参数条件，设俯仰通道期望的参考输入 $y_r=2g$，$w_1=\sin 2t$，闭环系统期望极点为

$$\lambda_1=-2+3i,\quad \lambda_2=-2-3i$$

利用内模原理设计俯仰通道状态反馈控制控制律。

9-5　基于两连杆平面机械手在工作点附近的线性化模型：

$$\begin{cases}\dot{\boldsymbol{x}}=\boldsymbol{A}\boldsymbol{x}+\boldsymbol{B}\boldsymbol{u}\\ \boldsymbol{y}=\boldsymbol{C}\boldsymbol{x}+\boldsymbol{D}\boldsymbol{u}\end{cases}$$

其中

$$\boldsymbol{A}=\begin{bmatrix}0 & 0 & 1 & 0\\ 0 & 0 & 0 & 1\\ -30.09 & 23.51 & 0 & 0\\ 41.02 & -92.51 & 0 & 0\end{bmatrix},\quad \boldsymbol{B}=\begin{bmatrix}0 & 0\\ 0 & 0\\ 0.655 & -1.632\\ -1.632 & 5.477\end{bmatrix},\quad \boldsymbol{C}=\begin{bmatrix}1 & 0 & 0 & 0\\ 0 & 1 & 0 & 0\end{bmatrix},\quad \boldsymbol{D}=\boldsymbol{0}$$

利用单位秩方法，求状态反馈，将系统极点配置在$-5\pm 3j$，$-6\pm 4j$。

9-6　针对本章给出的两连杆平面机械手线性化模型，对于性能指标为

$$J=\int_0^{\infty}[x^2(t)+u^2(t)]\mathrm{d}t$$

求最优反馈控制律 $u^*(t)$。

9-7　针对本章给出的两连杆平面机械手线性化模型，对于性能指标为

$$J=\int_0^{\infty}[x_1^2(t)+x_2^2(t)+u^2(t)]\mathrm{d}t$$

求最优反馈控制律 $u^*(t)$。

9-8　针对本章给出的两连杆平面机械手线性化模型，设采样周期为 $T=0.1$ s，输入 $\boldsymbol{u}[t]$ 满足

$$\boldsymbol{u}(t)=\boldsymbol{u}[k],\quad kT\leqslant t\leqslant [k+1]T$$

求离散化模型。

9-9　设单连杆机械手线性化模型为

$$\begin{cases}\dot{\boldsymbol{x}}=\boldsymbol{A}\boldsymbol{x}+\boldsymbol{B}\boldsymbol{u}+\boldsymbol{f}\\ \boldsymbol{y}=\boldsymbol{C}\boldsymbol{x}+\boldsymbol{D}\boldsymbol{u}\end{cases}$$

其中

$$\boldsymbol{A}=\begin{bmatrix}0 & 1\\ -30 & 20\end{bmatrix},\quad \boldsymbol{B}=\begin{bmatrix}0\\ 1.6\end{bmatrix},\quad \boldsymbol{C}=\begin{bmatrix}1 & 0\\ 0 & 1\end{bmatrix},\quad \boldsymbol{D}=\boldsymbol{0},\quad \boldsymbol{f}=\begin{bmatrix}f_1\\ f_2\end{bmatrix}$$

设系统参考输入为 **0**，各扰动分量为：$f_1=\sin t$，$f_2=\cos t$。试设计由伺服补偿器与辅助控制构成鲁棒控制器，使系统闭环极点配置在$-2\pm 3j$。

附　录

附录一　倒立摆线性反馈稳定控制实验

一、单级倒立摆控制系统的结构组成

单级倒立摆控制系统的系统结构图如图Ⅰ-1所示。

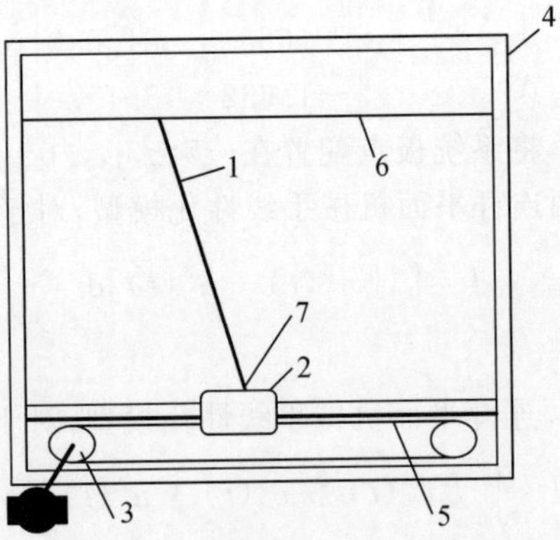

图Ⅰ-1　倒立摆稳定实验的系统结构图

1—摆杆；2—小车　3—电机；4—外部框架；5—皮带；6—稳定线；7—数据采集系统

单级倒立摆主要由机械部分和电路部分两部分组成：

1.机械部分

机械部分主要部件有底座、框架、滑轨、直流永磁式力矩电机、测速电机、电位器、齿型传动皮带、小车、摆杆、触发开关以及一些连接轴等。

(1)所用框架为铝制框架，长 85 cm，宽 80 cm。框架底部设计有可调的钢底座，用它可以调节底座与水平方向的夹角。

(2)此单级倒立摆系统采用了独特的圆柱形双滑轨，它不仅可以防止小车在垂直方向上的震颤，而且可以阻止小车绕滑轨旋转。滑轨长 83 cm。

(3)直流永磁力矩电机是 70LYX54 直流永磁力矩电机。额定电压和额定转速低，输出力矩大，不需要激励电源。该力矩电机是一种低转速大力矩的电动机。它能够在长期堵转或低速运行时产生足够大的转矩，而且不需要经过齿轮减速而直接带动负载。它具有反应速度快，

转矩和转速波动小，能在很低转速下稳定运行，机械特性和调节特性线性度好等优点。特别适合位置伺服系统和低速伺服系统中作执行元件。同时该力矩电机的转轴通过减速齿轮和测速电机相连，可直接测得由与电机相连的齿型带所带动的小车的运动速度。

(4)在电机上还安有一个和电机同轴的测量小车位移的反馈电位器，这样可以得到小车在滑轨上的位置。

(5)滑轨两端各装有两个触发开关。它们可使小车在达到滑轨边缘位置之前，就能停止运动，从而避免不必要的碰撞。

(6)小车在滑轨上的有效行程为 50 cm。

(7)齿型带长约 135 cm，套在两个齿形带轮上。小车固连于齿型皮带上。用齿形带轮和齿形皮带的优点是使小车不会产生相对于带轮的滑动。当电机转动时，电机带动齿型带一起运动，而使与之固连的小车也做同样的运动，从而可以控制摆杆来回摆动，达到稳定控制的目的。

(8)摆杆长约 64 cm，也是用铝制成的，并且做过镂空处理，使其较为轻巧，减小运动部分的质量。

(9)摆杆与小车之间以轴固连。

(10)摆杆下端装有与之同轴相连的测角电位器，这样可以测到摆杆的角度变化信息。

(11)摆杆顶端装有一个矩形小环。连接于框架上的水平细铁丝穿过这个小环，使得摆杆在不稳定时可以斜靠在框架上端的细铁丝上，而不至于在不稳定控制时摆杆撞到框架上。

(12)使用保护丝是为了让偏角在一定的范围以内变化，避免了小车碰到滑轨两端而撞坏机构，保证控制的有效性。

2. 电路部分

电路部分由测量电位器、A/D 转换器、微机系统、D/A 转换器、48 V 直流电机电源、直流电源电路、信号与功率放大器等组成。

(1)测量电位器有两种：一种是绕线滑动变阻器，另一种是导电塑料电位器。导电塑料电位器用于测量摆杆的角度信号，两端分别加上 ±30 V 的电压，其精度非常高。而绕线滑动变阻器用于测量小车的位移信号，变阻器固连在电机轴上，同电机转子一起运动，两端分别加上 ±15 V 的电压；由这两种电位器测得的位移和角度信号，以及由测速电机获得的速度信号，一起送到 A/D 转换器中。转换后，再送到计算机进行数据处理并用实时控制算法进行解算，计算结果输出到 D/A 转换器中，经转换后输出到信号放大电路中，信号放大后以脉冲宽度调制的方式去驱动功率放大器。

(2)功率放大器采用互补对称式的晶体管直流放大器电路。以脉冲宽度调制的方式驱动电机的优点是可以使电机始终保持在最大电压工作状态下，提高电机的运行效率，同时可以有效地减少小车与滑轨之间的摩擦作用。经过信号放大及功率放大，PWM 驱动电机转动，完成对系统的闭环控制。

二、单级倒立摆控制系统的动力学模型

为了简化问题并保留问题实质，忽略摆杆质量，小车马达的惯性，摆轴、车轮轴、车轮与接触面之间的摩擦等因素。如果不给小车施加控制力，倒立摆可能向左或向右倾倒，这是一个不稳定系统。目的是将倒立摆保持在垂直位置上，要求建立该系统的数学模型；运用状态反馈控

制律将系统闭环极点配置在希望位置上;实现状态反馈。

设小车设置为 z,则摆心位置为$[z+l\sin\theta]$。小车及倒立摆在控制力 u 作用下均产生加速度运动,根据牛顿第二定律,它们在水平直线运动方向的惯性力应与控制力平衡(见图Ⅰ-2),于是有

$$M\frac{d^2z}{dt^2}+m\frac{d^2}{dt^2}[z+l\sin\theta]=u$$

即

$$[M+m]\ddot{z}+ml\ddot{\theta}\cos\theta-ml\dot{\theta}^2\sin\theta=u$$

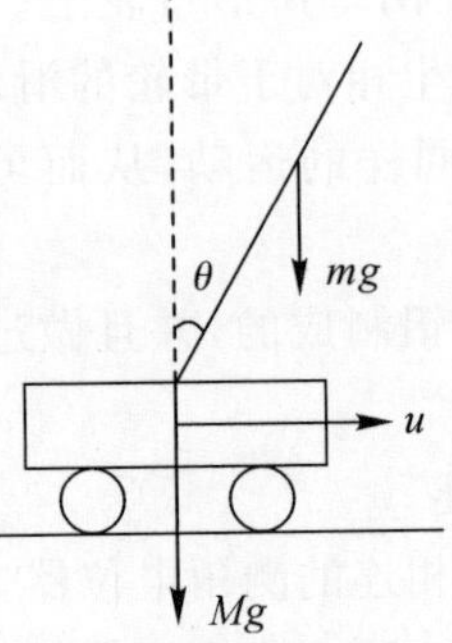

图Ⅰ-2　倒立摆控制示意图

摆绕摆轴旋转运动的惯性力矩应与重力矩平衡,于是有

$$\left[m\frac{d^2}{dt^2}[z+l\sin\theta]\right]l\sin\theta=mgl\sin\theta$$

即

$$\ddot{z}\cos\theta+l\ddot{\theta}\cos^2\theta-\dot{l}\theta\sin\theta\cdot\cos\theta=g\sin\theta$$

三、动力学模型的线性化

以上两个方程都是非线性方程,除了可用数值方法求解以外,不能求得解析解,因此需作进一步简化。由于控制目的在于保持倒立摆直立,只要施加的控制力合适,做出 θ 和 $\dot{\theta}$ 接近于零的假定将是正确的。于是可认为:$\sin\theta\approx\theta$,$\sin\theta\approx1$,且忽略 $\dot{\theta}^2\cdot\theta$ 项,于是有:

$$[M+m]\ddot{z}+ml\ddot{\theta}=u$$
$$\ddot{z}+l\ddot{\theta}=g\theta$$

联立求解上述两个方程可得:

$$\frac{d}{dt}\dot{z}=-\frac{mg}{M}\theta+\frac{1}{M}u$$

$$\frac{d}{dt}\dot{\theta}=\frac{[M+m]g}{Ml}\theta-\frac{1}{Ml}u$$

由上式求出 $\ddot{\theta}$,可得如下四阶标量微分方程:

$$z^{[4]}-\frac{[M+m]g}{Ml}\ddot{z}=\frac{1}{M}\ddot{u}-\frac{1}{Ml}u$$

系统动态特性可用小车位移 z、小车速度 $\dot{z}$、摆的角位移 θ、摆的角速度 $\dot{\theta}$ 来完整地描述,

于是状态向量 $\boldsymbol{x}$ 可定义为

$$\boldsymbol{x}=[z,\dot{z},\theta,\dot{\theta}]^{\mathrm{T}}$$

考虑恒等式：

$$\frac{\mathrm{d}}{\mathrm{d}t}z=\dot{z},\quad \frac{\mathrm{d}}{\mathrm{d}t}\theta=\dot{\theta}$$

可列出状态方程和输出方程如下：

$$\frac{\mathrm{d}}{\mathrm{d}t}\begin{bmatrix} z \\ \dot{z} \\ \theta \\ \dot{\theta} \end{bmatrix}=\begin{bmatrix} 0 & 1 & 0 & 0 \\ 0 & 0 & -\dfrac{mg}{Ml} & 0 \\ 0 & 0 & 0 & 1 \\ 0 & 0 & \dfrac{[M+m]g}{Ml} & 0 \end{bmatrix}\begin{bmatrix} z \\ \dot{z} \\ \theta \\ \dot{\theta} \end{bmatrix}+\begin{bmatrix} 0 \\ \dfrac{1}{M} \\ 0 \\ -\dfrac{1}{Ml} \end{bmatrix}u$$

$$z=[1\quad 0\quad 0\quad 0]\begin{bmatrix} z \\ \dot{z} \\ \theta \\ \dot{\theta} \end{bmatrix}$$

简记为：

$$\dot{\boldsymbol{x}}=\boldsymbol{A}\boldsymbol{x}+\boldsymbol{b}u$$
$$y=z=\boldsymbol{c}\boldsymbol{x}$$

四、单级倒立摆极点配置控制系统设计

假定单级倒立摆系统参数为

$$M=1\ \mathrm{kg},\quad m=0.1\ \mathrm{kg},\quad l=1\ \mathrm{m},\quad g=9.81\ \mathrm{m/s^2}$$

则

$$\boldsymbol{A}=\begin{bmatrix} 0 & 1 & 0 & 0 \\ 0 & 0 & -1 & 0 \\ 0 & 0 & 0 & 1 \\ 0 & 0 & 11 & 0 \end{bmatrix},\quad \boldsymbol{b}=\begin{bmatrix} 0 \\ 1 \\ 0 \\ -1 \end{bmatrix},\quad \boldsymbol{c}=[1\quad 0\quad 0\quad 0]$$

计算单输入定常连续系统能控性矩阵 $\boldsymbol{S}$：

$$\boldsymbol{S}=[\boldsymbol{b}\quad \boldsymbol{A}\boldsymbol{b}\quad \boldsymbol{A}^2\boldsymbol{b}\quad \boldsymbol{A}^3\boldsymbol{b}]=\begin{bmatrix} 0 & 1 & 0 & 1 \\ 1 & 0 & 1 & 0 \\ 0 & -1 & 0 & -11 \\ -1 & 0 & -11 & 0 \end{bmatrix}$$

$\det\boldsymbol{S}=-100$，即 $\boldsymbol{S}$ 满秩，故系统能控，这意味着当状态向量 $\boldsymbol{x}$ 非零时，总存在一个将状态向量控制到零的控制作用。

根据状态方程系统矩阵 $\boldsymbol{A}$ 列写特征方程：

$$f'[\lambda]=|\lambda\boldsymbol{I}-\boldsymbol{A}|=\lambda^2[\lambda^2-11]=0$$

解得特征值为 $\lambda_1=0,\lambda_2=0,\lambda_3=\sqrt{11},\lambda_4=-\sqrt{11}$。故系统在原点不稳定。

设希望的闭环极点位置是 $-1,-2,-1\pm\mathrm{j}$，则希望特征多项式 $f_1[\lambda]$ 为

$$f_1[\lambda]=[\lambda+1][\lambda+2][\lambda+1+-\mathrm{j}][\lambda+1+\mathrm{j}]=$$
$$\lambda^4+5\lambda^3+10\lambda^2+10\lambda+4$$

已知系统能控，故存在状态反馈矩阵。这里是单输入系统，设状态反馈矩阵为

$$\boldsymbol{k}=[k_0 \quad k_1 \quad k_2 \quad k_3]$$

式中：k_0、k_1、k_2、k_3 分别为对应状态变量 z、$\dot{z}$、θ、$\dot{\theta}$ 反馈至系统参考输入端的增益。

设系统参考输入为 $\boldsymbol{v}$，引入状态反馈后的规律为

$$\boldsymbol{u}=\boldsymbol{v}-\boldsymbol{kx}$$

状态反馈系统的状态方程为

$$\dot{\boldsymbol{x}}=[\boldsymbol{A}-\boldsymbol{bk}]\boldsymbol{x}+\boldsymbol{bv}$$

状态反馈系统的闭环特征多项式 $F_1[\lambda]$ 为

$$F_1[\lambda]=|\lambda\boldsymbol{I}-[\boldsymbol{A}-\boldsymbol{bk}]|=\lambda^4+[k_1-k_3]\lambda^3+[k_0-k_2-11]\lambda^2-10k_1\lambda-10k_0$$

比较希望特征多项式 $f_1[\lambda]$ 和状态反馈系统的闭环特征多项式 $F_1[\lambda]$ 的同次项系数相等，有：

$$k_0=-0.4, \quad k_1=-1, \quad k_2=-21.4, \quad k_3=-6$$

则单级倒立摆系统状态反馈矩阵为

$$\boldsymbol{k}=[-0.4 \quad -1 \quad -21.4 \quad -6]$$

附录二　卫星姿态稳定控制实验

一、卫星姿态控制物理仿真系统组成

利用单轴气浮台模拟航天器单通道姿态运动，挠性板模拟太阳帆板，执行机构模式与敏感器类型与真实航天器相同。进行挠性卫星姿态控制系统全物理仿真实验。

挠性卫星全物理仿真系统（见图Ⅱ-1）可分为航天器模型、测控计算机、高压气源等附属设备几部分。其中航天器模型又分为如下三个部分：

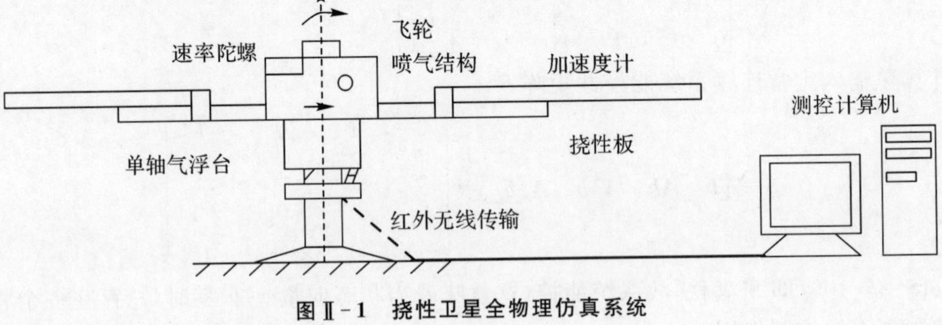

图Ⅱ-1　挠性卫星全物理仿真系统

(1)系统主体：以单轴气浮台为支撑装置，模拟卫星中心刚体及其在太空中无摩擦的力学环境；挠性板的振动方向与重力方向垂直，模拟失重条件下的振动状态。当处于工作状态时，整个航天器模型由几微米厚度的气膜浮起，基本上可以以无摩擦的方式绕中心轴转动。由于模型仅仅在水平面内转动，所以重力对其没有影响，这可以模拟航天器在太空的失重状态。为

了模拟卫星在太空中的独立状况，卫星正常工作所需的必要设备均安装在气浮台上，其电源靠星上蓄电池提供，同测控计算机之间的通信也采用红外无线传输方式进行，最大限度地排除了外界对航天器模型的干扰。

(2)执行机构：采用卫星上常见的"飞轮-喷气"组合模拟。其中飞轮输出正反向连续变化的力矩，最大值为 T_f；喷气机构输出正反向幅值恒定为 T_p 的不连续力矩，并对飞轮进行卸载，有 $T_f \leqslant T_p$。

(3)敏感器件：有感应同步器和速率陀螺各一个，分别测量台体旋转角度 θ 和角速度 $\dot{\theta}$。线加速度计配置在挠性板顶端，测量该点振动加速度。积分可得线速度与线位移(该点线速度与线位移不可直接测量)。虽然仿真系统没有采用星上所用的太阳敏感器、星敏感器，但是测量到的物理量同实际航天器是完全相同的。

该全物理仿真系统在很多关键方面模拟了实际卫星，如几乎无摩擦的力学环境，失重的独立运动状态，刚挠惯量比及耦合关系，执行机构的模式与配置，敏感器的类型和测量信息等。总之，该仿真系统是一个包含诸多实际工程因素的被控对象，因此基于它进行的挠性卫星控制仿真实验能在很大程度上反映实际情况。

二、卫星姿态控制的动力学模型

对于以上所描述的单轴气浮台模拟航天器的卫星仿真系统，考虑台体一维转动，假设挠性体的变形、变形速率都很小，并且只考虑弯曲振动，则系统数学模型可以用如下非线性偏微分方程来描述：

$$\left.\begin{aligned} J\dot{\theta} + \int_0^L \rho A[x+R]\frac{\partial^2 u}{\partial t^2} = T \\ \rho A\frac{\partial^2 u}{\partial t^2} + EI\frac{\partial^4 u}{\partial x^4} + \rho A[x+R]\ddot{\theta} = 0 \end{aligned}\right\} \tag{Ⅱ-1}$$

式中：J 表示系统绕转轴的转动惯量；$\theta(t)$ 表示刚体本体的角度位置；A 表示挠性板的横截面积；R 表示刚性本体的半径；L 表示一个挠性板的长度；$u(x,t)$ 表示挠性板在距根部 x 处的变形量，$0 \leqslant x \leqslant L$；$EI$ 表示挠性板的弯曲刚度；ρ 表示挠性板的材料密度；T 为控制力矩，作用在中心刚体上。

假设挠性板的变形可以分成时间和空间上独立的变量的积：

$$u(x,t) = \sum_{i=1}^{n} \varphi_i(x) q_i(t) \tag{Ⅱ-2}$$

式中：$\varphi_i(x)$ 表示第 i 阶挠性模态函数；$q_i(t)$ 表示第 i 阶挠性模态对应的广义坐标；n 表示考虑的挠性板模态阶数。

经过简化，系统数学模型可以如下表示：

$$\left.\begin{aligned} J\ddot{\theta} + \sum_{i=1}^{n} D_i \ddot{q}_i = T \\ \ddot{q}_i + D_i\ddot{\theta} + 2\xi_i\omega_i\dot{q}_i + \omega_i^2 q_i = 0 \quad (i=1,2,\cdots,n) \end{aligned}\right\} \tag{Ⅱ-3}$$

式中：J 表示航天器绕转轴的转动惯量；$\theta(t)$ 表示刚性本体的转动角度；q_i 表示第 i 阶挠性模态坐标；D_i 表示第 i 阶挠性振动与本体的耦合系数；ω_i 表示第 i 阶挠性振动频率；ξ_i 表示第 i

阶挠性振动阻尼系数；T 为控制力矩，作用在中心刚体上。

三、动力学模型的线性化

由以上所建立的卫星姿态动力学模型可知，随着模态阶数的增大，挠性振动的频率提高，振动幅度减小，对本体的影响也减小。考虑上述因素，仅将低阶模态纳入数学模型，取 $i=1,2$ 则有

$$\left.\begin{aligned} J\ddot{\theta}+D_1\ddot{q}_1+D_2\ddot{q}_2&=T \\ \ddot{q}_1+D_1\ddot{\theta}+2\xi_1\omega_1\dot{q}_1+\omega_1^2 q_1&=0 \\ \ddot{q}_2+D_2\ddot{\theta}+2\xi_2\omega_2\dot{q}_2+\omega_2^2 q_2&=0 \end{aligned}\right\} \tag{Ⅱ-4}$$

或写为矩阵形式：

$$\begin{bmatrix} J & D_1 & D_2 \\ D_1 & 1 & 0 \\ D_2 & 0 & 1 \end{bmatrix}\begin{bmatrix} \ddot{\theta} \\ \ddot{q}_1 \\ \ddot{q}_2 \end{bmatrix}+\begin{bmatrix} 0 & 0 & 0 \\ 0 & 2\xi_1\omega_1 & 0 \\ 0 & 0 & 2\xi_2\omega_2 \end{bmatrix}\begin{bmatrix} \dot{\theta} \\ \dot{q}_1 \\ \dot{q}_2 \end{bmatrix}+\begin{bmatrix} 0 & 0 & 0 \\ 0 & \omega_1^2 & 0 \\ 0 & 0 & \omega_2^2 \end{bmatrix}\begin{bmatrix} \theta \\ q_1 \\ q_2 \end{bmatrix}=\begin{bmatrix} 1 \\ 0 \\ 0 \end{bmatrix}T \tag{Ⅱ-5}$$

设

$$\boldsymbol{M}=\begin{bmatrix} J & D_2 & D_2 \\ D_1 & 1 & 0 \\ D_2 & 0 & 0 \end{bmatrix},\ \boldsymbol{D}=\begin{bmatrix} 0 & 0 & 0 \\ 0 & 2\xi_1\omega_1 & 0 \\ 0 & 0 & 2\xi_2\omega_2 \end{bmatrix},\ \boldsymbol{K}=\begin{bmatrix} 0 & 0 & 0 \\ 0 & \omega_1^2 & 0 \\ 0 & 0 & \omega_2^2 \end{bmatrix},\ \boldsymbol{R}=\begin{bmatrix} 1 \\ 0 \\ 0 \end{bmatrix}$$

若取系统的状态变量为

$$\boldsymbol{X}=[x_1\ \ x_2\ \ x_3\ \ x_4\ \ x_5\ \ x_6]=[\theta\ \ q_1\ \ q_2\ \ \dot{\theta}\ \ \dot{q}_1\ \ \dot{q}_2]^{\mathrm{T}}$$

则动力学方程(Ⅱ-5)可以表示为状态方程形式：

$$\left.\begin{aligned} \dot{\boldsymbol{X}}&=\boldsymbol{AX}+\boldsymbol{Bu} \\ \boldsymbol{Y}&=\boldsymbol{CX} \end{aligned}\right\} \tag{Ⅱ-6}$$

其中

$$\boldsymbol{A}=\begin{bmatrix} 0 & I \\ -\boldsymbol{M}^{-1}\boldsymbol{K} & -\boldsymbol{M}^{-1}\boldsymbol{D} \end{bmatrix},\boldsymbol{B}=\begin{bmatrix} 0 \\ \boldsymbol{M}^{-1}\boldsymbol{R} \end{bmatrix},\boldsymbol{C}=\begin{bmatrix} 1 & 0 & 0 & 0 & 0 & 0 \\ 0 & 0 & 0 & 1 & 0 & 0 \end{bmatrix}$$

对于本物理仿真实验系统，主要动力学参数如下：

$J=13.0\ \mathrm{kg\cdot m^2}$；$D_1=1.1$；$D_2=0.3$；$\omega_1=0.7\mathrm{Hz}$；$\omega_2=4\mathrm{Hz}$；

$\xi_1=0.005$；$\xi_2=0.005$；$T_p=0.14\ \mathrm{N\cdot m}$；$T_f=0.07\ \mathrm{N\cdot m}$

四、卫星线性反馈姿态机动控制系统设计

卫星姿态机动的方式很多，但总可以归结为预定的角速度 $\dot{\theta}_c(t)$ 机动和期望的角度 $\theta_c(t)$。随着 $\dot{\theta}_c(t)$ 的不同，挠性卫星能够实现各种不同的机动特性和机动过程 $\theta_c(t)$：

$$\theta_c(t)=\theta_0+\int_{t0}^{t}\dot{\theta}_c(\tau)\mathrm{d}\tau \tag{Ⅱ-7}$$

其中 θ_0 为初始角度。目前实际卫星姿态机动速度一般为 $0.5°/\mathrm{s}\sim1.5°/\mathrm{s}$。

若令 $\dot{\theta}_c(t)=0$，$\theta_c(t)=C$(常数)，则退化为挠性卫星振动抑制控制方案。

考虑到卫星上的执行机构通常为“飞轮-喷气”模式，物理仿真系统采用的执行机构包括飞轮与推力器。

飞轮能够输出连续控制力矩，力矩变化范围为

$$-0.07\ \mathrm{N\cdot m} \leqslant T \leqslant 0.07\ \mathrm{N\cdot m}$$

考虑飞轮动态特性，飞轮的输入-输出关系可简化为如下惯性环节：

$$\frac{T_r}{T_c}=\frac{1}{\tau S+1} \tag{Ⅱ-8}$$

式中：τ 为飞轮系统机电时间常数，取为 0.1 s。

因此，飞轮执行机构的数学模型可以通过惯性环节与输出限幅进行模拟：

推力器能够输出常值控制力矩：

$$T=\begin{cases}0.14\ \mathrm{N\cdot m}\\0\\-0.14\ \mathrm{N\cdot m}\end{cases} \tag{Ⅱ-9}$$

下面以 PD 控制为例，简要介绍挠性航天器姿态控制律设计与仿真方法。

考虑到物理仿真系统的敏感器配置在中心刚体上，台体姿态角 θ 可直接测量，设计 PD 反馈控制律：

$$u=K_p e+K_d \dot{e} \tag{Ⅱ-10}$$

其中 $e=\theta_c-\theta$。

当输入指令 θ_c 为常数时，有

$$\dot{e}=-\dot{\theta}$$

控制系统的框图如图Ⅱ-2 所示。

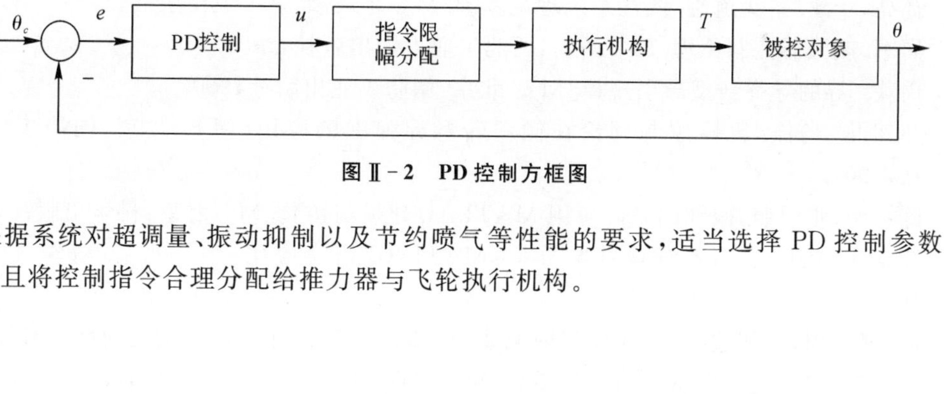

图Ⅱ-2　PD 控制方框图

根据系统对超调量、振动抑制以及节约喷气等性能的要求，适当选择 PD 控制参数 K_p、K_d，并且将控制指令合理分配给推力器与飞轮执行机构。

参考文献

[1] 阙志宏,罗健,周凤岐,等.线性系统理论[M].西安:西北工业大学出版社,1994.

[2] 郑大钟.线性系统理论[M].北京:清华大学出版社,1998.

[3] 郑大钟.线性系统理论[M].2版.北京:清华大学出版社,2002.

[4] 段广任.线性系统理论[M].2版.哈尔滨:哈尔滨工业大学出版社,2004.

[5] 仝茂达.线性系统理论和设计[M].北京:中国科学技术大学出版社,2004.

[6] 徐缤昌,阙志宏.机器人控制工程[M].西安:西北工业大学出版社,1991.

[7] 白井良明.机器人工程[M].王棣堂,译.北京:科学出版社,2003.

[8] 殷际平,何广平.关节型机器人[M].北京:化学工业出版社,2003.

[9] 丁学恭.机器人控制研究[M].杭州:浙江大学出版社,2006.

[10] 孙树栋.工业机器人技术基础[M].西安:西北工业大学出版社,2006.

[11] 王积伟.现代控制理论与工程[M].北京:高等教育出版社,2003.

[12] 程兆林,马树萍.线性系统理论[M].北京:科学出版社,2006.

[13] 周凤岐,强文鑫,阙志宏.现代控制理论引论[M].北京:国防工业出版社,1988.

[14] 周凤岐,强文鑫,阙志宏.现代控制理论及其应用[M].成都:电子科技大学出版社,1994.

[15] 王显正,莫锦秋,王旭永.控制理论基础[M].北京:科学出版社,2007.

[16] 曹克民.自动控制概论[M].北京:中国建材工业出版社,2002.

[17] 王积伟,吴振顺.控制工程基础[M].北京:高等教育出版社,2003.

[18] 孙亮,于建均,龚道雄.线性系统理论基础[M].北京:北京工业出版社,2006.

[19] 周军.航天器控制原理[M].西安:西北工业大学出版社,2001.

[20] 周荻.寻的导弹新型导引规律[M].北京:国防工业出版社,2002.

[21] 郑建华,杨涤.鲁棒控制理论在倾斜转弯导弹中的应用[M].北京:国防工业出版社,2001.

[22] 陈桂明,张明照,戚红雨,等.应用MATLAB建模与仿真[M].北京:科学出版社,2001.

[23] 薛定宇.反馈控制系统设计与分析:MATLAB语言应用[M].北京:清华大学出版社,2000.

[24] 周凤岐,周军,郭建国.现代控制理论基础[M].西安:西北工业大学出版社,2011.

[25] 章仁为.卫星轨道姿态动力学与控制[M].北京:北京航空航天大学出版社,1998.